Knöfel

Kommunales Haushalts- und Rechnungswesen – Doppik Brandenburg

Kommunales Haushalts- und Rechnungswesen – Doppik Brandenburg

von

Barbara Knöfel

Bibliografische Information der Deutschen Nationalbibliothek
Die Deutsche Nationalbibliothek verzeichnet diese Publikation in der Deutschen Nationalbibliografie; detaillierte bibliografische Daten sind im Internet über http://dnb.dnb.de abrufbar.

6., vollständig überarbeitete Auflage 2023

Satz: SEUME Publishing Services GmbH, Erfurt
Druck: CPI books

ISBN 978-3-8293-1862-4

Inhalt

Vorwort zur 6. Auflage XXI

Zur Verfasserin XXII

Abkürzungsverzeichnis XXIII

Literaturverzeichnis XXV

1. Einführung 1
1.1 Öffentliche Finanzwirtschaft 1
1.1.1 Begriff 1
1.1.2 Innere Abgrenzung der öffentlichen Finanzwirtschaft 1
1.2 Träger der öffentlichen Finanzwirtschaft 3
1.3 Finanzhoheit 4
1.3.1 Begriff und Bedeutung 4
1.3.2 Finanzhoheit der Gemeinden 4
1.4 Abgrenzung der öffentlichen Finanzwirtschaft zur Privatwirtschaft 5
1.5 Aufgaben und Ziele der öffentlichen Finanzwirtschaft 6
1.5.1 Allgemein 6
1.5.2 Finanzpolitische Funktion 7
1.5.3 Politische Funktion 7
1.5.4 Wirtschaftspolitische Funktion 7
1.5.5 Betriebswirtschaftliche Funktion 8

2. Kommunales Haushaltsrecht 10
2.1 Haushaltswirtschaft 10
2.2 Verfassungsrechtliche Grundlagen und Haushaltsautonomie 11
2.3 Geschichtlicher Überblick 13
2.3.1 Bisherige Entwicklung 13
2.3.2 Fortentwicklung des kommunalen Haushaltsrechts durch die Einführung des Neuen Kommunalen Haushalts- und Rechnungswesens (Doppik-kom) 18
2.4 Öffentliches Haushaltsrecht im System und im Vergleich 19
2.4.1 Vergleich der einzelnen Ebenen 19
2.4.2 Stellung im System der Volkswirtschaft 19
2.4.3 Verhältnis zur Betriebswirtschaft 20
2.5 Staatliche Überwachung der gemeindlichen Haushaltswirtschaft 21

3. Grundzüge der kaufmännischen (doppelten) Buchführung 23
3.1 Inhalt und Abgrenzung zu anderen Rechnungssystemen 23
3.2 Die kommunale Bilanz 28
3.2.1 Inventur als Datenermittlung für die Bilanz 28

3.2.2 Inhalt und Aufbau der kommunalen Bilanz 30
3.2.3 Bilanzveränderungen (Bestandsbuchungen) 31
3.3 Die Erfolgsrechnung (Gewinn- und Verlustrechnung) 37
3.4 Übungen 45

4. Ablauf, Organisation und Personal im kommunalen Finanzmanagement 62
4.1 Stationen der Haushaltswirtschaft und Haushaltskreislauf 62
4.2 Ausführung des Haushaltsplans 62
4.3 Personal im kommunalen Finanzmanagement 68
4.3.1 Der Kämmerer 68
4.3.1.1 Rechtsstellung 68
4.3.1.2 Aufgabenbereiche des Kämmerers 68
4.3.2 Rechnungsprüfungspersonal 70
4.4 Übungen 71

5. Der Haushaltsplan 74
5.1 Begriff 74
5.2 Abgrenzung zu anderen Plänen und Rechnungen 75
5.2.1 Haushaltssatzung und Haushaltsplan 75
5.2.2 Mittelfristige Planung und Haushaltsplan 76
5.2.3 Wirtschaftsplan und Haushaltsplan 77
5.2.4 Jahresabschluss und Haushaltsplan 77
5.3 Bedeutung des Haushaltsplans 77
5.3.1 Allgemeines 77
5.3.2 Finanzwirtschaftliche Funktion 78
5.3.3 Administrative Lenkungsfunktion 79
5.3.4 Wirtschafts- und sozialpolitische Programmfunktion 79
5.4 Wirkung des Haushaltsplans 80
5.4.1 Allgemeine Wirkung 80
5.4.2 Wirkung bezüglich der Aufwendungen und Auszahlungen 80
5.4.3 Wirkung bezüglich der Verpflichtungsermächtigungen 81
5.4.4 Wirkung bezüglich der Erträge und Einzahlungen 81
5.4.5 Bindung im Innenverhältnis 82
5.5 Übungen 82

6. Gliederung des Haushalts nach Produktbereichen 85
6.1 Notwendigkeit einer Haushaltsgliederung 85
6.2 Anforderungen an die Gliederung eines Haushaltsplans 86
6.2.1 Die Anforderungen der Bürger und der politischen Gremien 86
6.2.2 Die Anforderungen der Aufsichtsbehörden 87
6.2.3 Die Anforderungen der Finanzstatistik 87
6.2.4 Die Anforderungen der Verwaltung 88

6.3 Anknüpfungspunkte für eine Gliederung: Verwaltungsaufbau oder Aufgabenbereiche 89
6.4 Gliederungsvorschriften für den kommunalen Haushalt im Kommunalen Finanzmanagement 89
6.4.1 Der Sonderproduktbereich „Allgemeine Finanzwirtschaft“ 90
6.4.2 Gestaltungsfreiheit bei der Gliederung des Haushalts 91
6.5 Übungen 93

7. Die Elemente des Haushaltsplans 99
7.1 Ergebnisplan 100
7.2 Finanzplan 104
7.3 Übung 109
7.4 Teilpläne 113
7.4.1 Teilergebnisplan 115
7.4.2 Teilfinanzplan 116
7.4.3 Planung einzelner Investitionsmaßnahmen 119
7.4.4 Teilergebnis- und Teilfinanzplan im Sonderproduktbereich 61 „Allgemeine Finanzwirtschaft“ 121
7.4.5 Ziele 122
7.4.6 Kennzahlen und Indikatoren 123
7.4.7 Auszug aus dem Stellenplan 126
7.5 Übung 128

8. Die Anlagen zum Haushaltsplan 131
8.1 Einführung 131
8.2 Vorbericht 131
8.3 Übersicht über die aus Verpflichtungsermächtigungen in den einzelnen Jahren voraussichtlich fällig werdenden Auszahlungen 133
8.4 Übersicht über den voraussichtlichen Stand der Verbindlichkeiten, Rücklagen und Rückstellungen zu Beginn und zum Ende des Jahres, für das der Haushaltsplan aufgestellt wird 134
8.4.1 Verbindlichkeitenübersicht 134
8.4.2 Rücklagenübersicht 134
8.4.3 Übersicht über Rückstellungen 134
8.5 Übersicht über die Sonderposten und über die veranschlagten Erträge aus der Auflösung der Sonderposten im mittelfristigen Ergebnis- und Finanzplanungszeitraum 135
8.6 Übersicht über veranschlagte Erträge und Aufwendungen aus allgemeinen Umlagen, Ersatz von sozialen Leistungen und Sozialtransferleistungen im mittelfristigen Ergebnis- und Finanzplanungszeitraum 135
8.7 Stellenplan 136
8.8 Wirtschaftspläne und neueste Jahresabschlüsse für Sondervermögen, für die Sonderrechnungen geführt werden 136

8.9 Wirtschaftspläne der Unternehmen und Einrichtungen mit eigener Rechtspersönlichkeit, an denen die Gemeinde mit mehr als 50 v. H. beteiligt ist ... 137
8.10 Budgetübersicht ... 138
8.11 Weitere Anlagen ... 139
8.12 Übung ... 139

9. Grundsätze im neuen kommunalen Rechnungswesen ... 141
9.1 Überblick und Einteilung ... 141
9.2 Allgemeine Haushaltsgrundsätze ... 142
9.2.1 Sicherung der Aufgabenerfüllung und Beachtung des gesamtwirtschaftlichen Gleichgewichts ... 142
9.2.1.1 Stetige Aufgabenerfüllung ... 142
9.2.1.2 Beachtung des gesamtwirtschaftlichen Gleichgewichtes ... 143
9.2.1.3 Übung ... 145
9.2.2 Wirtschaftlichkeit und Sparsamkeit ... 146
9.2.2.1 Grundsatz ... 146
9.2.2.2 Übung ... 148
9.2.3 Haushaltsausgleich ... 149
9.2.4 Grundsätze zur Finanzierung der kommunalen Produkte ... 150
9.2.4.1 Deckungsmittel der Haushaltswirtschaft ... 150
9.2.4.2 Verpflichtung zur Erhebung von Abgaben ... 151
9.2.4.3 Rangfolge der Deckungsmittel ... 152
9.2.4.4 Übung ... 155
9.2.5 Vorherigkeit ... 156
9.2.5.1 Grundsatz ... 156
9.2.5.2 Ausnahme: Vorläufige Haushaltsführung ... 158
9.2.5.3 Übungen ... 163
9.2.6 Öffentlichkeit ... 166
9.2.6.1 Grundsatz ... 166
9.2.6.2 Möglichkeiten der Beteiligung der Öffentlichkeit ... 166
9.2.6.3 Übung ... 169
9.3 Veranschlagungs- bzw. Planungsgrundsätze ... 169
9.3.1 Allgemeines ... 169
9.3.2 Vollständigkeit und Einheit ... 170
9.3.2.1 Allgemeines ... 170
9.3.2.2 Vollständigkeit ... 171
9.3.2.3 Ausnahmen zur Vollständigkeit ... 175
9.3.2.4 Einheit ... 177
9.3.2.5 Ausnahmen zur Einheit ... 178
9.3.2.6 Übungen ... 178
9.3.3 Periodengerechte Zuordnung der Geschäftsvorfälle ... 181
9.3.3.1 Einführung ... 181

9.3.3.2 Periodengerechte Zuordnung der Erträge und Aufwendungen im Ergebnisplan ... 182
9.3.3.3 Periodengerechte Zuordnung der Einzahlungen und Auszahlungen im Finanzplan ... 186
9.3.3.4 Übungen ... 187
9.3.4 Grundsätze der Verständlichkeit (Haushaltsklarheit), der Steuerungsrelevanz sowie der Richtigkeit und Willkürfreiheit (Haushaltswahrheit) ... 191
9.3.4.1 Informationen zur Verständlichkeit (Haushaltsklarheit) und Steuerungsrelevanz der kommunalen Haushalte ... 191
9.3.4.2 Richtigkeit und Willkürfreiheit (Haushaltswahrheit) ... 193
9.3.4.3 Übung ... 194
9.3.5 Bruttoprinzip (Saldierungsverbot) ... 196
9.3.5.1 Grundsatz ... 196
9.3.5.2 Ausnahmen vom Bruttoprinzip ... 197
9.3.5.3 Besonderheiten ... 198
9.3.5.4 Übungen ... 200
9.3.6 Einzelveranschlagung ... 204
9.3.6.1 Grundsatz ... 204
9.3.6.2 Ausnahmen ... 207
9.3.6.3 Übungen ... 209
9.4 Grundsätze ordnungsmäßiger Buchführung (GoB-K) ... 210
9.4.1 Allgemeines ... 210
9.4.2 Ziele ordnungsmäßiger Buchführung (allgemeine Grundsätze ordnungsgemäßer Buchführung) ... 211
9.4.2.1 Dokumentation ... 211
9.4.2.2 Rechenschaft ... 211
9.4.2.3 Kapitalerhaltung und intergenerative Gerechtigkeit ... 212
9.4.3 Spezielle Grundsätze ordnungsmäßiger Buchführung ... 213
9.4.3.1 Vollständigkeit ... 213
9.4.3.2 Verständlichkeit, Richtigkeit und Willkürfreiheit ... 214
9.4.3.3 Öffentlichkeit ... 214
9.4.3.4 Aktualität ... 214
9.4.3.5 Relevanz (Wesentlichkeit) ... 215
9.4.3.6 Stetigkeit ... 215
9.4.3.7 Recht- und Ordnungsmäßigkeit ... 216
9.4.3.8 Übungen ... 216

10. Die kommunale Bilanz (Ansatz, Ausweis und Bewertung in den einzelnen Posten) ... 219
10.1 Inventur, Inventar ... 219
10.1.1 Begriff und Inhalt ... 219
10.1.2 Festwertbildung ... 222
10.1.3 Gruppenbewertung ... 224

10.1.4 Inventurverfahren ... 224
10.1.5 Übungen ... 226
10.2 Allgemeine Grundlagen der Bewertung im kommunalen Haushaltsrecht ... 228
10.2.1 Anschaffungs- und Herstellungskosten ... 228
10.2.1.1 Anschaffungskosten ... 229
10.2.1.2 Herstellungskosten ... 234
10.2.1.3 Übungen ... 236
10.2.2 Verhältnis zu anderen Bewertungszwecken ... 239
10.2.2.1 Steuerrecht ... 239
10.2.2.2 Gebührenrecht ... 240
10.2.2.3 Kosten- und Leistungsrechnung ... 240
10.2.3 Abgrenzung von Herstellungskosten und Erhaltungsaufwand ... 241
10.2.3.1 Erweiterung eines Vermögensgegenstandes ... 242
10.2.3.2 Über den ursprünglichen Zustand hinausgehende Wertverbesserung ... 242
10.2.3.3 Zusammentreffen von Herstellungskosten und Erhaltungsaufwendungen ... 245
10.2.3.4 Übungen ... 247
10.2.4 Bilanzierungsgrundsätze ... 251
10.2.4.1 Bilanzidentität ... 251
10.2.4.2 Einzelbewertung ... 251
10.2.4.3 Vorsichtsprinzip ... 251
10.2.4.4 Periodisierungsprinzip ... 253
10.2.4.5 Stetigkeit der Bewertungsmethode ... 253
10.2.4.6 Vollständigkeit ... 254
10.2.4.7 Saldierungsverbot ... 254
10.3 Die Posten der kommunalen Bilanz ... 254
10.3.1 Einführung ... 254
10.3.2 Anlagevermögen ... 256
10.3.2.1 Begriffe, allgemeine Grundlagen ... 256
10.3.2.1.1 Vermögensgegenstand ... 256
10.3.2.1.2 Wirtschaftliches Eigentum ... 257
10.3.2.1.3 Leasing ... 258
10.3.2.1.4 Anlagevermögen ... 259
10.3.2.1.5 Abgrenzung zum Umlaufvermögen ... 259
10.3.2.1.6 Erhaltene Schenkungen von Anlagevermögen ... 260
10.3.2.2 Immaterielles Anlagevermögen ... 260
10.3.2.3 Sachanlagevermögen ... 261
10.3.2.3.1 Begriff des Sachanlagevermögens ... 261
10.3.2.3.2 Abgrenzung unbewegliches und bewegliches Sachanlagevermögen ... 262
10.3.2.3.3 Unbewegliches Sachanlagevermögen ... 264
10.3.2.3.3.1 Unbebaute Grundstücke und grundstückgleiche Rechte ... 266
10.3.2.3.3.2 Bebaute Grundstücke und grundstückgleiche Rechte ... 268

10.3.2.3.3.3 Infrastrukturvermögen 269
10.3.2.3.3.4 Bauten auf fremden Grund und Boden 271
10.3.2.3.4 Bewegliches Sachanlagevermögen, weitere Posten des Sachanlagevermögens 271
10.3.2.3.5 Geleistete Anzahlungen, Anlagen im Bau 273
10.3.2.4 Finanzanlagen 275
10.3.2.4.1 Sondervermögen 276
10.3.2.4.2 Anteile an verbundenen Unternehmen 277
10.3.2.4.3 Mitgliedschaft in Zweckverbänden 277
10.3.2.4.4 Beteiligungen 277
10.3.2.4.5 Wertpapiere des Anlagevermögens 278
10.3.2.4.6 Ausleihungen 278
10.3.2.4.7 Übungen 279
10.3.3 Umlaufvermögen 281
10.3.3.1 Vorräte 282
10.3.3.2 Forderungen und sonstige Vermögensgegenstände 283
10.3.3.2.1 Unterschiedliche Strukturierung der öffentlich-rechtlichen und der privatrechtlichen Forderungen 283
10.3.3.2.2 Privatrechtliche Forderungen 284
10.3.3.2.3 Sonstige Vermögensgegenstände 285
10.3.3.3 Wertpapiere des Umlaufvermögens 285
10.3.3.4 Kassenbestand, Bundesbankguthaben, Guthaben bei Kreditinstituten und Schecks 285
10.3.4 Rechnungsabgrenzungsposten (aktiv) 286
10.3.5 Eigenkapital 287
10.3.5.1 Basis-Reinvermögen 287
10.3.5.2 Rücklagen aus Überschüssen 288
10.3.5.3 Sonderrücklagen 289
10.3.5.4 Fehlbetragsvortrag 289
10.3.6 Sonderposten 289
10.3.6.1 Funktion und inhaltliche Grundlagen 290
10.3.6.2 Sonderpostenbildung für pauschalierte Zuwendungen 291
10.3.6.3 Ansatz von investitionsbezogenen Zuwendungen und von Beiträgen 292
10.3.6.4 Sonstige Sonderposten 295
10.3.6.5 Übung 296
10.3.7 Rückstellungen 297
10.3.7.1 Pensions- und Beihilferückstellungen 298
10.3.7.2 Rückstellungen für Altersteilzeit 300
10.3.7.3 Instandhaltungsrückstellungen 305
10.3.7.4 Rückstellungen für die Rekultivierung und Nachsorge von Deponien und die Sanierung von Altlasten 308
10.3.7.5 Rückstellungen für ungewisse Verbindlichkeiten im Rahmen des Finanzausgleichsgesetzes und von Steuerschuldverhältnissen 308

10.3.7.6 Rückstellungen bei drohenden Verpflichtungen aus Bürgschaften, Gewährleistungen und anhängigen Gerichtsverfahren 309
10.3.7.7 Sonstige Rückstellungen für Verpflichtungen, die vor dem Bilanzstichtag wirtschaftlich begründet wurden und die dem Grunde nach noch nicht genau feststehen 310
10.3.7.8 Übungen 312
10.3.8 Verbindlichkeiten 314
10.3.8.1 Anleihen 314
10.3.8.2 Verbindlichkeiten aus Krediten für Investitionen 315
10.3.8.3 Verbindlichkeiten aus Kassenkrediten 315
10.3.8.4 Verbindlichkeiten aus Vorgängen, die Kreditaufnahmen wirtschaftlich gleichkommen 316
10.3.8.5 Verbindlichkeiten aus Lieferung und Leistungen 317
10.3.8.6 Sonstige Verbindlichkeiten 317
10.3.9 Rechnungsabgrenzungsposten (passiv) 317
10.3.10 Übungen zum Bilanzausweis 318

11. Die Ergebnisrechnung – Grundlagen und Einzelpositionen 321
11.1 Übersicht über die Erfolgs- und Finanzrechnungskonten (Kontenklassen 4, 5, 6 und 7) 321
11.2 Die Konten der Ergebnisrechnung (Kontenklassen 4 und 5) 323
11.2.1 Steuern und ähnliche Abgaben (Kontengruppe 40) 323
11.2.2 Zuwendungen und allgemeine Umlagen (Kontengruppe 41) 327
11.2.3 Sonstige Transfererträge (Kontengruppe 42) 332
11.2.4 Öffentlich-rechtliche Leistungsentgelte (Kontengruppe 43) 332
11.2.5 Privatrechtliche Leistungsentgelte, Kostenerstattungen und Kostenumlagen (Kontengruppe 44) 333
11.2.6 Sonstige ordentliche Erträge (Kontengruppe 45) 334
11.2.7 Finanzerträge (Kontengruppe 46) 334
11.2.8 Aktivierte Eigenleistungen und Bestandsveränderungen (Kontengruppe 47) 335
11.2.9 Erträge aus internen Leistungsbeziehung (Kontengruppe 48) 336
11.2.10 Außerordentliche Erträge (Kontengruppe 49) 337
11.2.11 Personalaufwendungen (Kontengruppe 50) 338
11.2.12 Versorgungsaufwendungen (Kontengruppe 51) 340
11.2.13 Aufwendungen für Sach- und Dienstleistungen (Kontengruppe 52) 342
11.2.14 Transferaufwendungen (Kontengruppe 53) 344
11.2.15 Sonstige ordentliche Aufwendungen (Kontengruppe 54) 346
11.2.16 Zinsen und sonstige Finanzaufwendungen (Kontengruppe 55) 347
11.2.17 Bilanzielle Abschreibungen (Kontengruppe 57) 347
11.2.18 Aufwendungen aus internen Leistungsbeziehungen (Kontengruppe 58) 350
11.2.19 Außerordentliche Aufwendungen (Kontengruppe 59) 350
11.3 Übungen 350

12. Die Finanzrechnung – Grundlagen und Einzelpositionen 357
12.1 Die Ermittlung der Finanzrechnung 357
12.2 Übung 362
12.3 Originäre Bebuchung der Finanzrechnung in den Kontenklassen 6 und 7 364
12.4 Zusammenfassung: Systematische Behandlung der Abweichungen von Finanz- und Ergebnisrechnung bei originärer Buchung der Finanzrechnung 366
12.5 Einzahlungen aus Investitionstätigkeit (Kontengruppe 68) 367
12.6 Einzahlungen aus Finanzierungstätigkeit (Kontengruppe 69) 368
12.7 Versorgungsauszahlungen (Kontengruppe 71) 370
12.8 Auszahlungen aus Investitionstätigkeit (Kontengruppe 78) 371
12.9 Auszahlungen aus Finanzierungstätigkeit (Kontengruppe 79) 372
12.10 Die Erfüllung der finanzstatistischen Anforderungen mit Hilfe der Konten der Finanzrechnung 373
12.11 Übungen 374

13. Die Bewirtschaftungsgrundsätze 380
13.1 Allgemeines 380
13.2 Bewirtschaftungsformen 380
13.2.1 Gesamtdeckung 380
13.2.2 Budgetierung 381
13.3 Bewirtschaftungsregeln 382
13.3.1 Unechte Deckungsfähigkeit 382
13.3.2 Echte Deckungsfähigkeit 385
13.3.3 Übertragbarkeit von Haushaltsermächtigungen 388
13.3.3.1 Allgemeines 388
13.3.3.2 Die einzelnen Ermächtigungsübertragungsarten 391
13.3.3.3 Auswirkungen auf den Jahresabschluss 394
13.4 Übungen 394

14. Die Verpflichtungsermächtigungen 398
14.1 Begriff und Verfahren 398
14.2 Umfang und zeitliche Beschränkung der Verpflichtungsermächtigungen 400
14.3 Veranschlagung der Verpflichtungsermächtigungen 401
14.4 Übungen 402

15. Finanzierung des kommunalen Haushalts 407
15.1 Innenfinanzierung 408
15.1.1 Selbstfinanzierung 409
15.1.2 Finanzierung aus dem Rückfluss von Abschreibungsgegenwerten 410
15.1.3 Fremdfinanzierung aus Rückstellungen 411
15.1.4 Finanzierung durch Vermögensumschichtung 411

15.2 Außenfinanzierung ... 413
15.2.1 Finanzierung aus Investitionszuwendungen und Beiträgen ... 413
15.2.2 Fremdfinanzierung aus Krediten ... 413
15.2.2.1 Kredite für Investitionen ... 415
15.2.2.2 Kassenkredite ... 416
15.2.3 Anleihen ... 417
15.2.4 Kreditähnliche Verbindlichkeiten ... 417
15.2.5 Innere Darlehen ... 417
15.2.6 Zusammenfassende Darstellung der Begriffe der Fremdfinanzierung ... 418
15.3 Kredite ... 419
15.3.1 Kriterien der Einteilung von Krediten ... 419
15.3.1.1 Rechtliche Ausgestaltung der Kredite ... 419
15.3.1.2 Laufzeit der Kredite ... 420
15.3.1.3 Tilgung der Kredite ... 421
15.3.1.4 Kreditgeber ... 422
15.3.2 Voraussetzungen der Kreditaufnahme ... 422
15.3.2.1 Allgemeines ... 422
15.3.2.2 Beachtung des Subsidiaritätsprinzips ... 423
15.3.2.3 Vorliegen einer Kreditermächtigung in der Haushaltssatzung ... 424
15.3.2.4 Gesamtbetragsgenehmigung im Rahmen der Haushaltssatzung ... 426
15.3.2.5 Bewahrung der dauernden Leistungsfähigkeit ... 427
15.3.2.6 Beachtung gemeindewirtschaftlicher Belange ... 429
15.3.2.7 Beachtung gesamtwirtschaftlicher Belange ... 430
15.3.2.8 Zuständigkeit für die tatsächliche Kreditaufnahme ... 430
15.3.2.9 Auswahl der Kreditangebote unter Berücksichtigung der Wirtschaftlichkeit ... 431
15.3.2.10 Eventuelle Einzelgenehmigung ... 431
15.3.2.11 Einhaltung der Formvorschriften bei der Kreditaufnahme ... 432
15.3.3 Ausgestaltung von Krediten (Kreditbedingungen) ... 433
15.3.3.1 Allgemeines ... 433
15.3.3.2 Zinssatz ... 433
15.3.3.3 Auszahlung ... 434
15.3.3.4 Laufzeit und Tilgung ... 434
15.3.3.5 Kündigungsrechte ... 435
15.3.3.6 Abtretung der Forderung ... 435
15.3.3.7 Sicherheiten ... 435
15.3.4 Abwicklung der Kreditaufnahme im Haushalt ... 436
15.3.4.1 Veranschlagung der Kredite und der daraus resultierenden Aufwendungen und Auszahlungen ... 436
15.3.4.2 Umschuldung ... 438
15.3.4.3 Dauer der Kreditermächtigung ... 439
15.3.5 Übungen ... 439
15.4 Kreditähnliche Verbindlichkeiten ... 449
15.4.1 Bedeutung kreditähnlicher Geschäfte ... 449

15.4.2 Voraussetzungen zum Eingehen von kreditähnlichen Geschäften und Genehmigungspflicht 449
15.4.3 Ausgestaltung kreditähnlicher Geschäfte 450
15.4.4 Verbindung zum Haushaltsplan 450
15.4.5 Übung 451
15.5 Haftungsverhältnisse: Sicherheitsleistungen, Bürgschaften und Gewährverträge 452
15.5.1 Sicherheitsleistungen 452
15.5.2 Bürgschaften und Gewährverträge 453
15.5.2.1 Allgemeines 453
15.5.2.2 Voraussetzungen 453
15.5.2.3 Ausgestaltung von Bürgschaften, Gewährverträgen und anderen Haftungsverhältnissen 454
15.5.2.4 Verbindung zum Haushalt 456
15.5.2.5 Übung 456

16. Der Haushaltsausgleich 458
16.1 Bedeutung und Zielsetzung 458
16.2 Ausgleich des Ergebnisplans und der Ergebnisrechnung (Haushaltsausgleich i. e. S.) 459
16.3 Gefahr bei bilanzieller Überschuldung 460
16.4 Haushaltsjahresübergreifender Ausgleich 461
16.4.1 Bedeutung und Funktion der Rücklagen aus dem ordentlichen und außerordentlichen Ergebnis 462
16.4.2 Einbeziehung der mittelfristigen Planung 463
16.5 Rechtsfolgen unausgeglichener Haushalte 464
16.5.1 Inanspruchnahme der Rücklage aus Überschüssen des ordentlichen Ergebnisses 464
16.5.2 Inanspruchnahme der Rücklage aus Überschüssen des außerordentlichen Ergebnisses 464
16.5.3 Aufstellung eines Haushaltssicherungskonzepts bei unausgeglichenem Haushalt 465
16.5.4 Eintreten oder Drohen einer Überschuldung 466
16.5.5 Zusammenfassung 466
16.6 Exkurs: Sicherstellung der Zahlungsfähigkeit 467
16.7 Übungen 468

17. Die Haushaltssatzung 473
17.1 Rechtsnatur und Bedeutung der Haushaltssatzung 473
17.1.1 Gemeindliches Satzungsrecht 473
17.1.2 Haushaltssatzung als besondere Satzung 473
17.2 Inhalt der Haushaltssatzung 475
17.2.1 Rechtliche Grundlagen 475
17.2.2 Pflichtinhalte der Haushaltssatzung (§ 65 Abs. 2 BbgKVerf) 475

17.2.2.1 Festsetzung des Haushaltsplans ... 475
17.2.2.2 Festsetzung der Kreditermächtigung für Investitionen ... 476
17.2.2.3 Festsetzung des Gesamtbetrags der Verpflichtungsermächtigungen ... 477
17.2.2.4 Festsetzung der Realsteuerhebesätze ... 477
17.2.2.5 Festsetzungen zum Haushaltssicherungskonzept ... 480
17.2.2.6 Festsetzungen von verschiedenen Wertgrenzen nach § 65 Abs. 2 Nr. 5 und 6 BbgKVerf und anderer Rechtsgrundlagen ... 480
17.2.2.7 Festsetzungen des Betrags gemäß § 73 Abs. 5 BbgKVerf ... 481
17.2.3 Freiwillige Inhalte der Haushaltssatzung ... 482
17.3 Zustandekommen der Haushaltssatzung ... 482
17.3.1 Überblick ... 482
17.3.2 Vorverfahren ... 483
17.3.3 Aufstellung des Entwurfs der Haushaltssatzung ... 484
17.3.4 Beteiligung der Einwohner und Abgabepflichtigen ... 484
17.3.4.1 Einwendungsrecht in den Gemeinden ... 484
17.3.4.2 Beteiligung der kreisangehörigen Gemeinden in den Landkreisen ... 485
17.3.5 Beratung in den Fachausschüssen und den Ortsbeiräten ... 486
17.3.5.1 Allgemeines ... 486
17.3.5.2 Beteiligung der Fachausschüsse ... 486
17.3.5.3 Beteiligung der Ortsbeiräte ... 487
17.3.5.4 Beteiligung des Hauptausschusses ... 487
17.3.6 Beschlussfassung durch die politischen Gremien ... 487
17.3.6.1 Beschlussfassung durch die Gemeindevertretung ... 487
17.3.6.2 Beschlussfassung durch den Kreistag ... 487
17.3.7 Vorlage bei der Aufsichtsbehörde ... 488
17.3.8 Bekanntmachung der Haushaltssatzung ... 489
17.4 Genehmigung der Haushaltssatzung durch die Kommunalaufsichtsbehörde ... 489
17.5 Übung ... 492

18. Die Ausführung des Haushalts ... 494
18.1 Erhebung von Einzahlungen ... 494
18.1.1 Rechtzeitige Einziehung der Einzahlungen ... 494
18.1.2 Kleinbeträge ... 494
18.1.3 Rundungen ... 496
18.1.3.1 Übung ... 497
18.2 Zuweisung von Haushaltsmitteln und Verpflichtungsermächtigungen sowie deren Bewirtschaftung und Überwachung ... 499
18.2.1 Zuweisung von Haushaltsmitteln und Verpflichtungsermächtigungen ... 499
18.2.2 Bewirtschaftung der Haushaltsmittel und Verpflichtungsermächtigungen ... 500
18.2.2.1 Grundsätze für den Gesamthaushalt ... 500
18.2.2.2 Besondere Grundsätze für Investitionen ... 501

18.2.3 Überwachung der Haushaltsermächtigungen 502
18.2.4 Übungen 503
18.3 Haushaltswirtschaftliche Sperre und Unterrichtungspflichten gegenüber der Gemeindevertretung 511
18.3.1 Haushaltswirtschaftliche Sperre 511
18.3.2 Unterrichtungspflichten gegenüber der Gemeindevertretung 513
18.4 Stundung, Niederschlagung und Erlass 515
18.4.1 Generelle Begriffsabgrenzungen 515
18.4.2 Rechtsgrundlagen 515
18.4.3 Stundung 516
18.4.3.1 Voraussetzungen 516
18.4.3.2 Verzinsung der gestundeten Forderungen 517
18.4.3.3 Bewilligungsverfahren 517
18.4.3.4 Exkurs: Aussetzung der Vollziehung 518
18.4.4 Niederschlagung 518
18.4.4.1 Voraussetzungen für eine Niederschlagung 518
18.4.4.2 Arten der Niederschlagung 519
18.4.4.3 Praktisches Verfahren bei einer Niederschlagung 520
18.4.5 Erlass 520
18.4.5.1 Voraussetzungen 520
18.4.5.2 Praktisches Verfahren 521
18.4.6 Übungen 521
18.5 Auftragsvergaben 525
18.5.1 Verfahren und Voraussetzungen 525
18.5.2 Übungen 528
18.6 Bewegliche Haushaltsführung 530
18.6.1 Einführung 530
18.6.2 Begriff der über- und außerplanmäßigen Aufwendungen und Auszahlungen 531
18.6.3 Verhältnis zur Nachtragssatzung und zu anderen Bereitstellungsmöglichkeiten für Mehraufwendungen und Mehrauszahlungen 534
18.6.4 Bewilligung von über- und außerplanmäßigen Aufwendungen und Auszahlungen 536
18.6.4.1 Ermittlung der Höhe der benötigten zusätzlichen Ermächtigung 536
18.6.4.2 Voraussetzungen für die Bewilligung 537
18.6.4.3 Entscheidungsgremien 542
18.6.4.4 Praktisches Beantragungs- und Bewilligungsverfahren 544
18.6.5 Deckung von überplanmäßigen Auszahlungen im folgenden Haushaltsjahr (Haushaltsvorgriff) 545
18.6.6 Exkurs: Praxisgerechtes Gesamtprüfungsverfahren für die Bereitstellung von Mehraufwendungen und Mehrauszahlungen 549
18.6.7 Über- und außerplanmäßige Verpflichtungsermächtigungen 551
18.6.8 Übungen 553

19. Vermögenswirtschaft und Anlagenbuchhaltung 562
19.1 Struktur des kommunalen Vermögens 562
19.2 Sondervermögen, Treuhandvermögen und rechtlich selbstständige örtliche Stiftungen 564
19.2.1 Inhaltliche Abgrenzung 564
19.2.2 Eigenbetriebe 564
19.2.3 Vermögen der rechtlich unselbstständigen örtlichen Stiftungen 565
19.2.4 Treuhandvermögen und rechtlich selbstständige örtliche Stiftungen 566
19.3 Erwerb und Veräußerung von Vermögen 566
19.3.1 Abbildung im Rechnungswesen 566
19.3.2 Erwerb von Vermögen 567
19.3.3 Veräußerung von Vermögen 568
19.3.4 Übungen 572
19.4 Bewirtschaftung von Vermögen 575
19.4.1 Grundsätze der Vermögensbewirtschaftung 575
19.4.2 Anlagenbuchhaltung 576
19.4.3 Geschäftsvorfälle in einer Anlagenbuchhaltung 580
19.4.4 Übungen 583
19.5 Kapitalanlagen und Liquiditätsmanagement 585
19.6 Wirtschaftliche Betätigung der Gemeinden 587
19.6.1 Allgemeines 587
19.6.2 Formen der wirtschaftlichen Betätigung 588
19.6.3 Voraussetzungen einer wirtschaftlichen Betätigung 589
19.6.4 Sonstige Regelungen über wirtschaftliche Betätigungen 590
19.6.5 Übung 590

20. Nachtragssatzung und Nachtragsplan 592
20.1 Notwendigkeit der Nachtragssatzung 592
20.2 Pflicht zum Erlass einer Nachtragssatzung 592
20.2.1 Überblick 592
20.2.2 Änderung eines Paragrafen der Haushaltssatzung 593
20.2.3 Pflichten nach § 68 Abs. 2 BbgKVerf 594
20.2.4 Änderung von Haushaltsvermerken und Budgets 597
20.2.5 Änderung von Zielen und Kennzahlen 598
20.2.6 Erhöhung der Ansätze für Verfügungsmittel 598
20.3 Inhalt des Nachtragsplans 599
20.4 Zustandekommen der Nachtragssatzung 602
20.5 Übungen 603

21. Der Jahresabschluss 609
21.1 Gestaltung des Jahresabschlusses 609
21.2 Die einzelnen Elemente des Jahresabschlusses 610
21.2.1 Ergebnisrechnung 610
21.2.2 Teilergebnisrechungen 615

21.2.3 Finanzrechnung ... 615
21.2.4 Teilfinanzrechnungen ... 615
21.2.5 Bilanz ... 616
21.2.6 Anhang ... 617
21.2.7 Anlagenübersicht ... 618
21.2.8 Forderungsübersicht ... 619
21.2.9 Verbindlichkeitenübersicht ... 620
21.2.10 Rechenschaftsbericht ... 620
21.3 Aufstellung, Prüfung und Entlastung beim Jahresabschluss ... 621
21.4 Übertragung von Ermächtigungen ... 623
21.5 Zeitnahe Aufstellung des Jahresabschlusses ... 624

Stichwortverzeichnis ... 627

Vorwort zur 6. Auflage

Seit 1.1.2011 ist die „Doppik“ verbindlich für alle Kommunen des Landes Brandenburg anzuwenden. Auch nach über zehn Jahren zeigt die praktische Umsetzung an vielen Stellen noch offene Fragen bei der Interpretation der Gesetzesvorlagen hinsichtlich eines rechtssicheren und wirtschaftlichen Handels bei der Erstellung der Jahresabschlüsse. Ergebnisse daraus waren Anpassungen in den entsprechenden Verordnungen sowie Konkretisierungen im Rahmen der Jahresabschlusserstellung, die eine Überarbeitung des Buches erforderten. Insofern wurde die Vorauflage inhaltlich überarbeitet und erneut auf den aktuellen Stand von Praxis und Wissenschaft gebracht.

So wird sichergestellt, dass auch die 6. Auflage dieses Buches – wie die vorherigen Auflagen – die kommunalen Verwaltungen in Brandenburg bei den umfangreichen Prozessen des aktuellen Haushaltswesens ratgebend unterstützt.

Wie auch bei der Vorauflage bedanke ich mich herzlich für die Anregungen und Hinweise aus den Reihen der Leser und verbinde damit weiterhin die Bitte, diesen Dialog auch für die 6. Auflage des Buches fortzusetzen.

Dieses Buch soll auch weiterhin eine fachliche Auseinandersetzung mit dem kommunalen Finanzmanagement ermöglichen und somit als Arbeitsgrundlage seinen Platz in der Kommunalverwaltung und im Studium haben.

Berlin, im August 2023
Die Verfasserin

Hinweis:
Bei den Funktionsbezeichnungen wird im Buchtext die männliche Form (z. B. „Bürgermeister“) verwendet. Dies stellt keine Diskriminierung der weiblichen Funktionsträger dar, sondern soll lediglich der einfacheren Lesbarkeit dienen.

Zur Verfasserin

Barbara Knöfel (BA), Jahrgang 1986, absolvierte ein Studium der Verwaltungswissenschaften an der Hochschule für Wirtschaft und Recht in Berlin und eine Berufsausbildung zur Buchhalterin. Seit 2005 ist sie in den Bereichen Buchhaltung, Projektmanagement und Controlling tätig und arbeitet als selbständige Kommunalberaterin. In ihrer Funktion als Dozentin und Beraterin unterstützt sie Mitarbeitende aus Kommunal-, Landes- und Bundesverwaltungen im Bereich des öffentlichen Finanzmanagements. Ihre Arbeitsschwerpunkte liegen im kommunalen Haushalts- und Rechnungswesen und der effizienteren Gestaltung der Abläufe der kommunalen Finanzverwaltung.

Abkürzungsverzeichnis

a. a. O.	am angegebenen Ort
AbF	Abzinsungsfaktor
Abs.	Absatz
a. F.	alte Fassung
AG	Aktiengesellschaft
Anm.	Anmerkung
AO	Abgabenordnung
Art.	Artikel
BauGB	Baugesetzbuch
Bbg	Brandenburg
BbgKVerf	Kommunalverfassung des Landes Brandenburg
BekanntmVO	Bekanntmachungsverordnung
BewertL	Bewertungsrichtlinie
BFH	Bundesfinanzhof
BGA	Betriebs- und Geschäftsausstattung
BGB	Bürgerliches Gesetzbuch
BGBl.	Bundesgesetzblatt
BHO	Bundeshaushaltsordnung
BStBl.	Bundessteuerblatt
Buchst.	Buchstabe
BVerwG	Bundesverwaltungsgericht
bzw.	beziehungsweise
DGO	Deutsche Gemeindeordnung
DIN	Deutsche Industrienorm bzw. „Das ist Norm"
d. J.	des Jahres
DV	Datenverarbeitung
DVO	Durchführungsverordnung
EFoG	Entlastungsfondsgesetz
EigVO	Eigenbetriebsverordnung
Entsch.	Entscheidung
Erl.	Erläuterung
EStR	Einkommensteuerrichtlinien
FAG	Finanzausgleichsgesetz
ff.	folgende
GmbH	Gesellschaft mit beschränkter Haftung
GemFinRefG	Gemeindefinanzreformgesetz
GemHKV	Gemeindehaushalts- und Kassenverordnung
GewStG	Gewerbesteuergesetz
GFG	Gemeindefinanzierungsgesetz
GG	Grundgesetz
GrStG	Grundsteuergesetz

GV	Gemeindeverband/Gemeindeverbände
GWG	geringwertiges Wirtschaftsgut
HGB	Handelsgesetzbuch
HGrG	Haushaltsgrundsätzegesetz
i. d. F.	in der Fassung
i. d. R.	in der Regel
i. H. v.	in Höhe von
IM	Innenminister/Innenministerium
IMK	Konferenz der Innenminister und Innensenatoren
i. S. v.	im Sinne von
i. V. m.	in Verbindung mit
KAG	Kommunalabgabengesetz
KGSt	Kommunale Gemeinschaftsstelle für Verwaltungsvereinfachung
KomHKV	Kommunale Haushalts- und Kassenverordnung
KWahlG	Kommunalwahlgesetz
LHO	Landeshaushaltsordnung
LV	Landesverfassung
MeldeG	Meldegesetz
NRW	Nordrhein-Westfalen
NSM	Neues Steuerungsmodell
öffentl.	öffentlich
OVG	Oberverwaltungsgericht
RdErl.	Runderlass
RGBl.	Reichsgesetzblatt
RVO	Reichsversicherungsordnung
S.	Seite
Sp.	Spalte
StAnpG	Steueranpassungsgesetz
StWG	Gesetz zur Förderung der Stabilität und des Wachstums der Wirtschaft
u. a.	und andere/und anderes
UARG	Unterausschusses zur Reform des Gemeindehaushaltsrechts
Urt.	Urteil
USt.	Umsatzsteuer
VG	Verwaltungsgericht
VO	Verordnung
Vorl. VV	vorläufige Verwaltungsvorschriften
VV	Verwaltungsvorschriften
VwGO	Verwaltungsgerichtsordnung
z. B.	zum Beispiel
Ziff.	Ziffer
z. Zt.	zur Zeit

Literaturverzeichnis

Baetge/Kirsch/Thiele, Bilanzen, 15. Aufl., Düsseldorf 2019

Bernhardt/Erkes/Klümper/Schünemann/Schwingeler/Theisen, Reform des kommunalen Haushaltsrechts, Gelsenkirchen 1991

Bernhardt/Oelgeklaus/Schünemann/Schwingeler, Kommunales Haushaltsrecht Brandenburg, 3. Aufl., Witten 2003

Bernhardt/Schünemann/Schwingeler, Kommunales Anordnungs-, Kassen-, Rechnungslegungs- und Prüfungsrecht NRW, 7. Aufl., Witten 1999

Bernhardt/Schünemann/Schwingeler/Theisen, Effektivität und Akzeptanz der neuen Steuerungsmodelle in der kommunalen Haushaltswirtschaft, Gelsenkirchen 2001

Bickeböller/Pehlke, Haushaltsausgleich in der Doppik, der gemeindehaushalt 2003, S. 97 ff.

Bittig/Fudalle/zur Mühlen, Doppisches kommunales Rechnungswesen: Finanzrechnung und Finanzplan, der gemeindehaushalt 2002, S. 29 ff.

Brixner/Harms/Noe, Verwaltungskontenrahmen, München 2003

Bühner/Schelgen, Der Betrieb, Düsseldorf 2001

Bundeszentrale für Politische Bildung (Hrsg.), Das Lexikon der Wirtschaft, Bonn 2004

Buschor, Internationale Entwicklungen der Verwaltungsrechnungssysteme in: Budäus/Küpper/Streitferd (Hrsg.), Neues öffentliches Rechnungswesen, Wiesbaden 2000

Driehaus, Kommunalabgabenrecht (Kommentar), Herne (Loseblatt)

Eibelshäuser (Hrsg.), Finanzpolitik und Finanzkontrolle – Partner für Veränderung, Baden-Baden 2002

Einmahl/Eleftheriadou, Zivilrecht, 6. Aufl., Witten 2019

Falterbaum/Bolk/Reiß, Buchführung und Bilanz, 19. Aufl., Achim 2003

Häfner, Doppelte Buchführung nach dem NKF, Freiburg 2002

Hofmann/Theisen/Bätge, Kommunalrecht in Nordrhein-Westfalen, 19. Aufl., Wiesbaden 2021

Klümper/Möllers/Zimmermann, Kommunale Kosten- und Wirtschaftlichkeitsrechnung, 20. Aufl., Witten 2019

Klümper/Zimmermann, Die produktorientierte Kosten- und Leistungsrechnung, München/Berlin 2002

Lüder, Vom Ende der Kameralistik, hrsg. v. der Deutschen Hochschule für Verwaltungswissenschaften Speyer, Speyerer Vorträge H. 74, Speyer 2003

Lüder, Konzeptionelle Grundlagen des Neuen Kommunalen Rechnungswesens, 2. Aufl., Stuttgart 1999

Modellprojekt „Doppischer Kommunalhaushalt in NRW" (Hrsg.), Neues Kommunales Finanzmanagement: Betriebswirtschaftliche Grundlagen für das doppische Haushaltsrecht, 2., vollst. überarb. Aufl. auf der Basis der Endergebnisse des Modellprojektes, Freiburg 2003

Muth, Potsdamer Kommentar, Kommunalrecht und kommunales Finanzrecht in Brandenburg, Loseblatt Potsdam, 79. Ergänzungslieferung, 2021

Mutschler, Kommunales Finanz- und Abgabenrecht NRW, 14. Aufl., Wiesbaden 2018

Mutschler/Schlösser, Praktische Fälle aus dem Kommunalen Finanzmanagement und Externen Rechnungswesen, 7. Aufl., Witten 2021

Mutschler/Stockel-Veltmann, Externes Rechnungswesen, 6. Aufl., Witten 2021

Odenthal/Beckermann, Einführung in die öffentliche Betriebswirtschaftslehre, 11. Aufl., Witten 2021

Pabst, Staats- und Europarecht, 6. Aufl., Witten 2021

Piduch, Kommentar zum Bundeshaushaltsrecht, Band I, Stuttgart (Loseblatt)

Schmolke/Deitermann, Industrielles Rechnungswesen IKR, 50. Aufl., Darmstadt 2021

Schrader, Kapitalflussrechnung als Abbildung der Finanzlage, Frankfurt 1999

Seidel, Die Balanced Scorecard als Instrument kommunaler strategischer Steuerung, Diplomarbeit an der Fakultät für Raumplanung der Universität Dortmund, 2002

Sprenger-Menzel/Brockhaus, Grundlagen des Controllings, 6. Aufl., Witten 2021

Sprenger-Menzel/Henßler, Volkswirtschaftslehre und Wirtschaftspolitik, 10. Aufl., Wiesbaden 2021

Statistisches Bundesamt, Eckpunkte der Finanzstatistik für die Reform des kommunalen Haushaltsrechts, Wiesbaden 2000

Rohde/Lustig/Wöhler, Allgemeines Verwaltungsrecht mit Verwaltungsvollstreckung und verwaltungsgerichtlichem Rechtsschutz, 16. Aufl., Witten 2020

Wöhe/Döring, Einführung in die allgemeine Betriebswirtschaftslehre, 27. Aufl., München 2020

Zimmermann/Jöhnk, Die Balanced Scorecard – ein Instrument zur Steuerung öffentlich-rechtlicher Kreditinstitute, in: Budäus/Küpper/Streitferdt (Hrsg.), Neues Öffentliches Rechnungswesen, Wiesbaden 2000

1. Einführung

1.1 Öffentliche Finanzwirtschaft

1.1.1 Begriff

„Öffentliche Finanzwirtschaft" ist die Tätigkeit der gesamten „öffentlichen Hand", durch welche diese die erforderlichen finanzwirtschaftlichen Maßnahmen trifft bzw. notwendigen Mittel aufbringt, verwaltet und verwendet, die zur Erfüllung ihrer Aufgaben notwendig sind.

Die öffentliche Finanzwirtschaft hat demnach zunächst die Aufgabe, die zur Erfüllung der öffentlichen Aufgaben erforderlichen Ressourcen bereit zu stellen und diese entsprechend zu finanzieren (Bedarfsdeckungsprinzip). Der Begriff der „öffentlichen Aufgaben" hat aber insbesondere in den letzten Jahrzehnten eine erhebliche Wandlung bzw. Ausweitung erfahren. Die Übertragung neuer und die Erweiterung bestehender Aufgaben erfordert zwangsläufig einen höheren Finanzbedarf. Da dieser Finanzbedarf dem Volkseinkommen entnommen werden muss, ergeben sich hierdurch enge Verflechtungen der öffentlichen Finanzwirtschaft mit der Privatwirtschaft. Dies wiederum führt dazu, dass der öffentlichen Finanzwirtschaft in verstärktem Maße Aufgaben der Steuerung und Beeinflussung der Gesamtwirtschaft zufallen Art. 109 Abs. 2 GG bestimmt, dass Bund und Länder (auch die Gemeinden als Bestandteile der Länder) bei ihrer Haushaltswirtschaft den Erfordernissen des gesamtwirtschaftlichen Gleichgewichts Rechnung zu tragen haben. Die öffentliche Finanzwirtschaft hat sich somit in das Gesamtsystem der Volkswirtschaft einzuordnen.[1]

1.1.2 Innere Abgrenzung der öffentlichen Finanzwirtschaft

Die „öffentliche Finanzwirtschaft" ist Teil der Volkswirtschaft und gliedert sich in die Bereiche

- Einnahmebeschaffung[2],
- Finanzmanagement (Haushaltswirtschaft),
- wirtschaftliche Betätigung und
- Prüfungswesen.

Die **Einnahmebeschaffung** umfasst die Bereiche

- Abgaben (Steuern, Gebühren, Beiträge),
- übrige öffentliche Einnahmen (Buß- und Zwangsgelder, Zuwendungen, Umlagen usw.) und
- privatrechtliche Einnahmen.

---

1 *Mutschler*, Kommunales Finanz- und Abgabenrecht NRW, 14. Aufl., Wiesbaden 2018.

2 Vereinfacht wird in der Einführungsphase dieses Buches der Begriff „Einnahmen" verwendet. Die im kommunalen Finanzmanagement notwendige Konkretisierung nach Erträgen und Einzahlungen bleibt den weiteren Kapiteln vorbehalten. Zur Begriffsdefinition siehe Kap. 3.

Das **Finanzmanagement** (die Haushaltswirtschaft) umfasst die Bereiche
- kurz-, mittel- und langfristige Planung,
- Steuerung des kommunalen Wirtschaftsablaufs,
- Ausführung des Haushaltes mit Buchführung und Zahlbarmachung,
- Rechnungslegung.

Die **wirtschaftliche Betätigung** der öffentlichen Hand umfasst die Bereiche
- öffentlich-rechtliche Betriebsführung (Eigenbetriebe, rechtlich selbständige Anstalten des öffentlichen Rechts) und
- privatrechtliche Betriebsführung (AG, GmbH usw.).

Dem **Prüfungswesen** obliegt es, die öffentliche Verwaltung bei ihrer Aufgabenerfüllung in rechtlicher und zweckmäßiger Hinsicht zu überwachen. Es greift also in alle Bereiche der öffentlichen Finanzwirtschaft ein.

Eine Kurzübersicht ergibt bezüglich der Bereiche der öffentlichen Finanzwirtschaft folgendes Bild:

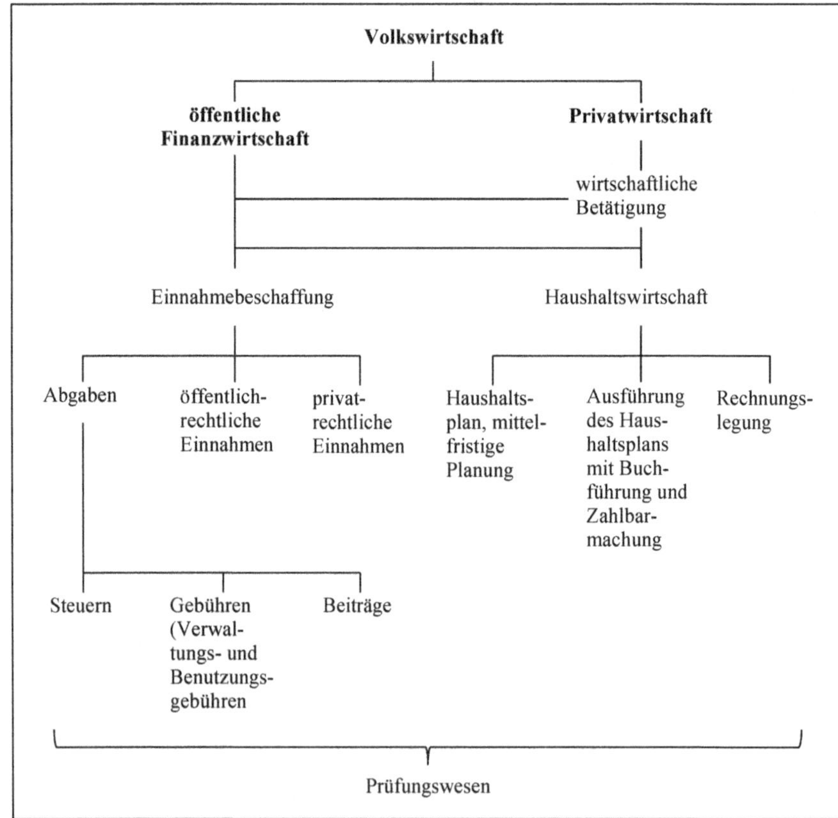

1.2 Träger der öffentlichen Finanzwirtschaft

Die öffentliche Hand benötigt zur Erfüllung ihrer Aufgaben die Bereitstellung der dafür notwendigen Ressourcen. Dies bedeutet, dass zwangsläufig alle juristischen Personen des öffentlichen Rechts, die mit der Erledigung öffentlicher Aufgaben betraut sind, Ausgaben[3] tätigen und diese gleichzeitig finanzieren (Einnahmebeschaffung).

Das Gesetz kennt eine Unterscheidung der juristischen Personen des öffentlichen Rechts in:

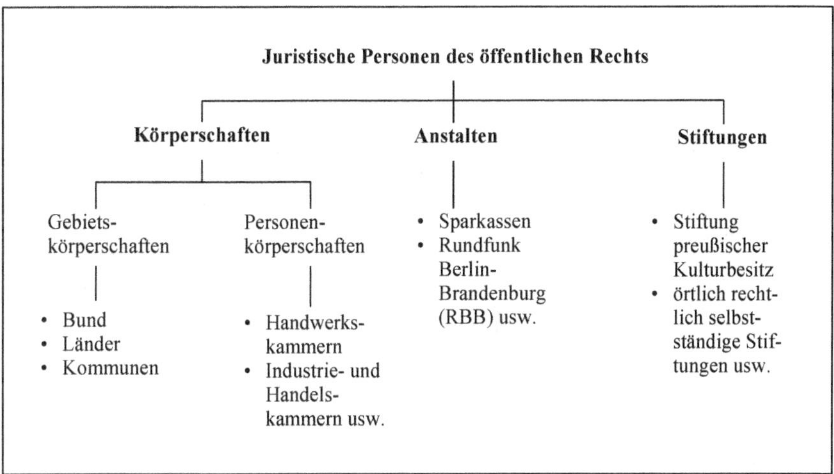

Von ihrer politischen und finanzwirtschaftlichen Bedeutung her sind die Träger – unabhängig vom Haushaltsvolumen – in folgender Reihenfolge zu nennen:

- der Bund,
- die Länder,
- die Kommunen und
- die sonstigen Körperschaften, Anstalten und Stiftungen des öffentlichen Rechts.

Letztlich kann man zu den Trägern der öffentlichen Finanzwirtschaft im weiteren Sinne auch die Unternehmungen und Institutionen des privaten Rechts hinzurechnen, die von der öffentlichen Hand betrieben und kontrolliert werden.

3 Vereinfacht wird in der Einführungsphase dieses Buches der Begriff „Ausgaben" verwendet. Die im kommunalen Finanzmanagement notwendige Konkretisierung in Aufwendungen und Auszahlungen bleibt den weiteren Kapiteln vorbehalten. Zur Begriffsdefinition siehe Kap. 3.

1.3 Finanzhoheit

1.3.1 Begriff und Bedeutung

„Finanzhoheit“ ist das Recht, die Finanzwirtschaft eigenverantwortlich und unbeeinflusst von Dritten zu regeln. Finanzhoheit ist somit die selbstständige Mittelverwaltung, also die eigenverantwortliche Einnahmen- und Ausgabenverwaltung.

Der Bund und die Länder haben dieses Recht originär. Grundgesetz und die Länderverfassungen sichern dies ausdrücklich zu. So bestimmt z. B. Art. 109 Abs. 1 GG, dass Bund und Länder in ihrer Haushaltswirtschaft – als Teilgebiet der öffentlichen Finanzwirtschaft – selbstständig und voneinander unabhängig sind (eigene Finanzhoheit). Die übrigen Körperschaften verfügen dagegen über eine abgeleitete Finanzhoheit.[4] Aber bereits die Vorschriften des Art. 109 Abs. 3 GG[5] sowie beispielsweise auch die nationalen[6] und multinationalen[7] Regelungen auf dem Sektor der Einnahmebeschaffung (Steuern, Zölle usw.) lassen erkennen, dass die Finanzhoheit des Bundes und der Länder sowie verstärkt die der dann folgenden Ebenen (Kommunen usw.) eingeschränkt ist.

1.3.2 Finanzhoheit der Gemeinden

Die Finanzhoheit der Kommunen ist nicht originär, sondern abgeleitet. Der Staat (Bund und Land Brandenburg) gewährt die Finanzhoheit.

In Art. 28 Abs. 2 GG ist den Gemeinden die sog. „Selbstverwaltungsgarantie“ verfassungsrechtlich zugesichert. Ein unverzichtbarer Bestandteil der Selbstverwaltung ist die Finanzhoheit. Des Weiteren gibt Art. 1 BbgVerf eine Bestandsgarantie der Institution „Gemeinde“. In Art. 97 BbgVerf wird die Finanzhoheit – als wesentliches Element der kommunalen Selbstverwaltung – gewährleistet und das Recht auf eine eigenen Haushaltsführung und die Einnahmen- und Ausgabenhoheit abgeleitet. Die Garantie einer ausreichenden Finanzausstattung der Gemeinden enthält Art. 97 Abs. 3 der BbgVerf: *„Das Land kann die Gemeinden und Gemeindeverbände durch Gesetz oder aufgrund eines Gesetzes verpflichten, Aufgaben des Landes wahrzunehmen und sich dabei ein Weisungsrecht nach gesetzlichen Vorschriften vorbehalten. Werden die Gemeinden und Gemeindeverbände durch Gesetz oder aufgrund eines Gesetzes zur Erfüllung neuer öffentlicher Aufgaben verpflichtet, so sind dabei Bestimmungen über die Deckung der Kosten zu treffen. Führen diese Aufgaben zu einer Mehrbelas-*

---

4 *Leibinger/Müller/Züll*, Öffentliche Finanzwirtschaft, 15. Aufl., 2021.

5 Siehe dazu die Regelungen des Haushaltsgrundsätzegesetz vom 19.8.1969 (BGBl. I S. 1273) in der derzeit geltenden Fassung.

6 Art. 104a ff. GG enthalten die Bestimmungen über die Finanzausstattung von Bund, Ländern und Gemeinden sowie die Gesetzgebungs- und Ertragskompetenzen im Bereich der Steuern.

7 Einen guten Überblick über die einzelnen Steuerarten und die internationalen Verflechtungen sind auf der Internetseite des Bundesfinanzministeriums (www.bundesfinanzministerium.de) erhältlich.

tung der Gemeinden oder Gemeindeverbände, so ist dafür ein entsprechender finanzieller Ausgleich zu schaffen.“

Eine nähere Ausgestaltung bezüglich des Inhalts und Umfanges der Finanzhoheit gibt die Kommunalverfassung (§§ 1, 2, 3, 74 ff.).

Die Finanzhoheit beschränkt sich aber nicht nur auf die Haushaltswirtschaft, sondern umfasst notwendigerweise auch die Einnahmebeschaffung. So gibt z. B. Art. 106 Abs. 6 GG den Gemeinden die Garantie zur Erhebung von Grund- und Gewerbesteuern (Realsteuergarantie). Da die Kommunen ihren Finanzbedarf in der Regel nicht aus dem eigenen Steueraufkommen abdecken können, sieht das Grundgesetz eine Beteiligung an bestimmten Steuern vor. Die Länder sind durch Art. 106 Abs. 7 GG verpflichtet, den Gemeinden und Gemeindeverbänden einen von der Landesgesetzgebung zu bestimmenden Hundertsatz vom Länderanteil an den Gemeinschaftsteuern zuzuweisen (obligatorischer Steuerverbund). Die Mittel aus dem Steuerverbund werden den Gemeinden im Rahmen des kommunalen Finanzausgleichs zugewiesen. Insgesamt ist festzustellen, dass die Gemeinden grundsätzlich eine Finanzhoheit besitzen, diese aber in den einzelnen Teilbereichen unterschiedlich stark ausgeprägt ist.

1.4 Abgrenzung der öffentlichen Finanzwirtschaft zur Privatwirtschaft

Einleitend muss darauf hingewiesen werden, dass diese Darstellung keine detaillierte und umfassende Abgrenzung im Sinne der Volkswirtschaftslehre sein kann. An dieser Stelle werden die wesentlichen Abgrenzungsmerkmale aufgezeigt. Dabei wird das Verständnis für die hier vorgenommene Abgrenzung deutlicher, wenn man die Zielsetzungen und Ergebnisse der öffentlichen Verwaltung allgemein herausstellt:

- **Die öffentliche Verwaltung liefert vor allem immaterielle Güter (Dienstleistungen) für die Bedürfnisse ihrer Bürger** (z. B. Rechtsschutz, Bildung, innere und äußere Sicherheit).
  Es werden aber auch materielle Güter produziert (z. B. Ver- und Entsorgung durch die Gemeinden bzw. deren Betriebe in den Bereichen Strom, Gas, Wasser, Entwässerung, Abfallbeseitigung, Straßenreinigung usw.)
- **Ihre Leistungen sind im Wesentlichen nicht unmittelbar messbar.**
  Der Nutzen für erhöhte Aufwendungen (z. B. für die innere Sicherheit) kann nicht unmittelbar nach betriebswirtschaftlichen Gesichtspunkten gemessen werden. Das bedeutet jedoch nicht, dass nicht auch im öffentlichen Bereich nach ökonomischen Gesichtspunkten gehandelt werden muss.

Die wesentlichen Unterscheidungen sind:

Öffentliche Finanzwirtschaft	Privatwirtschaft
Bedarfsdeckung Dem öffentlichen Finanzwesen ist eine gewisse Aufgabenstellung vorgegeben, für die eine entsprechende Bereitstellung von Ressourcen erforderlich ist. Der Ressourcenbedarf soll gedeckt werden, wobei kein Gewinnstreben vorliegt. Nur die Mittel werden bestimmt, das Ziel liegt fest.	**Gewinnmaximierung** Der Kaufmann beabsichtigt, größtmöglichen Gewinn zu erzielen. Er beginnt mit seiner Tätigkeit nur, wenn er sich daraus einen Gewinn erhofft. Ziel und Mittel werden in seinen Überlegungen gegenübergestellt.
Bindung an den Plan Die Haushaltswirtschaft des öffentlichen Gemeinwesens wird durch den Haushaltsplan bzw. das Budget bestimmt, welches durch die/das vom „Parlament" beschlossene Haushaltssatzung/-gesetz normiert ist.	**Anpassung an die Marktlage** Der Kaufmann stellt zwar Pläne auf, jedoch kann er jederzeit von ihnen abweichen. Dies ist schon dadurch bedingt, dass eine ständige Anpassung an die Marktlage erfolgen muss.
Zwangseinnahmen Die wesentlichen Einnahmen beruhen auf Zwang, wobei die Steuern den größten Teil ausmachen. Die Erhebung von Zwangseinnahmen ist Ausfluss der Finanzhoheit.	**Eigenmittel** Der Kaufmann kann nur auf Eigenmittel zurückgreifen, die zu erwirtschaften sind. Fremdmittel (z. B. Kredite) sind letzten Endes auch Eigenmittel, weil sie zurückgezahlt werden müssen.
Gesamtwirtschaftliches Gleichgewicht Die öffentliche Hand hat im Rahmen ihrer Finanzwirtschaft dem gesamtwirtschaftlichen Gleichgewicht Rechnung zu tragen. Sie hat sich konjunkturgerecht zu verhalten. Die öffentliche Finanzwirtschaft verfügt über rd. 50 % des Sozialproduktes (siehe auch Kap. 1.5.4).	**Egoistische Ziele** Stabilitätsbewusstes Handeln wird der Privatwirtschaft von den Politikern zwar immer nahegelegt, jedoch fehlt jeglicher Zwang. Da der Kaufmann auf Gewinn bedacht ist, führt seine konsequente Marktausnutzung zu einem gewissen wirtschaftlichen Egoismus.
Minimalprinzip Mit dem geringsten Mitteleinsatz den gewünschten Erfolg erzielen.	**Maximalprinzip** Mit gegebenen Mitteln den größten Erfolg erzielen.

Bei aller Abgrenzung darf nicht übersehen werden, dass natürlich vielfältige Verbindungen zwischen beiden Bereichen bestehen und auch notwendig sind. Insofern sind die vorstehenden Abgrenzungen nur grundsätzlicher Natur.

1.5 Aufgaben und Ziele der öffentlichen Finanzwirtschaft

1.5.1 Allgemein

Die öffentliche Finanzwirtschaft hat – wie in Kap. 1.1.1 dargelegt – die Aufgabenerfüllung zu sichern. Hieraus ergeben sich die nachfolgend dargestellten Aufgaben und Ziele (Funktionen), die von der öffentlichen Finanzwirtschaft erfüllt werden müssen. An dieser Stelle kann und soll jedoch nur Grundsätzliches angesprochen werden. Erschöpfend wird dieses Thema in der Volkswirtschaft und Betriebswirtschaft zu behandeln sein.

1.5.2 Finanzpolitische Funktion

Das öffentliche Gemeinwesen (Staat/Gemeinden) kann die ihm übertragenen Aufgaben und Verpflichtungen nur erfüllen, wenn es in die Lage versetzt wird, die öffentlichen Bedürfnisse befriedigen zu können. Der Haushaltsplan konkretisiert nun die zu erfüllenden Aufgaben in finanzieller Hinsicht, während gleichzeitig die zur Deckung des Finanzbedarfs erforderlichen Mittel aufgeführt werden. Gleichzeitig werden Ziele und Kennziffern zu den einzelnen kommunalen Tätigkeitsfeldern ausgewiesen

Die beiden Seiten des Haushaltes (Mittelherkunft und Mittelverwendung) müssen aber miteinander in Einklang gebracht werden, d. h. der Haushaltsausgleich für die jeweilige Periode muss herbeigeführt werden. Der Haushaltsplan erfüllt insofern eine finanzpolitische Funktion, die auch als „finanzwirtschaftliche Ordnungsfunktion" gekennzeichnet werden kann. Hierzu gehört insbesondere das Prinzip des Haushaltsausgleichs, das die Solidität der öffentlichen Finanzwirtschaft sichern hilft. Gleichzeitig wird intergenerative Gerechtigkeit erzeugt, da bei einem ausgeglichenen Haushalt jede Nutzerperiode den von ihr verursachten Aufwand erwirtschaftet.

1.5.3 Politische Funktion

Der Etat kann als der „ziffernmäßige Ausdruck des politischen Programms" gelten. Die überwiegende Mehrzahl der öffentlichen Aufgaben ist nämlich mit dem Verbrauch von Haushaltsmitteln verbunden. Der Haushaltsplan ist auch das Ergebnis politischer Auseinandersetzungen, letztlich ein Kompromiss der verschiedenen politischen Kräfte.

Durch die parlamentarische Zustimmung wird dem Parlament bzw. der Gemeindevertretung die Möglichkeit geboten, regelmäßig lenkend, begrenzend und kontrollierend die Tätigkeit der Verwaltung zu beeinflussen. Insofern stellt der Haushaltsplan einen wesentlichen Generalkontrakt zwischen Politik und Verwaltung dar. Die Möglichkeiten der Einflussnahme sind dennoch begrenzt, weil der überwiegende Teil der Haushaltsmittel durch gesetzliche und andere rechtliche sowie durch politische Verpflichtungen festgelegt ist (z. B. Personalkosten, Sachaufwand, Investitionsfolgekosten). Die Beeinflussung durch das Parlament bzw. die Gemeindevertretung richtet sich daher insbesondere auf die freie Manövriermasse des Haushalts, die oft nur einen geringen Teil des Gesamtvolumens beträgt und auf die Gestaltung der Einnahmeseite.

Wie sehr die „öffentliche Finanzwirtschaft" in den Blickpunkt des politischen Interesses rückt, wird immer dann deutlich, wenn der „Etat" des Bundes, Landes oder einer Gemeinde im „Parlament" behandelt wird oder wenn z. B. steuerpolitische Maßnahmen diskutiert werden.

1.5.4 Wirtschaftspolitische Funktion

Die wirtschaftspolitische Aufgabenstellung ist eine weitere Funktion der öffentlichen Finanzwirtschaft.

Der Faktor „öffentliche Finanzwirtschaft“ hat einen entscheidenden Einfluss auf die Aktivitäten in der Volkswirtschaft. Etwa 50 % des Bruttosozialproduktes werden heute durch die „öffentliche Hand“ in Deutschland beeinflusst. Somit kommt der öffentlichen Finanzwirtschaft zunehmend eine volkswirtschaftliche Ordnungsfunktion zu. Die nachstehende Übersicht belegt dieses deutlich:

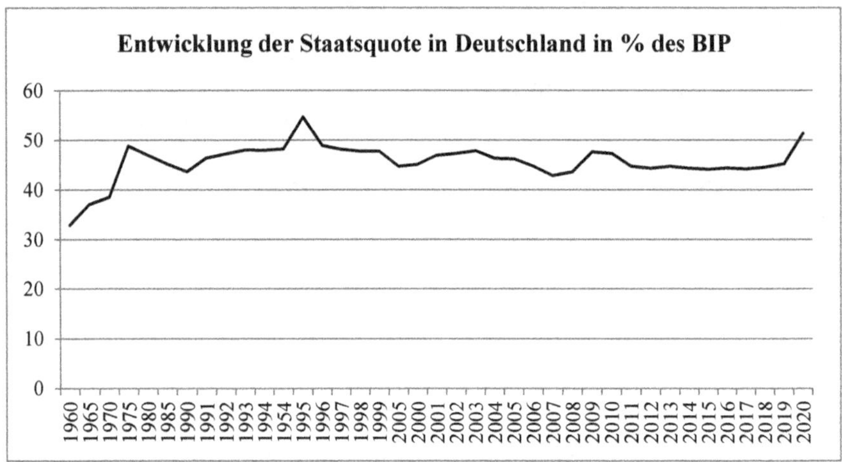

Quelle: Eigene Darstellung nach Daten des Bundesministeriums für Finanzen, April 2020.

Abbildung: Gesamte Staatsausgaben im Verhältnis zum Bruttoinlandsprodukt

1.5.5 Betriebswirtschaftliche Funktion

Insbesondere im kommunalen Bereich wird der betriebswirtschaftlichen Funktion der öffentlichen Finanzwirtschaft besondere Beachtung geschenkt.

Die Betriebswirtschaftslehre befasst sich mit den wirtschaftlichen Problemen der Betriebe, wobei ihre Erkenntnisse die praktische Konsequenz haben sollen, die Betriebe wirtschaftlicher zu gestalten. Wenn nun in § 63 Abs. 2 BbgKVerf die Forderung aufgestellt wird, dass nicht nur sparsam, sondern auch wirtschaftlich und effizient zu verwalten ist, so ergab sich früher unter dem Aspekt der reinen Hoheitsverwaltung die Frage, ob überall in der öffentlichen Verwaltung die betriebswirtschaftlichen Erkenntnisse zugrunde zu legen sind oder ob diese einer öffentlichen Verwaltung wesensfremd sind.

Unstreitig liegt dies in solchen öffentlichen Bereichen vor, in denen Entgelte für die von diesen Bereichen erbrachten Leistungen erhoben werden. Diese Bereiche müssen nach betriebswirtschaftlichen Gesichtspunkten arbeiten. Neben den Eigenbetrieben gehören hierzu auch die öffentlichen Einrichtungen der Daseinsvorsorge. Beispiele hierfür sind: Abfallbeseitigung, Entwässerung, Straßenreinigung, Märkte, Schwimmbäder, Sportanlagen, Volkshochschulen, Musikschulen und Bibliotheken.

Auch für die restlichen Bereiche der „öffentlichen Finanzwirtschaft“ sind betriebswirtschaftliche Grundsätze verstärkt zu berücksichtigen. So müssen Finanzmanagemententscheidungen nicht nur unter haushaltsrechtlichen, sondern auch unter betriebswirtschaftlichen Überlegungen (z. B. Kostenermittlungen) getroffen werden. Insofern ist es selbstverständlich, dass auch in kommunalen Sozial- oder Ordnungsämtern betriebswirtschaftliches Denken verstärkt Eingang findet.

2. Kommunales Haushaltsrecht

2.1 Haushaltswirtschaft

Unter „Haushaltswirtschaft“ versteht man die Bewirtschaftung der Haushaltsmittel öffentlicher Körperschaften. Da das Haushaltsrecht bis Ende 2010 i. d. R. auf der Verwaltungsbuchführung (Kameralistik) beruhte, handelte es sich bei diesen Haushaltsmitteln um veranschlagte Einnahmen und Ausgaben. Das neue Haushaltsrecht der Gemeinden und Gemeindeverbände Brandenburg, auf das sich dieses Lehrbuch bezieht, basiert dagegen auf dem Rechnungsstoff der doppelten kaufmännischen Buchführung (Doppik). Die veranschlagten Haushaltsmittel orientieren sich daher vor allem an den Rechengrößen der Doppik, nämlich an Aufwendungen und Erträgen. Darüber hinaus werden Mittel für den Bereich der Investitionen und der Finanzierungstätigkeit im neuen Haushaltsrecht auf der Grundlage von Einzahlungen und Auszahlungen bereitgestellt. Die Haushaltswirtschaft beginnt – unabhängig vom zugrunde liegenden Rechenstoff – mit der Planung und formalen Aufstellung des Etats, setzt sich mit der Ausführung des Haushalts und der damit verbundenen buchhalterischen Erfassung der Geschäftsvorfälle (Buchführung) fort und endet mit der Erstellung des Jahresabschlusses sowie der Kontrolle der Haushaltswirtschaft und der politischen Entlastung.

Die nachfolgende Darstellung soll die einzelnen Stationen der Haushaltswirtschaft und die Beziehungen zueinander verdeutlichen. Dabei wird das Verfahren der Haushaltsplanung auch in die sonstige gemeindliche Planung eingeordnet. Die Systematik ist gleichermaßen für den Bund, die Länder und Gemeinden (GV) und unabhängig vom Rechnungsstoff gültig.

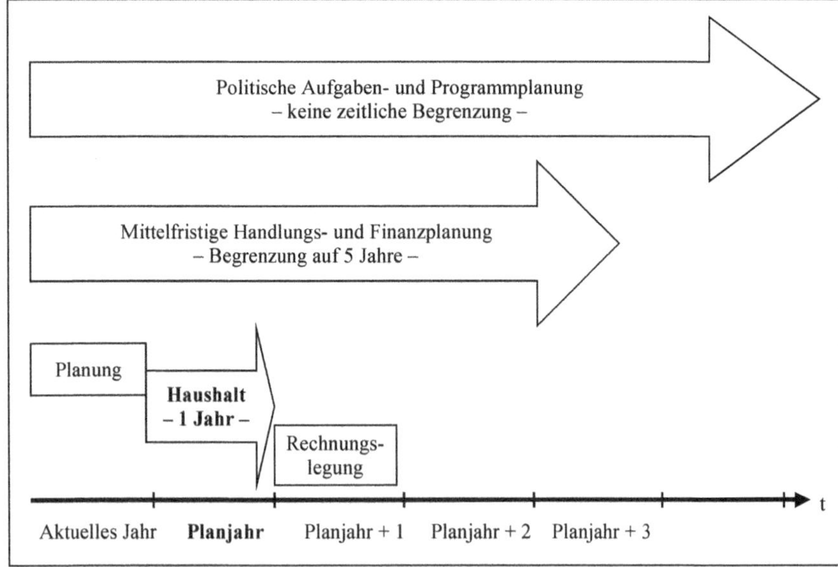

2.2 Verfassungsrechtliche Grundlagen und Haushaltsautonomie

Die verfassungsrechtlichen Grundlagen des gemeindlichen Haushaltsrechtes ergeben sich nicht unmittelbar (originär) aus der Verfassung (Grundgesetz/Landesverfassung Bbg). Im Gegensatz zum Bund und den Ländern haben die Gemeinden und Gemeindeverbände nur eine abgeleitete Haushaltsautonomie. Art. 28 Abs. 2 GG gewährleistet den Gemeinden (GV) die Selbstverwaltungsgarantie und als deren wesentlichen Bestandteil auch die Haushaltsautonomie. So bestimmt Art. 28 Abs. 2 Satz 2 GG ausdrücklich, dass die Gewährleistung der Selbstverwaltung der Gemeinden (GV) auch die Grundlagen der finanziellen Eigenverantwortung umfasst. Auch die Landesverfassung Bbg garantiert in Art. 1 und Art. 97 die Existenz und Selbstverwaltung der Gemeinden (GV). Somit ist die Haushaltsautonomie der Gemeinden (GV) verfassungsrechtlich verankert.

Die Kommunalverfassung (BbgKVerf) bestimmt nun im Einzelnen Umfang und Inhalt der tatsächlich vorhandenen Haushaltsautonomie. Sie hat sich in dem von der Landesverfassung gesteckten Rahmen zu bewegen. Hierbei darf jedoch nicht übersehen werden, dass das Land bei der Abfassung der kommunalen haushaltsrechtlichen Vorschriften in seinen Handlungen und Regelungen im Wesentlichen durch Art. 109 GG festgelegt ist.

In Art. 109 GG ist das Haushaltsverfassungsrecht von Bund und Ländern geregelt. Die Bestimmung enthält folgende Grundsätze:

- den Grundsatz der Haushaltsautonomie von Bund und Ländern (Absatz 1),
- die bund- und länderverpflichtende gesamtwirtschaftliche Budgetfunktion (Absatz 2),
- die Gesetzgebungskompetenz des Bundes für das Haushaltsrecht, eine konjunkturgerechte Haushaltswirtschaft und eine mehrjährige Finanzplanung von Bund und Ländern (Absatz 3) sowie
- die Gesetzgebungskompetenz des Bundes für die Regelung von Kreditbegrenzungen und Konjunkturausgleichsrücklagen (Absatz 4).

Die Haushaltswirtschaft der öffentlichen Hand sollte bei den vorgegebenen Aufgaben in gesamtwirtschaftlicher Hinsicht möglichst nach einheitlichen Kriterien und Regelungen geführt werden. Im Hinblick auf die Reform des Haushaltsrechts ist festzustellen, dass die Gemeinden hier eine Vorreiterrolle einnehmen. Es gibt aber auch auf Landesebene Impulse in Richtung Doppik. Auf staatlicher Ebene ist der Reformprozess derzeit ins Stocken geraten. Lediglich die Stadtstaaten Hamburg und Bremen sowie das Land Hessen haben bislang doppische Jahresabschlüsse vorgelegt (Bremen erstmals zum 31.12.2010, Hamburg erstmals zum 31.12.2006, Hessen erstmals zum 31.12.2009). Nordrhein-Westfalen befindet sich derzeit noch in der behördenweisen Umstellung auf die Doppik und hat noch keinen Jahresabschluss veröffentlicht. Offensichtlich sind die Verfechter der Kameralistik insbesondere in den Finanzministerien noch immer in der Überzahl. Dies kann seine Ursache aber durchaus auch darin haben, dass insbesondere auf Länderebene die Ergebnisse einer Eröffnungsbilanz verheerend sein dürften.[1] Im Hinblick auf die Verfassungsmäßigkeit der Haushalte könnte eine erhebliche Überschuldung hier die Handlungsfähigkeit weiter einschränken. Gleichzeitig dürfte das doppische Rechnungswesen einen spürbaren Mehraufwand begründen. Letztlich scheinen bislang auch bei politischen Entscheidungsträgern noch kamerale Denkweisen vorzuherrschen – selbst wenn bereits doppisch gebucht wird.[2] Die Einheitlichkeit des Haushaltsrechts ist insofern in Zukunft nicht garantiert, was in vielen Bereichen (Verwendungsnachweise, Statistiken, Ausbildung etc.) sicherlich zu Problemen führen wird.

Art. 109 GG gibt den Status an, den Bund und Länder jeder für sich und zueinander haben. Sie sind selbstständig und unabhängig voneinander, aber dem Gemeinwohl verpflichtet. Die einzelnen Haushaltswirtschaften können sich nur innerhalb der in Art. 109 GG gesetzten Grenzen entfalten.

Hierbei ist ferner zu berücksichtigen, dass aufgrund des Art. 109 GG der Bund mit Zustimmung der Länder zwei für die Haushaltswirtschaft bedeutsame Gesetze erlassen hat, nämlich

- das Gesetz zur Förderung der Stabilität und des Wachstums der Wirtschaft und
- das Gesetz über die Grundsätze des Haushaltsrechts des Bundes und der Länder, jeweils in der z. Zt. geltenden Fassung.

Diese Rechtsnormen stecken im Interesse des Gesamtstaates detailliert den eigentlichen Rahmen für die Haushaltswirtschaft der öffentlichen Hand (Bund, Länder, Gemeinden usw.) ab. Die Haushaltsautonomie von Bund, Ländern und Gemeinden (GV) ist also in der Verfassungswirklichkeit bei der gegebenen Aufgabenstellung wie folgt zu sehen:

1 Vgl. hierzu z. B.: *Lüder*, Vom Ende der Kameralistik, hrsg. v. der Deutschen Hochschule für Verwaltungswissenschaften Speyer, Speyerer Vorträge H. 74, Speyer 2003.

2 Bericht nach § 99 BHO über die angestrebte Einführung harmonisierter Rechnungsführungsgrundsätze für den öffentlichen Sektor (EPSAS) in den Mitgliedstaaten der Europäischen Union (Bundesrechnungshof 2017).

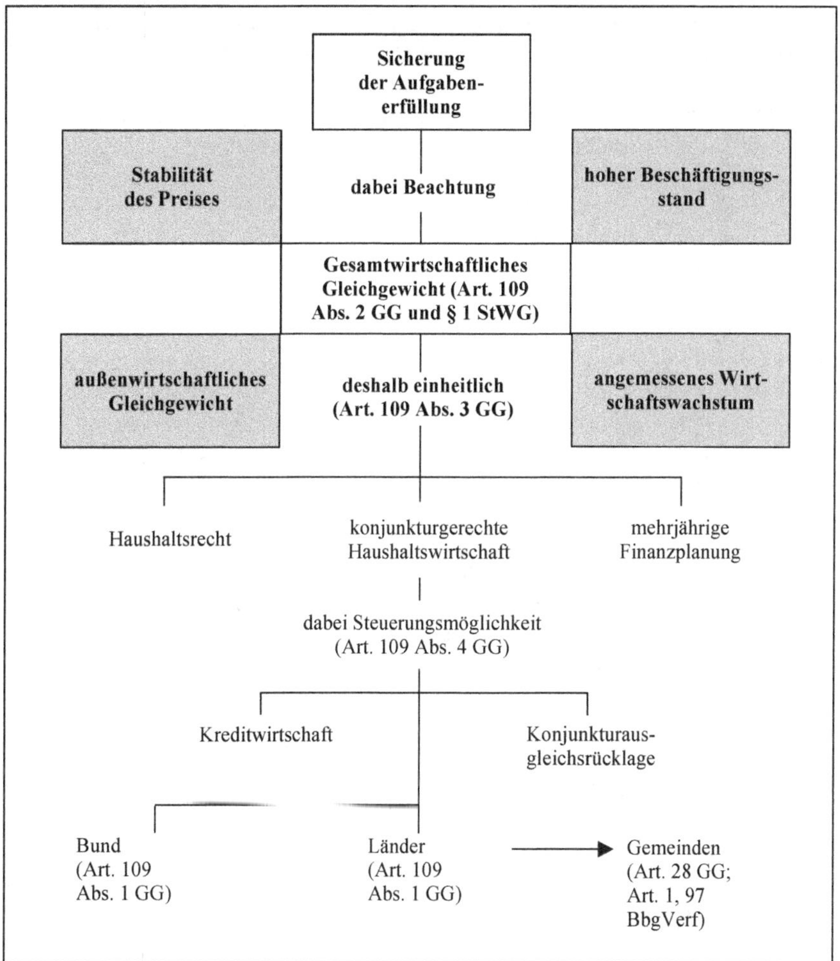

2.3 Geschichtlicher Überblick

2.3.1 Bisherige Entwicklung

Die Entwicklung des Haushaltsrechts hat im Wesentlichen seinen Ursprung im gemeindlichen Bereich. Bedingt durch die „demokratische“ Struktur der Städte war hier zuerst ein Bedürfnis nach allgemeingültigen „Normen“ gegeben. Im staatlichen Bereich war durch die monarchistische Führung zunächst der Wille des jeweiligen Monarchen allein maßgebend.

Konkrete Formen nahm das Haushaltsrecht im 16. Jahrhundert an. Der erste kommunale Haushalt wird 1516 erwähnt. Der erste staatliche Haushalt wird rd. 100 Jahre später (1618 bis 1619) genannt. In der Folgezeit wurde die Entwicklung im Wesentlichen von staatlicher Seite beeinflusst, wobei die Gemeinden mit einbezogen wurden. Daher soll nachfolgend auch die Entwicklung des Haushaltsrechts in seiner Gesamtheit dargestellt werden.

Die ersten Versuche – allerdings auf Teilbereiche beschränkt –, eine Haushaltsplanung nach „Normen“ zu erstellen, wurden 1689 in Preußen unternommen. Mit der Erstellung eines „Generaletats“ aller Domäneneinkünfte und -ausgaben wurde hier so etwas wie ein Haushaltsplan aufgestellt. Im gleichen Jahr bestimmte eine kurfürstliche Instruktion, dass alle Provinzen *„einen Domänenetat formieren, darin ein balance der einnahmen und ausgaben machen und Sr.K.D. gnädigster vollanziehung gehörigen Ohrts überliefern“* sollten.

In den preußischen Gebieten wurden diese Etats für weitere Bereiche eingeführt und die Normen verbessert. Im süddeutschen Raum wurden dagegen erst 1803 Etats aufgestellt.

Im kommunalen Bereich wurde auch zuerst in den preußischen Gebietsteilen der zaghafte Versuch unternommen, Formvorschriften über das Haushalts-, Kassen- und Rechnungswesen zu erstellen. Die Städteordnung für die östlichen Provinzen von 1853, für die Provinz Westfalen von 1856 und die Rheinische Städteordnung von 1856 bestimmten die Aufstellung eines Haushaltsplans über alle voraussehbaren Ausgaben, Einnahmen und Naturaldienste.

Das Kommunalabgabengesetz von 1893 legte das Haushaltsjahr auf die Zeit vom 1. April bis zum 31. März des folgenden Jahres fest. Unter bestimmten Voraussetzungen konnte die Haushaltsperiode bis zu drei Jahre umfassen. Nach Ablauf der Haushaltsperiode war gegenüber der Stadtverordnetenversammlung Rechnung zu legen, der auch die Prüfung und Feststellung der Jahresrechnung und die Entlastung des Gemeindevorstandes oblag. Für den Fall, dass eine preußische Gemeinde ihrer Verpflichtung zur Aufstellung eines Haushaltsplans nicht nachkam, räumte das preußische Zuständigkeitsgesetz von 1883 den Aufsichtsbehörden das Recht auf Zwangsetatisierung ein.

Ein Haushaltsrecht im heutigen Sinne kam erstmals mit Einführung der Demokratie (1918/19) in Deutschland auf. Die folgende Darstellung der wesentlichen gesetzlichen Entwicklung verdeutlicht dieses sehr anschaulich, wobei bewusst keine Trennung in staatliches und kommunales Haushaltsrecht vorgenommen wurde.

1922	Reichshaushaltsordnung
1927	Reichskassenordnung
1929	Wirtschaftsbestimmungen für die Reichsbehörden
1931	Preußische Gemeindefinanzverordnung
1933	Preußisches Gesetz über die Staatshaushaltsordnung
1933	Preußisches Gemeindefinanzgesetz
1935	Deutsche Gemeindeordnung

1936	Gesetz über die Haushaltsführung, Rechnungslegung und Rechnungsführung des Deutschen Reiches und die IV. Änderung der Reichshaushaltsordnung
1936	Rücklagenverordnung der Gemeinden
1936	Eigenbetriebsverordnung der Gemeinden
1937	Gemeindehaushaltsverordnung
1938	Gemeindekassen- und Rechnungsverordnung

Nach dem Zweiten Weltkrieg am Beispiel des Landes Nordrhein-Westfalen

1945	Finanztechnische Anweisung Nr. 33 der britischen Kontrollkommission für die ehemaligen preußischen Provinzen
1945/46	Revidierte Deutsche Gemeindeordnung der britischen Kontrollkommission
1946	Verordnung Nr. 46 der Militärregierung vom 23. August über die „Auflösung der Provinzen des ehemaligen Landes Preußen in der britischen Zone und ihre Neubildung als selbstständige Länder" = **Gründung des Landes Nordrhein-Westfalen** (am 21.1.1947 wurde durch Verordnung Nr. 77 das ehemalige Land „Lippe Detmold" eingegliedert. Die Gemeinden und Gemeindeverbände wurden als bestehendes „Gebilde" weitergeführt.)
1948	Gesetz über die Einrichtung eines Landesrechnungshofes und die Rechnungsprüfung im Lande NRW
1950	Verfassung für das Land Nordrhein-Westfalen
1952	Gemeindeordnung NRW
1953	Amtsordnung NRW, Kreisordnung NRW, Landschaftsverbandsordnung NRW
1953	Eigenbetriebsverordnung NRW
1954	Gemeindehaushaltsverordnung NRW
1955	Gemeindliche Kassen- und Rechnungslegungsverordnung und Weitergeltung der Rücklagenverordnung NRW

Der erste Schritt zur umfassenden Reform des Haushaltsrechts der öffentlichen Hand wurde am 06.04.1960 mit dem Gesetz zur Anpassung des Rechnungsjahres an das Kalenderjahr unternommen. Ab dem Jahre 1967 wurden dann jedoch wichtige Schritte zur ersten grundlegenden Haushaltsreform der öffentlichen Hand unternommen:

8.6.1967	15. Gesetz zur Änderung des Grundgesetzes
8.6.1967	Gesetz zur Förderung der Stabilität und des Wachstums der Wirtschaft
12.5.1969	20. Gesetz zur Änderung des Grundgesetzes
19.8.1969	Gesetze über die Grundsätze des Haushaltsrechts des Bundes und der Länder
19.8.1969	Bundeshaushaltsordnung
14.12.1971	Gesetz zur Änderung der Landesverfassung NRW
14.12.1971	Landeshaushaltsordnung NRW

14.12.1971	Gesetz über den Landesrechnungshof NRW
11.7.1972	Gesetz zur Änderung der Gemeindeordnung, der Kreisordnung und anderer kommunalverfassungsrechtlicher Vorschriften des Landes NRW
6.12.1972	Verordnung über Aufstellung und Ausführung des Haushaltsplanes der Gemeinden (GemHVO) NRW
5.11.1976	Verordnung über die Kassenführung der Gemeinden (GemKVO) NRW

Die haushaltsrechtliche Entwicklung in der ehemaligen sowjetischen Besatzungszone und nachfolgenden Deutschen Demokratischen Republik verlief davon abweichend. Da die Verfassung der DDR vom 7.10.1949 keine Bestimmungen über das Haushaltsrecht enthielt, wurde zunächst nach den herkömmlichen Regeln der Reichshaushaltsordnung verfahren.

Nachdem sich das hergebrachte Recht der Reichshaushaltsordnung für die Planwirtschaft der DDR als nicht zweckmäßig erwies, wurde 1951 ein völlig neues Haushaltssystem geschaffen. 1952 wurden die Länder aufgelöst und 15 Bezirke gebildet. Die föderalistischen Haushaltsstrukturen wurden abgeschafft. Ein einheitlicher Staatshaushaltsplan entstand, in dem die Haushalte der Republik, der Bezirke, Landkreise und Gemeinden einbezogen waren. Die Haushalte waren so miteinander verbunden, dass die örtlichen Haushalte durch Zuweisungen aus dem zentralen Haushalt ausgeglichen wurden. Damit gab es für die gemeindlichen Haushalte weder Verschuldungs- noch Finanzierungsprobleme.

Der Staatshaushaltsplan war in allen Ebenen nach Aufgabenbereichen gegliedert. Die weitere Unterteilung erfolgte in Kapitel und Abschnitte. Die Einnahmen und Ausgaben wurden nach einem einheitlichen Kontensystem unterteilt. Eine Staatsbank führte die Zahlungsgeschäfte aus, nachdem alle öffentlichen Kassen aufgelöst worden waren. Eine unabhängige Rechnungsprüfung gab es nicht; stattdessen erfolgte eine staatliche Finanzrevision durch Teile des Finanzministeriums der DDR. Dies dargestellte Haushaltsrecht wurde in der Staatshaushaltsordnung der DDR von 1954, unwesentlich geändert durch die Neufassung im Jahre 1968, festgelegt.[3]

Nach der Wiedervereinigung im Jahre 1990 wurde auf dem Gebiet der ehemaligen DDR das bis dahin geltende Haushaltsrecht der Gemeinden aus der BRD eingeführt. Im kommunalen Bereich der Haushaltswirtschaft des Landes Brandenburg wurden eine Fülle von Vorschriften erlassen, die es zu beachten gilt. Die nachfolgende Aufzählung kann zwangsläufig nicht vollständig sein. Auch ist die Reihenfolge kein Indiz für die Bedeutung der Vorschrift im kommunalen Haushaltsrecht des Landes Brandenburg.

3 Siehe *Piduch*, Kommentar zum Bundeshaushaltsrecht, Band I, Stuttgart (Loseblatt).

Gesetze	Erlassdatum bzw. i. d. F.	
Gemeindeordnung	20.4.2004	Ersetzt durch KVerf
Landkreisordnung	20.6.2005	
Amtsordnung	20.4.2006	
Grundgesetz	23.5.1949	
Gesetz zur Förderung der Stabilität und des Wachstums	8.6.1967	
Gesetz über die Grundsätze des Haushaltsrechts des Bundes und der Länder	19.8.1969	
Landesverfassung Bbg	20.8.1992	
Landeshaushaltsordnung	21.4.1999	
Gesetz über den Landesrechnungshof	27.6.1991	
Finanzausgleichsgesetz	29.6.2004	
Gemeindefinanzreformgesetz	10.3.2009	
Abgabenordnung (AO 77)	1.10.2002	
Kommunalabgabengesetz mit VV	31.5.2004	
Grundsteuergesetz	7.8.1973	
Gewerbesteuergesetz	15.10.2002	
Realsteuerübertragungsgesetz	12.4.1996	
Gesetz über kommunale Gemeinschaftsarbeit im Land Brandenburg (GKG)	10.7.2014	

Rechtsverordnungen, Verwaltungsvorschriften und Erlasse

Verordnung über die Aufstellung und Ausführung des Haushaltsplanes der Gemeinden (Gemeindehaushaltsverordnung) einschließlich Verwaltungsvorschriften zur Ausführung der Gemeindehaushaltsverordnung	28.6.2002/ 1.12.2002	Ersetzt durch KomKHV und VV Produkt- und Kontenrahmen
Verordnung über die Kassenführung der Gemeinden (Gemeindekassenverordnung) einschließlich Verwaltungsvorschriften zur Ausführung der Gemeindekassenverordnung	14.7.2005	
Verwaltungsvorschriften über die Gliederung und die Gruppierung der Haushaltspläne der Gemeinden und Gemeindeverbände	28.6.2002	
Eigenbetriebsverordnung	26.3.2009	
Kreditwesen der Kommunen	1.8.2003	
Verordnung über Konzessionsabgaben für Strom und Gas (Konzessionsabgabenverordnung – KAV)	1.11.2006	
Maßnahmen und Verfahren der Haushaltssicherung und der vorläufigen Haushaltsführung (01/2013)	24.7.2013	
Bekanntmachungsverordnung	20.4.2006	
Genehmigungsfreistellungsverordnung	9.3.2009	

2.3.2 Fortentwicklung des kommunalen Haushaltsrechts durch die Einführung des Neuen Kommunalen Haushalts- und Rechnungswesens (Doppik-kom)

Rund 15 Jahre nach der ersten umfassenden Haushaltsrechtsreform wurde der Anstoß für eine tiefgreifende Reformierung des kommunalen Haushaltsrechts in Brandenburg gegeben. Im Juni 2006 fand in Potsdam eine Eröffnungsveranstaltung zur Einführung des neuen kommunalen Rechnungswesens statt. Bei dieser Veranstaltung fiel der Startschuss für die Einführung des neuen Rechnungswesens durch den Innenminister Jörg Schönboom. Auch die wesentlichen Eckpunkte die in der Broschüre des Innenministeriums NRW mit dem Titel: „Neues kommunales Finanzmanagement – Eckpunkte einer Reform“ genannt werden, können auch auf das neue kommunale Rechnungswesen in Bbg übertragen werden. Die wesentlichen Eckpunkte sind:

- Budgetierung,
- organische Haushaltsgliederung,
- Steuerung durch Leistungsvorgaben,
- Ressourcenverbrauchskonzept,
- Zuordnung von Kosten und Erlösen im Haushalt,
- Kommunale Bilanz,
- Doppik (kaufmännische Buchführung),
- Berichtswesen und Controlling,
- Steuerung der Beteiligungen.

In der Eröffnungsveranstaltung wird ebenfalls mitgeteilt, dass ausgewählte Gemeinden, Ämter und Landkreise das Projekt als Modellkommunen erproben sollen. Die Ergebnisse dieser Modellkommunen wurden im November 2007 im Rahmen einer Abschlussveranstaltung vorgestellt.

Neben dem Modellprojekt des Landes Brandenburg zur Einführung eines Neuen Kommunalen Haushalts- und Rechnungswesens gab es kommunale Projekte mit ähnlicher Zielrichtung u. a. auch in Baden-Württemberg, Hessen, Sachsen-Anhalt, Nordrhein-Westfalen, Niedersachsen und Mecklenburg-Vorpommern. Auch hier liegen größtenteils auch Gesetze bzw. teilweise aber nur Gesetzentwürfe für ein neues Haushaltsrecht vor. In Nordrhein-Westfalen haben alle Kommunen zum 1.1.2009 auf das doppische Haushaltsrecht umgestellt.

Seit Anfang 2008 gibt es folgende Rechtgrundlagen für das neue Kommunale Haushalts- und Rechnungswesen:

- Kommunalverfassung des Landes Brandenburg vom 18.12.2007, zuletzt geändert durch Art. 3 des Gesetzes vom 30.6.2022,Kommunale Haushalts- und Kassenverordnung vom 14.2.2008, zuletzt geändert durch Verordnung vom 22.8.2019,
- Verwaltungsvorschrift über die produktorientierte Gliederung der Haushaltspläne, die Kontierung der kommunalen Bilanzen und der Ergebnis- und Finanzhaushalte sowie über die Verwendung verbindlicher Muster zur Kommunalen Haushalts- und Kassenverordnung (VV Produkt- und Kontenrahmen) Verwaltungsvorschrift vom 18.3.2008.

Die Ständige Konferenz der Innenminister und -senatoren (IMK) hat bereits 1999 die Orientierung des Haushalts- und Rechnungswesens an den Grundlagen des Neuen Steuerungsmodells und die Umsetzung des Ressourcenverbrauchskonzeptes im zukünftigen kommunalen Haushaltsrecht beschlossen. Im November 2003 hat die Innenministerkonferenz die Standards für den Übergang vom zahlungsorientierten zum ressourcenorientierten Haushalts- und Rechnungswesen veröffentlicht.

2.4 Öffentliches Haushaltsrecht im System und im Vergleich

2.4.1 Vergleich der einzelnen Ebenen

Trotz der Umstellung des kommunalen Haushaltsrechts auf den Rechnungsstil „Doppik" bleibt das kommunale Haushaltsrecht in verschiedenen Vorschriften mit dem staatlichen Haushaltsrecht vergleichbar. Dieses gilt – mit einigen Ausnahmen/Abweichungen – auch für einige tragende Grundsätze des Haushaltsrechtes. Dazu gehören z. B. der Grundsatz der Gesamtdeckung (§ 7 HGrG), die Möglichkeit der Aufstellung eines Haushaltsplans für zwei Haushaltsjahre (§ 9 HGrG), die Brutto- und Einzelveranschlagung (§ 12 HGrG), die Verpflichtungsermächtigungen (§§ 5 und 22 HGrG) und die haushaltswirtschaftlichen Sperren (§ 25 HGrG).

Abweichungen vom staatlichen Haushaltsrecht ergeben sich im Wesentlichen aus der Struktur der Drei-Komponenten-Rechnung, die die Aufstellung eines Ergebnisplans und eines Finanzplans sowie die Erstellung einer Bilanz erfordert und aus den Vorschriften zur Einbeziehung von Zielen und Kennzahlen (Output) in den Haushaltsplan. Die sich hieraus ergebenden Unterschiede sind praktisch von erheblicher Bedeutung, da sie ein grundlegend anderes Verständnis des Haushalts- und Rechnungswesens erfordern. Die Entwicklung des kommunalen Haushaltswesens steht dabei aber weitestgehend in Übereinstimmung mit der internationalen Entwicklung des öffentlichen Rechnungswesens.[4]

2.4.2 Stellung im System der Volkswirtschaft

Lange Zeit war der Grundsatz des Haushaltsausgleiches, also die Bedarfsdeckung, beherrschendes Thema des Haushaltsrechts. Wirtschaftswissenschaftler (zuerst Keynes) haben sich gegen diese Fiskalpolitik gewandt und sich dafür ausgesprochen, dass die Haushaltswirtschaft als ein bewusstes Instrument zur Steuerung des volkswirtschaftlichen Ablaufs (Konjunktur) angewandt wird. Ihnen schwebte als Ziel vor, die öffentlichen Haushalte als Instrument der Gegensteuerung gegen Konjunkturausschläge (antizyklische Haushaltspolitik) zu benutzen. Das Gesetz zur Förderung der Stabilität und des Wachstums der Wirtschaft hat diese Vorstellungen übernommen. Bund und

4 *Adam/Stertz*, Kommunaler Jahresabschluss nach International Public Sector Accounting Standards (IPSAS) am Beispiel der Stadt Leverkusen, 2020.

Länder werden verpflichtet, bei ihren wirtschafts- und finanzpolitischen Maßnahmen die Erfordernisse des gesamtwirtschaftlichen Gleichgewichts zu beachten. Dabei sind die Maßnahmen so zu treffen, dass sie im Rahmen der marktwirtschaftlichen Ordnung gleichzeitig die folgenden Ziele anstreben:

- Stabilität des Preisniveaus,
- hoher Beschäftigungsstand und
- außenwirtschaftliches Gleichgewicht bei
- stetigem angemessenen Wirtschaftswachstum (§ 1 StWG).

Die Gemeinden werden in § 16 StWG aufgefordert, bei ihrer Haushaltswirtschaft den Zielen des § 1 StWG Rechnung zu tragen. Mit der ersten Reform des kommunalen Haushaltsrechtes, d. h. also mit der Einführung der Gemeindeordnung vom 29.9.1993, wurde hier auch kommunalverfassungsrechtlich die Aufgabe „Beachtung des gesamtwirtschaftlichen Gleichgewichts" zwingende Verpflichtung. Im Land Nordrhein-Westfalen wurde dieses erstmals in der Gemeindeordnung NRW vom 11.7.1972 verankert. Inzwischen stehen die meisten Wissenschaftler aber auch die politischen Parteien der Konjunkturpolitik keynesianischer Prägung äußerst skeptisch gegenüber.[5] Zunehmend wird der Kontinuität und Verlässlichkeit öffentlichen Handelns eine wichtigere Bedeutung eingeräumt als dem ständigen Reagieren auf konjunkturelle Entwicklungen. Dem sollte auch haushaltsrechtlich Rechnung getragen werden, indem konjunkturpolitische Ziele aus dem Haushaltsrecht entfernt werden.

Problematisch wird besonders die Einbeziehung der Gemeinden in die staatliche Konjunkturpolitik beurteilt. Insbesondere im kommunalen Bereich kann es aus der Konkurrenz zwischen der Aufgabenerfüllung auf der einen Seite und des konjunkturgerechten Verhaltens auf der anderen Seite i. S. v. § 63 Abs. 1 BbgKVerf zu Problemen kommen. Da jedoch die Sicherung der Aufgabenerfüllung oberster Grundsatz im kommunalen Haushaltsrecht ist, muss diese Vorschrift den Vorrang haben, so dass zumindest eine abgestimmte Konjunkturpolitik aller Gemeinden und Gemeindeverbände sicherlich als illusorisch anzusehen ist.

2.4.3 Verhältnis zur Betriebswirtschaft

Das neue kommunale Haushaltsrecht basiert auf einer Reihe von betriebswirtschaftlichen Elementen. Insbesondere fußt es erstmals auf den Grundlagen des betriebswirtschaftlichen externen Rechnungswesens (doppelte Buchführung oder Doppik). Durch die Einbeziehung von internen Leistungsverrechnungen (§ 20 Abs. 5 KomHKV) und die Ermittlung von Teilergebnissen (§ 7 KomHKV) auf Produkt-, Produktgruppen- oder Produktbereichsebene ist das kommunale Haushaltsrecht auch eng mit den betriebswirtschaftlichen Elementen der Kosten- und Leistungsrechnung verknüpft, die darüber hinaus als eigenständiger und reglementierter Bereich des Rechnungswesens von den

5 Vgl. z. B. die Darstellung in *Sprenger-Menzel/Henßler*, Volkswirtschaftslehre und Wirtschaftspolitik, 10. Aufl., Wiesbaden 2023.

Gemeinden gefordert wird (§ 18 KomHKV). Die betriebswirtschaftliche Ausrichtung wird auch deutlich durch die systematische Gegenüberstellung von Input und Output (§ 14 Abs. 3 KomHKV) im Haushaltsplan und im Jahresabschluss. Die Feststellung von Wirtschaftlichkeit im Sinne der Betriebswirtschaftslehre stellt im kommunalen Finanzmanagement das wesentliche Abbildungsziel dar.

Im Bereich der Liquiditätssteuerung und im Bereich der Investitionsrechnung wird von den Gemeinden ebenso der Einsatz moderner betriebswirtschaftlicher Elemente erwartet.

Insgesamt wird durch die Verwendung der kaufmännischen Buchführung als Rechensystem in der Kommunalverwaltung der Einsatz betriebswirtschaftlicher Verfahren und Instrumente in den Gemeinden gefördert und vereinfacht. Zwar ist eine ungeprüfte Übernahme betriebswirtschaftlicher Elemente für öffentliche Körperschaften nicht immer ohne weiteres möglich. In vielen Bereichen ist jedoch der Einsatz erprobter Verfahren schon mit kleinen Anpassungen sinnvoll. Die Übernahme betriebswirtschaftlicher Instrumente fördert dabei die Wirtschaftlichkeit und erhöht die Akzeptanz in den politischen Gremien und bei den Bürgern, die im eigenen beruflichen Umfeld häufig mit denselben Instrumenten in Berührung kommen.

2.5 Staatliche Überwachung der gemeindlichen Haushaltswirtschaft

Mit „staatlicher Überwachung" ist die Aufsicht des Landes gegenüber den Gemeinden angesprochen. Sie wird als „Staatsaufsicht" bezeichnet und hat ihre verfassungsmäßige Grundlage im Art. 97 LVerf Bbg, wonach das Land die Gesetzmäßigkeit der Verwaltung der Gemeinden und Gemeindeverbände zu überwachen hat. Die Gemeindeordnung umschreibt die Grenzen der Staatsaufsicht in einer Doppelfunktion, nach der sie einerseits die Gemeinden in ihren Rechten schützt und andererseits die Erfüllung ihrer Pflichten sichert. Das in diesen Bestimmungen verankerte Recht des Landes, die Gemeinden zu überwachen, findet im 4. Kapitel der Kommunalverfassung seine nähere Ausgestaltung. Das Aufsichtsrecht des Landes ist nach diesem Abschnitt in eine allgemeine Aufsicht (§ 109 BbgKVerf) und eine Sonderaufsicht (§ 121 BbgKVerf) geteilt. Der allgemeinen Aufsicht (auch „Rechtsaufsicht" genannt) unterliegen die Selbstverwaltungsaufgaben der Gemeinden, und zwar die freiwillig übernommenen wie auch die gesetzlich übertragenen Selbstverwaltungsaufgaben. Die Sonderaufsicht, die auch als „Fachaufsicht" bezeichnet wird, erstreckt sich auf die Pflichtaufgaben der Gemeinden, die ihnen zur Erfüllung nach Weisung übertragen sind, wie z. B. die Aufgaben des Feuer- und Katastrophenschutzes, Wohnungsbauförderung, die Aufgaben der unteren Bauaufsichtsbehörde, der örtlichen Ordnungsbehörde sowie auf Auftragsangelegenheiten.

Die gemeindliche Haushaltswirtschaft gehört zu den gesetzlich zugewiesenen Selbstverwaltungsaufgaben. Sie ist entsprechend der vorstehenden Systematik der allgemeinen Aufsicht des Landes unterworfen. Nach den verschiedenen Wirkungen und Wirkungsmöglichkeiten der Staatsaufsicht muss sie nach einer schützenden, kontrollierenden und vorbeugenden Aufsicht unterschieden werden. Die Grenzen zwischen diesen einzelnen Aufsichtsarten fließen in der Praxis häufig ineinander. Als einige typische Beispiele sind jedoch angeführt:

- Genehmigung der von der Gemeindevertretung beschlossenen Haushaltssatzung (§ 67 Abs. 5 BbgKVerf),
- Genehmigung des Haushaltssicherungskonzeptes (§ 63 Abs. 5 BbgKVerf),
- Vorlage der Beschlüsse der Gemeindevertretung über den Jahresabschluss und die Entlastung (§ 82 Abs. 5 BbgKVerf),
- Prüfung des Kassen- und Rechnungswesens unter Verwendung von zweckgebundenen Staatszuweisungen (§ 105 Abs. 1 Nr. 2 BbgKVerf) und
- Genehmigung der Kreditaufnahme in der vorläufigen Haushaltsführung (§ 69 Abs. 2 BbgKVerf).

Darüber hinaus kann sich das Land aufgrund seines Informationsrechts, dem eine Informationspflicht der Gemeinde entspricht, zusätzlich über alle anderen finanzwirtschaftlichen Angelegenheiten erschöpfend unterrichten lassen. In einer Kurzübersicht ergibt sich folgendes Bild:

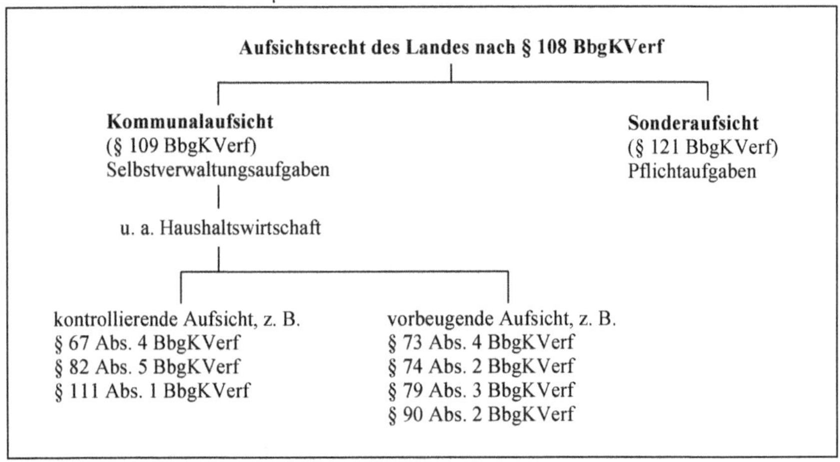

Die Aufsichtskompetenzen sind in § 110 i. V. m. § 131 Abs. 1 und § 140 Abs. 2 BbgKVerf geregelt. Danach sind Aufsichtsbehörden:[6]

Kommunalaufsichtsbehörde	kreisangehörige Städte und Gemeinden sowie Ämter	kreisfreie Städte und Landkreise
untere	Landrat als allgemeine untere Landesbehörde	Ministerium des Innern
oberste	Ministerium des Innern	Ministerium des Innern

6 Eine ausführliche Darstellung der Problematik der Kommunalaufsicht findet sich bei *Hofmann/ Theisen/ Baetge*, Kommunalrecht in Nordrhein-Westfalen, 19. Aufl., Wiesbaden 2021.

3. Grundzüge der kaufmännischen (doppelten) Buchführung

3.1 Inhalt und Abgrenzung zu anderen Rechnungssystemen

Das Kommunale Finanzmanagement bedient sich der kaufmännischen (doppelten) Buchführung (auch „Doppik“[1] genannt). Insofern ist es zum Verständnis der Finanzwirtschaft dringend erforderlich, Grundkenntnisse dieses Buchführungssystems zu besitzen. Die nachfolgenden Ausführungen in diesem Kapitel dienen deshalb dazu, die Buchführungstechnik zu erläutern. Die Besonderheiten einzelner Bilanz- und Ergebnisrechnungspositionen, Bewertungsfragen und Problemstellungen haushaltsrechtlicher Art sind den späteren Spezialkapiteln vorbehalten. Eine vertiefte Darstellung, die zur Bilanzsicherheit führt, würde den Inhalt dieses Buches sprengen. Insofern erfolgt an dieser Stelle auch keine Darstellung der Nebenbuchhaltungen (Anlage-, Debitoren- und Kreditorenbuchhaltungen). Alle in diesem Kapitel dargestellten Buchungen erfolgen deshalb unmittelbar auf den Sachkonten. Die darauffolgenden Kapitel vertiefen dann die Materie.[2]

Die Darstellung in diesem Kapitel enthält das Grundsystem der in der Unternehmenspraxis eingesetzten Doppik. Die Besonderheiten der Buchführung im kommunalen Finanzmanagement (u. a. Drei-Komponenten-System) werden in den nachfolgenden speziellen Kapiteln abgehandelt. Dieser Darstellungsaufbau bietet sich an, weil die spezielle Buchführungstechnik der Kommunalverwaltung auf das bereits vor Jahrhunderten entwickelte[3] und weltweit millionenfach angewendete Grundsystem der doppelten Buchführung aufbaut, ja in den meisten Bereichen weitgehend übereinstimmt.

Zunächst ist es erforderlich, eine grundsätzliche Einordnung der kaufmännischen Buchführung in die Rechnungssysteme vorzunehmen, zumal sich Gemeinden und Gemeindeverbände in Brandenburg gemäß § 141 Abs. 16 BbgKVerf während einer Übergangszeit bis einschließlich Haushaltsjahr 2010 noch der Kameralistik bedienen konnten und die Landeshaushalte und der Bundeshaushalt sich noch heute weitgehend der

1 Kunstwort für doppelte Buchführung (Knauer Universallexikon München, Ausgabe 2002).

2 Diese Thematik ist der Spezialliteratur vorbehalten. Siehe dazu für alle: *Schmolke/Deitermann*, Industrielles Rechnungswesen IKR, 50. Aufl., Darmstadt 2021. Eine umfassende Einführung mit Verbindungen zum Kommunalen Finanzmanagement ist auch enthalten in *Klümper/Möllers/Zimmermann*, Kommunale Kosten- und Wirtschaftlichkeitsrechnung, 20. Aufl., Witten 2019.

3 Die doppelte Buchführung entstand in den mittelalterlichen italienischen Stadtstaaten, wobei die frühesten noch erhaltenen Bücher aus Genua (1340) stammen. Allgemein wird das jetzt vorhandene kompakte in sich geschlossene Buchführungssystem auf den venezianischen Franziskanermönch Luca Pacioli zurück geführt, der im Jahre 1494 die erste veröffentlichte theoretische und praktische Abhandlung zur Buchführungsarbeit verfasste. Siehe dazu Gablers Wirtschaftslexikon, 19. Aufl., Wiesbaden 2018.

Kameralistik bedienen.[4] Zudem ist die Verbindung zur Kosten- und Leistungsrechnung zu dokumentieren.

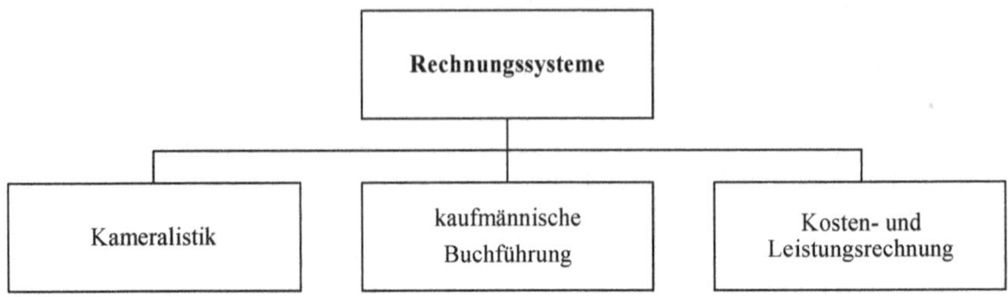

Die **Kameralistik**[5] ist eine reine Einnahme- und Ausgaberechnung und stellt somit lediglich die Geldmittelzuflüsse (Einnahmen) und Geldmittelabflüsse (Ausgaben) eines Betriebes in einer Periode dar. Dabei orientiert sie sich im Wesentlichen an den Grundsätzen der Kassenwirksamkeit und der Fälligkeit einer Zahlung, was auch bei den auf der übernächsten Seite dargestellten Beispielen deutlich wird. Weitergehende finanzielle Geschäftsvorfälle, vor allem der Ressourcenverbrauch, werden nicht erfasst. Zuweilen geäußerte Meinungen, dass die Kameralistik nichts „taugen" würde, sind allerdings als unqualifiziert anzusehen. Die Kameralistik ist hervorragend geeignet, Einnahmen und Ausgaben zu dokumentieren. Mehr kann und will sie ja auch nicht.[6] Große Dienstleister, wie sie nun einmal die Gemeinden und Gemeindeverbände sind,[7] benötigen für ihre Betriebssteuerung (Controlling) Finanzinformationen, die über Einnahmen und Ausgaben hinausgehen. Insofern ergibt sich für die Kameralistik eine Vielzahl von Schwachstellen, wobei einige nachstehend schlagwortartig aufgelistet sind:[8]

4 In den Flächenländern Bayern und Thüringen besteht ein Wahlrecht zwischen der erweiterten Kameralistik und der Doppik. Hier kann jede Gemeinde bzw. jeder Gemeindeverband eine eigenständige Entscheidung treffen (Optionsmodell). Für das Flächenland Schleswig-Holstein wurde 2019 eine Pflicht zur Einführung der Doppik bis 2024 beschlossen.

5 Der Begriff „Kämmerer" stammt aus dem Mittelalter und bezieht sich auf eine Person, die für die Verwaltung der Finanzen einer Stadt oder einer anderen politischen Einheit verantwortlich ist. Der Begriff leitet sich von dem lateinischen Wort „camera" ab, das „Kammer" oder „Schatzkammer" bedeutet.

6 So kommen private Haushalte durchaus mit der Aufzeichnung ihrer Einnahmen und Ausgaben aus. Ebenfalls bedienen sich kleinere Unternehmen einer solchen Rechnungslegung, indem sie eine Einnahmenüberschussrechnung führen.

7 In der Regel sind die Gemeinden und Kreise die größten Dienstleistungsunternehmen vor Ort.

8 Eine ausführliche Darstellung von Schwachstellen der Kameralistik mit einer konkreten Untersuchung der gesetzlichen Bestimmungen enthält *Bernhardt/Schünemann/Schwingeler/Theisen*, Effektivität und Akzeptanz der neuen Steuerungsmodelle in der kommunalen Haushaltswirtschaft, Ergebnis eines Forschungsprojekts an der Fachhochschule für öffentliche Verwaltung NRW, Gelsenkirchen 2001.

Nachteile der Kameralistik[9]

- keine Abbildung des Ressourcenverbrauchs und Ressourcenaufkommens (nur Einnahmen und Ausgaben),
- ausschließlich inputorientiert, keine Produkt- und Leistungsinformationen,
- keine periodengerechte Zuordnung des Werteverzehrs,
- kein integrierter Vermögensnachweis[10],
- keine Abbildung der kommunalen Aktivitäten,
- keine Kennzahlen und Messgrößen für die einzelnen Bereiche,
- keine Aussagen zur Zielsetzung und Aufgabenerfüllung,
- keine einheitliche Darstellung aller kommunaler Aktivitäten (Konzern Stadt),
- kein international anerkanntes Rechnungssystem.

Die **erweitere Kameralistik** versucht, diese Schwachstellen dadurch zu beseitigen, dass Rechengrößen aus der kaufmännischen Buchführung durch Nebenrechnungen eingefügt und teilweise sogar in die kommunalen Haushalte aufgenommen werden (z. B. Abschreibungen). Die Vielzahl der notwendigen Neben- und Ergänzungsrechnungen machen aber das Rechnungssystem der Kameralistik derart unübersichtlich, dass die Aussagekraft verlorengeht. Ein geschlossenes, logisch aufgebautes Rechnungssystem entsteht dadurch nicht. Dabei verkennen die Verfasser nicht, dass es die erweiterte Kameralistik weit gehend vermag, gewisse Basisdaten für die Kosten- und Leistungsrechnung auszuweisen.

Die **kaufmännische Buchführung** dagegen dokumentiert selbstverständlich auch die Einnahmen und Ausgaben,[11] indem sie die liquiden Mittel einschließlich ihrer Veränderungen in der Bilanz nachweist. Im Mittelpunkt steht aber die Dokumentation der Aufwendungen und Erträge. Bei den Aufwendungen handelt es sich um den bewerteten Verbrauch von Gütern und Dienstleistungen in einer Periode (Ressourcenverbrauch, Werteverzehr). Der Ertrag entspricht dagegen den bewerteten Gütern und Dienstleistungen eines Betriebes, die in einer Periode erbracht werden (Zuwachs an Ressourcen, Wertezuwachs). Der Kaufmann bedient sich dazu einer Gewinn- und Verlustrechnung (im kommunalen Finanzmanagement „Ergebnisrechnung" genannt), in der Aufwendungen und Ertrag gegenübergestellt werden. Übersteigen die Erträge die Aufwendungen, entsteht ein Gewinn. Decken die Erträge dagegen die Aufwendungen nicht, liegt ein Verlust vor.

9 Abgestellt wird hierbei auf das übergangsweise von den Kommunen anwendbare kamerale Haushaltssystem nach der GO kameral und der GemHV kameral.

10 Das kamerale Haushaltsrecht sah in § 34 (2) GemHV kameral nur einen Vermögensnachweis mit Werterfassung für die kostenrechnenden Einrichtungen vor. Für das sonstige Vermögen waren nur Bestandsnachweise (§ 34 GemHV kameral) ohne einen Wertnachweis vorgesehen. Zudem wurden beide Bereiche außerhalb des kommunalen Haushaltes in Nebenrechnungen geführt.

11 In diesem Einführungskapitel wird noch nicht zwischen Einnahmen und Einzahlungen sowie Ausgaben und Auszahlungen unterscheiden. Dieses erfolgt erst weiter unten mit der Einführung der speziellen Begrifflichkeiten des kommunalen Finanzmanagements.

Die nachfolgenden Beispiele verdeutlichen die Unterschiede zwischen Kameralistik und kfm. Buchführung und belegen die sachlich korrekte periodengerechte Zuordnung durch die Doppik:

Finanzvorfall	Kameralistik Ausgabe 2023	Kfm. Buchf. Aufwand 2023	Kameralistik Ausgabe 2024	Kfm. Buchf. Aufwand 2024
Zahlung der Pacht von 12.000 € im Juli 2023 für die Zeit vom 1.8.2023–31.7.2024[12]	12.000 €	5.000 €	0 €	7.000 €
Kauf des LKW am 01.07.2023 (100.000 €) Nutzungsdauer 10 Jahre, linearer Werteverzehr[13]	100.000 €	5.000 €	0 €	10.000 €
Gehaltsnachzahlung im Februar 2024 für Dezember 2023 in Höhe von 14.000 €[14]	0 €	14.000 €	14.000 €	0 €

Finanzvorfall	Kameralistik Einnahme 2023	Kfm. Buchf. Ertrag 2023	Kameralistik Einnahme 2024	Kfm. Buchf. Ertrag 2024
Festsetzung eines Schadensersatzes im Januar 2024 für Mai 2021 in Höhe von 1.000 €[15]	0 €	1.000 €	1.000 €	0 €
Zinseinnahme für Festgelder 2023 zum Fälligkeitstermin am 5.1.2024 (50.000 €)[16]	0 €	50.000 €	50.000 €	0 €
Mieteinnahme am 28.12.2023 für Januar 2024 (1.300 €), Betrag ist im Voraus fällig[17]	1.300 €	0 €	0 €	1.300 €

12 Der Mietanteil für das Jahr 2024 wird im Jahre 2023 dem Bilanzkonto „Aktive Rechnungsabgrenzung" zugeordnet. Die Auflösung dieses Kontos erfolgt in 2024 zulasten des Kontos „Mietaufwendungen".

13 Der LKW wird in zehn Jahren gleichmäßig verbraucht. Insofern wird der Werteverzehr als lineare Abschreibung beim entsprechenden Aufwendungskonto nachgewiesen (in 2023 für ein halbes Jahr, für 2024 dann volle zwölf Monate).

14 Die Gehaltsnachzahlung ist trotz Fälligkeit und Zahlung im Februar 2024 in der kaufmännischen Buchführung den Aufwendungen des Jahres 2023 zugeordnet werden. Die Gegenbuchung erfolgt als Verbindlichkeit gegenüber Mitarbeitern in der Bilanz.

15 Der Schadensersatz muss trotz Fälligkeit und Zahlung im Januar 2024 in der kaufm. Buchführung dem Ertrag des Jahres 2023 zugeordnet werden. Die Gegenbuchung erfolgt als Forderung gegenüber dem Schadensersatzverpflichteten in der Bilanz.

16 Trotz des Überweisungstermins im Januar 2024 erfolgt die Zuordnung in der Doppik periodengerecht als Ertrag des Jahres 2023 (Gegenbuchung als Forderung gegenüber Kreditinstituten).

17 Entscheidend ist, dass es sich unabhängig von der Zahlung um einen Ertrag des Monates Januar 2024 handelt. Die kaufmännische Buchung im Dezember 2023 erfolgt als „Passive Rechnungsabgrenzung".

Neben dem periodengerechten Nachweis von Aufwendungen und Erträgen weist die Doppik die Vermögenssituation[18] des Betriebes in einer Bilanz nach. Dem betrieblichen Vermögen wird die Vermögensfinanzierung durch Eigen- und Fremdmittel gegenübergestellt.

Die Inhalte und Vorteile der kaufmännischen Buchführung lassen sich stichwortartig wie folgt zusammenfassen:

Inhalte und Vorteile der kaufmännischen Buchführung

- sachlich geordnete und lückenlose Aufzeichnung **aller** finanzwirtschaftlichen Geschäftsvorfälle eines Unternehmens,
- Feststellung des **Stands des Vermögens und der Schulden** und lückenloses **Nachhalten aller Veränderungen der Vermögens- und Schuldenwerte,**
- Ermittlung des **Erfolgs des Unternehmens**, also des **Gewinns (Jahresüberschuss)** oder des **Verlusts (Jahresfehlbetrag)**, indem alle Aufwendungen und Erträge erfasst werden,
- Bereitstellung von Daten für das **innerbetriebliche Controlling** zur Steigerung der Wirtschaftlichkeit und Effektivität,
- Grundlage für die **Berechnung der Steuern**,
- wichtiges **Beweismittel** bei Rechtsstreitigkeiten mit Kunden, Lieferern, Banken, Behörden (Finanzamt, Gerichte) u. a.

Bei der **Kosten- und Leistungsrechnung** (KLR) handelt es sich im Wesentlichen um ein internes Rechnungswesen, das die benötigten Finanzinformationen aus einem Grundrechnungssystem (Doppik, Kameralistik oder erweiterte Kameralistik) entnimmt und weiterverarbeitet. Insofern ist die Kosten- und Leistungsrechnung kein eigenständiges Rechnungssystem. Die Kosten und Leistungen werden den kommunalen Produkten zugeordnet, sodass die Wirtschaftlichkeit kommunalen Handelns Output orientiert nachgewiesen wird. Das Ziel, Produkte und Leistungen für den Bürger wirtschaftlich anzubieten und damit der Daseinsvorsorge zu dienen, soll mithilfe der Kosten- und Leistungsrechnung nachgewiesen werden. Hier finden auch die konkreten Kalkulationen von Produktkosten und Entgelten statt.

Dabei handelt es sich bei den Kosten um die **betriebstypischen** Aufwendungen einer Periode, bei den Leistungen um den **betriebstypischen** Ertrag einer Periode. Insofern ist es für die Kosten- und Leistungsrechnung wesentlich effektiver, auf die Daten der kaufmännischen Buchführung zurückgreifen zu können. Hier werden nämlich bereits Erträge und Aufwendungen dokumentiert, die nur noch auf ihre betriebstypische Eigenschaft geprüft werden müssen, um Eingang in die Kosten- und Leistungsrechnung zu finden. Allerdings ist dabei nicht zu übersehen, dass in der Kosten-

18 In der Einführungsphase dieses Kapitels wird noch nicht zwischen Anlage- und Umlaufvermögen unterschieden.

und Leistungsrechnung abweichend zur kaufmännischen Buchführung zum Teil jedoch Kosten nach besonderen Verfahren angesetzt werden.[19]

Allein an diesen Definitionen wird deutlich, dass es für die Ermittlung der Kosten und Leistungen effektiver ist, die Daten aus einer kaufmännischen Buchführung zu entwickeln, da die Kameralistik nur Einnahmen und Ausgaben kennt.

Allerdings ist ausdrücklich festzustellen, dass die doppelte Buchführung keine Kosten- und Leistungsrechnung ersetzt, sondern lediglich die Kosten- und Leistungsarten als betriebstypische Aufwendungen und betriebstypische Erträge bereitstellt. Die Verteilung der Kosten und Leistungen auf Betriebsteile (Kostenstellen) und Produkte (Kostenträger) sowie darauf aufbauende Auswertungen (z. B. unter Einsatz von Kennziffern) oder Kalkulationen (z. B. Entgeltermittlungen) bleiben der Kosten- und Leistungsrechnung vorbehalten.

Insgesamt ist somit deutlich belegt, dass die kaufmännische Buchführung auch für Kommunalverwaltungen ein Rechnungssystem darstellt, das gegenüber der Kameralistik wesentlich leistungsfähiger ist und die Kosten- und Leistungsrechnung optimal bedient.

3.2 Die kommunale Bilanz

3.2.1 Inventur als Datenermittlung für die Bilanz

Da die kaufmännische Buchführung sämtliche Finanzdaten dokumentiert, werden zunächst das Vermögen und die Finanzierung des Vermögens erfasst und aufgelistet. Dies erfolgt in einer Bilanz. Die Ermittlung und Feststellung des Vermögens geschieht durch eine **Inventur**, wobei die Auflistung des bewerteten Vermögens **„Inventar“** genannt wird. Als Beispiel für eine mengen- und wertmäßige Erfassung dient der nachstehend abgedruckte Auszug eines Inventurprotokolls:

19 So werden die bilanziellen Abschreibungen durch die kalkulatorischen Abschreibungen (z. B. mögliche Berücksichtigung von Wiederbeschaffungszeitwerten) und die Fremdkapitalzinsen durch kalkulatorische Zinsen (z. B. Verzinsung des Gesamtkapitals nach der Methode „Verzinsung des mittleren gebundenen Kapitals“) ersetzt. In der Praxis werden solche geänderten Daten als „Anderskosten“ bezeichnet. Zudem werden weitere Kosten – auch „Zusatzkosten“ genannt – in die Kosten- und Leistungsrechnung einbezogen (z. B. kalkulatorische Wagnisse). Siehe dazu im Einzelnen *Klümper/Möllers/Zimmermann*, Kommunale Kosten- und Wirtschaftlichkeitsrechnung, 20. Aufl., Witten 2019.

Inventurtermin:		**31.12.2023**	**Standort:**	**Feuerwehr Zug I**		**Produkt:**	**12600**
Lfd. Nr.	**Bezeichnung des Gegenstandes**	**Menge**	**Jahr der Anschaffung**[20]	**Anschaffungsausgaben in €**	**Abschreibungsdauer**	**bereits abgeschrieben**	**Wert zum Inventurtag in €**
1	Fahrzeug	1	2016	550.000	8 Jahre	–	1
2	Anhänger	1	2017	6.520	8 Jahre	7 Jahre	815
3	Tauchpumpe	4	2017	2.720	5 Jahre	–	1
4	Tragkraftspritze	1	2020	2.300	10 Jahre	4 Jahre	1.380
5	Funkgeräte	10	2021	6.520	6 Jahre	3 Jahre	3.260

Unterschrift des/ der Erfassenden:		**Unterschrift der Inventurleitung:**	

Eine Gesamtinventarliste einer Gemeinde könnte zum 31.12.2023 folgendes Aussehen haben, wobei die Angaben rein willkürlich und nicht vollständig sind:

I.	**Vermögenswerte**	
	Software-Lizenzen	100.000 €
	Grünflächen	1.200.000 €
	Wälder	4.000.000 €
	Schulen (Grundstücke und Gebäude)	10.000.000 €
	Kindertagesstätten (Grundstücke und Gebäude)	3.000.000 €
	Straßengrundstücke	14.000.000 €
	Kunstgegenstände	300.000 €
	Fahrzeuge	400.000 €
	Büroausstattungen	600.000 €
	Aktien aus Firmenbeteiligungen	500.000 €
	Materialbestände (Vorräte)	100.000 €
	Abgabenforderungen	400.000 €
	Bankguthaben	1.800.000 €
II.	**Verbindlichkeiten (Schulden)**	
	Landeskredite	1.000.000 €
	Bankkredite	18.000.000 €
	Verbindlichkeiten gegenüber Lieferanten	1.700.000 €
III.	**Reinvermögen (Eigenkapital)**	
	Summe der Vermögenswerte	36.400.000 €
	Summe der Verbindlichkeiten	20.700.000 €
	Reinvermögen	15.700.000 €

20 Ausgehend vom 1. Januar des jeweiligen Jahres. Vollständig abgeschriebene, aber noch genutzte Wirtschaftsgüter sind weiterhin mit einem Erinnerungswert (1,00 €) nachzuweisen (Brandenburgische Abschreibungstabelle, Anlage zum BewertL, Stand: 29.5.2006).

Die Bewertung des Vermögens und der Finanzierung sowie die besonderen Problemstellungen der einzelnen Finanzpositionen sind der Darstellung in Kap. 10 vorbehalten.

3.2.2 Inhalt und Aufbau der kommunalen Bilanz

Aus den Ergebnissen der Inventur, der Inventarliste, wird nun die Bilanz entwickelt, wobei diese nachfolgenden Strukturregelungen zu gestalten ist:

- Auf der Aktivseite wird das Vermögen mit den zum Bilanzstichtag ermittelten Werten aufgeführt. Es handelt sich somit um die Dokumentation der Kapitalverwendung (Mittelverwendung). Beantwortet wird die Frage: Wie ist das Kapital der Gemeinde angelegt?
- Auf der Passivseite werden die Verbindlichkeiten und das Eigenkapital der Gemeinde (Letzteres entspricht dem Basis-Reinvermögen) dargestellt. Es handelt sich somit um die Dokumentation der Finanzierung (Mittelherkunft). Beantwortet wird die Frage: Wie ist das Vermögen der Gemeinde finanziert?
- Die Gliederung der beiden Bilanzseiten erfolgt nach der Fristigkeit. Auf der Aktivseite wird deshalb zwischen langfristig gebundenem Vermögen (Anlagevermögen) und kurzfristigem Vermögen (Umlaufvermögen) unterschieden. Innerhalb dieser Vermögensklassen wird wiederum nach der Fristigkeit sortiert. So werden z. B. Gebäude länger als Fahrzeuge genutzt, sodass diese Werte höherrangig in die Bilanz einzustellen sind.[21] Auf der Passivseite werden zunächst das Eigenkapital und dann das Fremdkapital (Verbindlichkeiten) aufgelistet. Auch hier gilt wiederum das Sortiermerkmal der Fristigkeit. Deshalb werden z. B. Investitionskredite vor Dispositionskrediten eingeordnet.

Die genaue Gliederung der kommunalen Bilanz schreibt der Gesetzgeber vor. Sie ist bei Kap. 10 dargestellt und ausführlich erläutert.

21 Es wird bei der Aktivseite der Bilanz auch von der „Gliederung nach dem Liquiditätsprinzip“ gesprochen, was bedeutet, dass oben in der Bilanz das schwer und unten das leichter veräußerbare Vermögen dargestellt wird. Je nach Branche ist dies jedoch relativ zu betrachten.

Aus der Inventarliste zu Kap. 3.2.1 ergibt sich folgende Bilanz zum 1.1.2024:[22]

Aktiva	**Bilanz zum 1.1.2024**		**Passiva**
Immaterielles Vermögen	100.000 €	Eigenkapital	15.700.000 €
Unbebaute Grundstücke	5.200.000 €	Landeskredite	1.000.000 €
Bebaute Grundstücke	13.000.000 €	Bankverbindlichkeiten	18.000.000 €
Straßengrundstücke	14.000.000 €	Lieferantenverbindlichkeiten	1.700.000 €
Kunstgegenstände	300.000 €		
Fahrzeuge	400.000 €		
BGA[23]	600.000 €		
Beteiligungen	500.000 €		
Vorräte	100.000 €		
Abgabenforderungen	400.000 €		
Flüssige Mittel	1.800.000 €		
Insgesamt	**36.400.000 €**	**Insgesamt**	**36.400.000 €**

3.2.3 Bilanzveränderungen (Bestandsbuchungen)

Das Vermögen einer Gemeinde kann sich im Laufe eines Jahres durch Zugänge (z. B. Neukauf eines Fahrzeugs) oder Abgänge (z. B. Verkauf eines Grundstücks) verändern. Dies gilt auch für die Positionen der Passivseite, wenn z. B. Bankkredite getilgt werden oder neue Lieferantenverbindlichkeiten entstehen. Insofern werden zu jeder Bilanzposition Konten geführt, auf denen zunächst die Anfangsbestände zu Beginn des Wirtschaftsjahres dokumentiert und dann sämtliche Veränderungen im Laufe der Rechnungsperiode nachgehalten werden. Am Ende der Rechnungsperiode wird der Schlussbestand ermittelt. Sämtliche Konten werden dann zur Schlussbilanz abgeschlossen, die dann wiederum übereinstimmende Summen auf der Aktiv- und Passivseite ausweist.

Die Kontenstruktur und grundsätzlichen Regeln der Bebuchung sind im Folgenden schematisch dargestellt:

S(oll)	**Aktivkonto**	**H(aben)**
Anfangsbestand		Abgänge
Zugänge		Schlussbestand
Summe		Summe

S(oll)	**Passivkonto**	**H(aben)**
Abgänge		Anfangsbestand
Schlussbestand		Zugänge
Summe		Summe

22 Die Darstellung der Bilanz erfolgt vereinfacht und nicht in der Detaillierungsform der echten kommunalen Bilanz. Insofern werden einige Positionen des Inventars zusammengefasst und eine Reihe von Bilanzpositionen nicht ausgewiesen. So sind u. a. noch keine Sonderposten und Rechnungsabgrenzungsposten enthalten.

23 Betriebs- und Geschäftsausstattung.

Folgender Grundsatz ist dementsprechend essentiell für die korrekte Buchungsweise in der doppelten Buchführung: Bei allen Konten der Aktivseite der Bilanz werden Zugänge im Soll (linke Seite eines T-Kontos) und Abgänge im Haben (rechte Seite eines T-Kontos) erfasst. Bei allen Konten der Passivseite der Bilanz ist dies umgekehrt: Zugänge im Haben und Abgänge im Soll. Ausgehend von einer stark vereinfachten Bilanz soll das Buchungssystem der Bestandsbuchungen[24] erläutert werden:

Aktiva	**Bilanz zum 1.1.2024[25]**		**Passiva**
Bebaute Grundstücke	1.000.000 €	Eigenkapital	1.150.000 €
Fahrzeuge	200.000 €	Bankverbindlichkeiten	600.000 €
BGA	100.000 €	Lieferantenverbindlichkeiten	50.000 €
Bankguthaben	500.000 €		
Insgesamt	**1.800.000 €**	**Insgesamt**	**1.800.000 €**

Die Aufgliederung auf die Konten stellt sich wie folgt dar (Angaben in €):

S	bebaute Grundstücke		H
AB[26]	1.000.000		

S	Eigenkapital		H
		AB	1.150.000

S	Fahrzeuge		H
AB	200.000		

S	Bankverbindlichkeiten		H
		AB	600.000

S	BGA		H
AB	100.000		

S	Lieferverbindlichkeiten		H
		AB	50.000

S	Bankguthaben		H
AB	500.000		

Die kaufmännische Buchführung ist dadurch gekennzeichnet, dass jeder Finanzvorfall auf mindestens zwei Konten gebucht wird (doppelte Buchführung). Dies entspricht dem Grundgedanken der Bilanz, die Mittelherkunft und die Mittelverwendung jeweils zu dokumentieren. Je nach Wirkung auf das Bilanzvolumen wird zwischen vier Typen von Bestandsbuchungen unterschieden:

24 Finanzvorfälle, die ausschließlich Konten der Bilanz berühren, werden durch Bestandsbuchungen erfasst.

25 Man beachte, dass gemäß dem Prinzip der Bilanzidentität nach § 252 HGB die Wertansätze der Eröffnungsbilanz mit denen der Schlussbilanz des vorangehenden Jahres übereinstimmen müssen.

26 Anfangsbestand.

a) Aktivtausch

Erfasst werden Finanzvorfälle, die ausschließlich Konten der Aktivseite der Bilanz berühren und damit das Gesamtvolumen der Bilanz nicht verändern. Ein Konto erhält eine Bestandsmehrung, das andere Konto erfährt eine Bestandsminderung in übereinstimmender Höhe. Die nachstehenden Beispiele verdeutlichen dies:

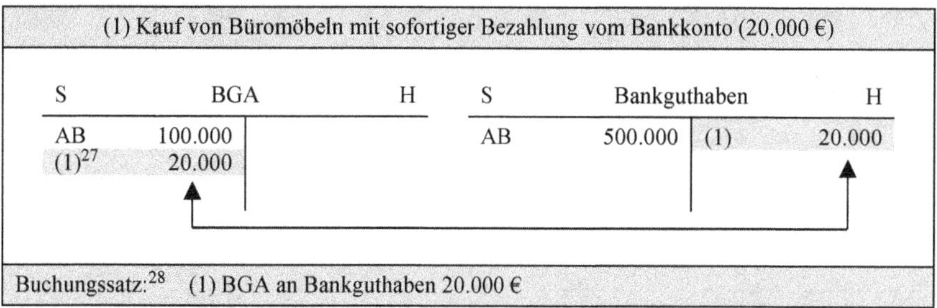

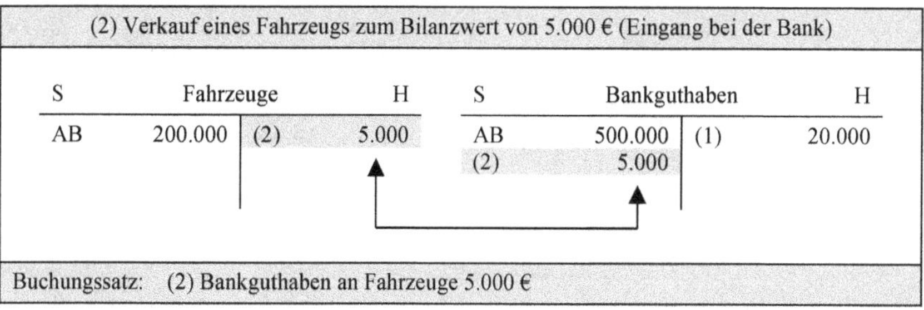

b) Passivtausch

Erfasst werden Finanzvorfälle, die ausschließlich Konten der Passivseite der Bilanz berühren und damit das Gesamtvolumen der Bilanz nicht verändern. Ein Konto erhält eine Bestandsmehrung, das andere Konto erfährt eine Bestandsminderung in übereinstimmender Höhe. Das nachstehende Beispiel verdeutlicht dieses:

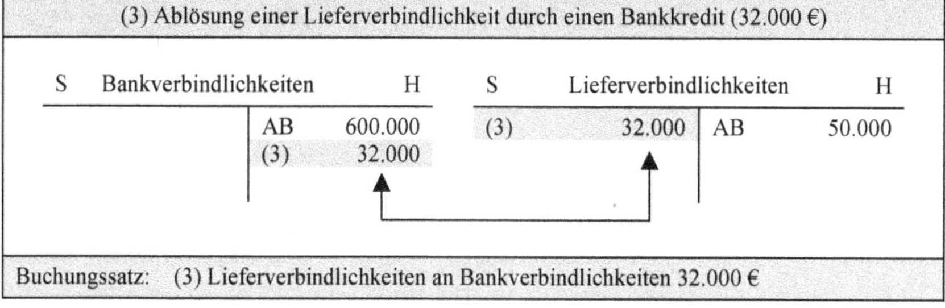

27 Nummer des Finanzvorfalls.

28 Üblich ist es, beim Buchungssatz immer zuerst das Konto mit der Soll- und dann das Konto mit der Haben-Buchung zu nennen, wobei die Verbindung durch das Wort „an" erfolgt, also „Soll an Haben".

c) Aktiv-Passiv-Mehrung (Bilanzverlängerung)

Erfasst werden Finanzvorfälle, die sowohl ein Konto der Aktivseite als auch ein Konto der Passivseite der Bilanz im Bestand vermehren und damit das Gesamtvolumen der Bilanz erhöhen, somit die Bilanz verlängern. Die nachstehenden Beispiele verdeutlichen dies:

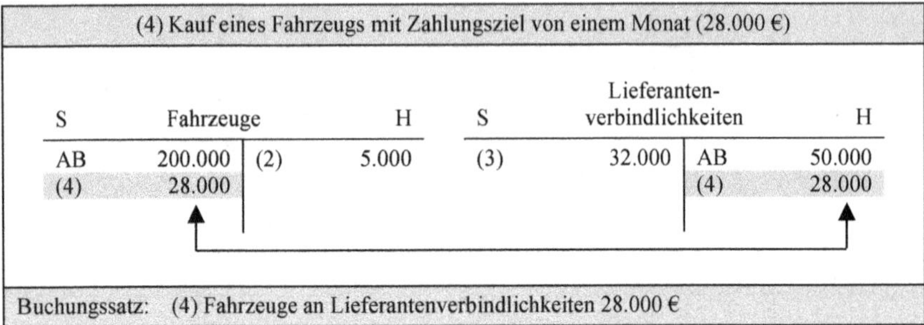

(4) Kauf eines Fahrzeugs mit Zahlungsziel von einem Monat (28.000 €)

S	Fahrzeuge		H
AB	200.000	(2)	5.000
(4)	28.000		

S	Lieferanten-verbindlichkeiten		H
(3)	32.000	AB	50.000
		(4)	28.000

Buchungssatz: (4) Fahrzeuge an Lieferantenverbindlichkeiten 28.000 €

(5) Aufnahme eines Bankkredits mit Gutschrift auf dem Bankkonto (140.000 €)

S	Bankguthaben		H
AB	500.000	(1)	20.000
(2)	5.000		
(5)	140.000		

S	Bankverbindlichkeiten		H
		AB	600.000
		(3)	32.000
		(5)	140.000

Buchungssatz: (5) Bankguthaben an Bankverbindlichkeiten 140.000 €

d) Aktiv-Passiv-Minderung (Bilanzverkürzung)

Erfasst werden Finanzvorfälle, die sowohl ein Konto der Aktivseite als auch ein Konto der Passivseite der Bilanz im Bestand vermindern und damit das Gesamtvolumen der Bilanz verringern, somit die Bilanz verkürzen. Das nachstehende Beispiel verdeutlicht dies:

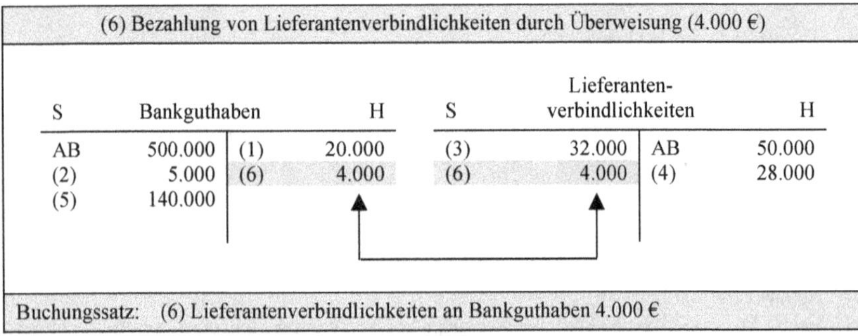

(6) Bezahlung von Lieferantenverbindlichkeiten durch Überweisung (4.000 €)

S	Bankguthaben		H
AB	500.000	(1)	20.000
(2)	5.000	(6)	4.000
(5)	140.000		

S	Lieferanten-verbindlichkeiten		H
(3)	32.000	AB	50.000
(6)	4.000	(4)	28.000

Buchungssatz: (6) Lieferantenverbindlichkeiten an Bankguthaben 4.000 €

Zum Bilanzstichtag am Jahresende werden die Konten dadurch abgeschlossen, dass zunächst die Seite des Kontos mit dem größeren Volumen addiert wird. Das ist bei Aktivkonten die Soll-Seite, bei Passivkonten die Haben-Seite. Die so ermittelten Summen werden jeweils auf die andere Seite übertragen, sodass dort Differenzen (Schlussbestände) entstehen. Diese Schlussbestände stellen den neusten Stand der Konten zum Bilanzstichtag dar und werden als Gegenbuchung in der Schlussbilanz dokumentiert. Die Summen der Schlussbilanz stimmen dann überein.

Die Schlussbuchungen lauten:

Schlussbilanz an bebaute Grundstücke	1.000.000 €
Schlussbilanz an Fahrzeuge	223.000 €
Schlussbilanz an BGA	120.000 €
Schlussbilanz an Bankguthaben	621.000 €
Eigenkapital an Schlussbilanz	1.150.000 €
Bankverbindlichkeiten an Schlussbilanz	772.000 €
Lieferantenverbindlichkeiten an Schlussbilanz	42.000 €

Danach ergibt sich der auf der nächsten Seite abgedruckte Bilanzabschluss.[29]

29 An dieser Stelle sei darauf verwiesen, dass der Abschluss in der Praxis technisch anders erstellt wird. Die Darstellung im nachfolgenden Beispiel soll die Verbindungen zwischen den einzelnen Finanzdaten aufzeigen. Die Abschlusszahlen sind selbstverständlich auch bei einer Datenverarbeitung identisch mit den Werten im Beispiel.

S	Bebaute Grundstücke		H
AB	1.000.000	SB	1.000.000
	1.000.000		1.000.000

S	Eigenkapital		H
SB	1.150.000	AB	1.150.000
	1.150.000		1.150.000

S	Fahrzeuge		H
AB	200.000	(2)	5.000
(4)	28.000	SB	223.000
	228.000		228.000

S	Bankverbindlichkeiten		H
SB	772.000	AB	600.000
		(3)	32.000
		(5)	140.000
	772.000		772.000

S	BGA		H
AB	100.000	SB	120.000
(1)	20.000		
	120.000		120.000

S	Lieferanten-verbindlichkeiten		H
(3)	32.000	AB	50.000
(6)	4.000	(4)	28.000
SB	42.000		
	78.000		78.000

S	Bankguthaben		H
AB	500.000	(1)	20.000
(2)	5.000	(6)	4.000
(3)	140.000	SB	621.000
	645.000		645.000

Aktiva	**Bilanz zum 31.12.2024**		**Passiva**
Bebaute Grundstücke	1.000.000 €	Eigenkapital	1.150.000 €
Fahrzeuge	223.000 €	Bankverbindlichkeiten	772.000 €
BGA	120.000 €	Lieferantenverbindlichkeiten	42.000 €
Bankguthaben	621.000 €		
Insgesamt	**1.964.000 €**	**Insgesamt**	**1.964.000 €**

3.3 Die Erfolgsrechnung (Gewinn- und Verlustrechnung)

Neben der Darstellung in der Bilanz (Mittelverwendung und Mittelherkunft) ist es Aufgabe des Rechnungswesens, den Erfolg eines Unternehmens in einer Rechnungsperiode zu ermitteln. Dies wird durch das Gegenüberstellen von Erträgen und Aufwendungen in einer Gewinn- und Verlustrechnung erreicht. Die Gewinn- und Verlustrechnung wird auf kommunaler Ebene als „Ergebnisrechnung" bezeichnet. Übersteigen die Erträge die Aufwendungen, entsteht ein Gewinn, sind die Aufwendungen einer Periode größer als die Erträge, liegt ein Verlust vor. Auf kommunaler Ebene werden die Gewinne als „Jahresüberschuss" und die Verluste als „Jahresfehlbetrag" bezeichnet.

Eine kommunale Erfolgsrechnung bzw. die Ergebnisrechnung gliedert sich im Wesentlichen wie folgt:[30]

Soll Aufwendungen	Ertrag Haben
Personalaufwendungen	Steuern und ähnliche Abgaben
Versorgungsaufwendungen	Zuwendungen und allgemeine Umlagen
Aufwendungen für Sach- u. Dienstleistungen	sonstige Transfererträge
bilanzielle Abschreibungen	öffentlich-rechtliche Leistungsentgelte
Transferaufwendungen	privatrechtliche Leistungsentgelte
sonstige ordentliche Aufwendungen	Kostenerstattungen und Kostenumlagen
Zinsen- und sonstige Finanzaufwendungen	sonstige ordentlichen Erträge
außerordentliche Aufwendungen	aktivierte Eigenleistungen
Aufwendungen aus internen Leistungsbeziehungen[31]	Bestandsveränderungen
	Zinsen und sonstige Finanzerträge
	außerordentliche Erträge
	Erträge aus internen Leistungsbeziehungen[32]

Bei der Erläuterung der Buchungssystematik wird wiederum auf die bei Kap. 3.2.3 dargestellte Bilanz mit dem Auseinanderziehen auf die Einzelkonten zurückgegriffen, wobei die dort dargestellten Buchungen übernommen und durch die nachstehenden Erfolgsbuchungen ergänzt werden. Damit wird erreicht, dass die Verbindungen zwischen Erfolgsbuchungen und der Bilanz deutlich werden.

An den folgenden Geschäftsvorfällen können die Wirkungsweise und das Verfahren für Erfolgsbuchungen erkannt werden. Auch hier greift die doppelte Buchführung, sodass jeder Finanzvorfall auf zwei Konten mit Soll- und Haben-Buchungen im selben Volumen angesprochen werden.

Die Erfolgskonten haben keine Anfangsbestände, da es sich bei der Ergebnisrechnung (Gewinn- und Verlustrechnung) anders als bei der Bilanz (Darstellung zu einem

30 Die Darstellung hier entspricht dem Schema eines Abschlusskontos der Ergebnisrechnung. Dies entspricht wiederum der Veränderung des Eigenkapitals während einer Rechnungsperiode und ist daher der Passivseite der Bilanz zuzuordnen. Daher sind die Erträge im Haben und die Aufwendungen im Soll zu erfassen. Die Besonderheiten der einzelnen Positionen sind in Kap. 11 erläutert.

31 Ausweis ausschließlich in Teilergebnisrechnungen der Produktbereiche (siehe Kap. 11).

32 Siehe vorangehende Fußnote.

bestimmten Stichtag) um eine Zeitraum- bzw. Periodenrechnung handelt. Jeder Periode wird eine eigenständige Erfolgsmessung zugeordnet, sodass zu Beginn des Wirtschaftsjahres die Konten ohne Vortragungen aus der abgelaufenen Periode eröffnet werden.

a) Aufwandbuchungen (Verbuchung von Aufwendungen)

Die Aufwendungen werden im Soll gebucht. Aufwendungsberichtigungen innerhalb desselben Haushaltsjahres erfolgen auf der Habenseite. Erinnert sei noch einmal an die Definition der Aufwendungen: bewerteter Verbrauch (Ressourcenverbrauch/Werteverzehr) von Gütern und Dienstleistungen in einer Periode. Die nachstehenden Buchungsbeispiele verdeutlichen die Systematik:

(7) Zahlung von Gehältern durch Überweisung vom Bankkonto (320.000 €)[33]

S	Gehälter		H
(7)	320.000		

S	Bankguthaben		H
AB	500.000	(1)	20.000
(2)	5.000	(6)	4.000
(3)	140.000	(7)	320.000

Buchungssatz: (7) Gehälter an Bankguthaben 320.000 €

(8) Abschreibung der Fahrzeuge (46.000 €)[34]

S	Abschreibungen		H
(8)	46.000		

S	Fahrzeuge		H
AB	200.000	(1)	20.000
(4)	28.000	(8)	46.000

Buchungssatz: (8) Abschreibung an Fahrzeuge 46.000 €

33 Bewerteter Verbrauch von Personalressourcen.

34 Bewerteter Verbrauch von Fahrzeugen.

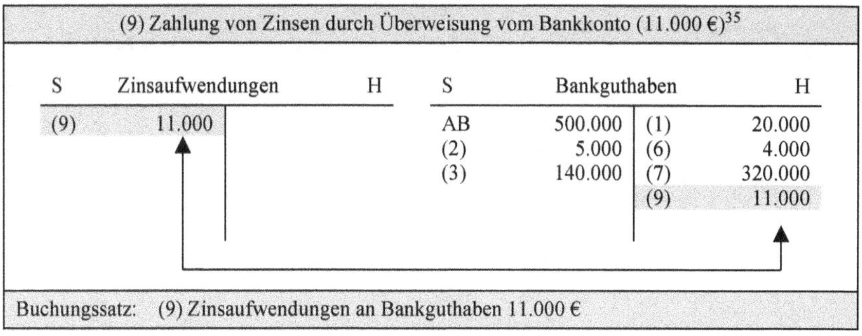

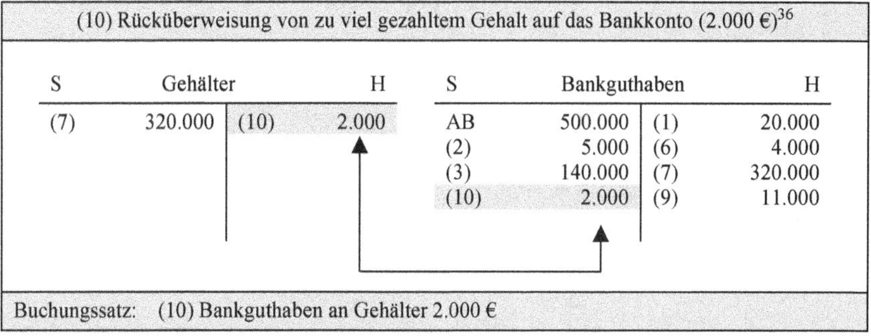

b) Ertragsbuchungen (Verbuchung von Erträgen)

Der Ertrag wird im Haben gebucht. Ertragsberichtigungen innerhalb desselben Haushaltsjahres erfolgen auf der Sollseite. Erinnert sei noch einmal an die Definition des Ertrages: bewertete Güter und Dienstleistungen eines Betriebes, die in einer Periode erbracht werden (Zuwachs an Ressourcen, Wertezuwachs). Die nachstehenden Buchungsbeispiele verdeutlichen die Systematik:

(11) Eingang von Mieten auf dem Bankkonto (484.000 €)[37]

S	Bankguthaben		H
AB	500.000	(1)	20.000
(2)	5.000	(6)	4.000
(3)	140.000	(7)	320.000
(10)	2.000	(9)	11.000
(11)	484.000		

S	Mieterträge		H
		(11)	484.000

Buchungssatz: (11) Bankguthaben an Mieterträge 484.000 €

35 Bewerteter Verbrauch einer Dienstleistung des Kreditinstitutes (Bereitstellung von Kapital).

36 Berichtigungsbuchung zu Nr. 7. Wird die Berichtigung des Aufwandes in der Periode der Verursachung vorgenommen, ist das ursprüngliche Konto im Haben anzusprechen.

37 Bewerteter Zuwachs an produzierten Dienstleistungen (Bereitstellung von Mietobjekten).

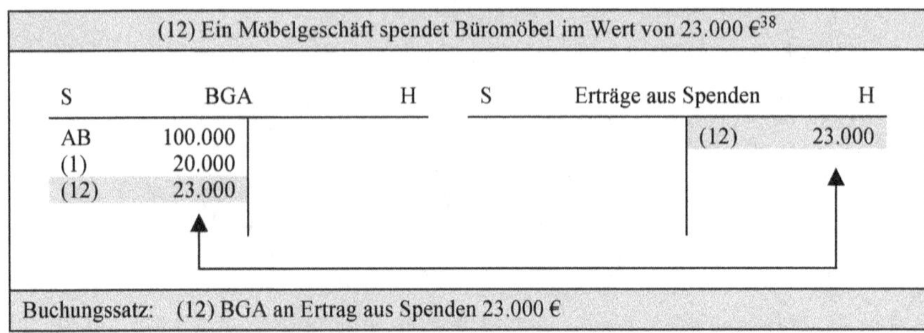

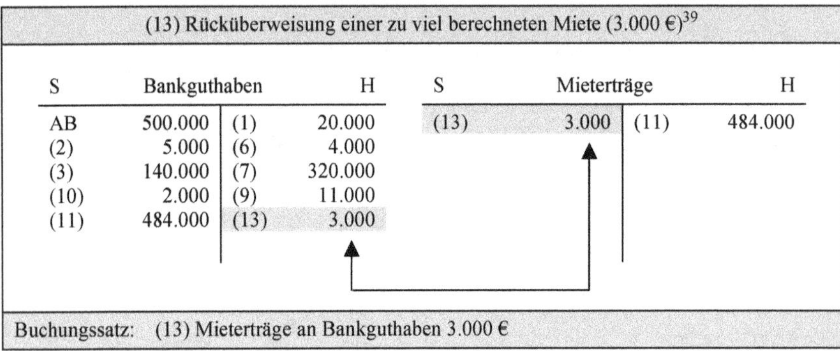

Am Ende des Haushaltsjahres werden die Konten dadurch abgeschlossen, dass zunächst die Seite des Kontos mit dem größeren Volumen addiert wird. Das ist bei Aufwendungskonten die Soll-Seite, bei Ertragskonten die Haben-Seite. Die so ermittelten Summen werden jeweils auf die andere Seite übertragen, sodass dort Differenzen (Salden) entstehen. Diese Salden stellen den neuesten Stand des Kontos zum Periodenende dar und werden als Gegenbuchung in der Ergebnisrechnung (Gewinn- und Verlustrechnung) dokumentiert. Die Differenz zwischen Ertrag und Aufwendungen ist das Jahresergebnis. Dabei werden ein Jahresüberschuss (Gewinn) auf der Soll-Seite und ein Jahresfehlbetrag (Verlust) auf der Habenseite dargestellt.

Die Schlussbuchungen lauten:

Ergebnisrechnung an Löhne	318.000 €
Ergebnisrechnung an Abschreibungen	46.000 €
Ergebnisrechnung an Zinsaufwendungen	11.000 €
Mieterträge an Ergebnisrechnung	481.000 €
Erträge aus Spenden an Ergebnisrechnung	23.000 €
Jahresüberschuss an Eigenkapital	772.000 €

38 Bewerteter Zuwachs an Ressourcen, wenn auch nicht selbst produziert (deshalb Ertrag aus Spenden). Die Darstellung ist vereinfacht. Die Behandlung der Sachspende im kommunalen Finanzmanagement als Sonderposten gemäß § 47 Abs. 4 KomHKV ist in Kap. 10.3.6 ausführlich erläutert.

39 Berichtigungsbuchung zu Nr. 11. Wird die Berichtigung des Ertrages in der Periode der Verursachung vorgenommen, ist das ursprüngliche Konto im Soll anzusprechen.

Danach ergibt sich nachstehende Ergebnisrechnung:

S	Löhne		H
(7)	320.000	(10)	2.000
		ER	318.000
	280.000		280.000

S	Mietertrag		H
(13)	3.000	(11)	484.000
ER	481.000		
	484.000		484.000

S	Abschreibungen		H
(8)	46.000	ER	46.000
	46.000		46.000

S	Erträge aus Spenden		H
ER	23.000	(12)	23.000
	23.000		23.000

S	Zinsaufwendungen		H
(9)	11.000	ER	11.000
	11.000		11.000

Aktiva	**Ergebnisrechnung 2024**		**Passiva**
Löhne	318.000 €	Mieterträge	481.000 €
Abschreibungen	46.000 €	Erträge aus Spenden	23.000 €
Zinsaufwendungen	11.000 €		
Jahresüberschuss	129.000 €		
Insgesamt	**504.000 €**	**Insgesamt**	**504.000 €**

S	Eigenkapital		H
		AB	1.150.000
		ER	129.000
			1.279.000

Das Jahresergebnis, hier der als Soll-Buchung nachgewiesene Jahresüberschuss in Höhe von 129.000 €, wird beim Eigenkapital als Haben-Buchung erfasst. Somit erhöht ein Jahresüberschuss das Eigenkapital. Bei einem Jahresfehlbetrag, der ja in der Ergebnisrechnung im Haben ausgewiesen würde, erfolgt auf dem Eigenkapitalkonto eine Gegenbuchung im Soll, sodass ein Fehlbetrag das Eigenkapital schmälert.[40]

40 Das Verfahren ist vereinfacht dargestellt. Zur speziellen Verbuchung im kommunalen Finanzmanagement siehe Kap. 21.

Die Schlussbilanz wird wiederum nach dem in Kap. 3.2.3 geschilderten Verfahren wie folgt erstellt:

S	Bebaute Grundstücke		H
AB	1.000.000	SB	1.000.000
	1.000.000		1.000.000

S	Eigenkapital		H
SB	1.279.000	AB	1.150.000
		ER	129.000
	1.279.000		1.279.000

S	Fahrzeuge		H
AB	200.000	(2)	5.000
(4)	28.000	(8)	46.000
		SB	177.000
	228.000		228.000

S	Bankverbindlichkeiten		H
SB	772.000	AB	600.000
		(3)	32.000
		(5)	140.000
	772.000		772.000

S	BGA		H
AB	100.000	SB	143.000
(1)	20.000		
(12)	23.000		
	143.000		143.000

S	Lieferantenverbindlichkeiten		H
(3)	32.000	AB	50.000
(6)	4.000	(4)	28.000
SB	42.000		
	78.000		78.000

S	Bankguthaben		H
AB	500.000	(1)	20.000
(2)	5.000	(6)	4.000
(3)	140.000	(7)	320.000
(10)	2.000	(9)	11.000
(11)	484.000	(13)	3.000
		SB	773.000
	1.131.000		1.131.000

Aktiva	**Bilanz zum 31.12.2024**		**Passiva**
Bebaute Grundstücke	1.000.000 €	Eigenkapital	1.279.000 €
Fahrzeuge	177.000 €	Bankverbindlichkeiten	772.000 €
BGA	143.000 €	Lieferantenverbindlichkeiten	42.000 €
Bankguthaben	773.000 €		
Insgesamt	**2.093.000 €**	**Insgesamt**	**2.093.000 €**

Die Gesamtzusammenhänge des Buchungssystems der kaufmännischen Buchführung werden noch einmal an dem nachstehenden Schaubild[41] deutlich:

41 Entnommen aus *Klümper/Möllers/Zimmermann*, Kommunale Kosten- und Wirtschaftlichkeitsrechnung, 20. Aufl., Witten 2019, S. 85.

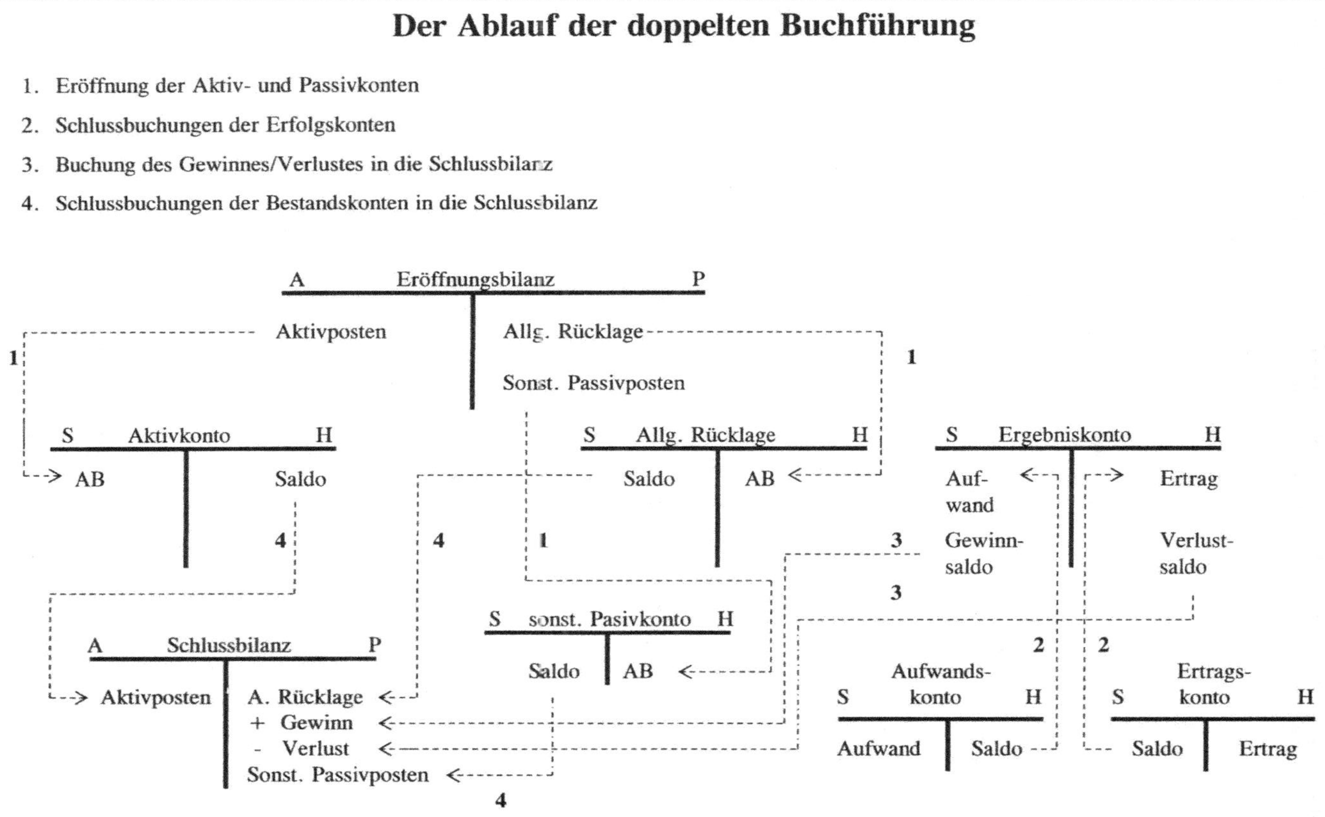
Der Ablauf der doppelten Buchführung
1. Eröffnung der Aktiv- und Passivkonten
2. Schlussbuchungen der Erfolgskonten
3. Buchung des Gewinnes/Verlustes in die Schlussbilanz
4. Schlussbuchungen der Bestandskonten in die Schlussbilanz
A Eröffnungsbilanz P
Aktivposten
Allg. Rücklage
Sonst. Passivposten
S Aktivkonto H
AB
Saldo
S Allg. Rücklage H
Saldo
AB
S Ergebniskonto H
Auf-wand
Ertrag
Gewinn-saldo
Verlust-saldo
A Schlussbilanz P
Aktivposten
A. Rücklage
+ Gewinn
- Verlust
Sonst. Passivposten
S sonst. Pasivkonto H
Saldo
AB
Aufwands-konto
S H
Aufwand
Saldo
Ertrags-konto
S H
Saldo
Ertrag
1
2
3
4

Als weitere Hilfestellung mögen auch die nachstehenden Merksätze zur kaufmännischen Buchführung dienen:[42]

Arbeitsschritte und Merksätze

1. Eröffnung der Konten

- Aktivkonto: Bestand aus der Schlussbilanz des Vorjahres auf der Soll-Seite vortragen
- Passivkonto: Bestand aus der Schlussbilanz des Vorjahres auf der Haben-Seite vortragen
- Aufwendungs- und Ertragskonten werden bei Bedarf eingerichtet. Hier liegen keine Bestände vor, weil Aufwendungen und Erträge jeweils neu auf das jeweilige Jahr bezogen ermittelt werden.

2. Buchung auf den Konten im laufenden Jahr

- Aktivkonto:
  Zugänge werden im Soll gebucht.
  Abgänge werden im Haben gebucht.
- Passivkonto:
  Zugänge werden im Haben gebucht.
  Abgänge werden im Soll gebucht.
- Aufwandskonto:
  Aufwendungen werden im Soll gebucht.
  Korrekturen, die die gleiche Periode betreffen, werden im Haben gebucht.
- Ertragskonto:
  Erträge werden im Haben gebucht.
  Korrekturen, die die gleiche Periode betreffen, werden im Soll gebucht.

3. Abschluss der Konten

- Aufwendungs- und Ertragskonten werden zur Ergebnisrechnung (Gewinn- und Verlust-rechnung) abgeschlossen.
- Die Differenz in der Ergebnisrechnung (Gewinn oder Verlust) wird auf Unterkonten des Eigenkapital-Kontos abgeschlossen. Der Gewinn erhöht das Eigenkapital (Haben-Buchung auf dem Eigenkapital-Konto), der Verlust verringert das Eigenkapital (Soll-Buchung auf dem Eigenkapital-Konto).
- Die Aktiv- und Passivkonten werden zur Schlussbilanz abgeschlossen.
- Die Aktiv- und Passivseite der Bilanz müssen übereinstimmende Summen aufweisen.

42 Die Darstellung ist ohne die im kommunalen Finanzmanagement gemäß § 55 KomHKV erforderliche Finanzrechnung erfolgt. Die Finanzrechnung ist eine für den kommunalen Bereich gesetzlich vorgeschriebene Zeitraumrechnung, welche die Veränderungen der aktiven Bestandsgröße „Bank/Kasse“ in einer Rechnungsperiode aufzeigt. So ist z. B. die Mieteinzahlung nicht nur beim Bankkonto nachzuweisen („Journalbuchung“), sondern auch einem speziellen Mieteinzahlungskonto zuzuordnen. Im Einzelnen siehe dazu Kap. 12.

3.4 Übungen

Sachverhalt Nr. 1 (Abgrenzung der Rechnungssysteme)
Die seit 2021 von der Kirchgemeinde mit Hilfe des kameralen Rechnungssystems betriebene Bücherei wird der Stadt S zum 1.1.2024 übertragen. Es werden Überlegungen angestellt, die Bücherei mit Beginn des Jahres 2024 als Eigenbetrieb nach § 92 Abs. 2 Punkt 1 BbgKVerf zu führen. Nach § 20 Abs. 1 EigVO würde dies dann die Einführung der kaufmännischen Buchführung bedeuten. Insofern überlegt die Leitung der Bücherei, welche Ergebnisse die unterschiedlichen Buchführungsverfahren erbringen würden. Für die Entscheidungsfindung kann sie dabei auf folgende Informationen[43] zurückgreifen, wobei im Finanzierungsbereich zum 31.12.2024 lediglich Bankverbindlichkeiten von 60.000 € bestehen:

• Kaufpreis des Büchereigebäudes zum 2.1.2021: (Nutzungsdauer 40 Jahre, linearer Werteverzehr)	800.000 €
• Kaufpreis des Mobiliars zum 2.1.20219: (Nutzungsdauer 10 Jahre, linearer Werteverzehr)	180.000 €
• Kaufpreise der Bücher ab 2021 jährlich je: (Nutzungsdauer 5 Jahre, linearer Werteverzehr)	30.000 €
• Personalausgaben/-aufwendungen in 2024	200.000 €
• Energieausgaben/-aufwendungen in 2024	5.000 €
• Geschäftsausgaben/-aufwendungen 2024	3.000 €
• Spende an die Bibliothek der Partnergemeinde zur Beseitigung von Hochwasserschäden in 2024	10.000 €
• Ausleihgebühren/-ertrag 2024	40.000 €
• Mieteinnahmen/-ertrag 2024	1.000 €

Aufgabe:
Ermitteln Sie die Jahresergebnisse 2024 (31.12.2024) nach den Buchungsverfahren der Kameralistik, der kaufmännischen Buchführung und der Kosten- und Leistungsrechnung (Ermittlung der Kosten- und Leistungen). Unterstellen Sie dabei, dass die im Sachverhalt genannten Finanzdaten unverändert in den Jahresabschluss 2024 einfließen, soweit Sie nicht aufgrund des Sachverhalts zu bearbeiten sind.

Lösung:
Das Rechnungssystem der Kameralistik stellt die Einnahmen und Ausgaben des Jahres 2024 gegenüber, sodass folgendes Ergebnis zum 31.12.2024 zu erwarten war:[44]

43 Es handelt sich um einen Einstiegsfall zur Verdeutlichung der Grundstrukturen der Rechnungssysteme. Insofern sind die Ergebnisse nicht mit einer echten Abrechnung zu vergleichen, zumal vor allem für die kaufmännische Buchführung wichtige Finanzdaten wie z. B. Bestände an liquiden Mitteln fehlen.

44 Auf die Trennung in vermögenswirksame und vermögensunwirksame Geschäftsvorfälle wird verzichtet.

Ausgaben		**Einnahmen**	
Kauf von Büchern	30.000 €	Ausleihgebühren	40.000 €
Personalausgaben	200.000 €	Mieteinnahmen	1.000 €
Energieausgaben	5.000 €	**Summe**	**41.000 €**
Geschäftsausgaben	3.000 €		
Spenden	10.000 €		
Summe	**248.000 €**	**Fehlbetrag**	**207.000 €**

In der kaufmännischen Buchführung werden eine Gewinn- und Verlustrechnung 2024 (Ergebnisrechnung) mit der Gegenüberstellung von Aufwendungen und Ertrag sowie eine Bilanz zum Stichtag 31.12.2024 erstellt.

Soll	**Gewinn- und Verlustrechnung 2024**		**Haben**
Personalaufwendungen	200.000 €	Gebührenertrag	40.000 €
Energieaufwendungen	5.000 €	Mietertrag	1.000 €
Geschäftsaufwendungen	3.000 €	**Verlust 2024**	**239. 000 €**
Spende	10.000 €		
Abschreibungen für			
Gebäude	20.000 €		
Mobiliar	18.000 €		
Bücher[45]	24.000 €		
Insgesamt	**280.000 €**	**Insgesamt**	**280.000 €**

Aktiva	**Bilanz zum 31.12.2024**		**Passiva**
Büchereigebäude	720.000 €	Eigenkapital	828.000 €
Mobiliar	108.000 €	Bankverbindlichkeiten	60.000 €
Buchbestand[46]	60.000 €		
Insgesamt	**888.000 €**	**Insgesamt**	**888.000 €**

In die Kosten- und Leistungsrechnung fließen die betriebstypischen (betriebserforderlichen) Aufwendungen und Erträge ein. Die Aufwendungen und Erträge sind der Gewinn- und Verlustrechnung zu entnehmen. Dabei ist lediglich die Spende an die Partnergemeinde nicht für den Betrieb der Stadtbücherei in S notwendig, sodass es sich hierbei nicht um Kosten der Stadtbibliothek S handelt. Insofern ergibt sich folgende Darstellung in der Kosten- und Leistungsrechnung:

45 Die Buchbeschaffungen der Jahre 2021 bis 2024 mit jährlich 30.000 € werden bei einer Nutzungsdauer von fünf Jahren mit 6.000 € je Jahr abgeschrieben. Bei vier Beschaffungsperioden sind dieses 4 × 6.000 € = 24.000 €. Zur Besonderheit einer Festwertbildung für den Buchbestand siehe Kap. 10.

46 Die Beschaffungen aus dem Jahr 20219 sind mit 4 × 6.000 €, die Beschaffungen aus dem Jahr 2022 mit 3 × 6.000 €, die Beschaffungen aus dem Jahr 2023 mit 2 × 6.000 € und die Beschaffungen aus dem Jahr 2024 mit 1 × 6.000 € abgeschrieben, sodass die bis Ende 2024 aufgelaufene Abschreibung insgesamt 60.000 € beträgt. Dieser Betrag ist vom Beschaffungsvolumen der vier Jahre = 4 × 30.000 € zu subtrahieren.

Aufwendungen	280.000 €	**Leistungen**	**41.000 €**
– Spende	10.000 €		
Kosten	**270.000 €**		

Sachverhalt Nr. 2 (Betriebswirtschaftliche Grundbegriffe)
Bei der Gemeinde T werden im Haushaltsjahr 2024 die folgenden Geschäftsvorfälle bearbeitet:

a) Am 30.4.2024 werden für die Toiletten des Freibades für 10.000 € Einmalhandtücher angeschafft. Nach Beendigung der Freibadsaison am 18.9.2024 wird festgestellt, dass davon lediglich 70 % verbraucht wurden. Die restlichen Handtücher werden winterfest für das kommende Betriebsjahr gelagert. (Gehen Sie davon aus, dass eine buchhalterische Vorratserfassung vorliegt.)
b) Bei der Kraftfahrzeugwerkstatt der Abfallbeseitigung fallen in 2024 300.000 € Arbeiterlöhne für insgesamt 6.000 Arbeitsstunden an. Nach den Aufzeichnungen des Meisters entfielen davon 5.000 Stunden auf Reparaturarbeiten für die Fahrzeuge der Abfallbeseitigung. 1.000 Arbeitsstunden wurden für den Umbau eines Lastkraftwagens zu einem Spezialfahrzeug für die Abfallbeseitigung eingesetzt. Dieses Fahrzeug wird zu Beginn des Jahres 2025 in Betrieb genommen (Nutzungsdauer fünf Jahre).
c) Die Abfallbeseitigung nimmt im Januar 2025 Gebühren für die Entleerung von Hausmüllbehältern in Höhe von 450.000 € ein. Darin enthalten sind Nachzahlungen für 2024 von 20.000 €, für die Ende 2024 eine Veranlagung mit Fälligkeit im Januar 2025 erfolgte.
d) Die Gemeinde T besitzt ein Straßenreinigungsfahrzeug. Das Fahrzeug wurde am 30.7.2024 zu einem Preis von 150.000 € beschafft und wird jedes Jahr in vollem Umfang für die Straßenreinigung eingesetzt. Dem Fahrzeug wird eine voraussichtliche Lebensdauer (= Nutzungsdauer) von acht Jahren unterstellt.
e) Mieteinnahme in Höhe von 300 € im Oktober 2024 für den Monat Oktober 2024 aus einer Hausmeisterwohnung.
f) Aufgrund eines Orkanschadens im Dezember 2024 muss das Dach des Hallenbades neu eingedeckt werden. Die Rechnung für die im Jahr 2024 durchgeführte Dachreparatur in Höhe von 75.000 € geht erst im Januar 2025 ein.
g) Die Pacht für ein Grundstück auf dem gemeindlichen Deponiegelände ist als Jahrespacht jährlich im Voraus zu entrichten. Die Pacht für die Zeit vom 1.10.2024 bis 30.9.2025 in Höhe von 15.000 € wird am 28.9.2024 gezahlt.
h) Kauf und Bezahlung von Dieselkraftstoff (35.000 €) am 28.12.2024, obwohl das Tanklager des Fuhrparks noch halb gefüllt ist. Der Kauf ist darin begründet, dass die Mineralölpreise auf Grund einer Steuererhöhung zum 1.1.2025 um ca. 10 Cent je Liter steigen werden. Der Dieselkraftstoff wird erst im folgenden Jahr verbraucht. (Gehen Sie davon aus, dass eine buchhalterische Vorratserfassung vorliegt.)

Aufgabe:
Begutachten Sie, welchen Jahren die Kameralistik und welchen Jahren die kaufmännische Buchführung die im Sachverhalt genannten Geschäftsvorfälle zuordnet.

Lösung:
Die Kameralistik ordnet die Einnahmen und Ausgaben dem Jahr zu, in dem der Geldmittelfluss stattfindet (Grundsatz der Kassenwirksamkeit). Die kaufmännische Buchführung dagegen dokumentiert den Werteverzehr (Ressourcenverbrauch) und den Wertezuwachs (Ressourcenzuwachs). Daraus folgend kann die Zuordnung zu den beiden Rechnungssystemen tabellarisch dargestellt werden.

Fall	Kameralistik		Kaufmännische Buchführung	
Buchstabe	**Einnahme/Jahr**	**Ausgabe/Jahr**	**Ertrag/Jahr**	**Aufwendung/Jahr**
a		10.000 €/2024		7.000 €/2024 3.000 €/2025
b		300.000 €/2024		250.000 €/2024[47]
c	400.000 €/2025		20.000 €/2024 430.000 €/2025	
d		150.000 €/2024		9.375 €/2024[48]
e	300 €/2024		300 €/2024	
f		75.000 €/2025		75.000 €/2024
g		15.000 €/2024		3.750 €/2024 11.250 €/2025
h		35.000 €/2024		35.000 €/2025

Sachverhalt Nr. 3 (Erstellung einer Eröffnungsbilanz)[49]
Der städtische Fachbereich „Freizeit" (Betrieb von Sporthallen, Sportplätzen, Schwimmbädern und dgl.) wird ab dem Jahre 2024 als Eigenbetrieb geführt und muss zum 1.1.2024 eine eigene Eröffnungsbilanz erstellen. Folgende Informationen liegen für den auszugliedernden Bereich vor:

a) Der Wert der Fahrzeuge betrug zum 31.12.2023 200.000 €.
b) Die Betriebs- und Geschäftsausstattung hatte zum Ende 2023 einen Wert in Höhe von 100.000 €.
c) Das Hallenbad wurde in 2019 neu errichtet (Fertigstellung und Inbetriebnahme zum 1.7.2019). Der Bau des Hallenbades verursachte Ausgaben von 1.850.400 €. Das Grundstück wurde in 2018 für 940.000 € erworben. Die Nutzungsdauer des Hallenbades beträgt 50 Jahre. Zum 15.6.2019 wurden an Erschließungsbeiträgen 50.000 €

47 Dargestellt ist die Nettoauswirkung. Brutto sind in 2023 an Personalaufwendungen 300.000 € zu buchen. Der Betrag von 50.000 € ist als Aktivierte Eigenleistung (Ertrag) nachzuweisen. Ab 2025 ist der Lastkraftwagen abzuschreiben (in der Lösung nicht dargestellt).

48 Dargestellt ist die Abschreibung für sechs Monate des Jahres 2024.

49 Diese Übungsaufgabe soll die Erstellung einer Bilanz verdeutlichen. Dabei geht sie über die bisher dargestellten Gliederungsebenen hinaus. Insofern sind zusätzliche Kenntnisse zu besonderen Bilanzpositionen und Bewertungen erforderlich. Die besonderen Problemstellungen werden in der Textlösung erläutert, sodass jeder Zeit die Gliederungsproblematik nachvollzogen werden kann. Die Bewertung soll auf der Basis der historischen Anschaffungskosten erfolgen. Zur besonderen Bewertung nach den Regeln des kommunalen Finanzmanagements siehe Kap. 10.

und Kanalanschlussbeiträgen 10.000 € entrichtet. Der Umkleidetrakt wurde in 2019 durch Arbeitskräfte und unter Einsatz von Material des städtischen Bauhofes errichtet. Dazu wurden Material im Wert von 30.000 € und Löhne für die direkt mit der Maßnahme beschäftigten Arbeitskräfte des Bauhofes von 80.000 € eingesetzt. Die Kostenrechnung des Bauhofes wies in 2018 folgende Struktur auf:

Lohn(Fertigungs-)einzelkosten	2.000.000 €
Materialeinzelkosten	1.000.000 €
Lohn(Fertigungs-)gemeinkosten	500.000 €
Materialgemeinkosten	200.000 €
Verwaltungsgemeinkosten	370.000 €

(Hinweis: Die zu aktivierenden Leistungen des Bauhofes müssen anhand einer Zuschlagskalkulation ermittelt werden: Zuschlagssatz in % = Gemeinkosten / Einzelkosten *100.)

d) In 2023 wurden den die Anlagen nutzenden Sportvereinen 100.000 € Nutzungsentgelte in Rechnung gestellt. Der Sportverein „FC Schienenbein 09" hat trotz mehrfacher Mahnungen des Fachbereichs die Entgelte von 10.000 € noch nicht überwiesen. Daraufhin hat die Fachbereichsleiterin entschieden, den Betriebszuschuss 2023 an den Verein in Höhe von 20.000 € trotz Fälligkeit nicht zu überweisen. Eine Verrechnung der beiden Zahlungen wurde nicht vorgenommen.

e) Die Sporthalle (Nutzungsdauer 40 Jahre) wurde im Auftrag und nach Wünschen der Stadt von einem privaten Investor gebaut und am 1.1.2023 in Betrieb genommen (Bauausgaben 1.200.000 €). Der Investor ist auch Eigentümer der Sporthalle. Diese wurde jedoch von der Stadt im Wege des Immobilienleasings zum selben Termin in Besitz genommen. Der Leasingvertrag enthält eine Option, wonach die Stadt Ende 2036 die Sporthalle zur Hälfte des Verkehrswertes 2023 zurückkaufen kann. Der Leasingvertrag ist während der Leasingzeit unkündbar. Die Jahresleasingrate beträgt 50.000 €, darin enthalten ist ein Kapitalanteil von 30.000 €[50]. Die Stadt trägt die Gebäudeunterhaltungs- und Bewirtschaftungskosten.

f) Das Bankguthaben beläuft sich zum 31.12.2023 auf 50.000 €.

g) Der Fachbereich führt im Sportstättenbereich ein umfangreiches Materiallager (Rote Asche für die Sportplätze). Der Lagerbestand zum 1.1.2023 betrug 5 t Asche zu einem Wert von 6.050 €. Am Jahresende 20223 befanden sich noch 4 t Asche im Lager. In 2023 erfolgten folgende Zukäufe:
27.02.2023 5 t zum Einkaufspreis von 1.200 €/t
14.06.2023 7 t zum Einkaufspreis von 1.100 €/t
19.09.2023 6 t zum Einkaufspreis von 1.500 €/t

h) In 2019 hatte der Fachbereich zur Finanzierung des Hallenbades einen Kredit in Höhe von 1.200.000 € aufgenommen. Bis Ende 2023 hat der Fachbereich dafür einen Schuldendienst von insgesamt 400.000 € geleistet, wovon 300.000 € auf die

50 Auf die Abzinsung des Kapitalanteils wurde aus Vereinfachungsgründen verzichtet.

Zinsen entfielen. Außerdem wurde in 2019 eine zweckgebundene Landeszuweisung in Höhe von 200.000 € als Ertragszuschuss für das Gebäude gewährt.

i) Die Firma Raffke GmbH und Co. KG hat in 202 einen größeren Reparaturauftrag im Hallenbad ausgeführt (Rechnungsbetrag: 80.000 €). Der Fachbereich ist der Auffassung, dass die Reparatur nur mit Mängeln ausgeführt wurde und hat deshalb auf den Rechnungsbetrag in 2023 nur 60.000 € gezahlt. Die restlichen 20.000 € wurden zurückgehalten, bis eine gerichtliche Klärung erfolgt ist. Nach Auffassung des Rechtsamtes zeichnet sich ein Vergleich über 15.000 € ab. Diesen Betrag hat der Fachbereich auf ein Postbankkonto angelegt.
j) Der Fachbereich hat vertragsgemäß am 12.12.2023 noch aus Haushaltsmitteln die Leasingrate für das Jahr 2024 für den Großflächenmäher (Sportplatzpflege) in Höhe von 8.000 € gezahlt.
k) Außerdem besitzt er einen Bargeldbestand von 1.000 €. Dieser beruht auf eine bereits am 17.12.2023 erfolgte Einzahlung des Schwimmvereines „Bei uns ertrinkt keiner e. V." als Benutzungsentgelt für das erste Quartal 2024. Der Kassierer hat den Betrag trotz Fälligkeit zum 15.2.2024 wegen seines Langzeiturlaubes auf Mallorca vorzeitig gezahlt.

Aufgabe:
Stellen Sie die Eröffnungsbilanz für den Eigenbetrieb „Freizeit" zum 1.1.2024 auf. Begründen Sie die einzelnen Arbeitsschritte.

Lösung:

Aktiva	**Eröffnungsbilanz zum 1.1.2024**		**Passiva**
Hallenbad	2.820.000 €	Eigenkapital	1.892.000 €
Sporthalle	1.170.000 €	Investitionszuschüsse	182.000 €
Fahrzeuge	200.000 €	Rückstellungen	15.000 €
BGA	100.000 €	Bankverbindlichkeiten	1.100.000 €
Vorräte	6.000 €	Leasingverbindlichkeiten	1.170.000 €
Forderungen an Vereine	10.000 €	Verbindlichkeiten an Vereine	20.000 €
Bankguthaben	50.000 €	Passive Rechnungsabgrenzung	1.000 €
Postbankguthaben	15.000 €		
Kasse	1.000 €		
Aktive Rechnungsabgrenzung	8.000 €		
Insgesamt	**4.380.000 €**	**Insgesamt**	**4.380.000 €**

Im Einzelnen ergeben sich folgende Begründungen:

a) Das Inventurergebnis von 200.000 € für die Fahrzeuge wird auf die Aktivseite eingestellt.
b) Das Inventurergebnis von 100.000 € für die Betriebs- und Geschäftsausstattung (BGA) wird auf die Aktivseite eingestellt.

c) Das Hallenbad muss folgender Bewertung zugeführt werden, wobei bei der Berechnung der aktivierten Eigenleistungen vom handelsrechtlichen Wahlrecht bei den Gemeinkostenzuschlägen Gebrauch gemacht wurde:

	Grundstück in €	**Gebäude in €**
Anschaffungskosten 2019 (lt. Sachverhalt als Basis zu verwenden)	940.000	1.850.400
Erschließungsbeitrag 2019 (Wertverbesserung des Grundstücks[51])	50.000	
Kanalanschlussbeitrag 2019 (Wertverbesserung des Grundstücks[52])	10.000	
Umkleidetrakt als zu aktivierende Eigenleistung (differenzierte Zuschlagskalkulation[53])		149.600
Wert 1.7.2019	1.000.000	2.000.000
abzüglich linearer Abschreibungen 1.7.2019 bis 31.12.2024 = 4,5 Jahre)	0	180.000
Wert 31.12.2024	1.000.000	1.820.000
Gesamtbilanzwert	**2.820.000**	

d) Das noch nicht eingegangene Nutzungsentgelt von 10.000 € ist auf die Aktivseite als Forderung einzustellen. Der noch nicht überwiesene Betriebszuschuss von 20.000 € stellt eine Verbindlichkeit gegenüber dem Verein dar und ist auf der Passivseite zu platzieren.

e) Die Stadt ist nicht Eigentümer, da die Sporthalle von einem Investor im Auftrag und nach Wünschen der Stadt gebaut wurde. Allerdings liegt ist sie noch wirtschaftlicher Eigentümer, da es sich bei dem Leasinggeschäft offensichtlich nicht um ein mietähnliches Leasinggeschäft („Operating Leasing"), sondern um ein Finanzierungsgeschäft („Financial Leasing") handelt.[54] Insofern muss der Eigenbetrieb den Wert der Sporthalle aktivieren (Bauausgaben von 1.200.000 € abzüglich Abschreibungen für das Jahr 2024 in Höhe von 30.000 €. In der Leasingrate ist ein Kapitalan-

51 Die Grundstücksbezogenheit steht im Vordergrund, so auch die ständige Rechtsprechung im Steuerrecht (z. B. BFH, Urt. vom 7.11.1995 [BStBl. S. 190]).

52 Die Grundstücksbezogenheit steht im Vordergrund, so auch die ständige Rechtsprechung im Steuerrecht (z. B. BFH, Urt. vom 18.7.1972 [BStBl. S. 931]).

53 Lohneinzelkosten 80.000 € + Lohngemeinkosten 20.000 € (Zuschlagssatz 25 %) = Lohngesamtkosten 100.000 €; Materialeinzelkosten 30.000 € + Materialgemeinkosten 6.000 € (Zuschlagssatz 20 %) = Materialgesamtkosten 36.000 €, ergibt Herstellkosten von 136.000 €, zuzüglich Verwaltungsgemeinkosten 13.600 € (Zuschlagssatz 10 %) ergibt Gesamtkosten der aktivierten Eigenleistung in Höhe von 149.600 €. Zu den Berechnungseinzelheiten siehe *Klümper/ Möllers/Zimmermann*, Kommunale Kosten- und Wirtschaftlichkeitsrechnung, 20. Aufl., Witten 2019.

54 Financial Leasing (Spezialleasing) ist u. a. an folgenden Merkmalen erkennbar: Die Anlage entspricht den speziellen Anforderungen des Leasingnehmers. Der Leasingnehmer trägt das wirtschaftliche Risiko der Anlagennutzung und -erhaltung. Die Leasingvereinbarung erstreckt sich über die voraussichtliche Nutzungsdauer der Anlage. Die vereinbarten Leasingraten decken die Anschaffungs- oder Herstellungskosten.

teil von jährlich 30.000 € enthalten. Damit erreicht der Investor die Rückgewinnung des aufgewandten Kapitals[55], sodass in dieser Höhe eine Verbindlichkeit gegenüber dem Investor entsteht, wobei allerdings bereits eine Auflösung von 30.000 € für das Jahr 2023 erfolgte.

f) Das Bankguthaben von 50.000 € wird auf die Aktivseite als Umlaufvermögen eingestellt.

g) Der Bestand an Roter Asche ist nach einem gängigen Verfahren zu bewerten. Die Lösung hat sich des FiFo-Verfahrens („First in – First out") bedient, sodass der Bestand nach dem letzten Einstandspreis bewertet wird.[56] Insofern werden 4 t × 1.500 €/t = 6.000 € der Aktivseite der Bilanz zugeordnet.

h) Kredite sind als Verbindlichkeiten auf der Passivseite der Bilanz nachzuweisen. Der bis zum Bilanzierungsstichtag bereits geleistete Schuldendienst von 400.000 € enthielt Zinsen in Höhe von 300.000 €, sodass der Tilgung 100.000 € zuzuordnen sind. Dieser Betrag verringert die Ursprungsverbindlichkeit entsprechend. Investitionszuschüsse sind als Finanzierungsmittel des Anlagevermögens zu passieren und entsprechend der Nutzungsdauer des geförderten Vermögensgegenstandes aufzulösen. Wie bei Buchstabe c) dargestellt, sind bereits Abschreibungen von 4,5 Jahren erfolgt, sodass auch für diesen Zeitraum eine Auflösung in Höhe von 18.000 € abzusetzen ist (200.000 € : 50 Jahre Gesamtnutzungsdauer × 4,5 Jahre).

i) In Höhe des zu erwartenden Vergleichsbetrages ist eine Rückstellung auf der Passivseite zu bilden (Aufwandrückstellung). Das Postbankkonto ist als Umlaufvermögen der Aktivseite zuzuordnen.

j) Bei der Leasingrate für den Großflächenmäher handelt es sich zwar um eine Auszahlung des Jahres 2023, jedoch um Aufwendungen des Jahres 2024. Insofern ist der Betrag als aktive Rechnungsabgrenzung in 2023 zu bilanzieren und dann in der Ergebnisrechnung des Jahres 2024 aufwandswirksam aufzulösen.[57]

k) Die Einzahlung des Jahres 2023 stellt einen Ertrag des Jahres 2024 dar. Insofern muss der Betrag der Ergebnisrechnung des Jahres 2024 zugeführt werden. Die bilanzielle Darstellung erfolgt als passive Rechnungsabgrenzung.[58]

Der Gesamtsumme des Vermögens von 4.380.000 € stehen Investitionszuschüsse und Verbindlichkeiten in Höhe von 2.488.000 € gegenüber, sodass sich als Differenz ein Basis-Reinvermögen von 1.892.000 € ergibt, das als Eigenkapital ausgewiesen wird.

55 Auf eine Abzinsung des Kapitalanteils wird aus Vereinfachungsgründen verzichtet.

56 Gemäß § 36 Abs. 3 KomHKV und Ziff. 3.2.1 bzw. Ziff. 2.6.2 BewertL Bbg sind auch andere Verfahren zulässig (siehe dazu auch Kap. 10). Zur Anwendung der einzelnen Bewertungsverfahren siehe *Klümper/Möllers/Zimmermann*, Kommunale Kosten- und Wirtschaftlichkeitsrechnung, 20. Aufl., Witten 2019.

57 Aktive Rechnungsabgrenzung kann vereinfacht als Gegenbuchung einer „Auszahlung mit Aufwand in späteren Jahren" bezeichnet werden.

58 Passive Rechnungsabgrenzung kann vereinfacht als Gegenbuchung einer „Einzahlung mit Ertrag in späteren Jahren" bezeichnet werden.

Sachverhalt Nr. 4 (Bestandsbuchungen)
Die Eröffnungsbilanz einer Eigengesellschaft der Gemeinde G zum 1.1.2024 hat folgenden Inhalt:

Aktiva	Bilanz zum 1.1.2024		Passiva
Bebaute Grundstücke	1.000.000 €	Eigenkapital	1.150.000 €
Fahrzeuge	200.000 €	Hypothekenverbindlichkeiten	560.000 €
BGA	100.000 €	Dispositionskredite	40.000 €
Forderungen	7.000 €	Lieferantenverbindlichkeiten	50.000 €
Bankguthaben	493.000 €		
Insgesamt	**1.800.000 €**	**Insgesamt**	**1.800.000 €**

Im Jahre 2024 fallen folgende Geschäftsvorfälle an:

1. Kauf eines Fahrzeuges (10.000 €), Überweisung erfolgt aus dem Bankguthaben.
2. Eingang von 4.000 € auf die ausstehenden Forderungen auf dem Bankkonto.
3. Ein bebautes Grundstück wird gekauft (200.000 €). Es wird zunächst aus dem Bankguthaben bezahlt. Nach einmonatiger Verhandlung werden 180.000 € über ein langfristiges Hypothekendarlehen finanziert. Die Hypothekenbank überweist den Betrag auf das Bankkonto.
4. Abbuchung von 30.000 € beim Bankkonto, wovon 25.000 € dem Dispositionskredit zugeführt werden und 5.000 € der Tilgung der Hypothekenkredite dienen.
5. Kauf eines PC mit Zahlungsziel in 2025 (2.000 €).
6. Bezahlung von Rechnungen aus dem Vorjahr durch Überweisung vom Bankkonto (10.000 €).
7. Die Stadt als Eigentümer übergibt der Eigengesellschaft Fahrzeuge im Wert von 80.000 € zur Eigenkapitalaufstockung.
8. Verkauf eines bebauten Grundstückes für 120.000 €, zahlbar mit je 60.000 € in 2024 und 2025. Der Betrag für 2024 wird sofort dem Bankkonto gutgeschrieben.

Aufgabe:
Verarbeiten Sie die Finanzvorfälle in der kaufmännischen Buchführung und erstellen Sie die Schlussbilanz zum 31.12.2024. Formulieren Sie auch die entsprechenden Buchungssätze für die Finanzvorfälle 1 bis 8 und entscheiden Sie, welche Auswirkungen die Finanzvorfälle auf die Bilanz haben.

Lösung:

S	Bebaute Grundstücke		H
AB	1.000.000	(8)	120.000
(3)	200.000	SB	1.080.000
	1.200.000		1.200.000

S	Eigenkapital		H
SB	1.230.000	AB	1.150.000
		(7)	80.000
	1.230.000		1.230.000

S	Fahrzeuge		H
AB	200.000	SB	290.000
(1)	10.000		
(7)	80.000		
	290.000		290.000

S	Hypotheken-verbindlichkeiten		H
(4)	5.000	AB	560.000
SB	735.000	(3)	180.000
	740.000		772.000

S	BGA		H
AB	100.000	SB	102.000
(5)	2.000		
	102.000		102.000

S	Dispositionskredite		H
(4)	25.000	AB	40.000
SB	15.000		
	40.000		40.000

S	Forderungen		H
AB	7.000	(2)	4.000
(8)	60.000	SB	63.000
	67.000		67.000

S	Lieferanten-verbindlichkeiten		H
(6)	10.000	AB	50.000
SB	42.000	(5)	2.000
	52.000		52.000

S	Bankguthaben		H
AB	493.000	(1)	10.000
(2)	4.000	(3)	200.000
(3)	180.000	(4)	30.0000
(8)	60.000	(6)	10.000
		SB	487.000
	737.000		737.000

Aktiva	**Schlussbilanz zum 31.12.2024**		**Passiva**
Bebaute Grundstücke	1.080.000 €	Eigenkapital	1.230.000 €
Fahrzeuge	290.000 €	Hypothekenverbindlichkeiten	735.000 €
BGA	102.000 €	Dispositionskredite	15.000 €
Forderungen	63.000 €	Lieferantenverbindlichkeiten	42.000 €
Bankguthaben	487.000 €		
Insgesamt	**2.022.000 €**	**Insgesamt**	**2.022.000 €**

Lfd. Nr.	Buchungssätze	Bilanzauswirkung
1	Fahrzeuge an Bankguthaben 10.000 €	Aktivtausch
2	Bankguthaben an Forderungen 4.000 €	Aktivtausch
3	Bebaute Grundstücke an Bank 200.000 € Bankguthaben an Hypothekenverbindlichkeiten 180.000 €	Aktivtausch Aktiv-Passiv-Mehrung
4	Dispositionskredit 25.000 € und Hypothekenverbindlichkeiten 5.000 € an Bankguthaben 30.000 €	Aktiv-Passiv-Minderung
5	BGA an Lieferantenverbindlichkeiten 2.000 €	Aktiv-Passiv-Mehrung
6	Lieferantenverbindlichkeiten an Bankguthaben 10.000 €	Aktiv-Passiv-Minderung
7	Fahrzeuge an Eigenkapital 80.000 €	Aktiv-Passiv-Mehrung
8	Bankguthaben 60.000 € und Forderungen 60.000 € an bebaute Grundstücke 120.000 €	Aktivtausch

Sachverhalt Nr. 5 (Erfolgsbuchungen)[59]

Die Eröffnungsbilanz einer als eigenbetriebsähnliche Einrichtung geführten Musikschule der Gemeinde G zum 1.1.2024 hat folgenden Inhalt:

Aktiva	Bilanz zum 1.1.2024		Passiva
Bebaute Grundstücke	1.000.000 €	Eigenkapital	1.090.000 €
Fahrzeuge	200.000 €	Bankverbindlichkeiten	610.000 €
Bankguthaben	500.000 €		
Insgesamt	**1.700.000 €**	**Insgesamt**	**1.700.000 €**

Im Jahre 2024 fallen folgende Geschäftsvorfälle an:

1. Versendung von Bescheiden über Musikschulbeiträge in Höhe von 190.000 € mit sofortigem Zahlungseingang auf dem Bankkonto.
2. Malermeister Pinsel stellt für den Unterhaltungsanstrich des Musikschulgebäudes 15.000 € in Rechnung, die sofort per Banküberweisung bezahlt werden.
3. Die Abschreibungen betragen für die bebauten Grundstücke 80.000 € und für die Betriebs- und Geschäftsausstattung 22.000 €.
4. Es werden Gehälter in Höhe von 120.000 € per Banküberweisung bezahlt.
5. An einen Musikschulbenutzer wird ein Schadensersatzbetrag in Höhe von 1.000 € per Banküberweisung geleistet.
6. Die Musikschule nimmt Bescheide in Höhe von 3.000 € zurück und überweist die bereits eingegangenen Beträge an die Musikschulbenutzer zurück.
7. Für die Vermietung von Räumen gehen 10.000 € auf dem Bankkonto ein.
8. Es werden weitere Gehälter in Höhe von 27.000 € per Banküberweisung gezahlt.

59 Die Bilanz und die Fallgestaltung sind stark vereinfacht, um die Möglichkeit zu geben, reine Erfolgsbuchungen zu trainieren.

Aufgabe:

Verarbeiten Sie die Finanzvorfälle in der kaufmännischen Buchführung und erstellen Sie die Ergebnisrechnung 2024 sowie die Schlussbilanz zum 31.12.2024. Formulieren Sie auch die entsprechenden Buchungssätze für die Finanzvorfälle 1 bis 8.

Lösung:

Bilanzkonten

S	Bebaute Grundstücke		H
AB	1.000.000	(3)	80.000
		SB	920.000
	1.000.000		1.000.000

S	Eigenkapital		H
ER	68.000	AB	1.090.000
SB	1.022.000		
	1.090.000		1.090.000

S	BGA		H
AB	200.000	(3)	22.000
		SB	178.000
	200.000		200.000

S	Bankverbindlichkeiten		H
SB	610.000	AB	610.000
	610.000		610.000

S	Bankguthaben		H
AB	500.000	(2)	15.000
(1)	190.000	(4)	120.000
(7)	10.000	(5)	1.000
		(6)	3.000
		(8)	27.000
		SB	534.000
	700.000		700.000

Erfolgskonten

S	Gehälter		H
(4)	120.000	ER	147.000
(8)	27.000		
	147.000		147.000

S	Musikschulbeiträge		H
(6)	3.000	(1)	190.000
ER	187.000		
	190.000		190.000

S	Gebäudeunterhaltung		H
(2)	15.000	ER	15.000
	15.000		15.000

S	Mieterträge		H
ER	10.000	(7)	10.000
	10.000		10.000

S	Abschreibungen		H
(3)	102.000	ER	102.000
	102.000		102.000

S	Sonstiger ordentlicher Aufwand		H
(5)	1.000	ER	1.000
	1.000		1.000

Soll	**Ergebnisrechnung 2024**		**Haben**
Gehälter	147.000 €	Musikschulbeiträge	187.000 €
Gebäudeunterhaltung	15.000 €	Mieterträge	10.000 €
Abschreibungen	102.000 €	Jahresfehlbetrag	68.000 €
Sonst. ordentlicher Aufwand	1.000 €		
Insgesamt	**265.000 €**	**Insgesamt**	**265.000 €**

Aktiva	**Schlussbilanz zum 31.12.2024**		**Passiva**
Bebaute Grundstücke	920.000 €	Eigenkapital	1.022.000 €
BGA	178.000 €	Bankverbindlichkeiten	610.000 €
Bankguthaben	34.000 €		
Insgesamt	**1.632.000 €**	**Insgesamt**	**1.632.000 €**

Lfd. Nr.	Buchungssätze
1	Bankguthaben an Musikschulbeiträge 190.000 €
2	Gebäudeunterhaltung an Bankguthaben 15.000 €
3	Abschreibungen 102.000 € an Gebäude 80.000 € und BGA 22.000 €
4	Gehälter an Bankguthaben 120.000 €
5	Sonstiger ordentlicher Aufwand an Bankguthaben 1.000 €[60]
6	Musikschulbeiträge an Bankguthaben 3.000 €
7	Bankguthaben an Mieterträge 10.000 €
8	Gehälter an Bankguthaben 27.000 €

Sachverhalt Nr. 6 (Bestands- und Erfolgsbuchungen)[61]

Die Städte A, B und C haben sich zu einem nach kaufmännischen Regeln geführten Schulzweckverband zusammengeschlossen, wobei folgende Eröffnungsbilanz erstellt wurde:

60 Ein Ausweis als außerordentlicher Aufwand scheitert nach brandenburgischem Gesetz an der Geringfügigkeit des Betrages. In der Kosten- und Leistungsrechnung ist dieser Betrag allerdings als nicht betriebstypisch zu behandeln, sodass dort keine Zuordnung zu den Kosten erfolgt (Ausweis in der neutralen Rechnung).

61 Diese Übungsaufgabe soll das Zusammenwirken aller Buchungsbereiche verdeutlichen. Dabei geht sie über die bisherigen Besprechungsinhalte teilweise hinaus. Insofern sind zusätzlich Kenntnisse zu einzelnen Bilanz- und Erfolgspositionen erforderlich. Besondere Problemstellungen werden bei den Buchungssätzen mithilfe von Fußnoten erläutert, sodass jeder Zeit die Lösungsproblematik nachvollzogen werden kann. Ansonsten wird auf die spezielle Behandlung der einzelnen Positionen in den Kap. 10 bis 12 verwiesen. Hinweis: Buchungen in der Finanzrechnung sind hier noch nicht durchzuführen.

Aktiva	Bilanz zum 1.1.2024		Passiva
Schulausstattung	1.315.000 €	Eigenkapital	670.000 €
Forderungen	200.000 €	Verbindlichkeiten gegenüber:	
Bank	550.000 €	Banken	1.200.000 €
Kasse	5.000 €	Lieferanten	200.000 €
Insgesamt	**2.070.000 €**	**Insgesamt**	**2.070.000 €**

Im Jahre 2024 ergeben sich folgende Geschäftsvorfälle:

1. Verkauf von gebrauchten Schulmöbeln. Die Möbel werden in den Anlagenachweisen des Zweckverbandes mit einem Restbuchwert von 1.000 € geführt. Der Verkaufserlös von 3.000 € wird sofort in bar bezahlt.
2. Einkauf und Bezahlung (Bank) von Büromaterial (4.000 €), welches sofort verbraucht wird.
3. Eingang einer Rechnung des Busunternehmens B für Schülertransporte in 2024 über 30.000 € (Zahlungsziel in 2025)
4. Ein Gymnasium stellt der Arbeiterwohlfahrt für Gruppenabende Klassenräume zur Verfügung. Vertraglich ist eine Jahresmietpauschale von 5.000 € vereinbart. Die Arbeiterwohlfahrt überweist einen Monat nach Unterzeichnung des Mietvertrages auf das Bankkonto einen Betrag von 2.000 €.
5. Für die Schulhausmeister sind Beschäftigungsentgelte in Höhe von 400.000 € zu zahlen (Banküberweisung). Darin enthalten sind laut Arbeitsaufzeichnung Anteile von 1.000 € für das Zusammenbauen eines Regalsystems (Einkauf im Baumarkt in 2024 zum Preis von 3.000 €).
6. Nach dem Mietvertrag mit der Arbeiterwohlfahrt hat die Stadt die Reinigung der genutzten Räumlichkeiten zu übernehmen. Die Reinigungsfirma stellt dafür eine Jahrespauschale von 1.500 € in Rechnung (sofortige Bezahlung vom Bankkonto).
7. Das Land überweist Mitte Dezember 2024 für einen Schulversuch einen Betriebskostenzuschuss von 90.000 € (Bescheid und Zahlung gehen am selben Tag ein – Bankkonto). Davon sind 50.000 € für 2024 und 40.000 € für 2025 bestimmt.
8. Die reiche Erbin Irmgard M ist über das Zeugnis ihres Sohnes sehr erfreut und spendet spontan in bar ohne besondere Zweckbindung 2.000 €.
9. Bei einem missglückten Versuch im Chemieunterricht wird bei einer Explosion der Chemieraum stark beschädigt. Die Reparaturarbeiten werden von der Firma F durchgeführt, die dafür 5.000 € in Rechnung stellt (sofortige Banküberweisung).
10. Die beteiligten Städte überweisen den Betriebskostenzuschuss 2024 in Höhe von 400.000 €.

Aufgabe:

Buchen Sie die Geschäftsvorfälle auf T-Konten und schließen Sie die Konten bis hin zum Schlussbilanzkonto ab. Formulieren Sie auch die Buchungssätze.

Lösung:

Bilanzkonten

S	Schulausstattung		H
AB	1.315.000	(1)	1.000
(5)	1.000	SB	1.315.000
	1.316.000		1.316.000

S	Eigenkapital		H
SB	689.500	AB	670.000
		ER	19.500
	689.500		689.500

S	Forderungen		H
AB	200.000	(4)	2.000
(4)	5.000	SB	203.000
	205.000		205.000

S	Bankverbindlichkeiten		H
SB	1.200.000	Ab	1.200.000
	1.200.000		1.200.000

S	Bankguthaben		H
AB	550.000	(2)	4.000
(4)	2.000	(5)	400.000
(7)	90.000	(6)	1.500
(10)	400.000	(9)	5.000
		SB	631.500
	1.042.000		1.042.000

S	Lieferanten-verbindlichkeiten		H
SB	230.000	AB	200.000
		(3)	30.000
	230.000		230.000

S	Kasse		H
AB	5.000	SB	10.000
(1)	3.000		
(8)	2.000		
	10.000		10.000

S	Passive Rechnungs-legung		H
SB	40.000	(7)	40.000
	40.000		40.000

Ergebniskonten

S	Materialverbrauch		H
(2)	4.000	ER	4.000
	4.000		4.000

S	Erträge aus Verkäufen		H
ER	2.000	(1)	2.000
	2.000		2.000

S	Schülerbeförderung		H
(3)	30.000	ER	30.000
	30.000		30.000

S	Mieterträge		H
ER	5.000	(4)	5.000
	5.000		5.000

S	Beschäftigungs-entgelte		H
(5)	400.000	ER	400.000
	400.000		400.000

S	aktivierte Eigen-leistungen		H
ER	1.000	(5)	1.000
	1.000		1.000

S	Reinigungsaufwand		H
(6)	1.500	ER	1.500
	1.500		1.500

S	Zuschüsse		H
ER	450.000	(7)	50.000
		(10)	400.000
	450.000		450.000

S	Gebäudeunterhaltung		H
(9)	5.000	ER	5.000
	5.000		5.000

S	Sonstiger Ertrag		H
ER	2.000	(8)	2.000
	2.000		2.000

Soll	**Ergebnisrechnung 2024**		**Haben**
Materialverbrauch	4.000 €	Erträge aus Verkäufen	2.000 €
Schülerbeförderung	30.000 €	Mieterträge	5.000 €
Beschäftigungsentgelte	400.000 €	aktivierte Eigenleistungen	1.000 €
Beschäftigungsentgelte	1.000 €	Zuschüsse	450.000 €
Reinigungsaufwand	1.500 €	Sonstiger Ertrag	2.000 €
Gebäudeunterhaltung	5.000 €		
Jahresüberschuss	19.500 €		
Insgesamt	**460.000 €**	**Insgesamt**	**460.000 €**

Aktiva	**Schlussbilanz zum 31.12.2024**		**Passiva**
Schulausstattung	1.315.000 €	Eigenkapital	689.500 €
Forderungen	203.000 €	Verbindlichkeiten gegenüber:	
Bank	631.500 €	Banken	1.200.000 €
Kasse	10.000 €	Lieferanten	230.000 €
		Passive Rechnungsabgrenzung	40.000 €
Insgesamt	**2.159.000 €**	**Insgesamt**	**2.159.000 €**

Lfd. Nr.	Buchungssätze
1	Kasse 3.000 € an Erträge aus Verkäufen 3.000 € Aufwand aus Verkäufen an Schulausstattung 1.000 €[62]
2	Materialaufwand an Bank 4.000 €
3	Schülerbeförderungsaufwand an Lieferantenverbindlichkeiten 30.000 €
4	Forderungen an Mieterträge 5.000 € Bank an Forderungen 2.000 €
5	Beschäftigungsentgelte an Bank 400.000 € Schulausstattung an aktivierte Eigenleistungen 1.000 €[63]
6	Reinigungsaufwand an Bank 1.500 €
7	Bankguthaben 90.000 € an Erträge aus Zuschüssen 50.000 € und passive Rechnungsabgrenzung 40.000 €[64]
8	Kasse an sonstiger ordentlicher Ertrag 2.000 €[65]
9	Gebäudeunterhaltungsaufwand an Bank 5.000 €[66]
10	Bankguthaben an Erträge aus Zuschüssen 400.000 €[67]

62 In Brandenburg ist die Bruttobuchung anzuwenden. D. h., der Aufwand wird gesondert vom Ertrag gebucht, die Differenz ergibt dann den Buchwertgewinn bzw. Buchwertverlust.

63 Die Tätigkeit des Hausmeisters beim Zusammenbau des Regalsystems erhöht den Wert des Regals (Anlagevermögen) und ist deshalb zu aktivieren. Gemeinkostenzuschläge konnten wegen fehlender Angaben im Sachverhalt nicht berücksichtigt werden.

64 Es erfolgt eine periodengerechte Abgrenzung. Erfolgswirksam für 2024 ist nur der Betrag für dieses Wirtschaftsjahr. Insofern ist der Betrag für das Jahr 2025 als passive Rechnungsabgrenzung auszuweisen.

65 Ein Ausweis als außerordentlicher Ertrag scheitert nach brandenburgischem Gesetz an der Geringfügigkeit des Betrages. In der Kosten- und Leistungsrechnung ist dieser Betrag allerdings als nicht betriebstypisch zu behandeln, sodass dort keine Zuordnung zu den Leistungen erfolgt (Ausweis in der neutralen Rechnung).

66 Ein Ausweis als außerordentlicher Aufwand scheitert nach brandenburgischem Gesetznach brandenburgischem Gesetz an der Geringfügigkeit des Betrages. In der Kosten- und Leistungsrechnung ist dieser Betrag allerdings als nicht betriebstypisch zu behandeln, sodass dort keine Zuordnung zu den Kosten erfolgt (Ausweis in der neutralen Rechnung).

67 Der Einfachheit halber erfolgt die Zuordnung zu dem allgemeinen Zuschusskonto, obwohl es sich hier eher eine Zweckverbandsumlage handeln könnte.

4. Ablauf, Organisation und Personal im kommunalen Finanzmanagement

4.1 Stationen der Haushaltswirtschaft und Haushaltskreislauf

Bereits in Kap. 2.1 ist dargestellt, in welche Stationen (Phasen) der kommunale Haushaltskreislauf gegliedert ist. Im Mittelpunkt des kommunalen Finanzmanagements steht dabei das Haushaltsjahr, wobei man sich den Ablauf der Haushaltswirtschaft einer Gemeinde als einen Kreislauf vorstellen kann, in dem sich die einzelnen Phasen in jedem Haushaltsjahr in stets gleich bleibender Reihenfolge wiederholen:

- Planung und Aufstellung des Haushaltsplans,
- Ausführung des Haushaltsplans und
- Rechnungslegung, Prüfung und Entlastung.

Die Abwicklung eines Haushaltes erfolgt etwa über drei Jahre von der Aufstellung bis zur Entlastung.

Folgendes Beispiel soll dieses verdeutlichen:

Haushaltsplan für das Jahr 2024

2023 Aufstellung	(Jahr vor dem Inkrafttreten = Haushaltsplanjahr)		
	Beteiligt	=	Fachämter/Fachbereiche, Kämmerei/ Fachbereich Finanzen, Gemeindevertretung
2024 Ausführung	(laufendes Jahr = Haushaltsjahr)		
	Beteiligt	=	gesamte Verwaltung, Finanzbuchhaltung/Kasse, Gemeindevertretung
2025 Abrechnung, Prüfung und Entlastung (nachfolgendes Jahr)			
	Beteiligt	=	Finanzbuchhaltung/Kasse, Kämmerei/ Fachbereich Finanzen, Rechnungsprüfungsamt, Gemeindevertretung

4.2 Ausführung des Haushaltsplans

Bei der Ausführung des Haushaltsplans wirken zwei Stellen der Gemeindeverwaltung zusammen, und zwar die einzelnen Fachbereiche einschließlich Kämmerei/Fachbereich Finanzen und die Kasse/Finanzbuchhaltung. Die Fachämter verfügen über die Haushaltsmittel, schließen Verträge, erstellen Rechnungen, erlassen Finanzbescheide, begründen Aufwendungen und Zahlungen. Die Fachämter haben somit grundsätzlich allein das Recht, über die im Haushaltsplan veranschlagten Beträge zu verfügen, und die Pflicht, die Einhaltung des Haushaltsplans zu bewirken (siehe § 28 KomHKV).

Die Abwicklung der Erträge/Aufwendungen bzw. Einzahlungen/Auszahlungen sowie die Dokumentation der Finanzvorfälle obliegt dagegen der Kasse/Finanzbuchhaltung. Die Kasse/Finanzbuchhaltung ist dabei wie folgt gegliedert:[1]

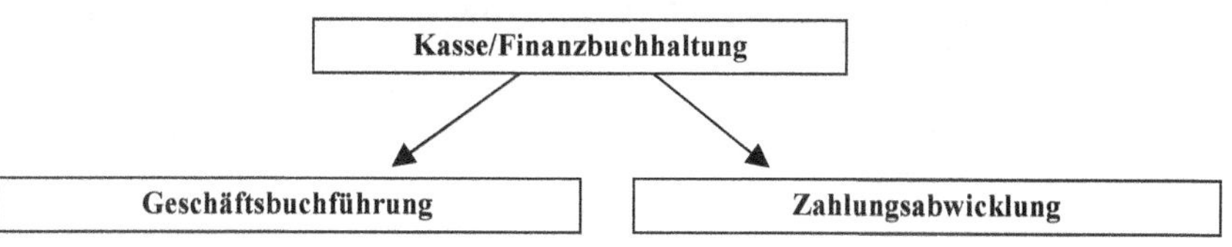

Geschäftsbuchführung	Zahlungsabwicklung
• Erfassung/Vormerkung von Aufträgen (Haushaltsüberwachung) • Vorprüfung und Kontierung von Eingangs-/Ausgangsrechnungen • Buchen von Forderungen und Verbindlichkeiten auf Debitoren- und Kreditorenkonten sowie Führen der Anlagebuchhaltung (Nebenbuchführung) • Buchung von Geschäftsvorfällen auf Bestands- und Erfolgskonten (Hauptbuchführung) • Erstellung von Anweisungen für Auszahlungen • Sammlung der Belege • Erstellung der Jahresabschlüsse (Ergebnisrechnung, Finanzrechnung und Bilanz)	• Abwicklung des Zahlungsverkehrs (Einzahlungen, Auszahlungen) • Verwaltung der Finanzmittel –zentrale Liquiditätsplanung • Buchen der Einzahlungen und Auszahlungen auf Debitoren- bzw. Kreditorenkonten und in der Finanzrechnung • Offene-Posten-Verwaltung einschließlich Mahnungen • Abstimmung der Bankkonten und der Finanzrechnung (täglich und zum Stichtag 31. Dezember) • Ermittlung der liquiden Mittel, ggf. durch Abschluss der Finanzrechnungskonten zum Stichtag 31. Dezember

Die Geschäftsbuchführung kann dabei dezentral in den Fachbereichen, gebündelt für mehrere Fachbereiche oder auch von einer zentralen Stelle geführt werden. Dagegen bietet es sich an, die Zahlungsabwicklung zentral zu erledigen, weil es u. a. wirtschaftlich sinnvoll ist, die Bankgeschäfte sowie die Liquidität einer Gemeinde als Ganzes zu steuern. Aus Sicherheitsgründen ist hier ein sogenanntes „Vier-Augen-Prinzip" eingeführt worden. Gemäß § 80 Abs. 4 BbgKVerf dürfen die mit der Prüfung und Feststellung eines Zahlungsanspruchs bzw. einer Zahlungsverpflichtung beauftragten gemeindlichen Beschäftigten nicht auch den Zahlungsverkehr abwickeln. Damit erfolgt eine Trennung des Buchungs- vom Zahlungsgeschäft. Außerdem darf der Kassenverwalter und sein Stellvertreter nicht Angehöriger des Hauptverwaltungsbeamten, des Kämmerers und der mit der Rechnungsprüfung beauftragten Beschäftigen oder beauftragter Dritter sein (§ 80 Abs. 3 i. V. m. § 22 Abs. 5 BbgKVerf).

1 Entnommen und geringfügig erweitert aus Modellprojekt „Doppischer Kommunalhaushalt in NRW" (Hrsg.), Neues Kommunales Finanzmanagement: Betriebswirtschaftliche Grundlagen für das doppische Haushaltsrecht, 2., vollst. überarb. Aufl. auf der Basis der Endergebnisse des Modellprojektes, Freiburg 2003.

Amtsfreie Gemeinden und Ämter haben zudem gemäß § 81 BbgKVerf die Möglichkeit, ihre Kassengeschäfte mit Ausnahme der Zwangsvollstreckung ganz oder zum Teil von Dritten erledigen zu lassen. Dabei können sie sich eines privaten Buchführungsanbieters bedienen, selbst eine solche Institution gründen oder sich mit anderen Gemeinden und Trägern zu privatrechtlich oder öffentlich-rechtlich organisierten Buchführungszentren zusammenschließen. Die Buchführung kann demnach auch von Eigenbetrieben oder Eigengesellschaften erledigt werden. Außerdem besteht die Möglichkeit, unter dem Stichwort „interkommunale Zusammenarbeit" zum Beispiel kommunale Zweckverbände zu gründen. Es müssen jedoch die ordnungsgemäße Erledigung der Buchungs- und Zahlungsgeschäfte sowie die Prüfung nach den kommunalrechtlichen Vorschriften gewährleistet sein.

Im Rahmen des Buchungsverfahrens werden die Finanzvorfälle den entsprechenden Konten zugeordnet (Hauptbuchhaltung), wobei zu bestimmten Konten Nebenbuchhaltungen bestehen.

In der **Anlagenbuchhaltung** wird das kommunale Vermögen erfasst, werden Vermögenszugänge und Vermögensabgänge dokumentiert. In Abhängigkeit von der verwendeten Software sind für jeden Vermögensgegenstand oder jede Vermögensgruppe einzelne Konten eingerichtet, die dann zum Gesamtvermögen addiert werden. Bei einer Vermögensveränderung wird dann nicht nur das Bilanzkonto, sondern auch eine konkrete Inventar-Nummer (z. B. für Fahrzeugbilanzkonto 0711 Inventarnummer xxx = Dienst-PKW des Bürgermeisters) bebucht.

Für jeden Schuldner (Debitor) und jeden Gläubiger (Kreditor) wird ein einzelnes Konto geführt. Insofern werden diese Konten auch als Personenkonten bezeichnet. Debitoren könnten z. B. ein Gewerbesteuerpflichtiger oder ein Musikschulentgeltzahlender sein. Kreditor könnte ein Bauunternehmer sein, der eine Baurechnung eingereicht hat. Jeder kommunale Bedienstete ist ebenfalls gegenüber der Gemeinde Kreditor. Der **Kreditoren- und Debitorenbuchhaltung** kommt somit eine erhebliche Funktion zu, weil diese Nebenbuchhaltungen praktisch bei den meisten Finanzvorfällen berührt sind.

Das Zusammenwirken der Haupt- und Nebenbuchhaltungen zeigt das Schaubild auf der nächsten Seite.

Das Zusammenwirken der Fachämter sowie der Finanzbuchhaltung mit Geschäftsbuchführung und Zahlungsabwicklung wird an den danach abgedruckten Beispielen deutlich.

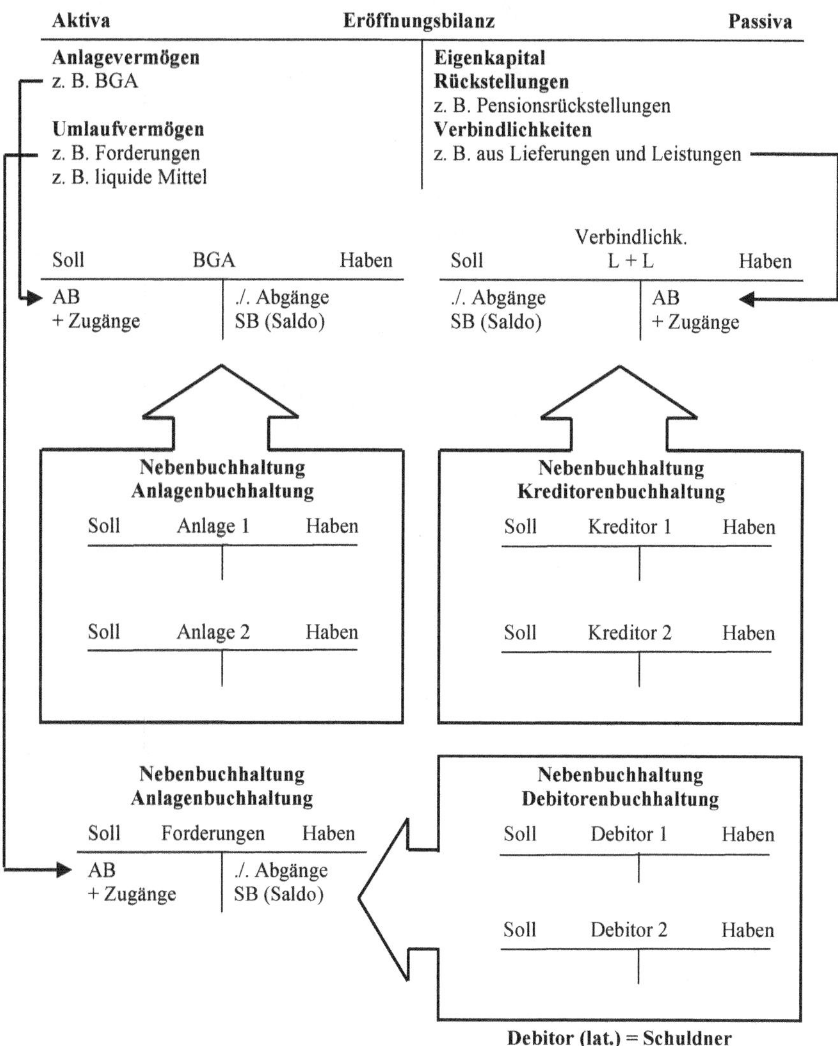

Gliederung der Buchführung
mit Nebenbuchhaltung
Aktiva
Eröffnungsbilanz
Passiva
Anlagevermögen
z. B. BGA
Umlaufvermögen
z. B. Forderungen
z. B. liquide Mittel
Eigenkapital
Rückstellungen
z. B. Pensionsrückstellungen
Verbindlichkeiten
z. B. aus Lieferungen und Leistungen
Soll
BGA
Haben
AB
+ Zugänge
./. Abgänge
SB (Saldo)
Verbindlichk.
Soll
L + L
Haben
./. Abgänge
SB (Saldo)
AB
+ Zugänge
Nebenbuchhaltung
Anlagenbuchhaltung
Soll
Anlage 1
Haben
Soll
Anlage 2
Haben
Nebenbuchhaltung
Kreditorenbuchhaltung
Soll
Kreditor 1
Haben
Soll
Kreditor 2
Haben
Nebenbuchhaltung
Anlagenbuchhaltung
Soll
Forderungen
Haben
AB
+ Zugänge
./. Abgänge
SB (Saldo)
Nebenbuchhaltung
Debitorenbuchhaltung
Soll
Debitor 1
Haben
Soll
Debitor 2
Haben
Debitor (lat.) = Schuldner

Beispiel: Verkauf von gebrauchten Schulmöbeln[2]

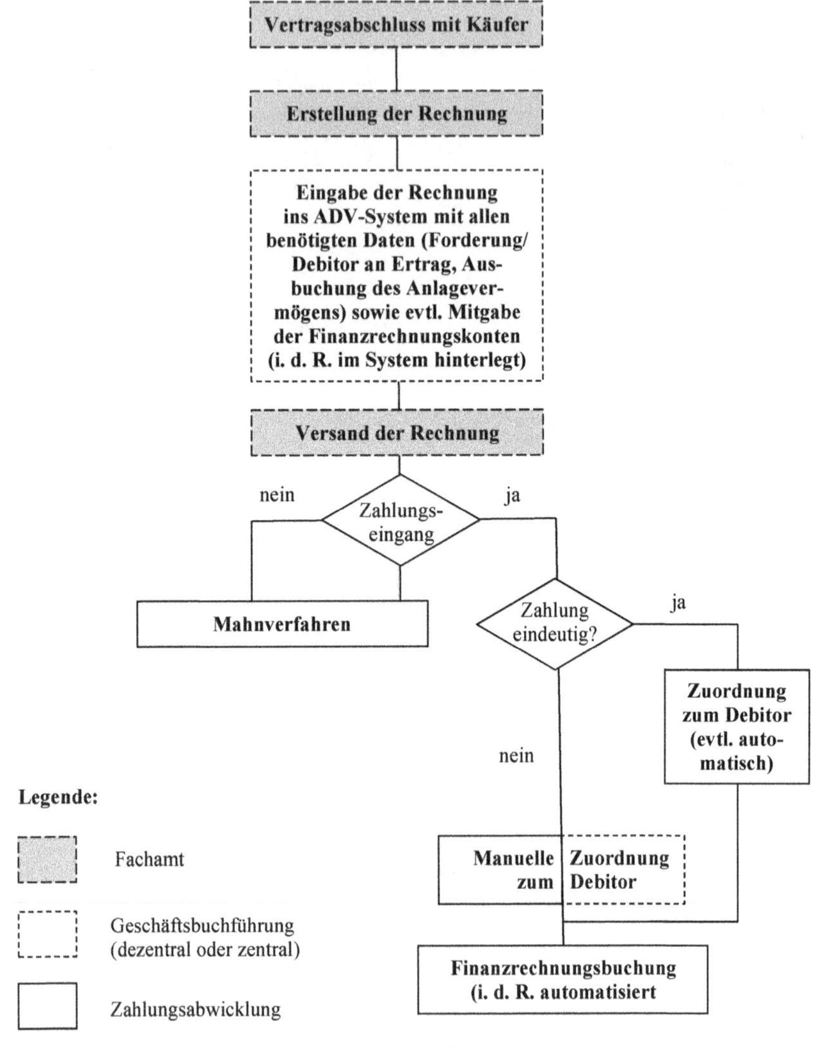

2 Entnommen und geringfügig erweitert aus Modellprojekt „Doppischer Kommunalhaushalt in NRW“ (Hrsg.), Neues Kommunales Finanzmanagement: Betriebswirtschaftliche Grundlagen für das doppische Haushaltsrecht, 2., vollst. überarb. Aufl. auf der Basis der Endergebnisse des Modellprojektes, Freiburg 2003.

Beispiel: Erwerb von Büromaterial[3]

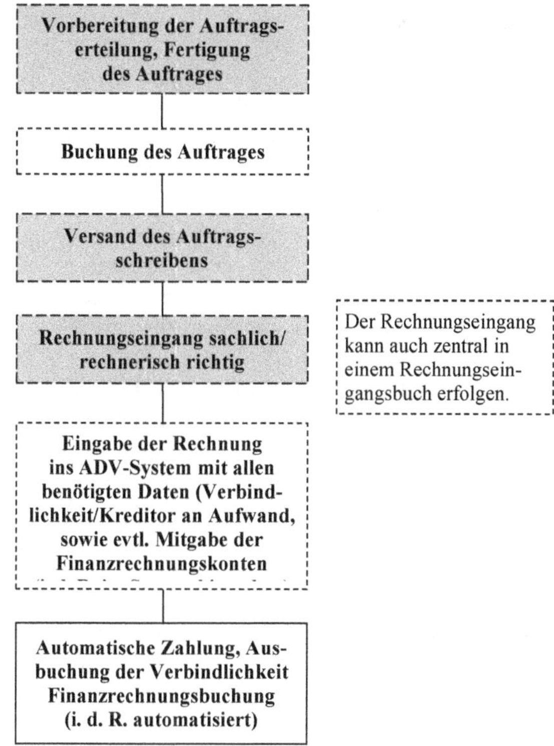

Legende:

Fachamt

Geschäftsbuchführung
(dezentral oder zentral)

Zahlungsabwicklung

3 Angelehnt an die Übersicht in Modellprojekt „Doppischer Kommunalhaushalt in NRW" (Hrsg.), Neues Kommunales Finanzmanagement: Betriebswirtschaftliche Grundlagen für das doppische Haushaltsrecht, 2., vollst. überarb. Aufl. auf der Basis der Endergebnisse des Modellprojektes, Freiburg 2003.

4.3 Personal im kommunalen Finanzmanagement

4.3.1 Der Kämmerer

4.3.1.1 Rechtsstellung

Eine Sonderstellung als kommunaler Bediensteter nimmt der Kämmerer ein. Ihm sind durch eine Reihe von Vorschriften der Kommunalverfassung, Kommunalen Haushalts- und Kassenverordnung und Eigenbetriebsverordnung ganz bestimmte Aufgaben, Rechte und Pflichten übertragen, die der Bürgermeister im Rahmen seines Rechtes, die Geschäfte der Gemeindeverwaltung zu verteilen, nicht entziehen darf. Auch die Gemeindevertretung kann dem Kämmerer diese Rechte nicht nehmen.

Damit unterscheidet sich die Rechtsstellung des Kämmerers von der Rechtsstellung der übrigen Beigeordneten und Bediensteten. In etwa ist sie vergleichbar mit der haushaltsrechtlichen Stellung des Finanzministers im staatlichen Bereich. Der Kämmerer hat selbstständige, fest umrissene Befugnisse auszuüben und bestimmte Entscheidungen zu treffen mit der Wirkung, dass sie unmittelbar als Handlung der Gemeinde gelten. Somit kommt dem Kämmerer praktisch eine Organstellung zu.

Es ist nach § 84 BbgKVerf unerheblich, ob der Kämmerer Zeitbeamter, Beamter auf Lebenszeit oder Angestellter ist. Entscheidend ist, dass er zum Kämmerer bestellt ist. Im Gesetz ist die Bestellung eines Kämmerers nicht förmlich vorgeschrieben. Aus einer Vielzahl von haushaltsrechtlichen Bestimmungen muss jedoch hergeleitet werden, dass auch kreisangehörige Gemeinden einen Kämmerer bestellen müssen. So wird z. B. gemäß § 67 Abs. 1 BbgKVerf der Entwurf der Haushaltssatzung vom Kämmerer aufgestellt. Das Gleiche gilt für den Entwurf des Jahresabschlusses (§ 82 Abs. 3 BbgKVerf). Entsprechendes gilt auch für die Landkreise und Amtsverwaltungen, da gemäß § 131 BbgKVerf für die Haushalts- und Wirtschaftsführung des Landkreises sowie gemäß § 140 BbgKVerf die Vorschriften für kreisangehörige amtsfreie Gemeinden bzw. kreisfreie Städte maßgebend sind.

4.3.1.2 Aufgabenbereiche des Kämmerers

Eine eindeutige Abgrenzung des Aufgabenbereiches des Kämmerers wird weder im kommunalen Verfassungsrecht noch im Haushaltsrecht vorgenommen. Das Recht des Bürgermeisters, die Geschäfte zu verteilen, und das Recht der Gemeindevertretung, den Geschäftskreis der Beigeordneten zu bestimmen, besteht im Grundsatz auch hinsichtlich des Aufgabenbereichs des Kämmerers. Jedoch benennen verschiedene Rechtsnormen eine Reihe von Aufgaben, die dem Kämmerer zugewiesen worden sind und die nicht entzogen werden können. Im Überblick sind es Folgende:

Eigener Aufgabenbereich des Kämmerers	
Beschreibung des Aufgabenbereichs	**Fundstelle**
Aufstellung des Entwurfs der Haushaltssatzung und des Haushaltsplans	§ 67 Abs. 1 BbgKVerf
Abweichende schriftliche Stellungnahme zum Haushaltssatzungsentwurf	§ 67 Abs. 2 BbgKVerf
Mündliche Stellungnahme vor der Gemeindevertretung bei Abweichung vom Haushaltssatzungsentwurf	§ 67 Abs. 4 BbgKVerf
Entscheidung über die Leistung über- und außerplanmäßiger Aufwendungen und Auszahlungen	§ 70 Abs. 1 BbgKVerf
Haushaltssperre	§ 71 Abs. 1 BbgKVerf
Erstellung des Entwurfs des Jahresabschlusses	§ 82 Abs. 3 BbgKVerf
Erstellung des Entwurfes des Gesamtabschlusses	§ 83 Abs. 5 BbgKVerf
Erstellung des Entwurfes der Eröffnungsbilanz	§ 85 Abs. 3 BbgKVerf
Verwaltung des Geldvermögens und der Schulden	§ 84 BbgKVerf
Haushaltsüberwachung	§ 84 BbgKVerf

Im Einzelnen umfasst der haushaltsrechtliche Aufgabenbereich des Kämmerers folgende Punkte:

a) Gemäß § 67 Abs. 1 BbgKVerf hat der Kämmerer den Entwurf der Haushaltssatzung aufzustellen. Hiermit sind gleichzeitig auch die Aufstellung des Haushaltsplans mit seinen Anlagen gemeint. Auch wenn die Gemeindeordnung die Anlagen zur Haushaltssatzung nicht näher bestimmt, kann festgestellt werden, dass der Haushaltsplan und seine Anlagen unverzichtbarer Bestandteil der Haushaltssatzung sind.
b) Der Kämmerer legt den Entwurf der Haushaltssatzung mit Anlagen dem Hauptverwaltungsbeamten vor (§ 67 Abs. 1 BbgKVerf). Der Hauptverwaltungsbeamte hat gemäß § 67 Abs. 2 BbgKVerf die Aufgabe, den Entwurf der Haushaltssatzung zu bestätigen und der Gemeindevertretung zuzuleiten. Dabei hat er die Möglichkeit, vom Entwurf des Kämmerers abzuweichen. Hinsichtlich der Abweichung ist jedoch festzustellen, dass diese sicherlich nicht das Recht des Hauptverwaltungsbeamten beinhaltet, den Entwurf vollkommen zu ändern und damit praktisch einen neuen Entwurf aufzustellen. Er kann lediglich in Teilbereichen vom Entwurf des Kämmerers abweichen.
c) Sollte der Hauptverwaltungsbeamte vom Entwurf des Kämmerers abweichen, ist dazu eine Stellungnahme des Kämmerers abzugeben. Diese Stellungnahme muss der Gemeindevertretung vorlegt werden (§ 67 Abs. 2 BbgKVerf).
d) Gemäß § 67 Abs. 3 BbgKVerf kann der Kämmerer bei der Beratung des Entwurfs der Haushaltssatzung in der Sitzung der Gemeindevertretung seine abweichende Auffassung vertreten.
e) Nach § 70 Abs. 1 Satz 2 BbgKVerf ist der Kämmerer im Rahmen der Ausführung des Haushaltsplans für die Bewilligung von über- und außerplanmäßigen Aufwendungen und Auszahlungen zuständig. Allerdings hat die Gemeindevertretung

das Recht, eine andere Zuständigkeitsregelung zu treffen. Dieses Recht bezieht sich jedoch nur auf die Verlagerung seiner Entscheidungskompetenzen an den Hauptausschuss, nicht aber auf die Bereiche innerhalb der Verwaltung. Bei erheblichen Mittelbereitstellungen benötigt der Kämmerer allerdings gemäß § 70 Abs. 1 BbgKVerf die Zustimmung der Gemeindevertretung.

f) Die Erstellung des Entwurfs des Jahresabschlusses ist gemäß § 82 Abs. 3 BbgKVerf ebenfalls eine Aufgabe des Kämmerers.
g) Auch gehört die Erstellung des Entwurfs des Gesamtabschlusses ist gemäß § 83 Abs. 5 BbgKVerf zu den Aufgaben des Kämmerers.
f) Eine weitere Aufgabe ist die Erstellung des Entwurfes der Eröffnungsbilanz nach § 85 Abs. 3 BbgKVerf.
h) Ein besonderes Recht fließt dem Kämmerer durch § 71 Abs. 1 BbgKVerf zu. Danach darf er eine sogenannte „Haushaltssperre" aussprechen, d. h. der Kämmerer kann, wenn die Entwicklung der Erträge/Einzahlungen und Aufwendungen/Auszahlungen es erfordert, die Inanspruchnahme von Aufwendungs- bzw. Auszahlungsermächtigungen und Verpflichtungsermächtigungen sperren. Hiermit ist aber gleichzeitig auch eine Unterrichtungspflicht der Gemeindevertretung verbunden (§ 71 Abs. 1 Satz 3 BbgKVerf). Die Gemeindevertretung hat dann die Möglichkeit, die vom Kämmerer verfügte Haushaltssperre gemäß § 71 Abs. 1 Satz 4 BbgKVerf wieder aufzuheben.[4]
i) Neben der Aufgabe im Rahmen der Erstellung der Eröffnungsbilanz und der Jahres und Gesamtabschlüsse das Geldvermögen und die Schulden zu erfassen, obliegt dem Kämmerer nach § 84 BbgKVerf auch die Verwaltung des Geldvermögens und der Schulden.

4.3.2 Rechnungsprüfungspersonal

Kreisfreie Städte (§ 101 Abs. 1 Satz 1 BbgKVerf) und Landkreise (§ 131 i. V. m. § 101 Abs. 1 Satz 2 BbgKVerf) haben für die örtliche Prüfung ein Rechnungsprüfungsamt einzurichten. Amtsfreie Gemeinden können ein Rechnungsprüfungsamt einrichten.

Die örtliche Rechnungsprüfungsamt ist gemäß § 101 Abs. 3 BbgKVerf unmittelbar der Gemeindevertretung (Stadtverordnetenversammlung/Kreistag) verantwortlich und ihr in seiner sachlichen Tätigkeit unmittelbar unterstellt. Insofern stellt dieser Fachbereich eine Besonderheit dar. Dieses ist auch notwendig, da gemäß § 102 BbgKVerf der örtlichen Rechnungsprüfung eine Reihe von Kontrollfunktionen gegenüber der sonstigen Verwaltung zugesprochen werden. Insofern kann davon gesprochen werden, dass die Gemeindevertretung und der Rechnungsprüfungsausschuss sich zur Unterstützung ihrer Funktionen des Rechnungsprüfungsamtes bedienen.

Nach § 80 Abs. 2 BbgKVerf können der Leiter und die Prüfer des Rechnungsprüfungsamtes nicht gleichzeitig die Stellung des Kassenverwalters und seines Stellver-

4 Neben dem Kämmerer haben auch die Gemeindevertretung und der Hauptausschuss gemäß § 71 Abs. 2 BbgKVerf ein originäres Recht, eine haushaltswirtschaftliche Sperre auszusprechen.

treters innehaben. Nach § 101 Abs. 4 BbgKVerf dürfen der Leiter und die Prüfer eine andere Stellung in der Gemeinde nur innehaben, wenn dies mit ihren Prüfungsaufgaben vereinbar ist. Nach § 101 Abs. 5 BbgKVerf soll der Leiter des Rechnungsprüfungsamtes Beamter und darf nicht Angehöriger des Hauptverwaltungsbeamten, des Kämmerers oder des Kassenverwalters und dessen Stellvertreters sein. Der kommunalrechtliche Begriff „Angehöriger" wird im § 22 Abs. 5 BbgKVerf abschließend definiert.

4.4 Übungen

Sachverhalt Nr. 1
Der Kämmerer der kreisfreien Stadt S legt dem Oberbürgermeister den Entwurf der Haushaltssatzung nebst Anlagen vor. In der Haushaltssatzung ist eine Erhöhung der Realsteuerhebesätze vorgesehen. Mit dieser Erhöhung ist der Hauptverwaltungsbeamte nicht einverstanden. Er beauftragt den Leiter der Kämmerei, einen völlig neuen Entwurf der Haushaltssatzung nebst Anlagen zu erstellen mit dem Ziel, eine Steuererhöhung zu vermeiden.

Aufgabe:
Beurteilen Sie die Anordnung des Hauptverwaltungsbeamten aus haushaltsrechtlicher Sicht.

Lösung:
Die haushaltsrechtlichen Vorschriften übertragen dem Kämmerer bestimmte Rechte. Eines dieser Rechte ist die Aufstellung des Entwurfs der Haushaltssatzung nebst Anlagen gemäß § 67 Abs. 1 BbgKVerf. Dieses Recht kann weder von der Stadtverordnetenversammlung noch vom Hauptverwaltungsbeamten entzogen werden. Somit kann nur der Kämmerer den Entwurf der Haushaltssatzung nebst Anlagen aufstellen. Nach § 67 Abs. 2 BbgKVerf darf zwar der Hauptverwaltungsbeamte vom Entwurf des Kämmerers abweichen, diese Abweichung kann jedoch nicht so weit gehen, dass der Wesensgehalt des Entwurfs beeinträchtigt wird. Es ist zulässig, Teilbereiche des Entwurfs der Haushaltssatzung nebst Anlagen zu ändern, aber nicht eine grundsätzliche Gesamtänderung vorzunehmen.

Im vorliegenden Sachverhalt hat er die Möglichkeit, den Entwurf der Satzung insoweit zu ändern, dass eine Steuererhöhung vermieden wird. Er kann jedoch nicht durch die Beauftragung des Leiters der Kämmerei einen neuen Haushaltsentwurf schaffen. Ein solchermaßen aufgestellter Entwurf des Kämmereileiters wäre im Sinne der Gemeindeordnung nicht existent. Somit ist die Maßnahme des Hauptverwaltungsbeamten im vorliegenden Fall rechtswidrig.

Sachverhalt Nr. 2
Die Gemeindevertretung der Gemeinde G überträgt per Beschluss der Gemeindevertretung die Entscheidung über die Zustimmung zu über- und außerplanmäßigen Aufwendungen und Auszahlungen auf die jeweiligen Fachbereichsleiter.

Aufgabe:
Beurteilen Sie die Rechtmäßigkeit des Beschlusses der Gemeindevertretung.

Lösung:
§ 70 Abs. 1 Satz 3 BbgKVerf besagt u. a.: „Über die Leistung von über- und außerplanmäßigen Aufwendungen und Auszahlungen entscheidet der Kämmerer […] soweit die Gemeindevertretung keine andere Regelung trifft.“ Diese Bestimmung ist nicht so auszulegen, dass etwa die Gemeindevertretung, wie im vorliegenden Fall geschehen, die Entscheidung auf die Fachbereichsleiter übertragen kann. Die Gemeindevertretung kann die Entscheidungskompetenz wohl aber auf „Organe“ übertragen, die zwischen dem Bürgermeister und der Gemeindevertretung angesiedelt sind. So kann er nur den Hauptausschuss mit der Bewilligung von nicht erheblichen über- und außerplanmäßigen Aufwendungen und Auszahlungen betrauen.

Insgesamt ist somit festzustellen, dass die Gemeindevertretung keine Kompetenz besitzt, die Übertragung auf die Fachbereichsleiter vorzunehmen. Der Beschluss ist demnach rechtswidrig.

Sachverhalt Nr. 3
Die Gemeinde G richtet zum 1.1.2024 ein Rechnungsprüfungsamt ein. Die Stelle der Leitung der Rechnungsprüfung (Besoldungsgruppe A 12 BBesG) wird in verschiedenen Zeitungen ausgeschrieben. Aufgrund dieser Anzeigen bewerben sich einige Damen und Herren aus der eigenen Verwaltung und von außerhalb. Darunter sind auch die folgenden Personen:

a) Heinz Schmidt, wohnhaft in G, Staufenstr. 3
Herr Schmidt ist zurzeit als stellvertretender Jugendamtsleiter (Besoldungsgruppe A 11 BBesG) beim Kreis K beschäftigt. Seine Bewerbung wird von seinem Onkel (Bruder seines Vaters) unterstützt. Dieser ist Bürgermeister in G.
b) Jutta Weber, wohnhaft in G, Waldmarkstr. 7
Frau Weber ist zurzeit Fachbereichsleiterin im Sozialamt der Gemeinde G. Ihr Ehemann ist als Kassenverwalter der Gemeinde G beschäftigt.
c) Karl Meerhahn, wohnhaft in G, Hohe Str. 15
Herr Meerhahn ist zurzeit als Fachbereichsleiter in der Kämmerei der Stadt S tätig. Sein Bruder, der Kämmerer in der Gemeinde G ist, möchte aus fachlichen und menschlichen Gründen mit ihm zusammenarbeiten.
d) Brigitte Altmann, wohnhaft in G, Neue Str. 37
Frau Altmann ist zurzeit als Fachbereichsleiterin im Bauamt der Gemeinde F eingesetzt. Ihre Ehe mit dem Bürgermeister der Gemeinde G wurde vor zwei Jahren geschieden.

Aufgabe:
Begutachten Sie, ob die vorgenannten Personen für die Besetzung der Stelle als Leiter des Rechnungsprüfungsamtes in Betracht kommen. Fachliche und wirtschaftliche Voraussetzung sind bei Prüfung außer Betracht zu lassen.

Lösung:

Grundsätzliches

Die Aufgabe ist nach den einschlägigen Bestimmungen des § 101 Abs. 5 BbgKVerf in Verbindung mit § 22 Abs. 5 BbgKVerf zu lösen. Nach dieser Vorschrift darf die Leitung der örtlichen Rechnungsprüfung nicht Angehöriger des Hauptverwaltungsbeamten, des Kämmerers sowie des Kassenverwalters oder dessen Stellvertreter sein. Angehörige sind gemäß § 22 Abs. 5 BbgKVerf:

- der Ehegatte,
- Verwandte und Verschwägerte gerader Linie sowie durch Annahme als Kind verbunden Personen,
- Geschwister,
- Kinder der Geschwister,
- Ehegatten der Geschwister und Geschwister der Ehegatten und
- Geschwister der Eltern.

Dem Ehegatten gleichgestellt, ist eine auf Dauer angelegte Lebensgemeinschaft.

Die Ehegatten, Verwandte und Verschwägerte gerader Linie sowie durch Annahme als Kind verbundenen Personen, Ehegatten der Geschwister und Geschwister der Ehegatten gelten nach § 22 Abs. 5 BbgKVerf nicht als Angehörige, wenn die Ehe rechtswirksam geschieden oder aufgehoben ist bzw. die auf Dauer angelegte Lebensgemeinschaft nicht mehr besteht.

Zu den einzelnen Bewerbern

a) Gemäß § 101 Abs. 5 BbgKVerf darf die Leitung der Rechnungsprüfung nicht Angehörige des Hauptverwaltungsbeamten/Bürgermeisters sein. Zu den Angehörigen zählen nach § 22 Abs. 5 Nr. 4 BbgKVerf auch die Kinder der Geschwister. Herr Schmidt ist der Sohn des Bruders des Bürgermeisters. Er darf deshalb nicht zum Leiter der Rechnungsprüfung berufen werden.

b) Nach § 101 Abs. 5 BbgKVerf darf die Leitung der Rechnungsprüfung nicht Angehörige des Kassenverwalters sein. Zu den Angehörigen zählt gemäß § 22 Abs. 1 Nr. 1 BbgKVerf auch der Ehegatte. Frau Weber ist mit dem Kassenverwalter der Gemeinde G verheiratet. Sie kommt deshalb für die Besetzung der Stelle nicht in Frage.

c) Die Leitung der Rechnungsprüfung darf nach § 101 Abs. 5 BbgKVerf nicht Angehörige des Kämmerers sein. Zu den Angehörigen zählen nach § 22 Abs. 5 Nr. 3 BbgKVerf die Geschwister. Herr Meerhahn ist der Bruder des Kämmerers der Gemeinde F, sodass seine Bewerbung nicht berücksichtigt werden kann.

d) Gemäß § 101 Abs. 5 BbgKVerf darf die Leitung der Rechnungsprüfung nicht Angehörige des Hauptverwaltungsbeamten sein. Zu den Angehörigen zählt nach § 22 Abs. 5 Nr. 1 BbgKVerf der Ehegatte. Die Ehe der Frau Altmann mit dem Bürgermeister ist seit zwei Jahren geschieden. Dadurch wird das Angehörigkeitsverhältnis im Sinne des § 22 Abs. 5 BbgKVerf aufgehoben. Die Bewerbung von Frau Altmann kann Berücksichtigung finden.

5. Der Haushaltsplan

5.1 Begriff

Das kommunale Haushaltsrecht enthält keine Legaldefinition des Begriffs „Haushaltsplan“. Ausgehend von den Inhalten und Zielen des Haushalts nach den Gesetzen für ein Neues Kommunales Rechnungswesen für Gemeinden im Land Brandenburg bietet sich folgende Definition an:

> *Unter dem „Haushaltsplan“ ist die nach den Vorschriften der BbgKVerf und der KomHKV festgestellte, für die Wirtschaftsführung der Gemeinde maßgebende, produktorientierte Zusammenstellung der im Haushaltsjahr zu erbringenden Leistungen und den hierfür veranschlagten Erträgen und Aufwendungen sowie Einzahlungen und Auszahlungen zu verstehen. Der Haushaltsplan ist Teil der Haushaltssatzung.*

Das Haushaltsrecht, in den Bestimmungen der BbgKVerf und der KomHKV festgelegt, zeigen den Inhalt, die Bestandteile und die Systematik des Haushaltsplans auf. Aus den Einzelregelungen ergibt sich der genaue Begriff des Haushaltsplans.

§ 66 Abs. 1 BbgKVerf sagt aus, dass der Haushaltsplan die anfallenden Erträge und eingehenden Einzahlungen, die entstehenden Aufwendungen und zu leistenden Auszahlungen und die notwendigen Verpflichtungsermächtigungen enthält. Zusätzlich spricht diese Vorschrift an, dass die veranschlagten Positionen für die Erfüllung der Aufgaben der Gemeinde vorzusehen sind. Hier ergibt sich ein Bezug zu der in § 63 Abs. 1 BbgKVerf geforderten Sicherung der stetigen Aufgabenerfüllung. Konkret sieht § 6 Abs. 4 KomHKV vor, dass die zu erreichenden Ziele im Rahmen der Haushaltsplanung produktorientiert festgelegt werden und durch entsprechende Kennzahlen zu konkretisieren sind. Hiermit ist die Auftragsgrundlage für jedes wesentliche Produkt und damit die gemeindliche Aufgabenerfüllung gemeint. Gemäß § 14 Abs. 3 KomHKV sind die Ziele und Kennzahlen zur Grundlage der Gestaltung der Planung, Steuerung und Erfolgskontrolle des jährlichen Haushalts zu machen und daher im Haushaltsplan abzubilden.

Die Aufgabenerfüllung ist durch eine entsprechende Veranschlagung im Haushaltsplan sicherzustellen. Ergänzend ist die Bestimmung des § 66 Abs. 3 BbgKVerf zu sehen, wonach der Haushaltsplan die Grundlage für die Haushaltswirtschaft der Gemeinde darstellt. Der Haushaltsplan, der die ergebnis- und finanzrelevanten Aktivitäten der Gemeinde enthält, ist somit im Innenverhältnis für die Haushaltsführung verbindlich. Diese Verbindlichkeit entsteht nach Maßgabe der Kommunalverfassung und der aufgrund der Kommunalverfassung erlassenen Rechtsverordnungen.

Nach § 72 BbgKVerf hat die Gemeinde ihrer Haushaltswirtschaft eine fünfjährige Ergebnis- und Finanzplanung zugrunde zu legen und in den Haushaltsplan einzubeziehen. Die Planung der drei über das Haushaltsjahr hinausgehenden Jahre wird als „mittelfristige Planung“ bezeichnet. Die Ergebnis- und Finanzplanung geht damit nach dem Wortlaut der BbgKVerf zeitlich über den Haushaltsplan nach § 66 BbgKVerf hinaus, der sich ausdrücklich nur auf das Haushaltsjahr bezieht. Praktisch hat dies nur zur Folge, dass die Veranschlagungen für das Haushaltsjahr durch die Haushaltssatzung haushaltsrechtliche Verbindlichkeit erlangen, während die Veranschlagungen der mittelfristigen Planung lediglich Grundlagen für zukünftige Haushaltsplanungen darstellen.

Zusammenfassend kann gesagt werden: Der Haushaltsplan ist die Grundlage für die Haushaltswirtschaft der Gemeinde und enthält für die Zeit des Haushaltsjahres und die mittelfristige Planung die inhaltliche Konkretisierung der Aufgabenerfüllung und die hierfür voraussichtlich eingehenden Erträge und Einzahlungen, Aufwendungen und zu leistenden Auszahlungen und notwendigen Verpflichtungsermächtigungen. In seiner Eigenschaft als haushaltsrechtliches Ermächtigungsinstrument ist er bezogen auf das Haushaltsjahr für die Haushaltsführung der Gemeinde im Innenverhältnis verbindlich. Ansprüche und Verbindlichkeiten Dritter werden durch ihn jedoch weder begründet noch aufgehoben; der Haushaltsplan entfaltet demnach keine Außenwirkung (§ 66 Abs. 3 BbgKVerf).

5.2 Abgrenzung zu anderen Plänen und Rechnungen

5.2.1 Haushaltssatzung und Haushaltsplan

Die Haushaltssatzung (siehe Kapitel 17) enthält gemäß § 65 BbgKVerf (Muster 5.1 der VVKomHKV) die Festsetzung des Haushaltsplans unter Angabe

- des Gesamtbetrags der ordentlichen Erträge und ordentlichen Aufwendungen des Haushaltsjahres (§ 1 der Haushaltssatzung),
- des Gesamtbetrags der außerordentlichen Erträge und außerordentlichen Aufwendungen des Haushaltsjahres (§ 1 der Haushaltssatzung),
- des Gesamtbetrags der Einzahlungen und Auszahlungen
- des Gesamtbetrags der Einzahlungen und Auszahlungen aus laufender Verwaltungstätigkeit des Haushaltsjahres (§ 1 der Haushaltssatzung),
- des Gesamtbetrags der Einzahlungen und Auszahlungen aus der Investitions- und Finanzierungstätigkeit des Haushaltsjahres (§ 1 der Haushaltssatzung),
- des Gesamtbetrags der Einzahlungen und Auszahlungen aus der Auflösung der Liquiditätsreserven und Auszahlung an Liquiditätsreserven des Haushaltsjahres (§ 1 der Haushaltssatzung),
- des Gesamtbetrags der vorgesehen Kredite für Investitionen (§ 2 der Haushaltssatzung),
- des Gesamtbetrags der vorgesehenen Verpflichtungsermächtigungen (§ 3 der Haushaltssatzung).

Die in den §§ 1 bis 3 der Haushaltssatzung angegebenen Gesamtbeträge werden aus dem Ergebnis- und Finanzplan übernommen und ergeben sich aus der Addition aller in den Produktbereichen des Haushaltsplans veranschlagten Erträge, Einzahlungen, Aufwendungen, Auszahlungen und Verpflichtungsermächtigungen. Die Einzahlungen aus der Aufnahme von Krediten für Investitionen sind zum einen als Einzahlungen in § 1 der Haushaltssatzung enthalten und zum anderen bei der Ermittlung der Kreditermächtigung nach § 2 der Haushaltssatzung zu berücksichtigen.[1]

In § 4 der Haushaltssatzung können die Realsteuerhebesätze festgesetzt werden. Durch Anwendung der Realsteuerhebesätze auf die vom Finanzamt festgesetzten Steuermessbeträge ermitteln die Gemeinden die Höhe der festzusetzenden Grund- und Gewerbesteuern. Demzufolge sind die Realsteuerhebesätze wesentliche Grundlage für die Veranschlagung der voraussichtlich eingehenden Steuererträge, die im Produktbereich 61 – Allgemeine Finanzwirtschaft – veranschlagt und als Folge der Aufrechnung auch in der Gesamtsumme der Erträge und Einzahlungen des § 1 der Haushaltssatzung enthalten sind.[2]

Diese Darstellung soll vorab klären, dass die Haushaltssatzung mit dem Haushaltsplan nicht identisch ist und nicht identisch sein kann. Festzuhalten ist, dass der Haushaltsplan notwendiger und wichtiger Bestandteil der Haushaltssatzung ist.

5.2.2 Mittelfristige Planung und Haushaltsplan

Gemäß § 72 BbgKVerf hat die Gemeinde ihrer Haushaltswirtschaft eine mittelfristige Planung zugrunde zu legen.

Die Unterschiede zwischen der mittelfristigen Planung und dem Haushaltsplan ergeben sich aus der Zielrichtung der beiden Planungskomponenten. Die mittelfristige Planung bezieht sich in dem vom Haushaltsplan unabhängigen Planungszeitraum auf drei Jahre.[3] Sie besitzt keinerlei Vollzugsverbindlichkeit und dient der Verwaltung als Orientierung für die Planung der künftigen Jahre. Sachzwänge, die sich unmittelbar auf die zukünftige Haushaltsplanung auswirken, können sich allerdings aus der Planung von Investitionsmaßnahmen ergeben, soweit diese über ein Haushaltsjahr hinausgehen. Beispielsweise betrifft die Planung eines Schulbaus über zwei Jahre nach Beginn der Durchführung im ersten Jahr auch die Planung des zweiten Jahres.

Festzustellen ist, dass sowohl der Haushaltsplan als auch die mittelfristige Planung vorausschauend für die Zukunft aufgestellt werden und in der Zukunft verwirklicht werden sollen. Beide Pläne wirken nur im Innenverhältnis, sie haben keine Drittwirkung. Die Unterschiede liegen in der Zielsetzung. Während der Haushaltsplan für ein Haushaltsjahr eine verbindliche Grundlage der Haushaltswirtschaft darstellt, ist die mittelfristige Planung ein auf den Zeitraum von weiteren drei Jahren angelegter Orientierungsrahmen ohne Verbindlichkeit. Die mittelfristige Planung ist gem. § 13

1 Näheres zur Ermittlung der Kreditermächtigungen und zum Problem der Differenzierung zwischen Investitionskrediten und Krediten zur Liquiditätssicherung ist im Kapitel 15 ausgeführt.

2 Aufgrund der Realsteuergesetze kann die Gemeinde eine besondere Hebesatzsatzung erlassen. Dann entfällt die Festsetzung in § 4 der Haushaltssatzung, sodass die dortige Angabe der Steuersätze nur deklaratorische Bedeutung besitzt.

3 Das erste Planungsjahr ist das Jahr der Aufstellung des Haushaltsplans (laufendes Haushaltsjahr), und das zweite Jahr bezieht sich auf das entsprechende Jahr des zu erstellenden Haushaltsplans. Insofern bezieht sich die weitergehende Planung nur noch auf die drei Folgejahre.

Abs. 1 KomHKV in den Haushaltsplan einzubeziehen. Da sie jedoch im Hinblick auf ihre Verbindlichkeit rechtlich anders zu beurteilen ist, kann es sich bei dieser Einbeziehung nur um eine formale oder abbildungstechnische Integration handeln. Dies wird insbesondere daraus deutlich, dass die Daten der mittelfristigen Planung nicht Bezugspunkt oder Inhalt der Haushaltssatzung sind.

5.2.3 Wirtschaftsplan und Haushaltsplan

Für Eigenbetriebe (§ 93 BbgKVerf) sind Wirtschaftspläne aufzustellen. Für den Geltungsbereich der Eigenbetriebsverordnung tritt ein Wirtschaftsplan mit seinen Untergliederungen „Erfolgsplan", „Finanzplan" und „Stellenübersicht" an die Stelle des Haushaltsplans. Für Unternehmen in privater Rechtsform, bei der die Gemeinde allein oder mit anderen kommunalen Trägern die Mehrheit der Anteile hat (§ 96 BbgKVerf) gilt Gleiches, da sie nach den Vorschriften der Eigenbetriebsverordnung geführt werden.

5.2.4 Jahresabschluss und Haushaltsplan

Der Jahresabschluss ist das Gegenstück zum Haushaltsplan. Während der Haushaltsplan das auf die Zukunft gerichtete Programm für die Aufgabenerledigung der Gemeinde für ein Jahr darstellt, soll der Jahresabschluss nach Ablauf der Haushaltsperiode die Rechenschaft darüber liefern, was wirklich geschehen ist. Er ist insofern das auf die Wirklichkeit bezogene Spiegelbild des Haushaltsplans, das in tatsächlichen Ergebnissen aufzeigt, wie sich der Verlauf des Haushaltsjahres de facto gestaltet hat.[4] Zusätzlich zu den Komponenten des Haushaltsplans enthält der Jahresabschluss eine Bilanz als stichtagsbezogene Auswertung der Vermögens- und Finanzierungssituation der Gemeinde. Der Jahresabschluss der Gemeinde, mit dem der Bürgermeister über die Aufgabenerledigung und die Haushaltsführung Rechenschaft ablegt, gliedert sich demnach in die Ergebnisrechnung, die Finanzrechnung, die Teilrechnungen, die Bilanz und den Rechenschaftsbericht (§ 82 Abs. 2 BbgKVerf). Weiterhin sind nach § 82 Abs. 2 BbgKVerf dem Jahresabschluss der Anhang, die Anlagenübersicht, die Forderungsübersicht und die Verbindlichkeitenübersicht sowie der Beteiligungsbericht beizufügen.

5.3 Bedeutung des Haushaltsplans

5.3.1 Allgemeines

Der Haushaltsplan ist nicht mit der Haushaltssatzung identisch. Er bildet jedoch einen unverzichtbaren Teil der Haushaltssatzung (§ 65 Abs. 2 Nr. 1 BbgKVerf).

4 Vgl. hierzu im Einzelnen die Ausführungen in Kap. 21.

Die Bedeutung des Haushaltsplans kann anhand seiner Funktionen in folgender Weise abgebildet werden:

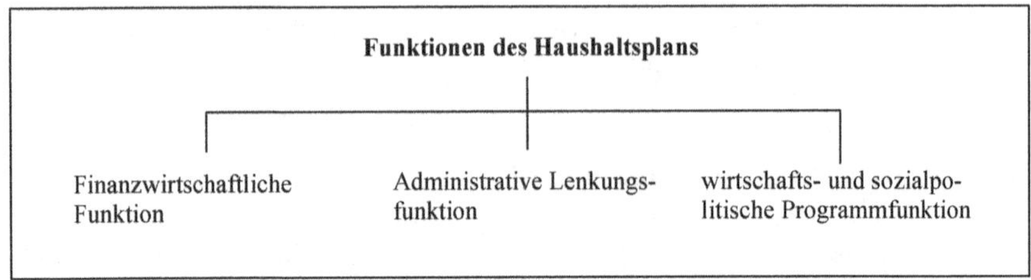

5.3.2 Finanzwirtschaftliche Funktion

Der Haushaltsplan der Gemeinde hat in erster Linie finanzwirtschaftliche Funktionen zu erfüllen. Er enthält nach § 66 Abs. 1 BbgKVerf alle im Haushaltsjahr für die Erfüllung der Aufgaben der Gemeinde voraussichtlich

- anfallenden Erträge und eingehenden Einzahlungen,
- entstehenden Aufwendungen und zu leistenden Auszahlungen und
- notwendigen Verpflichtungsermächtigungen.

Daraus ist zu ersehen, dass im Haushaltsplan alle Vorgänge, die den Bestand an Finanzmitteln oder den Bestand an Eigenkapital verändern, veranschlagt werden müssen. Darüber hinaus sind im Bereich der Investitionen nach § 73 Abs. 1 BbgKVerf Vorgänge zu veranschlagen, die zu Verpflichtungen in späteren Perioden führen.

Es soll durch die Veranschlagung der Erträge und Einzahlungen, Aufwendungen und Auszahlungen und Verpflichtungsermächtigungen in einem fest gefügten Plan, der nach bestimmten Grundsätzen aufgestellt wird, die übersichtliche und rationale Bewirtschaftung des Gemeindevermögens (einschließlich der Finanzmittel) erreicht werden.

Folgende Gesichtspunkte sind zur Erreichung dieses Zieles im Einzelnen maßgeblich:

- Durch die planmäßige Vorausschau der Veränderungen des Geld- und Vermögensbestandes wird die öffentliche Finanzwirtschaft in die Lage versetzt, die gestellten Aufgaben nachhaltig durchführen zu können (dauernde Leistungsfähigkeit), und
- durch das Erfordernis des Ausgleichs von Erträgen und Aufwendungen wird der Verbrauch des öffentlichen Vermögens zu Lasten nachfolgender Generationen vermieden (Generationengerechtigkeit).

5.3.3 Administrative Lenkungsfunktion

Der Haushaltsplan ist für die Haushaltsführung verbindlich. Ansprüche und Verbindlichkeiten Dritter werden durch ihn weder begründet noch aufgehoben (§ 66 Abs. 3 BbgKVerf). Durch den Haushaltsplan wird der Verwaltung ein Handlungsrahmen gesteckt, den sie bezüglich der Aufwendungen, Auszahlungen und Verpflichtungen einhalten muss. Er ermächtigt sie, im Rahmen der Aufgabenerfüllung Aufwendungen entstehen zu lassen, Auszahlungen zu leisten und Verpflichtungen einzugehen. Der Haushaltsplan schränkt mit seinen Detaillierungen den Handlungsspielraum der Verwaltung ein und dient damit ihrer Lenkung. Gleichzeitig dient der Jahresabschluss, der die gleiche Ordnungssystematik wie der Haushaltsplan aufweist, der nachträglichen Kontrolle der Verwaltung. Gemeindevertretung und Öffentlichkeit können somit feststellen, ob die Verwaltung den ihr gesteckten Rahmen eingehalten hat.

5.3.4 Wirtschafts- und sozialpolitische Programmfunktion

Das Ergebnis zahlreicher Beratungen, Diskussionen und Auseinandersetzungen innerhalb und außerhalb der Gemeindevertretung und der Verwaltung ist die Beschlussfassung über die Haushaltssatzung und den Haushaltsplan. In diesem Haushaltsplan ist demzufolge das politische Programm und der damit verbundene Ressourcen- und Geldverbrauch mindestens der Mehrheit der Gemeindevertretung enthalten. Dieses Programm beinhaltet die lokalpolitischen Ziele im Allokations-[5], Distributions-[6] und Stabilisierungbereich[7]. Durch die Einbeziehung von konkreten Zielen und Kennzahlen der Zielerreichung in den Haushaltsplan wird die politische Programmfunktion in den kommunalen Haushalten gegenüber den bisherigen „inputorientierten" Haushaltsplänen deutlich gestärkt. Im Bereich der finanziellen Daten sind die geplanten Investitionen, die sich im Finanzplan wiederfinden, von besonderer politischer Bedeutung. Durch sie werden die maßgeblichen politischen Impulse für die Zukunft gesetzt. Durch den Haushaltsplan werden die Aufwendungen und Auszahlungen sowie die Ermächtigungen zum Eingehen von Verpflichtungen zur Verwirklichung der formulierten Ziele bereitgestellt. Der Haushaltsplan ist also die praktische Umsetzung der politischen Programme. Die Grenzen des Machbaren werden allerdings angesichts der schlechten Finanzausstattung der Gemeinden sehr schnell deutlich.[8] Nach Erfüllung der gesetzlichen und vertraglichen Verpflichtungen besteht – unter Beachtung der Anforderungen des Haushaltsausgleichs – häufig nur noch ein geringer politischer Handlungsspielraum.

5 Fragestellung: Wofür sollen die kommunalen „Produktionsfaktoren" eingesetzt werden?

6 Fragestellung: Welchen Einfluss soll die Gemeinde auf die (Um-)Verteilung von Einkommen und Vermögen auf verschiedene Wirtschaftsbereiche oder Personengruppen nehmen?

7 Fragestellung: Welchen Beitrag soll die Gemeinde zur Stabilisierung der wirtschaftlichen Entwicklung leisten?

8 Zur finanziellen Situation der Gemeinden vgl. u. a. die regelmäßigen Gemeindefinanzberichte der kommunalen Spitzenverbände.

Zusätzlich wird durch Art. 109 Abs. 2 GG die gesamtwirtschaftliche Funktion der kommunalen Haushaltspläne festgesetzt. Der Grundsatz, dass Bund und Länder bei ihrer Haushaltswirtschaft den Erfordernissen des gesamtwirtschaftlichen Gleichgewichts Rechnung zu tragen haben, ist in den Regelungen des Gesetzes zur Förderung der Stabilität und des Wachstums der Wirtschaft – Stabilitätsgesetz enthalten. Die Kommunalverfassung übernimmt diesen Grundsatz. Bei der Planung und Durchführung ihrer Haushaltswirtschaft haben die Gemeinden gemäß § 63 Abs. 1 S. 2 BbgKVerf den Erfordernissen des gesamtwirtschaftlichen Gleichgewichts Rechnung zu tragen. Durch diese Regelungen haben die Haushaltspläne der Gemeinden als volkswirtschaftliches Ordnungsinstrument einen Platz in der Konjunkturpolitik erhalten. Tatsächlich erscheint es jedoch zunehmend fragwürdig, ob das mit dem Stabilitätsgesetz angestrebte „antizyklische Verhalten" ein geeignetes Instrument der Konjunkturpolitik ist. Insbesondere ist festzustellen, dass dieses Ziel wegen der Finanzautonomie der Gemeinden nicht einheitlich mit allen kommunalen Haushalten verfolgt werden kann.[9]

5.4 Wirkung des Haushaltsplans

5.4.1 Allgemeine Wirkung

Wie bisher schon dargestellt, sind im Haushaltsplan die konkreten Vorstellungen der Gemeindevertretung und der Verwaltung über die Aufgabenerledigung, die Vermögens- und Finanzentwicklung der Gemeinde niedergelegt. Der Haushaltsplan enthält alle im Haushaltsjahr für die Erfüllung der Aufgaben der Gemeinde voraussichtlich notwendigen Änderungen des Eigenkapitals (Erträge und Aufwendungen) und der Finanzmittel (Einzahlungen und Auszahlungen) sowie die notwendigen Ermächtigungen zum Eingehen von zukünftigen Verpflichtungen (Verpflichtungsermächtigungen). Dadurch bedingt ist die Verwaltung verpflichtet und gehalten, die im Haushaltsplan ausgewiesenen Ziele im Rahmen der veranschlagten Haushaltsansätze zu verfolgen. Der Haushaltsplan stellt demnach eine konkrete Richtlinie für die im Haushaltsjahr zu erfüllenden Aufgaben der Gemeinde dar (§ 66 Abs. 3 BbgKVerf). Gelingt es nicht, die vorgegebenen Ziele zu erreichen, ist ein den Haushaltsplan ändernder Beschluss der Gemeindevertretung in Erwägung zu ziehen.

5.4.2 Wirkung bezüglich der Aufwendungen und Auszahlungen

Zu beachten ist in diesem Zusammenhang, dass die im Haushaltsplan veranschlagten Aufwendungen und Auszahlungen für die Verwaltung Ermächtigungen, jedoch keine Verpflichtungen darstellen. Die veranschlagten Mittel dürfen nur unter Beachtung

9 Weitere Argumente gegen das Funktionieren einer kommunalen Konjunkturpolitik sind der hohe Anteil der zur stetigen Aufgabenerfüllung unabweisbaren Investitionen, die politisch nicht durchsetzbare Selbstbeschränkung in Phasen einer Hochkonjunktur und die mit der Konjunktur gleichläufig schwankende Einnahmesituation der Gemeinden.

der Haushaltsgrundsätze in Anspruch genommen werden; besonders ist hier der Grundsatz der Sparsamkeit und Wirtschaftlichkeit zu erwähnen.

Mit der Höhe der Aufwands- und Auszahlungsansätze wird durch die Festsetzung des Haushaltsplans eine Obergrenze gezogen, die nur unter den Voraussetzungen des § 70 BbgKVerf (Unabweisbarkeit und Deckung) oder im Rahmen der Budgetierung nach § 23 KomHKV (echte oder unechte Deckungsfähigkeit) überschritten werden darf. Liegt für einen Geschäftsvorgang der Verwaltung keine Ermächtigung im Haushaltsplan vor, so darf die erforderliche Aufwendung oder Auszahlung nicht geleistet werden. Die Leistung einer außerplanmäßigen Auszahlung wäre nur unter den Voraussetzungen des § 70 BbgKVerf überhaupt möglich. Im Bereich der Aufwendungen ist dies grundsätzlich ebenso zu beurteilen. Es ist jedoch zu berücksichtigen, dass bestimmte Aufwendungen (z. B. außerplanmäßige Abschreibung eines PKW durch einen Unfall) ohne bewusstes oder gezieltes Zutun entstehen. In diesen Fällen muss eine nachträgliche Aufwandsermächtigung (unabhängig von der Deckung!) entstehen. Es erscheint sinnvoll, die vorgesehene Regelung des § 70 BbgKVerf um einen entsprechenden Absatz zu ergänzen, da in solchen Fällen weder der Verwaltung noch der Gemeindevertretung ein Entscheidungsspielraum bleibt. Zusammenfassend gilt der Grundsatz, dass für jede Aufwendung oder Zahlung der Verwaltung eine Veranschlagung im Haushaltsplan vorliegen muss.[10]

5.4.3 Wirkung bezüglich der Verpflichtungsermächtigungen

Verpflichtungen zur Leistung von Investitionsauszahlungen in künftigen Jahren dürfen nur eingegangen werden, wenn der Haushaltsplan hierzu ermächtigt (§ 73 BbgKVerf).

Hinsichtlich der Wirkung ist grundsätzlich auf die Ausführungen im Zusammenhang mit den Wirkungen bezüglich der Auszahlungen zu verweisen. Es wird eine Obergrenze gezogen. Ausnahmsweise dürfen auch über- und außerplanmäßige Verpflichtungsermächtigungen eingegangen werden, wenn sie unabweisbar sind und der in der Haushaltssatzung festgesetzte Gesamtbetrag der Verpflichtungsermächtigungen nicht überschritten wird.

5.4.4 Wirkung bezüglich der Erträge und Einzahlungen

Die im Haushaltsplan veranschlagten Erträge und Einzahlungen stellen keine Obergrenzen für ihre Erzielung dar, sodass Mehrerträge und -einzahlungen unbedenklich sind. Diese Erträge und Einzahlungen sind bei der Planung und Aufstellung des Haushaltsplans unter Beachtung des Grundsatzes der Gesamtdeckung (§ 22 KomHKV) den

10 Es ist allerdings darauf hinzuweisen, dass die Gemeinde rechtliche Verpflichtungen zur Leistung von Aufwendungen oder Auszahlungen nicht mit dem Hinweis auf die haushaltsrechtliche Unzulässigkeit vernachlässigen kann. Die Gemeinde ist dann vielmehr verpflichtet, die entsprechenden haushaltsrechtlichen Vorkehrungen zu treffen. Vgl. hierzu im Einzelnen die Ausführungen in Kap. 18.

Aufwendungen und Auszahlungen gegenübergestellt worden. Das angestrebte Ziel, die für die Erfüllung der Aufgaben der Gemeinde zu leistenden Aufwendungen durch die entsprechenden Erträge zu decken (Haushaltsausgleich nach § 63 Abs. 4 BbgKVerf), sollte dadurch erreicht werden. Da die Vorschrift des Haushaltsausgleichs nicht nur für den Bereich der Aufstellung des Haushaltsplans, sondern auch für die Ausführung und den Jahresabschluss Gültigkeit hat, sollten die Ansätze für die Einzahlungen und Erträge in der Form bewirtschaftet werden, wie sie zur Deckung der Aufwendungen und Auszahlungen benötigt werden. Eine mögliche Konsequenz bei Mindererträgen und die dadurch bedingte Gefährdung des Haushaltsausgleichs könnte der Erlass einer Nachtragssatzung gemäß § 68 Abs. 2 Nr. 1 BbgKVerf sein. Mindereinzahlungen können darüber hinaus die Liquidität (§ 76 BbgKVerf) gefährden.

Über die veranschlagten Einzahlungen und Erträge hinaus ist es der Gemeinde möglich, zusätzliche Deckungsmittel zu erzielen. Grundsätzlich ist es Aufgabe der Verwaltung, die im Haushaltsplan veranschlagten Erträge und Einzahlungen der Gemeinde rechtzeitig einzuziehen und ihren Eingang zu überwachen (siehe auch Kap. 18). Die Entscheidung, auf einen Anspruch zu verzichten, die Weiterverfolgung eines fälligen Anspruchs zurückzustellen oder den Zahlungstermin hinauszuschieben, kann nur im Einzelfall unter Beachtung der konkreten gesetzlichen Bestimmungen erfolgen (z. B. § 31 KomHKV).

5.4.5 Bindung im Innenverhältnis

Durch den Erlass der Haushaltssatzung und des Haushaltsplans hat die Gemeindevertretung ein politisches Programm in Form von Ortsrecht beschlossen, an welches die Verwaltung gebunden ist. Im Gegensatz zur Haushaltssatzung, die durch die Festsetzung der Realsteuerhebesätze noch bedingt Außenwirkung hat, fehlt dem Haushaltsplan diese Wirkung nach außen vollständig. Er beschränkt sich auf Regelungen von Beziehungen innerhalb der Gemeindeverwaltung. In diesem Bereich ist er für die Haushaltsausführung verbindlich. Ansprüche und Verbindlichkeiten Dritter (Außenverhältnis) werden nach § 66 Abs. 3 Satz 3 BbgKVerf durch den Haushaltsplan weder begründet noch aufgehoben.

5.5 Übungen

Sachverhalt Nr. 1

Im Haushaltsplan der Gemeinde G für 2024 ist die Erneuerung der Fahrbahndecke der Hauptstraße mit Auszahlungen von 100.000 € veranschlagt. Im Oktober 2024 beschließt die Gemeindevertretung der Gemeinde G jedoch, die veranschlagten 100.000 € nicht für die Erneuerung der Hauptstraße, sondern vielmehr für den Rathausplatz zu verwenden. Der an der Hauptstraße wohnende Anlieger A schreibt nun an die Gemeinde G und verlangt aufgrund des Haushaltsplans noch für 2024 den Ausbau der Hauptstraße.

Aufgabe:
Begutachten Sie, was die Verwaltung dem Anlieger A mitteilen wird.

Lösung:
Im Haushaltsplan ist eine Auszahlungsermächtigung in Höhe von 100.000 € enthalten. Durch diese Veranschlagung im Haushaltsplan ist die Verwaltung verpflichtet worden, die vorgesehene Maßnahme auch durchzuführen. Die Verwaltung ist bei ihrer Aufgabenwirtschaft an die Ansätze des Haushaltsplans gebunden. Eine Änderung des Verwendungszwecks – wie in diesem Fall – bedarf eines Beschlusses der Gemeindevertretung oder einer Nachtragssatzung. Der Haushaltsplan regelt die Beziehungen zwischen Verwaltung und Gemeindevertretung. Dies wird deutlich gemacht durch die Bestimmung des § 66 Abs. 3 BbgKVerf, wonach der Haushaltsplan Grundlage für die Haushaltswirtschaft der Gemeinde und als solcher für die Haushaltsführung selbst verbindlich ist. Unterstützend kommt hinzu, dass Ansprüche und Verbindlichkeiten Dritter durch ihn weder begründet noch aufgehoben werden.

Der Anlieger A meldet einen Anspruch auf den Ausbau der Hauptstraße an. Jedoch folgt aus der Regelung des § 66 Abs. 3 Satz 3 BbgKVerf, dass aus der Veranschlagung einer Maßnahme im Haushaltsplan kein Rechtsanspruch auf Realisierung abgeleitet werden kann. Diese Mitteilung wird die Verwaltung dem Anlieger geben.

Sachverhalt Nr. 2
Das Sozialamt der kreisfreien Stadt S teilt den Empfängern der Hilfe zur Pflege mit, dass die finanziellen Hilfeleistungen für den Monat Dezember erst im Januar des folgenden Jahres ausgezahlt werden, weil die Haushaltsmittel dieses Jahres erschöpft sind.

Aufgabe:
Begutachten Sie die Mitteilung des Sozialamtes aus haushaltsrechtlicher Sicht.

Lösung:
Der Haushaltsplan enthält gemäß § 66 Abs. 1 BbgKVerf alle im Haushaltsjahr für die Erfüllung der Aufgaben der Gemeinde voraussichtlich anfallenden Erträge, eingehenden Einzahlungen, entstehenden Aufwendungen, zu leistenden Auszahlungen und notwendigen Verpflichtungsermächtigungen. Zu den Aufgaben der kreisfreien Stadt S gehört auch die Leistung von Sozialhilfe.

Die Mitteilung des Sozialamtes bezieht sich auf einen Aufwandsansatz – Kontengruppe 53 „Transferaufwendungen" –. Gleichzeitig ist mit dem Aufwand eine Auszahlung der Kontengruppe 73 verbunden. Aufwands- und Auszahlungsansätze stellen für die Verwaltung grundsätzlich eine Ermächtigung und keine Verpflichtung dar. Jedoch müssen die von der Stadt zu leistenden Aufwendungen und Auszahlungen aufgrund gesetzlicher oder vertraglicher Verpflichtung und in solche aufgrund freier Entscheidung unterteilt werden. Der Leistung der Hilfe zur Pflege liegt für die Berechtigten ein Anspruch auf der Grundlage des Sozialgesetzbuches XII zugrunde. Es besteht also ein gesetzlich begründeter Anspruch. § 66 Abs. 3 Satz 3 BbgKVerf besagt, dass Ansprüche Dritter – hier: der Sozialhilfeempfänger – nicht durch den Haushaltsplan und somit auch nicht durch fehlende Haushaltsmittel beeinträchtigt werden dürfen. Insofern muss die Verwaltung die Hilfe zur Pflege für den Monat Dezember noch im laufenden Haushaltsjahr auszahlen. Die Verschiebung auf das kommende Haushaltsjahr ist rechtswidrig.

Durch die Veranschlagung von Aufwands- und Auszahlungsmitteln wird zwar eine Obergrenze gezogen, die nicht überschritten werden soll. Die Gemeinde kann sich jedoch – wie bereits festgestellt – in diesem Fall nicht auf diese formal-haushaltsrechtliche Position zurückziehen. Vorrangig ist die Erfüllung des gesetzlichen Anspruchs aus der Hilfe zur Pflege. Die fehlende Ermächtigung muss also durch Erhöhung des Ansatzes gemäß § 68 BbgKVerf (Nachtragssatzung mit Nachtragsplan)[11], durch eine Mittelbereit-stellung im Sinne von § 70 BbgKVerf (überplanmäßige Aufwendungen und Auszahlungen)[12] oder innerhalb der Budgetbewirtschaftung nach § 23 KomHKV (unechte und echte Deckungsfähigkeit)[13] geschaffen werden.

11 Siehe auch Kap. 20.
12 Siehe auch Kap. 18.
13 Siehe auch Kap. 18.

6. Gliederung des Haushalts nach Produktbereichen

6.1 Notwendigkeit einer Haushaltsgliederung

Bereits in den ersten Kapiteln dieses Buches wurde auf die Aufgaben und Ziele der öffentlichen Finanzwirtschaft hingewiesen. Dabei nimmt die wirtschafts- und sozialpolitische Programmfunktion des Haushalts sicherlich eine wesentliche Stellung ein. Der Haushaltsplan ist das wichtigste Planungs- und Steuerungsinstrument im Bereich aller öffentlichen Körperschaften. Durch die Darstellung von quantitativen und qualitativen Zielen des Verwaltungshandelns für das kommende Haushaltsjahr und darüber hinaus bestimmt die Mehrheit der Gemeindevertretung über die grundsätzliche Ausrichtung der zukünftigen Politik. Der Etat ist damit eine konkrete planerische Umsetzung der politischen Programme unter Berücksichtigung der tatsächlichen finanzpolitischen Möglichkeiten.

Im Gegensatz zu den meisten privaten Unternehmen und auch zu den öffentlichen und halböffentlichen Betrieben und Gesellschaften ist die Kommunalverwaltung dadurch gekennzeichnet, dass sie für ihre Bürger und Einwohner sehr unterschiedliche Leistungen erbringt. Diese Leistungen beziehen sich zudem auf sehr unterschiedliche Lebensbereiche der Einwohner. Beispiele für solche unterschiedlichen Leistungen lassen sich vielfältig anführen:

- Betreuung von Kindern in einer Kindertagesstätte,
- Erschließung von Baugrundstücken,
- Betrieb einer Bibliothek,
- Gewährleistung der öffentlichen Sicherheit und Ordnung,
- Beurkundung von Änderungen des Personenstands,
- Förderung junger Unternehmen,
- Organisation und Durchführung von Stadtfesten.

Damit der Haushaltsplan der politischen Programmfunktion gerecht werden kann, muss er demnach Aussagen darüber enthalten, auf welche Leistungen oder Lebensbereiche sich seine finanziellen und inhaltlichen Vorgaben beziehen. Während die Aktiengesellschaft, die am Markt nur ein Produkt oder eine Produktreihe absetzt, dem Aufsichtsrat in der Regel nur eine Gesamtplanung für das ganze Unternehmen vorlegt, würde eine solche Gesamtplanung für die notwendige Festlegung von Handlungsschwerpunkten im „Unternehmen" Kommunalverwaltung nicht ausreichen.

Der Haushaltsplan als wichtigstes Planungs- und Steuerungsinstrument muss daher die Tätigkeitsbereiche der Kommunalverwaltung in einer Weise erkennbar machen, die eine politische Schwerpunktsetzung ermöglicht. Bürger und Politiker müssen aus dem Haushaltsplan nicht nur erkennen können, wie sich die finanzielle Lage der Kommune im Planungszeitraum voraussichtlich darstellt, sondern sie müssen feststellen können, woraus die Ertragslage resultiert und wofür in Zukunft die vorhandenen Ressourcen eingesetzt werden sollen. Dies ist nur möglich, wenn der Haushaltsplan neben der Gesamtplanung eine Planung von Teilbereichen (Teilplanung) enthält.

6.2 Anforderungen an die Gliederung eines Haushaltsplans

Die Tatsache, dass sich der kommunale Gesamthaushaltsplan aus mehreren Teilplänen zusammensetzen muss, um seiner politischen Programmfunktion gerecht werden zu können, führt unmittelbar zu der Fragestellung, nach welchen Kriterien diese Teilpläne zu bilden sind bzw. wie der Haushaltsplan gegliedert werden soll. Diese Fragestellung lässt sich einerseits anhand der vorgesehenen gesetzlichen Regelungen (siehe Kap. 6.4) und andererseits im Hinblick auf die Anforderungen, die die Adressaten des Haushaltsplans an diese Gliederung stellen, beantworten. Diese Anforderungen sollen daher zunächst einmal dargestellt werden.

6.2.1 Die Anforderungen der Bürger und der politischen Gremien

Wesentlicher Adressat des Haushalts sind die Bürger und die politischen Gremien. Die oben dargestellte politische Programmfunktion bestimmt die Anforderungen dieser Adressaten an die Gliederung des Haushalts. Es geht demnach darum, dass Bürger und Politiker anhand des Haushalts erkennen können, wo die politischen Schwerpunkte des zukünftigen Handelns liegen und welche Ziele im Haushaltsjahr und in den drei folgenden Jahren verfolgt werden sollen.

Solche Informationen bietet ein Haushalt, der nach Aufgabenbereichen (in der Privatwirtschaft würde man von Geschäftsbereichen reden), d. h. *funktional* gegliedert ist. Diese Aufgabenbereiche lassen sich z. B. aus den Politikfeldern ableiten, die Grundlage politischer Programme sind. Sie lassen sich aber auch aus den Lebensbereichen ableiten, auf die sich das kommunale Handeln bezieht. Letztlich sollte daher die Grundlage der Gliederung die (Dienst-)Leistung der Verwaltung sein, die den Einwohner, das örtliche Unternehmen oder andere „Kunden" der Kommunalverwaltung erreicht. Im Sprachgebrauch des durch die KGSt geprägten „Neuen Steuerungsmodells" (NSM) handelt es sich bei diesen Ergebnissen des Verwaltungshandelns aus Sicht der Bürger um den „Output" oder das Produkt der Verwaltung.

Gleichzeitig stellt der Haushaltsplan im Sinne des NSM auch den sogenannten „Hauptkontrakt" zwischen Gemeindevertretung und Verwaltung dar, in dem die Ziele und die zur Umsetzung dieser Ziele einzusetzenden Ressourcen vereinbart werden. Bei dieser eher vertragsähnlichen Sichtweise des Haushaltsplans erscheint es zusätzlich wichtig, festzustellen, wer auf Seiten der Verwaltung für die Umsetzung dieser Ziele verantwortlich ist. Das neue kommunale Rechnungswesen setzt auf diesen Grundüberlegungen des NSM auf. Das spricht dafür, dass der Haushalt nach Verantwortungsbereichen, d. h. nach der Aufbauorganisation der Verwaltung oder *institutionell* gegliedert sein sollte, so dass für die Gemeindevertretung als „Auftraggeber" feststellbar ist, wer für die Ergebnisse des Verwaltungshandelns die Verantwortung trägt.

Diese Sichtweise findet allerdings ihre Beschränkung in den Vorschriften der Kommunalverfassung, die die Delegation einer solchen Verantwortung gegenüber der Gemeindevertretung vom Bürgermeister auf die Beigeordneten beschränkt (§ 56 Abs. 1 und Abs. 2 BbgKVerf). Die Ausweisung eines Amts- oder Abteilungsleiters als verantwortlichen Kontraktpartner der Gemeindevertretung im Haushaltsplan kann daher nicht mit der Kommunalverfassung im Einklang stehen. Die institutionelle Gliederung im Sinne einer echten Darstellung von Verantwortungsbereichen kann sich daher nur auf die Aufgabenbereiche der Beigeordneten beziehen.

6.2.2 Die Anforderungen der Aufsichtsbehörden

Ein weiterer Adressat des Haushaltsplans ist die jeweils zuständige Aufsichtsbehörde. Gemäß § 67 Abs. 4 BbgKVerf ist die von der Gemeindevertretung beschlossene Haushaltssatzung vollständig mit allen Anlagen der Aufsichtsbehörde vorzulegen.

Für die Aufsichtsbehörden ist es wichtig, dass die Gliederung der Haushalte einem einheitlichen System entspricht und ausreichend differenziert ist, um die zukünftigen Handlungsschwerpunkte der einzelnen Gemeinden erkennen zu können. Da es für die Aufsichtsbehörden wesentlich darum geht, sicherzustellen, dass die dauernde Aufgabenerfüllung in der jeweiligen Kommune gesichert ist (§ 108 Satz 1 BbgKVerf), sollte die Gliederung funktional sein. Nur eine funktionale Gliederung erlaubt intertemporäre und interkommunale Vergleiche, die eine wesentliche Grundlage für die Beurteilung von Haushaltsplänen sein sollten.

6.2.3 Die Anforderungen der Finanzstatistik

„Die Finanzstatistiken haben im föderalen Aufbau der Bundesrepublik Deutschland die wichtige Aufgabe, aus den verschiedenen voneinander unabhängigen Haushaltsebenen ein in sich konsistentes Gesamtbild der öffentlichen Finanzwirtschaft zu erstellen und damit die Grundlage für zentrale wirtschafts-, finanz-, haushalts-, währungs- und geldpolitische Entscheidungen zu schaffen. Sie sind auch ausschließliche Datenbasis für das Staatskonto der Volkswirtschaftlichen Gesamtrechnung.“[1]
Die Anforderungen der Finanzstatistik ergeben sich mittelbar aus den Anforderungen, die die Nutzer der Statistik haben. Hauptnutzer der Statistik sind die Bundesministerien für Finanzen, Wirtschaft und Arbeit, Inneres, Bildung und Forschung, die Spitzenverbände der Kommunen und der Wirtschaft sowie die Bundesbank. Schwerpunkte des Bedarfs an statistischen Informationen liegen in den Bereichen

- Schulen,
- Wissenschaft, Forschung, Kulturpflege,
- Soziale Sicherung und
- Bau- und Wohnungswesen, Verkehr.

In diesen Bereichen werden besonders detaillierte Daten nachgefragt.

---

1 Statistisches Bundesamt, Methoden der Finanzstatistiken, 2022.

Für das Statistische Bundesamt[2] werden die Ein- und Auszahlungen nach Produktbereichen des doppischen Produktkontenrahmens geliefert. Der kommunale Produktrahmen ist stärker verdichtet als der kamerale Gliederungsplan. Die Länder haben den Kommunen für die Aufstellung der Haushaltspläne die Produktbereiche verbindlich vorzugeben. In der Produktbereichssystematik werden etwa Aufgabenbereiche des Schulwesens nicht getrennt ausgewiesen. Hier wurde sich auf eine Verrechnung der Verwaltungsaufgaben auf die kommunalen Leistungen verständigt.

Auf supranationaler Ebene und für die Volkswirtschaftliche Gesamtrechnung ergeben sich die Mindestanforderungen an die Gliederung aus der COFG („Classification of Functions of Government"). Wie der Begriff bereits deutlich macht, geht es dabei um eine funktionale Gliederung der Daten aus dem Haushalts- und Rechnungswesen.

Anhand der durch die Länder verbindlich vorgegebenen Produkt- und Kontenpläne wird eine einheitliche Haushaltssystematik sichergestellt und die Gewährleistung geschaffen, dass die finanzstatischen Anforderungen bei der doppischen Buchführung Beachtung finden. Für die Anwendung der Kontierungspläne in Brandenburg ist zu beachten, dass im Rahmen der Finanzstatistik die Kontengruppen 6 und 7 (Ein- und Auszahlungskonten) grundsätzlich auf der Kontenebene (Viersteller) abgefragt werden.[3]

6.2.4 Die Anforderungen der Verwaltung

Als diejenige, die den Etat verwaltet und die dort vorgegebenen Ziele umsetzen soll, ist auch die Verwaltung ein wesentlicher Adressat des Haushaltsplans. Da der Haushaltsentwurf gleichzeitig von ihr selbst erstellt wird, ist zunächst davon auszugehen, dass sich die Gestaltung des Haushaltsplans auch an ihren Anforderungen orientiert.

Im Hinblick auf die Gliederung des Haushalts spiegeln sich weitgehend die Anforderungen von Bürgern und Politik wider. Die Verwaltung muss erkennen können, welche Ziele die Gemeindevertretung mit dem Haushaltsentwurf verbindet. Hierzu ist eine *funktionale* Gliederung erforderlich, die genau zeigt, in welchem Aufgabenbereich welche Ziele mit welchem Ressourceneinsatz zu verfolgen sind. Nur so kann die Verwaltung die politisch gesetzten Prioritäten auch tatsächlich umsetzen. Für diese Umsetzung trägt gegenüber der Gemeindevertretung der Bürgermeister oder der zuständige Beigeordnete die Verantwortung (s. o.).

Gleichzeitig erfolgt die Umsetzung in der Verwaltung durch Organisationseinheiten. So kann die Verbesserung der Hortbetreuung für Grundschüler z. B. eine Aufgabe des Schulamtes sein. Aus Sicht der Verwaltung wäre es daher hilfreich, wenn sich die Zielformulierungen des Haushaltsplans im Hinblick auf Out- und Input (Gewährleistung einer Betreuung vom Ende des Unterrichts bis mindestens 16.00 Uhr an allen Grundschulen, wofür Aufwendungen i. H. v. X € bereitgestellt werden) unmittelbar auf die zuständigen Organisationseinheiten der Verwaltung beziehen ließen. Insbesondere im

2 Statistisches Bundesamt, Methoden der Finanzstatistiken, 2022.
3 VV Produkt- und Kontenrahmen.

Hinblick auf die Überwachung der Zielerreichung und die Einhaltung der Budgetvorgaben erscheint diese Gliederungsweise für die Umsetzung des Haushaltsplans erforderlich.

6.3 Anknüpfungspunkte für eine Gliederung: Verwaltungsaufbau oder Aufgabenbereiche

Die dargestellten Anforderungen der wichtigsten Adressaten des Haushaltsplans an die Gliederung sind mit einer einheitlichen Struktur nicht vollständig abzudecken. Dieses Dilemma tritt allerdings in der Praxis nur dann auf, wenn in einem speziellen Fall funktionale und institutionelle Gliederung nicht übereinstimmen. Denkbar wäre z. B., dass für einen Aufgabenbereich zwei Organisationseinheiten zuständig sind, die die Aufgaben arbeitsteilig erledigen. Auch die Einrichtung sog. „Zentraler Dienstleister" in der Verwaltung, wie z. B. eines zentralen Gebäudemanagements, führt dazu, dass funktionale und institutionelle Gliederung nicht notwendigerweise übereinstimmen.

Aus volks- und betriebswirtschaftlicher Sicht wird die funktionale Gliederung eindeutig präferiert, da sie erforderlich ist, um die politische Programmfunktion zu erfüllen. Die Zuweisung von Mitteln an Organisationseinheiten lässt dagegen zunächst keinerlei Schluss darüber zu, welchen Zielen die Aktivitäten dieser Einheiten dienen. Außerdem erscheint eine institutionelle Gliederung der Verwaltung ungeeignet für Wirtschaftlichkeitsprüfungen. Interkommunale Vergleiche scheiden bei einer institutionellen Haushaltsgliederung vollständig aus, und Zeitreihenvergleichen werden z. B. durch Reorganisationsmaßnahmen, die kommunaler Verwaltungsalltag sind, ebenfalls die Grundlage entzogen.

Im Ergebnis entspricht dies auch am besten den Anforderungen der Hauptadressaten (der Bürger und Mitglieder der Gemeindevertretung) an den Haushaltsplan (s. o.). Zusätzlich ist jedoch festzustellen, dass insbesondere zur internen Steuerung der Verwaltung eine Zuordnung von Zielen und Ressourcen auf Organisationseinheiten erforderlich ist, um Verantwortungsbereiche abzugrenzen. Soweit dabei die Organisationsstruktur nicht der funktionalen Gliederung der Verwaltung folgt, ist es zwar sinnvoll, diese Struktur im Rechnungswesen zu hinterlegen, aber sie ist nicht zur Grundlage der Haushaltsgliederung zu machen.

6.4 Gliederungsvorschriften für den kommunalen Haushalt im Kommunalen Finanzmanagement

Der o. a. Argumentation folgend hat sich in § 6 Abs. 1 KomHKV eine einheitliche produktorientierte (funktionale) Gliederung für den Haushalt durchgesetzt. Dies entspricht auch dem Beschluss der ständigen Konferenz der Innenminister und -senatoren (IMK) über die Grundlagen des zukünftigen kommunalen Haushaltsrechts vom 21.11.2003. Zwar wird in allen Regelungen auf die Möglichkeit einer institutionellen

Gliederung hingewiesen, diese wird allerdings immer einer einheitlichen Produktorientierung unterworfen.

Grundlage für die rechtlich verbindliche Gliederung der Kommunalhaushalte in Brandenburg ist nach § 6 Abs. 1 Satz 1 KomHKV der vom Innenministerium bekanntgegebene Produktrahmen.[4]

Die im kommunalen Produktrahmen vorgeschlagene Gliederung stellt drei unterschiedliche Ebenen dar:

- Produktbereiche,
- Produktgruppen,
- Produkte.

Diese Hierarchie entspricht der überwiegenden Struktur der Produktpläne in den Kommunalverwaltungen, die zusätzlich zur bislang vorgeschriebenen Haushaltsgliederung eine Produktstruktur für einen separaten Produkthaushalt oder für Zwecke der Kosten- und Leistungsrechnung eingeführt haben.

Die oberste Gliederungsebene (Produktbereiche) stellt die nach dem kommunalen Produktrahmen verbindliche Mindestgliederung der Kommunalhaushalte dar. Jeder Kommunalhaushalt in Brandenburg muss die vorgeschriebenen 17 Produktbereiche des Produktrahmens abbilden. Ausnahmen hiervon können sich nur dann ergeben, wenn die Kommune die in einem Produktbereich abgebildeten Aufgaben (z. B. aufgrund ihrer Größe) nicht wahrnimmt.

Die inhaltliche Bestimmung der Produktbereiche erfolgt durch den kommunalen Produktrahmen und die finanzstatistische Zuordnungsvorschriften zu den Produktgruppen des Landes Brandenburg. Sie ist für die Gemeinden verbindlich.

Innerhalb der verbindlichen Produktbereiche ermöglicht der Gesetzgeber jedoch eine individuelle weitere Untergliederung der Haushalte. Anhaltspunkte und Erläuterungen zu einer solchen differenzierten Haushaltsgliederung geben sowohl der kommunale Produktrahmen und als auch die finanzstatistischen Zuordnungsvorschriften zu den Produktgruppen des Landes Brandenburg. Grundsätzlich lässt sich feststellen, dass die hohe verbindliche Aggregationsebene „Produktbereich“ auch bei kleinen und mittleren Kommunen vermutlich nicht die niedrigste funktionale Gliederungsstufe des Rechnungswesens darstellen wird. Auch wenn die Haushaltspläne auf dieser Ebene abgebildet werden, ist davon auszugehen, dass sowohl bei der Haushaltsplanung als auch bei der Bewirtschaftung eine detailliertere Gliederung zugrunde liegt.

6.4.1 Der Sonderproduktbereich „Allgemeine Finanzwirtschaft“

Die funktionale Gliederung des Haushalts lässt sich insbesondere aufgrund des Gesamtdeckungsprinzips[5] nicht vollständig durchhalten. Da eine spezifische Zuordnung von allgemeinen Deckungsmitteln (z. B. Steuern, allgemeinen Zuweisungen und Kredi-

4 Vgl. Kommunaler Produktrahmen und finanzstatistische Zuordnungsvorschriften zu den Produktgruppen des Landes Brandenburg.

5 Die finanzwissenschaftliche Literatur benutzt häufig den Begriff „Non-Affektationsprinzip“.

ten) auf einzelne Verwendungszwecke nicht vorgesehen ist, ist eine Regelung erforderlich, die eine sachgerechte und transparente Abbildung dieser Positionen im Haushaltsplan und im Jahresabschluss gewährleistet.

Die Festlegung der Produktbereiche sieht daher einen separaten Bereich „Allgemeine Finanzwirtschaft" vor. Für diesen Bereich sind verbindlich Teilergebnis- und Teilfinanzpläne zu erstellen, die sich in ihrer Struktur nicht von den Plänen der übrigen Produktbereiche unterscheiden.

6.4.2 Gestaltungsfreiheit bei der Gliederung des Haushalts

Die vorliegende VV Produkt- und Kontenrahmen und § 6 KomHKV bieten den Gemeinden und Gemeindeverbänden einen Freiraum zur Gestaltung ihrer Haushaltspläne.

§ 6 Abs. 1 KomHKV sichert die Vergleichbarkeit der Haushalte dadurch, dass die monetären Elemente der Teilpläne (Teilergebnisplan und Teilfinanzplan) unabhängig von der gewählten Gliederungsstruktur auf der Produktbereichsebene verpflichtend abzubilden sind.

Zusätzlich kann jedoch nach § 6 Abs. 2 und Abs. 4 KomHKV auf einer niedrigeren Gliederungsebene, die sich ebenfalls an der Produktstruktur (Produkte oder Produktgruppen) oder an der Aufbauorganisation der Verwaltung orientiert, eine vollständige Abbildung der Teilpläne (Teilergebnisplan, Teilfinanzplan, Ziele, Kennzahlen) erfolgen. Diese detaillierteren Teilpläne werden dann regelmäßig Beratungsgrundlage für die politischen Gremien sein und stellen die für die Verwaltung verbindliche Ermächtigungsgrundlage für die Leistung von Aufwendungen und Auszahlungen dar.

Nachfolgende Abbildung macht die vorgesehene Struktur deutlich:[6]

6 Abbildung in Anlehnung an Modellprojekt „Doppischer Kommunalhaushalt in NRW" (Hrsg.), Neues Kommunales Finanzmanagement: Betriebswirtschaftliche Grundlagen für das doppische Haushaltsrecht, 2., vollst. überarb. Aufl. auf der Basis der Endergebnisse des Modellprojektes Freiburg 2003, S. 32.

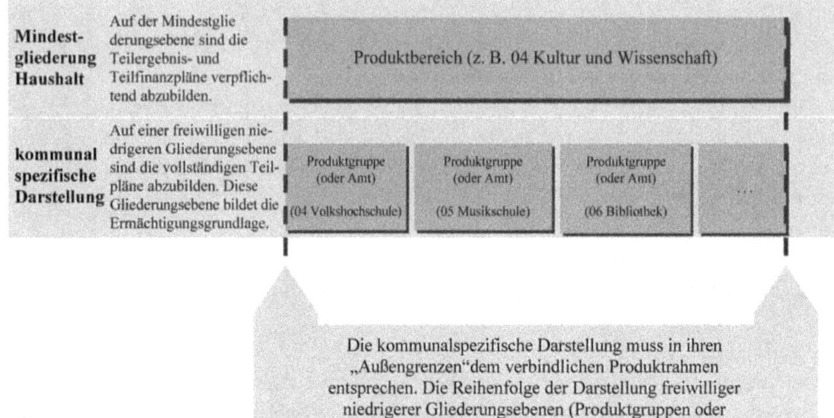

Bei einer individuellen Untergliederung der verbindlichen Produktbereiche muss nach § 6 Abs. 2 KomHKV eine eindeutige Zuordnung zum Produktbereich möglich sein. Nicht vorgeschrieben ist eine Reihenfolge der Abbildung im Haushaltsplan. Ebenso ist den Kommunen die Möglichkeit gegeben, andere als im kommunalen Produktrahmen vorgesehene Aggregationen im Haushaltsplan (zusätzlich) abzubilden.

Diese Gestaltungsfreiheit führt dazu, dass jede Kommune eine individuelle Haushaltsgliederung erstellen kann, soweit sie in der Lage ist, auf der Grundlage dieser Gliederung eindeutig eine Aggregation der monetären Daten auf die verbindlichen Produktbereiche vorzunehmen. Diese Aggregation ist bei einer freiwilligen tieferen Gliederung allerdings Pflichtbestandteil des Haushaltsplans und des Jahresabschlusses.

Die nachfolgende Darstellung zeigt ein mögliches Modell für eine Abbildung von drei unterschiedlichen Aggregationsstufen des Haushalts, wobei zwischen dem Politikhaushalt (fachliche Gliederung) und dem Managementhaushalt (institutionelle Gliederung) unterschieden wird.

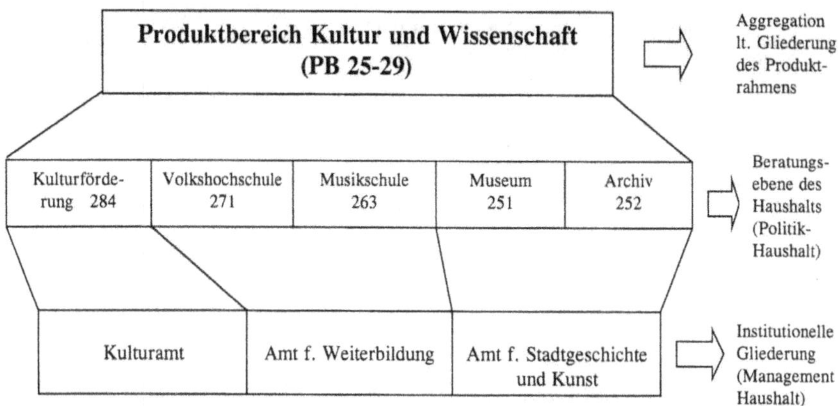

Die o.g. Herausforderungen an die Gliederung des Haushaltes sollten bei der Auswahl einer geeigneten Software für das kommunale Finanzwesen eine Rolle spielen. Vordergründig sollte die Anwenderfreundlichkeit, die Rechtsaktualität und ein zuverlässiger Support sein.

6.5 Übungen

Sachverhalt Nr. 1

a) Die Gemeinde G zahlt einen Zuschuss an den Verband der Kleingärtner e. V. für den Bau eines Vereinshauses
b) Von der Gemeinde G wird eine Beratungsstelle für Suchtkranke eingerichtet.
c) Für die Hauptschule wird eine Landeszuweisung für Schulwanderungen zugesagt.
d) Es wird von der Gemeinde G ein Tierheim errichtet.
e) Die Stadt vereinnahmt im Rahmen der Wirtschaftsförderung die Zinsen für Darlehen an private Unternehmen.
f) Die Volkshochschule erhält Landeszuweisungen für Hausarbeitskurse.
g) Das Institut für Zeitungsforschung der Gemeinde G bestellt neues Büromaterial.
h) Zur Förderung des Fremdenverkehrs organisiert das zuständige Amt einen Basar.
i) Die Stadtsparkasse liefert den Bilanzgewinn ab.
j) Die Gemeinde G baut ein neues Fußballstadion.

Aufgabe:
Ordnen Sie jeden Geschäftsvorfall einem verbindlichen Produktbereich zu.

Lösung:
Die Geschäftsvorfälle werden aufgrund der VV Produkt- und Kontenrahmen zugeordnet.

a) Produktbereich 55 = Natur- und Landschaftspflege
b) Produktbereich 41 = Gesundheitsdienste

c) Produktbereich 21–24 = Schulträgeraufgaben
d) Produktbereich 12 = Sicherheit und Ordnung
e) Produktbereich 57 = Wirtschaft und Tourismus
f) Produktbereich 25–29 = Kultur und Wissenschaft
g) Produktbereich 25–29 = Kultur und Wissenschaft
h) Produktbereich 57 = Wirtschaft und Tourismus
i) Produktbereich 57 = Wirtschaft und Tourismus
j) Produktbereich 42 = Sportförderung

Sachverhalt Nr. 2
In der Stadt S gibt es neben der Städtischen Musikschule, die als städtisches Amt geführt wird und insbesondere die Einwohner des Stadtzentrums mit ihren Leistungen versorgt, auch noch private Musikschulen in außerhalb gelegenen Ortschaften. Um eine einheitlich gute Versorgung der Bevölkerung mit den Leistungen musikalischer Bildung in allen Bereichen der Stadt sicherzustellen, unterstützt die Stadt S die privaten Musikschulen mit jährlichen Zuschüssen, die an die Einhaltung bestimmter Standards gebunden sind. Die Überprüfung und Gewährung der Zuschüsse erfolgten bei der Stadt S zentral durch die Kämmerei.

Aufgabe:
Erarbeiten Sie einen Vorschlag für eine mögliche Gliederung des Produktbereichs 25–29 „Kultur und Wissenschaft“, der den organisatorischen Gegebenheiten der Stadt S Rechnung trägt. Gehen Sie davon aus, dass die Stadtvertretung der Stadt S beschlossen hat, den Haushaltsplan freiwillig tiefer zu gliedern und dort auf der niedrigsten Ebene Produktgruppen abzubilden. Begründen Sie Ihre Lösung.

Lösung:
Der Produktbereich 25–29 „Kultur und Wissenschaft“ ist eine durch den kommunalen Kontenrahmen aufgrund des § 6 Abs. 2 KomHKV zu beachtende Gliederungsebene des Haushalts. Die inhaltliche Abgrenzung ergibt sich aus dem kommunalen Produktrahmen und den finanzstatistischen Zuordnungsvorschriften zu den Produktgruppen des Landes Brandenburg.

Die Inhaltsbestimmung lässt keinen Zweifel daran, dass sowohl der Bereich der städtischen als auch der Bereich der Förderung privater Musikschulen dem Produktbereich 25–29 „Kultur und Wissenschaft“ zuzurechnen ist.

Gleichzeitig eröffnet sich für die Gemeinde die Möglichkeit, innerhalb dieses Produktbereichs eine freiwillige weitere Untergliederung vorzunehmen. Die Abbildung der Aufgabenbereiche „Betrieb der städtischen Musikschule“ und „Förderung privater Musikschulen“ in zwei verschiedenen Teilplänen im Haushaltsplan der Stadt S würde dazu führen, dass zwei unterschiedliche Maßnahmen, die letztlich dasselbe Ziel verfolgen (nämlich die Förderung der musikalischen Bildung), im Haushaltsplan an zwei verschiedenen Stellen abgebildet würden. Dies wäre intransparent und könnte zusätzlich kontraproduktiv sein, wenn das Ziel einer gleichmäßigen, guten und wirtschaftlichen musikalischen Bildung unabhängig davon verfolgt wird, wer diese musikalische Bildung bereitstellt. Es erscheint daher zur konsequenten Umsetzung einer „Outputorientierung“ richtig, beide Aufgabenbereiche in einer Produktgruppe „Musikalische Bildung“ abzubilden. Zu dieser Produktgruppe kann die Gemeindevertretung sinnvolle Ziele formulieren und zur Messung der Zielerreichung geeignete Kennzahlen und Indikatoren bestimmen. Die Höhe der vorgesehenen Zuwendungen an die privaten Musikschulen kann der Rat über die Aufwandsart „Transferaufwendungen“ unmittelbar festlegen.

Zur verwaltungsinternen Budgetierung erscheint es dagegen sinnvoll, die Produktgruppe nach den Zuständigkeiten der beteiligten Ämter weiter in Produkte aufzuteilen. Dies wäre z. B. das Produkt „Städtische Musikschule“ und „Förderung privater Musikschulen“. Mit Hilfe dieser zusätzlichen Unterteilung im internen Rechnungswesen besteht z. B. die Möglichkeit, eine Kostenrechnung für die städtische Musikschule zu erstellen und bei einer möglichen weiteren Untergliederung den Deckungsbeitrag verschiedener Unterrichtsstunden zu ermitteln. Diese können dann wiederum mit den Förderkosten bei den privaten Musikschulen verglichen werden.

Aus den dargestellten Überlegungen ergibt sich folgende mögliche Struktur:

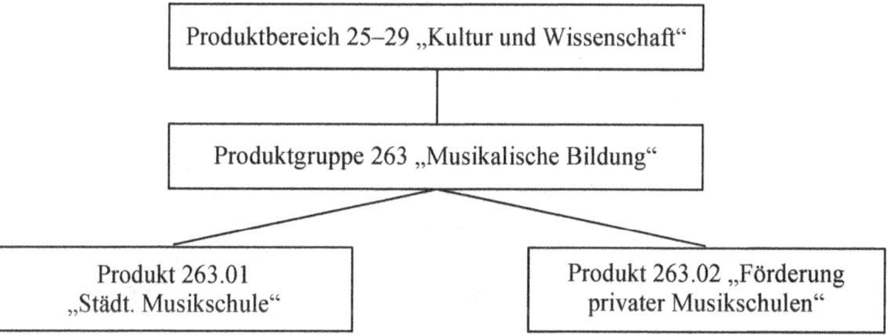

Für die Stadt S ergäbe sich daraus eine Abbildung der Produktgruppe „Musikalische Bildung“ im Haushaltsplan. Da diese Produktgruppe eine freiwillige Untergliederung des verbindlich abzubildenden Produktbereichs „Kultur und Wissenschaft“ darstellt, muss die Stadt S nach § 7 KomHKV die Teilergebnis- und Teilfinanzpläne aller Produktgruppen des Produktbereichs „Kultur und Wissenschaft“ aggregieren und diese Aggregation ebenfalls im Haushaltsplan abbilden.

Sachverhalt Nr. 3

Die neu gebildete Stadt S muss zum 1.1.2023 einen Haushalt nach den Regeln der KomHKV aufstellen. Hierfür muss eine geeignete Haushaltsgliederung gefunden werden. S hat folgende Aufbauorganisation:

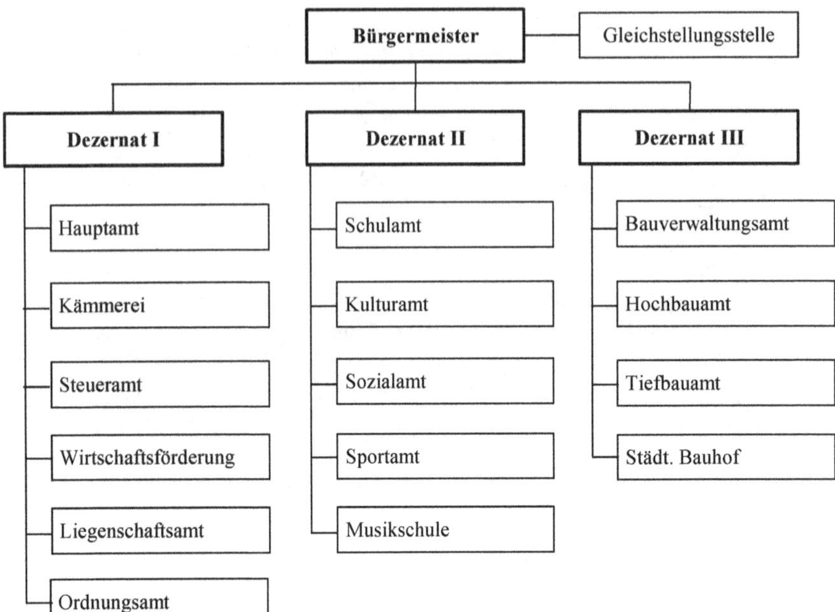

In den Ämtern wurde unter Federführung des Hauptamtes eine Produktbildung durchgeführt. Dabei hat sich im Dezernat II u. a. folgende Produktstruktur ergeben:[7]

Amt	Ziffer	Produkt
Schulamt	211	Bereitstellung von Grundschulen
	216	Bereitstellung von Gesamtschulen
	217	Bereitstellung von Oberschulen
	218	Bereitstellung eines Gymnasiums
	231	Bereitstellung Oberstufenzentrum
	241	Schülerbeförderung
	424	Bereitstellung von städt. Turn- und Sporthallen
	365	Hortbetreuung von Schulkindern (6–14 Jahre)

Amt	Ziffer	Produkt
Kulturamt	273	Veranstaltungsmanagement
	272	Förderung kirchlicher Büchereien
	366	Offener Jugendtreff
	575	Stadtwerbung und Tourismusförderung

7 Unter „Ziffer" würde wohl hier sonst eine bisher genutzte amtsspezifische Nummernfolge vertreten sein. Hier wurde schon einmal die Produktgruppenzuordnung Brandenburgs vorgenommen, ohne konkrete Produktnummernbildung.

Amt	Ziffer	Produkt
Sozialamt	311	Sozialhilfe
	313	Hilfen für Asylbewerber
	365	Einrichtungen der Kinderbetreuung (0–6 Jahre)
Sportamt	421	Förderung der Sportvereine
	424	Bereitstellung von Sportplätzen
	424	Freibad
Musikschule	263	Musikunterricht
	262	Städtisches Jugendorchester

Aufgaben:

a) Machen Sie anhand der Organisation und der Produktgliederung einen Vorschlag für eine zukünftige Haushaltsgliederung für den Bereich des Dezernats II, der den Anforderungen des Kommunalen Produktrahmens entspricht. Es sollen für diesen Bereich nicht mehr als acht Gliederungseinheiten im Haushalt abgebildet werden. Überschneidungen mit Ämtern aus anderen Dezernaten sind zulässig.

b) Kann die von Ihnen vorgeschlagene Haushaltsgliederung auch für eine amtsbezogene Budgetierung verwendet werden?

Lösung:

a) Folgende Produktbereichsgliederung kann dem Haushalt zugrunde gelegt werden:

Produktbereich	Ziffer	Produkt
Schulträgeraufgaben	211	Bereitstellung von Grundschulen
	216	Bereitstellung von Oberschulen
	217	Bereitstellung eines Gymnasiums
	218	Bereitstellung einer Gesamtschule
	231	Bereitstellung eines Oberstufenzentrums
	241	Schülerbeförderung
Kultur und Wissenschaft	273	Veranstaltungsmanagement
	263	Musikunterricht
	262	Städtisches Jugendorchester
	272	Förderung kirchlicher Büchereien
Soziale Hilfen	311	Sozialhilfe
	313	Hilfen für Asylbewerber
Sportförderung	424.1	Bereitstellung von Sportplätzen
	424.2	Bereitstellung von städt. Turn- und Sporthallen
	424.3	Freibad
	421.1	Förderung der Sportvereine
Kinder-, Jugend- und Familienhilfe	365.1	Einrichtungen der Kinderbetreuung (0–6 Jahre)
	365.2	Hortbetreuung von Schulkindern (6–14 Jahre)
	366	Offener Jugendtreff
Wirtschaft u. Tourismus	575	Stadtwerbung und Tourismusförderung

Die dargestellte Lösung orientiert sich am kommunalen Produktrahmen und legt der Haushaltsgliederung die verbindlichen Produktbereiche des Produktrahmens zugrunde. Da alle von der Stadt S gebildeten Produkte den Produktbereichen eindeutig zurechenbar sind, ist auch eine andere, auf diesen Produkten basierende Haushaltsgliederung denkbar. Nach § 6 Abs. 1 KomHKV ist allerdings sicherzustellen, dass für die bei der vorliegenden Lösung abgebildeten Produktbereiche vollständige Teilergebnis- und Teilfinanzpläne abgebildet werden können. Damit wäre z. B. eine Zusammenfassung von Sozial- und Wohnungshilfe in einer Gliederungseinheit des Haushalts nicht möglich.

b) Die vorgenommene Gliederung ermöglicht auch eine institutionelle Abbildung des Haushalts und eine entsprechende Budgetierung, wenn die Haushaltsplanung vollständig auf der Produktebene durchgeführt wird. Anhand der Produktziffern kann dann ein eindeutiger Amtsbezug hergestellt werden.

7. Die Elemente des Haushaltsplans

Der Haushaltsplan ist die zentrale Grundlage der Haushaltswirtschaft der Gemeinden und Gemeindeverbände. Er steht im Zentrum der kommunalen Planungen, bestimmt die laufende Buchhaltung und ist Grundlage für die Rechenschaftslegung. Diese zentrale Position wird dem Haushaltsplan nicht zuletzt durch die rechtliche Bedeutung verliehen, die ihm die Gemeindeordnung zuweist. Diese Bedeutung ergibt sich in der Kommunalverfassung insbesondere aus den §§ 65 bis 67, 82, BbgKVerf.

Der Haushalt der Gemeinden und Gemeindeverbände ergibt sich im Wesentlichen aus den Rechnungskomponenten der Drei-Komponenten-Rechnung:

- Ergebnisrechnung,
- Finanzrechnung,
- Bilanz.

Bezogen auf den Haushaltsplan stehen nach § 66 Abs. 1 BbgKVerf die voraussichtlich anfallenden Erträge und Aufwendungen, Einzahlungen und Auszahlungen sowie Verpflichtungsermächtigungen im Mittelpunkt. Diese werden abgebildet im Ergebnisplan und im Finanzplan, die wiederum in Teilpläne weiter zu untergliedern sind (§ 66 Abs. 2 BbgKVerf). Die Bilanz ist dagegen nach den haushaltsrechtlichen Vorschriften nur für den Jahresabschluss und nicht als Planbilanz im Haushaltsplan vorgesehen. Durch die Verknüpfung der Positionen der drei Rechnungskomponenten[1] wirken sich die Ergebnis- und Finanzpläne mittelbar auf die Bilanzpositionen aus. Beispielsweise beziehen sich die Abschreibungen selbstverständlich auf das in der Bilanz ausgewiesene Anlagevermögen. Ebenso mindert die ergebniswirksame Auflösung erhaltener Investitionszuweisungen den Sonderposten auf der Passivseite der Bilanz.

Wichtiges Ziel der Reform des Haushaltsrechts ist die Einbindung von Leistungszielen in die Haushaltsplanung (Outputorientierung). Die Ausweisung von Zielen und die Bildung von Kennzahlen zur Messung der Zielerreichung wird in § 6 Abs. 4 KomHKV als verpflichtender Bestandteil des Haushaltsplans und des Jahresabschlusses geregelt.[2]

Durch die Haushaltssatzung werden die Inhalte des Stellenplans und des Haushaltsplans ortsrechtlich miteinander verbunden. Mit Beschluss der Haushaltssatzung erhalten sie rechtliche Verbindlichkeit.[3]

Die nach § 6 KomHKV vorgeschriebene Gliederung des Haushaltsplans nach Produktbereichen in Teilpläne bildet die wesentliche Grundlage für die politische Beratung des Haushaltsplans.

Im Überblick ergibt sich daraus eine Zusammensetzung des Haushaltsplans entsprechend der nachfolgenden grafischen Darstellung:

---

1 Das sogenannte „Drei-Komponenten-Modell“ stellt eine integrierte Verbundrechnung dar und somit keine „nebeneinander“ und miteinander verrechenbaren Rechnungen wie die früheren kameralen Vermögens- und Verwaltungshaushalte.

2 Die Outputorientierung des Haushalts wird in der BbgKVerf leider nicht grundsätzlich geregelt. Ziele und Kennzahlen sind im § 66 BbgKVerf nicht explizit erwähnt, sondern werden in der KomHKV angesprochen.

3 Siehe zur Haushaltssatzung die ausführliche Darstellung in Kap. 17.

Haushaltsplan

Ergebnisplan	**Finanzplan**	**Teilpläne**	Unter den Voraussetzungen des § 63 Abs. 5 BbgK-Verf: **Haushaltssicherungskonzept**
+ Erträge – Aufwendungen = Ergebnis	+ Einzahlungen – Auszahlungen = Cash Flow	• Ziele, • Kennzahlen, • Produktbeschreibung • Erträge, • Aufwendungen, • investive Einzahlungen • investive Auszahlungen • investive Einzelmaßnahmen	

Anlagen

Vorbericht	**Übersicht Verpflichtungsermächtigungen**	**Übersicht Verbindlichkeiten**	**Übersicht gebildete Budgets**
Übersicht Rücklage	**Übersicht Rückstellungen**	**Stellenplan**	**Abschlüsse u. Lageberichte der Tochterunternehmen**
Wirtschaftspläne und Abschlüsse der Sondervermögen mit Sonderrechnung	Übersicht Sonderposten und Erträge daraus im mittelfristigen Planungszeitraum	Übersicht über die veranschlagten Erträge und Aufwendungen aus der allgemeinen Umlage, Ersatz von Sozialleistungen und Sozialtransferleistungen im mittelfristigen Ergebnisplanungszeitraum	

Im Folgenden werden die einzelnen Elemente des Haushaltsplans ausführlich erläutert. Den Anlagen ist Kap. 8 gewidmet.

7.1 Ergebnisplan

Das Haushaltsrecht stellt das Ressourcenverbrauchskonzept in den Mittelpunkt der Planung und der Bewirtschaftung. Im Gegensatz zum Geldverbrauchskonzept, das der früheren Kameralistik zugrunde lag, legt das Ressourcenverbrauchskonzept das Augenmerk auf den Verzehr von Vermögen (Ressourcenverbrauch) und den Zuwachs an Vermögenswerten (Ressourcenaufkommen).

Die Darstellung des vollständigen Ressourcenverbrauchs und des Ressourcenaufkommens innerhalb einer Rechnungsperiode erfolgt im Ergebnisplan. Dabei werden Ressourcenaufkommen und -verbrauch im neuen Kommunalen Rechnungswesen mit den betriebswirtschaftlichen Größen „Aufwand"[4] und „Ertrag"[5] gleichgesetzt. Der Saldo dieser Größen in einem Jahr ergibt das Jahresergebnis, das in der Logik der kaufmännischen Buchführung die Änderung des Eigenkapitals zum vorherigen Bilanzstichtag abbildet. An der Entwicklung des Eigenkapitals lässt sich feststellen, ob die Kommune nachhaltig wirtschaftet oder ob sie „von der Substanz" lebt. Sobald sich das Eigenkapital reduziert, verbraucht sie Vermögen, das in vorigen Jahren erwirtschaftet wurde, oder sie schiebt Lasten z. B. durch die Aufnahme von Krediten oder das Eingehen sonstiger Verpflichtungen in die Zukunft. Der Ergebnisplan stellt gem. § 4 KomHKV eine Planung von Aufwands- und Ertragsgrößen dar. In der Privatwirtschaft würde dies als „Plan-Gewinn- und Verlustrechnung" (Plan-GuV) bezeichnet werden. Die neutrale Bezeichnung „Ergebnisplan" wurde gewählt, da im Bereich der Kommunalverwaltung weder die Ausweisung von Gewinnen noch die Ausweisung von Verlusten das Ziel der Planung sein sollte, sondern ein ausgeglichenes Ergebnis dem Ziel der intergenerativen Gerechtigkeit am besten entspricht.

Der Ergebnisplan bezieht sich auf alle Bereiche, die in der Kernverwaltung geführt werden. Er wird in Staffelform aufgestellt und beinhaltet nach § 4 Abs. 1 KomHKV verpflichtend die Darstellung verschiedener Zwischensalden:

- Ordentliche Erträge,
- Ordentliche Aufwendungen,
- Ergebnis der laufenden Verwaltungstätigkeit,
- Finanzergebnis,
- Ordentliches Ergebnis,
- Außerordentliches Ergebnis,
- Gesamtergebnis.

Die ordentlichen Erträge ergeben sich dabei aus der Summe der nach § 4 Abs. 1 Nrn. 1 bis 9 KomHKV verpflichtend auszuweisenden Ertragsarten. Ebenso ergeben sich die ordentlichen Aufwendungen aus der Summe der nach § 4 Abs. 1 Nr. 11 bis 16 KomHKV verpflichtend auszuweisenden Aufwandsarten. Die Differenz der ordentlichen Erträge und der ordentlichen Aufwendungen ergibt das Ergebnis der laufenden Verwaltungstätigkeit. Nicht beinhaltet in diesem Ergebnis sind Aufwendungen und Erträge aus Finanzierungstätigkeit (insbesondere Zinsen) und die außerordentlichen Aufwendungen und Erträge. Diese Positionen werden unterhalb des Ergebnisses aus laufender Verwaltungstätigkeit ausgewiesen. Nach der Auflistung der Finanzerträge und -aufwendungen wird zunächst ein weiterer Saldo (Finanzergebnis) ausgewiesen. Die Saldierung von Finanzergebnis und Ergebnis der laufenden Verwaltungstätigkeit ergibt das Ordentliche Ergebnis. Als letztes werden noch die außerordentlichen Auf-

---

4 Vgl. *Klümper/Möllers/Zimmermann*, Kommunale Kosten- und Wirtschaftlichkeitsrechnung, 20. Aufl., Witten 2019, S. 77: *„Der Aufwand entspricht dem bewerteten Verbrauch von Gütern und Dienstleistungen eines Betriebs innerhalb einer Periode. Es handelt sich um den gesamten Werteverzehr innerhalb einer Periode. Er führt zu einer Eigenkapitalminderung."*

5 Vgl. *Klümper/Möllers/Zimmermann*, Kommunale Kosten- und Wirtschaftlichkeitsrechnung, 20. Aufl., Witten 2019, S. 77: *„Der Ertrag entspricht dem Wertezuwachs in einem Betrieb innerhalb einer Periode. Er führt zu einer Eigenkapitalerhöhung."*

wendungen und Erträge aufgeführt. Als „außerordentlich" werden – wie im kaufmännischen Rechnungswesen – solche Geschäftsvorfälle abgebildet, die

- in ihrer Art ungewöhnlich und unvorhersehbar sind,
- selten vorkommen und
- von wesentlicher Bedeutung

sind. Beispiele hierfür sind Aufwendungen, die sich aus Naturkatastrophen oder anderen Unglücken ergeben, oder Erträge, die auf die Veräußerung von Vermögensgegenständen zurückzuführen sind, wenn die obigen Kriterien erfüllt sind. Durch Hinzurechnung des außerordentlichen zum ordentlichen Ergebnis ergibt sich das Jahresergebnis.

Der Ergebnisplan bildet insgesamt sechs Haushaltsjahre ab (§ 13 Abs. 1 KomHKV). Neben dem Jahr für das der Haushaltsplan aufgestellt wird (Planjahr), werden abgebildet:

- das Rechnungsergebnis des Vorvorjahres,
- die Planansätze des Vorjahres,
- die Planungen für die drei auf das Planjahr folgenden Jahre.

Durch diese Integration der mittelfristigen Planung kann einerseits auf separate Planwerke (wie die bisherige Finanzplanung und das Investitionsprogramm) verzichtet werden, andererseits wird hierdurch die mittelfristige Planung gegenüber der bisherigen separaten Mittelfristplanung deutlich aufgewertet, da sie bei der politischen Beratung automatisch im Blickfeld steht.

Der Ergebnisplan gibt einen Gesamtüberblick über die voraussichtliche Entwicklung der Gemeinde. Insbesondere ist aus dem ausgewiesenen Planergebnis erkennbar, ob sich das Eigenkapital voraussichtlich erhöht (Planüberschuss) oder verringert (Planfehlbetrag). Dies ergibt sich daraus, dass die Ergebniskonten (Aufwands- und Ertragskonten) Unterkonten des Eigenkapitalkontos sind und im Jahresabschluss über das Bilanzkonto Eigenkapital abgeschlossen werden. Eine Verringerung des Eigenkapitals bedeutet dabei, dass die Gemeinde in einer Rechnungsperiode mehr Vermögensverzehr (Ressourcenverbrauch) hat als ihr an neuem Vermögen zufließt (Ressourcenaufkommen). Umgekehrt führt ein Jahresüberschuss durch die Erhöhung des Eigenkapitals zu einem Substanzaufbau.

Im Sinne der Nachhaltigkeit des kommunalen Wirtschaftens – und dem damit verknüpften Ziel der intergenerativen Gerechtigkeit – sollte sich der Substanzabbau und -aufbau über einen Zeitraum ausgleichen, der einer „Generation" zugerechnet werden kann. Hierdurch soll theoretisch vermieden, dass

- eine Generation z. B. zu Lasten einer nachfolgenden mehr verbraucht als sie erarbeitet oder
- eine Generation der Gemeinde mehr Steuern zuführt als sie an Gegenleistungen von der Gemeinde erhält.

Letztlich ist eine genaue Zeitraumabgrenzung „einer Generation" faktisch nicht möglich. Inwieweit der Gesetzgeber eine durchschnittliche generative Gerechtigkeit sieht, kann eben nur aus der Regelung und Definition des Haushaltsausgleichs abgeleitet werden, demnach also jährlich, die etwaigen Überschussrücklagen und Fehlbetragsvorträge beachtend. Insofern stellt die Eröffnungsbilanz mit ihrem Beginn einer doppelten Buchführung immer auch eine Art Startpunkt einer neuen Beurteilungssicht dar.

Zusammengefasst lässt sich die Struktur des Ergebnisplans anhand des nachfolgenden Musters[6] abbilden:

Ergebnisplan		Ergebnis 2021	Ansatz 2022	Ansatz 2023	Planung 2024	Planung 2025	Planung 2026
		1	2	3	4	5	6
1	Steuern und ähnliche Abgaben						
2	Zuwendungen und allgem. Umlagen						
3	Sonstige Transfererträge						
4	Öffentlich-rechtliche Leistungsentgelte						
5	Privatrechtliche Leistungsentgelte						
6	Kostenerstattungen und Kostenumlagen						
7	Sonstige ordentliche Erträge						
8	Aktivierte Eigenleistungen						
9	Bestandsveränderungen						
10	= Erträge aus laufender Verwaltungstätigkeit						
11	Personalaufwendungen						
12	Versorgungsaufwendungen						
13	Aufwendungen für Sach- und Dienstleistungen						
14	Bilanzielle Abschreibungen						
15	Transferaufwendungen						
16	Sonstige ordentliche Aufwendungen						
17	= Aufwendungen aus laufender Verwaltungstätigkeit						
18	**= Ergebnis der laufenden Verwaltungstätigkeit (= Zeilen 10 minus 17)**						
19	Zinsen und sonstige Finanzerträge						
20	– Zinsen und sonstige Finanzaufwendungen						
21	= Finanzergebnis (= Zeilen 19 und 20)						

6 Muster 5.3 zu § 4 Abs. 1 in Verbindung mit § 13 KomHKV.

Ergebnisplan			Ergebnis 2021	Ansatz 2022	Ansatz 2023	Planung 2024	Planung 2025	Planung 2026
			1	2	3	4	5	6
22	**=**	**Ordentliches Ergebnis (= Zeilen 18 und 21)**						
23 24	 –	Außerordentliche Erträge Außerordentliche Aufwendungen						
25	=	Außerordentliches Ergebnis (= Zeilen 23 und 24)						
26	**=**	**Gesamtüberschuss/ Gesamtfehlbetrag (= Zeilen 22 und 25)**						

7.2 Finanzplan

Neben der Planung des Ergebnisses tritt innerhalb des Haushaltsplans im neuen Kommunalen Rechnungswesen nach § 66 Abs. 2 BbgKVerf eine zweite wesentliche Plangröße: der Finanzplan. Der Begriff Finanzplan ist zunächst deutlich abzugrenzen von dem früheren kameralen Begriff der „Finanzplanung". Auch wenn im Finanzplan (wie im Ergebnisplan) die mittelfristige Planung integriert ist, so steht doch die Planung des kommenden Haushaltsjahres im Zentrum der Planung. Der Finanzplan ist zudem kein verbliebenes kamerales Element im doppischen Haushalt, sondern stellt eine sinnvolle Ergänzung des Ergebnisplans dar, die zunehmend auch für die Privatwirtschaft gefordert wird.

Dabei bezieht sich der Finanzplan auf die betriebswirtschaftlichen Rechengrößen „Einzahlungen" und „Auszahlungen".[7] Im Finanzplan werden somit alle Geschäftsvorfälle abgebildet, die das Geldvermögen (d. h. die Bilanzposition „Schecks, Kassenbestand, Bankguthaben [Liquide Mittel]" der Kommune) verändern. Insofern ist ein unmittelbarer Bezug zur Bilanz hergestellt.

Ziel des Finanzplans ist die sorgfältige, strukturelle Jahresplanung der Veränderung des Zahlungsmittelbestandes und die Feststellung eines notwendigen Kreditbedarfs für den Planungszeitraum. Da für die Aufnahme von Krediten eine gesonderte Ermächtigung der Gemeindevertretung in der Haushaltssatzung erforderlich ist, ist diese Position besonders sorgfältig zu planen. Eine wesentliche Grundlage für diese Planung ist der Finanzplan. Allerdings bildet der Finanzplan nur den Kreditbedarf für Investitionen bezogen auf die gesamte Planungsperiode ab. Unberücksichtigt bleiben unter-

7 Die betrachteten Veränderungs-(strom-)größen in der früheren Kameralistik waren ausschließlich Einnahmen und Ausgaben. Im Wesentlichen ist darauf hinzuweisen, dass in der früheren Kameralistik z. T. auch innere Verrechnungen (z. B. Zuführungen vom Verwaltungs- an den Vermögenshaushalt oder Abschreibungen in den gebührenrechnenden Einrichtungen) als Einnahmen und Ausgaben dargestellt wurden.

jährige Finanzierungsspitzen zur Sicherung der Liquidität im laufenden Jahr, für deren Abdeckung ein zusätzlicher Kreditbedarf erforderlich sein kann.[8]

Wie der Ergebnisplan wird gem. § 5 KomHKV auch der Finanzplan in Staffelform aufgestellt und weist verpflichtend nachfolgende Zwischensalden aus

- Einzahlungen aus laufender Verwaltungstätigkeit,
- Auszahlungen aus laufender Verwaltungstätigkeit,
- Saldo aus den Ein- und Auszahlungen aus laufender Verwaltungstätigkeit,
- Einzahlungen aus Investitionstätigkeit,
- Auszahlungen aus Investitionstätigkeit,
- Saldo aus den Ein- und Auszahlungen aus Investitionstätigkeit,
- Finanzmittelüberschuss/-fehlbetrag,
- Saldo aus den Ein- und Auszahlungen aus Finanzierungstätigkeit,
- Änderung aus der Inanspruchnahme von Liquiditätsreserven,
- Änderung des Bestandes an Zahlungsmitteln,
- Liquide Mittel.

Die Einzahlungen aus laufender Verwaltungstätigkeit ergeben sich dabei aus der Summe der verpflichtend auszuweisenden Einzahlungsarten (§ 5 Abs. 1 Nr. 1 bis 8 KomHKV) für die laufende Verwaltungstätigkeit. Ebenso ergeben sich die Auszahlungen aus laufender Verwaltungstätigkeit aus der Summe der verpflichtend auszuweisenden Auszahlungsarten im Bereich der laufenden Verwaltungstätigkeit (§ 5 Abs. 1 Nr. 10 bis 14 KomHKV). Die Differenz der Einzahlungen und der Auszahlungen für die laufende Verwaltungstätigkeit ergibt den Cash-Flow aus laufender Verwaltungstätigkeit. Separat ausgewiesen wird die Investitionstätigkeit der Kommune mit vorgeschriebenen Einzahlungs- und Auszahlungsarten. Für den Bereich der Investitionen wird ein separater Saldo als Cash-Flow aus Investitionstätigkeit ausgewiesen. Die Saldierung von Cash-Flow aus laufender Verwaltungstätigkeit und Cash-Flow aus Investitionstätigkeit ergibt den originären Finanzmittelüberschuss bzw. -fehlbetrag. Ein möglicher Fehlbetrag kann im Bereich der Finanzierungstätigkeit durch Kreditaufnahme abgedeckt werden. Ein Überschuss kann möglicherweise zur Kredittilgung verwandt werden. Sowohl die Kreditaufnahme als auch die Tilgung von Krediten werden im Finanzplan separat ausgewiesen und schließen ab mit dem Cash-Flow aus Finanzierungstätigkeit. Finanzmittelüberschuss/-fehlbetrag und der Cash-Flow aus Finanzierungstätigkeit ergeben zusammen die Änderung des Bestandes an Finanzmitteln. Gemeinsam mit dem Anfangsbestand der Finanzmittel lässt sich hieraus der voraussichtliche Finanzmittelbestand zum Ende der Planungsperiode ermitteln. Dieser Finanzmittelbestand entspricht der Bilanzposition „Kassenbestand, Bundesbankguthaben, Guthaben bei Kreditinstituten und Schecks im Umlaufvermögen".

In der Übersicht stellt sich der Finanzplan[9] wie auf der nächsten Seite abgedruckt dar:

8 Hierauf wird ausführlich in Kap. 15 dieses Buches eingegangen.

9 Muster entsprechend Muster 5.5 aus der VV KomHKV.

Finanzplan		Ergebnis 2021	Ansatz 2022	Ansatz 2023	Planung 2024	Planung 2025	Planung 2026
		1	2	3	4	5	6
1	Steuern und ähnliche Abgaben						
2	Zuwendungen und allgemeine Umlagen						
3	Sonstige Transfereinzahlungen						
4	Öffentlich-rechtliche Leistungsentgelte						
5	privatrechtliche Leistungsentgelte						
6	Kostenerstattungen, Kostenumlagen						
7	Sonstige Einzahlungen						
8	Zinsen und ähnliche Einzahlungen						
9	= **Einzahlungen aus laufender Verwaltungstätigkeit**						
10	Personalauszahlungen						
11	Versorgungsauszahlungen						
12	Auszahlungen für Sach- und Dienstleistungen						
13	Transferauszahlungen						
14	Zinsen und sonstige Finanzauszahlungen						
15	= **Auszahlungen aus laufender Verwaltungstätigkeit**						
16	= **Saldo aus laufender Verwaltungstätigkeit (= Zeilen 9 minus 15)**						
17	Einzahlungen aus Investitionszuwendungen						
18	Einzahlungen aus Beiträgen u. ä. Entgelten						
19	Einzahlungen aus der Veräußerung von immateriellen Vermögensgegenständen						
20	Einzahlung aus der Veräußerung von Grundstücken, grundstücksgleichen Rechten und Gebäuden						
21	Einzahlungen aus der Veräußerung von übrigem Sachanlagevermögen						

Finanzplan		Ergebnis 2021	Ansatz 2022	Ansatz 2023	Planung 2024	Planung 2025	Planung 2026
		1	2	3	4	5	6
22	Einzahlungen aus der Veräußerung von Finanzanlagevermögen						
23	Sonstige Einzahlungen aus Investitionstätigkeit						
24	= **Einzahlungen aus Investitionstätigkeit**						
25	Auszahlungen für Baumaßnahmen						
26	Auszahlungen für aktivierbare Zuwendungen für Investitionen Dritter						
27	Auszahlungen für den Erwerb von immateriellen Vermögensgegenständen						
28	Auszahlungen für den Erwerb von Grundstücken, grundstücksgleichen Rechten und Gebäuden						
29	Auszahlung für den Erwerb von übrigem Sachanlagevermögen						
30	Auszahlungen für den Erwerb von Finanzanlagevermögen						
31	Sonstige Auszahlungen aus Investitionstätigkeit						
32	= **Auszahlungen aus Investitionstätigkeit**						
33	= **Saldo aus Investitionstätigkeit (Zeilen 24 minus 32)**						
34	= **Finanzmittelüberschuss/ -fehlbetrag (= Zeilen 16 und 33)**						
35	Einzahlung aus der Aufnahme von Krediten für Investitionen						
36	Sonstige Einzahlungen aus Finanzierungstätigkeit (ohne Kassenkredit)						
37	= Einzahlungen aus der Finanzierungstätigkeit						
38	Auszahlungen für die Tilgung von Krediten für Investitionen						

	Finanzplan	Ergebnis 2021	Ansatz 2022	Ansatz 2023	Planung 2024	Planung 2025	Planung 2026
		1	2	3	4	5	6
39	Sonstige Auszahlungen aus Finanzierungstätigkeit (ohne Kassenkredit)						
40	= Auszahlungen aus der Finanzierungstätigkeit						
41	= Saldo aus Finanzierungstätigkeit (Zeile 37 – 40)						
42	Einzahlungen aus der Auflösung von Liquiditätsreserven						
43	Auszahlungen an Liquiditätsreserven						
44	**Saldo aus der Inanspruchnahme von Liquiditätsreserven (Zeile 42 – 43)**						
45	**= Änderung des Bestands an Zahlungsmitteln (= Zeilen 34 + 41 + 44)**						
46	+ voraussichtlicher Bestand an Zahlungsmitteln am Anfang des Haushaltsjahres						
47	**= voraussichtlicher Bestand an Zahlungsmitteln am Ende des Haushaltsjahres (Zeile 45 + 46)**						

Der Finanzplan gibt einen systematischen Überblick über die voraussichtliche finanzielle Lage der Kommune im Planjahr und in den drei Folgejahren. Er stellt insbesondere dar, inwieweit sich der Finanzmittelbedarf aus laufender Tätigkeit oder aus Investitionstätigkeit ergibt und wie der Fehlbetrag aus Investitionstätigkeit gedeckt werden soll. Bedingt durch die Differenzierung von Investitionskrediten und sonstigen Krediten bleibt eine Deckung von Fehlbeträgen aus laufender Verwaltungstätigkeit im Finanzplan allerdings aus. Der Cash-Flow aus Finanzierungstätigkeit weist damit in der Planung nicht mehr die vorgesehene Netto-Kreditaufnahme aus und führt zu einem deutlichen Mangel an Transparenz. Insbesondere in vielen Großstädten spielt die Finanzierung laufender Defizite eine inzwischen so bedeutende Rolle, dass der Verzicht auf eine Veranschlagung dieser Mittel (Kassenkredite) im Finanzplan betriebswirtschaftlich nicht vertretbar ist.

Zur besseren Transparenz bietet es sich an, den bilanziellen Bestand an Finanzmitteln als Ausgangsgrundlage der Planung auszuweisen und damit die zeitliche Verbindung der Planungsrechnungen untereinander herzustellen. Allerdings führt die fehlende Berücksichtigung des Saldos[10] der Kredite zur Liquiditätssicherung und der durchlaufenden Posten dazu, dass zumindest in der Planung die Logik der Drei-Komponenten-Rechnung aufgegeben wird. Durch die bewusste Nichtberücksichtigung eines Teils der Ein- und Auszahlungen kann eine zutreffende Planung der Bilanzpositionen (hier: „Liquide Mittel") nicht erfolgen. Die betriebswirtschaftliche Verbindung zwischen Finanzplan und Bilanz wird damit zerschnitten.

Insgesamt soll der Finanzplan die Planung im Hinblick auf die notwendige Finanzmittelbereitstellung vervollständigen, was leider im vorliegenden Gesetz durch die Nichtberücksichtigung eines Teils der Kredite und der sog. „durchlaufenden Posten" systematisch nicht glückt. Berücksichtigt werden dabei aber zumindest die vorgesehenen Investitionen und die dafür notwendige Finanzierungstätigkeit, die im Ergebnisplan nicht abgebildet werden und dennoch zu Recht im Blickpunkt der Öffentlichkeit stehen, wenn es um die kommunale Haushaltsplanaufstellung geht.

7.3 Übung

Sachverhalt Nr. 1

Die Gemeinde G legt für das Jahr 2024 den Haushaltsplan für die Gesamtverwaltung vor. Für das Planjahr werden im Ergebnis- und Finanzplan nachfolgende Werte geplant:

Ergebnisplan 2024	
	Tausend €
Steuern und ähnliche Abgaben	355.000
Zuwendungen und allgemeine Umlagen	52.000
Sonstige Transfererträge	5.000
Öffentlich-rechtliche Leistungsentgelte	55.000
Privatrechtliche Leistungsentgelte	23.500
Kostenerstattungen und Kostenumlagen	9.500
Sonstige ordentliche Erträge	36.500
Aktivierte Eigenleistungen	1.000
Bestandsveränderungen	–10
= Erträge aus laufender Verwaltungstätigkeit	**537.490**

10 Bei den kurzfristigen Krediten kann lediglich der Saldo der Neuaufnahmen und Tilgungen geplant werden, was zur Vervollständigung des Finanzplans ausreicht und an dieser Stelle eine Abweichung vom Bruttoprinzip bedingen sollte. Die tatsächliche Höhe der Ein- und Auszahlungen innerhalb eines Jahres hängt wesentlich von der gewählten Laufzeit der Kredite ab und ergibt sich aus der kurzfristigen Finanzdisposition der jeweiligen Gemeinde und den aktuellen Kreditkonditionen. Sie ist nicht planbar.

Ergebnisplan 2024	
	Tausend €
Personalaufwendungen	195.000
Versorgungsaufwendungen	520
Aufwendungen für Sach- und Dienstleistungen	25.180
Abschreibungen	35.790
Transferaufwendungen	227.050
Sonstige ordentliche Aufwendungen	38.200
= **Aufwendungen aus laufender Verwaltungstätigkeit**	**521.740**
= **Ergebnis der laufenden Verwaltungstätigkeit**	**15.750**
Zinsen und sonstige Finanzerträge	980
– Zinsen und sonstige Finanzaufwendungen	28.500
= **Finanzergebnis**	**–27.250**
= **Ordentliches Ergebnis**	**–11.500**
Außerordentliche Erträge	13.000
– Außerordentliche Aufwendungen	1.500
= Außerordentliches Ergebnis	11.500
= **Jahresergebnis**	**0**

Finanzplan 2024	
	Tausend €
Steuern und ähnliche Abgaben	361.000
Zuwendungen und allgemeine Umlagen	35.000
Sonstige Transfereinzahlungen	5.000
Öffentlich-rechtliche Leistungsentgelte	53.000
privatrechtliche Leistungsentgelte	24.000
Kostenerstattungen, Kostenumlagen	9.500
Sonstige Einzahlungen	35.500
Zinsen und ähnliche Einzahlungen	800
= **Einzahlungen aus lfd. Verwaltungstätigkeit**	**523.800**
Personalauszahlungen	145.000
Versorgungsauszahlungen	53.000
Auszahlungen für Sach- und Dienstleistungen	31.000
Transferauszahlungen	227.500
Zinsen und sonstige Finanzauszahlungen	67.000
= **Auszahlungen aus lfd. Verwaltungstätigkeit**	**523.500**
Saldo aus laufender Verwaltungstätigkeit	**300**

Finanzplan 2024	
	Tausend €
Einzahlungen aus Investitionszuwendungen	10.000
Einzahlungen aus Beiträgen u.ä. Entgelten	11.200
Einzahlungen aus der Veräußerung von immateriellen Vermögensgegenständen	22.500
Einzahlung aus der Veräußerung von Grundstücken, grundstücksgleichen Rechten und Gebäuden	0
Einzahlungen aus der Veräußerung von übrigem Sachanlagevermögen	0
Einzahlungen aus der Veräußerung von Finanzanlagevermögen	13.000
Sonstige Einzahlungen aus Investitionstätigkeit	0
= **Einzahlungen aus Investitionstätigkeit**	**56.700**
Auszahlungen für Baumaßnahmen	0
Auszahlungen für aktivierbare Zuwendungen für Investitionen Dritter	34.000
Auszahlungen für den Erwerb von immateriellen Vermögensgegenständen	0
Auszahlungen für den Erwerb von Grundstücken, grundstücksgleichen Rechten und Gebäuden	30.000
Auszahlung für den Erwerb von übrigem Sachanlagevermögen	800
Auszahlungen für den Erwerb von Finanzanlagevermögen	0
Sonstige Auszahlungen aus Investitionstätigkeit	0
= **Auszahlungen aus Investitionstätigkeit**	**64.800**
Saldo aus Investitionstätigkeit	**–8.100**
Finanzmittelüberschuss/-fehlbetrag	**–7.800**
Einzahlung aus der Aufnahme von Krediten für Investitionen	24.000
Sonstige Einzahlungen aus Finanzierungstätigkeit (ohne Kassenkredit)	0
= Einzahlungen aus der Finanzierungstätigkeit	24.000
Auszahlungen für die Tilgung von Krediten für Investitionen	15.200
Sonstige Auszahlungen aus Finanzierungstätigkeit (ohne Kassenkredit)	0
= Auszahlungen aus der Finanzierungstätigkeit	15.200
= **Saldo aus Finanzierungstätigkeit**	**8.800**
Einzahlungen aus der Auflösung von Liquiditätsreserven	7.900
Auszahlungen an Liquiditätsreserven	7.400
Saldo aus der Inanspruchnahme von Liquiditätsreserven	**500**
= **Änderung des Bestands an Zahlungsmitteln**	**1.500**
+ voraussichtlicher Bestand an Zahlungsmitteln am Anfang des Haushaltsjahres	2.000
= **voraussichtlicher Bestand an Zahlungsmitteln am Ende des Haushaltsjahres**	**3.500**

Der außerordentliche Ertrag i. H. v. 11,5 Mio. € ergibt sich aus der geplanten Veräußerung von Anteilen an der Stadtwerke G GmbH. Diese Anteile wurden im Rahmen der Erstellung der Eröffnungsbilanz zum 1.1.2011 mit einem anteiligen Eigenkapitalwert von 1,5 Mio. € bewertet. Der erwartete Verkaufserlös beträgt 13 Mio. €. Diese

13 Mio. € sind in der Finanzplanung als Einzahlung aus der Veräußerung von Finanzanlagen ausgewiesen.

Aufgabe:
Was lässt sich ohne nähere Betrachtung von Einzelpositionen aus der vorliegenden gesamtstädtischen Ergebnis- und Finanzplanung im Hinblick auf die allgemeine Haushaltslage der Gemeinde G erkennen?

Lösung:
Der Ergebnisplan der Gemeinde G für das Jahr 2024 weist ein in Erträgen und Aufwendungen ausgeglichenes Jahresergebnis aus. Es ist damit bilanziell keine Änderung des Eigenkapitals vorgesehen. Dies bedeutet gleichzeitig, dass die Gemeinde G die formalen Anforderungen des Ressourcenverbrauchskonzepts einhält (Ressourcenaufkommen ≥ Ressourcenverbrauch).

Festzustellen ist jedoch, dass der Ausgleich des Ergebnisplans nur durch einen erheblichen außerordentlichen Ertrag erreicht werden kann. Außerordentliche Aufwendungen und Erträge beruhen definitionsgemäß auf seltenen, ungewöhnlichen Vorgängen von wesentlicher Bedeutung. Im vorliegenden Fallbeispiel ergibt sich ein erheblicher außerordentlicher Ertrag aus der Veräußerung von Anteilen einer städtischen Gesellschaft. Da die Unternehmensanteile in der Eröffnungsbilanz lediglich mit ihrem anteiligen Eigenkapitalwert bewertet werden, ergibt sich eine erhebliche Differenz zwischen dem bilanziellen Wert und dem erwarteten Veräußerungserlös. Diese Differenz wird bei einer tatsächlichen Veräußerung als außerordentlicher Ertrag ergebniswirksam.

Da das geplante ordentliche Jahresergebnis mit immerhin 11,5 Mio. € negativ ist, liegt bei der Gemeinde G ein strukturell unausgeglichener Haushalt vor, der in 2024 nur durch die vorgesehene einmalige Veräußerung von Unternehmensanteilen aufgefangen werden kann. Der Finanzplan weist eine erforderliche Netto-Kreditaufnahme von 8,8 Mio. € aus. Aus laufender Verwaltungstätigkeit kann lediglich ein Finanzierungsbeitrag von 300.000 € zu den Investitionen geleistet werden. Der weitaus größte Teil der Investitionen wird aus Veräußerungserlösen von Finanzanlagen und Vermögensgegenständen (35,5 Mio. €) finanziert. Addiert man zu diesem geplanten Vermögensabgang noch die bilanziellen Abschreibungen von 35,8 Mio. € hinzu, wird deutlich, dass für das Jahr 2024 das Anlagevermögen in erheblichem Umfang (real 71,3 Mio. €) reduziert werden soll. Dem stehen Investitionen i. H. v. lediglich 64,8 Mio. € gegenüber. Insgesamt ist demnach eine Verringerung des realen Anlagevermögens in 2024 vorgesehen. Da gleichzeitig eine Netto-Kreditaufnahme von 8,8 Mio. € veranschlagt ist, kann man auch auf der Finanzierungsseite feststellen, dass die Haushaltslage der Gemeinde G nicht nachhaltig gesichert ist.

Berücksichtigt man zudem, dass immerhin 21,2 Mio. € der Investitionen durch Dritte über Zuweisungen und Beiträge finanziert werden, ergibt sich ein verbleibender Finanzierungsbedarf von netto 43,6 Mio. €. Bei einer strukturell ausgeglichenen Haushaltslage könnte dieser Betrag ohne die Inanspruchnahme von Fremdkapital aus erwirtschafteten Abschreibungen und Vermögensveräußerungen bereitgestellt werden. Gleichzeitig hätte eine Reduzierung des Kreditbestandes durch zusätzliche Tilgung erreicht werden können.

Im Ergebnis ist anhand der vorliegenden Zahlen festzustellen, dass trotz formellem Ausgleich des Ergebnisplans und trotz einer im Hinblick auf das Investitionsvolumen moderaten Neuverschuldung der Haushalt mit erheblichen Risiken behaftet ist. Diese Risiken können nur vorübergehend durch die vorgesehenen Vermögensveräußerungen ausgeglichen werden. Es ist zu erwarten, dass bei gleichbleibenden Rahmenbedingungen die Gemeinde G nicht in der Lage sein wird, ihren Ressourcenverbrauch durch ein ausreichendes Ressourcenaufkommen zu decken. Um dies zu erreichen, sollte die Gemeinde G bereits in 2024 notwendige Konsolidierungsschritte einleiten, um den Aufwand zu reduzieren oder die Erträge zu erhöhen.

Fraglich erscheint auch die Höhe des geplanten Veräußerungserlöses für die GmbH-Anteile. Da der Haushaltsplan öffentlich zugänglich ist, wird der Kämmerer der Gemeinde G möglicherweise aus verhandlungstaktischen Gründen nicht den tatsächlichen von ihm erwarteten Veräußerungserlös in den Haushaltsplan einstellen. Andererseits ist eine realistische Schätzung bei einem solchen außerordentlichen Geschäftsvorfall in jedem Fall sehr schwierig.

7.4 Teilpläne

Ergebnis- und Finanzplan stellen gesamtstädtische Planwerke dar, die einen wichtigen Beitrag zur Aussage über die allgemeine Lage der Kommune liefern können. Wie aber bereits in Kap. 6 dargestellt, reicht im Bereich der Kommunalverwaltung die gesamtstädtische Betrachtung weder für die Planung noch für die Rechenschaftslegung aus. Kern des Haushaltsplans und damit auch Kern der politischen Beratung des Etats sind die Teilpläne, die nach § 6 Abs. 1 und 2 KomHKV mindestens nach dem vom Innenministerium vorgeschriebenen Produktbereichen aufzustellen sind. Diese Produktbereiche sind in etwa gleichzusetzen mit politischen Handlungsfeldern, die sich z. B. auch aus den politischen Programmen der Parteien ableiten lassen. Die Teilpläne haben eine vorgegebene Struktur und gliedern sich jeweils in:[11]

- Inhaltliche Beschreibung des Produktbereichs,
- Ziele des Produktbereichs und der zugehörigen Produktgruppen und Produkte,
- Kennzahlen und Indikatoren der Zielerreichung,
- Teilergebnisplan,
- Teilfinanzplan,
- Übersicht über die Investitionsmaßnahmen,
- Übersicht über den Personaleinsatz.

Zusätzlich sollten die Teilpläne Erläuterungen und Bewirtschaftungsregeln enthalten. Nachfolgendes Schaubild stellt eine mögliche Abbildungsform eines Teilplans schematisch dar (vereinfachte Form):

11 Vgl. hierzu das Muster aus der Stadt Münster in: Modellprojekt „Doppischer Kommunalhaushalt in NRW“ (Hrsg.), Neues Kommunales Finanzmanagement: Betriebswirtschaftliche Grundlagen für das doppische Haushaltsrecht, 2., vollst. überarb. Aufl. auf der Basis der Endergebnisse des Modellprojektes, Freiburg 2003, S. 370 ff.

Haushaltsplan 2024 **Verantwortlicher Dezernent:**
Produktbereich: 25–29 Kultur und Wissenschaft **Dr. Friedrich Schiller**

Produktbereichsziele: Verbale Beschreibung der Ziele

Produkte und Produktgruppen: Struktur der zum Produktbereich gehörenden Produktgruppen und Produkte

Kennzahlen zur Zielerreichung:

	Ergebnis 2022	Ansatz 2023	**Ansatz 2024**	Planung 2025	Planung 2026	Planung 2027
Erreichter Anteil der Bevölkerung						
...						

Teilergebnisplan:

	Ergebnis 2022	Ansatz 2023	**Ansatz 2024**	Planung 2025	Planung 2026	Planung 2027
Erträge						
Aufwendungen						
Ergebnis aus laufender Verwaltungstätigkeit						
Finanzergebnis						
Außerordentliches Ergebnis						
Interne Leistungsbeziehungen						
Jahresergebnis						

Teilfinanzplan:

	Ergebnis 2022	Ansatz 2023	**VE 2024**	**Ansatz 2024**	Planung 2025	Planung 2026	Planung 2027
Investive Einzahlungen							
Investive Auszahlungen							
Saldo der Investitionstätigkeit							

Planung einzelner Investitionsmaßnahmen:

	Ergebnis 2022	Ansatz 2023	**VE 2024**	**Ansatz 2024**	Planung 2025	Planung 2026	Planung 2027	Bish. bereitgest.	Gesamt
Maßnahme X									
Investive Einzahlungen									
Investive Auszahlungen									
Saldo Maßnahme X									
Maßnahme Y									
...									

7.4.1 Teilergebnisplan

Der Teilergebnisplan bildet das voraussichtliche Ressourcenaufkommen und den Ressourcenverbrauch bezogen auf den jeweiligen Produktbereich bzw. die von der Gemeinde individuell gewählte, niedrigere Gliederungsebene ab. Die abzubildenden Aufwands- und Ertragsarten in Kombination mit der gewählten Gliederungsebene bezeichnet man als „Ergebnispositionen". Beispielsweise stellt die Kombination der Aufwandsart „Personalaufwand" in dem Produktbereich „Sicherheit und Ordnung" eine Ergebnisposition dar. Die Ergebnispositionen stellen nach der Beschlussfassung durch den Rat gleichzeitig die Ermächtigung der Verwaltung zum Einsatz der jeweiligen Ressourcen (z. B. Personal) für den jeweiligen Produktbereich (Sicherheit und Ordnung) dar. Je nach Ausgestaltung von Deckungs- bzw. Budgetierungsregeln kann sich diese Ermächtigung auf die einzelnen Positionen der Ergebnispläne, auf Gruppen von Ergebnispositionen oder auf den Gesamtsaldo des jeweiligen Teilergebnisplans (sog. „Globalbudget") beziehen.

Die Gliederung des Teilergebnisplans ist nach § 7 Abs. 1 KomHKV identisch mit der Gliederung des Ergebnisplans. Alle Aufwands- und Ertragspositionen sind in der gleichen Struktur und mit denselben Zwischensalden in den Teilergebnisplänen abzubilden. Nach der Zeile 26, „Jahresergebnis", sind in den Teilergebnisplänen zusätzlich nachfolgend abgebildete Zeilen auszuweisen, soweit Erträge und Aufwendungen aus internen Leistungsbeziehungen für die Haushaltswirtschaft erfasst werden:[12]

26	= **Ergebnis *vor* Berücksichtigung interner Leistungsbeziehungen**						
27	+ Erträge aus internen Leistungsbeziehungen						
28	– Aufwendungen aus internen Leistungsbeziehungen						
29	= **Ergebnis** (= Zeilen 26, 27, 28)						
	Nachrichtlich:						
30	Nicht zahlungswirksame Erträge						
31	Nicht zahlungswirksame Aufwendungen						

Zunächst wird die Zeile 26 in den Teilergebnisplänen „Jahresergebnis vor Berücksichtigung interner Leistungsbeziehungen" benannt. Im Gegensatz zum Ergebnisplan, in dem sich alle internen Leistungsbeziehungen in der Summe gegenseitig aufheben, spielen Leistungsbeziehungen zwischen verschiedenen Produktbereichen für die Teilergebnisplanung eine wichtige Rolle. Damit auch auf der Ebene der Teilpläne der vollständige Ressourcenverbrauch abgebildet wird, ermöglicht § 20 Abs. 5 KomHKV eine

12 Ausschnitt Muster 5.6 VV Produkt- und Kontenrahmen-Muster zu § 7 KomHKV.

interne Leistungsverrechnung. Umfang, Inhalt und Berechnungsverfahren für die Verrechnung interner Leistungen werden allerdings nicht vorgeschrieben.[13]

In der Regel ist davon auszugehen, dass die für die interne Leistungsverrechnung erforderlichen Daten das Ergebnis einer Kosten- und Leistungsrechnung[14] sind. Es erfolgt damit an dieser Stelle eine Verknüpfung zwischen dem klassischen betriebswirtschaftlichen externen Rechnungswesen (Gewinn- und Verlustrechnung mit den Rechengrößen „Aufwand" und „Ertrag") und einem internen Rechnungswesen (Kosten- und Leistungsrechnung mit den Rechengrößen „Kosten" und „Erlöse"). Diese Verknüpfung macht im Hinblick auf den Zweck des Rechnungswesens in der öffentlichen Verwaltung durchaus Sinn. Es geht bei der Planung und Rechnungslegung in der öffentlichen Verwaltung nämlich nicht nur um die Rechenschaftslegung, die das klassische Ziel des privatwirtschaftlichen externen Rechnungswesens ist, sondern ebenso um die Steuerung, für die in der Privatwirtschaft das interne Rechnungswesen eingesetzt wird.

Um die unterschiedlichen Inhalte dennoch transparent abzubilden, wird bei den Teilplänen zwischen einem Ergebnis *vor* und *nach* interner Leistungsverrechnung unterschieden. Die internen Leistungsverrechnungen sind damit für den Leser des Haushaltsplans und des Jahresabschlusses eindeutig zu erkennen. Damit wird auch deutlich, dass diese Positionen einem großen Maß an individuellem Bewertungsspielraum unterliegen.

Die Teilergebnispläne stellen im Hinblick auf den Ressourcenverbrauch den zentralen Bestandteil des Haushaltsplans im Kommunalen Finanzmanagement dar. Auf der von der Gemeindevertretung festzulegenden Gliederungsebene wird mit den Teilergebnisplänen abgebildet, welchen Anteil am gesamtstädtischen Ressourcenverbrauch bzw. -aufkommen der betrachtete Produktbereich, die Produktgruppe oder das Produkt leistet. Dabei werden sowohl die Komponenten einbezogen, die unmittelbar zu Geldzu- oder -abflüssen führen, als auch solche Positionen, die in der betrachteten Periode zwar einen Vermögensverzehr bedeuten, die aber nicht unmittelbar zu Finanzmittelbewegungen führen (z. B. Abschreibungen und Bildung von Rückstellungen). Das Teilergebnis stellt den jeweiligen Beitrag des betrachteten Teils zur Eigenkapitaländerung der Gesamtkommune dar.

7.4.2 Teilfinanzplan

Der Teilfinanzplan weist den Finanzmittelbedarf der im Haushaltsplan abgebildeten Gliederungsebene – mindestens den des Produktbereichs – aus. Im Gegensatz zum Teilergebnisplan, der die Struktur und den Inhalt des Ergebnisplans vollständig wieder auf-

13 Die Unverbindlichkeit dieser Regelung gibt den Gemeinden die Möglichkeit, durch die zentrale Bewirtschaftung der wesentlichen Aufwandspositionen und den Verzicht auf interne Leistungsverrechnungen die Ergebnisse der Teilpläne nach Belieben auszuhöhlen. Hierdurch wird das Ziel einer produktorientierten Darstellung von Ressourcenverbrauch und -aufkommen insgesamt ad absurdum geführt.

14 § 18 KomHKV sieht für die Gemeinden die Führung einer KLR als Soll-Vorschrift vor – jedoch in ihrer Ausgestaltung nach örtlichen Bedürfnissen.

nimmt, stellt sich der Aufbau des Teilfinanzplans nach § 8 Abs. 1 KomHKV anders dar als der des Finanzplans. Im Teilfinanzplan müssen lediglich die Positionen aus Ziff. 17 bis 33 des § 5 Abs. 1 KomHKV, in denen die Ein- und Auszahlungen für die Investitionstätigkeit der Kommune abgebildet werden, bezogen auf die jeweilige Gliederungsebene dargestellt werden. Damit stellt der Teilfinanzplan ein Pendant zum privatwirtschaftlichen Investitionsplan dar. Eine zusätzliche freiwillige Abbildung aller nicht investiven Zahlungsarten im Teilfinanzplan bleibt den Gemeinden jedoch unbenommen, da § 8 Abs. 1 KomHKV festlegt, dass mindestens die o. g. Inhalte im Teilfinanzplan vorhanden sein müssen. Haushaltsrechtlich erlangen die freiwillig dargestellten Positionen damit aber Verbindlichkeit und schränken die Verwendung der Finanzmittel ein. Ist dagegen nur eine unverbindliche Abbildung dieser Informationen gewollt, muss dies im Haushaltsplan oder in der Haushaltssatzung ausdrücklich so festgelegt werden. Die abgebildeten Auszahlungs- und Einzahlungsarten in Kombination mit der gewählten Gliederungsebene bezeichnet man als Finanzpositionen.

Die Planung und der Beschluss über die kommunalen Investitionen ist eine der wesentlichen Gestaltungsbereiche der Gemeindevertretung. Hier sind sowohl in der Fachplanung als auch besonders in der Haushaltsplanung detaillierte Informationen vorzulegen. Die Gestaltung des Teilfinanzplans trägt diesem Gesichtspunkt Rechnung und konzentriert sich ausschließlich auf die Abbildung der Informationen zum Bereich der Investitionstätigkeit. Für jeden Produktbereich ist ein Saldo der Investitionstätigkeit auszuweisen.

Unberücksichtigt auf der Teilebene des Haushalts bleiben die nicht-investiven Ein- oder Auszahlungen, die nicht im Teilergebnisplan ausgewiesen (d. h. nicht ergebniswirksam) sind. Die Ermächtigung für solche Auszahlungen lag entweder bereits zum Zeitpunkt des Entstehens des Aufwandes z. B. bei der Bildung einer Rückstellung vor, oder die Ermächtigung ergibt sich aus den Zahlungsansätzen des Finanzplans auf gesamtstädtischer Ebene.

Die nachfolgende Tabelle zeigt Beispiele für nicht ergebniswirksame Ein- und Auszahlungen der laufenden Verwaltungstätigkeit, für die im Haushaltsplan keine Einzelermächtigungen in den Teilplänen erforderlich sind:

Nicht ergebniswirksame Einzahlungen	Nicht ergebniswirksame Auszahlungen
Einzahlung der Gewerbesteuervorauszahlung, die bereits im Vorjahr fällig war	Pensionszahlungen, die durch eine entsprechende Rückstellung abgedeckt sind[15]
Einzahlung einer Miete für das Folgejahr für ein städtisches Gebäude	Auszahlungen für Instandhaltungsmaßnahmen, für die eine ausreichende Rückstellung gebildet wurde
	Bezahlung von Umlaufvermögen (Holzvorrat), das bilanziell auf Lager geht
	Zahlung einer Versicherungsrate für das folgende Jahr (aktive Rechnungsabgrenzung)

15 Pensionsauszahlungen werden durch den Kommunalen Versorgungsverband vorgenommen.

Die abgebildete Zeitkette innerhalb der Zeilen ist identisch mit denen in den übrigen Plänen. Ausgewiesen werden neben dem Planjahr die drei folgenden und die zwei vorhergehenden Jahre. Nach § 8 Abs. 2 KomHKV sind die Verpflichtungsermächtigungen in den Zahlungsübersichten des Teilfinanzplans abzubilden, und ihre Aufteilung auf die Folgejahre ist ebenfalls anzugeben.

Im Überblick stellt sich der Aufbau des Teilfinanzplans folgendermaßen dar:[16]

Teilfinanzplan		Ergebnis 2022	Ansatz 2023	**Ansatz 2024**	Planung 2025	Planung 2026	Planung 2027	Bisher bereitgestellt	Gesamtauszahlungen
		1	2	**3**	4	5	6		
Einzahlungen									
1	aus Investitionszuwendungen								
2	aus Beiträgen u. ä. Entgelten								
3	aus der Veräußerung von immateriellen Vermögensgegenständen								
4	aus der Veräußerung von Grundstücken und grundstücksgleichen Rechten								
5	aus der Veräußerung von übrigem Sachanlagen								
6	aus der Veräußerung von Finanzanlagen								
7	Sonstige Investitionseinzahlungen								
8	**Summe der investiven Einzahlungen**								
Auszahlungen									
9	für Baumaßnahmen								
10	von aktivierbaren Zuwendungen für Investitionen Dritter								
11	für den Erwerb von immateriellen Vermögensgegenständen								
12	für den Erwerb von Grundstücken, grundstücksgleichen Rechten und Gebäuden								
13	für den Erwerb von übrigem Sachanlagevermögen								

16 Muster entsprechend 5.7 VV KomHKV.

Teilfinanzplan		Ergebnis 2022	Ansatz 2023	**Ansatz 2024**	Planung 2025	Planung 2026	Planung 2027	Bisher bereitgestellt	Gesamtsamtauszahlungen
		1	2	**3**	4	5	6		
14	für den Erwerb von Finanzanlagen								
15	Sonstige Investitionsauszahlungen								
16	**Summe der investiven Auszahlungen**								
17	**Saldo der Investitionstätigkeit**								

Verpflichtungsermächtigungen (VE)/Aufteilung auf die Folgejahre	**VE Gesamtbetrag 2024**	Planung Haushaltsjahr 2025	Planung Haushaltsjahr 2026	Planung Haushaltsjahr 2027
	1	2	3	4
Auszahlungen für … (Maßnahme)				
Auszahlungen für … (Maßnahme)				
Auszahlungen für … (Maßnahme)				

7.4.3 Planung einzelner Investitionsmaßnahmen

Zusätzlich zur Abbildung in der Zahlungsübersicht des Teilfinanzplans sind Investitionen und Investitionsmaßnahmen, die sich über mehrere Jahre erstrecken oder oberhalb der in der Haushaltssatzung festgelegten Wertgrenze liegen, gem. § 8 Abs. 2 Satz 1 KomHKV je Gliederungsebene getrennt nach Einzelmaßnahmen abzubilden. Da der Teilfinanzplan lediglich eine Differenzierung von Zahlungsarten vorsieht, ist er nicht zur Planung und Beratung von einzelnen Investitionsmaßnahmen geeignet.

Die Übersicht über die Investitionsmaßnahmen ergänzt daher den Teilfinanzplan, indem hier die Aufteilung der Finanzmittel auf die wichtigsten Investitionsvorhaben der jeweiligen Gliederungsebene (z. B. Produktbereich oder Produktgruppe) abgebildet wird.

Diese Aufteilung soll allerdings nicht für alle Investitionsmaßnahmen erfolgen, sondern gem. § 8 Abs. 2 Satz 1 KomHKV nur für solche,

- die sich über mehrere Jahre erstrecken – unabhängig von dem Gesamtvolumen oder
- die oberhalb der gemäß § 65 Abs. 2 Nr. 6 BbgKVerf in der Haushaltssatzung festzusetzenden Wertgrenze liegen. Die Festlegung der Wertgrenze kann von der Gemeindevertretung einheitlich erfolgen, es kann aber auch eine Differenzierung nach Produktbereichen, Vermögensarten oder nach Investitionsobjekten erfolgen. Die Wertgrenze bezieht sich dabei auf die Gesamtsumme der Maßnahme.

Beispiel für einen Beschluss der Gemeindevertretung zur Festlegung der Wertgrenzen:

Die Wertgrenze für die Einzelausweisung von Investitionsmaßnahmen im Teilfinanzplan nach § 65 Abs. 2 Nr. 6 BbgKVerf wird für die Gemeinde G festgelegt

a) für Baumaßnahmen auf 100.000 € Gesamtauszahlungsbedarf,
b) für einmalige Beschaffungen auf 50.000 € Jahresbedarf,
c) für regelmäßige Beschaffungen auf 20.000 € Jahresbedarf.

Die Verwaltung hat sicherzustellen, dass alle Investitionsmaßnahmen, die die festgelegte Wertgrenze überschreiten, im Haushaltsplan separat ausgewiesen werden. Alle anderen Maßnahmen werden in der Übersicht über die Investitionsmaßnahmen wie eine separate Maßnahme „unter der Wertgrenze" abgebildet.

Zusätzlich sind in diesen Übersichten nach § 8 Abs. 2 KomHKV die Verpflichtungsermächtigungen und ihre Aufteilung auf die Folgejahre, die bisher bereitgestellten Haushaltsmittel und die voraussichtlichen Auszahlungen für die gesamte Maßnahme anzugeben.

Die Planung der einzelnen Investitionsmaßnahmen erfolgt nach dem oben beschriebenen Muster:

Teilfinanzplan
Haushaltsjahr 2024
– EUR –

Teilfinanzplan		Ergebnis 2022	Ansatz 2023	**Ansatz 2024**	Planung 2025	Planung 2026	Planung 2027	Bisher bereitgestellt	Gesamtauszahlungen
		1	2	**3**	4	5	6		
Maßnahme	**Bau eines Gymnasiums**								
bzw. Summe einjährige Maßnahmen unterhalb der festgesetzten Wertgrenze									
Einzahlungen									
1	aus Investitionszuwendungen								
2	aus Beiträgen u. ä. Entgelten								
3	aus der Veräußerung von immateriellen Vermögensgegenständen								
4	aus der Veräußerung von Grundstücken und grundstücksgleichen Rechten								
5	aus der Veräußerung von übrigem Sachanlagen								
6	aus der Veräußerung von Finanzanlagen								

Teilfinanzplan		Ergebnis 2022	Ansatz 2023	**Ansatz 2024**	Planung 2025	Planung 2026	Planung 2027	Bisher bereitgestellt	Gesamtauszahlungen
		1	2	**3**	4	5	6		
7	Sonstige Investitionseinzahlungen								
8	**Summe der investiven Einzahlungen**								
Auszahlungen									
9	für Baumaßnahmen								
10	von aktivierbaren Zuwendungen für Investitionen Dritter								
11	für den Erwerb von immateriellen Vermögensgegenständen								
12	für den Erwerb von Grundstücken, grundstücksgleichen Rechten und Gebäuden								
13	für den Erwerb von übrigem Sachanlagevermögen								
14	für den Erwerb von Finanzanlagen								
15	Sonstige Investitionsauszahlungen								
16	**Summe der investiven Auszahlungen**								
17	**Saldo der Investitionstätigkeit**								

Verpflichtungsermächtigungen (VE)/Aufteilung auf die Folgejahre	**VE Gesamtbetrag 2024**	Planung Haushaltsjahr 2025	Planung Haushaltsjahr 2026	Planung Haushaltsjahr 2027
	1	2	3	4
Auszahlungen für … (Maßnahme)				
Auszahlungen für … (Maßnahme)				
Auszahlungen für … (Maßnahme)				

7.4.4 Teilergebnis- und Teilfinanzplan im Sonderproduktbereich 61 „Allgemeine Finanzwirtschaft“

Das Kommunale Finanzmanagement sieht nach § 6 Abs. 1 und 2 KomHKV eine Produkt- oder Outputorientierung bei der Darstellung der Teilpläne vor. Es ist allerdings festzustellen, dass diese Produktorientierung sachlich nicht vollständig durchgehalten werden kann, da es insbesondere im Bereich der Einzahlungen und Erträge Positionen gibt, die dem Output oder einem einzelnen Produkt nicht direkt zugerechnet werden können. Steuern sind z. B. Deckungsmittel des Haushalts, die ausdrücklich nicht für eine bestimmte Gegenleistung gezahlt werden und daher auch nicht einem Produkt, einer Produktgruppe oder einem Produktbereich zugerechnet werden können. Gleiches gilt auch für allgemeine Zuweisungen wie z. B. die Schlüsselzuweisungen des Landes nach dem Gemeindefinanzierungsgesetz oder die Umlagen der Gemeindeverbände.

Auch im Bereich der Aufwendungen und Auszahlungen kommen solche Positionen vor. Beispiele sind die Gewerbesteuerumlagen, die Kreis- oder Amtsumlage der Kommunen. Für solche Positionen in der Ergebnis- oder Finanzrechnung sieht der Produktrahmen einen eigenen Bereich vor, der wie ein Produktbereich behandelt wird. Dieser Produktbereich ist mit der Ziffer 61 gekennzeichnet und wird mit „Allgemeine Finanzwirtschaft" bezeichnet.

Da insbesondere im Bereich der Steuererträge hier Positionen mit überragendem Gewicht ausgewiesen werden, sieht das betriebswirtschaftliche Konzept des Neuen Kommunalen Finanzmanagements für den Teilergebnisplan im Produktbereich 61 sogenannte „Davon-Ausweise" bei

- den Steuern,
- den Erträgen aus Zuweisungen und Zuschüssen,
- den Transferaufwendungen

vor.[17] Mit Hilfe dieser Ausweise können diese Positionen weiter aufgeschlüsselt werden, so dass auch hier die Aussagekraft des Teilplans erhöht wird. Separat ausgewiesen werden sollten dabei mindestens:

- Grundsteuer A,
- Grundsteuer B,
- Gewerbesteuer,
- Schlüsselzuweisungen,
- allgemeine Umlagen.

Eine Beschränkung der Teilpläne auf die gesetzlich vorgeschriebene Differenzierung lt. §§ 6 bis 8 KomHKV würde den Aussagegehalt des Teilplans für den Produktbereich 61 in nicht akzeptabler Weise reduzieren. Eine entsprechende Klärung in den rechtlichen Regelungen ist daher dringend erforderlich. Gleiches gilt für den Ausweis von Zielen und Kennzahlen, der hier anders zu beurteilen ist als in den übrigen Produktbereichen.

7.4.5 Ziele

Verbunden mit dem Übergang des kommunalen Haushalts- und Rechnungswesens auf das Rechnungssystem der kaufmännischen Buchführung wird im kommunalen Haus-

17 Vgl. Modellprojekt „Doppischer Kommunalhaushalt in NRW" (Hrsg.), Neues Kommunales Finanzmanagement: Betriebswirtschaftliche Grundlagen für das doppische Haushaltsrecht, 2., vollst. überarb. Aufl. auf der Basis der Endergebnisse des Modellprojektes, Freiburg 2003, S. 307 f. Das Gesetz nimmt diese Forderung für die Mindestgliederung nicht auf. In der Praxis stellt es meistens jedoch kein Problem dar, die Kontenebene systemseitig auszugeben.

haltsrecht der Übergang von der Input- zur Outputsteuerung. Diese Änderung der Haushaltssteuerung soll einen wesentlichen Beitrag zur Verbesserung der Wirtschaftlichkeit des Verwaltungshandelns leisten. Die Änderung der Steuerung kann allerdings nicht – wie der Wechsel des Rechnungsstoffes – durch technische und systematische Änderungen erreicht werden. Die haushaltsrechtlichen Grundlagen in der BbgKVerf und in der KomHKV können daher lediglich Hinweise darauf geben, wie eine solche Outputsteuerung erreicht werden kann.

Wichtiger Bestandteil dieser neuen Steuerung ist die Orientierung der Planung und der Bewirtschaftung der Ressourcen an strategischen Zielen die durch die Politik vorgegeben werden. Die Produktsteuerung soll als Mittel zur Realisation dieser strategischen und politischen Ziele eingesetzt werden. Knappe finanzielle Ressourcen zwingen die Kommunen, die verfügbaren Mittel dort einzusetzen, wo sie am dringendsten benötigt werden und größtmögliche Wirkung entfalten.[18] Der Einsatz von Zielen beschränkt sich in der Praxis oft noch auf einzelne Produkte oder Produktbereiche. Die Ziele sollten sich bei einer vollständig ausgebauten Outputsteuerung zu einer Zielhierarchie zusammenfassen lassen. D. h., das Erreichen eines Unterziels – z. B. im Bereich eines Produktes – liefert jeweils einen Beitrag zur Erreichung höherrangiger Ziele. Es ist dabei eine wesentliche Aufgabe der Verwaltung, für Zielkongruenz zu sorgen. Insbesondere dürfen zur Vermeidung von Ressourcenverschwendung von der Verwaltung keine widersprüchlichen Ziele verfolgt werden. Gleichzeitig ist mit dem Aufbau einer Zielhierarchie auch der Aufbau eines entsprechenden Controllings zu verbinden. Das kommunale Haushaltsrecht in Brandenburg bietet die Voraussetzungen dafür, eine solche outputorientierte Steuerung vollständig umzusetzen. Es ist allerdings ebenfalls möglich, die Steuerung über Ziele zunächst beschränkt auf die jeweils im Haushalt abgebildete Gliederungsebene einzuüben und erst zu einem späteren Zeitpunkt die Ziele der Produktbereiche zu einem Zielsystem zu verbinden. Ein vollständiger Verzicht auf die Formulierung von Zielen ist nach § 6 Abs. 4 KomHKV allerdings nicht möglich.

Ziele sind grundsätzlich so zu formulieren, dass sich ihre Erreichung (bzw. ihre Nichterreichung) feststellen lässt. Es sollen konkrete, messbare und realistische Ziele formuliert werden, welche schon eine angestrebte Kennzahlenausprägung bis zum Ende nächsten Jahres klar formulieren. Eine solche Überwachung der Ziele über Messgrößen wie Kennzahlen oder Indikatoren ist nach § 6 Abs. 4 KomHKV Bestandteil der Teilpläne im Haushaltsplan.

7.4.6 Kennzahlen und Indikatoren

Im Gegensatz zur Privatwirtschaft sind viele Ziele in der öffentlichen Verwaltung nicht allein mit monetären Größen wie Gewinn, Umsatz o. ä. zu messen. Die Ziele, die politisch gesetzt sind, sollten gleichwohl überwacht werden können, wenn ein wirtschaftlicher Mitteleinsatz zur Zielerreichung gewährleistet werden soll. Zur Konkretisierung der Zielsetzung und zur Überwachung der Zielerreichung ist der Einsatz von geeigne-

18 Vgl. *Hinz*, Regieren in Kommunen, Wiesbaden 2017.

ten Messgrößen erforderlich. Dabei sollten vorrangig Messgrößen eingesetzt werden, die direkt Auskunft über die Erreichung eines Ziels Auskunft geben. Solche Messgrößen, die als absolute oder relative Zahlen Verwendung finden, werden im Weiteren als „Kennzahlen" bezeichnet. Messgrößen, die die Zielerreichung nicht direkt dokumentieren können, sondern lediglich einen Hinweis auf die Zielerreichung geben können, weil sie in Korrelation mit dem Ziel stehen und daher als Hilfsgröße für die Messung von Zielen geeignet erscheinen, werden als „Indikatoren" bezeichnet. Solche Indikatoren werden immer dann eingesetzt, wenn die Zielformulierung eine unmittelbare Messung der Zielerreichung nicht zulässt. In Abhängigkeit von dem ausgewählten Ziel kann dieselbe Messgröße eine Kennzahl[19] oder ein Indikator sein.

Beispiel:
Ist ein kommunales Ziel, eine Gewährleistung der Übermittagsbetreuung bis 15.00 Uhr an allen städtischen Grundschulen, so kann dieses Ziel direkt gemessen werden. Der Anteil der Grundschulen, der eine Übermittagsbetreuung gewährleistet, kann als v. H.-Wert ausgewiesen werden. Der Zielwert ist 100 v. H. und stellt bezogen auf das definierte Ziel eine Kennzahl dar.

Ist das kommunale Ziel die Verbesserung der Vereinbarkeit von Familie und Beruf, stellt der Anteil der Grundschulen, die Übermittagsbetreuung gewährleisten, lediglich einen Indikator für die Erreichung dieses Ziels dar. Gleichzeitig weist dieser Indikator darauf hin, mit welchem Mittel das Ziel erreicht werden soll. Der Indikator kann allerdings die Zielerreichung nicht vollständig abbilden.

Im Haushaltsplan ist der Ausweis von Messgrößen nach § 6 Abs. 4 und § 2 Nr. 25 KomHKV ausdrücklich vorgesehen. Dieser Ausweis kann sich zum einen auf die Konkretisierung der Zielsetzung beziehen. In diesem Fall sind für die ausgewählten Ziele geeignete Messgrößen (Kennzahlen oder Indikatoren) auszuwählen, mit deren Hilfe die Zielerreichung messbar (operational) gemacht werden kann. Zum anderen können aber auch weitere Leistungsmerkmale des Produktbereichs bzw. der Produktgruppe im Haushaltsplan abgebildet werden, soweit diese Leistungsmerkmale zur Beurteilung des betroffenen Bereichs einen Beitrag liefern können. So kann z. B. ein Personalschlüssel (MA je Besucher), eine Investitionsmesszahl (Neuerwerbungen p. a.) oder eine andere Leistungsmesszahl (z. B. Öffnungsstunden p. a.) einen Hinweis auf die Leistungsfähigkeit einer Einrichtung geben, auch wenn diese Zahlen nicht in direktem Bezug zu den im Haushaltsplan ausgewiesenen Zielen der Einrichtung stehen.

Rechtlich sind der Darstellung von Informationen hier keine Grenzen gesetzt. Praktisch sollte sich der Ausweis auf die wichtigsten Informationen beschränken, um eine tatsächliche Verwertung der ausgewiesenen Informationen zu Zwecken der Steuerung überhaupt zu ermöglichen.

Die Abbildungsform der Kennzahlen und Indikatoren in den kommunalen Haushaltsplänen steht im Ermessen der einzelnen Kommunen. Dies bezieht sich sowohl auf die Zeiträume, für die Daten abgebildet werden, als auch auf die Frage, ob für die Ab-

19 Definition siehe § 2 Nr. 25 KomHKV.

bildung graphische Hilfsmittel, wie Diagramme o. ä. genutzt werden sollen. Der Gesetzgeber macht hier keine verbindlichen Vorgaben. Standards werden sich vermutlich auf die Dauer durch den Einsatz neuer, an den Anforderungen des Haushaltsrechts ausgerichteter Software für das kommunale Haushalts- und Rechnungswesen entwickeln.

Beispiele für produktbezogene Ziele und Kennzahlen sind z. B. im Haushaltsplan 2023 der Stadt Oranienburg zu finden.[20] Hier wird zwischen Grund- und operationalisierten Zielen unterschieden, und die Kennzahlen unterscheiden sich in Effektivitäts- und Effizienzkennzahlen. Hier ein Auszug:

Produkt:	122030 – Bomben- und Sprengstoffangelegenheiten
Zielgruppe:	Bürger/innen und Besucher/innen der Stadt Oranienburg, Land Brandenburg
Ziele:	Grundziel: Ziel ist die Beseitigung aller noch im Boden befindlichen Blindgänger und die Erfassung der kontaminierten städtischen Flächen im Kataster zum Schutz der Bevölkerung Operationalisierte Ziele: systematische Absuche der belasteten Flächen des Stadtgebietes (städtische und private Flächen) sowie die Erfassung aller im Eigentum der Stadt befindlichen radioaktiv kontaminierten Flächen im Kataster in den nächsten 10 Jahren
Kennzahlen:	Effektivitätskennzahlen: Größe der abgearbeiteten Flächen der Prioritätenliste zu Anzahl der Gesamtflächen der Prioritätenliste (Prioritätenerfüllung) Effizienzkennzahlen: Produktkosten zu Gesamthaushalt Produktkosten zu abgeklärte Kampfmittelverdachtsfläche

Produkt:	21101 – Grundschulen
Zielgruppe:	Grundschüler/innen, Eltern
Ziele:	Grundziel: Sicherstellung und Weiterentwicklung eines nachfrageorientierten, bedarfsgerechten, leistungsfördernden und zukunftsweisenden Schulangebotes unter Berücksichtigung des wirtschaftlichen Einsatzes der Ressourcen und der Förderung der Persönlichkeitsentwicklung und umfänglichen Betreuung der Grundschüler/innen Operationalisierte Ziele: Neuausstattung der Grundschulen mit neuen Medientechnologien auf Basis eines pädagogischen Konzeptes, gemessen am technischen Standard, Sicherstellung der Ersatzinvestition der EDV-Ausstattung nach 5 Jahren, Einführung von Schulsozialarbeitern/innen an allen Grundschulen
Kennzahlen:	Effektivitätskennzahlen: Schulauslastungsquote (tatsächliche Schüleranzahl / Gesamtschulplätze (maximale Klassenfrequenz)) pro Grundschule

20 Haushaltsplan 2023 der Stadt Oranienburg, abrufbar unter www.oranienburg.de, letzter Abruf am 25.3.2023.

	Anzahl der Schulen mit Schulsozialarbeitern/innen / Anzahl Schulen gesamt Effizienzkennzahlen: Anteil der auswärtigen Schüler/innen (Anzahl der auswärtigen Schüler/innen / Anzahl der heimischen Schüler/innen) Durchschnittliche Klassenstärke/ maximale Klassenstärke pro Grundschule Zuschussbedarf je Schüler/in pro Grundschule Gesamtkosten je Schüler/in pro Grundschule
Produkt:	553000 – Friedhofsverwaltung
Zielgruppe:	Bürger/innen und Besucher/innen der Stadt Oranienburg
Ziele:	Grundziel: Erhalt der vorhandenen Friedhofsanlagen und Vorhalten eines Angebotes unterschiedlicher Bestattungsformen, die den individuellen Wünschen so weit wie möglich entgegen kommen unter Berücksichtigung der wirtschaftlichen Einzelbetrachtungen pro Anlage; Pflege und Erhalt von Orten des Gedenkens Operationalisierte Ziele: Flächenoptimierung Standort Zehlendorf bis 2018 Instandsetzung der Wege und Zäune aller Friedhöfe bis 2025 Sanierung der historischen Grabanlagen auf dem Zentralfriedhof bis 2025 Erhaltung des vorhandenen Pflegezustandes auf den Friedhöfen einschließlich der Ehrenfriedhöfe
Kennzahlen:	Effektivitätskennzahlen: Lfd. Meter instandsetzungsbedürftige Wege und Zäune zu Gesamtlänge und Anzahl der sanierten historischen Grabstellen zu Gesamtanzahl der historischen Grabstellen Effizienzkennzahlen: Kostendeckungsgrad: Einnahmen aus Gebühren zu Aufwendungen für Betrieb und Unterhaltung der städtischen Friedhofsanlagen

7.4.7 Auszug aus dem Stellenplan

Der Stellenplan ist eine Pflichtanlage des Haushaltsplans gemäß § 3 Abs. 2 Nr. 6 KomHKV. Er besteht aus Teil 1 – Gesamtübersicht differenziert nach Beamten und tariflich Beschäftigte und Teil 2 – besondere Abschnitte. Im besonderen Abschnitt sind Probebeamte, Auszubildende und Anwärter sowie Beschäftigte, die von der Dienst-/ Arbeitsleistung freigestellt sind, aufzuführen. Eine Differenzierung nach Produktbereichen erfolgt nicht. Im Folgenden ist das verbindliche Muster 5.19 VV KomHKV abgedruckt:

Stellenplan (in Vollzeiteinheiten)

Haushaltsjahr 20...
Teil 1 – Gesamtübersicht
1. Beamte

Wahlbeamte und Laufbahngruppen	Besoldungsgruppe	Stellen im Haushaltsjahr		Stellen im Vorjahr-insgesamt	Zahl der tatsächlich besetzten Stellen am 30.6. des Vorjahres	Erläuterungen
		insgesamt	davon ausgesondert			
1	2	3	4	5	6	7
Insgesamt:						

Stellenplan (in Vollzeiteinheiten)
Haushaltsjahr 20...
2. tariflich Beschäftigte

Entgeltgruppe	Stellen im Haushaltsjahr	Stellen im Vorjahr	Zahl der tatsächlich besetzten Stellen am 30.6. des Vorjahres	Erläuterungen
1	2	3	4	5
Insgesamt				

Stellenplan (in Vollzeiteinheiten)
Haushaltsjahr 20...
Teil 2 – Besondere Abschnitte

1. Probebeamte, Anwärter und Auszubildende				
Bezeichnung	**Art der Vergütung**	**Anzahl**	**beschäftigt am 1.10. des Vorjahres**	**Erläuterungen**
1	2	3	4	5

2. Beschäftigte, die von der Dienst-/Arbeitsleistung freigestellt sind			
Wahlbeamte und Laufbahngruppe/Entgeltgruppe	**Stellen im Haushaltsjahr**	**Stellen im Vorjahr**	**Erläuterungen**
1	2	3	4

7.5 Übung

Sachverhalt Nr. 2
Die Gemeinde G hatte das Haushalts- und Rechnungswesen zum Jahr 2011 auf das doppische Kommunale Finanzmanagement umgestellt. Nach einigen Jahren der Anwendung soll ab dem kommenden Jahr eine neue Finanzsoftware eingesetzt werden. Der Kämmerer der Gemeinde G möchte nunmehr den Einsatz der neuen Software zum Anlass zu nehmen, einige der bisherigen Inhalte und das Layout der Teilpläne neu zu gestalten. Er gibt Ihnen als Projektleiter folgende Vorgaben mit der Bitte der Prüfung, ob diese haushaltsrechtlich umsetzbar sind:

1. Bei der Größe der Gemeinde G sei die Abbildung der vorgegebenen Produktbereiche im Haushalt zu grob. Es sollen stattdessen Teilpläne für Einheiten abgebildet werden, die in etwa den Produktgruppen im Produktrahmen entsprechen.
2. Bei den Teilergebnisplänen sollen die Personalaufwendungen und die Aufwendungen für Sach- und Dienstleistungen weiter unterteilt werden. Hierzu sollen mit Hilfe von „Davon-Ausweisen" die Aufwendungen für die Bildung von Pensionsrückstellungen, die Beihilfeaufwendungen und die Instandhaltungsaufwendungen dargestellt werden.
3. Da es sich bei den Finanzerträgen und den Zinsen und ähnlichen Aufwendungen um ordentliche Erträge und Aufwendungen handelt, sollen diese oberhalb des Ergebnisses der laufenden Verwaltungstätigkeit abgebildet werden. Auf eine separate Abbildung des Finanzergebnisses soll bei den Teilplänen verzichtet werden.
4. Um eine Einheitlichkeit zu erhalten, sollen die Teilfinanzpläne genau so aufgebaut werden wie der Gesamtfinanzplan. Da in dem Fall alle Zahlungen abgebildet werden, soll kein zusätzlicher Ausweis der nicht ergebniswirksamen Zahlungen aus laufender Verwaltungstätigkeit erfolgen.
5. Bei der Übersicht über die Investitionsmaßnahmen soll zusätzlich eine Spalte „Spätere Jahre" eingefügt werden, in der die Beträge ausgewiesen werden, die ggf. noch nach dem beplanten Zeitraum (Haushaltsjahr + 3) vorgesehen sind.
6. Ziele sollen nur auf der untersten im Haushalt abgebildeten Gliederungsebene ausgewiesen werden. Auf der Produktbereichsebene sollen keine Ziele abgebildet werden.
7. Kennzahlen und Indikatoren sollen für den gesamten Zeitraum abgebildet werden, für den auch die Finanz- und Ergebnisplanung erfolgt.
8. Für die Teilbereiche des Haushaltsplans sollen jeweils vollständige „Teilbilanzen" als Planbilanzen vorgelegt werden.

Aufgabe:
Prüfen Sie die Vorgaben darauf, ob sie so umgesetzt werden dürfen oder ob sie gegen das neue kommunale Haushaltsrecht verstoßen.

Lösung:

1. Nach § 6 Abs. 1 KomHKV stellen die Produktbereiche des Produktrahmens lediglich die Mindestgliederung des Haushalts dar. Eine vom Kämmerer vorgesehene

tiefere Untergliederung des Haushaltsplans steht dem grundsätzlich nicht entgegen; sie wird ausdrücklich nach § 6 Abs. 2 KomHKV erlaubt. Dabei sind allerdings zwei wichtige Voraussetzungen zu beachten: Zum einen ist es erforderlich, dass die tieferen Gliederungseinheiten (z. B. Produktgruppen), die im Haushalt abgebildet werden, sich immer vollständig einem verbindlichen Produktbereich des Produktrahmens zuordnen lassen. Des Weiteren ist die Abbildung der Summen von Erträgen, Aufwendungen, Einzahlungen und Auszahlungen für die verbindlichen Produktbereiche gem. § 6 Abs. 1 KomHKV zusätzlich erforderlich.

2. Die Muster und Vorgaben für die (Teil-)Ergebnis- und Finanzpläne (§§ 4 bis 8 KomHKV und Anlagen 5.3, 5.5, 5.6 und 5.7) geben jeweils nur die Mindestanforderungen wieder. Der Abbildung von zusätzlichen Informationen steht grundsätzlich nichts entgegen. Es ist allerdings darauf zu achten, dass dadurch die vorgesehenen Mindestinformationen weiterhin eindeutig erkennbar bleiben und dass die Haushaltspläne nicht durch eine Anhäufung von Detailinformationen in einer Weise überladen werden, dass dies der Transparenz abträglich ist.
3. Der Kämmerer hat zu Recht festgestellt, dass es sich bei den Finanzerträgen und bei den Zinsen und ähnlichen Aufwendungen um ordentliche Erträge und Aufwendungen handelt. § 4 Abs. 1 Nr. 19 bis 21 KomHKV sieht allerdings verbindlich einen separaten Ausweis dieser Erträge und Aufwendungen und ergänzend dazu die Darstellung eines „Finanzergebnisses" vor. Auch wenn dieses Finanzergebnis für die meisten Produktbereiche nur einen geringen Aussagegehalt haben wird, handelt es sich um eine verbindliche Vorgabe, auf die sich die Gemeinde G einstellen muss. Als Projektleiter müssen Sie Ihren Kämmerer darauf hinweisen.
4. Aufbau und Inhalt von Finanzplan und Teilfinanzplan unterscheiden sich nach §§ 5 und 8 KomHKV. Diese Unterscheidung wurde bewusst gewählt, da beide Planwerke unterschiedliche Ziele verfolgen. Während der Finanzplan eine Darstellung des gesamten Geldverbrauchs liefert und damit auch gesamtstädtisch wichtige Informationen wie den Kreditbedarf, Cash-Flows und die Entwicklung der Kassenlage liefert, ist die Zielrichtung der Teilfinanzpläne ausschließlich die Darstellung der Investitionstätigkeit auf der abgebildeten Gliederungsebene des Haushalts. Diese Informationen spielen bei der Haushaltsplanberatung eine ganz entscheidende Rolle. § 8 Abs. 1 KomHKV sieht daher in den Teilplänen keine Abbildung der Einzahlungen und der Auszahlungen aus laufender Verwaltungstätigkeit vor. Soweit bei der Gemeinde G bei den Zahlungen der laufenden Verwaltungstätigkeit auch eine vollständige und zahlungsartenscharfe Abbildung (wie im Finanzplan) vorgenommen werden soll, handelt es sich lediglich um Informationen, die über das hinausgehen, was gesetzlich gefordert ist. Dagegen bestehen keine Bedenken.
5. Bei langfristigen Investitionsmaßnahmen kann es durchaus vorkommen, dass nicht alle zu erwartenden Ein- und Auszahlungen in dem Zeitraum vorgesehen sind, der im Haushaltsplan abgebildet wird. Da sich in diesem Fall die Spalte „Gesamtzahlungen" nicht rechnerisch aus den übrigen Spalten ermitteln lässt, macht eine Spalte zur Abbildung der fehlenden Zahlungen in späteren Jahren durchaus Sinn. Diese Spalte ist allerdings in § 8 Abs. 2 KomHKV und der Anlagen 5.7 der VV Produkt- und Kontenrahmen nicht vorgesehen. Da es sich bei der zusätzlichen Einstellung

einer solchen Spalte jedoch um eine Ausweitung der Informationen des Haushalts handelt, die zudem noch dazu geeignet ist, die Transparenz der Planung zu verbessern, ist einer solchen Abbildung sicher nichts entgegenzuhalten.

6. Die Abbildung vollständiger Teilpläne auf der nach dem Produktrahmen verbindlichen Gliederungsebene des Haushalts (Produktbereiche) ist gem. §§ 6 und 7 KomHKV nicht erforderlich, wenn für die Aufstellung der Teilpläne eine niedrigere Gliederungsebene (z. B. Produktgruppen) gewählt wird. Insbesondere ist es nicht verpflichtend, auf der verbindlichen Ebene zusätzliche Ziele und Kennzahlen abzubilden. Langfristig macht der Aufbau einer Zielhierarchie, die dann möglicherweise der Struktur des kommunalspezifischen Produktplans entspricht, durchaus Sinn. Als Projektleiter sollten Sie daher den Kämmerer darauf hinweisen, dass es durchaus sinnvoll erscheint, sich zumindest softwaretechnisch die Option zum späteren Einfügen von produktbereichsbezogenen Zielen offenzuhalten.
7. Wenn eine outputorientierte Planung erstellt werden soll, ist es unumgänglich, dass die der Planungszeiträume für den Output und den Input einander entsprechen. Es erscheint daher selbstverständlich, dass die Planung der Kennzahlen und Indikatoren sich nicht nur auf das Haushaltsplanjahr beschränkt. In jedem Fall wird durch die Abbildung dieser Kennzahlen für die späteren Jahre der Informationsgehalt des Haushalts in keiner Weise eingeschränkt, so dass eine Abbildung unbedenklich erscheint.
8. Der Vorschlag des Kämmerers führt in zweifacher Weise zu einer Ergänzung der vorgeschriebenen Elemente des Haushaltsplans. Zum einen soll neben die Ergebnis- und Finanzplanung eine Bilanzplanung gestellt werden. Weiterhin soll diese Planbilanz nicht nur auf der gesamtstädtischen Ebene (wie für den Jahresabschluss vorgesehen), sondern zusätzlich auf der jeweiligen Gliederungsebene des Haushalts (Geschäftsbereichsbilanzen oder Teilbilanzen) aufgestellt werden. Durch diese Ergänzungen des Haushaltsplans soll der Informationsgehalt des Haushalts und damit seine Steuerungs- und Überwachungsfunktion verbessert werden. Gegen eine solche Ergänzung ist aus haushaltsrechtlicher Sicht nichts einzuwenden. Festzuhalten bleibt allerdings, dass den Positionen der Planbilanzen rechtlich keine Relevanz zukommt, da sie keine haushaltsrechtlichen Ermächtigungen darstellen können. Dies ist alleine dadurch ausgeschlossen, dass es sich bei Bilanzwerten immer um eine Stichtagsbetrachtung und nicht um eine Zeitraumbetrachtung handelt. Weiterhin ist festzustellen, dass die Erstellung einer Planbilanz weitgehend dadurch erfolgt, dass die Daten der Ergebnis- und Finanzplanung im Hinblick auf ihre bilanziellen Auswirkungen analysiert und nach Bilanzpositionen zu einer Bewegungsbilanz zusammengefasst werden. Die Planbilanz stellt damit weitgehend eine aus den anderen Planungsobjekten abgeleitete Planung dar.

8. Die Anlagen zum Haushaltsplan

8.1 Einführung

Dem Haushaltsplan sind verschiedene Anlagen beizufügen. Durch diese Pflichtanlagen soll die Entwicklung einer Gemeinde von verschiedenen Seiten dargestellt werden. Zusätzlich sollen in verständlicher Form Informationen gegeben werden, die der Haushaltsplan allein nicht deutlich machen kann.

In § 3 Abs. 2 Nrn. 1 bis 9 KomHKV sind die Pflichtanlagen aufgeführt, die bereits bei der Aufstellung des Haushaltsplanentwurfs zu erarbeiten sind.

Pflichtanlagen zum Haushaltsplan

- Vorbericht
- Übersicht über Verpflichtungsermächtigungen
- Übersicht über den voraussichtlichen Stand der Verbindlichkeiten, der Rücklagen und Rückstellungen
- Übersicht über die Sonderposten und über die veranschlagten Erträge aus der Auflösung der Sonderposten im mittelfristigen Ergebnis- und Finanzplanungszeitraum
- Übersicht über veranschlagte Erträge und Aufwendungen aus allgemeinen Umlagen, Ersatz von sozialen Leistungen und Sozialtransferleistungen im mittelfristigen Ergebnis- und Finanzplanungszeitraum
- Stellenplan
- Wirtschaftspläne und neueste Jahresabschlüsse für Sondervermögen, für die Sonderrechnungen geführt werden
- Übersicht über die Wirtschaftslage und die voraussichtliche Entwicklung der Unternehmen und Einrichtungen mit den neuesten Jahresabschlüssen der Unternehmen und Einrichtungen mit eigener Rechtspersönlichkeit, an denen die Gemeinde mit mehr als 50 v. H. beteiligt ist
- Übersicht über gebildete Budgets

8.2 Vorbericht

Der Vorbericht ist für die Beurteilung der Ergebnis-, Vermögens- und Finanzlage der Gemeinde für die Gemeindevertretung, interessierte Einwohner und Abgabepflichtige sowie für die Aufsichtsbehörde von entscheidender Bedeutung.

Er wird auf der Grundlage des Haushaltsplans und der anderen Anlagen zum Haushaltsplan erstellt und gibt einen Gesamtüberblick über die wichtigsten Eckpunkte des Haushaltsplans (§ 10 Abs. 1 KomHKV). Darüber hinaus sind auch die Zielsetzungen der Planung für das Haushaltsjahr und die mittelfristige Planung sowie die Rahmenbedingungen dieser Planung zu erläutern. Der Vorbericht stellt also nicht nur eine Bewertung der Leistungsfähigkeit der Gemeinde im Haushaltsjahr dar, sondern gibt insbesondere Hinweise auf die zukünftigen Gestaltungsmöglichkeiten der gemeindlichen Haushaltswirtschaft.

Der Vorbericht soll dem Leser einen Überblick über die Inhalte des Haushaltsplans geben. Hierzu bietet es sich an, von der Möglichkeit tabellarischer und grafischer Darstellungen Gebrauch zu machen. Allerdings entspricht allein die Zusammenstellung von Zahlen ohne entsprechende verbale Erläuterungen und Bewertungen nicht den Ansprüchen eines Vorberichtes.

Aus seiner Bedeutung für die Beurteilung der Haushaltswirtschaft ergibt sich, dass er schriftlich vorzulegen ist. Als Anlage zum Haushaltsplan muss er mit diesem für die Öffentlichkeit ausgelegt und der Aufsichtsbehörde angezeigt werden.

Grundsätzlich sind den Gemeinden die Gestaltung und der Inhalt des Vorberichtes freigestellt. § 10 KomHKV zählt einzelnen Punkte auf, die im Vorbericht behandelt werden sollen. Aufgrund der Relevanz der Daten sollen mindestens folgende Punkte abgehandelt werden:

- Entwicklung der wichtigsten Aufwands- und Ertragsarten, der Einzahlungen und Auszahlungen aus Investitions- und Finanzierungstätigkeit, der Schulden und des Vermögens im Vergleich zu den zwei vorangegangenen Jahren und dem Haushaltsjahr. Für die Darstellung bieten sich für diesen Bereich vergleichende Tabellen an, wobei es der Gemeinde überlassen bleibt, welche Aufwands- und Ertragsarten sowie welche Einzahlungen und Auszahlungen aus Investitionstätigkeit sie darstellt. Es erscheint im Hinblick auf die Aussagekraft des Vorberichts erforderlich, hierbei von der Struktur des Ergebnisplans bzw. Finanzplans abzuweichen und gezielt die wichtigsten Sachkonten (z. B. Gewerbesteuer, Anteil an der Einkommensteuer, Sozialhilfe, Investitionen von erheblicher finanzieller Bedeutung etc.) abzubilden.
- Übersicht über die im Haushaltsjahr geplanten Investitionen und Investitionsförderungsmaßnahmen und deren ergebniswirksamen Auswirkungen auf die folgenden Jahre. Die Auskunft über die geplanten Investitionen leitet sich aus den Teilfinanzplänen ab. Hier sollte nach Möglichkeit eine Zusammenstellung mit besonderem Blick auf die entstehenden Folgeaufwendungen (z. B. Abschreibungen, Zinsaufwendungen, Personalaufwendungen) erfolgen.
- Die wesentlichen Abweichungen des vorliegenden Haushaltsplans von der bisherigen mittelfristigen Planung. Die Integration der mittelfristigen Planung in den Haushaltsplan hat nur dann Sinn, wenn diese Planung auch Anhaltspunkt für die zukünftige Haushaltsplanaufstellung ist. Soweit in einem neuen Haushaltsplan von den bisherigen Planungsgrundlagen erheblich abgewichen wird, sollte dies im Vorbericht eingehend erläutert werden.
- Der voraussichtliche Finanzierungsbedarf für die Inanspruchnahme von Rückstellungen und die Auswirkungen auf den Finanzplanungszeitraum. Rückstellungen sind für verschiedene Verbindlichkeiten und Aufwendungen, die in § 48 KomHKV genannt sind, zu bilden. Im Vorbericht ist der Finanzbedarf für das laufende Haushaltsjahr und für Folgejahre anzugeben, wenn die Rückstellungen in Anspruch genommen werden sollen.
- Die Entwicklung der Liquidität und die voraussichtlich erforderliche Inanspruchnahme von Investitions- und Überbrückungskrediten. Auch bei einem Haushaltsplan,

der sich wesentlich auf die Abbildung von Ressourcenverbrauch und -aufkommen konzentriert, ist die finanzielle Lage der Kommune von erheblicher Relevanz. Dabei erscheinen die Sicherstellung der Zahlungsfähigkeit und die Entwicklung der Verschuldung von besonderer Bedeutung. Beides sollte im Vorbericht beleuchtet werden.

- Die Belastung des Haushaltes durch kreditähnliche Geschäfte. Es soll die Höhe der Verbindlichkeiten aus Rechtsgeschäften, die einer Kreditaufnahme wirtschaftlich gleichkommen, aufgeführt werden.
- Die Übernahme von Bürgschaften und anderen Haftungsverpflichtungen. Hier soll dargelegt werden, welche Bürgschaften oder andere Haftungsverpflichtungen eingegangen wurden. Dies kann in Form einer Liste geschehen, in der alle Bürgschaften mit den Beträgen aufgelistet werden. Jedoch ist darauf zu achten, dass dem Datenschutz Rechnung getragen wird.
- Wesentliche Änderungen der im Haushaltsplan ausgewiesenen produktbezogenen Ziele und Kennzahlen im Vergleich zu den Haushaltsplänen der Vorjahre. Änderungen von wichtigen Zielen der Gemeinde sollten bereits aus dem Vorbericht erkennbar sein, da solche Änderungen erhebliche Konsequenzen für die wirtschaftliche und/oder politische Entwicklung der Gemeinde haben können.

8.3 Übersicht über die aus Verpflichtungsermächtigungen in den einzelnen Jahren voraussichtlich fällig werdenden Auszahlungen

Verpflichtungsermächtigungen sind vorgesehene Ermächtigungen zum Eingehen von Verpflichtungen, die künftige Haushaltsjahre mit Auszahlungen für Investitionen und Investitionsförderungsmaßnahmen belasten (§ 65 Abs. 2 Nr. 6 BbgKVerf und § 15 KomHKV; siehe auch Kap. 14).

Durch die Verpflichtungsermächtigungen hat sich die Gemeinde schon zur Leistung von Ausgaben in späteren Jahren verpflichtet; somit ist der Dispositionsspielraum dieser Jahre um diese Beträge eingeengt. Damit die Gemeinde eine genaue Entwicklung planen kann, ist dem Haushaltsplan diese Übersicht über die aus Verpflichtungsermächtigungen voraussichtlich fällig werdenden Auszahlungen nach dem Muster 5.14 der VV KomHKV beizufügen. Diese Übersicht ist auch bedeutsam für die Genehmigung der Verpflichtungsermächtigungen im Rahmen der Haushaltssatzung, insofern wird auf Kapitel 17 verwiesen.

8.4 Übersicht über den voraussichtlichen Stand der Verbindlichkeiten, Rücklagen und Rückstellungen zu Beginn und zum Ende des Jahres, für das der Haushaltsplan aufgestellt wird

8.4.1 Verbindlichkeitenübersicht

Dem Haushaltsplan ist gemäß § 3 Abs. 2 Nr. 3 KomHKV eine Übersicht über den voraussichtlichen Stand der Verbindlichkeiten zu Beginn und zum Ende des Haushaltsjahres beizufügen.

Ein verbindliches Muster (5.15) für die Erstellung der Übersicht ist in der VV KomHKV gegeben. Während § 3 Abs. 2 Nr. 3 KomHKV nur die Übersicht zu Beginn und zum Ende des Jahres verlangt, sollten aus der Verbindlichkeitenübersicht, die der Bilanz als Anlage beigefügt wird, neben dem Stand der Verbindlichkeiten zu Beginn und zum Ende des Haushaltsjahres auch die Restlaufzeiten, unterteilt nach den Laufzeiten, sowie der Stand zu Beginn des Vorjahres ersichtlich sein (siehe § 60 Abs. 3 KomHKV).

Die Übersicht über den voraussichtlichen Stand der Verbindlichkeiten im Haushaltsjahr zeigt nach Arten der Verbindlichkeiten getrennt, welche Verbindlichkeiten bestehen und getilgt sowie teilweise verzinst werden müssen. Außerdem sind Verbindlichkeiten aus Vorgängen, die Kreditaufnahmen wirtschaftlich gleichkommen (z. B. Leibrenten und Leasingverträge), anzugeben.

8.4.2 Rücklagenübersicht

Dem Haushaltsplan ist gemäß § 3 Abs. 2 Nr. 3 KomHKV eine Übersicht über den voraussichtlichen Stand der Rücklagen zu Beginn und zum Ende des Haushaltsjahres beizufügen.

Rücklagen sind Überschüsse des ordentlichen und des außerordentlichen Ergebnisses. Sie sind gesondert ebenso wie die Sonderrücklagen unter dem Posten „Eigenkapital" auf der Passivseite der Bilanz auszuweisen. In der Übersicht über die Ergebnisentwicklung werden die Veränderungen sowie der Stand der Rücklagen ersichtlich. Des Weiteren ist der Stand aller Rücklagen auch in der Bilanz erkennbar. Insgesamt ist es jedoch unabdingbar eine Übersicht über den Stand aller Rücklagen zu Beginn und zum Ende des Haushaltsjahres beizufügen, damit ein Gesamtüberblick gegeben ist. Gemäß Muster 5.16 VV KomHKV soll zudem der Stand der Rücklagen zu Beginn des Vorjahres sowie deren Veränderungen aufgeführt werden.

8.4.3 Übersicht über Rückstellungen

Rückstellungen sind gemäß § 2 Nr. 39 KomHKV Passivposten zur Abgrenzung von Aufwendungen in der Periode ihres Entstehens mit dem Wert der zukünftigen Verpflichtung. Rückstellungen stellen Verbindlichkeiten oder Aufwendungen dar, die hinsichtlich ihrer Entstehung oder Höhe ungewiss sind. Durch die Rückstellungsbildung sollen später zu leistende Auszahlungen aufwandsmäßig den Haushaltsjahren ihrer Verursachung zugerechnet werden.[1]

Im Haushaltsplan sind daher die Veränderungen der Rückstellungen erkennbar. Der Stand der Rückstellung ist jedoch aus dem Haushaltsplan nicht ersichtlich. Dies ist wiederum aus der Bilanz zu erkennen. Um jedoch einen Gesamtüberblick zu haben, ist es unerlässlich, den Stand der jeweiligen Rückstellungen zu Beginn und zum Ende des Haushaltsjahres in einer Übersicht darzustellen. Diese Übersicht soll nach der VV KomHKV (Muster 5.16) um den Stand der Rückstellungen zum 31. Dezember des Vorvorjahres und um die Veränderungen bzw. Auflösungen ergänzt werden.

8.5 Übersicht über die Sonderposten und über die veranschlagten Erträge aus der Auflösung der Sonderposten im mittelfristigen Ergebnis- und Finanzplanungszeitraum

Die Erträge aus der Auflösung von Sonderposten sind aus dem Ergebnishauhalt nicht ersichtlich, da keine einzelnen Buchungspositionen enthalten sind. Diese Beträge sind mit anderen Erträgen zusammengefasst und daher nicht einzeln erkennbar. Hingegen sind die Aufwendungen für die Abschreibungen erkennbar, da sie gesondert nachzuweisen sind. Da jedoch die Erträge aus der Auflösung der Sonderposten und die Aufwendungen aus der Abschreibung des Anlagevermögens miteinander in Beziehung stehen, sollen auch die Erträge aus der Auflösung der Sonderposten erkennbar sein. Hierzu soll eine Übersicht entsprechend dem Muster 5.17 VV KomHKV aufgestellt werden. Die Erträge sind entsprechend des Planungszeitraumes (sechs Jahre) zu ermitteln und nach den Arten der Sonderposten zu unterscheiden. Die Arten sind:

- Sonderposten aus Zuwendungen für Investitionen und Investitionsfördermaßnahmen,
- Sonderposten aus investiven Schlüsselzuweisungen,
- Sonderposten aus Beiträgen und Baukostenzuschüssen.

8.6 Übersicht über veranschlagte Erträge und Aufwendungen aus allgemeinen Umlagen, Ersatz von sozialen Leistungen und Sozialtransferleistungen im mittelfristigen Ergebnis- und Finanzplanungszeitraum

Bei dieser Übersicht sollen die erhaltenen allgemeinen Umlagen den gezahlten allgemeinen Umlagen gegenübergestellt werden. Ebenfalls werden die Aufwendungen für Sozialtransferleistungen den Erträgen aus dem Ersatz der Sozialleistungen gegenübergestellt. Bei beiden Gegenüberstellungen müssen noch die Salden gebildet werden. Hierfür ist das Muster 5.18 VV KomHKV zu verwenden.

1 Siehe hierzu im Einzelnen Kap. 10.3.7.

8.7 Stellenplan

Der Stellenplan findet seinen Ursprung im öffentlichen Dienstrecht. Bei seiner Aufstellung sind die besoldungs- und tarifrechtlichen Vorschriften zu beachten. Er ist die Grundlage für die Personalwirtschaft der Gemeinde und enthält:

- die Zahl der Mitarbeiter und
- die Zuordnung der Mitarbeiter zu den Besoldungs- und Entgeltgruppen.

Die Verpflichtung der Gemeinde, einen Stellenplan aufzustellen, ergibt sich aus dem Besoldungsrecht. Zuständig für den Erlass der Stellenpläne ist gemäß § 27 Abs. 2 Nr. 16 BbgKVerf die Gemeindevertretung, sodass auch jede Änderung des Stellenplans nur durch Beschluss der Gemeindevertretung möglich ist. Diese Änderungen sind der Aufsichtsbehörde mitzuteilen (§ 9 KomHKV). Für das Haushaltsrecht von Belang ist, dass er als Anlage des Haushaltsplans (§ 3 Abs. 2 Nr. 6 KomHKV) gemäß § 67 Abs. 4 BbgKVerf der Aufsichtsbehörde vorzulegen ist. Nach § 9 KomHKV ist der Stellenplan einzuhalten; die Gemeinden sind bei Stellenbesetzungen und Beförderungen an den erlassenen und genehmigten Plan gebunden. Inhalt und Aufbau des Stellenplans und seiner Anlage ist durch § 9 KomHKV i. V. m. der VV KomHKV (Muster 5.19) festgelegt:

Stellenplan
(§ 9 KomHKV)

Teil 1 – Gesamtübersicht: Stellenplan getrennt nach Beamten und tariflich Beschäftigten

Teil 2 – besonderer Abschnitte: für Probebeamte, Anwärter und Auszubildende sowie Beschäftigte, die von der Dienst-/Arbeitsleistung freigestellt sind

Zusammenfassend ist festzustellen, dass dem Stellenplan als Anlage zum Haushaltsplan große Bedeutung zukommt, da er die Berechnungsgrundlage für die Personalaufwendungen darstellt, die einen erheblichen Teil der Gesamtaufwendungen ausmachen.

8.8 Wirtschaftspläne und neueste Jahresabschlüsse für Sondervermögen, für die Sonderrechnungen geführt werden

Pflichtanlage zum Haushaltsplan sind nach § 3 Abs. 2 Nr. 7 KomHKV auch die Wirtschaftspläne und Jahresabschlüsse der Sondervermögen mit Sonderrechnung.

Unter das Sondervermögen mit Sonderrechnung fallen nach § 86 BbgKVerf:

- wirtschaftliche Unternehmen ohne eigene Rechtspersönlichkeit (Eigenbetriebe und eigenbetriebsähnliche Einrichtungen), für die aufgrund gesetzlicher Vorschriften Sonderrechnungen geführt werden,
- rechtlich unselbständige örtliche Stiftungen.

Der Wortlaut der Vorschrift fordert, dass dem Haushaltsplan zunächst die Wirtschaftspläne dieser Einrichtungen beizufügen sind. Es ist davon auszugehen, dass es sich dabei nur um die von den zuständigen Gremien beschlossenen Pläne und nicht um Entwürfe handeln muss. Zuständig für den Beschluss über die Wirtschaftspläne der Sondervermögen mit Sonderrechnung ist die Gemeindevertretung.[2] In der Regel erfolgt die Beratung der Wirtschaftspläne, wie die Beratung des Haushaltsplans, in der Zeit zwischen September und Dezember eines jeden Jahres. Bei der Einbringung des Haushaltsplanentwurfs liegt daher ein Wirtschaftsplan für das Haushaltsjahr noch nicht vor. Dem Haushaltsplan ist daher der Wirtschaftsplan für das laufende, inzwischen fast abgelaufene Jahr beizufügen. Zur gleichen Zeit sind aber die Entwürfe der Wirtschaftspläne für das Haushaltsjahr bereits in der Beratung der gleichen politischen Gremien, die sich auch mit dem Haushaltsplanentwurf befassen.

Ähnliches gilt für die Verpflichtung zum Beifügen der neuesten Jahresabschlüsse. Auch die Feststellung der Jahresabschlüsse der Sondervermögen gehört in den Zuständigkeitsbereich der Gemeindevertretung.[3] Gemäß § 27 Abs. 2 EigV erfolgt die Feststellung des Jahresabschlusses und des Lageberichts in der Regel innerhalb eines Jahres nach Ende des Wirtschaftsjahres. Der festgestellte Jahresabschluss, der dem Haushaltsplanentwurf beigefügt wird, bezieht sich daher i. d. R. auf das Vorvorjahr und wurde bereits im Vorjahr von der Gemeindevertretung festgestellt. Gleichzeitig liegt der Gemeindevertretung aber zum Zeitpunkt der Einbringung des Haushaltsplanentwurfs der geprüfte Jahresabschluss für das Vorjahr zur Feststellung vor oder wird der Gemeindevertretung in der folgenden Sitzung vorgelegt.

8.9 Wirtschaftspläne der Unternehmen und Einrichtungen mit eigener Rechtspersönlichkeit, an denen die Gemeinde mit mehr als 50 v. H. beteiligt ist

Neben den Sondervermögen spielen in der kommunalen Aufgabenerledigung auch die Unternehmen und Einrichtungen mit eigener Rechtspersönlichkeit eine Rolle. Hierunter fallen u. a.

- Kapitalgesellschaften (z. B. GmbH, AG),
- Personengesellschaften,
- Vereine,
- selbstständige Stiftungen,
- Zweckverbände,
- Anstalten des öffentlichen Rechts.

§ 3 Abs. 2 Nr. 8 KomHKV sieht vor, dass von diesen Unternehmen und Stiftungen dem Haushaltsplan die Wirtschaftspläne beizufügen sind. Allerdings beschränkt der Wort-

2 § 7 lit. a EigV.
3 § 7 lit. d EigV.

laut der Vorschrift die Verpflichtung auf die Fälle, in denen die Gemeinde an den Unternehmen und Einrichtungen mit mehr als 50 v. H. beteiligt ist.

Wenn die Gemeinde daher an einem o. a. Unternehmen oder einer Stiftung beteiligt ist, ist zunächst festzustellen, ob diese Beteiligung mehr als 50 v. H. beträgt. Zunächst lässt die Vorschrift die Bezugsgröße für die Berechnung offen. Der Anteil kann sich z. B. auf das Stammkapital, das vollständige Eigenkapital oder auch auf das Stimmrechtsverhältnis in den Organen beziehen. Aus praktischen Erwägungen diese Vorschrift gemäß § 290 Abs. 1 und 2 HGB ausgelegt.[4] Die Pflicht zur Berücksichtigung in einer Anlage zum Haushaltsplan kann damit festgestellt werden,

- wenn die Unternehmen und Stiftungen unter einheitlicher Leitung der Kommune stehen **oder**
- wenn die Kommune auf die Unternehmen und Stiftungen einen beherrschenden Einfluss ausübt.

Maßgeblich für die Beurteilung ist damit vorrangig das sog. „Control-Konzept". Dies knüpft an die rechtliche Möglichkeit der Kommune an, das Tochterunternehmen oder die Einrichtung zu beherrschen. Hiervon ist auszugehen, wenn der Kommune eines der folgenden Rechte zusteht:

- die Mehrheit der Stimmrechte,
- das Recht der Kommune, die Mehrheit der Mitglieder des Verwaltungs-, Leitungs- oder Aufsichtsorgans zu bestellen,
- das Recht der Kommune, einen beherrschenden Einfluss aufgrund eines mit dem Unternehmen oder der Stiftung geschlossenen Beherrschungsvertrags oder aufgrund einer Satzungsbestimmung der beherrschten Einrichtung oder des beherrschten Unternehmens auszuüben.

Ausschlaggebend ist allein, dass die Gemeinde oder der Gemeindeverband über eines der vorgenannten Rechte verfügt. Die tatsächliche Ausübung der Rechte ist für die Beurteilung unerheblich.

Gehört die Stiftung oder das Unternehmen zum betroffenen Kreis, muss die Gemeinde dem Haushaltsplan den Wirtschaftsplan beifügen.

8.10 Budgetübersicht

Gem. § 3 Abs. 2 Nr. 9 KomHKV ist dem Haushaltsplan eine Übersicht über die gebildeten Budgets beizufügen.

Ein „Budget" ist im § 2 Nr. 12 KomHKV definiert. Danach ist es ein vorgegebener Finanzrahmen, der einer Organisationseinheit zur selbständigen und eigenverantwortlichen Bewirtschaftung im Rahmen vorgegebener Sachziele und intern festgelegten Budgetregelungen zugewiesen wird. Diese Zuweisung erfolgt gem. § 6 Abs. 3 Satz 1

4 Vgl. Kap. 3.2.1 Leitfaden der Projektgruppe „Kommunaler Gesamtabschuss" (Stand: 31.8.2012): Der konsolidierte Jahresabschluss (Gesamtabschluss) der Kommunen im Land Brandenburg.

KomHKV per Gesetz und nach § 6 Abs. 3 Satz 2 KomHKV per Vermerk. Da § 3 Abs. 2 Nr. 9 KomHKV nur die gebildeten Budgets nennt, müssen in der Übersicht auch nur die Budgets aufgeführt werden, die nach § 6 Abs. 3 Satz 2 KomHKV gebildet werden.

8.11 Weitere Anlagen

Es ist der Gemeinde grundsätzlich freigestellt, neben den aufgeführten Pflichtanlagen noch weitere Anlagen dem Haushaltsplan beizufügen. Sofern diese zusätzlichen Anlagen der weiteren Information dienen, ist einer solchen Ergänzung nichts entgegenzuhalten.

Zusätzliche Anlagen könnten sein:

- Planbilanzen,
- spezielle Auswertungen und Planungen aus der Kosten- und Leistungsrechnung,
- Gebührenkalkulationen,
- besondere Statistiken,
- Angabe der Mitgliedsbeiträge und Zuschüsse an Vereine und Verbände.

8.12 Übung

Sachverhalt

In einer Sitzung der Gemeindevertretung der Gemeinde G fragt M (Mitglied der Gemeindevertretung) den Kämmerer, ob der Entwurf des Haushaltsplans wirklich so umfangreich sein muss. Als sparsamer Bürger hält er es für ausreichend, wenn nur die Teilpläne vorgelegt würden, aus denen man die Aufwendungen und Erträge sowie die Investitionen ersehen kann. Die vielen Gesamtübersichten und Anlagen brauchten dann nur noch nach Beschlussfassung durch die Gemeindevertretung erstellt zu werden. Dies würde auch dem Grundsatz der Sparsamkeit und Wirtschaftlichkeit entsprechen.

Aufgabe:

Begutachten Sie, welche Unterlagen der Gemeindevertretung zur Beschlussfassung nun tatsächlich vorzulegen sind.

Lösung:

Zunächst einmal ist § 67 Abs. 3 BbgKVerf zur Lösung dieses Falles heranzuziehen. Danach beschließt die Gemeindevertretung über den Entwurf der Haushaltssatzung mit ihren Anlagen in öffentlicher Sitzung. Gemäß § 66 Abs. 1 Satz 1 BbgKVerf ist der Haushaltsplan Teil der Haushaltssatzung. Damit sind die Anlagen der Haushaltssatzung die Bestandteile und Anlagen des Haushaltsplans. § 3 Abs. 1 KomHKV setzen als Bestandteile des Haushaltsplans den Ergebnisplan, den Finanzplan, die Teilpläne und ggf. das Haushaltssicherungskonzept fest. Weiterhin sind nach § 3 Abs. 2 Nr. 1 bis 9 KomHKV dem Haushaltsplan als Bestandteil der Haushaltssatzung Pflichtanlagen beizufügen.

Diese Pflichtanlagen sind:

- Vorbericht,
- Übersicht über Verpflichtungsermächtigungen,
- Übersicht über den voraussichtlichen Stand der Verbindlichkeiten, Rücklagen und Rückstellungen,
- Übersicht über die Sonderposten und über die veranschlagten Erträge aus der Auflösung der Sonderposten im mittelfristigen Ergebnis- und Finanzplanungszeitraum,
- Übersicht über veranschlagte Erträge und Aufwendungen aus allgemeinen Umlagen, Ersatz von sozialen Leistungen und Sozialtransferleistungen im mittelfristigen Ergebnis- und Finanzplanungszeitraum,
- Stellenplan,
- Wirtschaftspläne und neueste Jahresabschlüsse für Sondervermögen, für die Sonderrechnungen geführt werden,
- Übersicht über die Wirtschaftslage und die voraussichtliche Entwicklung der Unternehmen und Einrichtungen mit den neuesten Jahresabschlüssen der Unternehmen und Einrichtungen mit eigener Rechtspersönlichkeit, an denen die Gemeinde mit mehr als 50 v. H. beteiligt ist,
- Übersichten über gebildete Budgets.

Da der Haushaltsplan Teil der Haushaltssatzung ist, sind diese Anlagen zum Haushaltsplan auch Anlagen zur Haushaltssatzung und damit nach § 67 BbgKVerf dem Verfahren des Erlasses der Haushaltssatzung unterworfen. Nach § 67 Abs. 3 BbgKVerf umfasst dieses Verfahren auch die Beratung, für die damit alle vorgeschriebenen Bestandteile und Anlagen der Haushaltssatzung vorgelegt werden müssen.

9. Grundsätze im neuen kommunalen Rechnungswesen

9.1 Überblick und Einteilung

Der Kaufmann stützt sein Finanzmanagement im Wesentlichen auf die Regelungen der §§ 238 ff. HGB, die hinsichtlich der Buchführungsinhalte (Bilanzen sowie Gewinn- und Verlustrechnungen, Ordnungsmäßigkeit der Bücher usw.) entsprechende Normierungen enthalten. Dazu treten Einzelregelungen zu bestimmten Positionen wie z. B. den Rückstellungen in § 249 HGB, den Rechnungsabgrenzungsposten in § 250 HGB und zur Bewertung in den §§ 252 ff. HGB. Damit ist eine Reihe von Detailfragen und Problemstellungen normiert, die zudem durch die z. T. gewohnheitsrechtlich entwickelten Grundsätze der ordnungsmäßigen Buchführung ergänzt werden.

Im neuen kommunalen Rechnungswesen sind sicherlich ebenfalls solche Regelungen notwendig (siehe dazu die Darstellungen in den einzelnen Spezialkapiteln). Da jedoch das kommunale Finanzmanagement gegenüber der kaufmännischen Handlungsweise weitergehende Intentionen verfolgt, indem ein verbindlicher Haushaltsplan zu erstellen, die bürgerschaftliche Beteiligung durch die politischen Gremien zu sichern und die Einbindung gesamtwirtschaftlicher Belange zu berücksichtigen sind, bedarf es einer Reihe von konkreten Vorgaben durch die Gesetzgebung, um diese Ziele realisieren zu können.

Insofern muss jede Gemeinde ihr Finanzmanagement nach bestimmten Grundsätzen ausrichten. Diese Grundsätze sind sowohl bei der Aufstellung des Haushaltsplans als auch bei dessen Ausführung und beim Jahresabschluss zu beachten. Die allgemeinen Haushaltsgrundsätze, nach denen die Haushaltswirtschaft zu planen und auszuführen ist, ergeben sich überwiegend aus § 63 BbgKVerf. Die weiteren Grundsätze sind im Wesentlichen in den Vorschriften der KomHKV, die zwischen Veranschlagungs- und Bewirtschaftungsgrundsätzen unterscheidet, enthalten. Diese Unterscheidung ist jedoch nicht als Trennung zu verstehen; vielmehr sind sämtliche Grundsätze eng miteinander verbunden und für das gesamte Rechnungswesen verbindlich. Dazu treten die Grundsätze ordnungsmäßiger Buchführung, die sowohl in der BbgKVerf als auch in der KomHKV verankert sind. Insofern ergibt sich folgender Überblick, nach dem auch dieses Kapitel aufgebaut ist, sofern nicht eine Behandlung in besonderen Kapiteln erfolgt.

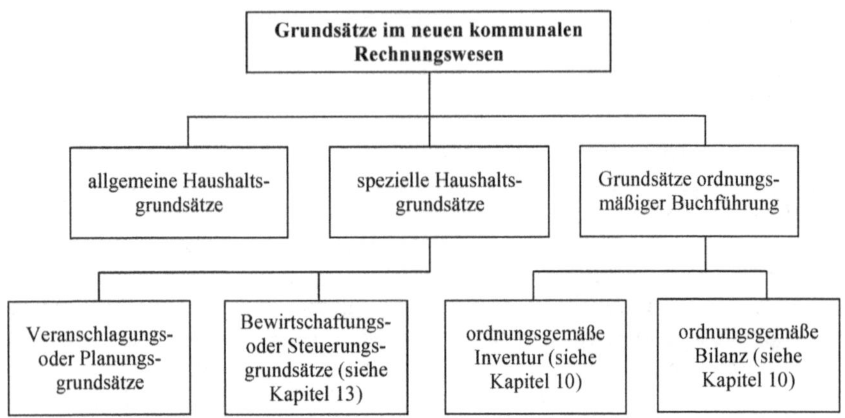

9.2 Allgemeine Haushaltsgrundsätze

9.2.1 Sicherung der Aufgabenerfüllung und Beachtung des gesamtwirtschaftlichen Gleichgewichts

9.2.1.1 Stetige Aufgabenerfüllung

Die Gemeinde hat ihre Haushaltswirtschaft so zu planen und zu führen, dass die stetige Erfüllung ihrer Aufgaben gesichert ist. Aus diesem Text des § 63 Abs. 1 Satz 1 BbgKVerf ergibt sich eine rechtliche Verpflichtung bezüglich der stetigen Aufgabenerfüllung durch die Gemeinde. Die Gemeinde muss also gewährleisten, dass sie ihre Aufgaben – gesetzliche, vertragliche und auch freiwillige Aufgaben – wahrnehmen und erfüllen kann.

Die Erwähnung der Stetigkeit in der Formulierung des Haushaltsgrundsatzes gemäß § 63 Abs. 1 Satz 1 BbgKVerf spricht eine grundsätzliche Aufgabe der Selbstverwaltung einer Gemeinde an. Diese Aufgabe ist durch § 2 Abs. 1 und 2 BbgKVerf sehr umfangreich umschrieben. Danach erfüllt die Gemeinde in ihrem Gebiet alle Aufgaben der örtlichen Gemeinschaft. Die Aufgaben der örtlichen Gemeinschaft sind im § 2 Abs. 2 BbgKVerf genauer bezeichnet; hierdurch ist erkennbar, dass diese Aufgabenerfüllung nicht nur auf ein Jahr[1] gerichtet ist, sondern langfristig zu fördern und die Aufgabenerfüllung dementsprechend dauernd sicherzustellen ist. Durch diese Anforderung an die Haushaltswirtschaft der Gemeinde ergibt sich zwangsläufig, dass die Haushaltswirtschaft zeitlich umfassender geplant werden muss.

1 § 66 Abs. 1 BbgKVerf sieht für jedes Haushaltsjahr eine Haushaltssatzung vor und stellt somit grundsätzlich auf die Jährlichkeit im kommunalen Finanzmanagement ab. Dabei können aber nach § 66 Abs. 3 Satz 2 BbgKVerf Festsetzungen für zwei Jahre erfolgen. Erfahrungsgemäß macht die Praxis derzeit durchaus von der zweijährigen Haushaltsplanung Gebrauch. Siehe dazu auch Kapitel 17.

Das gemeindliche Haushaltsrecht bietet hier das Instrument einer mittelfristigen Planung nach § 72 BbgKVerf dadurch an, das sowohl im Ergebnis- als auch im Finanzplan mit den jeweiligen Teilplänen eine Fortschreibung um drei Jahre über das konkrete Planjahr hinaus erforderlich ist. Insofern ist die Gemeinde gezwungen, die Absicherung der stetigen Aufgabenerfüllung in finanzieller Hinsicht nicht nur im Planungsjahr (bei zweijähriger Haushaltsführung in zwei Planungsjahren), sondern mittelfristig zu dokumentieren.

Es darf jedoch nicht übersehen werden, dass dem im § 63 Abs. 1 Satz 1 BbgKVerf enthaltenen Grundsatz der Sicherung der stetigen Aufgabenerfüllung mit der Einbindung der mittelfristigen Planung in den Haushaltsplan noch nicht im vollen Umfang Rechnung getragen ist. Vielmehr muss die Gemeinde auch über diesen Planungszeitraum hinaus ihr Finanzmanagement an diesem Ziel orientieren. Dies bedarf eines umfassenden Finanzcontrollings, welches außerhalb der Darstellungen in den kommunalen Haushaltsplänen eine ständige Aufgabe des kommunalen Finanzmanagements bedeutet.

9.2.1.2 Beachtung des gesamtwirtschaftlichen Gleichgewichtes

Nach § 63 Abs. 1 BbgKVerf hat die Gemeinde bei der Planung und Durchführung ihrer Haushaltswirtschaft den Erfordernissen des gesamtwirtschaftlichen Gleichgewichts Rechnung zu tragen. Ausgangspunkt ist die Bestimmung des Art. 109 Abs. 2 GG. Danach haben zunächst nur Bund und Länder bei der Haushaltswirtschaft den Erfordernissen des gesamtwirtschaftlichen Gleichgewichts Rechnung zu tragen.

Eine weitere Grundlage ist das Gesetz zur Förderung der Stabilität und des Wachstums der Wirtschaft (StWG) vom 8.6.1967 in der derzeit geltenden Fassung, das in § 1 den Grundsatz aufstellt, dass Bund und Länder bei ihren wirtschafts- und finanzpolitischen Maßnahmen die Erfordernisse des gesamtwirtschaftlichen Gleichgewichts zu beachten haben. Die unmittelbare Einbindung der Gemeinden erfolgt dann durch § 16 StWG, wonach auch die Gemeinden und Gemeindeverbände bei ihrer Haushaltswirtschaft den Zielen dieses Gesetzes Rechnung tragen müssen. Die Ziele sind in § 1 StWG formuliert. Danach sind alle Maßnahmen so zu treffen, dass sie im Rahmen der marktwirtschaftlichen Ordnung gleichzeitig

- zur Stabilität des Preisniveaus,
- zu einem hohen Beschäftigungsstand und
- zu außenwirtschaftlichem Gleichgewicht
- bei stetigem und angemessenem Wirtschaftswachstum

beitragen. Insofern ist § 63 Abs. 1 BbgKVerf lediglich als ergänzende kommunalrechtliche Vorschrift zu betrachten, die noch einmal die Einbindung der Gemeinden in gesamtwirtschaftliche Belange bestätigt.

Die Umsetzung der Ziele des gesamtwirtschaftlichen Gleichgewichts ist jedoch kaum durch die Gemeinden, insbesondere nicht durch kleinere Gemeinden zu realisieren, da man diese mit dem Verlangen, ihre Haushaltswirtschaft nach diesen Grundsätzen auszurichten, überfordern würde. Für die Umsetzung eines konjunkturgerechten (antizyklischen) Verhaltens fehlen den Gemeinden vor allem in Zeiten gesamtwirtschaftlicher Schwäche die notwendigen Instrumente und in der Regel auch die entsprechenden Deckungsmittel.

Der Konflikt konkretisiert sich in der Form, dass von den Gemeinden unter Beachtung des antizyklischen Verhaltens bei aufsteigender Konjunktur Zurückhaltung bei der Vornahme eigener Investitionen verlangt wird. Diese Anforderung stellt die Gemeinden vor Probleme bei der Entscheidung, denn unzweifelhaft ist bei einem Anstieg der Konjunktur auch mit dem Anstieg z. B. der Gewerbesteuererträge zu rechnen. Es könnte möglich sein, dass durch eine Zurückhaltung bei der Vornahme eigener Investitionen im Rahmen des antizyklischen Verhaltens die Erfüllung wichtiger Aufgaben der Kommune gefährdet wird. Zudem darf der Faktor „Politik“ nicht übersehen werden. Die Ratsmitglieder denken bei ihren Entscheidungen sicherlich nicht primär an das gesamtwirtschaftliche Gleichgewicht. Vielmehr werden dabei das kommunale Interesse, der örtliche Bezug zum Wahlkreis (Stadt- oder Gemeindeteil), aber auch wahl- und parteitaktische Überlegungen eine Rolle spielen.

Die Entscheidung in derartigen Fällen ist nicht leicht. Grundsätzlich ist aber davon auszugehen, dass die Sicherung der Aufgabenerfüllung eindeutig Vorrang genießt. Dieses geht auch schon aus der Formulierung in § 63 Abs. 1 BbgKVerf mit dem Wort **„dabei“** hervor. Insofern kann deutlich festgestellt werden, dass der Grundsatz der Beachtung des gesamtwirtschaftlichen Gleichgewichts gegenüber dem Grundsatz der stetigen Aufgabenerfüllung nachrangig ist. Konjunkturpolitische Gesichtspunkte sind im Rahmen der Aufgabenerfüllung zu berücksichtigen, soweit dies unter dem Aspekt der Aufgabenerfüllung möglich ist. Die Erledigung der unabweisbaren Aufgaben muss der Berücksichtigung konjunkturpolitischer Erfordernisse vorgehen.

Im gemeindlichen Haushaltsrecht verankerte Maßnahmen zur Konjunktursteuerung sind im Wesentlichen die Einflussnahmen auf die Kreditbeschaffung der Gemeinden. Hier sind die möglichen Beschränkungen bei der Beschaffung von Geldmitteln auf dem Kreditwege zu beachten (z. B. Einzelgenehmigung gemäß § 74 Abs. 4 BbgKVerf). Zudem ist jedoch nicht zu übersehen, dass der Staat Einfluss auf kommunale Tätigkeiten üben kann. U. a. ist dabei als Steuerungsinstrument an die Vergabe von zweckgebundenen Zuweisungen und Zuschüssen zu denken.

Insgesamt muss aber darauf hingewiesen werden, dass die im Stabilitätsgesetz von 1967 vorgesehene antizyklische finanzwirtschaftlichen Handlungsweise eine Reihe von Problemen mit sich bringt und nach geringen Anfangserfolgen nicht mehr zu den gewünschten Erfolgen geführt hat. Insofern werden die Regelungen zur antizyklischen Fiskalpolitik verstärkt kritisch gesehen.[2]

2 Siehe dazu die Darstellungen in der Volkswirtschaftslehre, z. B. bei *Sprenger-Menzel/Henßler*, Volkswirtschaftslehre und Wirtschaftspolitik, 10. Aufl., Wiesbaden 2023.

9.2.1.3 Übung

Sachverhalt Nr. 1
In der Gemeinde G sind im Entwurf des Haushaltsplans (Finanzplan) 320.000 € für investive bauliche Veränderungen an Obdachlosenunterkünften zur Angleichung an den Ausstattungsstandard von Normalwohnungen vorgesehen. Die Wohnungen sollen dann dem freien Markt zur Verfügung gestellt werden, da kein Bedarf mehr an Obdachlosenunterkünften in der Gemeinde G besteht.

Die gesamtwirtschaftliche Situation zum Zeitpunkt der Beratung in dem zuständigen Fachausschuss stellt sich als überhitzte Konjunktur dar. Die Baukosten steigen jährlich im erheblichen Umfang. Gemeindevertreter G verweist deshalb auf die Anforderung der §§ 1, 16 StWG und auf den allgemeinen Haushaltsgrundsatz des § 63 Abs. 1 BbgKVerf hin, wonach dem gesamtwirtschaftlichen Gleichgewicht Rechnung zu tragen ist. Er fordert, dass dem Ziel der Stabilität Priorität einzuräumen ist und die Gemeinde sich antizyklisch verhält. Das bedeutet, diese Investitionsmaßnahme soll bis zur Abschwächung der Konjunktur zurückgestellt werden.

Aufgabe:
Begutachten Sie die Auffassung des Gemeindevertreters G.

Lösung:
Gemeindevertreter G gibt hier dem Ziel der Stabilität den Vorrang. In seiner Begründung bezieht er sich auf die §§ 1, 16 StWG und auf den allgemeinen Haushaltsgrundsatz der Beachtung des gesamtwirtschaftlichen Gleichgewichts gemäß § 63 Abs. 1 BbgKVerf. Sieht man diese Bestimmungen isoliert, könnte die Auffassung des Gemeindevertreters G einschlägig sein.

Gemäß § 1 StWG haben Bund und Länder die Erfordernisse des gesamtwirtschaftlichen Gleichgewichts zu beachten; durch § 16 StWG ist die Beachtung dieser Ziele auf die Gemeinden und Gemeindeverbände ausgedehnt. Ebenso betont die Berücksichtigung der Erfordernisse des gesamtwirtschaftlichen Gleichgewichts in der Grundsatzvorschrift des § 63 Abs. 1 BbgKVerf die Bedeutung der wirtschaftspolitischen Gesichtspunkte für die kommunale Haushaltswirtschaft.

Jedoch handelt es sich hier bei den baulichen Veränderungen an den Obdachlosenunterkünfte um eine wirtschaftlich sinnvolle Maßnahme der Gemeinde. Die nicht mehr für Obdachlose benötigten Wohnungen sollen nicht ohne Mieterträge leerstehen, sondern den Bürgern zur Verfügung gestellt werden. Dies ist jedoch nur zu realisieren, wenn ein marktüblicher Wohnungsstandard vorliegt. Insofern besteht ein Konflikt zwischen der Pflicht der wirtschaftlichen Aufgabenerfüllung gemäß § 63 Abs. 1 BbgKVerf und der Pflicht zu konjunkturgerechtem Verhalten. Dabei ist aber die Verpflichtung, bei Planung und Ausführung des Haushaltes die Sicherung der Aufgabenerfüllung zu beachten, an die erste Stelle gesetzt worden, und weiterhin geregelt, dass erst dabei den Erfordernissen des gesamtwirtschaftlichen Gleichgewichts Rechnung zu tragen ist.

Die Erfüllung wirtschaftlich unabweisbarer Aufgaben – wie hier die Vornahme der baulichen Veränderungen an den Obdachlosenunterkünften – muss also auch unter Berücksichtigung konjunkturpolitischer Erfordernisse in jedem Fall vorgehen. Der Auffassung des Gemeindevertreters G kann somit nicht gefolgt werden.

9.2.2 Wirtschaftlichkeit und Sparsamkeit

9.2.2.1 Grundsatz

Die mit diesem allgemeinen Haushaltsgrundsatz aufgestellte Forderung, die Haushaltswirtschaft sparsam, wirtschaftlich und effizient zu führen, erstreckt sich sowohl auf die Planung als auch auf die Ausführung des Haushalts, somit auf das gesamte kommunale Rechnungswesen.

Die Bedeutung dieses Grundsatzes wird dadurch unterstrichen, dass er durch § 63 Abs. 2 BbgKVerf als „Muss-Vorschrift" verbindlich ist.

Die Haushaltswirtschaft ist sparsam und wirtschaftlich zu führen. Die Sparsamkeit erfordert, dass Aufwendungen und Auszahlungen ohne Vernachlässigung der Aufgabenerfüllung möglichst niedrig gehalten werden müssen. Es wird also in erster Linie das Verhältnis zwischen Erträgen und Einzahlungen einerseits und Aufwendungen und Auszahlungen andererseits angesprochen

Sparsamkeit muss nicht unbedingt auch Wirtschaftlichkeit bedeuten. So kann etwa eine bestimmte Maßnahme für sich betrachtet sparsam sein, da sie im Vergleich zu anderen Möglichkeiten die niedrigsten Aufwendungen und Auszahlungen verursacht, sich aber für die Zukunft als unwirtschaftlich erweist, weil evtl. die Folgekosten sehr hoch sind. Der Grundsatz der Sparsamkeit und Wirtschaftlichkeit enthält daher zwei verschiedene Regelungen, die jedoch gleichwertig angesetzt sind.

Durch den Grundsatz der Wirtschaftlichkeit wird das Verhältnis von Aufwand und Nutzen angesprochen. Im kommunalen Finanzmanagement wird dann wirtschaftlich gearbeitet, wenn entweder mit dem geringsten Aufwand der gewünschte Erfolg oder der größtmöglichst Nutzen mit den vorhandenen Mitteln erzielt wird, wobei Aufwand sich sowohl auf die Anschaffungs- oder Herstellungskosten als auch auf die laufenden Unterhaltungskosten bezieht.[3] Das Ziel ist, dass der Aufwand (= Anschaffungs- oder Herstellungskosten und Unterhaltungskosten) zu dem erzielten Nutzen (= Qualität der Ausführung und Aufgabenerfüllung) eine möglichst günstige Relation aufweist.

Es stellt sich nunmehr die Frage, in welchem Verhältnis die beiden Grundsätze „Sparsamkeit" und „Wirtschaftlichkeit" zueinander stehen. Die Verfasserin ist dabei der Auffassung, dass die Wirtschaftlichkeit nicht nur vorrangig zu beachten ist, sondern die Sparsamkeit praktisch als reine Überlegung zum möglichst geringen Geldmittelabfluss Bestandteil des Grundsatzes der Wirtschaftlichkeit ist. Die Wirtschaftlichkeit kann es z. B. erforderlich machen, eine Maßnahme zu treffen, die **für sich allein betrachtet** nicht sparsam ist. So kann eine Gemeinde z. B. für die Anlage eines Parkplatzes von zwei angebotenen gleich großen Grundstücken unter Umständen das im Anschaffungs-

3 Insofern stimmt der hier verwendete Begriff „Aufwand" nicht mit dem Aufwandsbegriff aus Ergebnisplan und Ergebnisrechnung überein. Er ist hier allgemeiner Natur.

preis ausgabenintensivere Grundstück wählen, wenn dieses auf lange Sicht niedrigere Unterhaltungskosten oder einen besseren Einfluss auf den Verkehr erwarten lässt. Auf den ersten Blick stellt das einen Verstoß gegen die Sparsamkeit im Jahr des Grunderwerbs dar, obwohl die Entscheidung wirtschaftlich sinnvoll ist. Auf Dauer ist aber auch wieder die Sparsamkeit erreicht, weil dieser Mehrauszahlung in späteren Jahren Aufwendungs- und Auszahlungseinsparungen gegenüberstehen. Insofern stellt sich der Verfasserin die Frage, ob der Grundsatz der Sparsamkeit als Teil der Wirtschaftlichkeit überhaupt Berechtigung hat, förmlich in § 63 Abs. 2 BbgKVerf als gleichwertiger Grundsatz aufgeführt zu werden.

Die Wirtschaftlichkeit wird an den nachstehend aufgelisteten Prinzipien verdeutlicht:[4]

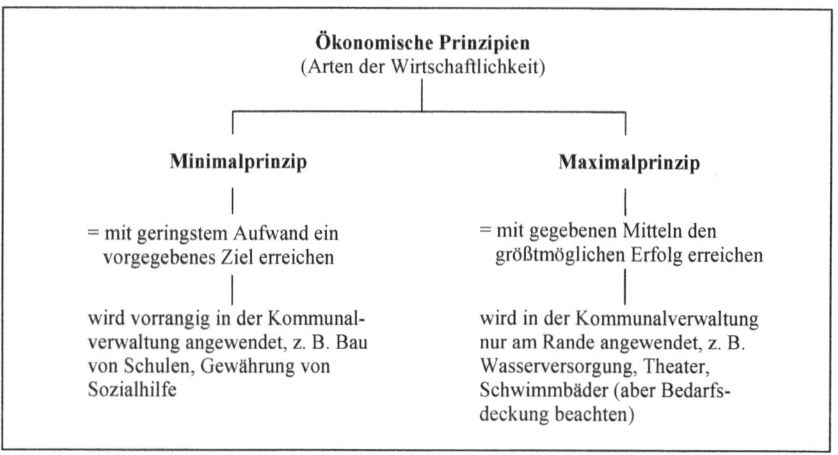

Die Beachtung der Wirtschaftlichkeit ist besonders bei gemeindlichen Investitionen geboten. Bei Investitionen wird das gemeindliche Anlagevermögen verändert. Jede Investitionsentscheidung beinhaltet einen einmaligen Vorgang, der später laufende Aufwendungen und Auszahlungen verursacht. Demzufolge muss eine möglichst große Differenz zwischen Kosten und Nutzen erreicht werden; bereits vor der Durchführung der Investition sollte die Bewertung, Beurteilung und Entscheidung stehen.

Im Finanzplan und in der Finanzrechnung werden z. B. die Auszahlungen und Einzahlungen aus Investitionen dokumentiert. Im Ergebnisplan und in der Ergebnisrechnung sind dann zeitversetzt (ab der Inbetriebnahme des Vermögensgegenstandes) die Folgeaufwendungen dargestellt. Insofern bietet das kommunale Rechnungswesen vor der Einstellung der Investition in das Planwerk keine Informationen über die Wirtschaftlichkeit der Investition. Daher ist jede einzelne Investition vor der Einstellung in den Haushaltsplan daraufhin zu untersuchen, ob sich die Investitionsauszahlungen und die Folgeaufwendungen im Rahmen der Wirtschaftlichkeit bewegen.

4 Siehe auch die weitergehende Darstellung bei *Klümper/Möllers/Zimmermann*, Kommunale Kosten- und Wirtschaftlichkeitsrechnung, 20. Auflage, Witten 2019, S. 334 ff.

In diesem Zusammenhang schreibt § 6 Haushaltsgrundsätzegesetz als „Muss-Vorschrift“ vor, dass für alle finanzwirksamen Maßnahmen angemessene Wirtschaftlichkeitsuntersuchungen durchzuführen sind. § 16 Abs. 1 KomHKV sieht als Soll-Vorschrift ebenfalls Wirtschaftlichkeitsvergleiche für Investitionen vor. Mindestens soll durch einen Vergleich der Anschaffungs- bzw. Herstellungskosten sowie der Folgekosten die wirtschaftlichste Lösung ermittelt werden. Diese Vorschrift reicht für die kommunale Praxis nicht aus. Hier wäre sicherlich eine Ergänzung dahingehend notwendig, dass in Anlehnung an § 6 Abs. 2 und 3 Haushaltsgrundsätzegesetz für geeignete Maßnahmen von erheblicher finanzieller Bedeutung Nutzen- und Kostenuntersuchungen durchgeführt werden sollen.[5]

Das kommunale Rechnungswesen in Form der Haushaltsplanung, Haushaltsausführung und der Rechnungslegung bietet nur geringe Informationen zur Wirtschaftlichkeit der kommunalen Verwaltung. Dies ist auch nicht dessen Aufgabe. Notwendig ist zum Nachweis einer wirtschaftlichen Handlungsweise das Betreiben einer Kosten- und Leistungsrechnung. Folgerichtig sieht § 18 KomHKV eine Kosten- und Leistungsrechnung vor. Das Haushaltsmanagementsystem mit der Darstellung des Ressourcenaufkommens und Ressourcenverbrauchs auf Produktbereichsebene und den dazu gehörenden betriebswirtschaftlichen Kennziffern zwingt die Gemeinden praktisch zur Einrichtung und Durchführung einer Kosten- und Leistungsrechnung. Die Abstellung in § 18 KomHKV auf die örtlichen Bedürfnisse ist sinnvoll, da die Anforderungen an eine Kosten- und Leistungsrechnung bei Großstädten anders ausfallen als bei kleinen Gemeinden. Zudem sind die Anforderungen nicht in allen Produktbereichen derselben Gemeinde identisch. Man denke dabei nur an die Unterschiede zwischen dem Fachbereich „Soziales“ und dem „Bauhof“.[6]

9.2.2.2 Übung

Sachverhalt Nr. 2

Die Gemeinde G will im kommenden Haushaltsjahr die stark befahrene X-Straße ausbauen, weil diese vor allem in einer Kurve trotz Beschränkung der Höchstgeschwindigkeit sehr unfallträchtig ist. Der Ausbau in der bisherigen Linienführung würde 600.000 € Auszahlungen verursachen. Bei einer Begradigung der Kurve erhöht sich die Summe auf 800.000 €. Die Gemeindevertretung der Gemeinde G beauftragt die Verwaltung, eine Entscheidung unter alleiniger Berücksichtigung des § 63 Abs. 2 BbgKVerf vorzubereiten, weil ein Verstoß gegen die km/h-Begrenzung durch die Autofahrer und nicht durch die Gemeinde zu vertreten sei.

---

5 Eine umfassende Darstellung der Wirtschaftlichkeitsrechnungen in der Kommunalverwaltung ist zu finden bei *Klümper/Möllers/Zimmermann*, Kommunale Kosten- und Wirtschaftlichkeitsrechnung, 20. Aufl., Witten 2019, S. 326 ff.

6 Zu den Einzelheiten der Kosten- und Leistungsrechnung siehe *Klümper/Möllers/Zimmermann*, Kommunale Kosten- und Wirtschaftlichkeitsrechnung, 20. Aufl., Witten 2019, S. 155 ff.

Aufgabe:
Stellen Sie begründet dar, welche Aspekte der Entscheidungsvorschlag der Verwaltung berücksichtigen sollte.

Lösung:
In diesem Fall taucht vor allem das Problem der Konkurrenz zwischen Sparsamkeit und Wirtschaftlichkeit auf. „Sparsamkeit" bedeutet in einfachster Auslegungsform, dass die Auszahlungen unter Berücksichtigung der Einzahlungen möglichst gering gehalten werden. Auch bei Einstellung einer Maßnahme in den kommunalen Haushalt ist dieser Grundsatz zu beachten. Insofern könnte nur die Maßnahme A mit dem geringeren Investitionsvolumen in Frage kommen. Dies könnte notfalls mit einer weiteren Geschwindigkeitsbeschränkung kombiniert werden.

Allerdings ist nunmehr das ökonomische Prinzip der Wirtschaftlichkeit als zweiter Haushaltsgrundsatz zu berücksichtigen, wonach mit dem geringsten Aufwand ein vorgegebenes Ziel erreicht werden soll, d. h. es soll eine möglichst große Differenz zwischen Kosten und Nutzen liegen. Es könnte eine Nutzen-Kosten-Untersuchung stattfinden, wobei der öffentliche Nutzen in der Regel schwer messbar ist; in diesem Falle könnte jedoch die Vermeidung von Unfällen eine Begründung sein. Möglicherweise wird auch der Verkehrsstrom durch eine noch niedrigere km/h-Begrenzung in der Weise beeinträchtigt, dass es zu Stockungen kommen kann. Auch könnten die Folgekosten für die Gemeinde bei einer Begradigung der Straße geringer ausfallen. Insofern könnte die Wirtschaftlichkeitsüberlegung durchaus für die zweite Maßnahme mit einem um 200.000 € höheren Investitionsvolumen sprechen.

9.2.3 Haushaltsausgleich

Der dritte in § 63 Abs. 4 BbgKVerf verankerte allgemeine Haushaltsgrundsatz fordert die Ausgeglichenheit des Haushalts. Diese Forderung bezieht sich nicht nur auf die Planung des Haushalts, sondern auch auf die Haushaltsausführung einschließlich Jahresabschluss. Demnach durchzieht dieser Grundsatz das gesamte kommunale Rechnungswesen.[7] Dabei erfolgt der Haushaltsausgleich gemäß § 63 Abs. 4 BbgKVerf durch das Herbeiführen übereinstimmender Gesamtsummen der Erträge und Aufwendungen eines Haushaltsjahres. Ein Ausgleich liegt auch vor, wenn die Summe der Erträge die Summe der Aufwendungen übersteigt. Der Haushaltsausgleich gilt aber auch als erreicht, wenn ein Fehlbedarf bzw. ein Fehlbetrag[8] aus der Rücklage „Überschuss ordentliches Ergebnis" oder Überschuss außerordentliches Ergebnis" gedeckt werden kann (§ 63 Abs. 5 BbgKVerf).

7 Beispielsweise lässt § 70 Abs. 1 Satz 2 BbgKVerf die Bereitstellung von Mehraufwendungen bzw. Mehrauszahlungen nur zu, wenn die Deckung gewährleistet ist und stellt damit auf einen ausgeglichenen Haushalt ab.

8 Die Gesamtsumme der Aufwendungen übersteigt die Gesamtsumme der Erträge.

Gemäß § 72 BbgKVerf hat die Gemeinde eine mittelfristige Planung zu erstellen, die drei über das Planjahr hinaus gehende Jahre umfasst. Diese soll ausgeglichen sein. Auf den ersten Blick entsteht somit der Eindruck, dass beim jährlichen Haushaltsausgleich eine Muss-Vvorschrift unabdingbar zu beachten ist, bei der mittelfristigen Planung eine – wenn auch nur geringfügig – mildere Soll-Vorschrift vorgesehen ist. Die Bestimmungen der §§ 63 Abs. 4 ff. BbgKVerf belegen aber deutlich, dass auch für den Ausgleich des Jahreshaushalts praktisch eine Soll-Vorschrift besteht, indem Maßnahmen bei unausgeglichenen Haushalten normiert werden. Damit wird der Tatsache Rechnung getragen, dass in den Kommunen nicht immer ein Haushaltsausgleich erzielt werden kann. Insofern muss die Qualität der Ausgleichsregeln zum Jahreshaushalt und zur mittelfristigen Planung gleich lautend als „Soll-Bestimmung" gewertet werden. Die Besprechung der Einzelheiten zum kommunalen Haushaltsausgleich bleibt Kap. 16 vorbehalten.

9.2.4 Grundsätze zur Finanzierung der kommunalen Produkte

9.2.4.1 Deckungsmittel der Haushaltswirtschaft

Bevor im Einzelnen auf die Regeln der Finanzierung der kommunalen Produkte eingegangen wird, ist zunächst einmal zu klären, über welche Deckungsmittel eine Gemeinde überhaupt verfügen kann. Die Finanzierungsquellen einer Gemeinde sind vielfältig.

Sie ergeben sich aus privatrechtlichen (Vertragsschließung, gleiche Rechte und Pflichten der Vertragspartner) und aus öffentlich-rechtlichen Vorgängen (Verwaltungsakte wie z. B. Steuerbescheide, Über- und Unterordnungsverhältnis). Die grobe Unterteilung der Deckungsmittelarten kann aus folgendem Schaubild ersehen werden:[9]

9 Eine ausführliche Darstellung befindet sich in: *Mutschler*, Kommunales Finanz- und Abgabenrecht NRW, 14. Aufl., Wiesbaden 2018, S. 21 ff.

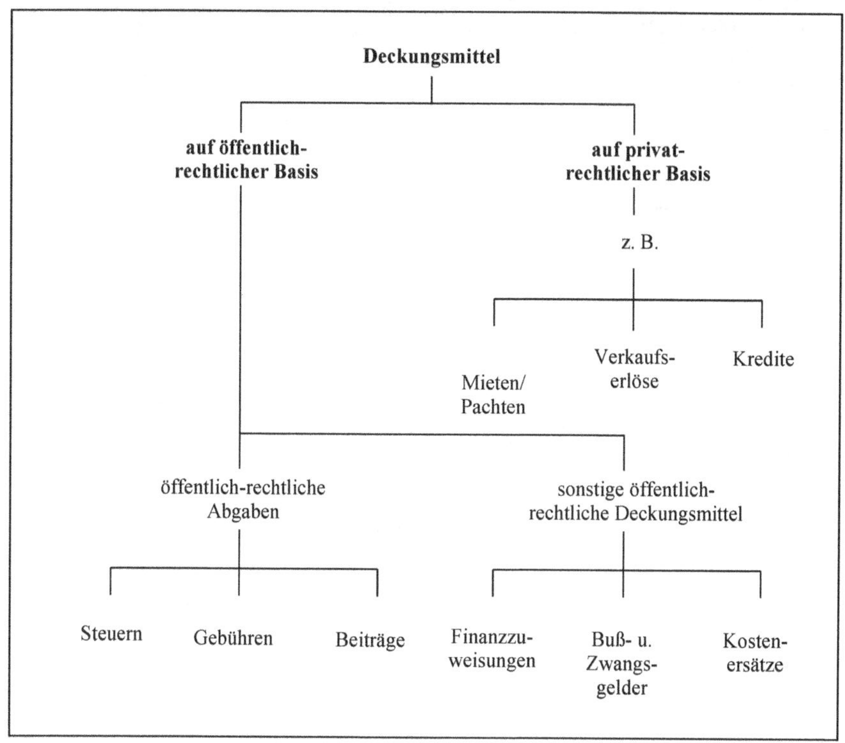

9.2.4.2 Verpflichtung zur Erhebung von Abgaben

Die wesentlichen Deckungsmittel der Gemeinde beruhen auf Zwangserhebungen, wobei die Steuern den größten Teil ausmachen. Die Erhebungsbefugnis ist Ausfluss der Selbstverwaltungsgarantie des Grundgesetzes und der Landesverfassung Brandenburg. Insofern sieht § 64 BbgKVerf Abs. 1 zunächst vor, dass die Gemeinden Abgaben nach gesetzlichen Vorschriften erheben. Die Gemeinden sind berechtigt und verpflichtet, nach den speziellen Vorschriften des Abgabenrechtes Abgaben (Steuern, Gebühren und Beiträge, siehe § 1 Abs. 1 KAG) zu erheben.

Dieser Grundsatz des § 64 Abs. 1 BbgKVerf nimmt auf das kommunale Abgabenrecht keinen Einfluss, d. h. er regelt nicht die Voraussetzungen für die Erhebung von Deckungsmitteln, sondern weist lediglich auf den besonderen Gesetzesvorbehalt hin. Die Abgabenerhebung geschieht nämlich ausschließlich aufgrund von Spezialgesetzen für jede Abgabenart (z. B. Grundsteuergesetz, Gewerbesteuergesetz, Gebührensatzungen, Beitragssatzungen). § 64 Abs. 1 BbgKVerf ist demnach lediglich als Einordnungsregelung bezüglich der Stellung von Abgaben und ihre Erhebung innerhalb der gemeindlichen Haushaltswirtschaft zu sehen. Bezogen auf die Rechtswirkung ist die Bestimmung überflüssig.

9.2.4.3 Rangfolge der Deckungsmittel

§ 64 Abs. 2 und 3 BbgKVerf legt eine bestimmte Rangfolge der Deckungsmittel fest. Ausgangspunkt für die Untersuchung, welche Finanzierungen in welchem Umfang zu beschaffen sind, ist die Höhe des zur Erfüllung der Aufgaben der Gemeinde notwendigen Aufwandes (Bedarfsdeckungsprinzip).

Die grundsätzliche Rangfolge der Deckungsmittel zur Finanzierung des kommunalen Haushalts muss bei der Prüfung der einzelnen Finanzierungsmöglichkeiten zugrunde gelegt werden und ist insoweit verbindlich. Das folgende Schaubild soll die Rangfolge des Einsatzes von Deckungsmitteln verdeutlichen:

Deckungsbedarf (Summe der im Haushaltsjahr zu erwartenden Aufwendungen und Investitionsauszahlungen)	§ 64 Abs. 2 und 3 BbgKVerf ← § 3 Abs. 2 KAG	**Grundsätzliche Rangfolge der Deckungsmittel** 1. **Sonstige Deckungsmittel** z. B. Zuweisungen, Zuschüsse, Mieten, Pachten, Bußgelder, Verkaufserlöse, Auflösung von Rückstellungen, Zinsen, Steuerbeteiligungen 2. **Spezielle Entgelte** für die von der Gemeinde erbrachten Leistungen z. B. Gebühren, Beiträge, Eintrittsgelder 3. **Steuern** als nachrangige Deckungsmittel z. B. Grund- und Gewerbesteuer 4. **Kredite** nur unter den Voraussetzungen des § 74 BbgKVerf

Vorrangig sind die sogenannten **„sonstigen Deckungsmittel"** nach § 64 Abs. 1 BbgKVerf i. V. m. § 3 Abs. 2 KAG heranzuziehen. Angesprochen sind damit alle Deckungsmittel, die nicht zu den speziellen Entgelten, Steuern und Krediten zählen. Dazu gehören insbesondere Erträge aus der Bewirtschaftung des Vermögens (Mieten, Pachten, Zinserträge) und auf privat- und öffentlich-rechtlicher Basis beruhende Erträge wie z. B. staatliche Finanzzuweisungen, Kostenerstattungen im sozialen Bereich, Entgelte von Dritten (Kostenerstattungen für ausgeführten Arbeiten und Dienstleistungen), Bußgelder, Abführungen aus Nebentätigkeiten, Verkaufserlöse, Auflösung von Rückstellungen und Steuerbeteiligungen.

Soweit vertretbar und geboten hat die Gemeinde dann **spezielle Entgelte** für die von ihr erbrachten Leistungen[10] zu erheben. Dabei ist es haushaltsrechtlich unerheblich, ob diese Entgelte auf privatrechtlichen (z. B. Eintrittsgelder) oder öffentlich-recht-

10 Der Begriff der „speziellen Entgelte für Leistungen" ist nicht präzise genug gewählt. Zu den Entgelten für Leistungen im weiteren Sinne können auch Mieterträge, Erträge aus Verkaufserlösen oder Zinserträge gerechnet werden, weil auch hier Leistungs-/Gegenleistungsverhältnisse vorliegen.

lichen Grundlagen (z. B. Gebühren) beruhen. Im Rahmen der Leistungsverwaltung sind diese Entgelte als vorrangig anzusehen. Bei der Entscheidung, ob von dem Grundsatz der Finanzierung der Leistungen durch spezielle Entgelte abgewichen werden kann, sind die finanzwirtschaftlichen und die sozialen Gesichtspunkte (Entgeltnachlässe im öffentlichen Interesse wie z. B. verbilligter Eintritt für Rentner oder erschwingliche Preise für Theaterveranstaltungen) zu berücksichtigen. Dies ist in der Formulierung „soweit vertretbar und geboten“ begründet.

Die Gemeinden werden veranlasst, die Möglichkeit zur Erhebung von Leistungsentgelten voll auszunutzen, siehe dazu auch §§ 5 und 6 KAG. Dadurch wird einer Entwicklung entgegengetreten, welche möglichst viele Lasten der Allgemeinheit und damit dem Steuerzahler auferlegen will. Derjenige der eine spezielle Leistung durch die Gemeinde erhält (z. B. Nutzer der Abfallbeseitigung, Empfänger eines Reisepasses) soll diese Leistung bezahlen (Vorteilsnahme des Einzelnen). Erst wenn die Vorteile einer kommunalen Leistung überwiegend der Allgemeinheit zugutekommen, sollen Steuern als Deckungsmittel eingesetzt werden.

Die Erhebung von Entgelten von den Benutzern der Einrichtungen und Anlagen findet aus z. B. politischen, sozialen oder kulturellen Gründen ihre Grenze in der wirtschaftlichen Leistungsfähigkeit der Abgabepflichtigen (siehe dazu auch die Formulierung „soweit vertretbar und geboten“ in § 64 Abs. 2 Nr. 1 BbgKVerf).

Erst wenn die vorgenannten Deckungsmittel ausgeschöpft sind, darf die Gemeinde zur Deckung ihres Finanzbedarfs **Steuern** erheben. Bei der Steuererhebung gilt das Subsidiaritätsprinzip (Nachrangigkeit), denn insgesamt zur Deckung des Finanzbedarfs (Summe der zu erwartenden Reinaufwendungen) sind zuerst die sonstigen Deckungsmittel, dann die speziellen Entgelte und erst danach die Steuern heranzuziehen (siehe auch § 3 Abs. 2 Satz 1 KAG). Dieser Subsidiaritätsgrundsatz gilt lediglich nicht für die Vergnügungs- und Hundesteuer, die als Ordnungssteuern nicht ausschließlich zur Bedarfsdeckung erhoben werden (§ 3 Abs. 2 Satz 2 KAG und Ziffer 2 VV zu § 3 KAG).[11] Bei den Kreisen tritt gemäß § 130 Abs. 1 BbgKVerf an die Stelle der Steuern[12] die Kreisumlage, bei den Ämtern die Amtsumlage gemäß § 139 Abs. 1 BbgKVerf. In der Praxis reichen jedoch bei keiner Gemeinde und bei keinem Gemeindeverband die vorrangigen Deckungsmittel aus, sodass eine Finanzierung der kommunalen Haushalte ohne Steuern bzw. Umlagen praxisfremd ist.

Aus dem Grundsatz der Nachrangigkeit wurde lange Zeit von den Gerichten ein materielles Recht der Steuerpflichtigen abgeleitet, wonach eine Steuererhöhung der Gemeinde oder die Einführung einer neuen Steuer erst zulässig ist, wenn alle Möglichkeiten der Erhebung spezieller Entgelte von der Gemeinde ausgenutzt sind.[13] Insofern hatten Klagen von Steuerpflichtigen zunächst Erfolg, die z. B. die Erhöhung der Ge-

11 *Mutschler*, Kommunales Finanz- und Abgabenrecht NRW, 14. Aufl., Wiesbaden 2018, S. 140, 151.

12 Den Kreisen steht als einzige Steuerquelle gemäß § 3 Abs. 1 KAG die Jagdsteuer zur Verfügung, die vom Aufkommen her jedoch unbedeutend ist. Insofern wird sie auch nicht von allen Kreisen in Brandenburg erhoben.

13 Z. B. VG Aachen, Urt. vom 13.12.1993 – VG 2 K 1389/82 – und OVG NRW vom 7.9.1989 – OVG 4 A 698/84 –, beide zu Erhöhungen von Gewerbesteuerhebesätzen.

werbesteuerhebesätze deshalb als rechtswidrig ansahen, weil die Gemeinde nicht in vollem Umfang die vorrangigen speziellen Entgelte ausgeschöpft hatte.

Das Bundesverwaltungsgericht[14] hat jedoch dieses materielle Recht für die Realsteuern verneint. Dabei stützt sich die Entscheidung auf die Feststellung, dass das bundesrechtliche Hebesatzrecht der Gemeinden (z. B. für die Gewerbesteuer aufgrund von Art. 6 Abs. 6 Satz 2 GG i. V. m. § 16 Abs. 1 und 5 GewStG) dem Landesgesetzgeber keine Kompetenz gewährt, die Bemessung der Hebesätze an die Ausschöpfung des Gebührenrahmens für besondere Leistungen der Gemeinden zu binden. In welchem Ausmaß die Gemeinden zur Deckung ihres Finanzbedarfs ihre Steuerquellen heranziehen wollen, steht in ihrem Ermessen. Insofern muss die Bestimmung des § 64 Abs. 2 BbgKVerf i. V. m. § 3 Abs. 2 KAG für die Realsteuern zwar als anwendbarer Grundsatz für die Gemeinde, nicht aber als einklagbares Recht für einen Realsteuerpflichtigen bewertet werden.

Die bisher vorgestellten Deckungsmittel dienen in Form von Erträgen der Finanzierung der Aufwendungen und in Form der Einzahlungen der Finanzierung von Auszahlungen. Kredite stellen keine Erträge dar und dürfen gemäß § 74 Abs. 1 BbgKVerf auch nur zur Finanzierung von Investitionen aufgenommen werden. Insofern dienen sie nicht dem Ausgleich des Ergebnishaushalts, sondern stellen nur Finanzierungsmittel im Finanzhaushalt dar.

Durch die Nennung in § 64 Abs. 3 BbgKVerf sind die **Kredite** als Deckungsmittel innerhalb der vorgenannten Rangfolge besonders zu behandeln. Sie dürfen nur aufgenommen werden, wenn eine andere Finanzierung nicht möglich ist. Vorrangig kann eine Kreditaufnahme nur dann sein, wenn eine andere Finanzierung wirtschaftlich unzweckmäßig wäre. Dies könnte z. B. der Fall bei einem zweckgebundenen Landeskredit mit einer Verzinsung von 1,0 % sein, der z. B. vorrangig vor dem Verkauf von Wertpapieren des Umlaufvermögens aufgenommen wird, weil die Wertpapiere z. Zt. eine gesicherte Rendite von 4 % abwerfen. Es sind demnach allein wirtschaftliche Überlegungen heranzuziehen.

Die besonderen Probleme der Kreditwirtschaft werden in Kap. 15 behandelt.

Grenzen der Deckungsmittelbeschaffung

Nach dem Bedarfsdeckungsprinzip richten sich die zu beschaffenden Deckungsmittel nach dem Finanzbedarf. Die Höhe der Aufwendungen findet ihre Grenze in der Muss-Vorschrift des Haushaltsausgleichs gemäß § 64 Abs. 1 BbgKVerf, wonach der Haushalt in jedem Haushaltsjahr ausgeglichen sein muss. Insbesondere bei den speziellen Entgelten ist die Erhebungspflicht durch den Gesetzeszusatz „soweit vertretbar und geboten" eingeschränkt, sodass die Gemeinde bei der Bereitstellung öffentlicher Einrichtungen auch soziale und politische Gründe berücksichtigen kann.

14 BVerwG, Urt. vom 11.6.1993 – BVerwG 8 C 32.90 –, siehe z. B. der gemeindehaushalt 1993, S. 236.

9.2.4.4 Übung

Sachverhalt Nr. 3
Im Rahmen der Aufstellung des Haushaltsplans für das kommende Jahr will der Zentrale Dienst Finanzen (Fachbereich Finanzen/Kämmerei) der Gemeinde G folgende Finanzierungen in Erwägung ziehen:

a) Für die Unterhaltung der Gemeindestraßen gewährt das Land eine erhebliche zweckgebundene Zuweisung, die mit zumutbaren Auflagen versehen ist. Um – auch für zukünftige Jahre – von Auflagen unabhängig zu sein, soll auf die Zuweisung verzichtet werden und der dadurch entstehende Deckungsmittelausfall durch eine Anhebung der Grundsteuerhebesätze (Mehrerträge/Mehreinzahlungen bei dieser Steuer) gedeckt werden.
b) Bei den öffentlichen Einrichtungen Bäder, Theater und Büchereien sollen Gebühren erhoben werden, die bei weitem nicht die Kosten der Einrichtungen decken. Im Rahmen der Gesamtdeckung soll die Finanzierung durch Steuern sichergestellt werden.
c) Für den Bau eines Schulzentrums werden der Gemeinde Kredite durch das Land mit einer Verzinsung von 3,2 % (feststehend) angeboten. Die notwendigen Deckungsmittel könnten allerdings auch durch Veräußerung von Wertpapieren des Umlaufvermögens (gesicherte Zinserwartung: 2,0 %) erzielt werden. Die Gemeinde möchte der Kreditaufnahme den Vorzug geben und will die Deckungsmittel aus dem Verkauf der Wertpapiere für die Finanzierung von Maßnahmen im nächsten Haushaltsjahr verwenden.

Aufgabe:
Begutachten Sie, ob die geplanten Finanzierungen zulässig sind.

Lösung:
Die Lösung des Falles hat von der Verbindlichkeit der Rangfolge der Deckungsmittel gemäß § 64 Abs. 2 und 3 BbgKVerf auszugehen.

a) Bei der bewilligten zweckgebundenen Landeszuweisung handelt es sich um sonstige Deckungsmittel im Sinne des § 64 Abs. 2 BbgKVerf i. V. m. § 3 Abs. 2 KAG, die vorrangig einzusetzen sind. Im Sachverhalt wird darauf hingewiesen, dass die Auflagen für die Gemeinde zumutbar sind. In diesem Sinne könnte das Streben der Gemeinde nach Unabhängigkeit von zukünftigen Auflagen, was zudem unrealistisch erscheint, nicht als Begründung anerkannt werden, um von der verbindlichen Rangfolge der Deckungsmittel abzuweichen. Dieser Verzicht auf die Inanspruchnahme der bewilligten Zuweisung ist unzulässig, da gemäß § 64 Abs. 2 BbgKVerf i. V. m. § 3 Abs. 2 KAG die sonstigen Deckungsmittel als „vorrangig" bezeichnet sind. Insofern würde eine Anhebung der Grundsteuern einen Verstoß gegen § 64 Abs. 2 BbgKVerf i. V. m. § 3 Abs. 2 KAG bedeuten.
b) Spezielle Entgelte, in diesem Falle Benutzungsgebühren, sind gegenüber den Steuern grundsätzlich als vorrangige Deckungsmittel einzusetzen. Allerdings schränkt § 64 Abs. 2 BbgKVerf diesen Grundsatz dahin gehend ein, dass die Vorrangigkeit nur „soweit vertretbar und geboten" zu beachten ist. Hier ist Raum für selbstständige

politische Entscheidungen der Gemeinde in deren pflichtgemäßen Ermessen gelassen. Die möglichen sozialen, wirtschaftlichen und politischen Gründe können sich demzufolge auf die Höhe des speziellen Entgeltes auswirken, eine Finanzierung in der vorgegebenen Form ist zulässig. Gerade bei Bädern, Theater und Büchereien besteht ein öffentliches Interesse, dass diese Einrichtungen zu erschwinglichen Entgelten allen Bevölkerungsschichten zur Verfügung stehen. Es handelt sich um Grundeinrichtungen der Daseinsvorsorge.
Der Verzicht auf kostendeckende Gebühren widerspricht zudem auch nicht § 6 Abs. 1 KAG, der nämlich die Kostendeckung auch nur als „Regel" bezeichnet. Zum einen handelt es sich dabei um eine Soll-Vorschrift, zum anderen wird auch hier ausdrücklich darauf verwiesen, dass eine Gebührenerhebungspflicht nur besteht, wenn ausschließlich einzelne Personen oder Personengruppen Vorteile aus der Einrichtung ziehen. Bei öffentlichem Interesse bzw. Nutzung durch die Allgemeinheit muss keine kostendeckende Gebühr erhoben werden (siehe auch die Darstellung in der VV zu § 6 KAG).

c) Die Subsidiarität der Kreditaufnahmen ist in der Weise eingeschränkt, als Kreditaufnahmen auch dann erlaubt sind, wenn eine andere Finanzierung wirtschaftlich unzweckmäßig wäre. Hier stehen sich zwei Finanzierungsmöglichkeiten gegenüber: zum ersten die nach den Grundregeln des § 64 Abs. 2 und 3 BbgKVerf i. V. m. § 3 Abs. 2 KAG vorrangige Einzahlung aus dem Verkaufserlös der Wertpapiere und zum zweiten die grundsätzlich nachrangige Kreditaufnahme. Demnach wäre die Einzahlung aus dem Verkaufserlös vorrangig einzusetzen und eine Kreditaufnahme demnach unzulässig.
Es fragt sich jedoch, ob es nicht wirtschaftlich zweckmäßiger ist, der Kreditaufnahme den Vorzug zu geben. Dieses Tatbestandsmerkmal wird erfüllt, weil der Zinssatz für den Landeskredit mit 3,2 % feststehend schon sehr günstig ist. Zwar liegt die Zinserwartung für die Wertpapiere mit 2 % unter den Sollzinsen des Kredites, und es wäre kurzfristig günstiger, auf den Guthabenzins zu verzichten. Jedoch wirkt der Grundsatz der Wirtschaftlichkeit nicht nur jahresbezogen. Mittelfristig ist die jetzige Kreditaufnahme zu diesem günstigen Zinssatz wirtschaftlich unbedingt vorrangig geboten, weil laut Sachverhalt die Mittel aus dem Verkaufserlös für die Wertpapiere ohnehin im nächsten Jahr zur Haushaltsfinanzierung eingesetzt werden. Grundsätzlich bleibt es immer mit einem gewissen Risiko abzuwägen, ob man nicht zukünftig günstigere Zinskonditionen erwarten könnte. Dass aktuell (2021) der Zins immer noch unter 3 % liegt, wäre im Vorfeld schwer vorherzusehen gewesen.

9.2.5 Vorherigkeit

9.2.5.1 Grundsatz

Der Haushaltsplan gilt für ein Haushaltsjahr. Das Haushaltsjahr ist das Kalenderjahr (§ 65 Abs. 4 BbgKVerf).

Die Finanzwirtschaft muss ab 1. Oktober eines Jahres handlungsfähig sein. Um diese Funktionsfähigkeit zu erreichen, sollte ein für die Haushaltswirtschaft verbindlicher Plan einschließlich Satzung noch im alten Haushaltsjahr entstehen. Der Grundsatz der Vorherigkeit liegt in dem Prinzip begründet, dass der Plan jeweils vorher, also für den künftigen Haushalt vor Beginn des Haushaltsjahres, aufzustellen ist. Dies dient der Rechtssicherheit der Gemeinde, denn der Beschluss der Gemeindevertretung über die Haushaltssatzung dient als Leitlinie für die Verwaltung und stellt somit einen bedeutenden Generalkontrakt zwischen Gemeindevertretung und Verwaltung dar.

Als Verstärkung dieses Grundsatzes ist die Bestimmung des § 67 Abs. 4 BbgKVerf zu bewerten, wonach die von der Gemeindevertretung beschlossene Haushaltssatzung mit ihren Anlagen der Aufsichtsbehörde vorzulegen ist. Als Termin für die Vorlage ist der 30. November vor Beginn des Haushaltsjahres als Soll-Vorschrift vorgesehen.

Der Grundsatz der Vorherigkeit und als Ausfluss der in § 67 Abs. 4 BbgKVerf genannte Termin dienen dem Zweck, dass die Gemeinde gedrängt wird, ihre Planungen bis zum 30. November des Vorjahres abzuschließen, und dass der Aufsichtsbehörde Gelegenheit gegeben wird, festzustellen, ob die geplante Haushaltssatzung mit den Anlagen mit dem geltenden Recht im Einklang steht und eventuelle Genehmigungen zu erteilen oder zu versagen sind.

Ziel ist, zu Beginn des Haushaltsjahres eine beschlossene und öffentlich bekanntgegebene Haushaltssatzung zu besitzen, auf deren Basis Erträge/Einzahlungen und Aufwendungen/Auszahlungen bewirtschaftet und Verpflichtungen eingegangen werden können.

Eine Änderung der Kommunalverfassung, welche am 1.12.2024 in Kraft tritt, ergänzt den § 67 der Kommunalverfassung um einen Absatz:

> *„(6) Die Kommunalaufsichtsbehörde hat beginnend mit der Haushaltssatzung für das Haushaltsjahr 2025 die Genehmigung gemäß § 63 Absatz 5, § 73 Absatz 4 und § 74 Absatz 2 bis zur Beschlussfassung der Gemeindevertretung über den Jahresabschluss für das vorvorvergangene Haushaltsjahr sowie der Aufstellung des Jahresabschlusses für das vorvergangene Haushaltsjahr zurückzustellen. Der aufgestellte Entwurf des Jahresabschlusses für das vorvergangene Haushaltsjahr ist dem Rechnungsprüfungsamt sowie der Kommunalaufsichtsbehörde vorzulegen. Enthält die Haushaltssatzung keine genehmigungspflichtigen Teile, darf sie abweichend von Absatz 5 erst öffentlich bekannt gemacht werden, wenn die Voraussetzungen gemäß Satz 1 und 2 erfüllt sind.“*[15]

- § 63 Abs. 5 bedeutet: Die Gemeinde erreicht keinen Haushaltsausgleich des ordentlichen Ergebnisses und hat die Auflage, eine Haushaltssicherungskonzept zu erstellen, welches durch die Gemeindevertretung beschlossen und durch die Kommunalaufsicht genehmigt werden muss.

15 Gesetz zur Änderung des Gesetzes zur Beschleunigung der Aufstellung und Prüfung kommunaler Jahresabschlüsse, zur Änderung der Kommunalverfassung des Landes Brandenburg und weiterer Änderungen vom 18.12.2020.

- § 73 Abs. 4 bedeutet: Der Gesamtbetrag der Verpflichtungsermächtigungen bedarf im Rahmen der Haushaltssatzung insoweit der Genehmigung der Kommunalaufsichtsbehörde, als in den Jahren, zu deren Lasten sie veranschlagt sind, insgesamt Kreditaufnahmen vorgesehen sind.
- § 74 Abs. 3 bedeutet: Kreditermächtigungen.

Zusammengefasst bedeutet diese Änderung, dass Kommunen dazu aufgefordert sind, ihre Jahresabschlüsse fristgerecht fertigzustellen, um eine gültige Haushaltssatzung zu veröffentlichen.

9.2.5.2 Ausnahme: Vorläufige Haushaltsführung

Es lässt sich nicht immer vermeiden, dass die Haushaltssatzung erst nach Beginn eines Haushaltsjahres öffentlich bekanntgemacht wird. Möglicherweise hat sich das Verfahren zum Zustandekommen der Haushaltssatzung innerhalb der Gemeinde verzögert.

Von den Gemeinden wird verschiedentlich die zu späte Verabschiedung des Landeshaushaltes und des jährlichen Finanzausgleichsgesetzes als Grund vorgebracht. Diese Begründung ist jedoch nicht stichhaltig, denn die Eckwerte der Zuweisungen sind in der Regel vorab bekannt oder können anhand einer Prognose für das kommende Jahr hochgerechnet werden.

Da die gemeindlichen Aufgaben auch ohne bestehende Haushaltssatzung erledigt werden müssen, bedarf es als Ersatz für die fehlende Haushaltssatzung mit Haushaltsplan Regelungen für die haushaltslose Zeit zwischen dem 1. Januar des Jahres und der Veröffentlichung der Haushaltssatzung. Insofern ist die vorläufige Haushaltsführung in § 69 BbgKVerf enthalten. Voraussetzung für die Anwendung ist, dass die Haushaltssatzung bei Beginn des Haushaltsjahres noch nicht bekanntgemacht ist, sodass der Anwendungsbereich auf die Zeit bis zur Veröffentlichung der neuen Haushaltssatzung beschränkt ist. Im Einzelnen darf die Gemeinde während dieser haushaltslosen Zeit Erträge/Einzahlungen erzielen, Aufwendungen/Auszahlungen bewirken und auch Verpflichtungen eingehen, dies alles jedoch im eingeschränkten Umfang.

a) Deckungsmittelbeschaffung in der vorläufigen Haushaltsführung

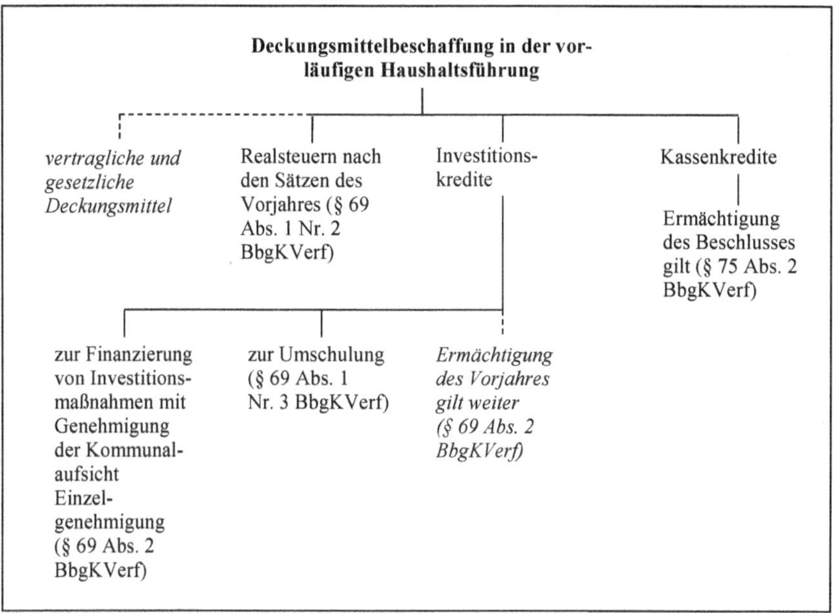

Die Gemeinde darf sämtliche Deckungsmittel aufgrund privat- und öffentlich-rechtlicher Basis erheben (zur Besonderheit der Realsteuern siehe weiter unten). Dieses liegt darin begründet, dass die Erhebungsgrundlagen nicht auf der fehlenden Haushaltssatzung beruhen. So werden z. B. vertraglich festgesetzte Mieten, Pachten, Eintrittsgelder und Verkaufserlöse auch ohne vorliegende Haushaltssatzung vereinnahmt. Gebühren, Beiträge, örtliche Verbrauch- und Aufwandsteuern (z. B. Hundesteuer, Vergnügungssteuer und Zweitwohnungssteuer) werden aufgrund spezieller Gesetze und Satzungen erhoben, die unabhängig von der Haushaltssatzung bestehen und auch geändert werden können. Sie werden deshalb auch nicht durch das Fehlen einer Haushaltssatzung tangiert. So sind selbstverständlich jederzeit auch Steuer-, Beitrags und Gebührenerhöhungen aufgrund von Gesetzes- und Satzungsänderungen zulässig. Vertraglich begründete Deckungsmittel können durch Änderungen des Vertragswerkes auch ohne Haushaltssatzung erhöht werden.

Eine Besonderheit stellen lediglich die Realsteuern[16] dar. Dabei handelt es sich gemäß § 3 Abs. 1 AO um die Grund- und Gewerbesteuern. Die Hebesätze für diese Steuern werden in § 4 der Haushaltssatzung festgesetzt. Während der vorläufigen Haushaltsführung fehlt demnach eine solche Ermächtigung, sodass wegen des Grundsatzes des Gesetzesvorbehaltes die Gemeinde keine Ermächtigung zur Erhebung der Realsteuern hätte. Insofern tritt § 69 Abs. 1 Nr. 2 BbgKVerf an die Stelle der Festsetzung durch

16 Der genaue Wortlaut im § 69 Abs. 1 Nr. 2 BbgKVerf ist: „Steuern, für die die Haushaltssatzung Rechtsgrundlage ist".

die Haushaltssatzung. Allerdings sieht der Gesetzgeber nur eine Erhebung nach den Steuersätzen des Vorjahres vor. Eine Erhöhung der Steuersätze wäre demnach während der vorläufigen Haushaltsführung auf den ersten Blick unzulässig.

Allerdings überzeugt die Regelung des § 69 Abs. 1 Nr. 2 BbgKVerf nicht. Die Gemeinden besitzen nämlich gemäß §§ 25 Abs. 2 GrStG und § 16 Abs. 2 GewStG das Recht, die Hebesätze für die Realsteuern für mehrere Jahre festzusetzen. Da die Haushaltssatzung gemäß § 65 Abs. 3 BbgKVerf höchstens Festsetzungen für zwei Jahre enthalten darf, können die Gemeinden die mehrjährigen Steuerfestsetzungen nur in einer so genannten Hebesatzsatzung tätigen.[17] Diese bundesrechtliche Regelung geht dem Landesrecht und somit auch § 69 Abs. 1 Nr. 2 BbgKVerf vor. Die Gemeinden können demnach sehr wohl auch während der vorläufigen Haushaltsführung ihre Realsteuerhebesätze erhöhen, allerdings nur mittels einer speziellen Hebesatzsatzung. Aus diesem Grunde sagt die Regelung in § 69 Abs. 1 Nr. 2 BbgKVerf aus, dass die Sätze des Vorjahres anzuwenden sind, wenn die Haushaltssatzung die Rechtsgrundlage für die Erhebung der Steuern ist. Bei einer speziellen Satzung findet § 69 Abs. 1 Nr. 2 BbgKVerf daher keine Anwendung.

Weiterhin darf die Gemeinde Kredite aufnehmen, wobei hier vier Ermächtigungsgrundlagen zu unterscheiden sind:

- Nach § 69 Abs. 2 BbgKVerf können Kredite zur Finanzierung der Fortsetzung von Bauten, der Beschaffungen und der sonstigen Leistungen des Finanzplans nach § 69 Abs. 1 Nr. 1 BbgKVerf (demnach also für Investitionen) mit Genehmigung der Aufsichtsbehörde (Einzelgenehmigung) aufgenommen werden. Für Kredite besteht im Rahmen der Vorlage der Haushaltssatzung gemäß § 67 Abs. 5 i. V. m. § 74 Abs. 2 BbgKVerf eine Genehmigungspflicht. Daher sieht der Gesetzgeber für neue Kreditaufnahmen in der vorläufigen Haushaltsführung eine Genehmigung durch die Aufsichtsbehörde vor. Dies ist auch sinnvoll, da eine Kreditaufnahme zu Lasten des Jahres erfolgt, für das noch keine gültige Haushaltssatzung vorliegt. Die Gemeinden könnten, gäbe es keine Genehmigung, die späteren Auswirkungen einer Rechtskontrolle im Rahmen der Genehmigungspflicht oder gar der Genehmigung eines Haushaltssicherungskonzeptes unterlaufen.
- Auch in der vorläufigen Haushaltsführung ist die Abwicklung von Umschuldungen gemäß § 69 Abs. 1 Nr. 3 BbgKVerf zulässig. Dieses ist eine zwangsläufig richtige Entscheidung des Gesetzgebers, weil Umschuldungen nicht über die Haushaltssatzung abgewickelt werden. Gemäß § 65 Abs. 2 Nr. 3 BbgKVerf enthält die Haushaltssatzung nur die Kredite für Investitionen. Anzeigen oder gar Genehmigungen sind bei Umschuldungen nicht erforderlich.
- Unabhängig davon, ob eine Haushaltssatzung erlassen ist oder nicht – also auch während der vorläufigen Haushaltsführung –, darf gemäß § 74 Abs. 3 BbgKVerf auf die Kreditermächtigung des Vorjahres zurückgegriffen werden, sofern diese Ermächtigung noch nicht ausgeschöpft wurde. Die Aufnahme von Krediten aufgrund dieser verbleibenden Ermächtigung bedarf keiner erneuten Anzeige gegenüber der

17 Zu den Einzelheiten siehe *Mutschler*, Kommunales Finanz- und Abgabenrecht NRW, 14. Aufl., Wiesbaden 2018, S. 77 ff.

Aufsichtsbehörde. Die Praxis spricht von einer „zweijährigen Kreditermächtigung". Dies ist auch sinnvoll, denn bei den Auszahlungen kommt es immer wieder zu Verzögerungen auch über das Jahresende hinaus (z. B. werden Baumaßnahmen nicht so zügig abgewickelt wie geplant), sodass auch die Realisierung der Kredite durchaus zeitlich angepasst und damit aufgeschoben werden kann. Einzelheiten dazu sind in Kap. 15 dargestellt.

Schließlich besteht aufgrund des § 76 Abs. 2 BbgKVerf für die Gemeinde die Möglichkeit, auch während der vorläufigen Haushaltsführung Kredite zur Sicherung der Liquidität aufzunehmen, da die Obergrenze nicht in der Haushaltssatzung festgesetzt werden muss, sondern durch einfachen Beschluss der Gemeindevertretung ihre Festsetzung erfährt. Somit kann der Betrag des aktuellen Beschlusses ausgeschöpft werden, oder eine neue Obergrenze kann durch Beschluss festgesetzt werden.

b) Aufwendungen und Auszahlungen sowie Verpflichtungsermächtigungen in der vorläufigen Haushaltsführung

Der Haushaltsplan ist gemäß § 66 Abs. 3 BbgKVerf die Grundlage für die Haushaltswirtschaft der Gemeinde und demnach im Innenverhältnis verbindlich. Im kommunalen Rechnungswesen kann demnach nur gehandelt werden, wenn eine Ermächtigung des Haushaltsplans vorliegt. Da diese jedoch während der vorläufigen Haushaltsführung nicht vorhanden ist, die kommunalen Aufgaben jedoch weiterhin – auch in finanzieller Hinsicht – fortzuführen sind, müssen Ersatzermächtigungen geschaffen werden. Dies geschieht mit § 69 Abs. 1 Nr. 1 BbgKVerf.

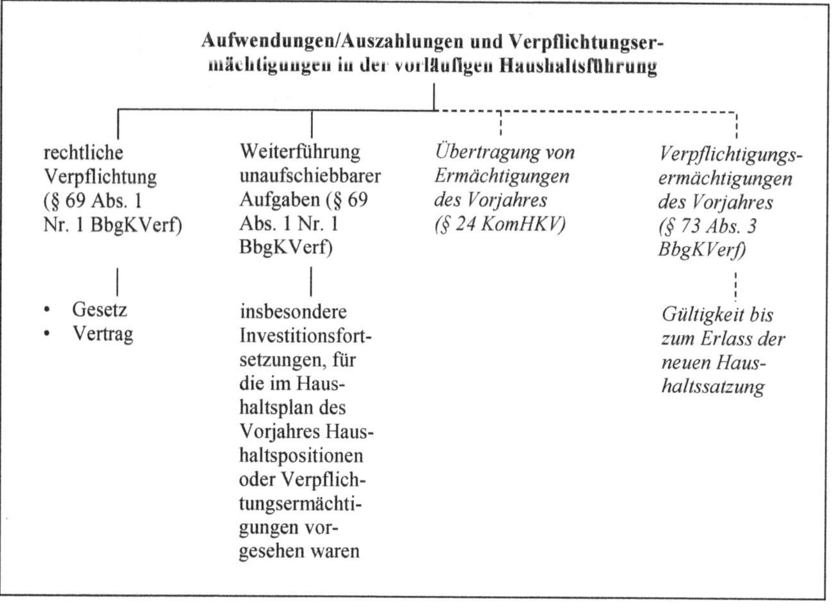

Die Änderung der Kommunalverfassung, welche am 1.12.2024 in Kraft tritt, ändert den § 69 wie folgt:[18]

- In Absatz 1 Nr. 1 wird das Komma am Ende durch die Wörter „sowie neue Investitionsmaßnahmen beginnen, wenn sie für die Erfüllung pflichtiger Aufgaben unabweisbar und unaufschiebbar sind," ersetzt,
- in Absatz 2 Satz 1 werden die Wörter „Fortsetzung der" gestrichen.

In der vorläufigen Haushaltsführung darf die Gemeinde Aufwendungen entstehen lassen und Auszahlungen leisten, zu denen sie rechtlich verpflichtet ist. Dazu zählen alle Aufwendungen bzw. Auszahlungen, die sich aufgrund einer vertraglichen oder gesetzlichen Verpflichtung ergeben, z. B. Personalaufwendungen/-auszahlungen, Leistungen der Sozialhilfe oder Mietaufwendungen/-auszahlungen.

Zudem darf sie Aufwendungen entstehen lassen und Auszahlungen leisten, die für die Weiterführung notwendiger Aufgaben unaufschiebbar sind. Damit sind alle Maßnahmen gemeint, die im Interesse der Gemeinde und ihrer Bürger notwendig sind, z. B. die Beschaffung von Arbeitsmaterial oder der Erwerb von Treibstoffen. Ausdrücklich wird diesem Tatbestand die Fortsetzung von Bauten, Beschaffungen und sonstigen Investitionsleistungen zugeordnet, sofern im Haushaltsplan des Vorjahres Haushaltsansätze oder Verpflichtungsermächtigungen vorgesehen waren. Diese Regelung entspricht dem allgemeinen Haushaltsgrundsatz der Wirtschaftlichkeit, denn z. B. ein Baustillstand würde zu erheblichen Kostensteigerungen führen. Durch die Änderung der Kommunalverfassung (erst ab dem 1.12.2024 in Kraft!) gilt das nicht nur für die Fortsetzung, sondern auch für neue Investitionsmaßnahmen, die für die Erfüllung pflichtiger Aufgaben unabweisbar und unaufschiebbar sind.

Ein Problem besteht darin, dass § 69 BbgKVerf keine Ermächtigung in der vorläufigen Haushaltsführung vorsieht, im Investitionsbereich Verpflichtungen einzugehen, die erst in späteren Jahren zu Auszahlungen führen. Die Vorschrift enthält in Absatz 1 Nr. 1 ausschließlich und abschließend nur Ermächtigungen für Auszahlungsleistungen, einen Ersatz für fehlende Verpflichtungsermächtigungen bietet § 69 BbgKVerf nicht. Die Gemeinde kann zwar während der vorläufigen Haushaltsführung Auszahlungen in Millionenhöhe leisten, einen Vertragsabschluss für einen unaufschiebbar benötigten Grunderwerb über 10.000 € mit Zahlung im kommenden Jahr darf sie dagegen nicht tätigen. Die Veränderung Brandenburger Kommunalverfassung weicht diese Regelung auf.

Unabhängig davon, ob bereits ein neuer Haushalt vorhanden ist oder nicht, kann auf bestimmte Ermächtigungen des Vorjahres zurückgegriffen werden, somit auch während der vorläufigen Haushaltsführung. Es handelt sich somit nicht um spezielle Ermächtigungen der vorläufigen Haushaltsführung, sondern um generelle Ausnahmen zum Grundsatz der Jährlichkeit, die auch bei Vorliegen einer gültigen Haushaltssatzung bestehen. Im Einzelnen:

- Die im Rahmen des Jahresabschlusses des abgelaufenen Haushaltsjahres gemäß § 24 KomHKV übertragenen Ermächtigungen für Aufwendungen und Auszahlungen

18 Gesetz zur Änderung des Gesetzes zur Beschleunigung der Aufstellung und Prüfung kommunaler Jahresabschlüsse, zur Änderung der Kommunalverfassung des Landes Brandenburg und weiterer Änderungen vom 18.12.2020.

(gem. § 2 Nr. 19 KomHKV werden diese als „Haushaltsreste" bezeichnet) können bereits unmittelbar nach ihrer Übertragung auch ohne bestehende Haushaltssatzung in Anspruch genommen werden, da sie die Planungspositionen des neuen Haushaltsjahres unmittelbar erhöhen.

- Gemäß § 73 Abs. 3 BbgKVerf gelten die Verpflichtungsermächtigungen des alten Jahres bis zum Ende des neuen Haushaltsjahres und, wenn die Satzung des darauffolgenden Jahres noch nicht beschlossen ist, bis zum Erlass dieser Satzung weiter. Dies hat zur Auswirkung, dass die Gemeinde die Verpflichtungsermächtigungen des abgelaufenen Jahres auch während der vorläufigen Haushaltsführung in Anspruch nehmen kann. Voraussetzung ist, dass die Verpflichtungsermächtigungen im alten Jahr bei der entsprechenden Investition noch nicht ausgeschöpft wurden.
  Die Problematik für die konkrete Umsetzung dieser Vorschrift zeigt sich am folgenden Beispiel:

Verpflichtungsermächtigung 2023	*3.000.000 €*
zulasten des Jahres 2024	*2.000.000 €*
zulasten des Jahres 2025	*1.000.000 €*

  Die Verpflichtungsermächtigung wurde in 2023 nicht in Anspruch genommen.

  Die Verpflichtungsermächtigung 2023 gilt nunmehr bis zum Erlass der Haushaltssatzung 2024 weiter. Dabei entspricht der Anteil zu Lasten des Jahres 2025 weiterhin dem Begriff der Verpflichtungsermächtigung, weil jetzt in 2024 immer noch ein späteres Haushaltsjahr, nämlich 2025, belastet wird. Beim Anteil der Verpflichtungsermächtigung aus 2023 über 2.000.000 € für 2024 dagegen wird in der vorläufigen Haushaltsführung der Begriff der Verpflichtungsermächtigung verlassen, weil nunmehr eine Auszahlungsbelastung des laufenden Jahres 2024 ausgelöst werden soll.
  Dieses Problem wurde erkannt, indem in § 69 Abs. 1 Nr. 1 BbgKVerf auch die Investitionsfortsetzung zugelassen wird, wenn u. a. im Vorjahr Verpflichtungsermächtigungen veranschlagt waren. Insofern ist die Frage positiv gelöst, da jetzt zumindest für diesen Teil des Jahres 2024 § 69 Abs. 1 BbgKVerf zutreffend anzuwenden ist. Notwendig wäre aber auch eine Anpassung des § 73 Abs. 3 BbgKVerf.

9.2.5.3 Übungen

Sachverhalt Nr. 4

Die Haushaltssatzung der Gemeinde G für das Haushaltsjahr 2024 wird nicht vor April 2024 rechtswirksam werden. In den Monaten Januar und Februar 2024 sollen folgende Aufwendungen getätigt bzw. Auszahlungen geleistet werden:

a) Nach einem schweren Unwetter muss das Rathausdach mit einem Kostenaufwand von 30.000 € erneuert werden. Im zu dieser Zeit bereits von der Gemeindevertretung beschlossenen Haushaltsplan sind Mittel für diese Maßnahme nicht vorgesehen.

b) Für die Fortführung des Parkplatzbaues am gemeindlichen Friedhof werden 400.000 € benötigt. Bereits im Haushaltsplan 2023 war der erste Teilbetrag für diese Maßnahme veranschlagt.
c) Mit dem Bau des seit Jahren geplanten Theaters soll begonnen werden. Im Haushaltsplanentwurf 2024 sind als investive Auszahlungen 1.400.000 € eingestellt.
d) Das Hauptamt (zentrale Dienste) will die Telefonkosten an den Telefonanbieter überweisen. Außerdem ist der Papierbestand der Verwaltung weitgehend verbraucht. Statt der benötigten Menge für das 1. Quartal 2024 soll bereits jetzt der Gesamtjahresbedarf bestellt werden, um damit einen Rabatt von 10 % zu erzielen.
e) Mit dem Bau einer Schule soll begonnen werden, damit zum Schuljahresbeginn 2025 die Schule fertiggestellt ist. Im Haushaltsplanentwurf 2024 ist als Teilfinanzierung eine Auszahlungsermächtigung von 2.000.000 € enthalten. Nach einer Verfügung des Bauordnungsamtes darf das bisherige Schulgebäude nur bis zum 1.7.2025 genutzt werden.
f) Im Haushaltsplanentwurf 2024 sind als Anfinanzierung für den Bau des seit Jahren geplanten Freibades 1.400.000 € vorgesehen. Bereits im November 2023 hat der Bauunternehmer U den Gesamtauftrag zur Errichtung des Freibades erhalten.

Aufgabe:
Prüfen Sie, ob die Aufwendungen getätigt bzw. die Auszahlungen aus haushaltsrechtlicher Sicht geleistet werden dürfen.

Lösung:
a) Es handelt sich hier um die Reparatur des Rathausdaches. Die Gemeinde darf in der Zeit der vorläufigen Haushaltsführung u. a. Aufwendungen entstehen lassen und Auszahlungen leisten, die für die Weiterführung notwendiger Aufgaben unaufschiebbar sind (§ 69 Abs. 1 Nr. 1 BbgKVerf). Ein intaktes Rathaus ist schon aus Gründen der Aufrechterhaltung des Dienstbetriebs und des Erhalts der Bausubstanz notwendig. Zudem könnte eine rechtliche Verpflichtung aus Gründen der Fürsorgepflicht gegenüber den Beschäftigten des Dienstherrn abgeleitet werden, die Anspruch auf intakte Diensträume haben. Die Aufwendungen sowie die Leistung der Auszahlungen in Höhe von 30.000 € sind demnach zulässig. Dabei ist es ohne Bedeutung, dass die Mittel bisher im Haushaltsplanentwurf nicht vorgesehen waren.
b) Es handelt sich laut Sachverhalt um eine Baufortsetzung, für die im Haushaltsplan des Vorjahres bereits Finanzpositionen in Form von Auszahlungsermächtigungen veranschlagt waren. Die Investitionsauszahlung ist demnach gemäß § 69 Abs. 1 Nr. 1 BbgKVerf zulässig.
c) Mit dem Bau des seit Jahren geplanten Theaters kann während der vorläufigen Haushaltsführung nicht begonnen werden. Es besteht bei dieser freiwilligen gemeindlichen Aufgabe keine rechtliche Verpflichtung zur Leistung von Auszahlungen. Zudem sind keine Gründe erkennbar, dass diese Maßnahme der unaufschiebbaren Weiterführung gemeindlicher Aufgaben dient. Die Auszahlungen dürfen somit nicht geleistet werden.

d) Die Begleichung der Telefonrechnung bedeutet für die Gemeinde eine rechtliche Verpflichtung, die auf der Abrechnung des Telefonanbieters (Vertrag) fußt. Die Aufwendungen können entstehen und die Auszahlungen somit gemäß § 69 Abs. 1 BbgKVerf geleistet werden.
   Für die Weiterführung notwendiger Aufgaben wird konkret nur die Papiermenge für das 1. Quartal des Jahres 2024 benötigt. Bei der Bestellung des Gesamtbedarfs kann jedoch ein Rabatt von 10 % erzielt werden. Dieser Geschäftsvorgang ist unter Beachtung des Grundsatzes der Sparsamkeit und Wirtschaftlichkeit nach § 63 Abs. 2 BbgKVerf zu sehen. Unter dem Aspekt dieser Muss-Vorschrift ist diese Bestellung mit den nachfolgenden Aufwendungen und Auszahlungen für das gesamte Jahr auch während der vorläufigen Haushaltsführung zulässig. Es handelt sich somit um die auch aus wirtschaftlichen Gründen notwendige unaufschiebbare Aufgabenerfüllung im Sinne des § 69 Abs. 1 Nr. 1 BbgKVerf.
e) Es liegt hier der Beginn einer neuen Baumaßnahme vor, was grundsätzlich durch die Regelungen des § 69 Abs. 1 Nr. 1 BbgKVerf ausgeschlossen ist (nur Baufortsetzungen). Zu beachten ist jedoch, dass das bisherige Schulgebäude nur bis zum 1.7.2025 benutzt werden darf. Bis zu diesem Zeitpunkt muss das neue Schulgebäude fertig gestellt sein. Aus diesem Grunde ist auch der Beginn der Schulbaumaßnahme vor dem Hintergrund der Weiterführung notwendiger Aufgaben in den kommenden Jahren (Fortsetzung des Schulunterrichts) zulässig und somit die Leistung der Investitionsauszahlung unaufschiebbar.
f) Der Bau des Freibades ist seit Jahren geplant. Im Vorjahr wurde dem Bauunternehmer der Auftrag zur Errichtung bereits erteilt. Insofern besteht für die Gemeinde nunmehr die rechtliche Verpflichtung zur Auszahlungsleistung durch den Vertrag. Die anfallenden Investitionsauszahlungen können auch während der vorläufigen Haushaltsführung geleistet werden.

Sachverhalt Nr. 5

Die Haushaltssatzung der Gemeinde G für das Haushaltsjahr 2024 wird nicht vor April 2024 rechtswirksam werden. In den Monaten Januar und Februar 2024 sollen folgende Finanzierungen (Beschaffung von Deckungsmitteln) vorgenommen werden:

a) Die kommunale Investition „Bau einer Schwimmhalle“ soll fortgesetzt werden. Im Haushaltsjahr 2024 besteht ein Bedarf von 1.400.000 €. Diese Auszahlungen sollen durch Kreditaufnahmen finanziert werden. Im Haushaltsjahr 2023 waren 1.000.000 € als Kreditermächtigung in der Haushaltssatzung vorgesehen, von denen allerdings nur 700.000 € benötigt wurden.
b) Es sollen die Mieten für die Wohnhäuser erhöht und die Hundesteuer festgesetzt werden.

Aufgabe:

Prüfen Sie, ob die Deckungsmittel der Gemeinde zur Verfügung stehen.

Lösung:

a) Es handelt sich um Maßnahmen im Rahmen der vorläufigen Haushaltsführung nach § 69 BbgKVerf, weil die Haushaltssatzung für das Jahr 2024 noch nicht veröffentlicht ist. Unabhängig von der Prüfung der Nachrangigkeit der Kreditaufnahmen ist zunächst einmal die Dauer der Kreditermächtigung des Haushaltsjahres 2023 zu prüfen. Gemäß § 74 Abs. 3 BbgKVerf gilt die Kreditermächtigung bis zum Ende des auf das Haushaltsjahr folgende Jahr, d. h. bis zum Ende des Haushaltsjahres 2024. Das bedeutet, dass die Kreditermächtigung in dem noch nicht ausgeschöpften Umfang (1.000.000 € ./. 700.000 € = 300.000 €) ohne Beteiligung der Aufsichtsbehörde ausgenutzt werden kann.
   Unabhängig von der vorgenannten Möglichkeit der Finanzierung bleibt die Regelung des § 69 Abs. 2 BbgKVerf. Danach kann die Gemeinde unter der Voraussetzung der Nachrangigkeit und mit Einzelgenehmigung der Aufsichtsbehörde weitere Kredite bis zur Höhe des benötigten Betrages zur Finanzierung der Maßnahme aufnehmen. Bei der Genehmigung gilt § 74 Abs. 2 und 3 BbgKVerf entsprechend.
b) Die Erhebung und Einziehung dieser Deckungsmittel einschließlich möglicher Erhöhungen ist zulässig, denn die genannten Deckungsmittel werden durch besondere Rechtsgrundlagen (Mietverträge bzw. Hundesteuersatzung) erfasst. Das Fehlen der Haushaltssatzung 2024 tangiert insofern die Ertrags- und Einzahlungsarten nicht, sodass § 69 Abs. 1 Nr. 2 BbgKVerf keine Anwendung findet.

9.2.6 Öffentlichkeit

9.2.6.1 Grundsatz

Der Haushaltsgrundsatz der Öffentlichkeit basiert auf der Grundlage der Beteiligung der Bürgerschaft an der Finanzwirtschaft der Gemeinde. Diese Beteiligung kann sich auf die Formen der Mitwirkung und die Entgegennahme von Informationen erstrecken. Im Folgenden sollen einzelne Regelungen des Haushaltsrechtes bezüglich der Beteiligung der Öffentlichkeit dargestellt werden.

9.2.6.2 Möglichkeiten der Beteiligung der Öffentlichkeit

1. Auslegung des Entwurfs der Haushaltssatzung

a) Gemeinden und Ämter

Die Kommunalverfassung enthält keine Vorschriften, die eine Auslegung des Entwurfs der Haushaltssatzung und des Haushaltsplans vorsehen.
Jedoch können die Einwohner, die Abgabepflichtigen etc. ihre Rechte gemäß § 14 BbgKVerf („Einwohnerantrag") und § 16 BbgKVerf („Petitionsrecht") wahrnehmen. Danach sich kann jeder einzeln oder gemeinschaftlich in Gemeindeangelegenheiten mit Vorschlägen, Hinweisen oder Beschwerden an den Bürgermeister oder die Gemeindevertretung wenden (§ 16 BbgKVerf). Zu den Gemeindeangele-

genheiten zählen auch die Finanzen der Gemeinde, somit auch die Haushaltssatzung und der Haushaltsplan. Ebenfalls können Einwohner für diesen Bereich einen Einwohnerantrag nach den Vorschriften des § 14 BbgKVerf stellen.
Ein Bürgerbegehren bzw. Bürgerentscheid ist gemäß § 15 Abs. 5 Nr. 4 BbgKVerf für die Haushaltssatzung nicht zulässig. Eine weitergehende Ausführung bleibt dem Kommunalrecht vorbehalten.

b) *Landkreise (§ 129 BbgKVerf)*
Der Entwurf der Haushaltssatzung soll mit den amtsfreien Gemeinden und Ämtern frühzeitig erörtert werden.
Außerdem ist der Entwurf der Haushaltssatzung und des Haushaltsplans einschließlich seiner Anlagen an sieben Tagen öffentlich auszulegen. Dadurch soll den kreisangehörigen Gemeinden, deren Einwohnern und Abgabepflichtigen Gelegenheit gegeben werden, in die Unterlagen einzusehen. Der Landkreis kann sich darauf beschränken, den Entwurf nur an Arbeitstagen auszulegen, wenn dabei sichergestellt wird, dass dadurch die Zahl von sieben Tagen nicht unterschritten wird.
Um dieser Vorschrift Gewicht zu verleihen, sollten die Landkreise darauf achten, dass möglichst den interessierten Personen Hilfestellung bei der Einsichtnahme durch einen sachkundigen Mitarbeiter der Verwaltung geboten wird.

2. Einwendungen – Beschluss in öffentlicher Sitzung

a) *Gemeinden und Ämter*
Da die Kommunalverfassung keine Vorschriften zur Auslegung des Entwurfs der Haushaltssatzung und des Haushaltsplans enthält, sehen die Gesetze zwangsläufig auch keine direkten Möglichkeiten zur Erhebung von Einwendungen durch Einwohner oder Abgabepflichtige vor.

b) *Landkreise (§ 129 BbgKVerf)*
Einwendungen gegen den Entwurf der Haushaltssatzung sowie des Haushaltsplans und seiner Anlagen können von den kreisangehörigen Gemeinden innerhalb einer Frist von einem Monat nach Beginn der Auslegung erhoben werden. Über diese Einwendungen beschließt der Kreistag in öffentlicher Sitzung. Es bedarf eines förmlichen Beschlusses des Kreistages über die Einwendungen.

3. Öffentliche Bekanntmachung einer beschlossenen Haushaltssatzung (§ 67 Abs. 5 BbgKVerf)

Die von der Gemeindevertretung beschlossene Haushaltssatzung der **Gemeinde** ist öffentlich bekanntzumachen. Für die Bekanntmachung ist das Muster für die Haushaltssatzung nach § 1 des Gesetzes zur Regelung der Haushalts- und Wirtschaftsführung der Gemeinden und Gemeindeverbände im Land Brandenburg zu verwenden. Abweichungen sind nicht zugelassen. Der Haushaltsplan selbst und seine Anlagen sind nicht bekanntzugeben, sondern nur die Teile, die nach § 65 Abs. 2 BbgKVerf Bestandteile der Haushaltssatzung sind.
Für die **Landkreise** und **Ämter** gelten die Vorschriften der Kommunalverfassung entsprechend (§ 131 und § 140 BbgKVerf).

4. **Öffentliche Auslegung des Haushaltsplans und seiner Anlagen**
Um der Bürgerschaft Gelegenheit zu geben, sich über die Haushaltssatzung mit dem Haushaltsplan und seinen Anlagen zu unterrichten, wird in der öffentlichen Bekanntmachung darauf hingewiesen, dass jeder Einsicht nehmen kann. Eine zeitliche Begrenzung des Einsichtsrechts ist nicht vorgesehen. Einwendungen sind nicht mehr möglich; diese Auslegung dient nur der Information.
Das jederzeitige Einsichtsrecht von jedermann ist sinnvoll, da bei einem Bürgerbegehren ein Vorschlag zur Deckung der Kosten der verlangten Maßnahme im Rahmen des Gemeindehaushaltes gemacht werden soll. Ein solcher Vorschlag kann nur nach Einsicht in die Haushaltssatzung bzw. den Haushaltsplan unterbreitet werden.

5. **Öffentlichkeit der Ausführung des Haushaltes (§ 36 BbgKVerf)**
Die Überwachung der Gemeindefinanzen und der Ausführung ist der Gemeindevertretung in Vertretung der Bürgerschaft (Öffentlichkeit) durch die Festsetzungen in § 27 Abs. 1 BbgKVerf zur alleinigen Durchführung übertragen worden. Die Entscheidung über folgende Angelegenheiten im Bereich der Haushaltswirtschaft kann die Gemeindevertretung nicht übertragen:
   - die Festsetzung allgemein geltender öffentlicher Abgaben und
   - privatrechtlicher Entgelte,
   - den Abschluss, die Änderung und Aufhebung von Grundstücksgeschäften und Vermögensgeschäften, es sei denn, es handelt sich um ein Geschäft der laufenden Verwaltung oder der Erwerb des Vermögensgegenstandes übersteigt nicht einen in der Hauptsatzung bestimmten Betrag,
   - die Übernahme von Bürgschaften.

Durch diese nicht vollständige Aufzählung der nicht übertragbaren Angelegenheiten wird vor dem Hintergrund der Bestimmung des § 36 BbgKVerf deutlich gemacht, dass die Öffentlichkeit auch bei der Ausführung des Haushaltes beteiligt ist. Gemäß § 36 Abs. 2 BbgKVerf sind die Sitzungen der Gemeindevertretung öffentlich; durch die Hauptsatzung, auf Antrag eines Gemeinderatsvertreters, des Bürgermeisters oder des Amtsdirektors kann die Öffentlichkeit zwar für Angelegenheiten einer bestimmten Art oder für einzelne Angelegenheiten ausgeschlossen werden, jedoch durchbricht diese Möglichkeit nicht das Prinzip der Öffentlichkeit.
Für die **Landkreise** und **Ämter** gelten die Vorschriften der Gemeindeordnung entsprechend (§ 131 und § 140 BbgKVerf).

6. **Öffentliche Bekanntmachung der Beschlüsse über die Jahresrechnung und Entlastung (§ 82 Abs. 5 BbgKVerf)**
Der Beschluss über den Jahresabschluss der Gemeinde und die Entlastung sind der Kommunalaufsichtsbehörde unverzüglich mitzuteilen und öffentlich bekanntzumachen. Ein Muster für die Bekanntmachung des Beschlusses über den Jahresabschluss besteht nicht.
Für die **Landkreise** und **Ämter** gelten die Vorschriften der Kommunalverfassung entsprechend (§ 131 und § 140 BbgKVerf).

9.2.6.3 Übung

Sachverhalt Nr. 6
Die von der Gemeindevertretung der Gemeinde G beschlossene Haushaltssatzung wird öffentlich bekanntgemacht. Der Bürger B liest die Bekanntmachung am 20. Dezember in der Tageszeitung und wundert sich, dass das ihn interessierende Produkt „Vereine und Verbände im Sportbereich" nicht abgedruckt ist. Die Bekanntmachung enthält nur Gesamtzahlen, die für ihn keine Aussagekraft und keinen Informationswert besitzen.

Aufgabe:
Welche Auskunft ist dem Bürger B zu erteilen, wenn er die Verwaltung zum vorgenannten Problem befragt? Dabei ist zu unterstellen, dass die Gemeinde G in ihrem Haushaltsplan nur die Mindestgliederung ausgewiesen hat.

Lösung:
Die von der Gemeindevertretung beschlossene Haushaltssatzung ist gemäß § 67 Abs. 5 BbgKVerf öffentlich bekanntzumachen. Die Haushaltssatzung enthält lediglich den Mindestinhalt nach § 65 Abs. 2 BbgKVerf, wobei im § 1 lediglich die Gesamtsummen des Haushaltes festgesetzt sind. Weitergehende Darstellungen enthält die Haushaltssatzung selbst nicht. Insofern kann die öffentliche Bekanntmachung der Haushaltssatzung dem B die geforderten Erkenntnisse nicht erbringen.

Dem Anliegen des Bürgers, Informationen zum Produkt „Vereine und Verbände" zu erhalten, wird dadurch entsprochen, dass gemäß § 67 Abs. 5 BbgKVerf die Haushaltssatzung einschließlich des Haushaltsplans zur Einsichtnahme zur Verfügung steht. Der Haushaltsplan enthält jedoch gemäß § 66 Abs. 2 BbgKVerf lediglich neben dem Ergebnis- und Finanzplan nur die Teilpläne für die Produktbereiche, somit den Produktbereich 42 „Sportförderung", weil die Gemeinde G nur die Mindestgliederung nach § 6 Abs. 1 KomHKV ausgewiesen hat. Ein eigenständiger Teilabschluss für das Produkt ist nicht vorgesehen und wird deshalb von der Gemeinde G nicht angeboten.

Allerdings enthält der Teilergebnisplan entsprechende Produktinformationen. Außerdem sind Ziele und Kennzahlen zur Zielerreichung gemäß § 6 Abs. 4 KomHKV abgebildet. Im Teilfinanzplan sind nach dem Grundsatz der Einzelveranschlagung gemäß § 8 KomHKV die Investitionen lückenlos aufgeführt. Somit besitzt B durchaus ausreichende Informationen zu dem von ihm angesprochenen Produkt.

9.3 Veranschlagungs- bzw. Planungsgrundsätze

9.3.1 Allgemeines

Die speziellen Haushaltsgrundsätze unterteilen sich in Veranschlagungs- und Bewirtschaftungsgrundsätze bzw. Planungs- und Steuerungsgrundsätze (siehe auch Überblick in Kap. 9.1). Gegenüber den allgemeinen Grundsätzen enthalten sie konkrete und spezielle Einzelregelungen für das kommunale Rechnungswesen. Dabei sind die sogenannten „Bewirtschaftungsgrundsätze" wegen ihrer überragenden Managementbedeutung für die konkrete Haushaltsausführung einem besonderen Kapitel (Kap. 13) zugeordnet worden. Insofern werden bei diesem Gliederungspunkt Einzelregelungen zur Veranschlagung von Finanzvorfällen im Ergebnis- und Finanzplan vorgestellt, sodass die Planungswerkzeuge umfassend vermittelt werden. Allerdings ist festzustellen, dass die Veranschlagungsgrundsätze zwangsläufig auch unverändert bei der Haushaltsausführung und bei der Rechnungslegung Anwendung finden. Insofern könnte auch von „Planungs- und Bewirtschaftungsgrundsätzen" gesprochen werden. Da jedoch konkrete Vorschriften eingeführt sind, die ausschließlich für die Haushaltsausführung und die Rechnungslegung gelten,[19] ist die Verfasserin der Auffassung, dass vorzugsweise der Begriff „Veranschlagungsgrundsätze" zu verwenden ist, der dann deckungsgleich auch für die Haushaltsausführung Anwendung findet.

Die Darstellung der Veranschlagungsgrundsätze erfolgt jedoch nicht in der Reihenfolge der gesetzlichen Normierungen, sondern nach der Sinnhaftigkeit der einzelnen Grundsätze. Dadurch wird es dem Leser ermöglicht, die auf viele gesetzliche Regelungen verteilten Veranschlagungsgrundsätze mit ihren Ausnahmen in kompakter Form zu verfolgen. Dabei ergibt sich folgender Überblick:

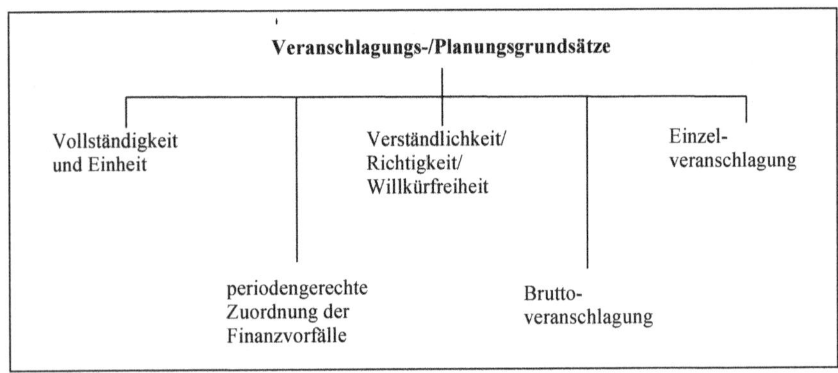

9.3.2 Vollständigkeit und Einheit

9.3.2.1 Allgemeines

Die beiden Grundsätze „Vollständigkeit" und „Einheit" sind vor dem gleichen Hintergrund zu sehen. Gemäß § 66 Abs. 1 BbgKVerf enthält der Haushaltsplan der Gemeinde alle im Haushaltsjahr zur Erfüllung der Aufgaben voraussichtlich anfallenden Erträge und eingehenden Einzahlungen, entstehenden Aufwendungen und zu leistenden Auszahlungen sowie die notwendigen Verpflichtungsermächtigungen. Beide Grundsätze beziehen sich zwar auf den Haushaltsplan, bieten jedoch unterschiedliche Varianten an.

19 So z. B. die Regelungen in § 70 BbgKVerf zur Bereitstellung von zusätzlichen Aufwendungen und Auszahlungen und die Regelungen zur Inventur in §§ 35 und 36 KomHKV.

Durch den Veranschlagungsgrundsatz der Einheit soll gewährleistet werden, dass nur ein Haushaltsplan je Gemeinde erstellt wird, wobei durch den Grundsatz der Vollständigkeit dieser Aspekt dahingehend ergänzt wird, dass in diesen Haushaltsplan dann alle Erträge/Einzahlungen, Aufwendungen/Auszahlungen und Verpflichtungsermächtigungen eingestellt werden müssen.

Der nachstehende Überblick verdeutlicht noch einmal die Inhalte des Grundsatzes:

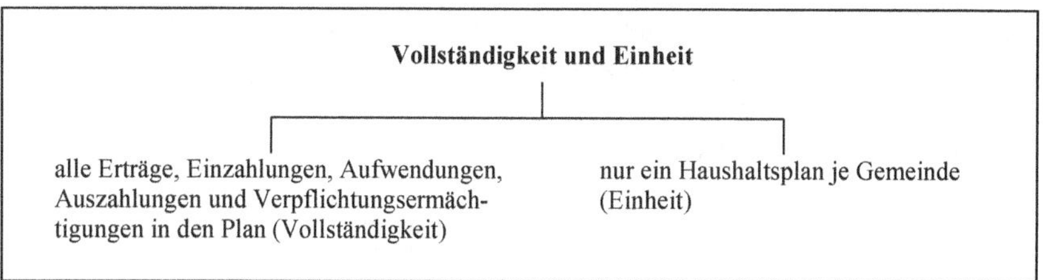

9.3.2.2 Vollständigkeit

Nach § 66 Abs. 1 BbgKVerf sind im Haushaltsplan alle voraussichtlich anfallenden Erträge und eingehenden Einzahlungen, entstehenden Aufwendungen und zu leistenden Auszahlungen sowie die notwendigen Verpflichtungsermächtigungen[20] der Gemeinde in voller Höhe zu veranschlagen. Es ist grundsätzlich unzulässig, Finanzvorfälle außerhalb des Haushaltsplans zu bewirtschaften. Ebenfalls ist eine Saldierung ausgeschlossen.

Besonderheiten

a) Interne Leistungsverrechnungen

Hierbei handelt es sich um Dienstleistungen innerhalb der Verwaltung, somit also um Geschäftsvorfälle ohne Außenwirkung. Beispiele dafür sind der Einsatz des Bauhofes als zentraler Dienst (Produktbereich 11) für die Pflege der Grünflächen bei den gemeindlichen Gymnasien (Produktbereich 21) oder die Einrichtung eines zentralen Gebäudemanagements (Produktbereich 11) für den Betrieb und die Bewirtschaftung kommunaler Gebäude und Einrichtungen. Den internen Dienstleistern entstehen dabei in ihren Produktbereichen Aufwendungen für Leistungen, die anderen Produktbereichen anzulasten sind.

Dienstleistungen an oder von kommunalen Sondervermögen[21] fallen jedoch nicht unter die internen Leistungsbeziehungen, weil sich diese in gesonderten Rechnungskreisen außerhalb des kommunalen Haushalts befinden, sodass hier externe Leistungs-

20 Verpflichtungsermächtigungen sind Ermächtigungen des Finanzplans zum Vertragsabschluss im Haushaltsjahr mit Auszahlungen in späteren Jahren. Näheres dazu siehe in Kap. 14.

21 Beispiele könnten die Beratung eines Eigenbetriebes durch einen Vertreter des gemeindlichen Rechtsamtes oder die Betreuung der Mitarbeiter (Zahlbarmachung der Gehälter, Abrechnung von Reisekosten u. ä.) einer kommunalen Anstalt des öffentlichen Rechts durch den „Personalservice“ (Personalamt) der Gemeinde sein.

beziehungen vorliegen. Dabei stehen den Erträgen und Aufwendungen auch entsprechende Einzahlungen und Auszahlungen gegenüber. Es handelt sich somit um Dienstleistungen von Dritten oder für Dritte.

Die Gliederung im kommunalen Rechnungswesen ist outputorientiert. Das bedeutet nach brandenburgischer Auffassung gemäß § 6 KomHKV, dass eine Mindestgliederung in Produktbereiche erforderlich ist. Eine weitere Gliederung des Haushaltsplans in Produktgruppen und Produkte ist nach § 6 Abs. 2 KomHKV zulässig. Diesen Produktbereichen, Produktgruppen bzw. Produkten sind gemäß § 6 Abs. 3 i. V. m. § 4 KomHKV alle Erträge und Aufwendungen zuzuordnen. Damit soll bei jeder kommunalen Aktivität das Ressourcenaufkommen und der Ressourcenverbrauch dokumentiert werden. Dies unterstützt die Finanzsteuerung. Würde nun der Ressourcenverbrauch innerhalb des kommunalen Haushaltes, also zwischen einzelnen Produktbereichen, Produktgruppen und Produkten, nicht ermittelt, könnte der Haushaltsplan keinen vollständigen verursachungsgerechten Ressourcenverbrauch nachweisen. Der Grundsatz der Vollständigkeit gebietet aber, auch diese Finanzvorfälle in den Haushalt aufzunehmen. Folgerichtig sieht § 20 KomHKV auch eine Vorschrift für den Nachweis der internen Leistungsbeziehungen im Haushaltsplan vor. Das entsprechende Muster nach der VV KomHKV (Muster 5.6) sieht dafür einen gesonderten Nachweis in den Zeilen 27 und 28 vor. Es wird damit eine Transparenz des vollständigen Ressourcenverbrauchs und Ressourcenaufkommens erreicht. Ein Nachweis im Ergebnisplan und in der Ergebnisrechnung entfällt zwangsläufig, da die internen Leistungsverrechnungen in den Gesamtertrags- und Aufwendungssummen sich als interne Zahlungen ausgleichen und somit das Gesamtergebnis nicht beeinflussen.

Nach § 20 Abs. 5 KomHKV sind interne Beziehungen zwischen den Teilhaushalten zu errechnen, soweit dieses für Steuerungszwecke oder für die Kalkulation von Gebühren, privatrechtlichen Entgelten oder Kostenerstattungen erforderlich ist. Somit ist jede Gemeinde verpflichtet, die internen Leistungsbeziehungen zu verrechnen. Dies ist auch wichtig, um dem Prinzip der Abbildung des gesamten Ressourcenaufkommens und Ressourcenverbrauchs auf Produktbereichsebene (Outputorientierung) zu entsprechen. Ist eine interne Leistungsbeziehung nicht nur von untergeordneter Bedeutung und hat sie Auswirkungen auf die Produktkosten, einzelne Kennzahlen oder Leistungsziele, muss die Gemeinde diese interne Leistungsbeziehung in die Teilergebnispläne aufnehmen, in der Haushaltsausführung bedienen und im Jahresabschluss nachweisen.

Die Ermittlung der einzelnen Erträge und Aufwendungen erfolgt in der Regel mithilfe der Kosten- und Leistungsrechnung. Im Rahmen der Planrechnung werden die Daten für die Teilergebnispläne ermittelt; im Laufe des Haushaltsjahres werden die konkreten Erträge und Aufwendungen für die internen Leistungsbeziehungen gebucht und fließen dann in die Jahresrechnung ein. Eine Durchbuchung ausschließlich am Jahresende ist nicht sinnvoll, da die Werte ja im Rahmen des laufenden operativen Controllings eingesetzt werden. Insofern empfiehlt sich eine unterjährige kontinuierliche Ermittlung; man denke dabei auch nur einmal an die Entscheidung, ob man mit einer bestimmten Dienstleistung einen internen oder einen externen Anbieter betraut („Make-or-buy-Entscheidung").

Die Ermittlungsarten für die internen Leistungsbeziehungen unterliegen – wie bereits oben dargestellt – der Kosten- und Leistungsrechnung. Insofern wird dazu auf die entsprechende Spezialliteratur verwiesen.[22]

Eine Darstellung der internen Leistungsverrechnungen in Finanzplan und Finanzrechnung erfolgt nicht, weil damit keine Ein- und Auszahlungen mit Auswirkungen auf die liquiden Mittel verbunden sind.

b) Aktivierte Eigenleistungen

Eine weitere Besonderheit der Vollständigkeit der kommunalen Haushalte stellen die aktivierten Eigenleistungen dar. Setzt eine Gemeinde eigenes Personal und eigenes Material für aktivierungsfähige (vermögenswirksame) Maßnahmen ein, so muss dieser Finanzvorfall – falls er nicht von unerheblicher Bedeutung ist – gemäß § 20 Abs. 5 KomHKV im Rahmen einer differenzierten Zuschlagskalkulation als Herstellungsaufwand erfasst werden.[23] Beispiele dafür sind der Einsatz eines Ingenieurs des gemeindlichen Fachbereichs „Bauen" (Bauamt) für den Bau einer neuen Straße oder die Errichtung einer Feuerwehrgarage durch Mitarbeiter und Materialeinsatz des gemeindlichen Bauhofes. Würde nämlich ein privates Unternehmen außerhalb der gemeindlichen Verwaltung diese Arbeiten erledigen, würde selbstverständlich eine Zuordnung der Leistungen zum entsprechenden Aktivkonto der Bilanz erfolgen (bei den vorgenannten Beispielen zu den Bilanzkonten „0451 Infrastrukturvermögen Straßennetz" bzw. „0391 bebaute Grundstücke Betriebsgebäude Feuerwehr"). Da die Eigenleistung den gleichen Erfolg herbeiführt, ist sie ebenfalls investiver Natur und somit den Aktivkonten zuzuordnen. Dies erfolgt durch den Buchungssatz „Infrastrukturvermögen Straßennetz (0451) an aktivierte Eigenleistung (4711)" bzw. „bebaute Grundstücke Betriebsgebäude Feuerwehr (0391)" an „aktivierte Eigenleistung (4711)", sodass es sich bei der Gegenbuchung um einen ordentlichen Ertrag handelt. Dieser wirkt dann erfolgsverbessernd (budgetentlastend), da er als Gegenbuchung zum Personal- und Sachaufwand eine Entlastung des Teilergebnishaushaltes darstellt. Über die später aus der Investition erfolgenden Abschreibungen werden dann wiederum die Haushalte der Folgejahre periodengerecht belastet.

Systemgerecht erfolgt kein Nachweis in Finanzplan und Finanzrechnung, da die aktivierten Eigenleistungen aufgrund ihres internen Charakters nicht zu einer Veränderung des Bestandes an liquiden Mitteln führen. Insofern weisen auch die Veranschlagungen der Investitionen in den Teilfinanzplänen dann nicht die richtigen Volumina aus, wenn aktivierte Eigenleistungen für einzelne Investitionen erbracht werden. Es werden dort nur kassenwirksame Ein- und Auszahlungen dargestellt. Damit kann der Entscheidungsträger (Gemeindevertretung oder Kreistag) das konkrete Investitionsvolumen nicht überblicken, was sicherlich die Haushaltswahrheit und Klarheit nicht fördert. Insofern ist den Gemeinden zu empfehlen, bei aktivierten Eigenleistungen – soweit nicht geringfügig – diese nachrichtlich in der Übersicht über die einzelnen Investitionsmaßnah-

22 Siehe dazu im Einzelnen *Klümper/Möllers/Zimmermann*, Kommunale Kosten- und Wirtschaftlichkeitsrechnung, 20. Aufl., Witten 2019, S. 155 ff.

23 Siehe dazu im Einzelnen *Klümper/Möllers/Zimmermann*, Kommunale Kosten- und Wirtschaftlichkeitsrechnung, 20. Aufl., Witten 2019, S. 284 ff.

men aufzulisten, sodass das Gesamtinvestitionsvolumen erkennbar wird. Es mangelt sonst an einer Planverbindung zum späteren Aktivkonto.

Für die konkrete Ermittlung des Volumens einer aktivierten Eigenleistung wird in § 50 Abs. 2 KomHKV eine vom Handelsgesetzbuch und dem Steuerrecht abweichende Ermittlungsmethode festgesetzt, was an der nachstehenden Übersicht deutlich wird:[24]

Herstellungskosten bei aktivierten Eigenleistungen

	Handelsrecht	Steuerrecht	KomHKV
Pflicht	Materialeinzelkosten + Lohneinzelkosten + Sondereinzelkosten der Fertigung ——— = Mindest-Herstellungskosten	Materialeinzelkosten + Lohneinzelkosten + Sondereinzelkosten der Fertigung + Materialgemeinkosten + Lohngemeinkosten ——— = Mindest-Herstellungskosten	Materialeinzelkosten + Lohneinzelkosten + Sondereinzelkosten der Fertigung + Materialgemeinkosten + Lohngemeinkosten + Werteverzehr des Anlagevermögens[25] ——— = Höchst-Herstellungskosten
Wahlrecht	+ Materialgemeinkosten + Lohngemeinkosten + Verwaltungsgemeinkosten ——— = Höchst-Herstellungskosten	+ Verwaltungsgemeinkosten ——— = Höchst-Herstellungskosten	
Verbot			~~Verwaltungsgemeinkosten~~

Die Abweichung vom Handels- und Steuerrecht ist nicht nachvollziehbar. Auch Verwaltungsgemeinkosten fallen nun einmal an und müssen im Bedarfsfall aktivierbar sein können. Ein mögliches Argument könnte hier sein, dass die erheblichen Overheadkosten der Gemeinde nicht zu Lasten der nächsten Generationen bilanziert werden sollen (z. B. über dann erhöhte Abschreibungen).

Bei den **Anschaffungskosten** (Erwerb von Vermögensgegenständen, vor allem auch von beweglichen Sachen) sind gemäß § 50 Abs. 1 KomHKV alle Aufwendungen anzusetzen, die notwendig sind, um den Gegenstand in betriebsbereiten Zustand zu versetzen. Dazu gehört auch der Einsatz von eigenem Personal und eigenen Sachmitteln. Allerdings enthält die Norm – anders als bei den Herstellungskosten nach § 50 Abs. 2 KomHKV – keine Wahlmöglichkeit zum Ansatz von Material- und Lohngemeinkosten. Insofern sind hier nur die Einzelkosten in Form von aktivierten Eigenleistungen zu

24 Ein Berechnungsbeispiel enthält die Übung Nr. 9.

25 Aber nur, soweit der Werteverzehr durch die Fertigung veranlasst wurde.

berücksichtigen. Dies entspricht auch den handelsrechtlichen Regelungen des § 255 Abs. 1 HGB.

c) Kalkulatorische Kosten bei den kostenrechnenden Einrichtungen
Bei den kostenrechnenden Einrichtungen handelt es sich um Bereiche der gemeindlichen Aktivitäten, die ganz oder zum Teil aus Entgelten finanziert werden. Beispiele dafür sind die Abwasserbeseitigung, Abfallbeseitigung, Straßenreinigung, Wochenmärkte, Friedhöfe und der Rettungsdienst. Dabei erfolgt die Kalkulation der Entgelte (vor allem bei Benutzungsgebühren) nach den Vorschriften des § 6 KAG, die den Ansatz von betriebswirtschaftlichen Kosten vorsehen. Diese betriebswirtschaftlichen Kosten weichen bei einigen Kostenarten von den Aufwendungspositionen des Ergebnishaushalts ab. So können z. B. bei der Gebührenkalkulation die Abschreibungen von den Anschaffungs- oder Herstellungskosten abzüglich der Zuweisungen angesetzt werden und müssen die Zinskosten auf der Basis der Gesamtkapitalbindung ermittelt werden.[26]

9.3.2.3 Ausnahmen zur Vollständigkeit

Es gibt jedoch auch Finanzmittel, die zwar als Einzahlungen und Auszahlungen über gemeindliche Girokonten abgewickelt, aber letztlich außerhalb des Haushaltsplans bewirtschaftet werden. Diese Ausnahmen sind abschließend in § 19 KomHKV aufgeführt. Es handelt sich um die sogenannten „fremden Finanzmittel".

Im Ergebnisplan sind diese Mittel ohnehin nicht zu veranschlagen, sodass auch eine Abwicklung über den Ergebnishaushalt entfällt. Dies ist in § 66 Abs. 1 BbgKVerf begründet, wonach der Haushaltsplan nur die für die Erfüllung der Aufgaben der Gemeinden anfallenden Erträge und Aufwendungen enthält. Diese Vorschrift gilt auch für die gemeindlichen Ein- und Auszahlungen.

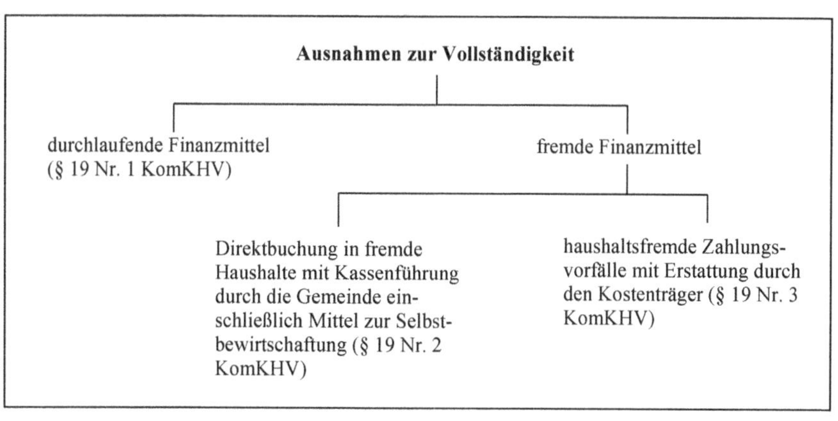

26 Die Einzelheiten dazu sind der Spezialliteratur vorbehalten, siehe dazu für alle: *Mutschler*, Kommunales Finanz- und Abgabenrecht NRW, 14. Aufl., Witten 2018, S. 205 ff.

Durchlaufende Finanzmittel

Durchlaufende Finanzmittel (Einzahlungen und Auszahlungen) sind Beträge, die für einen Dritten lediglich zahlungsmäßig vereinnahmt und verausgabt werden. Sie stellen demnach Vorgänge dar, die aus der Wahrnehmung von Finanzgeschäften für Dritte entstehen. Merkmal durchlaufender Finanzmittel ist zudem die fehlende Entscheidungsbefugnis der Gemeinde, die praktisch nur eine Art Botentätigkeit ausübt.

Beispiele:

- *Lohnsteuer und Arbeitnehmeranteile der Sozialversicherung der gemeindlichen Bediensteten,*
- *Annahme und Weiterleitung von Spenden an Dritte zur Erlangung von Spendenquittungen*
- *Mündelgelder*
- *Überzahlungen auf kommunale Forderungen, die dem Einzahler zu erstatten sind*
- *Fehlerhafte Einzahlungen, die zurückzuzahlen oder an den richtigen Empfänger weiterzuleiten sind.*

Die durchlaufenden Finanzmittel sind selbstverständlich auch buchungsmäßig zu erfassen, allerdings auf besonderen Konten. Bei häufig vorkommenden und voraussehbaren durchlaufenden Finanzmitteln empfiehlt sich sogar ein eigenes Girokonto für diese Ein- und Auszahlungen.

Fremde Finanzmittel

Die fremden Mittel werden gemäß § 19 KomHKV in zwei Arten unterteilt.

§ 19 Nr. 2 KomHKV

Dabei geht es um Finanzmittel, die die Gemeinde aufgrund eines Gesetzes unmittelbar in den Haushalt eines anderen öffentlichen Aufgabenträgers zu buchen hat. Es handelt sich in der Regel um die Erledigung von Aufgaben, die die Gemeinde im Auftrag anderer juristischer Personen des öffentlichen Rechts (im Wesentlichen Bund, Land und Gemeindeverbände) geschäftsmäßig abwickelt. Die Zahlungen werden unmittelbar auf den Haushalt der anderen juristischen Person angeordnet und darüber abgewickelt, ohne dass der Finanzhaushalt der Gemeinde berührt wird. Die zuständigen Mitarbeiter der Gemeinde haben die Ermächtigung, Einzahlungen und Auszahlungen in den fremden Haushalten zu veranlassen.

Eine weitere Möglichkeit im Sinne von § 19 Nr. 2 KomHKV stellen die der Gemeinde zur Selbstbewirtschaftung zugewiesenen Mittel dar. Hier erhält die Gemeinde außerhalb des Haushalts von einer anderen juristischen Person des öffentlichen Rechts Finanzmittel tatsächlich überwiesen und kann über sie verfügen. Aus diesen fremden Mitteln werden dann die entsprechenden Auszahlungen geleistet. Der Nachweis der Finanzmittel erfolgt auf separaten Konten.

Beispiele:

- *Leistungen nach dem Unterhaltssicherungsgesetz,*
- *Wohngeld,*
- *Leistungen im Rahmen der Ausbildungsförderung,*
- *Aufwendungen im Bereich der Verteidigungslasten (insbesondere Entschädigungen für Manöverschäden),*
- *Leistungen nach dem Bundessozialhilfegesetz durch nachgeordnete Behörden auf der Rechtsgrundlage einer Delegationssatzung und*
- *Leistungen nach dem Bundeskindergeldgesetz (Zahlung des Kindergeldes für die gemeindlichen Bediensteten mit Erstattung durch das Arbeitsamt als Bundesbehörde).*

§ 19 Nr. 3 KomHKV
Es handelt sich um Beträge, die die Kasse des endgültigen Kostenträgers oder eine andere Kasse, die unmittelbar mit dem endgültigen Kostenträger abrechnet, anstelle der Gemeindekasse vereinnahmt oder ausgibt. Diese Regelung ist nicht nachvollziehbar. Bei dem hier umschriebenen Fall ist die Gemeinde zahlungsmäßig gar nicht beteiligt, sodass sich diese Regelung erübrigt.

Allerdings treten auch immer wieder Grenzfälle auf. So z. B. überweist die Treuhand an die Gemeinden Städtebauförderungsmittel, die die Gemeinde verwaltet und dann an Dritte für deren Investitionen auszahlt. Hier wird der Bereich der durchlaufenden und fremden Finanzmittel sicherlich verlassen, weil die Gemeinde Bewilligungsentscheidungen zu treffen hat. Insofern bietet sich eine Abwicklung über den gemeindlichen Haushalt an.

9.3.2.4 Einheit

Die Gemeinde stellt nur einen Haushaltsplan auf. Dieser Veranschlagungsgrundsatz der sachlichen Einheit ist aus mehreren Bestimmungen, insbesondere der Gemeindeordnung, herauszulesen. Es gilt der Grundsatz des Einheitshaushaltsplans. In § 66 BbgKVerf ist z. B. nur die Rede vom „Haushaltsplan“, der alle im Haushaltsjahr für die Erfüllung der Aufgaben anfallenden Erträge, eingehenden Einzahlungen, entstehenden Aufwendungen, zu leistenden Auszahlungen und notwendigen Verpflichtungsermächtigungen enthält und der die Grundlage für die Haushaltswirtschaft der Gemeinde darstellt.

Alle nach dem Grundsatz der Vollständigkeit erforderlichen Veranschlagungen sind grundsätzlich in einem einzigen Haushaltsplan vorzunehmen. Von dieser sachlichen Einheit bestehen allerdings verschiedene Ausnahmen.

9.3.2.5 Ausnahmen zur Einheit

Ausnahmen zur Einheit

- Eigenbetriebe (§ 86 Abs. 1 Nr. 1 BbgKVerf)
- rechtlich selbstständige Stiftungen (§ 87 BbgKVerf)
- Eigengesellschaften aufgrund von Sondergesetzen (z. B. GmbH-Gesetz)

Als „Ausnahmen“ zum Grundsatz der Einheit des Haushaltsplans werden diejenigen Regelungen der Haushaltswirtschaft bezeichnet, die es bestimmten Einrichtungen vorschreibt bzw. erlaubt, Sonderpläne einzurichten und Sonderrechnungen zu führen.

- Für wirtschaftliche Unternehmen ohne eigene Rechtspersönlichkeit und öffentliche Einrichtungen, für die aufgrund gesetzlicher Vorschriften Sonderrechnungen geführt werden (Eigenbetriebe), sind nach § 86 Abs. 1 Nr. 1 i. V. m. Abs. 3 BbgKVerf besondere Wirtschaftspläne aufzustellen.
- Für rechtlich selbstständige Stiftungen sowie Vermögen, das die Gemeinde treuhänderisch zu verwalten hat, sind Sonderhaushaltspläne nach § 87 BbgKVerf verbindlich vorgeschrieben. Das gilt jedoch nicht für unbedeutendes Treuhandvermögen und rechtlich unselbstständige Stiftungen, die im Haushalt der Gemeinde im Produktbereich 71 gesondert nachzuweisen sind.
- Werden Eigengesellschaften aufgrund von Sondergesetzen (AG, GmbH) betrieben, kann ein Nachweis im kommunalen Haushalt deshalb nicht erfolgen, weil es sich hier um eigenständige juristische Personen des Privatrechts handelt, selbst wenn die Gemeinde 100%iger Anteilseigentümer ist.

Gemäß §§ 83 BbgKVerf und 66 ff. KomHKV hat jedoch die Gemeinde zum jeweiligen Jahresende einen Gesamtabschluss zu tätigen, der in einem Beteiligungsbericht erläutert wird (Konzernabschluss). Insofern werden die außerhalb des Haushaltes durchgeführten kommunalen Aktivitäten wieder in das Gesamtwerk eingebunden. Eine Darstellung dazu enthält das Kapitel 21.

9.3.2.6 Übungen

Sachverhalt Nr. 7

Die Gemeinde G möchte sämtliche Finanzmittel der folgenden „Einrichtungen“ in den kommunalen Haushaltsplan beim zuständigen Produktbereich einordnen:

a) Wasserwerk (Aktiengesellschaft), dessen Kapital zu 100 % im Eigentum der Gemeinde steht,
b) Wohlfahrtsstiftung (juristische Person des öffentlichen Rechts),
c) Gaswerk als Eigenbetrieb,
d) rechtlich unselbstständige Schulstiftung,

Aufgabe:
Begutachten Sie die Zulässigkeit der gemeindlichen Absicht. Auf die Probleme des Gesamtabschlusses (Konzernbilanz) ist nicht einzugehen.

Lösung:
a) Es handelt sich hier um eine Eigengesellschaft, die aufgrund eines Sondergesetzes geführt wird (Aktiengesetz). Da Aktiengesellschaften eigenständige juristische Personen des Privatrechts darstellen, ist ein Nachweis der Finanzmittel der Aktiengesellschaft im kommunalen Haushaltsplan unzulässig.
b) Die Wohlfahrtsstiftung ist eine juristische Person des öffentlichen Rechts und demzufolge rechtlich selbstständig (§ 87 BbgKVerf). Hier ist ein besonderer Haushaltsplan aufzustellen; eine Veranschlagung im Haushaltsplan der Gemeinde ist unzulässig.
c) Das Gaswerk wird als Eigenbetrieb über Sonderrechnungen (§§ 10 ff. EigBetrVO) geführt. Eine Veranschlagung im Haushaltsplan ist demnach unzulässig (§ 86 Abs. 1 Nr. 1 BbgKVerf).
d) Die rechtlich unselbstständige Schulstiftung gehört zwar zum Sondervermögen der Gemeinde gemäß § 86 Abs. 1 Nr. 2 BbgKVerf. Jedoch unterliegt dieses Sondervermögen den Vorschriften der Haushaltswirtschaft. Die Aufnahme der Schulstiftung in den Haushaltsplan ist gemäß § 86 Abs. 2 BbgKVerf zwingend geboten. Die Finanzvorfälle der Stiftung sind aber gesondert beim Produktbereich 71 nachzuweisen.

Sachverhalt Nr. 8
Im Rahmen der Aufstellung des Haushaltsplans fallen folgende Geschäftsvorfälle an:
a) Die Firma F überweist zur Erlangung einer Spendenquittung 1.000 €, die von der Gemeinde an ein örtliches Kunstprojekt (nicht eingetragener Verein) weitergeleitet werden sollen.
b) Das Sozialamt bewirkt die Leistungen nach dem Unterhaltssicherungsgesetz unmittelbar aus einem Titel des Bundeshaushaltes.
c) Das Jugendamt vereinnahmt Landeszuweisungen für die Kindergärten und teilt diese Mittel nach einer gemeindlichen Satzung auf die eigenen und die konfessionellen Kindergärten auf.[27]

Aufgabe:
Begutachten Sie, ob die vorstehenden Finanzmittel über den gemeindlichen Finanzhaushalt abzuwickeln sind. Das Gutachten ist auf den Kernpunkt der Subsumtion zu beschränken.

Lösung:
a) Es handelt sich um Beträge, die für einen Dritten – hier: nicht eingetragener Verein für ein örtliches Kunstprojekt – lediglich vereinnahmt und verausgabt werden. Eine

27 Der Sachverhalt entspricht nicht der derzeitigen Rechts- und Praxislage und ist lediglich für Übungszwecke konstruiert.

Veranschlagung im Finanzplan ist unzulässig, da es sich nach § 19 Nr. 1 KomHKV um durchlaufende Finanzmittel handelt. Der Betrag ist jedoch auf besonderen Buchungsstellen innerhalb der Finanzrechnung abzuwickeln.

b) Das Sozialamt verfügt über Finanzmittel, deren Buchung unmittelbar im Bundeshaushalt erfolgt. Es handelt sich somit um die Verfügung über fremde Finanzmittel gemäß § 19 Nr. 2 KomHKV. Eine Veranschlagung im gemeindlichen Finanzplan und eine Abwicklung über die gemeindliche Finanzrechnung sind somit unzulässig. Die Geldmittelzu- und -abflüsse finden ausschließlich im Bundeshaushalt statt.

c) Die Landeszuweisungen sind für die Gemeinde bestimmt. Die Aufteilung nach der gemeindlichen Satzung auf die eigenen und konfessionellen Kindergärten erfordert eine gemeindliche Entscheidung, die durch die Veranschlagung im Haushaltsplan nachvollziehbar wird. Insofern handelt es sich nicht um durchlaufende Finanzmittel im Sinne von § 19 Nr. 1 KomHKV. Deshalb sind die Einzahlungen und Auszahlungen sowie die entsprechenden Erträge und Aufwendungen über den gemeindlichen Haushaltsplan (Ergebnis- und Finanzplan) gemäß § 66 Abs. 1 BbgKVerf abzuwickeln.

Sachverhalt Nr. 9

Die Berufsfeuerwehr der Gemeinde G verfügt über eine eigene Werkstatt. Dabei werden die Kosten für die einzelnen Arbeiten nach dem Verfahren der Zuschlagskalkulation ermittelt. Für das laufende Jahr liegen folgende Informationen (Plandaten) vor:

Kosten	**Betrag**
Lohneinzelkosten	50.000,00 €
Materialeinzelkosten	100.000,00 €
Lohn-/Fertigungsgemeinkosten	140.000,00 €
Materialgemeinkosten	10.000,00 €
Verwaltungsgemeinkosten	120.000,00 €
Gesamtkosten	420.000,00 €

Die Reparaturwerkstatt erhält nunmehr den Auftrag, an ein Feuerwehrfahrzeug eine bisher nicht vorhandene Spezialanhängerkupplung anzubringen. Die Anschaffungskosten in Höhe von 4.000 € für die Anhängerkupplung sind bereits beim Produktbereich 12 in der Anlagebuchhaltung aktiviert. Das Anbringen der Kupplung erfolgt jetzt durch eigene Kräfte der Reparaturwerkstatt, wobei Lohneinzelkosten von 800 € und Materialeinzelkosten von 200 € anfallen.

Aufgaben:

a) Begutachten Sie, ob die Arbeitsleistung der Reparaturwerkstatt für das Anbringen der Anhängerkupplung erfasst sowie kalkuliert und wie sie haushaltstechnisch behandelt werden muss.

b) Berechnen Sie die im Sachverhalt umschriebene Leistung der Reparaturwerkstatt.

c) Wie ändert sich die Lösung, wenn es nicht um den Anbau einer Anhängerkupplung, sondern um den Einbau eines bisher nicht vorhandenen Kamins im Umkleideraum der Feuerwehr handeln würde?

Lösung:

a) Das Feuerwehrfahrzeug zählt gemäß § 50 Abs. 1 KomHKV zweifelsohne zu den zu bilanzierenden Vermögensgegenständen. Als Anschaffungswerte sind nicht nur die direkten Fahrzeugkosten, sondern gemäß § 50 Abs. 1 KomHKV auch die Nebenkosten sowie die nachträglichen Anschaffungskosten zu zählen. Darunter fällt auch die Anhängerkupplung, deren Wert zu Recht bereits mit 4.000 € bilanziert wurde. Ebenfalls zu bilanzieren sind alle Aufwendungen, die zur Betriebsbereitschaft des Vermögensgegenstandes notwendig sind. Dabei ist es unbedeutend, ob eine Fremdfirma oder ein gemeindlicher Bereich die Leistung erbringt. Insofern ist der Aufwand der Werkstatt zu erfassen, einer Aktivierung zuzuführen und haushaltstechnisch als aktivierte Eigenleistung (Ertrag bei Konto 4711) zu behandeln.

b) § 50 Abs. 1 KomHKV enthält keine Ermächtigung für die Aktivierung von Gemeinkostenzuschlägen, sodass lediglich die Einzelkosten von insgesamt 1.000 € zu aktivieren sind.

c) Es handelt sich nunmehr um Herstellungskosten, sodass gemäß § 50 Abs. 2 KomHKV es zwar ausreichend wäre, ebenfalls 1.000 € Einzelkosten zu aktivieren. Falls die Gemeinde jedoch von der Wahlmöglichkeit der Gemeinkostenzuschläge (außer Verwaltungsgemeinkostenzuschlag) Gebrauch machen würde, ergäbe sich folgende Berechnung des zu aktivierenden Betrages:

Lohneinzelkosten	800 €
Lohngemeinkosten (Zuschlagssatz: 280 %)28	2.240 €
Materialeinzelkosten	200 €
Materialgemeinkosten (Zuschlagssatz: 10 %)	20 €
Herstellkosten = aktivierte Eigenleitung	**3.260 €**

9.3.3 Periodengerechte Zuordnung der Geschäftsvorfälle

9.3.3.1 Einführung

Der kommunale Haushaltsplan besteht gemäß § 3 Abs. 1 KomHKV u. a. aus dem Ergebnisplan und dem Finanzplan mit den jeweiligen Teilplänen. Dabei enthält der Ergebnisplan die voraussichtlichen Erträge und Aufwendungen eines Haushaltsjahres. In den Finanzplan werden die voraussichtlichen Einzahlungen und Auszahlungen eingestellt. Daraus ergibt sich, dass in den beiden Planbereichen unterschiedliche Finanzvorfälle nachgewiesen werden. Insofern muss auch zwischen zwei verschiedenen Veranschlagungsgrundsätzen differenziert werden. Dies gilt auch für die Haushaltsausführung und den Jahresabschluss in Ergebnis- und Finanzrechnung, sodass die Grundsätze für alle Bereiche gleichermaßen Anwendung finden.

28 Der Zuschlagssatz wird wie folgt berechnet: $\frac{\text{Gesamtlohngemeinkosten der Werkstatt} \times 100}{\text{Gesamtlohneinzelkosten der Werkstatt}}$.
Das gleiche Verfahren wird beim Materialgemeinkostenzuschlag angewendet.

9.3.3.2 Periodengerechte Zuordnung der Erträge und Aufwendungen im Ergebnisplan

Gemäß § 4 KomHKV enthält der Ergebnisplan Erträge und Aufwendungen. Bei den Erträgen handelt es sich um den Ressourcenzuwachs in einer Periode und bei den Aufwendungen um den Ressourcenverbrauch in einer Periode. Da das Haushaltsrecht gemäß § 65 Abs. 1 und 4 BbgKVerf auf das Kalenderjahr abstellt, erfolgt die Periodisierung im kommunalen Haushalt jahresbezogen.

Bei den Aufwendungen handelt es sich um den bewerteten Verbrauch von Gütern und Dienstleistungen in einer Periode (Ressourcenverbrauch, Werteverzehr). Der Ertrag entspricht dagegen den bewerteten Gütern und Dienstleistungen, die in einer Periode erbracht/erwirtschaftet werden (Zuwachs an Ressourcen, Wertezuwachs). Dazu zählen auch die internen Leistungsverrechnungen, die ebenfalls periodengerecht zu erfassen sind. Die Begriffe Aufwendungen und Ertrag sind in Kap. 3.1 ausführlich erläutert und mit einer Vielzahl von Beispielen versehen,[29] sodass an dieser Stelle die Verdeutlichung des Haushaltsgrundsatzes anhand von zwei Beispielen ausreichend erscheint.

Geschäftsvorfall	Zuordnungsentscheidung im Ergebnisplan
Überweisung einer Jahresleasingrate für einen Großflächenmäher am 1.10.2024 in Höhe von 12.000 € zu Beginn des Jahresnutzungszeitraums	Dem Haushaltsjahr 2024 sind verbrauchsgerecht 3.000 € und dem Haushaltsjahr 2025 9.000 € als Aufwendungen zuzuordnen. Im Jahr 2024 ist der ressourcenunwirksame Betrag von 9.000 € als aktive Rechnungsabgrenzung auszuweisen.
Eingang einer Mieteinnahme von 5.000 € am 20.12.2024 für Januar 2025, weil vertragsmäßig die Mietzahlung zum 20. des Vormonats fällig ist.	Bei der Miete handelt es sich unabhängig von der Einzahlung um einen Ertrag des Jahres 2025, weil es sich um einen Ressourcenzuwachs des Jahres 2025 handelt (wirtschaftliche Zurechenbarkeit). Im Haushaltsjahr 2024 ist ein Nachweis als passive Rechnungsabgrenzung erforderlich.

Festzustellen ist somit, dass der Ressourcenverbrauch und der Ressourcenzuwachs der jeweiligen Verursachungsperiode zuzuordnen sind. Dies wird auch noch einmal deutlich bei den Pensionsrückstellungen. Die Ursache der späteren Pensionszahlungen ist nicht in der Tatsache begründet, dass ein Bediensteter im Ruhestand Pensionsleistungen bezieht. Vielmehr ergibt sich der Pensionsanspruch während seiner aktiven Tätigkeit für die Gemeinde, sodass in dieser Zeitspanne die Verursachung begründet ist. Die Aufwendungen für die spätere Pension ist deshalb den Jahren der aktiven Beschäftigung zuzuordnen und über eine Pensionsrückstellung zu erwirtschaften. Diese periodengerechte Zuordnung ist bei Angestellten und Arbeitern problemlos, weil die rentensichernden Leistungen in Form der Arbeitgeberanteile für Sozialversicherungen periodengerecht während der Beschäftigungszeit dieser Mitarbeiter erbracht werden. Würde nun ein stetiger Haushaltsausgleich erfolgen, bedeutete dies, dass eine „Generation" auch für ihren eigenen Ressourcenverzehr aufkommt (intergenerative Gerechtigkeit).

29 Die praktische Übung Nr. 2 in Kap. 3 listet eine Reihe von Abgrenzungsproblemen zwischen Ein-zahlung und Ertrag sowie Auszahlung und Aufwand auf.

Ausnahmen von diesem Haushaltsgrundsatz sieht der Gesetzgeber nicht vor. Es bestehen allerdings bei einigen Ertrags- und Aufwendungsarten besondere Problemstellungen, die nachstehend erläutert werden.[30]

a) Transfererträge und Transferaufwendungen, Steuern, Umlagen

Es stellt sich ein Definitionsproblem bei den einzelnen Ertrags- und Aufwendungsarten, weil hier kein konkreter Ressourcenverbrauch bzw. Ressourcenzuwachs vorliegt. Der Begriff der „Zahlungen" wäre auf den ersten Blick zutreffender. Dennoch sind hier die Begriffe „Aufwendungen" und „Ertrag" anzuwenden. Dies ist darin begründet, dass jeglicher Ertrag das Eigenkapital der Gemeinde stärkt. Jede Aufwendung reduziert das Eigenkapital.[31] Dies gilt zwangsläufig auch für die Transferzahlungen, sodass die Begriffe „Aufwendungen" und „Ertrag" aus buchungstechnischer Sicht auch wie folgt definiert werden können:

Beim Ertrag handelt es sich um Finanzmittel, die eine Eigenkapitalerhöhung bewirken. Aufwendungen verringern dagegen das Eigenkapital.[32]

Insofern sind z. B. die Leistungen nach dem Sozialgesetzbuch XII (z. B. Gewährung von Hilfe zum Lebensunterhalt) als Aufwendungen zu behandeln, die Hundesteuerzahlungen auch als Steuererträge und die Kreisumlage beim Kreis als Ertrag und bei den kreisangehörigen Gemeinden als Aufwendungen. Auch hier erfolgt unabhängig von der tatsächlichen Zahlung eine Zuordnung zu der entsprechenden Wirtschaftsperiode, was die nachstehenden Beispiele belegen:

Geschäftsvorfall	Zuordnungsentscheidung im Ergebnisplan
Festsetzung der Kreisumlage 2025 durch den Kreis K durch Bescheid im Dezember 2024 in Höhe von 9.000.000 €.	Der Bescheid bestimmt die Leistung der Kreisumlage für das Haushaltsjahr 2025. Dann erfolgt auch erst die Zahlungserfüllung. Es handelt sich beim Kreis K um einen Ertrag des Jahres 2025.
Auszahlung einer Hilfe in besonderen Lebenslagen für die Sicherung der Existenzgrundlage für ein halbes Jahr in Höhe von 6.000 € am 1.12.2024.	Zuzuordnen sind dem Jahr 2024 1.000 € und dem Jahr 2025 5.000 €. Im Jahr 2024 ist der ressourcenunwirksame Betrag von 5.000 € als aktive Rechnungsabgrenzung auszuweisen.

b) Stundung, Niederschlagung und Erlass[33]

§ 31 Abs. 1 KomHKV lässt unter bestimmten Bedingungen Stundungen zu. Dabei handelt es sich bei einer Stundung um das Aufschieben von Zahlungsterminen. Obwohl der Ertrag aufgrund der Stundung evtl. nicht mehr im Jahr des wirtschaftlichen Entstehens

30 In Brandenburg wird zu Anstellungszeiten der beamteten Person deren Pensionsanspruch zusätzlich zu den Versorgungsaufwendungen ggü. dem KVV auch als Aufwand zur Bildung von Rückstellungen erfasst (siehe auch Kapitel 10.3.7).

31 Siehe dazu die ausführlichen Darstellungen zur Buchführungstechnik im Kapitel 3.

32 Siehe dazu die Darstellungen zur Abwicklung der Ergebnisse von Gewinn- und Verlustrechnungen zum Eigenkapital bei Gliederungsziffer 3.3.

33 Die Besprechung des haushaltsrechtlichen Verfahrens – auch mit der Darstellung der Spezialnormen des Abgabenrechts – enthält Kap. 18.4.

liquiditätsmäßig zu realisieren ist, bleibt es gemäß § 14 Abs. 2 KomHKV bei der wirtschaftlichen Zuordnung des Ertrages. Insofern verbleiben bei der Erstellung des Ergebnisplans gestundete Beträge im Ergebnisplan bzw. der Ergebnisrechnung des Jahres, indem sie verursachungsgerecht eingestellt wurden. Bei unverzinslichen oder niedrig verzinslichen Stundungen von Forderungen erfolgt jedoch der Ansatz der gestundeten Forderungen mit dem Barwert (Abzinsung mit marktüblichem Zinssatz), soweit es sich nicht um geringfügige Beträge handelt. Da die Gemeinde aus den Erfahrungen der Vorjahre das Stundungsvolumen durchaus einschätzen kann,[34] muss sie bei ihrer Planung die eventuellen Abzinsungen berücksichtigen.

Die Niederschlagung unterbricht die Weiterverfolgung eines Anspruchs für einen bestimmten oder unbestimmten Zeitraum. Sie stellt aber generell keinen Verzicht auf den Anspruch der Forderung dar. Bei einer befristeten Niederschlagung bleibt der ursprüngliche Ertrag erhalten. Er ist jedoch zumindest in diesem Wirtschaftsjahr nicht mehr liquiditätsmäßig zu realisieren. Da der Ertrag gemäß § 14 Abs. 2 KomHKV immer noch vorliegt, darf er nicht buchungsmäßig „abgesetzt" werden (keine Soll-Buchung auf dem Ertragskonto). Vielmehr liegt hier das Erfordernis einer Wertberichtigung vor. Für die befristete wird eine 100%ige Wertberichtigung der Forderung empfohlen. Diese stellt eine Belastung für das Ergebnis dar, da es sich um eine Aufwandsbuchung (Konto 5732) in Höhe des Ertrags handelt. Die Forderung bleibt jedoch mit ihrem Nominalwert in der Bilanz (und auf dem Debitor) bestehen. Die unbefristete Niederschlagung sollte eine Vollabschreibung (Wertberichtigung) ergebnisbelastend beim Aufwendungskonto 5732 bewirken. Hier wird die Forderung aus der Bilanz ausgebucht. Da die Gemeinde aus Erfahrung weiß, dass eine bestimmte Summe von Forderungen nicht zu realisieren sein wird, hat sie die Wertberichtigungen periodengerecht sowohl im Ergebnisplan als auch in den zuständigen Teilergebnisplänen zu berücksichtigen.

Beim Erlass handelt es sich um den Verzicht auf eine Forderung. Hier erfolgt wie bei der Niederschlagung eine das Ergebnis belastende sofortige „Abschreibung" und Ausbuchung aus der Bilanz der Forderung (Wertberichtigung). Sicherlich ist ein möglicher erheblicher Erlass bei Aufstellung des Haushaltsplans in der Praxis kaum voraussehbar, da es sich um einen selten vorkommenden Einzelfall handelt, sodass die Berücksichtigung eines Erlasses bei der Veranschlagung kaum in Betracht kommt. Bedeutung könnte dieses höchstens bei der Nachtragsplanung gewinnen, wenn der Erlass erheblicher Natur ist (§ 12 Abs. 1 KomHKV).

Geschäftsvorfall	**Zuordnungsentscheidung im Ergebnisplan**
Verzinsliche Stundung einer Gewerbesteuerforderung für 2024 in Höhe von 300.000 € in drei gleichbleibenden Jahresraten	Der Ertrag wird trotz Stundung weiterhin dem Haushaltsjahr 2024 zugeordnet.
Befristete Niederschlagung einer einzelnen Mietforderung von 10.000 € in 2024.	Die entsprechenden Erträge bleiben weiterhin im Ergebnishaushalt 2024. Es erfolgt jedoch eine Einzelwertberichtigung in Höhe von 10.000 € als Aufwendung in 2024.

34 Dazu ist sie ja auch nach § 14 Abs. 2 Satz 2 KomHKV verpflichtet.

c) Zweckgebundene Zuwendungen und Beiträge für Investitionen
Gemäß § 57 Abs. 4 KomHKV sind zweckgebundene Zuwendungen und Beiträge der Passivseite der Bilanz als Sonderposten zuzuordnen, da sie an bestimmte Investitionen gekoppelt sind, die auf der Aktivseite der Bilanz nachgewiesen werden. Die Sonderposten sind analog zum Abschreibungsverfahren und der Abschreibungsdauer des gebundenen Vermögensgegenstandes aufzulösen und fließen dann mit ihren Teilbeträgen in die entsprechenden Ergebnispläne und Ergebnisrechnungen ein – siehe hierzu Ziff. 2.11 des Bewertungsleitfadens. Eine Auflösung ist jedoch nicht in den Fällen vorzunehmen, in denen der Zuwendungsgeber dieses formell ausgeschlossen hat (Zuwendung zur Kapitalstärkung). Die Einzelheiten des Verfahrens sind ausführlich in Kap. 11.2.2 dargestellt.

d) Sonstige Abgrenzungsnotwendigkeiten bzw. -möglichkeiten
Der Grundsatz der periodengerechten Abgrenzung nach § 14 Abs. 2 KomHKV ist ausnahmslos anzuwenden. Insofern ist bei jedem Finanzvorfall die wirtschaftliche Zuordnung zu überprüfen. Die praktischen Beispiele sind vielfältig, sodass an dieser Stelle die Problematik lediglich exemplarisch vorgestellt werden kann.

Erhebt die Gemeinde z. B. Friedhofsgebühren in Höhe von 1.000 € für die Bereitstellung eines Urnengrabes für den Zeitraum von 20 Jahren, so ist der Gebührenertrag auf 20 Jahre mit einem Jahresertrag von je 50 € zu periodisieren. Damit wird erreicht, dass dem Jahresaufwand für die Friedhofsnutzung auch die korrekten Ertragsanteile gegenüberstehen. Außerdem ist auch die häufige Vielzahl solcher Gebühren zu betrachten, was die Wesentlichkeit begründet und eine Rechnungsabgrenzung bedingt.

Ein weiteres Beispiel sind die Kreditbeschaffungskosten. Gem. § 53 Abs. 3 KomHKV hat eine Periodenzuordnung entsprechend der Laufzeit des Kredites zu erfolgen. Nimmt die Gemeinde z. B. einen Kredit mit einer Laufzeit von 30 Jahren und einmaliger Kreditbeschaffungskosten von 30.000 € auf, so müssen die Kreditbeschaffungskosten für diese Laufzeit mit einem Jahresbetrag von 1.000 € erfolgswirksam als Aufwendung aufgelöst werden (Disagio; siehe dazu auch § 53 Abs. 3 KomHKV). Die jeweiligen Gegenbuchungen erfolgen dann auf Rechnungsabgrenzungskonten der Bilanz.

Bei den Beamtengehältern für den Monat Januar besteht dagegen keine Besonderheit, weil diese wirtschaftlich Ressourcenverbrauch (Verbrauch der Dienstleistung eines Mitarbeiters im öffentlich-rechtlichen Dienstverhältnis) für den Monat Januar darstellen und somit unabhängig von der Zahlung im Vorjahr dem neuen Haushaltsjahr zuzuordnen sind. Im Vorjahr muss nach den Regeln der Periodenabgrenzung ein aktiver Rechnungsabgrenzungsposten gebildet werden (siehe auch § 53 Abs. 1 KomHKV). Da es sich hier allerdings um einen sich jährlich wiederkehrenden Geschäftsvorfall handelt, kann ggf. von einer Abgrenzung abgesehen werden.

9.3.3.3 Periodengerechte Zuordnung der Einzahlungen und Auszahlungen im Finanzplan

Der Finanzplan beinhaltet gemäß § 5 KomHKV die Einzahlungen und Auszahlungen einer Periode und damit gemäß § 65 Abs. 1 und 4 BbgKVerf eines Kalenderjahres. Angesprochen sind nach § 14 Abs. 2 KomHKV die voraussichtlich zu erzielenden oder zu leistenden Beträge, wobei unter einer „Einzahlung“ ein Geldmittelzufluss und unter „Auszahlung“ ein Geldmittelabfluss zu verstehen ist. Insofern spricht man beim Finanzplan auch vom Grundsatz der **„Kassenwirksamkeit“**.

Sofern also Ertrags- und Aufwendungspositionen nicht mit kassenwirksamen Zahlungen verbunden sind, bewirken sie keine „Cash-Flow-Positionen“ und werden nicht im Finanzplan abgewickelt, sodass damit auch nicht die liquiden Mittel tangiert werden. Typische Beispiele dafür sind die Abschreibungen, internen Leistungsverrechnungen und die Aufwendungen für die Bildung von Rückstellungen.

Die Begriffe „Auszahlung“ und „Einzahlung“ sind in Kap. 3.1 ausführlich erläutert und mit einer Vielzahl von Beispielen belegt,[35] sodass an dieser Stelle die Verdeutlichung des Haushaltsgrundsatzes anhand von wenigen Beispielen ausreichend erscheint. Dabei werden die bei den vorangehenden Kapiteln dargestellten Finanzvorfälle aufgegriffen, sodass auch noch einmal die Abgrenzungen zum Ergebnishaushalt deutlich werden.

Geschäftsvorfall	Zuordnungsentscheidung im Finanzplan
Überweisung einer Jahresleasingrate für einen Großflächenmäher am 1.10.2024 in Höhe von 12.000 € zu Beginn des Jahresnutzungszeitraums.	Der gesamte Auszahlungsbetrag in Höhe von 12.000 € ist in den Finanzplan 20242 einzustellen.
Eingang einer Mieteinnahme von 5.000 € am 20.12.2024 für Januar 2025, weil vertragsmäßig die Mietzahlung zum 20. des Vormonats fällig ist.	Da bekannt ist, dass die Miete im Voraus fällig ist, muss der Finanzplan 2024 die Mieteinzahlung für den Monat Januar 2025 berücksichtigen.
Festsetzung der Kreisumlage 2024 durch den Kreis K durch Bescheid im Dezember 2024 in Höhe von 9.000.000 €. Es ist jetzt schon absehbar, dass ein Betrag von 500.000 € zugunsten einer Gemeinde bis zum 20.1.2025 zu stunden ist.	Die Beträge der kreisangehörigen Gemeinden werden bis auf den Stundungsbetrag voraussichtlich in 2025 eingehen, sodass dem Finanzplan 2024 8.500.000 € und dem Finanzplan 2025 500.000 € Einzahlungen aus der Kreisumlage zuzuordnen sind.
Auszahlung einer Hilfe in besonderen Lebenslagen für die Sicherung der Existenzgrundlage für ein halbes Jahr in Höhe von 6.000 € am 1.12.2024.	Der gesamte Auszahlungsbetrag in Höhe von 6.000 € ist in den Finanzplan 2024 einzustellen.
Unverzinsliche Stundung einer Gewerbesteuerforderung für 2024 in Höhe von 3.000.000 € in drei gleichbleibenden Jahresraten ab 2025.	Der Finanzplan 2024 enthält keine Einzahlungen. Die Zuordnung erfolgt mit je 1.000.000 € in den Jahren 2025, 2025 und 2026.
Befristete Niederschlagung einer einzelnen Mietforderung von 10.000 € in 2024.	Im Finanzplan 2024 ist die niedergeschlagene Mietforderung nicht als Einzahlung nachzuweisen.

35 Die praktische Übung Nr. 2 in Kap. 3 listet eine Reihe von Abgrenzungsproblemen zwischen Einzahlung und Ertrag sowie zwischen Auszahlung und Aufwand auf.

Eine Besonderheit stellen die Beamtengehälter für den Monat Januar dar. Wirtschaftlich werden sie für das neue Jahr geleistet, sodass sie dem Ergebnisplan des neuen Jahres zuzuordnen sind. Da sie jedoch bereits im Voraus, also noch im Dezember des Vorjahres zu zahlen sind, findet der Geldmittelabfluss noch im alten Jahr statt. Insofern sind die Beamtengehälter für Januar über den Finanzplan und die Finanzrechnung des Vorjahres abzuwickeln.[36]

Ein weiteres Problem stellt die Darstellung von Erschließungsbeiträgen nach BauGB vor allem in den Teilfinanzplänen dar. Den Investitionsauszahlungen für eine Beitragsmaßnahme stehen u. a. die von den Beitragspflichtigen zu zahlenden Beiträge gegenüber. Dabei sind auch beitragspflichtige gemeindliche Grundstücke in die Abrechnung aufzunehmen. Dies hat jedoch wegen der fehlenden Außenwirkung keine Auswirkung auf den Liquiditätssaldo, weil weder Ein- noch Auszahlungen im Sinne von § 14 Abs. 2 KomHKV vorliegen. Insofern sieht der Finanzplan zwar die korrekten Investitionsauszahlungen vor, gibt jedoch bei Beteiligung von kommunalen im Abrechnungsbereich liegenden Grundstücken keine Information über den entsprechenden Berechnungsanteil. Wegen der fehlenden Außenwirkung kann auch kein Beitragsbescheid innerhalb der Gemeinde versandt werden (Unzulässigkeit der Innenveranlagung).[37] Es kann somit auch keine Beitragsforderung für kommunale Grundstücke eingestellt werden. Eine Sonderpostenbildung ist für diese Grundstücke demnach ebenfalls ausgeschlossen.

Ein ähnliches Problem stellt sich bei den laufenden grundstücksbezogenen Abgaben wie Steuern, Abfallbeseitigungs-, Straßenreinigungs- und Entwässerungsgebühren für die kommunalen Grundstücke innerhalb der eigenen Gemeindegrenzen dar. Hier werden allerdings Grundbesitzabgabenbescheide vom gemeindlichen Steueramt (Zentrale Dienste Finanzen) erlassen, sodass diese Positionen durchaus über den Ergebnishaushalt als Erträge und Aufwendungen in gleicher Höhe produktorientiert abzuwickeln sind.[38] Der Finanzhaushalt ist wegen des Fehlens von echten Ein- und Auszahlungen nicht tangiert.

9.3.3.4 Übungen

Sachverhalt Nr. 10

Die Gemeinde G plant den Neubau eines Museums mit dreijähriger Bauzeit. Der zuständige Fachbereich rechnet mit Gesamtbaukosten von 6 Mio. €, die sich nach dem Bauzeitenplan gleichmäßig auf die Jahre 2024 bis 2026 verteilen. Das Museum soll dann zum 1.1.2027 eröffnet werden, wobei von einer Nutzungsdauer von 50 Jahren ausgegangen wird. Das Land Brandenburg hat angekündigt, den Museumsbau mit einer zweckgebundenen Investitionszuweisung von 20 % zu fördern. Die Zuweisungen sollen entsprechend den kassenwirksamen Auszahlungen der Gemeinde geleistet werden.

36 Siehe auch § 20 Abs. 3 KomHKV.

37 Siehe dazu auch *Driehaus*, Kommunalabgabenrecht (Kommentar), Herne (Loseblatt), Erl. zu § 8 KAG.

38 Dieses Verfahren ist juristisch und betriebswirtschaftlich nicht vertretbar, jedoch praktisch durchaus sinnvoll. Insofern ist dem Gesetzgeber zu empfehlen, diese Besonderheit durch eine Fiktion zum Aufwand und Ertrag zu erklären.

Der Bau erfolgt auf einem der Gemeinde bereits seit über 100 Jahren gehörenden Grundstück mit aktuellem Bilanzwert von 250.000 €, auf dem sich zur Zeit eine öffentliche Grünfläche mit Parkcharakter befindet.

Aufgabe:
Begutachten Sie, welche Veranschlagungen die Maßnahme „Museumsbau" in den Ergebnis- und Finanzplänen der Gemeinde G verursachen wird. Nennen Sie dabei auch die anzusprechenden Produktbereiche und Konten. Gehen Sie außerdem auf die Verbindungen zur kommunalen Bilanz ein. Die Notwendigkeit etwaiger Verpflichtungsermächtigungen ist nicht anzusprechen.

Lösung:
Bei den insgesamt 6 Mio. € handelt es sich zunächst um Auszahlungen, die nach § 14 Abs. 3 KomHKV entsprechend ihrer Kassenwirksamkeit mit je 2 Mio. € den Finanzplänen der Jahre 2024, 2025 und 2026 zuzuordnen sind. Die Zuordnung erfolgt zum Produktbereich 25. Die Auszahlungen werden beim Konto 7851 dokumentiert. Während der Bauphase wird der Teilwert des erstellten Gebäudes beim Bilanzkonto 0961 als „Anlage im Bau" nachgewiesen. Mit der Fertigstellung des Gebäudes erfolgt dann eine Umbuchung auf das endgültige Bilanzkonto 0342 für das fertiggestellte Museum.

Im Zeitraum der Bebauung ist der Ergebnisplan nicht tangiert. Erst mit der Inbetriebnahme des Museums zum 1.1.2027 beginnt der Ressourcenverbrauch (Werteverzehr des Gebäudes), sodass ab 2027 in die Ergebnispläne die linearen Abschreibungen in Höhe von jährlich 120.000 € beim Konto 5711 einzustellen sind. Abschreibungen werden im Finanzplan nicht nachgewiesen, da sie keine Geldmittelflüsse und somit keine Auszahlungen bewirken.

Die Investitionszuweisungen des Landes stellen kassenwirksame Einzahlungen dar und sind deshalb im Finanzplan beim Konto 6811 in Höhe von jährlich 400.000 € zuzuordnen. Gemäß § 47 Abs. 4 KomHKV[39] ist die erhaltene Zuwendung vom Land als Sonderposten beim Konto 2311 wegen ihrer Zweckbindung auf der Passivseite der Bilanz nachzuweisen. Gehen die Zahlungen während der Bauphase bzw. vor der Fertigstellung ein, sind die Zuwendungen auf dem passiven Bilanzkonto 2351 als „Erhaltene Anzahlungen auf Sonderposten" zu buchen.

Zuweisungen für abnutzbares Vermögen sind erfolgswirksam aufzulösen. Insofern erfolgt der bilanzielle Nachweis als Sonderposten „Zuwendungen" beim Konto 2311. Die Zuwendung wird nach drei Jahren insgesamt 1.200.000 € betragen und ist ab dem Jahre 2027 (Inbetriebnahme/Betriebsbereitschaft[40] des geförderten Museumsbaus) erfolgswirksam für die Dauer von 50 Jahren aufzulösen. Der Nachweis erfolgt als Ertrag beim Konto 4161 mit einem Jahresbetrag von 24.000 €. Ein Nachweis im Finanzplan erfolgt jedoch nicht, weil mit der Auflösung keine Zahlung verbunden ist.

39 Siehe hierzu auch Ziff. 2.11 des Bewertungsleitfadens.

40 Grundsätzlich muss ein Vermögensgegenstand ab **Betriebsbereitschaft** abgeschrieben werden, auch wenn die Inbetriebnahme später vorgenommen wird. Der Zeitpunkt der Bauabnahme bzw. der Fertigstellungsanzeige des Architekten ist hierbei maßgeblich (siehe genauer Wortlaut § 50 Abs. 1 KomHKV).

Das Grundstück, auf dem das Museum errichtet wird, stellt zurzeit eine Grünfläche dar, die beim Produktbereich 55 und Bilanzkonto 0211 geführt wird. Mit Beginn der Bautätigkeit wird der Nutzungsgrund geändert, sodass in der Anlagebuchhaltung mit Auswirkung auf die Aktivseite der Bilanz eine Umbuchung zum Produktbereich 25 Museum erforderlich wird. Gleichzeitig ändert sich auch das Bilanzkonto auf 0341. Ergebnis- und Finanzplan sind nicht tangiert, da weder Erträge noch Aufwendungen (kein Ressourcenzuwachs oder -verbrauch) noch Ein- oder Auszahlungen (keine Geldmittelflüsse) vorliegen. Grundstücke gehören zum nicht abnutzbaren Vermögen und unterliegen keiner planmäßigen Abschreibung.

Sachverhalt Nr. 11

Der Fachbereich „Finanzen“ (Kämmerei) bereitet zurzeit einen Nachtragshausalt für das Jahr 2024 vor. Dabei liegen ihm die folgenden Anfragen zur periodengerechten Zuordnung einzelner Finanzvorfälle vor:

a) Anfrage der Steuerabteilung

Eine Gewerbesteuerforderung an das Unternehmen U (Nachveranlagung für 2024 auf Grund einer Steuerprüfung) in Höhe von 3 Mio. € wird am 15.12.2024 fällig. U ist jedoch in Insolvenz geraten. Nach Mitteilung des Insolvenzverwalters wird erst nach Abwicklung des Insolvenzverfahrens mit der Zahlung der Steuerschulden zu rechnen sein. Dies wird jedoch nicht vor Mitte 2025 erfolgen.

b) Fachbereich „Öffentliche Sicherheit und Ordnung“

Anfang Dezember 2024 werden auf dem im Gemeindegebiet liegenden Autobahnabschnitt mehrere Großbaustellen eingerichtet. Es ist beabsichtigt, in drei Bereichen „Geschwindigkeitsmessgeräte“ (Radarfallen) aufzustellen. Dadurch wird allein für Dezember mit Bußgeldbescheiden im Finanzvolumen von 100.000 € gerechnet. Zu beachten ist dabei, dass der zuständige Dezernent angeordnet hat, die Bescheide wegen der Festtage im Dezember erst im Januar 2025 zu versenden.

c) Fachbereich „Zentrales Immobilienmanagement“

Die Verhandlungen über die Nutzung einer Grundstücksfläche für die Zuwegung für den neuen gemeindlichen Sportplatz stehen kurz vor dem Abschluss. Der Grundstückseigentümer wird der Gemeinde ein Wegerecht für die Dauer von 50 Jahren einräumen. Dafür hat die Gemeinde zum Zeitpunkt des Nutzungsbeginns im September 2024 eine einmalige Entschädigung von 60.000 € zu entrichten.

d) Fachbereich „Personalservice“

Bei der Gemeinde G ist es üblich, aus Gründen der Zahlungsvereinfachung die Beihilfezahlungen für die Beamten zusammen mit den Gehältern zu überweisen. Soweit die Beihilfeanträge bis zum 15.12.2024 eingehen, werden noch Bescheide gefertigt und die Überweisung mit dem Januargehalt 2025 durchgeführt. Nach Schätzungen beträgt dieses Zahlungsvolumen 160.000 €. Soweit die Anträge bis zum 20.12.2024 eingehen, werden sie zwar noch in 2024 beschieden, jedoch erst mit dem Februargehalt überwiesen (Antragsvolumen voraussichtlich 10.000 €). Anträge, die in der Zeit vom 21.12.2024 bis 31.12.2024 eingehen, werden in der ersten Januarwoche 2025 per Bescheid bearbeitet, wobei die Überweisung dann auch mit dem Februargehalt 2025 erfolgt (Antragsvolumen voraussichtlich 30.000 €).

Aufgabe:
Begutachten Sie, welchen Haushaltsjahren die Finanzvorfälle zuzuordnen sind. Das Gutachten soll sowohl auf den Ergebnis- als auch den Finanzplan eingehen. Nennen Sie dabei auch die Produktbereichsnummern sowie die Konten im Ergebnis- und Finanzplan.

Lösung:

a) Gemäß § 4 Abs. 1 Nr. 1 i. V. m. § 14 Abs. 2 KomHKV sind die Steuererträge in den Ergebnisplan einzustellen, und zwar in dem Jahr, dem sie wirtschaftlich zuzurechnen sind. Es handelt sich laut Sachverhalt um eine Steuerfestsetzung für das Jahr 2024, sodass die Nachzahlung dem Nachtragsergebnisplan 2024 zuzuordnen ist. Der Finanzplan enthält gemäß § 5 Abs. 1 Nr. 1 i. V. m. mit § 14 Abs. 2 KomHKV die kassenwirksamen Einzahlungen, somit die voraussichtlich zu erzielenden Beträge. Insofern ist die Steuerzahlung dem Finanzplan des Jahres 2025 zuzuordnen, weil laut Sachverhalt erst Mitte 2025 mit dem Zahlungseingang zu rechnen ist. In beiden Teilplänen ist der Produktbereich 61 mit den Konten 4013 (Ertrag im Ergebnisplan) und 6013 (Einzahlung im Finanzplan) angesprochen.

b) Aufgrund der bei Lösung a) zitierten Rechtsnormen ist für die Zuordnung zum Ergebnisplan der wirtschaftliche Entstehungsgrund entscheidend. Da dieser sich im Dezember befindet, muss der voraussichtliche Ertrag von 100.000 € noch dem Ergebnisplan 2024 zugeordnet werden (Produktbereich 12, Konto 4561). Die Gegenbuchung erfolgt als Forderung. Da die Einzahlung erst nach Versand der Bescheide im Januar 2023 erfolgt, werden die 100.000 € im Finanzplan 2025 ausgewiesen (Produktbereich 12, Konto 6561).

c) Der Finanzplan weist die kassenwirksamen Auszahlungen auf, sodass der Betrag von 60.000 € dem Finanzplan 2024 zuzuordnen ist (Produktbereich 42, Konto 7821). Wegerechte werden zu den grundstücksgleichen Rechten gezählt, sodass der Wert des Wegerechtes zu aktivieren ist. Dies erfolgt in 2024 anlässlich des Erwerbs (Vermögenszugang) beim selben Produktbereich und dem Konto 0411. Nach dem Vertrag ist das Wegerecht auf die Dauer von 50 Jahren beschränkt und unterliegt demnach einem Werteverzehr. § 51 Abs. 1 KomHKV bestätigt die Notwendigkeit der Abschreibungen dadurch, dass planmäßige Abschreibungen zu berücksichtigen sind, wenn die Nutzung von Anlagevermögen zeitlich begrenzt ist, was hier mit 50 Jahren Nutzungsdauer vorliegt. Da dieser Ressourcenverbrauch gleichmäßig ist, kommt eine lineare Abschreibung des Wegerechtes in Betracht. Gemäß § 4 Abs. 1 Nr. 14 KomHKV sind die Abschreibungen dem Ergebnisplan zuzuordnen. § 14 Abs. 2 KomHKV stellen dabei auf die periodengerechte Zuordnung ab. Das bedeutet, dass bereits dem Ergebnisplan 2024 eine anteilige Abschreibung zuzuordnen ist, weil die Nutzung und damit der Ressourcenverbrauch im September beginnt. Gemäß § 51 Abs. 3 KomHKV muss eine monatsgenaue Abschreibung erfolgen. Insofern sind in den Ergebnisplan in 2024 Abschreibungen in Höhe von 400 € und ab dem Jahr 2025 jährlich 1.200 € einzustellen (Konto 5711).

d) Gemäß § 4 Abs. 1 Nr. 11 i. V. m. § 14 Abs. 2 KomHKV hat der Ergebnisplan 2024 alle Personalaufwendungen nachzuweisen, die wirtschaftlich diesem Haushaltsjahr zuzuordnen sind. Insofern müssen dem Ergebnisplan 2024 alle im Sachverhalt genannten Teilbeträge, also insgesamt 200.000 €, Beihilfeaufwendungen zugeordnet werden (Konto 5041). Gemäß § 20 Abs. 4 KomHKV ist der Beihilfeaufwand auf die Teilhausergebnishalte aufzuteilen. Da es hier keine Aufteilungshinweise gibt, kann eine differenziertere Betrachtung nicht erfolgen. Im Finanzplan dagegen kommt es gemäß § 5 Abs. 1 Nr. 10 i. V. m. § 14 Abs. 2 KomHKV auf den Termin der voraussichtlichen Auszahlung an. Die Beamtengehälter für Januar 2025 werden bereits im Dezember 2042 ausgezahlt, sodass der Beihilfeanteil von 160.000 € dem Finanzplan 2024 zuzuordnen ist. Der Restbetrag gehört wegen der Zahlung mit dem Februargehalt in den Finanzplan 2025. Der Nachweis im Finanzplan erfolgt bei demselben Produktbereichen unter dem Konto 7041.

9.3.4 Grundsätze der Verständlichkeit (Haushaltsklarheit), der Steuerungsrelevanz sowie der Richtigkeit und Willkürfreiheit (Haushaltswahrheit)

9.3.4.1 Informationen zur Verständlichkeit (Haushaltsklarheit) und Steuerungsrelevanz der kommunalen Haushalte

Kernpunkt des Haushaltsplans sind Zahlenwerke. Eine übersichtliche und klare Gestaltung fördert dabei die Überschaubarkeit. Insofern erfolgt zunächst eine grundsätzliche produktorientierte Gliederung des kommunalen Haushaltes (siehe dazu im Einzelnen Kap. 6). Des Weiteren sind innerhalb der Ergebnis- und Finanzpläne zwingend gewisse Ertrags- und Aufwendungsgliederungen gemäß §§ 4, 6 und 7 KomHKV sowie Einzahlungs- und Auszahlungsgliederungen gemäß §§ 5, 6 und 8 KomHKV vorgesehen. Demnach können zu jedem Produktbereich die einzelnen Finanzpositionen abgelesen werden. Jedoch bedarf es zur Verständlichkeit und zur Steuerungsrelevanz des kommunalen Haushalts weitergehender Informationen.

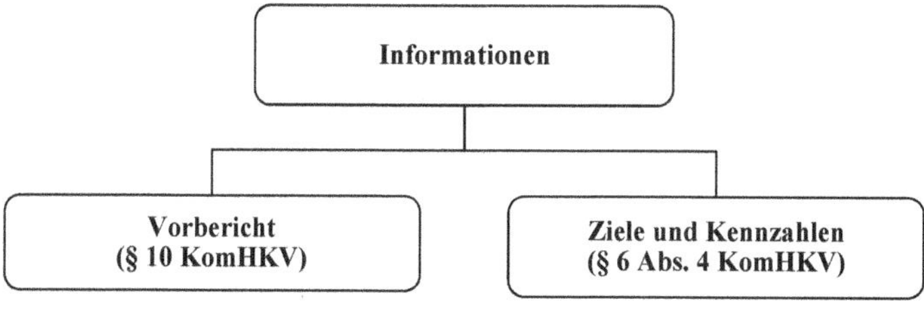

Zunächst einmal ist dem Haushaltsplan nach § 3 Abs. 2 Nr. 1 KomHKV ein **Vorbericht** beizufügen. Dieser gibt gemäß § 10 KomHKV Informationen über die wichtigsten Eckpunkte des Haushaltsplans. Zunächst soll ein Gesamtüberblick über die aktuelle Haushaltssituation der Gemeinde gegeben werden. Diese Darstellung ist um die wesentlichen produktbezogenen und finanziellen Zielsetzungen aus gesamtgemeindlicher Sicht zu ergänzen. Außerdem sind die finanziellen Rahmenbedingungen zu erläutern. Informationen über die wichtigsten Investitionsvorhaben, über die Liquiditätslage der Gemeinde sowie über die Entwicklung der wichtigsten Ertrags- und Aufwendungsarten sollten unverzichtbarer Teil eines jeden Vorberichts sein. Hierbei bieten sich auch ergänzende Darstellungen in Form von Statistiken und grafische Darstellungen an, die die Lesbarkeit informativ unterstützen. Ziel des Vorberichtes ist es demnach, die wichtigsten Finanzdaten des kommunalen Haushalts in kompakter Form aufzuarbeiten und vor allem für gesamtgemeindliche Entscheidungen bereit zu halten.[41]

Die Verständlichkeit aber vor allem auch der Steuerungsrelevanz des kommunalen Haushalts wird weiterhin dadurch unterstrichen, dass aufgrund der Vorschriften des § 6 Abs. 4 KomHKV bei den einzelnen Produktbereichen die Produktziele dargestellt und zur Unterstützung der Haushalts- und Finanzsteuerung durch Kennzahlen zur Zielerreichung ergänzt wird. Insofern wird der Haushaltsplan durch verbale Ergänzungen verständlicher gemacht und durch den Ausweis von Zielen sowie Kennziffern zur Zielerreichung zum Generalkontrakt zwischen Politik und Verwaltung gemacht.

Für die kommunalen Produkte werden zunächst einmal Grunddaten benötigt, die Informationen zur Budgetausgestaltung zu erhalten. Am nachstehenden Beispiel wird dies verdeutlicht:

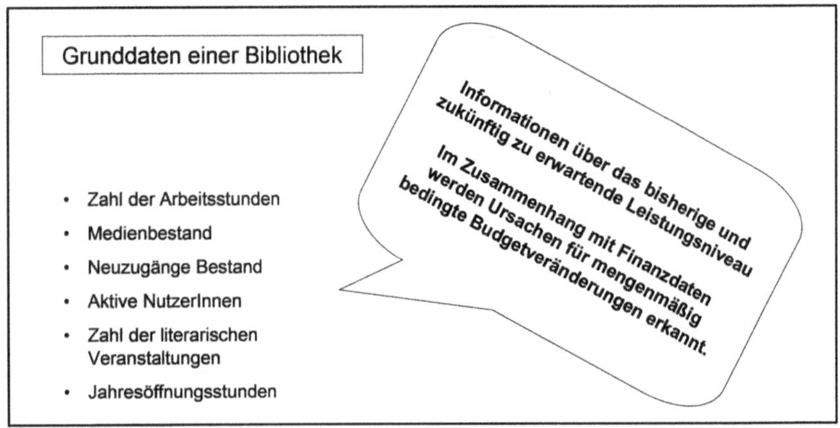

41 Eine beispielhafte Darstellung eines kommunalen Vorberichtes würde den Rahmen dieses Buches sprengen. Dem interessierten Leser sei geraten, die Vorberichte der Praxis, am besten der Heimatkommune und vergleichbarer Kommunen, einzusehen. Wie beim Grundsatz der Öffentlichkeit dargestellt, besteht eine entsprechende Einsichtnahmemöglichkeit. Zuweilen sind die Vorberichte auch ins Internet eingestellt.

Die eigentlichen Kennzahlen dagegen sollen Messgrößen für die Überprüfung der Zielerreichung darstellen. Das nachfolgende Beispiel soll dies verdeutlichen:

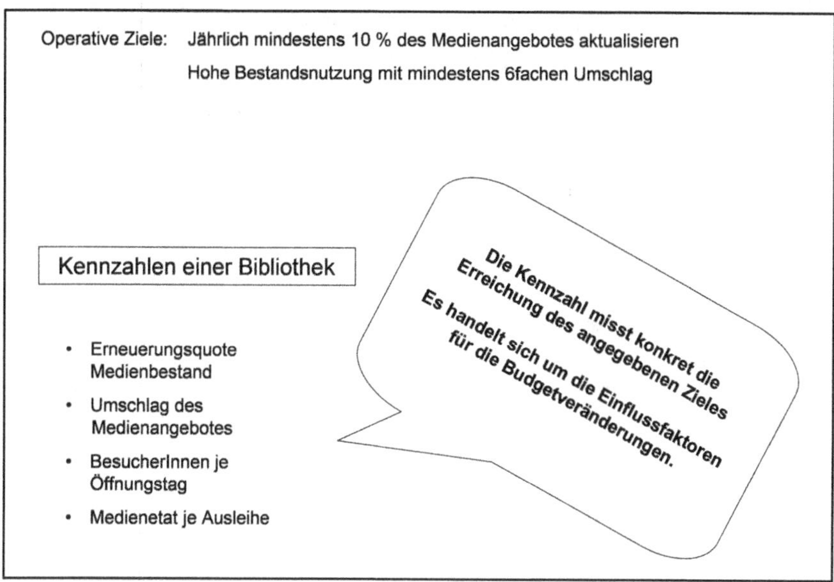

Weitere Beispiele für Zielbeschreibungen und Zielvereinbarungen sind in Kap. 7.4.5 enthalten.

Durch die Aufnahme der Ziele und Kennzahlen zur Zielerreichung werden diese Haushaltsbestandteil und über die Haushaltssatzung Ortsrecht. Aus diesem Grunde haben Politik und Verwaltung mit allen Mitteln zu versuchen, diese Ziele zu erreichen. Die Zielerreichung kann dabei jeweils an den Kennzahlen gemessen werden. Die Verwaltung wird in einem entsprechenden Berichtswesen auch unterjährig über die Realisierung der Ziele und das Erreichen der Kennziffern berichten.

Der Abdruck ausführlicher Beispiele aus der kommunalen Praxis würde den Rahmen dieses Buches sprengen. Insofern wird auf die Haushaltspläne der Kommunen verwiesen, die bereits ein doppisch ausgerichtetes Planwerk erstellt haben.[42]

9.3.4.2 Richtigkeit und Willkürfreiheit (Haushaltswahrheit)

Die Güte und Produktivität eines Haushaltsplans hängt weitgehend von der Richtigkeit seiner Planungsdaten ab. Das setzt voraus, dass die Gemeinden bei der Veranschlagung der Erträge und Aufwendungen, der Einzahlungen und Auszahlungen sowie der Verpflichtungsermächtigungen größte Sorgfalt walten lassen.

42 Immer mehr Kommunen stellen ihre Haushaltspläne ins Internet ein.

Die Forderung des § 14 Abs. 2 Satz 2 KomHKV lautet: Die Erträge und Aufwendungen sind sorgfältig zu errechnen. Soweit sie nicht errechenbar sind, hat eine vorsichtige Schätzung zu erfolgen. Gleiches gilt auch für die Einzahlungen und Auszahlungen. Insofern besteht für Ergebnis- und Finanzplan ein gleichlautender Veranschlagungsgrundsatz. Scheinansätze oder willkürliche Ansätze zur Herbeiführung des Haushaltsausgleichs sind demnach untersagt.

Die Vorschrift bietet zwei Verfahren für die Haushaltsplanung an. Die vorrangige Methode ist die Berechnung der Finanzvorfälle. In den gemeindlichen Haushaltsplänen ist die Zahl der Finanzvorfälle, die sich exakt oder annähernd genau kalkulieren lassen, leider in der Minderheit. Möglichkeiten der weitgehenden Berechnung bestehen z. B. bei

- Mieten, Pachten,
- Vereins- und Versicherungsbeiträgen,
- Grundsteuern und
- Straßenreinigungsgebühren.

Falls eine Berechnung nicht möglich ist, hat eine gewissenhafte willkürfreie Schätzung zu erfolgen. Beispiele zur weitgehenden Schätzung von Ansätzen sind:

- Sozialhilfe,
- Gebäudeunterhaltung,
- Kfz-Betrieb,
- Energieversorgung,
- Winterdienst und
- Gewerbesteuern.

Ziel der sorgfältigen Schätzung der Ansätze ist es, die Abweichungen zwischen den veranschlagten Beträgen und den späteren Rechnungsbeträgen so gering wie möglich zu halten. Zu diesem Zweck hat die Gemeinde alle möglichen und erreichbaren Hilfsmittel heranzuziehen. Beispiele für Hilfsmittel sind:

- Kosten- und Leistungsrechnungen,
- Vorjahresergebnisse und Besonderheiten des Vorjahres,
- zu erwartende Veränderungen,
- vom Innenministerium bekannt gegebene Orientierungsdaten,
- durch das Bundesfinanzministerium veranlasste Steuerschätzungen,
- Informationen der Industrie- und Handelskammer sowie der Handwerkskammern,
- Informationsmaterial regionaler und überregionaler Verbände.

9.3.4.3 Übung

Sachverhalt Nr. 12

Im Rahmen der Planung des Haushalts für das kommende Jahr werden von der Gemeinde G die Erträge aus der Gewerbesteuer gegenüber dem Vorjahr um 3,3 % angehoben. Der zuständige Haushaltssachbearbeiter hat bei der Schätzung der Gewerbesteuererträge die Orientierungsdaten für die Haushalts- und Finanzplanung der Gemeinden (GV) des Landes Brandenburg zugrunde gelegt, die eine derartige Steigerung vorsehen.[43] Bekannt ist dem Sachbearbeiter jedoch, dass im kommenden Haushaltsjahr zwei der größten Betriebe der Gemeinde ihren Betriebssitz in den Nachbarort verlegen, also als Steuerzahler ausfallen.

Trotz Vorhaltungen einer Mitarbeiterin bleibt der Haushaltssachbearbeiter bei seiner Auffassung. Er sieht die Orientierungsdaten für die Planung als verbindlich an.

Aufgabe:
Begutachten Sie die Auffassung des Haushaltssachbearbeiters.

Lösung:
Der Haushaltssachbearbeiter hat den Haushaltsplan unter Beachtung der Veranschlagungsgrundsätze aufzustellen. Der in diesem Fall zu beachtende Grundsatz wäre der der Richtigkeit und der Willkürfreiheit (Haushaltswahrheit). Danach sind gemäß § 14 Abs. 2 Satz 2 KomHKV u. a. die Erträge sorgfältig zu errechnen. Falls dies nicht möglich ist, hat eine gewissenhafte Schätzung zu erfolgen. Die Erträge aus der Gewerbesteuer sind kaum zu berechnen; demzufolge wendet der Sachbearbeiter zulässigerweise die Methode der Schätzung an.

Im Bereich der methodischen Schätzung geht er von einem Hilfsmittel aus, den Orientierungsdaten für die Haushalts- und Finanzplanung der Gemeinden (GV) des Landes Brandenburg. Es bleibt zu prüfen, ob dieses herangezogene Hilfsmittel bei der Schätzung von Erträgen verbindlich ist. Es besteht jedoch keine rechtliche Verpflichtung, da weder BbgKVerf noch KomHKV darüber Regelungen enthalten. Es handelt sich vielmehr lediglich um die Weitergabe von Empfehlungen des Finanzplanungsrates auf der Grundlage des § 51 HGrG.

Nicht zu übersehen ist jedoch, dass die Empfehlungen eine wichtige Planungsgrundlage darstellen. Von dieser muss aber abgewichen werden, wenn besondere örtliche Gegebenheiten vorliegen, die Anlass geben, von den hier nur allgemeinen Erwartungen abzuweichen. Solche Hinweise bestehen laut Sachverhalt, weil zwei wichtige Steuerzahler eine Betriebsverlegung planen, die zu einer Reduzierung der Gewerbesteuererträge führen wird. Der Grundsatz der Richtigkeit nach § 14 Abs. 2 Satz 2 KomHKV verlangt praktisch, dass diese Besonderheit zu berücksichtigen ist. Es kann somit nicht von der allgemein erwarteten Erhöhung der Steuererträge bei der Gemeinde G ausgegangen werden. Die zu erwartenden Gewerbesteuerausfälle sind bei der Planung zu berücksichtigen.

Der Auffassung des Haushaltssachbearbeiters kann somit nicht gefolgt werden.

43 Für Übungszwecke unterstellt.

9.3.5 Bruttoprinzip (Saldierungsverbot)

9.3.5.1 Grundsatz

In enger Verbindung mit dem Grundsatz der Haushaltsklarheit steht das Prinzip der Bruttoveranschlagung nach § 14 Abs. 1 KomHKV. Das Bruttoprinzip erfordert die getrennte Veranschlagung der Erträge und Aufwendungen im Ergebnisplan sowie der Einzahlungen und Auszahlungen im Finanzplan in voller Höhe. Demnach ist es unzulässig, Erträge und Aufwendungen oder Einzahlungen und Auszahlungen vorab aufzurechnen und nur den Saldo zu veranschlagen. Es besteht somit ein ausdrückliches Saldierungsverbot. Das Bruttoprinzip gehört heute zu den nicht mehr wegzudenkenden Prinzipien einer kommunalen Haushaltsführung und bildet die Voraussetzung für die Erreichung des Ziels, den Haushaltsplan so übersichtlich und klar wie nur möglich zu gestalten.[44]

Beispiele für die konkrete Umsetzung des Bruttoprinzip im Ergebnishaushalt sind:

- Zinserträge dürfen nicht mit Zinsaufwendungen verrechnet werden. Das Gleiche gilt für Zinseinzahlungen und Zinsauszahlungen.
- Mieterträge und Mietaufwendungen sind getrennt zu veranschlagen. Das Gleiche gilt für Mieteinzahlungen und Mietauszahlungen.
- Erträge werden trotz eventueller Niederschlagungen in voller Höhe ausgewiesen. Die Niederschlagung bewirkt eine Forderungsabschreibung (Einzelwertberichtigung) als Aufwendung.
- Abschreibungen werden in voller Höhe angesetzt, auch wenn der abzuschreibende Vermögensgegenstand zuweisungs- oder beitragsfinanziert ist. Die anteiligen Auflösungsbeträge für Zuweisungen bzw. Beiträge sind als Ertrag nachzuweisen.

Der Grundsatz gilt aber nicht nur für den Ergebnis- und Finanzhaushalt, sondern auch für die kommunale Bilanz. Wie bereits aus dem letzten Beispiel ersichtlich, dürfen auch Vermögensbeschaffungen nicht mit der Finanzierung des Vermögens saldiert werden. Beispiele sind:

- Wird eine Grundschule mit Baukosten von 1.000.000 € errichtet, die mit zweckgebundenen Landeszuweisungen in Höhe von 300.000 € finanziert wird, so sind die Baukosten in voller Höhe auf die Aktivseite der Bilanz mit 1.000.000 € einzustellen. Dies ergibt sich aus § 50 Abs. 2 KomHKV. Die Zuweisungen sind gemäß § 47 Abs. 4 KomHKV als Sonderposten auf der Passivseite der Bilanz mit 300.000 € nachzuweisen. Nicht zulässig ist somit eine Aktivierung in Höhe des Differenzbetrages von 700.000 €.[45]
- Wird zum Kauf einer neuen Drehleiter für die Feuerwehr ein zweckgebundener Kredit aufgenommen, so sind auf der Aktivseite die vollen Anschaffungskosten der

44 Das Bruttoprinzip beruht auf den allgemeinen Grundsätzen der kaufmännischen Buchführung (siehe auch § 246 Abs. 2 HGB).

45 In einer Steuerbilanz ist dagegen eine Saldierung und somit eine Nettobehandlung zulässig (siehe z. B. R 163 Abs. 2 EStR 2001).

Drehleiter und auf der Passivseite die Kreditsumme in Höhe der Rückzahlungsverpflichtung nachzuweisen.

- Wenn die Gemeinde einen Kredit in Höhe von 10.000.000 € mit einem Auszahlungskurs von 98 % aufnimmt, ist der volle Betrag der Verbindlichkeit zu passivieren, obwohl der Kreditgeber lediglich 9.800.000 € überweist. Beim Auszahlungsverlust handelt es sich um Kreditbeschaffungskosten, die während der gesamten Kreditlaufzeit die entsprechenden Haushaltsjahre periodengerecht wie Zinsaufwendungen belasten. Aus diesem Grunde sind sie zunächst als aktive Rechnungsabgrenzung auf die Aktivseite der Bilanz einzustellen (Disagio) und periodengerecht zum entsprechenden Aufwendungskonto aufzulösen.

9.3.5.2 Ausnahmen vom Bruttoprinzip

§ 20 Abs. 2 KomHKV enthält eine Ausnahme vom Prinzip der Bruttoveranschlagung. Er bestimmt, dass **Abgaben, abgabeähnliche Erträge und allgemeine Zuweisungen**, die durch die Gemeinde zurückzuzahlen sind, nicht als Aufwand zu behandeln sind, sondern von den Erträgen abgesetzt werden müssen („negativer" Ertrag). Das gilt nicht nur für die Rückzahlungen von Erträgen desselben Jahres, sondern auch für diejenigen Rückzahlungen, die sich auf Erträge aus Vorjahren beziehen. Für die Veranschlagung folgt daraus, dass in diesen Fällen nur der Betrag zu veranschlagen ist, der nach Abzug der vorhersehbaren und gerade bei Abgaben häufigen Zurückzahlungen als voraussichtlicher Gesamtertrag verbleibt. Diese Regelung dient der Arbeitserleichterung. Es würde sonst eine Vielzahl von Rückzahlungskonten notwendig sein.

Zu den Abgaben im Sinne des § 20 Abs. 2 KomHKV gehören: Steuern, Verwaltungsgebühren, Benutzungsgebühren, öffentlich-rechtliche Beiträge (§ 1 Abs. 1 KAG). Zu den abgabeähnlichen Entgelten im Sinne dieser Vorschrift zählen die den Gebühren nahestehenden Einnahmen auf privatrechtlicher Basis (z. B. Eintrittsgelder oder Unterrichtsentgelte bei der Volkshochschule). Die allgemeinen Zuweisungen sind Zuweisungen des Bundes, des Landes, einer Gemeinde oder eines Gemeindeverbandes, die der Gemeinde ohne Bindung an einen bestimmten Verwendungszweck zufließen und über deren Verwendung sie auch selbst entscheiden kann (z. B. Schlüsselzuweisungen nach dem Gemeindefinanzierungsgesetz). Insofern können diese Planpositionen durchaus als „Nettoveranschlagungsbereiche" bezeichnet werden.

Eine Absetzung der aus der Rückzahlung entstehenden Auszahlungen von den Einzahlungspositionen („negative" Einzahlungen) sieht § 20 Abs. 2 KomHKV dagegen nicht vor. Hier gilt das Bruttoprinzip weiterhin, da im Zahlungsbereich ja auch tatsächlich Geldmittelabflüsse und somit Auszahlungen vorliegen (Kassenwirksamkeitsprinzip der Finanzrechnung).

9.3.5.3 Besonderheiten

a) Rabatte, Preisnachlässe und Skontierungen

Einer besonderen Betrachtungsweise sind gewährte Rabatte, Preisnachlässe und Skontierungen zu unterziehen. Hierbei handelt es sich nicht um Erträge bzw. Einzahlungen zugunsten der Gemeinde; vielmehr liegen Kaufpreisminderungen vor. Da § 14 Abs. 1 KomHKV nur die Trennung von Erträgen und Aufwendungen sowie Einzahlungen und Auszahlungen anderseits vorsieht, sind gewährte Rabatte, Preisnachlässe und Skontobeträge von der Aufwendung bzw. der Auszahlung abzusetzen. Wird z. B. Büromaterial zum Listenpreis von 100.000 € beschafft und gewährt der Händler einen Behördenrabatt von 20 %, so sind nur 80.000 € zu veranschlagen. Wird zusätzlich ein Skonto von 2 % angeboten, der gemäß § 63 Abs. 2 BbgKVerf regelmäßig auszunutzen ist, verringert sich der Veranschlagungsbetrag auf 78.400 €.

Der Abzug von Rabatten und Skontobeträgen gilt ebenfalls bei Beschaffungen im investiven Bereich (Zuordnung zur Aktivseite der Bilanz). Bei der nachträglich gewährten Rabattierung und der zeitlich verzögerten Skontoausschöpfung wird zunächst das Aufwendungs- bzw. Bilanzkonto mit dem vollen Wert belastet. Die Nachlässe und Skontobeträge führen dann zu einer Berichtigungsbuchung.

b) Betriebe gewerblicher Art

Bei im kommunalen Haushalt geführten Betrieben gewerblicher Art (z. B. Wochenmärkte, Schwimmbäder, Messeveranstaltungen, Parkhäuser), die umsatzsteuerpflichtig sind, hat ein besonderer Ausweis der Umsatzsteuer und Vorsteuer zu erfolgen. Insofern findet hier eine Art Nettoverbuchung des Ertrages und der Aufwendungen sowie der Bilanzpositionen für Vermögensbeschaffungen statt.

Stellt ein Betrieb gewerblicher Art z. B. Rechnungen oder Gebührenbescheide im Volumen von 238.000 € aus, die Umsatzsteueranteile zum Steuersatz von 19 % enthalten, so sind als Ertrag nur 200.000 € zu berücksichtigen. Beim Restbetrag von 38.000 € handelt es sich um die in Rechnung gestellte Umsatzsteuer, die zum nächsten Steuertermin an das Finanzamt abzuführen ist. Insofern wird dieser Betrag als erfolgsneutrale Verbindlichkeit gegenüber dem Finanzamt behandelt (Passivseite der Bilanz).

Verbraucht ein solcher Betrieb gewerblicher Art z. B. Heizöl zum Einkaufspreis von 11.900 €, so ist dem Aufwendungskonto 5241 lediglich ein Betrag von 10.000 € zuzuordnen. Der in Rechnung gestellte Mehrwertsteuerbetrag von 1.900 € gilt als vom Finanzamt zu erstattender Vorsteuerbetrag. Dieser wird beim nächsten Steuertermin geltend gemacht und zunächst als Forderung gegenüber dem Finanzamt auf der Aktivseite der Bilanz dokumentiert. Zum Steuertermin werden Umsatzsteuer und Vorsteuer aufgerechnet. Überwiegt der Umsatzsteueranteil, wird dieser Betrag als „Zahllast“ bezeichnet und dem Finanzamt überwiesen. Im umgekehrten Fall besitzt die Gemeinde eine Forderung aus der überschüssigen Vorsteuer.

Die entsprechenden Zahlungen werden brutto als laufende Ein- bzw. Auszahlungen verbucht.

Hinzuweisen ist bei vermögenswirksamen Beschaffungen und bei Herstellkosten der Betriebe gewerblicher Art, dass die Anschaffungs- oder Herstellungskosten des Vermögensgegenstands ebenfalls nur netto erfasst werden. Dadurch verringern sich bei solchen Betrieben zwangsläufig auch die nachfolgenden Abschreibungen.

c) Inzahlungnahmen/Aufrechnungen

Im Rahmen üblicher Geschäftstätigkeiten, denen auch die Gemeinden unterliegen, kann es zu Zahlungsabwicklungen kommen, bei denen gegenseitige Aufrechnungen von Forderungen und Verbindlichkeiten z. B. nach § 387 BGB erfolgen. Bei dieser Aufrechnung handelt es sich lediglich um ein Zahlungserleichterungsgeschäft im Liquiditätsbereich. Insofern wird auch hier der Bruttogrundsatz nicht durchbrochen. Ein Beispiel dafür ist die vom Zahlungspflichtigen gewünschte Aufrechnung einer Bußgeldforderung von 500 € an einen Handwerker gegen eine Verbindlichkeit aus seiner der Gemeinde in Rechnung gestellten Handwerkerleistung über 2.200 €. Die Gemeinde wird nur eine Überweisung von netto 1.700 veranlassen. Der Ertrag aus dem Bußgeld bleibt gemäß § 14 Abs. 1 KomHKV weiterhin bei 500 €, und der Unterhaltungsaufwand für die Handwerkerleistung beträgt unverändert 2.200 €. Der Bruttogrundsatz wird auch im Finanzhaushalt dadurch beibehalten, dass eine Einzahlung von 500 € und eine Auszahlung von 2.200 € zu buchen ist.[46]
Ein weiteres Beispiel ist die Inzahlungnahme eines gebrauchten und bereits abgeschriebenen PC mit 50 € beim Kauf eines neuen PC zu 2.000 €. Obwohl die Rechnung des Lieferanten eine Nettoforderung von 1.950 € aufweist, wird als Vermögenszugang nach dem Bruttoprinzip ein Betrag von 2.000 € erfasst. Zudem findet ein Vermögensabgang von 1 € für dem sich noch in der Anlagerechnung befindlichen alten PC statt. Als Ertrag aus Verkäufen ist somit die Differenz von 49 € zu bewerten. Im Finanzhaushalt ist eine Einzahlung von 50 € und eine Auszahlung von 2.000 € zu berücksichtigen.

d) Kreditbeschaffungskosten

Bei Kreditaufnahmen können Kreditbeschaffungskosten entstehen. Soweit diese vom Kreditgeber von der Kreditsumme unmittelbar abgezogen werden (Auszahlungsverlust, Disagio), stellt sich die Frage, wie die Kreditaufnahme haushaltsmäßig erfasst wird. Zunächst einmal muss der Kredit mit seinem Nennbetrag (Bruttokredit) passiviert werden (Konto 3217[47] bei einem Investitionskredit vom privaten Kreditmarkt). Da der Überweisungsbetrag jedoch durch die Kürzung der Kreditbeschaffungskosten geringer ist, müssen die Kreditbeschaffungskosten im Ergebnishaushalt als Aufwendung beim Konto 5591 nachgewiesen werden. Dabei bleibt die Mög-

46 Allerdings ist nicht zu verkennen, dass in der originären Buchführung ein Geldmittelabfluss von 1.700 € stattfindet, sodass es sich bei diesem Betrag um die Auszahlung handelt. Würden hier jedoch die 1.700 € als Nettoauszahlung verbucht, würde die Finanzrechnung an Aussagekraft verlieren. Der Verfasserin ist allerdings bekannt, dass in der Praxis dv-mäßige Umsetzungsschwierigkeiten bestehen.

47 Zuzüglich der Unterkontierung für die Laufzeit und die Währung, die einzurichten ist.

lichkeit einer Rechnungsabgrenzung nach § 53 Abs. 3 KomHKV unberührt (siehe dazu Kap. 9.3.3.2, Buchst. c).
Da die tatsächliche Einzahlung um die Kreditbeschaffungskosten gekürzt ist, erfährt der Finanzhaushalt nur einen Geldmittelzufluss in Höhe des Nettokredites. Dieser ist beim Konto 6927[48] zu veranschlagen. Ein spezieller Ausweis der Kreditbeschaffungskosten im Finanzhaushalt (Konto 7591) erfolgt nur dann, wenn die Kreditbeschaffungskosten nicht abgezogen, sondern zusätzlich zum Bruttokredit zu bezahlen sind.

e) **Ergebnisse des kommunalen Sondervermögens**
Wie bereits weiter oben als Ausnahme vom Grundsatz der Vollständigkeit besprochen, werden bestimmte kommunale Aktivitäten als „Sondervermögen" außerhalb des Haushaltes finanziell abgewickelt. Beispiele dafür sind die Eigenbetriebe, Eigengesellschaften (z. B. GmbH), rechtlich selbstständige Stiftungen des öffentlichen Rechts. Die Erträge und Aufwendungen dieser Sondervermögen sind deshalb zwangsläufig nicht im kommunalen Haushalt abgebildet. Die Verbindung geschieht jedoch dadurch, dass evtl. Betriebsergebnisse den kommunalen Haushalt tangieren. So können Gewinnausschüttungen als Erträge/Einzahlungen und Verlustabdeckungen als Aufwendungen/Auszahlungen in den gemeindlichen Haushalten erscheinen. Diese Finanzmittel sind jedoch Nettobeträge. Das Entstehen und die Zusammensetzung kann im kommunalen Haushalt nicht erkannt werden. Die Einzelheiten sind den Sonderrechnungen zu entnehmen. Lediglich über den Konzernabschluss nach § 83 ff. BbgKVerf, nicht aber im Haushaltsplan, können bestimmte Informationen über die Zusammensetzung der Ergebnisse des Sondervermögens gewonnen werden.

9.3.5.4 Übungen

Sachverhalt Nr. 13
Die Gemeinde G hat am 15.10.2024 ein neues Dienstfahrzeug zu 20.000 € bestellt (voraussichtliche Nutzungsdauer fünf Jahre). Der Händler nimmt das alte Fahrzeug mit 3.000 € in Zahlung (Bilanzwert 1.000 €) und wird diesen Betrag mit dem Kaufpreis verrechnen. Die Lieferung mit Rechnungsstellung wird für Januar 2025 erwartet. Bei Zahlung innerhalb von 14 Tagen wird der Händler ein Skonto von 3 % auf den Kaufpreis des Neuwagens gewähren. Das alte Fahrzeug soll dem Händler bereits zum 15.12.2024 übergeben werden. Da die Gemeinde sich derzeit bei der Aufstellung eines Nachtragshaushaltes für 2024 und der Haushaltsplanung für 2025 befindet, stellt sich die Frage, welchen Haushaltplänen die Finanzvorfälle für die Beschaffung des Fahrzeuges zuzuordnen sind.

Aufgabe:
Begutachten Sie, welche Veranschlagungen für die Jahre 2024 und 2025 erforderlich sind. Gehen Sie auch auf mögliche Verbindungen zur Bilanz ein. Nennen Sie zudem

48 Auf die weitere ziffernmäßige Untergliederung in Laufzeiten und Währungen wurde verzichtet.

die durch den Geschäftsvorfall berührten Konten. Auf die Veranschlagung von Verpflichtungsermächtigungen ist nicht einzugehen.

Lösung:
Zunächst ist festzustellen, dass zur praktischen Bearbeitung zwei Haushaltsgrundsätze zu berücksichtigen sind, nämlich das Bruttoprinzip (Saldierungsverbot) und der Grundsatz der periodengerechten Zuordnung. Zunächst ist nach dem Bruttoprinzip der Kauf des neuen Fahrzeuges von dem Verkauf des alten Fahrzeuges zu trennen. Dies ergibt sich aus § 14 Abs. 1 KomHKV, wonach Erträge und Aufwendungen sowie Einzahlungen und Auszahlungen zu trennen sind. Dieser Grundsatz gilt gemäß §§ 47 Abs. 1 und 50 Abs. 1 und 2 KomHKV auch für die Bilanz, weil bei den Vermögensgegenständen die Anschaffungskosten und keine Aufrechnungskosten anzusetzen sind. Insofern sind Anschaffungs- und Verkaufsvorgang getrennt zu behandeln.

Da die Gemeinde gemäß § 63 Abs. 2 BbgKVerf wirtschaftlich handeln muss, ist davon auszugehen, dass die Rechnung skontiert wird. Der Skontoabzug von 600 € stellt jedoch keinen Ertrag und keine Einzahlung dar. Es handelt sich somit um eine Kürzung der Anschaffungskosten, sodass von einem Anschaffungswert in Höhe von 19.400 € auszugehen ist. Dieser ist dem Konto 0711 auf der Aktivseite der Bilanz zuzuordnen. Gleichzeitig sind in den Finanzplan beim Konto 7831 Auszahlungen in derselben Höhe einzustellen. Es fragt sich jedoch noch, welchem Haushaltsjahr die Finanzvorfälle zuzuordnen sind. Entscheidend für die Bilanzierung ist der Termin der Erlangung des wirtschaftlichen Eigentums gemäß § 40 Abs. 1 KomHKV. Laut Sachverhalt erfolgt die Lieferung im Januar 2025, sodass dann die Gemeinde zumindest den Besitz erlangt. Insofern erfolgt die Bilanzierung in 2025. Da auch erst danach die Rechnung beglichen wird, ist die Auszahlung ebenfalls diesem Haushaltsjahr zuzuordnen.

Aus der Fahrzeugbeschaffung entstehen mit der Betriebsbereitschaft des Fahrzeuges im Jahr 2025 Aufwendungen in Form von Abschreibungen. Diese Abschreibungen sind gemäß § 14 Abs. 2 KomHKV in den Ergebnisplan einzustellen. Liefertermin, Kauftermin und Betriebsbereitschaft liegen laut Sachverhalt im Januar 2025, sodass in 2025 ein voller linearer Abschreibungsbetrag in Höhe von 3.880 € als Aufwendung in den Ergebnisplan einzustellen ist (Konto 5711). Da Abschreibungen keine Auszahlungen bewirken, ist der Finanzplan nicht tangiert.

Nunmehr ist die Behandlung der Finanzvorfälle für das in Zahlung gegebene Fahrzeug zu begutachten. Festgestellt wurde bereits oben, dass eine Aufrechnung im Haushaltsplan nicht erfolgen darf. Zunächst einmal ist ein Vermögensabgang über 1.000 € bei der Konto 0711 zu verzeichnen, weil die Gemeinde mit dem Verkauf das Eigentum an diesem Vermögensgegenstand verliert. Der Sachverhalt gibt keine Auskünfte, wann das rechtliche Eigentum auf den Käufer übergeht (evtl. Eigentumsvorbehalt nach § 449 BGB). Gemäß § 47 Abs. 1 KomHKV ist jedoch für die Bilanzierung das wirtschaftliche Eigentum entscheidend. Dieser Grundsatz gilt im Umkehrschluss auch für den Verlust des wirtschaftlichen Eigentums. Mit der Fahrzeugübergabe im Dezember 2024 an den Käufer verliert die Gemeinde G bereits das wirtschaftliche Eigentum an dem alten Fahrzeug, sodass in 2024der Abgang auf dem Bilanzkonto herbeizuführen ist.

Der Verkaufspreis von 3.000 € übersteigt den Fahrzeugwert um 2.000 €, sodass letztlich ein Gewinn aus Verkäufen in dieser Höhe vorliegt. Gemäß Verwaltungsvorschrift wird dieser Ertrag jedoch nicht als solcher separat erfasst. Es wird zunächst die „Ausbuchung des Restbuchwertes" unter dem Aufwandskonto 5931[49] an das aktive Bestandskonto 0711 mit 1.000 € dargestellt. Demgegenüber steht dann eine Forderungserfassung auf dem Konto 1711 an das komplementären Ertragskonto 4931 mit 3.000 €. Somit können die tatsächlichen wirtschaftlichen Auswirkungen solcher desinvestiver Vorgänge immer erst durch einen Abgleich von damit zusammenhängenden Aufwendungen und Erträgen herausgelesen werden.

Bei der Auszahlung an den Händler, die letztlich kassenwirksam 17.000 € in 2025 beträgt, werden nun die 3.000 € Verkaufserlös auf dem Konto 6831 und 20.000 € auf dem Konto 7831 jeweils in 2025 erfasst.[50]

Sachverhalt Nr. 14

Die Gemeinde G befindet sich zurzeit bei der Aufstellung des Haushaltes 2025. Dabei wird der Fachbereich „Finanzen" mit folgenden Problemstellungen konfrontiert:

a) Es soll zum 2.1.2025 ein Investitionskredit zum Nennbetrag von 1.000.000 € bei der B-Bank aufgenommen werden. Der Zinssatz beträgt 5 %, die Tilgung gleichbleibend 4 %, zahlbar jeweils zum Jahresende in einer Summe. Zum Termin der Kreditaufnahme fallen einmalige Kreditbeschaffungskosten von 30.000 € an.[51] Die Bank wird die Kreditbeschaffungskosten am 2.1.2025 mit der Kreditsumme verrechnen, sodass lediglich eine Gutschrift von 970.000 € auf dem gemeindlichen Girokonto erfolgen wird. Die Gemeinde G hat auch langfristige Gelder bei der B-Bank angelegt, für die sie für das Jahr 2025 Zinsgutschriften in Höhe von 20.000 € erhalten wird. Vertraglich werden davon 15.000 € am Jahresende 2025 und 5.000 € am 10.1.2026 fällig. Gemeinde und Bank sind sich einig, die zum Jahresende fällige Zinsgutschrift mit den dann zu entrichtenden Schuldendienstleistungen für den neuen Kredit der Einfachheit halber zu verrechnen.

b) Zum Jahresbeginn 2025 werden für 2025 Hundesteuerbescheide mit einem Volumen von 200.000 € versandt. Man rechnet jedoch damit, dass aufgrund von Hundeabmeldungen im Jahr 2025 Steuerbescheide des Jahres 2024 im Volumen von 1.000 € zurückgenommen werden müssen, wobei es dabei zu entsprechenden Rückzahlungen kommen wird.

49 Siehe VV KomHKV, S. 1021 (Kontenrahmenplan).

50 Allerdings ist nicht zu verkennen, dass in der originären Buchführung ein Geldmittelabfluss von 17.000 € stattfindet, sodass es sich bei diesem Betrag um die Auszahlung handelt. Würden hier jedoch die 17.000 € als Nettoauszahlung verbucht, würde die Finanzrechnung an Aussagekraft verlieren. Der Verfasserin ist allerdings bekannt, dass in der Praxis dv-mäßige Umsetzungsschwierigkeiten bestehen.

51 Die Kreditkonditionen entsprechen nicht der derzeitigen Kapitalmarktsituation. Sie sind lediglich für Übungszwecke so festgesetzt.

Aufgabe:
Begutachten Sie, welche Veranschlagungen für das Jahr 2025 aufgrund der Sachverhalte erforderlich sind. Gehen Sie auch auf mögliche Verbindungen zur Bilanz ein. Nennen Sie ebenfalls die durch die Geschäftsvorfälle berührten Konten. Bei den Kreditbeschaffungskosten ist eine Periodenabgrenzung erforderlich.

Lösung:

a) Bei der Kreditaufnahme handelt es sich um eine Verbindlichkeit gegenüber der Bank, die beim Konto 3217[52] nachzuweisen ist. Es fragt sich jedoch zunächst, in welcher Höhe eine Bilanzierung zu erfolgen hat, weil die Kreditbeschaffungskosten durch Aufrechnung abgesetzt werden. Die Rückzahlungsverpflichtung stellt die Verbindlichkeit dar, sodass die volle Kreditsumme zu passivieren ist. Dies ergibt sich auch aus § 50 Abs. 6 KomHKV, wonach die Verbindlichkeiten in Höhe ihrer Rückzahlungsverpflichtung zu bewerten sind. Es entstehen Schulden im Volumen von 1.000.000 €. Zudem sind gemäß § 14 Abs. 1 KomHKV die Aufwendungen getrennt zu berücksichtigen. Die einmaligen Kreditbeschaffungskosten stellen Aufwendungen für die Kreditbereitstellung dar. Sie sind somit getrennt von der Kreditsumme zu behandeln.
   Allerdings hat gemäß § 14 Abs. 1 und 2 KomHKV eine periodengerechte Zuordnung nach der wirtschaftlichen Zurechenbarkeit zu erfolgen. § 53 Abs. 3 KomHKV konkretisiert diese Norm für den Bereich der Verbindlichkeiten, wonach die Kreditbeschaffungskosten durch planmäßige jährliche Abschreibung über die gesamte Laufzeit zu tilgen sind. Laut Aufgabenstellung ist davon Gebrauch zu machen. Bei einer gleichbleibenden Tilgung von jährlich 4 % beträgt die Kreditlaufzeit 25 Jahre, sodass die Kreditbeschaffungskosten aufwendungsmäßig auf diesen Zeitraum gleichmäßig zu verteilen sind. Insofern erfolgt in 2025 zunächst ein Ausweis der Kreditbeschaffungskosten als aktive Rechnungsabgrenzung (Konto 1991). In den Ergebnisplan sind die anteiligen Kreditbeschaffungskosten von jährlich 1.200 € periodengerecht als „Abschreibungen" auf die Kreditbeschaffungskosten beim Konto 5591 aufzunehmen. Im Finanzplan sind dagegen lediglich 970.000 € als Einzahlung aus Krediten beim Konto 6927[53] zu erfassen. Hier erfolgt keine Bruttobuchung, da es sich um den einheitlichen Geschäftsvorfall „Einzahlung aus Krediten" handelt.
   Die Zinsen belaufen sich für 2025 auf 50.000 €, die Tilgung auf 40.000 €. Die von der Bank beabsichtigte Aufrechnung ist haushaltstechnisch unbeachtlich, sodass die Zinsaufwendungen im Ergebnisplan beim Konto 5517 und als Auszahlung im Finanzplan beim Konto 7517 nachzuweisen sind. Die Tilgung stellt dagegen eine Verringerung der Verbindlichkeiten dar, sodass sie erfolgsneutral dem Konto 3217[54] zuzuordnen ist. Die Auszahlung der Tilgung erscheint im Finanzplan beim Konto 7927.

---

52 Nach der Finanzstatistik wäre das Konto 3217 zuzüglich der Unterkontierungsziffern für die Laufzeit und die Währung zu vergeben.

53 Auf die weitere ziffernmäßige Untergliederung in Laufzeiten und Währungen wurde verzichtet.

54 Auf die weitere ziffernmäßige Untergliederung in Laufzeiten und Währungen wurde verzichtet.

Wie bereits festgestellt sind die Zinsgutschriften für die Kapitalanlage gemäß § 14 Abs. 1 KomHKV trotz Aufrechnung nach dem Bürgerlichen Gesetzbuch als Ertrag zu behandeln (Konto 4617). Dabei ist gemäß § 14 Abs. 2 KomHKV der gesamte Zinsertrag in Höhe von 20.000 € dem Ergebnisplan 2025 zuzuordnen, weil es sich unabhängig von der tatsächlichen Zahlung um einen Ertrag der Wirtschaftsperiode 2025 handelt. Im Finanzhaushalt dagegen sind die Einzahlungstermine entscheidend, sodass dort beim Konto 6617 in 2025 lediglich 15.000 € einzustellen sind. Der Restbetrag von 5.000 € ist dem Haushaltsjahr 2026 zuzuordnen.

b) Der Ertrag aus Hundesteuern ist beim Konto 4032 nachzuweisen. Dabei sind zunächst die im Sachverhalt genannten 200.000 € als voraussichtliche Erträge zu berücksichtigen. Problematisch sind die Steuerbescheidrücknahmen mit entsprechenden Steuererstattungen in Höhe von voraussichtlich 1.000 €. Nach § 14 Abs. 1 KomHKV sind Erträge und Aufwendungen zu trennen. Bei den Rückzahlungen von Steuerbeträgen handelt es sich somit um Aufwendungen. § 20 Abs. 2 KomHKV sieht jedoch vor, dass u. a. bei Abgaben die Rückzahlungen von den Erträgen abzusetzen sind. Dieses gilt auch für Rückzahlungen von Abgabeerträgen aus Vorjahren. Zu den Abgaben zählen gemäß § 1 Abs. 1 KAG auch die Steuern. Insofern sind die erwarteten 1.000 € Rückzahlungen von den Erträgen abzusetzen. Zu veranschlagen ist deshalb ein Ertrag aus Hundesteuern in Höhe von 199.000 €.

Der Finanzplan berücksichtigt die voraussichtlichen Ein- und Auszahlungen. Geldmittelzuflüsse und damit Einzahlungen werden für 2025 in Höhe von 200.000 € erwartet, sodass dieser Betrag beim Konto 6032 nachzuweisen wäre, wenn nicht § 20 Abs. 2 KomHKV auch hier eine Ausnahme vorsähe, da Abgaben, die zurückzuzahlen sind, nicht nur von den Erträgen, sondern auch von den damit in Zusammenhang stehenden Einzahlungen abzusetzen sind. Bei dem Konto 6032 sind daher nur 199.000 € nachzuweisen.

9.3.6 Einzelveranschlagung

9.3.6.1 Grundsatz

Der Haushaltsgrundsatz besagt, dass Erträge und Einzahlungen nach ihrem Entstehungsgrund, Aufwendungen und Auszahlungen nach ihrem Verwendungszweck zu veranschlagen sind. Angesprochen ist somit die sachliche Spezifizierung. Die Ausprägung der Einzelveranschlagung ergibt sich für den Ergebnisplan aus § 4 KomHKV. Danach ist nicht für jede Ertrags- und Aufwendungsart ein Einzelnachweis erforderlich. Insofern erfolgt keine Veranschlagung nach dem System der einzelnen Kontierungen.[55] Vielmehr werden Ertrags- und Aufwendungsarten zu Kontengruppen zusammengefasst. Diese werden als „Positionen des Ergebnisplans“ bezeichnet. So ist im Ergebnisplan folgende Einzelveranschlagung als Gliederung vorgesehen.

55 Eine solche Einzelveranschlagungen sah das frühere kamerale Haushaltsrecht vor, bei dem für jeden einzelnen Finanzvorfall eine Haushaltsstelle eingerichtet und im Haushaltsplan abgebildet wurde.

einzeln auszuweisende Ertragspositionen	**einzeln auszuweisende Aufwendungspositionen**
Steuern und ähnliche Abgaben	Personalaufwendungen
Zuwendungen und allgemeine Umlagen	Versorgungsaufwendungen
sonstige Transfererträge	Aufwendungen für Sach- und Dienstleistungen
öffentlich-rechtliche Leistungsentgelte	Abschreibungen
privatrechtliche Leistungsentgelte	Transferaufwendungen
Kostenerstattungen und Kostenumlagen	sonstige ordentliche Aufwendungen
sonstige ordentliche Erträge	Zinsen und sonstige Finanzaufwendungen
aktivierte Eigenleistungen	außerordentliche Aufwendungen
Bestandsveränderungen	
Finanzerträge	
außerordentliche Erträge	

Da es sich um eine Mindestgliederung handelt, könnten die Gemeinden weitergehende Unterteilungen vornehmen. Von einer weitreichenden zusätzlichen Unterteilung ist aber abzuraten, da der Haushaltsplan als genereller Finanzkontrakt zwischen Politik und Verwaltung nur globale Finanzvereinbarungen enthalten soll und die Betriebssteuerung vielmehr über Zielvereinbarungen und Kennzahlen zur Zielerreichung durchzuführen ist.

Bei den Teilergebnisplänen sind zusätzlich Erträge und Aufwendungen aus internen Leistungsbeziehungen nachzuweisen. Der Finanzplan sieht folgende einzelne Einzahlungs- und Auszahlungspositionen vor:

einzeln auszuweisende Einzahlungspositionen	**einzeln auszuweisende Auszahlungspositionen**
Steuern und ähnliche Abgaben	Personalauszahlungen
Zuwendungen und allgemeine Umlagen	Versorgungsauszahlungen
sonstige Transfereinzahlungen	Auszahlungen für Sach- und Dienstleistungen
öffentlich-rechtliche Leistungsentgelte	Zinsen und sonstige Finanzauszahlungen
privatrechtliche Leistungsentgelte	Transferauszahlungen
Kostenerstattungen und Kostenumlagen	sonstige Auszahlungen
sonstige Einzahlungen	Auszahlungen für Baumaßnahmen
Zinsen und sonstige Finanzeinzahlungen	Auszahlungen für den Erwerb von immateriellen Vermögensgegenstände
Einzahlungen aus Investitionszuwendungen	Auszahlungen für den Erwerb von Grundstücken, grundstücksgleichen Rechten und Gebäuden
Einzahlungen aus Beiträgen und ähnliche Entgelte	Auszahlungen für den Erwerb von übrigem Sachanlagen
Einzahlungen aus der Veräußerung von immateriellen Vermögensgegenstände	Auszahlungen für den Erwerb von Finanzanlagen
Einzahlungen aus der Veräußerung von Grundstücken, grundstücksgleichen Rechten und Gebäuden	Auszahlungen von aktivierbaren Zuwendungen für Investitionen Dritter
Einzahlungen aus der Veräußerung von übrigem Sachanlagen	Sonstige Investitionsauszahlungen
Einzahlungen aus der Veräußerung von Finanzanlagen	Auszahlungen für die Tilgung von Krediten für Investitionen
sonstige Investitionseinzahlungen	
Einzahlungen aus der Aufnahme von Krediten für Investitionen	

Eine besondere Form der Einzelveranschlagung erfolgt im produktorientierten Teilfinanzplan nach § 8 Abs. 2 KomHKV. Dabei hat für jede einzelne Investitionsmaßnahme eine eigene Veranschlagung zu erfolgen (Einzelveranschlagung der Investitionsmaßnahmen).

Baut eine Gemeinde z. B. gleichzeitig zwei Grundschulen (Nord und Süd), so müssen zunächst die Auszahlungsarten für die Schulen auf der Basis der vorgenannten Auszahlungsarten veranschlagt werden. In einem weiteren Schritt sind dann die Auszahlungsarten noch einmal auf die einzelnen Schulen aufzuteilen. Das Gleiche gilt für die Einzahlungen. Am nachstehenden Beispiel wird die Einzelveranschlagung für das Jahr 2025 deutlich, wobei die Vorjahresangaben nicht aufgeführt sind:

Teilfinanzplan Investitionstätigkeit	**Ansatz 2024**	**VE 2024**	**Planung 2025**	**Planung 2026**	**Planung 2027**
Einzahlungen					
aus Zuwendungen für Investitionsmaßnahmen	200.000		300.000	0	0
aus der Veräußerung von Sachanlagen	10.000		40.000	0	0
sonstige Investitionseinzahlungen	0		0	100.000	0
Summe der investiven Einzahlungen	**210.000**		**340.000**	**100.000**	**0**
Auszahlungen					
für Erwerb von Grundstücken u. Gebäuden	200.000	100.000	100.000	0	0
für Baumaßnahmen	780.000	800.000	600.000	300.000	0
für Erwerb von beweglichem Anlagevermögen	10.000	50.000	200.000	80.000	10.000
Summe der investiven Auszahlungen	**990.000**	**950.000**	**900.000**	**380.000**	**10.000**
Saldo Investitionstätigkeit PB Schulen	**–780.000**		**–560.000**	**–280.000**	**–10.000**

Übersicht Investitionsmaßnahmen	**Ansatz 2024**	**VE 2024**	**Planung 2025**	**Planung 2026**	**Planung 2027**
Maßnahmen oberhalb der Wertgrenze					
Einzahlung: Landeszuweisung Schule Nord	50.000	0	50.000	0	0
Auszahlung: für Grunderwerb Schule Nord	100.000	300.000	0	0	0
Auszahlung: Baumaßnahme Schule Nord	400.000		300.000	0	0
Saldo Investitionsmaßnahme Schule Nord	–450.000	100.000	–250.000	0	0
Einzahlung: Landeszuweisung Schule Süd	150.000	500.000	250.000	0	0
Auszahlung: für Grunderwerb Schule Süd	100.000	50.000	100.000	0	0
Auszahlung: Baumaßnahme Schule Süd	380.000		300.000	300.000	0
Auszahlung: bewegl. Vermögen Schule Süd	0		190.000	70.000	0
Saldo Investitionsmaßnahme Schule Süd	–330.000		–340.000	–370.000	0
Saldo	**–780.000**	**950.000**	**–590.000**	**–370.000**	**0**
Maßnahmen unterhalb der Wertgrenzen					
Summe der investiven Einzahlungen	10.000		40.000	100.000	0
Summe der investiven Auszahlungen	10.000		10.000	10.000	10.000
Saldo	**0**		**30.000**	**90.000**	**–10.000**

Die Einzelveranschlagung im Investitionsbereich dient zunächst einmal der Übersichtlichkeit. Sie soll aber auch der Politik die Möglichkeit geben, jede einzelne Investition zu beraten und zu beschließen. Gerade in der Investitionsbereitstellung ist ein wichtiges Element der Selbstverwaltung als Ausfluss der Etathoheit verankert.

9.3.6.2 Ausnahmen

Nicht bei allen Finanzpositionen der Planung ist der Grundsatz der Einzelveranschlagung realisiert. Aus praktischen Gründen wird er in zwei Bereichen durchbrochen.[56]

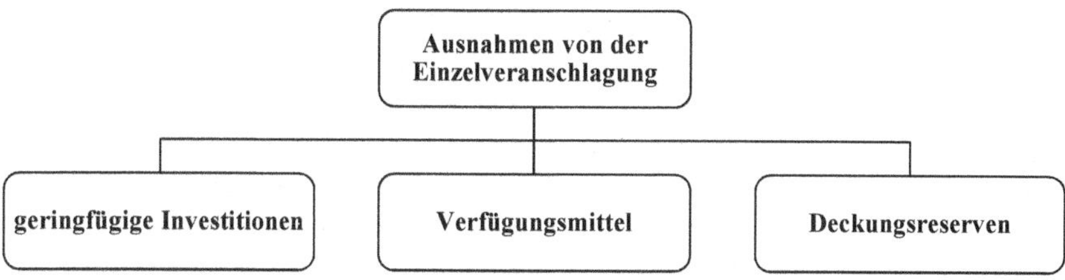

a) Geringfügige Investitionen

Gemäß § 8 Abs. 2 KomHKV sind in den Teilfinanzplänen im Investitionsbereich u. a. die einzelnen Maßnahmen getrennt abzubilden. Dies würde für sämtliche Investitionen zutreffen, also auch für geringfügige (z. B. Beschaffung eines Beamers mit Auszahlung von 600 € als Einzelgegenstand). Insofern sieht die Vorschrift zu Recht vor, dass eine Einzelveranschlagung als Maßnahme in den Teilfinanzplänen erst oberhalb einer von der Gemeindevertretung zu bestimmenden Wertgrenze zu erfolgen hat. Geringfügige Investitionsmaßnahmen werden deshalb nicht als einzelne, sondern als Sammelpositionen für Investitionsmaßnahmen nachgewiesen. Im Beispiel auf der Vorseite ist dies dargestellt, indem ein Sammelbetrag für Beschaffungen von beweglichen Sachen in Höhe von 10.000 € ausgewiesen ist. Die Festsetzung der Geringfügigkeitsgrenze hat gem. § 8 Abs. 2 Satz 1 KomHKV im Rahmen der Haushaltssatzung zu erfolgen. Dies ist auch sinnvoll, weil die Geringfügigkeitsgrenze sich auf das mit der Satzung erstellte Planwerk bezieht.

b) Verfügungsmittel

Bei den Verfügungsmitteln handelt es sich um Aufwendungen und Auszahlungen des Hauptverwaltungsbeamten oder Ortsbürgermeisters für dienstliche Zwecke, für die keine zweckbezogenen Aufwendungsplanpositionen und Auszahlungsplanpositionen zur Ver-

56 Die im früheren kameralen Haushaltsrecht zugelassenen „Vermischten Einnahmen" und „Vermischten Ausgaben" sind im doppischen Rechnungswesen nicht vorgesehen. An ihre Stelle treten Finanzmittel mit der Bezeichnung „Sonstige Erträge/Einzahlungen" und „Sonstige Aufwendungen/Auszahlungen" zu den einzelnen Positionen nach §§ 3 und 4 KomHKV. Beispiele sind „Sonstige Transferaufwendungen" oder „Sonstige Einzahlungen aus laufender Verwaltungstätigkeit". Insofern wird die Einzelveranschlagung nicht durchbrochen.

fügung stehen. Der Hauptverwaltungsbeamte oder Ortsbürgermeister verfügt somit über einen ihm zustehenden Fonds, aus dem er zweckübergreifend Haushaltsmittel bewirtschaften kann. Bedingung sind lediglich der dienstliche Verwendungszweck und die nicht an anderer Stelle bereit gestellten Mittel. Der Hauptverwaltungsbeamte oder Ortsbürgermeister verwendet diese Haushaltsermächtigungen in der Regel für Repräsentationszwecke. Da jedoch hier Zahlungen aus verschiedenen Positionen des Ergebnis- und Finanzhaushalts geleistet werden können (z. B. nicht veranschlagte Transferaufwendungen und Aufwendungen für Sachleistungen) wird bei den Verfügungsmitteln der Grundsatz der Einzelveranschlagung durchbrochen. Die Praxis spricht von einer sogenannten „zweckfreien Planposition in pauschaler Form". Die Verfügungsmittel sind gemäß § 17 Satz 1 KomHKV gesondert im Ergebnisplan beim Konto 5491 (Produktbereich 11) und im Finanzplan beim Konto 7491 auszuweisen.

c) Deckungsreserven

Die Deckungsreserven zählen zu den Ausnahmen vom Grundsatz der Einzelveranschlagung, denn gem. § 17 Abs. 2 KomHKV zählen sie zu zweckfreien Ansätzen. Hiernach dürfen zur Deckung über- und außerplanmäßiger Aufwendungen und Auszahlungen Mittel als Deckungsreserve veranschlagt werden.

Außerplanmäßige Aufwendungen und Auszahlungen liegen vor, wenn im Haushaltsplan keine Ermächtigung veranschlagt ist und keine aus dem Vorjahr übertragenen Ermächtigungen verfügbar sind (§ 2 Nr. 8 KomHKV). Überplanmäßige Aufwendungen und Auszahlungen liegen vor, wenn die Ermächtigung im Haushaltsplan zuzüglich übertragener Ermächtigungen überschritten wird (§ 2 Nr. 44 KomHKV).[57]

Bei einzelnen Haushaltspositionen treten im Laufe des Jahres Mehraufwendungen oder Mehrauszahlungen auf, die vorher nicht absehbar waren. Da erfahrungsgemäß bereits bei Aufstellung des Haushaltsplans damit gerechnet werden muss, man jedoch vorher nicht weiß, bei welcher Haushaltsposition dies im Einzelnen geschieht, wird im Produktbereich 61 (Allgemeine Finanzwirtschaft) eine Deckungsreserve ohne nähere Zweckbestimmung eingerichtet. Damit die Deckung von Aufwendungen und Auszahlungen möglich ist, wird sowohl im Ergebnishaushalt (Konto 5496) als auch im Finanzhaushalt (Konto 787) eine Deckungsreserve veranschlagt.[58]

Mit diesen Mitteln können über- und außerplanmäßige Aufwendungen und Auszahlungen gedeckt werden. Die Inanspruchnahme der Deckungsreserve soll sich nach Möglichkeit auf die Fälle beschränken, in denen eine andere Deckungsmöglichkeit (Mehrerträge und -einzahlungen oder Minderaufwendungen und -auszahlungen) nicht gegeben ist.

57 Für Näheres siehe Kap. 18.

58 Vgl. Runderlass in kommunalen Angelegenheiten 4/2009.

9.3.6.3 Übungen

Sachverhalt Nr. 15

Die Gemeindevertretung der Gemeinde G hält den vom Bürgermeister vorgelegten Haushalt für das kommende Jahr für viel zu detailliert. Die Vielzahl von Daten könne die Politik nicht mehr verarbeiten. Zum Zweck der Informationsstraffung beschließt die Gemeindevertretung deshalb einstimmig im Teilergebnisplan u. a. für den Produktbereich 42 „Sportförderung“ die Personal- und Sachaufwendungen zusammenzufassen und unter der Position „Bewirtschaftungsaufwand“ ausweisen. Im Teilfinanzplan zum selben Produktbereich sollen nur noch die Gesamtsummen der Investitionsein- und -auszahlungen ausgewiesen werden.

Beim Teilergebnisplan des Produktbereichs 11 „Innere Verwaltung“ dagegen möchte die Gemeindevertretung eine differenziertere Darstellung dahingehend erhalten, dass bei den Personalaufwendungen eine Unterteilung nach Beamten, Angestellten und Arbeitern erfolgt. Begründet wird diese Differenzierung damit, dass die Öffentlichkeit deutlich gemacht werden soll, wie sich die einzelnen Personalaufwendungen in den Servicebereichen zusammensetzen.

Aufgabe:

Begutachten Sie, was der Bürgermeister aufgrund des Beschlusses der Gemeindevertretung ggf. zu veranlassen hat.

Lösung:

Der Bürgermeister müsste gemäß § 55 Abs. 1 BbgKVerf den Beschluss der Gemeindevertretung beanstanden, sofern er rechtswidrig ist. Gemäß § 7 Abs. 1 i. V. m. § 4 Abs. 1 KomHKV muss der Teilergebnisplan eine bestimmte Mindestgliederung aufweisen. Danach sind u. a. Personalaufwendungen und Aufwendungen für Sach- und Dienstleistungen getrennt zu veranschlagen (Einzelveranschlagung). Die von der Gemeindevertretung beschlossene „Zusammenlegung“ der Finanzpositionen verstößt somit gegen diese Regelung und ist demnach rechtswidrig. Der Bürgermeister hat deshalb in diesem Punkt den Beschluss der Gemeindevertretung zu beanstanden.

Eine ähnliche Vorschrift enthält § 8 i. V. m. § 5 Abs. 1 KomHKV für die Teilfinanzpläne zwar nicht, jedoch ist im Finanzhaushalt gem. § 5 Abs. 1 KomHKV nach bestimmten Ein- und Auszahlungspositionen zu unterteilen sowie nach Investitionsmaßnahmen zu trennen. Die beabsichtigte Zusammenfassung der Ein- und Auszahlungen ist somit ebenfalls rechtswidrig, sodass auch hier der Bürgermeister zu beanstanden hat. Selbst bei geringfügigen Investitionen muss eine Unterteilung nach Zahlungsarten erfolgen.

Die differenzierte Untergliederung beim Produktbereich „Innere Verwaltung“ ist dagegen zulässig, weil § 7 Abs. 1 KomHKV für die Teilergebnispläne auf die Mindestgliederung des § 4 Abs. 1 KomHKV verweist. Bei einer Mindestgliederung sind zwangsläufig weitere Unterteilungen zulässig, die ausdrücklich durch § 6 Abs. 2 KomHKV zugelassen ist. Dabei ist an dieser Stelle nicht zu beurteilen, ob die weitere Unterteilung sinnvoll ist. Es kommt beim Beanstandungsrecht des Bürgermeisters allein auf die Rechtmäßigkeit an.

9.4 Grundsätze ordnungsmäßiger Buchführung (GoB-K)[59]

9.4.1 Allgemeines

Die Grundsätze ordnungsgemäßer Buchführung beziehen sich vom Wortlautlaut sicherlich auf das tägliche Buchungsgeschäft. Dieses Buchungsgeschäft mündet im Jahresabschluss, sodass die GoB auch konkrete Auswirkungen auf die Rechnungslegung haben. Da die Gemeinden aber auch eine vorausschauende Haushaltsplanung in Form von Ergebnis- und Finanzplan zu erbringen haben, sind diese Grundsätze auch für die Aufstellung des Haushaltsplans zu beachten. Insofern ist es nachzuvollziehen, dass diese Grundsätze bei den vorangehenden Gliederungsziffern bereits ganz oder teilweise als Veranschlagungsgrundsätze angesprochen wurden. An dieser Stelle soll jedoch neben einem Gesamtüberblick vor allem auf die Buchführungsregeln eingegangen werden.

Die nachstehende Übersicht unterscheidet zudem noch in Ziele der Buchführung (allgemeine Grundsätze ordnungsgemäßer Buchführung) und in die eigentlichen Grundsätze, mit denen die Ziele realisiert werden sollen (spezielle Grundsätze ordnungsgemäßer Buchführung).

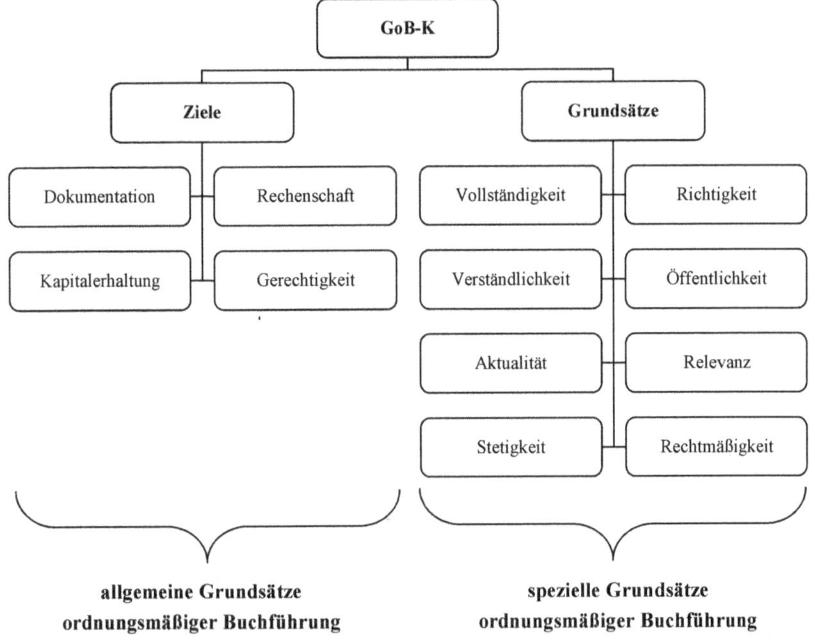

59 „Grundsätze ordnungsgemäßer Buchführung für Kommunen“.

Die Grundsätze ordnungsgemäßer Buchführung für Kommunen sind weitgehend an die der kaufmännischen Buchführung angelehnt, die sich aus den Regeln des HGB und dem kaufmännischen Gewohnheitsrecht ergeben. Sie sind allerdings – soweit erforderlich – auf die Besonderheit der Gemeinden abgestellt, sodass förmlich von den „Grundsätzen ordnungsmäßiger Buchführung für Kommunen“ (GoB-K) gesprochen wird. Wegen dieser Spezialität sind sie zwangsläufig in den kommunalrechtlichen Vorschriften der BbgKVerf und der KomHKV verankert. Einen generellen Hinweis zur Beachtung dieser Grundsätze enthalten § 63 Abs. 3 BbgKVerf und § 32 Abs. 2 KomHKV.

9.4.2 Ziele ordnungsmäßiger Buchführung (allgemeine Grundsätze ordnungsgemäßer Buchführung)

9.4.2.1 Dokumentation

Oberstes Ziel der Buchführung ist es, einen fundierten Nachweis über die Finanzsituation einer Gemeinde zu erhalten. Dazu ist es notwendig, jeglichen Geschäftsvorfall finanzieller Art zu erfassen. Dies erinnert an den bereits besprochenen Veranschlagungsgrundsatz der Vollständigkeit für die Haushaltsplanung. Es soll somit durch die Buchführung ein lückenloses Abbild der Vermögens-, Ertrags- und Aufwendungs- sowie Zahlungsbewegungen erfolgen. Dabei ist es wichtig, die konkrete Realität zu dokumentieren, indem lebensechte Bewertungen und Buchungen zeitnah durchgeführt werden.

9.4.2.2 Rechenschaft

Ein weiteres wichtiges Ziel stellt die Rechenschaft über das kommunale Finanzmanagement dar. Bei Unternehmen erfolgt die Rechenschaftslegung gegenüber den Eigentümern. Bei der Gemeinde bestehen keine Eigentumsverhältnisse. Da jedoch die Kommunen öffentliche Gelder einziehen, um Leistungen bzw. Einrichtungen für die Einwohner zur Verfügung zu stellen, hat die Öffentlichkeit Anspruch auf Informationen zur Finanzsituation der Gemeinde. Eine solche Information kann es nur geben, wenn die Finanzmittel ordnungsgemäß gebucht und zudem in einem ordnungsgemäßen Jahresabschluss dokumentiert werden.

Die konkrete Rechenschaftslegung erfolgt jedoch gegenüber den gewählten Vertretern der Bürgerschaft, den Gemeindevertretern. So muss der aufgrund der Buchführung erstellte Jahresabschluss gemäß § 82 Abs. 4 BbgKVerf der Gemeindevertretung vorgelegt werden, wobei nach den Vorschriften des § 59 KomHKV ein Bericht mit Einzelerläuterungen beizufügen ist. Weitere Informationen sehen die §§ 60 und 61 KomHKV vor, die mit dem Anlagen-, Forderungs- und Verbindlichkeitenspiegel ergänzende Daten liefern.

Die Gemeindevertretung hat dann gemäß § 82 Abs. 5 BbgKVerf den Jahresabschluss zu beschließen. Dieser ist jedoch im Wesentlichen durch die Buchführung im Laufe des Haushaltsjahres geprägt. Diese hat der Hauptverwaltungsbeamte nach § 54 Abs. 1

BbgKVerf zu verantworten, da es sich um die Ausführung des von der Gemeindevertretung beschlossenen Haushaltsplans handelt. Insofern muss die Gemeindevertretung noch nach § 82 Abs. 5 BbgKVerf über die Entlastung des Hauptverwaltungsbeamten entscheiden. Es handelt sich hier um den letzten „Akt“ der formellen Rechenschaftslegung. Allerdings erfolgt die Rechenschaft auch gegenüber der Gesamtbevölkerung, weil gemäß § 82 Abs. 5 BbgKVerf der Jahresabschluss öffentlich bekanntgemacht wird und danach bis zur Feststellung des folgenden Jahresabschlusses zur Einsichtnahme ausliegt.[60]

9.4.2.3 Kapitalerhaltung und intergenerative Gerechtigkeit

Ein Unternehmen, das sein Kapital nicht erhalten kann, wird nicht bestehen können. Zwar unterliegen Gemeinden keinem Insolvenzverfahren, jedoch muss der Grundgedanke jeglicher kommunalen Tätigkeit daran ausgerichtet sein, das kommunale Kapital zu erhalten. Wird das für die Aufgabenerfüllung benötigte kommunale Vermögen nicht auf Dauer erhalten, sondern ständig ohne Erneuerung verbraucht, lebt die Bevölkerung einer Periode zu Lasten der Bevölkerung der nächsten Perioden. Dies ist ein Verstoß gegen den Grundsatz der intergenerativen Gerechtigkeit. Jede Periode soll mit ihrem Ressourcenverbrauch belastet werden, den sie verursacht. Sie soll diesen Ressourcenverbrauch auch finanzieren, d. h. durch Erträge erwirtschaften. Vorgriffe auf spätere Perioden sowie deren ungerechtfertigte Belastungen sind zu vermeiden. Insofern muss der Grundsatz der intergenerativen Gerechtigkeit im Zusammenhang mit dem Grundsatz der Kapitalerhaltung gesehen werden.

Ausgangspunkt dafür sind die Regeln des Haushaltsausgleichs. Gemäß § 63 Abs. 4 BbgKVerf muss die Gemeinde den Ausgleich dadurch herbeiführen, dass die Gesamtsumme der Erträge die Gesamtsumme der Aufwendungen deckt oder übersteigt. Ein besonderes Problem ergibt sich bei der Kapitalerhaltung in der Vermögensbewertung und den sich daraus ergebenden bilanziellen Abschreibungen. Wenn die Abschreibungen in derselben Periode durch Erträge erwirtschaftet werden, wird auch die Bevölkerung dieser Periode mit dem durch sie verursachten Verbrauch des kommunalen Vermögens belastet. Damit fließt das aufgewandte Kapital über die Abschreibungen wieder dem Vermögen zu, sodass im Rahmen dieser intergenerativen Gerechtigkeit das Kapital refinanziert wird und damit erhalten bleibt. Allerdings ist hier festzustellen, dass durch die Bestimmung des § 50 Abs. 1 und 2 KomHKV in den Bilanzen lediglich die Anschaffungs- und Herstellungswerte für das kommunale Vermögen nachgewiesen werden. Dadurch entsteht nur eine nominelle Kapitalerhaltung. Eine reale Kapitalerhaltung (Substanzerhaltung) wäre erst bei einer Wertfortschreibung mit Preissteigerungssätzen (Inflationsausgleich, Wiederbeschaffungszeitwerte) möglich, wenn die Abschreibungen dann auf dieser Basis berechnet und erwirtschaftet würden. Eine reale Kapitalerhaltung kann die Gemeinde nur erreichen, wenn aufgrund einer Ermittlung in der Kosten- und Leistungsrechnung Wertsteigerungen und die dadurch entste-

60 Einzelheiten dazu sind beim Haushaltsgrundsatz der Öffentlichkeit in Kap. 9.2.6 dargestellt.

henden Mehrbeträge bei den Abschreibungen über einen zu erwirtschafteten Gewinn realisiert werden. Dies ist jedoch bei der jetzigen Finanzlage der Kommunen kaum realistisch und entspricht auch nicht unbedingt der intergenerativen Gerechtigkeit. Warum sollte die jetzige Nutzergeneration die realen Vermögenssteigerungen für die spätere Generation vorfinanzieren, die dann ohnehin über angepasste Abschreibungen herangezogen wird?

Allerdings ist noch einmal deutlich festzustellen, dass die reine „Durchbuchung" der Abschreibungen noch keine Kapitalerhaltung und intergenerative Gerechtigkeit herbeiführt. Die Abschreibungen sind zu erwirtschaften, was nur bei einem ausgeglichenen Rechnungsabschluss der Fall ist.

Aber nicht nur bei den Abschreibungen tritt das Problem der Kapitalerhaltung auf. Auch die anderen Arten des Ressourcenverbrauchs (Personalaufwand, Sachaufwand, Transferaufwand usw.) müssen im Rahmen des Haushaltsausgleichs erwirtschaftet werden. Ist dies nicht der Fall, entsteht ein Fehlbetrag, der letztlich zur Verringerung des Eigenkapitals führt.[61] Das Kapital kann somit auch dann nicht erhalten bleiben.

9.4.3 Spezielle Grundsätze ordnungsmäßiger Buchführung

9.4.3.1 Vollständigkeit

Was für die Veranschlagung im Haushaltsplan gilt, findet zwangsläufig auch Anwendung bei der Buchführung und der Rechnungslegung. Dem § 14 Abs. 1 KomHKV für die Planung steht somit sachgerecht der § 33 Abs. 1 KomHKV gegenüber, wonach in der Buchführung alle Geschäftsvorfälle sowie die Vermögens- und Schuldenlage vollständig zu erfassen sind. Der Grundsatz besagt, dass jeglicher – auch noch so geringer – finanzielle Geschäftsvorfall mit Auswirkung auf die Rechnungskomponenten (Bilanz, Ergebnis- und Finanzrechnung) sachgerecht zu dokumentieren ist.

Eine erste Abweichung gegenüber dem Veranschlagungsgrundsatz besteht darin, dass der Veranschlagungsgrundsatz sich lediglich auf den Ergebnis- und Finanzplan bezieht. Die Vollständigkeit als Grundsatz ordnungsmäßiger Buchführung umfasst jedoch auch die Geschäftsvorfälle mit Auswirkungen auf die kommunale Bilanz. Diese Ergänzung ist notwendig und sachgerecht, weil im kommunalen Finanzmanagement keine Planbilanz vorgesehen ist. Eine zweite Abweichung besteht darin, dass der Buchungsgrundsatz auch auf die gemäß § 19 KomHKV außerhalb des Haushaltsplans zu bewirtschafteten fremden Finanzmittel Anwendung findet. Auch diese müssen vollständig verbucht werden. § 32 Abs. 2 KomHKV sieht dafür sogar ausdrücklich gesonderte Buchungsnachweise vor.

Ansonsten gelten die Ausführungen zum Veranschlagungsgrundsatz der Vollständigkeit laut Kap. 9.3.2.2 sinngemäß.

61 Zur Systematik siehe die Darstellung zur Buchführungstechnik in Kap. 3.3.

9.4.3.2 Verständlichkeit, Richtigkeit und Willkürfreiheit

Gemäß § 33 Abs. 1 KomHKV sind alle finanziellen Geschäftsvorfälle richtig und geordnet zu erfassen. Damit wird erreicht, dass die Aufzeichnungen möglichst realitätsgerecht erfolgen. So sind Scheinbuchungen, willkürliche Buchungen zur Beeinflussung des Jahresergebnisses, nicht vertretbare Bewertungen von Aktiv- und Passivpositionen der Bilanz sowie Buchungen auf sachlich unzuständigen Konten rechtswidrig. Hilfsmittel für eine sachliche Ordnung ist dabei der Kontenrahmen für Kommunen, der eine Mindestgliederung für die Buchführung vorsieht. Damit werden die Buchungen systematisiert, was wiederum die Lesbarkeit und Vergleichbarkeit mit Vorperioden oder anderen Gemeinden erleichtert. Als die Buchführung unterstützende Dokumente sind zudem gemäß § 33 Abs. 5 Nr. 7 KomHKV Belege verfügbar zu halten, die die Buchungen begründen (begründende Unterlagen).

Der Veranschlagungsgrundsatz der Haushaltswahrheit und Haushaltsklarheit, der ebenfalls auf die Verständlichkeit, Richtigkeit und Willkürfreiheit abstellt, findet hier seine konkrete Umsetzung als Grundsatz ordnungsmäßiger Buchführung. Aus diesem Grunde kann auch auf die Ausführungen in Kap. 9.3.4 verwiesen werden.

9.4.3.3 Öffentlichkeit

Auch bei diesem Grundsatz ordnungsmäßiger Buchführung kann wieder eine Parallele zum gleichnamigen allgemeinen Haushaltsgrundsatz gezogen werden, der in Kap. 9.2.6 ausführlich erläutert ist. Für die Buchführung besteht die Verpflichtung, die Informationen des Rechnungswesens für die Gemeindevertretung und die Bürger als Öffentlichkeit so aufzubereiten und verfügbar zu machen, dass die wesentlichen Informationen über die Vermögens- und Schuldenlage klar ersichtlich und verständlich sind. Damit besitzt die Allgemeinheit die Möglichkeit, Buchführungsinformationen in gebündelter Form zu erhalten. Ohne Buchführungsinformationen kann nämlich keine Übersicht über die Vermögens- und Schulden- sowie Finanz- und Ertragslage der Gemeinde erlangt werden. Damit hat der Bürger zwar keinen Anspruch auf Einsichtnahme in die Belege und die Einzelbuchungen, zusammengefasste Daten aus der Buchführung sind jedoch bereitzuhalten. Dies kann durchaus Ergebnis eines systematischen Berichtswesens sein, das der Bevölkerung zugänglich gemacht wird, so z. B. auch über die örtliche Presse. Insofern gilt das Rechnungswesen auch der Information und dem Schutz des Kapitalgebers, also der Bürgerschaft als Steuerzahler.

9.4.3.4 Aktualität

Die Buchungen haben gemäß § 33 Abs. 1 KomHKV zeitgerecht zu erfolgen. Das bedeutet, dass beim Entstehen eines Geschäftsvorfalles mit Auswirkungen auf die Rechnungskomponenten (Bilanz, Ergebnis- und Finanzrechnung) unverzüglich die notwendige Buchung herbeizuführen ist. Nur so kann erreicht werden, dass für alle Beteiligten im Finanzmanagementprozess die für Controllingentscheidungen wichtigen Finanzdaten sofort verfügbar sind. Wäre dies nicht der Fall, könnten Fehlentscheidungen mit wirtschaftlichen Nachteilen für die Gemeinde erfolgen. Würden z. B. die Forderungen nicht unverzüglich nach ihrem Entstehen in die Buchführung aufgenommen werden, könnte dies Fehlentscheidungen bei der Liquiditätsplanung zur Folge haben.[62]

9.4.3.5 Relevanz (Wesentlichkeit)

Der Begriff der Relevanz kommt aus dem Lateinischen und bedeutet so viel wie „Wichtigkeit" und „Erheblichkeit". Nach diesem Grundsatz ist auch das Rechnungswesen der Kommunen ausgerichtet. Das Rechnungswesen und damit die Buchführung müssen alle Informationen bieten, die für die Rechenschaftslegung notwendig sind, sich jedoch im Hinblick auf die Wirtschaftlichkeit und Verständlichkeit auf die relevanten, also erheblichen und wichtigen Daten beschränken. Dieser Grundsatz steht auf dem ersten Blick im Widersprich zum Grundsatz der Vollständigkeit. Dies ist jedoch nicht der Fall, da der Grundsatz der Vollständigkeit auf die spezielle Buchung abstellt und somit für jeden Geschäftsvorfall eine konkrete Buchung verlangt. Der Grundsatz der Relevanz dagegen bezieht sich mehr auf die Rechnungslegung und die Rechenschaft. Hier ist es sogar effektiver, die wichtigsten Daten in zusammengefasster Form darzustellen, wobei unerhebliche Positionen ohnehin zusammengefasst werden.

Insofern sehen auch die Muster für die Ergebnis- und die Finanzrechnung sowie die Bilanz zusammengefasste Ertrags- und Aufwendungsgruppen, Einzahlungs- und Auszahlungsbereiche sowie Vermögens- und Finanzierungspositionen vor. Dies entspricht in etwa der sachlichen Gliederung bei der Haushaltsplanung, was beim Haushaltsgrundsatz der Einzelveranschlagung ausführlich dargestellt ist (siehe dazu Kap. 9.3.6). So sind z. B. bei der Rechnungslegung Aufteilungen der Personalaufwendungen nach Beamten-, Angestellten und Arbeiterbezügen, Beihilfen, Arbeitgeberanteile zur Sozialversicherung nicht erforderlich. Die zusammengefasste Darstellung als Personalaufwendungen entspricht der Relevanz der Ergebnisrechnung, wobei durch die Aufteilung auf die Teilergebnisrechnungen weiter relevante Informationen verfügbar sind.

9.4.3.6 Stetigkeit

Die Stetigkeit des Rechnungswesens ist ein wichtiger Grundsatz, um die finanzielle Entwicklung der Gemeinde zu beurteilen und über mehrere Perioden zu verfolgen. Würden ständig die Buchführungs- und Bewertungsmethoden[63] geändert, wäre ein Vergleich mit Vorperioden erschwert, wenn nicht sogar unmöglich. Insofern würde eine wichtige Analysemöglichkeit im kommunalen Finanzmanagement fehlen, sodass das Controlling

62 In der Praxis wird die Liquiditätsplanung u. a. mit Hilfe von Kennziffern dv-mäßig durchgeführt. So werden z. B. bei der sogenannten „umsatzbedingten Liquiditätsanalyse" (Liquiditätsgrad II) die Forderungen mit eingerechnet.

63 Man unterscheidet zwischen formeller und materieller Stetigkeit.

(Haushaltssteuerung) erschwert wird. Es kann allerdings durchaus aus sachlichen Gründen notwendig sein, Änderungen in der Buchführung und der Rechnungslegung vorzunehmen. Diese notwendigen Anpassungen sind besonders kenntlich zu machen und in entsprechenden Berichten wie dem Vorbericht, Anhang und Rechenschaftsbericht zu erläutern.

Einen anderen Aspekt des Grundsatzes der Stetigkeit enthält die Bestimmung des § 49 Abs. 1 Nr. 1 KomHKV, wonach die Wertansätze in der Eröffnungsbilanz eines Haushaltsjahres mit denen in der Schlussbilanz des vorhergehenden Haushaltsjahrs übereinstimmen müssen.

9.4.3.7 Recht- und Ordnungsmäßigkeit

Im Jahresabschluss ist deutlich zu machen, dass im Finanzmanagement die materiellen Rechtsvorschriften eingehalten und damit die Ordnungsmäßigkeit der Haushaltswirtschaft herbeigeführt wurde. Sollte dies nicht der Fall sein, müsste die Gemeindevertretung nach § 82 Abs. 5 BbgKVerf dem Bürgermeister die Entlastung verweigern, soweit es sich um nicht nur geringfügige behebbare Mängel handelt. Die Recht- und Ordnungsmäßigkeit abzusichern ist auch Aufgabe der Rechnungsprüfung nach § 102 BbgKVerf. Rechts- oder ordnungswidrige Buchungen sind von der Rechnungsprüfung zu beanstanden. Die Beanstandungen bedingen, dass die Mängel von den die Buchungen veranlassenden Dienststellen abgestellt werden. Schließlich erfolgt gemäß § 83 BbgKVerf auch eine Prüfung der Gesamtrechnungslegung, bevor die Gemeindevertretung den Jahresabschluss beschließt. Letztlich erfolgt auch eine Überwachung der Recht- und Ordnungsmäßigkeit der Haushalts- und Wirtschaftsführung der Gemeinde im Rahmen der überörtlichen Prüfung gemäß § 104 BbgKVerf. Insofern besteht eine Reihe von Mechanismen und Verfahren zur Absicherung dieses Grundsatzes ordnungsmäßiger Buchführung.

9.4.3.8 Übungen

Sachverhalt Nr. 17

Das Rechnungsprüfungsamt der Gemeinde G wird im Rahmen seiner Prüftätigkeit mit folgenden Problemfällen konfrontiert:

a) Der Fachbereich „Zentrales Immobilienmanagement" bucht die Mietforderungen jeweils am Tag der Fälligkeit, somit also jeweils die Monatsbeträge zu Beginn eines Monats.
b) Auf Anordnung des Kämmerers werden die Abschreibungen nur in der Höhe gebucht wie sie auch tatsächlich im Rahmen des Haushaltsausgleichs erwirtschaftet werden. Dies wird damit begründet, dass damit die tatsächliche Erwirtschaftung dieser Aufwendungsart dokumentiert und der Haushaltsausgleich nicht gefährdet wird.
c) Die Repräsentationsaufwendungen der Gemeinde G wurden bisher aus den Verfügungsmitteln des Bürgermeisters bestritten. Der Kämmerer ist der Auffassung, dass

es besser wäre, diese Aufwendungen einem speziellen Konto für Repräsentationen zuzuordnen, und veranlasst entsprechende Umbuchungen.

d) Im Rahmen eines Probejahresabschlusses wird festgestellt, dass der angestrebte und der Gemeindevertretung bereits mitgeteilte Haushaltsausgleich u. a. wegen des Ausfalls einer fälligen erheblichen Pachtzahlung nicht zustande kommt (Insolvenz des Pächters). Der Kämmerer ist der Auffassung, dass es sich bei der Pacht wegen der Fälligkeit im laufenden Haushaltsjahr um einen Ertrag dieses Jahres handelt. Er ordnet deshalb an, in diesem Jahr nichts zu veranlassen und eine eventuelle „Berichtigung" erst im nächsten Haushaltsjahr vorzunehmen, wenn das Insolvenzverfahren beendet ist. Der Haushaltsausgleich würde der Gemeinde in der jetzigen Rechnungsperiode dann „leichter fallen".

Aufgabe:
Beurteilen Sie die Rechtmäßigkeit der geschilderten Handlungen unter Berücksichtigung der Grundsätze ordnungsmäßiger Buchführung.

Lösung:

a) Gemäß § 33 Abs. 1 KomHKV müssen Eintragungen in die Bücher zeitgerecht bzw. zeitnah erfolgen. Das bedeutet, dass die Buchungen bereits dann zu erfolgen haben, wenn der Buchungsgrund feststeht. Insofern ist es rechtswidrig, die Mietforderungen erst am Zahlungstermin zu buchen. Es liegt somit ein Verstoß gegen den Grundsatz der Aktualität vor, den das Rechnungsprüfungsamt zu beanstanden hat.

b) Verstoßen wird hier gegen die Grundsätze der Vollständigkeit und Richtigkeit nach § 33 Abs. 1 KomHKV. Gemäß § 33 Abs. 1 KomHKV sind nämlich alle Geschäftsvorfälle und damit der gesamte Ressourcenverbrauch in der Buchführung vollständig abzubilden. Abschreibungen stellen den Ressourcenverbrauch von Vermögensgegenständen dar und sind deshalb uneingeschränkt auszuweisen. Dies gilt auch dann, wenn sie im Rahmen des Haushaltsausgleichs nicht erwirtschaftet werden. Es wird gerade durch die volle Berücksichtigung der Abschreibung deutlich gemacht, dass die Kapitalerhaltung gefährdet ist. Dies ist eine wichtige Finanzinformation, welche auch im Rahmen des Grundsatzes der Öffentlichkeit erkennbar dargelegt werden muss. Das Rechnungsprüfungsamt muss das Vorhaben des Kämmerers als rechtswidrig beanstanden.

c) Die Anordnung des Kämmerers ist sachbezogen. Sie entspricht einer geordneten Erfassung der Finanzvorfälle. Es stellt sich allerdings die Frage, ob damit gegen den Grundsatz der Stetigkeit verstoßen wird, weil die Buchungszuordnung geändert wird. Da diese Änderung sachlich vertretbar und notwendig ist (sachliche Spezialität), liegt jedoch kein Verstoß gegen diesen Grundsatz ordnungsmäßiger Buchführung vor. Das Rechnungsprüfungsamt darf die Umbuchung nicht beanstanden. Es sollte allerdings darauf hinweisen, dass die Anpassung im Buchungssystem durch eine Erläuterung besonders kenntlich zu machen ist. Dies kann z. B. durch die Anbringung eines Hinweises bei den Verfügungsmitteln in folgender Form erfolgen: „Repräsentationsaufwendungen ab diesem Haushaltsjahr beim Konto …".

d) Gemäß § 33 Abs. 1 KomHKV sind alle Geschäftsvorfälle mit Auswirkungen auf die Rechnungskomponenten (Bilanz, Ergebnis- und Finanzrechnung) vollständig und richtig zu buchen. Insofern ist es zunächst sachgerecht und auch geboten, die Pacht unabhängig von ihrer Einzahlung in der Ergebnisrechnung als Ertrag auszuweisen. Es handelt sich unzweifelhaft um einen Ertrag des laufenden Haushaltsjahres. Unzulässig ist es jedoch, nicht auf die Insolvenz zu reagieren. Es müsste das Risiko des Zahlungsausfalles ermittelt, eine Umbuchung auf zweifelhafte Forderungen veranlasst und eine Niederschlagung nach § 31 Abs. 1 KomHKV in Höhe des voraussichtlichen Pachtausfalls vorgenommen werden. Diese Niederschlagung ist als Aufwendung (Einzelwertberichtigung) noch in diesem Haushaltsjahr erfolgswirksam zu buchen, weil in diesem Haushaltsjahr die Verursachung des Zahlungsausfalls begründet ist. Insofern ist das Vorhaben des Kämmerers rechtswidrig. Das Rechnungsprüfungsamt hat dies zu beanstanden.

10. Die kommunale Bilanz (Ansatz, Ausweis und Bewertung in den einzelnen Posten)

10.1 Inventur, Inventar

Gem. § 35 Abs. 1 i. V. m. § 47 Abs. 1 und 4 KomHKV haben die Gemeinden zum Schluss eines jeden Haushaltsjahres

- die in ihrem wirtschaftlichen Eigentum stehenden Vermögensgegenstände,
- ihre Forderungen und Schulden und sonstigen quantifizierbaren rechtlichen und wirtschaftlichen Verbindlichkeiten,
- Rechnungsabgrenzungsposten sowie
- erhaltene Zuwendungen (Sonderposten)

genau zu verzeichnen und dabei den Wert der einzelnen Vermögensgegenstände und Schulden anzugeben. Abweichend von der korrespondierenden Vorschrift des § 240 Abs. 1 HGB hat der Gesetzgeber explizit auch die Rechnungsabgrenzungsposten in die Inventurverpflichtungen einbezogen. Dies ist sinnvoll, da im kommunalen Bereich diesbezüglich erhebliche Abbildungspotenziale bestehen.[1] Hinsichtlich der Wertangabe für Rechnungsabgrenzungsposten hat der Gesetzgeber jedoch keine ausdrückliche Regelung getroffen. Im Rahmen des Grundsatzes der Vollständigkeit haben die Kommunen auch hier wertmäßige Feststellungen zu treffen, die sich aus dem jeweiligen Abgrenzungssachverhalt ergeben. Die Sonderposten stellen eine hybride Finanzierungsform aus Eigen- und Fremdkapital dar, sodass aus dem Grundsatz des Vorsichtsprinzips heraus eine Inventur erfolgen muss. So könnte es ggf. sein, dass bei einem Verstoß gegen die Zuwendungsbestimmungen bzw. Zweckmittelbindungen eine wirtschaftliche Verbindlichkeit entsteht.[2]

10.1.1 Begriff und Inhalt

Die Inventur (§ 2 Nr. 21 KomHKV) ist die mengen- und wertmäßige Bestandsaufnahme aller Vermögenswerte, Schulden und Rechnungsabgrenzungsposten einer Kommune durch körperliche Bestandsaufnahme oder durch eine buch- bzw. belegmäßige Bestandsfeststellung. Das Inventar (§ 2 Nr. 20 KomHKV) ist ein auf der Grundlage der Inventur erstelltes Vermögens- und Schuldenverzeichnis mit Wertangaben. Auf der Grundlage des Inventars wird unter Verzicht auf Einzelangaben und mittels Zusammenfassung die Bilanz nach den Mindestgliederungsanforderungen gemäß § 57 KomHKV erstellt.

Die Inventur hat grundsätzlich am Bilanzstichtag zu erfolgen. Es ist eine zeitnahe Inventur vor oder nach dem Abschlussstichtag möglich, wobei Bestandsveränderungen zwischen Abschlusszeitpunkt und tatsächlichem Inventurtag anhand von Belegen oder Aufzeichnungen berücksichtigt werden müssen.

1 Siehe hierzu auch Kap. 10.3.4 und 10.3.9.
2 Siehe hierzu Kap. 10.3.6.

Fehlt die Inventur, so ist die Buchführung nicht ordnungsmäßig. Hierdurch kann die Beweiskraft der Buchführung für den Bereich des Vermögens und der Schulden – zumindest teilweise – verlorengehen. Die Rahmenbedingungen für die Ordnungsmäßigkeit von Inventur bzw. der Erstellung des Inventars leiten sich aus den Grundsätzen ordnungsmäßiger Buchführung (siehe Kap. 9.4) ab. Im Einzelnen gelten folgende Grundsätze ordnungsmäßiger Inventur:

- Vollständigkeit der Bestandsaufnahme,
- Richtigkeit der Bestandsaufnahme,
- Einzelerfassung der Bestände,
- Dokumentation und Nachprüfbarkeit der Bestandsaufnahme,
- Grundsatz der Wirtschaftlichkeit.

Hiernach sind grundsätzlich alle Vermögensgegenstände und Schulden bezogen auf den Bilanzstichtag auf ihren Bestand auf Vollständigkeit und Richtigkeit zu prüfen. Analog dem Prinzip der Einzelbewertung gilt grundsätzlich das Prinzip der Einzelerfassung für Vermögensgegenstände und Schulden. Insbesondere gilt ein Saldierungsverbot zwischen Vermögensposten und Schulden. Hinsichtlich der Nachprüfbarkeit ist die Bestandsaufnahme zu dokumentieren. Hier gilt das Vier-Augen-Prinzip. Die Inventur unterliegt im Rahmen des Jahresabschlusses auch der Rechnungsprüfung. Daher sind gem. Ziffer 1.7 des Bewertungsleitfadens sowie § 32 Abs. 2 KomHKV das Verfahren und die Ergebnisse der Inventur so zu dokumentieren, dass diese für sachverständige Dritte nachvollziehbar sind.

Gem. Ziffer 1.8 des Bewertungsleitfadens hat der Hauptverwaltungsbeamte das Nähere über die Durchführung der Inventur zu regeln. Als Grundlage sollte Anlage 1 zum Bewertungsleitfaden – Muster zur Inventurrichtlinie – verwendet werden. Das Inhaltsverzeichnis der Musterinventurrichtlinie ist nachfolgend aufgeführt:

– Muster –
Anlage Nr. 1 zum BewertL (Muster-Inventurrichtlinie)

Inventurrichtlinie der Stadt / Gemeinde /
des Kreises ....

Inhaltsverzeichnis

- Vorbemerkung
- Allgemeine Grundlagen
  - Allgemeine Grundlagen und Zweck
  - Geltungsbereich
  - Überblick
  - Grundsätze ordnungsmäßiger Inventur
    - Vollständigkeit der Bestandsaufnahme
    - Richtigkeit und Willkürfreiheit der Bestandsaufnahme
    - Einzelerfassung und Einzelbewertung der Bestände
    - Nachprüfbarkeit der Bestandsaufnahme

  - Grundsatz der Klarheit
  - Grundsatz der Wirtschaftlichkeit und Wesentlichkeit
- Inventurplanung
  - Inventurrahmenplan
  - Zeitplan
  - Sachplan
  - Personalplan
- Durchführung der Inventur
  - Körperliche Inventur
  - Buch- oder Beleginventur
  - Umfang der Inventur
- Aufstellung des Inventars
- Bewertung
- Aufbewahrung der Unterlagen
- Prüfung der Inventur
- Inkrafttreten
- Anlagen

In Konkurrenz zum Grundsatz ordnungsmäßiger Inventur steht der Grundsatz der Wirtschaftlichkeit. So schreibt der Gesetzgeber in Brandenburg bei Anschaffungs- oder Herstellungskosten bis 150 € netto vor, diese als Aufwand zu erfassen.[3] Bei anderen nicht normierten konkurrierenden Anwendungen muss eine Abwägung hinsichtlich der Gesamtbedeutung und der Erheblichkeit der jeweiligen Einschränkung erfolgen. Aus diesem Abwägungsprozess erfolgt die Ausgestaltung des Einzelfalles.

> ***Beispiel:***
> *Ein Abonnement für eine Fachzeitschrift beträgt 120 € und ist jeweils für ein Jahr im Voraus im Monat Dezember zu bezahlen. Die Kommune kann in den von ihren aufzustellenden Regelungen über die Durchführung der Inventur nach Ziff. 1.5 BewertL Bbg festlegen, dass Geschäftsprozesse mit einem Abgrenzungsvolumen unter 150 € nicht bilanziell abzugrenzen sind, da der Buchungsaufwand für die Abgrenzungsbuchungen gegenüber der periodengerechten Abbildung des Ressourcenverbrauchs nicht angemessen ist (Wesentlichkeitsprinzip).*

Die im Handels- und Steuerrecht bestehenden Inventur- und Bewertungsvereinfachungen der Festwertbildung und der Gruppenbewertung wurden durch Ziff. 2.6 BewertL Bbg gleichfalls übernommen.

---

3 Siehe § 50 Abs. 4 KomHKV i. V. m. Ziff. 2.10 BewertL Bbg.

10.1.2 Festwertbildung

Voraussetzung für die Festwertbildung ist gem. § 36 KomHKV i. V. m. Ziff. 2.6.1 BewertL Bbg, dass der Bestand in seiner Größe, Wert und Zusammensetzung der Vermögensgegenstände nur geringen Schwankungen unterliegen darf, d. h. dass die Vermögensgegenstände regelmäßig ersetzt werden müssen. Des Weiteren muss der Gesamtwert von nachrangiger Bedeutung sein. Eine Festwertbildung ist nur für Vermögensgegenstände des Sachanlagevermögens sowie für Roh-, Hilfs-, Betriebsstoffe und Waren zulässig. Sie ist grundsätzlich für immaterielle Vermögensgegenstände sowie für Finanzanlagen ausgeschlossen.

Die Festwertbildung bewirkt folgendes:

- Es wird ein unveränderter Wertansatz für den Bestand bestimmter Vermögensgegenstände über mehrere Haushaltsjahre ermöglicht.
- Die ständige Abnutzung wird durch laufende Wiederbeschaffung ungefähr ausgeglichen.
- Das Festwertvermögen wird nicht abgeschrieben. Ersatzbeschaffungen werden als Aufwand in der Anschaffungsperiode gebucht.
- Die jährliche Inventurverpflichtung einer grundsätzlich körperlichen Bestandsaufnahme wird – was das Festwertvermögen angeht – auf drei Jahre erweitert.
- Der Zweck besteht in der Erleichterung der Inventur und der Bewertung.

Liegen die Voraussetzungen für eine Festwertbewertung vor, ist bei Vermögensgegenständen des Festwertes ein Abschlag in Höhe von 50 % von den ursprünglichen Anschaffungs- oder Herstellungskosten vorzunehmen. Dies entspricht der Idee der Darstellung des durchschnittlich gebundenen Kapitals durch Werthalbierung. Typische Beispiele sind entsprechend Ziff. 2.6.1 BewertL Bbg Bibliotheksbestände, Betriebs- und Geschäftsausstattungen wie Schulausstattung, Büromöbel, Werkzeuge, Geräte und Kantinengeschirr.

> ***Beispiel:***
> *Der Bestand an Spielgeräten, Bänken, Wegen, Pflanzen, etc. im Park der Gemeinde G ist im Rahmen der stetigen Unterhaltung der Grünanlage grundsätzlich gleichbleibend. Die Voraussetzungen für eine Festwertbildung sind aufgrund unerheblicher Schwankungen – zulässig sind geringe Schwankungen – hinsichtlich des Bestandes, des Werts und der Zusammensetzung der Vermögensgegenstände erfüllt. Alle Vermögensgegenstände des Parks dürfen daher nach Ziff. 2.6.1 BewertL Bbg zu einem Festwert zusammengezogen werden. Weiterhin ist bei diesem Beispiel anzumerken, dass im Rahmen des Grundsatzes der Wirtschaftlichkeit es nicht erforderlich ist, die Bäume und Blumen einzeln zu bewerten und zum Festwert zusammenzuziehen.*

Erhöht sich der Festwert offensichtlich um mehr als 10 %, so ist innerhalb des Zeitraums der vorgenannten dreijährigen Inventurpflicht eine Wertanpassung des Festwertes erforderlich. Übersteigt der ermittelte Wert den bisherigen Festwert dagegen um nicht mehr als 10 %, so kann beim Anlagevermögen[4] der bisherige Festwert beibehalten werden. Wird ein niedrigerer Festwert ermittelt, so kann der ermittelte Wert als neuer Festwert angesetzt werden.[5] Ist für die Zukunft dauerhaft von einem niedrigeren Festwert auszugehen, verwandelt sich das Wahlrecht eines neuen Festwertansatzes in eine Ansatzpflicht. Inhaltlich gleichlautende Festsetzungen sieht auch § 36 KomHKV i. V. m. Ziff. 2.6.1 BewertL Bbg vor.

Beispiel (Festwertbildung):
Im Gesundheitsamt wird auf Dauer eine gleichbleibende Anzahl gleichartiger Geräte eingesetzt. Zum Zeitpunkt der Festwertbildung sind 45 Geräte vorhanden, die bei einer üblichen Nutzungsdauer von fünf Jahren im Schnitt bereits drei Jahre alt sind. Die ursprünglichen Anschaffungskosten werden mit rund 500,- € pro Gerät angesetzt.

Berechnung des Festwertansatzes			
ursprünglicher Wert	*500 €*	*× 45 Stück*	*22.500 €*
zu reduzierender Wert	*22.500 €*	*× 50 %*	*11.750 €*
anzusetzender Festwert	*22.500 €*	*× 50%*	*11.750 €*

Beispiel (Festwertfortschreibung):
Ein Jahr vor Ablauf der dreijährigen Inventurpflicht wird aufgrund eines Gesetzes der Aufgabenbereich erweitert, so dass neben der üblichen Ersatzbeschaffung von neun Geräten zusätzlich fünf neue Geräte zu je 600 € beschafft werden. Das durchschnittliche Alter der Geräte innerhalb des Festwertes ist unverändert drei Jahre.

Berechnung der Festwertansatzänderung			
bisheriger Festwert			*11.750 €*
anzusetzender Wert	*500 €*	*× 36 Stück × 50 %*	*9.000 €*
	+ 600 €	*× 14 Stück × 50 %*	*4.200 €*
			= 13.200 €
Abweichung nominell (13.200 € – 11.750 €)			*1.450 €*
Abweichung prozentual (gerundet)			*12,34 %*

Aufgrund der festgestellten Abweichung von mehr als 10 % ist der Festwert bereits ein Jahr vor Ablauf der dreijährigen Inventurpflicht um 1.450 € anzuheben.

4 Dies ist anders beim Umlaufvermögen: Aufgrund des strengen Niederstwertprinzips – siehe Kap. 10.2.4.3 – hat im Rahmen der jährlichen Inventur eine kontinuierliche Wertanpassung zu erfolgen.

5 Bei diesen Anpassungsregelungen handelt es sich um einen allgemein angewandten kaufmännischen Grundsatz, der im Einkommenssteuerrecht festgelegt ist (vgl. hierzu auch Einkommenssteuerrichtlinien 2012, (EStR 2012-2021), zu § 5 EStG, R. 5.4 Abs. 3, Stand 03/2012).

10.1.3 Gruppenbewertung

Die Gruppenbewertung nach § 36 KomHKV und Ziff. 2.6.2 BewertL Bbg ist ein Verfahren der Pauschalbewertung. Sie hat mit einem gewogenen Durchschnittswert zu erfolgen. Voraussetzung für eine Gruppenbewertung ist, dass es sich um gleichartige Vermögensgegenstände des Vorratsvermögens oder andere gleichartige oder annähernd gleichwertige bewegliche Vermögensgegenstände handelt. Diese dürfen zu einer Gruppe zusammengefasst und mit einem gewogenen Durchschnittswert angesetzt werden. Die Vorgehensweise der Bewertung mit einem gewogenen Durchschnittswert wird durch folgendes Berechnungsschema deutlich:

Vermögensgegenstand 1	Anzahl ×	Einzelwert =	Gesamtwert der Art Vermögensgegenstand 1
Vermögensgegenstand 2	Anzahl ×	Einzelwert =	Gesamtwert der Art + Vermögensgegenstand 2
Vermögensgegenstand 3	Anzahl ×	Einzelwert =	Gesamtwert der Art + Vermögensgegenstand 3
			= Gesamtwert der Vermögensgegenstände 1–3
: Gesamtanzahl der Vermögensgegenstände 1–3			= Gewogener Einzelwert der Vermögensgegenstände 1–3

10.1.4 Inventurverfahren

Das Inventurverfahren ist davon abhängig, ob der Vermögensgegenstand physisch erfassbar ist oder nicht. Für das physisch erfassbare Vermögen gilt der Grundsatz der körperlichen Inventur. Das bedeutet, dass die Vermögensgegenstände in Augenschein zu nehmen und in Zähllisten zu erfassen sind. Neben dem althergebrachten Zählen, Messen, Wiegen ist insbesondere bei Beschädigungen oder anderen wertmindernden Veränderungen eine Zustandsaussage zu treffen. Für nicht physisch erfassbares Vermögen bzw. Schulden ist eine Buch- oder Beleginventur durchzuführen. Hier erfolgt die Inventur auf der Grundlage der Aufzeichnungen in der Buchführung.

> ***Beispiel:***
> *Für die Forderungen einer Kommune werden die Abschlüsse der einzelnen Forderungskonten (Debitoren) der Forderungsbuchhaltung (Debitorenbuchhaltung) zugrunde gelegt.*

Eine Buchinventur für den Bereich des Sachanlagevermögens ist nach § 36 KomHKV als Inventurvereinfachungsverfahren auch möglich, wenn Vollständigkeit der Buchführung in der Anlagenbuchhaltung bzw. der Anlagekartei sichergestellt ist. Hierbei müssen alle Zu- und Abgänge einschließlich sämtlicher Umbuchungen sowie Abschreibungen zeitnah und ordnungsmäßig erfasst werden. Für den Inventurstichtag muss der buchmäßige Endbestand anhand der Anlagenbuchhaltung oder Anlagenkartei ermittelt werden können.

Im § 35 Abs. 2 letzter Satz KomHKV ist festgelegt, dass in der Regel alle drei Jahre eine körperliche Bestandsaufnahme durchzuführen ist.

Es bestehen wie im kaufmännischen Bereich nach § 36 Abs. 1 KomHKV auch Gestaltungsmöglichkeiten zum Inventurverfahren. So ist auch eine Stichprobeninventur zulässig. Hierbei hat eine stichprobenartige Bestandsaufnahme zu erfolgen, durch die ein Rückschluss auf den tatsächlichen Bestand und Wert gewährleistet ist. Dies muss durch ein mathematisch-statistisches, wahrscheinlichkeitstheoretisch abgesichertes Verfahren erfolgen. Der Vorbereitungsaufwand für ein solches Verfahren führt i. d. R. dazu, dass eine Vereinfachungs- bzw. Rationalisierungswirkung nicht wirksam werden kann. Der § 36 Abs. 1 KomHKV enthält entgegen der ähnlich lautenden Vorschrift des § 241 Abs. 1 HGB einen Zusatz, wonach die Aufstellung des Inventars auch durch andere geeignete Verfahren ermittelt werden kann.

Aufgrund der Regelung des § 35 Abs. 1 KomHKV ist es fraglich, ob als weitere Gestaltungsvariante die permanente Inventur in Betracht kommen kann. Dort wird ausdrücklich formuliert, dass die Inventuraufnahme am Schluss eines jeden Haushaltsjahres steht. Für den kommunalen Bereich ist diese nicht stichtagsbezogene, sondern laufende Inventur wenig sinnvoll. Sie knüpft als wesentliche Voraussetzungen strenge Anforderungen an die Bestandsfortschreibung. Des Weiteren hat einmal jährlich ein Vergleich zwischen Buchstand und körperlicher Aufnahme zu erfolgen. Der einzige Vorteil der permanenten Inventur ist, dass diese nicht stichtagsbezogen erfolgen muss, sondern jahresbezogen erfolgen kann. Dem Vorteil der Verteilung des Inventuraufwandes über ein Jahr würde erheblicher Organisations- und Koordinierungsaufwand gegenüberstehen, damit keinerlei Abweichungen zwischen Buchbestand und körperlicher Bestandsaufnahme bei dieser „aufgeteilten" Inventurdurchführung entstehen.

Es ist jedoch möglich, die stichtagsbezogene Inventur zeitlich zu verlegen. Der Inventurstichtag weicht hierbei vom Bilanzstichtag ab. Denkbar sind eine vorverlegte oder eine nachverlegte Inventur. Hierdurch wird es erforderlich, dass der Bestand vom Inventurstichtag auf den Bilanzstichtag fortgeschrieben oder zurückgerechnet wird.

Die zu berücksichtigenden Veränderungen werden durch die beiden folgenden Berechnungsverfahren deutlich:

Vorverlegte Inventur:

Bestand Inventurstichtag/Aufnahmetag
\+ Zugänge zwischen Inventur- und Bilanzstichtag
– Abgänge zwischen Inventur- und Bilanzstichtag
= Bestandswert am Bilanzstichtag

Nachverlegte Inventur:

Bestand Inventurstichtag/Aufnahmetag
– Zugänge zwischen Inventur- und Bilanzstichtag
\+ Abgänge zwischen Inventur- und Bilanzstichtag
= Bestandswert am Bilanzstichtag

10.1.5 Übungen

Sachverhalt Nr. 1

Die Gemeinde G hat in ihrer Geschäftsanweisung festgelegt, dass der Inventurstichtag der 31. Januar eines jeden Jahres ist (nachverlegte Inventur). Am 31.1.2025 wurde bei der Gemeinde G der Inventurbestand mit folgenden Bestandswerten ermittelt:

Betriebs- und Geschäftsausstattung (BGA)	300.000 €
Fahrzeuge	500.000 €
Maschinen u. technische Anlagen (MtA)	200.000 €

Abschreibungen für 2024 wurden nicht gebucht.
Der Anlagenbuchhalter hat für den Zeitraum zwischen dem Bilanzstichtag und dem Inventurstichtag folgende Bestandsveränderungen ermittelt:

Zugang von zwei Stahlschränken	Wert	5.000 €	am 5.1.2025
Abgang eines Feuerwehrfahrzeugs	Buchwert 31.12.	10.000 €	am 12.1.2025
Austausch zweier Kettensägen			
Bestand (Inzahlungnahme)	Buchwert 31.12.	100 €	am 2.1.2025
Neue Kettensägen (zusammen)	Restkaufpreis	1.000 €	am 5.1.2025

Aufgabe:
Ermitteln Sie die Bestandswerte für den Bilanzstichtag.

Lösung:

	Betriebs- u. Geschäfts-ausstattung		**Fahrzeuge**		**Maschinen u. technische Anlagen**
Bestand 31.1.	300.000	Bestand 31.1.	500.000	Bestand 31.1.	200.000
Zugang 5.1.	–5.000	Abgang 12.1.	+10.000	Abgang 2.1.	+100
				Zugang 5.1.	–1.100
Bestandswert Bilanzstichtag	**295.000**		**510.000**		**199.000**

Anmerkung: Beim Ankauf der Kettensägen handelt es sich um eine vorherige Inzahlungnahme i. H. v. 100 €, so dass der Gesamtkaufpreis 1.100 € beträgt.

Sachverhalt Nr. 2

Die Gemeinde G nutzt als Inventur- und Bewertungsvereinfachungen Festwertbildung und Gruppenbewertung. Hierbei ergeben sich folgende Sachverhalte:

a) Festwertbildung

Bei der Feuerwehr wird eine gleichbleibende Menge von Atemschutzmasken eingesetzt. Unbrauchbar gewordene Masken werden regelmäßig ersetzt. Zum Zeitpunkt der Bildung des Festwertes sind 25 Masken vorhanden. Bei einer üblichen Gesamtnutzungsdauer von fünf Jahren wurden die Masken bereits durchschnittlich drei Jahre lang genutzt. Die Anschaffungskosten betrugen durchgängig 300 € je Maske.

Aufgabe:

Ermitteln Sie den Festwert für die Atemschutzmasken der Feuerwehr.

b) Fortschreibung des Festwertes

Ein Jahr vor der nach § 35 Abs. 2 KomHKV regelmäßig vorgeschriebenen Bestandsaufnahme werden sechs neue Masken zu 350 € beschafft. Neben der notwendigen Ersatzbeschaffung ist ein Teil hiervon für die erstmalige Ausstattung der Freiwilligen Feuerwehr vorgesehen. Der Bestand an alten Masken beträgt 21 Stück, wobei die durchschnittliche Nutzungszeit sich nicht verändert hat.

Aufgabe:

Ermitteln Sie die Abweichung vom bisherigen Festwert und entscheiden Sie anhand der Abweichung, ob eine Festwertanpassung erforderlich ist.

c) Gruppenbewertung mit dem gewogenen Durchschnittswert

Im Rahmen der Inventur wurde festgestellt, dass in der Feuerwehrwerkstatt 50 Werkzeuge vorhanden sind. Aufgeteilt nach Einzelpreisen setzen die Werkzeuge wie folgt zusammen:

- 15 × 120 €
- 10 × 125 €
- 20 × 130 €
- 5 × 110 €

Die Restnutzungsdauer liegt bei fünf Jahren.

Aufgabe:

Ermitteln Sie den Gesamtwert der Werkzeuge und den gewogenen Durchschnittswert eines Werkzeugs.

Lösung:

Zu a) Festwertbildung:

Berechnung des Festwertansatzes				
Anschaffungswert	300,00 €	×	25 Stück	7.500,00 €
zu reduzierender Wert	7.500,00 €	×	50%	3.750,00 €
anzusetzender Festwert	7.500,00 €	×	50%	3.750,00 €

Der zu reduzierende Wert ergibt sich aus der Halbierung i. S. d. Darstellung des durchschnittlich gebundenen Kapitals.

Zu b) Festwertfortschreibung

Berechnung der Änderung des Festwertansatzes					
bisheriger Festwert					3.750,00 €
Anzusetzender Wert (alt)	300,00 €	×	21	50%	3.150,00 €
Anzusetzender Wert (neu)	350,00 €	×	6	50%	1.050,00 €
Abweichung absolut					450,00 €
Prozentuale Abweichung					12,00%

Zu c) Gruppenbewertung mit gewogenem Durchschnitt

Berechnung des Durchschnittswertes				
Werkzeug I	15 Stück	×	120,00 €	1.800,00 €
Werkzeug II	10 Stück	×	125,00 €	1.250,00 €
Werkzeug III	20 Stück	×	130,00 €	2.600,00 €
Werkzeug IV	5 Stück	×	110,00 €	550,00 €
Gesamtwert für 50 Werkzeuge				6.200,00 €
Gewogener Durchschnittswert			/50 Stück	124,00 €

10.2 Allgemeine Grundlagen der Bewertung im kommunalen Haushaltsrecht

10.2.1 Anschaffungs- und Herstellungskosten

Das kommunale Haushaltsrecht knüpft hinsichtlich der Bewertung an die handelsrechtlichen Vorschriften an. In § 255 HGB werden die einzelnen Wertbestandteile sowohl für die Anschaffungskosten als auch die Herstellungskosten dargestellt. Auch die ermittelten Wertansätze in der Eröffnungsbilanz auf der Grundlage von vorsichtig geschätzten Zeitwerten gelten für die Bilanzierung in zukünftigen Haushaltsjahren als

Anschaffungs- oder Herstellungskosten. § 85 Abs. 2 BbgKVerf legt dies – in Abgrenzung zu später möglichen Wertkorrekturen[6] – grundsätzlich fest.

10.2.1.1 Anschaffungskosten

Die dem Vermögensgegenstand einzeln zurechenbaren Anschaffungskosten sind nach § 50 Abs. 1 KomHKV die Aufwendungen, die geleistet werden, um einen Vermögensgegenstand zu erwerben und ihn in einen betriebsbereiten Zustand zu versetzen, soweit sie dem Vermögensgegenstand einzeln zugeordnet werden können. Zu den Anschaffungskosten gehören auch die Nebenkosten sowie die nachträglichen Anschaffungskosten. Minderungen des Anschaffungspreises sind abzusetzen. Aus dieser Definition ergibt sich folgendes Herleitungsschema für die Anschaffungskosten:

Anschaffungspreis	**Ansatzpflicht**
+ Anschaffungsnebenkosten	
– Anschaffungspreisminderungen	
+ Nachträgliche Anschaffungskosten	
= **Anschaffungskosten**	

Anschaffungspreis
Den Anschaffungspreis stellt der Kaufpreis einschließlich der zu leistenden Umsatzsteuer dar. Bei Anschaffungen für ganz oder zum Teil vorsteuerabzugsberechtigte Betriebe gewerblicher Art ist der abzugsfähige Vorsteueranteil abzusetzen.

Anschaffungsnebenkosten
Die Anschaffungsnebenkosten können anhand von drei Entstehungsbereichen unterschieden werden. Danach untergliedern sich die Anschaffungsnebenkosten in

- Erwerbsnebenkosten,
- Bezugsnebenkosten,
- Nebenkosten der Inbetriebnahme.

Erwerbsnebenkosten fallen insbesondere bei der Anschaffung von Immobilien an. Zu ihnen zählen insbesondere Notariats- und Gerichtsgebühren, Maklerprovisionen und die Grunderwerbssteuer.

Bezugsnebenkosten fallen insbesondere im Bereich des beweglichen Vermögens an. Zu den Bezugsnebenkosten gehören Transportversicherungen, Verpackungen und Frachten.

Nebenkosten der Inbetriebnahme fallen an, soweit das Anlagegut nach Zahlung des Kaufpreises noch nicht vollständig einsatzfähig ist. Die für die Versetzung in einen betriebsbereiten Zustand anfallenden Einzelkosten sind als Nebenkosten der Inbetrieb-

6 § 141 Abs. 6 BbgKVerf.

nahme gleichfalls Anschaffungsnebenkosten. Zu den Nebenkosten der Inbetriebnahme gehören Montage- und Anschlusskosten oder Fundamentierungskosten.

Anschaffungspreisminderungen
Anschaffungspreisminderungen vermindern die Anschaffungskosten. Zu den Anschaffungspreisminderungen gehören insbesondere Skonti, Rabatte oder Preisnachlässe. Entstehen Anschaffungspreisminderungen erst nach Zahlung des Rechnungsbetrages, so sind sie nachträglich von den Anschaffungskosten abzusetzen.

Nachträgliche Anschaffungskosten
Fallen nach Anschaffung bzw. Inbetriebnahme eines Vermögensgegenstandes noch Anschaffungs- oder Anschaffungsnebenkosten an, sind diese als nachträgliche Anschaffungskosten zu berücksichtigen. Nachträgliche Anschaffungskosten sind beispielsweise nachträgliche Fundamentierungen oder notwendige Ausbauarbeiten, die noch im Zusammenhang mit der Anschaffung stehen. Entstehen nachträgliche Anschaffungskosten erst in späteren Haushaltsjahren, so sind diese so zu berücksichtigen, dass sie monatsgenau hinzugerechnet werden müssen. Es ist also entscheidend, ab welchem Datum die Abschreibung für den nun zu aktivierenden Betrag berechnet werden.

Beispiel:
Ein medizinisches Gerät des Gesundheitsamtes wird am 15.4.2024 zum Preis von 7.500 € angeschafft; die Nutzungsdauer beträgt fünf Jahre. Am 9.12.2024 fallen nachträgliche Anschaffungsnebenkosten in Höhe von 500 € an. Für das Jahr der Anschaffung 2024 ist gem. § 51 Abs. 3 KomHKV eine Abschreibung für neun volle Monate vorzunehmen. Die Jahresabschreibung 2024 ist vom Gesamtbetrag in Höhe von 8.000 € zu berechnen und beträgt anteilig für neun Monate 1.200 €.

Abwandlung:
Die Anschaffungsnebenkosten aus dem obigen Beispiel für das medizinische Gerät fallen erst im Folgejahr am 10.4.2025 an. Im Jahr der Anschaffung 2024 beträgt die Jahresabschreibung anteilig 1.125 €, in den Folgejahren 2025 bis 2026 gerundet 1.618 €. Hierzu folgendes Berechnungsschema:

Anschaffungskosten 2024	*7.500 €*
– Anteilige Jahresabschreibung 2024 (9 Monate)[7]	*1.125 €*
= (Rest)-Buchwert am 31.12.2024	*6.375 €*
+ Nachträgliche Anschaffungskosten 2025	*500 €*
= Fortgeschriebener (Rest-)Buchwert 1.4.2025	*6.875 €*
: Restnutzungsdauer 4 Jahre (48 Monate)	
= Abschreibung in 2025 – gerundet –	*1.219 €*

7 Nach § 51 Abs. 3 KomHKV i. V. m. der Begründung des MI vom 20.6.2006 zu § 51 KomHKV und Anlage 6 BewertL Bbg werden nur volle Nutzungsmonate bei der Abschreibung berücksichtigt, beginnend mit dem Monat der Anschaffung, hier die Monate April bis Dezember; dies ergibt sich aus § 7 Abs. 1 EkStG.

Im Jahr 2029 fallen noch drei Abschreibungsmonate an, danach beträgt die Abschreibung im Jahr 2029 aufgrund der vorherigen Rundung 406 €.

Eine besondere Problematik stellen mit Blick auf nachträgliche Anschaffungskosten Erschließungsbeiträge – beispielsweise für eine Erstanlage einer Straße – bei eigenen gemeindlichen Grundstücken dar. Die in einer Beitragsrechnung darzustellenden Erschließungsbeiträge für eigene gemeindliche Grundstücke stellen nach Ansicht der Autorin keine aktivierbaren nachträglichen Anschaffungskosten dar, weil mangels der Möglichkeit einer Bescheidung gegen sich selbst tatsächlich keinerlei Anschaffungskosten entstehen.[8] Vielmehr ergeben sich unmittelbar nur Anschaffungskosten bei der gleichfalls im Eigentum der Gemeinde stehenden Straße. Die „Hebung" im Rahmen der Erschließung möglicherweise entstandener Wertsteigerungen kann daher nur im Rahmen des Realisationsprinzips – z. B. durch Verkauf – erfolgen. Das Gleiche gilt für Beiträge nach § 8 KAG sowie Kanalanschlussbeiträge für kommunaleigene Grundstücke.

Im Liegenschaftsbereich können sich nachträgliche „positive als auch negative Anschaffungskosten" durch eine spätere Vermessung eines erworbenen Grundstücks ergeben. Es ist teilweise zur zeitnahen Abwicklung des Grundstücksgeschäfts durchaus üblich im Kaufvertrag ein „Zirka-Grundstücksflächenwert" zu vereinbaren. Nach der exakten Vermessung erhöht bzw. reduziert sich der Kaufpreis um einen im ursprünglichen Kaufvertrag vereinbarten Quadratmeterpreis.

Nachträgliche Anschaffungspreisminderungen

Sollten sich nachträgliche Anschaffungspreisminderungen erst im folgenden Haushaltsjahr nach der Anschaffung ergeben, so ist analog dem Verfahren der nachträglichen Anschaffungskosten zu verfahren. Die nachträglichen Anschaffungspreisminderungen reduzieren den „fortgeschriebenen" Anschaffungswert (Restbuchwert).

Beispiel:

Der Kaufpreis einer am 15.4.2024 angeschafften Druckmaschine von 10.000 € reduziert sich durch eine im Folgejahr gewährte Minderung aufgrund von Lackschäden um 10 % des Neupreises. Die Nutzungsdauer beträgt zehn Jahre. Im ersten Jahr beträgt die Abschreibung 750 €. In den Folgejahren reduziert sich die Abschreibung auf 892 €. Hierzu folgendes Berechnungsschema:

8 Anders ist dies im Rahmen einer Gebührenveranlagung (z. B. Abfallbeseitigungsgebühren für eigene gemeindliche Grundstücke) in der Ergebnisrechnung. Auch hier erfolgt keine Bescheidung gegen sich selbst. Jedoch ergibt sich hier ein unmittelbarer Ressourcenverbrauch der Gemeinde in privatrechtlicher Eigenschaft gegenüber der Gemeinde als Träger der kostenrechnenden Einrichtung in öffentlich-rechtlicher Eigenschaft. Hier sind im Rahmen des Ressourcenverbrauchskonzeptes Aufwand und Ertrag darzustellen. Eine solche Leistungsbeziehung kann beispielsweise durch interne Leistungsverrechnungen oder durch eine nicht liquiditätswirksame Ertrags-/Aufwandsbuchung dargestellt werden.

	Anschaffungskosten 2024	*10.000 €*
–	*Jahresabschreibung 2024 (9 Monate)*	*750 €*
=	*(Rest)-Buchwert am 31.12.2024*	*9.250 €*
–	*Nachträgliche Anschaffungspreisminderung 2024*	*1.000 €*
=	*Fortgeschriebener (Rest-)Buchwert*	*8.250 €*
:	*Restnutzungsdauer 9 Jahre u. 3 Monate (111 Monate)*	
=	*Abschreibung in 2025 (gerundet)*	*892 €*

Anschaffungskosten zur Herstellung der Betriebsbereitschaft[9]

Speziell im Immobilienbereich sind Aufwendungen, die grundsätzlich Instandsetzungs- oder Modernisierungsaufwendungen darstellen, nach § 50 Abs. 1 KomHKV als Anschaffungskosten zu behandeln, wenn sie die Betriebsbereitschaft eines Gebäudes herstellen. Betriebsbereitschaft besteht, wenn ein Gebäude entsprechend seiner Zweckbestimmung genutzt werden kann. Wird das Gebäude ab dem Anschaffungszeitpunkt genutzt, ist grundsätzlich von einer Betriebsbereitschaft auszugehen. Instandsetzungs- und Modernisierungsaufwendungen stellen dann keine Anschaffungskosten dar.

Wird das Gebäude ab dem Anschaffungszeitpunkt nicht genutzt, ist hinsichtlich des Vorliegens der Betriebsbereitschaft eine weitergehende Prüfung zur Funktionstüchtigkeit vorzunehmen. Hierbei umfasst die Betriebsbereitschaft die beiden Voraussetzungen objektive und subjektive Funktionstüchtigkeit.

Die Betriebsbereitschaft liegt somit im Umkehrschluss nicht vor, wenn
- objektive Funktionsuntüchtigkeit oder
- subjektive Funktionsuntüchtigkeit

vorliegt.

Objektiv funktionsuntüchtig ist ein Gebäude, sofern für dessen Nutzung wesentliche Gebäudeteile bautechnisch grundlegend nicht nutzbar sind. Abgrenzend hierzu liegt dagegen eine Funktionsuntüchtigkeit nicht schon vor, wenn Mängel, die insbesondere durch Verschleiß hervorgerufen sind, vor einer Nutzung erst beseitigt werden. Letztlich bestimmt die Herrichtung der Funktionstüchtigkeit von wesentlichen Gebäudeteilen, inwieweit Anschaffungskosten vorliegen.

> ***Beispiel:***
> *Die Gemeinde schafft an ein Gebäude an, für das eine Schadstoffsanierung erforderlich ist. Vor Nutzung als Altentagesstätte erfolgen daher bauliche Maßnahmen zur Schadstoffsanierung. Alle Aufwendungen, die unmittelbar aus den Instandsetzungsarbeiten der Schadstoffsanierung resultieren, stellen Anschaffungskosten dar.*

Subjektiv funktionsuntüchtig ist ein Gebäude, sofern für die vorgesehene Zweckbestimmung eine Nutzung noch nicht möglich ist. Aufwendungen für bauliche Maßnah-

9 Vgl. BMF vom 18.7.2003 (BStBl. I S.386).

men, um die von der Gemeinde zweckbestimmten Nutzungsvoraussetzungen zu schaffen, stellen daher Anschaffungskosten nach § 50 Abs. 1 KomHKV dar.

Beispiel:
Die bisherige Nutzung als Wohngebäude soll in eine Nutzung als Bürogebäude umgewandelt werden. Sämtliche baulichen Aufwendungen für die Herrichtung im Rahmen des neuen Nutzungszwecks stellen Anschaffungskosten dar.

Des Weiteren gehört zur Zweckbestimmung und somit auch zur Versetzung in einen betriebsbereiten Zustand nach § 50 Abs. 1 KomHKV eine Entscheidung, dass der Standard[10] für das Gebäude zukünftig angehoben werden soll. Ist dies der Fall, so stellen Aufwendungen für bauliche Maßnahmen, die eine Standardhebung bewirken, Anschaffungskosten dar.

Aufteilung eines Gesamtkaufpreises auf mehrere Anlagegüter
Wird bereits beim Erwerb mehrerer Vermögensgegenstände im Kaufvertrag eine Aufteilung des Kaufpreises vereinbart und erscheint diese Aufteilung wirtschaftlich vernünftig, stellen die dort vereinbarten Einzelpreise die Anschaffungskosten der einzelnen Vermögensgegenstände dar. Diese Vorgehensweise basiert auf dem Grundsatz der Einzelbewertung, wonach jeder Gegenstand mit seinen Anschaffungskosten in der Höhe anzusetzen ist, die nach dem erklärten Willen der Vertragspartner den einzelnen Vermögensgegenständen beigemessen wird.

In der Regel unterbleibt jedoch im Kaufvertrag die Aufteilung des Gesamtkaufpreises auf die einzelnen Vermögensgegenstände. Nach dem Grundsatz der Einzelbewertung muss der vereinbarte Gesamtkaufpreis in einem angemessenen Verhältnis auf die einzelnen selbstständig auszuweisenden Vermögensgegenstände aufgeteilt werden. Besonders komplex stellt sich dies dar, sofern bewegliches Anlagevermögen im Gesamtkaufpreis einer Immobilie enthalten ist. Hier ist die Aufteilung nach dem Verhältnis der Zeitwerte (aktuelle Verkehrswerte) vorzunehmen. Grundlage hierfür können die Unterlagen bilden, welche im Rahmen der Vereinbarung des Kaufpreises der Vertragspartner maßgeblich waren. In Betracht kommen hierbei Sachverständigengutachten, Berechnungen (beispielsweise orientiert am Neuwert und aus dem Verhältnis Restnutzungsdauer zur Gesamtnutzungsdauer) oder auch Restwerttabellen oder -listen.

Vielfach wird auch im Rahmen von Ankäufen im Immobilienbereich ein Wertgutachten der Bewertungsstelle oder des Gutachterausschusses erstellt. Dies stellt eine idealtypische Grundlage zur Aufteilung des Gesamtkaufpreises auf die einzelnen Vermögensgegenstände dar.

Beispiel:
Beim Kauf eines bebauten Grundstücks mit zwei Gebäuden ist ein Gesamtkaufpreis vereinbart worden. Dieser ist in einem angemessenen Verhältnis auf die

10 Unterscheidung zwischen sehr einfachem Standard, mittlerem Standard und sehr anspruchsvollem Standard, siehe hierzu ausführlich Kap. 10.2.3.2.

beiden Gebäude und den Grund und Boden aufzuteilen. Dies kann entweder auf der Basis eines vor Erwerb erstellten Wertgutachtens erfolgen oder auf der Basis anderer Unterlagen, die zur Bildung des Gesamtkaufpreises beider Vertragspartner geführt haben. Für den Grund und Boden kommt auch als Basis der gültige Bodenrichtwert in Betracht. Besonderheiten (z. B. Grundstückszuschnitt) sind hier zu beachten.

Anschaffung durch Tausch
Werden Vermögensgegenstände im Rahmen eines Tausches angeschafft, so sind diese mit ihrem vertraglich vereinbarten Wert anzusetzen. Fehlt diese Vereinbarung, so ist dem Vermögensgegenstand bei der Aktivierung der Zeitwert (z. B. Verkehrswert, neuwertorientierte Ableitung) beizulegen.

10.2.1.2 Herstellungskosten

Die dem Vermögensgegenstand zurechenbaren Herstellungskostenbestandteile sind nach § 50 Abs. 1 KomHKV die Aufwendungen, die durch den Verbrauch von Gütern und die Inanspruchnahme von Diensten für die Herstellung eines Vermögensgegenstands, seine Erweiterung oder für eine über seinen ursprünglichen Zustand hinausgehende wesentliche Verbesserung entstehen. Dazu gehören verbindlich die Materialeinzelkosten, die Fertigungseinzelkosten und die Sonderkosten der Fertigung. Die Fertigungs- und Materialgemeinkosten können einbezogen werden.

Hier räumt das kommunale Haushaltsrecht analog dem HGB den Kommunen für bestimmte Herstellungskostenbestandteile ein Ansatzwahlrecht ein. Für Fertigungs- und Materialgemeinkosten, die dem hergestellten Vermögensgegenstand nicht direkt zurechenbar sind, besteht ein solches Wahlrecht. Abweichend vom § 255 Abs. 2 Satz 4 HGB besteht dieses Wahlrecht nicht für Kosten der allgemeinen Verwaltung; diese Kosten sind bei den Herstellungskosten nicht zu berücksichtigen.

Die Herstellungskosten sind nach folgendem Berechnungsschema zu ermitteln:

Materialeinzelkosten	Ansatzpflicht
+ Materialgemeinkosten	Ansatzpflicht
+ Fertigungseinzelkosten	Ansatzpflicht
+ Fertigungsgemeinkosten	Ansatzpflicht
+ Sonderkosten der Fertigung	Ansatzpflicht
+ Werteverzehr des Anlagevermögens	Ansatzpflicht
= Herstellungskosten	

Abgrenzung von Einzel- und Gemeinkosten
Auch wenn sowohl Herstellungseinzelkosten als auch Herstellungsgemeinkosten anzusetzen sind, sollten diese Positionen inhaltlich abgegrenzt werden.

Die Einzelkosten sind Kosten, die sich bei der Herstellung eines Vermögensgegenstandes diesem exakt zurechnen lassen. Sie fallen unmittelbar mit der Herstellung eines Vermögensgegenstandes an und können diesem direkt zugerechnet werden.

Die Gemeinkosten sind Kosten, die sich bei der Herstellung eines Vermögensgegenstandes diesem nicht exakt zurechnen lassen. Sie fallen gemeinsam für mehrere, auch unterschiedliche Leistungen an und können nur auf der Basis einer Gemeinkostenschlüsselung in einem angemessenen Verhältnis auf die einzelnen Leistungen verrechnet werden. Daher dürfen durch die Schlüsselung mittels Mengen-, Zeit- oder physikalisch-technischer Größen nur die für die Herstellung des Vermögensgegenstandes notwendigen Gemeinkosten verrechnet bzw. angesetzt werden.

Materialeinzelkosten

Materialeinzelkosten stellen die unmittelbar für die Herstellung des einzelnen Vermögensgegenstandes verbrauchten Materialien (Roh-, Hilfs- und Betriebsstoffe) dar.

Materialgemeinkosten

Materialgemeinkosten fallen in Materialstellen an, die für die Beschaffung, Prüfung und Lagerung von Herstellungsmaterialien zuständig sind. Die dort entstehenden Kosten sind einem einzelnen hergestellten Vermögensgegenstand nicht eindeutig zurechenbar. Zu den Materialgemeinkosten zählen beispielsweise Gehälter der im Einkauf, im Lager und der bei Prüfung beschäftigten Personen, Kosten für ein Lagergebäude und Sachversicherungen.

Beispiel:

Bei der Lagerung von Vermögensgegenständen fallen u. a. Kosten für die dort tätigen Beschäftigten, Abschreibungen auf das Lagergebäude, Versicherungsbeiträge für das Lagergebäude und die Bestände, Energiekosten an. Eine Zuordnung dieser entstandenen Lagerkosten zu den gelagerten Gütern ist einzeln nicht möglich. Die Lagerkosten stellen somit Materialgemeinkosten dar und müssen mit geeigneten Gemeinkostenschlüsseln in einem angemessenen Verhältnis verteilt werden.

Fertigungseinzelkosten

Für die Fertigungseinzelkosten ist die direkte Zurechenbarkeit zum hergestellten Vermögensgegenstand maßgeblich. Zu den Fertigungseinzelkosten zählen die Fertigungslöhne oder -gehälter. Des Weiteren zählen auch Sondereinzelkosten der Fertigung hierzu. Zu den Sondereinzelkosten gehören Spezialwerkzeugkosten, Kosten für Sonderanfertigungen, Kosten für Materialanalysen oder anzufertigende Modelle.

Fertigungsgemeinkosten

Fertigungsgemeinkosten entstehen im Rahmen der Fertigung, können aber dem hergestellten Vermögensgegenstand nicht direkt zugerechnet werden. Mittels Gemeinkostenschlüsselung werden diese Kosten verrechnet. Zu den Fertigungsgemeinkosten gehören beispielsweise Energiekosten, Hilfslöhne, Hilfsmaterialien sowie anteilige Abschreibungen und Zinsen, soweit diese dem Vermögensgegenstand nur mittelbar zugerechnet werden können.

Abschreibungen auf Fertigungsanlagen

Der Werteverzehr von Anlagevermögen zur Fertigung von Erzeugnissen wird im § 50 Abs. 2 KomHKV ausdrücklich erwähnt. Der Charakter dieses Werteverzehrs kann nicht eindeutig den Fertigungseinzelkosten bzw. den Fertigungsgemeinkosten zugeordnet werden. Einer der Grundgedanken des kommunalen doppischen Haushaltsrechts ist jedoch, dass im Rahmen der periodengerechten Darstellung des Ressourcenverbrauchs die Aufwendungen zu berücksichtigen sind, die während der Erstellung entstehen. Insofern wird im § 50 Abs. 2 KomHKV der Werteverzehr des Anlagevermögens genannt, so dass der Ressourcenverbrauch aus Abschreibungen zur Erstellung eines Vermögensgegenstandes (der steuerliche Werteverzehr des Anlagevermögens) auch im Hinblick auf eine einheitliche Wertbasis für Vermögensgegenstände besteht und damit beim Einsatz von Vermögensgegenständen zur Herstellung eines anderen Vermögensgegenstandes die für den Zeitraum der Herstellung anfallenden Abschreibungen als Herstellungskosten angesetzt werden müssen. Denkbar sind hier Abschreibungen für Radlader der Kommune, die für die Errichtung eines Gebäudes eingesetzt wurden.

Nachträgliche Herstellungskosten oder -minderungen

Fallen nach der Herstellung bzw. Betriebsbereitschaft eines Vermögensgegenstandes noch nachträgliche Herstellungskosten oder -Herstellungskostenminderungen an, sind diese bei den Herstellungskosten unmittelbar nach deren Auftreten noch zu berücksichtigen.

Fallen nachträgliche Herstellungskosten oder nachträgliche Minderungen der Herstellungskosten erst in späteren Jahren an, so sind diese so zu berücksichtigen, dass sie monatsgenau hinzugerechnet werden müssen. Es ist also entscheidend, ab welchem Datum die Abschreibung für den nun zu aktivierenden Betrag berechnet wird.

10.2.1.3 Übungen

Sachverhalt Nr. 3 (Anschaffungskosten)

Der Anschaffungspreis einer Druckmaschine für die als Fachbereich geführte Vervielfältigungsstelle beträgt 50.000 € zzgl. 19 % USt. Der Fachbereich ist nicht Vorsteuer abzugsberechtigt. Dieser Preis beinhaltet nicht die einzelnen Kosten für Verpackung i. H. v. 100 €, Transport i. H. v. 500 € und Transportversicherung 150 € (jeweils einschließlich USt.). Die Kommune nutzt den eingeräumten Skontoabzug auf den Anschaffungspreis i. H. v. 2 %. Aufgrund einiger Lackschäden erhält die Kommune einen pauschalierten Nachlass auf die Gesamtrechnungssumme (brutto) i. H. v. 1.000 €. Bei der Aufstellung der Maschine ist eine Montage bzw. Verankerung mit dem Boden erforderlich, hierfür stellt ein Serviceunternehmen 410 € inkl. USt. in Rechnung.

Aufgabe:
Ermitteln Sie anhand des Berechnungsschemas die Anschaffungskosten.

Lösung:

Lösung:			
Anschaffungspreis			
Anschaffungspreis	50.000,00 €		
USt. Anschaffungspreis	9.500,00 €	59.500,0 €	
Anschaffungsnebenkosten			
Verpackung	100,00 €		
Transport	500,00 €		
Transportversicherung	150,00 €		
Montage	410,00 €	1.160,00 €	
Anschaffungspreisminderungen			
Skonto	1.000,00 €		
Minderung USt. durch Skonto	190,00 €		**Anschaffungskosten**
Preisnachlass	1.000,00 €	2.190,00 €	**58.470,00 €**

Sachverhalt Nr. 4 (Anschaffungskosten)
Die Kommune erwirbt ein unbebautes Grundstück. Die Grundstücksgröße wird im Kaufvertrag mit ca. 2000 qm festgelegt, durch eine spätere Vermessung soll die genaue Grundstücksgröße ermittelt werden. Bei einer Abweichung wird eine nachträgliche Anpassung des Kaufpreises i. H. v. 25 € je qm fällig. Das Grundstück ist mit einer Grundschuld i. H. v. 20.000 €, welche mit einer Restschuld i. H. v. 10.000 € valutiert, belastet. Es wird mit dem Verkäufer eine Kaufpreiszahlung von 40.000 € vereinbart, die Grundschuldbelastung wird von der Kommune zusätzlich übernommen. Die Kommune hat Grunderwerbssteuer i. H. v. 1.500 € zu entrichten. Notariatskosten fallen i. H. v. 800 € und Gerichtskosten i. H. v. 500 € an. Für die im Kaufvertrag vereinbarte Vermessung fallen für die Kommune Kosten i. H. v. 500 € an. Bei der Vermessung wurde festgestellt, dass die Grundstücksgröße 2.020 qm beträgt.

Aufgabe:
Ermitteln Sie anhand des Berechnungsschemas die Anschaffungskosten.

Lösung:			
Anschaffungspreis			
Kaufpreis	40.000,00 €		
Restschuld aus Grundschuld	10.000,00 €	50.000,00 €	
Anschaffungsnebenkosten			
Grunderwerbssteuer	1.500,00 €		
Notarkosten	800,00 €		
Gerichtskosten	500,00 €		
Vermessung	500,00 €	3.300,00 €	
Nachträgliche Anschaffungskosten			**Anschaffungskosten**
Preis für 20 qm a 25 Euro	500,00 €	500,00 €	**53.800,00 €**

Sachverhalt Nr. 5 (Herstellungskosten)

Die Kommune erstellt eine neue Kindertagesstätte. Das vom Hochbauamt beauftragte Bauunternehmen rechnet insgesamt Materialkosten i. H. v. 200.000 € und Lohnkosten i. H. v. 300.000 € inkl. USt. ab. Die Personalkosten des Hochbauamtes für die selbsterstellte Planung betragen nach Abrechnung der Kosten- und Leistungsrechnung (KLR) 50.000 €. Neben den allgemeinen Materialkosten des beauftragten Bauunternehmens wurden seitens der Kommune mehrere zusätzliche Bauteile auf eigene Rechnung i. H. v. 25.000 € inkl. USt. beschafft, die vom Bauunternehmen eingebaut wurden. Zum Schutz vor Diebstahl wurde ein Teil der Baumaterialien in einem Lager untergebracht. Der in der KLR ermittelte Materialgemeinkostenzuschlag (Personalkosten, Abschreibung, Energiekosten etc. für das Lager) beträgt 2.000 €. In der KLR der Kommune wurde ein Fertigungsgemeinkostenzuschlag (Fertigungskontrolle, Energiekosten, Sachversicherungen für eingesetzte Anlagen etc.) beim Bau i. H. v. 1.500 € ermittelt. Ein Architekturbüro rechnet für ein in der Planungsphase erstelltes Modell 1.000 € inkl. USt. ab.

Aufgabe:

Ermitteln Sie anhand des Berechnungsschemas die Herstellungskosten.

Lösung:			
Materialeinzelkosten			
Bauunternehmen	200.000,00 €		
Sonderbauteile	25.000,00 €	225.000,00 €	
Fertigungseinzelkosten			
Bauunternehmen	300.000,00 €		
Eigene Planungskosten	50.000,00 €	350.000,00 €	
Materialgemeinkosten			
Materialgemeinkostenzuschlag	2.000,00 €	2.000,00 €	
Fertigungsgemeinkosten			
Fertigungsgemeinkostenzuschl.	1.500,00 €	1.500,00 €	
Sondereinzelkosten d.Fertigung			**Herstellungskosten**
Modell	1.000,00 €	1.000,00 €	**579.500,00 €**

10.2.2 Verhältnis zu anderen Bewertungszwecken

Die Bewertungsvorschriften der BbgKVerf und KomHKV entfalten nur für die kommunale Haushaltswirtschaft Gültigkeit. Bestehende Bewertungen und Bewertungsverfahren für andere kommunale Bewertungszwecke sind beizubehalten und werden durch die o. g. Bewertungsvorschriften nicht ersetzt. Festlegungen für eine bestehende Kosten- und Leistungsrechnung können gleichfalls beibehalten werden.

Somit können nebeneinander abweichende Bewertungen für einzelne Vermögensgegenstände neben der Bewertung für das Haushaltsrecht bestehen:

- Steuerrecht,
- Gebührenrecht,
- Kostenrechnung.

10.2.2.1 Steuerrecht

Kommunen haben für Betriebe gewerblicher Art für Zwecke der Besteuerung die Werte des Anlagevermögens nach den einschlägigen Bewertungsvorschriften des Steuerrechts zu führen.

Die Bewertung des Anlagevermögens für steuerliche Zwecke erfolgt zwar dem Wortlaut nach ebenfalls zu Anschaffungs- und Herstellungskosten. Jedoch gelten für das Steuerrecht als eine Abweichung die historischen Anschaffungs- oder Herstellungskosten und nicht die auf Zeitwertbasis ermittelten Anschaffungs- und Herstellungskosten der kommunalen Eröffnungsbilanz.

Gemäß § 50 Abs. 2 KomHKV entstehen bei den Herstellungskosten keine weiteren Abweichungen, da nach dieser Regelung nicht nur eine Ansatzpflicht für Material- und Fertigungseinzelkosten sowie für Sonderkosten der Fertigung besteht, sondern auch für Material- und Fertigungsgemeinkosten. Steuerrechtlich sind Material- und Fertigungsgemeinkosten bei den Herstellungskosten auch ansatzpflichtig. Daneben sieht das Steuerrecht außerdem als ansatzpflichtig den Werteverzehr von Anlagevermögen vor, soweit er der Fertigung von Erzeugnissen gedient hat.[11] Auch dies wird gemäß § 50 Abs. 2 KomHKV den Gemeinden vorgeschrieben. Aufgrund der geringen Bedeutung in der kommunalen Aufgabenstellung wurde der Werteverzehr von Anlagevermögen zur Fertigung von Erzeugnissen nicht ausdrücklich erwähnt. Der Charakter dieses Werteverzehrs kann nicht eindeutig den Fertigungseinzelkosten bzw. den Fertigungsgemeinkosten zugeordnet werden. Nach den Grundgedanken des doppischen Haushaltsrechts sollten die Aufwendungen berücksichtigt werden, die während der Erstellung entstehen. Insofern erscheint es im Sinne der kommunalen Regelungen zur Vermögenswirtschaft, dass der Ressourcenverbrauch aus Abschreibungen zur Erstellung eines Vermögensgegenstandes (der steuerliche Werteverzehr von Anlagevermögen) auch im Hinblick auf einer einheitlichen Wertbasis für Vermögensgegenstände ein Ansatzwahlrecht hierfür besteht.

11 Einkommenssteuerrichtlinien 2012 (EStR 2012) R 6.3 (Zu § 6 EStG), Stand 07/2018.

Des Weiteren ist zu berücksichtigen, dass Betriebe gewerblicher Art ganz oder zum Teil zum Umsatzsteuerabzug berechtigt sind, so dass dieser Abzug bei den Herstellungskosten zu berücksichtigen ist.

10.2.2.2 Gebührenrecht[12]

Für kostenrechnende Einrichtungen sind nach § 6 des Kommunalabgabengesetzes (KAG) Benutzungsgebühren zu erheben. Hierzu sind in den Gebührenkalkulationen Abschreibungen und Zinsen, die nach betriebswirtschaftlichen Grundsätzen ansatzfähig sind, zu berücksichtigen.

Diese unterscheiden sich in der Regel von den in der kommunalen Haushaltswirtschaft zu buchenden Wertgrößen dadurch, dass im Land Brandenburg kalkulatorische Abschreibungen von den Anschaffungs- oder Herstellungskosten unter Berücksichtigung der Beiträge berechnet werden können. Bei den kalkulatorischen Zinsen sind dagegen auch noch Zuwendungen zu berücksichtigen, somit Anschaffungs- oder Herstellungskosten minus der Beiträge und minus der Zuwendungen.

10.2.2.3 Kosten- und Leistungsrechnung

Die Kosten- und Leistungsrechnung soll neben der Preiskalkulation und der Wirtschaftlichkeitskontrolle einzelner Fachbereiche insbesondere als Instrument zur Fundierung und Kontrolle von Entscheidungen (z. B. Make-or-buy-Probleme) dienen. Hierbei werden die Rahmenbedingungen für kalkulatorische Abschreibungen und Zinsen durch interne Richtlinien oder Anweisungen einer jeden Gemeinde festgelegt. Im Vergleich zur kommunalen Vermögenswirtschaft stellen die kalkulatorischen Eigenkapitalzinsen Zusatzkosten, die kalkulatorischen Abschreibungen in Abhängigkeit der Regelungen der Kostenrechnung Anderskosten dar.

Die Ausgestaltung der kommunalen Kosten- und Leistungsrechnung orientiert sich an den Zielsetzungen. Diese können sich wie folgt unterschiedlich ausrichten:

- Wirtschaftlichkeitsüberlegungen,
- Vergleichbarkeit mit Privatwirtschaft (z. B. Make-or-buy-Entscheidung),
- einheitliche Vorgehensweise mit dem Neuen Kommunalen Rechnungswesen (Minderung des Nutzungspotenzials),
- einheitliche Vorgehensweise mit Vorschriften des KAG (Kostendeckungsprinzip).

Die unterschiedlichen Zielsetzungen bedingen eine unterschiedliche Gestaltung.

Die Wertbasis kann sich alternativ an Anschaffungs- und Herstellungskosten versus Wiederbeschaffungszeitwerte (Wertfortschreibung) bei den Folgebilanzierungen orientieren.

12 Zu den Einzelheiten des folgenden Textes muss auf die Literatur zum Themenbereich Gebührenrecht verwiesen werden (z. B. *Driehaus*, Kommentar KAG, Herne (Loseblatt), Erl. zu § 6 KAG).

Die Abschreibungsvorgaben können sich unterscheiden bei der Nutzungsdauer und der Abschreibungsmethode. Die Nutzungsdauer kann sich hier nach gebührenrechtlichen Grundlagen, i. d. R. nach AfA-Tabellen, nach der haushaltsrechtlichen Rahmenabschreibungstabelle bzw. der eigenen kommunalen Abschreibungstabelle oder nach Herstellerangaben richten. Des Weiteren ist bei fortgesetzter Nutzung denkbar, in der Kosten- und Leistungsrechnung über die geplante Nutzungsdauer hinaus abzuschreiben, um im Rahmen von Preiskalkulationen diese gleichmäßig zu halten.

Bei der Wahl der Abschreibungsmethode ist die Kosten- und Leistungsrechnung völlig frei. Denkbar ist die lineare, degressive, progressive oder leistungsbezogene Abschreibungsmethode.

Änderungen bei der Nutzungsdauer können als Änderungsbasis den Ursprungswert oder den Restwert zugrunde legen.

10.2.3 Abgrenzung von Herstellungskosten und Erhaltungsaufwand[13]

Für die Veranschlagung und Buchung im Drei-Komponenten-System ist es erforderlich, dass Herstellungskosten und Erhaltungsaufwand eindeutig abgegrenzt werden. Von besonderer Bedeutung ist diese Abgrenzung im Immobilienbereich.

Zusätzlich war die Abgrenzung zwischen Herstellungskosten und Erhaltungsaufwand von Bedeutung bei der Eröffnungsbilanzierung, sofern für diese zur Bewertung das Indizierungsverfahren gewählt wurde. Insbesondere bei der Berücksichtigung von nachträglichen Herstellungskosten bei Immobilien sind die zugehörigen Sachverhalte auf ihre Aktivierungsfähigkeit anhand der nachfolgenden Kriterien zu prüfen.

Herstellungskosten werden bei einem Vermögensgegenstand aktiviert. Sie werden in die Bilanz eingestellt und führen im Bereich des abnutzbaren Vermögens auf der Basis einer festgelegten Nutzungsdauer zu Abschreibungen. Herstellungskosten werden daher in der Finanzplanung bzw. Finanzrechnung als investive Auszahlungen abgebildet, die hieraus resultierenden Abschreibungen dagegen nur in der Ergebnisplanung bzw. -rechnung. Anders ist dies bei Erhaltungsaufwand, der in der Ergebnisplanung und Ergebnisrechnung zu berücksichtigen ist, wobei in der Finanzplanung und -rechnung der diesbezügliche Liquiditätsabfluss in Form von Auszahlungen abgebildet wird.

Die Abgrenzung erfolgt in der Form, dass Grundvoraussetzungen für Sachverhalte zu prüfen sind, nach denen eine Aktivierung als Herstellungskosten erfolgt. Erfüllt der Sachverhalt nicht die Voraussetzungen, stellt er somit immer Erhaltungsaufwand[14] dar.

13 Kap. 10.2.3 basiert auf dem Schreiben des Bundesministeriums für Finanzen vom 18.7.2003 – IV C 3 – S 2211 – 94/03 –, www.bundesfinanzministerium.de.

14 Im kaufmännischen Rechnungswesen können in Analogie zur Steuerbilanz nach den Einkommenssteuerrichtlinien 2004, EStR 157 Abs. 2 Herstellungskosten im Rahmen einer Erweiterung von nicht mehr als 4.000 € (ohne USt.) auf Antrag als Erhaltungsaufwand verbucht werden. Eine Übertragung dieser Regelung ist aufgrund der Antragspflicht nicht möglich. Sofern eine Anwendung dieser Vereinfachungsregelung im kommunalen Haushaltsrecht Anwendung finden soll, bedarf es hierzu einer zusätzlichen Regelung, da im Steuerrecht ausdrücklich ein Genehmigungsvorbehalt besteht.

Für die Aktivierungsfähigkeit als Herstellungskosten sind drei grundlegende Sachverhaltskonstellationen zu betrachten:

- die Erweiterung eines Vermögensgegenstandes,
- die über den ursprünglichen Zustand hinausgehende Wertverbesserung,
- das Zusammentreffen von Herstellungskosten und Erhaltungsaufwand.

10.2.3.1 Erweiterung eines Vermögensgegenstandes

Im Immobilienbereich liegt eine Erweiterung eines Vermögensgegenstandes vor, wenn durch Anbau, Aufstockung oder Vergrößerung die Nutzfläche erweitert bzw. eine Mehrung der Substanz wird. Anbauten, z. B. der Anbau bei Schulgebäuden, stellen hinsichtlich der Abgrenzung zwischen Herstellungskosten und Erhaltungsaufwand kein Problem dar.

Ein Anbau, eine Aufstockung bzw. Vergrößerung der Nutzfläche liegt dagegen nicht vor, wenn lediglich ein Flachdach durch ein Satteldach ersetzt wird. Die Schaffung zusätzlicher Raumhöhe reicht zur Aktivierungsfähigkeit nicht aus. Wird das Satteldach dazu genutzt, zusätzliche Nutzfläche durch gleichzeitigen Ausbau des entstandenen Dachgeschosses zu schaffen, liegt dagegen ein aktivierungsfähiger Sachverhalt vor.

Auch die Substanzvermehrung durch zusätzliche Bauteile – sowohl bei Immobilien als auch beim beweglichen Vermögen – stellen grundsätzlich aktivierungsfähige Sachverhalte dar. Im Bereich des beweglichen Vermögens ist beispielsweise die Aufrüstung eines Feuerwehrfahrzeugs mit einer Schnelllöschvorrichtung ein aktivierungsfähiger Sachverhalt. Im Immobilienbereich stellt der Einbau eines Behindertenfahrstuhls einen aktivierungsfähigen Sachverhalt dar.

Anders ist dies, wenn zusätzliche Bauteile im Immobilienbereich nur eine Anpassung an den aktuellen bautechnischen Standard darstellen. So stellen Fassadenverkleidungen zu Wärme- und Schallschutzzwecken in der Regel keine aktivierungsfähigen Sachverhalte dar. Ein neuer Gebäudebestandteil ist auch dann als bisheriger Gebäudebestandteil anzusehen, sofern dieser lediglich deshalb hinzugefügt wird, um bereits eingetretene Schäden zu beseitigen oder einen drohenden Schaden abzuwenden. Ein Beispiel hierfür stellt die Anbringung einer Betonvorsatzschale als Schutz vor einer weiteren Durchfeuchtung des Fundamentes dar.

10.2.3.2 Über den ursprünglichen Zustand hinausgehende Wertverbesserung

Fallen Instandsetzungs- oder Modernisierungsaufwendungen in engem zeitlichem Zusammenhang mit der Anschaffung eines Gebäudes an, sind diese als anschaffungsnahe Aufwendungen den Herstellungskosten zuzurechnen.

Beispiel:
Ein Gebäude mit erheblichem Instandhaltungsrückstand wird aufgrund seiner günstigen Lage von der Gemeinde G als Standort einer Kindertageseinrichtung

erworben. Das Gebäude wird instandgesetzt und für den vorgesehenen Zweck hergerichtet.

Ansonsten sind die Instandsetzungs- oder Modernisierungsaufwendungen daraufhin zu prüfen, ob diese zu einer über den ursprünglichen Zustand hinausgehenden wesentlichen Verbesserung führen. Liegt diese wesentliche Wertverbesserung vor, sind die Instandsetzungs- oder Modernisierungsaufwendungen als Herstellungskosten zu aktivieren.

Maßgeblich für den ursprünglichen Zustand ist grundsätzlich der Zustand des Gebäudes im Zeitpunkt der Herstellung und Anschaffung. Dieser ist zu vergleichen mit dem Zustand, in den das Gebäude durch die Instandsetzungs- oder Modernisierungsaufwendungen versetzt wurde. Dies gilt natürlich nicht, wenn die ursprünglichen Anschaffungs- oder Herstellungskosten verändert wurden (z. B. durch nachträgliche Anschaffungs- oder Herstellungskosten). An die Stelle des ursprünglichen Zustands tritt dann der Zustand, der für die Abschreibung maßgebend ist.

Beispiel:
Ursprünglich wurde ein Verwaltungsgebäude mit einem einfachen kleinen Regenschutzdach im Eingangsbereich ausgestattet. Aufgrund der Nutzung zu Repräsentationszwecken wurde das Regenschutzdach im Eingangsbereich zwei Jahre später zur Erhöhung des Erscheinungsbildes durch eine aufwendige Marmor-Aluminium-Glaskonstruktion ersetzt. Aufgrund schlechter Verarbeitung ist die neue Konstruktion baufällig und wird vollständig erneuert. Maßgeblich ist der Zustand zwei Jahre später, also mit der aufwendigen Marmor-Aluminium-Glaskonstruktion, mit der jetzigen Veränderung. Es ergibt sich keine über den ursprünglichen Zustand hinausgehende wesentliche Verbesserung, demzufolge ist die Erneuerung Instandsetzungsaufwand, der nicht aktivierungsfähig ist. Bei einem Vergleich der jetzigen Veränderung mit dem einfachen kleinen Regenschutzdach hätte sich dagegen eine über den ursprünglichen Zustand hinausgehende wesentliche Verbesserung ergeben.

Bei Immobilien liegt eine wesentliche Verbesserung vor, wenn der Gebrauchswert des Gebäudes wesentlich erhöht wird. Hierbei ist von einem ordnungsgemäßen Zustand auszugehen, so dass Instandhaltungsrückstände bei der Beurteilung nicht einzubeziehen sind. Vielmehr muss es sich um eine über zeitgemäße substanzerhaltende Erneuerung hinausgehende Instandsetzungs- oder Modernisierungsmaßnahme handeln.

Zu einer wesentlichen Verbesserung zählen eine deutliche Erhöhung des Gebrauchswertes und die Schaffung einer erweiterten Nutzungsmöglichkeit für die Zukunft. Die erweiterte Nutzungsmöglichkeit kann zum einen in einer erheblichen Verlängerung der Nutzungsdauer liegen, wobei die Nutzungsdauer des Gebäudes bestimmende Bauteile (z. B. das Fundament) erneuert werden. Zum anderen kann die erweiterte Nutzungsmöglichkeit auch in einer wesentlichen zukunftsorientierten Umgestaltung (z. B. Entkernung eines Gebäudes mit einer anschließenden Neugestaltung) liegen. Von einer deutlichen Erhöhung des Gebrauchswertes ist auszugehen, wenn eine Standardverbesserung erfolgt. Hierbei kann eine Standardverbesserung

- von einem sehr einfachen auf einen mittleren Standard oder
- von einem mittleren auf einen sehr anspruchvollen Standard

erfolgen.

Ein sehr einfacher Standard liegt vor, wenn die zentralen Ausstattungsmerkmale nur im nötigen Umfang oder in einem technisch überholten Zustand vorhanden sind. Ein mittlerer Standard besteht, wenn die zentralen Ausstattungsmerkmale durchschnittlichen und selbst höheren Ansprüchen genügen. Der sehr anspruchsvolle Standard beinhaltet nicht nur die optimale zweckmäßige Ausstattung, vielmehr kommt hierbei noch die Verwendung außergewöhnlich hochwertiger Materialien hinzu.

Die Standardverbesserung konkretisiert sich anhand von Verbesserungen bei zentralen Ausstattungsmerkmalen. Der Standard bezieht sich auf die Eigenschaften der Vermögensnutzung. Wesentliche Ausstattungsmerkmale bei Wohnungen sind vor allem Umfang und Qualität der Zentralgewerke Heizungs-, Sanitär- und Elektroinstallationen sowie der Fenster. Durch die Formulierung „vor allem“ ist die Berücksichtigung anderer Gewerke als zentrale Ausstattungsmerkmale möglich. Denkbar sind hier ganzheitliche Wärmedämmungsmaßnahmen am Gebäude oder Erweiterung der Funktionalität einer vorhandenen Zentralheizung um eine Warmwasserbereitung. Fußböden und Türen gehören dagegen in der Regel nicht zu einer Verbesserung der zentralen Ausstattungsmerkmale.

Für die Aktivierung als Herstellungskosten im Rahmen der Standardverbesserung wird konkretisiert, dass eine Verbesserung von mindestens drei Bereichen der zentralen Ausstattungsmerkmale erfolgen muss oder in Verbindung mit einer aktivierungsfähigen Herstellungsmaßnahme mindestens zwei Bereiche der zentralen Ausstattungsmerkmale verbessert werden müssen.

Beispiel:
Die Gemeinde G ist Eigentümerin eines 1930 erbauten Verwaltungsgebäudes, an dem seit 1980 keine größeren Renovierungen und Reparaturen mehr vorgenommen wurden. Teilweise sind Räumlichkeiten an kleinere Firmen vermietet. Die Gemeinde lässt das Gebäude renovieren. Hierbei wurden folgende Arbeiten durchgeführt: Neueindeckung des Daches, Austausch der Einfachverglasung gegen Isolierverglasung, Neuverputzung der Fassade mit ganzheitlicher Gebäudewärmedämmung, Erneuerung der Elektro- und Sanitäranlagen und Ersatz der Nachtspeicherheizungen durch eine Gaszentralheizung. Die Sanierungsaufwendungen stellen aufgrund der Verbesserung von mindestens drei Ausstattungsmerkmalen eine Standardverbesserung dar, die zu einer Aktivierungsfähigkeit der Sanierungskosten als Herstellungskosten führt.

Teilen sich Aufwendungen für Baumaßnahmen planmäßig über mehrere Haushaltsjahre auf („Sanierung in Raten“), wobei diese für sich jeweils noch keine wesentliche Verbesserung darstellen, bildet den Maßstab für die Aktivierungsfähigkeit die Gesamtmaßnahme. Führt diese insgesamt zu einer Hebung des Standards, liegt für die Gesamtmaßnahme eine Aktivierungsfähigkeit vor. Zeitlich ist von einer „Sanierung in Raten“ auszugehen, wenn die Maßnahmedurchführung innerhalb von fünf Jahren durchgeführt wird.

10.2.3.3 Zusammentreffen von Herstellungskosten und Erhaltungsaufwendungen

Fallen im Rahmen einer umfassenden Instandsetzungs- und Modernisierungsmaßnahme Arbeiten zur Erweiterung des Gebäudes bzw. über eine zeitgemäße substanzerhaltende Erneuerung hinausgehende Maßnahmen mit Erhaltungsarbeiten zusammen, sind die hierauf jeweils entfallenden Aufwendungen in Herstellungs- und Erhaltungsaufwendungen aufzuteilen. Dies gilt auch, wenn sie einheitlich in Rechnung gestellt wurden. Können diese nicht eindeutig anhand der Rechnung aufgeteilt werden, hat eine Schätzung zu erfolgen.

Aufwendungen, die mit beiden Aufwendungsarten im Zusammenhang stehen, z. B. eine für die Gesamtmaßnahme übertragene Bauleitung oder Aufwendungen für Absperrmaßnahmen durch Bauzäune, sind entsprechend dem Verhältnis von Herstellungs- und Erhaltungsaufwendungen diesen zuzuordnen.

Fallen Aufwendungen für eine Vielzahl von Einzelmaßnahmen an, die für sich genommen teilweise Herstellungs- und teilweise Erhaltungsaufwendungen darstellen, sind diese insgesamt als Herstellungskosten zu beurteilen, soweit die Arbeiten in engem sachlichem Zusammenhang stehen.

Ein sachlicher Zusammenhang in diesem Sinne liegt vor, wenn die einzelnen Baumaßnahmen – die sich auch über mehrere Jahre erstrecken können – bautechnisch ineinandergreifen. Ein bautechnisches Ineinandergreifen ist gegeben, wenn die Erhaltungsarbeiten

- Vorbedingung für die Schaffung des betriebsbereiten Zustandes,
- Vorbedingung für die Herstellungsarbeiten oder
- durch bestimmte Herstellungsarbeiten veranlasst (verursacht) worden sind.

Beispiel 1:
Um einen Anbau an ein vorhandenes Verwaltungsgebäude vornehmen zu können, sind zunächst Ausbesserungsarbeiten an den Fundamenten des vorhandenen Gebäudes notwendig.

Beispiel 2:
Im Dachgeschoss eines mehrgeschossigen Wohngebäudes, das als Asylheim genutzt wird, werden erstmals Bäder eingebaut. Diese Herstellungsarbeiten machen das Verlegen von größeren Fallrohren bis zum Anschluss an das öffentliche Abwassernetz erforderlich. Die hierdurch entstandenen Aufwendungen sind ebenso wie die Kosten für die Beseitigung der Schäden, die durch das Verlegen der größeren Fallrohre in den Badezimmern der darunterliegenden Stockwerke entstanden sind, den Herstellungskosten zuzurechnen.

Von einem bautechnischen Ineinandergreifen ist nicht allein deswegen auszugehen, weil solche Herstellungsarbeiten zum Anlass genommen werden, auch sonstige anstehende Renovierungsarbeiten vorzunehmen. Allein die gleichzeitige Durchführung der Arbeiten,

z. B. um die mit den Arbeiten verbundenen Unannehmlichkeiten abzukürzen, reicht für einen solchen sachlichen Zusammenhang nicht aus. Ebenso wird ein sachlicher Zusammenhang nicht dadurch hergestellt, dass die Arbeiten unter dem Gesichtspunkt der rationellen Abwicklung eine bestimmte zeitliche Abfolge der einzelnen Maßnahmen erforderlich machen, die Arbeiten aber ebenso unabhängig voneinander hätten durchgeführt werden können.

Beispiel 1:
Wie das vorherige Beispiel, jedoch werden die Arbeiten in den Bädern der übrigen Stockwerke zum Anlass genommen, diese Bäder vollständig neu zu verfliesen und neue Sanitäranlagen einzubauen. Diese Modernisierungsarbeiten greifen mit den Herstellungsarbeiten (Verlegung neuer Fallrohre) nicht bautechnisch ineinander. Die Aufwendungen führen daher zu Erhaltungsaufwendungen. Die einheitlich in Rechnung gestellten Aufwendungen für die Beseitigung der durch das Verlegen der größeren Fallrohre entstandenen Schäden und für die vollständige Neuverfliesung sind dementsprechend in Herstellungs- und Erhaltungsaufwendungen aufzuteilen.

Beispiel 2:
Durch das Aufsetzen einer Dachgaube wird die nutzbare Fläche des Gebäudes geringfügig vergrößert. Diese Maßnahme wird zum Anlass genommen, gleichzeitig das alte, schadhafte Dach neu einzudecken. Die Erneuerung der gesamten Dachziegel steht insoweit nicht in einem bautechnischen Zusammenhang mit der Erweiterungsmaßnahme. Die Aufwendungen für Dachziegel, die zur Deckung der neuen Gauben verwendet werden, sind Herstellungskosten, die Aufwendungen für die übrigen Dachziegel sind Erhaltungsaufwendungen.

Beispiel 3:
Aufgrund der Erweiterung einer Feuerwache erhält das Gebäude zusätzliche Fenster. Hiermit verbunden wird die Einfachverglasung der bereits vorhandenen Fenster durch Isolierverglasung ersetzt. Die Erneuerung der bestehenden Fenster ist nicht durch die Erweiterungsmaßnahme und das Einsetzen der zusätzlichen Fenster veranlasst, greift daher bautechnisch nicht mit diesen Maßnahmen ineinander. Nur die Kosten für die zusätzlichen Fenster stellen Herstellungsaufwendungen dar. Die auf die Fenstererneuerung entfallenden Aufwendungen stellen dagegen Erhaltungsaufwendungen dar.

10.2.3.4 Übungen

Sachverhalt Nr. 6 (Erweiterung eines Vermögensgegenstandes)

Geschäftsvorfälle	
1.	Anbringen einer zusätzlichen Verkleidung zu Wärme- und Schallschutz-zwecken an einer Schule
2.	Ersatz eines Flachdaches durch ein Spitzdach, wodurch eine zusätzliche Nutzfläche geschaffen wird
3.	Erweiterung der Funktionalität einer Zentralheizungsanlage um eine Warmwasserbereitung
4.	Erstmaliger Einbau einer Alarmanlage
5.	Anbau eines Balkons
6.	Ersatz eines Flachdaches durch ein Satteldach; die nutzbare Fläche bzw. die Nutzungsmöglichkeit wird nicht erweitert
7.	Erweiterung des Gebäudes um einen Windfang-Vorbau
8.	Vergrößern eines bereits vorhandenen Fensters
9.	Im Rathaus wird erstmalig ein Kamin eingebaut
10.	Versetzen von einigen Wänden für neue Raumzuschnitte des Amtsleiter- und Vorzimmerbüros
11.	Zur Vermeidung von Wasserschäden durch Niederschläge an der rissigen Fassade einer Kindertagesstätte wird die Wandfläche mit einer einfachen Dachüberbauung geschützt

Aufgabe:
Beurteilen Sie, ob es sich um Herstellungskosten oder Erhaltungsaufwand handelt.

Lösungen:

1. Grundsätzlich stellt dies Erhaltungsaufwand dar, da keine Substanzmehrung entsteht. Es handelt sich vielmehr um die Anpassung an den aktuellen bautechnischen Standard. Eine Ausnahme könnte lediglich darin bestehen, dass für die Verkleidung besonders hochwertige Materialien verwendet wurden.
2. Aufgrund der Schaffung einer zusätzlichen Nutzfläche, handelt es sich um Substanzmehrung, so dass Herstellungsaufwand vorliegt.
3. Die Erweiterung der Funktionalität einer Zentralheizungsanlage um eine Warmwasserbereitung stellt Erhaltungsaufwand dar, da keine Substanzmehrung entsteht. Es handelt sich vielmehr um die Anpassung an den aktuellen Ausstattungsstandard.
4. Der Einbau einer Alarmanlage stellt eine Substanzmehrung dar, so dass Herstellungsaufwand vorliegt.
5. Der Anbau eines Balkons stellt eine Substanzmehrung dar, so dass Herstellungsaufwand vorliegt.
6. Durch den Wechsel von einem Flachdach auf ein Satteldach allein entsteht nur Erhaltungsaufwand. Da keine Erweiterung der Fläche oder Nutzungsmöglichkeit vorliegt, stellt dies keine Substanzmehrung dar.

7. Ein Windfang-Vorbau stellt eine Substanzmehrung am Gebäude dar, so dass Herstellungsaufwand vorliegt.
8. Die Vergrößerung eines Fensters bedingt keine Substanzmehrung, so dass Erhaltungsaufwand vorliegt.
9. Der Einbau eines Kamins stellt eine Substanzmehrung dar, so dass Herstellungsaufwand vorliegt.
10. Das Versetzen von Wänden für neue Raumzuschnitte stellt keine Substanzmehrung dar; es handelt sich somit um Erhaltungsaufwand.
11. Die Dachüberbauung erfolgte lediglich zu dem Zweck, die rissige Fassade vor möglichen Wasserschäden zu schützen. Der neue Gebäudebestandteil hat keinerlei eigene Funktion, sondern erfüllt lediglich die Funktion des bisherigen Gebäudebestandteils als Ergänzung in vergleichbarer Weise. Es handelt sich daher um Erhaltungsaufwand.

Sachverhalt Nr. 7
(Über den ursprünglichen Zustand hinausgehende Verbesserungen)

Geschäftsvorfälle	
1.	Es werden unterlassene Instandhaltungen an einem Schulgebäude nachgeholt (Fassadenausbesserung, Prüfung und Reparatur sämtlicher Fenster, neuer Anstrich, Austausch defekt gewordener Sanitäranlagen).
2.	Der einfach geputzte Vorbau des Rathauses wird zur Erhöhung des Erscheinungsbildes durch eine Marmor-Aluminium-Glaskonstruktion ersetzt.
3.	Im Rahmen der Nachholung versäumter Instandhaltungsmaßnahmen werden die Nachtspeicherheizungen durch eine Zentralheizung ersetzt. Des Weiteren werden die sanitären Anlagen durchgängig modernisiert. Die noch zweiphasigen Elektroinstallationen werden durch dreiphasige Installationen ersetzt. Außerdem werden die einfachverglasten Fenster durch Isolierfenster ersetzt. Der Mietwert der städtischen Immobilie kann um 4 € je qm erhöht werden.
4.	Ein marodes Fundament wird durch ein Neues ersetzt; die Lebensdauer des Gebäudes erhöht sich hierdurch um 20 Jahre.
5.	Um die veränderten gesetzlichen Anforderungen an die Raumgrößen für Kindertageseinrichtungen zu erfüllen, werden zahlreiche Wände in der Kita entfernt und die Gruppenräume baulich völlig neu gestaltet.
6.	Ein Verwaltungsgebäude aus den 1960er Jahren wird entkernt und völlig mit Einzelbüros und Allraumflächen (großzügig angelegter Besucherbereich) bürgerorientiert gestaltet
7.	Das baulich sehr einfach erstellte Rathaus aus den 1950er-Jahren erfährt im Rahmen der erstmaligen Instandsetzung durch Einbau hochwertiger Materialien eine Luxussanierung.
8.	Im Rahmen eines Schulanbaus an eine Schule aus den 1950er-Jahren werden am alten Gebäude die einfachverglasten Fenster durch Isolierfenster sowie sämtliche zweiphasigen Elektroinstallationen durch dreiphasige Installationen ersetzt.

Aufgabe:
Beurteilen Sie, ob es sich um Herstellungskosten oder Erhaltungsaufwand handelt.

Lösungen:

1. Selbst ein quantitativ gehäuft anfallender Erhaltungsaufwand stellt keine über den ursprünglichen Zustand hinausgehende Verbesserung dar, so dass Erhaltungsaufwand vorliegt.
2. Aufgrund hochwertiger Materialien und einer besonderen baulichen Gestaltung liegt eine wesentliche Verbesserung gegenüber dem ursprünglichen Zustand vor, so dass es sich um Herstellungsaufwand handelt.
3. Durch die Verbesserung von mehr als drei zentralen Ausstattungsmerkmalen hat sich eine Standardverbesserung ergeben. Hierdurch sind die erfolgten Sanierungsmaßnahmen als Herstellungskosten aktivierungsfähig
4. Es wurden für die Lebensdauer des Gebäudes bestimmende Bauteile erneuert. Die Lebensdauer wurde deutlich erhöht, so dass hierdurch Herstellungsaufwand entstanden ist.
5. Aufgrund der Neugestaltung im Rahmen der Anpassung an gesetzliche Raumgrößen liegt eine wesentliche Verbesserung über den ursprünglichen Zustand hinaus vor. Es ist somit Herstellungsaufwand entstanden.
6. Durch die Entkernung des Gebäudes und der räumlichen Neugestaltung liegt eine wesentliche Verbesserung vor, so dass Herstellungsaufwand entstanden ist.
7. Durch den Einbau hochwertiger Materialien, die nicht nur Anforderungen hinsichtlich der Zweckmäßigkeit erfüllen, ergibt sich eine wesentliche Verbesserung des sehr einfach erstellten Rathauses, so dass die Instandsetzungsmaßnahme aktivierungsfähig ist.
8. Im Rahmen des Schulanbaus erfolgt eine Herstellungsmaßnahme. Daneben erfolgen durch zwei weitere zentrale Gewerke Verbesserungen der Ausstattungsstandards. Für die Aktivierung als Herstellungskosten im Rahmen der Standardverbesserung gilt, dass in Verbindung mit einer aktivierungsfähigen Herstellungsmaßnahme mindestens zwei Bereiche der zentralen Ausstattungsmerkmale verbessert werden müssen. Demnach ist die gesamte Maßnahme als Herstellungskosten aktivierbar.

Sachverhalt Nr. 8
(Zusammentreffen von Herstellungskosten und Erhaltungsaufwendungen)

Geschäftsvorfälle	
1.	Im Rahmen der Schulbausanierung entstehen Kosten i. H. v. 1 Mio. €. Das beauftragte Unternehmen erstellt eine Rechnung i. H. v. 1 Mio. €, obwohl die Auftragskalkulation des Hochbauamtes neben dem überwiegenden Sanierungsaufwand auch Kosten für einen Anbau in Höhe von 200.000 € vorsah.
2.	Zwei Gebäude eines Schulzentrums werden durch einen Verbindungstrakt für 300.000 € erweitert; hierzu sind Ausbesserungsarbeiten i. H. v. 50.000 € am bestehenden Fundament der beiden Gebäude erforderlich.
3.	Im Verwaltungsgebäude werden in den Obergeschossen für 50.000 € erstmalig Besuchertoiletten eingerichtet. Hierzu ist es erforderlich, größere Fallrohre in der bestehenden Besuchertoilette im Erdgeschoss zu verlegen. Hierfür werden 2.000 € in Rechnung gestellt; des Weiteren werden 3.000 € fällig, um im Rahmen der Verlegung des Fallrohrs entstandene Schäden in der bestehenden Besuchertoilette zu beseitigen.

Geschäftsvorfälle	
4.	Gleicher Sachverhalt wie zuvor; zusätzlich wird die Besuchertoilette im Erdgeschoss für 7.000 € durch Neuverfliesung und neue Sanitäranlagen modernisiert.
5.	Es ist erforderlich, ein Schuldach neu einzudecken. Im Rahmen dieser Maßnahme wird eine Solaranlage installiert. Die Gesamtrechnung lautet auf 19.000 €, wobei 10.000 € auf die Installation der Solaranlage fallen.
6.	Im Rahmen einer Schulbauerweiterung wird der Einbau von sechs neuen Fenstern erforderlich. Gleichzeitig werden die 18 aus Einfachverglasung bestehenden Fenster gleicher Art und Größe des Altbaus durch Fenster mit Isolierverglasung ausgetauscht. Die Rechnung beträgt insgesamt 12.000 €.

Aufgabe:
Ermitteln Sie die aktivierungsfähigen Herstellungskosten und die ergebniswirksamen Erhaltungsaufwendungen und begründen Sie Ihre Entscheidung.

Lösungen:

1. Eine gemeinsame Rechnung für Erhaltungs- und Herstellungsaufwand ist sachgerecht zu trennen. Hier waren für den Anbau 200.000 € Herstellungskosten vorgesehen, so dass diese entsprechend zu buchen sind. Die restlichen 800.000 € stellen Erhaltungsaufwand dar.
2. Die Ausbesserungsarbeiten am Fundament sind durch den Neubau begründet, es besteht somit ein unmittelbarer bautechnischer Zusammenhang mit der Herstellungsmaßnahme. Die 350.000 € stellen daher insgesamt Herstellungsaufwand dar.
3. Die entstandenen Schäden sind durch die Neuinstallation bedingt, es besteht somit ein unmittelbarer bautechnischer Zusammenhang des Erhaltungsaufwands mit der Herstellungsmaßnahme. Die 55.000 € stellen somit insgesamt Herstellungsaufwand dar.
4. Hier steht der Erhaltungsaufwand nicht im unmittelbaren bautechnischen Zusammenhang mit der Herstellungsmaßnahme, so dass die 7.000 € Erhaltungsaufwand darstellen und es bei 55.000 € Herstellungsaufwand bleibt.
5. Das Eindecken des Daches steht nicht im unmittelbaren bautechnischen Zusammenhang mit der Herstellungsmaßnahme einer Solaranlage, so dass die 9.000 € für das Eindecken des Daches Erhaltungsaufwand und die 10.000 € für die Substanzmehrung um eine Solaranlage Herstellungsaufwand darstellen.
6. Die Fenster für die Schulbauerweiterung stellen Herstellungsaufwand in Höhe von 3000 € dar. Der Austausch der vorhandenen Fenster stellt eine Anpassung an den aktuellen bautechnischen Standard dar; eine Substanzmehrung bzw. eine Verbesserung über den ursprünglichen Zustand hinaus liegt somit nicht vor. Der Austausch der vorhandenen Fenster ist auch nicht unmittelbar durch die Schulbauerweiterung und dem dortigen Fenstereinbau bedingt. Die 9.000 € für den Fensteraustausch stellen somit Erhaltungsaufwand dar.

10.2.4 Bilanzierungsgrundsätze

§ 49 Abs. 1 Satz 1 KomHKV verweist hinsichtlich der Bilanzierungsgrundsätze auf die Anwendung der Grundsätze ordnungsmäßiger Buchführung. Des Weiteren werden die für die kommunale Haushaltswirtschaft wichtigsten Bilanzierungsgrundsätze in Satz 3 benannt. Nach § 49 Abs. 2 KomHKV darf von den genannten Grundsätzen nur abgewichen werden, soweit die BbgKVerf und die KomHKV etwas anderes vorsehen.

10.2.4.1 Bilanzidentität

Nach § 49 Abs. 1 Satz 3 Nr. 1 KomHKV müssen die im Rahmen eines Jahresabschlusses ermittelten Bilanzansätze immer mit den Bilanzansätzen zu Beginn des folgenden Haushaltsjahres übereinstimmen. Hieraus ergibt sich die Verpflichtung, die formelle Übereinstimmung (Bilanzposten) sowie die materielle Übereinstimmung (Bilanzwerte) sicherzustellen.

10.2.4.2 Einzelbewertung

Nach § 49 Abs. 1 Satz 3 Nr. 2 KomHKV sind Aktiva und Passiva einzeln zu erfassen und zu bewerten. Ausnahmen hiervon ergeben sich aus folgenden Vereinfachungsverfahren:

- Festwertbewertung[15] nach Ziff. 2.6.1 BewertL und
- Gruppenbewertung[16] nach Ziff. 2.6.2 BewertL

Des Weiteren wird spezifisch in Ziff. 4.8.3 BewertL Aufwuchs als Vereinfachungsverfahren ein pauschaliertes Festwertverfahren ermöglicht.

10.2.4.3 Vorsichtsprinzip

Nach § 49 Abs. 1 Satz 3 Nr. 3 KomHKV gilt für das Vermögen, dass im Rahmen des Niederstwertprinzips die Bewertung vorsichtig unter Berücksichtigung aller vorhersehbaren Wertminderungen, die bis zum Bilanzstichtag entstanden sind, durchgeführt werden muss. Hierbei ist zu unterscheiden zwischen dem strengen und dem gemilderten Niederstwertprinzip.

Das strenge Niederstwertprinzip gilt für das Umlaufvermögen, wonach stets der aus unterschiedlichen Bewertungsmöglichkeiten (Anschaffungs- oder Herstellungskosten, Börsen- oder Marktwert) niedrigste Wert anzusetzen ist (§ 51 Abs. 5 KomHKV). Für Vermögensgegenstände des Anlagevermögens gilt nach den Grundsätzen ordnungs-

15 Siehe ausführlich Kap. 10.1.2.
16 Siehe ausführlich Kap. 10.1.3.

mäßiger Buchführung und nach § 51 Abs. 4 KomHKV das gemilderte Niederstwertprinzip. Danach muss bei einer nachweislich dauerhaften Wertminderung der niedrigere Wert angesetzt werden, wobei sich die Wertminderung als außerplanmäßige Abschreibung darstellt. Fallen die Gründe für die Wertminderung in den Folgejahren weg, so ist wieder bis maximal zu den fortgeführten Anschaffungs- oder Herstellungskosten zuzuschreiben, unter Berücksichtigung der Abschreibungen, die inzwischen vorzunehmen gewesen wären.

Das Vorsichtsprinzip gilt im Rahmen der Wertaufhellung auch dann, wenn die bis zum Bilanzstichtag entstandenen Wertminderungen erst zwischen dem Abschlussstichtag und dem Tag der Aufstellung des Jahresabschlusses bekanntgeworden sind.

Beispiel:
Die Gemeinde G unterhält für ihre Fahrzeuge auf dem Betriebshof eine eigene Tankstelle. Aufgrund des sinkenden Dollarkurses sind die Preise für Benzin erheblich gesunken. Im Rahmen der Bilanzierung hat die Gemeinde G den am Bilanzstichtag bestehenden niedrigeren Wert des Benzins zu berücksichtigen.

Dagegen gilt für Wertsteigerungen, dass diese am Abschlussstichtag realisiert sein müssen. Im Rahmen des Anschaffungswertprinzips bilden die Anschaffungskosten, insbesondere bei Zuschreibungen, wertmäßig die Obergrenze für den Bilanzansatz.

Beispiel:
Gleicher Sachverhalt wie beim vorherigen Beispiel. Bei der Bilanzierung im Folgejahr liegt der Wert für Benzin am Bilanzstichtag jedoch weit über den Anschaffungskosten. Aufgrund des Anschaffungswertprinzips kann der Bilanzansatz nur bis zur Höhe des Wertes der Anschaffung erfolgen. Darüber hinausgehende Wertsteigerungen dürfen nicht im Bilanzansatz berücksichtigt werden.

Regelungen für den Schuldenbereich wurden im Gesetzestext nicht getroffen. Hier gilt im Rahmen des Vorsichtsprinzips das Höchstwertprinzip, wonach die höchstmögliche Schuldverpflichtung zu berücksichtigen ist.

Beispiel:
Die Gemeinde G hat aufgrund des stabilen Wechselkurses des Schweizer Franken zum Euro und der günstigen Zinskonditionen in der Schweiz ein Kommunaldarlehen in Schweizer Franken aufgenommen. Der Wechselkurs des Euro zum Schweizer Franken verschlechtert sich erheblich. Danach muss die Gemeinde G in ihrer Bilanz auf der Grundlage des verschlechterten Wechselkurses einen höheren Stand seiner Kreditverbindlichkeiten ausweisen.

Des Weiteren gehört inhaltlich zum Vorsichtsprinzip, dass nur realisierte Erträge ausgewiesen werden dürfen (Realisationsprinzip).

Beispiel:
Eine ertragswirksame Buchung von Gebühren kann erst nach dem Realisationsakt der Bescheidversendung erfolgen. Es ist dabei unbedingt zu beachten, dass die Realisation nicht erst die tatsächliche Einzahlung meint, sondern schon das Entstehen eines rechtlichen Anspruchs auf diese.

Andererseits sind bereits für wahrscheinlich entstehende Verpflichtungen Rückstellungen zu bilden (Imparitätsprinzip).

Beispiel:
Eine Gebührensatzung der Gemeinde A wurde in letzter Instanz für nichtig erklärt, weil in der Kalkulation der Gebühren bestimmte Kosten nicht ansatzfähig sind. Die zuviel erhobenen Gebühren hat die Gemeinde A den Gebührenzahlern zu erstatten. Die Gemeinde G hat die gleichen Kosten in ihrer Kalkulation berücksichtigt. Es ist wahrscheinlich, dass in einem Klageverfahren auch die Gebührensatzung der Gemeinde G für nichtig erklärt wird und eine Gebührenerstattung erfolgen muss. Aufgrund dieser wahrscheinlich entstehenden Verpflichtung hat die Gemeinde G in Höhe der zu erstattenden Gebühren eine Rückstellung zu bilden.

10.2.4.4 Periodisierungsprinzip

Nach § 49 Abs. 1 Satz 3 Nr. 4 KomHKV sind im Haushaltsjahr die entstandenen Aufwendungen und erzielten Erträge unabhängig von den Zeitpunkten der entsprechenden Zahlung im Jahresabschluss zu berücksichtigen.[17]

10.2.4.5 Stetigkeit der Bewertungsmethode

Nach § 49 Abs. 1 Satz 3 Nr. 5 KomHKV müssen die auf den vorhergehenden Jahresabschluss angewandten Bewertungsmethoden beibehalten werden. Das bedeutet, dass die einmal im Rahmen der Abschreibungsplanung bei der Anschaffung oder Herstellung festgelegten Bewertungs- und Abschreibungsmethoden für jeden Vermögensgegenstand grundsätzlich bindend sind. Ein späterer Wechsel der festgelegten Methoden ist ohne besonderen Grund nicht zulässig. Die Stetigkeit der Bewertungsmethode gilt auch für die vorgesehene kommunale Abschreibungstabelle, soweit von der Abschreibungstabelle (Anlage 10 zum BewertL) abgewichen wird. So sieht § 51 Abs. 2 KomHKV vor, dass für die Bestimmung der wirtschaftlichen Nutzungsdauer von abnutzbaren Vermögensgegenständen die vom Ministerium des Inneren herausgegebene Abschreibungstabelle (Anlage 10 zum BewertL) genutzt werden kann, soweit nicht der Ansatz von auf

17 Das Periodisierungsprinzip wird in Kap. 21 (Jahresabschluss) dargestellt.

eigenen Erfahrungswerten basierenden betriebsgewöhnlichen Nutzungsdauer den tatsächlichen örtlichen Verhältnissen eher entspricht.

10.2.4.6 Vollständigkeit

Nach den Grundsätzen ordnungsmäßiger Buchführung sind im Rahmen der Bilanzierung grundsätzlich sämtliches Vermögen und sämtliche Schulden zu bilanzieren. Maßstab für die Vermögensbilanzierung ist, dass der Kommune das wirtschaftliche Eigentum zu zurechnen ist. Einschränkungen hinsichtlich des Vollständigkeitsgrundsatzes ergeben sich nur auf der Grundlage der Ausübung von eingeräumten Wahlrechten oder Bilanzierungsverboten (z. B. selbstgeschaffenes immaterielles Vermögen).

10.2.4.7 Saldierungsverbot

Nach § 47 Abs. 2 KomHKV sowie dem speziellen Regelungsinhalt des § 47 Abs. 4 KomHKV zu Zuwendungen und Beiträgen für Investitionen dürfen die Werte der Vermögensgegenstände nicht mit erhaltenen Investitionsförderungen (aktivische Minderung), erhaltenen Beiträgen oder selbstständig zu bewertenden Schulden verrechnet werden.

10.3 Die Posten der kommunalen Bilanz

10.3.1 Einführung

Die kommunale Bilanz unterscheidet sich von der handelsrechtlichen Bilanz insbesondere dadurch, dass neben der Vermögensart auch die kommunale Vermögensverwendung in ihren bedeutenden Bereichen abgebildet werden soll. Nachfolgend die Mindestgliederung der kommunalen Musterbilanz nach § 57 KomHKV:[18]

18 Die weitere Unterteilung der einzelnen Positionen der Aktiv- und Passivseite ist den Kontierungsplänen 1 und 2 zu entnehmen.

AKTIVA *(Aufwendungen für Erweiterung des Geschäftsbetriebs)*	**PASSIVA**
1. Anlagevermögen	1. Eigenkapital
1.1 Immaterielle Vermögensgegenstände	1.1 Basis-Reinvermögen
1.2 Sachanlagen	1.2 Rücklagen aus Überschüssen
1.2.1 Unbebaute Grundstücke und grundstücksgleiche Rechte	1.2.1 Rücklagen aus Überschüssen des ordentlichen Ergebnisses
1.2.2 Bebaute Grundstücke und grundstücksgleiche Rechte	1.2.2 Rücklagen aus Überschüssen des außerordentlichen Ergebnisses
1.2.3 Grundstücke und Bauten des Infrastrukturvermögens und sonstige Sonderflächen	1.3 Sonderrücklagen
1.2.4 Bauten auf fremdem Grund und Boden	1.4 Fehlbetragsvortrag
1.2.5 Kunstgegenstände, Kulturdenkmäler	1.4.1 Fehlbetrag aus ordentlichem Ergebnis
1.2.6 Fahrzeuge, Maschinen und technische Anlagen	1.4.2 Fehlbetrag aus außerordentlichem Ergebnis
1.2.7 Betriebs- und Geschäftsausstattung	2 Sonderposten
1.2.8 Geleistete Anzahlungen, Anlagen im Bau	2.1 Sonderposten aus Zuweisungen der öffentlichen Hand
1.3 Finanzanlagen	2.2 Sonderposten aus Beiträgen, Baukosten- und Investitionszuschüssen
1.3.1 Rechte an Sondervermögen	2.3 Sonstige Sonderposten
1.3.2 Anteile an verbundenen Unternehmen	3. Rückstellungen
1.3.3 Mitgliedschaft an Zweckverbänden	3.1 Rückstellungen für Pensionen und ähnliche Verpflichtungen
1.3.4 Anteile an sonstigen Beteiligungen	3.2 Rückstellungen für unterlassene Instandsetzungen
1.3.5 Wertpapiere des Anlagevermögens	3.3 Rückstellungen für die Rekultivierung und Nachsorge von Abfalldeponien
1.3.6 Ausleihungen	3.4 Rückstellungen für die Sanierung von Altlasten
1.3.6.1 an Sondervermögen	3.5 Sonstige Rückstellungen
1.3.6.2 an verbundene Unternehmen	4. Verbindlichkeiten
1.3.6.3 an Zweckverbände	4.1 Anleihen
1.3.6.4 an sonstigen Beteiligungen	4.2 Verbindlichkeiten aus Kreditaufnahmen für Investitionen und Investitionsförderungsmaßnahmen
1.3.6.5 Sonstige Ausleihungen	4.3 Verbindlichkeiten aus der Aufnahme von Kassenkrediten
2. Umlaufvermögen	4.4 Verbindlichkeiten aus Rechtsgeschäften, die Kreditaufnahmen wirtschaftlich gleichkommen erhaltene Anzahlungen
2.1 Vorräte	4.5 Verbindlichkeiten aus Lieferungen und Leistungen
2.1.1 Grundstücke in Entwicklung	4.6 Verbindlichkeiten aus Transferleistungen

AKTIVA *(Aufwendungen für Erweiterung des Geschäftsbetriebs)*	PASSIVA
2.1.2 sonstiges Vorratvermögen	4.7 Verbindlichkeiten gegenüber Sondervermögen
2.1.3 geleistete Anzahlungen	4.8 Verbindlichkeiten gegenüber gebundenen Unternehmen
2.2 Forderungen und sonstige Vermögensgegenstände	4.9 Verbindlichkeiten gegenüber Zweckverbänden
2.2.1 Öffentlich-rechtliche Forderungen und Forderungen aus Transferleistungen	4.10 Verbindlichkeiten gegenüber sonstigen Beteiligten
2.2.1.1 Gebühren	4.11 Sonstige Verbindlichkeiten
2.2.1.2 Beiträge	5. Passive Rechnungsabgrenzungsposten
2.2.1.3 Steuern	
2.2.1.4 Transferleistungen	
2.2.1.5 Sonstige öffentlich-rechtliche Forderungen	
2.2.2 Privatrechtliche Forderungen	
2.2.2.1 gegenüber dem privaten Bereich und dem öffentlichen Bereich	
2.2.2.2 gegen Sondervermögen	
2.2.2.3 gegen verbundene Unternehmen	
2.2.2.4 gegen Zweckverbände	
2.2.2.5 gegen sonstige Beteiligungen	
2.2.3 Sonstige Vermögensgegenstände	
2.3 Wertpapiere des Umlaufvermögens	
2.4 Kassenbestand, Bundesbankguthaben, Guthaben bei Kreditinstituten und Schecks	
3. Aktive Rechnungsabgrenzungsposten	

10.3.2 Anlagevermögen

10.3.2.1 Begriffe, allgemeine Grundlagen

10.3.2.1.1 Vermögensgegenstand

Das Haushaltsrecht orientiert sich am kaufmännischen Begriff des Vermögensgegenstandes, für den es keine gesetzliche Definition und auch keine einheitliche Begriffsbestimmung gibt. Einigkeit besteht hinsichtlich der folgenden Merkmale für die Bestimmung als Vermögensgegenstand:

a) Nur Güter mit einem wirtschaftlichen Wert stellen einen Vermögensgegenstand dar.
b) Nach den Grundsätzen ordnungsmäßiger Buchführung – Prinzip der Einzelerfassung bzw. -bewertung – müssen Vermögensgegenstände einzeln verwertbar (veräußerbar) sein.

c) Es muss tatsächliche Verfügungsmacht ausgeübt werden können (wirtschaftliches Eigentum), d. h. dass die Möglichkeit besteht, Dritte auf Dauer von der Nutzung ausschließen zu können.

10.3.2.1.2 Wirtschaftliches Eigentum

Ein Vermögensgegenstand ist nach § 35 Abs. 1 KomHKV in Verbindung mit Ziff. 2.8 BewertL im Vermögensbestand der Aktivseite der Bilanz zu erfassen, wenn die Kommune wirtschaftlicher Eigentümer ist. Hiermit werden auch im Sinne der Abbildung des Ressourcenverbrauchs analog zum kaufmännischen Rechnungswesen die tatsächlichen wirtschaftlichen Verhältnisse zugrunde gelegt. Wirtschaftliches Eigentum liegt vor, wenn eine eigentumsähnliche wirtschaftliche Sachherrschaft über einen Vermögensgegenstand besteht, wodurch ermöglicht wird, Dritte auf Dauer von der Nutzung auszuschließen.

Der Übergang des wirtschaftlichen Eigentums ist durch den Übergang der Verfügungsmacht sowie von Gefahren und Lasten auf den Erwerber gekennzeichnet.

Zumeist fallen rechtliches und wirtschaftliches Eigentum zusammen.

Abweichungen können sich jedoch insbesondere bei Sicherungsübereignung, Eigentumsvorbehalt und Übereignung zu treuen Händen ergeben. Des Weiteren ergeben sich bei Leasing unterschiedliche Zuordnungskonstellationen (siehe Kap. 10.3.2.1.4).

Beispiel 1:
Zur Sicherung eines Arbeitnehmerdarlehens übereignet der Mitarbeiter der Kommune sein Pferd. Privatrechtlich gehört das Pferd der Kommune. Es verbleibt jedoch im Besitz des Mitarbeiters, der eine eigentumsähnliche Sachherrschaft (Nutzung, Pflege, Verfügungsgewalt) ausübt. Das wirtschaftliche Eigentum am Pferd liegt jedoch beim Arbeitnehmer und wird demnach nicht aktiviert.

Beispiel 2:
Beim Erwerb von Büro- und Geschäftsausstattung liefert die beauftragte Firma unter Eigentumsvorbehalt. Zivilrechtlich gehört die Büro- und Geschäftsausstattung bis zur Bezahlung noch dem Verkäufer, ist jedoch schon mit Übergang von Gefahren und Lasten wirtschaftlich dem Käufer zuzurechnen. Aufgrund des wirtschaftlichen Eigentums ist der Erwerb mit der Lieferung zu aktivieren.

Beispiel 3:
Die Stadt errichtet auf eigene Kosten auf einem gepachteten Grundstück ein Asylheim. Sie hat das Recht, das Gebäude jederzeit baulich zu verändern und wieder abzureißen. Sie trägt auch den Werteverzehr des Gebäudes. Nach § 94 BGB ist das Asylheim ein wesentlicher Bestandteil des Grundstücks, so dass es zivilrechtlich dem Grundstückseigentümer zuzuordnen ist. Wirtschaftlich übt die Kommune sämtliche eigentumsähnliche Rechte aus, so dass sie wirtschaftlicher Eigentümer (Bilanzposten: Gebäude auf fremden Grund und Boden) ist. Demnach hat eine Aktivierung in der kommunalen Bilanz zu erfolgen.

10.3.2.1.3 Leasing

In sämtlicher Literatur zum Leasing wird stets einleitend auf ein Grundsatzurteil des Bundesfinanzhofes (BFH) vom 26.1.1970 Bezug genommen, wonach die steuerrechtlich getroffenen Regelungen auch für den handelsrechtlichen Bereich gelten. Mangels alternativer Regelungen knüpft das Haushaltsrecht somit an die Regelungen des kaufmännischen Referenzmodells und somit in diesem Fall an die steuerrechtlichen Regelungen an.

Diese zentralen steuerrechtlichen Inhalte sind die drei folgenden Leasing-Erlasse, welche die Grundlage für die Zuordnung des geleasten Anlagevermögens bilden:

- BMF-Schreiben vom 19.4.1971 (BStBl. I S. 264) zur ertragssteuerlichen Behandlung von Leasing-Verträgen über bewegliche Wirtschaftsgüter (sog. „Mobilien-Erlass im Rahmen der Vollamortisation"),
- BMF-Schreiben vom 21.3.1972 (BStBl. I S. 188) zur ertragssteuerlichen Behandlung von Finanzierungs-Leasing-Verträgen über unbewegliche Wirtschaftsgüter (sog. „Immobilien-Erlass im Rahmen der Vollamortisation"),
- BMF-Schreiben vom 23.12.1991 (BStBl. I S. 13) zur ertragssteuerlichen Behandlung von sog. „Teilamortisations-Verträgen" beim Immobilien-Leasing (sog. „Teilamortisations-Erlass").

Folgende Arten der Vertraggestaltung beim Leasing bestehen:

- *Operate-Leasing* – diese Verträge entsprechen rechtlich Mietverträgen, wobei dem Leasingnehmer bei Einhaltung gewisser Fristen auch ein Kündigungsrecht zugestanden wird;
- *Finanzierungs-Leasing* – nach der unkündbaren Grundmietzeit wird dem Leasingnehmer eine Verlängerungs- oder Kaufoption eingeräumt;
- *Sale-and-lease-back* – die Gemeinde veräußert einen Vermögensgegenstand und least ihn anschließend;[19]
- *Cross-Border-Leasing* – aufgrund der z. Zt. noch vor allem in den USA gegebenen steuerlichen Möglichkeiten werden Vermögensteile (z. B. Kanalsysteme und Kläranlagen, Gebäudekomplexe) langfristig an amerikanische Investoren vermietet und sofort zur gemeindlichen Nutzung zurück geleast. Die Gemeinde bleibt nach deutschem Recht weiterhin Eigentümerin des Vermögens, sodass keine Veräußerung im Sinne von § 79 Abs. 3 BbgKVerf vorliegt.

19 Nach kameralem Recht wurden „Sale-and-lease-back-Geschäfte" von der Aufsichtsbehörde z. B. in Nordrhein-Westfalen nach der Anzeige dieses kreditähnlichen Geschäftes grundsätzlich als rechtswidrig beanstandet. Hierbei wollte beispielsweise die Stadt Duisburg u.a. die städtischen Schulen an ein Bankenkonsortium veräußern und dann zurückleasen. Die Aufsichtsbehörde stützte ihre Entscheidung auf den Inhalt des jetzigen § 90 Abs. 3 Satz 1 GO NRW, wonach die Gemeinde Vermögensgegenstände, die sie zur Erfüllung ihrer Aufgaben in absehbarer Zeit nicht braucht, veräußern darf. Im Umkehrschluss dürfte sie dann Vermögensgegenstände, die sie zur Aufgabenerfüllung braucht, **nicht** veräußern. In Brandenburg ist gemäß § 79 BbgKVerf die Veräußerung derartiger Vermögensgegenstände nur mit Genehmigung der Kommunalaufsichtsbehörde gestattet.

Beim Operate Leasing erfolgt die Bilanzierung immer beim Leasinggeber.

Die Bilanzierung beim Finanzierungsleasing erfolgt bei Leasingverträgen ohne Optionsrecht beim Leasinggeber, wenn die Grundmietzeit zwischen 40 % und 90 % der betriebsgewöhnlichen Nutzungsdauer des Leasingobjektes beträgt, ansonsten hat die Bilanzierung beim Leasingnehmer zu erfolgen. Bei Leasingverträgen mit Kaufoption knüpft die Bilanzierung beim Leasinggeber an zwei Bedingungen. Die Grundmietzeit muss zwischen 40 % und 90 % der betriebsgewöhnlichen Nutzungsdauer des Leasingobjektes liegen, und im Fall der Ausübung der Option darf der Kaufpreis weder den durch lineare Abschreibung ermittelten Buchwert noch den niedrigeren gemeinen Wert im Veräußerungszeitpunkt unterschreiten, andernfalls erfolgt die Bilanzierung beim Leasingnehmer. Bei Leasingverträgen mit Mietverlängerungsoption gelten grundsätzlich die gleichen Voraussetzungen, wobei jedoch anstelle der Höhe des Kaufpreises die Höhe der Anschlussmiete zu berücksichtigen ist.

10.3.2.1.4 Anlagevermögen

Zum Anlagevermögen gehören alle Vermögensgegenstände, die dazu bestimmt sind, dauerhaft von der Kommune genutzt zu werden. Merkmale für die Dauerhaftigkeit sind, dass der Vermögensgegenstand nicht zur Veräußerung bestimmt ist und seine Zweckbestimmung darin besteht, dass er dem Geschäftsbetrieb dauernd (mehrere Jahre) dienen soll. Das Anlagevermögen setzt sich zusammen aus

- immateriellem Vermögen,
- Sachanlagevermögen und
- Finanzanlagevermögen.

10.3.2.1.5 Abgrenzung zum Umlaufvermögen

Zum Umlaufvermögen gehören alle Vermögensgegenstände, die **nicht** dazu bestimmt sind, dauerhaft dem Geschäftsbetrieb der Kommune zu dienen. Merkmale für die Nichtdauerhaftigkeit ist eine vorgesehene Zweckbestimmung durch die Kommune, die einen Verbrauch, Verkauf oder eine nur kurzfristige Nutzung vorsieht. Somit gehören Gegenstände bzw. Vorräte, die zur Weiterverarbeitung oder zum Verkauf bestimmt sind, nicht zum Anlagevermögen. Sofern Vermögensgegenstände des Anlagevermögens konkret zur Veräußerung vorgesehen sind und nicht mehr dem Geschäftsbetrieb dienen, sind diese aus dem Anlagevermögen ins Umlaufvermögen umzubuchen.

Beispiel 1:
Eine bisher im Feuerwehrdienst befindliche Drehleiter wird außer Dienst gesetzt und ist zur Veräußerung an eine andere interessierte Gemeinde vorgesehen. Die Drehleiter ist vom Anlagevermögen ins Umlaufvermögen umzubuchen.

Beispiel 2:
Ein vom Liegenschaftsamt für Zwecke der langfristigen Bodenbevorratung angeschafftes Grundstück ist im Anlagevermögen zu führen. Erst durch eine ge-

änderte Verwendungsabsicht und konkrete Verkaufsbemühungen wird eine Umbuchung vom Anlagevermögen ins Umlaufvermögen erforderlich.

10.3.2.1.6 Erhaltene Schenkungen von Anlagevermögen

Eine Ausnahme der Aktivierung der Anschaffungskosten für einen Vermögensgegenstand stellt eine Schenkung dar, die eine Aktivierung zu den sich tatsächlich ergebenden Anschaffungskosten (z. B. Transport, Versicherung, bei Grundstücken Grunderwerbssteuer, Notar- und Gerichtskosten) nicht zulässt. Im Rahmen des Bruttoprinzips ist dem Zeitwert des Vermögensgegenstandes (zuzüglich der Anschaffungsnebenkosten) ein Sonderposten in Höhe der Zuwendung gleichfalls nach dem Zeitwert des Vermögensgegenstandes gegenüber zu stellen.

Beispiel:
Die Gemeinde G erhält eine Grünanlage geschenkt. Der Wert beträgt nach einem vorliegenden Wertgutachten 500.000 €. Anschaffungs(neben)kosten sind für die Gemeinde G nicht angefallen. Nach dem „Bruttoprinzip" ist der Zeitwert des Vermögensgegenstandes in Höhe von 500.000 € zu aktivieren, ein gleichlautender Wert wird als Sonderposten passiviert.

10.3.2.2 Immaterielles Anlagevermögen

Immaterielle Vermögensgegenstände sind nichtstoffliche Vermögenswerte einer Kommune. Die breite Fächerung der unterschiedlichen Vermögenswerte und die Bedeutung im privatwirtschaftlichen Bereich (z. B. Konzessionen, gewerbliche Schutzrechte, Geschäfts- oder Firmenwerte) sind im kommunalen Bereich nicht gegeben. Dies dokumentiert auch die wesentlich tiefere Gliederung in der kaufmännischen Bilanz; die kommunale Bilanz beschränkt sich auf den pflichtigen Bilanzposten „immaterielles Vermögen". Die meisten kommunalen Vermögenswerte dürften im Bereich der Lizenzen bzw. Nutzungsrechte vorhanden sein.

Lizenzen stellen Rechte dar, die einem Dritten zustehen, bei denen dieser jedoch der Kommune gegen Entgelt ein Nutzungsrecht auf Zeit oder auf Dauer einräumt. Denkbar ist jedoch auch, dass die Rechte gegen Entgelt auf die Kommune übertragen werden. Hauptsächlich dürfte das immaterielle Vermögen aus angeschaffter EDV-Software bestehen. Diese ist getrennt von den beweglichen Sachanlagen der EDV (Hardware) zu erfassen.

Um die Vermögenswerte des immateriellen Vermögens in der Buchhaltung konkret zu erfassen, sollte der Kontenplan in den Gemeinden eine Trennung in

- Konzessionen,
- Lizenzen,
- EDV-Software,
- geleistete Anzahlungen auf immaterielle Vermögensgegenstände

vorsehen. Ein eigenständiges Konto für geleistete Anzahlungen auf immaterielles Vermögen ist im Rahmen der Bewirtschaftung (Forderungs-/Verbindlichkeitenproblematik) grundsätzlich erforderlich. Hierbei sind unter den Anzahlungen auf immaterielle Vermögensgegenstände die von der Kommune an Dritte bereits geleisteten Vorauszahlungen für den Erwerb immaterieller Anlagen zu erfassen.

Rechte an Trivialprogrammen – dies sind EDV-Programme mit einem Anschaffungswert bis einschließlich 1.000 € zzgl. Umsatzsteuer – sind analog zu den geringwertigen Vermögensgegenständen des beweglichen Anlagevermögens zu behandeln.

Grundstücksgleiche Rechte gehören zum unbeweglichen Anlagevermögen und somit nicht zu den immateriellen Rechten.

In der Bilanz sind nach § 47 Abs. 3 KomHKV nur die Aufwendungen für entgeltlich erworbene immaterielle Vermögensgegenstände zu erfassen. Für selbstgeschaffene immaterielle Vermögensgegenstände besteht analog zum privatwirtschaftlichen Bereich ein Aktivierungsverbot. Entgeltlich ist ein Erwerb immer dann, wenn ein Leistungsaustausch (z. B. aufgrund von Kauf- oder Tauschvertrag) zugrunde liegt.

10.3.2.3 Sachanlagevermögen

10.3.2.3.1 Begriff des Sachanlagevermögens

Im Gegensatz zu den immateriellen Vermögensgegenständen stellen Sachanlagen materielle Vermögensgegenstände dar. Das Sachanlagevermögen umfasst nach § 57 Abs. 3 KomHKV

- unbebaute Grundstücke und grundstücksgleiche Rechte – differenziert nach
  - Brachland,
  - Ackerland,
  - Wald, Forsten,
  - Sonstigen unbebauten Grundstücken,
- bebaute Grundstücke sowie grundstücksgleiche Rechte – differenziert nach
  - Grundstücken mit Wohnbauten,
  - Grundstücken mit sozialen Einrichtungen,
  - Grundstücken mit Schulen,
  - Grundstücken mit Kultureinrichtungen,
  - Sonstigen Dienst-, Geschäfts- und andere Betriebsgebäuden,
- Grundstücke und Bauten des Infrastrukturvermögens und sonstige Sonderflächen:
  - Grund und Boden des Infrastrukturvermögens und sonstiger Sonderflächen,
  - Brücken und Tunnel,
  - Gleisanlagen mit Streckenausrüstung und Sicherheitsanlagen,
  - Entwässerungs- und Abwasserbeseitigungsanlagen,
  - Straßennetz mit Wegen, Plätzen und Verkehrslenkungsanlagen,
  - Sonstige Bauten des Infrastrukturvermögens,
  - Bauten auf Sonderflächen,
- Bauten auf fremden Grund und Boden,
- Kunstgegenstände, Kulturdenkmale,

- Fahrzeuge, Maschinen und technische Anlagen,
- Betriebs- und Geschäftsausstattung,
- Geleistete Anzahlungen, Anlagen im Bau.

Die Vielzahl an Posten in der Bilanzstruktur des Sachanlagevermögens zeigt zum einen die Bedeutung dieses Vermögensbereiches, zum anderen aber auch den Anspruch, mit den Bilanzposten die bedeutenden kommunalen Bereiche der Vermögensverwendung darzustellen.

Die Nutzungsdauer des Sachanlagevermögens kann zeitlich begrenzt sein, wenn es einer Abnutzung und somit einem wirtschaftlichen Verbrauch unterliegt (z. B. Gebäude, Grundstücksaufbauten, Fahrzeuge). Die Nutzungsdauer kann aber auch unbegrenzt sein (i. d. R. Grund und Boden). Daher ist es zur Ermittlung des Ressourcenverbrauchs aus Abschreibungen erforderlich, dass die abnutzbaren und nicht abnutzbaren Vermögensgegenstände wertmäßig getrennt voneinander abgebildet werden.[20]

Eine Besonderheit der kommunalen Bilanz ist es, dass der Grund und Boden außer beim Infrastrukturvermögen immer grundstücksbezogen zusammen mit den Gebäuden bei bebauten Grundstücken und Grundstücksaufbauten bei unbebauten Grundstücken abgebildet wird. Beim Infrastrukturvermögen erfolgt ein eigenständiger Ausweis des Grund und Bodens, weil eine bestehende teilweise Mehrfachnutzung des Grund und Bodens zu Ansatz-, Ausweis- und Bewertungsproblemen bei der Bilanzierung führen würde.

Des Weiteren ist der Bereich des Sachanlagevermögens noch zu unterscheiden nach:

- Unbeweglichem Sachanlagevermögen und
- Beweglichem Sachanlagevermögen

Diese Unterscheidung ist jedoch nur für die Anwendbarkeit der Gruppenbewertung relevant.[21]

10.3.2.3.2 Abgrenzung unbewegliches und bewegliches Sachanlagevermögen

Eine notwendige Regelung hinsichtlich der Unterscheidung zwischen beweglichem und unbeweglichem Vermögen steht noch aus. In Anlehnung an § 68 des Bewertungsgesetzes (BewG) gehören zum unbeweglichen Sachanlagevermögen insbesondere

- die unbebauten Grundstücke (z. B. Grund und Boden und die Aufbauten),
- die bebauten Grundstücke (z. B. Grund und Boden und Gebäude),
- die grundstücksgleichen Rechte sowohl in bebauter als auch unbebauter Form:
  - Erbbaurechte
  - sowie auch Wohnungseigentumsrechte.

20 Eine solche Trennung erfolgt i. d. R. in einer Anlagenbuchhaltung (Nebenbuchhaltung).

21 Im kaufmännischen Rechnungswesen der Privatwirtschaft beschränkt sich zudem die Anwendung der Regelung zu geringwertigen Vermögensgegenständen (dort: Geringwertige Wirtschaftsgüter) auf das bewegliche Sachanlagevermögen.

Des Weiteren stellen auch Kulturdenkmäler i. d. R. unbewegliches Vermögen dar, die in der kommunalen Bilanz mit Kunstgegenständen, die i. d. R. bewegliches Vermögen darstellen, in einem Bilanzposten gemeinsam auszuweisen sind.

Zum beweglichen Sachanlagevermögen gehören dagegen

- Kunstgegenstände,
- Fahrzeuge,
- Maschinen und technische Anlagen,
- Betriebs- und Geschäftsausstattung.

Unter den Bilanzposten des Infrastrukturvermögens werden bewegliches und unbewegliches Vermögen im gleichen Bilanzposten dargestellt, so dass eine diesbezügliche Trennung in unterschiedlichen Konten (der Anlagenbuchhaltung) sinnvoll ist.

Eine Besonderheit stellen im privatwirtschaftlichen bzw. steuerrechtlichen Bereich die sonstigen Vorrichtungen aller Art dar, die zu einer Betriebsanlage gehören (Betriebsvorrichtungen), welche dort per gesetzliche Definition bewegliches Vermögen darstellen, obwohl es sich tatsächlich um unbewegliches Sachanlagevermögen handelt.

Der Ausweis der Betriebsvorrichtungen erfolgt grundsätzlich in der zugehörigen Vermögensart.[22] Ein getrennter bilanzieller Ausweis vom zugehörigen Vermögensgegenstand hat nur zu erfolgen, sofern es sich bei der Betriebsvorrichtung um eine Maschine oder technische Anlage handelt.

Unabhängig von einem gemeinsamen Bilanzausweis einer Betriebsvorrichtung mit dem zugehörigen Vermögensgegenstand hat jedoch eine eigenständige Abbildung des Vermögensgegenstandes „Betriebsvorrichtung" hinsichtlich der Festlegung der Abschreibungsplanung zu erfolgen. Die Abschreibungsplanung des zugehörigen Vermögensgegenstandes hat grundsätzlich für die Abschreibungsplanung der Betriebsvorrichtung keine Bedeutung.

Beispiel 1:
Der Lastenaufzug in einem Verwaltungsgebäude wird losgelöst vom zugehörigen Vermögensgegenstand Verwaltungsgebäude im Posten „Maschinen und technische Anlagen" ausgewiesen.

Beispiel 2:
In einem Verwaltungsgebäude ist eine Tresorraumanlage untergebracht. Deren Stahltüren und Stahlkammern sind Betriebsvorrichtungen. Sie stellen weder eine Maschine noch eine technische Anlage dar. Diese Betriebsvorrichtungen werden daher mit dem Verwaltungsgebäude gemeinsam in der Bilanz unter dem Posten „Sonstige Dienst-, Geschäfts- und andere Betriebsgebäude" ausgewiesen. Die Abschreibungsplanung für die Stahltüren und Stahlkammern erfolgt eigenständig, losgelöst von den diesbezüglichen Festlegungen für das zugehörige Verwaltungsgebäude.

22 Ziff. 3.1.2.6 BewertL Bbg.

10.3.2.3.3 Unbewegliches Sachanlagevermögen

a) Grundstücksbegriff

Der kommunale Grundstücksbegriff lehnt sich an § 70 BewG an, wonach die wirtschaftliche Einheit des unbeweglichen Sachanlagevermögens (Grund und Boden, Gebäude oder Aufbauten) ein Grundstück bildet. Hiernach können mehrere grundbuchrechtlich abgebildete Einzelgrundstücke oder Flurstücke ein Grundstück darstellen. Denkbar ist aber auch, dass nur ein Teil eines Flurstücks ein Grundstück in der maßgeblichen Form einer wirtschaftlichen Einheit darstellt.

> ***Beispiel:***
> *Die Gemeinde G erwirbt ein Flurstück, auf dem eine Schule und ein Kindergarten errichtet werden. Die Schule und der Kindergarten stellen eigene wirtschaftliche Einheiten dar, sie sind auch in der Bilanz getrennt voneinander auszuweisen. Der Grund und Boden des Flurstücks wird entsprechend der Nutzung teilweise den wirtschaftlichen Einheiten Schule und Kindergarten zugeordnet, obwohl es grundbuchrechtlich weiterhin ein Flurstück darstellt.*

Als Grundstück im Sinne des § 70 BewG zählt auch ein Gebäude, das auf fremdem Grund und Boden errichtet oder in sonstigen Fällen einem anderen als dem Eigentümer des Grund und Bodens zuzurechnen ist, selbst wenn es wesentlicher Bestandteil des Grund und Bodens geworden ist. Hierauf basierend ist ein eigener Bilanzposten „Bauten auf fremden Grund und Boden" in die Bilanz aufgenommen worden, da es eine eigenständige wirtschaftliche Einheit bildet.

> ***Beispiel:***
> *Die Gemeinde G ist wirtschaftlicher Eigentümer eines Asylheims auf einem gepachteten Grundstück. Sie hat das Recht, das Gebäude jederzeit baulich zu verändern und wieder abzureißen. Sie trägt auch den Werteverzehr des Gebäudes. Nach § 94 BGB ist das Asylheim ein wesentlicher Bestandteil des Grund und Bodens. Nach Haushaltsrecht bilanziert der Eigentümer des Grund und Bodens diesen als Grundstück in seiner Bilanz, wie die Gemeinde G das Gebäude als Grundstück im Sinne des Bewertungsrechts im Bilanzposten „Bauten auf fremden Grund und Boden" in ihrer Bilanz ausweist.*

Trotz des an der wirtschaftlichen Einheit anknüpfenden Grundstücksbegriffs und des einheitlichen Bilanzausweises für Zwecke der Abbildung des Ressourcenverbrauchs ist der Grund und Boden von zugehörigen aufstehenden Gebäuden, Außenanlagen oder sonstigen Aufbauten aufgrund unterschiedlicher zeitlicher Nutzung in einer Anlagenbuchhaltung getrennt zu erfassen. Gegebenenfalls ist eine Aufteilung der Anschaffungs- oder Herstellungskosten vorzunehmen.

Der Grund und Boden ist nach seiner wirtschaftlichen Nutzung zu unterteilen in:

- unbebauten Grund und Boden,
- bebauten Grund und Boden,
- Grund und Boden des Infrastrukturvermögens.

b) Grundstücksgleiche Rechte

Grundstücksgleiche Rechte bezeichnen dingliche Rechte, die aufgrund einer eigenständigen grundbuchrechtlichen Eintragung wie Grundstücke zu behandeln sind. Die gebräuchlichsten Beispiele für grundstücksgleiche Rechte sind Erbbau-, Abbau-, Wege- sowie Wohnungseigentumsrechte. In der kommunalen Bilanz stehen grundstücksgleiche Rechte den Grundstücksrechten gleich und werden somit in gemeinsamen Posten entsprechend der Nutzung der Grundstücke ausgewiesen.

c) Unbebaute Grundstücke

Vielfach ergibt sich die Frage, ob es sich um ein bebautes oder unbebautes Grundstück handelt. Der Begriff des unbebauten Grundstücks wird in § 72 BewG definiert. Hiernach sind Grundstücke, auf denen sich keine benutzbaren Gebäude befinden, unbebaute Grundstücke. Die Benutzbarkeit beginnt im Zeitpunkt der Bezugsfertigkeit.

Sofern sich auf einem Grundstück Gebäude befinden, deren Zweckbestimmung und Wert gegenüber der Zweckbestimmung und dem Wert des Grund und Bodens von untergeordneter Bedeutung sind, so gilt das Grundstück als unbebaut.

> ***Beispiel:***
> *Der Friedhof der Gemeinde G besteht überwiegend aus Grabstätten und parkähnlichen Anlagen. Für Trauerfeiern und Aufbewahrung befindet sich außerdem ein Gebäude auf dem Friedhof. Zweckbestimmung und Wert des unbebauten Teils überwiegen gegenüber dem Gebäude. Der kommunale Friedhof der Gemeinde G stellt daher ein unbebautes Grundstück dar. Der bilanzielle Ausweis erfolgt in Brandenburg unter der Rubrik „Grundstücke und Bauten des Infrastrukturvermögens und sonstiger Sonderflächen" (Konto 0411 bzw. 0471).*

Des Weiteren gilt ein Grundstück auch als unbebautes Grundstück, soweit infolge von Zerstörung oder Verfall in dem Gebäude sich auf Dauer kein benutzbarer Raum mehr befindet.

> ***Beispiel:***
> *Für das historische Rathaus wird aufgrund unterlassener Instandhaltung und Mängel an den tragenden Bauteilen eine baupolizeiliche Anordnung zur Räumung des Grundstücks erlassen. Diese Sachlage bedingt, dass aus einem bebauten Grundstück ein unbebautes Grundstück wird.*

d) Gebäudebegriff
Zum Gebäudebegriff wurde ein gleichlautender Erlass[23] der obersten Finanzbehörden der Länder hinsichtlich der Gebäudedefinition herausgegeben. Die Definition zum Gebäudebegriff lautet dort wie folgt:

> *„Ein Bauwerk ist als Gebäude anzusehen, wenn es Menschen oder Sachen durch räumliche Umschließung Schutz gegen Witterungseinflüsse gewährt, den Aufenthalt von Menschen gestattet, fest mit dem Grund und Boden verbunden, von einiger Beständigkeit und ausreichend standfest ist."*
>
> ***Beispiel:***
> *Unterkünfte für Tiere, in denen Menschen sich nur vorübergehend aufhalten können, sind entsprechend der Gebäudedefinition kein Gebäude (große Käfige). Sie dienen unmittelbar dem Betriebszweck des Zoos und stellen daher Betriebsvorrichtungen dar. Hiervon zu unterscheiden sind die durch seine bauliche Anlagestruktur als Besuchsbereich ausgestaltete bauliche Objekte, in denen die Unterkünfte von Tieren (Raubtierhaus, Tropenhaus) abgegrenzt werden und eher einen Nebenzweck bilden.*

10.3.2.3.3.1 Unbebaute Grundstücke und grundstückgleiche Rechte

Die Strukturierung der Nutzungsarten der unbebauten Grundstücke und grundstücksgleichen Rechte orientiert sich an dem Baugesetzbuch und der kommunalen Vermögensstruktur. Das Baugesetzbuch unterscheidet in § 5 unterschiedliche Inhalte des Flächennutzungsplans. Hieraus wurde für das Land Brandenburg die Unterscheidung in

- Brachland,
- Ackerland,
- Wald, Forsten,
- sonstige unbebaute Grundstücke (als Sammelposten der weiteren unbebauten Grundstücke)

abgeleitet.

a) Brachland
Als „Brachland" ist im kommunalen Besitz befindliches Brach- und Ödland auszuweisen, das keinem bestimmten Verwendungszweck dient.

b) Ackerland
Unter dem Bilanzposten „Ackerland" sind die landwirtschaftlich als auch gartenbaulich kommerziell sowie für eigene Zwecke genutzten Flächen (Grünland) der Kommunen auszuweisen. Hierzu zählen Anbauflächen für Feldfrüchte oder Sonderkulturen (Tabak, Wein oder Hopfen) sowie Weideflächen.

---

23 Eine ausführliche Darstellung zu den einzelnen Elementen der Gebäudedefinition enthält BStBl. I 1992 Nr. 10 S. 342 ff.

Wesentliche Wohn- oder Betriebsgebäude (Stallungen, Lager) auf landwirtschaftlichen Flächen sind als eigenständig anzusehen und unter den bebauten Bilanzposten auszuweisen.

c) Wald und Forsten

Zu den forstwirtschaftlichen Flächen und zum Wald gehört das im kommunalen Besitz befindliche Wald- und Forstvermögen (z. B. Stadtwald). Für dieses wird nach Ziff. 2.8 BewertL die Möglichkeit einer Festwertbildung eingeräumt. Auf der Grundlage der Eröffnungsbilanzierung erfolgt eine Fortschreibung des Wald- und Forstvermögens.

d) Sonstige unbebaute Grundstücke

Der Bilanzposten „Sonstige unbebaute Grundstücke" stellt eine Sammelposition für die anderen nicht unter a) bis c) genannten Grundstücke. Beispielsweise sind hier unbebaute Gewerbegrundstücke oder zur Bebauung vorgesehene Grundstücke auszuweisen.

e) Erbbaurechte

Hervorzuheben ist bei diesem Posten der Ausweis von Grundstücken, bei denen die Kommune Erbbaurechtsgeber ist und verschiedene Erbbaurechtsnehmer dort ein Eigenheim bzw. Gewerbe errichtet haben. Insgesamt betrachtet handelt es sich zwar um ein bebautes Grundstück, das wirtschaftliche Eigentum des Gebäudes liegt jedoch beim Erbbaurechtsnehmer. Die Kommune ist nur wirtschaftlicher Eigentümer des Grund und Bodens. Sollte dem Sachverhalt innerhalb des Bilanzausweises absolut Rechnung getragen werden, so müsste ein aussagekräftiger Bilanzposten „Grund und Boden mit einem fremden Gebäude" lauten. Darauf wurde jedoch verzichtet.

Aufgrund der kommunalen Bilanzstruktur, bei der Grund und Boden und Gebäude sowie Aufbauten in einem gemeinsamen Bilanzposten abgebildet werden, stellt der Grund und Boden eines Erbbaurechtsgrundstücks hinsichtlich der wirtschaftlichen Nutzbarkeit nur ein unbebautes Grundstück dar; Abschreibungen auf das Gebäude fallen bei der Kommune nicht an. Ein Ausweis als grundstücksgleiches Recht ist daher naheliegender als ein Ausweis als bebautes Grundstück.

Bei der Bewertung dieses grundstücksgleichen Rechts soll ein etwaig durch die Verpachtung entstandener Nachteil bilanziell berücksichtigt werden. (Ein Vorteil sollte aufgrund des gemilderten Niederstwertprinzips im Anlagevermögen nicht abgebildet werden.) Dieser Nachteil errechnet sich anhand des vertraglichen oder maßgeblichen Liegenschaftszinses gemäß des Grundstücksmarktberichts des Gutachterausschusses des Landkreises.[24]

Soweit die Erbbaurechtsgrundstücke einen wesentlichen Wert innerhalb dieses Bilanzpostens darstellen, kann ein Davon-Ausweis innerhalb dieses Bilanzpostens erfolgen. Alternativ kann auch der Sachverhalt im Anhang zum Bilanzposten „Sonstige unbebaute Grundstücke" erläutert werden.

24 Siehe finanzmathematische Methode gemäß Kap. 4.3 der WertR 2006.

Beispiel:
Der Bilanzposten „Sonstige unbebaute Grundstücke" weist 2 Mio. € aus. Davon sind 1,5 Mio. hingegebenen Erbbaurechtsgrundstücken zuzurechnen. Der Bilanzposten mittels „Davon-Ausweis" sieht dann wie folgt aus:

Sonstige unbebaute Grundstücke	*2.000.000 €*
– davon hingegebene Erbbaurechte	*1.500.000 €*

10.3.2.3.3.2 Bebaute Grundstücke und grundstückgleiche Rechte

Die Strukturierung der Nutzungsarten der bebauten Grundstücke und grundstücksgleichen Rechte orientiert sich an der kommunalen Vermögensstruktur. § 57 Abs. 3 KomHKV stellt die Mindestgliederung der Aktivseite der kommunalen Bilanz dar. Abweichend hiervon können die Kommunen bestehende bedeutende, aber nicht berücksichtigte Bereiche in der Mindestgliederung als Bilanzposten ergänzen. Sind dagegen Vermögenswerte für einen bestehenden Bilanzposten nicht vorhanden, so kann dessen Ausweis unterbleiben.

Die kommunale Bilanz unterscheidet bei den bebauten Grundstücken:
- Wohnbauten,
- Soziale Einrichtungen,
- Schulen,
- Kultureinrichtungen,
- Sonstige Dienst-, Geschäfts- und Betriebsgebäude (als Sammelposten der weiteren bebauten Grundstücke).

a) Wohnbauten
Aufgrund des weitgehend gewählten Begriffs „Wohnbauten" sind unter diesem Bilanzposten sämtliche Grundstücke und deren Aufbauten auszuweisen, die dem Nutzungszweck „Wohnen" dienen. Hierzu zählen neben den üblichen Mietwohngebäuden auch Übernachtungsstätten für Obdachlose, Asylunterkünfte und Übergangswohngebäude für von Obdachlosigkeit Bedrohte.

b) Soziale Einrichtungen
Unter diesem Bilanzposten sind sämtliche bebaute Grundstücke und deren Aufbauten mit sozialen Einrichtungen auszuweisen. Hierzu zählen Krankenhäuser, Kindergärten, Kindertagesstätten, Jugendfreizeiteinrichtungen sowie Sondereinrichtungen wie beispielsweise Heime für Heil- und Sonderpädagogik oder Beratungs- und Betreuungsstellen für Kinder und Jugendliche.

c) Schulen
Unter diesem Bilanzposten sind die Grundstücke und deren Aufbauten auszuweisen, auf denen eine Nutzung mit sämtlichen Schulformen stattfindet. Diese sind Grund-, Haupt- und Realschulen, Gymnasien, Gesamtschulen, Berufsschulen und sämtliche sonderpädagogischen Schuleinrichtungen.

d) Kultureinrichtungen
Unter diesem Bilanzposten sind die Grundstücke und deren Aufbauten auszuweisen, auf denen eine Nutzung mit Kultureinrichtungen stattfindet. Aufzuführen sind hier beispielsweise Theater, Kulturhäuser, Bibliotheken oder Opernhäuser.

e) Sonstige Dienst-, Geschäfts- und Betriebsgebäude
Dieser Bilanzposten dient als Sammelposten für sämtliche weitere im kommunalen Eigentum befindlichen bebauten Grundstücke und deren Aufbauten. Dies sind beispielsweise Grundstücke mit Verwaltungsgebäuden, Rathäusern, kommunalen Instituten, Feuerwachen, sowie bebaute Gewerbegrundstücke.

10.3.2.3.3.3 Infrastrukturvermögen

Unter dem „Infrastrukturvermögen" sind haushaltsrechtlich die öffentlichen Einrichtungen zu verstehen, die im engeren Sinne eine Grundvoraussetzung für das Leben in einer Kommune bilden. Der Bilanzausweis unter diesem Posten umfasst daher nur Verkehrs- sowie Ver- und Entsorgungseinrichtungen.

Die Kontierungsrichtlinie unterscheidet bei Infrastrukturvermögen:
- Grund und Boden des Infrastrukturvermögens und sonstiger Sonderflächen,
- Brücken und Tunnel,
- Gleisanlagen mit Streckenausrüstung und Sicherheitsanlagen,
- Entwässerungs- und Abwasserbeseitigungsanlagen,
- Straßennetz einschließlich Wege, Plätze und Verkehrslenkungsanlagen,
- Sonstige Bauten des Infrastrukturvermögens.

a) Grund und Boden des Infrastrukturvermögens und sonstiger Sonderflächen
„Grund und Boden des Infrastrukturvermögens" ist ein Sammel- bzw. Querschnittsposten sämtlichen Grund und Bodens der zum Infrastrukturvermögen gehörenden Bilanzposten. Dies begründet sich in der teilweisen Mehrfachnutzung des Grund und Bodens. Eine postengenaue Zuordnung würde zu Ansatz-, Ausweis- und Bewertungsproblemen in der Bilanz führen.

> ***Beispiel:***
> *Auf einer Straße befindet sich noch Schienenverkehr, unterhalb der Erdoberfläche verlaufen eine U-Bahn-Linie und Kanalisationsanlagen. Hier würde die Zuordnung des Grund und Bodens zur einzelnen Nutzung zu erheblichen Problemen im Bilanzausweis führen.*

Bei einer voraussichtlich dauernden Wertminderung von Grund und Boden durch die Anschaffung oder Herstellung von Infrastrukturvermögen können nach § 51 Abs. 4 KomHKV außerplanmäßige Abschreibungen bis zur Inbetriebnahme der Vermögensgegenstände linear auf den Zeitraum verteilt werden, in denen der Vermögensgegenstand angeschafft oder hergestellt wird. Die außerplanmäßige Abschreibung ist im Anhang zur Bilanz zu erläutern.

In Brandenburg werden unter dieser Position außerdem die Grünflächen, wie Parkanlagen, Dauerkleingärten, Sport-, Spiel- und Badeplätze, Friedhöfe, sowie Wasser- und Naturschutzflächen ausgewiesen. (Die sogenannten „Oberflächengewässer“ können laut Kontenrahmenplan der VV KomHKV auch unter „Unbebaute Grundstücke“ ausgewiesen werden). Die Bilanzierung dieser Grünflächen kann nach dem Grundsatz der Einzelbewertung, aber auch nach den Vereinfachungsverfahren der Gruppenbewertung oder einer Festwertbildung erfolgen. Es empfiehlt sich nach Möglichkeit eine pauschalierte Festwertbildung, da bei dieser Durchschnittswerte für die Bildung des Festwertes genutzt werden können und somit keine Einzelbewertung der unterschiedlichen Vermögensgegenstände einer Grünanlage erforderlich werden.

b) Brücken und Tunnel

Zu dem Bilanzposten „Brücken und Tunnel“ gehören beispielsweise die Brücken und Tunnel für die Nutzung von Fußgängern, Eisenbahnen oder Straßen. Die Abwasserröhren der Stadtentwässerung stellen keinen Tunnel dar und sind unter dem Bilanzposten „Entwässerungs- und Abwasserbeseitigungsanlagen“ auszuweisen.

c) Gleisanlagen mit Streckenausrüstung und Sicherheitsanlagen

Das wirtschaftliche Eigentum der Vermögensgegenstände dieses Bilanzpostens (ausgenommen Grund und Boden) liegt in der Regel bei kommunalen Gesellschaften. Sofern das wirtschaftliche Eigentum für diesen Bilanzposten zum Bilanzstichtag bei der Kommune liegt, hat sie dieses Vermögen in der kommunalen Bilanz auszuweisen. Zu diesem Bilanzposten gehören das Streckennetz sowie sämtliche dessen Betrieb unmittelbar dienenden Anlagen der Streckenausrüstung und Sicherheitsanlagen.

Zu den Gleisanlagen gehören die Gleiskörper und die Weichen. Den Gleiskörper umfassen Schienenstränge, Schwellen, Schotter, Schallschutz, und sonstige Materialien, die zur Nutzung der Gleisanlagen notwendig sind. Zur Streckenausrüstung gehören beispielsweise die Fahrleitungen sowie die Stromversorgungsanlagen einschließlich deren Zwecken dienliche Zusatzkomponenten.

Zu den Sicherheitsanlagen gehören neben den Signal-, Brandmelde- und Funkanlagen sämtliche Zugsicherungsanlagen, die beispielsweise Fahrwege einstellen und sichern, den Führern von Schienenfahrzeugen Anweisungen über die Fahrweise übermitteln und die Fahrweise des Schienenfahrzeugs technisch überwachen und bei gefährdenden Abweichungen beeinflussen.

d) Entwässerungs- und Abwasserbeseitigungsanlagen

Zum Bilanzposten „Entwässerungs- und Abwasserbeseitigungsanlagen“ gehören die Kläranlagen und Sonderbauwerke des Abwasserbereiches, die anderen baulichen Teile der Abwasserbeseitigung (z. B. ober- und unterirdisch verlegten Abwasserkanalsysteme zur Aufnahme des Abwassers und Niederschlagswassers) sowie die maschinellen Teile des Kanalnetzes. Diese sind entsprechend der gebührenrechtlichen Anlagenstrukturierung nach Systemkomponenten aufzugliedern.

e) Straßennetz einschl. Wege, Plätze und Verkehrslenkungsanlagen
Zu diesem Bilanzposten gehören bauliche Anlagen der öffentlichen Wegeflächen, deren Nutzung für den öffentlichen Verkehr von Fahrzeugen und Fußgängern errichtet werden. Im Bewertungsleitfaden ist dokumentiert, dass es sich wegen der Vielzahl und Vielfalt von Straßen und des damit verbundenen erheblichen Verwaltungsaufwandes anbietet eine Kategorisierung hinsichtlich Straßenklassen, -güten und -abschnitten vorzunehmen. Weitere Einzelheiten stehen in der Anlage 6 „Straßenklassifizierung, Berechnung Wiederbeschaffungszeitwert" zum Bewertungsleitfaden.

Sämtliche zur Verkehrsführung und -steuerung eingesetzte Einrichtungen stellen Verkehrslenkungsanlagen dar. Dies sind beispielsweise Schilder, Ampeln und Parkleitsysteme einschließlich aller Betriebskomponenten.

f) Sonstige Bauten des Infrastrukturvermögens
Dieser Bilanzposten dient als Sammelposten für sämtliche weitere im kommunalen Eigentum stehende Bauten des Infrastrukturvermögens. Hierzu gehören beispielsweise Rückhaltebecken für Regenwasser.

10.3.2.3.3.4 Bauten auf fremden Grund und Boden

Diesem Bilanzposten sind die Vermögensgegenstände zuzuordnen, die sich auf fremden Grund und Boden befinden. Das bestehende Rechtsverhältnis zwischen dem Eigentümer des Grund und Bodens und der Kommune als Eigentümer der aufstehenden Bauten ist dadurch gekennzeichnet, dass nicht wie bei den grundstücksgleichen Rechten ein dingliches Recht durch Grundbucheintragung besteht, sondern das Rechtsverhältnis für die aufstehenden Bauten mittels Vertrag geregelt ist. Insbesondere bei technischen Betriebsvorrichtungen, wie Trafo- oder Druckreglerstationen, wird dieses vertragliche Verfahren angewandt, um sich hierdurch das aufwendigere Verfahren einer dinglichen Sicherung mittels Grundbucheintragung zu ersparen.

> ***Beispiel:***
> *Aufgrund von zahlreichen Schulbausanierungen ist es erforderlich, für einen Übergangszeitraum für die Aufrechterhaltung des Schulbetriebs Pavillons zu nutzen. Diese werden von der Gemeinde G auf fremdem Grund und Boden, der für diesen Zweck zeitlich begrenzt gepachtet wurde, aufgestellt. Sämtliche Rechte an den Schulpavillons liegen bei der Kommune, das Rechtsverhältnis der Nutzung als gepachtetes Schulgrundstück wurde mittels Vertrags geregelt.*

10.3.2.3.4 Bewegliches Sachanlagevermögen, weitere Posten des Sachanlagevermögens

Die kommunale Bilanz untergliedert das bewegliche Sachanlagevermögen in folgende Posten:
- Kunstgegenstände,
- Fahrzeuge, Maschinen und technische Anlagen,
- Betriebs- und Geschäftsausstattung.

Die Kunstgegenstände werden mit Kulturdenkmälern, die in der Regel kein bewegliches Vermögen darstellen, in einem Bilanzposten zusammengefasst. Einen weiteren Posten des Sachanlagevermögens stellen geleistete Anzahlungen und Anlagen in Bau dar.

a) Geringwertige Vermögensgegenstände[25]

Nach § 50 Abs. 4 KomHKV sind abnutzbare bewegliche Vermögensgegenstände des Anlagevermögens, die selbständig genutzt werden können und deren Anschaffungs- oder Herstellungskosten den Betrag von 150 € ohne Umsatzsteuer nicht überschreiten, im Jahr der Anschaffung unmittelbar als Aufwand zu buchen. Für abnutzbare bewegliche Vermögensgegenstände des Anlagevermögens, die selbständig genutzt werden können und deren Anschaffungs- oder Herstellungskosten (ohne Umsatzsteuer) mehr als 150 € betragen und 1.000 € nicht übersteigen, ist im Jahr der Anschaffung oder Herstellung ein Sammelposten zu bilden. Der Sammelposten ist über fünf Jahre abzuschreiben, wobei das erste Jahr das Jahr der Bildung des Sammelpostens ist. Den Sammelposten betreffende Vermögensabgänge führen zu keiner Anpassung des Wertes.

Hinsichtlich der selbstständigen Nutzung ergibt sich in der Regel dann eine Abgrenzungsproblematik bei beweglichen Vermögensgegenständen, wenn Vermögensgegenstände gemeinsam genutzt werden.

Ein beweglicher Vermögensgegenstand kann selbstständig genutzt werden, wenn er für seine Zweckbestimmung ohne andere Vermögensgegenstände genutzt werden kann. Ein beweglicher Vermögensgegenstand ist dagegen nicht selbstständig nutzbar, wenn er für seine Zweckbestimmung nur zusammen mit anderen Vermögensgegenständen genutzt werden kann und diese hierfür technisch aufeinander abgestimmt sind.

Beispiel 1:
Der Rechner, der Drucker, der Bildschirm und die Tastatur einer PC-Anlage sind jeweils für sich gesehen nicht selbstständig nutzbar. Die Nutzungsfähigkeit ergibt sich in ihrer Verbindung als PC-Anlage. Demnach stellen die einzelnen Vermögensgegenstände wegen fehlender selbstständiger Nutzungsfähigkeit – sofern der Gesamtwert 150 € übersteigt – keine geringwertigen Vermögensgegenstände dar.

Beispiel 2:
Der kommunale Fuhrpark rüstet die Dezernentenfahrzeuge mit Pkw-Sonderzubehör nach. Dieses Sonderzubehör ist nur in Zusammenhang mit den Dezernentenfahrzeugen nutzungsfähig. Demnach stellt das Sonderzubehör aufgrund fehlender selbstständiger Nutzungsfähigkeit keinen geringwertigen Vermögensgegenstand dar.

Überschreitet der Einzelwert selbstständig nutzungsfähiger Vermögensgegenstände oder der Gesamtwert nicht selbstständig nutzungsfähiger Vermögensgegenstände die Wert-

25 Der Begriff „Geringwertige Vermögensgegenstände" entspricht inhaltlich dem im privatwirtschaftlichen Bereich verwandten Begriff der „Geringwertigen Wirtschaftsgüter".

grenze von 1.000 € ohne Umsatzsteuer, ist die Bildung eines Sammelpostens ausgeschlossen.

Für die Feststellung, ob es sich um einen geringwertigen Vermögensgegenstand handelt oder nicht, ist es nach § 50 Abs. 4 KomHKV unerheblich, ob eine Vorsteuerabzugsberechtigung besteht oder nicht, da für die Ermittlung hinsichtlich der Wertgrenzen 150 € bzw. 1.000 € gilt, dass Anschaffungs- oder Herstellungskosten ohne Umsatzsteuer (Vorsteuer) zugrunde gelegt werden.[26]

b) Kunstgegenstände und Kulturdenkmäler

Zu diesem Bilanzposten gehören Objekte aller Art, deren Erhaltung wegen ihrer Bedeutung für Kunst, Geschichte und Kultur im öffentlichen Interesse liegt. Dies sind beispielsweise Gemälde, Antiquitäten und kulturhistorische Bauten wie Kriegsdenkmäler oder Ausgrabungen als Bodendenkmäler.

c) Fahrzeuge, Maschinen und technische Anlagen,

Zu diesem Bilanzposten gehören beispielsweise Druck-, Schneide- und Bindemaschinen, Server im EDV-Bereich, Spülmaschinen und Transportbänder in Kantinen, Alarmanlagen, (tragbare) Pumpen im Feuerwehrbereich sowie Frankiermaschinen der Poststelle. Des Weiteren gehören zu diesem Bilanzposten auch Betriebsvorrichtungen, die mit anderen Vermögensgegenständen baulich verbunden sind und eine Maschine oder technische Anlage darstellen (z. B. Lastenaufzüge, Verkaufsautomaten). Zu den Fahrzeugen gehören alle Fortbewegungsmittel, die der Beförderung von Personen und dem Transport von Gegenständen dienen. Hierzu gehören beispielsweise Pkw, Lkw, Radlader, Feuerwehrfahrzeuge einschließlich Löschboote, Kehrfahrzeuge und Dienstfahrräder.

d) Betriebs- und Geschäftsausstattung

Zu diesem Bilanzposten gehören beispielsweise Gegenstände der Büro- und Werkstatteinrichtung, Werkzeuge, Geräte zur Grünpflege, Strahlrohre und Schläuche, Spielzeug in Kindergärten, Fernsprech- und PC-Anlagen, Kopiergeräte. Teilweise ist die Abgrenzung zwischen den Bilanzposten „Maschinen und technische Anlagen“ sowie „Betriebs- und Geschäftsausstattung“ bei technischen Geräten recht schwierig. Die Zuordnung ist abhängig von der Komplexität des technischen Geräts.

10.3.2.3.5 Geleistete Anzahlungen, Anlagen im Bau

Geleistete Anzahlungen sind Vorauszahlungen an einen Lieferanten oder Hersteller, ohne bereits in den Besitz des Vermögensgegenstandes oder der vereinbarten Leistung gekommen zu sein. Nach Erfüllung des Rechtsgeschäftes ist der als geleistete Anzahlung eingestellte Betrag entsprechend seiner Verwendung umzubuchen.

26 Für Betriebe gewerblicher Art gilt eine andere Rechtsgrundlage. Die Wertgrenze für den Sammelposten liegt 2023 bei 250,01 € bis 1.000 € ohne Umsatzsteuer (**§ 6 Abs. 2a EStG**). Zudem ist aktuell eine Sofortabschreibung von Vermögensgegenständen zwischen 250,01 bis 800 € möglich (**§ 6 Abs. 2 EStG**). Vgl. Einkommenssteuergesetz 2023 (EStG 2023), § 6 EStG, Stand 04/2023.

Um Anlagen im Bau handelt es sich bei Vermögensgegenständen, die in mehreren Arbeitsschritten hergestellt werden. Sie sind hierdurch über eine längere Zeit unfertig und somit nicht betriebsbereit. Aus Bilanz- und Buchhaltungssicht bestehen zwei relevante Phasen:

- Im-Bau-Phase,
- Nutzungsphase.

Im Rahmen der Herstellung durchlaufen Anlagen diese beiden Phasen, wobei der jeweilige Baustatus zu einem unterschiedlichen Bilanzausweis führt.

Der Bilanzposten „Anlagen im Bau" dient der Sammlung der einzelnen aktivierungsfähigen Bestandteile der Herstellungskosten, die bei endgültiger Fertigstellung bzw. Betriebsbereitschaft summiert auf die endgültige Anlage nach der Vermögensverwendung (z. B. Schule) umgebucht werden. Während der Im-Bau-Phase werden die unterschiedlichsten Zugänge zu einer Investition wie

- Fremdleistungen,
- Eigenleistungen oder
- Entnahme von Lagermaterial

auf der „Anlage im Bau" gesammelt.

Mit der Umbuchung wird die Anlage im Bau entsprechend ihrer Vermögensverwendung aktiviert. Hierbei wird eine Abschreibungsplanung für den Vermögensgegenstand festgelegt, der die Grundlage für die planmäßigen Abschreibungen bildet.

Im Rahmen des Jahresabschlusses sind nach dem Grundsatz der Vollständigkeit bereits Zugänge auf Anlagen im Bau zu buchen, wenn die Kommune wirtschaftliche Eigentümerin der Teilleistung am Vermögensgegenstand geworden ist, auch wenn der Kommune noch keine Rechnung vorliegt. Der Wert des zugegangenen Vermögensgegenstandes ist dann vorsichtig zu schätzen.

Beispiel:
Im Rahmen eines Kindergartenneubaus in der Gemeinde G wurde Anfang Dezember 2024 der Rohbau fertiggestellt. Eine Abrechnung dieses Bauabschnitts ist vor Februar 2025 nicht zu erwarten. Aufgrund der Kalkulation des Hochbauamtes liegt der Wert des Rohbaus bei 400.000 €. Der unfertige Bau ist der Gemeinde G zuzurechnen. Für die Anlage im Bau „Kindergartenneubau" ist bereits im Rahmen des Jahresabschlusses ein Zugang über 400.000 € zu buchen. Als Gegenbuchung wird eine sonstige Verbindlichkeit ausgewiesen.

Im Rahmen der Rechnungsstellung zu Anlagen im Bau, ist stets zu prüfen, welche Rechnungspositionen aktivierungsfähige Anschaffungs- oder Herstellungskosten darstellen. Nur diese dürfen auf die „Anlage im Bau" gebucht werden. Vor der Aktivierung der Anlage im Bau sollte daher nochmals geprüft werden, ob alle gesammelten Kosten tatsächlich aktivierungsfähige Herstellungskosten darstellen.

Beispiel:
Im Rahmen eines Schulanbaus wurden neben dem Eindecken des Daches auch Reparaturen am Dach des alten Schulgebäudes vorgenommen. Die Leistungen wurden einheitlich in Rechnung gestellt und auf die Anlage im Bau gebucht. Im Rahmen der Aktivierung wird dies festgestellt. Die in Rechnung gestellten Leistungen sind für die Umbuchung zu trennen. Die Leistungen für das Eindecken verbleiben auf dem Posten „Anlage im Bau" und werden mit diesem aktiviert, die Instandhaltungsleistungen für das alte Gebäude werden als Instandhaltungsaufwand umgebucht.

Für Anlagen im Bau dürfen keine planmäßigen Abschreibungen vorgenommen werden. Bei außerplanmäßigen Ereignissen während des Herstellungszeitraumes, die zu einer dauerhaften Wertminderung führen, sind der Wertminderung entsprechend außerplanmäßige Abschreibungen durchzuführen.

Zusammenfassend als Grafik die Buchungssystematik bei Anlagen im Bau:

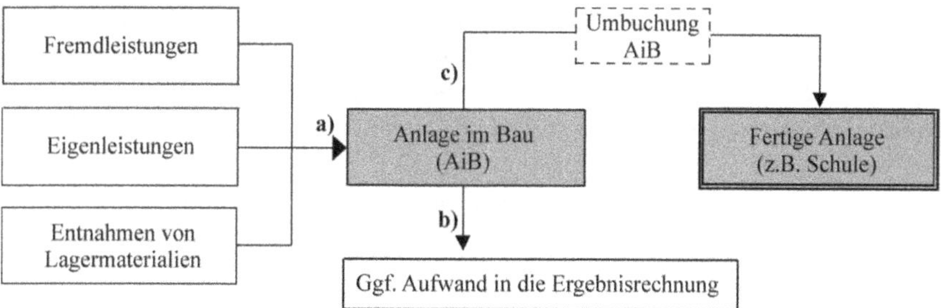

Erläuterungen zum Schaubild:

a) Zunächst werden die Herstellungskostenelemente auf der Anlage im Bau gesammelt.
b) Nach Fertigstellung bzw. Betriebsbereitschaft erfolgt vor Aktivierung der Anlage im Bau eine Prüfung hinsichtlich der Aktivierungsfähigkeit, ggf. mit einer Umbuchung als Aufwand in die Ergebnisrechnung.
c) Es erfolgt die Umbuchung der Anlage im Bau entsprechend ihrer Vermögensverwendung (hier: Schule an AiB).

10.3.2.4 Finanzanlagen

Aufgrund des Anlagevermögenscharakters sind Finanzanlagen diejenigen Werte, die auf Dauer finanziellen Anlagezwecken oder Unternehmensverbindungen sowie damit zusammenhängenden Ausleihungen dienen.

Für eine spätere Konsolidierung innerhalb des kommunalen Konzerns wurde der Bereich der Finanzanlagen in Beziehung zur handelsrechtlichen Bilanz ausgestaltet. Danach umfasst das kommunale Finanzanlagevermögen

- Rechte an Sondervermögen,

- Anteile an verbundenen Unternehmen,
- Mitgliedschaft in Zweckverbänden,
- Anteile an sonstigen Beteiligungen,
- Wertpapiere des Anlagevermögens,
- Ausleihungen
  - an Sondervermögen,
  - an verbundene Unternehmen,
  - an Zweckverbänden,
  - an sonstigen Beteiligungen,
  - Sonstige Ausleihungen.

Aus den Konsolidierungsregelungen des § 83 Abs. 3 BbgKVerf ist herzuleiten, dass öffentlich-rechtlich selbstständige Organisationsformen (z. B. Anstalt des öffentlichen Rechts, Zweckverband) entsprechend den nachfolgend in Kap. 10.3.2.4.1 und 10.3.2.4.2 genannten Kriterien unter den Bilanzposten „Anteile an verbundenen Unternehmen" und „Beteiligungen" analog auszuweisen sind.

Die Abgrenzung gegenüber dem Umlaufvermögen erfolgt beim Finanzanlagevermögen analog zum Sachanlagevermögen. Ausschlaggebend ist hierbei ebenfalls eine auf Dauer bestimmte Nutzung. Bei den Unternehmensverbindungen ist der Wille der Kommune ausschlaggebend. Bei Wertpapieren und Ausleihungen ist deren „Fristigkeit" maßgeblich.

Entsprechend der Zuordnungsvorschriften zur Kontierungsrichtlinie des Landes Brandenburg zum kommunalen Kontenrahmen sind sowohl Wertpapiere als auch Ausleihungen im Anlagevermögen nachzuweisen, wenn die Laufzeit über einem Jahr liegt. Die Ausleihungen und Wertpapiere mit Laufzeiten bis zu einem Jahr sind dem Umlaufvermögen zuzuordnen.

10.3.2.4.1 Sondervermögen

Nach § 86 Abs. 1 BbgKVerf gehören zum Sondervermögen der Gemeinde
- das Vermögen der wirtschaftlichen Unternehmen ohne eigene Rechtspersönlichkeit, die aufgrund gesetzlicher Vorschriften Sonderrechnungen führen müssen,
- das Vermögen der rechtlich unselbstständigen örtlichen Stiftungen[27].

Treuhänderisch verwaltete Sanierungsgebiete und städtebauliche Entwicklungsmaßnahmen stellen hierbei über die Bundesländer hinweg noch eine Besonderheit dar. Dadurch, dass dem Treuhänder oft keine Auflagen über eine Rechnungslegung nach den Anforderungen einer doppelten Buchführung gesetzlich vorgeschrieben werden, gestaltet sich eine Bilanzierung im kommunalen Kernhaushalt meist schwierig. Die ge-

27 Die rechtlich unselbstständigen örtlichen Stiftungen sind Stiftungen ohne eigene Rechtspersönlichkeit, bei denen durch Rechtsgeschäft unter Lebenden oder durch Verfügung von Todes wegen Vermögensgegenstände der Kommune mit der Auflage zugewendet werden, dass sie für einen bestimmten Zweck zu verwenden sind. Sofern für Nachlässe und Vermächtnisse auch ein nachhaltiger Zweck zu verfolgen ist, sind diese wie rechtlich unselbstständige örtliche Stiftungen zu behandeln.

mäß den Anlagen 7 und 8 des BewertL Bbg vorgeschlagenen buchhalterischen Handhabungen von derartigem Sondervermögen entsprechen ebenfalls keiner adäquaten Darstellung einer Vermögensverwendung und -finanzierung desjenigen Vermögens, für das die Kommune letztlich auch haftet. Es bleibt zu empfehlen, aus den Rechnungslegungen des Treuhänders eine genaue Vermögenserfassung und Aufschlüsselung der Zuwendungen sowie Beiträge schon im Zuge der Eröffnungsbilanzierung vorzunehmen. Letztlich ergibt sich sowieso aus der theoretischen Eigenart dieser Bewirtschaftungskonstrukte irgendwann eine Rücküberführung der sanierenden und entwickelnden Baumaßnahmen in den Kernhaushalt. Sollten bei Rücküberführung die Informationen des Treuhänders nicht für eine Bilanzierung genügen, könnte das eine Kommune vor zusätzliche bzw. erneute Bilanzierungstätigkeiten stellen.

10.3.2.4.2 Anteile an verbundenen Unternehmen

Hinsichtlich des Ausweises unter diesem Bilanzposten knüpft das Haushaltsrecht, auch durch inhaltliche Anknüpfung an die Konsolidierungsregelungen des § 83 BbgKVerf, an die handelsrechtlichen Regelungen an. Anteile an verbundenen Unternehmen sind hiernach alle nach den Vorschriften über Vollkonsolidierung in den Konzernabschluss als Tochterunternehmen einzubeziehende Unternehmen (vgl. § 271 Abs. 2 HGB, § 290 HGB).

Die Art der Anteile ist hierbei nicht von Bedeutung. Entscheidend für den Ausweis ist dabei aber das Vorliegen bestimmter Merkmale, z. B.

- Mehrheitsbeteiligung (§ 16 AktG),
- abhängige und herrschende Unternehmen (§ 17 AktG),
- Konzernunternehmen (§ 18 AktG),
- wechselseitig beteiligte Unternehmen (§ 19 AktG),
- Vertragsteile eines Unternehmensvertrages (§§ 291 ff. AktG).

Sind die Kriterien des verbundenen Unternehmens nicht erfüllt, kommt ein Ausweis der Anteile als Beteiligung in Betracht.

10.3.2.4.3 Mitgliedschaft in Zweckverbänden

Ebenfalls knüpft das Haushaltsrecht hinsichtlich des Ausweises unter diesem Bilanzposten – auch durch inhaltliche Anknüpfung an die Konsolidierungsregelungen des § 83 BbgKVerf – an die handelsrechtlichen Regelungen an. Hier sind die Mitgliedschaften in Zweckverbänden zu dokumentieren, was in Brandenburg von hoher Bedeutung ist. Viele Gemeinden haben z. B. die Aufgabe der Abwasserbeseitigung und damit ihre gemeindlichen Einrichtungen auf die Wasser- und Abwasserzweckverbände übertragen.

10.3.2.4.4 Beteiligungen

Beteiligungen sind Anteile der Kommune an Unternehmen und Einrichtungen, die in der Absicht gehalten werden, eine dauerhafte Verbindung zu diesen Unternehmen und Einrichtungen herzustellen (vgl. § 271 Abs. 1 HGB). Entscheidend ist hierbei die Beteiligungsabsicht und nicht die Beteiligungshöhe. Danach ergibt sich eine Beteiligungsdefinition die somit grundsätzlich „mehr als 0 %" lautet. Im Rahmen einer gesetzlich zugrunde zu legenden Beteiligungsvermutung gilt als Beteiligung im Zweifel ein Anteil am Nennkapital des Unternehmens von mehr als 20 %. Wird diese Vermutung nicht widerlegt, so ist eine „Beteiligung" unter dieser Bezeichnung zu bilanzieren.

10.3.2.4.5 Wertpapiere des Anlagevermögens

Unternehmensanteile, die weder als Anteile an verbundenen Unternehmen noch als Beteiligung anzusehen sind, und sonstige Wertpapiere (z. B. Pfandbriefe, Obligationen, Anleihen), die auf Dauer angelegt sind, werden als „Wertpapiere des Anlagevermögens" ausgewiesen.

10.3.2.4.6 Ausleihungen

Ausleihungen stellen langfristige Forderungen aus Geld- oder Finanzgeschäften dar. Zu den Ausleihungen zählen vor allem Darlehen, Hypotheken-, Grund- und Rentenschulden sowie stille Beteiligungen (soweit diese nicht am Verlust teilnehmen). Aufgrund der Bedeutung der finanziellen Verflechtungen im Rahmen von kommunalen Unternehmensverbindungen und als Grundlage der Konsolidierung wurden die unterschiedlichen Ausleihungen als gleichwertige Posten den Unternehmensverbindungen gliederungsmäßig gleichgestellt.

Aufgrund der inhaltlichen Gleichheit werden in diesem Kapitel die fünf unterschiedlichen Bilanzposten

- Ausleihungen an Sondervermögen,
- Ausleihungen an verbundene Unternehmen,
- Ausleihungen an Zweckverbänden,
- Ausleihungen an Beteiligungen,
- Sonstige Ausleihungen

gemeinsam betrachtet, da das Unterscheidungsmerkmal der einzelnen Unternehmensverbindungen bereits erläutert wurde.

Für Ausleihungen besteht hinsichtlich der Bewertung beim Anschaffungswertprinzip eine Besonderheit. *„Ausleihungen können eine übliche Verzinsung haben, wobei die Verzinsung sich nicht allein durch Geldleistungen, sondern auch gleichwertig in anderen vertretbaren Sachen oder Rechten (z. B. Belegungsrecht im sozialen Wohnungsbau, Verpflichtung zur Aufrechterhaltung von 10 Arbeitsplätzen in der Kommune) darstellen kann. Ausleihungen können aber auch niederverzinslich bzw. unverzinslich sein. Dies hat jedoch keinen Einfluss auf die Anschaffungskosten der Forderung, so dass der Nennbetrag die Anschaffungskosten darstellt. Jedoch betreffen die Niederverzinslichkeit bzw. die Unverzinslichkeit den Teilwert der Forderung. In analoger Anwendung des Handelsrechts § 279 Abs. 1 Satz 2 i. V. m. § 253 Abs. 2 Satz 3 HGB besteht keine Abzinsungsverpflichtung, sondern ein Abzinsungswahlrecht, da es sich nicht um eine dauernde Wertminderung handelt. Vielmehr besteht nur eine vorübergehende Wert-*

minderung, da der Barwert vom Zeitpunkt der Kapitalhingabe bis zum Zeitpunkt der Kapitalrückzahlung laufend steigt und zum Fälligkeitszeitpunkt den Nennwert erreicht."[28]

Beispiel:
Die Gemeinde G gewährt dem Wohnungsbauunternehmen W im Rahmen einer allgemeinen Förderung des Wohnungsbaus ein Darlehen, dessen Teilwert (Barwert) jährlich dargestellt werden soll. Das Darlehen in Höhe von 50.000 € wird jährlich nur mit 2 % verzinst. Die Rückzahlung hat nach 10 Jahren in einer Summe zu erfolgen. Im Rahmen der Barwertermittlung wird der aktuelle Wert des in zehn Jahren zurückfließenden Darlehens ermittelt. Hierbei wird eine angemessene Verzinsung i. H. v. 6 % (beispielsweise abgeleitet aus der Veräußerung dieser Forderung) unterstellt. Die Differenz zwischen tatsächlicher Verzinsung i. H. v. 2 % und angemessener Verzinsung i. H. v. 6 % beträgt 4 %. Diese bildet die Grundlage für die Abzinsung. Entsprechend der Laufzeit und des Prozentsatzes gibt es Abzinsungstabellen, aus denen der entsprechende Abzinsungsfaktor (AbF) abgelesen wird. Beim vorstehenden Sachverhalt errechnet sich der Barwert wie folgt:

Rückzahlungsbetrag	***AbF-Wert***	***Formel***	***Lösung***
50.000,00 €	*0,675564*	*K(n) × AbF*	*33.778,20 €*

Es hat entweder jährlich eine Anpassung des steigenden Barwertes zu erfolgen, bis zum Zeitpunkt der Kapitalrückzahlung der Nennwert erreicht ist. Alternativ dazu kann die Anpassung auch erst bei Erreichen des Zeitpunktes der Kapitalrückzahlung einmalig vorgenommen werden.

10.3.2.4.7 Übungen

Sachverhalt Nr. 9 (Bilanzierung von Anlagen im Bau)
In der Gemeinde G wird der Rohbau für eine Hochbaumaßnahme mit einem Gesamtfinanzierungsvolumen von 2 Mio. € am 1. Dezember eines Haushaltsjahres fertiggestellt. Die Rohbaufertigstellung ist bis zum 31. Dezember des Haushaltsjahres noch nicht abgerechnet und zu diesem Zeitpunkt auch noch nicht absehbar. Nach vorsichtiger Schätzung betragen die Herstellungskosten des Rohbaus 800.000 €. Das wirtschaftliche Eigentum des Rohbaus ist der Kommune zuzurechnen.

Aufgabe:
Ist der Rohbau in der Jahresabschlussbilanz der Gemeinde G auszuweisen, was ist hierbei und beim späteren Rechnungseingang zu bedenken?

28 *Falterbaum/Bolk/Reiß*, Grüne Reihe, Band 10, Buchführung und Bilanz, 19. Aufl., Achim 2003, S. 693 f.

Lösung:
Der bisherige Herstellungswert der Anlage im Bau ist in der Bilanz darzustellen. Hierbei wird der Schätzwert in Höhe von 800.000 € zugrunde gelegt. Als Gegenposition ist eine sonstige Verbindlichkeit zu buchen. Sobald die Rechnung eingeht, erfolgt die Berichtigung des Wertes der Anlage im Bau und unter Berücksichtigung der sonstigen Verbindlichkeit die Auszahlung des Rechnungsbetrages.

Sachverhalt Nr.10 (Abrechnung von Anlagen im Bau)
Für eine weitere Hochbaumaßnahme geht bei der Gemeinde G am 10. Februar eines Haushaltsjahres die erste Teilrechnung in Höhe von 700.000 € entsprechend dem Baufortschritt ein. Am 17. Juni des Haushaltsjahres erfolgt die Schlussabrechnung mit einer Restforderung in Höhe von 930.000 €. Nach Prüfung der Rechnung stellt der Anlagenbuchhalter fest, dass 22.000 € nicht aktivierungsfähigen Aufwand darstellen.

Aufgabe:
Welche Buchungen sind bis zur Aktivierung der Anlage im Bau vorzunehmen?

Lösung:
Am 10. Februar des Haushaltsjahres ist ein Zugang in Höhe von 700.000 € auf die Anlage im Bau zu buchen.

Die Schlussabrechnung in Höhe von 930.000 € ist aufzuteilen, wobei 908.000 € als weiterer Zugang auf die Anlage im Bau zu buchen ist. Der Gesamtbetrag in Höhe von 1.608.000 € ist danach auf die „endgültige" Anlage umzubuchen. Der nicht aktivierungsfähige Aufwand in Höhe von 22.000 € ist auf das entsprechende Aufwandskonto zu buchen.

Sachverhalt Nr. 11 (Aktivierung von Eigenleistungen)
Feuerwehrleute der Gemeinde G bauen während ihrer Bereitschaftsdienststunden mehrere kleine, nicht genutzte Lagerräume in einen Schulungsraum um. Es entstanden Materialkosten in Höhe von 20.000 €. Mittels Kosten- und Leistungsrechnung werden Kosten für Arbeitsleistung in Höhe von 80.000 € festgestellt. Ein Handwerksbetrieb hatte die identische Umbauleistung für 49.900 € angeboten.

Aufgabe:
Welche Buchungen und in welcher Höhe sind bis zur Aktivierung in der Anlagenbuchhaltung vorzunehmen?

Lösung:
Die Auszahlung für die Materialkosten sind auf der Anlage im Bau in Höhe von 20.000 € zu buchen. Vermögensgegenstände sind betraglich höchstens mit ihren Anschaffungs- oder Herstellungskosten zu erfassen. Entsprechend § 50 Abs. 4 KomHKV liegt der tatsächliche Herstellungswert über dem üblichen Herstellungswert. Diese Wertdifferenz besteht als Wertminderung dauerhaft. Daher sind nicht die tatsächlich ange-

fallenen 80.000 €, sondern die den üblichen Herstellungskosten, also 49.900 € zu aktivieren. Ein höherer Vermögenswert trotz höherer Aufwände wurde nicht geschaffen.

10.3.3 Umlaufvermögen

Wie bereits im Rahmen des Anlagevermögens abgegrenzt, gehören zum Umlaufvermögen alle Vermögensgegenstände, die nicht dazu bestimmt sind, dauerhaft dem Geschäftsbetrieb der Kommune zu dienen. Merkmal für die Nichtdauerhaftigkeit ist eine vorgesehene Zweckbestimmung durch die Kommune, die einen Verbrauch, Verkauf oder eine nur kurzfristige Nutzung vorsieht. Somit gehören Vermögensgegenstände bzw. Vorräte, die zur Weiterverarbeitung oder zum Verkauf bestimmt sind, zum Umlaufvermögen.

Zu den Bilanzposten des Umlaufvermögens gehören gem. § 57 Abs. 3 KomHKV:

2.1 Vorräte
2.1.1 Grundstücke in Entwicklung
2.1.2 Sonstiges Vorratsvermögen
2.1.3 Geleistete Anzahlungen auf Vorräte

2.2 Forderungen und sonstige Vermögensgegenstände
2.2.1 Öffentlich-rechtliche Forderungen und Forderungen aus Transferleistungen
2.2.1.1 Gebühren
2.2.1.2 Beiträge
2.2.1.3 Wertberichtigungen auf Gebühren und Beiträge
2.2.1.4 Steuern
2.2.1.5 Transferleistungen
2.2.1.6 Sonstige öffentlich-rechtliche Forderungen
2.2.1.7 Wertberichtigungen auf Steuern, Transferleistungen und sonstige öffentlich-rechtliche Forderungen
2.2.2 Privatrechtliche Forderungen
2.2.2.1 gegenüber dem privaten und dem öffentlichen Bereich
2.2.2.2 gegen Sondervermögen
2.2.2.3 gegen verbundene Unternehmen
2.2.2.4 gegen Zweckverbände
2.2.2.5 gegen sonstige Beteiligungen
2.2.2.6 Wertberichtigungen auf privatrechtliche Forderungen
2.2.3 Sonstige Vermögensgegenstände

2.3 Wertpapiere des Umlaufvermögens

2.4 Kassenbestand, Bundesbankguthaben, Guthaben bei Kreditinstituten und Schecks

Für die Vermögensgegenstände des Umlaufvermögens gilt das strenge Niederstwertprinzip. Nach § 51 Abs. 5 KomHKV ist bei den Vermögensgegenständen stets der niedrigste Wert aus

- Anschaffungs- oder Herstellungskosten,
- Börsen- oder Marktpreis und
- dem am Abschlussstichtag beizulegende Zeitwert[29]

anzusetzen.

10.3.3.1 Vorräte

Die grundsätzlich einem kurzfristigen Verzehr unterworfenen Vorräte untergliedern sich in Roh-, Hilfs- und Betriebsstoffe sowie Waren. Rohstoffe stellen den Hauptbestandteil, Hilfsstoffe einen Nebenbestandteil eines erzeugten Produktes dar. Betriebsstoffe werden dagegen nicht zum Bestandteil des erzeugten Produktes gezählt, sondern dienen dem Erstellungsprozess.

Waren sind veräußerbare Vermögensgegenstände, die selbst erstellt oder angekauft wurden (Familienstammbücher, Touristiksouvenirs).

Grundsätzlich haben Roh-, Hilfs- und Betriebsstoffe sowie Waren im Rahmen der kommunalen Bilanzierung trotz des Vorkommens in den technischen Fachbereichen einer Kommune aufgrund der Beschränkung auf interne Produktionsbedürfnisse nur eine untergeordnete Bedeutung.

Es bestehen zwei mögliche Buchungsverfahren für die Abbildung der Vorratswirtschaft im Rechnungswesen. Die exaktere, aber auch mit erheblichem Betriebsaufwand verbundene Methode ist die Verwaltung der Gegenstände des Vorratsvermögens mittels einer Lagerbuchhaltung. Hierbei sind sämtliche Vermögenszugänge zu aktivieren. Sie werden erst im Rahmen des Verbrauchs im Leistungserstellungsprozess als Aufwand gebucht.

Die zulässige Alternative hierzu bildet die direkte Buchung im Rahmen der Beschaffung als Aufwand. Im Rahmen des Jahresabschlusses werden auf dem Bilanzkonto der Anfangsbestand und der aus einer dafür nun notwendigen Inventur ermittelte Schlussbestand abgeglichen. Hieraus resultiert die in der Ergebnisrechnung zu berücksichtigende Bestandsveränderung. Da das Element einer aufwendigen Lagerbuchhaltung entfällt, sollte im Rahmen der Beschaffung von Vorräten, soweit möglich und sinnvoll, eine direkte Aufwandsbuchung festgelegt werden.[30]

29 Sofern für die Bewertung der Beschaffungsmarkt ausschlaggebend ist (z. B. Roh-, Hilfs-, Betriebsstoffe, Waren), entspricht der beizulegende Wert den Wiederbeschaffungs- oder Reproduktionskosten. Auf eine Darstellung bei Maßgeblichkeit des Absatzmarktes (z. B. unfertige oder fertige Erzeugnisse ohne Fremdbezug) hinsichtlich einer retrograden Wertermittlung wird mangels Praxisbezugs im kommunalen Bereich verzichtet.

30 Vgl. hierzu auch Modellprojekt „Doppischer Kommunalhaushalt in NRW“ (Hrsg.), Neues Kommunales Finanzmanagement: Betriebswirtschaftliche Grundlagen für das doppische Haushaltsrecht, 2., vollst. überarb. Auflage auf der Basis der Endergebnisse des Modellprojektes, Freiburg 2003, S. 230.

Beispiel Lagerbuchung:
Der Einkauf von Unkrautvernichtungsmitteln wird der Bestandszugang des Lagers auf dem Bestandskonto unter Begleichung der Rechnung gebucht. Aufgrund der Lagerbuchhaltung werden die Lagerentnahmen als Aufwand in der Teilergebnisrechnung und als Minderung des Bestandskontos berücksichtigt. Ggf. wird im Rahmen des Jahresabschlusses aufgrund bei der Inventur festgestellter Inventurdifferenzen eine Bestands- und Aufwandskorrektur erforderlich.

Beispiel Aufwandsbuchung:
Der Einkauf von Unkrautvernichtungsmitteln wird ohne Einbeziehung des Bestandskontos unter Begleichung der Rechnung vollständig in die Teilergebnisrechnung als Aufwand gebucht. Im Rahmen der Inventur beim Jahresabschluss wird die Bestandsveränderung festgestellt und der Aufwand korrigiert (Aufwandserhöhung bei Bestandsminderung, Aufwandsminderung [„negativer Aufwand"] bei Bestandserhöhung).

§ 36 Abs. 3 KomHKV lässt grundsätzlich alle Verfahren zur Bestandsaufnahme zu, wenn sie den Grundsätzen ordnungsmäßiger Buchführung entsprechen. In Ziff. 3.2.1 bzw. 2.6 des BewertL Bbg werden als Vereinfachungsverfahren für Vorratsvermögen die Festbetrags- als auch die Gruppenbewertung und damit das Durchschnittspreisverfahren beschrieben, was aus gesetzlicher Sicht nicht gleich automatisch andere Verfahren, wie das Lifo-Verfahren[31], ausschließt.

Geleistete Anzahlungen bilden liquide Vorleistungen an einen Lieferanten, für noch nicht erhaltene Lieferungen und Leistungen des Umlaufvermögens. Für Anzahlungen erfolgt ein gesonderter Ausweis. Erst nach Erhalt der Lieferung oder Leistung wird die Anzahlung ausgebucht.

10.3.3.2 Forderungen und sonstige Vermögensgegenstände

10.3.3.2.1 Unterschiedliche Strukturierung der öffentlich-rechtlichen und der privatrechtlichen Forderungen

Bei den Forderungen werden öffentlich-rechtliche Forderungen an inhaltlichen Kriterien und privatrechtliche Forderungen anhand der Struktur der Debitoren (Zahlungspflichtige) in der Bilanzstruktur differenziert. Die öffentlich-rechtlichen Forderungen entstehen auf der Basis öffentlich-rechtlicher Normen. Von besonderer finanzwirtschaftlicher Bedeutung für die Gemeinden sind die Abgaben und die zu erwartenden Transferleistungen in Form von Zuwendungen. An dieser sachlichen Struktur orientiert sich auch der Bilanzausweis:

- Öffentlich-rechtliche Abgabenforderungen mit den Einzelposten
  - Steuern,

31 Vgl. § 6 Abs. 1 Ziff. 2a EStG: Zuletzt angeschaffte Güter werden zuerst verbraucht (z. B. Schüttgut oder Streusalz).

  - Gebühren,
  - Beiträge,
- Forderungen aus Transferleistungen (z. B. Schlüssel- und Bedarfszuweisungen, Umlagen, Schuldendiensthilfen),
- Sonstige öffentlich-rechtliche Forderungen (z. B. Buß- und Zwangsgelder oder Kostenersätze).

Dagegen werden die privatrechtlichen Forderungen nach unterschiedlichen Debitoren (Schuldnern) wie

- gegenüber dem privaten Bereich und dem öffentlichen Bereich,
- gegen Sondervermögen,
- gegen verbundene Unternehmen,
- gegen Zweckverbände und
- gegen sonstige Beteiligungen

differenziert.

10.3.3.2.2 Privatrechtliche Forderungen

Bei der bilanziellen Zuordnung sind in Abgrenzung zum Anlagevermögen die spezifischen inhaltlichen Komponenten der Ausleihungen zur Abgrenzung gegenüber den Forderungen des Umlaufvermögens zu berücksichtigen.[32]

Zu den privatrechtlichen Forderungen gehören auch die Forderungen der antizipativen Rechnungsabgrenzung. Diese sind Einzahlungen nach dem Bilanzstichtag, die aber dem alten Haushaltsjahr ganz oder teilweise als Ertrag zuzurechnen sind.

> ***Beispiel:***
> *Die Gemeinde erwartet eine Mietzahlung am 31.3.2025 für die Monate Oktober 2024 bis März 2025. Die zu erwartenden Mietzahlungen für die Monate Oktober bis Dezember 2024 stellen eine antizipative Forderung dar, die in der Bilanz am 31.12.2024 als Forderung zu berücksichtigen ist.*

Im Debitorenbereich sind im Einzelnen zu berücksichtigen:

a) Gegenüber dem privaten Bereich
Unter diesem Posten sind alle sonstigen Forderungen gegen alle natürlichen und privatrechtlich organisierten juristischen Personen auszuweisen, soweit es sich nicht um Ausleihungen handelt.

b) Gegenüber dem öffentlichen Bereich
Unter diesem Posten sind alle sonstigen Forderungen gegenüber Bund, Ländern, Gemeinden, Gemeindeverbänden und sonstigen Personen des öffentlichen Rechts zu erfassen, soweit es sich nicht um Ausleihungen handelt.

---

32 Siehe Kap. 10.3.2.4 (Finanzanlagen).

Beispiel:
Die Gemeinde G veräußert ein Grundstück an das Land. Es handelt sich um ein privatrechtliches Geschäft zwischen Gemeinde G und dem Land, so dass keine öffentlich-rechtliche Forderung vorliegt. Das Land gehört als Debitor zum öffentlichen Bereich. Es handelt sich um keine Ausleihung. Die Kaufpreisforderung ist unter dem Posten „Sonstige Forderungen gegen den öffentlichen Bereich" auszuweisen.

c) Gegen verbundene Unternehmen, gegen Beteiligungen, gegen Zweckverbände und gegen Sondervermögen
Der Ausweis von sonstigen Forderungen zu diesen drei unterschiedlichen Finanzanlagebereichen erfolgt analog der Abgrenzung und inhaltlichen Darstellung in Kap. 10.3.2.4.1 bis 10.3.2.4.4. Auch hier darf es sich nicht um unter „Finanzanlagen" abzubildende Ausleihungen handeln.

10.3.3.2.3 Sonstige Vermögensgegenstände

Der Bilanzposten „Sonstige Vermögensgegenstände" stellt eine Sammelposition dar, unter der Vermögensposten auszuweisen sind, die keiner spezielleren Zuordnungsregelung unterliegen. Beispiele hierfür sind Schadensersatz- und Rückforderungsansprüche oder Forderungen aus Versicherungsleistungen.

10.3.3.3 Wertpapiere des Umlaufvermögens

Dieser Bilanzposten beinhaltet alle Wertpapiere, die nicht in einem anderen Posten auszuweisen sind. In Abgrenzung zu den Finanzanlagen sind hier nach den Zuordnungsvorschriften zur Kontierungsrichtlinie des Landes Brandenburg zum kommunalen Kontenrahmen nur Wertpapiere ohne langfristige Zweckbindung mit einer Laufzeit bis zu einem Jahr auszuweisen.

10.3.3.4 Kassenbestand, Bundesbankguthaben, Guthaben bei Kreditinstituten und Schecks

Es handelt sich um Geldmittel, die den Kommunen zur Zahlungsbereitschaft zu Verfügung stehen. Von der Kommune angelegte Tages- und Festgelder gehören zu den Guthaben bei Kreditinstituten und verbleiben im Bilanzausweis unter liquide Mittel.

10.3.4 Rechnungsabgrenzungsposten (aktiv)

Die aktive Rechnungsabgrenzung beinhaltet transitorische Posten, d. h. es handelt sich um Geschäftsvorfälle, die im laufenden Haushaltsjahr zu Ausgaben[33] führen, die aber erst im folgenden Haushaltsjahr Aufwand darstellen.

> ***Beispiel:***
> *Die Gemeinde zahlt im Oktober 2024 im Voraus für die Monate Oktober 2024 bis März 2025 Miete. Es fließt im laufenden Haushaltsjahr Liquidität für sechs Monate ab, aufwandsmäßig gehören jedoch nur Mietzahlungen für drei Monate in die Ergebnisrechnung des laufenden Haushaltsjahres. Die anderen drei Monate an Mietzahlungen sind aufwandsmäßig im folgenden Haushaltsjahr zu berücksichtigen.*

Neben dieser üblichen Rechnungsabgrenzung ist im kommunalen Bereich von besonderer Bedeutung der Ansatz von aktiven Rechnungsabgrenzungsposten aus geleisteten Zuwendungen der Gemeinden. Für die Erfassung und Bewertung von geleisteten Zuwendungen an Dritte unterscheidet § 47 Abs. 5 KomHKV zwei Sachverhaltsvarianten:

Bei geleisteten Zuwendungen für Vermögensgegenstände, an denen die Gemeinde das wirtschaftliche Eigentum hat, sind diese als Vermögensgegenstände zu aktivieren. Diese eher seltenen Sachverhalte stellen sich inhaltlich im Rahmen der Vermögensbewertung für Anlage- bzw. Umlaufvermögen dar.

Ist dagegen kein Vermögensgegenstand zu aktivieren, die geleistete Zuwendung jedoch mit einer mehrjährigen einklagbaren Gegenleistungsverpflichtung verbunden, ist für die Zuwendung ein Rechnungsabgrenzungsposten zu aktivieren und entsprechend der Erfüllung der Gegenleistungsverpflichtung aufwandswirksam aufzulösen. In der Praxis sind die Zuwendungen der Kommune vielfach Bestandteil einer Gesamtzuwendung unter Beteiligung eines oder mehrerer Förderungsgeber. In die Rechnungsabgrenzung fließt in diesen Fällen jedoch nur der kommunale Eigenanteil ein.

> ***Beispiel:***
> *Im Rahmen von Stadterneuerungsmaßnahmen werden Fassadenerneuerungen gefördert, wobei die Kommune im Rahmen der Förderungsbewilligung an Dritte auf 90 % Landesmittel zurückgreifen kann und nur 10 % kommunale Eigenmittel hinzufügt. In den Ansatz für den Rechnungsabgrenzungsposten fließt hierbei nur der städtische Eigenanteil in Höhe der 10 % der Gesamtförderungsmaßnahme ein.*

Ist der Rückzahlungsbetrag einer Verbindlichkeit höher als der Auszahlungsbetrag, so darf nach § 53 Abs. 3 KomHKV der Unterschiedsbetrag in den aktiven Rechnungsabgrenzungsposten aufgenommen werden. Diese Regelung beschreibt die aktive Rech-

---

33 § 53 Abs. 1 KomHKV spricht lediglich von der Abgrenzung von „Auszahlungen". Genauer i. S. d. Doppik wäre jedoch von „Ausgaben" (also rechtlich verbindlich eingegangenen Zahlungsverpflichtungen, Erfassung einer Verbindlichkeit) zu sprechen.

nungsabgrenzung von Disagio im Rahmen von Kreditaufnahmen.[34] Der Unterschiedsbetrag ist durch planmäßige jährliche Abschreibungen zu tilgen, die auf die gesamte Laufzeit der Verbindlichkeit verteilt werden können.

10.3.5 Eigenkapital

Das kommunale Eigenkapital untergliedert sich nach § 57 Abs. 4 KomHKV in vier Posten. Diese sind:

- Basis-Reinvermögen,
- Rücklagen aus Überschüssen:
  - Rücklage aus Überschüssen des ordentlichen Ergebnisses,
  - Rücklage aus Überschüssen des außerordentlichen Ergebnisses,
- Sonderrücklage,
- Fehlbetragsvortrag:
  - Fehlbetrag des ordentlichen Ergebnisses,
  - Fehlbetrag des außerordentlichen Ergebnisses.

Die Differenzierung der vier Posten resultiert aus einer unterschiedlich definierten Eigenkapitalfunktion sowie der Jahresabschlussfunktion der Posten innerhalb der Haushaltssystematik. Ergibt sich bei der Eigenkapitalermittlung im Rahmen der Eröffnungsbilanzierung nach § 57 Abs. 4 letzter Satz KomHKV ein Überschuss der Passivposten über die Aktivposten, ist die sich ergebende Saldogröße auf der Aktivseite als „Nicht durch Eigenkapital gedeckter Fehlbetrag" gesondert auszuweisen.

10.3.5.1 Basis-Reinvermögen

Der Posten „Basis-Reinvermögen" stellt eine absolute Saldogröße dar. Der Bilanzausweis resultiert erstmalig aus der Gegenüberstellung sämtlicher Aktivposten und sämtlicher Passivposten außer dem Basis-Reinvermögen selbst. Ergibt sich eine positive Saldogröße, stellt diese das Basis-Reinvermögen dar.

Ist die Saldogröße negativ, bedeutet dies, dass das im Kontenrahmen vorgesehene Bestandskonto (Bestandskonto 2011) „Basis-Reinvermögen" anstelle des üblichen Überschusses im Haben nunmehr einen Überschuss im Soll ausweist. Dieses Konto ist aufgrund des Sollbestandes anstelle des Postens „Basis-Reinvermögen" nunmehr dem Posten „Nicht durch Eigenkapital gedeckter Fehlbetrag" zu zuordnen.

Der in der ersten Eröffnungsbilanz ausgewiesene Betrag beim Basis-Reinvermögen soll unveränderlich sein, damit auch in den Folgejahren der Stand der Kommune

34 Siehe hierzu auch Kap. 16.

bei der Umstellung erkennbar ist (siehe Begründung zum Entwurf der GemHV vom 20.7.2007 vom Ministerium des Inneren).[35]

Der Ausgleich eines in der ersten Eröffnungsbilanz ausgewiesenen „Nicht durch Eigenkapital gedeckten Fehlbetrages" durch Überschüsse der Folgejahre in den haushaltsrechtlichen Vorschriften nicht geregelt. Es gibt weder eine eindeutige Pflicht noch ein eindeutiges Verbot dieser Verfahrensweise. Die Entscheidung, ob in den kommenden Jahren ein Ausgleich des „Nicht durch Eigenkapital gedeckten Fehlbetrages" durch vorhandene oder noch entstehende Überschüsse vorgenommen wird, obliegt daher der Entscheidung der Körperschaft.[36]

10.3.5.2 Rücklagen aus Überschüssen

Gemäß § 77 Abs. 1 BbgKVerf hat die Gemeinde Überschüsse der Ergebnisrechnung den Rücklagen zuzuführen. Nach § 25 KomHKV gibt es zwei Rücklagen aus Überschüssen:

- Rücklage aus Überschüssen des ordentlichen Ergebnisses,
- Rücklage aus Überschüssen des außerordentlichen Ergebnisses.

§ 26 Abs. 1 KomHKV schreibt vor, dass ein Überschuss aus dem ordentlichen Ergebnis der Rücklage aus Überschüssen des ordentlichen Ergebnisses zuzuführen ist. Kann der Ausgleich im ordentlichen Ergebnis nicht erzielt werden sind Mittel der Rücklage aus Überschüssen des ordentlichen Ergebnisses hierfür zu verwenden (§ 26 Abs. 2 KomHKV) Somit können sowohl Überschüsse aber auch Fehlbeträge aus der Ergebnisrechnung des ordentlichen Ergebnisses den Bestand der Rücklage aus Überschüssen des ordentlichen Ergebnisses positiv als auch negativ verändern.[37]

Im Rahmen der erstmaligen Erstellung der Eröffnungsbilanz dürfen nach § 67 Abs. 7 KomHKV in Verbindung mit § 85 BbgKVerf seitens der Kommunen in der Eröffnungsbilanz als ein gesonderter Posten des Eigenkapitals eine Rücklage aus Überschüssen des ordentlichen Ergebnisses angesetzt werden. Der Betrag ergibt sich aus dem in der letzten kameralen Jahresrechnung ausgewiesenen Bestand der allgemeinen Rücklage abzüglich des Betrages, der in anderen Posten zu aktivieren ist. Des Weiteren darf der Betrag nicht höher sein als die Summe aus den Wertpapieren des Umlaufvermögens (§ 57 Abs. 3 Nr. 2.3 KomHKV) und den liquiden Mitteln (§ 57 Abs. 3 Nr. 2.4 KomHKV).

---

35 Diese Ausführungen widersprechen jedoch § 67 Abs. 8 KomHKV, wonach Mittel der Sonderrücklage in den Posten Basis-Reinvermögen umzubuchen sind, wenn davon Vermögensgegenstände angeschafft bzw. erstellt wurden. Daher wird hier angeraten, die Umbuchung in einen Sonderposten vorzunehmen.

36 Vgl. Rundschreiben in kommunalen Angelegenheiten zur Anwendung des doppischen Haushalts-, Kassen- und Rechnungswesens sowie Änderung des § 42 Verordnung über die Aufstellung und Ausführung des Haushaltsplans der Gemeinden (KomHKV) vom 10.4.2019, Potsdam.

37 Für Näheres siehe Kap. 16.

Überschüsse aus dem außerordentlichen Ergebnis sind nach § 26 Abs. 5 KomHKV der Rücklage Überschüsse aus dem außerordentlichen Ergebnis zuzuführen. Diese Rücklage kann in Folgejahren zum Ausgleich des ordentlichen als auch außerordentlichen Ergebnisses eingesetzt werden.[38]

10.3.5.3 Sonderrücklagen

Nach § 25 KomHKV ist die Bildung einer Sonderrücklage für nicht verwendetet Mittel der investiven Schlüsselzuweisung nach dem FAG zulässig. Im Rahmen der Erstellung der ersten Eröffnungsbilanz dürfen nach § 67 Abs. 8 KomHKV angesammelte Mittel der Allgemeinen Rücklage für Investitionen späterer Jahre der Sonderrücklage zugeführt werden. Werden von diesen Mittel Vermögensgegenstände hergestellt oder angeschafft, ist eine Umgliederung in den Posten „Basis-Reinvermögen" oder einen Sonderposten notwendig.

Aus der Mehrbelastungsausgleichsverordnung für die Gemeinden infolge des Gesetzes zur Abschaffung der Beiträge für den Ausbau kommunaler Straßen (Straßenausbau-Mehrbelastungsausgleich-Verordnung (§ 2 Abs. 4 StraMaV) geht hervor, dass für nicht verwendete Mehrbelastungsausgleichszahlungen eine Sonderrücklage zu bilden ist.

10.3.5.4 Fehlbetragsvortrag

Der Posten „Fehlbetragsvortrag" ermittelt sich aus dem Abschluss der Ergebnisrechnung eines Haushaltsjahres. Ein Jahresfehlbetrag stellt die negative Differenz zwischen Gesamterträgen und Gesamtaufwendungen eines Haushaltsjahres dar, wobei auch hier zwischen dem ordentlichen und außerordentlichen Ergebnis unterschieden wird.

Ein Fehlbetrag des ordentlichen Ergebnisses ist unter dem Posten „Fehlbetrag des ordentlichen Ergebnisses" nachzuweisen. Ein Fehlbetrag des außerordentlichen Ergebnisses ist unter dem Posten „Fehlbetrag des außerordentlichen Ergebnisses" nachzuweisen.

Ist das Eigenkapital durch Jahresfehlbeträge aufgebraucht, und ergibt sich hierdurch ein Überschuss der Passivposten über die Aktivposten, so ist dieser Betrag nach § 57 Abs. 5 KomHKV am Schluss der Bilanz auf der Aktivseite gesondert unter der Bezeichnung „Nicht durch Eigenkapital gedeckter Fehlbetrag" auszuweisen.

10.3.6 Sonderposten

Die kommunale Bilanz unterscheidet drei Sonderposten. Diese sind:

- Sonderposten aus Zuweisungen der öffentlichen Hand,
- Sonderposten aus Beiträgen, Baukosten- und Investitionszuschüsse,
- Sonstige Sonderposten.

38 Für Näheres siehe Kap. 16.

In § 47 Abs. 4 KomHKV wird die Sonderpostenbildung aus Zuwendungen für Investitionen und Investitionsförderungsmaßnahmen, sowie Beiträgen für Investitionen und Baukostenzuschüsse geregelt. Eine Regelung für sonstige Sonderposten wird vom Gesetzgeber offengelassen.[39]

„Zuwendungen" ist der Oberbegriff von Zuweisungen und Zuschüssen (§ 2 Nr. 55 KomHKV). „Zuweisungen" sind zwischen öffentlichen Aufgabenträgern übertragene Finanzmittel (§ 2 Nr. 54 KomHKV). „Zuschüsse" sind zwischen dem öffentlichen Bereich und dem unternehmerischen oder übrigen Bereich übertragene Finanzmittel (§ 2 Nr. 56 KomHKV).

10.3.6.1 Funktion und inhaltliche Grundlagen

Der Vermögensfinanzierung durch Investitionszuwendungen (Zuweisungen und Zuschüsse) kommt eine besondere Bedeutung zu. Die investitionsbezogenen Zuwendungen für die Anschaffung oder Herstellung eines Vermögensgegenstandes stellen auch ein Steuerungsinstrument des Zuwendungsgebers dar. Durch die Gewährung von Investitionszuwendungen kann die Aufsichtsbehörde orientiert an der Leistungsfähigkeit der Kommunen und mit Blick auf volkswirtschaftliche Erfordernisse deren Investitionstätigkeit steuern. Teilweise wurde dieses Steuerungsinstrument in einigen Bereichen durch Gewährung pauschalierter Zuwendungen auch aus Gründen der Verteilungsgerechtigkeit in die Hände der Kommunen gegeben. Sowohl die investitionsbezogenen Zuwendungen für die Anschaffung oder Herstellung eines Vermögensgegenstandes als auch die pauschalierten Zuwendungen sind im Haushaltsrecht abzubilden.

Den Sonderposten kommt auf der Finanzierungsseite der Bilanz die Funktion zu, erhaltene investitionsbezogene Zuwendungen und erhobene Beiträge für durchgeführte Investitionsmaßnahmen bilanziell abzubilden.

Der Finanzierungscharakter dieser Sachverhalte stellt eine Mischform von Eigen- und Fremdfinanzierung dar. Die Zweckbestimmung der Zuwendung und des Beitrags sowie die Entstehung einer Überdeckung lassen eine Abbildung im Eigenkapital nicht zu, da hierdurch zwar der Kommune Finanzierungsmittel zufließen, diese aber eine Verpflichtung für spätere Haushaltsjahre beinhaltet.

Überlegungen, die Bindungswirkung der investiven Zuwendungen (z. B. Annahme einer Zuwendung mit der Verpflichtung zwanzig Jahre ein hiermit finanziertes Asylheim vorzuhalten, Nutzungsdauer des Gebäudes aber 30 Jahre) und nicht die geplante Nutzungsdauer als kommunale Besonderheit zugrunde zu legen, würden eine kommunalspezifische Regelung mit einer Durchbrechung der kaufmännischen Verfahrensweise darstellen. Eine solche Besonderheit sieht das Gesetz – anders als beim Wegfall des Wahlrechts der aktivischen Minderung – aufgrund der eindeutigen Regelung des § 47 Abs. 4 Satz 2 KomHKV jedoch nicht vor.[40] Inhaltlich liegt der Hauptgrund auch in der Zielsetzung, den Ressourcenverbrauch und das Ressourcenaufkommen abbilden zu wol-

39 Siehe hierzu Kap. 10.3.6.5.

40 Hier sind Zuwendungen mit direkt zuordenbaren Vermögen gemeint. Man beachte jedoch „pauschalierte Zuwendungen" in Kap. 10.3.6.2.

len. Auch wenn die Bindungswirkung einer Zuwendung nicht mehr besteht, basiert die (teilweise) Finanzierung und das damit untrennbar verbundene spätere Ressourcenaufkommen auf der ertragswirksamen Auflösung der Zuwendung auf der Grundlage der geplanten Nutzungsdauer für den angeschafften oder hergestellten Vermögensgegenstand. Die investive Zuwendung teilt hinsichtlich der Abschreibungsdeterminanten (Nutzungsdauer und Abschreibungsverfahren) das „Schicksal" des zugehörigen Vermögensgegenstandes.

Sofern mittels unterschiedlicher Ertragskonten seitens der Gemeinde eine Unterscheidung nach Zuwendungsgebern vorgesehen ist, müssen die Bilanzkonten gleichfalls diese Unterscheidung ausweisen, um eine eindeutige Ertragszuordnung sicherzustellen.

Hierbei ist weiterhin zu berücksichtigen, dass ein Vermögensgegenstand gleichzeitig von unterschiedlichen Zuwendungsgebern anteilig finanziert worden sein kann. Demnach bedarf es in der Anlagenbuchhaltung einer Zuordnungssystematik, die Zuwendungsfinanzierung durch unterschiedliche Zuwendungsgeber zulässt.

Die Zuordnung der Ertragskonten ist anhand des kommunalen Kontierungsplans wie folgt vorzunehmen:

Konto 4161	Erträge aus der Auflösung von Sonderposten aus Zuweisungen
Konto 4371	Erträge aus der Auflösung von Sonderposten für Beiträge, Baukosten- und Investitionszuschüssen
Konto 4571	Erträge aus der Auflösung von sonstigen Sonderposten

10.3.6.2 Sonderpostenbildung für pauschalierte Zuwendungen

Im Rahmen der Finanzierung von Investitionen gibt es derzeit im Finanzausgleichsgesetz pauschalierte Zuwendungsverfahren. Der vom Zuwendungsgeber vorgesehene Verwendungszweck bestimmt die Planung in der Finanz- und Ergebnisrechnung und somit die Verwendung und Zuordnung dieser Finanzierungsmittel. Für die pauschalierten Zuwendungen sind auf der Grundlage der Voraussetzungen des § 47 Abs. 4 KomHKV:

- Investive Verwendung,
- Bewilligung mit Zweckbindung

Sonderposten zu bilden.

Allgemeine Investitionspauschale

Der Zuwendungsgeber bestimmt hierbei nur, dass durch die Kommune aufgrund der laufend pauschalierten Zuwendung mindestens in gleicher Höhe Investitionen zu tätigen sind. Es wird seitens des Zuwendungsgebers weder eine Verwendungsvorgabe noch ein Verwendungsnachweis verlangt. Ausschlaggebend ist nur, dass das gesamte Investitionsvolumen in der Finanzrechnung den Zuwendungsbetrag übersteigt. Sonderposten aus investiven Schlüsselzuweisungen nach dem FAG können, wenn sie keinen einzelnen Vermögensgegenständen zugeordnet werden können, jährlich mit einem Zwanzigstel aufgelöst werden. Es erfolgt im Rahmen des Jahresabschlusses im Produktbereich 61 „Allgemeine Finanzwirtschaft“ eine ergebniswirksame Auflösung des Sonderpostens mit einem Zwanzigstel. Die Buchungssystematik sieht hierbei wie folgt aus:

Geldfluss:
Einzahlungen aus Investitionszuwendungen an Sonderposten

Anteilige Auflösung:
Sonderposten an Erträge aus der Auflösung von Sonderposten

Für investive Schlüsselzuweisungen nach § 13 BbgFAG sind gemäß § 47 KomHKV-Doppik passive Sonderposten zu bilden und ergebniswirksam aufzulösen, sofern die Mittel investiv im Sinne des kommunalen Haushaltsrechts verwendet worden sind. Die Zwecke, für die investive Schlüsselzuweisungen verwendet werden dürfen, werden durch das BbgFAG geregelt. Des Weiteren ist die Bildung einer Sonderrücklage aus noch nicht verwendeten investiven Schlüsselzuweisungen (§ 25 KomHKV) nach dem Finanzausgleichsgesetz ist zulässig.

Investive Schlüsselzuweisungen dürfen nach § 13 Abs. 1 BbgFAG auch für Instandsetzungsmaßnahmen eingesetzt werden. Instandsetzungsmaßnahmen sind im Sinne des kommunalen Haushaltsrechts jedoch nicht aktivierungsfähig und somit nicht investiv. Bilanzausweis und zweckgerechte Verwendung sind unabhängig voneinander zu beurteilen.

10.3.6.3 Ansatz von investitionsbezogenen Zuwendungen und von Beiträgen

Für einzelne investitionsbezogene Zuwendungen ist es zwingend erforderlich, dass eine Anschaffung oder Herstellung eines Vermögensgegenstandes erfolgt, für dessen Finanzierung die investitionsbezogene Zuwendung vorgesehen ist.

Zur Erfüllung der Verwendungsvorgabe ist in der Regel die Anschaffung oder Herstellung erforderlich. Solange hierbei der Anschaffungs- oder Herstellungsvorgang nicht abgeschlossen ist, stellen die zugeflossenen Finanzierungsmittel im Rahmen des Realisationsprinzips eine Anzahlung auf Sonderposten dar. Erst mit Aktivierung des Vermögensgegenstandes erfolgt die Einstellung in den Sonderposten.

Mit Ausnahme der Investitionspauschale bestimmt die Abschreibungsplanung (Nutzungsdauer und Abschreibungsmethode) für den zugehörigen Vermögensgegenstand auch die ertragswirksame Auflösung des Sonderpostens.

Der Ansatz und Ausweis bei der Bilanzierung von investitionsbezogenen Zuwendungen wird nach der Zuwendungszusage des Zuwendungsgebers durch den Liquiditätszufluss und die Verwendungsvorgabe bestimmt. Ist trotz Zuwendungszusage durch den Zuwendungsgeber weder die Verwendungsvorgabe erfüllt noch der Zufluss an Liquidität erfolgt, ist hinsichtlich der Bilanzierung noch nichts zu veranlassen.

Fließt der Kommune die Liquidität zu, sie hat aber die Verwendungsvorgabe noch nicht erfüllt, so hat sie die zugeflossene Liquidität auf der Passivseite als Anzahlung auf Sonderposten so lange auszuweisen, bis die Verwendungsvorgabe erfüllt ist. Mit der Aktivierung des zugehörigen Vermögensgegenstandes erfolgt die Umbuchung der Anzahlungen auf Sonderposten in den Sonderposten.

Buchungen:		
Bank	an	Anzahlungen auf Sonderposten
Anzahlungen auf Sonderposten	an	Sonderposten

Hat der Zuwendungsgeber noch nicht den Liquiditätszufluss veranlasst, obwohl die Kommune die Verwendungsvorgabe aus der Zuwendungszusage durch Aktivierung des Vermögensgegenstandes erfüllt, so ergibt sich für die Kommune eine Forderung aus Transferleistungen gegenüber dem Zuwendungsgeber unter gleichzeitiger Einbuchung des Sonderpostens. Die Abschreibungen und die ertragswirksame Auflösung des Sonderpostens erfolgen anhand der Abschreibungsplanung des geförderten Vermögensgegenstandes. Überweist der Zuwendungsgeber den Zuwendungsbetrag, erlischt die Forderung aus Transferleistungen.

Buchungen:		
Forderungen aus Transferleistungen	an	Sonderposten
Bank	an	Forderungen aus Transferleistungen

Hierzu die denkbaren Sachverhaltskonstellationen im Überblick:

Verwendungsvorgabe erfüllt	**Liquiditätszufluss**	**Ausweis der Zuwendung in der Bilanz**
nein	nein	Kein Ausweis in der Bilanz
nein	ja	Liquide Mittel und Anzahlungen auf Sonderposten
ja	nein	Forderungen aus Transferleistungen und Sonderposten
ja	ja	Liquide Mittel und Sonderposten

„Beiträge" sind nach § 8 Abs. 2 des Kommunalabgabengesetzes Geldleistungen, die als Ersatz des Aufwandes der Kommunen für die Herstellung, Anschaffung und Erweiterung öffentlicher Einrichtungen und Anlagen erhoben werden. Für Beiträge gilt grundsätzlich das gleiche Ansatzverfahren wie bei den investitionsbezogenen Zuwendungen.

Eine Besonderheit in der Sonderpostenbildung für Beiträge besteht darin, dass die Kommune nach Fertigstellung des Vermögensgegenstandes das Gesamtinvestitionsvolumen (z. B. Erschließungsanlage) einzelgrundstücksbezogen aufgrund bestimmter Verteilungsschlüssel aufteilt und die Beiträge per Bescheid gegenüber den einzelnen Beitragspflichtigen (z. B. Grundstückseigentümer) erhebt. Zwischen Fertigstellung und somit Aktivierung des Vermögensgegenstandes und der einzelbezogenen Bescheidung der Beitragspflichtigen entsteht ein zeitlicher Versatz, der eine parallele Auflösung des

Sonderpostens mit der Abschreibung des Vermögensgegenstandes aufgrund der Abschreibungsplanung unmöglich macht.[41]

Im Rahmen dieser Festlegung waren zwei für das kommunale Haushaltsrecht vorgegebene Grundsätze gegeneinander abzuwägen, wobei im Ergebnis das Realisationsprinzip über das Ressourcenverbrauchskonzept gestellt wurde. Der Sonderposten wird daher nach § 47 Abs. 4 Satz 1 KomHKV trotz vorheriger rechtlicher Entstehung mit der Fertigstellung des Vermögensgegenstandes erst mit der Realisation der Forderung mittels Beitragsbescheid gegenüber den Beitragspflichtigen gebucht werden.

So wird es möglich sein, dass aufgrund eines zeitlichen Versatzes der Geltendmachung gegenüber den Beitragspflichtigen und somit bei zeitlichem Versatz bei der Sonderpostenbildung gegenüber der Aktivierung des Vermögensgegenstandes die Erträge aus der Auflösung des Sonderpostens die Aufwendungen aus Abschreibungen übersteigen.

Beispiel:

Gesamtinvestitionsvolumen Straße	*1.200.000 €*
Beitragsanspruch	*90 %, entspricht gesamt 1.080.000 €*
Nutzungsdauer/Abschreibung	*40 Jahre linear; entspricht 30.000 € jährlich*
Zeitlicher Versatz	*5 Jahre*
Erträge aus Auflösung Sonderposten	*Rund 30.857 € (Beitragsanspruch 1.080.000 € durch Restnutzungsdauer der Straße 35 Jahre)*

Zur Vermeidung solcher atypischer Bilanz- und Ergebnisdarstellungen sind die Kommunen gehalten, die aus der Aufteilung der Gesamtkosten der Maßnahme resultierende Veranlagung möglichst zeitnah vorzunehmen.

Im Juni 2019 wurden die Beiträge nach § 8 Abs. 1 Satz 2 KAG Bbg für den Ausbau kommunaler Straßen abgeschafft. Maßnahmen, die vor dem 1. Januar 2019 fertiggestellt wurden, sind hiervon nicht betroffen. Die daraus resultierenden Einnahmeausfälle werden nach dem Gesetz über den Mehrbelastungsausgleich durch das Land ersetzt. Die Gemeinden erhalten ab 2019 pauschalierte jährliche Zahlungen, die anhand der Gesamtlänge der gewidmeten Gemeindestraßen errechnet werden.[42] Der jährliche Pauschalbetrag stellt eine zweckgebundene Zuweisung dar und steht für Straßenausbaumaßnahmen zur Verfügung, für die vor dem Beitragserhebungsverbot entsprechende Beiträge erhoben worden wären.

41 Ein alternativer Darstellungsansatz, in Form eines Forderungspostens „Bestimmbare Forderung" (z. B. gegenüber den Grundstückseigentümern der Hausnummern A bis Z) in Höhe des Gesamtinvestitionsvolumens mit gleichzeitiger Einbuchung eines Sonderpostens zwecks Gewährleistung eines parallelen Verlaufs von Abschreibung und ertragswirksamer Auflösung des Sonderpostens, sieht das Gesetz nicht vor.

42 § 2 StraMaV vom 20.8.2020.

Reichen die antragsfreien Pauschalen nicht aus, können Kommunen Anträge auf Fehlbetragsausgleichzahlungen stellen.[43] Für nicht verwendete Mehrbelastungsausgleichszahlungen ist nach § 2 Abs. 4 StraMaV eine Sonderrücklage im Produkt „Gemeindestraßen" zu bilden.

10.3.6.4 Sonstige Sonderposten

Dieser Bilanzposten ist ein Sammelposten für weitere Sachverhalte, die eine Sonderpostenbildung erforderlich machen. Zwei solcher Sachverhalte sind die erhaltenen Leistungen

- für ökologische Ausgleichs- und Ersatzmaßnahmen (auch „Öko-Konto" genannt) und
- für die Ablösung von der Verpflichtung zur Erstellung von Stellplätzen.

Beide Sachverhalte beinhalten als Besonderheit, dass der Leistende für seine erbrachte Geldleistung keinen Rückzahlungsanspruch besitzen, sondern sich von einer rechtlichen Leistungsverpflichtung „freikauft", die basierend auf einer Geldleistung nunmehr durch die Kommune wahrgenommen wird. Bei den ökologischen Ausgleichs- und Ersatzmaßnahmen kommt hinzu, dass die erhaltenen Geldleistungen sowohl für investive als auch für konsumtive ökologische Maßnahmen verwandt werden können. Zahlungseingang und sachgerechte Verwendung sind getrennt voneinander zu betrachten.

Mangels Gegenleistungsverpflichtung gegenüber dem Leistenden ist bei Leistung oder Forderungseinbuchung die Gegenposition stets der jeweilige Sonderposten für Ausgleichs- und Ersatzflächen bzw. für die Ablösung von der Verpflichtung zur Erstellung von Stellplätzen.

Bei zweckbestimmter Verwendung erfolgt für eine investive Verwendung (z. B. Anschaffung eines Vermögensgegenstandes) eine Umbuchung in der Form, dass einem angeschafften oder hergestellten Vermögensgegenstand der Sonderposten zugeordnet wird. Mit dieser Umbuchung wird aus einem „globalen" Sonderposten ein einem Vermögensgegenstand zugehöriger Sonderposten, mit der Konsequenz, dass parallel zur Abschreibung aufgrund der Abschreibungsplanung des zugehörigen Vermögensgegenstandes in analoger Form eine ertragswirksame Auflösung dieses Sonderpostens erfolgt.

43 §§ 4 bis 6 StraMaV vom 20.8.2020.

Zahlungsphase		
Ablösung der gesetzlichen Verpflichtung durch Dritte		
Debitor/Bank	an	Sonderposten Hauptbuch
Verwendungsphase		
1) Investive Verwendung der erhaltenen Ausgleichszahlungen durch die Kommune		
a) Anschaffung eines Vermögensgegenstandes		
Anlagegut	an	Liquide Mittel
b) Umbuchung vom „Sammelsonderposten“ auf den einem Anlagegut zugehörigen Einzelsonderposten		
Sonderposten Hauptbuch	an	Sonderposten Anlagegut
2) Konsumtive Verwendung der erhaltenen Ausgleichszahlungen durch die Kommune		
a) Durchführung einer konsumtiven Leistung		
Sach-/Dienstleistungsaufwand	an	Kreditor/Verbindlichkeit/Bank
b) Neutralisierung des Aufwandes durch teilweise ertragswirksame Auflösung aus dem „Sammelsonderposten“		
Sonderposten Hauptbuch	an	Erträge aus der Auflösung von sonstigen Sonderposten

10.3.6.5 Übung

Sachverhalt Nr. 12
In der Gemeinde G wird eine Geschäftsanweisung für die Vermögensbewirtschaftung erstellt. Hierin wird vorgesehen, dass zur Erleichterung der Anlagenbuchhaltung die erhaltenen Zuwendungen bei Aktivierung der zugeordneten Vermögensgegenstände den Vermögenswert mit dem vollen Betrag der erhaltenen Zuwendung mindern sollen, da diese Vorgehensweise keinerlei Auswirkungen auf das Jahresergebnis in der Ergebnisrechnung hat.

Aufgabe:
Beurteilen Sie diese Regelung.

Lösung:
Die Regelung ist unzulässig, da das Wahlrecht des kaufmännischen Rechnungswesens einer aktivischen Minderung der Anschaffungs- oder Herstellungskosten durch Zuwendungen nach § 47 Abs. 4 KomHKV nicht zulässig ist. Das Haushaltsrecht hat das Ziel, den vollständigen Ressourcenverbrauch und auch das zugehörige Ressourcenaufkommen unsaldiert abzubilden. Hierbei soll neben der Vermögensverwendung auch die Vermögensfinanzierung anhand der Zuwendungsgeber dargestellt werden.

10.3.7 Rückstellungen

Gemäß § 77 BbgKVerf hat eine Gemeinde angemessene Rückstellungen zu bilden. Die Rückstellungen gehören zu den Fremdkapitalposten. Rückstellungen stellen Verbindlichkeiten oder Aufwendungen dar, die hinsichtlich ihrer Entstehung oder Höhe ungewiss sind. Durch die Rückstellungsbildung sollen später zu leistende Auszahlungen aufwandsmäßig den Haushaltsjahren ihrer Verursachung zugerechnet werden. Die Rückstellungseinbuchung erfolgt grundsätzlich nachfolgendem Buchungssatz:

Aufwandskonto (Unterscheidung nach Aufwandsarten)	an	Rückstellungskonto (Unterscheidung nach Rückstellungsarten)

Der § 48 KomHKV greift inhaltlich die Bilanzstruktur der einzelnen Rückstellungsposten auf und stellt prägnant die relevanten Inhalte zu diesen Posten dar. Die Rückstellungen untergliedern sich in der kommunalen Bilanz in folgende Posten:

1. die Pensionsverpflichtungen nach den beamtenrechtlichen Bestimmungen,
2. die Beihilfeverpflichtungen gegenüber Versorgungsempfängern,
3. die Lohn- und Gehaltszahlung für Zeiten der Freistellung von der Arbeit im Rahmen von Altersteilzeitarbeit und ähnlichen Maßnahmen,
4. im Haushaltsjahr unterlassene Aufwendungen für Instandhaltung, die im folgenden Haushaltsjahr nachgeholt werden,
5. die Rekultivierung und Nachsorge von Abfalldeponien,
6. die Sanierung von Altlasten,
7. ungewisse Verbindlichkeiten im Rahmen des Finanzausgleichs und von Steuerschuldverhältnissen,
8. drohende Verpflichtungen aus Bürgschaften, Gewährleistungen und anhängigen Gerichtsverfahren sowie
9. sonstige Verpflichtungen, die vor dem Bilanzstichtag wirtschaftlich begründet wurden und die dem Grunde oder der Höhe nach noch nicht genau bekannt sind, sofern der zu leistende Betrag nicht geringfügig ist.

Inhaltlich zu unterscheiden sind Rückstellungen mit Schuldcharakter, bei denen Rückstellungen für dem Grunde oder der Höhe nach ungewissen Verpflichtungen aufgrund bestehender Rechtsbeziehungen zu Dritten zu bilden sind, und Rückstellungen mit einer Aufwandsverpflichtung gegen sich selbst, bei denen Aufwendungen dem abgelaufenen Haushaltsjahr oder vergangenen Haushaltsjahren zu zuordnen sind.

Zur Verdeutlichung der begrifflichen Abgrenzung zwischen Schulden und Rückstellungen werden in der nachfolgenden Darstellung die zugehörigen inhaltlichen Komponenten dargestellt, wobei die Verbindlichkeitsrückstellungen quasi als begriffliche Schnittmenge sowohl den Schulden als auch den Rückstellungen zuzuordnen sind:

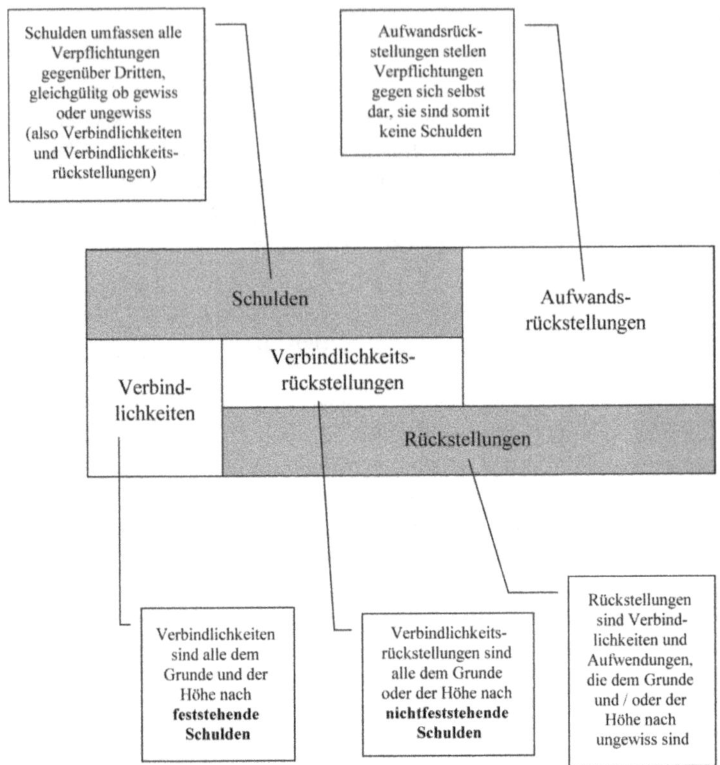

Die Verpflichtung zur Rückstellungsbildung umfasst im kommunalen Haushaltsrecht sämtliche Verbindlichkeitsrückstellungen. Im Bereich der Aufwandsrückstellungen sind unter bestimmten Voraussetzungen lediglich Rückstellungen für unterlassene Instandhaltung von Sachanlagen zu bilden.

10.3.7.1 Pensions- und Beihilferückstellungen

Alle Pensionsverpflichtungen nach den beamtenrechtlichen Bestimmungen sind nach § 48 Abs. 1 Nr. 1 und Abs. 2 KomHKV mit ihrem im Teilwertverfahren zu ermittelndem Barwert als Rückstellung anzusetzen. Dies bedeutet, dass alle entstandenen Verpflichtungen gegenüber aktiv Beschäftigten, allen Pensionären und allen Hinterbliebenen in der Bilanz darzustellen sind. Dazu gehören auch andere fortgeltende Ansprüche von Personen nach dem Ausscheiden aus dem aktiven Dienst (z. B. Beihilfeleistungen).

§ 48 Abs. 2 KomHKV legt bei der Ermittlung der Verpflichtungen einen Rechnungszinsfuß von 5 v. H. zugrunde. Dies stellt eine Abweichung zu dem im kaufmännischen Rechnungswesen weitgehend übernommenen Zinsfuß in Höhe von 6 v. H. des Einkommenssteuerrechts dar.[44] Konsequenz dessen ist, dass es im Rahmen der Konsolidierung keinen einheitlichen Zinsfuß geben wird, der sich im Bereich der verbundenen Unternehmen und Beteiligungen sicherlich am steuerlichen Zinsfuß orientieren wird.

Das Teilwertverfahren bildet die Verpflichtungsentwicklung hinsichtlich der Pensionsrückstellungen der Gemeinde gegenüber den Beamten idealtypisch ab. Hierbei sind folgende Entwicklungsabschnitte zu berücksichtigen:

Zeitliche Abschnitte bei Pensionsrückstellungen	**Was hat die Gemeinde zu tun?**
Diensteintritt	Der Diensteintritt stellt den Beginn der Wartezeit bis zur Pensionszusage dar. Nach der § 48 Abs. 1 KomHKV sind die Gemeinden zu diesem Zeitpunkt nicht zur Bildung einer Pensionsrückstellung verpflichtet, da durch den Diensteintritt noch kein Anspruch bewirkt wird.
Pensionszusage	Erst nach fünf Jahren Dienstzeit realisiert sich die gesetzlich bestimmte Pensionszusage durch die Gemeinde. Ein spezieller Verwaltungsakt bzw. eine spezielle Mitteilung erfolgt hierbei durch die Gemeinde gegenüber dem Beamten nicht. Zu diesem Zeitpunkt hat die Gemeinde eine Einmalrückstellung für die fünf zurückliegenden Jahre vorzunehmen. Im Rahmen des Vorsichtsprinzips erscheint es vertretbar, mit der Bildung von Pensionsrückstellungen bereits bei Diensteintritt zu beginnen, damit sich gerade in kleineren Gemeinden nicht im Rahmen der Einmalrückstellung eine erhebliche Aufwandserhöhung ergibt.
Ansammlungsphase	Es erfolgt während der aktiven Dienstzeit eine ratierliche Ansammlung der Pensionsverpflichtungen.
Pensionsantritt	Mit Pensionsantritt wird der Barwert der Verpflichtung als Rückstellungsbestand erreicht. Der auf dem Rückstellungskonto angesammelte Anspruch als Beschäftigter ist mit Pensionsantritt dem Rückstellungskonto für Versorgungsempfänger zuzuordnen.
Zahlung der Pensionen	Der Rückstellungsbestand soll den Aufwand, der im Rahmen der Pensionszahlungen entsteht, decken. Hierbei stellen die Pensionszahlungen in der Ergebnisrechnung zunächst Aufwand dar, der im Rahmen der Auflösung der Rückstellung im Rahmen des Jahresabschlusses idealtypisch neutralisiert werden sollte. In der Regel werden sich hierbei Abweichungen ergeben, die überwiegend zu einem verbleibenden Aufwand führen werden (Barwert-Effekt = 5 % Barwertdifferenz für ein Jahr). Theoretisch kann es jedoch auch per Saldo zu Erträgen aus der Auflösung von Pensionsrückstellungen kommen.
Versterben des Beamten	Idealtypisch wird die Pensionsrückstellung anhand von Sterbetafeln gebildet. Beim Versterben eines einzelnen Beamten kann es zu einer Unterschreitung der vorgesehenen Lebenszeit kommen; hier würde ein Rest in der Pensionsrückstellung entstehen. Bei Überschreiten der vorgesehenen Lebenszeit würde sich ein zusätzlicher Rückstellungsbedarf ergeben. Da zwar die ungewissen Verbindlichkeiten einzeln bewertet werden, die Pensionsrückstellung aber die Gesamtheit der Anspruchsberechtigten abbildet, führt dies in der Regel zu einer Nivellierung untereinander.

44 Vgl. § 6a Abs. 3 Satz 3 EStG.

Die Bewertung der Ansprüche jedes einzelnen Beschäftigten erfolgt mittels eines versicherungsmathematischen Gutachtens. Die Ermittlung kann durch ein Gutachten eines Versicherungsmathematikers, einer Versorgungskasse oder eigenständig anhand einer zertifizierten Software erfolgen. In Brandenburg übernimmt dies der Kommunale Versorgungverband Brandenburg, in dem alle Kommunen und Landkreise Pflichtmitglied sind.

Ebenfalls sind Rückstellungen für Beihilfeverpflichtungen der Versorgungsempfänger zu bilden nach § 48 Abs. 1 Nr. 2 KomHKV. Dieses hat entsprechend Ziff. 4.3.2 BewertL Bbg wie folgt zu geschehen: *„Basis für die versicherungsmathematische Ermittlung und Bewertung der Beihilfeverpflichtungen nach dem steuerlichen Teilwertverfahren sind zunächst die geschätzten künftigen Krankheitskosten für deutsche Beihilfeberechtigte, die auf der Grundlage der Daten aller deutschen privaten Krankenversicherer von der Bundesanstalt für Finanzdienstleistungsaufsicht ermittelt werden. Für jedes der letzten fünf Kalenderjahre werden diese den tatsächlichen Beihilfeaufwendungen gegenübergestellt, unter Berücksichtigung eines angemessenen Sicherheitszuschlages angepasst und der Bewertung der Beihilfeverpflichtungen zugrunde gelegt. Es ist ein Rechnungszinsfuß von 5 % p. a. anzusetzen."*[45]

10.3.7.2 Rückstellungen für Altersteilzeit

Ebenfalls sind Rückstellungen für Altersteilzeitverpflichtungen laut § 48 Abs. 1 Nr. 3 KomHKV zu bilden. Alterteilzeitverträge können aufgrund verschiedener Grundlagen geschlossen werden. Grundsätzlich gibt es zwei Modelle: das Blockmodell und das Teilzeitmodell. Auch hierzu gibt es Ausführungen im Bewertungsleitfaden.

Zum Stichtag werden nur die Altersteilzeitvereinbarungen bilanziert, für die entsprechende Vereinbarungen mit den Beschäftigten zum Stichtag bereits geschlossen wurden, auch wenn die Altersteilzeit zum Stichtag noch nicht begonnen hat. In Zukunft noch eventuell abzuschießende Vereinbarungen sind nicht zu berücksichtigen.

Die Aufstockungsbeträge sind zum Zeitpunkt des Abschlusses der Altersteilzeitvereinbarung für die gesamte Laufzeit als Rückstellung für ungewisse Verbindlichkeiten zu passivieren und im Zeitraum der Altersteilzeit zeitanteilig in Anspruch zu nehmen. Der sog. „Erfüllungsrückstand im Blockmodell" (d. h. Differenz zwischen tatsächlicher Arbeitsleistung und halbem Nettoeinkommen) ist zunächst in der Beschäftigungsphase anzusammeln und in der Freistellungsphase zeitanteilig in Anspruch zu nehmen.[46]

45 Zitat Ziff. 4.3.2 BewertL Bbg.

46 Zitat Ziffer 4.3.3 BewertL Bbg und Anlage 5 BewertL Bbg.

Folgende Beispiele hierzu sind der Anlage Nr. 25 Altersteilzeit zum Bewertungsleitfaden (2006) entnommen:

Beispiel zum Teilzeitmodell:
Im Juli 2024 wird eine Altersteilzeitvereinbarung abgeschlossen. Diese sieht vor, dass für den Zeitraum 1.7.2025 bis 30.6.2030 nur noch die halbe tägliche Arbeitszeit zu leisten ist. Als Aufstockungsbetrag sind 33% des monatlichen Nettoeinkommens von 2.500 Euro vereinbart.

Bereits im Juli 2024 ist für den gesamten Fünfjahreszeitraum der ATZ (1.7.2025 bis 30.6.2030 = 60 Monate) eine Rückstellung für ungewisse Verbindlichkeiten für den Aufstockungsbetrag zu passivieren:

ATZ-Zeitraum	×	*Aufstockungssatz (33 % vom Nettoeinkommen)*	=
60 Monate	×	*825 €*	=

ATZ-Rückstellung (Juli 2024) 49.500 Euro (sofort Aufwand)

Die Altersteilzeitrückstellung ist im Fünfjahreszeitraum für jeden Monat des vereinbarten ATZ-Zeitraumes anteilig in Anspruch zu nehmen:

2025	*6 Monate*	×	*825 €*	=	*4.950 €*
2026	*12 Monate*	×	*825 €*	=	*9.900 €*
2027	*12 Monate*	×	*825 €*	=	*9.900 €*
2028	*12 Monate*	×	*825 €*	=	*9.900 €*
2029	*12 Monate*	×	*825 €*	=	*9.900 €*
2030	*6 Monate*	×	*825 e*	=	*4.950 €*

Gesamtinanspruchnahme 49.500 €

Der Beschäftigte erhält pro Monat:

Für 50 % Leistung 50 % der Entlohnung (laufender Aufwand)	*1.250 €*
sowie den Aufstockungsbetrag (aus der Rückstellung)	*825 €*
Gesamtbetrag:	*2.075 €*

Beispiel zum Blockmodell:
Im Juli 2024 wird eine Altersteilzeitvereinbarung abgeschlossen, die ebenfalls den Zeitraum 1.7.2025 bis 30.6.2030 vorsieht. Als Aufstockungsbetrag sind 33 % des monatlichen Nettoeinkommens von 2.500 € vereinbart. Die Vereinbarung sieht jedoch zudem eine Beschäftigungsphase von 30 Monaten (vom 1.7.2025 bis 31.12.2027) und eine Freistellungsphase von ebenfalls 30 Monaten (1.1.2026 bis 30.6.2030) vor.

Bereits im Juli 2024 ist für den gesamten Fünfjahreszeitraum der ATZ (1.7.2025 bis 30.6.20308 = 60 Monate) eine Rückstellung für ungewisse Verbindlichkeiten für den Aufstockungsbetrag zu passivieren:

ATZ-Zeitraum	×	*Aufstockungssatz (33 % vom Nettoeinkommen)*	=
60 Monate	×	*825 €*	=

ATZ-Rückstellung (Juli 2024) 49.500 Euro (sofort Aufwand)

In der Beschäftigungsphase betragen die Beschäftigungskosten nur 50 % des Nettoeinkommens, während die volle Arbeitsleistung erbracht wird. Dieser Erfüllungsrückstand als noch nicht entlohnte Arbeitsleistung ist für jeden Monat der Beschäftigungsphase mit 50 % zurückzustellen:

2025	*6 Monate*	×	*1.250 €*	=	*7.500 €*
2026	*12 Monate*	×	*1.250 €*	=	*15.000 €*
2027	*12 Monate*	×	*1.250 €*	=	*15.000 €*

ATZ-Rückstellung gesamt 37.500 €

Die Rückstellung entwickelt sich Fünfjahreszeitraum wie folgt:

Beschäftigungsphase:

2025	*Inanspruchnahme des Aufstockungsbetrages*	
	6 Monate × 825 €	*–4.950 €*
	– Zuführung des Erfüllungsrückstandes	
	6 Monate × 1.250 €	*+7.500 €*
2026/27	*– Inanspruchnahme des Aufstockungsbetrages*	
	jeweils 12 Monate × 825 €	*–9.900 €*
	– Zuführung des Erfüllungsrückstandes	
	jeweils 12 Monate × 1.250 €	*+15.500 €*

Der Beschäftigte erhält pro Monat:	
Für 100 % Leistung 50 % der Entlohnung (laufender Aufwand)	*1.250 €*
sowie den Aufstockungsbetrag (aus der Rückstellung)	*825 €*
Gesamtbetrag	*2.075 €*

Freistellungsphase:

2028/29	*– Inanspruchnahme des Aufstockungsbetrages*	
	jeweils 12 Monate × 825 €	*–9.900 €*
	– Inanspruchnahme des Erfüllungsrückstandes	
	jeweils 12 Monate × 1.250 €	*–15.000 €*

2030	*– Inanspruchnahme des Aufstockungsbetrages*	
	6 Monate × 825 €	*–4.950 €*
	– Inanspruchnahme des Erfüllungsrückstandes	
	6 Monate × 1.250 €	*–7.500 €*

Der Beschäftigte erhält pro Monat:	
Für 0 % Leistung 50 % der Entlohnung (laufender Aufwand)	*1.250 €*
sowie den Aufstockungsbetrag (aus der Rückstellung)	*825 €*
Gesamtbetrag	*2.075 €*

> Aufwendungen für Rückstellungen für ATZ-Verpflichtungen (z. B. 5071)
> an
> Rückstellungen für ATZ-Verpflichtungen (z. B. 2513)

Rückstellungen für nicht genommenen Urlaub etc. sind ebenfalls zu bilden, da in der Begründung zum Entwurf der KomHKV bereits darauf verwiesen wird. Vorgesehen ist, diese Dinge in der VV zur KomHKV zu erläutern. Daher wird hierzu im Bewertungsleitfaden Folgendes angeführt: *„Wenn Teile des Jahresurlaubs nicht genommen, Überstunden zum späteren Ausgleich oder Gleitzeitüberhänge angesammelt werden, erfolgt eine Belastung des entsprechenden Haushaltsjahres, weil mehr Arbeitsleistung von den Beschäftigten erbracht wird, als für das Beschäftigungsverhältnis vereinbart. Die zutreffende Abbildung des Personalaufwandes wird durch die Rückstellungsbildung für Urlaub und Überstunden erreicht. Diese ist personenbezogen zu ermitteln, wobei jedoch die Bewertung mit Durchschnittssätzen nach Besoldungs- oder Tarifgruppen gearbeitet werden kann."*

Hieraus ergeben sich zwei weitere Arten an sonstigen Rückstellungen: die Rückstellungen für nicht in Anspruch genommenen Urlaub und Rückstellungen für geleistete Überstunden. Die Gemeinden haben in der Regel verwaltungsweit zum jeweiligen 31. Dezember stichtagsbezogen festzustellen, in welcher Höhe Ansprüche der Beschäftigten aus Urlaub und Überstundenüberhängen für das abgelaufene Rechnungsjahr bestehen.

Der im Haushaltsjahr aufgelaufene Anspruch der Beschäftigten zwecks Ausgleichs von Überstunden stellt einen Aufwand des laufenden Haushaltsjahres dar. Es besteht alternativ die Möglichkeit, die Überstunden im Folgejahr gegen Freizeit oder Bezahlung auszugleichen. Im Rahmen der Rückstellungsbildung erfolgt keine Differenzierung zwischen diesen beiden Formen der Überstundenabgeltung; im Rahmen einer periodengerechten Aufwandszuordnung sind entsprechende Rückstellungen zu bilden.

Gleitzeitguthaben bzw. -defizite sind hierbei grundsätzlich im Rahmen der Wesentlichkeit mit einzubeziehen.

Die Ermittlung erfolgt jeweils stichtagsbezogen analog dem dargestellten Ermittlungs- und Berechnungsschema. Hierbei werden die jeweiligen Überstunden einer Lohn-,

Vergütungs- bzw. Besoldungsgruppe mit dem jeweiligen Überstundensatz, bei Angestellten und Arbeitern zzgl. eines 25%igen Zuschlags[47] multipliziert.

Beispiel zum Berechnungsschema:[48]

Ermittlung der Überstundenrückstellung				
Lohn-, Vergütungs-, Besoldungsgruppe der Tarifbeschäftigten des Fachbereiches	**Überstunden-anspruch**	**Überstunden-satz (Stufe 3) in EUR**	**für Arbeiter und Angestellte bei Sonntags-arbeit: Zuschlag 25 %**	**Höhe der Rückstellung für den Produkt-bereich**
Entgeltgruppen				
1		14,25 €	2,19	€
2		17,56 €	2,70	€
3		18,88 €	2,90	€
4		19,84 €	3,05	€
5		20,50 €	3,15	€
6		21,37 €	3,29	€
7		22,06 €	3,39	€
8		23,14 €	3,56	€
9		26,20 €	4,03	€
10		25,60 €	4,45	€
11		26,73 €	4,65	€
12		29,00 €	5,04	€
13		30,38 €	5,28	€
14		32,83 €	5,71	€
15		35,67 €	6,20	€
Beamte[49]				
A 2–A 4		12,54 €		€
A 5–A 8		14,81 €		€
A 9–A 12		20,34 €		€
A 13–A 16		28,00 €		€
			Summe:	**EUR**

Das Berechnungsverfahren für Urlaubsrückstellungen entspricht grundsätzlich dem Berechnungsverfahren für Überstundenrückstellungen.

47 Der 25%ige Zuschlag stellt einen Vorschlagswert dar. Er beinhaltet nach dem Vorsichtsprinzip den Sozialversicherungsanteil des Arbeitgebers, wobei der Anteil für die Krankenkassen je nach Zugehörigkeit differieren kann.

48 Basierend auf der Entgelttabelle TVöD-Kommunen Ost (gültig ab 1.4.2021). Quelle: https://www.oeffentlichen-dienst.de/tvoed-v.html (Zugriff: Juni 2021).

49 Gemäß § 4 Mehrarbeitsvergütungsverordnung (gültig ab 8.1.2020). Quelle: https://www.oeffentlichen-dienst.de/zulagen/27-verguetung-fuer-beamte/85-mehrarbeitsverguetung.html. (Zugriff: Juni 2021).

Der Jahresurlaubsanspruch der Beschäftigten stellt einen Aufwand der laufenden Periode dar. Üblicherweise wird von den Beschäftigten ein Teil ihres Jahresurlaubs erst im Folgejahr (bei Beamten bis zum 30. September) genommen. Für die Zahlung des Lohnes, des Gehalts bzw. der Besoldung während dieser periodenfremden Urlaubszeit der Beschäftigten sind entsprechende Rückstellungen zu bilden.

Zur Berechnung der Urlaubsrückstellung werden bezogen auf die Beschäftigten folgende Werte herangezogen:

Es sind strukturiert nach Lohn-, Gehalts- und Besoldungsgruppe sämtliche noch nicht in Anspruch genommene Urlaubstage aus dem laufenden Jahr zum Bilanzstichtag je Produktgruppe zu ermitteln. Für jeden Urlaubstag wird anteilig bei Vollzeitbeschäftigen das durchschnittliche Stundenarbeitsvolumen je Tag (z. B. Angestellte und Arbeiter: 8 Stunden) zugrunde gelegt. Bei Teilzeitbeschäftigten geschieht dies entsprechend der anteiligen Arbeitszeit. Aufgrund der sachlichen Gliederung des kommunalen Haushalts sind aufgrund einer späteren Aufwands-/Ertragsverteilung die offenen Urlaubstage der Beschäftigten den Produktbereichen des Haushalts zuzuordnen. Sofern ein Beschäftigter für unterschiedliche Produktbereiche tätig sein sollte, ist der Rückstellungsaufwand auf diese Produktbereiche aufzuteilen.

Die Multiplikation der errechneten Stundenzahl der Urlaubstage mit dem aktuellen Überstundensatz ergibt den Rückstellungsbetrag.

Die Buchungssätze lauten:

Aufwendungen für Rückstellungen für nicht in Anspruch genommenen Urlaub (5081) an Rückstellungen für nicht in Anspruch genommenen Urlaub (z. B. 2513)

Werden Resturlaubsansprüche/Überstundenansprüche in der Regel ins Folgejahr übertragen und auch gewährt, tritt keine finanzielle Abgeltung ein, und es kann nach Auffassung der Autorin auf eine Bildung der Rückstellung verzichtet werden.

10.3.7.3 Instandhaltungsrückstellungen

Analog zum kaufmännischen Rechnungswesen beinhaltet das Haushaltsrecht aufgrund seiner Zielsetzung (einer dem Haushaltsjahr gerecht werdenden Abbildung des Ressourcenverbrauchs und -aufkommens) eine sehr dynamische Bilanzauffassung.

In § 48 Abs. 1 Nr. 4 KomHKV werden die Rückstellungen für unterlassene Instandhaltung bei Sachanlagen als einzige Art der Aufwandsrückstellungen zugelassen, da diese den gebräuchlichsten Fall der Aufwandsrückstellungen darstellen und in diesen Rückstellungen auch eine hohes Ansatzpotenzial für den Bilanzausweis steckt. Unterlassene Instandhaltung sind nach § 48 Abs. 1 KomHKV pflichtig als Rückstellungen auszuweisen, wenn die Nachholung der Instandhaltung hinreichend konkret beabsichtigt ist (im kommenden Jahr)[50] und die Instandhaltung als bisher unterlassen bewertet werden muss.[51]

Als abbildungsfähige Sachverhalte für Rückstellungen aufgrund unterlassener Instandhaltung sind im Rahmen der hierunter zu subsumierenden Teilbegriffe „Instandsetzung“, „Wartung“ und „Inspektion“ zu verstehen:

- *„Zur Instandsetzung gehören alle Maßnahmen der Verschleißbeseitigung mit dem Ziel, den ursprünglichen Zustand der Anlage wieder herzustellen.*
- *Der Wartung dienen alle Maßnahmen der (vorbeugenden) Verschleißhemmung.*
- *Inspektionen dienen der regelmäßigen Feststellung des Grades der Leistungsfähigkeit bzw. des eingetretenen technischen Verschleißes von Anlagen.“*[52]

Mit der Verpflichtung zur Bildung von Rückstellungen für unterlassene Instandhaltung wird der Aufwand in dem Haushaltsjahr erfasst, in dem er wirtschaftlich entstanden oder verursacht wurde, auch wenn die vorgesehene Maßnahme in ein späteres Haushaltsjahr verschoben wird. Des Weiteren unterstützt diese Verpflichtung zur Bildung von Rückstellungen für unterlassene Instandhaltung die Zielsetzung der Dokumentation der intergenerativen Gerechtigkeit. Gleichzeitig wird hiermit eine bessere Vergleichbarkeit der einzelnen Haushaltsergebnisse erreicht.

Für die inhaltlichen Voraussetzungen eines Ansatzes von Instandhaltungsrückstellungen knüpft das Haushaltsrecht an den § 249 Abs. 2 des HGB. Dieser zählt die vier Voraussetzungen auf, nach denen in der kommunalen Bilanz Instandhaltungsrückstellungen gebildet werden dürfen. Dies sind Aufwendungen

- die ihrer Eigenart nach genau umschrieben sind,
- dem Geschäftsjahr oder einem früheren Geschäftsjahr zuzurechnen sind,
- deren Eintreten am Abschlussstichtag wahrscheinlich oder sicher ist und
- deren Höhe und Zeitpunkt ihres Eintritts jedoch noch unbestimmt sind.

Die genaue Umschreibung der Eigenart ist im § 48 Abs. 1 Nr. 4 KomHKV i. V. m. Ziff. 4.3.4 BewertL Bbg gesetzlich fixiert. Hiernach müssen die vorgesehenen Maßnahmen, für die eine Rückstellung gebildet wird, am Abschlussstichtag einzeln bestimmt und wertmäßig beziffert sein. Dies entspricht dem Prinzip der Einzelbewertung, wobei der Aufwand der Maßnahme sachgerecht zu schätzen ist.

50 Vgl. Ziff. 4.3.4 BewertL Bbg.

51 § 249 HGB regelt dies für den handelsrechtlichen Bereich anders. Wird die Instandhaltung innerhalb von drei Monaten im folgenden Geschäftsjahr nachgeholt, sind Rückstellungen für unterlassene Instandhaltung pflichtig zu bilden. Ansonsten besteht zur Bildung von Rückstellungen für unterlassene Instandhaltung ein zweifaches handelsrechtliches Wahlrecht. Der Ansatz kann entweder nach Absatz 1 Satz 3 (vier bis zwölf Monate Nachholungsfrist) oder nach Absatz 2 (keinerlei Nachholungsfrist) unter Nutzung des jeweiligen Wahlrechts vorgenommen werden.

52 *Adler/Düring/Schmaltz*, Rechnungslegung und Prüfung der Unternehmen, 6. Aufl., Stuttgart 1998, Rz. 168 zu § 249, S. 460.

Beispiel:
Der Rückstellungszweck ist eine Fenstererneuerung, die im Haushaltsjahr 2024 nicht durchgeführt wurde. Grundlage für die Schätzung der Höhe bietet die Zahl der zu erneuernden Fenster, die Ausstattungsqualität der Fenster und übliche Marktpreise, z. B. abgeleitet aus anderen, gleichgelagerten Maßnahmen.

Die Instandhaltung muss nach § 48 Abs. 1 Nr. 4 KomHKV als bisher unterlassen bewertet werden. Dies bedeutet, dass der Aufwand, der zur Rückstellungsbildung führt, im laufenden Haushaltsjahr oder einem früheren Haushaltsjahr entstanden sein muss.

Beispiel:
In der Instandhaltungsplanung des Hochbauamtes war eine Neueindeckung eines Schuldaches für das Haushaltsjahr 2024 vorgesehen. Aufgrund von Verzögerungen bei der Ausschreibung soll die Neueindeckung im Haushaltsjahr 2025 erfolgen. Der Aufwand für die Neueindeckung liegt im laufenden Haushaltsjahr. Das zeitliche Kriterium ist im Sachverhalt gleichfalls erfüllt.

Die Durchführung der vorgesehenen Maßnahme, welche bei Nichtbildung einer Instandhaltungsrückstellung ansonsten zu Aufwendungen in späteren Haushaltsjahren führen würde, muss wahrscheinlich oder sicher sein. „Wahrscheinlich" bedeutet, dass eher von einer Durchführung der Maßnahme als von einer Nichtdurchführung auszugehen ist. Die Wahrscheinlichkeit kann sich grundsätzlich an dem bisher gebildeten Volumen an Aufwandsrückstellungen ableiten.

Bei einer hohen Anzahl und einem hohen Finanzvolumen an Instandhaltungsrückstellungen muss sich die Gemeinde beispielsweise fragen, ob sie überhaupt in der Lage ist, anhand ihrer Umsetzungskapazitäten und ihrer finanzwirtschaftlichen Leistungsfähigkeit weitere Aufwandsrückstellungen zu realisieren.

Beispiel:
Seit mehreren Jahren bildet die Gemeinde G für ihre Schulen Rückstellungen für unterlassene Instandhaltung. Vom eingestellten Finanzvolumen wurden in jedem der Einstellung der Rückstellung folgenden Haushaltsjahr nur 10 % nachgeholt. In den Jahresabschlussprüfungen wurde dies seitens des Rechnungsprüfungsamtes auch bemängelt. Neben der Frage, ob die für ein Haushaltsjahr vorgesehenen Instandhaltungsrückstellungen wahrscheinlich sind, muss sich die Gemeinde G auch fragen, ob eine Realisierung der Maßnahmen, aufgrund derer bereits Instandhaltungsrückstellungen eingestellt wurden, noch wahrscheinlich sind.

Die Unbestimmtheit von Höhe und Zeitpunkt des Eintritts bzw. der Realisation einer Maßnahme ist ein allgemeines Kriterium bei der Rückstellungsbildung.

Beispiel:
Eine vorgesehene Schadstoffsanierung an einem kommunalen Gebäude konnte im laufenden Haushaltsjahr nicht mehr abgewickelt werden. Zwar ist vorgesehen die Maßnahme im folgenden Haushaltsjahr nachzuholen, ein genauer Zeitpunkt der Nachholung besteht jedoch noch nicht. Die Kosten der vorgesehenen Maßnahme liegen zwar in einer bestimmten Größenordnung vor, der letztendlich zu leistende Betrag steht jedoch nicht fest und ist somit unbestimmt.

10.3.7.4 Rückstellungen für die Rekultivierung und Nachsorge von Deponien und die Sanierung von Altlasten

Für die Rekultivierung und Nachsorge kommunaler Deponien sowie für die Sanierung von Altlasten sind nach § 48 Abs. 1 Nr. 5 und 6 KomHKV die zu erwartenden Gesamtkosten bezogen auf den voraussichtlichen Zeitpunkt der Rekultivierungs- und Nachsorgemaßnahmen zu ermitteln und als Rückstellung zu bilanzieren. Die Bewertung der Rückstellung soll sich an den zu erwartenden Gesamtkosten im Zeitpunkt der Maßnahme orientieren.

10.3.7.5 Rückstellungen für ungewisse Verbindlichkeiten im Rahmen des Finanzausgleichsgesetzes und von Steuerschuldverhältnissen

Kommunen haben Rückstellungen zu bilden, wenn ungewisse Verbindlichkeiten aus dem FAG und Steuerschuldverhältnissen drohen (§ 48 Abs. 1 Nr. 7 KomHKV). Sie sind zu bilden, wenn mit hinreichender Wahrscheinlichkeit von einer künftigen Inanspruchnahme der Gemeinde aus Forderungen der Kreis-, Amts- oder Gewerbesteuerumlage zu rechnen ist bzw. die Gemeinde als Steuerpflichtiger bei Betrieben gewerblicher Art zahlungspflichtig sein könnte (Ziff. 4.3.7 BewertL Bbg). Überdurchschnittliche Steuernachzahlungen bei den Realsteuern führen in den kommenden Jahren zur Erhöhung der Amts- und Kreisumlage, da die Einnahmen aus den Realsteuern aus 2023 eine Berechnungsgrundlage für die Amts- und Kreisumlage in 2025 sind. In Höhe der zu erwartenden Mehrausgabe aufgrund der überdurchschnittlichen Einnahme ist eine Rückstellung zu bilden. Ebenfalls wird im Jahr 2025 die Schlüsselzuweisung sinken, da hierfür die gleichen Grundlagen gelten wie für die Kreis- und Amtsumlage. In der Höhe der zu erwartenden Einnahmekürzungen ist ebenfalls eine Rückstellung zu bilden.[53]

53 Für Näheres siehe Ziff. 4.3.7 BewertL Bbg.

10.3.7.6 Rückstellungen bei drohenden Verpflichtungen aus Bürgschaften, Gewährleistungen und anhängigen Gerichtsverfahren

Bei diesen Rückstellungen handelt es sich um Rückstellungen für ungewisse Verbindlichkeiten. Als Rückstellungen sind ihrer Eigenart nach genau umschriebene Verluste oder Verbindlichkeiten auszuweisen, die am Bilanzstichtag wahrscheinlich oder sicher, aber hinsichtlich ihrer Höhe oder dem Zeitpunkt ihres Eintritts unbestimmt sind und eine Verpflichtung gegenüber Dritten darstellen (Außenverpflichtung).

a) **Rückstellungen bei drohenden Verpflichtungen aus Bürgschaften, Gewährleistungen**
Gemeinden haben Bürgschaften, Patronatserklärungen, Verlustübernahmen etc. für den Beteiligungsbereich der Gemeinden vereinbart. Eine Rückstellung ist zu bilden, wenn zum Bilanzstichtag eine Inanspruchnahme hinreichend wahrscheinlich ist und die Voraussetzungen für eine Verbindlichkeit nicht vorliegen. Einwendungsmöglichkeiten und Rückgriffsforderungen gegen den Hauptschuldner sind rückstellungsmindernd zu berücksichtigen.[54]

b) **Rückstellungen für drohende Verpflichtungen aus anhängigen Gerichtsverfahren (Prozesskosten)**
Für die Risiken aus der Führung von Prozessen sind Rückstellungen zu bilden. Dabei ist abzuschätzen, in welchem Umfang mit einer tatsächlichen Inanspruchnahme als unterlegene Partei in einem Rechtsstreit bzw. aus einem geschlossenen Vergleich gerechnet werden muss. Eine Rückstellungsbildung ist vorzunehmen, wenn eine hinreichende Wahrscheinlichkeit der Inanspruchnahme besteht, insbesondere wenn Rechtsmittel eingelegt werden. Dabei sind die Kosten der jeweils angerufenen Instanz zu berücksichtigen.[55]

Beispiel:
Hinsichtlich der gewählten Abschreibungsbasis bei einer Gebührenkalkulation sind Klageverfahren gegen die Gemeinde G anhängig. Bisher hatte das Verwaltungsgericht die Gebührenkalkulation der Gemeinde G bestätigt. Die Stadt S, die ihre Gebührenkalkulation analog zu Gemeinde G vornimmt, ist in letztinstanzlicher gerichtlicher Entscheidung zur Gebührenerstattung zuviel veranlagter Gebühren rechtskräftig verurteilt worden. Das gleiche Gericht ist auch für die Entscheidung in den Klageverfahren der Gemeinde G zuständig. Bis zur Entscheidung gegenüber der Stadt S gab es keinerlei Gründe, eine Rückstellung zu bilden, da das Verwaltungsgericht die Gebührenkalkulation bisher bestätigt hatte. Mit der Entscheidung gegen die Stadt S wird eine Inanspruchnahme jedoch wahrscheinlich, so dass eine Rückstellung zu bilden ist. Sämtliche Fakten sprechen dafür. Die Entscheidung ist letztinstanzlich und rechtskräftig ergangen. Das gleiche Gericht ist auch für die Gemeinde G zuständig. Fakten, die für eine Nichtinanspruchnahme sprechen, bestehen nicht mehr. Es ist somit eine Rückstellung für

54 Für Näheres siehe Ziff. 4.3.7 BewertL Bbg.
55 Für Näheres siehe Ziff. 4.3.9.1 BewertL Bbg.

ungewisse Verbindlichkeiten zu bilden. Die Höhe ist im Rahmen der möglichen Inanspruchnahme bzw. der Erstattungspflicht zu ermitteln.

c) **Rückstellungen für Schadenersatz**
Die Passivierung erfolgt in Höhe der voraussichtlichen Inanspruchnahme aus dem zum Bilanzstichtag entstandenen Schaden.

10.3.7.7 Sonstige Rückstellungen für Verpflichtungen, die vor dem Bilanzstichtag wirtschaftlich begründet wurden und die dem Grunde nach noch nicht genau feststehen

Aus dem Prinzip der Periodenabgrenzung für die einzelnen Haushaltsjahre bilden die zu den sonstigen Rückstellungen zählenden Rückstellungen für ungewisse Verbindlichkeiten für den Aufwandsbereich eine eher übliche Abgrenzungsmethode aus der Bewirtschaftung heraus. Ein Auftrag der Gemeinde zur Erbringung einer Leistung wurde im laufenden Haushaltsjahr erteilt, die Leistung wurde im laufenden Haushaltsjahr erbracht. Bei Abschluss des laufenden Haushaltsjahres fehlt jedoch noch die Rechnung zur Bestimmung der genauen Höhe einer Verbindlichkeit.

Dieser Sachverhalt wird durch den § 48 Abs. 1 Nr. 9 und Abs. 3 KomHKV geregelt. Danach müssen für Verpflichtungen, die dem Grunde oder der Höhe nach zum Abschlussstichtag noch nicht genau bekannt sind, Rückstellungen passiviert werden. Somit besteht für die kommunale Bilanzierung eine Ansatzverpflichtung für ungewisse Verbindlichkeiten. Diese Passage des Gesetzestextes beinhaltet bereits auch die Definition für die Bezeichnung „ungewiss". Danach muss zumindest eins der beiden Merkmale einer Verbindlichkeit

- dem Grunde nach oder
- der Höhe nach

noch nicht genau bekannt sein.

Als weitere Voraussetzungen für die Bildung von Rückstellungen für ungewisse Verbindlichkeiten legt Ziff. 4.3.7 BewertL Bbg fest, dass

- es wahrscheinlich sein muss, dass eine Verbindlichkeit zukünftig entsteht,
- die wirtschaftliche Ursache vor dem Abschlussstichtag liegt und
- die zukünftige Inanspruchnahme voraussichtlich erfolgen wird.

Die Voraussetzung, dass die wirtschaftliche Ursache vor dem Abschlussstichtag liegen muss, ist bereits aus den Ausführungen zu den anderen Rückstellungsposten bekannt. Dies ist für Rückstellungen eine durchgängige Voraussetzung. Die beiden weiteren Voraussetzungen, „dass es wahrscheinlich sein muss, dass eine Verbindlichkeit zukünftig entsteht" und „dass die zukünftige Inanspruchnahme voraussichtlich erfolgen wird" beinhalten das Gleiche, nämlich die spätere Wahrscheinlichkeit der Inanspruchnahme, wodurch dann die Verbindlichkeit entsteht.

Bei den eindeutigen sonstigen Rückstellungssachverhalten (Leistung durch den Dritten erfolgt – Rechnung liegt noch nicht vor) stellt die Prüfung dieser Voraussetzung kein Problem dar. Es gibt jedoch auch Sachverhalte, bei denen die Prüfung der Voraussetzung „wahrscheinliche Inanspruchnahme" intensiv anhand von Sachverhaltsfakten aufbereitet werden muss. Ist danach die Wahrscheinlichkeit einer Inanspruchnahme größer als eine Nichtinanspruchnahme, muss eine Rückstellung für ungewisse Verbindlichkeiten gebildet werden.

Hier können dem Bewertungsleitfaden entsprechend noch folgende Rückstellungen in Frage kommen:

- Aufstellung und Prüfung von Jahresabschlüssen,
- Gebührenüberdeckung,
- Restitutionen,
- Verluste aus schwebenden Geschäften und nachträgliche Schlussrechnungen.[56]

a) Rückstellungen für drohende Verluste aus schwebenden Geschäften

Einen weiteren Sachverhalt für sonstige Rückstellungen könnten wie oben dargelegt drohende Verluste aus schwebenden Geschäften bilden. Schwebende Geschäfte stellen zwar eine zweiseitige vertragliche Verpflichtung dar, es mangelt jedoch an der Erfüllung der vertraglichen Verpflichtung. Der Grund für die Noch-Nichterfüllung ist für die Rückstellungsverpflichtung gleichgültig. Für den kommunalen Bereich ist dies denkbar bei Rahmenlieferverträgen mit Mindestabnahmeverpflichtungen zu Festpreisen. Der drohende Verlust kann hierbei dadurch entstehen, dass der Wert der Vermögensgegenstände aufgrund technischer Weiterentwicklung oder höherer Sicherheitsstandards sinkt. Durch die Verpflichtung zur Erfüllung aus dem Rahmenvertrag entsteht aber eine höhere Zahlungsverpflichtung gegenüber dem Dritten als der Wert der Vermögensgegenstände tatsächlich ausmacht. Für die Differenz zwischen Zahlungsverpflichtung und tatsächlichem Vermögenswert ist ab Bekanntwerden eine sonstige Rückstellung zu bilden.

Beispiel:

Die Gemeinde G wollte sich langfristig gute Konditionen für die Lieferung von Laserdruckern sichern. Hierzu wurde ein Rahmenliefervertrag mit der Firma F abgeschlossen, bei der über fünf Jahre mindestens zehn Laserdrucker zum Festpreis von 300 € abzunehmen sind. Im zweiten Haushaltsjahr, in dem der Rahmenvertrag Gültigkeit hat, ergeben sich erhebliche drucktechnische Verbesserungen bei den Laserdruckern, wodurch der Marktpreis der abzunehmenden Laserdrucker auf 200 € fällt. Im zweiten Haushaltsjahr ist für den Wertverlust aus der Abnahmeverpflichtung der Laserdrucker eine sonstige Rückstellung für die Restlaufzeit des Rahmenvertrages zu bilden, so dass in den Haushaltsjahren 3 bis 5 kein Aufwand aus außerplanmäßiger Wertminderung entsteht. Vielmehr ist dieser Aufwand mit Bekanntwerden in Form einer sonstigen Rückstellung vorweg-

56 Vgl. Ziff. 4.3.9.3 bis 4.3.9.6 BewertL Bbg.

zunehmen und in den entsprechenden Haushaltsjahren auszugleichen. Insgesamt ist eine Rückstellung in Höhe von 3000 € zu bilden.[57]

b) Gebührenüberdeckungen
Gemäß Kommunalabgabengesetz sollen Gebühren kostendeckend berechnet werden. Dies ist jedoch nicht jedes Jahr möglich, sodass es in manchen Jahren zu einer Gebührenüberdeckungen kommt. Diese Gebührenüberdeckung des laufenden Jahres ist den Gebühren in Folgejahren gutzuschreiben. Dafür ist im Jahr der Überdeckung eine Rückstellung zu bilden. Sie ist in dem Jahr in Anspruch zu nehmen, in dem die aufwandsmindernde Berücksichtigung in der Gebührenkalkulation erfolgt.[58]

c) Restitutionen
Ist die eigentumsrechtliche Zuordnung von Vermögensgegenständen ungeklärt und sind im Rahmen der vorläufigen Bewirtschaftung Überschüsse oder Fehlbeträge entstanden, so sind diese bilanziell zu berücksichtigen. Im Fall von Überschüssen sind Rückstellungen zu bilden. Fehlbeträge sollten nachrichtlich ermittelt werden, um sie im Fall der Rückgabe ggf. gegenüber dem Eigentümer geltend zu machen.[59]

10.3.7.8 Übungen

Sachverhalt Nr. 13
Ein Versicherungsmathematiker hat im Auftrag des Kämmerers der Gemeinde G die Pensionsrückstellungen für Pensionäre und Hinterbliebene ermittelt, um sämtliche Verpflichtungen aus der Bildung von Pensionsrückstellungen darzustellen.

Aufgabe:
Prüfen Sie das Vorgehen der Gemeinde G anhand der gesetzlichen Anforderungen für die Bildung von Pensionsrückstellungen.

Lösung:
§ 48 Abs. 1 Nr. 1 KomHKV sieht vor, dass sämtliche Verpflichtungen gegenüber den Beschäftigten abzubilden sind. Hierunter fallen neben den Verpflichtungen gegenüber Pensionären und Hinterbliebenen insbesondere auch die Verpflichtungen gegenüber aktiv Beschäftigten. Um den Anforderungen des kommunalen Haushaltsrechts zu genügen, muss das Gutachten bei der Bildung der Pensionsrückstellungen auch die Verpflichtungen gegenüber den aktiv Beschäftigten berücksichtigen. Des Weiteren sind Beihilfeansprüche sowie ggf. weitere Ansprüche außerhalb des Beamtenversorgungsgesetzes zu berücksichtigen.

---

57 Die Differenz zwischen 300 € Zahlungsverpflichtung und 200 € Wert des Vermögensgegenstandes beträgt 100 €. Die Mindestabnahmeverpflichtung für jedes Jahr beträgt zehn Laserdrucker; dies ergibt für jedes Jahr 1.000 €. Für die drei Folgejahre ergeben sich somit 3.000 €.

58 Für Näheres siehe Ziff. 4.3.9.4 BewertL Bbg.

59 Für Näheres siehe Ziff. 4.3.9.5 BewertL Bbg.

Sachverhalt Nr. 14
Die Gemeinde G kann ihre Instandhaltungsverpflichtungen nicht mehr vollständig erfüllen. Aus vier notwendigen Instandhaltungsmaßnahmen wurde für zwei eine Aufwandsrückstellung für unterlassene Instandhaltung gebildet. Die zwei weiteren Instandhaltungsmaßnahmen wurden auf unbestimmte Zeit verschoben. Bei diesen Maßnahmen soll zunächst geprüft werden, ob es noch wirtschaftlich sinnvoll ist, die Instandhaltung nachzuholen. Der Kämmerer ist der Meinung, dass eine Aufwandsrückstellung nicht zu bilden ist und somit nichts weiter zu veranlassen ist.

Aufgabe:
Beurteilen Sie die Auffassung des Kämmerers.

Lösung:
Hinsichtlich der Bildung einer Rückstellung aufgrund unterlassener Instandhaltung ist die Auffassung des Kämmerers richtig. Grundsätzlich kann die Gemeinde G ihren Instandhaltungsverpflichtungen nicht mehr vollständig nachkommen. Des Weiteren ist es durch die Verschiebung der Maßnahme auf unbestimmte Zeit und die vorgesehene Prüfung hinsichtlich der Wirtschaftlichkeit einer Nachholung eher unwahrscheinlich, dass die beiden Instandhaltungsmaßnahmen nachgeholt werden sollen. Der Kämmerer hat aber außer Acht gelassen, dass eine Prüfung hinsichtlich der Richtigkeit des Vermögensansatzes zu erfolgen hat. Die Gemeinde hat hierbei zu prüfen, ob und in welcher Höhe eine außerplanmäßige Abschreibung beim Vermögensgegenstand aufgrund der unterlassenen Instandhaltung zu erfolgen hat. Ggf. hat die Gemeinde die notwendige außerplanmäßige Abschreibung im Anhang zu erläutern.

Sachverhalt und Aufgabenstellung Nr. 15

a) Die Gemeinde G hat im November 2024 die Firma F beauftragt, im Februar 2025 Baumschnittarbeiten durchzuführen. Hat die Gemeinde G am Abschlussstichtag eine Rückstellung für den erteilten Auftrag zu bilden?
b) Die Gemeinde G hat im September 2024 die Firma F beauftragt, im November 2024 Baumschnittarbeiten durchzuführen. Die Firma F hat die Arbeiten termingerecht durchgeführt. Eine Rechnung liegt am Abschlussstichtag noch nicht vor. Hat die Gemeinde G am Abschlussstichtag eine Rückstellung zu bilden?
c) Die Gemeinde G hat im September 2024 die Firma F beauftragt, im November 2024 Baumschnittarbeiten durchzuführen. Die Firma F hat die Arbeiten termingerecht durchgeführt. Die Rechnung geht am 30.12.2024 ein. Hat die Gemeinde G am Abschlussstichtag eine Rückstellung zu bilden?

Lösung:

a) Mangels Erfüllung des Auftrages hat die Gemeinde G hinsichtlich einer Rückstellungsbildung für ungewisse Verbindlichkeiten nicht zu veranlassen.
b) Die Firma F hat die Leistung erbracht, aber noch keine Rechnung im alten Haushaltsjahr übersandt. Dies entspricht dem Sachverhalt, der eine Bildung einer Rückstellung für ungewisse Verbindlichkeiten veranlasst. Mangels Rechnung stehen die

Höhe der Verbindlichkeit und auch die Fälligkeit, als Inhaltskomponente der Voraussetzung „dem Grunde nach“ noch nicht fest.

c) Trotz des sehr späten Rechnungseingangs stehen die Höhe und die Fälligkeit am Abschlussstichtag fest. Daher ist keine Rückstellung, sondern eine Verbindlichkeit zu buchen.

10.3.8 Verbindlichkeiten[60]

Der Bilanzposten „Verbindlichkeiten“ beinhaltet alle am Bilanzstichtag dem Grunde, der Höhe und der Fälligkeit nach feststehenden Schulden. Zu den Verbindlichkeiten zählen insbesondere Anleihen, Rückzahlungsverpflichtungen aus Kreditaufnahmen, erhaltene Anzahlungen von Dritten sowie entstandene Zahlungsverpflichtungen aus Lieferung und Leistung. Verbindlichkeiten sind mit ihrem Rückzahlungsbetrag anzusetzen. Eine spezielle Regelung stellt § 74 BbgKVerf dar, in dem die Voraussetzungen zur Kreditaufnahme geregelt sind.

Aufgrund der Bedeutung von Krediten für die kommunale Finanzierung wurden auch die Verbindlichkeiten aus Krediten für Investitionen und Investitionsförderungsmaßnahmen durch die Bilanzgliederung pflichtig nach unterschiedlichen Bereichen von Kreditgebern untergliedert. In der Verbindlichkeitenübersicht – nach § 60 Abs. 3 KomHKV eine Anlage zur Bilanz – wird diese Untergliederung nochmals erweitert. Bei den Investitionskrediten werden der öffentliche Bereich sowie der private Kreditmarkt in der Darstellung weiter differenziert. Des Weiteren werden die Verbindlichkeiten aus Liquiditätskrediten nach dem öffentlichen Bereich und dem privaten Kreditmarkt unterschieden und jeweils nach Laufzeiten differenziert.

10.3.8.1 Anleihen[61]

„Anleihe“ ist der Oberbegriff für alle Formen von mittel- und langfristigem Fremdkapital. Durch die Ausgabe von Schuldverschreibungen (Kommunalobligationen) werden die Rechte der Gläubiger verbrieft.

Die Anleihen können hinsichtlich der Art der Rückzahlung wie folgt gestaltet werden:

- *Ratenanleihe*
  Die Tilgung erfolgt in jährlich gleichbleibenden Beträgen. Bei entsprechend sinkenden Zinsbelastungen und gleich hoher Tilgungsleistung fallen die Jahresbelastungen für die Kommune.
- *Annuitätenanleihe*
  Durch gleichbleibende Annuitäten wird die Anleihe getilgt und verzinst. Die Jahresbelastungen für die Kommune bleiben während der Laufzeit gleich.

60 Einzelheiten zum Themenbereich „Fremdfinanzierung des Haushalts“ werden in Kap. 15 dargestellt.

61 Dieser Bilanzposten gehört inhaltlich zu den Verbindlichkeiten aus Krediten für Investitionen.

- *Auslosungsanleihe*
  Es werden auf der Basis eines Tilgungsplans jeweils zu den Zinsterminen anhand von Stücknummern Papiere ausgelost und zurückgezahlt. Die Jahresbelastungen der Kommune ergeben sich aus dem vor der Ausgabe aufgestellten Tilgungsplan.

10.3.8.2 Verbindlichkeiten aus Krediten für Investitionen

Die Verbindlichkeiten aus Krediten für Investitionen und Investitionsförderungsmaßnahmen – ausgenommen die eigenständig auszuweisenden Anleihen – umfassen sämtliche Geschäftsvorfälle, bei denen der Kommune Geldwerte i. d. R. gegen Entgelt in Form von Zinsen überlassen wurden. § 74 Abs. 1 BbgKVerf legt für diese eine Verwendungsbeschränkung fest, wonach Kredite nur für Investitionen, Investitionsförderungsmaßnamen und zur Umschuldung aufgenommen werden dürfen.

In der Bilanz werden die Kreditverbindlichkeiten nicht nach unterschiedlichen Bereichen von Kreditgebern untergliedert. In der Verbindlichkeitenübersicht – nach § 60 Abs. 3 KomHKV eine Anlage zur Bilanz – wird eine Untergliederung für Kredite nicht nach der Art der Kreditgeber unterschieden, sondern nach den Laufzeiten:

- Restlaufzeit bis zu einem Jahr,
- Restlaufzeit von einem Jahr bis zu fünf Jahren,
- Restlaufzeit mehr als fünf Jahre[62].

Auch wenn eine Differenzierung der Kreditverpflichtungen nach den Kreditgebern nicht in der Bilanz gefordert wird, ist dennoch eine kontenmäßige Unterteilung der Verbindlichkeiten aus Krediten für Investitionen etc. vorzunehmen.

Kreditverbindlichkeiten sind stets mit ihrem Rückzahlungsbetrag anzusetzen. Der Betrag der Rückzahlungsverpflichtung kann niedriger als der zugeflossene Kreditbetrag sein. Dies ändert nichts an der Höhe des auszuweisenden Rückzahlungsbetrages. Der Unterschiedsbetrag wird vielmehr über andere Rechnungsposten (Rechnungsabgrenzungsposten der Aktivseite [Disagio], der über zinsähnlichen Aufwand in der Ergebnisrechnung gemindert wird) abgebildet.

10.3.8.3 Verbindlichkeiten aus Kassenkrediten

§ 74 Abs. 1 BbgKVerf regelt grundsätzlich, dass Kredite nur für Investitionen, Investitionsförderungsmaßnahmen und zur Umschuldung aufgenommen werden dürfen. § 76 Abs. 1 BbgKVerf sieht vor, dass die Gemeinde ihre Zahlungsfähigkeit durch angemessene Liquiditätsplanung sicherzustellen hat. § 76 Abs. 2 BbgKVerf sieht im Rahmen dieser Zielsetzung als Ausnahme des § 74 BbgKVerf vor, dass die Gemeinde zwecks rechtzeitiger Leistung der Auszahlungen auch Kassenkredite zur Liquiditätssicherung aufnehmen kann. Der Höchstbetrag der Kassenkredite ist durch Beschluss der Ge-

62 Diese Dreigliederung ist analog zu den Begriffen der Kurz-, Mittel- und Langfristigkeit zu sehen.

meindevertretung zu regeln. Eine Darstellung im Haushaltplan ist nicht vorgesehen. Die Ermächtigung des Beschlusses gilt über das Haushaltsjahr hinaus bis zum Erlass einer neuen Haushaltssatzung.

10.3.8.4 Verbindlichkeiten aus Vorgängen, die Kreditaufnahmen wirtschaftlich gleichkommen

§ 74 Abs. 4 BbgKVerf regelt für Entscheidungen der Gemeinde über die Begründung einer Zahlungsverpflichtung, die wirtschaftlich einer Kreditverpflichtung gleichkommt, dass diese der Aufsichtsbehörde unverzüglich, spätestens einen Monat vor der rechtsverbindlichen Eingehung der Verpflichtung, schriftlich anzuzeigen sind. Eine Anzeige ist nicht erforderlich für die Begründung von Zahlungsverpflichtungen im Rahmen der laufenden Verwaltung. Die Verpflichtungen aus diesen Verbindlichkeiten müssen mit der dauernden Leistungsfähigkeit der Gemeinde in Einklang stehen. Weitere Regelungen zu diesem Posten gibt es in der BbgKVerf oder der KomHKV nicht.

Es gibt weder eine rechtliche noch eine inhaltlich eindeutige Definition für diesen Bilanzposten. Allerdings enthalten der kommunale Kontenrahmen und die Kontierungsrichtlinie für diesen Posten folgenden Strukturierungsansatz, aus dem auch die Inhalte deutlich werden:

- Hypotheken, Grund- und Rentenschulden (Leibrentenverträge),
- Restkaufgelder,
- Leasinggeschäfte.

Beispielhaft werden nachfolgend die wohl gebräuchlichsten Formen von Verbindlichkeiten aus Vorgängen, die Kreditaufnahmen wirtschaftlich gleichkommen – Leasing- und Leibrentenverträge –, kurz dargestellt.

a) Leibrentenverträge

Für eine einmalige Leistung eines Dritten, in der Regel für eine Übertragung eines Grundstücks, sichert die Gemeinde diesem wiederkehrende Geldzahlungen zu, die an dessen Lebenszeit geknüpft sind. Die Ermittlung der Rentenzahlung erfolgt auf der Basis versicherungsmathematischen Regelungen (z. B. Sterbetafeln). Aufgrund der stetig steigenden Lebenserwartungen nehmen viele Gemeinden bereits Abstand von solchen Verträgen.

b) Leasingverträge[63]

Leasing verkörpert eine besondere Vertragsform der Vermietung und Verpachtung, die auch für den kommunalen Bereich eine attraktive Alternative zum Kauf von beweglichem und unbeweglichem Anlagevermögen darstellt. Das Leasingobjekt kann entweder direkt vom Hersteller geleast werden (direktes Leasing) oder von einer speziellen Leasinggesellschaft (indirektes Leasing).

63 Siehe hierzu auch Kap. 10.3.2.1.3 (Leasing).

Ist der Leasinggegenstand dem Leasinggeber zuzurechnen, so ist der Leasingvertrag als Mietvertrag anzusehen. Er gehört damit zu den schwebenden Geschäften, die grundsätzlich in der Bilanz nicht erfasst werden dürfen. Die am Bilanzstichtag noch nicht fälligen Leasingraten und der Wert der noch zu erbringenden Vermietungsleistungen sind daher nicht in der Bilanz auszuweisen.

10.3.8.5 Verbindlichkeiten aus Lieferung und Leistungen

Dieser Bilanzposten erfasst noch zu erbringende Zahlungen an Dritte, die aufgrund von erbrachten Lieferungen und Leistungen zu leisten sind. Die Bilanzierung erfolgt zum Rechnungsbetrag.

10.3.8.6 Sonstige Verbindlichkeiten

Der Bilanzposten „Sonstige Verbindlichkeiten" stellt einen Restposten dar, in dem alle sonstigen Verbindlichkeiten gegenüber Dritten auszuweisen sind. Hierzu gehören insbesondere Verbindlichkeiten aus Steuern (z. B. Umsatzsteuer, Lohnsteuer) oder abzuführender Sozialabgaben (z. B. Krankenkassenbeiträge). Auch das leider so oft benötigte „Verwahrkonto" ist als Konto hier einzurichten.

10.3.9 Rechnungsabgrenzungsposten (passiv)[64]

Die passive Rechnungsabgrenzung beinhaltet transitorische Posten, d. h. es handelt sich um Geschäftsvorfälle, die im laufenden Haushaltsjahr zu Einnahmen[65] führen, aber erst im folgenden Haushaltsjahr Ertrag darstellen.

> ***Beispiel:***
> *Die Gemeinde erhält im Oktober 2024 Mietvorauszahlungen für die Monate Oktober 2024 bis März 2025. Es fließt im laufenden Haushaltsjahr Liquidität für sechs Monate zu, ertragsmäßig gehören jedoch nur Mietzahlungen für drei Monate in die Ergebnisrechnung des laufenden Haushaltsjahres. Die anderen drei Monate an Mietzahlungen sind ertragsmäßig im folgenden Haushaltsjahr zu berücksichtigen.*

Neben dieser üblichen Rechnungsabgrenzung ist im kommunalen Bereich von besonderer Bedeutung der Ansatz von passiven Rechnungsabgrenzungsposten aus der Ver-

64 Das Thema „Rechnungsabgrenzung" wird eingehend in Kapitel 21 „Jahresabschluss" dargestellt.

65 § 53 Abs. 2 KomHKV spricht lediglich von der Abgrenzung von „Einzahlungen". Genauer i. S. d. Doppik wäre jedoch von „Einnahmen" (also rechtlich verbindlich entstandenen Zahlungsansprüchen, Erfassung einer Forderung) zu sprechen.

gabe von Nutzungsrechten an Grabstellen. Da sich das Nutzungsrecht auf 25, 30 oder 40 Jahre erstreckt, sind die Erträge über die vereinbarte Nutzungsdauer abzugrenzen.

10.3.10 Übungen zum Bilanzausweis

Sachverhalt Nr. 16:
Im Rahmen der Inventur wurden folgende Posten für die Bilanz festgestellt:
1. Anzahlung für ein Löschfahrzeug
2. Grund und Boden der Straße X
3. Fahrbahndecke der Straße X
4. Unselbstständiges Stiftungsvermögen
5. Bestand an Pfandbriefen – Laufzeit zehn Jahre
6. Kleingartendaueranlage
7. Unbebautes Gewerbegrundstück
8. Straßentunnel unter einer S-Bahn-Strecke
9. Schulgebäude
10. PC-Ausstattung
11. Sportplatz
12. Verkehrsignalanlage
13. Schulgrundstück
14. Mobiliar einer Schule
15. Selbsterstellte Software
16. Zehn Tischrechner für je 19 €
17. Zuwendung für einen Schulbau
18. Fertiggestellte Friedhofskapelle
19. Offene Lieferantenrechnung
20. 100%-Beteiligung an einer GmbH
21. 100%-Beteiligung an einer eigenbetriebsähnlichen Einrichtung
22. Nicht in Anspruch genommene Urlaubstage der Beschäftigten am Jahresende
23. Verbindlichkeiten aus Leasingverträgen
24. Abschluss der Ergebnisrechnung
25. Verbindlichkeiten gegenüber Krankenkassen

Aufgabe:
Bestimmen Sie den Ausweis in der Bilanz; Begründungen sind hierbei nicht erforderlich.

Lösung:
Ausweis unter
1. Sachanlagen, geleistete Anzahlungen
2. Sachanlagen, Infrastrukturvermögen, Grund und Boden des Infrastrukturvermögens
3. Sachanlagen, Infrastrukturvermögen, Straßennetz
4. Finanzanlagen, Sondervermögen

5. Finanzanlagen, Wertpapiere des Anlagevermögens
6. Sachanlagen, Grundstücke mit Sport- und Gartenanlagen
7. Sachanlagen, unbebaute Grundstücke, sonstige unbebaute Grundstücke
8. Sachanlagen, Infrastrukturvermögen, Brücken und Tunnel
9. Sachanlagen, bebaute Grundstücke, Schulen
10. Sachanlagen, Betriebs- und Geschäftsausstattung
11. Sachanlagen, Grundstücke mit Sport- und Gartenanlagen
12. Sachanlagen, Infrastrukturvermögen, Straßennetz einschl. Verkehrslenkungsanlagen
13. Sachanlagen, bebaute Grundstücke, Schulen
14. Sachanlagen, Betriebs- und Geschäftsausstattung
15. Keinerlei Ausweis, da ein Aktivierungsverbot besteht
16. Keinerlei Ausweis, da geringwertige Vermögensgegenstände; ggf. auch Aktivierung als Betriebs- und Geschäftsausstattung
17. Sonderposten, Zuwendungen
18. Sachanlagen, Grundstücke mit Sport- und Gartenanlagen (die überwiegende Nutzung des Grundstücks, auf dem die Kapelle steht, ist ein Friedhof, der als Grünfläche auszuweisen ist)
19. Verbindlichkeiten aus Lieferung und Leistung
20. Finanzanlagen, Anteile an verbundenen Unternehmen
21. Finanzanlagen, Sondervermögen
22. Rückstellungen, Sonstige Rückstellungen
23. Verbindlichkeiten, Verbindlichkeiten aus Vorgängen, die Kreditaufnahmen wirtschaftlich gleichkommen
24. Eigenkapital, Jahresüberschuss/Jahresfehlbetrag
25. Verbindlichkeiten, Sonstige Verbindlichkeiten

Sachverhalt Nr. 17

Es fallen folgende Geschäftsvorfälle an:

1. *Bodenbevorratung*
   Die Liegenschaftsverwaltung erwirbt mehrere unbebaute Grundstücke im Rahmen der Bodenbevorratung.
2. *Grundstücksverwendung*
   Die Liegenschaftsverwaltung überträgt einen Teil des Grundstücks an die Tiefbauverwaltung für die Erweiterung einer Hauptstraße.
3. *Restgrundstück*
   Das Restgrundstück wird für eine kleine Baumaßnahme mit Reiheneigenheimen genutzt. Die neu parzellierten Grundstücke werden den Bauwilligen im Rahmen von Erbpachtverträgen zur Verfügung gestellt.
4. *Umnutzung einer Schule*
   Aufgrund eines Grundschulneubaus wird ein anderer Grundschulstandort aufgegeben. Der Ausweis dieser ehemaligen Schule erfolgt unter …
5. *Abriss einer Schule*
   Aufgrund eines Grundschulneubaus wird ein weiterer Grundschulstandort aufgegeben. Das Gebäude wird abgerissen.

Aufgabe:
Bestimmen Sie ohne nähere Begründung den Ausweis in der Bilanz.

Lösung:
1. Sachanlagen, sonstige unbebaute Grundstücke
2. Der übertragene Grundstücksteil: Sachanlagen, Infrastrukturvermögen, Grund und Boden Infrastrukturvermögen. Restgrundstück: Sachanlagen, sonstige unbebaute Grundstücke
3. Sachanlagen, sonstige unbebaute Grundstücke
4. Sachanlagen, bebaute Grundstücke, sonstige Dienst-, Geschäfts- u. a. Betriebsgebäude
5. Sachanlagen, sonstige unbebaute Grundstücke

11. Die Ergebnisrechnung – Grundlagen und Einzelpositionen

Wie bereits in Kap. 3 dargestellt, erfolgt die sachliche Gliederung der Buchhaltung mit Hilfe von Konten. Dabei wird zwischen den Konten unterschieden, die direkt in die Bilanz einfließen (Bestandskonten), und den Konten, die zur Erstellung der Ergebnisrechnung (Erfolgskonten), der Finanzrechnung (Finanzkonten) oder – im Zweikreissystem des Kontenrahmens – auch zur Erstellung der Kosten- und Leistungsrechnung (Betriebsbuchführungskonten) benötigt werden.

In diesem Kapitel wird die Systematik der Erfolgskonten dargestellt, und es werden die wesentlichen Kontierungsvorschriften für die Bebuchung dieser Konten vorgestellt. Dabei ist darauf hinzuweisen, dass in der Praxis die Buchungssystematik abhängig davon ist, auf welche Weise die Daten der Finanzrechnung gewonnen werden. In der folgenden Darstellung wird auf eine Einbeziehung der Finanzrechnungskonten in den doppischen Buchungsverbund zunächst verzichtet. Anstelle der Finanzrechnungskonten tritt hier zunächst nur das Bilanzkonto „1811 Sichteinlagen bei Banken und Kreditinstituten". Kap. 12 zeigt dann die unterschiedlichen Erfordernisse und Möglichkeiten zur Bedienung der Finanzrechnung im Einzelnen auf.

11.1 Übersicht über die Erfolgs- und Finanzrechnungskonten (Kontenklassen 4, 5, 6 und 7)

Die Systematik der Kontenklassen 4 bis 7 ergibt sich aus den Anforderungen der §§ 4 bis 8, 54 bis 56 KomHKV und wird anschaulich durch eine Gegenüberstellung der Ertrags- und der Einzahlungskonten sowie der Aufwands- und der Auszahlungskonten. Grundsätzlich erfolgt eine parallele Einteilung der Kontengruppen innerhalb dieser Kontenklassen. Abweichungen treten immer dann auf, wenn dem jeweiligen Erfolgskonto aus logischen Gründen kein entsprechendes Finanzrechnungskonto gegenüberstehen kann oder umgekehrt.

So werden z. B. im Bereich der Erträge und Einzahlungen in beiden Kontenklassen die Kontengruppen „Steuern und ähnliche Abgaben" ausgewiesen, eine Kontengruppe für „Aktivierte Eigenleistungen und sonstige Bestandsveränderungen" findet man dagegen nur bei den Erfolgskonten. Im Bereich der Auszahlungen und Aufwendungen finden sich u. a. Differenzen bei den „Bilanziellen Abschreibungen" oder bei den „Auszahlungen aus Finanzierungstätigkeit und Investitionen".

In der nachfolgenden Aufstellung wurden die gegenüberliegenden Kontengruppen, bei denen sich wesentliche Abweichungen ergeben, grau unterlegt.

Erträge und Einzahlungen		Aufwendungen und Auszahlungen	
Kontenklasse 4	**Kontenklasse 6**	**Kontenklasse 5**	**Kontenklasse 7**
Erträge	**Einzahlungen**	**Aufwendungen**	**Auszahlungen**
40 Steuern und ähnliche Abgaben	60 Steuern und ähnliche Abgaben	50 Personal-aufwendungen	70 Personal-auszahlungen
41 Zuwendungen und allgemeine Umlagen	61 Zuwendungen und allgemeine Umlagen	51 Versorgungsauf-wendungen	71 Versorgungs-auszahlungen
42 Sonstige Transfererträge	62 Sonstige Trans-fereinzahlungen	52 Aufwendungen für Sach- und Dienstleistungen	72 Auszahlungen für Sach- und Dienstleistungen
43 Öffentlich-rechtliche Leis-tungsentgelte	63 Öffentlich-rechtliche Leis-tungsentgelte	53 Transfer-aufwendungen	73 Transfer-auszahlungen
44 Privatrechtl. Leistungsentgelte, Kostenerstattungen und -umlagen	64 Privatrechtl. Leistungs-entgelte, Kostenerstattungen und -umlagen	54 Sonstige ordentliche Aufwendungen	74 Sonstige Aus-zahlungen aus laufender Ver-waltungstätigkeit
45 Sonstige ordentliche Erträge	65 Sonstige Einzahlungen aus lfd. Verwal-tungstätigkeit	55 Zinsen und sonstige Finanz-aufwendungen	75 Zinsen und sonstige Finanz-auszahlungen
46 Finanzerträge	66 Zinsen und sonstige Finanz-einzahlungen		
47 Aktivierte Eigenleistungen und Bestands-veränderungen	67 Einzahlungen aus laufender Verwaltungs-tätigkeit	57 Bilanzielle Abschreibungen	77 Auszahlungen aus laufender Verwaltungs-tätigkeit
48 Erträge aus in-ternen Leistungs-beziehungen	68 Einzahlungen aus Investitions-tätigkeit	58 Aufwendungen aus internen Leis-tungsbeziehungen	78 Auszahlungen aus Investitions-tätigkeit
49 Außerordentliche Erträge	69 Einzahlungen aus Finanzierungs-tätigkeit	59 Außerordentliche Aufwendungen	79 Auszahlungen aus Finanzierungs-tätigkeit

Im Folgenden werden nun zunächst die Erfolgskonten besprochen. In Kap. 12 wird die Systematik der Finanzrechnung vorgestellt und auf die Finanzrechnungskonten eingegangen, bei denen sich wesentliche sachliche Abweichungen zu den Erfolgskonten ergeben.

11.2 Die Konten der Ergebnisrechnung (Kontenklassen 4 und 5)

11.2.1 Steuern und ähnliche Abgaben (Kontengruppe 40)

Für die Steuern ergibt sich die inhaltliche Abgrenzung aus der Legaldefinition des § 3 Abs. 1 Satz 1 AO: *„Steuern sind Geldleistungen, die nicht eine Gegenleistung für eine besondere Leistung darstellen und von einem öffentlich-rechtlichen Gemeinwesen zur Erzielung von Einnahmen allen auferlegt werden, bei denen der Tatbestand zutrifft, an den das Gesetz die Leistungspflicht knüpft; die Erzielung von Einnahmen kann Nebenzweck sein."*

Der kommunale Kontenrahmen und die Kontierungsrichtlinie des Landes Brandenburg sehen für die Kontengruppe 40 „Steuern und ähnliche Abgaben" eine weitere Differenzierung vor.

Diese Differenzierung wird i. d. R. im örtlichen Kontenplan durch entsprechende Kontenbildung sichergestellt. Der kommunale Kontenrahmen und die Kontierungsrichtlinie des Landes Brandenburg, deren finanzstatistische Ausprägung in diesem Lehrbuch als Musterkontenplan fungiert, sieht eine entsprechende Untergliederung vor:

40			**Steuern und ähnliche Abgaben**
	401		**Realsteuern**
		4011	Grundsteuer A
		4012	Grundsteuer B
		4013	Gewerbesteuer
	402		**Gemeindeanteile an Gemeinschaftssteuern**
		4021	Gemeindeanteil an der Einkommensteuer
		4022	Gemeindeanteil an der Umsatzsteuer
	403		**Sonstige Gemeindesteuern**
		4031	Vergnügungssteuer
		4032	Hundesteuer
		4033	Jagdsteuer
		4034	Zweitwohnungssteuer
		4039	Sonstige örtliche Steuern
	404		**Steuerähnliche Erträge**
		4041	Fremdenverkehrsabgabe
		4042	Abgaben von Spielbanken
		4049	Sonstige steuerähnliche Erträge

	405		**Ausgleichsleistungen**
		4051	Leistungen nach dem Familienleistungsausgleich
		4052	Leistungen des Landes aus der Umsetzung des 4. Gesetzes für moderne Dienstleistungen am Arbeitsmarkt
		4053	Leistungen des Landes aus dem Ausgleich von Sonderbedarfsergänzungszuweisungen nach § 15 FAG

Mit dieser Aufstellung sind die aktuellen Steuerarten in der Kommunalverwaltung abgebildet. Soweit andere Konten erforderlich sind, sind diese an der entsprechenden Stelle im Kontenplan einzufügen.

Die sachliche Abgrenzung der verschiedenen Steuerarten erfolgt grundsätzlich ohne Probleme, da eine Steuerforderung immer einer rechtlichen Grundlage und eines sich darauf beziehenden Verwaltungsakts bedarf.

Kritisch kann dagegen die zeitliche Abgrenzung der Steuererträge sein. Dabei ist grundsätzlich zu berücksichtigen, dass nicht der Zeitpunkt der Zahlung, sondern der Zeitpunkt der wirtschaftlichen Entstehung eines Ertrages maßgeblich für die periodengerechte Zuordnung ist. Aufgrund der sehr unterschiedlichen Erhebungsverfahren bei den verschiedenen Steuerarten würde eine Ermittlung der zutreffenden Buchungsperiode bei jeder einzelnen Buchung einen erheblichen Aufwand verursachen.

Für die Abgrenzung von Steuererträgen erfolgt zur Vereinheitlichung eine Differenzierung nach

- Vorauszahlungen und
- endgültigen Festsetzungen (inkl. Nachzahlungen).

Vorauszahlungsbescheide, die hauptsächlich im Bereich der Gewerbesteuer vorkommen, werden grundsätzlich erst mit dem Zeitpunkt der Fälligkeit, d. h. unabhängig von der Erstellung und dem Versand des Bescheides eingebucht. Dies führt dazu, dass bei einem Versand eines Vorauszahlungsbescheids für das Jahr X im Vorjahr (X–1) auf eine Abgrenzung verzichtet werden kann.

Endgültige Steuerfestsetzungen, die im Bereich der kommunalen Steuern die Regel sind, werden zum Tag der Erstellung des Bescheides eingebucht. Ein Abstellen auf den rechtlich korrekten Zeitpunkt der Wirkung des Steuerbescheids, nämlich den Zeitpunkt der Bekanntgabe der Forderung, erscheint unter Berücksichtigung des Wirtschaftlichkeitsgebots nicht möglich. Soweit Bescheide mit endgültigen Steuerfestsetzungen bereits für das Folgejahr erstellt werden, ist eine passive Rechnungsabgrenzung durchzuführen.[1] Ebenso ist bei einer Bescheiderstellung für das Vorjahr die Zuordnung unter Berücksichtigung des Wertaufhellungsgebots durchzuführen. Das heißt, dass eine Zuordnung zum Vorjahr noch zu erfolgen hat, soweit der Jahresabschluss des Vorjahres noch nicht erstellt wurde.

1 An dieser Stelle wird ausdrücklich nochmals darauf hingewiesen, dass die hier dargestellte Buchungsweise nicht der gängigen kaufmännischen Behandlung der Rechnungsabgrenzung entspricht und lediglich eine vorgeschlagene Vereinfachung zur Behandlung der komplexen Problematik der Abgrenzung von Steuerforderungen darstellt.

Beispiele:

1. Grundsteuer A (endgültige Festsetzung)

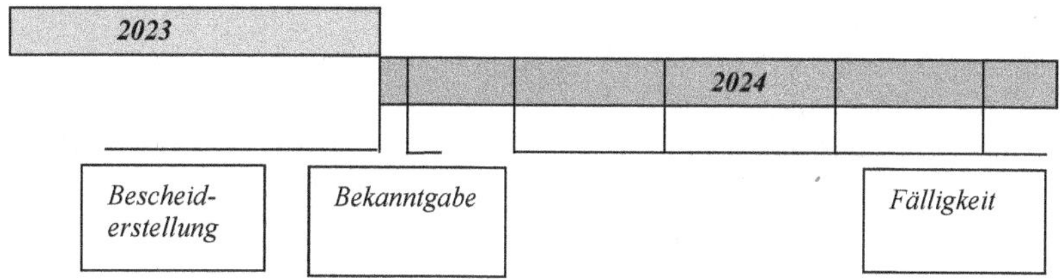

Der Grundsteuerbescheid für 2024 wird im Januar 2024 erstellt und kurz darauf dem Steuerpflichtigen bekannt gegeben. Die Fälligkeitstermine sind der 15.2., 15.5., 15.8. und 15.11.2024. Die Forderung wird mit der Bescheiderstellung im Jahr 2024 eingebucht. Bei Zahlungseingang erfolgt ein Ausgleich auf dem Debitorenkonto.

a) Einbuchung der Forderung und des Ertrags zum Zeitpunkt der Bescheiderstellung (2024):

Debitor[2]	**an**	**4011 Grundsteuer A**

b) Ausgleich der Forderung durch Zahlungseingang

1811 Sichteinlagen	**an**	**Debitor**

2. Vergnügungssteuer (endgültige Festsetzung)

Die Erstellung des Vergnügungssteuerbescheids 2024 erfolgt bereits in 2023. Die Fälligkeit der Forderungen liegt erst im Jahr 2024. Es ist daher im Jahresabschluss 2023 ein passiver Rechnungsabgrenzungsposten zu bilden, der in 2024 wieder aufzulösen ist:

a) Einbuchung der Forderung und des Rechnungsabgrenzungsposten zum Zeitpunkt der Bescheiderstellung (2023):

Debitor	**an**	**3991 passiver RAP**

2 In der gängigen Literatur zur kaufmännischen Buchführung werden bei den Buchungssätzen die Hauptbuchkonten angesprochen. Das wäre in diesem Fall das Konto 1691 „Steuerforderungen". In der Praxis werden die Forderungs- und Verbindlichkeitskonten aber i. d. R. nicht direkt bebucht. Die Abwicklung der Forderungen und Verbindlichkeiten erfolgt in einer Nebenbuchhaltung (siehe Kap. 4) über Personenkonten. Dies sind für Forderungen Debitorenkonten und für Verbindlichkeiten Kreditorenkonten. Um den Praxisbezug zu erhöhen, werden bei den Buchungssätzen i. d. R. die Personenkonten angesprochen.

b) Auflösung des Rechnungsabgrenzungspostens (2024):

3991 passiver RAP	**an**	**4031 Vergnügungssteuer**

c) Ausgleich der Forderung durch Zahlungseingang (2024):

1811 Sichteinlagen[3]	**an**	**Debitor**

3. Gewerbesteuer (Vorauszahlungsbescheid 2024)

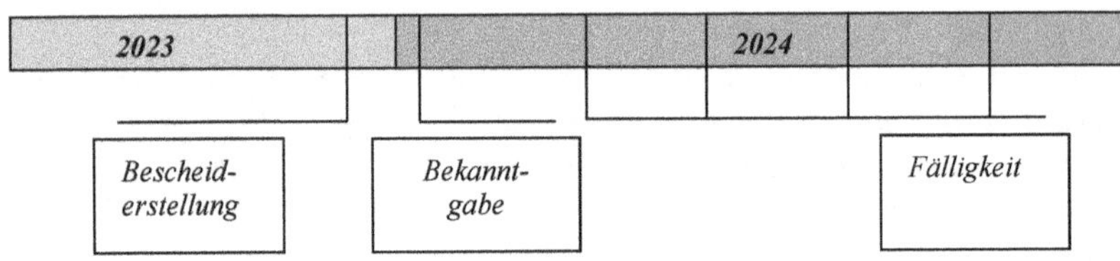

Die Erstellung des Vorauszahlungsbescheids für die Gewerbesteuer erfolgt bereits in 2023. Der Versand erfolgt Anfang 2024.[4] *Die Fälligkeitstermine für die Vorauszahlungen liegen im Jahr 2024. Da es sich um Vorauszahlungsbescheide handelt, erfolgt zum Zeitpunkt der Bescheiderstellung keine Einbuchung der Forderung. Im Jahresabschluss 2023 bleibt dieser Geschäftsvorfall daher unberücksichtigt. Die buchhalterische Erfassung der Forderungen erfolgt jeweils zum Zeitpunkt der Fälligkeiten:*

a) Einbuchung der Forderung zum Zeitpunkt des ersten Fälligkeitstermins (15.2.2024) mit dem jeweiligen Anteil:

Debitor	**an**	**4013 Gewerbesteuer**

b) Ausgleich der Forderung durch Zahlungseingang (Februar 2024):

1811 Sichteinlagen[5]	**an**	**Debitor**

c) Einbuchung der Forderung zum Zeitpunkt des zweiten Fälligkeitstermins (15.5.2024) mit dem jeweiligen Anteil:

Debitor	**an**	**4013 Gewerbesteuer**

3 Zur genauen Verbuchung der Zahlungen in den Finanzkonten siehe Kap. 12.
4 Auch bei einem Versand in 2023 würden sich bzgl. der Abwicklung keine Änderungen ergeben.
5 Zur genauen Verbuchung der Zahlungen in den Finanzkonten siehe Kap. 12.

d) Ausgleich der Forderung durch Zahlungseingang (Mai 2024):

1811 Sichteinlagen[6]	***an***	***Debitor***

... bis die vollständige Forderung aus dem Vorauszahlungsbescheid erfasst ist.

11.2.2 Zuwendungen und allgemeine Umlagen (Kontengruppe 41)

Unter die Zuwendungen fallen Zuweisungen und Zuschüsse. Dies sind Finanzhilfen zur Erfüllung der Aufgaben des Empfängers. Zuweisungen sind dabei Übertragungen innerhalb des öffentlichen Bereiches. Die Gemeinden erhalten also Geldmittel von einem öffentlich-rechtlichen Aufgabenträger (z. B. Zuweisungen des Landes für die Instandhaltung von Schulen). Zuschüsse erhält die Gemeinde dagegen von privaten Personen, Personenvereinigungen und Kapitalgesellschaften (z. B. Geldspende einer Firma für eine Baumaßnahme im gemeindlichen Zoo).[7]

Aus Sicht der Ämter und Landkreise sowie der Zweckverbände spielen insbesondere die Amts-, Kreis- bzw. Zweckverbandsumlagen eine bedeutende Rolle.

Bei der Planung und Buchung der Zuweisungen und Zuschüsse ist die Frage der Passivierungsfähigkeit von entscheidender Bedeutung. Als Ertrag ist grundsätzlich nur der Teil der Zuwendungen ergebnisverbessernd zu behandeln, der sich wirtschaftlich auf das betroffene Rechnungsjahr bezieht. Grundsätzlich ist dabei zunächst zu unterscheiden zwischen

- Zuwendungen für die laufende Verwaltungstätigkeit und
- Zuwendungen für Investitionen.

Alle Zuwendungen, die nicht ausdrücklich für die Durchführung von Investitionen geleistet werden, werden der laufenden Verwaltungstätigkeit zugeordnet. Dies sind insbesondere die Schlüsselzuweisungen des Landes im Rahmen des Finanzausgleichsgesetzes (FAG) und andere Bedarfszuweisungen für laufende Zwecke. Diese Zuwendungen für laufende Zwecke, werden – soweit nicht eine Periodenabgrenzung erforderlich ist – buchhalterisch unmittelbar als Ertrag erfasst. Bei Eingang des Bescheids für die Schlüsselzuweisungen im Januar des Jahres wird dementsprechend gebucht:

Debitor	**an**	**4111 Schlüsselzuweisungen**

Zuwendungen für Investitionen werden gem. § 47 Abs. 4 KomHKV nicht unmittelbar als Ertrag gebucht, sondern als Sonderposten passiviert. Bei Zuwendungen, deren ertragswirksame Auflösung nicht ausdrücklich ausgeschlossen ist, erfolgt nach § 47 Abs. 4 KomHKV parallel zur Abschreibung des jeweiligen Anlageguts die ergebnis-

6 Zur genauen Verbuchung der Zahlungen in den Finanzkonten siehe Kap. 12.

7 Eine ausführliche Darstellung des Zuwendungsrechts enthält *Mutschler*, Kommunales Finanz- und Abgabenrecht NRW, 14. Aufl., Witten 2018, S. 278 ff.

wirksame Auflösung der Zuwendung, die zuvor als Sonderposten passiviert wurde. Dies ist darin begründet, dass sich die Zuwendung wirtschaftlich nicht nur auf das Jahr des Eingangs der jeweiligen Zuwendung bezieht, sondern auf alle Jahre, in denen das mit der Zuwendung finanzierte Anlagegut von der Gemeinde verwendet wird.

Nachfolgende Übersicht zeigt vereinfacht die Abwicklung der Anschaffung eines neuen Einsatzleitwagens für die städtische Feuerwehr, die mit 15 % vom Land bezuschusst wird:

Zunächst erfolgt die Anschaffung des neuen Fahrzeugs im Januar, die bei sofortiger Überweisung wie folgt gebucht wird:

0711 Fahrzeuge	**an**	**1811 Sichteinlagen**[8]	**800.000 €**

Durch Bescheid wird nun der endgültige Förderbetrag des Landes festgelegt. Die Buchung lautet:

1692 Forderungen[9]	**an**	**2311 Sonderposten (Zuw.)**	**120.000 €**

Anschließend geht die Zuwendung auf dem Konto der Stadt ein:

1811 Sichteinlagen[10]	**an**	**1692 Forderungen**	**120.000 €**

Bilanziell ergeben sich durch diese Buchungen nachfolgende Änderungen:

Aktiva			Passiva
Anlagevermögen		**Eigenkapital**	+/– 0
Fahrzeuge	+ 800.000		
		Sonderposten	
Umlaufvermögen		*Zuwendungen*	+ 120.000
Forderungen	+/– 0		
Liquide Mittel	– 680.000	**Fremdkapital**	+/– 0
	+ 120.000		+ 120.000

Dabei wird deutlich, dass weder die Investition noch die Zuwendung über Erfolgskonten (Ertrags- oder Aufwandskonten) gebucht wurden. Die Eigenkapitalposition ist damit nicht berührt.

8 Zur genauen Verbuchung der Zahlungen in den Finanzkonten siehe Kap. 12.

9 Um den Bezug zur Bilanz besser veranschaulichen zu können, wird hier das Konto „Forderungen aus Transferleistungen" angesprochen. In der Praxis werden bei der Buchung von Forderungen und Verbindlichkeiten die Konten der Nebenbücher (Debitoren- bzw. Kreditorenkonten) angesprochen.

10 Zur genauen Verbuchung der Zahlungen in den Finanzkonten siehe Kap. 12.

Beispielhaft werden nun die Abschreibung des Fahrzeugs und die ertragswirksame Auflösung der Zuwendung im ersten Nutzungsjahr des Einsatzleitwagens mit Hilfe von T-Konten abgebildet:

1. Der Einsatzleitwagen wird über zwölf Jahre abgeschrieben. Da die Anschaffung im Januar erfolgte, beträgt die lineare Abschreibung bereits im ersten Jahr ein Zwöftel des Anschaffungspreises:

Fahrzeuge

Soll			Haben
AB	800.000	1. Abschr.	66.667

Abschreibung

Soll			Haben
1. Fahrzeuge	66.667	1. Abschr.	66.667

2. Die Zuwendung wird parallel zur Abschreibung der Investition ertragswirksam aufgelöst. Die Auflösung erfolgt daher ebenfalls über zwölf Jahre über das Konto 4161 „Erträge aus der Auflösung von Sonderposten aus Zuwendungen“

Sonderposten

Soll			Haben
2. Aufl. Sopo:	10.000	AB:	120.000

Erträge aus Aufl. von Sopo

Soll			Haben
		2. Sopo:	10.000

3. Die Erfolgskonten werden zum Jahresabschluss über die Ergebnisrechnung abgeschlossen:

Erträge aus Aufl. von Sopo

Soll			Haben
ErgRe:	10.000	2. Sopo	10.000

Abschreibung

Soll			Haben
1. Fahrzeuge	66.667	ErgRe:	66.667

Damit ergibt sich in der Ergebnisrechnung im ersten Jahr der Nutzung des neuen Einsatzleitwagens allein aus diesem Geschäftsvorfall folgendes Bild:

Ergebnisrechnung		€
2	+ Zuwendungen und allgemeine Umlagen	10.000
10	**= Ordentliche Erträge**	**10.000**
14	– Bilanzielle Abschreibungen	66.667
17	**= Ordentliche Aufwendungen**	**66.667**
26	**= Jahresergebnis**	**–56.667**

4. Nach Abschluss der Erfolgskonten erfolgt noch der Abschluss der Bestandskonten über die Schlussbilanz (SB):

Fahrzeuge

Soll		Haben	
AB:	800.000	1. Abschr.	66.667
		SB:	733.333
	800.000		800.000

Sonderposten

Soll		Haben	
2. Auflös.:	10.000	AB:	120.000
SB:	110.000		
	120.000		120.000

Der Abschluss der Bestandskonten und der Ergebnisrechnung über die Bilanz hat folgendes Ergebnis:

Aktiva		Passiva	
Anlagevermögen		**Eigenkapital**	
Fahrzeuge	+ 733.333	*Jahresergebnis*	– 56.667
		Sonderposten	
Umlaufvermögen		*Zuwendungen*	+ 110.000
Forderungen	+/– 0	**Fremdkapital**	+/– 0
Liquide Mittel	– 680.000		
	+ **53.333**		+ **53.333**

Wie bereits oben erwähnt, regelt § 47 Abs. 4 KomHKV die Behandlung der auflösungsfähigen Investitionszuwendungen. Bei dieser Regelung bleibt ausdrücklich unberücksichtigt, dass die Nutzungsdauer des bezuschussten Vermögensgegenstandes und die Zweckbindungsdauer des Investitionszuschusses auseinanderfallen können. Dies wäre z. B. bei einem Investitionszuschuss für die Errichtung einer Unterkunft für Asylbewerber möglich. Hier stünde u. U. einer Zweckbindungsdauer von zehn Jahren eine Nutzungsdauer von 50 Jahren gegenüber, wobei sich die Auflösung des Sonderpostens gemäß § 47 Abs. 4 Satz 2 KomHKV allein an der Nutzungsdauer orientiert.

Die dargestellten Sachverhalte sind auch im Rahmen der Haushaltsplanung zu berücksichtigen. Dabei wird bei der Veranschlagung von laufenden Zuwendungen i. d. R. davon auszugehen sein, dass es sich in gleicher Höhe um Ertrag und Einzahlung handelt. Es werden daher die Ergebnis- und die Finanzpositionen (Erträge bzw. Einzahlungen aus Zuweisungen und Zuschüssen) in gleicher Höhe beplant. Erforderliche Periodenabgrenzungen, die sich aus Einzahlungszeitpunkten kurz vor oder nach dem Jahreswechsel ergeben könnten, können zum Planungszeitpunkt nur in Ausnahmefällen Berücksichtigung finden, soweit sie von erheblicher Bedeutung sind.

Bei der Veranschlagung von Investitionszuwendungen besteht dagegen die Notwendigkeit, den oben dargestellten Buchungsvorgang bereits in der Planung nachzuvollziehen. Dabei sind grundsätzlich alle Buchungsvorgänge, die das Bestandskonto „Liquide Mittel" betreffen, relevant für die Aufstellung des Finanzplans. Alle zu erwartenden Buchungsvorgänge auf Erfolgskonten sind in der Ergebnisplanung auszuweisen. Für das oben dargestellte Beispiel ergäbe sich daraus nachfolgende Abbildung in der Finanz- und Ergebnisplanung:

	Finanzplan	€
18	+ Zuwendungen für Investitionsmaßnahmen	120.000
30	– Auszahlungen für den Erwerb von übrigem Sachanlagevermögen	800.000
34	**= Saldo aus Investitionstätigkeit**	**–680.000**

	Ergebnisplan	€
2	+ Zuwendungen und allgemeine Umlagen	10.000
10	**= Ordentliche Erträge**	**10.000**
14	– Bilanzielle Abschreibungen	66.667
17	**= Ordentliche Aufwendungen**	**66.667**
26	**= Jahresergebnis**	**–56.667**

Gem. § 8 Abs. 2 KomHKV müsste die Maßnahme im betroffenen Teilfinanzplan – je nach festgelegter Wertgrenze – zusätzlich separat als einzelne Investitionsmaßnahme nach dem Muster 5.7 der VV KomHKV abgebildet werden.

Im Ergebnis- und Teilergebnisplan ist zu beachten, dass sowohl die Abschreibungen als auch die ertragswirksame Auflösung des Sonderpostens auch die auf das Haushaltsjahr folgenden Jahre betreffen. In dem vorliegenden Beispiel müssen diese Positionen für die nächsten zwölf Jahre vorgemerkt werden. Praktisch geschieht dies i. d. R. durch die Erfassung der Anlagegüter und der Sonderposten in der Anlagenbuchhaltung, die dann zukünftig die Planungsdaten für die betroffenen Positionen liefert. Zusätzlich sind bei der Planung der Abschreibungen und der Auflösung der Sonderposten die geplanten

Investitionen und die Abgänge von Vermögensgegenständen (Desinvestitionen) zu berücksichtigen, die sich nicht aus der Anlagenbuchhaltung entnehmen lassen.

11.2.3 Sonstige Transfererträge (Kontengruppe 42)

Unter „Transfer" wird im kommunalen Haushaltsrecht die Übertragung von Finanzmitteln ohne konkrete Gegenleistung verstanden, soweit es sich nicht um Steuern[11] handelt. Volkswirtschaftlich stellen Transfers die Umleitung von Kaufkraft ohne die Schaffung zusätzlichen Einkommens dar. Mögliche Empfänger sind private Haushalte, Unternehmen oder auch öffentlich-rechtlich Körperschaften. Als „Sonstige Transfererträge" werden damit alle Übertragungen bezeichnet, die nicht unter die bereits in der Kontengruppe 41 behandelten Zuweisungen und Zuschüsse fallen. Ausgeschlossen sind dabei grundsätzlich auch Übertragungen für investive Zwecke.

Ausgehend von den im Kontenrahmen vorgeschlagenen Kontenarten handelt es sich bei den sonstigen Transfererträgen überwiegend um die Erstattung von geleisteten Sozialtransfers im Rahmen der Nachrangigkeit der Sozialhilfe. Darüber hinaus fallen Schuldendiensthilfen, die die Kommune erhält, unter diese Ertragsposition.

11.2.4 Öffentlich-rechtliche Leistungsentgelte (Kontengruppe 43)

Unter die öffentlich-rechtlichen Leistungsentgelte fallen alle öffentlichen Abgaben, denen eine konkrete Gegenleistung gegenübersteht (Gebühren) oder die dem Ersatz des Aufwands für die Herstellung, Anschaffung und Erweiterung öffentlicher Einrichtungen und Anlagen (Beiträge) dienen.

Im Kontierungsplan aufgeführt sind namentlich:
- Verwaltungsgebühren,
- Benutzungsgebühren,
- Zweckgebundene Abgaben,
- Erträge aus der Auflösung von Sonderposten für Beiträge.

Ähnliche Entgelte, wenn sie für die Benutzung von öffentlichen Einrichtungen und die Inanspruchnahme wirtschaftlicher Dienstleistungen anfallen, sind:
- Entgelte für die Lieferung von Elektrizität, Gas, Fernwärme,
- Entgelte der Verkehrsunternehmen,
- Eintrittsgelder zu kulturellen oder sportlichen Veranstaltungen.

Vorrangig ist hier nicht die Aufführung im Kontierungsplan, sondern der öffentlich-rechtliche Charakter des jeweiligen Entgelts. So sind die oben aufgeführten Entgelte

11 Zur Definition der Abgaben und Steuern siehe *Mutschler*, Kommunales Finanz- und Abgabenrecht NRW, 14. Aufl., Witten 2018, S. 218 ff.

dann den privatrechtlichen Entgelten (Kontengruppe 44) zuzuordnen, wenn sie auf der Grundlage eines Vertragsverhältnisses (z. B. aufgrund eines Nutzungs- oder Leistungsvertrages) erhoben werden.

Die Gebühren und zweckgebundenen Abgaben werden unter Beachtung der Periodenabgrenzung als Erträge gebucht. Für die Periodenabgrenzung gelten die im Bereich der Steuern (Kapitel 11.2.1) dargestellten Regelungen. Unter die zweckgebundenen Abgaben fallen u. a. Kurtaxen und Kurbeiträge.

Da es sich bei den Beiträgen definitionsgemäß um Geldleistungen zur Finanzierung von Investitionen handelt, kommt eine direkte Erfassung dieser Leistungen als Ertrag nicht in Frage. Beiträge sind nach § 47 Abs. 4 KomHKV wie Investitionszuwendungen zu behandeln. Zunächst erfolgt dabei eine Passivierung des Beitrags als Sonderposten. Die ertragswirksame Auflösung dieses Sonderpostens über die Konten der Kontengruppe 43 wird anteilig über die Nutzungsdauer der mit dem Beitrag finanzierten öffentlichen Einrichtung oder Anlage durchgeführt.

Problematisch bei der buchungsmäßigen Behandlung der Beiträge ist der Zeitpunkt der Erfassung dieser Beiträge. Zu empfehlen ist, zunächst die noch nicht erhobenen Beiträge aus fertiggestellten Erschließungsmaßnahmen im Anhang anzugeben und zu erläutern. Um dies zu ermöglichen, ist eine wertmäßige Erfassung und laufende Aktualisierung der noch zu veranlagenden Beiträge in der Buchhaltung erforderlich. Aufgrund des Vorsichtsprinzips dürfen die entsprechenden Forderungen mit entsprechender Gegenbuchung als Sonderposten allerdings erst aktiviert werden, wenn eine Veranlagung erfolgt ist.

11.2.5 Privatrechtliche Leistungsentgelte, Kostenerstattungen und Kostenumlagen (Kontengruppe 44)

Als „privatrechtliche Leistungsentgelte" werden diejenigen Entgelte, für die eine konkrete Gegenleistung erbracht wird, ausgewiesen, für die es keine öffentlich-rechtliche Rechtsgrundlage (Satzung) gibt. Dies können im Bereich der Kommunalverwaltung z. B. Mieten, Pachten, Verkaufserlöse aber auch der Eintrittspreis in kommunalen Einrichtungen (Bäder, Theater, Zoos) oder das zu leistende Entgelt für die Teilnahme an Kursen oder Veranstaltungen der Kommune sein. Auch das Entgelt für die Nutzung der städtischen Bibliothek kann privatrechtlicher Natur sein.

Grundsätzlich ist festzustellen, dass in verschiedenen Bereichen die Kommunen bei der Zuordnung der Entgelte zum öffentlich-rechtlichen oder zum privatrechtlichen Bereich einen Gestaltungsspielraum haben. Das Rechnungswesen bildet dabei nur ab, wie die Kommune diesen Spielraum genutzt hat. Bezüglich der Buchungen sind keine weiteren Besonderheiten zu betrachten.

Erstattungen erhält die Kommune für Aufwendungen, die sie für eine andere Stelle erbracht hat. Die Kommune handelt in diesen Fällen im Auftrag eines Dritten. Kostenerstattungen liegen z. B. vor, wenn auf die Kommune Aufgaben von überörtlichen Trägern der Sozialhilfe delegiert werden. Zu unterscheiden ist dies dann insbesondere von den o. a. Transfererträgen. Hier wird die Kommune ursprünglich nicht im Auftrag eines Dritten, sondern in eigener Aufgabenwahrnehmung tätig. Erst im folgenden Jahr wird festgestellt, dass die geleisteten Transfers z. B. aufgrund der Nachrangigkeit der Sozialhilfe von einem Dritten erstattet werden müssen.

Soweit die Aufwendungen, die im Auftrag eines Dritten geleistet wurden, nicht exakt berechnet, sondern nur pauschal ermittelt und erstattet werden, handelt es sich um den Fall einer Kostenumlage. An dieser Stelle ausdrücklich nicht gemeint sind die öffentlich-rechtlichen allgemeinen Umlagen zur Finanzierung der Landkreise, Ämter und Zweckverbände, die auf der Ertragsseite dieser Verbände in die Kontengruppe 41 fallen.

11.2.6 Sonstige ordentliche Erträge (Kontengruppe 45)

Die sonstigen ordentlichen Erträge stellen ein Auffangbecken für alle Ertragsarten dar, die in den bisherigen Positionen nicht abgebildet werden können. Die konkreten Inhalte sind aus dem Kontierungsplan zu erkennen:

- Konzessionsabgaben,
- Erträge aus Vermögensveräußerungen, die dem ordentlichen Ergebnis zuzuordnen sind (gewöhnliche Geschäftsvorfälle von unwesentlicher Bedeutung),
- Erträge aus der Auflösung von sonstigen Sonderposten,
- Erstattung von Steuern vom Einkommen und Ertrag für Vorjahre,
- Erträge aus Zuschreibungen,
- Erträge aus der Auflösung oder Herabsetzung von Wertberichtigungen auf Forderungen,
- Erträge aus der Auflösung oder Herabsetzung von Rückstellungen,
- Erträge aus Bußgeldern und Säumniszuschlägen.

Unter den weiteren Ertragsarten der Kontengruppe „Sonstige ordentliche Erträge“ ist auf die Erträge aus der Auflösung von sonstigen Sonderposten, aus Zuschreibungen, aus der Herabsetzung von Wertberichtigungen und der Herabsetzung von Rückstellungen besonders hinzuweisen. Bei diesen Ertragsarten handelt es sich jeweils um die ergebniswirksame Änderung von Bestandskonten. Die Erläuterung der Vorgänge erfolgt in Kap. 10.

11.2.7 Finanzerträge (Kontengruppe 46)

Als Finanzerträge kommen für die Kommune Zinserträge z. B. aus ausgegebenen Darlehen sowie Dividenden und andere Gewinnanteile von Beteiligungen, Ausleihungen und Wertpapieren des Finanzanlagevermögens in Betracht. Daneben werden in dieser Position „sonstige Finanzerträge“ ausgewiesen. Hierunter fallen auch die Verzinsung von Steuernachforderungen und Erstattungen.

Die Verbindlichkeitenübersicht nach § 60 Abs. 3 KomHKV i. V. m. Muster 5.15 VV KomHKV sieht eine Differenzierung der Kredite nach den Laufzeiten vor. Jedoch sieht der kommunale Kontenrahmen im Bereich der Erfolgskonten eine Differenzierung der Finanzerträge nach Gläubigern vor. Insbesondere sind für die verbundenen Unternehmen, die Beteiligungen und die Sondervermögen separate Ertragskonten einzurichten, damit die konzerninternen Umsätze aus der Vergabe interner Darlehen und aus Ausschüttungen und Gewinnabführungen bei der zukünftig vorgesehenen Erstellung des Gesamtabschlusses nach § 85 BbgKVerf leicht konsolidiert werden können.

11.2.8 Aktivierte Eigenleistungen und Bestandsveränderungen (Kontengruppe 47)

Unter „Eigenleistungen" versteht man Aufwendungen der Verwaltung, die zur Herstellung eines Anlageguts benötigt werden, das nicht für einen Verkauf, sondern zur Verwendung im Rahmen der Aufgabenerfüllung der Kommune bestimmt ist. Soweit es für diese Aufwendungen kein Aktivierungsverbot gibt,[12] sind sie als aktivierte Eigenleistungen zu verbuchen. Das Konto „Aktivierte Eigenleistung" ist allerdings kein Bestandskonto, sondern ein Erfolgskonto, welches über die Ergebnisrechnung abgeschlossen wird. Auf diesem Konto werden die zur Herstellung des Anlageguts bereits verbuchten Aufwendungen neutralisiert. Eine Gegenbuchung der Eigenleistungen auf den einzelnen Aufwandskonten findet dabei nicht statt.

Zu beachten ist bei der Ermittlung der Eigenleistungen die Festlegung zur Ermittlung der Herstellungskosten gem. § 50 Abs. 2 KomHKV. Insbesondere können – in Abgrenzung zum Handelsrecht – keine Verwaltungsgemeinkosten aktiviert werden.

Praktische Relevanz haben im Bereich der Eigenleistung sicherlich die Planungsleistungen der städtischen Ingenieure bei der Herstellung, Erweiterung oder wesentlichen Verbesserung von Gebäuden oder Infrastruktureinrichtungen. Jährlich werden die z. B. aus der Kostenrechnung ermittelten Planungsleistungen bei den entsprechenden Anlagegütern oder bei den Anlagen im Bau aktiviert. Werden z. B. die Eigenleistung des Hochbauamtes für den Neubau der Schule auf 60.000 € ermittelt, wird dieser Betrag aktiviert und auf dem Ertragskonto gegengebucht.

033 Grundst. mit Schulen	an	471 Akt. Eigenleistungen	60.000 €

In der Ergebnisrechnung wird der Betrag als „Aktivierte Eigenleistungen" ausgewiesen, eine entsprechende Position in der Finanzrechnung liegt nicht vor, da kein Zahlungseingang erfolgt.

Die Planung von aktivierbaren Eigenleistungen kann nur nach Erfahrungswerten und anhand der Investitionsplanung erfolgen. Es ist zu beachten, dass hier nach § 14 Abs. 2 KomHKV keine unrealistischen Erträge, die auf einer „maximal erreichbaren Investitionsplanung" beruhen, geplant werden dürfen, da die hier ausgewiesenen Erträge im Haushaltsplan unmittelbar Ergebnis verbessernd wirken. Es bietet sich an, über mehrere Jahre den Anteil der Planungsleistungen an den Personalaufwendungen

12 Nicht aktivierungsfähig sind nach § 53 Abs. 1 KomHKV selbsterstellte oder nicht entgeltlich erworbene immaterielle Vermögensgegenstände des Anlagevermögens wie z. B. Software, die von Mitarbeitern der Verwaltung programmiert wurde.

der Ingenieure zu ermitteln und einen solchen Durchschnittswert unabhängig von der tatsächlichen Investitionsplanung anzusetzen.

Zu der Kontengruppe 47 gehören ebenfalls die Bestandsveränderungen, die im Ergebnisplan in einer separaten Zeile ausgewiesen werden. Bestandsveränderungen ergeben sich aus Inventurdifferenzen bei den fertigen und unfertigen Erzeugnissen sowie bei den unfertigen Leistungen. Sie haben im Rahmen der kommunalen Haushaltsplanung in der Regel keine Relevanz.

11.2.9 Erträge aus internen Leistungsbeziehung (Kontengruppe 48)

Ziel des produktorientierten Haushalts ist – neben dem Ausweis des gesamtstädtischen Ressourcenverbrauchs in Ergebnisplan und -rechnung –, auch der Ausweis des Ressourcenverbrauchs für die im Haushaltsplan und im Jahresabschluss ausgewiesenen Teilpläne. Die Teilergebnis- und Teilfinanzpläne sind lt. § 6 Abs. 1 KomHKV mindestens für die im Produktrahmen vorgesehenen Produktbereiche abzubilden.

Um auch für die Teilpläne einen vollständigen Ressourcenausweis vornehmen zu können, ist der Nachweis der internen Beziehungen zwischen den verschiedenen Teilplänen erforderlich. Abhängig von der verwaltungsspezifischen Organisation werden mehr oder weniger Leistungen für die Produktbereiche in zentralen Organisationseinheiten erbracht. Typischerweise werden z. B. die Leistungen der Personalbetreuung, die Gebäudewirtschaft oder auch das Rechnungswesen von zentralen Organisationseinheiten (sog. „interne Dienstleister") wahrgenommen. Im Produktrahmen ist für solche zentralen Einheiten der Produktbereich 11 „Innere Verwaltung" vorgesehen.

Für eine verursachungsgerechte Zuordnung der Aufwendungen dieser internen Dienstleistungen ist eine Verrechnung in den Teilergebnisplänen (Zeilen 27 und 28) vorgesehen. Zur Abwicklung dieser internen Leistungsbeziehungen stehen die Kontengruppen 48 und 58 zur Verfügung. Da die internen Verrechnungen in der Regel im Rahmen einer Kosten- und Leistungsrechnung (KLR) ermittelt werden, ist alternativ auch eine Bedienung dieser Zeilen der Teilergebnisrechnung aus der KLR denkbar. Dabei kann – abhängig von dem eingesetzten Verfahren – auch die Kontenklasse 9 genutzt werden, die für Zwecke des betrieblichen Rechnungswesens freigehalten wurde.

Eine Verrechnung der internen Leistungen hat nach § 20 Abs. 5 KomHKV zu erfolgen, wenn dies

- für Steuerungszwecke,
- für die Gebührenkalkulation,
- für die Kalkulation privatrechtlicher Entgelte oder
- für die Kalkulation von Kostenerstattungen

benötigt wird.

Jede Kommune muss daher für Steuerungszwecke und für die Kostenrechnung die Verrechnung interner Dienstleistungen vornehmen Dabei wird jede Kommune neben der Bedeutung der internen Leistungen für die politische und verwaltungsinterne Steuerung der Teilhaushalte auch den entstehenden zusätzlichen Aufwand für die Ermittlung und Bewertung der internen Dienstleistungen berücksichtigen.

11.2.10 Außerordentliche Erträge (Kontengruppe 49)

Unter der Position „Außerordentliche Erträge“ sind Erträge auszuweisen, die auf unvorhersehbaren, seltenen und ungewöhnlichen Vorgängen von wesentlicher finanzieller Bedeutung für die Gemeinde beruhen sowie Erträge aus der Veräußerung von Grundstücken, grundstücksgleichen Rechten, Bauten und Finanzanlagevermögen betreffen (§ 4 Abs. 2 KomHKV).

Als „Außerordentlicher Ertrag“ werden damit alle Vorgänge erfasst, die zwar durch die Aufgabenerfüllung der Kommune verursacht wurden, die jedoch für den normalen Ablauf der Verwaltung unüblich sind. Würde dieser außerordentliche Ertrag in der Ergebnisrechnung des aktuellen Haushaltsjahres berücksichtigt, so entstünde hierdurch ein falsches Bild der Ertragslage der Kommune. Voraussetzung für eine Zuordnung von Erträgen zum außerordentlichen Bereich ist daher, dass es sich um Vorgänge handelt, die

- unvorhersehbar,
- ungewöhnlich und
- selten

sind.

Damit das außerordentliche Ergebnis nicht mit einer Vielzahl von kleineren Einzelfällen überfrachtet wird, ist eine weitere Voraussetzung für die Zuordnung von Geschäftsvorfällen zum außerordentlichen Bereich, dass es sich um Vorgänge von

- wesentlicher Bedeutung

handelt. Die Größenordnung, ab der die Erträge als für die Gemeinde von wesentlicher Bedeutung angesehen werden, soll in der Haushaltssatzung festgesetzt werden (§ 4 Abs. 2 KomHKV).

Jedoch ist zu beachten, dass alle Erträge und Aufwendungen aus der Veräußerung von Grundstücken, grundstücksgleichen Rechten, Bauten und Finanzanlagevermögen als außerordentlicher Ertrag und außerordentliche Aufwendung zu buchen sind.

Erträge aus der Veräußerung von Gegenständen des Anlagevermögens entstehen bei einem Verkauf des Anlagegutes über dem aktuellen Buchwert. Wird z. B. der vier Jahre alte Dienstwagen des Kämmerers, der am 31.12.2021 einen Restbuchwert von 5.000 € hat, am 31.3.2024 für 6.000 € verkauft, ergibt sich hieraus ein „Sonstiger ordentlicher Ertrag“.

Buchhalterisch handelt es sich dabei um einen Anlagenabgang bei Buchgewinn, der in Brandenburg in folgenden Schritten zu erfassen ist:

1. Zunächst ist der aktuelle Restbuchwert des Fahrzeugs zu ermitteln. Hierzu sind die Abschreibungen für den Zeitraum zwischen dem letzten Bilanzstichtag und dem Verkauf zu ermitteln und zu buchen. Im vorliegenden Beispiel beträgt der Restbuchwert am Anfang des letzten Buchungsjahres noch 5.000 €. Bei einer angenommenen Ge-

samtnutzungsdauer von acht Jahren beträgt die jährliche Abschreibung somit 1.250 €. Für die abgelaufenen drei Monate des Jahres 2024 sind noch einmal drei Zwölftel des jährlichen Abschreibungsbetrages (3/12 × 1.250 € = 312,50 €) zu erfassen:

5711 Abschreibungen		**an**	**0711 Fahrzeuge**	**312,50 €**

2. Als nächstes wird die Forderung separat verbucht. Hier wird der Ertrag gebucht, der aus dem Kaufpreis hervorgeht.

Debitor	**6.000 €**	**an**	**4531 Veräußerungserträge**	**6.000 €**

3. Der Anlagenabgang erfolgt i. H. des gesamten Restbuchwerts des Fahrzeugs (5.000 € – 312,50 € = 4.687,50 €). Der Anlagenabgang wird im Soll auf dem Aufwandskonto 5471 „Aufwendungen aus Vermögensveräußerungen, die dem ordentlichen Ergebnis zugeordnet sind" gebucht.

Aufwand	**4.687,50 €**	**an**	**0711 Fahrzeuge**	**4.687,50 €**

4. Bei Eingang der Zahlung wird das Debitorenkonto ausgeglichen:

1811 Sichteinlagen		**an**	**Debitor**	**6.000 €**

11.2.11 Personalaufwendungen (Kontengruppe 50)

Personalaufwendungen sind alle Aufwendungen, die unmittelbar mit der Beschäftigung von Beamten, Angestellten, Arbeitern und sonstigen Beschäftigten in der Verwaltung zusammenhängen. Dies sind zunächst die Bezüge, Gehälter und Löhne der Mitarbeiter. Hierzu gehören auch Sach- und Sonderzuwendungen. Als Sachaufwendungen kommen z. B. Essenszuschüsse, die Möglichkeit der Privatnutzung von Dienstfahrzeugen oder die Stellung einer Werkswohnung in Betracht. Unter die Sonderzuwendungen fallen insbesondere das Urlaubs- und Weihnachtsgeld.

Grundsätzlich werden die Personalaufwendungen brutto erfasst. Die zu entrichtende Lohn- und Kirchensteuer sowie den Solidaritätsbeitrag und die Arbeitnehmeranteile zur Sozialversicherung (Renten-, Arbeitslosen-, Pflege- und Krankenversicherung) führt der Arbeitgeber aufgrund von gesetzlichen Verpflichtungen vom Gehalt des Arbeitnehmers an das Finanzamt bzw. die Sozialversicherungsträger ab. Der Arbeitnehmer ist dabei der Schuldner, so dass die entsprechenden Zahlungen in der Buchhaltung unter den Dienstaufwendungen erfasst werden.

Weiterhin fallen unter die Personalaufwendungen alle Aufwendungen des Arbeitgebers für die soziale Sicherung der Beschäftigten. Dies sind insbesondere die Arbeitgeberanteile zur Sozialversicherung und die Aufwendungen für Beihilfen. Hierfür sind separate Kontenarten einzurichten. Im Gegensatz zu den übrigen Personalaufwendungen dürfen Beihilfen zentral veranschlagt und erfasst werden.

Ebenfalls eine separate Kontenart sollte für die Alterssicherung der Beamten vorgesehen werden. Da Beamte aufgrund ihrer Beschäftigung einen Pensionsanspruch gegenüber ihrem Dienstherrn erwerben, entsteht bei dem Dienstherrn eine Verpflichtung, die allerdings in ihrer Höhe und in dem Zeitpunkt in dem die Verpflichtung zu tatsächlichen Auszahlungen führt, unbestimmt ist. In solchen Fällen unbestimmter Verpflichtungen hat die Kommune Rückstellungen zu bilden.

Die Zuführung von Beträgen zur Pensionsrückstellung für aktiv Beschäftigte fällt unter den Personalaufwand. Die Höhe der Zuführung ergibt sich aus der versicherungsmathematischen Berechnung des Barwerts (sog. „Teilwert") der Verpflichtungen. Aus der Differenz dieses Barwerts am Ende und am Anfang der Rechnungsperiode ergibt sich die Höhe der erforderlichen Zuführung.[13] Wie die übrigen Personalaufwendungen sind auch die Zuführungen zur Pensionsrückstellung jeweils für die im Haushaltsplan ausgewiesenen Teilpläne separat zu erfassen und auszuweisen. Dies erfordert eine Differenzierung der Pensionsrückstellung mindestens nach den abgebildeten Teilbereichen im Haushalt.

Ebenfalls zu differenzieren von den Zuführungen zur Pensionsrückstellung der aktiven Beschäftigten, die unter die Personalaufwendungen fallen, sind die Zuführungen für die Beschäftigten, die bereits Versorgungsempfänger sind. Die für diesen Personenkreis möglicherweise anfallenden Zuführungen fallen unter die Versorgungsaufwendungen (Kontengruppe 51).

Die Bildung von Pensionsrückstellungen für Beamte ist unabhängig davon, ob die Kommune die Versorgungsbezüge später selbst leistet, oder ob sie sich einer Versorgungskasse angeschlossen hat, die über ein Umlageverfahren gedeckt ist. Da die Pensionäre bzw. die Hinterbliebenen in jedem Fall einen Anspruch gegenüber dem ursprünglichen Dienstherrn besitzen, ist die entsprechende Verpflichtung auch bei diesem als Pensionsrückstellung auszuweisen. Demgegenüber bestehen die Ansprüche der Angestellten auf Zusatzversorgung regelmäßig gegenüber der entsprechenden Versorgungskasse, so dass hier die Bildung einer Rückstellung nicht zu erfolgen hat.

Zu differenzieren sind die Personalaufwendungen auch von der Kontengruppe 54 (Sonstige ordentlichen Aufwendungen) für die eine separate Zeile in der Ergebnisplanung und -rechnung vorgesehen ist. Hier werden u. a. die sonstigen Personal- und Versorgungsaufwendungen erfasst. Dabei handelt es sich insbesondere um Personalnebenaufwendungen, wie z. B. Aufwendungen für

- erforderliche Personalmaßnahmen (Einstellung, Umsetzung, Entlassung),
- die Aus- und Fortbildung,
- übernommene Fahrt- und Umzugskosten,
- die Zahlung von Trennungsgeld,
- den Gesundheitsschutz und die Arbeitssicherheit der Beschäftigten,
- Belegschaftsveranstaltungen,
- Dienstjubiläen u. Ä.

13 Durch Pflichtmitgliedschaft der Kommunen in der Versorgungskasse Brandenburgs, errechnet und informiert diese auch über den zu bildenden Pensionsrückstellungsbetrag (§ 2 Abs. 4 KVBbgG).

Ebenso fallen die Aufwendungen für Aufwandsentschädigungen von Mandatsträgern (Gemeindevertreter und Ausschussmitglieder) nicht unter die Personalaufwendungen, da es sich bei diesem Personenkreis nicht um Personal der Verwaltung handelt. Sie sind ebenfalls in der Kontengruppe 54 (Sonstige ordentliche Aufwendungen) zu erfassen.

Die Aufwendungen für die Beschäftigung von Honorarkräften hingegen, z. B. im Bereich der Volkshochschule, der Musikschule oder des Gesundheitsamtes, zählen zur Kontengruppe 50 (Personalaufwendungen – Sonstige Beschäftigte). Da beim Einsatz von Honorarkräften kein Beschäftigungs- oder Dienstverhältnis besteht, fallen die entstehenden Aufwendungen nicht unter die Personalaufwendungen.

11.2.12 Versorgungsaufwendungen (Kontengruppe 51)

Wie bereits dargestellt, wird zwischen Personal- und Versorgungsaufwendungen unterschieden. Während unter die Personalaufwendungen insbesondere alle Bezüge und die Arbeitgeberanteile für die Sozialversicherung der aktuell Beschäftigten fallen, fallen unter die Versorgungsaufwendungen alle Bezüge der aus dem Dienst ausgeschiedenen Mitarbeiter (Versorgungsempfänger).

Nach der Verpflichtung der Kommunen zur Bildung von Pensionsrückstellungen sollten die Aufwendungen grundsätzlich bereits während der aktiven Beschäftigungszeit der Versorgungsempfänger als Zuführung zur Pensionsrückstellung ergebniswirksam geworden sein. Dies trifft sowohl auf die Beamtenpensionen als auch auf die Beihilfegewährung für ehemalige Beschäftigte zu. Soweit für die Zahlung der Pensionen ausreichende Rückstellungen zur Verfügung stehen, können diese aus der Rückstellung vorgenommen werden und werden damit im Jahr der Zahlung nicht noch einmal ergebniswirksam.[14] Als ergebniswirksamer Versorgungsaufwand sind alle Leistungen für die Versorgungsempfänger zu erfassen, für die zuvor Rückstellungen nicht oder soweit sie nicht in ausreichender Höhe gebildet wurden. Ebenfalls als Versorgungsaufwand zu erfassen sind notwendige Zuführungen zur Pensionsrückstellung für ausgeschiedene Bedienstete. Eine solche Zuführung kann sich aus versicherungsmathematischen Änderungen (wie z. B. der Anpassung der Sterbetafel an die aktuellen Daten) oder durch eine gesetzliche Erhöhung des Pensionsanspruchs ergeben.

Als Versorgungsaufwendungen kommen ebenfalls Sachaufwendungen für Pensionäre oder ehemalige Beschäftigte in Frage. Dies wäre z. B. der geldwerte Vorteil eines ehemaligen Beschäftigten, der auch nach seinem Ausscheiden aus dem aktiven Dienst weiterhin eine Dienst- oder Werkswohnung bewohnt.

14 In Brandenburg werden die „kommunalen" Pensionsauszahlungen ausschließlich vom Kommunalen Versorgungsverband vorgenommen.

Bei der Erfassung der Zuführung zur Pensionsrückstellung und bei der Zahlung der Pensionen bzw. bei der Zahlung der Umlagen an die Versorgungskassen sind gegenüber dem normalen kaufmännischen Verfahren einige Besonderheiten zu beachten, die sich aus der

- Differenzierung der Personal- und Versorgungsaufwendungen,
- Darstellung der entsprechenden Zahlungen in der Finanzrechnung und
- der Ausweisung der jeweiligen Aufwandspositionen in den Teilergebnisrechnungen

ergeben. Die verschiedenen Schritte im Umgang mit der Pensionsrückstellung werden an nachfolgendem Beispiel dargestellt:

1. Während der Beschäftigungszeit werden für die Beamten der Gemeinde G Pensionsrückstellungen gebildet. Die Höhe der Zuführung zu dieser Rückstellung in einem Jahr ergibt sich aus der Differenz des jeweiligen Teilwertes zum Ende und zum Anfang des Haushaltsjahres. Liegt der Teilwert für den Amtsrat Fleißig am 1.1.2024 bei 196.000 € und am 31.12.2024 bei 209.000 €, sind für ihn im Jahr 2024 insgesamt 13.000 € zusätzliche Pensionsrückstellungen zu bilden. Auch wenn eine separate Buchung des Einzelfalls nicht erforderlich ist, so ist die Dokumentation und Erfassung der Teilwerte für jeden einzelnen Beschäftigten erforderlich, um die Bedienung der Teilergebnispläne zu gewährleisten und im Versorgungsfall eine Umbuchung der Rückstellung vorzunehmen, die für die Differenzierung der Personal- und Versorgungsaufwendungen erforderlich ist. Die Zuführung zur Pensionsrückstellung stellt Personalaufwand dar:

5051 Zuf. Pensionsrückst.	**an**	**2511 Pensionsr. (Besch.)**	**13.000 €**

2. Am 1.1.2025 tritt Fleißig in den Ruhestand. Die für ihn gebildete Pensionsrückstellung sollte bei einer Differenzierung der Rückstellungskonten nach Beschäftigten und Versorgungsempfängern[15] umgebucht werden:

2511 Pensionsr. (Besch.)	**an**	**2511 Pensionsr. (Vers.)**	**209.000 €**

3. Im Jahr 2025 erhält Fleißig Pensionszahlungen und Beihilfen in Höhe von insgesamt 38.000 €. (Alternativ kann hier auch die Zahlung der Umlage an eine Versorgungskasse gebucht werden.) Nach der sog. „buchhalterischen Methode“ werden die Zahlungen zunächst auf dem Konto für den Versorgungsaufwand gebucht. Dabei kann gleichzeitig das entsprechende Finanzrechnungskonto bedient werden:

5111 Versorgungsaufwand	**an**	**Kreditor**	**38.000 €**

4. Zum Ende des Jahres 2025 wird mittels eines Gutachtens oder durch den Einsatz entsprechender Software der neue Teilwert für den 1.1.2026 ermittelt. Dieser beträgt 180.000 €. Die bestehende Pensionsrückstellung kann damit im Rahmen des

15 Siehe hierzu die Ausführungen in Kap. 11.2.11.

Jahresabschlusses 2025 um 29.000 € vermindert werden. Diese Minderung entlastet das Versorgungsaufwandskonto:

2511 Pensionsr. (Vers.) an 5111 Versorgungsaufwand 9.000 €

Damit steht im Jahresabschluss des Jahres 2025 der Versorgungsauszahlung i. H. v. 38.000 € in der Finanzrechnung ein Versorgungsaufwand von 9.000 € in der Ergebnisrechnung gegenüber. Gleichzeitig verringert sich, allein bezogen auf Herrn Fleißig, in der Bilanz die Pensionsrückstellung für Versorgungsempfänger um 29.000 €.

In der Regel wird die Minderung der Pensionsrückstellung die tatsächlichen Pensionszahlungen vom Betrag her nicht erreichen, so dass Versorgungsaufwand ausgewiesen werden muss. Dies ergibt sich allein daraus, dass bei der Ermittlung der Teilwerte nach § 48 Abs. 2 KomHKV eine Abzinsung i. H. v. 5 % vorzunehmen ist, was zu einer niedrigeren Rückstellungszuführung während der aktiven Beschäftigungszeit führt. Der Sonderfall eines theoretisch denkbaren negativen Versorgungsaufwands wird im Rahmen dieses Lehrbuchs nicht weiter behandelt, da er praktisch keine Rolle spielen wird.

Gem. § 20 Abs. 4 KomHKV sind die Versorgungs- und Beihilfeaufwendungen auf die Teilhaushalte nach der Höhe der dort veranschlagten Personalaufwendungen für die Versorgungs- bzw. Beihilfeberechtigten aufzuteilen.

11.2.13 Aufwendungen für Sach- und Dienstleistungen (Kontengruppe 52)

Alle im Rahmen der Aufgabenerfüllung erhaltenen Sach- und Dienstleistungen, die mit Ressourcenverbrauch verbunden sind, werden in der Kontengruppe 52 erfasst. Um deutlich zu machen, wie vielfältig diese Aufwendungen sein können, sei an dieser Stelle eine mögliche weitere Differenzierung des kommunalen Kontenrahmens aufgezeigt:

52			**Aufwendungen für Sach- und Dienstleistungen**
	521		**Unterhaltung der Grundstücke und baulichen Anlagen**
		5211	Unterhaltung der Grundstücke und baulichen Anlagen
	522		**Unterhaltung des sonst. unbeweglichen Vermögens**
		5221	Unterhaltung des sonst. unbeweglichen Vermögens
		5222	Unterhaltung von Geräten, Ausstattungen und Ausrüstungsgegenständen
	523		**Mieten und Pachten**
		5231	Mieten und Pachten
		5232	Leasing
	524		**Bewirtschaftung der Grundstücke und baulichen Anlagen**
		5241	Bewirtschaftung der Grundstücke und baulichen Anlagen

	525		**Haltung von Fahrzeugen**
		5251	Haltung von Fahrzeugen
	526		**Besondere Aufwendungen für Beschäftigte**
		5261	Besondere Aufwendungen für Beschäftigte
	527		**Besondere Verwaltungs- und Betriebsaufwendungen**
		5271	Besondere Verwaltungs- und Betriebsaufwendungen
		5272	Aufwendungen für Ersatzbeschaffungen von in Festwerten zusammengefassten Vermögensgegenständen
	528		**Aufwendungen für den Erwerb von Vorräten**
		5281	Aufwendungen für den Erwerb von Vorräten
	529		**Aufwendungen für sonstige Dienstleistungen**
		5291	Aufwendungen für sonstige Dienstleistungen

Unter die im Kontierungsplan ausgewiesenen Aufwendungen für Fertigung und Vertrieb fallen zunächst die Aufwendungen für Roh-, Hilfs- und Betriebsstoffe und für bezogene Waren. Roh-, Hilfs- und Betriebsstoffe kommen in erster Linie in privaten Fertigungsbetrieben vor. Diese werden von den Betrieben eingekauft und zu Erzeugnissen weiterverarbeitet. Dabei werden Rohstoffe zu Hauptbestandteilen des Erzeugnisses und Hilfsstoffe zu Nebenbestandteilen. Betriebsstoffe werden bei der Fertigung verbraucht. Da die Fertigung von Erzeugnissen in der Kommunalverwaltung nur in Ausnahmefällen vorkommt, spielen die Roh-, Hilfs- und Betriebsstoffe hier eine untergeordnete Rolle. Ebenfalls von untergeordneter Bedeutung sind die Waren in der Verwaltung. Unter „Waren" werden Güter verstanden, die ohne weitere Verarbeitung zu Weiterveräußerung bestimmt sind. Dies ist z. B. denkbar im Bereich der Tourismusförderung, wo Kartenmaterial und Souvenirs in kommunalen Einrichtungen veräußert werden. Ein weiteres Beispiel sind die Stammbücher im Bereich des Standesamtes. Als Aufwand zu buchen sind jeweils nur die im Haushaltsjahr verbrauchten Roh-, Hilfs- und Betriebsstoffe und Waren.

Die Ermittlung des Verbrauchs ergibt sich aus den Eröffnungs- und Schlussbilanzwerten laut Inventur und den Zugängen auf den entsprechenden Bilanzkonten:

	Anfangsbestand (lt. Vorjahresinventur)
+	Zugänge zu den Bestandskonten
–	Endbestand (lt. Inventur am Jahresende)
=	Aufwendungen des Haushaltsjahres

Buchungstechnisch kann die Ermittlung des Aufwands auch dadurch erfolgen, dass der Zukauf auf den Bestandskonten erfasst (aktiviert) und erst bei der Lagerentnahme als Aufwand gebucht wird. Hierfür ist eine leistungsfähige Lagerbuchhaltung erforderlich. Ohne Einsatz einer Lagerbuchhaltung werden die Zugänge direkt als Aufwand gebucht. Anhand der Anfangs- und Endbestände lt. Inventur erfolgt am Jahresende die Ermittlung des tatsächlichen Ressourcenverbrauchs.

Bei den Aufwendungen für Energie, Abwasser und Wasser sind keine Besonderheiten zu berücksichtigen. Allenfalls im Bereich des Heizöls und der Treibstoffe kann eine Aufwandsermittlung anhand der Inventurdifferenzen (s. o.) erforderlich sein, wenn andernfalls eine zutreffende Abbildung des Ressourcenverbrauchs nicht gewährleistet ist. Soweit die Lagerbestandsänderungen von Bilanzstichtag zu Bilanzstichtag nur unwesentlich sind und eine genaue Bestandserfassung nur mit erheblichem Aufwand möglich ist, kann auf eine Aktivierung verzichtet werden.

Unter die Aufwendungen für Sach- und Dienstleistungen fallen auch alle Aufwendungen für die Wartung, Instandhaltung, Reparatur und Bewirtschaftung des Sachanlagevermögens. Hier sind sowohl Materialaufwendungen für eigene Leistungen als auch Aufwendungen für Reinigungs-, Wartungsverträge oder Fremdinstandhaltung zu planen und zu buchen.

Aufwendungen für Lernmittel nach dem Lernmittelfreiheitsgesetz und Kostenerstattungen für Leistungen, die eine andere Stelle für die Kommune erbracht hat, sind ebenfalls in der Kontengruppe 52 zu erfassen. Schülerbeförderungskosten hingegen sind bei 5429 zu buchen.

11.2.14 Transferaufwendungen (Kontengruppe 53)

Als „Transferaufwendungen“ werden Übertragungen der Kommune an den öffentlichen oder den privaten Bereich erfasst, denen keine Gegenleistung gegenübersteht, die aber nicht aus der Steuerpflicht der Kommune resultieren.[16] Grundlage für Transferaufwendungen können Rechtsnormen, Beschlüsse der Gemeindevertretung oder auch Verwaltungsentscheidungen sein.

Unter die Transferaufwendungen fallen insbesondere

- Zuweisungen und Zuschüsse,
- Schuldendiensthilfen,
- Sozialtransfers,
- Umlagen im Rahmen des Steuerverbunds,
- Kreis- und Landschaftsverbandsumlagen.

Geleistete Zuwendungen an den öffentlichen Bereich (Zuweisungen) oder an den privaten Bereich (Zuschüsse) sind als Transferaufwendungen unmittelbar ergebniswirksam zu erfassen, soweit keine Aktivierungsfähigkeit der Zuwendung vorliegt. Unerheblich ist es dabei, ob es sich um Geld- oder Sachleistungen handelt.

Die Beurteilung der Aktivierungsfähigkeit der Zuwendungen ist ausschließlich aus der Sicht des Bilanzierenden (der Kommune) und keinesfalls aus Sicht des Zuwen-

16 Eigene Steueraufwendungen der Kommune sind der Kontogruppe 54 (Sonstige ordentliche Aufwendungen) zugeordnet.

dungsempfängers zu beurteilen und bestimmt sich nach § 47 Abs. 5 KomHKV. Damit ist es nicht entscheidend, ob mit der Zuwendung beim Empfänger eine Investition finanziert werden soll (sog. „Investitionszuschuss"), oder ob die Zuwendung beim Empfänger für eine andere Verwendung vorgesehen ist. Die Aktivierungsfähigkeit bei der bilanzierenden Kommune hängt davon ab, ob sie durch die Zuwendung

a) selber das wirtschaftliche Eigentum an einem Vermögensgegenstand erlangt, oder
b) eine über den nächsten Bilanzstichtag hinausgehende Gegenleistungsverpflichtung des Empfängers auslöst, die sie auch tatsächlich, z. B. durch eine vertraglich vereinbarte Verpflichtung zur Rückzahlung der Zuwendung, durchsetzen kann.

Im Fall a) ist der Vermögensgegenstand, wie bei eigenem Erwerb, von der Kommune zu aktivieren und abzuschreiben. Im Fall b) wird bei der Kommune kein Vermögensgegenstand geschaffen. Allerdings ist unter den dargestellten Bedingungen der Transferaufwand periodengerecht abzugrenzen und auf die Laufzeit der Gegenleistungsverpflichtung zu verteilen. Dies erfolgt durch die Aktivierung als Rechnungsabgrenzungsposten in der Bilanz. Dieser aktive Rechnungsabgrenzungsposten wird gleichmäßig über den Zeitraum aufgelöst, auf den sich die Gegenleistungsverpflichtung bezieht.[17]

Entscheidend für die Beurteilung der Behandlung geleisteter Zuwendungen sind ausschließlich die zahlungsbegründenden Unterlagen, also i. d. R. der Zuwendungsbescheid. Mündliche Auskünfte oder Aktenvermerke aus der Fachverwaltung über Gegenleistungsverpflichtungen oder Rückzahlungsvereinbarungen sind keine ausreichende Grundlage für eine Aktivierung. Die Voraussetzungen nach a) oder b) müssen aus dem Zuwendungsbescheid, der Grundlage für die buchhalterische Erfassung ist, eindeutig hervorgehen, um eine Aktivierung oder Rechnungsabgrenzung vornehmen zu dürfen. Soweit eine der oben genannten Voraussetzungen nicht vorliegt, ist die Zuwendung im Jahr der Auszahlung vollständig ergebniswirksam zu erfassen.

Schuldendiensthilfen stellen eine besondere Form der Zuwendungen dar, die auf die Erleichterung des Schuldendienstes beim Empfänger ausgerichtet sind. Da der Schuldendienst sich in der Regel aus Annuitäten ergibt, die sowohl Zins- als auch Tilgungsleistungen umfasst, ist vereinfachend davon auszugehen, dass grundsätzlich eine Aktivierungsfähigkeit solcher Zuwendungen auszuschließen ist. Dies ergibt sich daraus, dass eine Rückzahlungspflicht bei bestimmungsgemäßer Verwendung der Zuwendung i. d. R. ausgeschlossen ist.

Wichtigster und umfangreichster Bestandteil der kommunalen Transferaufwendungen sind die Sozialtransfers, die sich i. d. R. aus der Sozialgesetzgebung ergeben. Dies sind insbesondere die Leistungen nach dem

- Sozialgesetzbuch XII,
- Jugendwohlfahrtsgesetz,
- Unterhaltssicherungsgesetz,
- Asylbewerberleistungsgesetz,

17 Vgl. zur Frage der Behandlung geleisteter und empfangener Zuwendungen ausführlich: Modellprojekt „Doppischer Kommunalhaushalt in NRW" (Hrsg.), Neues Kommunales Finanzmanagement: Betriebswirtschaftliche Grundlagen für das doppische Haushaltsrecht, 2., vollst. überarb. Aufl. auf der Basis der Endergebnisse des Modellprojektes, Freiburg 2003, S. 73 ff.

- Heimkehrergesetz,
- Wohngeldgesetz,
- etc.

Unter die Transferaufwendungen fallen auch die Gewerbesteuerumlage und die Finanzierungsbeteiligung am Fonds Deutsche Einheit. Gleiches gilt auch für die Umlagen der Kommunen an die Kreise und Landschaftsverbände. Dabei ist es unerheblich, ob sich ein abgrenzbarer Teil dieser Umlage auf einen bestimmten Aufgabenbereich (z. B. Jugendhilfe) bezieht.

11.2.15 Sonstige ordentliche Aufwendungen (Kontengruppe 54)

Die Kontengruppe 54 stellt ein Sammelbecken für mögliche sonstige Aufwandsarten dar. Aufzuführen sind insbesondere

- Sonstige Personal- und Versorgungsaufwendungen,
- Aufwendungen für die Inanspruchnahme von Rechten und Diensten,
- Geschäftsaufwendungen,
- Steuern, Versicherungen, Schadensfälle,
- Erstattungen für Aufwendungen von Dritten aus laufender Verwaltungstätigkeit,
- Aufgabenbezogene Leistungsbeteiligungen,
- Wertberichtigungen bei Vermögensgegenständen,
- Besondere Aufwendungen,
- weitere sonstige Aufwendungen auslaufender Verwaltungstätigkeit.

Unter die Sonstigen Personal- und Versorgungsaufwendungen fallen insbesondere die sog. „Personalnebenkosten". Dies sind u. a. die

- erforderlichen Personalmaßnahmen (Einstellung, Umsetzung, Entlassung),
- die Aus- und Fortbildung,
- übernommene Fahrt- und Umzugskosten,
- die Zahlung von Trennungsgeld,
- den Gesundheitsschutz und die Arbeitssicherheit der Beschäftigten,
- Belegschaftsveranstaltungen,
- Dienstjubiläen,

die nicht unter die Personal- oder Versorgungsaufwendungen fallen.

Die einzelnen Aufwandsarten sind dem kommunalen Kontenrahmen und der finanzstatistischen Zuordnungsvorschrift zu den Kontierungsplänen zu entnehmen. Besonderheiten bzgl. der Haushaltsplanung oder der Abwicklung in der Buchhaltung ergeben sich allenfalls bei der Behandlung von Leasingraten. Diese sind grundsätzlich nur dann als Aufwand zu buchen, wenn das geleaste Wirtschaftsgut dem Leasinggeber als wirtschaftliches Eigentum zugerechnet werden kann. Liegt das wirtschaftliche Eigentum[18] dagegen beim Leasingnehmer, ist dies zu aktivieren und die Leasingraten als Kaufpreisraten (d. h. als Investitionsauszahlungen) zu behandeln. So ist nach steuerlicher Auffassung bei einer Leasing-Laufzeit unter 40 % und bei über 90 % der Gesamtnutzungsdauer nach amtlicher Abschreibungs-Tabelle der Leasinggegenstand beim Leasingnehmer zu bilanzieren. Dies soll versteckte Ratenkäufe verhindern, bei denen der Leasinggeber sichere Mietzahlungen und zusätzliche steuermindernde Abschreibungsbelastungen verzeichnen könnte.

11.2.16 Zinsen und sonstige Finanzaufwendungen (Kontengruppe 55)

Die Kontengruppe 55 (Zinsen und sonstige Finanzaufwendungen) bildet gemeinsam mit der Kontengruppe 46 (Finanzerträge) die Grundlage für die Ermittlung des Finanzergebnisses nach § 4 Abs. 1 Nr. 19 bis 21 KomHKV. Dabei wird im kommunalen Kontenplan und der finanzstatistischen Zuordnungsvorschrift zu den Kontierungsplänen eine Differenzierung der Zinsaufwendungen nach den Empfängern bzw. Darlehensgebern vorgenommen. Neben den Zinsaufwendungen werden in der Kontengruppe 55 auch sonstige Finanzaufwendungen abgebildet, die sich aus der Inanspruchnahme von Fremdkapital ergeben können.

Nicht zu den Zinsen und ähnlichen Aufwendungen gehören die allgemeinen Aufwendungen für den Geldverkehr, wie z. B. Bankspesen und Kontoführungsgebühren. Hierbei handelt es sich um Aufwendungen für allgemeine Bankdienstleistungen, die der Kontengruppe 54 (Sonstige ordentliche Aufwendungen) zuzuordnen sind.

11.2.17 Bilanzielle Abschreibungen (Kontengruppe 57)

Vermögensgegenstände, die dazu bestimmt sind, der Aufgabenerfüllung der Gemeinde dauerhaft zu dienen, sind dem Anlagevermögen zuzuordnen. Soweit diese Vermögensgegenstände im Rahmen ihrer Verwendung einer regelmäßigen Abnutzung unterliegen oder durch außergewöhnliche Vorfälle verbraucht werden, wird die hierdurch verursachte Minderung des Anlagevermögens als bilanzielle Abschreibung ergebniswirksam erfasst (§ 51 KomHKV). Diese Erfassung erfolgt im Soll auf dem Aufwandskonto der Gruppe 57 (Bilanzielle Abschreibungen) und im Haben auf dem jeweiligen Bestandskonto:

5711 Abschreibungen an 0XXX Anlagevermögen

Grundsätzlich ergibt sich durch die Abschreibung zunächst eine Bilanzkürzung, da einerseits der Wert des Anlagevermögens verringert wird und andererseits durch die Erfassung als Aufwand die Abschreibung in gleicher Höhe das Eigenkapital mindert. Durch die Abschreibung ist damit nicht – wie häufig irrtümlich häufig vermutet wird –

18 Zum Begriff des wirtschaftlichen Eigentums siehe Kap. 10 dieses Buches.

automatisch die Finanzierung einer Ersatzinvestition sichergestellt. Diese Finanzierungsfunktion ergibt sich ausschließlich dann, wenn den Abschreibungen entsprechende zahlungswirksame Erträge gegenüberstehen, die die Minderung des Eigenkapitals ausgleichen und gleichzeitig auf der Aktivseite durch Erhöhung des Umlaufvermögens (Liquidität) die Bilanz wieder verlängern.

Planmäßige Abschreibungen ergeben sich i. d. R. nach § 51 Abs. 1 KomHKV durch die lineare Verteilung der Anschaffungs- und Herstellungskosten des Anlagevermögens auf die verwaltungsübliche Nutzungsdauer des jeweiligen Vermögensgegenstandes (lineare Abschreibung).

Abschreibung p. a.[19] =

Die Bestimmung der jeweiligen Nutzungsdauer soll nach § 51 Abs. 2 KomHKV auf der Grundlage der vom Ministerium des Innern herausgegebenen Abschreibungstabelle[20] für Kommunen erfolgen. Hiervon kann in Brandenburg abgewichen werden, wenn auf eigenen kommunalen Erfahrungswerten basierende betriebsgewöhnliche Nutzungsdauern eher den tatsächlichen Verhältnissen entsprechen. Abweichungen von der linearen Abschreibungsmethode sind im Rahmen des Jahresabschlusses gem. § 58 Abs. 2 Nr. 4 KomHKV im Anhang zu erläutern.

Gem. § 63 Abs. 3 BbgKVerf sind bei der Buchführung die GoB zu beachten.[21] Diese übergeordneten Grundsätze beinhalten u. a. den Grundsatz der Richtigkeit. Danach sind z. B. nicht vertretbare Bewertungen von Aktiv- und Passivposten unzulässig. Ziel der Buchführung ist eine den tatsächlichen Verhältnissen entsprechende Darstellung der Vermögens- und Finanzsituation der Kommune. Damit unvereinbar wäre eine den tatsächlichen Verhältnissen widersprechende Bewertung der Aufwendungen für die Abnutzung des Anlagevermögens. Weicht daher die Nutzungsdauer bestimmter Vermögensgegenstände in einer Kommune nachweislich von den in der Abschreibungstabelle angegebenen Referenzwerten ab und ist diese Abweichung erheblich, hat die Gemeinde zur Einhaltung der GoB unabhängig von der örtlichen Abschreibungstabelle und den Orientierungswerten des Innenministeriums realistische Abschreibungsdauern anzusetzen und die Abweichung von der örtlichen Abschreibungstabelle im Anhang zu erläutern.

§ 51 Abs. 1 KomHKV lässt eine Abweichung von der linearen Abschreibung nur dann zu, wenn durch eine degressive Abschreibung oder eine Leistungsabschreibung der Ressourcenverbrauch nachweislich besser abgebildet wird als durch eine lineare Abschreibung. Zulässig ist unter dieser Voraussetzung auch eine Kombination von degressiver und linearer Abschreibung. Unzulässig ist im Umkehrschluss die progressive

19 Im Gegensatz zur kalkulatorischen Abschreibung in der Kosten- und Leistungsrechnung wird bei der bilanziellen Abschreibung generell davon ausgegangen, dass der Vermögensgegenstand bis zum Ende der Nutzungsdauer im Besitz der Kommune bleibt. Geplante Liquidationserlöse vor oder nach Ablauf der Nutzungsdauer werden daher bei der Ermittlung der bilanziellen Abschreibung nicht berücksichtigt.

20 Anlage 10 (Abschreibungstabelle) BewertL Bbg.

21 Vgl. hierzu im Einzelnen Kap. 9.

Abschreibung, weil durch steigende Abschreibungsbeträge eine unzulässige buchhalterische Verschiebung des Ressourcenverbrauchs in die Zukunft erfolgt, die mit dem Prinzip der intergenerativen Gerechtigkeit unvereinbar ist.

Bei der degressiven Abschreibung erfolgt die Verteilung der Anschaffungs- und Herstellungskosten auf die Nutzungsdauer mit sinkenden Beträgen. Die Ermittlung des Abschreibungsverlaufs kann sich mathematisch aus einer arithmetischen oder geometrischen Reihe ergeben. Bei einer geometrisch degressiven Abschreibung muss im letzten planmäßigen Nutzungsjahr der volle Restbuchwert abgeschrieben werden.

Bei der Leistungsabschreibung erfolgt die Ermittlung des Ressourcenverbrauchs eines Vermögensgegenstands nicht unter Berücksichtigung des Zeitablaufs, sondern unter Maßgabe der tatsächlichen Inanspruchnahme. Grundlage der Leistungsabschreibung sind die erzielbaren Leistungseinheiten des jeweiligen Vermögensgegenstandes während seiner gesamten Lebensdauer. Bei der Nutzung eines Kraftfahrzeugs könnte z. B. die Leistungsabschreibung anhand der Kilometerleistung erfolgen. Zur Ermittlung der jährlichen Abschreibungen wird der Abschreibungsausgangswert (Anschaffungs-/Herstellungskosten) durch die insgesamt erzielbaren Leistungseinheiten (Lebensleistung des PKW in km) dividiert und anschließend mit der für die jeweilige Rechnungsperiode tatsächlich ermittelte Leistungsabgabe multipliziert.

Der Abschreibungsbeginn erfolgt in dem Monat der betriebsbereiten Anschaffung oder Herstellung des jeweiligen Vermögensgegenstandes. Bei einer Anschaffung im laufenden Jahr muss nach § 51 Abs. 3 KomHKV und des BewertL Bbg der jeweilige Jahresanteil nach Monaten bemessen werden. Dieses Verfahren entspricht auch den üblichen steuerrechtlichen Vorgehensweisen, daher sind keine Konsolidierungsprobleme bei der Erstellung der Gesamtabschlüsse zu erwarten.

Einen Sonderfall der Abschreibung stellt die Behandlung geringwertiger Wirtschaftsgüter (GWG) nach § 50 Abs. 4 KomHKV dar. Als „GWG" werden Vermögensgegenstände bezeichnet, die

- zum Anlagevermögen gehören,
- selbstständig genutzt werden können,
- einer Abnutzung unterliegen und
- deren Anschaffungs-/Herstellungskosten (ohne Umsatzsteuer) zwischen 150 € und 1000 € liegen.

Grundsätzlich handelt es sich bei der Anschaffung von GWG um Investitionsauszahlungen, die im Finanzplan als solche zu planen sind. Im Ergebnisplan sind die Abschreibungen zu veranschlagen. Zunächst ist im Jahr der Anschaffung oder Herstellung ein Sammelposten zu bilden. *„Der Sammelposten ist im Jahr der Bildung und den folgenden vier Jahren mit jeweils einem Fünftel abzuschreiben. Scheidet ein Vermögensgegenstand [...] aus dem Anlagevermögen aus, wird der Sammelposten nicht vermindert."*[22] Vermögensgegenstände, bei denen alle obigen Kriterien zutreffen bis auf die Tatsache, dass der Wert unter 150 € netto liegt, werden im Jahr der Anschaffung als Sofortaufwand verbucht.

22 Wortlaut des § 50 Abs. 4 Sätze 2 und 3 KomHKV.

Neben den planmäßigen Abschreibungen und den Sofortabschreibungen können weiterhin vorkommen die

- Abschreibungen auf Finanzanlagen und Wertpapiere,
- außerplanmäßigen Abschreibungen und Sonderabschreibungen auf das Anlagevermögen und
- außerplanmäßigen Abschreibungen auf das Umlaufvermögen.

Einzelheiten zur Notwendigkeit und Möglichkeit dieser Abschreibungen sind der Erläuterung der Bilanzposten in Kap. 10 zu entnehmen.

11.2.18 Aufwendungen aus internen Leistungsbeziehungen (Kontengruppe 58)

Für die Aufwendungen aus interner Leistungsbeziehung ist die Kontengruppe 58 des Kontenplans vorgesehen. Die Ausführungen zu den Erträgen aus interner Leistungsbeziehung gelten entsprechend (s. o., Kap. 11.2.9).

11.2.19 Außerordentliche Aufwendungen (Kontengruppe 59)

Zur Abgrenzung der ordentlichen von den außerordentlichen Aufwendungen wird auf die Ausführungen zu den außerordentlichen Erträgen in Kap. 11.2.10. verwiesen. Außerordentliche Aufwendungen fallen insbesondere im Zusammenhang mit Naturkatastrophen (z. B. Stürme, Hochwasser, Erdbeben) an. Unter die außerordentlichen Aufwendungen fallen darüber hinaus Verluste aus dem Verkauf von Beteiligungen, Teilbetrieben, Zweigniederlassungen oder andere Privatisierungsverluste.

11.3 Übungen

Sachverhalt Nr. 1

Im laufenden Jahr ergeben sich in der Gemeinde G u. a. nachfolgende Geschäftsvorfälle:

1. Die Gemeinde versendet im Januar die Vorauszahlungsbescheide für die Gewerbesteuer. Die Gesamtforderung beträgt 2 Mio. €, die jeweils zu einem Viertel am 15. Februar, 15. Mai, 15. August und 15. November fällig werden.
2. Die Stadtbücherei nimmt im Juli 20.000 € Benutzungsgebühren als Jahresgebühr ein. Die erworbenen Jahreskarten gelten von Anfang Juli des laufenden Jahres bis Ende Juni des folgenden Jahres.
3. Der Bauhof der Gemeinde G stellt im Januar ein Klettergerüst für den Spielplatz her. Es fallen Materialaufwand von 800 € und Personalaufwand von 1.500 € an. Aus der Kostenrechnung werden für die Erstellung des Klettergerüsts Materialgemeinkosten von 100 €, Fertigungsgemeinkosten von 300 € und Verwaltungsge-

meinkosten von 100 € ermittelt. Das Klettergerüst wird am 20. Januar aufgestellt. Als Nutzungsdauer werden fünf Jahre kalkuliert.

Aufgabe:
Zeigen Sie für die Geschäftsvorfälle alle notwendigen Buchungssätze auf. Nutzen Sie den kommunalen Konterahmen und die finanzstatistische Zuordnungsvorschrift zu den Kontierungsplänen. Eine Mitkontierung der Produktbereiche und eine Berücksichtigung der Finanzrechnung ist nicht erforderlich.

Lösung:
Zu 1.)
Bei den Gewerbesteuerbescheiden handelt es sich um Vorauszahlungsbescheide. Für Vorauszahlungen erfolgt die Einbuchung der Forderung zum Zeitpunkt der Fälligkeit. Jeweils zum Fälligkeitstermin ist daher zu buchen:

Debitor	**an**	**4013 Gewerbesteuer**	**500.000 €**

Zu 2.)
Die im Juli eingenommenen Benutzungsgebühren für die Stadtbücherei beziehen sich nicht nur auf das laufende Haushaltsjahr. Die erworbenen Jahreskarten sind im Haushaltsjahr sechs Monate gültig und im folgenden Jahr ebenfalls sechs Monate. Zur Ermittlung des Ertrages ist daher eine Abgrenzung vorzunehmen.

Zunächst wird die Debitorenrechnung vollständig auf das Ertragskonto gebucht:

Debitor	**an**	**4321 Benutzungsgebühren**	**20.000 €**

Anschließend erfolgt die Korrektur des Ertragskontos durch eine passive transitorische Rechnungsabgrenzung:

4321 Benutzungsgebühren	**an**	**3911 Passive RAP**	**10.000 €**

Eine weitere und eher zu empfehlende Variante ist die Split-Buchung:

Debitor	**20.000 €**	**an**	**4321 Benutzungsgebühren**	**10.000 €**
		an	**3911 Passive RAP**	**10.000 €**

Zu 3.)
Während der Herstellung des Klettergerüsts fallen Personal- und Materialaufwendungen an. Die Personalaufwendungen werden zunächst ohne Bezug zu der Herstellung des Klettergerüsts buchhalterisch erfasst:

5012 Dienstaufwendungen	**an**	**Kreditor**	**1.500 €**

Die Materialaufwendungen werden dem neu erstellten Klettergerüst direkt zugeordnet. Für das Klettergerüst wird daher in der Anlagenbuchhaltung eine „Anlage im Bau“ eingerichtet. Die Buchung der Rechnungen für das Material des Klettergerüsts lautet:

0961 Anlagen im Bau	**an**	**Kreditor**	**800 €**

Nach Fertigstellung des Klettergerüsts aber spätestens jedes Jahr werden die erbrachten Eigenleistungen der Anlage im Bau zugerechnet. Als aktivierbare Eigenleistungen kommen nach § 50 Abs. 2 KomHKV neben den Materialeinzelkosten noch die Fertigungseinzelkosten, die Sonderkosten der Fertigung, Fertigungs- und Materialgemeinkosten in Frage. Zuzurechnen sind dem Klettergerüst danach noch der entsprechende Personalaufwand (Fertigungseinzelkosten), die Material- und Fertigungsgemeinkosten. Verwaltungsgemeinkosten können nicht aktiviert werden. Aktivierbar sind daher:

Fertigungseinzelkosten:	1.500 €
Fertigungsgemeinkosten:	300 €
Materialgemeinkosten:	100 €
Summe:	**1.900 €**

Die Buchung erfolgt als Ertrag aus aktivierten Eigenleistungen:

0961 Anlagen im Bau	**an**	**4711 Aktiv. Eigenleistungen**	**1.900 €**

Auf der Anlage im Bau „Klettergerüst“ haben sich damit Herstellungskosten i. H. v. insgesamt 2.700 € angesammelt. Bei Betriebsbereitschaft des Klettergerüsts werden diese Herstellungskosten von der Anlage im Bau auf das endgültige Anlagenkonto umgebucht:

0821 BGA	**an**	**0961 Anl. im Bau**	**2.700 €**

Mit Betriebsbereitschaft des Klettergerüsts erfolgt auch die Abschreibung des Anlageguts. Der Abschreibungssatz beträgt bei einer fünfjährigen Nutzungsdauer 20 % der Herstellungskosten jährlich:

5711 Bil. Abschreibungen	**an**	**0821 BGA**	**540 €**

Mit der Buchung der Abschreibung sind alle erforderlichen Buchungen im Haushaltsjahr durchgeführt.

Sachverhalt Nr. 2

Die Gemeinde G schafft im Juni 2024 DV-Ausstattung für die Grundschule für insgesamt 80.000 € an. Aus Landesmitteln wird die Anschaffung mit 20 % gefördert. Der Förderbescheid liegt bereits im April 2024 vor, die Auszahlung der Förderung wird erst im November erwartet. Ab dem 1. Juli ist die DV-Ausstattung einsatzbereit. Die vorgesehene Nutzungsdauer der Ausstattung beträgt vier Jahre.

Aufgaben:

a) Zeigen Sie die notwendigen Buchungen (Buchungssätze) für die Anschaffung der Ausstattung (inkl. Ausgleich der Kreditoren- und Debitorenkonten), die Erfassung der Zuwendung und die erfolgswirksame Behandlung dieser Positionen im Jahr der Anschaffung.
b) Wie ist dieser Vorgang im Teilfinanz- und Teilergebnisplan des Produktbereichs „Schulträgeraufgaben" zu veranschlagen?

Lösung:

Zu a)

Die Anschaffung der DV-Ausstattung erfolgt i. d. R. über die Anlagenbuchhaltung, in der für jedes einzelne Anlagegut ein separater Stammsatz angelegt wird. Auf den einzelnen Stammsätzen werden dann die Kreditorenrechnungen erfasst. In der Summe ergibt sich daraus die Buchung:

0821 BGA	**an**	**Kreditor**	**80.000 €**

Bei Zahlung des Rechnungsbetrags wird das Kreditorenkonto wieder ausgeglichen:

Kreditor	**an**	**1811 Sichteinlagen**[23]	**80.000 €**

Für den Förderbetrag liegt bereits im April ein Förderbescheid vor. Zu diesem Zeitpunkt hat die Gemeinde jedoch die Fördervoraussetzungen noch nicht erfüllt. Die Erfüllung der Fördervoraussetzungen ist mit der Anschaffung und Inbetriebnahme der DV-Ausstattung gegeben. Zu diesem Zeitpunkt (1.7.2024) kann dann auch die Landesförderung buchhalterisch erfasst werden:[24]

Debitor	**an**	**2311 Sonderposten**	**16.000 €**

Erst bei Geldeingang im November wird das Debitorenkonto ausgeglichen:

1811 Sichteinlagen[25]	**an**	**Debitor**	**16.000 €**

Durch die bisherigen Buchungen wurden die DV-Anlagen i. H. v. 80.000 € auf Aktivkonten erfasst, die Landeszuwendung i. H. v. 16.000 € wurde auf einem Passivkonto als Sonderposten erfasst. Die Debitoren- und Kreditorenkonten sind durch die entspre-

23 Zur genauen Verbuchung der Zahlungen in den Finanzkonten siehe Kap. 12.

24 Eine Verbuchung als „Anzahlung Sonderposten" mit Erhalt des Förderbescheids wäre buchhalterisch korrekt. Mit Erfüllung der Fördervoraussetzung wird diese dann auf den Sonderposten umgebucht.

25 Zur genauen Verbuchung der Zahlungen in den Finanzkonten siehe Kap. 12.

chenden Zahlungsein- und -ausgänge wieder ausgeglichen. Zur Abbildung des Ressourcenverbrauchs sind für das Jahr 2024 noch die anteiligen Abschreibungen für ein halbes Jahr und die entsprechende Auflösung des Sonderpostens zu buchen.

Die Abschreibung für das Jahr 2024 beträgt die Hälfte der normalen jährlichen Abschreibung von 25 % der Anschaffungskosten (vier Jahre Nutzungsdauer):

5711 Bil. Abschreibungen	**an**	**0821 BGA**	**10.000 €**

Mit dem gleichen Anteil (12,5 %) wird in 2024 der für die Landesförderung gebildete Sonderposten ertragswirksam aufgelöst:

2311 Sonderposten	**an**	**4161 Zuwendungen**	**2.000 €**

Zu b)
Im Teilfinanzplan sind die investiven Ein- und Auszahlungen des Produktbereichs zu erfassen. Das sind zum einen die Auszahlungen für die Anschaffung der DV-Ausstattung und daneben die Einzahlungen für die Landeszuwendung. Damit hat der Teilfinanzplan folgendes Bild:

	Teilergebnisplan Produktbereich Schulträgeraufgaben	**Ansatz des Haushaltsjahres**
		€
Investitionstätigkeit Einzahlungen		
1	aus Investitionszuwendungen	16.000
2	aus Beiträgen u. ä. Entgelten	0
3	aus der Veräußerung von immateriellen Vermögensgegenständen	0
4	aus der Veräußerung von Grundstücken. Grundstücksgleichen Rechten und Gebäuden	0
5	aus der Veräußerung von übrigem Sachanlagevermögen	0
6	aus der Veräußerung von Finanzanlagen	0
7	Sonstige Investitionseinzahlungen	0
8	**Summe der investiven Einzahlungen**	**16.000**
Auszahlungen		
9	für Baumaßnahmen	0
10	für den Erwerb von immateriellen Vermögensgegenständen	0
11	für den Erwerb von Grundstücken, grundstücksgleichen Rechten und Gebäuden	0
12	für den Erwerb von übrigem Sachanlagevermögen	80.000
13	für den Erwerb von Finanzanlagen	0
14	von aktivierbaren Zuwendungen	0
15	Sonstige Investitionsauszahlungen	0
16	**Summe der investiven Auszahlungen**	**80.000**
17	**Saldo Investitionstätigkeit (Einzahlungen ./. Auszahlungen)**	**–64.000**

Im Teilergebnisplan sind nur die aufwands- bzw. ertragswirksamen Vorgänge zu veranschlagen. Dies sind für den vorliegenden Geschäftsvorfall die planmäßigen Abschreibungen der DV-Ausstattung und die ertragswirksame Auflösung des Sonderpostens aus der Landeszuweisung. Beschränkt auf diesen Geschäftsvorfall ergeben sich nachfolgende Planungspositionen in der Teilergebnisrechnung:

Teilergebnisplan Produktbereich Schulträgeraufgaben			**Ansatz des Haushaltsjahres**
			€
1		Steuern und ähnliche Abgaben	
2	+	Zuwendungen und allgemeine Umlagen	2.000
3	+	Sonstige Transfererträge	
4	+	Öffentlich-rechtliche Leistungsentgelte	
5	+	Privatrechtliche Leistungsentgelte	
6	+	Kostenerstattungen und Kostenumlagen	
7	+	Sonstige ordentliche Erträge	
8	+	Aktivierte Eigenleistungen	
9	+/–	Bestandsveränderungen	
10	=	**Ordentliche Erträge**	**2.000**
11	–	Personalaufwendungen	
12	–	Versorgungsaufwendungen	
13	–	Aufwendungen für Sach- und Dienstleistungen	
14	–	Bilanzielle Abschreibungen	10.000
15	–	Transferaufwendungen	
16	–	Sonstige ordentliche Aufwendungen	
17	=	**Ordentliche Aufwendungen**	**10.000**
18	=	**Ergebnis der lfd. Verwaltungstätigkeit**	**–8.000**

Sachverhalt Nr. 3

Die Musikschule der Gemeinde G plant, im Mai 2024 ihren Konzertflügel auszutauschen. Dazu soll der bisherige Flügel, der im Januar 2011 für 60.000 € gekauft wurde, in Zahlung gegeben werden. Der Musikschulleiter erwartet bei der Inzahlungnahme eine Gutschrift i. H. v. 50.000 €. Der Preis des neuen Flügels wird mit 75.000 € kalkuliert. Für Konzertflügel kalkuliert die Gemeinde G eine Nutzungsdauer von 30 Jahren.

Aufgabe:

Stellen Sie die mit den Konzertflügeln in Verbindung stehenden Positionen des Teilergebnisplans für das Jahr 2024 zusammen.

Lösung:

Im Teilergebnisplan sind die Aufwendungen und Erträge zu kalkulieren, die mit den Konzertflügeln in Verbindung stehen.

Zunächst ist daher zu ermitteln, wie hoch die Abschreibung für den alten Flügel im Jahr 2024 voraussichtlich sein wird. Die Anschaffungskosten des Flügels betrugen 60.000 €. Bei einer kalkulierten Nutzungsdauer von 30 Jahren beträgt die planmäßige jährliche Abschreibung 2.000 €. Im Jahr 2024 beschränkt sich die Abschreibungsdauer gem. § 51 Abs. 3 KomHKV auf fünf Monate (Januar bis Mai), so dass für den alten Flügel Abschreibungen i. H. v. 833 € für das Jahr 2024 anzusetzen sind.

Für den neuen Flügel ist ebenfalls die Abschreibung zu kalkulieren. Bei einer Anschaffung im Mai muss nach § 51 Abs. 3 KomHKV die Abschreibungen schon ab dem Monat berücksichtigt werden, in dem der Konzertflügel angeschafft wird (d. h. Mai bis Dezember). Ausgehend von Anschaffungskosten von 75.000 errechnet sich eine Abschreibung i. H. v. 1.666,67 € für den neuen Flügel.

In Verbindung mit der Inzahlungnahme des alten Flügels ist festzustellen, ob Aufwendungen oder Erträge aus der Veräußerung des Anlagevermögens zu kalkulieren sind. Diese ergeben sich aus der Differenz des Veräußerungserlöses zum aktuellen Restbuchwert. Laut Sachverhalt wird als Veräußerungserlös für den alten Flügel mit 50.000 € gerechnet. Der Restbuchwert ergibt sich aus den Anschaffungskosten abzüglich der aufgelaufenen Abschreibungen. Die Anschaffungskosten betrugen 60.000 €. Von Januar 2011 bis Ende 2023 sind insgesamt planmäßige Abschreibungen für zwölf Jahre aufgelaufen. Die jährlichen Abschreibungen betragen 2.000 €. Der Restbuchwert des Flügels betrug damit Anfang 2024 36.000 € (60.000 € ./. (12 × 2.000 €)). Bis zum Zeitpunkt der Veräußerung im Mai 2024 werden weitere 833 € an Abschreibungen anfallen. Der Restbuchwert des Flügels wird zum Zeitpunkt der Veräußerung damit voraussichtlich 35.167 € betragen. Da der erwartete Veräußerungserlös um 14.833 € über dem Restbuchwert liegt, ist in dieser Höhe ein Ertrag zu veranschlagen. Die Veranschlagung erfolgt in der Kontengruppe 45 „Sonstige ordentliche Erträge“.

Im Teilergebnisplan „Kultur“ ergeben sich damit nachfolgende Positionen:

Bilanzielle Abschreibungen:	**2.499,67 €**
Sonstige ordentliche Erträge:	**14.833,00 €**

12. Die Finanzrechnung – Grundlagen und Einzelpositionen

12.1 Die Ermittlung der Finanzrechnung

Wie bereits im vorangegangenen Kapitel dargestellt, sieht der kommunale Kontenrahmen des Landes Brandenburg eigene Kontenklassen für die Bedienung der Finanzrechnung vor. Hierzu wurden, ausgehend vom Industriekontenrahmen, die Kontenklassen 6 und 7 „freigeräumt". Die Verwendung des Kontenplans in seinem vollen Umfang ist daher darauf ausgerichtet, eine originäre Mitführung der Finanzrechnung auf Sachkonten zu ermöglichen.

Es lassen sich grundsätzlich vier Verfahren zur Ermittlung der für die Finanzrechnung erforderlichen Informationen ableiten. Diese lassen sich systematisch in folgender Weise darstellen:

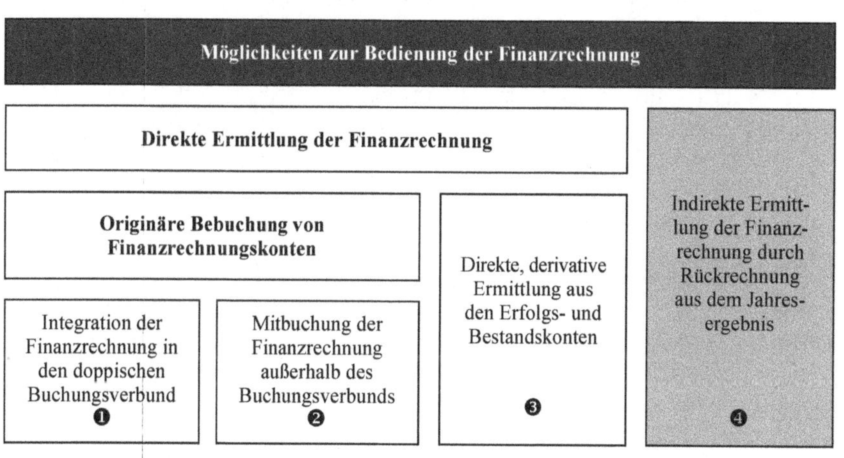

Als zulässig können nach § 33 Abs. 4 KomHKV die direkten Ermittlungsmethoden (1 bis 3) angesehen werden. Zwar werden bei der direkten derivativen Ermittlung (3) die Kontenklassen 6 und 7 des verbindlichen Kontenrahmens nicht benötigt, doch durch den ausdrücklichen Ausschluss der indirekten Rückrechnung im § 33 Abs. 4 KomHKV muss darauf geschlossen werden, dass der Gesetzgeber alle anderen Varianten der Finanzrechnung zulassen wollte.

Die indirekte Ermittlungsmethode (4), die § 33 Abs. 4 KomHKV ausdrücklich ausschließt, findet üblicherweise in der Privatwirtschaft Anwendung, wenn börsennotierte Unternehmen eine Kapitalflussrechnung erstellen. Sie erweist sich zumindest nach den Darstellungen der Fachliteratur als nicht zweckgerecht. Zudem ermöglicht sie nicht die in § 5 Abs. 1 KomHKV geforderte zahlungsartenscharfe Abbildung der Finanzrechnung. Vereinfacht dargestellt erfolgt die Ermittlung des Zahlungssaldos ausgehend vom Jahresergebnis bei der indirekten Methode ❹ in folgender Weise:[1]

	Jahresergebnis
+/–	Abschreibungen/Zuschreibungen auf Gegenstände des Anlagevermögens
+/–	Zunahmen/Abnahmen der Rückstellungen
+/–	sonstige zahlungsunwirksame Aufwendungen und Erträge
–/+	Gewinne und Verluste aus dem Abgang von Gegenständen des Anlagevermögens
–/+	Zunahme/Abnahme der Vorräte, der Forderungen aus Lieferungen und Leistungen sowie anderer Aktiva
+/–	Zunahme/Abnahme der Verbindlichkeiten aus Lieferungen und Leistungen sowie anderer Passiva
=	Saldo der laufenden Zahlungen

Die möglichen Varianten der direkten Ermittlung der Finanzrechnung werden nun zunächst im Überblick dargestellt, bevor auf Einzelheiten der Verwendung der Kontenklassen 6 und 7 eingegangen wird.

Variante ❶: Integration der Finanzrechnung in den doppischen Buchungsverbund
Die vollständige Integration der Finanzrechnung in den doppischen Buchungsverbund ist die theoretisch bevorzugte Variante für die Buchung der Finanzrechnung.[2] Bei der vollständigen Integration der Finanzrechnung werden die Finanzrechnungskonten (Kontenklassen 6 und 7) im originären doppischen Buchungssatz angesprochen. So erfolgt beispielsweise bei der Buchung von Personalaufwand und Personalauszahlungen folgende Abbildung in der Buchhaltung:

1. Im Personalamt werden die Löhne und Gehälter berechnet. Auf dieser Grundlage erfolgt die Erfassung der Verbindlichkeit auf den Debitorenkonten und die ergebniswirksame Aufwandsbuchung:

5012 Dienstaufwendungen	**an**	**3791 Sonst. Verbindlichk.**

2. Durch die Auszahlung der Löhne und Gehälter werden die Verbindlichkeiten auf den Kreditorenkonten ausgeziffert und es erfolgt die Buchung der Personalauszahlung auf dem Finanzrechnungskonto:

3791 Sonst. Verbindlichk.	**an**	**7012 Dienstbezüge**

1 Aufstellung nach *Schrader*, Kapitalflussrechnung als Abbildung der Finanzlage, Frankfurt 1999, S. 36.

2 Vgl. Modellprojekt „Doppischer Kommunalhaushalt in NRW" (Hrsg.), Neues Kommunales Finanzmanagement: Betriebswirtschaftliche Grundlagen für das doppische Haushaltsrecht, 2., vollst. überarb. Aufl. auf der Basis der Endergebnisse des Modellprojektes, Freiburg 2003, S. 189.

Durch diese Buchungssystematik werden sowohl die Buchungen in der Ergebnisrechnung als auch die Buchungen in der Finanzrechnung direkt erfasst. Abweichend von der üblichen kaufmännischen Buchungssystematik wird im zweiten Buchungsschritt nicht das Bankkonto (Liquide Mittel), sondern das Finanzrechnungskonto angesprochen.

Dies hat allerdings zur Folge, dass das Bestandskonto „Guthaben bei Kreditinstituten" nicht direkt fortgeschrieben wird. Um diese Fortschreibung zu erreichen, muss bei der Buchung auf den Finanzrechnungskonten auch eine Mitbuchung des Bankkontos erfolgen. Dies kann durch eine sog. „statistische Mitbuchung", d. h. ohne Buchung eines Gegenkontos erfolgen. Wichtig ist dabei, dass die Besonderheiten der Buchung auf den bilanziellen Bankkonten berücksichtigt werden. Dies betrifft z. B. die Aufteilung der Bankkonten nach den tatsächlichen Kontoverbindungen und den erforderlichen Abgleich der Konten der Buchhaltung mit den Kontoauszügen der Banken.

Variante ❷: Mitbuchung der Finanzrechnung außerhalb des Buchungsverbunds

Bei der zweiten Variante erfolgt die Buchung auf den Aufwands-, Debitoren- und Bankkonten nach der normalen kaufmännischen Praxis. Im Gegensatz zur ersten Variante wird nicht das Finanzmittelkonto (Bankkonto) durch eine statistische Mitbuchung bedient, sondern das Finanzrechnungskonto. Dabei ist es erforderlich, dass bei der Buchung auf den Konten der Gruppe 18 (Liquide Mittel) möglichst automatisch eine Finanzrechnungsbuchung angestoßen wird. Dabei kann z. B. anhand der Auszifferung der Verbindlichkeit auf dem Debitorenkonto festgestellt werden, um welche Zahlungsart es sich handelt. Die Bebuchung des entsprechenden Finanzrechnungskontos erfolgt dann ohne Buchung eines Gegenkontos im Rahmen einer einfachen Nebenbuchhaltung.

Variante ❸: Direkte, derivative[3] Ermittlung der Finanzrechnung aus den Erfolgs- und Bestandskonten

Die dritte Variante zur Ermittlung der Finanzrechnung kommt ohne die Finanzrechnungskonten (Kontenklassen 6 und 7) aus und unterscheidet sich damit grundsätzlich von den beiden anderen Varianten. Bei der direkten derivativen Ermittlung der Finanzrechnung werden die Zahlungsströme zahlungsartenscharf aus den Daten der Finanzbuchhaltung abgeleitet. Hierzu müssen die Aufwands- bzw. Ertragsbuchungen im Rahmen des Jahresabschlusses zur Ermittlung der Zahlungsströme um die Änderungen der relevanten Bestandskonten korrigiert werden.

Beispielsweise werden die Aufwendungen für Sach- und Dienstleistungen um die Änderungen des Bestands an Verbindlichkeiten aus Sach- und Dienstleistungen korrigiert. Hierdurch werden die nicht zahlungswirksamen Aufwendungen für Sach- und Dienstleistungen, die zu einer Erhöhung der Verbindlichkeiten führen, abgezogen und die nicht ergebniswirksamen Zahlungen für Sach- und Dienstleistungen, die die Verbindlichkeiten reduzieren, hinzuaddiert. Voraussetzung für eine solche Berechnung ist eine Differenzierung der relevanten Bestandskonten nach den zu ermittelnden Zahlungsarten.

3 „Derivativ" = abgeleitet.

In einem praktischen Fall sähe die Berechnung folgendermaßen aus:

Bestand der Verbindlichkeiten für Sach- und Dienstleistungen am 1.1.2024:	10.000 €
Aufwendungen für Sach- und Dienstleistungen lt. Jahresabschluss 2024:	90.000 €
Bestand der Verbindlichkeiten für Sach- und Dienstleistungen am 31.12.2024:	30.000 €

Zur Ermittlung der Zahlungen für Sach- und Dienstleistungen ist zunächst die Veränderung des Verbindlichkeitenbestands zu ermitteln:

Verbindlichkeiten 31.12.2024	30.000 €
– Verbindlichkeiten 1.1.2024	10.000 €
Veränderung Verbindlichkeiten:	+ 20.000 €

Diese Erhöhung der Verbindlichkeiten für Sach- und Dienstleistungen um 20.000 € muss zur Ermittlung der Zahlungen für Sach- und Dienstleistungen vom Aufwand laut Jahresabschluss abgezogen werden:

Aufwendungen f. Sach- u. Dienstleistungen	90.000 €
– Veränderung Verbindlichkeiten	20.000 €
Auszahlungen f. Sach- u. Dienstleistungen:	70.000 €

Um eine vollständige zahlungsartenscharfe Finanzrechnung zu erhalten, dürfen allerdings nicht nur die Änderungen des Bestands an Verbindlichkeiten beachtet werden, sondern es sind auch alle anderen Vorgänge nach den betroffenen Zahlungsarten gegliedert zu berücksichtigen, die zu Abweichungen zwischen Ergebnis- und Finanzrechnung führen. Diese können z. B. sein:

- Bestandsänderungen der Verbindlichkeiten aus Lieferungen und Leistungen,
- Bestandsänderungen der Forderungen aus Lieferungen und Leistungen,
- Bestandsänderungen bei geleisteten Anzahlungen,
- Bestandsänderungen von Vorräten, sonstigen Forderungen, sonstigen Vermögensgegenständen,
- Bestandsänderungen von Rückstellungen,
- Eingänge auf abgeschriebene (wertberichtigte) Forderungen,
- Bestandsänderungen bei passiven und aktiven Rechnungsabgrenzungsposten.

Praktisch erfolgt diese Berücksichtigung i. d. R. dadurch, dass zunächst die Veränderungen der jeweiligen Wertansätze auf den Bestandskonten vom Vorjahr zum aktuellen Jahr festgestellt werden. Diese Änderungen werden in einer sog. „Bewegungsbilanz“ festgehalten. Dabei werden Aktivmehrungen und Passivminderungen als Mittelverwendung auf der Sollseite und Passivmehrungen und Aktivminderungen als Mittelherkunft auf der Habenseite der Bewegungsbilanz abgebildet. Da die Bilanz im Vorjahr und im aktuellen Jahr ausgeglichen ist, ergibt sich automatisch auch eine ausgeglichene Bewegungsbilanz. Folgendes fiktives Beispiel zeigt eine einfache Bewegungsbilanz:

Mittelverwendung			**Mittelherkunft**
Aktivzunahmen	**T €**	**Aktivabnahmen**	**T €**
Unbebaute Grundstücke	500	Infrastrukturvermögen	2.000
Bebaute Grundstücke	3.500	Fahrzeuge	25
Bauten auf fremden Grund u. Boden	10	Finanzanlagen	1.500
Maschinen und technische Anlagen	1.200	Geleistete Anzahlungen	25
Betriebs- u. Geschäftsausstattung	300	Sonstige Forderungen	200
Roh-, Hilfs-, Betriebsstoffe, Waren	200	Wertpapiere des Umlaufvermögens	1.000
Öffentlich-rechtliche Forderungen	150	Rechnungsabgrenzungsposten	150
Liquide Mittel	1.200		
Passivabnahmen	**T €**	**Passivmehrungen**	**T €**
Ausgleichsrücklage	500	Sonderrücklagen	100
Jahresüberschuss/-fehlbetrag	140	Pensionsrückstellungen f. Besch.	600
Zuwendungen	900	Pensionsrückstellungen f. Pension.	200
Beiträge	1.300	Aufwandsrückstellungen	1.200
Verbindlichkeiten aus L. + L.	50	Verbindlichkeiten aus Krediten	3.000
Sonstige Verbindlichkeiten	50		
	10.000		**10.000**

Die Bewegungsbilanzsumme weist dabei lediglich die Summe der saldierten Veränderungen von Mittelherkunft und -verwendung aus. Die Veränderung des gesamten Vermögens und des gesamten Kapitals ist aus ihr nur indirekt zu ermitteln.

Probleme können sich dabei insbesondere aus der dem § 4 Abs. 1 KomHKV zugrunde liegenden Struktur der Aufwands- und Ertragsarten ergeben, die auch maßgeblich sind für die auszuweisenden Zahlungsarten (§ 55 i. V. m. § 5 Abs. 1 KomHKV) in der Finanzrechnung. Die vorgesehene Detaillierung geht insbesondere im Bereich der laufenden Verwaltungstätigkeit über den kaufmännischen Standard hinaus, so dass es bislang noch keine praktische Erfahrung mit der Umsetzung dieser Variante der Finanzrechnung unter Berücksichtigung dieser Anforderungen gibt. Theoretisch erscheint eine direkte Ermittlung der geforderten Zahlungsarten möglich, wenn eine ausreichende Differenzierung der relevanten Bestandskonten sichergestellt ist. So ist es z. B. zur Feststellung der Zahlungsarten „Steuern und ähnliche Abgaben" und „Öffentlich-rechtliche Leistungsentgelte" erforderlich, das korrespondierende Forderungskonto „Öffentlich-rechtliche Forderungen" nach dieser Differenzierung weiter zu untergliedern. Auch eine weitere Differenzierung von Verbindlichkeiten- und Rückstellungskonten ist Voraussetzung für eine direkte derivative Finanzrechnung. Dies bedeutet gleichzeitig, dass bei der unterjährigen Bebuchung der Bestandskonten diese Differenzierung berücksichtigt werden muss. Inwieweit dies z. B. in der Debitoren- und Kreditorenbuchhaltung möglich ist, muss anhand der jeweiligen Softwarelösung vor Ort geprüft werden.

12.2 Übung

Sachverhalt Nr. 1
Der Abwasserzweckverband führt zum 1.1.2024 im Rechnungswesen die kaufmännische Buchhaltung ein. Im Rahmen der Einführung des neuen kommunalen Rechnungswesens soll auch für die Abwasserbeseitigung eine Finanzrechnung erstellt werden. Diese soll aus den Konten der Buchhaltung abgeleitet werden. Die Bestands- und Erfolgskonten der Abwasserbeseitigung weisen folgende Salden (Auszug) aus:

Erfolgskonten	**T €**	
	31.12.2024	
Erträge aus Abwassergebühren	6.500	
Erträge aus der Auflösung v. Sopo für Kanalanschlussbeiträge	400	
Personalaufwand	1.700	
Wertberichtigungen auf Gebührenforderungen	15	
Wertberichtigungen auf Beitragsforderungen	40	
Bestandskonten	**T €**	**T €**
	31.12.21	**31.12.22**
Sonderposten für Kanalanschlussbeiträge	20.000	21.100
Forderungen aus Abwassergebühren	150	120
Forderungen aus Kanalanschlussbeiträgen	10	210
Pensionsrückstellungen	3.350	3.850
Rückstellungen für nicht in Anspruch genommenen Urlaub	90	30

Aufgabe:
Berechnen Sie aus den Ihnen vorliegenden Konten nach der direkten derivativen Methode (Variante 3) die Einzahlungen aus Abwassergebühren, die Einzahlungen aus Beiträgen und die Personalauszahlungen für das Jahr 2024.

Lösung:
a) Ermittlung der Einzahlungen aus Abwassergebühren
Zunächst wird die Änderung des Bestandes der Forderungen aus Abwassergebühren ermittelt. Diese Änderung ergibt sich aus der Differenz des Bestandskontos vom 31.12.2023 zum 31.12.2024. Danach haben sich die Forderungen im Jahr 2024 um 30.000 € reduziert. Die Reduzierung der Gebührenforderungen beruht allerdings i. H. v. 15.000 € auf Wertberichtigungen.

Die Höhe der Einzahlungen aus Abwassergebühren ergibt sich danach wie folgt:

	Erträge aus Abwassergebühren:	6.500.000 €
+	Reduzierung des Forderungsbestands:	30.000 €
./.	Wertberichtigungen auf Gebührenforderungen:	15.000 €
=	Einzahlungen aus Abwassergebühren:	6.515.000 €

b) Ermittlung der Einzahlungen aus Kanalanschlussbeiträgen

Zur Ermittlung der Einzahlungen aus Kanalanschlussbeiträgen sind die Zugänge des entsprechenden Sonderpostens zu ermitteln. Im Jahr 2024 hat sich der Sonderposten insgesamt um 1.100.000 € erhöht. Gleichzeitig wurde der Sonderposten i. H. v. 400.000 € ertragswirksam aufgelöst. Insgesamt ergibt sich daraus ein Brutto-Zugang auf dem Konto Sonderposten für Kanalanschlussbeiträge von 1.500.000 €. (Bestandsänderung = Zugänge ./. Auflösungen)

Die Einzahlungen aus Kanalanschlussbeiträgen lassen sich demnach folgendermaßen berechnen:

	Brutto-Zugang Sonderposten Beiträge:	1.500.000 €
./.	Erhöhung des Forderungsbestands:	200.000 €
./.	Wertberichtigungen auf Beitragsforderungen:	40.000 €
=	Einzahlungen Kanalanschlussbeiträgen:	1.260.000 €

c) Ermittlung der Personalauszahlungen

Da laut Sachverhalt im Bereich der Personalaufwendungen keine Änderungen im Bereich der Verbindlichkeiten oder Forderungen vorliegen, muss zur Ermittlung der Personalauszahlungen der Personalaufwand lediglich um die Zuführung bzw. die Auflösung von Rückstellungen korrigiert werden:

	Personalaufwand:	1.700.000 €
./.	Zuführung Pensionsrückstellung:	500.000 €
+	Auflösung Urlaubsrückstellung:	60.000 €
=	Personalauszahlungen:	1.260.000 €

12.3 Originäre Bebuchung der Finanzrechnung in den Kontenklassen 6 und 7

Für die Führung der originären Finanzrechnung sind im kommunalen Kontenrahmen des Landes Brandenburg die Kontenklassen 6 und 7 vorgesehen. Im Überblick stellen sich die Kontenklassen für die Einzahlungen und Auszahlungen folgendermaßen dar:

Kontenklasse 6			Kontenklasse 7	
	Einzahlungen			Auszahlungen
60	Steuern und ähnliche Abgaben		70	Personalauszahlungen
61	Zuwendungen und allgemeine Umlagen		71	Versorgungsauszahlungen
62	Sonstige Transfereinzahlungen		72	Auszahlungen für Sach- und Dienstleistungen
63	Öffentlich-rechtliche Leistungsentgelte		73	Transferauszahlungen
64	Privatrechtl. Leistungsentgelte, Kostenerstattungen und -umlagen		74	Sonstige Auszahlungen aus laufender Verwaltungstätigkeit
65	Sonstige Einzahlungen aus lfd. Verwaltungstätigkeit		75	Zinsen und sonstige Finanzauszahlungen
66	Zinsen und sonstige Finanzeinzahlungen			
67	Einzahlungen aus laufender Verwaltungstätigkeit		77	Auszahlungen aus laufender Verwaltungstätigkeit
68	Einzahlungen aus Investitionstätigkeit		78	Auszahlungen aus Investitionstätigkeit
69	Einzahlungen aus Finanzierungstätigkeit		79	Auszahlungen aus Finanzierungstätigkeit

Die Kontengruppen der Finanzrechnungskonten stimmen weitgehend mit den Ein- und Auszahlungsarten überein, die nach §§ 5, 55 KomHKV in den Plan- und Rechenwerken der Finanzrechnung abzubilden sind.

Grundsätzlich ist festzustellen, dass bei der originären Bebuchung der Finanzrechnung vier Fälle zu unterscheiden sind:

a) Zahlung, die in derselben Rechnungsperiode nicht zu Aufwand oder Ertrag der gleichen Art führt (Buchungsfall 1)

Klassisches Beispiel für solche Zahlungen sind Auszahlungen für Investitionen. Dieser Auszahlungsart steht keine korrespondierende Aufwandsart gegenüber, da die Investition zu einer Aktivierung des Vermögensgegenstands führt. Durch die Abschreibung des Vermögensgegenstands kann allerdings bei einer anderen Aufwandsposition und in anderer Höhe ein Aufwand verursacht werden. Buchungstechnisch kann in diesen Fällen das Finanzrechnungskonto nicht aus einem korrespondierenden Aufwandskonto abgeleitet werden. Das Finanzrechnungskonto ist daher anhand des Kontenplans manuell zu ermitteln und bei der Buchung anzusprechen.

Ein weiteres Beispiel für den Buchungsfall 1 ergibt sich aus dem Periodisierungsprinzip der Doppik. Zahlungen, die Leistungen betreffen, die wirtschaftlich einer anderen Rechnungsperiode zuzurechnen sind, stehen keine Aufwendungen bzw. Erträge gegenüber.

Erfolgt die Zahlung vor der Leistung, spricht man von sog. „transitorischen Posten". In solchen Fällen ergibt sich die Notwendigkeit zur Bildung eines Rechnungsabgrenzungspostens. Im Fall einer Auszahlung wird dieser auf der Aktivseite der Bilanz gebildet, im Fall einer Einzahlung auf der Passivseite. Da die Rechnungsabgrenzung i. d. R. erst im Rahmen des Jahresabschlusses erfolgt,[4] kann die Ermittlung des Finanzrechnungskontos auch in diesen Fällen aus den Erfolgskonten abgeleitet werden. Die Konten der Ergebnisrechnung werden anschließend durch eine entsprechende Abgrenzungsbuchung wieder entlastet, so dass die zutreffende Differenz zwischen Finanz- und Ergebnisrechnung im Jahresabschluss ausgewiesen wird.

Erfolgt dagegen die Zahlung in der auf die Leistung folgenden Rechnungsperiode spricht man von sog. „antizipativen Posten". Die Abgrenzung der antizipativen Posten erfolgt über die Bilanzposten „Forderungen und sonstige Vermögensgegenstände" bei Einzahlungen und „Verbindlichkeiten" bei Auszahlungen. Da zum Zeitpunkt der Zahlung der (eventuell) ergebniswirksame Vorgang schon buchhalterisch erfasst ist, erscheint es auch in diesen Fällen möglich, die Kontierung in der Finanzrechnung aus der Erfolgsbuchung abzuleiten. So muss z. B. beim Zahlungseingang immer eine Zuordnung zur offenen „Forderung" erfolgen. Diese wiederum lässt sich auf die in der Vorperiode erfasste Ertragsbuchung zurückführen.

b) Zahlung, die in derselben Rechnungsperiode nicht in der gleichen Höhe zu Aufwand oder Ertrag führt (Buchungsfall 2)

Der Buchungsfall 2 ergibt sich i. d. R. ebenfalls aus dem Periodisierungsprinzip. Dabei bezieht sich die Zahlung zum Teil auf Leistungen in der laufenden Periode und zum anderen Teil auf Leistungen in einer bereits abgelaufenen oder einer zukünftigen Periode. In diesen Fällen gilt sinngemäß das Gleiche, was oben für die transitorischen und antizipativen Posten ausgeführt wurde. Allerdings ist es notwendig, zwischen den beiden Teilen des Geschäftsvorfalls zu differenzieren, d. h. die ergebniswirksamen und die ergebnisunwirksamen Zahlungen buchhalterisch voneinander zu trennen (s. u.).

Ebenfalls durch das Periodisierungsprinzip verursacht sind die Differenzen zwischen Finanz- und Ergebnisrechnung, die sich aus der Lagerung von Roh-, Hilf-, Betriebsstoffen und Waren ergeben. Während alle Auszahlungen für Lagerzugänge in der Finanzrechnung zu erfassen sind, ergeben sich in der Ergebnisrechnung nur Aufwendungen in der Höhe, in der solche Stoffe tatsächlich verbraucht wurden, bzw. in der Höhe, in der die Waren veräußert wurden.[5] Die Erfassung der Auszahlungen für die Finanzrechnung ist dabei abhängig davon, ob eine Lagerbuchhaltung eingesetzt wird oder

4 In der Regel erfolgt die Abgrenzung über die Datenverarbeitungssoftware.

5 Vgl. die Ausführungen in Kap. 11.

ob die Lagerzugänge zunächst als Aufwand gebucht werden. Werden Lagerzugänge bei Einsatz einer Lagerbuchhaltung nicht unmittelbar als Aufwand gebucht, kann die Buchung der Finanzrechnung nicht aus dem Aufwandskonto abgeleitet werden. Sie ist daher entweder manuell zu erfassen oder aus der Bestandsbuchung abzuleiten.

c) Zahlung, die in derselben Rechnungsperiode in der gleichen Höhe zu Aufwand oder Ertrag führt (Buchungsfall 3)

Der „normale" Buchungsfall ist der, bei dem Zahlung und Ressourcenverbrauch übereinstimmen und damit keine Differenzen zwischen Finanzrechnung und Ergebnisrechnung auftreten. Dies ist i. d. R. zu erwarten bei Personalauszahlungen, bei normalen Geschäftsauszahlungen wie Porto, Telefon, Werbung, bei Einzahlungen für Grundsteuern, Verwaltungsgebühren etc. In all diesen Fällen kann die Buchung der Finanzrechnungskonten direkt aus der Erfolgsbuchung abgeleitet werden. Wichtig ist dabei, dass die Buchung in der Finanzrechnung immer erst dann erfolgt, wenn die tatsächliche Zahlung erfolgt und nicht bei Erfassung der Forderung oder Verbindlichkeit (Kassenwirksamkeitsprinzip).

Neben diesen drei Buchungsfällen gibt es einen weiteren Buchungsfall, der für die korrekte Abgrenzung der Finanzrechnung von der Ergebnisrechnung relevant ist, aber nicht zu einer Buchung auf den Finanzrechnungskonten führt:

d) Aufwand oder Ertrag, denen in der gleichen Rechnungsperiode (überhaupt) keine Zahlungen gegenüberstehen (Buchungsfall 4)

Der Buchungsfall 4 ist das Gegenstück zum Buchungsfall 1. In allen Fällen, in denen Ressourcen verbraucht werden oder der Kommune Vermögen zukommt, das aber keinen Zahlungseingang oder -ausgang in derselben Periode zur Folge hat, steht der Erfassung in der Ergebnisrechnung keine Position in der Finanzrechnung gegenüber. Beispiele hierfür sind insbesondere die Abschreibungen und die Bildung von Rückstellungen. Auch bei den transitorischen und antizipativen Posten ergibt sich jeweils in einer Periode ein ergebniswirksamer Vorgang, der nicht in derselben Periode zahlungswirksam wird.

Grundsätzlich wird im kommunalen Rechnungswesen eine strikte prozessuale Trennung zwischen der Erfassung der Ergebniswirksamkeit (Ressourcenverbrauch) und des tatsächlichen Geldflusses vorgenommen.

12.4 Zusammenfassung: Systematische Behandlung der Abweichungen von Finanz- und Ergebnisrechnung bei originärer Buchung der Finanzrechnung

Anhand der bekannten Systematisierung der Rechnungsgrößen lassen sich die beschriebenen Buchungsfälle zuordnen. Der Buchungsfall 2 ist dabei jeweils als Kombination der Buchungsfälle 1 und 3 (Buchungsfall 2a) oder 3 und 4 (Buchungsfall 2b) zu betrachten. In einem Geschäftsvorfall gibt es bei Vorliegen des Buchungsfalls 2a sowohl zahlungsgleiche Aufwendungen oder Erträge als auch Zahlungen, denen keine Aufwendungen und Erträge gegenüberstehen. Im Buchungsfall 2b liegen z. T. zahlungsgleiche Aufwendungen und Erträge vor, zum anderen Teil liegen Aufwendungen oder Erträge vor, die in derselben Periode nicht zu Zahlungen führen. Zur korrekten Abbildung von Finanz- und Ergebnisrechnung ist in diesen Fällen der jeweilige Geschäftsvorfall in beide Bestandteile (1 und 3 bzw. 3 und 4) aufzuteilen und buchhalterisch separat zu erfassen.

Die nachfolgende Darstellung zeigt die Systematisierung im Überblick:

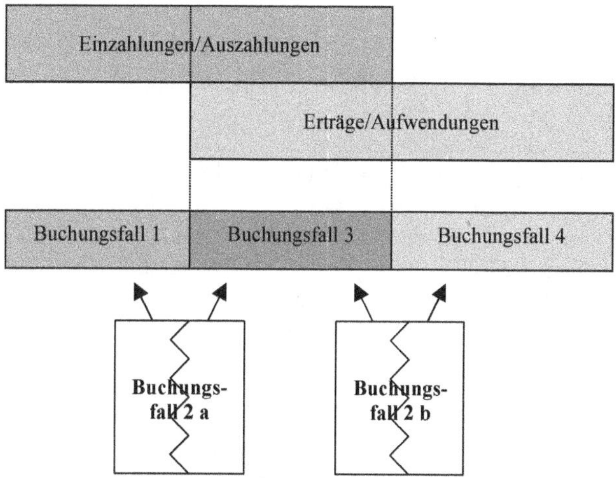

Bei der originären Buchung der Finanzrechnung sind für alle Varianten der Buchungsfälle 1 bis 3 Wege zur Erfassung der Geschäftsvorfälle auf den Konten der Finanzrechnung zu entwickeln. Dabei ist die Minimierung des Buchungsaufwands in den Vordergrund zu stellen, da bei der überwiegenden Zahl der Fälle eine Ableitung der Kontierung der Finanzrechnungskonten aus der Ergebnisrechnung möglich ist. Auch bei der überwiegenden Zahl der Buchungsfälle unter 2a ist dies möglich, da die Abgrenzung in der Ergebnisrechnung erst im Rahmen des Jahresabschlusses erfolgt.

12.5 Einzahlungen aus Investitionstätigkeit (Kontengruppe 68)

Zu den Einzahlungen aus Investitionstätigkeit gehören

- Investitionszuwendungen,
- Einzahlungen aus Veräußerung von Vermögensgegenständen des Anlagevermögens,
- Beiträge und ähnliche Entgelte.

Diese Zahlungspositionen (vgl. § 5 Abs. 1 KomHKV) werden in der Finanzrechnung zum Zeitpunkt des Zahlungseinganges in voller Höhe erfasst. Insbesondere im Bereich der Zuwendungen, der Veräußerungserlöse und der Beiträge ergeben sich bei der Betrachtung der Zahlungsströme in der Finanzrechnung individuelle Abweichungen zur Ertragssicht. Während bei Beiträgen und Zuwendungen der Ertrag sich aus der Verteilung der Einzahlungen auf den Nutzungszeitraum der damit finanzierten Investition ergibt, liegt ein Ertrag bei einer Vermögensveräußerung nur in Höhe der positiven Differenz zwischen Veräußerungserlös und Restbuchwert zum Zeitpunkt der Veräußerung vor. Die Erfassung in der Finanzrechnung ist bei diesen Positionen unproblematisch, da sich der Einzahlungsbetrag unmittelbar aus dem Zugang auf dem Bankkonto ergibt.

12.6 Einzahlungen aus Finanzierungstätigkeit (Kontengruppe 69)

Die Einzahlungen aus Finanzierungstätigkeit (§ 5 Abs. 1 KomHKV) beinhalten zunächst die Kreditaufnahmen für die Investitionstätigkeit der Kommune. Die Differenzierung der Finanzrechnungskonten muss im Kontenplan der Kommunen ebenso wie die Differenzierung der Bestandskonten für Kreditverbindlichkeiten nach den Gläubigern und Laufzeiten erfolgen. Dabei ist insbesondere der öffentliche Bereich stärker zu unterteilen. Die buchhalterische Abwicklung bei einer direkt geführten Finanzrechnung ergibt sich bei einer Kreditaufnahme für Investitionen in folgender Weise:

1. Abschluss eines Kreditvertrages über 1 Mio. € bei 100 % Auszahlung und einer Laufzeit von 15 Jahren:

1711[6] Privatr. Ford.	**an**	**321 Investitionskred.**	**1 Mio. €**

2. Eingang des Kreditbetrages auf dem Konto der Kommune:

1811 Sichteinlagen	**an**	**1711 Privatr. Ford.**	**1 Mio. €**

Bei Zahlungseingang erfolgt gleichzeitig die Mitkontierung des passenden Finanzrechnungskontos der Kontengruppe 69 „Einzahlungen aus Finanzierungstätigkeit“. Da die Passivkonten der Kreditverbindlichkeiten ebenso unterteilt sind wie die Finanzrechnungskonten, muss für die Mitkontierung der Finanzrechnung auch in diesem Fall eine Buchungslogik im Buchhaltungsprogramm hinterlegt werden.

Im Rahmen der Haushaltsplanung ist eine Differenzierung der vorgesehenen Kreditaufnahmen für Investitionen nach Gläubigern nicht erforderlich. Alle Planungen auf den Konten der Gruppe 69 finden sich im Finanzplan in der Zeile 36 „Aufnahme von Krediten für Investitionen“ wieder. Wichtig ist, dass die Konten, die für die Aufnahme von Krediten zur Liquiditätssicherung vorgesehen sind, nicht beplant werden bzw. die

6 Der vom Innenministerium veröffentlichte kommunale Kontenrahmen mit der Kontierungsrichtlinie sieht „Sonstige Forderungen“ im privatrechtlichen Bereich nicht vor. Die im Kontierungs- und Kontenplan ausgewiesenen Differenzierungen der Kontengruppen 16 und 17 (Forderungen) mögen den statistischen und haushaltsrechtlichen Erfordernissen entsprechen, nicht jedoch den buchhalterischen, daher wurde dieses Konto gewählt.

Daten aus dieser Planung nicht in den Haushaltsplan übernommen werden, da dieser Teil der Einzahlungen aus Krediten nicht im Finanzplan abgebildet werden soll (vgl. § 5 Abs. 1 KomHKV).

Der Haushaltsansatz für die Kreditaufnahme für Investitionen entspricht so der nach § 65 Abs. 2 Nr. 3 BbgKVerf in der Haushaltssatzung festgelegten Höchstgrenze. Diese Höchstgrenze betrifft die tatsächliche Brutto-Kreditaufnahme, die gem. § 74 Abs. 1 BbgKVerf nicht höher sein darf als die Summe der Investitionen und Investitionsförderungsmaßnahmen. Dementsprechend ist darauf abzustellen, dass sich die Höchstgrenze der Kredite für Investitionen berechnet aus:

+	Auszahlungen aus Investitionstätigkeit und Investitionsförderungsmaßnahmen
–	Einzahlungen aus Zuwendungen für Investitionsmaßnahmen
–	Einzahlungen von Beiträgen u. ä. Entgelten
=	Höchstbetrag der Kredite aus Investitionen

Die Ermittlung dieser Höchstgrenze muss in einer Nebenrechnung erfolgen und kann nicht unmittelbar aus dem Finanzplan abgelesen werden.

Neben den Investitionskrediten weist der Kontierungsplan die Kassenkredite zur Liquiditätssicherung gesondert aus. Diese Kredite werden nach § 5 Abs. 1 KomHKV in der Planung und im Jahresabschluss ausgewiesen. Hierfür sind in der Finanzplanung und -rechnung separate Zeilen (Zeile 42 bis 47) vorzusehen.

Da der Gesetzgeber lediglich im § 76 Abs. 2 BbgKVerf darauf hinweist, dass die Gemeinde zur Sicherung der Zahlungsfähigkeit weitere Kredite aufnehmen darf, kann nur eine Negativdefinition der Kredite zur Liquiditätssicherung erfolgen:

Kredite zur Liquiditätssicherung sind Kredite, die nicht nach § 74 Abs. 1 BbgKVerf für Investitionen, für Investitionsförderungsmaßnahmen und zur Umschuldung aufgenommen werden. Sie werden im Finanzplan nicht ausgewiesen, sind jedoch in ihrer Höhe durch eine Festsetzung in der Haushaltssatzung zu beschränken.

Die Beschränkung der Höhe dieser Kredite bezieht sich dabei auf den Stand der Kreditverbindlichkeiten und nicht auf die Höhe der Ein- und Auszahlungen in der Finanzrechnung. Eine Überwachung dieser Festlegung durch Beschluss der Gemeindevertretung kann daher nicht im Rahmen der Finanzrechnung erfolgen.

Nach der Verbindlichkeitenübersicht sind die Aufnahmen von Krediten für die Liquiditätssicherung – wie die für Kredite für Investitionen – zeitlich zu begrenzen, da auch die Kassenkredite nach den Fristigkeiten getrennt dargestellt werden müssen. Dies ist so zu verstehen, dass sich die Laufzeit der Kredite an den tatsächlichen Erfordernissen orientieren muss. Eine Kreditaufnahme „auf Vorrat" ist damit nicht zulässig, was im Hinblick auf das Wirtschaftlichkeitsprinzip (§ 63 Abs. 2 BbgKVerf) eigentlich keiner gesonderten Erwähnung bedürfte. Eine grundsätzliche zeitliche Beschränkung der Laufzeiten von Krediten zur Liquiditätssicherung ist den rechtlichen Regelungen und auch der Begründung des Gesetzes nicht zu entnehmen. Hat demnach eine Gemeinde nach der vorliegenden mittelfristigen Planung einen dauerhaften Kreditbedarf außerhalb der Kreditfinanzierung, können im Hinblick auf die Erzielung günstiger Kreditkonditionen hierfür auch Darlehen mit entsprechenden Laufzeiten aufgenommen werden.

Der Kontengruppe 69 werden im kommunalen Kontenrahmen auch die Rückflüsse von Ausleihungen und Darlehen zugeordnet. Diese Einzahlungen sind auch der Finanzierungstätigkeit der Gemeinden zuzuordnen sind, da § 5 Abs. 1 Nr. 38 KomHKV auch die Einzahlungen aus der sonstigen Finanzierungstätigkeit (ohne Kassenkredite) vorsieht.

12.7 Versorgungsauszahlungen (Kontengruppe 71)

Auszahlungen an Versorgungsempfänger (Pensionäre) oder andere ehemalige Beschäftigte, die auf Zusagen zurückzuführen sind, die während der aktiven Beschäftigungszeit gegeben wurden, fallen unter die Versorgungsauszahlungen.

Wesentlich sind dabei die Versorgungsauszahlungen für Beamte. Soweit für ehemalige Beschäftigte noch Sozialversicherungsbeiträge zu zahlen sind, werden diese ebenfalls als Versorgungsauszahlungen erfasst. Gleiches gilt für Beihilfen und sonstige Unterstützungsleistungen für ehemalige Beschäftigte. Auszahlungen für Versorgungsempfänger, die aufgrund des EFoG erfolgen, werden ebenfalls als Versorgungsauszahlungen erfasst.

Bei der Planung und Erfassung der Auszahlungen für Versorgungsempfänger ist auf den Unterschied zur Ergebnisrechnung zu achten. Während als Versorgungsauszahlungen alle Beträge erfasst werden, die in einem Haushaltsjahr zahlungswirksam erfasst werden, stellt lediglich die Differenz zwischen den Versorgungszahlungen und der Auflösung der Pensionsrückstellung für Versorgungsempfänger Versorgungsaufwand dar.[7]

Für die Haushaltsplanung sind daher nachfolgende Werte zugrunde zu legen:

1. Summe der Teilwerte[8] der Versorgungsempfänger am 31. Dezember des Vorjahres,
2. Summe der Teilwerte der Versorgungsempfänger am 31. Dezember des Haushaltsjahres,
3. voraussichtliche Versorgungsauszahlungen im Haushaltsjahr.

7 Zur buchungstechnischen Abwicklung siehe die Darstellung zum Versorgungsaufwand in Kap. 11.

8 Die Teilwerte werden auf der Grundlage der individuellen Personaldaten durch ein versicherungsmathematisches Verfahren (z. B. durch Gutachten oder eine entsprechende Software) ermittelt.

Die Versorgungsauszahlungen können direkt in den Finanzplan übernommen werden. Zur Ermittlung der Versorgungsaufwendungen für den Ergebnisplan erfolgt nachfolgender Rechenschritt:

	Summe der Teilwerte der Versorgungsempfänger am 31. Dezember des Haushaltsjahres
./.	Summe der Teilwerte der Versorgungsempfänger am 31. Dezember des Vorjahres
+	Voraussichtliche Versorgungsauszahlungen
=	Voraussichtliche Versorgungsaufwendungen

12.8 Auszahlungen aus Investitionstätigkeit (Kontengruppe 78)

Die Kontengruppe 78 umfasst alle Auszahlungen im Bereich der Investitionstätigkeit der Kommunen.

Finanzrechnung[9] (Auszug)		Ergebnis Vorjahr	Fortgeschriebener Ansatz	Ergebnis	Abweichung Ansatz/Ist (Sp. 3 ./. Sp. 2)
		1	2	3	4
9	= Einzahlungen aus lfd. Verwaltungstätigkeit				
15	= Auszahlungen aus lfd. Verwaltungstätigkeit				
16	= Saldo aus laufender Verwaltungstätigkeit (= Zeilen 9 und 16)				
17	Einzahlungen aus Investitionszuwendungen				
18	Einzahlungen aus Beiträgen u. ä. Entgelten				
19	Einzahlungen aus der Veräußerung von immateriellen Vermögensgegenständen				
20	Einzahlungen aus der Veräußerung von Grundstücken, grundstücksgleichen Rechten und Gebäuden				
21	Einzahlungen aus der Veräußerung von übrigem Sachanlagevermögen				
22	Einzahlungen aus der Veräußerung von Finanzanlagevermögen				
23	Sonstige Investitionseinzahlungen				
24	**Einzahlungen aus Investitionstätigkeit**				
25	Auszahlungen für Baumaßnahmen				
26	Auszahlungen von aktivierbaren Zuwendungen für Investitionen Dritter				
27	Auszahlungen für den Erwerb von immateriellen Vermögensgegenständen				
28	Auszahlungen für den Erwerb von Grundstücken, grundstücksgleichen Rechten und Gebäuden				
29	Auszahlungen für den Erwerb von übrigem Sachanlagevermögen				

9 Auszug aus der Finanzrechnung lt. Muster 5.9 VV KomHKV.

Finanzrechnung[9] (Auszug)		Ergebnis Vorjahr	Fortgeschriebener Ansatz	Ergebnis	Abweichung Ansatz/Ist (Sp. 3 ./. Sp. 2)
		1	2	3	4
30	Auszahlungen für den Erwerb von Finanzanlagevermögen				
31	Sonstige Investitionsauszahlungen				
32	**Auszahlungen aus Investitionstätigkeit**				
33	= Saldo aus Investitionstätigkeit				

Eine entsprechende Differenzierung der Konten ist im kommunalen Kontenrahmen und der Kontierungsrichtlinie gegeben.

Als Investitionsauszahlungen werden alle Auszahlungen für den Erwerb von Vermögensgegenständen des Anlagevermögens einschließlich der Finanzanlagen erfasst. Entscheidend für die Zuordnung der Auszahlungen als Investitionsauszahlungen ist die Aktivierbarkeit der durch die Zahlung erworbenen Sach- oder Finanzanlagen.

Die Differenzierung der Auszahlungsarten im Bereich der Investitionsauszahlungen richtet sich nach den Anforderungen des Finanzplans (§ 5 Abs. 1 Nr. 25 bis 31 KomHKV) und der Finanzrechnung (§ 55 KomHKV). Demnach sind unter dieser Kontenart separat zu planen und zu erfassen:

- Auszahlungen für den Erwerb von Grundstücken und Gebäuden,
- Auszahlungen für Baumaßnahmen,
- Auszahlungen für den Erwerb von immateriellen Vermögensgegenständen,
- Auszahlungen für den Erwerb von übrigem Sachanlagevermögen,
- Auszahlungen für den Erwerb von Finanzanlagen,
- Auszahlungen für aktivierbare Zuwendungen,
- Sonstige Investitionsauszahlungen.

Unter die Investitionsauszahlungen fallen demnach auch Zuwendungen der Gemeinde an Dritte, die gleichzeitig eine Investition der Gemeinde darstellen. Dies stellt sicher eine Ausnahme dar und ist nur dann der Fall, wenn die allgemeinen Voraussetzungen der Aktivierungsfähigkeit, eine Gegenleistungsverpflichtung oder Zweckbindungen, vorliegen.

12.9 Auszahlungen aus Finanzierungstätigkeit (Kontengruppe 79)

Als Auszahlungen im Bereich der Finanzierungstätigkeit sind die Tilgungen von Investitionskrediten, Krediten zur Liquiditätssicherung, Tilgung von Anleihen, Tilgung von Wertpapierenschulden und Gewährung von Darlehen zu erfassen. Die Tilgungen von Investitionskrediten werden im Finanzplan und in der Finanzrechnung in der Zeile 39 ausgewiesen. Die Tilgungen von Krediten zur Liquiditätssicherung werden sowohl im Finanzplan als auch in der Finanzrechnung in Zeile 41 abgebildet. Die Tilgung von Anleihen, Tilgung von Wertpapierenschulden und Gewährung von Darlehen werden ebenfalls im Finanzplan und in der Finanzrechnung nachgewiesen. Dies erfolgt in der Zeile 40 „Sonstige Auszahlungen aus der Finanzierungstätigkeit" (ohne Kassenkredit).

Bei den Ein- und Auszahlungen im Bereich der Finanzierungstätigkeit (Kreditaufnahme und -tilgung) ist grundsätzlich zu beachten, dass sich durch unterjährige Umschuldungen im Bereich der Finanzrechnung erhebliche Abweichungen der Ergebnisse von den Planwerten ergeben können. Zu beachten ist dabei, dass der Saldo der Finanzierungstätigkeit zuzüglich des in der Haushaltssatzung ausgewiesenen Aufschlags zur Sicherstellung der Liquidität nicht überschritten wird. Näheres hierzu ist in Kap. 15 und 11.6 ausgeführt.

12.10 Die Erfüllung der finanzstatistischen Anforderungen mit Hilfe der Konten der Finanzrechnung

Die aktuellen finanzstatistischen Anforderungen nach dem Finanz- und Personalstatistikgesetz (FPStatG) basieren auch nach der Novelle vom Januar 2015 auch weiterhin im Wesentlichen auf den bisherigen Gliederungs- und Gruppierungsvorschriften des früheren kameralen Haushaltsrechts. Sie sind zudem auf den Rechnungsstoff der Kameralistik (Einnahmen und Ausgaben) abgestellt. Bis zur vollständigen Umstellung des gesamten öffentlichen Rechnungswesens auf die kaufmännische Buchführung ist davon auszugehen, dass sich die Anforderungen der Finanzstatistik nicht wesentlich ändern werden. Dies macht für die Erfüllung der gesetzlichen Anforderungen bei den öffentlichen Körperschaften, die das kaufmännische Rechnungswesen anwenden, weitere Arbeitsschritte zur Ermittlung der korrekten Daten für die Finanzstatistiken erforderlich.

Bei direkter Ermittlung der Finanzrechnung kann die Aufbereitung der Daten am leichtesten aus den Konten der Finanzrechnung erfolgen, da der dort ausgewiesene Rechnungsstoff (Einzahlungen und Auszahlungen) mit den Anforderungen an die Kassenstatistiken nahezu identisch ist. Daher wurden in den finanzstatistischen Zuordnungsvorschriften zur Kontierungsrichtlinie des Landes Brandenburg zum kommunalen Kontenrahmen bereits in den Kontenklassen 6 und 7 die Gruppierungsziffern aus dem früheren kameralen Rechnungswesen zugeordnet. Im Folgenden wird ein kurzer Ausschnitt zur Verdeutlichung gezeigt:

Finanzrechnungskonto			**Gruppierungsziffer**
601		**Realsteuern**	**00**
	6011	Grundsteuer A	000
	6012	Grundsteuer B	001
	6013	Gewerbesteuer	003
602		**Gemeindeanteile an Gemeinschaftssteuern**	**01**
	6021	Gemeindeanteil an der Einkommensteuer	010
	6022	Gemeindeanteil an der Umsatzsteuer	012

Finanzrechnungskonto			Gruppierungs-ziffer
603		**Sonstige Gemeindesteuern**	**02**
	6031	Vergnügungssteuer	020/021
	6032	Hundesteuer	022
	6033	Jagdsteuer	026
	6034	Zweitwohnungssteuer	027
	6035	Grunderwerbssteuer	024
	6039	Sonstige Steuern	029

Ausführlichere Zuordnungen sind dem Produkt- und Kontenrahmen gemäß der VV KomHKV sowie dem Runderlass in kommunalen Angelegenheiten Nr. 4/2009[10] zu entnehmen.

12.11 Übungen

Sachverhalt Nr. 2
Für die Aufstellung des Haushaltsplans 2025 teilt das Personalamt der Gemeinde G der Kämmerei im Oktober 2024 folgende Planungsgrundlagen mit:

1.	Beamtenbezüge (Jan. bis Dez. 2025):	6.400.000 €
2.	Vergütungen Angestellte:	5.800.000 €
3.	Löhne Arbeiter:	2.100.000 €
4.	Beiträge zur Versorgungskasse f. Angestellte:	290.000 €
5.	Beiträge zur gesetzl. Sozialversicherung:	1.660.000 €
6.	Beihilfen für Beschäftigte:	1.100.000 €
7.	Aufwendungen für Aus- und Fortbildung:	750.000 €
8.	Aufwendungen für Dienst- und Schutzkleidung:	80.000 €
9.	Umlage für Versorgungskasse der Beamten:	2.100.000 €
10.	Beihilfezahlungen für Versorgungsempfänger:	400.000 €

Die Januarbesoldung der Beamten wird immer schon in den letzten Dezembertagen des Vorjahres ausgezahlt. Die Beamtenbesoldung für Januar 2025 wird mit 490.000 € kalkuliert. Die Besoldung für Januar 2026 beträgt voraussichtlich 510.000 €.

Für die Pensionsrückstellungen wurden die Daten in einem versicherungsmathematischen Gutachten aktualisiert.[11] Die Teilwerte, die auch Beihilfeleistungen umfassen, betragen:

	31.12.2024	**31.12.2025**
Teilwert für Beamte im aktiven Dienst:	24.798.000 €	29.198.000 €
Teilwert für Versorgungsempfänger:	19.660.000 €	17.550.000 €

10 Siehe VV zur KomHKV vom 18.3.2008.

11 Vorgenommen durch den Kommunalen Versorgungsverband.

Aufgabe:
Ermitteln Sie die Planwerte für die Personalaufwendungen und -auszahlungen sowie die Versorgungsaufwendungen und -auszahlungen für den Haushaltsplan 2025.

Lösung:
Unter die **Personalaufwendungen** fallen die vom Personalamt mitgeteilten Positionen 1 bis 6. Bei diesen Positionen hat das Personalamt die tatsächlichen Personalaufwendungen mitgeteilt. Dies gilt auch für die Beamtenbesoldung, da ausdrücklich die Besoldung für Januar bis Dezember 2025 mitgeteilt wurde und eine Rechnungsabgrenzung durchgeführt werden muss.

Die Positionen 7 und 8 gehören nicht zum Personalaufwand. Sie sind nach dem kommunalen Kontenrahmen dem „Sonstigen ordentlichen Aufwand" zugewiesen. Diese Positionen gehören ebenfalls nicht zu den Personalauszahlungen.

Als Personalaufwand ist weiterhin die notwendige Zuführung zur Pensionsrückstellung für Beschäftigte zu berücksichtigen. Diese wird lt. kommunalen Kontenrahmen dem Personalaufwand zugeordnet. Die Höhe der Zuführung ergibt sich aus der Differenz der Teilwerte vom 31.12.2024 zum 31.12.2025. Der Teilwert wird sich voraussichtlich um 4.400.000 € (29.198.000 € – 24.798.000 €) erhöhen. In dieser Höhe ist eine Zuführung zur Rückstellung vorzusehen.

Die Höhe der voraussichtlichen Personalaufwendungen beträgt damit:

	Beamtenbezüge (Jan. bis Dez. 2025):	6.400.000 €
+	Vergütungen Angestellte:	5.800.000 €
+	Löhne Arbeiter:	2.100.000 €
+	Beiträge zur Versorgungskasse f. Angestellte:	290.000 €
+	Beiträge zur gesetzl. Sozialversicherung:	1.660.000 €
+	Beihilfen für Beschäftigte:	1.100.000 €
+	Zuführung zur Pensionsrückstellung f. Beschäftigte:	4.400.000 €
=	**Personalaufwand:**	**21.750.000 €**

Als **Personalauszahlungen** sind ebenfalls die Positionen 1 bis 6 in der vom Personalamt aufgestellten Liste zu berücksichtigen. Allerdings ist bei der Beamtenbesoldung die vorgesehene Rechnungsabgrenzung zu berücksichtigen, die zu Unterschieden zwischen Ergebnisplan (Aufwendungen) und Finanzplan (Auszahlungen) führt. Laut Sachverhalt hat das Personalamt die tatsächlichen Aufwendungen für das Jahr 2025 mitgeteilt. Ausgezahlt werden im Jahr 2025 allerdings die Beamtengehälter für die Monate Februar bis Dezember 2025 und für Januar 2026. Der vom Personalamt ausgewiesene Wert muss daher korrigiert werden:

	Beamtenbezüge (Jan. bis Dez. 2025):	6.400.000 €
–	Beamtenbezüge Januar 2024:	490.000 €
+	Beamtenbezüge Januar 2026:	510.000 €
=	**Auszahlungen Beamtenbezüge 2025:**	**6.420.000 €**

Die Höhe der voraussichtlichen Personalauszahlungen beträgt damit:

	Auszahlungen Beamtenbezüge 2025:	6.400.000 €
+	Vergütungen Angestellte:	5.800.000 €
+	Löhne Arbeiter:	2.100.000 €
+	Beiträge zur Versorgungskasse f. Angestellte:	290.000 €
+	Beiträge zur gesetzl. Sozialversicherung:	1.660.000 €
+	Beihilfen für Beschäftigte:	1.100.000 €
=	**Personalauszahlungen:**	**17.350.000 €**

Die **Versorgungsaufwendungen** ergeben sich aus der Differenz zwischen der Auflösung der Pensionsrückstellung für Versorgungsempfänger und den tatsächlichen Versorgungsauszahlungen. Sie werden demnach wie folgt ermittelt:

	Teilwerte Versorgungsempfänger am 31.12.2024:	17.550.000 €
./.	Teilwerte Versorgungsempfänger am 31.12.2025:	19.660.000 €
+	Umlage für Versorgungskasse der Beamten:	2.100.000 €
+	Beihilfezahlungen für Versorgungsempfänger:	400.000 €
=	**Versorgungsaufwendungen:**	**390.000 €**

Die **Versorgungsauszahlungen** ergeben sich unmittelbar aus den Positionen 9 und 10 der Aufstellung des Personalamtes:

	Umlage für Versorgungskasse der Beamten:	2.100.000 €
+	Beihilfezahlungen für Versorgungsempfänger:	400.000 €
=	**Versorgungsauszahlungen:**	**2.500.000 €**

Sachverhalt Nr. 3

Der Haushaltssachbearbeiter für den Produktbereich Kinder-, Jugend- und Familienhilfe hat für die Haushaltsplanung eine Aufstellung der in seinem Bereich geplanten Investitionen, Desinvestitionen und geplanter Einzahlungen für Investitionen aufgelistet:

1.	Neubau Kindertagesstätte „Max und Moritz“: (davon Grunderwerb 500.000 €)	4.500.000 €
2.	Einrichtung Kindertagesstätte „Max und Moritz“:	1.610.000 €
3.	Landeszuweisung für Einrichtung d. Kindertagesstätte	210.000 €
4.	Erneuerung Parkettfußboden im Jugendtreff:	120.000 €
5.	Neuanschaffung Kleinbus f. Jugendfreizeiten:	60.000 €
6.	Verkauf alter Kleinbus (Restbuchwert 1 €)	500 €
7.	Einbau einer Leinwand im Kinosaal des Jugendtreffs: (davon Lohnkosten für Montage 800 €)	8.000 €
8.	Aufstellung neuer Spielgeräte auf Kinderspielplätzen:	60.000 €
9.	Sanierung Gebäude Jugendberatungszentrum	180.000 €
10.	Beschaffung verschiedener Einrichtungsgegenstände (> 1.000 €)	50.000 €
11.	Beschaffung von Betriebs- und Geschäftsausstattung (< 150 €)	10.000 €

Aufgabe:
Stellen Sie anhand der geplanten Maßnahmen den Teilfinanzplan für den Produktbereich Jugend (Muster 5.7 VV KomHKV: Investitionsmaßnahmen) auf.

Lösung:
Zur Aufstellung der Zahlungsübersicht des Teilfinanzplans sind die geplanten Maßnahmen darauf zu prüfen, ob und ggf. an welcher Stelle sie im Teilfinanzplan auszuweisen sind.

Zu 1:
Der Neubau einer Kindertagesstätte ist eine Investitionsmaßnahme, die im Teilfinanzplan gem. § 8 Abs. 2 KomHKV zu veranschlagen ist. Von der Gesamtinvestitionssumme von 4,5 Mio. € sind 500.000 € bei den Auszahlungen für den Erwerb von Grundstücken und Gebäuden und 4 Mio. € bei den Auszahlungen für Baumaßnahmen zu veranschlagen.

Zu 2:
Die Ersteinrichtung der Kindertagesstätte ist in voller Höhe als Investition im Teilfinanzplan zu veranschlagen. Die Zuordnung erfolgt als Auszahlung für den Erwerb von übrigem Sachanlagevermögen.

Zu 3:
Für die Einrichtung (Ziff. 2) wird eine Landesförderung erwartet. Diese Förderung ist der Investition direkt zuzuordnen, so dass sie ebenfalls im Teilfinanzplan als Zuwendung für Investitionsmaßnahmen ausgewiesen wird.

Zu 4:
Die Erneuerung des Fußbodens im Jugendtreff führt nicht zu einer Erweiterung der Nutzungsmöglichkeiten des Gebäudes. Es handelt sich, wie der Wortlaut deutlich macht, um eine Instandsetzungsmaßnahme und damit nicht um eine Investition. Die Veranschlagung hat daher im Teilergebnisplan als Aufwand zu erfolgen. Im Teilfinanzplan wird die Maßnahme nicht erfasst.

Zu 5:
Bei der Anschaffung eines Kleinbusses handelt es sich um den Erwerb von übrigem Sachanlagevermögen. Die Auszahlung ist im Teilfinanzplan bei der entsprechenden Position zu veranschlagen.

Zu 6:
Der erwartete Verkaufserlös für den alten Kleinbus ist in voller Höhe als Einzahlung aus der Veräußerung von beweglichen Sachen des Anlagevermögens zu veranschlagen. Die Höhe des Restbuchwertes spielt für die Veranschlagung im rein zahlungsorientierten Teilfinanzplan keine Rolle.

Zu 7:
Die Veranschlagung der einzubauenden Leinwand ist davon abhängig, ob die Leinwand und der Einbau selbstständig aktivierbar sind. Zwar soll die Leinwand mit dem Gebäude verbunden werden, der Einbau erfolgt allerdings nur zur Erfüllung eines speziellen betrieblichen Zwecks. Damit handelt es sich bei der Leinwand um ein selbstständig aktivierbares bewegliches Anlagegut (Betriebsvorrichtung). Auch die Lohnkosten für die Montage der Leinwand sind als Anschaffungsnebenkosten aktivierbar. Der Gesamtbetrag von 8.000 € ist als Auszahlung für den Erwerb von übrigem Sachanlagevermögen zu veranschlagen.

Zu 8:
Spielgeräte auf Kinderspielplätzen können ebenfalls als bewegliches Anlagevermögen angesehen werden, auch wenn sie physisch mit dem Grund und Boden verankert werden. Sie dienen einem spezifischen Zweck und sind damit selbstständig aktivierbar. Die voraussichtlichen Auszahlungen für den Erwerb und die Aufstellung der Spielgeräte wird als Auszahlung für den Erwerb von übrigem Sachanlagevermögen ausgewiesen.

Zu 9:
Die Sanierungsmaßnahme ist trotz der hohen Gesamtsumme nicht als Investition zu werten und wird damit nur als Aufwand im Teilergebnisplan veranschlagt.

Zu 10:
Der Erwerb von Einrichtungsgegenständen mit einzelnen Anschaffungskosten über 1.000 € stellt jeweils eine Investition dar. Die Gesamtsumme wird als Auszahlung für den Erwerb von übrigem Sachanlagevermögen veranschlagt.

Zu 11:
Einrichtungsgegenstände unterhalb der Wertgrenze von 150 € sind gem. § 50 Abs. 4 Satz 3 KomHKV im laufenden Haushaltsjahr als Geringwertige Wirtschaftsgüter (GwG) voll abzuschreiben. Diese Vereinfachungsregel führt dazu, dass die gesamten Anschaffungsauszahlungen im selben Jahr auch aufwandswirksam werden. Die Vermögensgegenstände sind nach § 50 Abs. 4 Satz 3 KomHKV unmittelbar als Aufwand zu buchen und werden daher auch nicht im Teilfinanzplan erfasst zu werden.

Der aufzustellende Teilfinanzplan für den Produktbereich Jugend stellt sich zusammenfassend wie folgt dar:

Teilfinanzplan Produktbereich Jugend		Ansatz des Haushaltsjahres €
Investitionstätigkeit **Einzahlungen**		
1	aus Investitionszuwendungen	210.000
2	aus Beiträgen u. ä. Entgelten	0
3	aus der Veräußerung von immateriellen Vermögensgegenständen	0
4	aus der Veräußerung von Grundstücken. Grundstücksgleichen Rechten und Gebäuden	0
5	aus der Veräußerung von übrigem Sachanlagevermögen	500
6	aus der Veräußerung von Finanzanlagen	0
7	Sonstige Investitionseinzahlungen	0
8	**Summe der investiven Einzahlungen**	**210.500**
Auszahlungen		
9	für Baumaßnahmen	4.000.000
10	Für den Erwerb von immateriellen Vermögensgegenständen	0
11	für den Erwerb von Grundstücken, grundstücksgleichen Rechten und Gebäuden	500.000
12	für den Erwerb von übrigem Sachanlagevermögen	1.788.000
13	für den Erwerb von Finanzanlagen	0
14	von aktivierbaren Zuwendungen	0
15	Sonstige Investitionsauszahlungen	0
16	**Summe der investiven Auszahlungen**	**6.288.000**
17	**Saldo Investitionstätigkeit (Einzahlungen ./. Auszahlungen)**	**–6.077.500**

13. Die Bewirtschaftungsgrundsätze

13.1 Allgemeines

Bei den Bewirtschaftungsgrundsätzen handelt es sich um Regelungen des Finanzmanagements zur Verwaltung der Finanzmittel. Diese Grundsätze dienen dazu, die Bewirtschaftung der einzelnen Finanzpositionen grundsätzlich festzulegen. Dabei wird es den Gemeinden durch das Einführen der flexiblen Bewirtschaftung der Haushaltsmittel ermöglicht (mehrere Bewirtschaftungsverfahren sind zulässig), das Bewirtschaftungssystem so zu wählen, dass es den örtlichen Gegebenheiten und Notwendigkeiten gerecht wird. Das nachstehende Schaubild gibt einen Überblick:

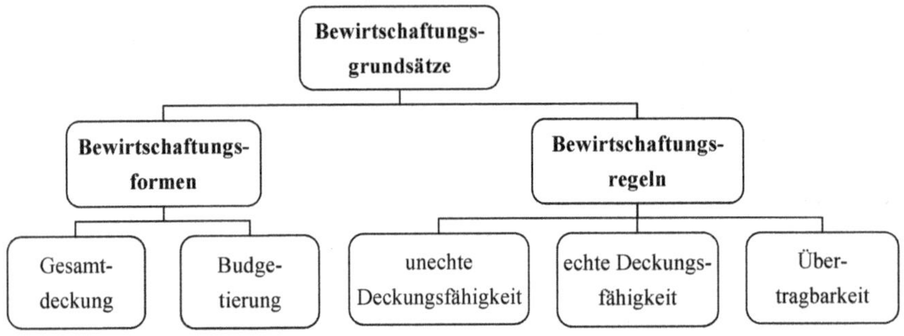

13.2 Bewirtschaftungsformen

13.2.1 Gesamtdeckung

Gemäß § 22 Abs. 1 Nr. 1 KomHKV dienen im Ergebnishaushalt die ordentlichen Erträge insgesamt der Deckung der ordentlichen Aufwendungen und die außerordentlichen Erträge insgesamt der Deckung der außerordentlichen Aufwendungen.

Im Finanzhaushalt

- dienen die Einzahlungen aus laufender Verwaltungstätigkeit insgesamt der Deckung der Auszahlungen aus laufender Verwaltungstätigkeit und aus der Finanzierungstätigkeit (§ 22 Abs. 1 Nr. 2 KomHKV),
- der sich aus § 22 Abs. 1 Nr. 2 KomHKV ergebende Finanzmittelüberschuss dient der Deckung der übrigen Auszahlungen aus dem Finanzhaushalt (§ 22 Abs. 1 Nr. 3 KomHKV),
- dienen die Einzahlungen aus der Investitionstätigkeit, aus der Finanzierungstätigkeit und aus der Auflösung von Liquiditätsreserven insgesamt zur Deckung der Auszahlungen aus der Investitionstätigkeit, der Finanzierungstätigkeit und für den Erwerb von Liquiditätsreserven (§ 22 Abs. 1 Nr. 4 KomHKV).

Somit wird erreicht, dass jeglicher Ertrag zur Deckung jeglicher Aufwendungen herangezogen werden kann. Dieses gilt unter den o. g. Einschränkungen auch für Einzahlungen und Auszahlungen gleichermaßen. Das bedeutet, dass es haushaltsrechtlich grundsätzlich unzulässig ist, die Verwendung einzelner Erträge ausschließlich für bestimmte Aufwendungen vorzusehen. Spezielle Einzahlungspositionen dürfen nicht an bestimmte Auszahlungspositionen gebunden werden. Damit soll eine möglichst flexible Mittelverwendung erreicht werden.

Die Regelungen zur Gesamtdeckung stehen nicht im Widerspruch dazu, dass es durchaus Erträge und Einzahlungen gibt, die der Ertraggebende/Einzahler ausdrücklich für bestimmte Aufwendungen bzw. Auszahlungen vorsieht. Insofern ist dann der Verwendungszweck vorgegeben, sodass sogenannte „zweckgebundene Erträge" bzw. „zweckgebundene Einzahlungen" vorliegen (z. B. zweckgebundene Landeszuweisungen für den Schul- oder Straßenbau). Diese Zweckbindung ist jedoch zuwendungsmäßiger und nicht haushaltswirtschaftlicher Natur. Die zweckgerechte Verwendung dieser Mittel wird nicht über den kommunalen Haushalt sichergestellt, sondern über nachgehende Verwendungsnachweise. Diese Verwendungsnachweise belegen nach Abschluss der geförderten Maßnahme detailliert den sachgerechten Mitteleinsatz. Dies soll der kommunale Haushalt nicht leisten, der im Ergebnishaushalt ohnehin zu groben Aufwendungs- und Auszahlungsgruppen gebündelt ist (siehe Grundsatz der Einzelveranschlagung in Kap. 9.3.6). Insofern sehen weder BbgKVerf noch KomHKV zu Recht keine Pflicht zur haushaltsrechtlichen Einzeldeckung von zweckgebundenen Erträgen und Einzahlungen vor. Will eine Gemeinde dies im Einzelfall dennoch erreichen, müsste sie die in Frage kommenden Erträge und Aufwendungen in einem Budget zusammenfassen. Das Gleiche gilt dann für Einzahlungen und Auszahlungen (siehe dazu die Budgetierungsvariante in Kap. 13.2.2 Buchst. c).

13.2.2 Budgetierung

Der Begriff „Budget" wird allgemein aus dem Altfranzösischen abgeleitet und mit „Geldbeutel" übersetzt. Darunter versteht man in der Anwendung auf die Kommunalverwaltung, dass den Organisationseinheiten der Gemeindeverwaltung (Fachbereiche, Fachämter oder Dezernate) bestimmte Finanzmittel zur selbständigen und eigenverantwortlichen Bewirtschaftung im Rahmen vorgegebener Sachziele und intern festgelegter Budgetregelungen zur Verfügung gestellt werden (§ 2 Abs. 1 Nr. 12 KomHKV).

Bei der Budgetierung handelt es sich nicht um eine Ausnahme vom Grundsatz der Gesamtdeckung, denn dieser gilt auch bei budgetierten Haushalten. Vielmehr handelt es sich bei der Budgetierung um eine besondere Bewirtschaftungsform zur Stärkung der dezentralen Ressourcenverantwortung.

Budget per Gesetz

Nach § 6 Abs. 3 KomHKV bilden Teilhaushalte ein Budget (Produkbereichsbudget). Für jeden Produktbereich ist ein Teilhaushalt zu erstellen. Insofern sind die Erträge und Aufwendungen bzw. Einzahlungen und Auszahlungen in dem Produktbereich zu einem

Budget zusammengefasst. Weiterhin kann gem. § 6 Abs. 2 KomHKV für Produktgruppen oder Produkte ein Teilhaushalt erstellt werden. Sollte dies der Fall sein, gilt das Budget in den gebildeten Teilhaushalten. Budget- und Produktbereichsverantwortung sind dann sachlich eindeutig zugeordnet.

Budget per Vermerk
Darüber hinaus können mehrere Teilhaushalte zu Budgets zusammengefügt werden (Verantwortungsbereichsbudget). Dies ist jedoch nur dann zulässig, wenn es sich um einen funktional begrenzten Aufgabenbereich handelt und das Budget einem bestimmten Verantwortungsbereich zugeordnet wird. Durch die Zusammenführung mehrerer Teilhaushalte können bspw. Einsparungen und Synergien bei der Erfüllung der Aufgaben erzielt werden, da hierdurch möglicherweise redundante oder unnötige Ausgaben eliminiert werden können.

Konsequenzen eines Budgets
Da § 6 KomHKV Grundsätzliches zu den Teilhaushalten – sowohl Ergebnishaushalt als auch Finanzhaushalt – regelt, werden die Gesamtsummen der Erträge/Einzahlungen und Aufwendungen/Auszahlungen des Budgets (also eines Teilhaushaltes oder mehrerer verbundener Teilhaushalte) für die Haushaltsführung für verbindlich erklärt.

Solange sie nicht überschritten werden, liegt keine Budgetabweichung vor. Allerdings darf die Bewirtschaftung der Budgets gemäß § 23 Abs. 5 KomHKV nicht zu einer negativen Veränderung des ordentlichen Jahresergebnisses in der Ergebnisrechnung nach § 4 Abs. 1 Nr. 22 KomHKV sowie des Finanzmittelüberschusses in der Finanzrechnung gem. § 5 Nr. 34 KomHKV führen. Zu den Einzelheiten des Verfahrens siehe Kap. 13.3.2.

Mit der Budgetierung wird die Eigenverantwortlichkeit der Fachbereiche auch in finanzieller Hinsicht unterstrichen. Dort, wo die Fachkompetenz besteht, soll auch verstärkt die Finanzkompetenz liegen. Dies dient – wie bereits oben festgestellt – der dezentralen Ressourcenverantwortung und fördert trotz knapper Haushaltsmittel die Motivation der Fachbereiche. Innerhalb der Budgets können dann Finanzmanagementregeln eine flexible Haushaltsführung bewirken, was bei den nachstehenden Gliederungsziffern noch verdeutlicht wird.

13.3 Bewirtschaftungsregeln

13.3.1 Unechte Deckungsfähigkeit

Ein modernes Finanzmanagement vor allem in Form der Budgetierung kommt ohne Flexibilität bei der Haushaltsführung nicht aus. Insofern müssen Regelungen getroffen werden, die eine solche Handlungsweise ermöglichen. Folgerichtig besagt § 23 Abs. 4 KomHKV, dass bestimmt werden kann, dass bestimmte Mehrerträge zur Erhöhung bestimmter Aufwendungsermächtigungen führen. Es kann zudem erklärt werden, dass Mindererträge zu Minderungen der Aufwendungsermächtigungen führen. Das Gleiche gilt für Ein- und Auszahlungen. Mehreinzahlungen können zu Mehrauszahlungsermächtigungen führen, Mindereinzahlungen die Auszahlungsermächtigungen senken. Da die Regelung ausdrücklich den Wortlaut „bestimmt werden" verwendet hat, bedürfen solche Mechanismen einer ausdrücklichen Erklärung, somit eines förmlichen Haushaltsvermerks. Festzustellen ist aber, dass dieses Verfahren zwar regelmäßig im Rahmen der Budgetierung Anwendung findet, jedoch auch bei Haushalten zulässig ist, die sich in der Gesamtdeckung befinden.

Solche Vermerke werden in der Praxis als „Verstärkungs-" bzw. „Verminderungsvermerke" bezeichnet. Wird ein solcher Haushaltsvermerk tatsächlich ausgenutzt und werden aufgrund eines Mehrertrages Mehraufwendungen geleistet, wird das Gesamtvolumen des Ergebnishaushaltes zwangsläufig erhöht, allerdings im selben Umfang auf der Ertrags- und der Aufwendungsseite. Insofern wird die konkrete Anwendung des Verfahrens in der Haushaltsausführung von der kommunalen Praxis als „unechte Deckungsfähigkeit" bezeichnet (Deckung oberhalb des festgesetzten Haushaltsvolumens).

Unechte Deckungsfähigkeit begründende Vermerke können generell in der Haushaltssatzung angebracht werden. Dies ist vor allem dann geboten, wenn die flexible Haushaltsführung nach § 23 Abs. 4 KomHKV gleichmäßig in allen Budgets oder Produktbereichen bzw. Produktgruppen gelten soll, je nachdem ob die Budgetierung oder Gesamtdeckung als Bewirtschaftungsform gewählt wurde. Die Bestimmung könnte dann wie folgt lauten:

> *„Mehrerträge in den einzelnen Budgets [alternativ: Produktbereichen] berechtigen zu Mehraufwendungen in diesen Budgets [alternativ: Produktbereichen/ Produktgruppen]. Das Gleiche gilt bei Mehreinzahlungen zugunsten der Auszahlungsermächtigungen."*

Die Gemeinde kann jedoch auch in Einzelfällen die unechte Deckungsfähigkeit absichern, indem nur besondere Ertragsarten zu Mehraufwendungen berechtigen sollen. Die notwendigen Haushaltsvermerke können dann sicherlich auch in der Haushaltssatzung rechtswirksam angebracht werden, vor allem dann, wenn sie immer noch allgemeingültiger Natur sind. Beispiele könnten folgende Vermerke sein:

- *„Mehrerträge aus den öffentlich-rechtlichen und privatrechtlichen Leistungsentgelten in den einzelnen Budgets [alternativ: Produktbereichen/Produktgruppen] berechtigen zu Mehraufwendungen bei den Sach- und Dienstleistungen in diesen Budgets [alternativ: Produktbereichen/Produktgruppen]. Das Gleiche gilt bei Mehreinzahlungen für öffentlich-rechtliche und privatrechtliche Leistungsentgelte zugunsten der Auszahlungsermächtigungen für Sach- und Dienstleistungen."*
- *„Mehreinzahlungen im Investitionsbereich eines Budgets [alternativ: Produktbereichs/Produktgruppe] berechtigen zu Mehrauszahlungen im selben Investitionsbereich des Budgets [alternativ: Produktbereichs/Produktgruppe]."*
- *„Mehrerträge in den einzelnen Budgets [alternativ: Produktbereichen/Produktgruppen] mit Ausnahme der Aufwendungen für interne Leistungsverrechnungen berechtigen zu Mehraufwendungen bei Aufwendungen in diesen Bud-*

gets [alternativ: Produktbereichen/Produktgruppen] mit Ausnahme der Personalaufwendungen, Abschreibungen und internen Leistungsverrechnungen. Das Gleiche gilt bei Mehreinzahlungen in diesem Budget [alternativ: Produktbereich/Produktgruppe] zugunsten der Auszahlungsermächtigungen mit Ausnahme der Personalauszahlungen."

Bei Einzelvermerken mit vor allem unterschiedlichen Regelungsinhalten bietet sich eine förmliche Anbringung in den Erläuterungen des jeweiligen Budget- bzw. Produktbereichs an. Die Nähe zum konkreten Budget bzw. Produktbereich dient in diesen Fällen der Haushaltsklarheit, somit der Lesbarkeit der kommunalen Haushalte. Bei einer oft seitenlangen Auflistung in vielen Paragrafen der vorangestellten Haushaltssatzung geht einfach der Überblick und die Verbindung der konkreten Regelung zum Budget bzw. Produktbereich verloren. Beispiele solcher Vermerke könnten sein:

- *„Mehreinzahlungen bei den Zuwendungen für den Bau des Stadions Nordstadt berechtigen zu Mehrauszahlungen bei den Bauauszahlungen des Stadions Nordstadt. Mindereinzahlungen führen zur Minderung der Auszahlungsermächtigung."*
- *„Mehrerträge bei den Entgelten der Volkshochschule ermächtigen zu Mehraufwendungen bei den Sach- und Dienstleistungen für die Kurse der Volkshochschule. Das Gleiche gilt für Mehreinzahlungen zugunsten der Auszahlungsermächtigungen."*

In der Praxis werden diese Haushaltsvermerke automatisch mittels DV-Einsatz umgesetzt. Die unechte Deckungsfähigkeit wird entsprechend ihres Inhaltes im Datenbestand hinterlegt. Entsteht dann ein Mehrertrag bzw. eine Mehreinzahlung, gibt das DV-System automatisch die gekoppelten zusätzlichen Aufwendungs- bzw. Auszahlungsermächtigungen frei. Bei Mindererträgen und Mindereinzahlungen können im Einzelfall maschinell in entsprechender Höhe die Aufwendungs- bzw. Auszahlungsermächtigungen gesperrt werden. Allerdings ist hier nicht zu übersehen, dass dieser Automatismus zwar die Flexibilität und vor allem die praktische Handhabung erleichtert, jedoch der Gesamtbudget- bzw. Bereichsüberblick verlorengehen kann. Es ist möglich, dass im Rahmen des Vermerkes zwar bestimmte Mehrerträge vorhanden sind, die dann zusätzlich verwendet werden. Bei anderen Positionen desselben Budgets, die nicht in den Vermerk eingebunden sind, können jedoch Mindererträge vorliegen, sodass der Gesamtbudgetabschluss gefährdet wird. Insofern muss darauf hingewiesen werden, dass trotz der DV-Abwicklung nicht auf ein kontinuierliches und individuelles Finanzcontrolling verzichtet werden kann.

Wird die unechte Deckungsfähigkeit genutzt, entstehen definitionsmäßig überplanmäßige Aufwendungen bzw. überplanmäßige Auszahlungen, weil die im Plan vorgesehenen Aufwendungs- bzw. Auszahlungsermächtigungen überschritten werden. Damit würde an sich das förmliche Bewilligungsverfahren nach § 70 BbgKVerf einsetzen, wonach evtl. der Kämmerer oder gar die Gemeindevertretung einzuschalten wäre. Dies würde der dezentralen Ressourcenverantwortung und der Flexibilität des Finanzmanagements widersprechen. Nach § 23 Abs. 5 Satz 2 KomHKV gelten Planabweichnungen nach den Absätzen 1 bis 4 nicht als überplanmäßig. Somit ist das aufwendige Verfahren des § 70 BbgKVerf nicht durchzuführen.

13.3.2 Echte Deckungsfähigkeit

Bevor auf den Bewirtschaftungsgrundsatz näher einzugehen ist, müssen die Auswirkungen der Einzelveranschlagung noch einmal in Erinnerung gebracht werden. Bei den Aufwendungsgruppen nach § 4 Abs. 1 KomHKV herrscht bereits dadurch Flexibilität, dass innerhalb der einzelnen Unterpositionen Mittelverschiebungen solange zulässig sind, wie die Gesamtpositionssumme des Haushaltes nicht überschritten wird. Erfolgt z. B. eine Einsparung bei den Beamtengehältern und will der Mittelverantwortliche die eingesparten Mittel zusätzlich für Angestelltenvergütungen desselben Produktbereichs einsetzen, ist dies haushaltstechnisch unbedenklich, weil beide Bereiche sich innerhalb derselben Aufwendungsposition „Personalaufwendungen" befinden. Es entsteht somit auch keine überplanmäßige Aufwendung. Noch deutlicher wird es dann, wenn Einsparungen bei Dienstreiseaufwendungen für Mehraufwendungen bei den Mieten desselben Produktbereiches verwendet werden sollen. Auch hier wird der Bereich der Planposition „Sonstige ordentliche Aufwendungen" nicht überschritten. Hat jedoch die Gemeinde ihre Teilhaushalte nach Produktgruppen oder gar nach Produkten gegliedert, beschränkt sich diese Aussage zwangsläufig auf die Planpositionen der Produktgruppen bzw. Produkte, soweit die Bewirtschaftung auf diesen Ebenen vorgenommen wird.

Die Feststellungen für die Aufwendungen gelten sinngemäß für den Bereich der Auszahlungspositionen nach § 5 KomHKV im Finanzhaushalt (bei den Investitionen jedoch nur bei Positionen unterhalb der von der Gemeindevertretung festgesetzten Wertgrenze).

Die Voraussetzungen für die Anwendung des Verfahrens der echten Deckungsfähigkeit hängt von der Bewirtschaftungsform ab.

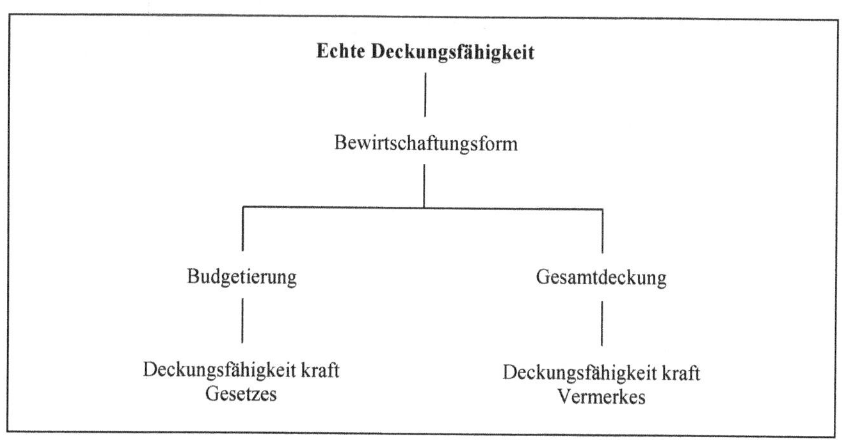

a) Deckungsfähigkeit innerhalb des Budgets
Gemäß § 23 Abs. 1 KomHKV sind Aufwendungen, die zu einem Budget gehören gegenseitig deckungsfähig, soweit der Haushaltsplan nicht anderes bestimmt. Gleiches gilt für Auszahlungen nach § 23 Abs. 1 Satz 2 KomHKV (Deckungsfähigkeit per Gesetz). Dies bedeutet, dass Verschiebungen zwischen den einzelnen Aufwendungs- bzw. Auszahlungspositionen innerhalb eines Budgets jederzeit durchgeführt werden können, auch im investiven Bereich. Dadurch verändert sich – anders als bei der unechten Deckungsfähigkeit – die Gesamtsumme des in Frage kommenden Budgets nicht. Innerhalb eines Budgets ist ein förmlicher Haushaltsvermerk nur notwendig, wenn Aufwendungen/Auszahlungen aus der gesetzlichen Deckungsfähigkeit genommen werden sollen.

Spart ein Budget z. B. insgesamt bei den Personalaufwendungen Finanzmittel ein, so können diese Finanzmittel ohne weiteres für Aufwendungen für Sach- und Dienstleistungen verwendet werden. Für ein solches Verfahren wird keine förmliche Bewirtschaftungsbestimmung, somit kein Haushaltsvermerk benötigt.

Eine Budgetierung ohne eine solche Bewirtschaftungsform wäre sinnlos. Wenn sich nämlich ein Budgetbereich innerhalb seines Budgets nicht frei bewegen kann, besteht einfach keine dezentrale Ressourcenverantwortung. Von einer Budgetierung sollte dann abgesehen werden. Allerdings ist bei der echten Deckungsfähigkeit zu beachten, dass durchaus nicht alle Aufwendungen bzw. Auszahlungen in die Deckungsringe einbezogen werden müssen. So könnten beispielsweise in der Praxis regelmäßig die Abschreibungen und die internen Leistungsverrechnung für nicht deckungsfähig erklärt werden. Dies ist auch verständlich, weil sonst nicht auszahlungswirksame mit auszahlungswirksamen Positionen verbunden werden. Eine Aufwendungseinsparung bei Abschreibungen sollte nicht für Personalaufwendungen eingesetzt werden, weil bei der Abschreibungseinsparung keine Auszahlungseinsparung korrespondierend entsteht. Es müssten dann weitere Einsparungen bei anderen Auszahlungsermächtigungen erfolgen. Allerdings ist hierfür ein förmlicher Haushaltsvermerk erforderlich, da sonst die generelle Regelung der Budgetierung greift.

Bei der Bewirtschaftung des Budgets hat der Gesetzgeber festgesetzt, dass die Inanspruchnahme der Deckungsfähigkeit nicht zu einer Minderung des Saldos aus laufender Verwaltungstätigkeit in der Ergebnisrechnung führen darf.

Allerdings besteht bei der Anwendung dieser Vorschrift ein Problem. § 23 Abs. 5 KomHKV verweist darauf, dass die Budgetbewirtschaftung nicht zu einer negativen Veränderung des ordentlichen Jahresergebnisses (Ergebnishaushalt) sowie des Finanzmittelüberschusses (Finanzhaushalt) führen darf. Es handelt sich demnach um den Gesamtsaldenbetrag des gemeindlichen Ergebnis- sowie Finanzhaushaltes. Wie soll denn ein Budgetverantwortlicher bei der Inanspruchnahme der echten Deckungsfähigkeit entscheiden, ob eine Minderung des Gesamtsaldenbetrag des Gesamthaushaltes stattfindet oder nicht?[1]

1 Eine solches Verfahren wäre nur denkbar, wenn für jeden Budgetbereich eine eigenständige Saldenbildung erfolgen würde, an der dann die Verfügbarkeit von Auszahlungsmitteln budgetmäßig gemessen werden könnte.

b) Deckungsfähigkeit kraft Vermerkes

Befinden sich Aufwendungs- und Auszahlungsposition nicht in einer Deckungsfähigkeit nach § 23 Abs. 1 KomHKV können diese für einseitig oder gegenseitig deckungsfähig erklärt werden, wenn sie sachlich zusammenhängen. Ein sachlicher Zusammenhang liegt vor, wenn für die Aufwendungen/Auszahlungen ähnliche oder gleiche Entstehungsgründe vorliegen. Denkbar wäre, dass bilanzielle Abschreibungen aus der Deckungsfähigkeit innerhalb eines Budgets herausgenommen werden. Jetzt besteht die Möglichkeit, verschiedene Abschreibungspositionen für einseitig oder gegenseitig deckungsfähig zu erklären.

Des Weiteren können zahlungswirksame Aufwendungen eines Budgets im konsumtiven Bereich für einseitig deckungsfähig zugunsten von Investitionsauszahlungen des Budgets erklärt werden (§ 23 Abs. 3 KomHKV). Es besteht daher die Möglichkeit, Einsparungen bei zahlungswirksamen Aufwendungen aus der laufenden Verwaltungstätigkeit zu investieren. Somit ist der Grundstein gelegt, dass die Budgetverantwortlichen auf Dauer sparsam und wirtschaftlich arbeiten können.

Bei den Formen der Deckungsfähigkeit wird zwischen der gegenseitigen und der einseitigen Deckungsfähigkeit unterschieden. Bei der gegenseitigen Deckungsfähigkeit sind alle Positionen, die sich im Deckungsring befinden, deckungsberechtigt, aber auch deckungsverpflichtet. Dies ist in Budgets kraft Gesetzes der Fall. Bei der einseitigen Deckungsfähigkeit wird durch Haushaltsvermerk festgelegt, welche Planposition deckungspflichtig und welche deckungsberechtigt ist. Wird z. B. erklärt: *„Personalaufwendungen sind einseitig deckungsfähig zugunsten von Aufwendungen für Sach- und Dienstleistungen“*, so können Einsparungen bei den Personalaufwendungen für zusätzliche Aufwendungen für Sach- und Dienstleistungen verwendet werden. Einsparungen bei den Aufwendungen für Sach- und Dienstleistungen berechtigen dagegen nicht zu Mehraufwendungen im Personalbereich.

Zur Anbringungstechnik von Vermerken sei auf die Darstellung im vorherigen Kapitel verwiesen. Beispiele für solche Vermerke könnten sein:

- *„Im Produktbereich 54 werden die Aufwendungen der Abschreibungen und internen Leistungsverrechnungen aus der gegenseitigen Deckungsfähigkeit herausgenommen.“*
- *„Die Auszahlungsermächtigungen für die Maßnahmen des gemeindlichen Straßenbaus sind einseitig deckungsfähig zugunsten der Beschaffung von neuen Ampelanlagen.“*

c) Anwendung der Deckungsfähigkeit

Wird die echte Deckungsfähigkeit genutzt, entstehen keine überplanmäßige Aufwendungen bzw. überplanmäßige Auszahlungen, da § 23 Abs. 5 Satz 2 KomHKV festlegt, dass diese Planabweichungen nicht als überplanmäßige gelten.

In der Praxis werden diese Haushaltsvermerke automatisch durch den Einsatz der DV umgesetzt. Die echte Deckungsfähigkeit wird entsprechend ihres Inhalts im Datenbestand hinterlegt. Entsteht dann ein Mehraufwendungs- oder Mehrauszahlungsbedarf, sucht das DV-System automatisch Einsparungen bei Positionen, die sich im

„Deckungsring" befinden, und schichtet dann die Ermächtigungen um. Dabei kann es vorkommen, dass Ermächtigungen umgesetzt werden, die zunächst als eingespart erscheinen, aber dann in absehbarer Zeit doch benötigt werden. Dieser Gefahr muss bei dem bestehenden Automatismus im Rahmen eines entsprechenden Finanzcontrolling begegnet werden, sodass notfalls manuell betriebssteuernd eingegriffen wird.

Wie aus den vorstehenden Ausführungen deutlich wird, verändert sich bei der Anwendung des Verfahrens das Gesamthaushaltsvolumen nicht. Es treten nur Verschiebungen zwischen einzelnen Planpositionen auf. Insofern wird das Verfahren in der Praxis als „echte Deckungsfähigkeit" bezeichnet.

d) Deckungsfähigkeit bei Verpflichtungsermächtigungen

Die Möglichkeit der Deckungsfähigkeit hat der Gesetzgeber auch auf die Verpflichtungsermächtigungen[2] ausgedehnt. Gemäß § 23 Abs. 1 KomHKV sind Verpflichtungsermächtigungen eines Budgets gegenseitig deckungsfähig. Das bedeutet, dass einzelne Verpflichtungsermächtigungen einer Investitionsmaßnahme auch für andere Investitionsmaßnahmen in Anspruch genommen werden können.

13.3.3 Übertragbarkeit von Haushaltsermächtigungen

13.3.3.1 Allgemeines

Gemäß § 65 Abs. 3 Satz 1 Halbs. 2 BbgKVerf gilt die Haushaltssatzung für ein Haushaltsjahr. Da der Haushaltsplan auf Grund der Bestimmungen des § 1 der Haushaltssatzung Bestandteil der Haushaltssatzung ist, gelten die Ermächtigungen des Planes auch nur bis zum 31. Dezember des entsprechenden Jahres. Dies gilt auch bei einer nach § 65 Abs. 3 Satz 2 BbgKVerf zulässigen Haushaltssatzung für zwei Jahre, weil die Festsetzungen auch dort nach Jahren getrennt sind. Der 31. Dezember als willkürlicher Stichtag für den Jahresabschluss behindert eine flexible Haushaltsführung. Insofern hat § 24 KomHKV die Möglichkeit geschaffen, Aufwendungs- und Auszahlungsermächtigungen in die nächste Rechnungsperiode zu übertragen. Diese Möglichkeit ist sinnvoll, denn des Öfteren kann es vorkommen, dass Maßnahmen nicht so zügig wie geplant abgewickelt und damit die Aufwendungs- und Auszahlungsermächtigungen nicht bis zum Jahresende ausgeschöpft werden können.

Da die Gemeindevertretung die Aufwendungs- und Auszahlungsermächtigungen durch das Einstellen in den Ergebnis- bzw. Finanzplan zur Verfügung gestellt hat, muss der Gemeindeverwaltung bei der Ausführung eine Übertragungsermächtigung eingeräumt werden. Gäbe es sie nicht, müssten die bereits einmal veranschlagten Ermächtigungen ein weiteres Mal in den neuen Haushalt eingestellt werden. Dies ist z. T. auch gar nicht möglich. Wenn nämlich die Gemeinde den neuen Haushaltsplan termingerecht bis zum 30. November des Vorjahres der Aufsichtsbehörde vorgelegt hat, kann sie in vielen Fällen die Notwendigkeit einer Übertragung noch gar nicht beurteilen,

2 Zum Begriff und zum Verfahren der Verpflichtungsermächtigungen siehe Kap. 14.

da der laufende Haushalt sich noch in der Ausführung befindet. Ein Einstellen in den neuen Haushaltsplan scheitert dann bereits aus terminlichen Gründen.

In einer Vielzahl von Fällen ist jedoch eine Ermächtigungsübertragung nicht notwendig, weil die noch nicht restlos abgewickelten Finanzvorfälle als Verbindlichkeit oder Rückstellung ausgewiesen werden und damit noch Aufwand im abgelaufenen Haushaltsjahr bedingen. Insofern ist spätestens im Rahmen des Jahresabschlusses eine entsprechende Entscheidung über Verbindlichkeiten, Rückstellungen oder Ermächtigungsentscheidungen zu treffen. Das nachstehende Schaubild[3] verdeutlicht dies:

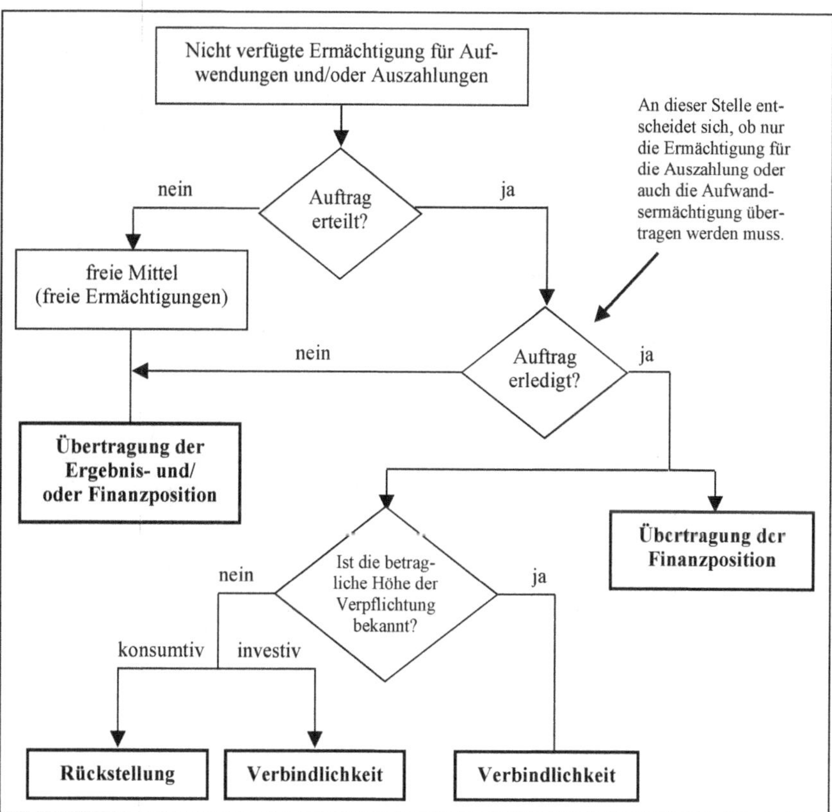

3 Weitgehend übernommen und berichtigt aus Modellprojekt „Doppischer Kommunalhaushalt in NRW“ (Hrsg.), Neues Kommunales Finanzmanagement: Betriebswirtschaftliche Grundlagen für das doppische Haushaltsrecht, 2., vollst. überarb. Aufl. auf der Basis der Endergebnisse des Modellprojektes, Freiburg 2003, S. 320.

Die Problematik soll an folgendem Beispiel erläutert werden:

Im Teilergebnisplan 03 „Schulträgeraufgaben" für das Jahr 2024 sind für Sach- und Dienstleistungen bei der Gemeinde G Aufwendungsermächtigungen in Höhe von 1.000.000 € veranschlagt. Bis zum Jahresabschluss sind bereits 920.000 € in Anspruch genommen. Der gesamte Restbetrag von 80.000 € wird aber noch für die Abwicklung von Gebäudeunterhaltungen benötigt, wobei sich folgende Situation ergibt:

- *Es geht am 30.12.2024 noch eine Rechnung über durchgeführte Malerarbeiten am Gymnasium über 15.000 € ein, wobei der Rechnungsbetrag am 15.1.2025 zu begleichen ist. Der Betrag ist noch als Aufwendung des Jahres 2024 zu buchen und als Verbindlichkeit auf der Passivseite der Bilanz auszuweisen. Eine Aufwendungsübertragung ist somit für diesen Geschäftsvorfall nicht notwendig.*
- *Für die im Dezember durchgeführte Heizungsreparatur in einer Schule liegt noch keine Rechnung vor. Sie ist auch nicht bis zum Jahresabschluss zu erhalten. Die zuständige Bautechnikerin schätzt den Reparaturaufwand auf rd. 30.000 €. Der Betrag ist noch als Aufwendung in 2024 zu buchen, weil die Arbeiten in diesem Haushaltsjahr durchgeführt und abgeschlossen wurden. Da jedoch die genaue Höhe der Verpflichtung nicht bekannt ist, erfolgt die Gegenbuchung als Rückstellung auf der Passivseite der Bilanz. Eine Aufwendungsübertragung ist somit für diesen Finanzvorfall ebenfalls nicht notwendig.*
- *Für die restlichen 35.000 € sind die konkreten Maßnahmen noch nicht bekannt, da wegen Personalmangel noch nicht alle Vorarbeiten erledigt sind, sodass nicht einmal Aufträge erteilt wurden. Aufgeschobene Instandhaltungen liegen nicht vor. Es sollen aber auf jeden Fall im Januar/Februar 2025 mit diesen Mitteln Unterhaltungsarbeiten begonnen werden. Um die Mittel für 2025 vorhalten zu können, müssen die dafür benötigten 35.000 €, die sich in der Aufwendungsermächtigung 2024 befinden, nach 2025 übertragen werden. Ansonsten würde im neuen Haushaltsjahr die notwendige Ermächtigung fehlen.*
- *In allen drei Fällen sind noch keine Zahlungen erfolgt. Die Auszahlung von insgesamt rd. 80.000 € stehen erst im Haushaltsjahr 2025 an. Zur Leistung dieser Auszahlungen bedarf es einer haushaltsrechtlichen Ermächtigung für 2025. Die notwendige Ermächtigung befindet sich jedoch im Finanzplan 2024. Insofern müssen 80.000 € Auszahlungsermächtigungen für Sach- und Dienstleistungen nach 2025 übertragen werden.*

Die in das nächste Jahr übertragenen Ermächtigungen erhöhen die Planungspositionen des folgenden Haushaltsjahres entsprechend. Wie oben geschildert, führt die Ermächtigungsübertragung zu keiner konkreten Buchung, da weder Aufwendungen noch Auszahlungen vorliegen und Bilanzpositionen nicht angesprochen werden. Da aber nach § 82 Abs. 1 BbgKVerf im Jahresabschluss Rechenschaft über die Recht- und Ordnungsmäßigkeit der Haushaltswirtschaft abzulegen ist, muss auch die Übertragung von Ermächtigungen dokumentiert werden. Zwar liegt keine Buchung im eigentlichen Sinne mit Belegpflicht nach § 34 Abs. 4 KomHKV vor, jedoch haben Übertragungen erhebliche Auswirkungen auf die Haushaltswirtschaft, sodass auch die Ermächtigungsübertragungen per Beleg zu dokumentieren sind.

Folgerichtig sieht § 24 Abs. 5 KomHKV dann auch vor, eine Übersicht über die Ermächtigungsübertragungen dem Jahresabschluss beizufügen und gleichzeitig die Auswirkungen auf den Ergebnis- und den Finanzhaushalt des nächsten Jahres anzugeben. Damit wird deutlich gemacht, dass der Bürgermeister das Recht zur Übertragung besitzt. Es handelt sich demnach um ein Geschäft der laufenden Verwaltung im Sinne von § 54 Abs. 1 Nr. 5 BbgKVerf. Allerdings besitzt die Gemeindevertretung bei solchen Geschäften ein Rückholrecht, sodass sie sich auch die Übertragung von Ermächtigungen als ihre Aufgabe vorbehalten kann. Dies ergibt sich bereits aus dem allgemeinen Etatrecht der Gemeindevertretung. Es ist jedoch wichtig zu beachten, dass die Gemeindevertretung ihre Entscheidungen rechtfertigen und sicherstellen muss, dass ihre Entscheidungen im Einklang mit den geltenden Gesetzen und Verordnungen stehen. Außerdem sollte die Gemeindevertretung immer im Interesse der Gemeinde handeln und sicherstellen, dass die Finanzen der Gemeinde nachhaltig verwaltet werden.

Es stellt sich letztlich noch die Frage, ob im Rahmen der dezentralen Ressourcenverantwortung über die Ermächtigungsübertragungen ausschließlich in den Budget- bzw. Fachbereichen entschieden werden kann. Budgetierung kann eigentlich nur erfolgen, wenn über nicht in Anspruch genommene Budgetermächtigungen der Budgetbereich eigenständig entscheidet. Allerdings ist nicht zu übersehen, dass die Ermächtigungsübertragungen erhebliche Auswirkungen auf die Gesamtfinanzsituation der Gemeinde haben können. Gerade in Zeiten knapper Ressourcen wird es sicherlich zu einer Beteiligung des zentralen Finanzmanagements und des Kämmerers kommen. Allerdings sollten die Entscheidungen im Benehmen der Beteiligten erfolgen. Dabei ist es durchaus vorstellbar, dass sich der Kämmerer bzw. das zentrale Finanzmanagement die Entscheidung über die Übertragung von Ermächtigungen selbst bei Budgetierungen letztlich vorbehalten. Bei zentraler Verwaltung unter Anwendung des Gesamtdeckungsprinzips (vor allem bei kleinen Kommunen) wird dies ohnehin der Fall sein.

13.3.3.2 Die einzelnen Ermächtigungsübertragungsarten

§ 24 KomHKV unterscheidet zwischen verschiedenen Ermächtigungsübertragungsarten, die unterschiedliche Auswirkungen haben, sodass es der nachstehenden differenzierten Erläuterung bedarf.

a) Generelle Ermächtigung für Aufwendungen und Auszahlungen
Ohne jegliche Einschränkungen dürfen nicht in Anspruch genommene Ermächtigungen für Aufwendungen und Auszahlungen gemäß § 24 Abs. 1 KomHKV ganz oder teilweise in das nächste Haushaltsjahr übertragen werden und stehen zusätzlich zu den Planpositionen bereit. Insofern gilt der Grundsatz sowohl für den Ergebnis- als auch für den Finanzhaushalt. Die Übertragungen sollen bei einem unausgeglichenen Haus-

halt entsprechend der Haushaltssituation durchgeführt werden. Allerdings ist dabei zu beachten, dass in vielen Fällen eine Koppelung der beiden Ermächtigungsbereiche vorliegt. Auszahlungen sind in vielen Fällen nämlich die Folge von Aufwendungen. So müssen Personalaufwendungen auch zahlbar gemacht werden. Aufwendungen für Gebäudereparaturen bedingen Auszahlungen an den Reparaturbetrieb. Dieses trifft natürlich nicht immer zu, z. B. wird bei der Auszahlung für Lagereinkäufe lediglich eine Auszahlungsermächtigung benötigt. Bei einigen Positionen (wie z. B. Abschreibungen oder Versorgungsaufwendungen) sind zudem Übertragungen aus der Natur der Sache heraus nicht möglich.

Entschließt sich die Gemeinde zu einer Ermächtigungsübertragung, findet im neuen Haushaltsjahr eine Erhöhung der entsprechenden Planposition statt.

b) Ermächtigung bei Investitionen

Bei Investitionen handelt es sich um Auszahlungen zur Veränderung des Anlagevermögens, sodass es sich hier ausschließlich um Ermächtigungen des Finanzplans handelt. Diese Investitionsermächtigungen bleiben gemäß § 24 Abs. 2 KomHKV bis zur Fälligkeit der letzten Zahlung verfügbar, bei Baumaßnahmen und Beschaffungen jedoch längstens zwei Jahre nach Schluss des Haushaltsjahres, indem der Bau bzw. Vermögensgegenstand in Benutzung genommen werden kann. Diese zeitliche Beschränkung soll die Gemeinden zwingen, ihre Maßnahmen zügig abzurechnen.

Für Investitionen gilt gemäß § 8 Abs. 2 Satz 1 KomHKV der Grundsatz der Einzelveranschlagung jeder (wesentlichen) Maßnahme. Insofern wird die Auszahlungsermächtigung auch für jede einzelne Investition im Bedarfsfall zu übertragen sein. Wegen der Individualität der Maßnahmen müssen die Auszahlungsermächtigungen solange verfügbar sein, bis die Maßnahme abgewickelt ist und alle Zahlungen erfolgt sind. Aus diesem Grunde sieht § 24 Abs. 2 KomHKV zu Recht vor, dass die Ermächtigungen bis zum Abschluss der Maßnahme erhalten bleiben. Eine Einschränkung gilt jedoch für Investitionsermächtigungen, wenn mit der Maßnahme noch nicht im Veranschlagungsjahr begonnen wurde. Hier bleiben die Ermächtigungen nur bis zum Ende des übernächsten Haushaltsjahres verfügbar. Verzögert sich eine solche Maßnahme über diesen Zeitraum hinaus, hat eine Neuveranschlagung zu erfolgen.

Für die Übertragung ist auch hier eine förmliche Entscheidung notwendig, weil auch bei Investitionen nicht immer alle nicht ausgeschöpften Auszahlungsermächtigungen noch benötigt werden.

c) Aufwendungen und Auszahlungen, denen zweckgebundene Erträge und Einzahlungen gegenüberstehen

§ 24 Abs. 3 KomHKV spricht als Besonderheit die Aufwendungs- und Auszahlungsermächtigungen an, die sich nicht in der eigentlichen „Gesamtdeckung“ befinden, sondern ganz oder zum Teil aus zweckgebundenen Erträgen bzw. Einzahlungen gedeckt werden (z. B. Finanzierung durch zweckgebundene Landeszuweisungen). Der Verordnungstext kann damit jedoch nur solche Ermächtigungen meinen, die nicht dem Investitionsbereich zuzuordnen sind. Dafür trifft nämlich § 24 Abs. 2 KomHKV eine abschließende Regelung.

Es handelt somit nur um den konsumtiven Bereich. Es soll haushaltsrechtlich sichergestellt werden, dass die zweckgerechte Verwendung dieser Erträge und Einzahlungen nicht dadurch gefährdet wird, dass am Jahresende die korrespondierenden Aufwendungs- bzw. Auszahlungsermächtigungen verfallen und die zweckgerechte Verwendung nicht gesichert werden kann. Die Ermächtigungen sollen dann solange übertragen werden dürfen, bis die zweckgebundenen Erträge bzw. auch Einzahlungen auch aufwendungs- und auszahlungstechnisch abgeflossen sind. Dies könnte allerdings auch nach der Vorschrift des § 24 Abs. 1 KomHKV sichergestellt werden. Der einzige Unterschied besteht darin, dass nach § 24 Abs. 3 KomHKV eine mehrjährige Übertragung zulässig ist.

d) Übertragung von Verpflichtungsermächtigungen

Gemäß § 73 Abs. 3 BbgKVerf gelten Verpflichtungsermächtigungen[4] bis zum Ende des Haushaltsjahres, wenn die Haushaltssatzung für das nächste Jahr nicht rechtzeitig öffentlich bekanntgemacht wird, bis zum Erlass dieser Haushaltssatzung. Auch hier soll die flexible Haushaltsführung gefördert werden.

Ist die Haushaltssatzung nicht rechtzeitig öffentlich bekanntgemacht, darf die Gemeinde nach § 69 Abs. 1 BbgKVerf. Bauten, Beschaffungen und sonstige Investitionsmaßnahmen, für die im Haushaltsplan des Vorjahres Haushaltsansätze oder Verpflichtungsermächtigungen vorgesehen waren, fortsetzen. Der geforderte Fortsetzungscharakter setzt voraus, dass die Maßnahme bereits begonnen wurde. Die Änderung der Kommunalverfassung zum 1. Dezember 2024 weicht diese Regelung auf; § 69 Abs. 1 Nr. 1 wird ergänzt um *„sowie neue Investitionsmaßnahmen beginnen, wenn sie für die Erfüllung pflichtiger Aufgaben unabweisbar und unaufschiebbar sind“*[5].

e) Übertragung von Kreditermächtigungen für Investitionen

§ 74 Abs. 3 BbgKVerf sieht eine sogenannte „zweijährige Kreditermächtigung“[6] vor. Diese Vorschrift dient ebenfalls der flexiblen Haushaltsführung und unterstützt das wirtschaftliche Handeln der Kommunen. Verzögern sich z. B. die Auszahlungen für Investitionen und werden dafür entsprechende Ermächtigungsübertragungen vorgenommen, besteht evtl. der Kreditbedarf für diese Auszahlungen auch erst im nächsten Jahr. Die Gemeinde hat damit die Möglichkeit, auch die Kreditermächtigung, die gemäß § 2 der Haushaltssatzung nur für das maßgebliche Haushaltsjahr vorgesehen ist, in das nächste Jahr zu übertragen.

Eine förmliche Übertragungsentscheidung der Kreditermächtigung für Investitionen ist nicht erforderlich, da aufgrund der Regelung die Inanspruchnahme im neuen Jahr im Bedarfsfall jederzeit zulässig ist.

---

4 Zu Begriff und Verfahren siehe Kap. 14.

5 Gesetz zur Änderung des Gesetzes zur Beschleunigung der Aufstellung und Prüfung kommunaler Jahresabschlüsse, zur Änderung der Kommunalverfassung des Landes Brandenburg und weitere Änderungen vom 18.12.2020.

6 Zu den Krediten siehe Kap. 15.

13.3.3.3 Auswirkungen auf den Jahresabschluss

Wie bereits weiter oben festgestellt wurde, haben Erträge und Aufwendungen Auswirkungen auf das Ergebnis eines Haushaltsjahres und damit auf den Jahresabschluss. Die Übertragung von Haushaltsermächtigungen wirkt sich dagegen nicht unmittelbar auf das Jahresergebnis aus. Lediglich im Plan-/Ist-Vergleich ist eine Auswirkung festzustellen. Wenn nämlich eingeplante Aufwendungs- und Auszahlungsermächtigungen nicht in Anspruch genommen werden, bleiben die Gesamtaufwendungen und Gesamtauszahlungen hinter den Planansätzen zurück. Gegenüber dem Plan erfolgt eine Ergebnisverbesserung. Allerdings verschlechtert sich dann wiederum das Ergebnis des nächsten Haushalsjahres entsprechend. Die übertragenen Haushaltsermächtigungen verändern die Haushaltsansätze des nächsten Jahres nicht, sondern erhöhen lediglich die Planpositionen (Ermächtigung zu Mehraufwendungen bzw. Mehrauszahlungen). Sie bewirken demnach zusätzliche Aufwendungen und Auszahlungen, die das Vorjahr hätten belasten müssen. Der Plan-/Ist-Verbesserung des abgelaufenen Haushaltsjahres steht nunmehr eine Plan-/Ist-Verschlechterung des neuen Haushaltsjahres gegenüber. Insofern liegt lediglich eine Periodenverschiebung vor.

13.4 Übungen

Sachverhalt Nr. 1
Die Gemeinde G hat u. a. für den Produktbereich 10 ein Budget gebildet und mit folgenden Bewirtschaftungsregeln versehen:

- *„Mehrerträge berechtigen zu Mehraufwendungen in diesem Budget. Das Gleiche gilt bei Mehreinzahlungen zugunsten der Auszahlungsermächtigungen."*
- *„Die Aufwendungsermächtigungen für Abschreibungen und interne Leistungsverrechnungen sind nicht untereinander und nicht mit anderen Aufwendungspositionen deckungsfähig. Die Auszahlungsermächtigungen sind gegenseitig deckungsfähig."*

Aufgabe:
Begutachten Sie die Zulässigkeit der angebrachten Bewirtschaftungsvermerke.

Lösung:
Der erste Vermerk entspricht uneingeschränkt der gesetzlichen Normierung in § 23 Abs. 4 KomHKV, sodass dieser unzweifelhaft zulässig ist. Zum zweiten Vermerk enthält die KomHKV keine ausdrückliche Ermächtigung. Gemäß § 23 Abs. 1 KomHKV sind die Aufwendungen, die zu einem Budget gehören gegenseitig deckungsfähig. Teilhaushalte bilden ein Budget (§ 6 Abs. 3 KomHKV), und ein Teilhaushalt ist für jeden Produktbereich zu bilden (§ 6 Abs. 1 KomHKV). Das bedeutet, dass innerhalb der Budgets eine flexible Haushaltsführung in Form der echten Deckungsfähigkeit kraft Gesetzes zulässig ist. Insofern ist es nicht einmal notwendig, eine Deckungsfähigkeit aus-

sprechen; die reine Festlegung des Budgets reicht haushaltsrechtlich aus. Der Vermerk zur echten Deckungsfähigkeit schränkt dieses lediglich ein, was nicht nur zulässig, sondern sogar geboten ist, da ansonsten nicht zahlungswirksame Aufwendungen mit zahlungswirksamen Positionen kombiniert werden.

Sachverhalt Nr. 2

Die Gemeinde G hat ihren Haushalt nach Produktgruppen gegliedert, u. a. für die Produktgruppe 127 „Rettungsdienst" einen Teilhaushalt aufgestellt, damit ein Budget gebildet und mit dem beim Sachverhalt Nr. 1 ausgewiesenen Bewirtschaftungsvermerken versehen. Dabei weist auch der Teilfinanzplan konsumtive Planpositionen entsprechend der Gliederung nach § 5 KomHKV aus. Aufgrund einer Bestimmung in § 8 der Haushaltssatzung der Gemeinde G sind die konsumtiven Planpositionen für verbindlich erklärt.

Die Fahrzeuge des Rettungsdienstes werden bei zwei Tankstellen innerhalb des Gemeindegebietes betankt, die jeweils monatlich mit dem Rettungsdienst abrechnen. Der Budgetverantwortliche stellt im Dezember 2023 fest, dass sämtliche Aufwendungs- und Auszahlungsermächtigungen für Sach- und Dienstleistungen bereits ausgeschöpft sind. Es werden jedoch noch Tankrechnungen für Dezember 2023 erwartet. Das restliche Budget des Rettungsdienstes wird planmäßig abgewickelt. Lediglich bei den Personalaufwendungen und Personalauszahlungen werden voraussichtlich 20.000 € eingespart. Zudem liegen die Rettungsdienstgebühren im Ertrag mit 40.000 € über dem Planansatz und die Einzahlungen aus Rettungsdienstgebühren mit 32.000 € über den Planbetrag.

Am 20.12.2023 geht die Rechnung der Tankstelle A über 18.000 € für die Betankung bis zu diesem Termin ein. Der Betrag ist sofort zahlbar. Der Budgetverantwortliche schätzt, dass für die Zeit vom 21.12.2023 bis 31.12.2023 noch Betankungen im Volumen von 10.000 € notwendig sind. Diese werden jedoch erst Anfang Januar in Rechnung gestellt.

Tankstelle B sendet am 28.12.2023 eine Rechnung über 22.000 € für den gesamten Monat Dezember, zahlbar innerhalb von 14 Tagen. Ab diesem Termin schließt die Tankstelle wegen Betriebsferien.

Aufgabe:

Begutachten Sie, wie die nötigen Haushaltsmittel für Abwicklung der Treibstoffkosten bereitgestellt werden können. Welche Buchungen und Maßnahmen sind erforderlich?

Lösung:

Gemäß § 66 Abs. 3 Satz 1 BbgKVerf ist der Haushaltsplan für die Haushaltsausführung verbindlich. Insofern stellt die Aufwendungsermächtigung für Sach- und Dienstleistungen im Teilergebnisplan des Rettungsdienstes die Obergrenze für diese Leistungsart dar. Laut Sachverhalt sind diese Haushaltsmittel jedoch erschöpft. Die eingehenden Rechnungen über 18.000 € und 22.000 € bedingen unabhängig von ihrer Zahlung noch Aufwendungen an Sach- und Dienstleistungen für 2023. In Höhe der noch geschätzten Treibstoffkosten für die Tankstelle A für die Zeit vom 21. bis 31.12.2023 ist gemäß § 48 Abs. 1 Nr. 9 KomHKV eine Rückstellung zu bilden, was gleichzeitig Aufwendungen für Sach- und Dienstleistungen für 2023 bedeutet. Insofern werden noch rd. 50.000 € für Treibstoffverbräuche (Aufwendungen für Sach- und Dienstleistungen) benötigt. Es fragt sich, wie die benötigten Ermächtigungen bereitgestellt werden können.

Der Rettungsdienst befindet sich in einem mit Bewirtschaftungsvermerken ausgestatteten Budget. Diese Vermerke sehen u. a. vor, dass Mehrerträge zu Mehraufwendungen berechtigen. Da laut Sachverhalt der Haushalt planmäßig abgewickelt wird und bei den Rettungsdienstgebühren ein Mehrertrag von 40.000 € besteht, kann dieser Betrag als echter Mehrertrag für Mehraufwendungen des gesamten Budgets verwendet werden, also demnach auch für die Treibstoffaufwendungen. Es fehlt noch eine Aufwendungsermächtigung von 10.000 €. Da jedoch sämtliche Aufwendungen des Budgets sich gemäß § 24 Abs. 1 KomHKV in einer echten Deckungsfähigkeit befinden (die Budgetgesamtsumme ist verbindlich) und der Haushaltsvermerk nur Einschränkungen zu Abschreibungen und Internen Leistungsverrechnungen, nicht aber für Sach- und Dienstleistungen enthält, kann dieser Betrag aus der Einsparung in Höhe von 20.000 € bei den Personalaufwendungen finanziert werden. Insofern ist der Mehrbedarf an Aufwendungsermächtigungen für den Treibstoffverbrauch (Sach- und Dienstleistungen) gedeckt.

Allerdings ist noch zu prüfen, ob auch zudem ausreichende Auszahlungsermächtigungen für die Bezahlung der Treibstoffe vorliegen. Auch hier ist laut Sachverhalt zunächst festzustellen, dass planmäßig bei den Auszahlungsermächtigungen für Sach- und Dienstleistungen keine Mittel mehr vorhanden sind. Die im vorigen Absatz aufgeführten Bewirtschaftungsvermerke gelten aber auch für die Ein- und Auszahlungsseite. Aus diesem Grunde können die Mehreinzahlungen bei den Rettungsdienstgebühren von 32.000 € und die Einsparung von 20.000 € bei den Personalauszahlungen zur Deckung herangezogen werden. Insofern besteht auch noch eine ausreichende Auszahlungsermächtigung.

Nunmehr kann die Rechnung der Tankstelle über 18.000 € gezahlt werden, sodass Aufwendung und Auszahlung buchungstechnisch abzuwickeln sind.

Für die Zeit vom 21. bis 31.12.2023 wird mit einer Betankung im Wert von rd. 10.000 € gerechnet, wobei die Rechnung erst in 2024 erwartet wird. Für die als Rückstellung auszuweisende Summe von 10.000 € für die voraussichtlichen Betankungen in der Zeit vom 21. bis 31.12.2023 sind genügend Aufwendungsermächtigungen in 2023 vorhanden (siehe oben). Für die Auszahlung sind nach den o. a. Verfahren ebenfalls Mittel in 2023 bereitgestellt. Jedoch werden die Auszahlungsermächtigungen erst in 2024 benötigt. Insofern muss für die 10.000 € gemäß § 24 Abs. 1 KomHKV eine Übertragung der Auszahlungsermächtigung nach 2024 erfolgen. Erreicht wird damit, dass in 2024 die Zahlung gesichert ist und nicht schon die Ermächtigungen des neuen Jahres in Anspruch genommen werden müssen.

Die Rechnung der Tankstelle B vom 28.12.2023 wurde verbrauchsorientiert als Aufwendung dem Haushaltsjahr 2023 zugeordnet und nach dem obigen Verfahren bereitgestellt. Da jedoch die Zahlung erst im Jahr 2024 erfolgt, muss eine Verbindlichkeit gegengebucht werden. Die Verbindlichkeit wird dann im Jahr 2024 in eine Auszahlung umgewandelt, sodass – wie im vorherigen Absatz beschrieben – eine Auszahlungsermächtigungsübertragung von 22.000 € nach § 24 Abs. 1 KomHKV notwendig ist.

Insgesamt ist demnach eine Übertragung von Auszahlungsermächtigungen für Sach- und Dienstleitungen in Höhe von 32.000 € notwendig.[7]

7 Der Sachverhalt geht von einer verbindlichen Auflistung der konsumtiven Planpositionen im Teilfinanzhaushalt aus. Dazu sind die Gemeinden nicht verpflichtet und werden in der Regel davon auch keinen Gebrauch machen. In den Fällen, in denen Teilfinanzpläne nur für den investiven Bereich aufgestellt, entfällt die budgetbezogene Probleme der Ermächtigungsübertragungen im Teilfinanzplan. Die Ermächtigungsübertragung müsste dann auf der Ebene des Finanzhaushalts erfolgen.

14. Die Verpflichtungsermächtigungen

14.1 Begriff und Verfahren

Verpflichtungsermächtigungen sind Ermächtigungen zum Eingehen von Verpflichtungen, die künftige Haushaltsjahre mit Auszahlungen für Investitionen und Investitionsförderungsmaßnahmen belasten (§ 65 Abs. 2 Nr. 2 BbgKVerf). Somit können nachfolgend die Tatbestandsmerkmale wie folgt aufgelistet werden:

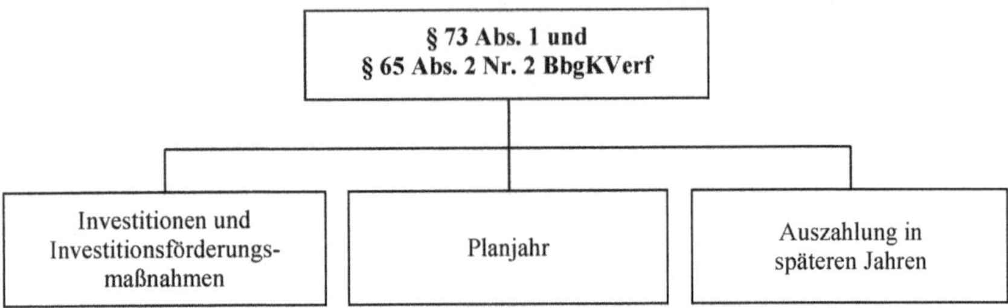

Verpflichtungsermächtigungen sind lediglich für den Investitionsbereich vorgesehen.

Gemäß § 2 Nr. 22 KomHKV liegt bei Investitionen die Verwendung von Finanzmitteln für die Veränderung des Bestands längerfristig dienender Güter sowie für Grundstücke in der Entwicklung vor. Investitionsförderungsmaßnahmen sind die Gewährung von aktivierbaren Zuwendungen und Darlehen für Investitionen Dritter und für Investitionen der Sondervermögen mit Sonderrechnung. Da Investitionen somit Auszahlungen zur Veränderung des Anlagevermögens und Investitionsförderungsmaßnahmen Geldleistungen für Investitionen Dritter darstellen, kann nur der Teilfinanzplan Veranschlagungen von Verpflichtungsermächtigungen enthalten. Beim Anlagevermögen handelt es sich um die in der Bilanz förmlich als Anlagevermögen ausgewiesenen immateriellen Gegenstände, Sachanlagen und Finanzanlagen.[1] Eine Verpflichtungsermächtigung wird jedoch nur für solche Investitionen und Investitionsförderungsmaßnahmen benötigt, bei denen eine Verpflichtung im Planjahr Auszahlungen in späteren Jahren bewirkt. Investitionsverpflichtungen mit Zahlungen im selben Jahr sind der Auszahlungsposition zuzuordnen. Bei den Verpflichtungen handelt es sich in der Regel um Verträge mit Dritten (z. B. Kaufverträge und Bauaufträge). Die folgende Entscheidungstabelle belegt das Veranschlagungsverfahren:

1 Siehe dazu auch die Gliederung des Finanzplans in Kap. 12.

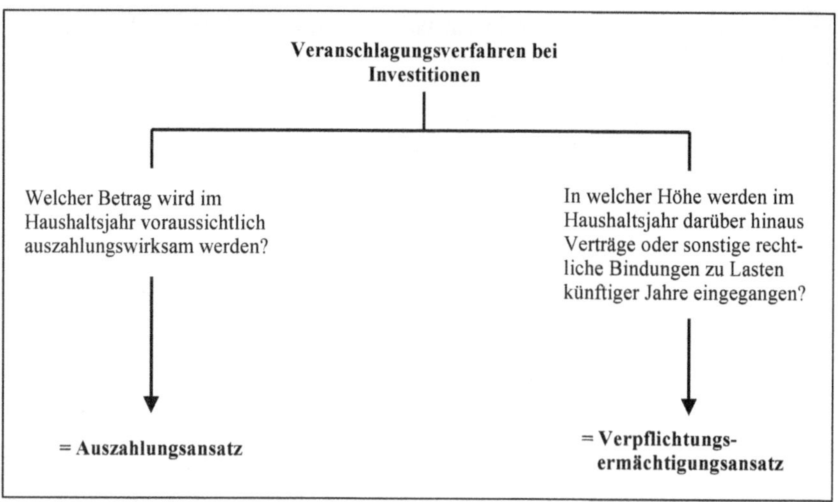

Beispiele:

a) *Die Gemeinde G plant den Bau eines Museums mit Auszahlungen von je 500.000 € in 2024, 2025 und 2026. Vor Baubeginn im März 2024 soll ein Gesamtauftrag an einen Bauunternehmer vergeben werden. Gemäß § 13 Abs. 1 KomHKV sind den Teilfinanzplänen der Jahre 2024 bis 2026 jeweils 500.000 € als Auszahlungsermächtigungen einzustellen. Zusätzlich ist für den Vertragsabschluss in 2024 gemäß § 73 Abs. 1 Satz 1 BbgKVerf eine Verpflichtungsermächtigung i. H. v. 1.000.000 € im Teilfinanzplan zu veranschlagen. Eine erneute Veranschlagung einer Verpflichtungsermächtigung in 2025 ist nicht zulässig.*
b) *Soll dagegen Ende 2023 der Gesamtauftrag vergeben werden, damit in 2024 mit denselben Auszahlungsraten unverzüglich mit der Baumaßnahme begonnen werden kann, muss der Teilfinanzplan 2024 eine Verpflichtungsermächtigung i. H. v. 1.500.000 € aufweisen. Die Veranschlagung der Auszahlungen in den Jahren 2024 bis 2026 beträgt dann jeweils 500.000 €. Weitere Verpflichtungsermächtigungen sind nicht einzustellen.*

Die Beschränkung der Verpflichtungsermächtigungen auf Investitionen und Investitionsförderungsmaßnahmen birgt jedoch eine Reihe von Problemen. Selbst wenn die Gemeinde im Dezember neue Büromöbel mit Anschaffungsauszahlungen von 1.700 € bestellen will, deren Lieferung im Januar des nächsten Jahres erfolgen soll, benötigt sie zur Auslösung des Bestellvorganges eine Verpflichtungsermächtigung. Auch für die übrigen Aufwendungen und Auszahlungen im konsumtiven Bereich ist unter Umständen eine vorjährige Verpflichtung erforderlich, die künftige Haushaltsjahre mit Aufwendungen und Auszahlungen belastet (z. B. Abschluss von Mietverträgen, die künftige Jahre mit Mietaufwendungen und Mietauszahlungen belasten, oder langfristige Leasingverträge vor allem im Immobilienbereich mit Millionenbeträgen). Diese Verpflichtungen können betragsmäßig große Summen ausmachen und die Haushalte der künftigen Jahre umfangreich belasten, ohne dass dafür eine haushaltsmäßige Ermächtigung erforderlich ist.

Unstreitig ist, dass bei Geschäften der laufenden Verwaltung keine besonderen haushaltsrechtlichen Ermächtigungen erforderlich sind. Bei den übrigen, sprich: größeren Maßnahmen helfen sich Gemeinden des Öfteren durch den Ausweis von besonderen „Bindungsermächtigungen“ (z. B. bei Grundrenovierungen von Gebäuden). Dies ist sicherlich keine haushaltsrechtlich abgesicherte Lösung, aber im Rahmen des Selbstgestaltungsrechts der Gemeinde durchaus zulässig und geboten.

Unabhängig von den haushaltsrechtlichen Unsicherheiten steht jedoch fest, dass für Maßnahmen, die nicht „Geschäfte der laufenden Verwaltung“ sind, ein vorheriger Beschluss der Gemeindevertretung bzw. des Hauptausschusses erforderlich ist. Somit ist zumindest das Etatrecht der Gremien indirekt gesichert. Allerdings stellt sich der Verfasserin die Frage, ob nicht das Haushaltsrecht eine weitergehende Vorschrift für Verpflichtungsermächtigungen als im § 73 Abs. 1 sowie im § 65 Abs. 2 Nr. 2 BbgKVerf vorgesehen benötigt. Dies wird seit langem auch von Wissenschaft und Praxis gefordert.[2]

14.2 Umfang und zeitliche Beschränkung der Verpflichtungsermächtigungen

Eine Verpflichtungsermächtigung ist nicht automatisch in den Teilfinanzplan einzustellen, wenn in den zukünftigen Jahren Investitionsauszahlungen und Auszahlungen für Investitionsförderungsmaßnahmen veranschlagt werden. Vielmehr ist die Verpflichtungsermächtigung nur dann notwendig, wenn Verträge in den o. g. Bereichen abgeschlossen werden sollen, die Auszahlungen in späteren Jahren zur Folge haben. Das bedeutet, dass vor der Veranschlagung von Verpflichtungsermächtigungen immer zu prüfen ist, ob ein Bedarf für einen konkreten Vertragsabschluss mit Belastungen späterer Perioden beabsichtigt ist.

---

2 Entweder sieht das Haushaltsrecht generell für Verpflichtungen zu Lasten späterer Jahre Haushaltsermächtigungen vor oder gar nicht. Die Regelung des § 73 Abs. 1 BbgKVerf ist auch unter dem Aspekt des § 70 Abs. 3 BbgKVerf nicht verständlich. Hier sieht der Regelungstext bereits dann eine über- bzw. außerplanmäßige Mittelbereitstellung vor, wenn später zusätzliche Mittel unabhängig von ihrer Höhe bereitgestellt werden. Der Regelungstext verlangt also hier eindeutig für alle Positionen eine Haushaltsermächtigung, warum dann nicht auch für alle Verpflichtungen zu Lasten der späteren Jahre? Allerdings sollte hier eine Wertgrenze bzw. eine Begrenzung auf bestimmte Aufwendungs- und Auszahlungsarten eingeführt werden. Siehe auch *Bernhardt/Erkes/Klümper/Schünemann/Schwingeler/Theisen*, Reform des kommunalen Haushaltsrechts Nordrhein-Westfalen, Gelsenkirchen 1991, S. 125 ff.

Die Verpflichtungsermächtigungen dürfen nach § 73 Abs. 2 BbgKVerf in der Regel zu Lasten der dem Haushaltsjahr folgenden drei Jahre veranschlagt werden. Dieser Zeitraum ist bewusst auf den Planungszeitraum abgestellt, der sich gem. § 72 BbgKVerf auf das Haushaltsjahr und die sich anschließenden drei Jahre bezieht. Dies wird am nachstehenden Beispiel für das Haushaltsjahr 2024 deutlich:

Ansatz Vorjahr	**Ansatz Hausplanjahr**	**Ansatz**	**Ansatz**	**Ansatz**
2023	**2024**	**2025**	**2026**	**2027**
Aufstellung Haushaltsplan 2024	Verpflichtungsermächtigung	├────────	fällig ────	────►

Allerdings schließt § 73 Abs. 2 BbgKVerf eine Veranschlagung von Verpflichtungsermächtigungen mit Auszahlungsbelastungen über den Planungszeitraum hinaus bis zum Abschluss einer Maßnahme nicht aus. Dies ist auch notwendig, weil es im Ausnahmefall zuweilen vorkommen kann, dass längerfristige Vertragsabschlüsse notwendig sind. Dies wird besonders deutlich bei langfristigen Verrentungen (Leibrenten, verrentete Grundstückskaufpreise). Soll nämlich ein Grundstück auf Rentenbasis erworben werden, wobei die Rente aufgrund eines versicherungsmathematischen Gutachtens ca. 40 Jahre zu zahlen sein wird, muss in Höhe des entsprechenden Verrentungsumfangs eine Verpflichtungsermächtigung eingeplant werden. Auch bei dieser Art des Grunderwerbs handelt es sich um eine Investition. Dabei ist es nämlich ohne Bedeutung, ob das Grundstück in einer Summe bezahlt oder periodisiert über eine Leibrentenzahlung abgewickelt wird. Es handelt sich immer um Auszahlungen zur Veränderung des Anlagevermögens.[3]

14.3 Veranschlagung der Verpflichtungsermächtigungen

Gemäß § 15 KomHKV sind die Verpflichtungsermächtigungen bei den einzelnen Investitionen oder Investitionsförderungsmaßnahmen im Teilfinanzplan auszuweisen. Unerhebliche Verpflichtungsermächtigungen (die Gemeindevertretung legt die Wertgrenze fest) können zusammengefasst in einer Summe veranschlagt werden. Dies entspricht dem Grundsatz der Einzelveranschlagung für Auszahlungen nach § 8 Abs. 2 KomHKV (siehe dazu auch Kap. 9.3.6.2). Die Gesamtsumme aller Verpflichtungs-

3 Die Gemeinden veranschlagen in diesen Fällen des öfteren keine Verpflichtungsermächtigung und stützen sich dabei auf die Behauptung, dass diese nicht erforderlich sei, weil hier der Dreijahreszeitraum überschritten werde. Dabei wird offensichtlich übersehen, dass der Gesetzgeber auch Verpflichtungsermächtigungen zulässt, die über den Planungszeitraum hinausgehen. Wenn für solche Fälle die Veranschlagung einer Verpflichtungsermächtigung nicht notwendig sein sollte, hätte in § 73 Abs. 2 BbgKVerf dies ausdrücklich als Ausnahme normiert werden müssen – was jedoch nicht der Fall ist.

ermächtigungen des Planjahres wird in § 3 der Haushaltssatzung festgesetzt, sodass damit auch die einzelne Verpflichtungsermächtigung einen verbindlichen Planansatz darstellt (siehe dazu die Einzelheiten zur Haushaltssatzung in Kap. 17.)

Für die Beispiele a) und b) in Kap. 14.1 wäre folgende Darstellung im Teilfinanzplan erforderlich:

Teilfinanzplan Investitionstätigkeit (in €)	VE 2023	Ansatz 2024	VE 2024	Planung 2025	Planung 2026
Auszahlungen					
für Baumaßnahmen (Variante a)	0	500.000	1.000.000	500.000	500.000
für Baumaßnahmen (Variante b)	1.500.000	500.000	0	500.000	500.000

Wie bereits festgestellt, sind die Ansätze der Verpflichtungsermächtigungen verbindlich (konkrete Vertragsermächtigungen der Politik für die Verwaltung). Insofern muss die Inanspruchnahme von Verpflichtungsermächtigungen nachgehalten werden (§ 28 Abs. 4 in Verbindung mit Abs. 3 KomHKV). Dies ist nur außerhalb des doppischen Buchungssystems möglich, weil es sich bei Verpflichtungsermächtigungen weder um Aufwendungen noch um Auszahlungen handelt.

Soll im Investitionsbereich ein Vertrag mit Auszahlungen in späteren Jahren ausgelöst werden und sind keine ausreichenden Verpflichtungsermächtigungen vorhanden, müssen diese zusätzlich nach bestimmten normierten Verfahren bereitgestellt werden, z. B. nach § 73 Abs. 5 BbgKVerf (Näheres dazu siehe in Kap. 18.6.7). Da die Verpflichtungsermächtigungen sich auf den Haushaltsausgleich bzw. die Bereitstellung liquider Mittel der nächsten Jahre auswirken, sollte im Rahmen der Buchführung auch die konkrete Belastung der nächsten Jahre erfasst und für die notwendige Haushaltsfortschreibung vorgehalten werden. Zur Deckungsfähigkeit von Verpflichtungsermächtigungen siehe Kap. 13.3.2.

14.4 Übungen

Sachverhalt und Aufgabe Nr. 1

Untersuchen und begründen Sie, ob und in welcher Höhe bei den nachstehenden Sachverhalten im Haushaltsplan 2025 Verpflichtungsermächtigungen zu veranschlagen sind:

a) Die Gemeinde G will eine Grundschule mit Gesamtkosten von 4 Mio. € bauen. Die Bauauszahlungen fallen je zur Hälfte in 2024 und 2025 an. Den Gesamtauftrag soll ein Unternehmen in 2024 erhalten.

b) Wie Fall a), jedoch sollen Jahresaufträge jeweils zu Beginn der Jahre 2024 und 2025 erteilt werden.

c) Die Gemeinde G will eine DV-Anlage für die Jahre 2024 bis 2028 leasen (jährliche Leasingrate laut Vertrag: 1,2 Mio. €)

d) Die Gemeinde G will in 2024 einen Bewilligungsbescheid über 300.000 € erteilen. Der Zuschuss dient der Kostenbeteiligung an der Errichtung eines neuen Werkgebäudes (Wirtschaftsförderung) und wird zu je einem Drittel in 2024, 2025 und 2026 ausgezahlt.
e) Die Gemeinde G will in 2025 einige Quadratmeter Straßenland erwerben. Der Vertrag über den Kaufpreis von 600 € soll bereits im Dezember 2024 abgeschlossen werden.

Lösung:

a) Investitionen sind gem. § 2 Nr. 22 KomHKV Auszahlungen zur Veränderung des Anlagevermögens. Zum Anlagevermögen gehören gem. § 57 Abs. 3 Nr. 1.2 KomHKV Grundstücke und i. V. m. § 94 BGB auch Gebäude. Daher wird durch die Baumaßnahme das Anlagevermögen verändert, und eine Auszahlung für eine Investition liegt vor. Die Gesamtauftragsvergabe in 2024 erfordert in diesem Jahr eine haushaltsrechtliche Ermächtigung. Sie wird geschaffen durch die Bildung eines Auszahlungsansatzes in 2024 i. H. v. 2 Mio. € gemäß § 14 Abs. 1 KomHKV, womit eine Auftragsvergabe mit Auszahlung im selben Jahr 2024 ermöglicht wird. Des Weiteren ist im Haushaltsjahr 2024 ein Verpflichtungsermächtigungsansatz von 2 Mio. € gemäß § 73 Abs. 1 BbgKVerf für den Teil des Auftrages erforderlich, der erst im Jahre 2025 zu Auszahlungen führt.
b) Bei der abgewandelten Variante des Sachverhaltes zu a) ist eine Veranschlagung von Verpflichtungsermächtigungen nicht erforderlich. Auftragsvergaben und Bezahlung der eingegangenen Verpflichtungen erfolgen jeweils im selben Jahr (also 2024 bzw. 2025). Auftragsbelastungen für zukünftige Jahre bestehen nicht. Das Tatbestandsmerkmal gemäß § 73 Abs. 1 BbgKVerf „Auszahlung in späteren Jahren" liegt nicht vor, sodass die Auszahlungsansätze von je 2 Mio. € in 2024 und 2025 genügen.
c) Beim Leasing einer DV-Anlage handelt es sich nicht um eine Investition, weil keine Veränderung des Anlagevermögens erfolgt. Die Gemeinde erwirbt kein Eigentum an der DV-Anlage. Es kann auch nicht von einem wirtschaftlichen Eigentum im Sinne von § 47 Abs. 1 KomHKV ausgegangen werden; vielmehr besteht eine Art Mietverhältnis (Besitzverhältnis). Eine Veranschlagung zum Zweck des Vertragsabschlusses im Teilfinanzplan – nur dort sind Verpflichtungsermächtigungen einzustellen – erfolgt demnach nicht.
d) Laut Sachverhalt dient der Zuschuss als Finanzhilfe zur Errichtung eines neuen Werkgebäudes. Da das Anlagevermögen des Dritten vergrößert wird, handelt es sich um eine Investitionsförderungsmaßnahme im Sinne des § 2 Nr. 23 KomHKV. § 73 Abs. 1 und § 65 Abs. 2 Nr. 2 BbgKVerf sehen auch für Investitionsförderungsmaßnahmen die Notwendigkeit einer förmlichen Verpflichtungsermächtigung vor. Insofern kann der Bewilligungsbescheid nur mit einer haushaltsrechtlichen Ermächtigung in 2024 erlassen werden, da durch den Bewilligungsbescheid die Verpflichtung eingegangen wird, auch in den Jahren 2025 und 2026 je 100.000 € zu zahlen. Es ist daher eine Verpflichtungsermächtigung in Höhe von 200.000 € in den Haushaltsplan 2025 aufzunehmen.

e) Der Erwerb von Grundvermögen stellt eine Investition dar (Veränderung des Anlagevermögens in Form von Grunderwerb). Somit ist hier die Veranschlagung einer Verpflichtungsermächtigungen in Höhe von 600 € zulasten des Jahres 2025 erforderlich.[4]

Sachverhalt Nr. 2

Die Gemeinde G will in 2024 mit zwei größeren Investitionsvorhaben beginnen. Die zuständigen Fachbereiche informieren die Kämmerei wie folgt:

a) Bau der Gesamtschule Nord

Der Kaufvertrag für das Grundstück ist bereits in 2023 abgeschlossen. Der Gesamtkaufpreis von 1.000.000 € ist mit 800.000 € in 2023 und 200.000 € in 2024 zu zahlen. Die Hochbaukosten belaufen sich auf voraussichtlich 10.000.000 €. Ein Bauunternehmen soll im Frühjahr 2024 einen Auftrag für die Gesamtherstellung des Gebäudes einschließlich der Außenanlagen (schlüsselfertige Übergabe) erhalten. Nach dem Bauzeitenplan verteilen sich die entsprechenden Auszahlungen wie folgt:

2024: 3.000.000 €
2025: 5.000.000 €
2026: 2.000.000 €

Die Einrichtungsgegenstände mit Beschaffungskosten von 300.000 € werden voraussichtlich in 2026 bestellt und bezahlt.

b) Bau der des Sportzentrums Süd

Der Vertrag über die Grunderwerbskosten von 900.000 € soll im März 2024 geschlossen werden. Der Eigentümer verlangt die Auszahlung je zur Hälfte zum 15.8.2024 und zum 15.2.2025. Zusätzlich soll ein weiteres benötigtes Grundstück erworben werden. Hier wird der Grundstückseigentümer eine Verrentung des Kaufpreises erhalten. Im Kaufvertrag, der ebenfalls im März 2024 abgeschlossen werden soll, wird voraussichtlich eine zehnjährige Rentenzahlung von monatlich 2.000 € ab 1.7.2024 enthalten sein, die den Gesamtkaufpreis abdeckt.[5]

Die Hochbauauszahlungen werden auf insgesamt 8 Mio. € geschätzt und mit 5 Mio. € in 2024 und 3 Mio. € in 2025 anfallen. Das Hochbauamt beabsichtigt, von den Ausgaben für 2026 2 Mio. € erst im Januar 2025 auszuschreiben, weil es sich um Spezialarbeiten handelt. Den Restauftrag von 6 Mio. € soll in 2024 eine Baufirma erhalten. Die Außenanlagen (gärtnerische Arbeiten) sollen erst im Januar/Februar 2026 durchgeführt werden. Der Auftrag über die Gesamtauszahlungen von 50.000 € (nicht in den bisherigen Hochbaukosten enthalten, aber bei derselben Finanzposition abzuwickeln) soll bereits Ende 2025 vergeben werden.

Die Einrichtungskosten von 150.000 € fallen in 2025 an. Wegen der langen Lieferzeit soll der Auftrag bereits im Dezember 2024 vergeben werden.

---

4 Angesichts der Geringfügigkeit des Betrages befriedigt die Lösung jedoch nicht. Die Einführung einer Wertgrenze wäre sinnvoll.

5 Die Grundstückspreisverrentung ist aus Übungsgründen auf zehn Jahre beschränkt und enthält auch keine Gleitklauseln. Insofern entspricht sie nicht den Praxisgegebenheiten, die in der Regel Verrentungen bis zum Ableben des Verkäufers vorsehen.

Aufgabe:
Veranschlagen Sie die Maßnahmen in den Teilfinanzplänen für die Jahre 2024, 2025 und 2026, wobei sie einen vereinfachten gemeinsamen Vordruck verwenden können. Unterstellen Sie dabei, dass sich gegenüber der ursprünglichen Planung keine Änderungen im Zeitablauf ergeben. Auf den Nachweis von Vorjahrszahlen ist zu verzichten.

Lösung:

Haushaltsjahr 2024

Teilfinanzplan Investitionstätigkeit (in €)	Ansatz 2024	Planung 2025	Planung 2026	Planung 2026	Gesamtauszahlung
Auszahlungen Gesamtschule Nord					
für Erwerb von Grundstücken	200.000	0	0	0	1.000.000
für Baumaßnahmen	3.000.000	5.000.000	2.000.000	0	10.000.000
für Erwerb von beweglichem Anlagevermögen	0	0	300.000	0	0
Auszahlungen Sportzentrum Süd					
für Erwerb von Grundstücken	462.000	474.000	24.000	24.000	1.140.000
für Baumaßnahmen	5.000.000	3.000.000	50.000	0	8.000.000
für Erwerb von beweglichem Anlagevermögen	0	150.000	0	0	150.000

Verpflichtungsermächtigungen/ Aufteilung auf die Folgejahre (in €)	VE 2024	Planung 2025	Planung 2026	Planung 2027
Auszahlungen Gesamtschule Nord				
für Baumaßnahmen	7.000.000	5.000.000	2.000.000	
Auszahlungen Sportzentrum Süd				
für Erwerb von Grundstücken	678,000	474.000	24.000	24.000
für Baumaßnahmen	1.000.000	1.000.000		
für Erwerb von beweglichem Anlagevermögen	150.000	150.000		

Hinweis: Die Verpflichtungsermächtigungen für den Grunderwerb beim Sportzentrum Süd setzen sich mit 450.000 € für das erste Grundstück und 228.000 € (240.000 € abzüglich Jahresbelastung 2024 i. H. v. 12.000 € für sechs Monate) für den verrenteten Grundstückskaufpreis zusammen, bis 2032 jährlich 24.000 € und 2033 noch 12.000 €.

Haushaltsjahr 2025 – vereinfachter Vordruck

Teilfinanzplan Investitionstätigkeit (in €)	Ansatz 2025	VE 2025	Planung 2026	Planung 2027	Planung 2028
Auszahlungen Gesamtschule Nord					
für Erwerb von Grundstücken	0	0	0	0	0
für Baumaßnahmen	5.000.000	0	2.000.000	0	0
für Erwerb von beweglichem Anlagevermögen	0	0	300.000	0	0
Auszahlungen Sportzentrum Süd					
für Erwerb von Grundstücken	474.000	0	24.000	24.000	24.000
für Baumaßnahmen	3.000.000	50.000	50.000	0	0
für Erwerb von beweglichem Anlagevermögen	150.000	0	0	0	0

Verpflichtungsermächtigungen/ Aufteilung auf die Folgejahre (in €)	VE 2025	Planung 2026	Planung 2027	Planung 2028
Auszahlungen Sportzentrum Süd				
für Baumaßnahmen	50.000	50.000	0	0

Haushaltsjahr 2026 – vereinfachter Vordruck

Teilfinanzplan Investitionstätigkeit (in €)	Ansatz 2026	VE 2026	Planung 2027	Planung 2028	Planung 2029
Auszahlungen Gesamtschule Nord					
für Erwerb von Grundstücken	0	0	0	0	0
für Baumaßnahmen	2.000.000	0	0	0	0
für Erwerb von beweglichem Anlagevermögen	300.000	0	0	0	0
Auszahlungen Sportzentrum Süd					
für Erwerb von Grundstücken	24.000	0	24.000	24.000	24.000
für Baumaßnahmen	50.000	0	0	0	0
für Erwerb von beweglichem Anlagevermögen	0	0	0	0	0

15. Finanzierung des kommunalen Haushalts

Während haushaltsrechtlich bei Haushaltsplanung und -bewirtschaftung die formalen Aufwands-, Auszahlungs- und Verpflichtungsermächtigungen häufig im Vordergrund stehen, ist in der kommunalen Praxis die Sicherstellung der Finanzierung der Aufgabenerfüllung in vielen Fällen der bedeutendere Bestandteil des kommunalen Finanzmanagements. Dabei kann unter „Finanzierung" ganz allgemein die Bereitstellung von finanziellen Mitteln (Kapitalbeschaffung), die Rückzahlung früher beschafften Kapitals (z. B. Kredittilgung), die Strukturierung des Kapitals (z. B. Umfinanzierung) und die Rückführung von in Sach- und Finanzwerten investierten Geldbeträgen in liquide Form im Rahmen der laufenden Aufgabenerfüllung (z. B. im Bereich der Gebührenhaushalte) verstanden werden.[1] Die weiteren Ausführungen zur Finanzierung des kommunalen Haushalts innerhalb dieses Lehrbuchs konzentrieren sich fast ausschließlich auf die Kapitalbeschaffung i. e. S., die unmittelbar auf die Finanzierung der Investitionen i. S. d. § 74 BbgKVerf. gerichtet ist.[2]

Zur Verdeutlichung sei an dieser Stelle noch einmal darauf hingewiesen, dass es für jede Auszahlung einer Gemeinde oder eines Gemeindeverbandes mindestens zwei zwingende Voraussetzungen gibt:

1. **das Vorliegen einer haushaltsrechtlichen Ermächtigung,**
2. **der ausreichende Bestand an Zahlungsmitteln.**

Beide Voraussetzungen müssen getrennt voneinander betrachtet und beurteilt werden. Bei der in diesem Kapitel behandelten Frage der Finanzierung geht es ausschließlich um die Sicherstellung der notwendigen Auszahlungen durch die Bereitstellung ausreichender Zahlungsmittel.

Diese Bereitstellung der Zahlungsmittel kann auf unterschiedliche Weise erfolgen. Die betriebswirtschaftliche Literatur zur Finanzierung teilt die möglichen Finanzierungsarten üblicherweise nach der Herkunft der Mittel in eine Außenfinanzierung (externer Zufluss von Eigen- oder Fremdkapital) und eine Innenfinanzierung (Kapitalbeschaffung aus dem betrieblichen Umsatzprozess) und nach der Rechtsstellung der Kapitalgeber in eine Eigenfinanzierung (Erhöhung des Eigenkapitals) und eine Fremdfinanzierung (Erhöhung des Fremdkapitals) auf.[3] Dabei ist in der Privatwirtschaft jede denkbare Kombination (Außenfinanzierung als Eigen- oder Fremdfinanzierung bzw. Innenfinanzierung als Eigen- oder Fremdfinanzierung) möglich:

1 Vgl. *Bieg/Kußmaul/Waschbusch*, Finanzierung, 4. Aufl., 2023.

2 Für weitergehende Fragestellungen wird auf die betriebswirtschaftliche Literatur zur Finanzwirtschaft verwiesen, z. B. *Wöhe*, Einführung in die allgemeine Betriebswirtschaftslehre, 27. Aufl., München 2020.

3 Vgl. z. B. *Wöhe*, Einführung in die allgemeine Betriebswirtschaftslehre, 27. Aufl., München 2020.

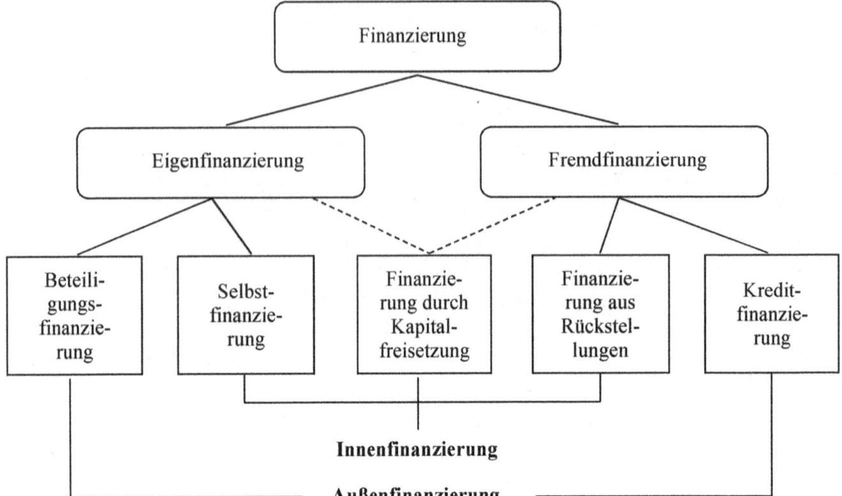

Quelle: Wöhe, Einführung in die allgemeine Betriebswirtschaftslehre, 27. Aufl., München2020.

Im Bereich der Finanzierung kommunaler Haushalte ist dagegen eine Eigenfinanzierung immer auch eine Innenfinanzierung, da eine Beteiligungsfinanzierung rechtlich nicht möglich ist.[4]

Maßgebend für die weitere Betrachtung der Finanzierung kommunaler Gebietskörperschaften ist daher die Unterscheidung zwischen Innen- und Außenfinanzierung.

15.1 Innenfinanzierung

Die Innenfinanzierung ist dadurch gekennzeichnet, dass im Rahmen der Aufgabenerfüllung bisher gebundenes Kapital der Gemeinde in frei verfügbare Zahlungsmittel umgewandelt wird. Dies kann z. B. durch die entgeltliche Bereitstellung öffentlicher Anlagen und Einrichtungen oder durch gezielte Vermögensumschichtungen erfolgen. Daneben stehen Finanzierungen aus Steuern und Zuweisungen, die es in dieser Form in der Privatwirtschaft nicht gibt, für den öffentlichen Sektor aber ebenfalls der Innenfinanzierung zuzurechnen sind.[5]

4 Vgl. *Günsch*, Kommunale Finanzierung – Überblick, in: Haufe Finanz Office für die öffentliche Verwaltung, HaufeIndex 1815206.

5 Vgl. *Günsch*, Kommunale Finanzierung – Überblick, in: Haufe Finanz Office für die öffentliche Verwaltung, HaufeIndex 1815205. Insbesondere die Einordnung der Steuern als Innenfinanzierung erfolgt in der Literatur zur Öffentlichen Betriebswirtschaftslehre nicht einheitlich. Teilweise erfolgt auch eine Zuordnung zur Außenfinanzierung mit der Begründung, dass die Steuern ohne Gegenleistungsverpflichtung erhoben werden und ihnen daher kein Leistungsprozess zugrunde liegt. Vgl. u. a. *Odenthal/Beckermann*, Einführung in die öffentliche Betriebswirtschaftslehre, 11. Aufl., Wiesbaden 2021, S. 152 u. 179.

15.1.1 Selbstfinanzierung

Die Selbstfinanzierung resultiert aus Einzahlungsüberschüssen, d. h. aus einem positiven Cash-Flow im Bereich der laufenden Verwaltungstätigkeit.[6] Durch die Einbeziehung von Finanzplan und -rechnung in das Rechnungssystem des NKF wird die Selbstfinanzierung sowohl in der Planung als auch beim Jahresabschluss vollständig berücksichtigt. Unabhängig vom erreichten Jahresergebnis werden alle zahlungswirksamen Geschäftsvorfälle im Bereich der laufenden Verwaltungstätigkeit erfasst und saldiert. Sie dokumentieren so unmittelbar die geplante oder erreichte Selbstfinanzierung.

Unterschieden wird zwischen einer „offenen Selbstfinanzierung", die sich aus dem ausgewiesenen Jahresergebnis ableiten lässt, und der sog. „stillen Selbstfinanzierung".

Die offene Selbstfinanzierung bedeutet für Unternehmen, dass ausgewiesene Gewinne im Rahmen der Gewinnverwendung entweder im Unternehmen verbleiben (Gewinnthesaurierung) oder an die Anteilseigner ausgeschüttet werden. Im Falle der Ausschüttung muss das Unternehmen hierfür liquide Mittel zur Verfügung stellen, im Falle der Thesaurierung erfolgt kein Liquiditätsabfluss. Da im kommunalen Bereich eine direkte Ausschüttung an die Bürger nicht vorgesehen ist, ergibt sich bei ausgewiesen Jahresüberschüssen zwangsläufig eine Gewinnthesaurierung. Die Gewinnverwendung beschränkt sich auf die Frage, ob das positive Jahresergebnis für den Ausgleich von Fehlbeträgen benötigt wird oder der Rücklage aus Überschüssen zuzuführen ist. Für die Finanzierungwirkung ist entscheidend, ob neben den Jahresüberschüssen auch Liquiditätsüberschüsse erzielt werden konnten. Die Entwicklung der Finanzrechnung bleibt von Bedeutung.

Die stille Selbstfinanzierung entsteht im Falle der Erzielung nicht ausgewiesener Jahresüberschüsse z. B. durch

- die Nichtaktivierung vorhandener Vermögensgegenstände, z. B. durch das Aktivierungsverbot des § 47 Abs. 3 KomHKV,
- Vermögensunterbewertung, z. B. durch die Unterbewertung von Vorräten nach dem strengen Niederstwertprinzip und dem damit verankerten Verbot der Zuschreibung von Wertsteigerungen über die historischen Anschaffungs- und Herstellungskosten hinaus,
- Schuldenüberbewertung, z. B. durch die Bildung überhöhter Rückstellungen oder die Unterlassung oder Verzögerung der Auflösung von Rückstellungen.[7]

Eine Finanzierungswirkung ergibt sich bei der stillen Selbstfinanzierung immer dann, wenn die realisierten aber durch Bewertungsakte nicht ausgewiesenen Jahresüberschüsse für einen längeren Zeitraum in der Gemeinde gebunden werden können.[8] Dies kann z. B. durch die Verpflichtung zum Haushaltsausgleich nach § 26 KomHKV auf die Weise erfolgen, dass eine bei realistischer Bewertung des Vermögens und der Schulden mögliche Steuersenkung unterbleibt.

---

6 Vgl. Zeile 16 des Musters für die Finanzrechnung, VV KomHKV Muster 5.9. zu § 55 KomHKV.
7 Vgl. *Bieg/Kußmaul/Waschbusch*, Finanzierung, 4. Aufl., 2023.
8 Vgl. *Perridon/Steiner/Rathgeber*, Finanzwirtschaft der Unternehmung, 18. Aufl., 2022.

15.1.2 Finanzierung aus dem Rückfluss von Abschreibungsgegenwerten

Die Finanzierung aus dem Rückfluss von Abschreibungsgegenwerten[9] ist ebenfalls eine Art der Innenfinanzierung und wird auch der Selbstfinanzierung zugerechnet.[10] Entsprechend der obigen Ausführungen würde eine überhöhte Abschreibung ggf. zu einer stillen Selbstfinanzierung führen. Die häufig verkürzt als „Finanzierung aus Abschreibungen" bezeichnete Finanzierungsform hat sowohl in der Privatwirtschaft als auch in der öffentlichen Verwaltung einen besonderen Stellenwert und soll deshalb hier gesondert Erwähnung finden.

Geht man von einem ausgeglichenen Jahresergebnis aus, bedeutet dies, dass sich Aufwendungen und Erträge der Höhe nach entsprechen. Allerdings führt dieser Ausgleich nicht automatisch auch zu einem Ausgleich von Ein- und Auszahlungen, da es sowohl im Bereich der Aufwendungen als auch im Bereich der Erträge zahlungswirksame und zahlungsunwirksame Positionen gibt. Die wichtigste zahlungsunwirksame Aufwandsposition bilden die bilanziellen Abschreibungen. Wie in der nachfolgenden vereinfachten Darstellung gezeigt, ergibt sich bei einem ausgeglichenen Jahresergebnis ein Zahlungsmittelüberschuss in Höhe der Abschreibungen, der zur Finanzierung zur Verfügung steht:

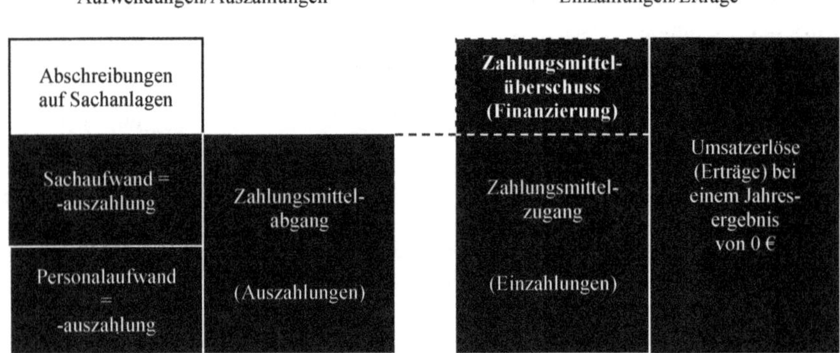

Zu betonen ist dabei, dass nicht die Abschreibung selbst sondern der Rückfluss der Abschreibungsgegenwerte den Finanzierungseffekt bewirkt. Höhere Abschreibungen verbessern daher nicht automatisch die finanzielle Situation der Gemeinde. Nur wenn diese höheren Abschreibungen (wie z. B. im Bereich der Gebührenhaushalte) zu höheren Erträgen und Einzahlungen führen, wird eine zusätzliche Finanzierungswirkung erreicht. Frei disponible Finanzierungsmittel stehen allerdings nur dann zur Verfügung, wenn die Abschreibungsgegenwerte nicht für Reinvestitionen einzusetzen sind. Tat-

9 Zu den Abschreibungen vgl. im Einzelnen die Ausführungen in Kap. 19.4.2.

10 So z. B. *Günsch*, Kommunale Finanzierung – Überblick, in: Haufe Finanz Office für die öffentliche Verwaltung, HaufeIndex 1815203.

sächlich kann in diesen Fällen der Kapitalfreisetzungseffekt der Abschreibungen zu einer Kapazitätserweiterung genutzt werden (sog. „Lohmann-Ruchti-Effekt").[11]

15.1.3 Fremdfinanzierung aus Rückstellungen

Wie bei den **Abschreibungen** handelt es sich bei der Bildung von Rückstellungen um Aufwendungen, für die es in der gleichen Rechnungsperiode keine entsprechenden Auszahlungen gibt. Stehen den Rückstellungen daher adäquate zahlungswirksame Erträge gegenüber ergeben sich daraus Finanzierungseffekte. Da die Rückstellungen gem. § 48 Abs. 1 KomHKV für die Begleichung von Verpflichtungen gebildet werden, gehören sie in der Bilanz zum Fremdkapital.[12] Bei der Finanzierung aus Rückstellungen handelt es sich somit um eine verwaltungsinterne (innenfinanzierte) Fremdfinanzierung.[13]

Maßgeblich für die Finanzierungswirkung der Rückstellungen ist ihre Fristigkeit. Rückstellungen, die z. B. für Jahresabschlussarbeiten gebildet werden, führen i. d. R. bereits in den ersten Monaten des Folgejahres zu entsprechenden Auszahlungen. Die Finanzierungswirkung beschränkt sich daher u. U. auf wenige Wochen. Bei Pensionsrückstellungen, die einen wesentlichen Teil der kommunalen Rückstellungen ausmachen, handelt es sich um langfristige Rückstellungen, die teilweise erst in zwanzig oder dreißig Jahren zu entsprechenden Auszahlungen führen werden. Hier ergibt sich – die Erreichung des Haushaltsausgleichs vorausgesetzt – für einen langen Zeitraum ein Finanzierungseffekt durch die Bildung der Rückstellungen. Der entsprechende Finanzmittelüberschuss kann einerseits in Vermögenswerten des Anlagevermögens, andererseits aber auch in Wertpapieren des Umlaufvermögens angelegt werden. Werden Finanzierungsmittel aus Rückstellungen nicht in Form von zusätzlichen Wertpapieren angelegt oder zum Ausgleich eines laufenden Finanzmittelfehlbetrags genutzt, mindern sie automatisch die Höhe der notwendigen Nettokreditaufnahme[14] und ersetzen damit eine anderweitige Fremdfinanzierung. Die sinnvollste Kombination der möglichen Anlageformen ist unter Beachtung des Wirtschaftlichkeitsprinzips (§ 63 Abs. 2 BbgKVerf) und der Sicherung der Zahlungsfähigkeit (§ 76 Abs. 1 BbgKVerf) zu wählen.

15.1.4 Finanzierung durch Vermögensumschichtung

Eine weitere Möglichkeit der Innenfinanzierung ist die Vermögensumschichtung. Dabei werden Vermögensteile aus dem Anlage- oder Umlaufvermögen veräußert, um die freiwerdenden finanziellen Mittel zur Finanzierung verwenden zu können. Bei Vermögensveräußerung sind für Gemeinden die Anforderungen des § 79 Abs. 1 BbgKVerf zu beachten. Danach dürfen nur solche Vermögensgegenstände veräußert werden, die die Gemeinde in absehbarer Zeit zur Aufgabenerfüllung nicht braucht. Dabei ist grund-

11 Vgl. *Perridon/Steiner/Rathgeber*, Finanzwirtschaft der Unternehmung, 18. Aufl., 2022.
12 Zum Thema Rückstellung vgl. im Einzelnen die Ausführungen in Kap. 10.3.7.
13 Vgl. *Perridon/Steiner/Rathgeber*, Finanzwirtschaft der Unternehmung, 18. Aufl., 2022.
14 Bzw. erhöhen sie die Möglichkeit der Nettotilgung.

sätzlich zu beachten, dass in vielen Fällen eine Aufgabenerfüllung auch dann möglich ist, wenn die erforderlichen Produktionsfaktoren nicht im Besitz der Gemeinde sind. So können z. B. Gebäude, Betriebsvorrichtungen oder Fahrzeuge gemietet werden oder die Aufgabenerfüllung kann formell oder materiell privatisiert werden.

Auf die Finanzierungswirkung ausgelegt ist u. a. das „Sale-and-Lease-Back“. So kann z. B. durch den Verkauf einer Immobilie und deren Rückmietung gebundenes Kapital freigesetzt werden, das nun für andere Zwecke zur Verfügung steht.[15] Auch diese Form der Finanzierung ist grundsätzlich mit § 79 Abs. 1 BbgKVerf vereinbar. Allerdings fordert das Innenministerium für diesen Fall den Nachweis einer langfristigen Sicherung der Aufgabenerfüllung z. B. durch ein langfristiges Nutzungsrecht und eine Rückkaufoption. Darüber hinaus darf von solchen Modellen nur dann Gebrauch gemacht werden, wenn dies der Wirtschaftlichkeit der Aufgabenerfüllung dient.[16] Diese letzte Voraussetzung dürfte bei strenger Prüfung mangels erzielbarer Steuervorteile bei Gemeinden in der Regel nicht vorliegen.[17]

Jegliche Maßnahmen, die dazu führen, dass man den Kapitalbedarf oder die Kapitalbindungsdauer reduziert, gehören zu diesem Bereich der Innenfinanzierung, z. B.

- die konsequente Nutzung der Skontoziehung,
- Verlängerung der Lieferantenzahlungsziele,
- Rationalisierung des Einkaufs,
- Optimierung der Lagerhaltung,
- Verbesserung des Forderungsmanagements.

Hier kommt zur Finanzierung auch der laufende Verkauf noch nicht fälliger Forderungen an ein Kreditinstitut oder anderen Finanzdienstleister (sog. „Factoring“) in Frage. Je nach Ausgestaltung des Factorings kann das Kreditrisiko beim echten Factoring vollständig auf den Ankäufer der Forderung übergehen oder beim unechten Factoring beim Verkäufer verbleiben. Die Finanzierungswirkung des Factorings hängt im Wesentlichen von der Zeitspanne zwischen dem Eingang des Verkaufserlöses für die Forderungen und dem durchschnittlichen Fälligkeitszeitpunkt ab. Je früher die verkauften Forderungen liquidiert werden können, desto höher ist der durchschnittliche Finanzierungseffekt. Gegen die Veräußerung von kommunalen Forderungen – insbesondere öffentlich-rechtliche Forderungen – werden von Interessenverbänden aus dem Bereich der kommunalen Vollziehungsbehörden immer wieder rechtliche Vorbehalte geltend gemacht. Tatsächlich sind diese Vorbehalte allerdings eher als interessengeleitete Abwehrschlachten gegen das Eindringen privater Dritter in den Bereich des kommunalen Forderungsmanagements zu werten.[18]

---

15 Vgl. zum „Sale-and-Lease-Back“ auch die Ausführungen in Kap. 19.3.3.

16 Vgl. Runderlass in kommunalen Angelegenheiten des Ministeriums des Inneren des Landes Brandenburg Nr. 7/2013, Runderlass 1/2015 Kreditwesen der Gemeinden und Gemeindeverbänden vom 11.9.2015.

17 So im Ergebnis auch *Günsch*, Kommunale Finanzierung – Überblick, in: Haufe Finanz Office für die öffentliche Verwaltung, HaufeIndex 1815221.

18 Für die Privatisierung des Forderungsmanagements hat das Justizministerium Baden-Württemberg im April 2010 den Innovationspreis PPP in der Kategorie „Verwaltungsmodernisierung“ erhalten.

15.2 Außenfinanzierung

Unter „Außenfinanzierung“ versteht man allgemein die Finanzierung eines Unternehmens bzw. einer Gemeinde mit Kapital, das von außen zugeführt wird. Dies kann bei Privatunternehmen eine Zuführung von Eigenkapital (Einlagen- und Beteiligungsfinanzierung) oder eine Zuführung von Fremdkapital (Fremdfinanzierung) sein. Im kommunalen Bereich kommt eine Außenfinanzierung mit Eigenkapital nicht in Frage.

15.2.1 Finanzierung aus Investitionszuwendungen und Beiträgen

Gemeinden und Gemeindeverbände finanzieren einen erheblichen Teil ihres Sachanlagevermögens mit Finanzmitteln, die Dritte der Gemeinde zweckgebunden und ohne Rückzahlungsanspruch überlassen. Diese Finanzierung erfolgt entweder in Form von Investitionszuwendungen als freiwillige Finanzierungsbeteiligung oder als öffentlich-rechtlicher Beitrag[19] nach KAG oder BauGB durch eine Verpflichtung aufgrund eines Beitragsbescheids. In beiden Fällen wird ein Teil einer Investition unmittelbar durch Dritte finanziert, ohne dass diese am Eigenkapital der Gemeinde beteiligt werden oder einen Rückzahlungsanspruch erhalten. Bei dieser Art der Finanzierung handelt es sich folglich weder um eine Eigen- noch um eine Fremdfinanzierung, sondern um eine Sonderfinanzierung. Deutlich wird dies u. a. durch die Verpflichtung zur Einstellung eines entsprechenden Sonderpostens gem. § 47 Abs. 4 KomHKV.[20]

Unabhängig von der buchungstechnischen Behandlung der Investitionszuwendungen und Beiträge führen sie zu Finanzmittelzuflüssen und müssen unmittelbar zur Investitionsfinanzierung eingesetzt werden.

15.2.2 Fremdfinanzierung aus Krediten

Kredite sind gem. § 2 Nr. 28 KomHKV das unter der Verpflichtung zur Rückzahlung von Dritten oder von Sondervermögen mit Sonderrechnung aufgenommene Kapital mit Ausnahme der Kassenkredite. Diese Definition kann auch für die Bilanzierung herangezogen werden. Die Gliederung der Verbindlichkeiten in § 57 Abs. 4 Nr. 4 KomHKV unterscheidet auf dieser Grundlage grundsätzlich zwischen Krediten für Investitionen, Anleihen und Krediten zur Liquiditätssicherung. Im Hinblick auf die Zielrichtung des § 74 Abs. 1 BbgKVerf sind allerdings die Anleihen den Krediten für Investitionen zuzurechnen. Es ergibt sich danach im Überblick folgende Struktur:

19 Mit dem Gesetz zur Abschaffung der Beiträge für den Ausbau kommunaler Straßen vom 19.6.2019 hat das Land Brandenburg die Möglichkeit, Beiträge von Anliegern für den Ausbau kommunaler Straßen zu erheben, abgeschafft. Letztmalig ist eine Erhebung für Maßnahmen mit Fertigstellung bis 2018 möglich. Die Straßenausbau-Mehrbelastungsausgleich-Verordnung (StraMaV) regelt, dass das Land Brandenburg für die Einnahmeausfälle der Kommunen eintritt.

20 Zur Veranschlagung und zur buchungstechnischen Behandlung wird auf die Ausführungen in Kap. 10.3.6. verwiesen.

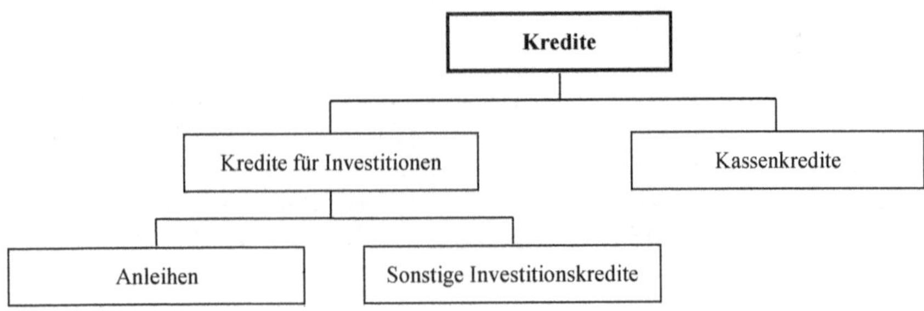

Mit dieser abschließenden Beschreibung der Kredite wird allerdings der haushaltsrechtliche Kreditbegriff enger gefasst als dies in der Betriebswirtschaft üblich ist. Im Bereich der Unternehmensfinanzierung wird unter „Kredit" jede Erbringung einer Leistung in Erwartung einer zukünftigen Gegenleistung verstanden. So werden dort insbesondere auch kurzfristige Finanzierungsformen wie Anzahlungen und Teilzahlungen (Kundenkredite) oder Zielkauf und Kaufpreisstundungen (Lieferantenkredite) dem Kreditbegriff zugeordnet.

Beispiel:
Der Handwerksmeister kauft bei seinem Lieferanten Material ein, das er erst am Ende des nächsten Monats bezahlen muss. Betriebswirtschaftlich räumt ihm der Lieferant damit einen Kredit ein. Ebenso handelt es sich um einen Kredit, wenn der Kunde dem Handwerksmeister bereits vor Erbringung der vereinbarten Leistung (z. B. Neuanstrich des Wohnhauses) einen Teil des vereinbarten Rechnungsbetrages überweist.

Unter den haushaltsrechtlichen Kreditbegriff fallen dagegen ausschließlich Geldleihen, unabhängig von ihrer Fristigkeit. Dies sind für den Bereich der Kommunalverwaltung insbesondere Tages- und Festgelder, Darlehen und Anleihen.

Unklar bleibt auch das Verhältnis zwischen den Kassenkredit und den Investitionskrediten. Da die Landesverfassung und § 74 Abs. 1 BbgKVerf die Zulässigkeit der Kreditaufnahme auf die Finanzierung der Investitionen beschränkt, liegt es nahe, die Kredite zur Liquiditätssicherung per Legaldefinition nicht unter den Kreditbegriff zu subsumieren. Daher wird der Kassenkredit nach § 2 Nr. 24 KomHKV auch wie folgt definiert: Kassenkredite sind Kredite zur Überbrückung des verzögerten oder verspäteten Eingangs von Deckungsmitteln, soweit keine anderen liquiden Mittel eingesetzt werden können. Hieraus ergibt sich ein Widerspruch. Einerseits gehören die Kassenkredite nicht zu den Krediten, andererseits werden sie in der Definition aber als „Kredite" bezeichnet. In Brandenburg werden die Kassenkredite in der Bilanz ausdrücklich dem Bereich der Kredite zugerechnet. Hieraus kann gefolgert werden, dass sich der Grund für die Aufnahme eines Kredits vom Grund für die Aufnahme eines „Kassenkredits" unterscheidet, jedoch in der Bilanz unter der Position „Verbindlichkeiten" wieder gleichgestellt wird.

In den haushaltsrechtlichen Vorschriften werden als „Darlehen" üblicherweise nur die von der Gemeinde verliehenen Gelder bezeichnet (z. B. Baudarlehen an Bediensteté, Darlehen an Unternehmen im Bereich der Wirtschaftsförderung). Unabhängig von der Stellung der Gemeinde als Schuldner oder Gläubiger stellt das Darlehen faktisch aber nur eine spezifische Form des mittel- oder langfristigen Kredits dar.

15.2.2.1 Kredite für Investitionen

Nach § 74 Abs. 1 i. V. m. § 64 Abs. 3 BbgKVerf dürfen Kredite nur für Investitionen, Investitionsförderungsmaßnahmen und zur Umschuldung aufgenommen werden, wenn eine andere Finanzierung nicht möglich oder wirtschaftlich unzweckmäßig wäre.

Die Haushaltssatzung legt gem. § 65 Abs. 2 Nr. 3 BbgKVerf die Höchstgrenze für die möglichen Investitionskredite fest. Diese Höchstgrenze bezieht sich auf die tatsächliche Brutto-Kreditaufnahme, die nicht höher sein darf als die Summe der Investitionen, der Investitionsförderungsmaßnahmen und der Umschuldung (§ 74 Abs. 1 BbgKVerf). Die Festlegung der Höchstgrenze der Kredite für Investitionen kann sich daher nicht an den Salden der Finanzrechnung orientieren, sondern berechnet sich aus den Größen, die auch bisher die Beschränkung der Kreditaufnahme bestimmten. Die Berechnung erfolgt damit in folgender Weise auf der Grundlage der Festlegungen im Finanzplan:

+	Auszahlungen aus Investitionstätigkeit
+	Auszahlungen für Umschuldung von Krediten
–	Einzahlungen aus Zuwendungen für Investitionsmaßnahmen
–	Einzahlungen von Beiträgen u. ä. Entgelten
=	Höchstbetrag der Kredite aus Investitionen

Unerheblich für die Zuordnung der Kredite zu den Investitionskrediten ist nach den haushaltsrechtlichen Vorschriften die gewählte Laufzeit der einzelnen Kreditverbindlichkeiten. Diese muss gem. § 63 Abs. 2 BbgKVerf nach Wirtschaftlichkeitsgesichtspunkten bestimmt werden. So kann es bei sinkenden Kapitalmarktzinsen durchaus wirtschaftlich und damit notwendig sein, auch große Investitionen zunächst kurzfristig zu finanzieren, um sich wenige Wochen oder Monate später einen günstigeren Zinssatz langfristig zu sichern.

Auch die Tatsache, dass der Erwerb geringwertiger Wirtschaftsgüter (GWG) zwischen 150 € und 1.000 € der Investitionstätigkeit zugerechnet wird, die erworbenen Vermögensgegenstände aber gem. § 50 Abs. 4 KomHKV bereits im Jahr der Anschaffung bilanziell zu einem Fünftel abgeschrieben werden, lässt den Schluss zu, dass im Sinne einer Fristenkongruenz der Finanzierung auch kurzfristigere Finanzierungen unter die Investitionskredite fallen können.

Im Ergebnis können alle Kredite, die die Summe der Investitionsauszahlungen und Auszahlungen für Umschuldung abzüglich der Investitionszu-

wendungen und Beiträge zum jeweiligen Zeitpunkt nicht überschreiten und nicht über die Kreditermächtigung in der Haushaltssatzung hinausgehen, als Kredite zu Finanzierung von Investitionen ausgewiesen werden.[21]

15.2.2.2 Kassenkredite

Die Bilanzgliederung sieht nach § 57 Abs. 4 Ziff. 4.3 KomHKV zusätzlich eine Zeile für den Nachweis der Kredite zu Liquiditätssicherung vor. Soweit im Rahmen der Inanspruchnahme dieser Kredite tatsächliche Einzahlungen erfolgen, sind diese nach § 55 KomHKV gesondert auszuweisen.[22] Eine Berücksichtigung im Haushaltsplan (Finanzplan) ist dagegen nach § 5 Abs. 1 KomHKV nicht vorgesehen.

Nach § 76 Abs. 2 BbgKVerf kann die Gemeinde Kassenkredite aufnehmen, wenn dies zur rechtzeitigen Leistung der Auszahlungen erforderlich ist und hierfür keine anderen Mittel zur Verfügung stehen. Voraussetzung ist weiterhin ein Beschluss der Gemeindevertretung, durch den der Höchstgrenze der Kassenkredite festgesetzt ist.

Diese Vorschrift widerspricht § 74 Abs. 1 BbgKVerf, der ausdrücklich die Kreditaufnahmen nur für den Bereich der Investitionstätigkeit etc. vorsieht. Praktisch ist es jedoch erforderlich, dass die Gemeinde allen ihren Zahlungsverpflichtungen nachkommt, so dass eine Ausnahmeregelung zu § 74 Abs. 1 BbgKVerf unumgänglich ist. Im Ergebnis hat § 76 Abs. 2 BbgKVerf allerdings die Wirkung, dass jede Gemeinde im Rahmen des Beschlusses der Gemeindevertretung nahezu unbeschränkt Kredite für die laufende Verwaltungstätigkeit aufnehmen kann und die vorgesehene Aufnahme und Tilgung solcher Kredite nicht einmal im Saldo im Haushaltsplan nachweisen muss.

Unter die Kassenkredite fallen alle Kredite, die keine Anleihen sind und die nicht zu den Krediten für Investitionen gehören.

Auch bei den Kassenkrediten sehen die haushaltsrechtlichen Vorschriften keine ausdrückliche Laufzeitbeschränkung vor. Nach dem Wirtschaftlichkeitsprinzip des § 63 Abs. 2 BbgKVerf muss die Ausgestaltung der Kreditkonditionen unter Berücksichtigung der aktuellen Zinsstrukturen, der Dauer und Höhe des voraussichtlichen Liquiditätsbedarfs und der zu erwartenden Kapitalmarktentwicklung erfolgen. Ein über den Zeitraum der Finanzplanung hinausgehender Liquiditätsbedarf aus laufender Ver-

---

21 Da auch Anleihen zu den Krediten zählen, sind auch diese bei der Ermittlung des Höchstbetrags der Kredite für Investitionen zu berücksichtigen. Insgesamt entbehrt die vorgesehene Differenzierung zwischen Krediten für Investitionen und anderen Krediten jedoch jeglicher Logik, da eine Abgrenzung praktisch nicht möglich ist und der Gesetzgeber hier auch keinerlei Hilfestellung zur Abgrenzung bietet. Da die Notwendigkeit der Beschaffung von Finanzierungsmitteln grundsätzlich vor der Verpflichtung zur Verwendung dieser Mittel besteht, kann auch der Stand der Investitionsauszahlungen nicht maßgeblich für die Höhe der zulässigen Kreditaufnahme für Investitionen sein.

22 Die Inanspruchnahme eines Kredits innerhalb eines Kontokorrentrahmens führt i. d. R. nicht zu einer Einzahlung und wird dementsprechend auch nicht in der Finanzrechnung abgebildet.

waltungstätigkeit sollte dabei ausgeschlossen sein, so dass sich faktisch eine Laufzeitbeschränkung auf vier Jahre für diese Form der Finanzierung ergibt.

15.2.3 Anleihen

Kommunale Anleihen sind Schuldverschreibungen, die von einer Kommune ausgegeben werden können, um langfristige Investitionen zu finanzieren. Es handelt sich in der Regel um eine festverzinsliche Anleihe, bei der der Käufer der Anleihe regelmäßig Zinszahlungen erhält. Die Laufzeit der Anleihe kann je nach Bedarf mehrere Jahre betragen. Am Ende wird die Anlage in der Regel zum Nominalwert zurückgezahlt.

Die Anleihen gelten für Investoren als relativ sichere Anlage, da die Rückzahlung durch die finanzielle Sicherheit der Gemeinde gesichert ist. Aber auch hier sind Risiken zu beachten, wenn sich die finanzielle Lage der Kommune verschlechtert. Anleihen werden im öffentlichen Bereich überwiegend vom Bund und von den Ländern aufgelegt. In seltenen Fällen bedienen sich auch Großstädte dieser Finanzierungsform.

Beispiel:
Der Investor investiert 100.000 € in eine Anleihe mit einer Laufzeit von zehn Jahren und einem Zinssatz von 2 %. Der Investor erhält von der Gemeinde jährlich die 2 % Zinsen. Am Ende der Laufzeit erhält er die anfangs investierten 100.000 € zurück.

15.2.4 Kreditähnliche Verbindlichkeiten

Zahlungsverpflichtungen, die den Krediten wirtschaftlich gleichkommen, sind im Haushaltsrecht nicht ausdrücklich definiert. § 74 Abs. 5 BbgKVerf weist lediglich darauf hin, dass die Kommune Entscheidungen, die zur Entstehung von Verpflichtungen führen, welche einer Kreditaufnahme wirtschaftlich gleichkommen, der Genehmigung der Aufsichtsbehörde bedürfen.

Praktisch bezieht sich die „Kreditähnlichkeit" darauf, dass es sich bei den betreffenden Geschäften um Finanzierungsinstrumente der Kommune handelt, die – wie ein Kredit – zu einem späteren Zeitpunkt Zahlungsverpflichtungen auslösen. Das Erfordernis der zusätzlichen Definition „kreditähnlicher Vorgänge" ergibt sich aus der bereits dargestellten engen Definition der Kredite, die u. a. darauf abstellt, dass „Kapital aufgenommen" wird. Bei kreditähnlichen Verbindlichkeiten liegt i. d. R. keine Kapitalaufnahme in dem Sinne vor, dass ein Zahlungseingang bei der Gemeinde entsteht.

15.2.5 Innere Darlehen

Unter „inneren Darlehen" wird die vorübergehende Inanspruchnahme von Mitteln von Sondervermögen ohne Sonderrechnung verstanden. Praktisch handelt es sich bei diesen Sondervermögen i. d. R. um unselbständige Stiftungen. Da es sich hier weder um eigene Rechtspersönlichkeiten handelt noch eine separate Rechnungslegung erfolgt, werden die verfügbaren Finanzierungsmittel bilanziell bei der Kommune ausgewiesen. Aus diesem Grunde wird die Inanspruchnahme von inneren Darlehen buchhalterisch nicht nachgehalten und bilanziell nicht ausgewiesen. Haushaltsrechtlich haben damit innere Darlehen zunächst keine Bedeutung. Es ist allerdings zu gewährleisten, dass die kalkulatorischen Zinsen für die Inanspruchnahme der Mittel aus den Sondervermögen ohne Sonderrechnung diesen Sondervermögen wieder zugutekommen. Dies wird i. d. R. durch eine Nebenrechnung sicherzustellen sein.

15.2.6 Zusammenfassende Darstellung der Begriffe der Fremdfinanzierung

Im Überblick stellt sich der Zusammenhang zwischen den Begriffen „Fremdkapital“, „Verbindlichkeiten“, „Schulden“, „Kredite“ und „Anleihen“ haushaltsrechtlich in folgender Weise dar:

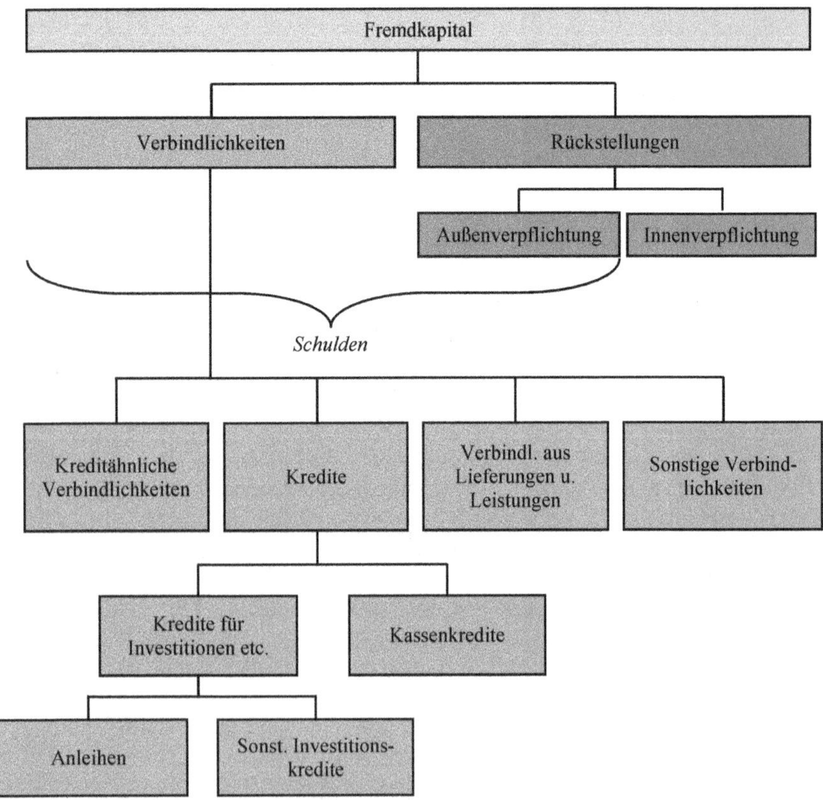

15.3 Kredite

15.3.1 Kriterien der Einteilung von Krediten

Kredite werden in unterschiedlichen Rechts- und Bewirtschaftungsformen am Markt angeboten. Das bedingt, dass die Arten der Kredite nach verschiedenen Kriterien je nach Betrachtungsstandpunkt eingeteilt werden. Die Verfasserin beschränkt sich auf die nachstehend aufgeführten wichtigsten Einteilungen:

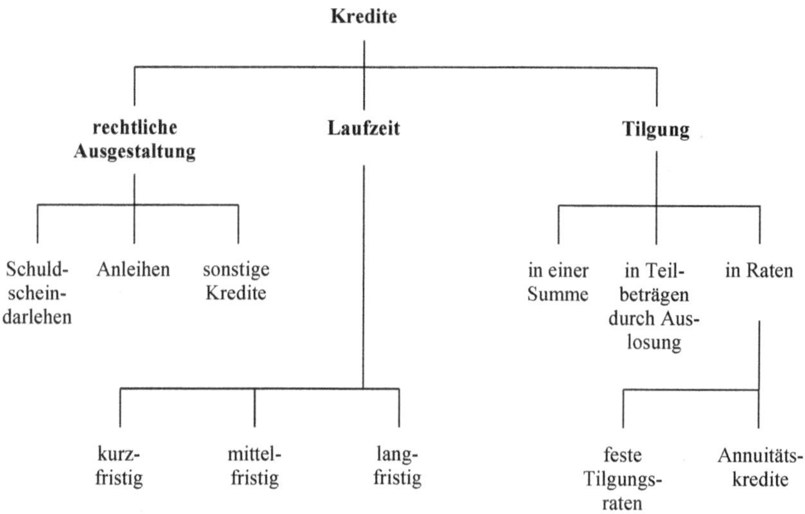

15.3.1.1 Rechtliche Ausgestaltung der Kredite

Von der rechtlichen Ausgestaltung der Kreditaufnahmen her unterscheidet man folgende Formen:

- *Schuldscheindarlehen*
  Hier wird der Kredit von bestimmten Geldgebern (Banken, Sparkassen usw.) gewährt. In einem Schuldschein (Schuldurkunde) werden die Darlehensbedingungen festgelegt. Diese Kreditform wird bevorzugt im kommunalen Bereich genutzt.
- *Anleihen*
  Das Kapital wird von einer unbestimmten Zahl von Geldgebern durch den Kauf von Wertpapieren (z. B. Schuldverschreibungen, Schatzbriefe, Kommunalobligationen) aufgebracht. Soweit die Anleihen an der Börse gehandelt werden, unterliegen sie Kursschwankungen. Bei Anleihen können für die gesamte Laufzeit feste, vorab vereinbarte Zinszahlungen während der Laufzeit erfolgen (Straight Bond). Bei Floating-Rate-Notes werden die Zinssätze regelmäßig in Abhängigkeit von Referenzzinssätzen an die Marktzinsentwicklung angepasst. Eine weitere Möglichkeit ist der Ver-

zicht auf die Vereinbarung eines Zinssatzes: Bei Zero-Bonds ergibt sich der Zinsertrag ausschließlich aus der Differenz zwischen Ausgabekurs und Rückzahlungskurs. Zinszahlungen während der Laufzeit erfolgen nicht.

- *Sonstige Kredite*
  Hierunter fallen die sonstigen Kredite, z. B. im Rahmen eines Bausparvertrags, oder Realkredite wie Hypothekendarlehen und Grundschulddarlehen.

15.3.1.2 Laufzeit der Kredite

Die Kredite werden i. d. R. nach der Laufzeit (bis wann der Kredit zurückgezahlt sein muss) wie folgt unterschieden:[23]

- *Kurzfristige Kredite*
  Als „kurzfristige Kredite" gelten in der Regel Kredite mit einer Laufzeit von bis zu einem Jahr. Hierunter fallen insbesondere auch Kontokorrentkredite.
- *Mittelfristige Kredite*
  Unter „mittelfristigen Krediten" werden solche verstanden, die eine Laufzeit von einem Jahr bis zu fünf Jahren haben.
- *Langfristige Kredite*
  Kredite mit einer Laufzeit von mehr als fünf Jahren gelten als langfristige Kredite.

Die vorgenannte Einteilung basiert auf den haushaltsrechtlichen Bestimmungen und kann daher nicht als generelle Kategorisierung gesehen werden.

In der Praxis wird z. B. eine bestimmte Kreditschuld, welche noch eine Restlaufzeit von etwa sechs Jahren hat, in kompletter Summe in der Spalte der langfristigen Kredite ausgewiesen und in den Spalten der kurz- bzw. mittelfristigen Kredite werden keinerlei Werte dieser Kreditschuld ausgewiesen. Diese Art der Angabe deckt sich auch mit der im Tabellenkopf des Musters 5.15 angegebenen Überschrift „mit einer Restlaufzeit von". Eine andere und genauere Auslegung der Verbindlichkeitenübersicht wäre jedoch die, dass die in den jeweiligen zukünftigen Zeiträumen (also im nächsten Jahr, im zweiten bis einschließlich fünften Folgejahr und ab dem sechsten Folgejahr) in Summe anfallenden Verbindlichkeiten angezeigt werden. Dies bedeutet, dass die Tilgungsraten (ohne Zins) separat für die jeweiligen Zeiträume ermittelt und dargestellt werden müssen. Die dadurch ermittelten Zinszahlungsverpflichtungen können somit gleich gespeichert und in den jeweiligen Haushaltsplanungen in den entsprechenden Positionen veranschlagt werden (Zinsaufwand, -auszahlung). Letztere Methode gibt also konkret an, in welchen Folgeperioden welche Verbindlichkeitssummen anfallen werden, und generiert somit bessere und steuerungsrelevante Informationen.

23 Vgl. Muster 5.15 „Verbindlichkeitenübersicht" zu § 3 Abs. 2 Nr. 3 KomHKV.

15.3.1.3 Tilgung der Kredite

Die Kredite werden nach Art der Tilgung wie folgt unterschieden:

- *Rückzahlung in einer Summe*
  Hier wird der Kredit nach Ablauf der vereinbarten Laufzeit in einer Summe zurückgezahlt. Das Kapital wird während der gesamten Laufzeit voll verzinst.
- *Rückzahlung in Teilbeträgen durch Auslosung*
  Bei der Rückzahlung von Anleihen in Teilbeträgen ist nicht festlegbar, welcher Gläubigerkreis von der Teilrückzahlung betroffen wird. Aus diesem Grunde werden die Wertpapiere ausgelost, die durch die Teilrückzahlung gegenstandslos geworden sind.
- *Rückzahlung in Raten (Ratenkredit)*
  Die gängigste und bei den Kommunalkrediten übliche Form der Rückzahlung ist die in Raten. Hier unterscheidet man die Rückzahlung
  - in festen Tilgungsraten (d. h. über die gesamte Laufzeit wird in gleichhohen Raten getilgt) und
  - in gleichbleibenden Raten, wobei sich die Tilgung jeweils um die ersparten Zinsen erhöht (d. h. mit Zunehmen der Laufzeit vergrößert sich der Tilgungsbetrag um die geringer werdenden Zinsen, die jeweils vom Restschuldenstand berechnet werden; Darlehen mit diesen Rückzahlungsbedingungen werden auch „Annuitätskredite" genannt).

Zur Verdeutlichung dieser unterschiedlichen Tilgungsarten werden nachfolgend zwei Beispiele dargestellt.

a) Tilgungsplan bei gleichbleibender Tilgungsrate

Kreditgeber: Sparkasse der Stadt S — Wertstellung: 1.7.2024
Kreditbetrag: 100.000,00 € — Tilgung: ab 1.1.2025

Kapital ***€***	***Zinsen 6,0 %*** ***€***	***Tilgung 2,5 % gleich-bleibend*** ***€***	***Gesamt-leistung*** ***€***	***Fällig am***	***Haushalts-jahr***
100.000,00	*3.000,00*	*0*	*3.000,00*	*31.12.*	*2024*
100.000,00	*6.000,00*	*2.500,00*	*8.500,00*	*31.12.*	*2025*
97.500,00	*5.850,00*	*2.500,00*	*8.350,00*	*31.12.*	*2026*
95.000,00	*5.700,00*	*2.500,00*	*8.200,00*	*31.12.*	*2027*
92.500,00	*5.550,00*	*2.500,00*	*8.050,00*	*31.12.*	*2028*
90.000,00	*... ...*	*... ...*	*usw.*		

b) Tilgungsplan bei Tilgung zuzüglich ersparter Zinsen

Kreditgeber: Sparkasse der Stadt S Wertstellung: 1.7.2024

Kreditbetrag: 100.000,00 € Tilgung: ab 1.1.2025

Kapital €	***Zinsen 6,0 %*** €	***Tilgung 2,5 % zzgl. ersparter Zinsen*** €	***Gesamtleistung*** €	***Fällig am***	***Haushaltsjahr***
100.000,00	*3.000,00*	*0*	*3.000,00*	*31.12.*	*2024*
100.000,00	*6.000,00*	*2.500,00*	*8.500,00*	*31.12.*	*2025*
97.500,00	*5.850,00*	*2.650,00*	*8.500,00*	*31.12.*	*2026*
94.850,00	*5.691,00*	*2.809,00*	*8.500,00*	*31.12.*	*2027*
92.041,00	*5.522,46*	*2.977,54*	*8.500,00*	*31.12.*	*2028*
89.063,46	*... ...*	*... ...*	*usw.*		

Die Rückzahlungsbedingungen und ihre Bedeutung für die Haushaltswirtschaft werden im Zusammenhang mit der weiteren Erläuterung der Kreditwirtschaft näher behandelt.

15.3.1.4 Kreditgeber

Die Frage, von wem eine Gemeinde Kredite aufnehmen darf, ist im Haushaltsrecht nicht geregelt. Die Gemeinde ist daher in der Wahl ihrer Kreditgeber kaum eingeschränkt. Ausgeschlossen als Kreditgeber ist auch nicht eine Privatperson oder ein privates Unternehmen. Wichtig ist nur, dass der Kreditgeber sicher und wirtschaftlich anbietet. Auch die Kapitalaufnahme bei einem Sondervermögen mit Sonderrechnung gehört zu den Krediten. Zum Sondervermögen mit Sonderrechnung und Treuhandvermögen der Gemeinde gehören z. B. Versorgungs- und Verkehrsunternehmen als Eigenbetriebe. Schulden aus diesem Bereich sind als Kredite bilanziell auszuweisen.

15.3.2 Voraussetzungen der Kreditaufnahme

15.3.2.1 Allgemeines

Wegen der besonderen Bedeutung der Kreditaufnahme für die Haushaltswirtschaft und wegen der Belastung folgender Haushalte durch aus Krediten entstehenden Verpflichtungen sind für die Fremdfinanzierung durch Kredite weitreichende haushaltsrechtliche Regelungen getroffen worden. Zu nennen sind hier die Vorschriften der §§ 64 Abs. 3, 65 Abs. 2 Nr. 3, 69 Abs. 2, 74 und 76 Abs. 2 BbgKVerf. Ferner ist der RdErl. d. IM betr. Kreditwesen der Gemeinden und Gemeindeverbänden vom 11.9.2015 bei der Kreditaufnahme zu beachten. Folgende Darstellung verdeutlicht in Kurzform die

Voraussetzungen für die Zulässigkeit und die zu beachtenden Verfahrensvorschriften für Kreditaufnahmen, die in den weiteren Kapiteln einzeln besprochen werden:

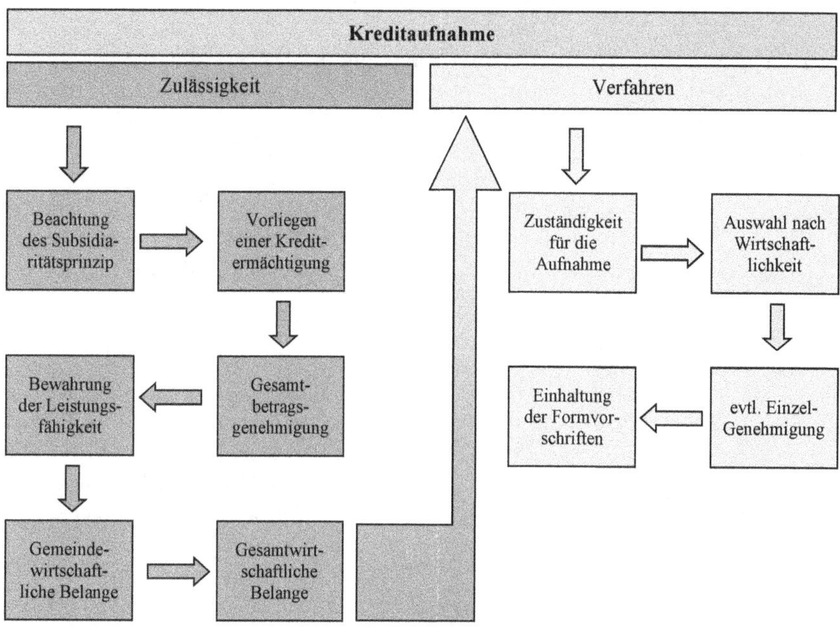

15.3.2.2 Beachtung des Subsidiaritätsprinzips

Nach § 64 Abs. 3 BbgKVerf darf die Gemeinde Kredite nur aufnehmen, wenn eine andere Finanzierung nicht möglich ist oder wirtschaftlich unzweckmäßig wäre. Als andere Finanzierungsmittel kommen nach § 64 Abs. 3 BbgKVerf in Verbindung mit § 3 Abs. 2 KAG in folgender Rangfolge in Betracht:

1. Sonstige Finanzmittel
   (z. B. Zuweisungen, Zuschüsse, Mieten, Pachten, Bußgelder, Steuerbeteiligungen),
2. Spezielle Entgelte für die von der Gemeinde erbrachten Leistungen
   (z. B. Gebühren, Beiträge, Eintrittsgelder),
3. Steuern
   (z. B. Grund- und Gewerbesteuer).

Die Kommune darf Kredite nach dem Subsidiaritätsprinzip nur dann aufnehmen, wenn sie alle anderen Finanzierungsmittel vorher ausgeschöpft hat. Selbstverständlich sind als sonstige Finanzierungsmittel auch vorhandene Liquiditätsreserven vorrangig einzusetzen, soweit sie erkennbar nicht notwendig sind, um kurzfristige Liquiditätsschwankungen auszugleichen. Eine Befreiung von dieser strengen Nachrangigkeit der Kreditaufnahme ist nach dem Wortlaut des Gesetzes gegeben, wenn eine andere Finanzierung tatsächlich unmöglich oder unwirtschaftlich ist.[24]

15.3.2.3 Vorliegen einer Kreditermächtigung in der Haushaltssatzung

Die Erzielung von Erträgen bzw. Einzahlungen ist i. d. R. nicht auf eine entsprechende Ermächtigung im Haushaltsplan zurückzuführen. Vielmehr werden die Finanzierungsmittel in der Haushaltswirtschaft aufgrund spezialgesetzlicher Regelungen (z. B. Steuergesetzen, Gebührensatzungen), privatrechtlicher Verträge (z. B. Mietverträge) usw. erzielt. Dies gilt auch für die Einzahlungen aus Krediten. Der Gesetzgeber hat aber u. a. wegen der besonderen Folgewirkungen der Kredite auf die Haushaltswirtschaft für sie eine besondere Ermächtigungsnorm vorgesehen.

Nach § 65 Abs. 2 Nr. 3 BbgKVerf ist in der Haushaltssatzung die vorgesehene Kreditaufnahme für Investitionen etc. festzusetzen. Der Höchstbetrag der Kassenkredite bedarf indessen nur noch eines Beschlusses der Gemeindevertretung, der Betrag kann jedoch nachrichtlich in der Haushaltssatzung aufgenommen werden. Kredite zur Umschuldung sind nicht in die Haushaltssatzung aufzunehmen. Dies ist auch sinnvoll, weil es sich bei der Umschuldung um keine Erhöhung der Kreditverbindlichkeiten handelt. Die umgeschuldeten oder neu valutierten Kredite waren bereits in Kreditermächtigungen von Vorjahreshaushaltssatzungen enthalten.

Das Vorliegen einer formalen Kreditermächtigung in einem „Ortsgesetz" ist eine der Zulässigkeitsvoraussetzungen für Kreditaufnahmen der Gemeinde. Die in § 2 der Haushaltssatzung[25] festgesetzten Beträge bestimmen die für die Gemeinde höchstmöglichen Beträge der Kreditaufnahme für Investitionen und zur Liquiditätssicherung. Ein darüber hinausgehender Bedarf kann nur im Rahmen einer Nachtragssatzung (§ 68 BbgKVerf) oder durch Änderung des Beschlusses bei Kassenkrediten bereitgestellt werden. Die festgesetzten Kreditermächtigungen sind aber nicht gleichzeitig auch Verpflichtungen zur Aufnahme von Krediten. Eine tatsächliche Aufnahme von Krediten ist nur unter Beachtung aller Voraussetzungen zulässig.

Festzusetzender Betrag ist bei den Investitionskrediten der Betrag der Brutto-Neuaufnahmen, die später in der Finanzrechnung ausgewiesen werden. Sollte eine Kreditauszahlung nicht zu 100 % erfolgen (Einbehaltung eines Disagios), erfolgt die Inanspruchnahme der Kreditermächtigung nur in Höhe des tatsächlichen Einzahlungsbetrages. Bei den Krediten zur Liquiditätssicherung wird lediglich der Höchstbetrag festgesetzt. Solange die Gemeinde den Höchstbetrag der Kreditermächtigung nicht erreicht, kann sie ohne Einschränkung Kredite zur Liquiditätssicherung aufnehmen und wieder tilgen.

Die Höhe der in der Haushaltssatzung festgesetzten Kreditermächtigung für Investitionen etc. ergibt sich aus der Höhe der Investitionsauszahlungen abzüglich der Investitionszuwendungen und der Beiträge.[26] Dieser Betrag, der zur verfassungsmäßigen

24 Vgl. Kap. 15.3.2.6 (Beachtung gemeindewirtschaftlicher Belange).

25 Vgl. Muster 5.1 VV KomHKV zu § 65 BbgKVerf für die Haushaltssatzung.

26 Siehe hierzu die Ausführungen in Kap. 15.3.4.1.

Beschränkung der Kreditaufnahme herangezogen werden muss, stellt die Summe der kommunalen Investitionen dar.

Die Darstellung der Ein- und Auszahlungen für Kreditaufnahmen im Finanzplan bezieht sich allerdings auch bei den Investitionskrediten auf den vorgesehenen Finanzierungssaldo im gesamten Haushaltsjahr und nicht auf die tatsächlichen Ein- und Auszahlungen auf den Konten. So können (außerplanmäßige) Umschuldungen beim Ausweis im Finanzplan nicht berücksichtigt werden, da zum Zeitpunkt der Haushaltsplanung unklar ist, ob es sich z. B. um eine Prolongation beim selben Kreditinstitut handelt, die zu keinerlei Zahlungsverkehr führt, oder ob eine echte Umschuldung mit einem neuen Gläubiger erfolgen wird. Im Hinblick auf das Wirtschaftlichkeitsprinzip sollte die Gemeinde durch eine restriktive Auslegung der Haushaltssatzung jedoch nicht an einem wirtschaftlichem Cash- und Schuldenmanagement gehindert werden.[27] Gerade in Niedrigzinsphasen besteht häufig die Gefahr der Vernachlässigung einer adäquaten Liquiditätsplanung, da etwaige Zahlungsunfähigkeiten mit unerheblichen Kosten für die Kassenkredite unkompliziert überbrückt werden können. Es besteht also kaum Handlungsdruck. Mit Blick auf zukünftige Hochzinsphasen sollte grundsätzlich ein Liquiditätsmanagement eingerichtet werden – und nicht erst als Sanierungsmaßnahme bei Erstellung eines Haushaltssicherungskonzepts.[28]

Über die Finanzierung der Investitionen hinaus ist nach § 76 Abs. 1 BbgKVerf die jederzeitige Zahlungsfähigkeit der Gemeinde sicherzustellen. Für diese Sicherstellung der Zahlungsfähigkeit kann der im Finanzplan ausgewiesene Saldo aus Finanzierungstätigkeit ggf. nicht ausreichend sein. Allein dadurch, dass beispielsweise hohe Auszahlungen im Jahresverlauf vor den wichtigsten erwarteten Einzahlungen anfallen, können sich unterjährig Finanzierungsdefizite ergeben, die weit über dem liegen, was laut Finanzplan für das gesamte Jahr als Nettokreditaufnahme für Investitionen erforderlich scheint. Zusätzlich muss ein bestehendes Zahlungsmitteldefizit, unabhängig von seiner Ursache, durch die vorübergehende Inanspruchnahme von Fremdkapital ausgeglichen werden können. Um die für die Sicherstellung der jederzeitigen Liquidität erforderliche Handlungsfähigkeit zu haben, kann die Gemeinde nach § 76 Abs. 2 BbgKVerf durch Beschluss der Gemeindevertretung zusätzlich einen Höchstbetrag der Kredite zur Liquiditätssicherung festlegen. Auf der Grundlage der Erfahrungen im gemeindlichen Zahlungsverkehr ist dieser Höchstbetrag so zu bemessen, dass die zu erwartende Finanzierungsspitzen innerhalb des Haushaltsjahres damit abgefangen werden können.

Die Einhaltung des durch Beschluss der Gemeindevertretung festgelegten Höchstbetrags der Kreditaufnahmen zur Liquiditätssicherung ist unterjährig anhand des Saldos der Kreditaufnahmen und -tilgungen zu beurteilen und durch geeignete Vorkehrungen jederzeit zu gewährleisten.

27 Hier wäre eine entsprechende Klarstellung durch den Gesetzgeber notwendig.

28 Vgl. Runderlass 1/2013: Maßnahmen und Verfahren der Haushaltssicherung und der vorläufigen Haushaltsführung, Ziff. 5.4.

15.3.2.4 Gesamtbetragsgenehmigung im Rahmen der Haushaltssatzung

Nach § 74 Abs. 2 BbgKVerf bedarf der Gesamtbetrag der Kredite der Genehmigung der Kommunalaufsichtsbehörde im Rahmen der Haushaltssatzung.

§ 74 Abs. 2 BbgKVerf spricht von einer sogenannten „Gesamtgenehmigung" – besser „Gesamtbetragsgenehmigung" – der Kredite. Danach ist die Kreditaufnahme im Rahmen der Haushaltssatzung zu genehmigen und stellt somit eine der Gültigkeitsvoraussetzungen für die Satzung dar. Ferner handelt es sich um eine Voraussetzung für die rechtswirksame Einzelaufnahme des Kredits.

Damit hat die Kommunalaufsichtsbehörde im Rahmen des Genehmigungsverfahrens der Haushaltssatzung die Möglichkeit der Einwirkung auf weitere Kreditaufnahmen durch die Gemeinde.

Zur Frage der Genehmigung gibt § 74 Abs. 2 Sätze 2 und 3 BbgKVerf der Kommunalaufsichtsbehörde bestimmte Kriterien an die Hand, wobei auf die individuellen Verhältnisse der Gemeinde abzustellen ist. Die Genehmigung soll unter dem Gesichtspunkt einer geordneten Haushaltswirtschaft erteilt oder versagt werden (§ 74 Abs. 2 Satz 2 BbgKVerf). Unter geordneter Haushaltswirtschaft versteht sich insbesondere die Beachtung der Grundsätze im Haushaltsrecht – sowohl der Haushalts-, der Veranschlagungs- und Deckungsgrundsätze als auch die Grundsätze einer ordnungsgemäßen Buchführung.[29]

In diesem Zusammenhang ist in § 74 Abs. 2 BbgKVerf auch bestimmt, dass die Genehmigung unter Bedingungen und Auflagen erteilt werden kann. Dies bedeutet, dass die Kommunalaufsichtsbehörde z. B. die festgesetzte Kreditermächtigung verringern kann, Höchstgrenzen bei den Konditionen (Zins- und Tilgungsverpflichtungen usw.) und flankierende Maßnahmen (z. B. Verbesserung der Einzahlungs- als auch Ertragssituation, Kostendeckung bei den Gebührenhaushalten) verlangen kann. Die Kommunalaufsichtsbehörde würde aber ihre Kompetenzen überschreiten, wenn sie die Streichung bestimmter Maßnahmen (z. B. von Investitionsmaßnahmen) fordern bzw. die Höhe der Realsteuersätze vorschreiben würde.

Aus der Bestimmung des § 74 Abs. 2 Satz 3 BbgKVerf – *„Die Genehmigung ist in der Regel zu versagen, wenn die Kreditverpflichtungen mit der dauernden Leistungsfähigkeit der Gemeinde nicht in Einklang stehen"* – ist herzuleiten, dass die Kommunalaufsichtsbehörde ihr besonderes Augenmerk auf die Frage zu richten hat, ob die Zins- und Tilgungsverpflichtungen auf Dauer noch erwirtschaftet werden können. Hier hat sie ebenso wie die Kommune selbst ein Augenmerk auf die Entwicklung der Ergebnisse im Ergebnis- als auch im Finanzplan zu richten. Für weitere Ausführungen siehe Kapitel 15.3.2.5.

Die Vorschriften des § 74 Abs. 2 BbgKVerf sind nun aber in der Form von Sollvorschriften gefasst. Somit ist die Genehmigung in das Ermessen – allerdings gebundenes Ermessen – der Kommunalaufsichtsbehörde gestellt. Hieraus ist herzuleiten, dass auch andere Überlegungen bei der Erteilung oder Versagung der Genehmigung mit

29 Siehe Kap. 9 und 13.

einfließen können. Dieses sind insbesondere gesamtwirtschaftliche oder gemeindewirtschaftliche sowie kreditpolitische Erwägungen.

Zur Gesamtproblematik siehe auch die Verwaltungsvorschrift zur Haushaltssicherung[30] und Kreditwesen der Kommunen.[31]

15.3.2.5 Bewahrung der dauernden Leistungsfähigkeit

Nach § 74 Abs. 1 BbgKVerf hat die Gemeinde auch über die Vermeidung einer Überschuldung hinaus eigenverantwortlich darauf zu achten, dass die aus Kreditaufnahmen entstehenden Verpflichtungen mit ihrer dauernden Leistungsfähigkeit im Einklang stehen. Die Gemeinde hat also ihr besonderes Augenmerk auf die Frage zu richten, ob die sich aus der Kreditaufnahme ergebenden Verpflichtungen auf Dauer erwirtschaftet werden können.

Die Beantwortung dieser Frage ist nicht durch eine pauschale Festlegung bestimmter Prozentrelationen zu den sogenannten „allgemeinen Deckungsmitteln“, zur Ertragskraft oder durch die Festlegung z. B. bestimmter Höchstsätze der Pro-Kopf-Verschuldung möglich. Bei der Beurteilung ist neben den historischen Daten auch die abzusehende wirtschaftliche Entwicklung der Gemeinde zu berücksichtigen.

Insbesondere die sog. „Pro-Kopf-Verschuldung“ ist zwar in der Presse oder bei den Parlamentariern ein beliebtes Argument, eine weitere Kreditaufnahme zu befürworten oder abzulehnen. Tatsächlich ist sie aber nicht geeignet, die Frage zu beantworten, ob eine zusätzliche Kreditaufnahme mit der Leistungsfähigkeit der Kommune vereinbar ist. Folgendes Beispiel soll dies verdeutlichen:

Beispiel:
Herr A und Herr B nehmen jeweils einen Kredit in Höhe von 20.000 € auf. Beide haben also eine Pro-Kopf-Verschuldung von 20.000 €. Der Schuldendienst beträgt für beide gleichermaßen 500 € monatlich. A verdient 4.000 € im Monat. Der monatliche Verdienst von B beträgt nur 1.000 €. Beide haben vergleichbare Lebenshaltungskosten. Frage: Geht es beiden bei gleicher Pro-Kopf-Verschuldung gleich gut?

Eine Antwort erübrigt sich. Das Beispiel verdeutlicht:

Für die Beurteilung der Einhaltung der dauernden Leistungsfähigkeit ist nicht die Frage nach der absoluten Schuldenhöhe entscheidend, sondern wichtiger ist die Frage nach dem Schuldendienst (also den Zins- und Tilgungsleistungen) im Verhältnis zur wirtschaftlichen Leistungsfähigkeit. Zur Beurteilung lautet daher die entscheidende Frage: Reichen die verfügbaren Mittel dauerhaft aus, um den Schuldendienst finanzieren zu können?

30 Runderlass 1/2013 des Ministers des Inneren vom 24.7.2013.

31 Runderlass 1/2015 Kreditwesen der Gemeinden und Gemeindeverbänden vom 11.9.2015.

Während sich die Vermeidung einer Überschuldung eher statisch an den Bilanzgrößen ausrichtet, ist für die Bewahrung der dauernden Leistungsfähigkeit ausdrücklich auf die dynamische Entwicklung der Gemeinde abzustellen. Die Entwicklung der Jahresergebnisse und der Zahlungsfähigkeit stehen im Vordergrund.

Hier sei allerdings angemerkt, dass ein Verbot der Überschuldung (Eigenkapital ist aufgebraucht) und die Bewahrung der dauernden Leistungsfähigkeit selbstverständlich eng zusammenhängen, da sich eine Überschuldung immer aus negativen Jahresergebnissen ergibt. Gleichzeitig können aber bei entsprechender Eigenkapitalausstattung dauerhaft negative Jahresergebnisse vorliegen, ohne dass eine Überschuldung droht. Zur Sicherung der dauernden Leistungsfähigkeit ist auch in diesen Fällen eine zusätzliche Kreditaufnahme kritisch zu prüfen.

Maßgeblich für die Beurteilung der dauernden Leistungsfähigkeit ist einerseits die absehbare Entwicklung des Ergebnisses in der mittelfristigen Planung. Dies ist aus dem Ergebnisplan zu entnehmen. Dabei ist insbesondere auf die Entwicklung des „Ergebnisses aus laufender Verwaltungstätigkeit" (§ 4 Abs. 1 Nr. 18 KomHKV) und des „Finanzergebnisses" (§ 4 Abs. 1 Nr. 21 KomHKV) abzustellen.

Das Ergebnis aus laufender Verwaltungstätigkeit weist das Ergebnis aus, dass sich ausschließlich aus der „normalen" Aufgabenerledigung ergibt. Seltene und ungewöhnliche Geschäftsvorfälle von wesentlicher Bedeutung werden dabei nicht berücksichtigt. Gleichzeitig werden der Finanzierungsaufwand und auch die Erträge aus Finanzanlagen in diesem Saldo nicht berücksichtigt. Die Berücksichtigung dieses Finanzergebnisses erfolgt in einem zweiten Schritt. Die Entwicklung des Finanzergebnisses zeigt bei aktueller Planung deutlich die negativen Auswirkungen einer steigenden Verschuldung an. Die Kommune hat sicherzustellen, dass im Zeitraum der mittelfristigen Planung eine (negative) Entwicklung des Finanzergebnisses durch eine entsprechend (positive) Entwicklung des Ergebnisses aus laufender Verwaltungstätigkeit kompensiert wird. Ziel ist dabei die Erreichung oder Sicherung eines positiven „Ordentlichen Ergebnisses" (§ 4 Abs. 1 Nr. 22 KomHKV).

Bei einer entgegengesetzten Entwicklung, nämlich einer kontinuierlichen Verschlechterung des ordentlichen Ergebnisses, verstößt eine zusätzliche Belastung des Finanzergebnisses durch weitere Kreditaufnahmen, die nicht allein auf die kurzfristige Liquiditätssicherung gerichtet sind, gegen § 74 Abs. 2 BbgKVerf.

Neben der Entwicklung des Jahresergebnisses ist für die Beurteilung der Sicherung der dauernden Leistungsfähigkeit auch die Entwicklung des Ergebnisses der Finanzrechnung von Interesse. Die Finanzrechnung weist mit den verschiedenen Salden die Fähigkeit der Kommune aus, ihre Aufgabenerledigung – auf das gesamte Jahr betrachtet – aus eigener Kraft zu finanzieren. Ziel der mittelfristigen Entwicklung muss es sein, dass der „Cash-Flow (CF) aus Finanzierungstätigkeit" (§ 5 Nr. 41 KomHKV) absolut den (negativen) „CF aus Investitionstätigkeit" (§ 5 Nr. 33 KomHKV) nicht übersteigt. Nur in diesen Fällen kann aus dem laufenden Verwaltungsbetrieb noch ein finanzieller Beitrag zur Investitionstätigkeit der Gemeinde geleistet werden, falls der CF aus laufender Verwaltungstätigkeit positiv ist. Bei einem negativen CF aus laufender Verwaltungstätigkeit in der mittelfristigen Entwicklung erfolgt eine Finanzierung des laufenden Geschäfts aus Krediten. Eine solche Entwicklung würde die dauernde Leistungsfähigkeit der Gemeinde gefährden und darf daher nur kurzfristig in Ausnahmesituationen eintreten.

Die Bewahrung der dauernden Leistungsfähigkeit ist im Hinblick auf die Kreditaufnahmen insbesondere bei der Aufstellung des Haushalts und der mittelfristigen Planung zu berücksichtigen. Die vorgesehenen Kreditermächtigungen sind unter den o. a. Kriterien zu beurteilen. In diesem Zusammenhang ist nochmals darauf hinzuweisen, dass die Nichtberücksichtigung der Kreditaufnahmen und -tilgungen zur Liquiditätssicherung im Haushaltsplan die Transparenz der Planung unnötig beeinträchtigt. Der Ausweis eines Defizits im Finanzplan weist zwar auf Probleme im Bereich der Liquiditätssicherung hin. Im Rahmen der Haushaltsberatungen erfolgt aber nicht die Darstellung des aktuellen Standes der Liquiditätskredite und die Abbildung der mittelfristigen erwarteten Entwicklung dieser Größe. Aus Sicht der Bürger und der Politiker werden hier ohne Grund wichtige Steuerungsinformationen innerhalb der Haushaltsplanung vorenthalten.

15.3.2.6 Beachtung gemeindewirtschaftlicher Belange

Das o. a. Subsidiaritätsprinzip ist, wie bereits angedeutet, nicht absolut anzuwenden. Der Zusatz „wirtschaftlich unzweckmäßig“ erlaubt es, unter bestimmten Voraussetzungen von der Nachrangigkeit abzuweichen.

Die Zweckmäßigkeit oder Unzweckmäßigkeit einer Kreditaufnahme ist im Rahmen der Haushaltswirtschaft unter verschiedenen Aspekten zu sehen. Eine Kreditaufnahme ist unabhängig von anderen Finanzierungsmöglichkeiten immer dann in die Überlegung mit einzubeziehen, wenn es um die Finanzierung langlebiger Investitionsmaßnahmen geht. Unter dem Gesichtspunkt der Zumutbarkeit und Belastbarkeit der Einwohner entspricht es möglicherweise nicht dem Grundsatz der Generationengerechtigkeit, dass die gegenwärtigen Abgabepflichtigen die vollständigen Belastungen (Steuern usw.) tragen, obwohl die künftigen Generationen noch einen erheblichen Nutzen von diesen Investitionen haben. Ferner ist aus den Bestrebungen einer kontinuierlichen Belastung der Einwohner heraus eine möglichst ausgewogene Kreditaufnahme anzustreben. Eine Haushaltswirtschaft unter strenger Beachtung des Subsidiaritätsprinzips der Kreditaufnahme könnte zu sprunghaft wechselnden Belastungen der Einwohner (durch Steuern, Beiträge usw.) führen.

Ein weiterer Aspekt, der bei der Nachrangigkeit der Kreditfinanzierung zu beachten ist, ist die Frage nach der möglichst beweglichen Haushaltsführung. Bei strikter Beachtung des Subsidiaritätsprinzips müssten zunächst alle anderen Finanzierungsmittel ausgeschöpft werden. Die Folge wäre einerseits, dass bei weiterem Finanzbedarf die angebotenen Kreditkonditionen ohne jegliche Ausweichmöglichkeit angenommen werden müssten. Andererseits würde bei einem plötzlichen Finanzbedarf eine schnelle und unkomplizierte Reaktion unmöglich. Eine dann notwendige Kreditfinanzierung wäre nur im Rahmen eines zeitaufwendigen Verfahrens des Erlasses einer Nachtragssatzung möglich.

Selbstverständlich ist eine Kreditaufnahme aus Gründen der Wirtschaftlichkeit auch dann anderen Finanzierungsformen vorzuziehen, wenn der Schuldenzins unter dem Guthabenzins liegt (evtl. bei zweckgebundenen Krediten der öffentlichen Hand).

15.3.2.7 Beachtung gesamtwirtschaftlicher Belange

Nach § 63 Abs. 1 BbgKVerf hat die Gemeinde bei der Führung ihrer Haushaltswirtschaft dem gesamtwirtschaftlichen Gleichgewicht Rechnung zu tragen. Im Rahmen dieser Verpflichtung ist auch die Frage der Kreditaufnahme zu sehen. Aus gesamtwirtschaftlichen Überlegungen heraus kann durchaus die Nachrangigkeit der Kreditaufnahme durchbrochen werden. Der Kreditmarkt als Markt lebt von Angebot und Nachfrage. Genauso wie die Kreditbeschränkung nach § 19 StabG zur Beruhigung des Kreditmarktes und damit der konjunkturellen Entwicklung beiträgt, wirkt eine verstärkte Kreditaufnahme belebend.

Somit ist die Vorschrift des § 64 Abs. 3 BbgKVerf bezüglich der wirtschaftlichen Zweckmäßigkeit der Kreditaufnahme grundsätzlich auch unter gesamtwirtschaftlichen Gesichtspunkten zu sehen. Allerdings ist dabei zu berücksichtigen, dass eine einzelne Kommune i. d. R. keine Möglichkeit hat, durch ihre Kreditaufnahmen gesamtwirtschaftliche Zusammenhänge zu beeinflussen. Es ist daher streng darauf zu achten, dass die Beachtung der gesamtwirtschaftlichen Belange von einer einzelnen Gemeinde nicht nur vorgeschoben wird, um eine zusätzliche Kreditaufnahme zu rechtfertigen, die aus anderen Gesichtspunkten (insb. der Bewahrung der dauernden Leistungsfähigkeit) heraus nicht zulässig wäre. Ein Hinweis darauf könnte sein, dass die Gemeinde in einer umgekehrten wirtschaftlichen Situation aus gesamtwirtschaftlichen Gründen heraus eine zusätzliche, einzelwirtschaftlich vertretbare Kreditaufnahme vermieden hat.

15.3.2.8 Zuständigkeit für die tatsächliche Kreditaufnahme

Die in § 2 der Haushaltssatzung gegebenen Ermächtigungen der Gemeindevertretung zur Aufnahme von Krediten ist die Festlegung eines Höchstbetrags. Gleiches erfolgt bei Kassenkrediten durch den Beschluss der Gemeindevertretung. Es ergibt sich nun die Frage, wer die Entscheidung über die tatsächlichen Kreditaufnahmen im Rahmen der Ausführung des Haushalts fällt (z. B. Vertragsabschluss mit dem Kreditinstitut). Die tatsächliche Kreditaufnahme ist nur mit Zustimmung des Hauptausschusses möglich, da diese nicht im Ausschließlichkeitskatalog des § 28 BbgKVerf enthalten ist und es sich nicht um ein einfaches Geschäft der laufenden Verwaltung handelt. Die Gemeindevertretung kann sich die Entscheidung jedoch nach § 28 Abs. 3 BbgKVerf vorbehalten.

In dringenden Fällen zur Abwehr einer Gefahr oder eines erheblichen Nachteils der Gemeinde greifen die Vorschriften des § 58 BbgKVerf (Eilentscheidung = Hauptverwaltungsbeamte im Einvernehmen mit dem Vorsitzenden der Gemeindevertretung), wenn die Erledigung nicht bis zu einer ohne Frist und formlos einberufenen Sitzung der Gemeindevertretung aufgeschoben werden kann.

15.3.2.9 Auswahl der Kreditangebote unter Berücksichtigung der Wirtschaftlichkeit

Nach § 63 Abs. 2 BbgKVerf ist die Haushaltwirtschaft der Gemeinde wirtschaftlich und sparsam zu führen. Die Beachtung des Wirtschaftlichkeitsgebotes ist auch bei der Kreditaufnahme zu berücksichtigen. Die Gemeinde ist daher verpflichtet, bei jeder einzelnen Kreditaufnahme eine Prüfung der am Kreditmarkt bestehenden Angebote durchzuführen. Hierzu reicht i. d. R. eine Kreditanfrage an verschiedene Geschäftsbanken und ein sorgfältiger Konditionenvergleich aus.

Im Hinblick auf das Wirtschaftlichkeitsgebot sollte sich zusätzlich jede Gemeinde regelmäßig mit den bestehenden unterschiedlichen Möglichkeiten der Finanzierung grundsätzlich auseinandersetzen, um auch mögliche Alternativen zur Kreditaufnahme in die Wirtschaftlichkeitsbetrachtung der Finanzierung miteinzubeziehen.

15.3.2.10 Eventuelle Einzelgenehmigung

Grundsätzlich unterliegt die Kreditaufnahme im kommunalen Bereich nicht der Einzelgenehmigung, d. h. die tatsächliche Kreditaufnahme beim Geldgeber muss nicht jeweils einzeln von der Kommunalaufsichtsbehörde genehmigt werden. Die Frage der dauernden Leistungsfähigkeit bei der vorgesehenen Kreditaufnahme ist bereits bei der Gesamtbetragsgenehmigung zu prüfen.

Eine eventuelle Einzelgenehmigung der Kreditaufnahme kann nur im Zusammenhang mit der Beachtung des gesamtwirtschaftlichen Gleichgewichts und des Haushaltsausgleichs angeordnet werden. Sowohl der Bund als auch das Land und die Kommunalaufsichtsbehörden können nach § 74 Abs. 4 BbgKVerf die Einzelgenehmigung bestimmen.

Nach § 74 Abs. 4 Nr. 1 BbgKVerf ist eine Einzelgenehmigung erforderlich, sofern die Kreditaufnahme durch **den Bund** nach § 19 StabG beschränkt worden ist. Diese Beschränkung darf nach § 20 Abs. 2 StabG allerdings nur bis zu einer Höhe von 80 % der Kreditaufnahmen nach dem Durchschnitt der letzten fünf Jahre reichen. Für Gemeinden, die in der Vergangenheit zurückhaltend waren, stellt diese Regelung eine Benachteiligung dar. Hier sollten Ausnahmemöglichkeiten geschaffen werden. Bei der bestehenden Regelung muss somit eine Gemeinde im Rahmen ihrer Kreditpolitik auch diese Konsequenz bedenken.

Die Einzelgenehmigung kann nach Maßgabe der Kreditbeschränkung versagt werden. Folge der Kreditbeschränkung ist in erster Linie die verminderte Investitionstätigkeit. Damit stellt sie ein Mittel zur Konjunkturdämpfung dar.[32]

Das Land kann gemäß § 74 Abs. 4 Nr. 2 BbgKVerf durch eine Rechtsverordnung der Landesregierung bei Gefährdung des Kreditmarktes die Einzelgenehmigung der Kreditaufnahme bestimmen. Eine Genehmigung kann dann versagt werden, wenn die Kreditbedingungen die Entwicklung am Kreditmarkt ungünstig beeinflussen oder die Versorgung der Gemeinden mit wirtschaftlich vertretbaren Krediten stören könnten.

Sinn dieser Vorschrift soll sein, dass bei extrem hohem Zinsniveau am Kreditmarkt die Gemeinden als Nachfrager zurückgehalten werden können. Diese gilt aber nur bezogen auf das Land Brandenburg. Bei der länderübergreifenden bzw. internationalen Verflechtung des Kreditmarktes ist kaum anzunehmen, dass das Land Brandenburg jemals in die Lage versetzt wird, eine Verordnung i. S. v. § 74 Abs. 4 Nr. 2 BbgKVerf zu erlassen. Die konjunkturgerechte Steuerung des Kreditmarktes kann in der Regel nur vom Bund im Rahmen des § 19 StabG durchgeführt werden. Insofern erscheint diese Vorschrift nicht den Realitäten angepasst. Das Land hat auch bisher von dieser Ermächtigung keinen Gebrauch gemacht.

Sollte ein Haushaltssicherungskonzept gem. § 63 Abs. 5 BbgKVerf aufgestellt worden sein, ist dieses der Kommunalaufsichtsbehörde zur Genehmigung vorzulegen. Im Rahmen dieser Genehmigung kann sich die Kommunalaufsichtsbehörde die Einzelbetragsgenehmigung bei Krediten vorbehalten (§ 74 Abs. 4 Nr. 3 BbgKVerf).

15.3.2.11 Einhaltung der Formvorschriften bei der Kreditaufnahme

Nach § 57 Abs. 2 BbgKVerf bedürfen Erklärungen, durch welche die Gemeinde verpflichtet werden soll, der Schriftform. Sie sind vom Hauptverwaltungsbeamten und einem seiner Vertreter zu unterzeichnen.

Nach § 57 Abs. 5 BbgKVerf sind Erklärungen, die nicht den Formvorschriften entsprechen, schwebend unwirksam. Somit bedarf der Kreditvertrag (Schuldurkunde) der Schriftform und zweier Unterschriften.

32 Bisher hat der Bund nur einmal von der Möglichkeit nach § 19 StabG Gebrauch gemacht. Dies geschah mit der Verordnung über die Begrenzung der Kreditaufnahme durch Bund, Länder, Gemeinden und Gemeindeverbände im Haushaltsjahr 1973 vom 1.6.1973 (BGBl. I S. 504), auch „Schuldendeckelverordnung" genannt. In dieser Verordnung wurde für den Bund, die Länder und die Gemeinden (GV) jeweils ein Höchstbetrag der Kreditaufnahme festgesetzt. Im Rahmen der Einzelgenehmigung wurde dann unter Berücksichtigung der Nettokreditaufnahmen (Kreditaufnahme abzüglich Kredittilgung) der Vorjahre eine Kreditaufnahme genehmigt bzw. abgelehnt.

15.3.3 Ausgestaltung von Krediten (Kreditbedingungen)

15.3.3.1 Allgemeines

Die Gemeinden sind eigenverantwortlich gehalten, die Kreditbedingungen zu prüfen. Mit Kreditbedingungen sind die Bedingungen gemeint, die der Gläubiger bei der Hergabe der Finanzmittel stellt. Hierunter werden subsumiert:

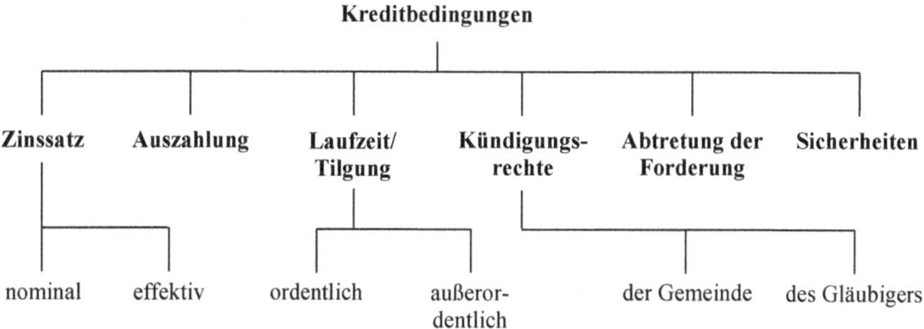

15.3.3.2 Zinssatz

Der Nominalzinssatz ist Ausdruck der Zinsaufwendungen, die der Kredit jährlich verursacht. Er ist möglichst geringzuhalten. Die jährlichen Zinsaufwendungen addieren sich bei langen Laufzeiten der Kredite zu erheblichen Beträgen. Die Beobachtung des Kreditmarktes ist daher unerlässlich. Die Höhe des Zinssatzes ist aber auch unter Berücksichtigung der eigenen haushaltswirtschaftlichen Verhältnisse zu beurteilen. Überhöhter Zinsaufwand belastet auf Dauer das Finanzergebnis einer Gemeinde erheblich. Bei der Frage nach der Wirtschaftlichkeit eines Kreditangebotes ist auch die Höhe der Gesamtbelastung von Bedeutung. Ausdruck dieser Gesamtbelastung ist der sog. „Effektivzinssatz", der unter Berücksichtigung der Kreditbeschaffungskosten (z. B. Disagio, einmalige Verwaltungskosten, Gebühren) und der laufenden Kosten sowie der Laufzeit im Einzelfall zu ermitteln ist. Auch die unterschiedlichen Zahlungsmodalitäten der Zins- und Tilgungsleistungen (z. B. vierteljährlich, halbjährlich, jährlich nachträglich; sofortige Abschreibung unterjähriger Tilgung vom Restkapital) haben Einfluss auf den Effektivzinssatz. Ebenso von Bedeutung ist der Zeitraum, für den ein bestimmter Zinssatz fest vereinbart wird (Zinsbindungsdauer).

Die Kreditgeber sind gesetzlich verpflichtet, den Effektivzinssatz im Kreditangebot zu nennen. Mit Hilfe der Datenverarbeitung werden die einzelnen Effektivzinssätze maschinell ermittelt.[33]

---

33 Eine ausführliche Darstellung der Effektivzinssätze und deren Berechnung enthält *Klümper/Möllers/Zimmermann*, Kommunale Kosten- und Wirtschaftlichkeitsrechnung, 20. Aufl., Witten 2019, S. 324.

Im Zusammenhang mit dem Zinssatz ist auch eine eventuelle Zinsgleitklausel zu beachten. Die Zinsgleitklausel erlaubt eine automatische Anpassung des Zinssatzes an die veränderte Kapitalmarktlage bzw. erlaubt es dem Gläubiger, einseitig einen neuen Zinssatz festzusetzen. Die Zinsgleitklausel ist nicht zu verwechseln mit der Zinsanpassungsklausel, die eine fristgerechte Kündigung und eine neue vertragliche Vereinbarung voraussetzt. Die Gleitklauseln sollten unter dem Gesichtspunkt der Wirtschaftlichkeit und Sparsamkeit und im Interesse der Haushaltssicherheit vermieden werden und müssen als haushaltsrechtlich unzulässig angesehen werden.

15.3.3.3 Auszahlung

Die Auszahlung der Kredite erfolgt nicht immer in voller Höhe des Nennbetrages (Rückzahlungsbetrag). Da das Disagio (Abgeld) als Kreditbeschaffungskosten Auswirkungen auf den Effektivzinssatz hat, bedarf es besonderer Beachtung.

Auch wenn ein Disagio vereinbart wurde, ist der volle Rückzahlungsbetrag zu passivieren. Das Disagio ist, wenn es vom Gläubiger einbehalten oder bei der Darlehensauszahlung an den Kreditgeber gezahlt wurde, nach § 53 Abs. 3 KomHKV als aktiver Rechnungsabgrenzungsposten (Konto 1991) auszuweisen. Es ist dann durch planmäßige jährliche Abschreibung (Konto 5591) über die gesamte Kreditlaufzeit aufwandswirksam zu verteilen. In der Ergebnisrechnung wirkt sich damit die Vereinbarung eines Disagios genauso aus wie die Vereinbarung eines höheren Zinssatzes bei voller Auszahlung.

In der Finanzrechnung wird der tatsächliche Finanzmittelzufluss (Konto 692x) aus der Kreditaufnahme erfasst (Kassenwirksamkeitsprinzip).

15.3.3.4 Laufzeit und Tilgung

Die Laufzeit eines Kredites ergibt sich aus der Höhe der jährlichen Tilgung (z. B. 2 v. H. feststehende Tilgung = 50 Jahre Laufzeit).

Hinsichtlich der Tilgung unterscheidet man in

- *ordentliche Tilgung*
  (die Leistung des im Haushaltsjahr zurückzuzahlenden Betrages bis zu der in den Rückzahlungsbedingungen festgelegten Mindesthöhe) und
- *außerordentliche Tilgung*
  (die über die ordentliche Tilgung hinausgehende Rückzahlung einschließlich Umschuldung).

Um den Schuldendienst niedrig zu halten, werden in der Praxis häufig geringe Tilgungsraten angestrebt. Tilgungsraten von 1 bis 2 v. H. sind bei Kommunalkrediten üblich. Hierbei sollte aber darauf geachtet werden, dass den Tilgungsbeträgen die ersparten Zinsen zuwachsen (Annuitätskredite). Dadurch wird die Laufzeit der Kredite erheblich verringert, so z. B. bei 1 % Tilgung in Abhängigkeit vom Zinssatz auf etwa 30 bis 33 Jahre.

Bei der Festlegung der Tilgungsraten ist zu berücksichtigen, dass sich durch die Abschreibungen das mit den Krediten finanzierte bilanzielle Vermögen regelmäßig verringert. Um zu vermeiden, dass die Kreditverbindlichkeiten langfristig den Vermögensbestand übersteigen (Überschuldung), ist eine Fristenkongruenz zwischen Anlagevermögen und Verbindlichkeiten anzustreben. Andernfalls würden die Belastungen aus der Kreditfinanzierung auch dann noch den Haushalt belasten, wenn die mit den Krediten finanzierten Vermögensgegenstände schon nicht mehr genutzt werden können. Dies würde dem Haushaltsgrundsatz der Beachtung der intergenerativen Gerechtigkeit widersprechen. Praktisch sollte daher die durchschnittliche Tilgungsrate den durchschnittlichen Abschreibungssatz nicht wesentlich übersteigen.

15.3.3.5 Kündigungsrechte

Kredite müssen für die Gemeinde grundsätzlich immer kündbar sein, um eine vorzeitige völlige bzw. teilweise Tilgung zu ermöglichen. In diesem Zusammenhang wird auf § 489 BGB hingewiesen. Ein Kündigungsrecht sollte nicht länger als für die ersten fünf Jahre ausgeschlossen sein.

Aus Gründen der Haushaltssicherheit und um die Kreditbelastung langfristig überschaubar zu halten, ist ein Kündigungsrecht des Gläubigers nach Möglichkeit auszuschließen bzw. nur zum Zwecke der Zinsanpassung zuzulassen.

15.3.3.6 Abtretung der Forderung

Dem Gläubiger sollte das Recht zur Abtretung der Forderungen an einen anderen grundsätzlich nicht gegeben werden – und zwar deshalb nicht, weil die Gemeinde aus Gründen der Haushaltssicherheit den Kredit während der gesamten Laufzeit mit einem ihr vorher bekannten Gläubiger abwickeln sollte. Ist eine Abtretung ausnahmsweise vertraglich doch eingeräumt, sollte die Gemeinde sich die jeweilige Zustimmung zur Abtretung vorbehalten.

15.3.3.7 Sicherheiten

Da bei öffentlichen Körperschaften ein Kreditausfallrisiko für die Gläubiger nicht besteht, ist die Bestellung von Sicherheiten grundsätzlich unzulässig (§ 74 Abs. 6 BbgKVerf). Nur mit Zustimmung der Kommunalaufsichtsbehörde sind Ausnahmen zulässig, wenn die Sicherheitsbestellung der Verkehrsübung entspricht. Der Verkehrsübung entspricht eine Sicherheitsleistung, wenn sie im Geschäftsverkehr unter Berücksichtigung der besonderen Stellung der Gemeinden im Kreditgeschäft üblich ist. Beispiel hierfür sind

Hypotheken auf Wohnhäuser. Insgesamt ist jedoch ein strenger Maßstab bei der Frage nach Sicherheitsleistungen anzulegen.

15.3.4 Abwicklung der Kreditaufnahme im Haushalt

15.3.4.1 Veranschlagung der Kredite und der daraus resultierenden Aufwendungen und Auszahlungen

Gem. § 22 Nr. 2 KomHKV dienen in der kommunalen Haushaltswirtschaft die Einzahlungen für die laufende Verwaltungstätigkeit insgesamt zur Deckung der Auszahlungen für die laufende Verwaltungstätigkeit, für die Auszahlungen aus Finanzierungstätigkeit und die im Bereich der laufenden Verwaltungstätigkeit entstehenden Einzahlungsüberschüsse sowie die Einzahlungen aus Investitionstätigkeit und Kreditaufnahmen zur Deckung der Auszahlungen für die Investitionstätigkeit (Gesamtdeckungsprinzip). Eine Zuordnung von einzelnen Kreditaufnahmen als Einzahlung für bestimmte Maßnahmen oder spezifische Aufgabenbereiche ist daher nicht vorgesehen. Da sich die Gliederung des Haushalts in Teilpläne gem. § 6 Abs. 1 KomHKV an Produktbereichen orientiert, ist auch die Veranschlagung der Ein- und Auszahlungen für Kredite im Teilfinanzplan eines Produktbereichs vorzunehmen. Grundlage für die Bildung von Produktbereichen ist der kommunale Produktrahmen des Landes Brandenburg. Der Produktrahmen sieht als Produktbereich 61 den Bereich „Allgemeine Finanzwirtschaft“ vor, dem die Ein- und Auszahlung aus der Aufnahme und Tilgung von Krediten zugeordnet werden.

Auch wenn die Einnahmen aus Krediten grundsätzlich zweckfrei sind, ist es nicht ausgeschlossen, dass Kredite aufgrund von Gesetzen usw. für bestimmte Maßnahmen bewilligt werden. Denkbar ist jedoch auch eine Zweckbindung aufgrund einer besonderen Vereinbarung mit dem Gläubiger. Aber auch solche zweckgebundenen Kredite sind im Teilfinanzplan des Produktbereichs 61 zu veranschlagen. Diese Zuordnung gilt ebenfalls für die Tilgungsleistungen. Eine Zuordnung zu anderen Produktbereichen ist unzulässig.

§ 8 KomHKV sieht eine besondere Struktur der Teilfinanzpläne vor. Danach sind bei den produktorientierten Teilfinanzplänen jeweils nur die Ein- und Auszahlungen aus Investitionstätigkeit auszuweisen. Diese Struktur ist für die Abbildung des Teilfinanzplans für den Produktbereich „Allgemeine Finanzwirtschaft“ nicht ausreichend, da in diesem Teilfinanzplan Investitionen i. d. R. nicht erfasst werden, dafür aber die Finanzierungstätigkeit, d. h. die Aufnahme und Rückzahlung von Krediten zu erfassen ist. Auch andere Positionen, wie die Gewährung von Darlehen oder die vorübergehende Anlage von Geld, müssen hier erfasst werden, da andernfalls für diese Auszahlungen keine speziellen Haushaltsermächtigungen vorliegen. Im Produktbereich 61 sollte daher der Teilfinanzplan zur Sicherstellung einer vollständigen Veranschlagung der Finanzierungstätigkeit und der sonstigen Zahlungen, die einer Ermächtigung bedürfen, ergänzt werden. Der Bereich der Investitionszahlungen kann dagegen entfallen. Entsprechend sollte auch eine Änderung der Teilfinanzrechnung im Produktbereich 61 erfolgen. Eine mögliche Darstellungsform ist im Folgenden – ohne Anspruch auf Vollständigkeit – abgebildet:[34]

Teilfinanzplan Produktbereich 61 „Allgemeine Finanzwirtschaft“		Ergebnis Vorvor vorjahr	Ansatz Vorjahr	Ansatz Haushaltsjahr	Haushaltsjahr +1	Haushaltsjahr +2	Haushaltsjahr +3	VE
		1	2	3	4	5	6	7
Finanzierung								
01	Aufnahme von Krediten für Investitionen							
02	Tilgung von Krediten für Investitionen							
03	**Saldo Finanzierungstätigkeit (Kreditaufnahme ./. Tilgung)**							
Sonstige Zahlungen								
04	Einzahlungen aus Rückflüssen von Darlehen							
05	Auszahlungen aus Gewährung von Darlehen							
06	Einzahlungen aus Verkauf von Wertpapieren							
07	Auszahlungen aus Kauf von Wertpapieren							
18	**Saldo Investitions- und Finanzierungstätigkeit**							

Der Ausweis im Teilfinanzplan und in der Teilfinanzrechnung erfolgt in Höhe der tatsächlichen Einzahlungen (Nennbetrag ./. Disagio) bzw. Auszahlungen (Tilgungsleistungen).

> ***Beispiel:***
> *Wird z. B. ein Kredit in Höhe von 100.000 € zu einem Auszahlungskurs von 98 % genommen, so sind dafür Einzahlungen i. H. v. 98.000 € im Finanzplan zu veranschlagen und in der Finanzrechnung auszuweisen. Als Auszahlungen sind die planmäßigen Tilgungen zu veranschlagen. Bei Aufnahme des Kredits erfolgt die Passivierung zum Rückzahlungsbetrag i. H. v. 100.000 €. Das Disagio wird als Rechnungsabgrenzungsposten aktiviert und über die Laufzeit des Kredites abgeschrieben.*

Bei den Aufwendungen für Kreditzinsen und der Abschreibung des Disagios stellt sich die Frage nach der Möglichkeit einer zentralen Veranschlagung im Produktbereich 61

34 Der Gesetzgeber ist auch hier dringend zur Klärung aufgerufen. Ohne einen entsprechend ausgestalteten Teilfinanzplan fehlen den Gemeinden Ermächtigungen für wichtige Zahlungsvorgänge.

„Allgemeine Finanzwirtschaft" oder der Notwendigkeit der Verteilung auf die Produktbereiche. Für Fremdkapitalzinsen wird weder in der BbgKVerf noch in der KomHKV eine Ausnahme aufgeführt, aus der hervorgehen würde, dass eine zentrale Veranschlagung dieser Position unzulässig sei. Dies würde im Rahmen der angestrebten Produktorientierung des Haushaltswesens nach Auffassung der Autorin allerdings Sinn machen, da durch die Verteilung der Fremdkapitalzinsen auf die Produktbereiche eine bessere Abbildung des Ressourcenverbrauchs in den einzelnen Teilergebnisplänen erreicht werden kann. Insbesondere im Hinblick auf die Haushaltssteuerung bilden die Aufwendungen für Kapital einen wichtigen Bestandteil der Produktbereichsbudgets. Gegen diese Auslegung der KomHKV spricht allerdings der kommunale Kontenrahmen, nach dem der Schuldendienst eindeutig (und ausschließlich) dem Produktbereich 61 zuzuordnen ist. Nach Auffassung der Autorin wird durch diese undurchsichtige Rechtslage den Gemeinden haushaltsrechtlich jede Möglichkeit der Veranschlagung von Kreditzinsen zugebilligt werden müssen. Angesichts der Bedeutung dieser Position im Hinblick auf Volumen und Steuerungsrelevanz ist dem Gesetzgeber dringend zu raten, hier eine Überarbeitung der Normen vorzunehmen, um eine eindeutige Rechtslage zu schaffen. Dabei sollte das Ziel der Produktorientierung des Haushaltswesens nicht aus dem Blick verloren werden.

Bei der Veranschlagung von Zinsaufwendungen ist die Periodenabgrenzung zu beachten. Es ist – unabhängig vom Zahlungszeitpunkt – der Betrag zu veranschlagen und zu buchen, der sich tatsächlich auf das Rechnungsjahr bezieht.

Beispiel:
Im Kreditvertrag der Gemeinde G mit der Hausbank wird eine halbjährliche nachträgliche Verzinsung jeweils zum 31. Januar und 31. Juli vereinbart. Bei der Veranschlagung der Zinsen ist zu beachten, dass sich die Zinszahlungen am 31. Januar jeweils auf fünf Monate des Vorjahres (August bis Dezember) und einen Monat des laufenden Jahres (Januar) bezieht.

Um die Zinsaufwendungen für 2025 zu ermitteln, ist daher zunächst ein Sechstel der am 31.1.2025 fälligen Zinsen zu veranschlagen. Daneben sind die am 31.7.2025 fälligen Zinsen in voller Höhe zu berücksichtigen. Schließlich sind noch fünf Sechstel der am 31.1.2026 fälligen Zinsen zu kalkulieren und für 2025 als Zinsaufwendung zu veranschlagen.

15.3.4.2 Umschuldung

Im Rahmen der Zinsoptimierung und des Liquiditätsmanagements sind neben der Neuaufnahme von Krediten auch Umschuldungen erforderlich und von praktischer Bedeutung. Bei der Umschuldung erfolgt eine Ablösung der verbleibenden Restverbindlichkeit des Kredits bei gleichzeitiger Neuaufnahme eines Kredites in dieser Höhe.

Eine Umschuldung wird i. d. R. immer dann diskutiert, wenn der Kreditmarkt Kredite mit günstigeren Zinssätzen anbietet als für die bisher aufgenommenen Kredite, oder wenn die Zinsbindungsfrist ausläuft und ein anderes Kreditinstitut für die Folgezeit günstigere Konditionen anbieten kann. Insbesondere bei der Umschuldung langfristiger Investitionskredite ist zu berücksichtigen, dass die Laufzeit des neuen Kredits nicht über die Laufzeit des abzulösenden Kredits hinausgehen sollte. Andernfalls würde eine weitere Verschiebung der Kredit bedingten Folgelasten in die Zukunft erfolgen. Auch wenn rein rechtlich Kündigungsmöglichkeiten bestehen (§ 489 BGB bzw. vertraglich vereinbart), sollte hiervon nur dann Gebrauch gemacht werden, wenn ein wirklicher wirtschaftlicher Vorteil entsteht. Zur Feststellung eines solchen wirtschaftlichen Vorteils sind ggf. auch durch vorzeitige Kündigung verursachte Vorfälligkeitsentschädigungen zu berücksichtigen. Auch die „Vertragstreue“ bei bestehenden Geschäftsverbindungen ist bei solchen Überlegungen nicht außer Acht zu lassen.

Eine Umschuldung ist auch denkbar, um eine Vielzahl von Einzelkrediten wirtschaftlich günstiger in der Form eines „neuen“ Gesamtkredits abzuwickeln (geringerer Verwaltungsaufwand).

Wie bereits oben dargestellt, bezieht sich die Kreditermächtigung in der Haushaltssatzung auf die Nettokreditaufnahme. Durch eine „Umschuldung“ wird daher die Kreditermächtigung nicht in Anspruch genommen, weil in gleicher Höhe eine Tilgung und eine Neuaufnahme des Kredits erfolgt.

15.3.4.3 Dauer der Kreditermächtigung

Gemäß § 74 Abs. 3 BbgKVerf gilt die Kreditermächtigung für Investitionskredite eines Haushaltsjahres bis zum Ende des nächsten Haushaltsjahres und – wenn die Haushaltssatzung für das übernächste Jahr nicht rechtzeitig öffentlich bekanntgemacht wird – bis zum Erlass dieser Haushaltssatzung. Soweit Auszahlungen für Investitionen nach § 24 Abs. 2 KomHKV länger übertragen werden, müssen die entsprechenden Finanzierungsmittel, d. h. die Kreditermächtigungen neu veranschlagt werden.

Bei der Kassenkreditermächtigung besteht hinsichtlich der Dauer kein Problem, da die Festsetzung in der Regel durch einfachen Beschluss der Gemeindevertretung erfolgen wird. Dieser hat dann Gültigkeit, bis ein anderer Beschluss gefasst wird.

15.3.5 Übungen

Sachverhalt Nr. 1

Die Gemeinde G will für das Jahr 2024 im Finanzplan eine Netto-Kreditaufnahme (Saldo aus Finanzierungstätigkeit) in Höhe von 10 Mio. € veranschlagen. Insgesamt ist für den Finanzplanungszeitraum eine Netto-Neuverschuldung von 21,5 Mio. € vorgesehen. Der Bestand an liquiden Mitteln beträgt voraussichtlich zum Beginn des Jahres 2024 12 Mio. €. Der Finanzplan für den nächsten Haushalt stellt sich nach dem derzeitigen Stand folgendermaßen dar:

Finanzplan	2024 T€	2025 T€	2026 T€	2027 T€
Saldo aus lfd. Verwaltungstätigkeit	–3.200	–1.100	2.400	2.800
Saldo aus Investitionstätigkeit	–12.300	–5.000	–6.000	–4.000
Finanzmittelüberschuss/-fehlbetrag	–15.500	–6.100	–3.600	–1.200
Saldo aus Finanzierungstätigkeit (Netto-Kreditaufnahme)	10.000	4.000	3.500	4.000
Änderung des Bestandes an Finanzmitteln	–5.500	–2.100	–100	–2.800
Anfangsbestand Liquide Mittel	12.000	6.500	4.400	4.300
Endbestand Liquide Mittel	6.500	4.400	4.300	7.100

Die Kämmerin prüft, ob die Kreditaufnahme zulässig ist, und hat dabei Folgendes zu berücksichtigen:

- Der Stand der Kredit-Verbindlichkeiten wird lt. Bilanz zum 31.12.2023 150 Mio. € betragen.
- Zum 31.12.2023 kann die Gemeinde G ein Eigenkapital i. H. v. 45 Mio. € ausweisen.
- Der für 2024 vorgesehene Kredit ist mit 2,5 % zu verzinsen. Die Kämmerin will die verfügbaren liquiden Mittel (0,5 % Guthabenzins) nicht einsetzen, weil sie dieses Geld für noch nicht veranschlagte zusätzliche Investitionen in den folgenden Jahren oder zum Ausgleich von laufenden Fehlbeträgen zur Verfügung behalten will.
- Am Kapitalmarkt deutet sich eine Verteuerung der Kredite an.

Aufgabe:
Begutachten Sie die Zulässigkeit der vorgesehenen Veranschlagung der Netto-Kreditaufnahme für das Jahr 2024 unter dem Aspekt der Subsidiarität der Kreditaufnahme.

Lösung:
Nach § 64 Abs. 3 BbgKVerf darf die Gemeinde Kredite nur aufnehmen, wenn eine andere Finanzierung nicht möglich ist oder wirtschaftlich unzweckmäßig wäre. Hier wird der Grundsatz der Subsidiarität angesprochen, d. h. eine Kreditaufnahme soll erst erfolgen, wenn die übrigen Finanzierungsmöglichkeiten (§ 64 Abs. 2 BbgKVerf i. V. m. § 3 Abs. 2 KAG) ausgeschöpft sind.

Dieser Grundsatz gilt aber nicht ausschließlich. Bei der Kreditaufnahme ist die wirtschaftliche Zweckmäßigkeit bzw. Unzweckmäßigkeit zu prüfen. So kann zur Erreichung einer wirtschaftlichen Finanzierung des Haushalts durchaus von einer Nachrangigkeit der Kreditaufnahme abgesehen werden (vgl. § 63 Abs. 2 BbgKVerf). Auf die Möglichkeit der Gemeinde zur Erhöhung der sonstigen Finanzmittel, der speziellen Entgelte oder der Steuern zur Vermeidung einer Kreditaufnahme gibt der Sachverhalt keine Anhaltspunkte. Laut Sachverhalt hat die Gemeinde aber zu Beginn des Jahres 2024 liquide Mittel in erheblichem Umfang (12 Mio. €) zur Verfügung, die sie nach dem Subsidiaritätsprinzip vorrangig zur Finanzierung des Haushalts verwenden muss.

Die Kämmerin beabsichtigt, nur etwa die Hälfte der liquiden Mittel im Jahr 2024 zur Finanzierung einzusetzen, um für spätere unvorhergesehene Finanzbedarfe eine Reserve aufrechterhalten zu können. Insgesamt plant die Kämmerin sogar eine spätere Aufstockung ihrer Liquiditätsreserve in den folgenden Jahren auf über 7 Mio. €. Gleichzeitig verbessert sich die Finanzsituation im Bereich der laufenden Verwaltungstätigkeit laut Planung in den nächsten Jahren kontinuierlich. Das Vorhalten einer dauerhaften Liquiditätsreserve in Millionenhöhe scheint daher aus wirtschaftlichen Gründen unangebracht. Zur Sicherung der laufenden Zahlungsfähigkeit erscheint ein weit geringerer Finanzmittelbestand ausreichend. Lt. Sachverhalt beträgt die Zinsdifferenz zwischen Kredit- und Anlagezins rd. 2 %. Durch die Vermeidung von Krediten durch eine stärkere Inanspruchnahme der liquiden Mittel könnte die Kämmerin in jedem Jahr je 1 Mio. € geringerer Kreditaufnahme 20.000 € Zinsaufwand vermeiden. Würde die Kämmerin bereits im Jahr 2024 die liquiden Mittel auf 1 Mio. € herunterfahren, würde er nur 4,5 Mio. € an Krediten benötigen, was ihr bereits im folgenden Jahr ersparten Zinsaufwand von 110.000 € (5,5 × 20.000 €) einbringen und den Cash-Flow aus laufender Verwaltungstätigkeit entlasten würde.

Der Hinweis auf die absehbare Verteuerung der Kredite am Kapitalmarkt spricht ebenfalls nicht für das Vorziehen von Krediten und das Vorhalten kurzfristig nicht benötigter Liquidität. Eine Erhöhung des Zinssatzes am Kapitalmarkt würde wohl nicht einseitig die Kreditzinsen, sondern auch die Guthabenzinsen betreffen. Auch wenn sich durch die Erhöhung der Zinsen für die Gemeinde die Zinsdifferenz langfristig verbessert, kann nicht davon ausgegangen werden, dass die Guthabenzinsen dauerhaft über den Kreditzinsen liegen. Das Anhäufen von Liquidität zur Vermeidung eines möglicherweise später benötigten Kredites erscheint daher unabhängig von der zu erwartenden Zinsentwicklung in jedem Fall als wirtschaftlich unzweckmäßig.

Die geplante Kreditaufnahme in 2024 verstößt daher gegen die in § 64 Abs. 3 BbgKVerf vorgesehene Subsidiarität der Kreditaufnahme.

Sachverhalt Nr. 2

Die Gemeinde G will im Jahr 2024 bis 2027 jeweils 15 Mio. € Netto-Kreditaufnahmen für Investitionen in die Haushaltssatzung aufnehmen. Für jede der vier Kreditaufnahmen erhöht sich die Zinsbelastung im folgenden Jahr voraussichtlich um 800.000 €. Vor der Veranschlagung der Kreditaufnahme zeigt der Ergebnisplan folgendes Bild:

Ergebnisplan	2024 T€	2025 T€	2026 T€	2027 T€
Ergebnis der laufenden Verwaltungstätigkeit	7.000	6.100	5.500	5.400
Finanzergebnis	–2.300	–2.300	–2.300	–2.300
Ordentliches Ergebnis	4.700	3.800	3.200	3.100
Außerordentliches Ergebnis	0	0	2.000	1.800
Jahresergebnis	4.700	3.800	5.200	4.900

Aufgabe:
Prüfen Sie die Zulässigkeit dieser Kreditveranschlagungen in Bezug auf § 74 Abs. 1 BbgKVerf.

Lösung:
Gemäß § 74 Abs. 1 BbgKVerf müssen die Verpflichtungen aus Krediten mit der dauernden Leistungsfähigkeit der Gemeinden im Einklang stehen. Die dauernde Leistungsfähigkeit spiegelt sich insbesondere darin wider, dass die Kommune in der Lage ist, ihren Ressourcenverbrauch mittelfristig durch eigenes Ressourcenaufkommen zu decken. Damit ist der Ergebnisplan das maßgebliche Kriterium zur Beurteilung der dauernden Leistungsfähigkeit der Kommune.

Vor der Veranschlagung der Kreditaufnahme weist der Ergebnisplan der Gemeinde G in allen Jahren der Planung einen deutlichen Jahresüberschuss aus. Obwohl das Ordentliche Jahresergebnis leicht rückläufig ist, scheint eine Gefährdung der Leistungsfähigkeit nicht gegeben.

Durch die Veranschlagung der Kreditaufnahme für Investitionstätigkeit im Finanzplan ist auch eine Anpassung des Ergebnisplans erforderlich. Durch die zusätzlichen Kredite erhöht sich der Zinsaufwand, der das Finanzergebnis belastet. Laut Sachverhalt soll in den Jahren 2024 bis 2027 der Kreditbestand jeweils um 15 Mio. € erhöht werden. Hierdurch ergibt sich jeweils im folgenden Jahr ein erhöhter Zinsaufwand:

Jahr	Erhöhung Kredit	zus. Zinsaufwand	Finanzergebnis
2024	15.000.000		–2.300.000
2025	15.000.000	800.000	–3.100.000
2026	15.000.000	800.000	–3.900.000
2027	15.000.000	800.000	–4.700.000
2028		800.000	–5.500.000

Einen guten Überblick über die Auswirkungen der Änderung des Finanzergebnisses gibt der Ergebnisplan nach Anpassung des Finanzergebnisses:

Ergebnisplan	2024 T€	2025 T€	2026 T€	2027 T€
Ergebnis der laufenden Verwaltungstätigkeit	7.000	6.100	5.500	5.400
Finanzergebnis	–2.300	–3.100	–3.900	–4.700
Ordentliches Ergebnis	4.700	3.000	1.600	700
Außerordentliches Ergebnis	0	0	2.000	1.800
Jahresergebnis	4.700	3.000	3.600	1.500

Wie auch vor der Veranschlagung der Kreditaufnahme weist die Gemeinde G weiterhin für den gesamten Zeitraum der mittelfristigen Finanzplanung ein positives Jahresergebnis aus und erfüllt damit nachhaltig die Anforderungen des Haushaltsausgleichs nach § 63 Abs. 5 BbgKVerf.

Die Verschlechterung des Finanzergebnisses hat allerdings dazu geführt, dass sich das „Ordentliche Ergebnis" innerhalb von vier Jahren von 4,7 Mio. € auf 0,7 Mio. € um rd. 85 % reduziert. Bei der für 2028 absehbaren weiteren Verschlechterung des Finanzergebnisses durch die zusätzliche Kreditaufnahme in 2027 ist voraussichtlich erstmals mit einem negativen „Ordentlichen Ergebnis" zu rechnen. Da eine Fortschreibung des „Außerordentlichen Ergebnisses" auf die nach 2027 folgenden Jahre ohne nähere Kenntnis der Ursachen für diese Ergebnisse nicht zulässig erscheint, drohen langfristig negative Jahresergebnisse, die wesentlich durch die in 2024 bis 2027 vorgesehenen Kreditaufnahmen verursacht sind.

Unabhängig von der Höhe des Eigenkapitals der Gemeinde G erscheint die drastische Verschlechterung des Finanzergebnisses aufgrund der hohen Kreditaufnahme für die Gewährleistung der dauernden Leistungsfähigkeit der Gemeinde zumindest kritisch zu sein.

Im Hinblick auf die bestehenden Unsicherheiten der Entwicklung über den Zeitraum der mittelfristigen Planung hinaus und die Tatsache, dass die Gemeinde laut ihrer Planung bis 2024 noch positive ordentliche Ergebnisse und Jahresergebnisse ausweisen kann, erscheint die geplante Kreditaufnahme im Hinblick auf § 74 Abs. 1 BbgKVerf zum jetzigen Zeitpunkt noch als zulässig. Sollte sich die erkennbare negative Entwicklung der Gemeinde allerdings in den nächsten Jahren bestätigen oder verstärken, müsste ggf. die vorgesehene Neuverschuldung im Rahmen der dann anstehenden Haushaltsplanung reduziert werden.

Sachverhalt Nr. 3

Die Gemeinde G beabsichtigt, zur Finanzierung der Investitionen im Haushalt einen Bankkredit i. H. v. 5 Mio. € zu veranschlagen. Sie rechnet mit folgenden Konditionen:

Zinsen = 6,0 v. H.
Tilgung = 1 v. H. zuzüglich ersparter Zinsen
Auszahlungskurs = 98 v. H.[35]

Die Kreditaufnahme ist für den 1. April des Haushaltsjahres vorgesehen, wobei mit einer halbjährlichen Zins- und Tilgungsleistung bei nachträglicher Abschreibung (erstmals zum 1. Oktober) gerechnet wird. Es wird von einer Kreditlaufzeit von 33 Jahren ausgegangen.

Aufgabe:

Bilden Sie für das Jahr der Kreditaufnahme die erforderlichen Ansätze (unter Angabe der Sachkonten und der Produktbereiche) im Haushaltsplan.

35 Die Kreditkonditionen entsprechen nicht der derzeitigen Marktlage. Sie sind aus Übungsgründen zur Verdeutlichung der Veranschlagung sämtlicher Kreditkosten dargestellt.

Lösung:

a) Teilfinanzplan im Produktbereich 61 „Allgemeine Finanzwirtschaft“

Sachkonto	Bezeichnung	Ansatz €
	Einzahlungen	
692x	Kreditaufnahme für Investitionen	4.900.000[36]
	Auszahlungen	
751	*Zinsauszahlungen*	150.000[37]
792	Tilgung von Krediten für Investitionen	25.000[38]

b) Teilergebnisplan im Produktbereich 61 „Allgemeine Finanzwirtschaft“

Sachkonto	Bezeichnung	Ansatz €
	Aufwendungen	
551	Zinsaufwendungen	225.000[39]
5591	Kreditbeschaffungskosten (Abschreibung auf Disagio)	2.273[40]

Sachverhalt Nr. 4

Die Sparkasse G bietet am 11.11.2024 einen äußerst günstigen Kredit i. H. v. 500.000 € zu 5,5 % Zinsen und 1 % Tilgung zuzüglich ersparter Zinsen bei einem Auszahlungskurs von 100 % an.[41] Das Angebot gilt aber nur bis zum 12.11.2024. Die Gemeinde G benötigt diesen Kredit dringend, zumal sie wegen der bisher angespannten Lage am Kreditmarkt ihre Kreditermächtigung i. H. v. 4 Mio. € nicht ausgenutzt hat. Sollte die Zusage erst am 13. November erfolgen, steigt der Zinssatz um 0,75 % und der Auszahlungskurs sinkt um 0,5 %. Kämmerer K gibt der Sparkasse am gleichen Tage mündlich die Zusage. Nach dem Terminplan tagt die Gemeindevertretung am 20. November und der Hauptausschuss am 13. November.

36 98 v. H. von 5.000.000 € = 4.900.000 €.

37 6,0 v. H. von 5.000.000 € = 300.000 € Zinsauszahlungen p. a. Am 1. Oktober sind Zinsen für ein halbes Jahr zu zahlen: 300.000 € × ½ = 150.000 €.

38 1 v. H. von 5.000.000 € = 50.000 € : 2 (ein halbes Jahr) = 25.000 €.

39 6,0 v. H. von 5.000.000 € = 300.000 € Zinsaufwand p. a. Da der Kredit erst am 1. April aufgenommen wird, entfallen auf das erste Jahr hiervon drei Viertel = 225.000 €.

40 2 v. H. von 5.000.000 € = 100.000 € Disagio. In dieser Höhe wird bei der Kreditaufnahme ein aktiver Rechnungsabgrenzungsposten gebildet. Dieser RAP wird jährlich mit 1/33 (= 3.030 €) aufwandswirksam aufgelöst. Da der Kredit erst am 1. April aufgenommen wird, entfallen auf das erste Jahr hiervon drei Viertel = 2.273 €.

41 Die Kreditkonditionen entsprechen nicht der derzeitigen Marktlage. Sie sind aus Übungsgründen so festgesetzt.

Aufgaben:

a) Begutachten Sie, wer für die Kreditaufnahme zuständig ist bzw. welche Formvorschriften zu beachten sind.
b) Fertigen Sie einen entsprechenden Beschlussentwurf über die Kreditaufnahme und die entsprechende Vorlage an die Gemeindevertretung.

Bearbeitungshinweise:

- In der Hauptsatzung ist der Betrag gemäß § 28 Abs. 3 BbgKVerf wie folgt festgesetzt: *„Die Gemeindevertretung ist für die Aufnahme von Krediten ab 100.000 € zuständig.“*
- Die Einberufung der Gemeindevertretung ist bis zum 12. November nicht möglich.
- Ein Haushaltssicherungskonzept wurde nicht aufgestellt.

Lösung:

Zu a)

Nach § 28 Abs. 3 BbgKVerf in Verbindung mit der Hauptsatzung gehört die Aufnahme von Krediten zu den Entscheidungszuständigkeiten der Gemeindevertretung, aber nur wenn Betrag von 100.000 € überschritten wird. Es soll jedoch ein Kredit i. H. v. 500.000 € aufgenommen werden, somit wird der Betrag überschritten und die Gemeindevertretung ist zuständig. Ein Beschluss der Gemeindevertretung liegt jedoch nicht vor, da die Gemeindevertretung erst am 20. November tagt.

Nach § 58 BbgKVerf entscheidet der Hauptverwaltungsbeamte im Einvernehmen mit dem Vorsitzenden der Gemeindevertretung in dringenden Angelegenheiten der Gemeindevertretung, deren Erledigung nicht bis zu einer ohne Frist und formlos einberufenen Sitzung der Gemeindevertretung aufgeschoben werden kann, zur Abwehr einer Gefahr oder eines erheblichen Nachteils für die Gemeinde.

Laut Bearbeitungshinweis ist eine Sitzung der Gemeindevertretung auch ohne Frist und formlosen Einberufung nicht bis zum 12. November möglich. Somit entscheidet der hauptamtliche Bürgermeister im Einvernehmen mit dem Vorsitzenden der Gemeindevertretung, jedoch nur zur Abwehr eines erheblichen Nachteils für die Gemeinde. Dieser erhebliche Nachteil kann auch finanzieller Natur sein.

Sollte die Gemeinde das Kreditangebot nicht bis zum 12. November annehmen, steigen der Zinssatz laut Sachverhalt um 0,75 % und die Kreditbeschaffungskosten um 0,5 %. Dies bedeutet auf die Laufzeit von ca. 30 Jahren eine Kostensteigerung um rd. 41.000 € (Zinsen 38.500 €, Kreditbeschaffungskosten 2.500 €). Die Gemeinde hat somit einen erheblichen finanziellen Nachteil, wenn sie das Kreditangebot nicht annimmt. Sollte das Kreditangebot nicht angenommen werden, verstößt die Gemeinde gegen den Haushaltsgrundsatz der Sparsamkeit und Wirtschaftlichkeit (§ 63 Abs. 2 BbgKVerf). Die Gemeinde muss von der Möglichkeit einer Eilentscheidung gemäß § 58 BbgKVerf Gebrauch machen. Die Entscheidung ist der Gemeindevertretung in der Sitzung am 20. November zur Genehmigung vorzulegen. Die Gemeindevertretung kann die Entscheidung aufheben, soweit nicht schon Rechte Dritter entstanden sind (§ 58 Satz 2 und 3 BbgKVerf).

Eine Einzelbetragsgenehmigung gemäß § 74 Abs. 4 Nr. 3 BbgKVerf ist nicht erforderlich.

Ferner bedürfen Erklärungen, durch welche die Gemeinde verpflichtet werden soll, der Schriftform. Sie sind vom Bürgermeister (Stellvertreter) und vom Vorsitzenden der Gemeindevertretung (Stellvertreter) zu unterschreiben (§ 57 Abs. 2 BbgKVerf). Eine mündliche Zusage des Kämmerers entspricht also nicht den Formvorschriften. Erklärungen, die nicht den Formvorschriften entsprechen, sind schwebend unwirksam (§ 57 Abs. 5 BbgKVerf). Die mündliche Zusage des Kämmerers allein bindet die Gemeinde nicht. Der Kredit gilt als nicht aufgenommen. Sollte ein Beschluss der Gemeindevertretung über die Kreditaufnahme nicht zustande kommen, hätte die Sparkasse G einen Rückforderungsanspruch aus § 812 BGB (ungerechtfertigte Bereicherung) unbeschadet weiterer Schadensersatzansprüche.

Zu b)
Die Dringlichkeitsentscheidung und die Vorlage der Gemeindevertretung sind im Folgenden aufgeführt:

Eilentscheidung
nach § 58 Satz 1 BbgKVerf

Betr.: Aufnahme eines Kommunalkredites in Höhe von 500.000 €

Gemäß § 58 Satz 1 BbgKVerf (Kommunalverfassung des Landes Brandenburg) vom 18.12.2007 (GVBl.I/19 S. 286) in der zurzeit gültigen Fassung ergeht folgende Eilentscheidung:

Der Aufnahme eines Kommunalkredites in Höhe von 500.000 € wird zur Abwehr eines erheblichen finanziellen Nachteils gemäß § 58 Satz 1 BbgKVerf zu folgenden Bedingungen zugestimmt:

Zinssatz:	5,75 % p. a.
Tilgung:	1,00 % p. a.
Auszahlungskurs:	98,00 %

Im Übrigen gelten die Bedingungen der Schuldurkunde.

Finanzposition: Finanzplan 2024, Produktbereich 61 „Allgemeine Finanzwirtschaft", Kontengruppe 69 „Einzahlungen aus Finanzierungstätigkeit".

Begründung:

Zum Ausgleich des Finanzplans und zur Liquiditätssicherung werden Kredite i. H. v. insgesamt 500.000 € benötigt. Damit die Finanzierungsmittel rechtzeitig zur Verfügung stehen, ist die Aufnahme des Kredites in der vorbezeichneten Höhe erforderlich. Die Konditionen des angebotenen Kredites können bei den jetzigen Verhältnissen auf dem Kapitalmarkt als günstig bezeichnet werden.

Die besondere Eilbedürftigkeit der herbeizuführenden Entscheidung ist dadurch gegeben, dass der Kreditgeber sich nur bis zum 12.11.2024 an seine Zusage gebunden hält.

Die Konditionen des angebotenen Kredites können bei den jetzigen Verhältnissen auf dem Kapitalmarkt als günstig bezeichnet werden.

G, den 12. November 2024

gez. (Unterschrift Bürgermeister)	gez. (Unterschrift Vorsitzender der Gemeindevertretung)

Der Bürgermeister G, 13. November 2024

Vorlage an die Gemeindevertretung Nr. __

Betreff
Genehmigung der Eilentscheidung über die Aufnahme eines Kommunalkredites in Höhe von 500.000 €

Sachbearbeitendes Amt: Kämmerei

Berichterstatter: Kämmerer K

Beschlussvorschlag:

Die Eilentscheidung nach § 58 Satz 1 BbgKVerf vom 12. November 2024 über die Aufnahme eine Kommunalkredites in Höhe von 500.000 € zu folgenden Konditionen

Zinssatz:	5,75 % p. a.
Tilgung:	1,00 % p. a.
Auszahlungskurs:	98,00 %

und den sonstigen Bedingungen der Schuldurkunde wird genehmigt.

Anlage: Abschrift der Eilentscheidung nach § 58 Satz 1 GO vom 12. November 2024

Begründung:

Siehe Begründung der Eilentscheidung.

Es wird gebeten, aus den angeführten Gründen die Eilentscheidung nach § 58 Satz 1 BbgKVerf. zu genehmigen.

In Vertretung

gez.
(Unterschrift Kämmerer)

15.4 Kreditähnliche Verbindlichkeiten

15.4.1 Bedeutung kreditähnlicher Geschäfte

Wie bereits in Kap. 15.2.6 dargelegt, ist die begriffliche Festlegung dieser Rechtsgeschäfte problematisch. Die rechtliche Ausgestaltung ist unerheblich, somit muss nicht unbedingt ein Rechtsgeschäft der Zahlungsverpflichtung zugGrunde liegen. Ein Verwaltungsakt ist ebenfalls denkbar (z. B. § 99 BauGB – Verrentung eines Enteignungsanspruchs im Enteignungsverfahren, § 59 BauGB – Abfindung im Umlegungsverfahren). Typische Beispiele für kreditähnliche Geschäfte der Gemeinden[42] sind:

- Schuldübernahmen,
- Leibrentenverträge,
- Gewährung von Schuldendiensthilfen an Dritte,
- Leasingverträge,
- Mietkaufverträge,
- Restkaufgelder in Zusammenhang mit Grundstücksgeschäften,
- Bausparverträge.

Die vorgenannten Geschäfte fallen nicht unter die Kredite und werden nicht im § 2 der Haushaltssatzung aufgenommen. Derartige Geschäftsvorfälle werden als Rechtsgeschäfte nach § 74 Abs. 5 BbgKVerf behandelt.

In der Praxis kommen kreditähnliche Geschäfte von der Fallzahl her heute ungleich häufiger vor als Kreditaufnahmen für Investitionen im Rahmen der Kreditermächtigung gemäß § 2 der Haushaltssatzung. Vom Volumen her sind aber die Kreditaufnahmen für Investitionen im Rahmen des § 2 der Haushaltssatzung in der Regel gewichtiger.

Vor allem Kommunen mit Haushaltausgleichsproblemen sind auf der Suche nach neuen Finanzierungsmodellen. Insofern sind sog. „Sale-and-lease-back-Geschäfte", aber auch US-Leasinggeschäfte (US-Cross-Border-Leasing) anzutreffen. Es handelt sich dabei ohne Zweifel um kreditähnliche Geschäfte.

15.4.2 Voraussetzungen zum Eingehen von kreditähnlichen Geschäften und Genehmigungspflicht

Bei der Vielzahl der gemeindlichen Betätigung kommen kreditähnliche Geschäfte in allen Bereichen vor und können mit allen Personengruppen abgeschlossen werden.

Derartige Rechtsgeschäfte sollen aber nur abgeschlossen werden, wenn die in Kap. 15.3.2 beschriebenen Voraussetzungen sinngemäß gegeben sind. Nach § 74 Abs. 5 BbgKVerf ist jedoch zu beachten, dass kreditähnliche Geschäfte der Genehmigung der Kommunalaufsichtsbehörde bedürfen. Nach § 74 Abs. 5 BbgKVerf gilt § 74 Abs. 2 Satz 2 und 3 BbgKVerf sinngemäß. Das bedeutet, dass die aus den kreditähnlichen

42 Siehe Runderlass 1/2015 Kreditwesen der Gemeinden und Gemeindeverbänden vom 11.9.2015.

Rechtsgeschäften übernommenen Verpflichtungen mit der dauernden Leistungsfähigkeit der Gemeinde in Einklang stehen müssen. Dies hat die Aufsichtsbehörde im Rahmen des Genehmigungsverfahrens zu prüfen. Die Genehmigung kann für Zahlungsverpflichtungen, die für den Haushalt der Gemeinde keine besondere Belastung darstellen oder die mit standardisierten Verträgen abgewickelt werden, allgemein erteilt werden. Ausgenommen von dieser Genehmigung sind die Begründungen von Zahlungsverpflichtungen im Rahmen der laufenden Verwaltung (z. B. Leasingverträge mit geringem Umfang).

15.4.3 Ausgestaltung kreditähnlicher Geschäfte

Bezüglich der laufenden Zahlungsverpflichtungen ist ein besonders strenger Maßstab anzulegen. Sinngemäß kann auf die Ausführungen n Kap. 15.2.4 verwiesen werden.

15.4.4 Verbindung zum Haushaltsplan

Der Abschluss kreditähnlicher Geschäfte selbst bedarf regelmäßig keiner Veranschlagung im Haushaltsplan, wohl aber sind die sich daraus ergebenden Verpflichtungen haushaltsrechtlich zu berücksichtigen. Somit sind entsprechend §§ 4 und 5 KomHKV alle anfallenden Folgeleistungen entsprechend ihres Charakters als Aufwand und/oder Auszahlung im Haushaltsplan aufzunehmen.

Nach dem Produktrahmen werden die sich aus kreditähnlichen Verbindlichkeiten ergebenden Aufwendungen und Zahlungen aber nicht im Produktbereich 61 „Allgemeine Finanzwirtschaft" nachgewiesen, sondern dort, wo das Rechtsgeschäft vom Aufgabenbereich her hingehört.

> ***Beispiel:***
> *So wird z. B. die Leibrente für die Übernahme eines Grundstückes für Grundschulzwecke im Produktbereich 21–24 „Schulträgeraufgaben" nachgewiesen. Da es sich bei der Zahlung von Leibrenten wirtschaftlich um eine Art Kaufpreiszahlung handelt, wird es als Investitionsauszahlung bei den „Auszahlungen für den Erwerb von bebauten Grundstücken" abgebildet. Es erfolgt lediglich eine Veranschlagung im Finanzplan.*

Im Ergebnis werden also die aus kreditähnlichen Geschäften resultierenden Auszahlungen und Aufwendungen über den gesamten Haushalt verteilt veranschlagt und abgewickelt.

Die Frage der Behandlung von Leasingraten im Haushalt richtet sich ausschließlich danach, ob der Leasinggegenstand der Gemeinde als Leasingnehmer oder dem Leasinggeber wirtschaftlich zuzurechnen ist. Soweit der Leasinggegenstand der Gemeinde zuzurechnen ist, sind die Leasingraten als Kaufpreisraten ausschließlich im Finanzplan zu veranschlagen und zu buchen. Durch die parallele Aktivierung des Leasinggegenstands erfolgt gleichzeitig eine Abschreibung, die im Ergebnisplan abgebildet wird. Wird der Leasinggegenstand dagegen dem Leasinggeber wirtschaftlich zugerechnet, werden die Leasingraten als sonstiger ordentlicher Aufwand im Ergebnisplan ausgewiesen. Die Zahlungsabwicklung erfolgt dann über das Finanzrechnungskonto (Kontengruppe 74).

Die Beurteilung der schwierigen Frage der wirtschaftlichen Zurechnung der Vermögensgegenstände beim Leasing erfolgt im Einzelfall nach den einschlägigen Erlassen der Finanzverwaltung. Grundsätzlich ist dabei zwischen dem Financial Leasing und dem Operational Leasing zu unterscheiden. Das Financial Leasing erstreckt sich i. d. R. über 40 bis 90 % der betriebsgewöhnlichen Nutzungsdauer des Leasinggegenstandes. Der Leasingvertrag kann beim Financial Leasing innerhalb dieser Laufzeit nicht gekündigt werden. Damit trägt der Leasingnehmer das Investitionsrisiko (z. B. Entwertung wegen technischen Fortschritts) und wird damit als Leasingnehmer wirtschaftlicher Eigentümer des Objekts. Beim Operational Leasing kann der Leasingvertrag dagegen sofort oder relativ kurzfristig gekündigt werden. Hierdurch trägt der Leasinggeber das Investitionsrisiko und bleibt wirtschaftlicher Eigentümer des Leasingobjekts.

15.4.5 Übung

Sachverhalt Nr. 5
Die Gemeinde G übernimmt mit Beschluss der Gemeindevertretung vom 1.11.2023 folgende Verpflichtungen:

a) den Schuldendienst für einen Kredit i. H. v. 300.000 €, welchen der Zweckverband „Ausbau des Vorbergbaches" bei der Sparkasse X zum 1.1.2024 aufnehmen will. Die Kreditkonditionen lauten:
Zinsen = 6 %
Tilgung zuzgl. ersparter Zinsen = 2 %
b) die Leibrentenzahlung aus einem Grundstückskauf im Zuge des Ausbaues der Gemeindestraße X in Höhe von 70.000 € bis zum Tode des Letztlebenden des Ehepaares Müller. Der Grundstücksübergang wird am 1.1.2024 wirksam.

Aufgabe:
Begutachten Sie, wie die Maßnahmen im Haushaltsplan zu veranschlagen sind. Dabei ist auf die Veranschlagung einer Verpflichtungsermächtigung nicht einzugehen.

Lösung:
Zu a)
Laut Sachverhalt übernimmt die Gemeinde G den Schuldendienst für einen Kredit des Zweckverbandes. Somit handelt es sich hier um eine Schuldendiensthilfe. Nach dem kommunalen Kontenrahmen/Kontierungsrichtlinie handelt es sich bei Schuldendiensthilfen (unabhängig davon, ob die Hilfen beim Empfänger für die Kredittilgung oder für Zinszahlungen bestimmt sind) um Aufwendungen der Gemeinde (Kontengruppe 53: „Transferaufwendungen").

Der Schuldendienst i. H. v. 18.000 € (6 % Zinsen von 300.000 € für ein Jahr) und 6.000 € (2 % Tilgung von 300.000 € für ein Jahr), insgesamt also 24.000 €, ist als Schuldendiensthilfe im Ergebnisplan bei den Transferaufwendungen (Konto 532X) und im Finanzplan bei den Transferauszahlungen (Konto 732X) zu veranschlagen. Bei der Auswahl der Konten ist die finanzstatistische Bereichsabgrenzung zu beachten.

Die Schuldendiensthilfe ist dem Produktbereich 55 „Natur- und Landschaftspflege" zuzuordnen

Zu b)
Der Abschluss eines Leibrentenvertrages ist ebenso wie die vorstehend behandelte Übernahme des Schuldendienstes ein kreditähnliches Geschäft gemäß § 74 Abs. 5 BbgKVerf.

Der Schuldendienst ist in dem Produktbereich zu veranschlagen, dem er sachlich zuzuordnen ist. Die Leibrente wird für ein Grundstück gezahlt, das im Rahmen des Straßenbaus benötigt wurde. Da es sich um eine Verkehrsfläche handelt, ist hier nach dem Produktrahmen der Produktbereich 54 „Verkehrsflächen und -anlagen, ÖPNV" vorgeschrieben.

Die Zahlung von Leibrenten entspricht wirtschaftlich einer Kaufpreiszahlung. Es handelt sich daher um Investitionszahlungen, die den „Auszahlungen für den Erwerb von Vermögensgegenständen des Anlagevermögens" zuzuordnen sind. Diese Auszahlungen werden lediglich im Finanzplan ausgewiesen.

15.5 Haftungsverhältnisse: Sicherheitsleistungen, Bürgschaften und Gewährverträge

15.5.1 Sicherheitsleistungen

Nach § 75 Abs. 1 BbgKVerf darf eine Gemeinde grundsätzlich keine Sicherheiten zugunsten Dritter bestellen. Mit dieser Vorschrift will der Gesetzgeber erreichen, dass die Gemeinde über das Verbot der Bestellung von Sicherheiten im Zusammenhang mit Kreditgeschäften (§ 74 Abs. 5 BbgKVerf) hinaus auch in allen übrigen Fällen ihr für die Aufgabenerfüllung benötigtes Vermögen keiner Beschränkung unterwirft.

Solche Sicherheitsleistung sind die in § 232 BGB genannten Sicherheitsleistungen wie z. B.

- Bestellung von Hypotheken,
- Verpfändung von Forderungen der genannten Art,
- Verpfändung von beweglichen Sachen (§ 1204 BGB).

Der Grund für ein grundsätzliches Verbot zur Bestellung von Sicherheiten ergibt sich im Wesentlichen aus der Tatsache, dass die Gemeinde als öffentlich-rechtliche Körperschaft und Bestandteil des Staates (Land) ohnehin mit ihrem gesamten Vermögen und ihrer ganzen Finanzkraft (Steuerkraft usw.) für ihre Verbindlichkeiten haftet.

Eine Ausnahme vom Verbot der Bestellung von Sicherheiten ist nach § 74 Abs. 6 BbgKVerf allerdings mit Zustimmung der Kommunalaufsichtsbehörde möglich. Die

Kommunalaufsichtsbehörde entscheidet nach pflichtgemäßem Ermessen. In der Praxis kommen Ausnahmen vom Verbot der Bestellung von Sicherheiten selten vor.

15.5.2 Bürgschaften und Gewährverträge

15.5.2.1 Allgemeines

Zur Verdeutlichung des Begriffs der Bürgschaften und Gewährverträge soll folgendes Beispiel dienen:

> ***Beispiel:***
> *Eine gemeindeeigene Wohnungsbaugesellschaft beabsichtigt, ein Wohnheim zur vorübergehenden Unterbringung von Spätaussiedlern (gemeindliche Aufgabe) zu errichten. Zur teilweisen Finanzierung wird auf der Grundlage eines Förderprogramms ein Kredit der Deutschen Ausgleichsbank benötigt. Nach den Bewilligungsbedingungen der Deutschen Ausgleichsbank hat die Gemeinde die Ausfallbürgschaft für den Kredit zu übernehmen, d. h. sie tritt mit allen Rechten und Pflichten in das Kreditverhältnis ein, wenn die Wohnungsbaugesellschaft nicht zahlungsfähig sein sollte.*

In diesem Fall führt ein Privatunternehmen eine gemeindliche Aufgabe durch. Aufgrund der zunehmenden Privatisierung gemeindlicher Leistungen ergibt sich vermehrt die Notwendigkeit für Gemeinden, zur Absicherung der Kreditfinanzierung dieser privatwirtschaftlich geführten Einrichtungen und Unternehmen Bürgschaften zu übernehmen.

Die Bürgschaft kann für eine bestehende, künftige oder bedingte Verbindlichkeit übernommen werden (§ 765 Abs. 2 BGB). Nach § 766 BGB bedarf der Bürgschaftsvertrag der Schriftform (Ausnahme nach § 350 HGB für Kaufleute). Eine selbstschuldnerische Bürgschaft liegt vor, wenn der Bürge auf die Einrede der Vorausklage verzichtet (§ 773 Abs. 1 Ziffer 1 BGB – dabei sind §§ 349, 351 HGB zu beachten).

15.5.2.2 Voraussetzungen

Eine entsprechende Voraussetzung zur Übernahme von Bürgschaften, Verpflichtungen aus Gewährverträgen und ähnlichen Rechtsgeschäften (§ 75 BbgKVerf) ist die Bestimmung, dass sie nur im Rahmen der gemeindlichen Aufgabenerfüllung übernommen werden dürfen. Diese Beschränkung bringt Probleme mit sich. Da der Begriff „Aufgaben der Gemeinde“ nicht festgelegt ist und vor allem auch wegen der Vielzahl der freiwilligen Aufgaben nicht festgelegt werden kann, wird wohl immer im Einzelfall zu entscheiden sein, ob eine Bürgschaft übernommen werden kann oder nicht (z. B. Bürgschaftsübernahmen für private Unternehmen, Profi-Sportvereine usw.).

Eine weitere formelle Voraussetzung zur Übernahme von Bürgschaften und Verpflichtungen aus Gewährverträgen ist die Genehmigung durch die Kommunalaufsichtsbehörde im Einzelfall (§ 75 Abs. 1 BbgKVerf).

15.5.2.3 Ausgestaltung von Bürgschaften, Gewährverträgen und anderen Haftungsverhältnissen

Wegen der eventuellen Verpflichtungen aus Haftungsverhältnissen wie Bürgschaftsübernahmen, Gewährverträgen usw. sind die zugrunde liegenden Rechtsgeschäfte (Kreditverträge usw.) hinsichtlich ihrer Konditionen sinngemäß nach den gleichen Kriterien zu untersuchen wie in Kap. 15.3.1 für die gemeindlichen Kredite beschrieben.

Zu unterscheiden ist zwischen einer selbstschuldnerischen Bürgschaft und einer Ausfallbürgschaft. Bei der selbstschuldnerischen Bürgschaft braucht der säumige Zahlungspflichtige nur einmal erfolglos gemahnt zu werden, bevor der Gläubiger ohne weitere Voraussetzungen an den Bürgen herantreten kann. Dieser muss dann sofort in die Zahlungsverpflichtungen des Schuldners eintreten. Bei einer Ausfallbürgschaft muss der Gläubiger zunächst mit allen Mitteln (bis zur Zwangsvollstreckung) versuchen, seine Zahlung vom Schuldner zu erhalten. Erst wenn der konkrete Schuldnerausfall belegt ist, kann der Bürge in Anspruch genommen werden. Insofern ist der Gemeinde zu empfehlen, ausschließlich Ausfallbürgschaften abzuschließen. Nachfolgend wird ein Beispiel für eine Urkunde einer Ausfallbürgschaft gegeben:

Bürgschaftserklärung

Die Gemeinde G

nachstehend „Bürge" genannt,

übernimmt hiermit die wie folgt modifizierte Ausfallbürgschaft für den

Sportverein FC Nordstadt in G, Nordstr. 10,

nachstehend „Schuldner" genannt,

von der Sparkasse G, Marktplatz 12, in G

bewilligte Darlehen in Höhe von **500.000 €**

in Worten: **fünfhunderttausend Euro**

nebst Zinsen, Verzugsentschädigungen und etwaiger Kosten unter Anerkennung folgender Bedingungen:

1. Der Ausfall gilt als festgestellt, wenn und soweit die Zahlungsunfähigkeit des Schuldners durch Zahlungseinstellung, Eröffnung des Insolvenz- oder Vergleichsverfahrens, Abgabe einer eidesstattlichen Versicherung gemäß § 807 ZPO oder auf sonstige Weise erwiesen ist und aus der Verwertung des sonstigen Vermögens des Schuldners nennenswerte Erlöse nicht mehr zu erwarten sind.

2. Der Ausfall gilt, auch wenn die Voraussetzungen des vorigen Absatzes nicht vorliegen, in Höhe der noch nicht bezahlten oder beigetriebenen gesamten Darlehensforderung einschließlich Zinsen, Verzugszinsen und -entschädigungen und Kosten als festgestellt, wenn ein fälliger Kapital- oder Zinsbetrag trotz einmaliger schriftlicher Zahlungsaufforderung innerhalb von zwölf Monaten nach Fälligkeit nicht bezahlt worden ist.

3. Die Sparkasse G darf dem Schuldner stillschweigend oder ausdrücklich Stundung erteilen, ohne die Zustimmung des Bürgen einzuholen. §§ 767 Abs. 1 Satz 2, 776 BGB finden keine Anwendung.

4. Alle die Bürgschaft betreffenden Mitteilungen gelten als dem Bürgen zugegangen, wenn sie an seine letzte der Sparkasse G bekannte Anschrift gesandt worden sind.

5. Mit der Unterzeichnung dieser Bürgschaftserklärung bestätigt der Bürge, dass er vom Inhalt des Darlehensvertrages zwischen der Sparkasse G und dem Schuldner Kenntnis genommen und sich von dessen rechtsverbindlicher Unterzeichnung durch den Schuldner überzeugt hat.

6. Nebenabreden, Ergänzungen oder Änderungen dieser Bürgschaftserklärung bedürfen der Schriftform.

7. Erfüllungsort für alle sich aus der Bürgschaftsübernahme ergebenden Ansprüche der Sparkasse G und Gerichtsstand für alle Rechtsstreitigkeiten aus dieser Bürgschaft ist G.

G, den ____________ Unterschriften der vertretungsberechtigten Bediensteten

15.5.2.4 Verbindung zum Haushalt

Unmittelbar hat eine von der Gemeindevertretung beschlossene Bürgschaftsübernahme usw. keine Verbindung zum Haushaltsplan. Eine Veranschlagung im Haushaltsplan als Aufwand (z. B. Bildung einer Rückstellung) ist erforderlich, wenn die Inanspruchnahme der Gemeinde aus dem Haftungsverhältnis zu erwarten ist.

Die Inanspruchnahme aus der Bürgschaft ist als „Übrige weitere sonstige Aufwendungen aus laufender Verwaltungstätigkeit" (Konto 5494) und als „Weitere sonstige Auszahlungen aus laufender Verwaltungstätigkeit" (Konto 7499 bzw. komplementär eingerichtetes Konto 7494) zu erfassen.

Verpflichtungen aus Haftungsverhältnissen sind in dem Produktbereich anzusiedeln, in dem die „gemeindliche Aufgabe" zu veranschlagen wäre (z. B. Inanspruchnahme aus einer Bürgschaft für den Bau eines Kindergartens der Kirchengemeinde X im Produktbereich 36 „Kinder-, Jugend- und Familienhilfe").

Wegen der sich möglicherweise aus Haftungsverhältnissen ergebenden Verpflichtung zur Bildung von Rückstellungen (§ 77 Abs. 2 BbgKVerf i. V. m. § 48 Abs. 1 Nr. 9 KomHKV) wird auf Kapitel 10 verwiesen.

15.5.2.5 Übung

Sachverhalt Nr. 6
Die kreisfreie Stadt S hat in den letzten Jahren eine extrem hohe Arbeitslosenzahl zu beklagen. Diese liegt erheblich über dem Landesdurchschnitt. Zum Abbau der Arbeitslosenzahlen bemüht sich die Gemeinde, Betriebe in ihrem Gemeindebereich anzusiedeln. Unter anderem verhandelt sie mit der Firma X, die in einer leerstehenden Lagerhalle einen Zweigbetrieb für die Herstellung von Isolierfenstern eröffnen will. Die Firma macht aber die Eröffnung des Betriebes von der Übernahme einer Bürgschaft durch die Stadt S für einen Kredit in Höhe von 500.000 € abhängig. Dieser Kredit ist für die erheblichen Instandsetzungskosten der Lagerhalle erforderlich. Da die Firma nach den eingeholten Auskünften als sehr solide anzusehen ist, stimmt die Gemeindevertretung der Bürgschaft zu, zumal die Gemeindefinanzen als gut zu bezeichnen sind.

Aufgabe:
Begutachten Sie die Rechtmäßigkeit des Beschlusses der Gemeindevertretung zur Übernahme der Bürgschaft.

Lösung:
Nach § 75 Abs. 2 BbgKVerf darf eine Gemeinde Bürgschaften nur übernehmen, wenn diese im Rahmen ihrer Aufgabenerfüllung liegen. Es ergibt sich demnach die Frage, ob die im Sachverhalt angesprochene Maßnahme eine Aufgabe der Stadt S darstellt.

Nach § 2 Abs. 1 BbgKVerf sind die Gemeinden in ihrem Gebiet, soweit die Gesetze nicht ausdrücklich etwas anders bestimmen, ausschließliche und eigenverantwortliche Träger der öffentlichen Verwaltung. Weder Grundgesetz noch Landesverfassung Brandenburg weisen die Förderung der Gewerbeansiedlung in die ausschließliche Kompetenz des Staates. Eine sogenannte „Kompetenz aus der Natur der Sache“ zugunsten des Staates kann auch nicht angenommen werden. Andere Rechtsnormen, die ausdrücklich eine Förderung im vorstehenden Sinne verbieten, bestehen nicht. Die Kompetenzen der Gemeinde reichen allerdings nur so weit, wie es sich um Angelegenheiten der örtlichen Gemeinschaft (Art. 28 Abs. 2 GG) handelt. Die Übernahme der Bürgschaft muss also im Rahmen der freien Leistungsverwaltung zur Daseinsvorsorge zum gemeindlichen Wirkungskreis i. S. v. § 2 Abs. 1 BbgKVerf zählen.

Ferner darf eine Bürgschaftsübernahme im Einzelfall die durch Gesetz und Recht gezogenen Grenzen nicht überschreiten. Es ist in erster Linie darauf zu achten, für welchen Raum die Maßnahme Wirkung zeigt. Die Stadt S hat laut Sachverhalt extrem hohe Arbeitslosenzahlen. Ihr Bestreben ist es also, diesen Missstand abzubauen, zumal ihr hierdurch unmittelbar und mittelbar erhebliche Kosten entstehen (Sozialhilfeleistungen usw.) und sich ihre Einnahmesituation verschlechtert hat (Minderung des Gemeindeanteils an der Einkommenssteuer, Gewerbesteuer usw.).

Auch wenn die Ansiedlung des Gewerbebetriebes nicht nur auf dem Arbeitsmarkt der Stadt S wirkt, sondern auch auf den der Gemeinden des Umlandes, so ist es dennoch eine Aufgabe der Stadt S. Über den räumlichen Bezug hinaus wird in neuerer Zeit vermehrt auf eine funktionelle Komponente abgestellt.

Die unmittelbare Wirtschaftsförderung gehört zum Aufgabenbereich der Gemeinde. Somit kann auch die Übernahme einer Bürgschaft im vorliegenden Sachverhalt als eine Angelegenheit im Rahmen der Aufgabenerfüllung angesehen werden. Bedenken könnten allenfalls erhoben werden, wenn die Übernahme der Bürgschaft die Grenzen des Gebotes der sparsamen und wirtschaftlichen Haushaltsführung (§ 63 Abs. 2 BbgKVerf) sprengen würde.

In diesem Zusammenhang hat also die Stadt für die Maßnahme möglichst wenig Finanzmittel aufzuwenden (Sparsamkeit). Unter wirtschaftlichen Gesichtspunkten hat sie die Auswirkungen auf andere Maßnahmen und auf die Zukunft zu beachten. Die Übernahme der Bürgschaft führt zunächst einmal nicht zu Auszahlungen. Bei der Solidität der Firma ist das Risiko der Inanspruchnahme gering. Mit Blick auf die gesamte Finanzsituation wird die Förderungsmaßnahme auf Dauer zu Einsparungen im Bereich der Transferaufwendungen (z. B. Sozialhilfe, Arbeitslose finden Beschäftigung) und Mehrerträgen bei den Steuern (Gemeindeanteil an der Einkommen- und Umsatzsteuer, Gewerbesteuer usw.) führen. Ein Verstoß gegen § 63 Abs. 2 BbgKVerf ist damit ausgeschlossen.

Eine Beurteilung aus der gesamten Finanzsituation der Stadt heraus lässt nach der Vorgabe des Sachverhaltes den Schluss zu, dass die Wahrnehmung der sonstigen Aufgaben durch diese Maßnahme auch nicht gefährdet sind.

Demnach ist der Beschluss der Gemeindevertretung rechtmäßig.

16. Der Haushaltsausgleich

16.1 Bedeutung und Zielsetzung

Wesentliche Grundlage der Haushaltswirtschaft ist § 63 Abs. 1 Satz 1 BbgKVerf, nach dem die Gemeinde so zu planen und zu wirtschaften hat, dass die stetige Erfüllung ihrer Aufgaben gesichert ist.

Die Kommunalverfassung stellt also insbesondere darauf ab, dass die Aufgabenerfüllung bzw. die Leistungsfähigkeit der Kommune dauerhaft erhalten bleiben soll. Der konkrete Maßstab, an dem sich die Haushaltswirtschaft zur Sicherung der dauernden Leistungsfähigkeit in jedem einzelnen Jahr orientieren muss und der gleichzeitig dem Schutz der zukünftigen Steuerzahler dient, ist die Festlegung der Regelungen zum Haushaltsausgleich. Unbeschadet der durch Art. 28 Abs. 2 GG gewährten Selbstverwaltungsgarantie und der damit verbundenen Haushaltsautonomie sind Gemeindevertretung, Hauptverwaltungsbeamte und Verwaltung verpflichtet, ihre Haushaltswirtschaft an den Vorgaben der Kommunalverfassung zum Haushaltsausgleich auszurichten.

Die konkreten Vorschriften zum Haushaltsausgleich beinhalten § 63 Abs. 4 und 5 BbgKVerf, die als „Muss-Vorschriften" formuliert sind. Die Regelungen für sich betrachtet, könnten den Eindruck erwecken, ein Verstoß gegen diese Vorschriften würde einen Rechtsverstoß darstellen. § 63 Abs. 4 und 5 BbgKVerf deuten jedoch darauf hin, dass auch ein Haushalt vorgelegt werden kann, der die gestellten Anforderungen nicht erfüllt. In diesem Fall sind jedoch von der betroffenen Kommune Maßnahmen einzuleiten, die geeignet sind, die Wiederherstellung einer „ordentlichen" Haushaltswirtschaft zu bewirken. Dabei ist dann die Aufsichtsbehörde in das Haushaltsaufstellungsverfahren z. B. durch Genehmigungspflichten einzubinden. Insgesamt ist daher die Vorschrift zum Haushaltsausgleich als „Soll-Vorschrift" zu interpretieren.

Diese Regelung (§ 63 Abs. 4 BbgKVerf) bezieht sich sowohl auf den Haushaltsplan als auch auf die Haushaltsrechnung, d. h. den Jahresabschluss. Dies ist u. a. aus § 63 Abs. 1 BbgKVerf zu entnehmen, der ausdrücklich darauf hinweist, dass die Haushaltswirtschaft der Gemeinde nicht nur unter dem Aspekt der stetigen Aufgabenerfüllung zu planen, sondern auch unter diesem Gesichtspunkt zu führen ist. Damit ist auch die Ausführung des Haushalts (Nachtragsplanung nach § 68 BbgKVerf sowie die Deckung von über- und außerplanmäßigen Aufwendungen nach § 70 BbgKVerf) und nicht zuletzt die Erstellung des Jahresabschlusses unter Beachtung der Vorschriften zum Haushaltsausgleich zu gestalten. Außerdem erstreckt sich der Grundsatz auch auf die mittelfristige Planung (§ 72 BbgKVerf).

Nach § 63 Abs. 4 BbgKVerf soll das Ergebnis aus ordentlichen Erträgen und ordentlichen Aufwendungen in jedem Jahr unter Berücksichtigung von Fehlbeträgen aus Vorjahren ausgeglichen sein. Es ist ausgeglichen, wenn der Gesamtbetrag der ordentlichen Erträge in jedem Jahr den Gesamtbetrag der ordentlichen Aufwendungen erreicht oder übersteigt.

Führt man sich die Systematik der Rechnungskomponenten im kommunalen Finanzmanagement vor Augen, wird deutlich, dass der Ergebnissaldo aus Erträgen und Aufwendungen und die Höhe des Eigenkapitals unmittelbar miteinander verknüpft sind.

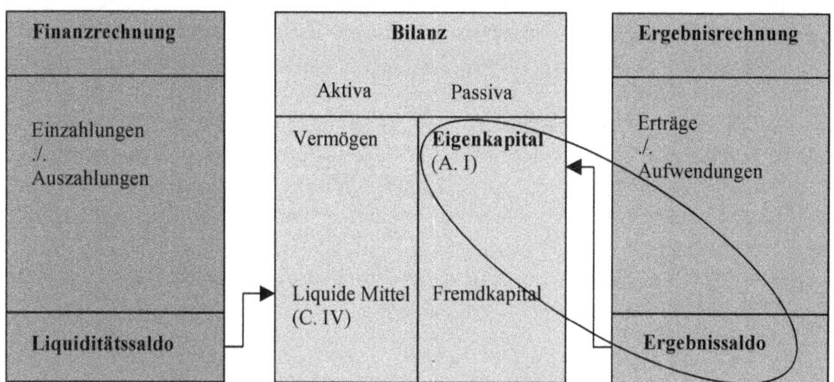

Insofern ist erkennbar, dass bei einem auf Dauer unausgeglichenen Haushalt die Höhe des Eigenkapitals permanent sinkt.

Nachfolgend werden beide Bestandteile des Haushaltsausgleichs zunächst ausführlich erläutert. Dabei wird gesondert auf die das Haushaltsjahr übergreifende Ausrichtung der Anforderungen des Haushaltsausgleichs eingegangen. Anschließend wird dargestellt, welche haushaltsrechtlichen Konsequenzen sich aus der Nichterreichung des Haushaltsausgleichs ergeben.

16.2 Ausgleich des Ergebnisplans und der Ergebnisrechnung (Haushaltsausgleich i. e. S.)

Gem. § 63 Abs. 4 BbgKVerf ist der Haushalt ausgeglichen, wenn der Gesamtbetrag der ordentlichen Erträge den Gesamtbetrag der ordentlichen Aufwendungen erreicht oder übersteigt. Nach § 4 Abs. 1 i. V. m. § 54 Abs. 1 KomHKV gehen die gesamten Aufwendungen und Erträge aus dem Ergebnisplan bzw. der Ergebnisrechnung hervor. Entscheidender Anknüpfungspunkt für den Haushaltsausgleich sind damit Ergebnisplan und -rechnung. Die Struktur von Ergebnisplan und -rechnung weist verschiedene Zwischensalden (z. B. das ordentliche Ergebnis) aus. Diesen Zwischensalden werden jeweils bestimmte Aufwands- und Ertragsarten zugeordnet. Der Wortlaut des § 63 Abs. 4 BbgKVerf macht deutlich, dass sich der Haushaltsausgleich nur an dem ordentlichen Ergebnis orientiert. Dies führt dazu, dass die außerordentlichen Aufwendungen und Erträge nicht in die Beurteilung des Haushaltsausgleichs einzubeziehen sind.

Die Anforderung des Ausgleichs von Erträgen und Aufwendungen bezieht sich zunächst auf jedes Haushaltsjahr. Ein Ausgleich über den Gesamtzeitraum der Haushaltsplanung gem. § 72 BbgKVerf (Haushaltsjahr und folgende drei Jahre) genügt den Anforderungen des § 63 Abs. 4 BbgKVerf damit ausdrücklich nicht.

Besondere Bedeutung für den Haushaltsausgleich ist § 14 Abs. 2 KomHKV zuzurechnen. Danach sind Erträge und Aufwendungen in ihrer voraussichtlichen Höhe zu veranschlagen und ggf. sorgfältig zu schätzen. Die sorgfältige Schätzung hat unter Berücksichtigung des Vorsichtsprinzips zu erfolgen, das der Gesamtkonzeption des kommunalen Finanzmanagements sowohl in der Planung als auch bei der Rechenschaft zugrunde liegt. Die sich daraus ergebende Verpflichtung zur vorsichtigen Veranschlagung von Erträgen und Aufwendungen hat zur Folge, dass Erträge im Zweifel eher zu niedrig und Aufwendungen im Zweifel eher zu hoch zu veranschlagen sind. Dies gilt insbesondere auch dann, wenn ein unausgeglichener Haushalt droht. Das „Prinzip Hoffnung" ist in solchen Fällen nicht nur finanzpolitisch unangebracht, sondern verstößt auch gegen den in § 14 Abs. 2 KomHKV manifestierten haushaltsrechtlichen Grundsatz der sorgfältigen Veranschlagung. Nach Vorlage der Haushaltssatzung bei der Kommunalaufsichtsbehörde (§ 109 BbgKVerf) obliegt der Kommunalaufsichtsbehörde die Prüfung der Einhaltung der Veranschlagungsgrundsätze.

16.3 Gefahr bei bilanzieller Überschuldung

Im Rahmen des Haushaltsausgleichs besteht die Gefahr der bilanziellen Überschuldung. Eine solche Überschuldung liegt vor, wenn das Eigenkapital aufgebraucht, d. h. ≤ 0 ist. Bei negativem Eigenkapital ist der Wert der Verbindlichkeiten, Rückstellungen und Sonderposten höher als der Wert des Vermögens. Da Sonderposten grundsätzlich bei externer Finanzierung von Vermögensgegenständen (z. B. durch Investitionszuwendungen oder Beiträge) gebildet werden, steht ihnen immer in gleicher Höhe entsprechendes Vermögen gegenüber. Im Falle der Überschuldung sind dann die Schulden (Rückstellungen[1] plus Verbindlichkeiten) höher als das übrige Vermögen. Damit muss in der Zukunft Schuldendienst für Schulden geleistet werden, denen kein entsprechendes Nutzungspotential (Vermögen) gegenübersteht. Die nächste Generation zahlt damit Vermögen, was heute schon verbraucht wurde.

Die Höhe des Eigenkapitals ergibt sich aus der Bilanz. In § 57 Abs. 4 KomHKV werden die Bilanzposten der Passivseite im Einzelnen aufgeführt. Danach gehören zum Eigenkapital die Einzelposten

- Basis-Reinvermögen,
- Rücklagen aus Überschüssen:
  - Rücklage aus Überschüssen des ordentlichen Ergebnisses,
  - Rücklage aus Überschüssen des außerordentlichen Ergebnisses,
- Sonderrücklage,
- Fehlbetragsvortrag:
  - Fehlbetrag aus ordentlichem Ergebnis,
  - Fehlbetrag aus außerordentlichem Ergebnis.

1 Strenggenommen handelt es sich bei den Aufwandsrückstellungen nicht um Schulden. Hiervon wird an dieser Stelle zur Vereinfachung abgesehen. Siehe hierzu auch Kap. 15.1.3.

Eine Überschuldung liegt dementsprechend nur dann vor, wenn die Summe dieser Bilanzposten 0 € nicht überschreitet. Dies lässt die Möglichkeit offen, dass bei aufgebrauchter Rücklage aus Überschüssen des ordentlichen und außerordentlichen Ergebnisses die Summe aus Fehlbetragsvorträgen negativ ist, so lange der (positive) Wert der Sonderrücklagen die negativen Eigenkapitalpositionen übersteigt.

Beispiel:
Die Gemeinde G hat in den vergangenen Jahren ihre Überschussrücklagen aus den ordentlichen und außerordentlichen Ergebnissen zum Ausgleich von negativen Jahresergebnissen vollständig aufgebraucht. Das Basis-Reinvermögen beträgt 4 Mio. €. Für verschiedene Zwecke wurden pflichtige und freiwillige Sonderrücklagen angelegt, die insgesamt ein Volumen von 12 Mio. € erreicht haben. Bei der Erstellung des Jahresabschlusses wird ein Fehlbetrag von 6 Mio. € festgestellt, der als Fehlbetragsvortrag zu buchen ist. Eine Überschuldung liegt trotz des Fehlbetragsvortrages nicht vor, da das Eigenkapital insgesamt (nämlich unter Berücksichtigung der Sonderrücklagen) noch 10 Mio. € beträgt.

Nach § 57 Abs. 1 KomHKV muss die Gemeinde zum Ende eines jeden Haushaltsjahres eine Bilanz aufstellen, die Bestandteil des Jahresabschlusses ist. Die Feststellung der Überschuldung orientiert sich daher zunächst am Jahresabschluss, da eine (Plan-) Bilanz kein Bestandteil der Haushaltssatzung nach § 65 Abs. 2 BbgKVerf ist.

Grundsätzlich sind nur zwei Möglichkeiten denkbar, durch die sich bei einer Gemeinde eine Überschuldung ergeben kann. Die erste Möglichkeit betrifft den Fall, dass eine Gemeinde bereits bei ihrer ersten Eröffnungsbilanz ein negatives Eigenkapital ausweist. In diesem Fall ist es denkbar, dass die Gemeinde trotz ausgeglichenem Ergebnisplan einen unausgeglichenen Haushalt hat. Erst wenn durch die Erzielung von Jahresüberschüssen das Eigenkapital wieder positiv ist, erreicht diese Gemeinde den Haushaltsausgleich.

Weist eine Gemeinde bei der Erstbilanz ein positives Eigenkapital aus, kann es passieren, dass sie durch den Ausweis von Jahresfehlbeträgen ihr Eigenkapital aufbraucht. Erst wenn durch entsprechende Jahresüberschüsse das Eigenkapital wieder positiv ist, kann ein ausgeglichener Haushalt erreicht werden.

16.4 Haushaltsjahresübergreifender Ausgleich

Wie bereits dargestellt, beziehen sich die Anforderungen an den Haushaltsausgleich zunächst auf das Haushaltsjahr. Für den Haushaltsausgleich i. e. S. ist dabei der Haushaltsplan und später der Jahresabschluss maßgebend. Die Beurteilung der Überschuldung richtet sich nach der Bilanz zum Ende des Haushaltsjahres.

Da der Haushaltsausgleich auf die Sicherung der stetigen Aufgabenerfüllung gerichtet ist, reicht eine Beschränkung der Betrachtung auf ein einzelnes Haushaltsjahr zur Beurteilung des Haushaltsausgleichs nicht aus. Es ist entscheidend, dass die Regelungen für den Haushaltsausgleich einerseits möglichst frühzeitig Fehlentwicklungen erkennen lassen und andererseits den Gemeinden keine zu engen Fesseln bzgl. ihrer Haushaltswirtschaft anlegen. So erscheint es z. B. nicht sinnvoll, wenn eine Gemeinde, die regelmäßig Jahresüberschüsse ausweisen kann, bereits durch aufsichtsrechtliche Maßnahmen eingeschränkt wird, wenn sie in einem Jahr durch besondere Umstände zu einem negativen Jahresergebnis kommt. Hier erscheint es erforderlich, auch die guten Ergebnisse der Vorjahre in die Beurteilung des Haushaltsausgleichs einzubeziehen. Die Regelungen der Kommunalverfassung sehen dafür unterschiedliche Verfahrensweisen vor.

16.4.1 Bedeutung und Funktion der Rücklagen aus dem ordentlichen und außerordentlichen Ergebnis

Wie bereits in Kap. 10 ausführlich dargestellt, führt die Gemeinde Jahresüberschüsse aus dem ordentlichen Ergebnis der Rücklage aus Überschüssen des ordentlichen Ergebnisses bzw. Jahresüberschüsse aus dem außerordentlichen Ergebnis der Rücklage aus Überschüssen des außerordentlichen Ergebnisses zu (§ 26 KomHKV), um diese später zur Abdeckung von Fehlbeträgen verwenden zu können. Eine Gemeinde, die idealtypisch regelmäßig um einen in Erträgen und Aufwendungen ausgeglichenen Haushalt schwankt, kann diese Rücklagen als verstetigendes Element nutzen, um Überschüsse zum Ausgleich späterer Fehlbeträge anzusammeln.

Ein dauerhaftes Ansteigen der der Rücklagen aus Überschüssen des ordentlichen Ergebnisses bzw. aus Überschüssen des außerordentlichen Ergebnisses durch einen langjährigen regelmäßigen Ausweis von Jahresüberschüssen erscheint angesichts der derzeitigen Finanzsituation der Gemeinden[2] auch ohne rechtliche Regelungen als nahezu ausgeschlossen und würde zudem – ebenso wie regelmäßig unausgeglichene Haushalte – gegen das Prinzip der intergenerativen Verteilungsgerechtigkeit verstoßen.

Gemäß § 63 Abs. 4 Satz 3 BbgKVerf gilt ein Haushalt auch dann als ausgeglichen, wenn ein Fehlbedarf im Ergebnisplan (oder entsprechend einem Fehlbetrag in der Ergebnisrechnung) durch die Inanspruchnahme der Rücklagen aus Überschüssen des ordentlichen Ergebnisses bzw. aus Überschüssen des außerordentlichen Ergebnisses ausgeglichen werden kann. Solange demnach der Jahresfehlbetrag niedriger ist als der (voraussichtliche) Stand der o. g. Rücklagen, gilt die Fiktion des Haushaltsausgleichs.

Im Falle einer unausgeglichenen Ergebnisrechnung im Jahresabschluss kann bei der Beurteilung auf den tatsächlichen Stand der Rücklagen aus Überschüssen des ordentlichen Ergebnisses bzw. aus Überschüssen des außerordentlichen Ergebnisses zum Abschlussstichtag zurückgegriffen werden. Bei einem in Erträgen und Aufwendungen

2 Auch bei einer besseren Finanzausstattung erscheint es politisch kaum vorstellbar, dass die Mehrheitsfraktionen in der Gemeindevertretung dauerhaft Überschüsse für die Zuführung zur Ausgleichsrücklage verwenden.

unausgeglichenem Haushaltsplan ist bei der Beurteilung auf den planmäßigen Stand der o. g. Rücklagen am Ende des Haushaltsplanjahres abzustellen. Dabei sind auch zu erwartende Belastungen des Jahresergebnisses durch eine vorliegende Nachtragssatzung gem. § 68 BbgKVerf zu berücksichtigen.

Beispiel:
Die Gemeinde G stellt im Herbst 2024 den Haushaltsplan für das Jahr 2025 auf. Der Ergebnisplan weist ein Defizit von 3 Mio. € aus. Der letzte vorliegende Jahresabschluss ist der zum 31.12.2023. In der Bilanz zum 31.12.2023 ist eine Rücklage aus Überschüssen des ordentlichen Ergebnisses i. H. v. 4 Mio. € ausgewiesen. Der Haushaltsplan 2024 weist ursprünglich im Ergebnisplan ein Defizit von 1 Mio. € aus. Im September 2024 wird ein Nachtragshaushalt aufgestellt, der eine zusätzliche Belastung des Ergebnisses i. H. v. 500.000 € vorsieht. Trotz der lt. dem letzten Jahresabschluss ausgewiesenen Rücklage aus Überschüssen des ordentlichen Ergebnisses von 4 Mio. € liegen bei einem Fehlbedarf im Ergebnisplan 2025 von 3 Mio. € die Voraussetzungen des § 63 Abs. 4 BbgKVerf nicht vor. Laut Haushaltsplan 2024 inkl. den Planungen für den Nachtragshaushalt ist für den Abschluss des Jahres 2024 bereits mit einem Fehlbetrag von 1,5 Mio. € zu rechnen. Da dieser Fehlbetrag gegen das Eigenkapital zu buchen ist, wird die Rücklage aus Überschüssen des ordentlichen Ergebnisses zum Beginn des Jahres 2025 voraussichtlich nur noch 2,5 Mio. € ausweisen. Damit kann der Fehlbedarf nicht gedeckt werden. Der Haushalt 2025 der Gemeinde G ist daher auch unter Berücksichtigung der Rücklage aus Überschüssen des ordentlichen Ergebnisses unausgeglichen. Sollte jedoch noch eine Rücklage aus Überschüssen des außerordentlichen Ergebnisses gegeben sein, kann – falls deren Höhe 0,5 Mio. € oder mehr beträgt – der Haushalt 2025 ausgeglichen werden.

16.4.2 Einbeziehung der mittelfristigen Planung

Gem. § 72 BbgKVerf umfasst die Haushaltsplanung auch eine mittelfristige Planung, die drei Jahre über das eigentliche Haushaltsplanjahr hinausgeht. Ausdrücklich wird dort auch ein Haushaltsausgleich für die einzelnen Jahre der mittelfristigen Planung gefordert. Da es hier zunächst um die Haushaltsplanung geht, die keine Bilanz umfasst, bezieht sich diese „Soll-Vorschrift" auf den Ausgleich des Ergebnis- und des Finanzplans (Haushaltsausgleich i. e. S.). Wichtig ist, an dieser Stelle schon festzustellen, dass an die Nichteinhaltung dieser Soll-Vorschrift keine automatischen Rechtsfolgen geknüpft sind. Zwar kann die Aufsichtsbehörde im Rahmen ihrer allgemeinen Aufsicht auch schon dann eingreifen, wenn die mittelfristige Planung unausgeglichen ist; dies ist allerdings keine direkte Rechtsfolge aus dem Nichterreichen des Haushaltsausgleichs in der mittelfristigen Planung.

Im Gegensatz zur Regelung des § 72 BbgKVerf betont § 63 Abs. 5 BbgKVerf ausdrücklich, dass die Verpflichtung zur Aufstellung des Haushaltssicherungskonzeptes auch dann schon eintritt, wenn der Ausgleich nicht durch den Einsatz der Rücklagenmittel oder durch Überschüsse aus dem außerordentlichen Ergebnis erreicht wird.

16.5 Rechtsfolgen unausgeglichener Haushalte

16.5.1 Inanspruchnahme der Rücklage aus Überschüssen des ordentlichen Ergebnisses

Der § 63 Abs. 5 BbgKVerf weist ausdrücklich darauf hin, dass bei Inanspruchnahme der ausreichenden Rücklage aus den Überschüssen des ordentlichen Ergebnisses zum Ausgleich von entstehenden oder geplanten Jahresfehlbeträgen der Haushaltsausgleich als erreicht gilt. Folgerichtig ist an die Inanspruchnahme der Rücklage aus den Überschüssen des ordentlichen Ergebnisses keinerlei Rechtsfolge geknüpft. Die Entnahme aus der Rücklage aus den Überschüssen des ordentlichen Ergebnisses liegt in alleinigem Ermessen der Gemeinde. Sie kann dieses Instrument dafür nutzen, kurzfristige Ertrags- und Aufwandsschwankungen auszugleichen ohne sofort aufsichtsrechtliche Eingriffe fürchten zu müssen.

Kann allerdings der Haushaltsausgleich über einen längeren Zeitraum nur durch die Inanspruchnahme der Rücklage aus den Überschüssen des ordentlichen Ergebnisses erreicht werden, weist dies auf ein strukturelles Haushaltsdefizit hin, das die Gemeinde, auch wenn sie die formalen Voraussetzungen des Haushaltsausgleichs noch erreicht, abbauen sollte. Spätestens nach Aufzehren der Rücklage aus den Überschüssen des ordentlichen, aber auch des außerordentlichen Ergebnisses kommt sie andernfalls in die Situation, dass sie wieder ausgeglichene Haushalte erreichen muss. Je länger die Gemeinde jedoch mit strukturell unausgeglichenen Haushalten gelebt hat, desto schwerer wird eine Kurskorrektur fallen.

16.5.2 Inanspruchnahme der Rücklage aus Überschüssen des außerordentlichen Ergebnisses

Weist der Ergebnisplan oder die Ergebnisrechnung trotz Ausnutzung jeder Sparmöglichkeit und aller Ertragsmöglichkeiten einen Fehlbetrag aus und kann dieser nicht durch die Inanspruchnahme der Rücklage aus den Überschüssen des ordentlichen Ergebnisses (§ 26 Abs. 2 KomHKV) erreicht werden, ist dieser durch die Inanspruchnahme der Rücklage aus den Überschüssen des außerordentlichen Ergebnisses bzw. durch die Überschüsse des außerordentlichen Ergebnisses auszugleichen (§ 26 Abs. 3 KomHKV).

16.5.3 Aufstellung eines Haushaltssicherungskonzepts bei unausgeglichenem Haushalt

Kann ein Ausgleich des ordentlichen Ergebnisses in der Planung – auch unter Einsatz von Rücklagen aus den ordentlichen und außerordentlichen Ergebnissen sowie Überschüssen aus dem außerordentlichen Ergebnis – nicht erreicht werden, ist ein Haushaltssicherungskonzept gem. § 63 Abs. 5 BbgKVerf aufzustellen (§ 26 Abs. 4 KomHKV).

Das Haushaltssicherungskonzept dient nach § 63 Abs. 5 BbgKVerf der Sicherung der dauernden Leistungsfähigkeit der Gemeinde. Deshalb soll im Haushaltssicherungskonzept auch der Zeitraum festgelegt werden, innerhalb dessen der Ausgleich nach § 63 Abs. 4 BbgKVerf erreicht wird. Weiterhin müssen die Maßnahmen, die zur Erreichung eines ausgeglichenen Ergebnishaushaltes notwendig sind, dargestellt werden. Es soll nicht nur der Abbau bestehender Fehlbeträge im Ergebnishaushalt dargelegt werden, sondern auch die Vermeidung von neu entstehenden Fehlbeträgen künftiger Jahre.

Ausgangspunkt für ein Haushaltssicherungskonzept ist die mittelfristige Planung (§ 72 BbgKVerf). Ausgehend vom „Ist-Zustand", ist zunächst die Aufwands- und Ertragsentwicklung darzustellen. Sodann sind detailliert die Maßnahmen zu beschreiben, die die Fehlbetragsentwicklung abbauen bzw. den Haushaltsausgleich langfristig herbeiführen. Hierzu bedarf es unter Umständen – je nach Situation – einer umfangreichen Aufgabenkritik, eines interkommunalen Vergleiches oder der Einschaltung eines externen Wirtschaftsprüfers bzw. -beraters.

Die Ergebnisse in Form von Aufwandskürzungen z. B. durch Personalabbau, Ertragsverbesserungen, Privatisierung von Teilaufgabenbereichen, Aufgabe von bisher erbrachten Leistungen, usw. sind innerhalb des Haushaltsplans in der mittelfristigen Planung darzustellen. Auch bei der Aufstellung des Haushaltssicherungskonzepts ist auf eine realistische und sorgfältige Planung gem. § 14 Abs. 2 KomHKV zu achten. Insofern besteht sicherlich in jedem Einzelfall ein Konflikt zwischen einer vorsichtigen Schätzung und dem politischen Ziel der Genehmigungsfähigkeit des aufzustellenden Haushaltssicherungskonzepts.

Die beabsichtigten Maßnahmen sind als Haushaltssicherungskonzept von der Gemeindevertretung gesondert zu beschließen. Dies bedeutet, dass ein Beschluss über die Haushaltssatzung nicht ausreicht, um das Haushaltssicherungskonzept zu beschließen, auch wenn in der Haushaltssatzung in § 6 der Zeitpunkt der Wiederherstellung des Haushaltsausgleichs festzusetzen ist und festgeschrieben wird,[3] dass die im Haushaltssicherungskonzept enthaltenen Konsolidierungsmaßnahmen einzuhalten sind. Es ist ein besonderer Beschluss über das Haushaltssicherungskonzept zu fassen. Durch die Festsetzung im § 6 der Haushaltssatzung wird die an sich unverbindliche mittelfristige Planung zu einem verbindlichen Handlungsrahmen für die Haushaltsplanung im Planungszeitraum.

3 Siehe Muster 5.1 VV KomHKV.

Das Haushaltssicherungskonzept bedarf nach § 63 Abs. 5 BbgKVerf der Genehmigung der Kommunalaufsichtsbehörde. Die Genehmigung kann unter Bedingungen und Auflagen erteilt werden.

Im § 63 BbgKVerf sind weitergehende Maßnahmen der Aufsichtsbehörden, soweit sich die eingeleiteten Maßnahmen der Haushaltssicherung als unzureichend erweisen, nicht vorgesehen. Jedoch sieht § 82 Abs. 6 BbgKVerf weitgehendere Maßnahmen vor. Wenn bei der Aufstellung des Jahresabschlusses im ordentlichen Ergebnis ein höherer Fehlbetrag als der im Haushaltssicherungskonzept ausgewiesene Fehlbetrag ist, ist dies der Aufsichtsbehörde unverzüglich anzuzeigen. In diesem Fall kann die Aufsichtsbehörde Anordnungen treffen, diese erforderlichenfalls selbst durchführen oder sogar einen Beauftragten für die Wiederherstellung einer geordneten Haushaltswirtschaft bestellen.

16.5.4 Eintreten oder Drohen einer Überschuldung

Eine Verbindung des Haushaltssicherungskonzeptes zur Überschuldung sieht die Kommunalverfassung nicht vor. Eine bestehende Überschuldung bei der Eröffnungsbilanzierung bzw. eine Überschuldung aus Vorjahren, die noch nicht abgebaut wurde, hat allein nicht die Verpflichtung zur Aufstellung eines Haushaltssicherungskonzeptes zur Folge. Erreicht die Gemeinde bei bestehender Überschuldung den Haushaltsausgleich i. e. S. (§ 63 Abs. 4 BbgKVerf), ist sie nicht verpflichtet, ein Haushaltssicherungskonzept aufzustellen. Eine Verpflichtung zur Beseitigung von früheren Fehlbeträgen schließt die vorliegende Regelung damit ausdrücklich aus. Jedoch ist die nach § 63 Abs. 1 BbgKVerf geforderte Sicherung der stetigen Aufgabenerfüllung nicht gegeben.

16.5.5 Zusammenfassung

Zusammenfassend kann sich die Prüfung der Erreichung des Haushaltsausgleichs und die Feststellung der ggf. notwendigen Schritte an den folgenden Ablaufplänen orientieren. Dabei muss zwischen der Erreichung des Haushaltsausgleichs bei der Aufstellung des Haushaltsplans und der Erstellung des Jahresabschlusses unterschieden werden. Unabhängig von dem Ergebnis der einzelnen Prüfungen steht am Ende des Prozesses die Anzeige der Haushaltssatzung bzw. des Jahresabschlusses an die Aufsichtsbehörde.

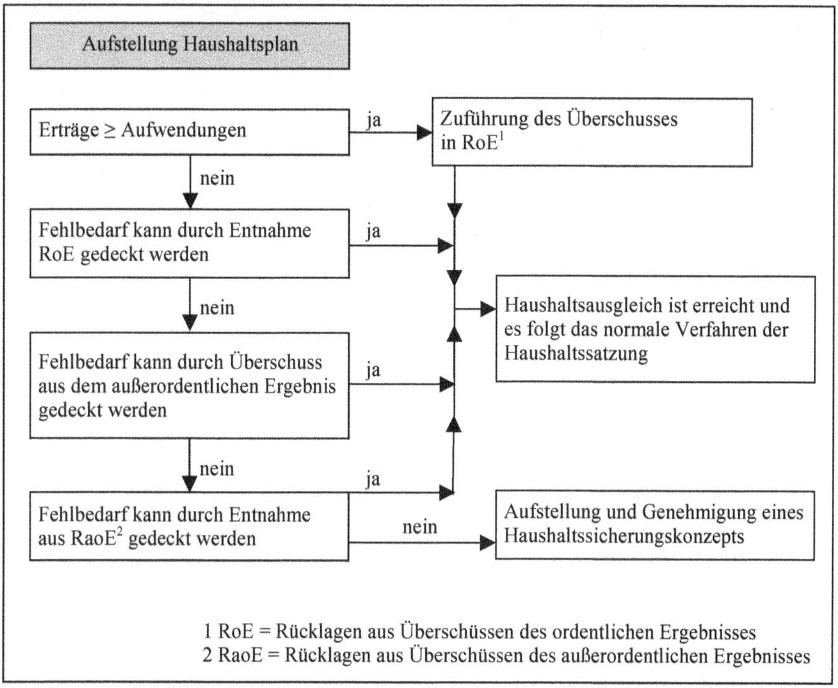

Aufstellung Haushaltsplan
Erträge ≥ Aufwendungen
ja
Zuführung des Überschusses in RoE1
nein
Fehlbedarf kann durch Entnahme RoE gedeckt werden
ja
nein
Haushaltsausgleich ist erreicht und es folgt das normale Verfahren der Haushaltssatzung
Fehlbedarf kann durch Überschuss aus dem außerordentlichen Ergebnis gedeckt werden
ja
nein
ja
Fehlbedarf kann durch Entnahme aus RaoE2 gedeckt werden
nein
Aufstellung und Genehmigung eines Haushaltssicherungskonzepts
1 RoE = Rücklagen aus Überschüssen des ordentlichen Ergebnisses
2 RaoE = Rücklagen aus Überschüssen des außerordentlichen Ergebnisses

Erstellung des Jahresabschlusses
Erträge ≥ Aufwendungen
ja
Vorlage des Jahresabschlusses bei der Kommunalaufsichtsbehörde nach § 82 Abs. 5 BbgKVerf
nein
Fehlbetrag höher als im Haushalt geplant?
ja
unverzügliche Anzeige bei der Kommunalaufsichtsbehörde (§ 82 Abs. 6 BbgKVerf)
nein
Fehlbetrag entsteht bei ursprünglich ausgewiesenem Haushaltsausgleich?
ja

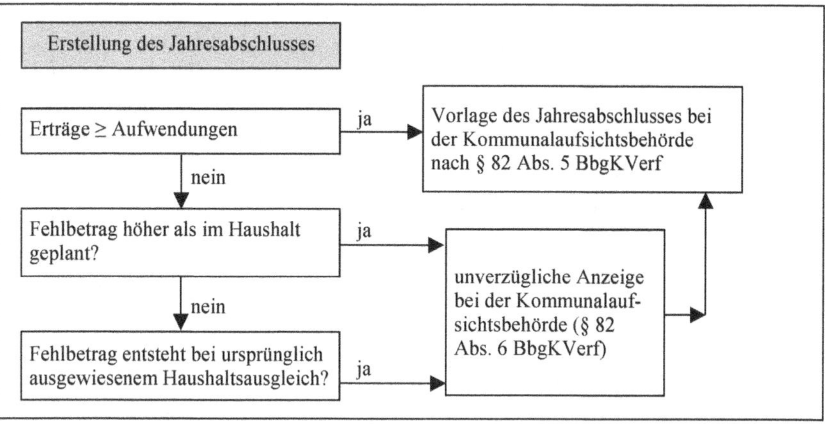

16.6 Exkurs: Sicherstellung der Zahlungsfähigkeit

Der Haushaltsausgleich im früheren kameralen System war durch den Ausgleich von Einnahmen und Ausgaben innerhalb eines Haushaltsjahres bestimmt. Durch diesen Ausgleich sollte (zumindest planmäßig) auch die Zahlungsfähigkeit der Gemeinden sichergestellt werden. Durch einen Wechsel des Systems des Haushaltsausgleichs auf die Rechengrößen des Ergebnisplans (Aufwand und Ertrag) wird dem Ziel des Ressourcenverbrauchskonzeptes Rechnung getragen. Gleichzeitig soll eine rein an Zahlungsmittel orientierte Zielsetzung, wie die Sicherstellung der Liquidität, zumindest innerhalb des Haushaltsausgleichs nicht mehr berücksichtigt werden.

Gleichwohl hat die Gemeinde – unabhängig von der Erreichung des Hauhaltsausgleichs – ihre Zahlungsfähigkeit jederzeit sicherzustellen (§ 76 Abs. 1 BbgKVerf). Im Ergebnis war dies auch im früheren kameralen Haushaltsrecht der Fall, da auch Gemeinden mit unausgeglichenem Haushalt (d. h. mit weniger Einnahmen als Ausgaben) selbstverständlich ihren Zahlungsverpflichtungen rechtzeitig nachkommen mussten. Dafür wurde in der Kameralistik die Möglichkeit genutzt, Kredite „neben" dem Haushalt als sog. „Kassenkredite" aufzunehmen.

Die Praxis einer Reihe von Gemeinden, bei denen stetig steigende Kassenkredite zur dauerhaften Finanzierung von Haushaltsfehlbeträgen eingesetzt wurden, weist darauf hin, dass auch das frühere kamerale System des Haushaltsausgleichs, das den Ausgleich der Zahlungsgrößen (in der Kameralistik: Einnahmen und Ausgaben) zum Maßstab hatte, keinen echten Beitrag zur Sicherstellung der Liquidität geliefert hat. Liquiditätsengpässe wurden bisher und müssen auch zukünftig durch Kreditaufnahmen überbrückt werden. Im Unterschied zur früheren kameralen Praxis müssen Kredite im doppischen Rechnungswesen allerdings zumindest bilanziell erfasst werden. So bleibt die steigende Verschuldung durch solche liquiditätssichernden Kredite insbesondere auch durch die vorgesehene fristbezogene Darstellung in der Verbindlichkeitenübersicht transparent.

Darüber hinaus ist festzustellen, dass die Jahresbetrachtung des Haushaltsplans für die Sicherstellung der Liquidität ohnehin ungeeignet ist, da auch bei ausgeglichenen Ein- und Auszahlungen innerhalb eines Jahres durchaus unterjährige Liquiditätsengpässe auftreten können, wenn z. B. erhebliche Auszahlungen am Jahresanfang geleistet werden müssen, bevor entsprechende Einzahlungen erfolgen. Hier wird ein gut ausgebautes Liquiditätsmanagement benötigt, welches es den Kommunen ermöglicht, die kurz- und mittelfristige Zahlungsfähigkeit im Auge zu behalten.

16.7 Übungen

Sachverhalt Nr. 1

In der Stadt E stehen in der Ergebnisrechnung folgende Daten:

Zeile	Bezeichnung	Betrag in €
22	Ordentliches Ergebnis	156.256,00
25	Außerordentliches Ergebnis	32.569,00
26	Gesamtüberschuss/-fehlbetrag	188.825,00

Ein Auszug aus der Bilanz der Stadt E ergibt folgendes Bild:

Nr.	Bezeichnung	Betrag in €
1	Eigenkapital	
1.2	Rücklagen aus Überschüssen	
1.2.1	Rücklagen aus Überschüssen des ordentlichen Ergebnisses	15.699,00
1.2.2	Rücklagen aus Überschüssen des außerordentlichen Ergebnisses	65.258,00
1.4	Fehlbetragsvortrag	
1.4.1	Fehlbetrag aus ordentlichem Ergebnis	0,00
1.4.2	Fehlbetrag aus außerordentlichem Ergebnis	0,00

Aufgabe:
Führen Sie den Haushaltsausgleich durch, erläutern Sie diesen und nennen Sie die Buchungssätze.

Lösung:
Das Ergebnis aus ordentlichen Erträgen und ordentlichen Aufwendungen ist laut § 63 Abs. 4 Satz 1 BbgKVerf in jedem Jahr unter Berücksichtigung von Fehlbeträgen der Vorjahre auszugleichen. Der Ausgleich ist gem. § 63 Abs. 4 Satz 2 BbgKVerf erreicht, wenn die ordentlichen Erträge die ordentlichen Aufwendungen erreichen oder überschreiten. Weitere Regelungen zum Haushaltsausgleich enthält § 26 KomHKV.

Im ordentlichen Ergebnis der Stadt E liegt ein Überschuss in Höhe von 156.256,00 € vor (siehe Zeile 22 Ergebnisrechnung). Ein Überschuss aus dem ordentlichen Ergebnis ist gem. § 26 Abs. 1 KomHKV zur Deckung von Fehlbeträgen des ordentlichen Ergebnisses aus Vorjahren einzusetzen. Soweit ein Fehlbetrag nicht gegeben ist, wird der Überschuss der Rücklage aus Überschüssen des ordentlichen Ergebnisses zugeführt. Da in der Bilanz kein Fehlbetrag ausgewiesen ist, ist der Überschuss in Höhe von 156.256,00 € der Rücklage aus Überschüssen des ordentlichen Ergebnisses zuzuführen.

Der Buchungssatz lautet:

Jahresergebnis an Rücklagen aus Überschüssen des ordentlichen Ergebnisses mit 156.256,00 €.

Das außerordentliche Ergebnis weist ebenfalls einen Überschuss aus. Ein Überschuss aus dem außerordentlichen Ergebnis ist, soweit er nicht zur Abdeckung von Fehlbeträgen des außerordentlichen Ergebnisses der Vorjahre oder zum Ausgleich des ordentlichen Ergebnisses benötigt wird, der Rücklage aus Überschüssen des außerordentlichen Ergebnisses zuzuführen gem. § 26 Abs. 5 KomHKV.

Da der Überschuss aus dem außerordentlichen Ergebnis für Fehlbeträge des außerordentlichen Ergebnisses aus Vorjahren – Bilanzsumme 0,00 € – noch für den Ausgleich des ordentlichen Ergebnisses benötigt wird, ist der Überschuss der Rücklage aus Überschüssen des außerordentlichen Ergebnisses zuzuführen.

Der Buchungssatz lautet:

Jahresergebnis an Rücklagen aus Überschüssen des außerordentlichen Ergebnisses mit 32.569,00 €.

Sachverhalt Nr. 2

In der Stadt S stehen in der Ergebnisrechnung folgende Daten:

Zeile	Bezeichnung	Betrag in €
22	Ordentliches Ergebnis	56.756,00
25	Außerordentliches Ergebnis	12.169,00
26	Gesamtüberschuss/-fehlbetrag	68.825,00

Ein Auszug aus der Bilanz der Stadt S ergibt folgendes Bild:

Nr.	Bezeichnung	Betrag in €
1	Eigenkapital	
1.2	Rücklagen aus Überschüssen	
1.2.1	Rücklagen aus Überschüssen des ordentlichen Ergebnisses	0,00
1.2.2	Rücklagen aus Überschüssen des außerordentlichen Ergebnisses	5.258,00
1.4	Fehlbetragsvortrag	
1.4.1	Fehlbetrag aus ordentlichem Ergebnis	23.500,00
1.4.2	Fehlbetrag aus außerordentlichem Ergebnis	0,00

Aufgabe:

Führen Sie den Haushaltsausgleich durch, erläutern Sie diesen und nennen Sie die Buchungssätze.

Lösung:

Das Ergebnis aus ordentlichen Erträgen und ordentlichen Erträgen ist laut § 63 Abs. 4 Satz 1 BbgKVerf in jedem Jahr unter Berücksichtigung von Fehlbeträgen der Vorjahre auszugleichen. Der Ausgleich ist gem. § 63 Abs. 4 Satz 2 BbgKVerf erreicht, wenn die ordentlichen Erträge die ordentlichen Aufwendungen erreichen oder überschreiten. Weitere Regelungen zum Haushaltsausgleich enthält § 26 KomHKV.

Im ordentlichen Ergebnis der Stadt E liegt ein Überschuss in Höhe von 56.756,00 € vor (siehe Zeile 22 Ergebnisrechnung). Ein Überschuss aus dem ordentlichen Ergebnis ist gem. § 26 Abs. 1 KomHKV zur Deckung von Fehlbeträgen des ordentlichen Ergebnisses aus Vorjahren einzusetzen. Soweit ein Fehlbetrag nicht gegeben ist, wird der Überschuss der Rücklage aus Überschüssen des ordentlichen Ergebnisses zugeführt.

Da in der Bilanz ein Fehlbetrag aus dem ordentlichen Ergebnis in Höhe von 23.500,00 € ausgewiesen ist, ist der ein Teil des Überschusses in Höhe von 23.500,00 € zur Begleichung des Fehlbetrages aus Vorjahren einzusetzen. Der Rest des Überschusses in Höhe von 33.256,00 € ist der Rücklage aus Überschüssen des ordentlichen Ergebnisses zuzuführen.

Die Buchungssätze lauten:

Fehlbetrag aus Vorjahren ordentliches Ergebnis an Jahresergebnis mit 23.500,00 €.

Jahresergebnis an Rücklagen aus Überschüssen des ordentlichen Ergebnisses mit 33.256,00 €.

Das außerordentliche Ergebnis weist ebenfalls einen Überschuss aus. Ein Überschuss aus dem außerordentlichen Ergebnis ist, soweit er nicht zur Abdeckung von Fehlbeträgen des außerordentlichen Ergebnisses der Vorjahre oder zum Ausgleich des ordentlichen Ergebnisses benötigt wird, der Rücklage aus Überschüssen des außerordentlichen Ergebnisses zuzuführen gem. § 26 Abs. 5 KomHKV.

Da der Überschuss aus dem außerordentlichen Ergebnis für Fehlbeträge des außerordentlichen Ergebnisses aus Vorjahren – Bilanzsumme 0,00 € – noch für den Ausgleich des ordentlichen Ergebnisses benötigt wird, ist der Überschuss der Rücklage aus Überschüssen des ordentlichen Ergebnisses zuzuführen.

Der Buchungssatz lautet:

Jahresergebnis an Rücklagen aus Überschüssen des ordentlichen Ergebnisses mit 12.169,00 €.

Sachverhalt Nr. 3

In der Gemeinde G stehen in der Ergebnisrechnung folgende Daten:

Zeile	**Bezeichnung**	**Betrag in €**
22	Ordentliches Ergebnis	–6.565,00
25	Außerordentliches Ergebnis	0,00
26	Gesamtüberschuss/-fehlbetrag	–6.565,00

Ein Auszug aus der Bilanz der Gemeinde G ergibt folgendes Bild:

Nr.	Bezeichnung	Betrag in €
1	Eigenkapital	
1.2	Rücklagen aus Überschüssen	
1.2.1	Rücklagen aus Überschüssen des ordentlichen Ergebnisses	9.565,00
1.2.2	Rücklagen aus Überschüssen des außerordentlichen Ergebnisses	5.258,00
1.4	Fehlbetragsvortrag	
1.4.1	Fehlbetrag aus ordentlichem Ergebnis	0,00
1.4.2	Fehlbetrag aus außerordentlichem Ergebnis	0,00

Aufgabe:
Führen Sie den Haushaltsausgleich durch, erläutern Sie diesen und nennen Sie die Buchungssätze.

Lösung:
Das Ergebnis aus ordentlichen Erträgen und ordentlichen Erträgen ist laut § 63 Abs. 4 Satz 1 BbgKVerf in jedem Jahr unter Berücksichtigung von Fehlbeträgen der Vorjahre auszugleichen. Der Ausgleich ist gem. § 63 Abs. 4 Satz 2 BbgKVerf erreicht, wenn die ordentlichen Erträge die ordentlichen Aufwendungen erreichen oder überschreiten. Weitere Regelungen zum Haushaltsausgleich enthält § 26 KomHKV.

Im ordentlichen Ergebnis der Stadt E liegt kein Überschuss, sondern ein Fehlbetrag vor (siehe Zeile 22 Ergebnisrechnung). Ein Fehlbetrag aus dem ordentlichen Ergebnis ist gem. § 26 Abs. 2 KomHKV aus Mittel der Rücklage aus Überschüssen des ordentlichen Ergebnisses zu decken.

Da in der Bilanz eine Rücklage aus Überschüssen des ordentlichen Ergebnisses in Höhe von 9.565,00 € ausgewiesen ist, ist ein Teil der Rücklage zur Begleichung des Fehlbetrages einzusetzen.

Der Buchungssatz lautet:

Rücklagen aus Überschüssen des ordentlichen Ergebnisses an Jahresergebnis mit 6.565,00 €.

Da das außerordentliche Ergebnis weder einen Überschuss noch einen Fehlbetrag ausweist, sind keine Abschlussbuchungen notwendig.

17. Die Haushaltssatzung

17.1 Rechtsnatur und Bedeutung der Haushaltssatzung

17.1.1 Gemeindliches Satzungsrecht

Das Grundgesetz bestimmt in Art. 28 Abs. 2 ausdrücklich, dass den Gemeinden das Recht einzuräumen ist, alle Angelegenheiten der örtlichen Gemeinschaft in eigener Verantwortung zu regeln. Die Gewährleistung der Selbstverwaltung umfasst auch die Grundlagen der finanziellen Eigenverantwortung. Dem folgt Art. 97 LVerf Bbg. Dieses Recht steht auch den Gemeindeverbänden im Rahmen ihres gesetzlichen Aufgabenbereichs zu. Damit ist der Erlass allgemeiner Rechtsvorschriften durch die Gemeinden im Rahmen ihres Selbstverwaltungsrechtes institutionell abgesichert.

So wird auch in der Kommunalverfassung durch § 3 den Gemeinden im Einklang mit dem Grundgesetz und der Landesverfassung das Recht zuerkannt, ihre Angelegenheiten durch Satzungen zu regeln. (Kreise: § 131 i. V. m. § 3 BbgKVerf, Ämter: § 140 i. V. m. § 3 BbgKVerf). Die Darstellungen der Einzelheiten zum allgemeinen Satzungsrecht bleibt dem Kommunalrecht vorbehalten.[1]

17.1.2 Haushaltssatzung als besondere Satzung

Haushaltssatzung	Satzung allgemein
bis auf § 4 keine Außenwirkung	Außenwirkung
verbindlicher Inhalt und amtliches Muster	i. d. R. kein verbindlicher Inhalt und kein amtliches Muster
zeitlich begrenzt (Kalenderjahr)	zeitlich unbegrenzt
Pflichtsatzung	bis auf Hauptsatzung nur bedingte bzw. keine Verpflichtung zum Erlass der Satzung
Erlass nicht durch Eilentscheidung zulässig	Erlass durch Eilentscheidung zulässig
In-Kraft-Treten immer am 1. Oktober eines Jahres (evtl. rückwirkend)	i. d. R. In-Kraft-Treten am Tage nach der Bekanntmachung
Genehmigungspflicht in bestimmten Punkten	i. d. R. genehmigungsfrei

Die Tatsache, dass die Haushaltssatzung in der Lehre nur als eine Satzung im formellen Sinne angesehen wird, beeinträchtigt jedoch nicht ihre Bedeutung für die Gemeinde, bildet sie doch die Rechtsgrundlage der gemeindlichen Haushaltsführung für ein Jahr. Durch die Festsetzung des Haushaltsplans in der Satzung erhält dieser seine Rechtsverbindlichkeit. Ferner enthält die Haushaltssatzung weitere für die Haushalts- und Wirtschaftsführung einer Gemeinde entscheidende Regelungen. All diese Regelun-

1 Eine ausführliche Darstellung enthält *Hofmann/Theisen/Baetge*, Kommunalrecht in Nordrhein-Westfalen, 19. Aufl., Wiesbaden 2021, Kap. 2.4.

gen binden jedoch – ausgenommen die Festsetzungen in § 4 der Haushaltssatzung – nur die Gemeinde, genauer gesagt die Gemeindevertretung und die Verwaltung. Insofern kann hier auch von der „Innenwirkung“ der Haushaltssatzung gesprochen werden. Genauso wie für den Haushaltsplan gilt für die Haushaltssatzung, dass Ansprüche und Verbindlichkeiten Dritter weder begründet noch aufgehoben werden (§ 66 Abs. 3 Satz 3 BbgKVerf). „Außenwirkung“ entsteht nur durch die Festsetzung der Realsteuerhebesätze in § 4 der Haushaltssatzung. Hier wird der Steuerpflichtige tangiert, wobei die konkrete Steuererhebung aufgrund eines konkreten Steuerbescheides (Verwaltungsakt) erfolgt.

Aber auch in weiteren Punkten unterscheidet sich die Haushaltssatzung von den Satzungen allgemeiner Art. Während für die gemeindliche Satzungen bis auf wenige Ausnahmen keine verbindlichen Inhalte vorgeschrieben sind, ist für die Haushaltssatzung ein Pflichtinhalt gem. § 65 Abs. 2 BbgKVerf vorgesehen. Ergänzt wird dieser durch das verbindliche amtliche Muster (VV zum Produkt- und Kontenrahmen). Ferner unterliegt die Haushaltssatzung einer zeitlichen Begrenzung. Sie wird grundsätzlich für ein Haushaltsjahr (Kalenderjahr) erlassen (§ 65 Abs. 1 und 4 BbgKVerf).[2] Andere Satzungen haben eine unbestimmte, auf die Zukunft gerichtete Gültigkeit.

Die Haushaltssatzung zählt zu den Pflichtsatzungen, d. h. die Gemeinde muss sie erlassen. Diese Verpflichtung trifft für die übrigen Satzungen nur in Ausnahmefällen wie z. B. bei der Hauptsatzung zu (§ 4 Abs. 1 BbgKVerf).

Die Haushaltssatzung gehört zu den Angelegenheiten, über die die Gemeindevertretung selbst entscheiden muss. Sie kann diese Entscheidungsbefugnisse nicht auf andere Stellen übertragen (§§ 28 Abs. 2 Nr. 15 BbgKVerf und 67 Abs. 4 BbgKVerf). Nach § 58 BbgKVerf entscheidet der Hauptverwaltungsbeamte in dringenden Angelegenheiten (die der Entscheidung der Gemeindevertretung unterliegen), deren Erledigung nicht bis zu einer ohne Form und Frist einberufenen Sitzung der Gemeindevertretung aufgeschoben werden kann, im Einvernehmen mit dem Vorsitzenden der Gemeindevertretung zur Abwehr einer Gefahr oder eines erheblichen Nachteils der Gemeinde. Gemäß § 28 Abs. 2 Nr. 9 BbgKVerf gehört hierzu auch der Erlass von Satzungen. Somit kann grundsätzlich eine Satzung durch eine Dringlichkeits- bzw. Eilentscheidung erlassen werden. Nicht möglich ist aber der Erlass einer Satzung durch Ersatzentscheidungen, wenn bestimmte Verfahrensvorschriften zu beachten sind, es sei denn, das förmliche Verfahren könnte ordnungsgemäß durchgeführt werden. Für die Haushaltssatzung bestehen aber umfangreiche Verfahrensvorschriften nach § 67 BbgKVerf. Somit kann sie im Gegensatz zu den übrigen Satzungen nur durch einen „normalen“ Gemeindevertretungsbeschluss zustande kommen. Die Verfasserin vertritt die Auffassung, dass die vorgenannten Regelungen einer Ersatzentscheidung gemäß § 58 BbgKVerf entgegenstehen.

Die Haushaltssatzung – als Pflichtsatzung der Gemeinde – ist zeitlich begrenzt. Gemäß § 67 Abs. 1 BbgKVerf muss sie für jedes Haushaltsjahr erlassen werden.[3]

2 Sie kann aber auch gemäß § 65 Abs. 3 Satz 2 BbgKVerf Festsetzungen für zwei Haushaltsjahre enthalten.

3 Gemäß § 65Abs. 3 Satz 2 BbgKVerf ist auch ein Erlass für zwei Haushaltsjahre zulässig.

Sollte eine Gemeinde, vertreten durch die Gemeindevertretung, nicht bereit sein, eine Haushaltssatzung zu erlassen, greifen die Aufsichtsmittel nach §§ 108 ff. BbgKVerf.

Letztlich ist noch festzuhalten, dass die Haushaltssatzung immer – evtl. rückwirkend – am 1. Januar eines Jahres in Kraft tritt.

17.2 Inhalt der Haushaltssatzung

17.2.1 Rechtliche Grundlagen

§ 65 Abs. 2 BbgKVerf schreibt vor, welche Regelungen in der Haushaltssatzung getroffen werden müssen. Ferner enthalten § 68 Abs. 2, § 70 Abs. 1 BbgKVerf sowie § 4 Abs. 2 und § 8 Abs. 2 KomHKV Bestimmungen über den Inhalt der Haushaltssatzung. Weitere Regelungen können gemäß § 65 Abs. 2 Satz 2 BbgKVerf in die Haushaltssatzung aufgenommen werden, sofern sie sich auf Erträge und Aufwendungen, Einzahlungen und Auszahlungen und das Haushaltssicherungskonzept des Haushaltsjahres beziehen. Anlage 5.1 VV Produkt- und Kontenrahmen sieht ein amtliches Muster für den Satzungstext vor.

17.2.2 Pflichtinhalte der Haushaltssatzung (§ 65 Abs. 2 BbgKVerf)

17.2.2.1 Festsetzung des Haushaltsplans

In der Satzung sind die Erträge und Aufwendungen sowie die Einzahlungen und Auszahlungen des Haushaltsplans getrennt nach Ergebnis- und Finanzplan festzustellen. Beim Finanzplan ist eine zusätzliche Differenzierung vorgesehen, sodass § 1 der Haushaltssatzung folgende Formulierung enthält:

§ 1

Der Haushaltsplan für das Haushaltsjahr …… wird

1. *im **Ergebnishauhalt** mit dem Gesamtbetrag der*
   ordentlichen Erträge auf ……… *EUR*
   ordentlichen Aufwendungen auf ……… *EUR*

   außerordentlichen Erträge auf ……… *EUR*
   außerordentlichen Aufwendungen auf ……… *EUR*

2. *im **Finanzplan** mit dem Gesamtbetrag der*
   Einzahlungen auf ……… *EUR*
   Auszahlungen auf ……… *EUR*

festgesetzt:

Von den Einzahlungen und Auszahlungen des Finanzhaushaltes entfallen auf:

Einzahlungen aus laufender Verwaltungstätigkeit ……… *EUR*
Auszahlungen aus laufender Verwaltungstätigkeit ……… *EUR*

Einzahlungen aus der Investitionstätigkeit auf ……… *EUR*
Auszahlungen aus der Investitionstätigkeit auf ……… *EUR*

Einzahlungen aus der Finanzierungstätigkeit auf ……… *EUR*
Auszahlungen aus der Finanzierungstätigkeit auf ……… *EUR*

Bei den Gesamtbeträgen handelt es sich jeweils um die Summe aus Ergebnis- bzw. Finanzplan, beim Finanzplan unterteilt in die aufgeführten Zahlungsarten.[4]

Der Haushaltsplan allein besitzt keinen Satzungscharakter. Erst durch die Einbeziehung in die Haushaltssatzung wird er als dessen Teil Ortsrecht. Die Festsetzung des Haushaltsplans ist somit notwendiger und unverzichtbarer Bestandteil der Haushaltssatzung und daher ein Teil der Haushaltssatzung nach § 66 Abs. 1 Satz 1 BbgKVerf. Mit der Festsetzung der Gesamtbeträge erfolgt gleichzeitig die Festsetzung der Einzelansätze der Erträge und Aufwendungen sowie der Einzahlungen und Auszahlungen, die damit Verbindlichkeit auf Satzungsebene erhalten.

Ein besonderes Problem besteht dann, wenn auf der Grundlage des § 6 Abs. 4 KomHKV die Ziele und Kennzahlen zur Zielerreichung im Haushaltsplan abgebildet werden. Damit werden diese nämlich Bestandteile des Haushaltsplans. Wenn also durch § 1 der Haushaltssatzung Ergebnis- und Finanzplan Bestandteil der Satzung werden und somit Ortsrecht darstellen, gewinnen die Ziele und Kennzahlen zur Zielerreichung ebenfalls den Charakter materiellen Ortsrechts. Abweichungen und Änderungen im laufenden Haushaltsjahr würden dann die Gemeinden gemäß § 68 Abs. 1 BbgKVerf zum Erlass einer Nachtragssatzung verpflichten. Diese Lösung ist aus Gründen der Praktikabilität nicht vertretbar.[5]

17.2.2.2 Festsetzung der Kreditermächtigung für Investitionen

In der Satzung ist der Höchstbetrag der vorgesehenen Kreditaufnahmen für Investitionen wie folgt festzusetzen:

§ 2

Der Gesamtbetrag der Kredite, deren Aufnahme für Investitionen und Investitionsförderungsmaßnahmen erforderlich ist, wird auf …… EUR festgesetzt.
(Alternativ: Kredite zur Finanzierung von Investitionen und Investitionsförderungsmaßnahmen werden nicht festgesetzt.)

4 Diese Differenzierung im Satzungstext ist für den Bereich des Finanzplans überflüssig.
5 Der Gesetzgeber ist aufgefordert, eine entsprechende ausschließende Regelung einzuführen.

Die Kreditermächtigung ist eine der Voraussetzungen zur Aufnahme von Krediten für Investitionen (nur für das Anlagevermögen, nicht für das Umlaufvermögen) und Investitionsförderungsmaßnahmen durch die Gemeinde. Nicht zuletzt wegen der erheblichen Folgewirkungen der Kreditaufnahmen auf die gemeindliche Haushaltswirtschaft ist eine besondere Ermächtigungsgrundlage in Form einer satzungsrechtlichen Regelung geschaffen. Die Kreditverwendung nach § 2 der Haushaltssatzung ist als Auswirkung des § 74 Abs. 1 BbgKVerf auf Investitionen und Investitionsförderungsmaßnahmen beschränkt. Somit können damit nur Auszahlungen für die Veränderung des Anlagevermögens und zur Förderung von Investitionen Dritter finanziert werden. Beim Gesamtbetrag handelt es sich um den Bruttokredit, somit um die zu passivierende Rückzahlungsverpflichtung nach § 50 Abs. 6 KomHKV (Kreditverbindlichkeit).

Eine evtl. erforderliche Überschreitung dieses Betrags bedarf des Erlasses einer Nachtragssatzung gemäß § 68 Abs. 1 BbgKVerf (siehe hierzu auch Kap. 20). Zur Thematik der Kreditaufnahme ist ansonsten auf Kap. 15 zu verweisen.

17.2.2.3 Festsetzung des Gesamtbetrags der Verpflichtungsermächtigungen

Der Gesamtbetrag der im Haushaltsplan veranschlagten Verpflichtungsermächtigungen ist in der Satzung wie folgt festzusetzen:

§ 3

Der Gesamtbetrag der Verpflichtungsermächtigungen zur Leistung von Investitionsauszahlungen und Auszahlungen für Investitionsförderungsmaßnahmen in künftigen Haushaltsjahren wird auf ...... EUR festgesetzt.
(Alternativ: Verpflichtungsermächtigungen werden nicht festgesetzt.)

Beim Gesamtbetrag handelt es sich um die Summe der bei den einzelnen Positionen der Teilfinanzpläne veranschlagten Verpflichtungsermächtigungen. Damit wird erreicht, dass diese Haushaltsermächtigungen auch satzungsmäßig verbindlich werden. Eine Überschreitung der Gesamtsumme ist nur durch eine Nachtragssatzung gemäß § 68 Abs. 1 BbgKVerf zulässig. Einzelheiten zur Veranschlagung und Abwicklung von Verpflichtungsermächtigungen sind in Kap. 14 dargestellt.

17.2.2.4 Festsetzung der Realsteuerhebesätze

Die Haushaltssatzung enthält die Festsetzung der Realsteuersätze wie folgt:

§ 4

Die Steuersätze für die Gemeindesteuern werden für das Haushaltsjahr wie folgt festgesetzt:
(Alternativ: Die Steuersätze für die Realsteuern, die in (einer) gesonderten Satzung(en) festgesetzt werden, betragen:)

1. ***Grundsteuer***
   a) für die land- und forstwirtschaftlichen Betriebe (Grundsteuer A) auf ...... *v. H.*
   b) für die Grundstücke (Grundsteuer B) ...... *v. H.*

2. ***Gewerbesteuer*** ...... *v. H.*

Nach Art. 106 Abs. 6 GG steht das Aufkommen der Realsteuern den Gemeinden zu. Dabei ist den Gemeinden das Recht einzuräumen, die Hebesätze für diese Steuern im Rahmen der Gesetze festzusetzen. Nach Art. 105 Abs. 2 i. V. m. Art. 72 Abs. 2 Nr. 3 GG fällt die Schaffung des rechtlichen Rahmens in die konkurrierende Gesetzgebungskompetenz des Bundes. Der Bund hat die Gesetzesinitiative ergriffen und das Grundsteuergesetz und das Gewerbesteuergesetz erlassen. Das Land Brandenburg hat mit Gesetz zur Übertragung der Verwaltung der Realsteuern auf die Gemeinden (Realsteuerverwaltungsübertragungsgesetz) vom 12.4.1996 (GVBl. I S. 162) bestimmt, dass für die Festsetzung und Erhebung der Realsteuern die hebeberechtigten Gemeinden zuständig sind.

Derzeit besitzen die Gemeinden das Recht, die Hebesätze für die sogenannten „Grundsteuern A und B“ und die Gewerbesteuer festzusetzen. Da es sich um einen Akt der Rechtsetzung handelt, bedarf es hierzu einer Satzung. Die Hebesätze werden in Prozentsätzen festgesetzt. Die Festsetzung hat gemäß § 25 Abs. 2 GrStG und § 16 Abs. 2 GewStG für ein oder mehrere Kalenderjahre zu erfolgen. In der Regel erfolgt die Festsetzung der Hebesätze mit der Haushaltssatzung (§ 65 Abs. 2 Nr. 4 BbgKVerf), also mit der Folge einer jährlichen Festsetzung. Eine Änderung der Hebesätze mit dem Ziel der Erhöhung kann nur bis zum 30. Juni eines Jahres erfolgen (§ 25 Abs. 3 GrStG bzw. § 16 Abs. 3 GewStG), allerdings dann mit Rückwirkung auf den 1. Januar eines Jahres. Nach dem 30. Juni darf die Festsetzung der Hebesätze die Höhe der letzten Festsetzung nicht überschreiten.

Will die Gemeinde die Realsteuerhebesätze für einen längeren Zeitraum als ein Jahr bzw. zwei Jahre bei einer zweijährigen Haushaltssatzung festsetzen, kann sie dies nur mittels einer gesonderten Hebesatzsatzung. Nachfolgend wird ein Beispiel einer solchen Hebesatzsatzung gezeigt:

Satzung
über die Festsetzung der Steuersätze für die
Grund- und Gewerbesteuer in der Gemeinde G

Aufgrund des § 25 des Grundsteuergesetzes vom 7.8.1973 (BGBl. I S. 965), des § 16 des Gewerbesteuergesetzes in der Fassung der Bekanntmachung vom 15.10.2002 (BGBl. I S. 4167) und des § 1 des Gesetzes zur Übertragung der Verwaltung der Realsteuern auf die Gemeinden (Realsteuerverwaltungsübertragungsgesetz) vom 12.4.1996 (GVBl. I S. 162) i. V. m. § 3 der Kommunalverfassung für das Land

Brandenburg vom 18.12.2007 (GV. Bbg S. 286) in der z. Zt. geltenden Fassung hat die Gemeindevertretung der Gemeinde G am ...... die nachstehende Satzung beschlossen:

§ 1

Die Hebesätze für die Grundsteuern und für die Gewerbesteuer werden für das Gebiet der Gemeinde G wie folgt festgesetzt:

1. Grundsteuer	
a) für die land- und forstwirtschaftlichen Betriebe (Grundsteuer A)	210 v. H.
b) für die Grundstücke (Grundsteuer B)	380 v. H.
2. für die Gewerbesteuer	450 v. H.

§ 2

Die vorstehenden Hebesätze gelten für die Haushaltsjahre 2024, 2025 und 2026.

§ 3

Diese Satzung tritt am 1.1.2024 in Kraft.

Ist eine Hebesatzsatzung erlassen, hat der dennoch jährlich in die Haushaltssatzung aufzunehmende § 4 nur deklaratorische Bedeutung. Die Haushaltssatzung hat dann keine Außenwirkung und ist nur eine Satzung im formellen Sinn. Die nachrichtliche Aufnahme der Hebesätze in der Haushaltssatzung ist kenntlich zu machen, indem der Satz *„Die Steuersätze für die Gemeindesteuern, die in (einer) gesonderten Satzung(en) festgesetzt werden, betragen: ...“* eingefügt wird.

Bei der Steuerberechnung setzt das Finanzamt einen Steuermessbetrag fest. Dieser wird mit dem gemeindlichen Hebesatz multipliziert. Insofern haben die Gemeinden Einfluss auf die Höhe der Realsteuererträge.[6] Die sonstigen kommunalen Steuern werden ausschließlich aufrund von kommunalen Satzungen (z. B. Vergnügungssteuersatzung, Hundesteuersatzung, Zweitwohnungssteuersatzung) erhoben.

In der Haushaltssatzung der Kreise und Amtsverwaltungen werden anstelle der Steuerhebesätze in § 4 der Haushaltssatzung die v. H.-Sätze der Kreisumlage bzw. der Amtsumlage festgesetzt (§ 130 bzw. 139 BbgKVerf).[7]

6 Näheres zur Ermittlung und Festsetzung der Realsteuern siehe bei *Mutschler*, Kommunales Finanz- und Abgabenrecht NRW, 14. Aufl., Wiesbaden 2018, S. 55 ff.

7 Näheres zur Ermittlung und Festsetzung der Umlagen siehe bei *Mutschler*, Kommunales Finanz- und Abgabenrecht NRW, 14. Aufl., Wiesbaden 2018, S. 298 ff.

17.2.2.5 Festsetzungen zum Haushaltssicherungskonzept

Ist nach § 63 Abs. 5 BbgKVerf ein Haushaltssicherungskonzept aufzustellen, ist in der Haushaltssatzung (§ 6) der Zeitpunkt zu bestimmen, wann der Haushaltsausgleich wieder hergestellt wird. Ferner ist zu bestimmen, dass die Haushaltskonsolidierungsmaßnahmen bei der Ausführung des Haushaltsplans umzusetzen sind. Der Text des amtlichen Musters lautet:

§ 6

Nach dem Haushaltssicherungskonzept ist der Haushaltsausgleich im Jahre …… wieder hergestellt. Die dafür im Haushaltssicherungskonzept enthaltenen Konsolidierungsmaßnahmen sind bei der Ausführung des Haushaltsplans umzusetzen.
(Alternativ: entfällt)

Zum Haushaltsausgleich und zu den Haushaltssicherungskonzepten siehe Kap. 16.

17.2.2.6 Festsetzungen von verschiedenen Wertgrenzen nach § 65 Abs. 2 Nr. 5 und 6 BbgKVerf und anderer Rechtsgrundlagen

Der Text im amtlichen Muster für verschiedene Wertgrenzen lautete wie folgt:

§ 5

1. *Die Wertgrenze, ab der außerordentliche Erträge und Aufwendungen als für die Gemeinde von wesentlicher Bedeutung angesehen werden, wird auf …… Euro festgesetzt.*
2. *Die Wertgrenze für die insgesamt erforderlichen Auszahlungen, ab der Investitionen und Investitionsförderungsmaßnahmen im Finanzhaushalt einzeln darzustellen sind, wird auf …… Euro festgesetzt.*
3. *Die Wertgrenze, ab der überplanmäßige und außerplanmäßige Aufwendungen und Auszahlungen der vorherigen Zustimmung der Gemeindevertretung bedürfen, wird auf …… Euro festgesetzt.*
4. *Die Wertgrenzen ab der eine Nachtragssatzung zu erlassen ist, werden bei:*
   a) *der Entstehung eines Fehlbetrages auf …… Euro (alternativ: …… bei der Erhöhung des gemäß zu erwartendem Fehlbetrag auf …… Euro) und*
   b) *bei bisher nicht veranschlagten oder zusätzlichen Einzelaufwendungen oder Einzelauszahlungen auf …… Euro*

festgesetzt.

Zu § 5 Nr. 1:
Die hier festgesetzte Wertgrenze beziehen sich auf außerordentliche Erträge und Aufwendungen. Im Ergebnisplan sind außergewöhnliche Erträge und Aufwendungen nachzuweisen. Hierunter sind Aufwendungen und Erträge zu verstehen, die auf unvorhersehbare, seltene und ungewöhnliche Vorgänge von wesentlicher Bedeutung für die Ge-

meinde und aus Vermögensveränderungen beruhen. In der Haushaltssatzung ist die Größenordnung, ab der Aufwendungen und Erträge von wesentlicher Bedeutung sind, festzusetzen nach § 65 Abs. 2 Nr. 5 BbgKVerf i. V. m. § 4 Abs. 2 KomHKV.

Zu § 5 Nr. 2:
Diese Wertgrenzen beziehen sich auf die Grenze nach § 65 Abs. 2 Nr. 6 BbgKVerf i. V. m. § 8 Abs. 2 KomHKV. Investitionen und Investitionsförderungsmaßnahmen sind ab einer in der Haushaltssatzung zu bestimmender Grenze getrennt im Finanzhaushalt zu veranschlagen. Geringfügige Investitionen und Investitionsförderungsmaßnahmen können zusammengefasst und zusammen im Finanzplan veranschlagt werden gemäß § 8 Abs. 2 KomHKV. Die Grenze bis zu welchem Betrag eine Maßnahme geringfügig ist, ist in der Haushaltssatzung nachzuweisen.

Zu § 5 Nr. 3:
Gemäß § 70 Abs. 1 Satz 4 BbgKVerf ist in der Haushaltssatzung die Größenordnung, ab der Beträge als erheblich anzusehen sind, nach Aufwands- und Auszahlungsarten getrennt festzulegen. Über erheblich über- und außerplanmäßige Aufwendungen und Auszahlungen entscheidet nach § 70 Abs. 1 Satz 3 BbgKVerf die Gemeindevertretung (siehe Kap. 18 dieses Buches).

Zu § 5 Nr. 4:
Nach § 68 Abs. 2 letzter Satz BbgKVerf sind die Erheblichkeitsgrenzen nach § 68 Abs. 2 Nr. 1 und Nr. 2 BbgKVerf in der Haushaltssatzung festzusetzen. Entsprechend § 68 Abs. 2 letzter Satz BbgKVerf ist in der Haushaltssatzung der Betrag festzusetzen, ab dem ein entstehender Fehlbetrag oder eine Vergrößerung des Fehlbetrages erheblich ist. Ebenfalls hat die Haushaltssatzung Festsetzung über die Größenordnung zu enthalten, ab der eine Mehraufwendung bzw. eine Mehrsauszahlung als erheblich anzusehen ist. (Für Näheres hierzu siehe Kap. 20 des Buches)

17.2.2.7 Festsetzungen des Betrags gemäß § 73 Abs. 5 BbgKVerf

Gemäß § 73 Abs. 5 BbgKVerf dürfen auch Verpflichtungsermächtigungen ausnahmsweise über- und außerplanmäßig bereitgestellt werden. Da § 70 Abs. 1 Sätze 2 und 3 BbgKVerf entsprechend auch für diese Bewilligung gelten, sind auch hier betragliche Grenzen für die Entscheidungszuständigkeiten festzusetzen (siehe Kap. 14 dieses Buches). Leider enthält das Muster dazu keine Angaben. Der Wortlaut könnte wie folgt lauten:

§ 5

3. *Über- und außerplanmäßige Verpflichtungsermächtigungen sind erheblich, wenn sie bei dem jeweiligen Buchungskonto*
   - *bei Investitionen einen Betrag von 20.000 € und*
   - *bei Investitionsförderungsmaßnahmen einen Betrag von 15.000 € übersteigen.*

17.2.3 Freiwillige Inhalte der Haushaltssatzung

Nach § 65 Abs. 2 Satz 2 BbgKVerf kann die Haushaltssatzung weitere Vorschriften enthalten, die sich auf Einzahlungen und Auszahlungen, Erträge und Aufwendungen und das Haushaltssicherungskonzept beziehen.

Denkbar sind z. B.:
- Bestimmungen im Zusammenhang mit der Bewirtschaftung der Erträge und Aufwendungen, Einzahlungen und Auszahlungen, Verpflichtungsermächtigungsansätze und des Stellenplans[8],
- Regelungen zur Handhabung der Haushaltsvermerke,
- Regelungen zur Budgetierung,
- Regelungen über das Haushaltssicherungskonzept und
- Kontrakte zwischen Gemeindevertretung und Verwaltung.

Ein Beispiel für weitere Regelungen in der Haushaltssatzung ist:[9]

§ 7

Die Aufwendungen innerhalb der Teilergebnispläne sind mit Ausnahme der bilanziellen Abschreibungen gegenseitig deckungsfähig. Das Gleiche gilt sinngemäß für die Auszahlungen innerhalb der Teilfinanzpläne.

17.3 Zustandekommen der Haushaltssatzung

17.3.1 Überblick

Entsprechend der Bedeutung der Haushaltssatzung für die kommunale Aufgabenerfüllung und der Auswirkungen, die Haushaltssatzung und Haushaltsplan auf das örtliche Gemeinschaftsleben haben, ist das Verfahren über das Zustandekommen der Haushaltssatzung (somit auch des Haushaltsplans) umfassend geregelt. Hierdurch wird im erhöhten Maße die Rechtssicherheit gewährleistet. Gleichzeitig wird besonderer Wert auf eine weitreichende Mitwirkung der Öffentlichkeit gelegt. Das nachstehende Schaubild soll zunächst einen Überblick vermitteln, wobei die Regelungen weitgehend in § 67 BbgKVerf enthalten sind.

---

8 Ausführungen zum Stellenplan sind zwar im § 65 BbgKVerf nicht genannt, jedoch ist davon auszugehen, dass es sich nicht um eine abschließende Aufzählung handelt.

9 Die Darstellung beschränkt sich lediglich auf wenige Regelungen. Um die ganze Breite der Möglichkeiten abschätzen zu können, sei auf die Haushaltssatzungen der einzelnen Kommunen verwiesen.

Zustandekommen der Haushaltssatzung
Vorverfahren innerhalb der Verwaltung
Aufstellung des Entwurfs durch den Kämmerer § 67 Abs. 1 BbgKVerf)
Bestätigung des Entwurfs durch den Hauptverwaltungsbeamten (§ 67 Abs. 1 BbgKVerf)

⇙ ⇘

Vorlage an die Gemeindevertretung, evtl. mit abweichender Meinung des Kämmerers (§ 67 Abs. 2 BbgKVerf)	**zusätzliche Regelungen für die Landkreise nach § 129 BbgKVerf**
Anhörung des Ortsbeirates oder Ortsvorstehers (§ 46 Abs. 1 Nr. 6 BbgKVerf)	Bekanntgabe des Entwurfes und Auslegung an sieben Tagen
Vorbereitung durch die Fachausschüsse	Einwendungen der kreisangehörigen Gemeinden innerhalb eines Monats
Vorbereitung durch den Hauptausschüsse	Beschluss des Kreistages in öffentlicher Sitzung über die Einwendungen

⇘ ⇙

Beschluss der Gemeindevertretung in öffentlicher Sitzung evtl. mit mündlicher Stellungnahme des Kämmerers bei abweichender Meinung (§ 67 Abs. 3 BbgKVerf)
Vorlage an die Kommunalaufsichtsbehörde und evtl. Genehmigungsantrag und eventuelle Vorlage des Haushaltssicherungskonzeptes zur Genehmigung (§ 67 Abs. 4 und 5 BbgKVerf, § 63 Abs. 5 BbgKVerf)
Haushaltssatzung öffentlich bekannt machen mit Hinweis auf Einsicht für jeden (Rechtswirksamkeit) (§ 67 Abs. 5 Satz 1 BbgKVerf)
Inkrafttreten zum 1. Januar des Jahres (§ 65 Abs. 3 BbgKVerf)

17.3.2 Vorverfahren

Das Vorverfahren ist in der Praxis recht unterschiedlich ausgestaltet. Zum Teil werden immer noch Mittelanmeldungen für jede Position im Teilergebnis- und Teilfinanzplan verwendet, um damit Plangrößen zu ermitteln. Dabei erfolgt sogar oft ein Herunterbrechen auf die einzelnen Buchungskonten (z. B. Mittelanmeldung für Energieaufwendungen bei der Grundschule A). Vielfach haben sich jedoch budgetierte Haushalte durchgesetzt, bei denen modifizierte Verfahren angewendet werden. Hier erfolgen die Mittelanmeldungen zu einzelnen Budgetzuschüssen (Produktzuschüssen), wobei des Öfteren ein vorangehender Eckwertebeschluss den generellen Finanzrahmen setzt.

17.3.3 Aufstellung des Entwurfs der Haushaltssatzung

Der Kämmerer stellt den Entwurf der Haushaltssatzung und ihren Anlagen auf (§ 67 Abs. 1 BbgKVerf). Dieses Recht kann dem Vorgenannten nicht entzogen werden. Insofern ist jede Gemeinde auch verpflichtet, einen Kämmerer zu bestellen.[10] Der aufgestellte Entwurf ist gemäß § 67 Abs. 1 BbgKVerf dem Hauptverwaltungsbeamten zur Bestätigung zuzuleiten. Nach § 67 Abs. 2 BbgKVerf leitet der Hauptverwaltungsbeamten den von ihm bestätigten Entwurf der Gemeindevertretung zu.

Der Hauptverwaltungsbeamten kann dabei gemäß § 67 Abs. 2 BbgKVerf von dem Entwurf des Kämmerers abweichen. Inwieweit er abweichen darf, ist nicht ausdrücklich geregelt. Würde der Hauptverwaltungsbeamten aber den Wesensgehalt des Entwurfs ändern, würde er das Recht des Kämmerers verletzen. Das Änderungsrecht ist also nicht umfassend gegeben. Das Problem wird aber in der Regel dadurch umgangen, dass der im Vorverfahren beschriebene Weg beschritten wird. Sind die unterschiedlichen Meinungen dennoch nicht in Einklang zu bringen, d. h. also: der Hauptverwaltungsbeamte weicht vom Entwurf ab, so kann der Kämmerer seine abweichende Meinung schriftlich darlegen. Macht der Kämmerer von seinem Recht Gebrauch, muss der Hauptverwaltungsbeamte dann gemäß § 67 Abs. 2 Satz 2 BbgKVerf der Gemeindevertretung neben seinem Entwurf die schriftliche Stellungnahme des Kämmerers mit vorlegen. Damit hat die Gemeindevertretung die Möglichkeit, eingehend die unterschiedlichen Auffassungen und Argumente zu werten. Aus der Allzuständigkeit der Gemeindevertretung (§ 28 Abs. 1 BbgKVerf) kann auch abgeleitet werden, dass diese den Hauptverwaltungsbeamten verpflichten kann, eine abweichende Stellungnahme des Kämmerers vorzulegen.

Mit der Weiterleitung des Entwurfs der Haushaltssatzung und ihrer Anlagen an die Gemeindevertretung sind die Entwürfe existent. Diese Weiterleitung geschieht im Allgemeinen in der Form der sogenannten „Einbringung in die Gemeindevertretung“. Das bedeutet, dass der Tagesordnungspunkt „Kenntnisnahme des Entwurfs der Haushaltssatzung nebst Anlagen“ in einer entsprechenden Gemeindevertretersitzung behandelt werden muss. Die Gemeindevertretung hat dann den Entwurf der Haushaltssatzung an die beteiligten Fachausschüsse (mindestens: Hauptausschuss) zu verweisen. Die reine Versendung des Entwurfs der Haushaltssatzung nebst Anlagen an die Gemeindevertreter stellt keine „Weiterleitung an die Gemeindevertretung“ dar.

17.3.4 Beteiligung der Einwohner und Abgabepflichtigen

17.3.4.1 Einwendungsrecht in den Gemeinden

Den Bürgern und Abgabepflichtigen wird in § 67 BbgKVerf zwar kein spezielles Einwendungsrecht zugestanden, jedoch besteht hier das Recht, Einwendungen gemäß § 14 BbgKVerf („Einwohnerantrag“) und § 16 BbgKVerf („Petitionsrecht“) zu erheben. Ge-

10 Siehe dazu auch die ausführliche Begründung in Kap. 3.3.1.1.

mäß § 14 BbgKVerf können **Einwohner** beantragen, dass die Gemeindevertretung über eine bestimmte Angelegenheit der Gemeinde berät und entscheidet. Der Einwohnerantrag muss von mindestens fünf vom Hundert der in der Gemeinde gemeldeten Einwohner, die das sechzehnte Lebensjahr vollendet haben, unterzeichnet sein. Somit können auch zum Haushaltssatzungsverfahren (Entwurf der Haushaltssatzung mit Anlagen – also auch zum Haushaltsplan) Anträge gestellt werden, über die die Gemeindevertretung zu beraten und zu beschließen hat. Einwohner der Gemeinde ist gemäß § 11 BbgKVerf, wer in der Gemeinde wohnt.

Jeder hat gemäß § 16 BbgKVerf das Recht, sich in Gemeindeangelegenheiten mit Vorschlägen, Hinweisen und Beschwerden einzeln oder gemeinschaftlich an die Gemeindevertretung oder den Bürgermeister zu wenden. Daher besteht auch hier die Möglichkeit, Einwendungen gegen den Entwurf der Haushaltssatzung mit ihren Anlagen zu erheben. „Jeder" in diesem Sinne sind u. a. auch Abgabepflichtige, Einwohner und Bürger.

Ein Bürgerbegehren findet gemäß § 15 Abs. 5 Nr. 4 BbgKVerf über die Haushaltssatzung nicht statt.

Da die Tagesordnung der Gemeindevertretung sowie der Ausschüsse öffentlich bekanntzumachen sind, können die Einwohner und Abgabepflichtigen daher Kenntnis vom Entwurf der Haushaltssatzung mit ihren Anlagen erhalten. Gleiches gilt auch für die Einwohner, Bürger und Abgabepflichtigen in den Landkreisen.[11]

17.3.4.2 Beteiligung der kreisangehörigen Gemeinden in den Landkreisen

Nach § 129 BbgKVerf ist der Entwurf der Haushaltssatzung mit ihren Anlagen nach vorheriger öffentlicher Bekanntmachung an sieben Tagen (Werktagen) öffentlich auszulegen. Mit dieser Vorschrift will der Gesetzgeber bereits beim Zustandekommen die Beteiligung der Öffentlichkeit erreichen und somit die besondere Bedeutung der Haushaltssatzung und ihrer Anlagen für das Wohl der Bürger etc. in den Landkreisen herausstellen.

Der Entwurf der Haushaltssatzung soll darüber hinaus mit den amtsfreien Gemeinden und Ämtern frühzeitig erörtert werden. Durch diese Erörterung kann erreicht werden, dass mögliche Konflikte abgebaut oder verringert werden können und somit Einwendungen von den Ämtern und amtsfreien Gemeinden nicht oder in verringerter Zahl erhoben werden.

Die vorherige öffentliche Bekanntmachung ist eine sonstige öffentliche Bekanntmachung i. S. v. § 3 Abs. 3 BbgKVerf. Es handelt sich somit um eine durch Rechtsvorschrift vorgesehene öffentliche Bekanntmachung, die nicht den Erlass von Ortsrecht zum Gegenstand hat. Die öffentliche Bekanntmachung hat nach der in § l BekanntmV vorgeschriebener Form zu erfolgen.

11 Weiterführende Darstellungen bleiben der Rechtsmaterie des Kommunalrechts und der entsprechenden Literatur vorbehalten.

Folgende Form der öffentlichen Bekanntmachung im Amtsblatt des Landkreises ist denkbar:

Bekanntmachung des Entwurfs der Haushaltssatzung des Landkreises L für das Haushaltsjahr 2024

Aufgrund des § 129 der Kommunalverfassung für das Land Brandenburg vom 18.12.2007 (GVBl. I S. 286) in der derzeit geltenden Fassung wird bekanntgemacht, dass der Entwurf der Haushaltssatzung des Landkreises L für das Haushaltsjahr 2024 mit den Anlagen in der Zeit von ...... bis ...... (7 Werktage) (während der Zeit von 7.30 Uhr bis 16.00 Uhr im Rathaus, A-Straße, Zimmer 319, zur Einsicht öffentlich ausliegt.

Einwendungen können innerhalb einer Frist von einem Monat nach Beginn der Auslegung von den kreisangehörigen Gemeinden der Verwaltung schriftlich zugeleitet oder mündlich zu Protokoll gegeben werden.

Ort, Datum

Unterschrift
Landrat

17.3.5 Beratung in den Fachausschüssen und den Ortsbeiräten

17.3.5.1 Allgemeines

Wie der Hauptverwaltungsbeamte bei dem Erlass von Satzungen nicht auf den fachkundigen Rat seiner Beigeordneten verzichten wird, sollte auch die Gemeindevertretung die fachkundige Mitarbeit ihrer Fachausschüsse und evtl. Ortsbeiräte usw. nicht ausschlagen. Wie weit diese Mitarbeit und Beratung reicht, bestimmt letztlich die Gemeindevertretung in eigener Verantwortung. Ungeachtet dessen schreibt die Gemeindeordnung die Beteiligung bestimmter Ausschüsse und ggf. Ortsbeiräte vor.

17.3.5.2 Beteiligung der Fachausschüsse

Vorbehaltlich spezialgesetzlich bestehender Regelungen ist die Beteiligung der Fachausschüsse (z. B. Bauausschuss, Schulausschuss, Sportausschuss, Planungsausschuss) der Gemeindevertretung am Zustandekommen der Haushaltssatzung nicht geregelt. Eine Beteiligung derartiger Ausschüsse ist somit der eigenverantwortlichen Regelung der Gemeinden vorbehalten. In der Praxis wird aber kaum eine Gemeindevertretung auf das fachkundige Urteil eines Fachausschusses verzichten wollen.

17.3.5.3 Beteiligung der Ortsbeiräte

Nach § 45 Abs. l BbgKVerf können amtsfreie Gemeinden Ortsteile bilden. Gemäß § 45 Abs. 2 Satz 1 und 2 BbgKVerf können die Ortsteile sowohl einen Ortsbeirat als auch einen Ortsvorsteher haben. § 46 Abs. 1 Nr. 6 BbgKVerf schreibt nun vor, dass der Ortsbeirat oder der Ortsvorsteher bezogen auf seinen Zuständigkeitsbereich bei der Beratung über die Haushaltssatzung (auch ihrer Anlagen) zu hören ist. Der Ortsbeirat oder Ortsvorsteher in amtsfreien Gemeinden ist also am Verfahren über das Zustandekommen der Haushaltssatzung zu beteiligen. Er kann Anregungen und Änderungsvorschläge zum Entwurf der Haushaltssatzung und ihrer Anlagen machen. Diese sind letztlich von der Gemeindevertretung zu entscheiden.

17.3.5.4 Beteiligung des Hauptausschusses

Gemäß § 50 Abs. l Satz 3 BbgKVerf bereitet der Hauptausschuss die Beschlüsse der Gemeindevertretung vor, wenn dies in der Hauptsatzung vorgesehen ist. Unabhängig davon obliegt auch dem Hauptausschuss (§ 50 Abs. l Satz l BbgKVerf) die Koordination aller Empfehlungen der Ortsbeiräte und Fachausschüsse bei den Haushaltsplanberatungen, insbesondere unter dem Gesichtspunkt des Haushaltsausgleichs.

17.3.6 Beschlussfassung durch die politischen Gremien

17.3.6.1 Beschlussfassung durch die Gemeindevertretung

Nach § 67 Abs. 3 BbgKVerf entscheidet die Gemeindevertretung dann in öffentlicher Sitzung über den **Entwurf der Haushaltssatzung** und ihrer Anlagen. Diese Vorschrift entspricht den Bestimmungen des § 28 Abs. 2 Nr. 15 BbgKVerf. In der Beratung kann der Kämmerer seine abweichende Auffassung zum Entwurf des Hauptverwaltungsbeamten vertreten, wenn ein Fünftel der Gemeindevertretung oder eine Fraktion dies verlangt.

Zur Frage der Öffentlichkeit ist anzumerken, dass die Vorschriften des § 36 BbgKVerf auch hier Anwendung finden. Zwar ist formal die Haushaltssatzung in öffentlicher Sitzung zu beraten und zu beschließen, aber unstreitig ist, dass bei Angelegenheiten die üblicherweise in nichtöffentlicher Sitzung beraten werden (konkrete Personalentscheidungen, Liegenschaftsangelegenheiten usw.) die Öffentlichkeit ausgeschlossen werden kann. Die Beschlussfassung über die Haushaltssatzung erfolgt mit Stimmenmehrheit (§ 39 Abs. l BbgKVerf).

17.3.6.2 Beschlussfassung durch den Kreistag

Nach § 129 BbgKVerf entscheidet der Kreistag über die Einwendungen der kreisangehörigen Gemeinden in öffentlicher Sitzung. Die Entscheidung muss durch einen förmlichen Beschluss erfolgen. Die Beschlussfassung erfolgt mit Stimmenmehrheit (§ 131 i. V. m. § 39 BbgKVerf).

Die weitere Beschlussfassung über die Haushaltssatzung mit den Anlagen erfolgt gemäß § 131 BbgKVerf nach Teil 1 Kapitel 3 der BbgKVerf. Insofern kann auf die Ausführungen in Kap. 17.3.6.2 dieses Buches verwiesen werden.

17.3.7 Vorlage bei der Aufsichtsbehörde

Die von der Gemeindevertretung beschlossene Haushaltssatzung ist vollständig mit allen Anlagen der Kommunalaufsichtsbehörde vorzulegen (§ 67 Abs. 4 BbgKVerf). Die Vorlage hat auch dann zu erfolgen, wenn in der Satzung keine genehmigungspflichtigen Teile enthalten sind. Neben der allgemeinen Information über die Haushaltswirtschaft erhält Kommunalaufsichtsbehörde somit auch Gelegenheit, die Frage einer evtl. Genehmigungspflicht zu prüfen.

Aufsichtsbehörde ist:
- für kreisangehörige Gemeinden und Ämter der Landrat als allgemeine untere Landesbehörde (§ 110 Abs. 1 bzw. § 140 i. V. m. § 110 Abs. 1 BbgKVerf),
- für Kreise und kreisfreie Städte das Ministerium des Innern (§ 110 Abs. 2 bzw. § 131 i. V. m. § 110 Abs. 2 BbgKVerf).

Als Vorlagetermin ist „ein Monat vor Beginn des Haushaltsjahres“ angegeben (§ 67 Abs. 4 Satz 2 BbgKVerf), also spätestens der 30. November des Vorjahres. Diese Soll-Vorschrift erlaubt jedoch auch eine spätere Vorlage, wenn begründete Ausnahmefälle dieses erfordern (siehe auch Kap. 8.2.5). Hierdurch wird die Rechtswirksamkeit der Haushaltssatzung und ihrer Anlagen nicht beeinträchtigt. Bei Nichtvorlage bzw. nicht rechtzeitiger Vorlage kann die Kommunalaufsichtsbehörde von ihren Aufsichtsmitteln Gebrauch machen (§§ 108 ff. BbgKVerf).

Soweit eine Genehmigung der Haushaltssatzung gemäß § 67 Abs. 5 BbgKVerf erforderlich oder ein Haushaltssicherungskonzept gemäß § 63 Abs. 5 BbgKVerf zu erstellen ist, müssen entsprechende Genehmigungsanträge mit vorgelegt werden.

Mit der Änderung der Kommunalverfassung zum 1.12.2024 wird der § 67 BbgKVerf um einen weiteren Absatz ergänzt:

> *„(6) Die Kommunalaufsichtsbehörde hat beginnend mit der Haushaltssatzung für das Haushaltsjahr 2025 die Genehmigung gemäß § 63 Absatz 5, § 73 Absatz 4 und § 74 Absatz 2 bis zur Beschlussfassung der Gemeindevertretung über den Jahresabschluss für das vorvorvergangene Haushaltsjahr sowie der Aufstellung des Jahresabschlusses für das vorvergangene Haushaltsjahr zurückzustellen. Der aufgestellte Entwurf des Jahresabschlusses für das vorvergangene Haushaltsjahr ist dem Rechnungsprüfungsamt sowie der Kommunalaufsichtsbehörde vorzulegen. Enthält die Haushaltssatzung keine genehmigungspflichti-*

gen Teile, darf sie abweichend von Absatz 5 erst öffentlich bekannt gemacht werden, wenn die Voraussetzungen gemäß Satz 1 und 2 erfüllt sind.“

17.3.8 Bekanntmachung der Haushaltssatzung

Nach § 67 Abs. 5 Satz 3 BbgKVerf ist die Haushaltssatzung – wie jede andere gemeindliche Satzung – öffentlich bekanntzumachen (§ 3 Abs. 3 Satz BbgKVerf). Die Bekanntmachung darf nach der Vorlage bei der Kommunalaufsichtsbehörde erfolgen, wenn keine genehmigungspflichtigen Teile enthalten sind. Bei genehmigungspflichtigen Haushaltssatzungen und bei Erstellung von Haushaltssicherungskonzepten ist eine Bekanntmachung erst nach Erteilung der aufsichtsbehördlichen Genehmigung zulässig. Auch hier muss der neue Absatz 6 des § 67 BbgKVerf zukünftig beachtet werden.

Die Bekanntmachung hat nach den allgemeinen Vorschriften für die Bekanntmachung des kommunalen Ortsrechts zu erfolgen. Ort der Bekanntmachung wird entweder ein gemeindeeigenes Bekanntmachungsblatt oder die Tageszeitung sein. Eine entsprechende Festlegung trifft die Hauptsatzung.

In der Bekanntmachung ist darauf hinzuweisen, dass Jeder Einsicht in die Haushaltssatzung mit ihren Anlagen nehmen kann. Eine zeitliche Beschränkung des Einsichtsrechtes ist nicht vorgesehen. Da die Bürgerschaft gemäß § 15 Abs. 1 Satz 4 BbgKVerf in einem Bürgerbegehren einen Vorschlag zur Deckung der Kosten der verlangten Maßnahme aufnehmen muss, muss sie jederzeit die Haushaltssatzung mit den Anlagen einsehen können. Einwendungsmöglichkeiten bestehen nicht.

Die Haushaltssatzung tritt mit Beginn des Haushaltsjahres in Kraft, wird sie im Haushaltsjahr beschlossen, rückwirkend.

17.4 Genehmigung der Haushaltssatzung durch die Kommunalaufsichtsbehörde

Die Haushaltssatzung ist grundsätzlich genehmigungsfrei. Hieraus ist jedoch nicht herzuleiten, dass die Kommunalaufsichtsbehörde die gemäß § 67 Abs. 4 BbgKVerf vorliegende Satzung im Rahmen der allgemeinen Rechtsaufsicht (§ 109 BbgKVerf) nicht daraufhin zu überprüfen hat, ob die Haushaltssatzung und ihre Anlagen gegen geltendes Recht verstoßen. Dieses Recht bleibt der Kommunalaufsichtsbehörde unbenommen.

Sie wird nunmehr die Haushaltssatzung dahingehend überprüfen, ob sie mit dem geltenden Recht übereinstimmt bzw. ob Rechtsverstöße vorliegen. Dabei werden unter anderem folgende Probleme einer aufsichtsbehördlichen Begutachtung unterzogen:

- Haushaltsausgleich,
- Inanspruchnahme des Eigenkapitals,
- Einhaltung der Veranschlagungs- und Bewirtschaftungsgrundsätze,
- Einhaltung der Haushaltsgliederung.

Die Möglichkeiten der Aufsichtsbehörde sind zunächst auf das Beanstandungs- und Aufhebungsrecht nach §§ 113 und 114 BbgKVerf beschränkt. Dazu kommen die weitergehenden Möglichkeiten der §§ 115 ff. BbgKVerf (z. B. Anordnungsrecht oder Ersatzvornahme). Damit wird die Haushaltssatzung hinsichtlich der aufsichtsbehördlichen Mitwirkung mit allen anderen Gemeindevertretungsbeschlüssen gleichgestellt.

Unabhängig von der allgemeinen Rechtsaufsicht – wie oben dargestellt – bedarf die Haushaltssatzung in einigen Punkten der Genehmigung der Kommunalaufsichtsbehörde, und zwar in der Form der echten Mitwirkung beim Zustandekommen der Satzung. Die Mitwirkung ist Gültigkeitsvoraussetzung für die Haushaltssatzung.

Genehmigungsbedürftig ist gemäß § 74 Abs. 2 BbgKVerf der **Gesamtbetrag der Kredite**. Bedingt genehmigungspflichtig ist allerdings nur der **Gesamtbetrag der Verpflichtungsermächtigungen** nach § 73 Abs. 4 BbgKVerf.

Die Festsetzung der Realsteuerhebesätze in § 4 der Haushaltssatzung bedarf keiner kommunalaufsichtsbehördlichen Genehmigung, weil das Land Brandenburg die dafür gemäß §§ 26 GrStG und § 16 Abs. 4 GewStG notwendige Spezialnorm nicht erlassen hat. Ebenso bedürfen weder die Kreis-, Amts- noch die Zweckverbandsumlage der Genehmigung. Das Genehmigungsverfahren umfasst alle genehmigungspflichtigen Teile und wird mit der Genehmigungsverfügung bekanntgegeben. Eine Teilgenehmigung und gleichzeitige Teilablehnung ist nicht möglich.

Ist eine Genehmigung unter Bedingungen und Auflagen erteilt, so hat die Gemeinde ggf. durch Beitrittsbeschluss der Gemeindevertretung zu reagieren.[12]

Zur Frage, ob die Gemeinde Anspruch auf Erteilung einer Genehmigung hat, vgl. die ausführlichen Darlegungen des OVG NRW, Urt. vom 8.1.1964 (Rsp. Entsch. Nr. 4 zu § 60 GO). Bei der Genehmigung der Haushaltssatzung handelt es sich danach nicht um eine Maßnahme der Rechtskontrolle, sondern um ein Mitwirkungsrecht des Staates, mit dem er eigene, ihm zugewiesene Verwaltungsziele verfolgt, die mit der Verfassung vereinbar sind (sog. „Kondominium"). Auf die Erteilung der Genehmigung hat die Gemeinde daher grundsätzlich keinen Rechtsanspruch, andererseits ist die Kommunalaufsichtsbehörde bei solchen Entscheidungen durch die verfassungsrechtliche Pflicht zu gemeindefreundlichem Verhalten gebunden.

Die Erzwingung einer Genehmigung ist nach dem OVG NRW (Urt. vom 8.1.1964) nur in der Form der Verpflichtungsklage i. S. v. § 42 VwGO möglich. Zur Frage der Rechtsmittel gegen Auflagen und Bedingungen der Aufsichtsbehörde im Rahmen der Genehmigung der Aufsichtsbehörde ist darauf abzustellen, ob es eine Bedingung oder Auflage ist.

Eine **„Bedingung"** i. S. d. § 36 Abs. 2 Nr. 2 VwVfG ist eine Bestimmung, nach der eine Vergünstigung oder Belastung bei einem künftigen Ungewissen Ereignis eintritt (aufschiebbare Bedingung) oder entfällt (auflösende Bedingung).

Eine **„Auflage"** i. S. d. § 36 Abs. 2 Nr. 4 VwVfG ist eine Bestimmung, durch die dem Begünstigten ein Tun, Dulden oder Unterlassen vorgeschrieben wird. Die Auflage ist (selbst) ein Verwaltungsakt, der einem anderen, begünstigenden Verwaltungs-

12 Vgl. W Haushaltssicherung – Runderlass Nr. 1/2013 des Ministers des Inneren vom 24.7.2013, und *Muth*, Potsdamer Kommentar, Kommunalrecht und kommunales Finanzrecht in Brandenburg, Loseblatt, Potsdam, Stand: 87. Aktualisierung 2022.

akt hinzugefügt wird, mit diesem inhaltlich verbunden ist und in seinem rechtlichen Bestand von diesem abhängen soll.

Entscheidend für die Abgrenzung von Bedingung und Auflagen ist, dass die Bedingung die **Wirksamkeit** des Verwaltungsaktes betrifft, sei es, dass der Verwaltungsakt vor Eintritt dieses Umstands noch nicht wirksam ist (so bei der aufschiebenden Bedingung), sei es, dass er nicht mehr wirksam ist (so nach Eintritt der auflösenden Bedingung). Eine Bedingung ist dann anzunehmen, wenn die Nebenbestimmung für die Behörde so wichtig war, dass hiervon die Wirksamkeit des Verwaltungsaktes abhängen sollte.

Im Genehmigungsverfahren der Haushaltssatzung wird die Aufsichtsbehörde im Bedarfsfall die Genehmigung der Satzung von Bedingungen (z. B. Kreditaufnahme nur bis zu einer bestimmten Höhe) abhängig machen. Ist dies der Fall, hat die Gemeinde ein „Weniger" als erwartet (keine uneingeschränkte Genehmigung) erhalten und muss das „Mehr" durch eine Verpflichtungsklage erstreiten.

Bei einer Auflage (also eigenständiger Verwaltungsakt) wäre die Anfechtungsklage i. S. d. § 42 VwGO möglich.[13] Von einer Auflage in diesem Sinne wird man im Genehmigungsverfahren der Haushaltssatzung aber nur dann ausgehen können, wenn ausnahmsweise die Erfüllung der Auflage nicht Geltungsvoraussetzung für die Haushaltssatzung sein sollte.

Die Genehmigung der genehmigungspflichtigen Teile einer Haushaltssatzung ist unter den nachfolgend näher beschriebenen Voraussetzungen erforderlich.

Genehmigung des Gesamtbetrags der Kredite

§ 74 Abs. 2 BbgKVerf spricht von einer sogenannten „Gesamtgenehmigung" – besser: „Gesamtbetragsgenehmigung" – der Kredite (zur Frage der Kredite siehe auch Kap. 15). Danach ist die Kreditaufnahme im Rahmen der Haushaltssatzung zu genehmigen und somit eine der Gültigkeitsvoraussetzungen für die Satzung. Ferner handelt es sich um eine Voraussetzung für die rechtswirksame Einzelaufnahme der Kredite.

Eine Genehmigung der einzelnen Kreditaufnahme beim Abschluss des Kreditvertrages ist grundsätzlich nicht erforderlich. Nur in den Fällen des § 74 Abs. 4 BbgKVerf kann noch eine Einzelgenehmigung durch die Kommunalaufsichtsbehörde angeordnet werden. Somit hat die Kommunalaufsichtsbehörde nur im Rahmen des Genehmigungsverfahrens der Haushaltssatzung die Möglichkeit der Einwirkung auf weitere Kreditaufnahme durch die Gemeinde.

Zur Frage der Genehmigung gibt § 74 Abs. 2 Sätze 3 und 4 BbgKVerf der Kommunalaufsichtsbehörde bestimmte Kriterien an die Hand, wobei auf die individuellen Verhältnisse der Gemeinde abzustellen ist. Die Genehmigung soll unter dem Gesichtspunkt einer geordneten Haushaltswirtschaft erteilt oder versagt werden (§ 74 Abs. 2 Satz 3 BbgKVerf). Unter „geordneter Haushaltswirtschaft" ist insbesondere die Beachtung der Haushaltsgrundsätze (z. B. Haushaltsausgleich, Wirtschaftlichkeit und Sparsamkeit – vgl. auch Kap. 9 und 16), der Bestimmungen der Rücklagenwirtschaft und

13 Siehe dazu *Rohde/Lustig/Wöhler*, Allgemeines Verwaltungsrecht mit Verwaltungsvollstreckung und verwaltungsgerichtlichem Rechtsschutz, 17. Aufl., Wiesbaden 2022, S. 358 ff.

der Rückstellungen (vgl. Kap. 10) und natürlich der Bestimmungen über die Kreditwirtschaft (vgl. Kap. 15) zu verstehen.

In diesem Zusammenhang ist in § 74 Abs. 2 BbgKVerf auch bestimmt, dass die Genehmigung unter Bedingungen und Auflagen erteilt werden kann. Dies bedeutet, dass die Kommunalaufsichtsbehörde z. B. die festgesetzte Kreditermächtigung verringern kann, Höchstgrenzen bei den Konditionen (Zins- und Tilgungsverpflichtungen usw.) und flankierende Maßnahmen (z. B. Verbesserung der Einnahmesituation, Kostendeckung bei den Gebührenhaushalten) verlangen kann. Die Kommunalaufsichtsbehörde würde aber ihre Kompetenzen überschreiten, wenn sie die Streichung bestimmter Maßnahmen (z. B. Investitionsmaßnahmen) fordern bzw. die Höhe der Realsteuersätze vorschreiben würde.

Aus der Bestimmung des § 74 Abs. 2 Satz 4 BbgKVerf *(„Die Genehmigung ist in der Regel zu versagen, wenn die Kreditverpflichtungen mit der dauernden Leistungsfähigkeit der Gemeinde nicht in Einklang stehen")* ist herzuleiten, dass die Kommunalaufsichtsbehörde ihr besonderes Augenmerk auf die Frage zu richten hat, ob die Zins- und Tilgungsverpflichtungen auf Dauer noch erwirtschaftet werden können. Die Beantwortung dieser Frage ist nicht durch die eventuelle Festlegung bestimmter Prozentrelationen zu den sogenannten „allgemeinen Deckungsmitteln", zur Gesamteinnahme oder z. B. durch die Festlegung bestimmter Höchstsätze der Pro-Kopf-Verschuldung möglich. Die sog. „Pro-Kopf-Verschuldung" ist zwar in der Presse oder bei den Parlamentariern ein beliebtes Argument, eine weitere Kreditaufnahme zu befürworten oder abzulehnen. Tatsächlich ist sie aber nicht geeignet, die gestellten Fragen zu beantworten. Zur Verdeutlichung s. Beispiel in Kap. 15.3.2.5.

Also ist ein Kriterium, ob der Ergebnishaushalt ausgeglichen ist und auch im mittelfristigen Finanzplanungszeitraumes ausgeglichen sein wird. Denn wenn er schon ohne den Schuldendienst der neuen Kredite der Ergebnishaushalt nicht ausgeglichen ist, wird das Defizit durch die Aufnahme neuer Kredite auch für die Zukunft nur noch größer.

Die Vorschriften des § 74 Abs. 2 BbgKVerf sind nun aber in der Form von Soll-Vorschriften gefasst. Somit ist die Genehmigung in das Ermessen – allerdings gebundenes Ermessen – der Kommunalaufsichtsbehörde gestellt. Hieraus ist herzuleiten, dass auch andere Überlegungen bei der Erteilung oder Versagung der Genehmigung miteinfließen können, insbesondere gesamtwirtschaftliche oder gemeindewirtschaftliche sowie kreditpolitische Erwägungen.

17.5 Übung

Sachverhalt

Im Amtsblatt des Landkreises A (Arbeitszeit: Fünftagewoche) ist u. a. bekanntgemacht worden, dass der Entwurf der Haushaltssatzung in der Zeit vom 10. bis 19. September öffentlich ausliegt und innerhalb eines Monats, gerechnet ab dem 10. September, Einwendungen erhoben werden können. Einwendungen zur Niederschrift können nur während der Dienststunden erhoben werden. Die Partei X (nicht im Kreistag vertreten) erhebt innerhalb dieser Frist gegen den Haushaltsplan Einwendungen. Sie unterhält im Landkreis kein Parteibüro. Die Parteigeschäftsstelle ist in der Wohnung des Parteivorsitzenden untergebracht.

Aufgaben:

a) Begutachten Sie, ob die Auslegungsfrist den haushaltsrechtlichen Bestimmungen entspricht.

b) Begutachten Sie, wie die Einwendungen der Partei X rechtlich zu behandeln sind.

Lösung:

Zu a)

Nach § 129 Abs. 1 BbgKVerf ist der Entwurf der Haushaltssatzung mit ihren Anlagen nach vorheriger öffentlicher Bekanntmachung sieben Tage zur Einsichtnahme auszulegen. Der Entwurf wird in der Zeit vom 10. bis 19. September ausgelegt. Die Auslegungsfrist beträgt sieben Tage. Der Zeitraum der Auslegung beträgt neun Tage. Die Zeit verringert sich um ein Wochenende, an dem niemand Einsicht nehmen kann. Dennoch verbleiben sieben Werktage, sodass die Auslegungsfrist den haushaltsrechtlichen Bestimmungen entspricht.

Zu b)

Nach § 129 Abs. 1 Satz 3 BbgKVerf können nur kreisangehörige Gemeinden Einwendungen gegen den Entwurf der Haushaltssatzung und ihrer Anlagen erheben. Diese Einwendungen hat der Kreistag in öffentlicher Sitzung zu beraten. Die Partei X ist keine kreisangehörige Gemeinde. Somit ist die Einwendung der Partei X keine Einwendung i. S. v. § 129 Abs. 1 Satz 3 BbgKVerf.

Die vorgenannten Feststellungen entbinden Gemeindevertretung und Verwaltung jedoch nicht von der Verpflichtung, diese Einwendung als ganz normale Eingabe (Anregung oder Beschwerde) an die Gemeindevertretung zu behandeln (Art. 17 GG und § 16 BbgKVerf).

18. Die Ausführung des Haushalts

18.1 Erhebung von Einzahlungen

18.1.1 Rechtzeitige Einziehung der Einzahlungen

Die Haushaltswirtschaft ist gemäß § 63 Abs. 2 BbgKVerf sparsam und wirtschaftlich zu führen. Ein Aspekt dieses Grundsatzes ist es, die Einzahlungen rechtzeitig einzuziehen, was ebenfalls im § 27 KomHKV verankert ist. Die Gemeinde muss darauf bedacht sein, dass die Einzahlungen bei Fälligkeit auch auf den Konten der Gemeinde eingehen. Dies dient der Liquidität und bringt auf der einen Seite Zinsgewinne durch Guthaben auf den Girokonten bzw. durch angelegte Festgelder. Auf der anderen Seite werden die Zinsaufwendungen für Liquiditätskredite vermieden bzw. verringert. Siehe dazu auch § 76 Abs. 1 BbgKVerf, der eine angemessene Liquiditätsplanung fordert.

Die Aufgabe der Einziehung der Finanzmittel erledigt primär die Finanzbuchhaltung, wobei konkret der Bereich der Zahlungsabwicklung angesprochen ist. Hier muss ein leistungsfähiges Mahn- und Vollstreckungsverfahren angesiedelt werden, das notfalls die Einzahlungen per Zwang zu bewirken hat. Die Voraussetzungen dazu müssen aber vorangehende Buchungen in der Geschäftsbuchführung (im Wesentlichen in der Debitorenbuchhaltung) sein, denn ohne diese Buchungen verfügt der Bereich der Zahlbarmachung nicht über die notwendigen Fälligkeitsinformationen. Jedoch haben dazu vorab die Mittel bewirtschaftenden Fachbereiche die notwendigen Voraussetzungen zum Einzug der Einzahlungen zu treffen. Ohne Veranlagungsbescheide im Steuer-, Gebühren- und Beitragsbereich, ohne Abrufung von Zuweisungsmitteln, ohne Vertragsabschlüsse bei Verkäufen oder Mieten, ohne Erhebung von Bußgeldern bei Ordnungswidrigkeiten, ohne Vereinbarungen über Kreditlinien usw. kann auch die leistungsfähigste Finanzbuchhaltung die Einzahlungen nicht realisieren. Insofern liegen die Grundlagen der Einzahlungseinziehung bereits in den Fachbereichen und der Kämmerei. Siehe dazu auch die Ablaufschemata in Kap. 4.2.

18.1.2 Kleinbeträge

Im privaten Rechtsverkehr ist es üblich, auf die Einziehung von geringfügigen Beträgen zu verzichten, vor allem dann, wenn die Kosten der Einziehung größer sind als die Forderung selbst. Diese Überlegungen gibt es auch auf Gemeindeebene, wo das Prinzip der Wirtschaftlichkeit gemäß § 63 Abs. 2 BbgKVerf konkret anzuwenden ist. Beim Verzicht auf den Einzug von Forderungen bedeutet dies, dass die Fachbereiche erst gar keinen Buchungsbeleg fertigen, sondern in den Akten (Büroverfügung) den Verzicht begründen. In diesen Fällen wird keine Forderung gebucht. Die Finanzbuchhaltung erhält von solchen Entscheidungen keine Kenntnis.

Für den Fall, dass eine Forderung gebucht ist und die Finanzbuchhaltung die Unwirtschaftlichkeit des Einzuges feststellt, muss eine förmliche Niederschlagung des Anspruchs erfolgen. Dies wird in Kap. 18.4.4 behandelt.

Die KomHKV sieht für die Kleinbeträge eine konkrete Betragsgrenze vor. § 31 Abs. 2 KomHKV spricht davon, dass davon abgesehen werden kann, Ansprüche von weniger als 20 € geltend zu machen, wenn die Einziehung unwirtschaftlich ist. Allerdings ist festzustellen, dass es für bestimmte Forderungen vorrangige bundes- und landesrechtlich Vorschriften gibt, die praktisch für die meisten öffentlich-rechtlichen Forderungen gelten. Den Gemeinden sei deshalb angeraten, bei ihren Ermessensentscheidungen diese Grenzen ebenfalls anzuwenden. Es empfiehlt sich ohnehin eine konkrete örtlich bezogene Dienstanweisung. Einzelheiten der Regelungen können der nachstehenden Übersicht entnommen werden.

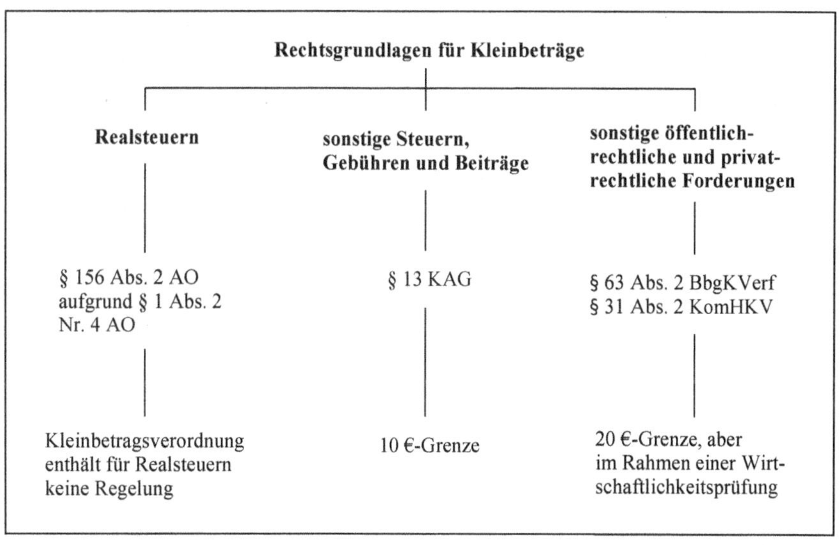

Gemäß § 1 Abs. 2 Nr. 4 AO sind die Bestimmungen des § 156 AO auch für die Grund- und Gewerbesteuern der Gemeinde (Realsteuern) anwendbar. Als Bundesrecht geht diese Bestimmung sowohl dem Kommunalabgabengesetz als auch dem kommunalen Haushaltsrecht (§ 63 Abs. 2 BbgKVerf und § 31 Abs. 2 KomHKV) vor. § 156 Abs. 1 AO gibt dem Bundesfinanzminister die Ermächtigung, eine konkrete Eurogrenze für Kleinbeträge festzusetzen, allerdings höchstens bis zu 25 €. Die Bestimmungen des § 1 der Kleinbetragsverordnung vom 19.12.2000 (BGBl. I S. 1790, 1805) in der derzeit geltenden Fassung sehen zwar für eine Reihe von Steuerarten Kleinbetragsregelungen vor, nicht aber für die Grund- und Gewerbesteuer. Insofern besteht für die Realsteuern keine Kleinbetragsregelung, sodass diese unabhängig von ihrer Höhe immer festzusetzen sind.

Das Kommunalabgabengesetz ist die Rechtsgrundlage für alle gemeindlichen Abgaben, soweit spezielle bundes- oder landesrechtliche Regelungen dieses nicht einschränken (§ 1 Abs. 1 KAG). Für die Kleinbeträge der Realsteuern ist – wie oben dargestellt – die Abgabenordnung Rechtsgrundlage, sodass § 13 KAG für die verbleibenden Gemeindesteuern sowie für Gebühren und Beiträge anwendbar ist. Für die aufgrund besonderer kommunaler Satzungen zu erhebenden Steuern wie z. B. die Vergnügungssteuer oder Hundesteuer bestätigt § 1 Abs. 3 KAG dies ausdrücklich. Kleinbeträge liegen gemäß § 13 KAG für diese Ertrags- und Einzahlungsarten bei Beträgen unter 10 € vor.

Beim § 13 KAG handelt es sich um eine „Kann-Vorschrift". Es liegt – wie auch bei den sonstigen Forderungen – demnach im pflichtgemäßen Ermessen der Gemeinde, ob auf die Einziehung verzichtet wird. Allerdings verengt sich der Ermessensspielraum bei einmal erfolgten positiven Entscheidungen durch den Gleichbehandlungsgrundsatz. Sofern die Einziehung von Kleinbeträgen aus grundsätzlichen Erwägungen geboten ist (z. B. bei Buß- oder Verwarnungsgeldern sowie bei Verwaltungsgebühren und Eintrittsentgelten, aber auch bei Säumniszuschlägen und Vollstreckungskosten – ein Verzicht würde hier dem Sinn der Einzahlung widersprechen) sind die Gemeinden verpflichtet, auch Kleinbeträge einzuziehen.

Die 10 €-Grenze orientiert sich an den Kosten der Einziehung von Finanzmitteln. Erst ab einer bestimmten Größenordnung ist die Festsetzung und Einziehung von Beträgen wirtschaftlich sinnvoll.

18.1.3 Rundungen

In früheren Zeiten des überwiegenden Bargeldverkehrs gab es bei den Einzahlungen oft Engpässe, da Wechselgeld benötigt wurde. Es bestand somit ein Bedarf, die Forderungen der Gemeinden abrunden zu können (Rundung nach unten zugunsten des Schuldners). Heute – im Zeitalter des bargeldlosen Zahlungsverkehrs – erübrigt sich eigentlich eine solche Möglichkeit, weil es für die Beteiligten rechtlich und praktisch ohne Bedeutung ist, ob die Überweisung einer Forderung nun z. B. mit 141,28 € oder 141,20 € erfolgt. Auch bei der DV-Bearbeitung ist dies ohne Belang.

Kommunalverfassung und Kommunale Haushalts- und Kassenverordnung haben deshalb darauf verzichtet, Abrundungsmöglichkeiten bei Forderungen vorzusehen. Allerdings sind sowohl in der Abgabenordnung als auch im Kommunalabgabengesetz Vorschriften über Rundungen enthalten.

Der nachstehende Überblick reicht wegen der geringen praktischen Bedeutung für die Gesamtdarstellung aus.

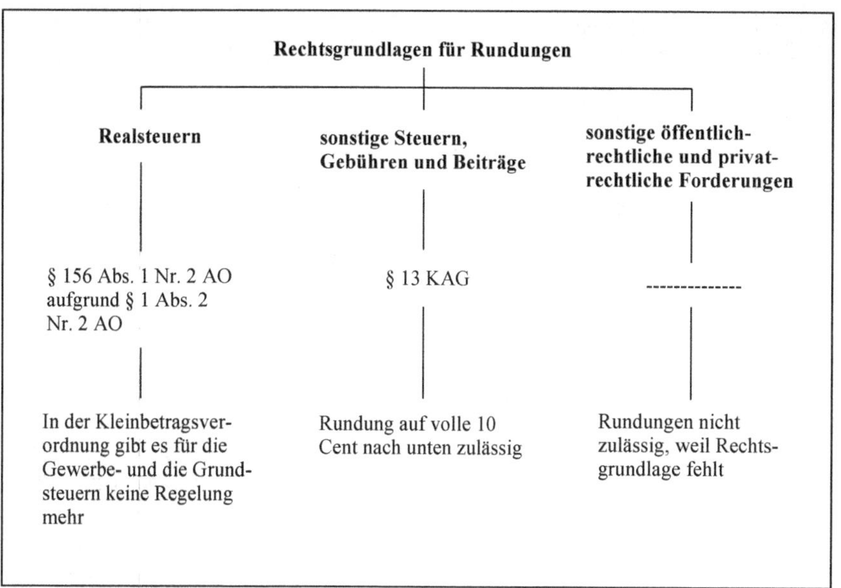

18.1.3.1 Übung

Sachverhalt Nr. 1

Die zuständigen Ämter der Gemeinde G möchten auf die Erhebung der nachstehenden Forderungen aus Kostengründen (Einziehungskosten sind größer als die Forderungsbeträge) verzichten:

a) Kanalbenutzungsgebühr 7,38 €
b) Gewerbesteuer 9,24 €
c) Mietrestforderung 5,93 €
d) Restforderung aus Erschließungsbeitrag 8,31 €

Aufgaben:

1. Ist der jeweilige Verzicht auf die Erhebung zulässig?
2. Können die im Sachverhalt genannten Forderungen auch auf volle Euro abgerundet werden?

Lösung:

Bei den Forderungen des Sachverhaltes handelt es sich um unterschiedliche Forderungsarten, sodass jeder Geschäftsvorfall für sich zu betrachten ist. Entscheidend für die Lösung ist das Auffinden der entsprechenden Rechtsgrundlage. Dabei besteht dieselbe Normengruppe sowohl für die Erhebung von Kleinbeträgen als auch für die Problematik der Rundungen. Aus diesem Grunde ist es angebracht, die Aufgaben 1 und 2 in einem zu lösen.

a) *Kanalbenutzungsgebühr*
Es handelt sich um eine öffentlich-rechtliche Gebühr i. S. d. § 4 Abs. 2 KAG, somit um eine Abgabe gemäß § 1 Abs. 1 KAG. Bundes- und landesrechtliche Spezialvorschriften bestehen für diesen Bereich nicht, sodass das Kommunalabgabengesetz anzuwenden ist. Als formelles und spezielles Landesgesetz geht es den haushaltsrechtlichen Vorschriften vor. Gemäß § 13 Abs. 1 KAG kann auf Forderungen unter 10 € verzichtet werden, sodass die Gemeinde die Kanalbenutzungsgebühr von 7,38 € nicht erheben muss. Eine Abrundung der Forderung könnte gemäß § 13 Abs. 2 KAG auf volle 10 Cent und damit auf 7,30 € erfolgen.

b) *Gewerbesteuer*
Gemäß § 1 Abs. 2 Nr. 4 AO sind die Bestimmungen der Abgabenordnung über die Durchführung der Besteuerung auch auf die Realsteuern, zu denen die Gewerbesteuer gemäß § 3 Abs. 2 AO zählt, anzuwenden. § 156 AO beinhaltet dann auch konkrete Regelungen über Kleinbeträge und Rundungsmöglichkeiten. Die nach § 156 Abs. 1 Nr. 1 AO erlassene Kleinbetragsverordnung vom 19.12.2000 in der zurzeit geltenden Fassung enthält für eine Reihe von Steuern Ermächtigungen zum Erhebungsverzicht bei Kleinbeträgen. Die Gewerbesteuer ist allerdings in diesem Katalog nicht enthalten, sodass ein genereller Verzicht auf den Kleinbetrag nicht möglich ist. Allerdings kann nach § 156 Abs. 2 AO auf die Festsetzung der Steuern verzichtet werden, wenn die Kosten der Einziehung in keinem Verhältnis zur Steuerforderung stehen, was laut Sachverhalt vorliegt. In Bezug auf eine Abrundung gibt es keine Rundungsregelung. Insofern ist die Gemeinde, wenn sie nicht auf die Erhebung verzichten will, verpflichtet, die Gewerbesteuerforderung in voller Höhe festzusetzen.

c) *Mietrestforderung*
Es handelt sich um eine privatrechtliche Forderung, sodass weder die Abgabenordnung noch das Kommunalabgabengesetz anwendbar sind. Beide gelten nur bei öffentlich-rechtlichen Forderungen. Es verbleibt somit die allgemeine Regelung des § 31 Abs. 2 KomHKV i. V. m. § 63 Abs. 2 BbgKVerf (Grundsatz der Wirtschaftlichkeit). Danach kann auf die Festsetzung von Forderungen bis 20 € verzichtet werden, wenn die Erhebung unwirtschaftlich ist. Dies liegt hier laut Sachverhalt vor, weil die Kosten der Einziehung höher als die Forderung selbst sind. Falls die Gemeinde aus grundsätzlichen Erwägungen dennoch die Mietrestforderung einziehen will, ist eine Abrundung jedoch unzulässig, weil keine gesetzliche Ermächtigung für Forderungen des Privatrechts vorliegt. Die Festsetzung würde dann 5,93 € betragen.

d) *Restforderung aus Erschließungsbeitrag*
Gemäß § 1 Abs. 1 KAG zählen auch die Beiträge zu den Abgaben. Soweit bundes- und landesrechtliche Gesetze nichts anderes regeln, ist das Kommunalabgabengesetz anwendbar. Die Abgabenordnung kommt nicht in Betracht, weil sie nur Regelungen über Steuern enthält. Erschließungsbeiträge werden aber aufgrund der §§ 127 ff. BauGB erhoben, sodass zunächst die Vorschriften dieses Gesetzes zu prüfen sind. Lediglich § 135 Abs. 5 BauGB enthält eine Regelung über die Nichtfestsetzung von Erschließungsbeiträgen, allerdings nur in den Fällen des Vorlie-

gens öffentlichen Interesses und unbilliger Härten. Hier geht es um das wirtschaftliche Interesse der Gemeinde, sodass die Regelung des Baugesetzbuches nicht zutrifft. Auch Regelungen über die Rundung von Erschließungsbeiträgen enthält das Baugesetzbuch nicht. Somit ist gemäß § 1 Abs. 1 KAG das Kommunalabgabengesetz anwendbar. Wie bei der Lösung zu a) dargestellt, kann gemäß § 13 KAG sowohl auf die Festsetzung von Beträgen bis 10 € verzichtet werden, als auch eine Abrundung auf volle 10 Cent erfolgen. Der Erschließungsbeitrag von 8,31 € braucht somit nicht festgesetzt und eingezogen zu werden. Im Falle einer Festsetzung aus grundsätzlichen Erwägungen darf die Forderung auf 8,30 € abgerundet werden.

18.2 Zuweisung von Haushaltsmitteln und Verpflichtungsermächtigungen sowie deren Bewirtschaftung und Überwachung

18.2.1 Zuweisung von Haushaltsmitteln und Verpflichtungsermächtigungen

Rechtsgrundlage für die spezielle gemeindliche Finanzwirtschaft ist die Haushaltssatzung. Der Haushaltsplan als Bestandteil des § 1 der Haushaltssatzung regelt die Mittelverteilung durch die sachliche Zuordnung der Gesamterträge/Gesamteinzahlungen und Gesamtaufwendungen/Gesamtauszahlungen zu den einzelnen Positionen in den Teilergebnis- und Teilfinanzplänen, wobei im Teilfinanzplan lediglich der Investitionsbereich auszuweisen ist. Das Gleiche gilt für die Verpflichtungsermächtigungen, die durch § 3 der Haushaltssatzung festgesetzt werden und in den Teilfinanzplänen konkreten Maßnahmen bzw. Finanzmittelpositionen zugeordnet sind. Da die Haushaltssatzung gemäß § 65 Abs. 3 BbgKVerf mit Beginn des Haushaltsjahres in Kraft tritt und für das gesamte Haushaltsjahr gilt, erfolgt die Zuweisung der Haushaltsmittel und Verpflichtungsermächtigungen – für jedes Haushaltsjahr neu – aufgrund des Haushaltsplans. Die dort vorhandenen Planansätze stellen die Ermächtigung für die Fachbereiche dar, Aufwendungen zu begründen, Auszahlungen zu leisten bzw. Verpflichtungen mit Auszahlungen in späteren Rechnungsperioden einzugehen. Gleichzeitig beauftragen sie die zuständigen Fachbereiche, die entweder durch den Haushaltsplan selbst oder durch besondere Dienstanweisung bestimmt sind, die veranschlagten Erträge und Einzahlungen zu erwirtschaften. Eine förmliche Zuweisung durch den Bürgermeister, Kämmerer oder die Kämmerei (Fachbereich Finanzen) erfolgt demnach nicht.

Allerdings können die Gemeindevertretung und der Hauptausschuss der Gemeinde oder auch der Kämmerer bzw. der Bürgermeister die Mittelbewirtschaftung beschränken. So werden z. B. in der Praxis bestimmte Planpositionen oder Teile davon gesperrt. Sie werden erst mit Zeitablauf (z. B. jeweils ein Zwölftel der Ansätze zu Beginn eines jeden Monats) oder aufgrund besonderer Entscheidungen freigegeben. Solche „Sperren" können aus der Sicht der Gesamtfinanzverwaltung erforderlich sein, um eine möglichst gleichmäßige Mittelverteilung über das gesamte Jahr zu erreichen, um die Liquiditätssituation zu verbessern bzw. oder den Haushaltsausgleich von vorneherein zentral beeinflussen zu können. Solche Regelungen stellen keine haushaltswirtschaftlichen Sperren i. S. d. § 71 BbgKVerf, weil diese nur bei konkreten Gefährdungen des Haushaltsausgleichs während der Haushaltsausführung auszusprechen sind und dafür ein besonderes Verfahren erforderlich ist (für Näheres hierzu siehe Kap. 18.3.1). Man bezeichnet solche Beschränkungen vielmehr als „Mittelbewirtschaftungspläne".

Oft wird im Zusammenhang mit diesem Punkt die Zuweisung von Planstellen angesprochen. Zwar ist gemäß § 3 Abs. 2 Nr. 6 KomHKV der Stellenplan dem Haushaltsplan der Gemeinde als Anlage beizufügen und enthält § 9 KomHKV nähere Regelungen über die Ausgestaltung des Stellenplans, der dann auch die Planstellen der Verwaltung ausweist, jedoch sind die Probleme der Stellenbewirtschaftung primär Fragen der Betriebswirtschaftslehre – insbesondere der Verwaltungsorganisation – und des Dienstrechts, sodass dieses Buch den Themenkreis der Planstellenzuweisung bewusst ausspart.

18.2.2 Bewirtschaftung der Haushaltsmittel und Verpflichtungsermächtigungen

18.2.2.1 Grundsätze für den Gesamthaushalt

Die durch den Haushaltsplan erfolgte Zuweisung der Haushaltsmittel bewirkt keine Ermächtigung, ohne Rücksicht auf andere haushaltsrechtliche Erwägungen über die Mittel zu verfügen. Insofern ist darauf zu achten, dass die im Haushaltsplan enthaltenen Ermächtigungen so umgesetzt werden, dass die ausgewiesenen Ziele eingehalten und voraussichtlich erreicht werden können.

Unter anderem gehört auch dazu, dass dafür Sorge zu tragen ist, dass die Planermächtigungen für das gesamte Haushaltsjahr ausreichen. Der Begriff „Inanspruchnahme von Haushaltsmitteln" umfasst dabei bereits die Auftragsvergaben und sonstige Bindungen, weil hierdurch spätere Aufwendungen und Auszahlungen begründet werden. Bewirtschaftung von Haushaltsplanmitteln bedeutet somit konkret die Verfügung über die Planansätze, sei es durch vertragliche oder sonstige Bindungen (z. B. durch Bewilligungsbescheide für Zuweisungen in Form eines Verwaltungsaktes) oder durch direkte Aufwendungen und Auszahlungen.

Ein weiterer Aspekt der Mittelbewirtschaftung ist in § 28 Abs. 1 Satz 1 KomHKV angesprochen, wonach die Haushaltsermächtigungen erst in Anspruch genommen werden dürfen, wenn die Aufgabenerfüllung es erfordert. Dieses Prinzip stellt auf die Sparsamkeit und Wirtschaftlichkeit gemäß § 63 Abs. 2 BbgKVerf ab, denn solange eine Auszahlung nicht geleistet ist, können für die nicht eingesetzten Finanzierungsmittel Zinsgewinne erzielt bzw. bei Liquiditätsengpässen Zinsen für Kredite erspart werden. Dieser Grundsatz bedarf einer konkreten Auslegung. Es kann nämlich im Einzelfall aus sachlichen oder haushaltsrechtlichen Gründen notwendig sein, eine Auszahlung früher zu leisten als nach der Aufgabenerfüllung notwendig ist. Beispiele dafür sind

Fälle, in denen eine bestimmte Ware nur zu einem feststehenden Termin im Handel zu erhalten ist (Vorratslagerung) oder Preisnachlässe termingebunden gewährt werden. In diesen Fällen steht der Termin der Warenverwendung hinter dem der Warenbeschaffung zurück. In der Regel ist allerdings der letztmögliche Beschaffungs- bzw. Zahlungstermin als wirtschaftlichste Lösung auszunutzen, so z. B. bei der Zahlung von Schuldendienstleistungen, Personalauszahlungen oder bei Mieten.

Der Grundsatz der Mittelbewirtschaftung bedeutet aber auch, dass nur das Notwendigste aufzuwenden bzw. auszuzahlen ist. Dagegen wird in der Praxis vor allem am Jahresende verstoßen. Sobald die mittelbewirtschaftenden Stellen bemerken, dass noch Haushaltsmittel zur Verfügung stehen, versuchen sie regelmäßig, die Haushaltsermächtigungen noch auszuschöpfen, obwohl kein konkreter Bedarf besteht. Im Umgangssprachgebrauch wird dies als „Dezemberfieber" der Verwaltung bezeichnet. Dies verstößt eindeutig gegen den Grundsatz der Sparsamkeit und Wirtschaftlichkeit und damit gegen § 63 Abs. 2 BbgKVerf sowie auch gegen § 28 Abs. 1 KomHKV. Allerdings muss den Kämmereien (Fachbereiche Finanzen) eine gewisse „Mitschuld" an diesen Handhabungen gegeben werden, weil in der Praxis oft festzustellen ist, dass in einem Haushaltsjahr nicht ausgeschöpfte Ermächtigungen nicht nur verfallen, sondern im nächsten Jahr durch die Kämmerei (Fachbereich Finanzen) gekürzt werden, weil ständig wiederkehrende Einsparungen unterstellt werden. Hier wäre es sicherlich besser, im Einzelfall mit der mittelbewirtschaftenden Stelle die Ursache der doch an sich erfreulichen Einsparung festzustellen und auf diese Erkenntnisse die Planansätze der nächsten Haushaltsjahre aufzubauen. Die mittelbewirtschaftenden Stellen werden andernfalls für ihre Einsparungen sogar noch bestraft. Die Bewirtschaftung von Haushaltsmitteln in Form von Budgets soll diese Problemstellung vermeiden. Näheres dazu findet sich in Kap. 13.2.2.

Für die Verpflichtungsermächtigungen gelten die Bewirtschaftungsgrundsätze gemäß § 28 Abs. 4 KomHKV entsprechend.

18.2.2.2 Besondere Grundsätze für Investitionen

Für Investitionsermächtigungen enthält § 28 Abs. 2 KomHKV zusätzliche Bewirtschaftungsgrundsätze. Während bei der Inanspruchnahme der sonstigen Ermächtigungen die Deckung (Finanzierung) der Aufwendungen und/oder der Auszahlung nicht zu beachten ist, dürfen Auszahlungsermächtigungen für Investitionstätigkeit erst in Anspruch genommen werden, wenn die rechtzeitige Bereitstellung der Deckungsmittel gesichert werden kann. Die Finanzierung anderer, bereits begonnener Maßnahmen darf nicht gefährdet werden. Bei den Deckungsmitteln ist zwischen den speziellen Einzahlungen für die Maßnahme und den allgemeinen Deckungsmitteln zu unterscheiden. Die Sicherung der speziellen Einzahlungen, die im Teilfinanzplan im entsprechenden Investitionsbereich ausgewiesen sind (z. B. zweckgebundene Zuweisungen und mit der Maßnahme zusammenhängende Verkaufserlöse bzw. Beiträge), kann in der Regel von den zuständigen Fachämtern (Fachbereiche) beurteilt werden. Über die allgemeinen Deckungsmittel wie z. B. allgemeine Zuweisungen, Steuern, Gebühren, Kredite sowie nicht maßnahmegebundene Verkaufserlöse und damit über die Gesamtfinanzsituation kann nur die Kämmerei (Fachbereich Finanzen) Kenntnisse besitzen. Die mittelbewirtschaftende Stelle kann somit gar nicht vollständig selbst darüber entscheiden, ob die Deckungsmittel im Einzelfall gesichert sind. In der Praxis bestehen deshalb regelmäßig Dienstanweisungen, nach denen der Beginn einer Investitionsmaßnahme, also bereits die Auftragsvergabe, von der Zustimmung des Kämmerers bzw. der Kämmerei (Fachbereich Finanzen) abhängig ist, es sei denn, dass vorab die Finanzverwaltung in Bezug auf die allgemeinen Deckungsmittel Freigaben erteilt hat.

Der Begriff „rechtzeitige Bereitstellung“ i. S. d. § 28 Abs. 2 KomHKV ist jedoch weit auszulegen. Zum einen bedeutet dies die Sicherstellung der Deckungsmittel bis zum Ende des Haushaltsjahres. Die vorherige Deckung ist auch z. B. vor allem bei Zuweisungen kaum möglich, weil die Zahlungen nach dem jeweiligen Baufortschritt, also nachträglich, geleistet werden. Zum anderen brauchen die Deckungsmittel nicht unbedingt rechtlich abgesichert zu sein. Die Gemeinde muss lediglich damit rechnen können, dass die erforderlichen Mittel im Laufe des Haushaltsjahres verfügbar sind. So z. B. genügen bei Zuweisungen und Krediten Zusicherungen der bewilligenden Institutionen (Landesbehörden, Banken).

Eine besondere Voraussetzung für die Inanspruchnahme von Auszahlungsermächtigungen für geringfügige Investitionen enthält § 8 Abs. 2 KomHKV. Da für diese Maßnahmen keine Wirtschaftlichkeitsberechnung, Bauplanerstellungen usw. im Sinne von § 16 Abs. 3 KomHKV vor der Veranschlagung im Finanzplan erforderlich sind, muss jetzt im Rahmen der Haushaltsausführung mindestens eine Kostenermittlung erstellt werden, bevor ein Auftrag erteilt werden darf. Diese Vorschrift dient dem Nachweis der Wirtschaftlichkeit bei der Inanspruchnahme der Haushaltsermächtigungen.

18.2.3 Überwachung der Haushaltsermächtigungen

Die Inanspruchnahme von Aufwendungs-, Auszahlungs- und Verpflichtungsermächtigungen ist nur mithilfe einer laufenden Überwachung möglich. § 28 Abs. 3 KomHKV sieht dann auch für die Ermächtigungen des Haushaltsplans (Aufwendungs-, Auszahlungs- und Verpflichtungsermächtigungen inkl. der über-/außerplanmäßigen Auszahlungen und Aufwendungen) die Pflicht der Mittelüberwachung vor. Die Inanspruchnahme von Aufwendungs- und Auszahlungsermächtigungen kann in den doppischen Buchungsverbund eingegliedert werden, indem ein Abgleich der Aufwendung bzw. Auszahlung mit den noch verfügbaren Planermächtigungen stattfindet. Das bedeutet aber auch, dass bereits die Inanspruchnahmen der Ermächtigungen durch vertragliche Bindungen (Auftragsvergabe, Bestellungen usw.) zu erfassen sind. Da die Verpflichtungsermächtigungen nicht im doppischen Buchungsverbund enthalten sind, müssen hierzu besondere Überwachungssysteme installiert werden. Dabei wird es in der Praxis unterschiedliche DV-Verfahren geben, die jedoch immer die Vorgaben des § 28 Abs. 3 KomHKV zu realisieren haben. Die Überwachung sollte bei der Buchführung angesiedelt sein. Dabei kann die Gemeinde selbst entscheiden, ob sie diese „Arbeitsvorgänge“ zentral oder dezentral abwickeln will. Allerdings ist dafür Sorge zu tragen, dass die Mittelbewirtschaftenden Stellen Tag aktuell über den Stand und die Abwicklung ihrer Planermächtigungen informiert sind.

Das eigentliche Überwachungsverfahren sollte von jedem Mitarbeiter der Gemeindeverwaltung mit finanziellen Bezügen beherrscht werden, denn nur mit dieser Kenntnis können Informationen über den Stand der Planermächtigungen gewonnen werden. Ein Beispiel für die konkrete Haushaltsüberwachung auf der Ebene einer einzelnen Aufwandermächtigung enthält der Sachverhalt Nr. 4 in diesem Kapitel. Die Lösung des Falles beinhaltet dann auch ausführliche Erläuterungen der Bearbeitungsvorgänge.

Ergänzend zu diesem praktischen Fall sei darauf verwiesen, dass die am Jahresende noch nicht in Aufwendungen oder Zahlungen umgewandelten Vormerkungen in die Überwachung des nächsten Haushaltsjahres übertragen werden müssen, soweit nicht entsprechende Verbindlichkeiten oder Rückstellungen im Rahmen des Jahresabschlusses zu buchen sind. Dies wird in der Regel dann auch mit einer Ermächtigungsübertragung nach § 24 KomHKV verbunden sein.

Für durchlaufende Zahlungen und fremde Finanzmittel nach § 19 KomHKV sehen die Regelungen keine förmlichen Überwachungspflichten vor. Dies ist auch nachzuvollziehen, weil es für diese Bereiche keine Planermächtigungen gibt (Abwicklung außerhalb des Haushaltsplans). Allerdings werden auch hier die zuständigen Fachbereiche oder die Finanzbuchhaltung, falls die Zahlungen über die Gemeinde abgewickelt werden, geeignete Nachweise führen.

18.2.4 Übungen

Sachverhalt Nr. 2

Anfang Dezember 2024 soll die neue Grundschule in der Gemeinde G in Betrieb genommen werden. Die Firma F bietet an, die notwendige Erstausstattung in der letzten Novemberwoche zu einem Gesamtpreis von 8.000 € zu liefern. Gleichzeitig teilt sie mit, dass bei Abnahme bis zum 30.09.2024 noch ein um 10 % niedrigerer Verkaufspreis angeboten werden könne. Die Sachbearbeiterin im Schulverwaltungsamt der Gemeinde G bedauert gegenüber der Firma F, dieses preisgünstige Angebot auf Grund der Vorschrift des § 28 Abs. 1 Satz 1 KomHKV nicht annehmen zu dürfen.

Aufgabe:

Begutachten Sie die Entscheidung der Sachbearbeiterin.

Lösung:

Konkrete Regelungen über die Bewirtschaftung von Haushaltsmitteln enthält § 28 Abs. 1 KomHKV. Danach darf erst dann, wenn die Aufgabenerfüllung es erfordert, über Haushaltsermächtigungen verfügt werden. Da die neue Grundschule erst zum 1.12.2024 in Betrieb genommen werden soll, braucht auch erst zu diesem Zeitpunkt die notwendige Erstausstattung vorhanden zu sein. Eine Lieferung im November des Jahres würde dafür durchaus reichen. Da der Sachverhalt keine Besonderheiten (wie

z. B. längere Lieferfristen) enthält, dürfte die Bestellung etwa Anfang November 2024 erforderlich werden.

Dem gegenüber steht das Angebot der Lieferfirma, bei einer Annahme des Angebots bis zum 30.09.2024 einen 10 %igen Preisnachlass zu gewähren. Die Gemeinde würde somit bei der vorzeitigen Abnahme 800 € sparen, was nach dem Grundsatz der Sparsamkeit und Wirtschaftlichkeit gemäß § 63 Abs. 2 BbgKVerf zu beachten ist, zumal der Sachverhalt keine Anhaltspunkte über eventuelle Lagerschwierigkeiten bei vorzeitiger Lieferung enthält.

Es fragt sich somit, in welchem Verhältnis die konkrete Regelung des § 28 Abs. 1 KomHKV zum Grundsatz der Sparsamkeit und Wirtschaftlichkeit steht. Gesetzessystematisch ist festzustellen, dass die BbgKVerf als formelles Gesetz der KomHKV als rein materielles Recht vorgeht. Somit wäre der Grundsatz der Sparsamkeit und Wirtschaftlichkeit nach § 63 Abs. 2 BbgKVerf vorzuziehen. § 28 Abs. 1 KomHKV schließt dies entgegen der Ansicht der Sachbearbeiterin auch nicht aus, denn die dort angesprochene „Aufgabenerfüllung" bedeutet ja auch immer eine sparsame und wirtschaftliche Aufgabenerfüllung, denn jedes Handeln der Gemeinde unterliegt diesen Erwägungen. Insofern bedingt eine wirtschaftlich sinnvolle Aufgabenerfüllung die Bestellung der Ausrüstungsgegenstände bis zum 30.9.2024, um den niedrigen Kaufpreis zu erhalten. Eine 10 %ige Einsparung kann ja auch nicht durch Zinsgewinne auf dem Girokonto ausgeglichen werden.

Mit ihrer Entscheidung verstößt die Sachbearbeiterin sowohl unmittelbar gegen § 28 Abs. 1 KomHKV als auch gegen § 63 Abs. 2 BbgKVerf durch Nichtbeachtung des Grundsatzes der Sparsamkeit und Wirtschaftlichkeit.

Sachverhalt Nr. 3

Im Teilfinanzplanplan der Gemeinde G ist in 2024 u. a. in der Einzelübersicht der Investitionsmaßnahmen Folgendes aufgeführt (vereinfachte Darstellung):

Übersicht Investitionsmaßnahmen	**Ansatz 2024**	**Planung 2025**	**Planung 2026**	**Planung 2027**	**VE 2024**
Maßnahmen oberhalb der Wertgrenze					
Einzahlung: Bundeszuweisung Schule Nord	1.000.000	0	0	0	
Einzahlung: Landeszuweisung Schule Nord	500.000	0	0	0	0
Auszahlung: Baumaßnahme Schule Nord	4.000.000	0	0	0	0
Saldo Investitionsmaßnahme Schule Nord	–2.500.000	0	0	0	

Der Sachstand im Februar 2024 lautet:

Im Zuweisungsbescheid des Bundes ist die Auszahlung der 1.000.000 € für den 10. Dezember 2024 zugesichert, falls bis dahin der Rohbau planmäßig erstellt ist. Die Bewilligungsbehörde des Landes hat noch keinen formellen Bewilligungsbescheid ausgestellt, jedoch bereits schriftlich zugesagt, mindestens 500.000 € in 2024 auszuzahlen.

Der ausgeglichene Haushalt der Gemeinde G enthält als allgemeine Deckungsmittel lediglich die Veräußerung von Finanzanlagen und Kreditaufnahmen.[1] Die Finanzanlagen werden veräußert und spätestens am 30.12.2024 kassenwirksam zur Verfügung stehen. Über den Kredit besteht ein Vertrag mit einer Auszahlungszusicherung für 2024.

Aufgabe:
Begutachten Sie, ob bereits im Februar 2024 der Bauauftrag für die Schule Nord vergeben werden kann.

Lösung:
Im Teilfinanzplan der Gemeinde G für 2024 sind für die Baumaßnahme Schule Nord als Auszahlungsermächtigungen 4.000.000 € veranschlagt. Aus dem Sachverhalt ist eine Verfügungsbeschränkung für diese Auszahlungsermächtigung nicht ersichtlich. Gemäß § 28 Abs. 2 KomHKV dürfen jedoch Investitionsermächtigungen erst in Anspruch genommen werden, wenn die rechtzeitige Bereitstellung der Deckungsmittel gesichert ist. Aus diesem Grunde ist die Finanzierung der Maßnahme näher zu untersuchen.

- *Zuweisung des Bundes*
  Der Zuweisungsbescheid (Verwaltungsakt im Sinne der Zweistufentheorie im allgemeinen Verwaltungsrecht) sichert die Auszahlung zum 10.12.2024 zu. Die Haushaltswirtschaft wird vom Prinzip der Jährlichkeit beherrscht, sodass der Begriff „rechtzeitig" im § 28 Abs. 2 KomHKV auf den Zahlungseingang im Laufe des Haushaltsjahres abstellt, was hier gegeben ist. Die Zuweisungsleistung – und damit der Deckungsanteil von 1.000.000 € – ist gesichert. Die Rohbauerstellung als weitere Bedingung für die Zuweisungszahlung liegt im Bereich der Gemeinde und soll ja gerade durch die Auftragsvergabe im Februar 2024 sichergestellt werden.
- *Zuweisung des Landes*
  Es liegt zwar noch kein formeller Bewilligungsbescheid vor, aber die Zusage für einen später zu erlassenden Verwaltungsakt besteht. Dabei ist ausdrücklich versichert worden, dass mindestens 500.000 € in 2024 zur Auszahlung gelangen. Die Zusicherung einer Stelle der öffentlichen Hand erfüllt die Anforderungen der Deckungssicherung i. S. d. § 28 Abs. 2 KomHKV durchaus, denn eine rechtliche Verpflichtung wird nicht verlangt. Es erübrigt sich demnach auch die Prüfung, ob bereits die Zusage der Landesbewilligungsbehörde ein verbindlicher Verwaltungsakt ist.
- *Veräußerung der Finanzanlagen*
  Neben den speziellen Deckungsmitteln sind die allgemeinen Deckungsmittelmittel zu prüfen. Da die genauen Anteile dieser Deckungsmittel für die Schule Nord wegen der Gesamtdeckung nach § 22 KomHKV nicht präzisiert werden können, müssen alle allgemeinen Finanzierungsmittel in Erwägung gezogen werden. Wie bei der

1 Für Übungszwecke vereinfacht.

Bundeszuweisung dargestellt, reicht die Verfügbarkeit der Mittel bis 31.12.2024 aus, was hier mit dem spätesten Termin des 30.12.2024 gegeben ist.

- *Kreditaufnahme*
  Bei der Auszahlungszusicherung in 2024 für den Kredit handelt es sich um eine vertragliche Regelung, sodass diese Deckungsmittel sowohl rechtlich als auch tatsächlich gesichert sind.

Die Bereitstellung der Deckungsmittel i. S. d. § 28 Abs. 2 KomHKV ist somit gesichert, sodass der Auftrag erteilt werden kann.

Sachverhalt Nr. 4

Bei der Gemeinde G sind für die Unterhaltung des Bauhofgebäudes Aufwendungsermächtigungen in Höhe von 104.000 € im Haushalt 2024 bereitgestellt. Außerdem steht bei dieser Planposition noch eine nach § 24 Abs. 1 KomHKV übertragene Aufwendungsermächtigung aus dem Jahr 2023 in Höhe von 16.000 € zur Verfügung. In 2024 fallen folgende Geschäftsvorfälle an:

(Nr. 1 und Nr. 2 sind für die Ermächtigungsvortragungen vorgesehen.)

3.	7.1.	Auftrag Fa. Walter Neudeckung des Daches	68.000 €
4.	7.1.	Rechnung der Fa. Meier Fensterreparatur (ohne schriftlichen Auftrag)	200 €
5.	10.1.	Auftrag Fa. Riese Erneuerung der Türen	10.000 €
6.	21.1.	Erster Abschlag Fa. Walter	20.000 €
7.	30.1.	Auftrag Fa. Weinreich Anstreicherarbeiten	800 €
8.	30.1.	Zweiter Abschlag Fa. Walter	20.000 €
9.	8.2.	Erster Abschlag Fa. Riese	6.000 €
10.	11.2.	Gesamtrechnung Fa. Weinreich	900 €
11.	13.2.	Schlussrechnung Fa. Walter	70.200 €
12.	14.2.	Deckungsfähigkeit innerhalb des Budgets	+2.000 €
13.	14.2.	Auftrag Fa. Haak Erneuerung des Fußbodens	40.000 €
14.	28.2.	Schlussrechnung Fa. Riese	9.300 €
15.	8.3.	Berechtigte Nachforderung der Fa. Walter	600 €
16.	8.3.	Gesamtrechnung Fa. Haak	39.900 €

Aufgabe:

Erfassen Sie die Geschäftsvorfälle nach einem System, das den Anforderungen des § 28 Abs. 3 KomHKV entspricht, und erläutern Sie die Bearbeitungsvorgänge ausführlich. Unterstellen Sie dabei, dass für diese konkrete Aufwendungsposition eine Überwachung durchgeführt wird. Die Buchungen auf dem entsprechenden Auszahlungskonto sind nicht darzustellen.

Lösung:[2]
Die im Sachverhalt enthaltenen Aufwendungen werden auf den entsprechenden Konten im Rahmen der Finanzbuchhaltung gebucht. Das System ist so zu erweitern, dass auch die Aufträge (vertragliche Verpflichtungen) erfasst werden können, weil bereits durch die Auftragsvergaben die Planermächtigungen in Anspruch genommen werden. Die konkrete Darstellung in der Praxis erfolgt unterschiedlich nach den einzelnen DV-Verfahren. In der Lösung wird deshalb ein Verfahren gewählt, aus dem die einzelnen Buchungen und Inanspruchnahmen erkennbar sind. Das Überwachungsblatt ist auf der nächsten Seite dargestellt.

Erläuterungen:

- *Ermächtigungsvortragungen (lfd. Nrn. 1 und 2)*
  Bevor die eigentlichen Bewegungen gebucht werden, sind zunächst die Aufwendungsermächtigungen vorzutragen. Geht man davon aus, dass die Haushaltssatzung für das Haushaltsjahr 2024 bereits am Jahresanfang rechtskräftig ist, kann als Datum der 2.1.2022 eingesetzt werden. In der Spalte „lfd. Nr." wird jede Buchung einzeln durchnummeriert.
  Die Aufwendungsermächtigung besteht laut Sachverhalt zunächst aus der Ermächtigung des Haushaltsplans in Höhe von 104.000 €, die in Spalte 5 einzusetzen ist. In Spalte 4 empfiehlt es sich, den Hinweis auf die Art der Aufwendungsermächtigung zu geben. Die aus 2023 übertragene Aufwendungsermächtigung in Höhe von 16.000 € erhöht die Planposition gemäß § 24 Abs. 1 KomHKV entsprechend, sodass nach erfolgter Vortragung eine Gesamtaufwendungsermächtigung von 120.000 € besteht (siehe Spalte 10).
- *Geschäftsvorfall 3*
  Die Neudeckung des Daches wird nach Abschluss der Arbeiten Aufwendungen von ca. 68.000 € verursachen. Bereits bei der Auftragserteilung an die Fa. Walter muss dieser Betrag eingeplant, d. h. beim verfügbaren Betrag abgesetzt werden, weil dieser Teil der Aufwendungsermächtigung nun nicht mehr für andere Zwecke einsetzbar ist. Die 68.000 € sind darum in Spalte 6 zu erfassen, die für Aufträge vorgesehen ist. In Spalte 8 erscheint der Betrag ein zweites Mal, weil hier die Zahlen der Spalte 6 aufgerechnet werden. Der vorgenannte Betrag ist dann vom verfügbaren Betrag in Spalte 10 abzuziehen, sodass jetzt nur noch 52.000 € verfügbar sind.

2 Die Lösung berücksichtigt entsprechend der Aufgabenstellung die Überwachung bei der konkreten Aufwandposition, die nach dem Produktbereichs- und Kontenrahmen festgelegt wurde. Dabei wurden die Produktnummer und Unterkontierungen willkürlich gewählt. In der Praxis sind natürlich auch andere Überwachungsverfahren im Rahmen des Controlling zulässig und sinnvoll (z. B. Überwachung von Planvorgaben in den Teilplänen durch Vorgabe anteiliger Jahresteilerermächtigungen).

Budgetüberwachung für Aufwendungen

Ermächtigungen aus Vorjahren:	16.000 €	Üpl. - und apl. Bewilligungen:	€	Haushaltsjahr:
Ermächtigungsansatz lfd. Jahr:	104.000 €	Deckung nach § 23 Abs. 4 KomHKV:	€	2022
Änderungen durch Nachträge:	0 €	abzüglich Sperren:	€	Buchungsstelle:
Änderungen nach Budgetregeln:	2.000 €	Ermächtigung insgesamt:	122.000 €	111 5211

Lfd. Nr.	Datum	Hinweis Nr.	Text	Aufwendungsmächtigung €	Vormerkungen (Aufträge) €	ausgelöste Aufwendungen €	Aufrechnung		verfügbar €
							Vormerkungen €	Aufwendungen €	
1	2	3	4	5	6	7	8	9	10
1	02.01.	-	Haushaltsermächtigung	104.000	-	-	-	-	104.000
2	02.01.	-	Ermächtigung a.V.	16.000	-	-	-	-	120.000
3	06.01.	-	Fa. Walter	-	68.000	-	68.000	-	52.000
4	06.01.	-	Fa. Meier	-	-	200	68.000	200	51.800
5	10.01.	-	Fa. Riese	-	10.000	-	78.000	200	41.800
6	20.01.	3	Fa. Walter	-	- 20.000	20.000	58.000	20.200	41.800
7	30.01.	-	Fa. Weinreich	-	800	-	58.800	20.200	41.000
8	30.01.	3	Fa. Walter	-	- 20.000	20.000	38.800	40.200	41.000
9	08.02.	5	Fa. Riese	-	- 6.000	6.000	32.800	46.200	41.000
10	10.02.	7	Fa. Weinreich	-	- 800	900	32.000	47.100	40.900
11	13.02.	3	Fa. Walter	-	- 28.000	30.200	4.000	77.300	38.700
12	14.02.	-	Budgetbereitstellung	2.000	-	-	4.000	77.300	40.700
13	14.02.	-	Fa. Haak	-	40.000	-	44.000	77.300	700
14	28.02.	5	Fa. Riese	-	- 4.000	3.300	40.000	80.600	1.400
15	09.03.	-	Fa. Walter	-	-	600	40.000	81.200	800
16	09.03.	13	Fa. Haak	-	- 40.000	39.900	-	121.100	900

- *Geschäftsvorfall 4*
  Für die Aufwendungen von 200 € an die Fa. Meier war kein Auftrag vorgemerkt. Der Betrag ist somit unmittelbar in Spalte 7 zu übernehmen und erscheint dann entsprechend als Aufrechnungsbetrag in Spalte 9. Er vermindert den verfügbaren Betrag auf 51.800 €. In der Aufrechnungsspalte 8 für Aufträge muss wieder der Betrag von 68.000 € erscheinen, weil hier stets der neueste Stand ausgewiesen wird.
- *Geschäftsvorfall 5*
  Der Auftrag der Fa. Riese führt zu einer Erfassung in Spalte 6 und somit zu einer Erhöhung der Gesamtaufträge in Spalte 8 auf 78.000 €. In Spalte 9 müssen wiederum 200 € erscheinen, weil der Stand der Aufwendungen am 10.1.2024 200 € beträgt. Der verfügbare Betrag in Spalte 10 verringert sich um 10.000 € auf 41.800 €.
- *Geschäftsvorfall 6*
  Die Fa. Walter erhält einen Abschlag auf den Auftrag vom 7.1.2024. Da es sich um eine Aufwendung handelt, erfolgt die Buchung des Betrages zunächst in den Spalten 7 und 9. Der verfügbare Betrag (Spalte 10) ändert sich jedoch nicht, weil diese Finanzmittel bereits am 7.1.2024 durch Vormerkung des Gesamtauftrages von 68.000 € eingeplant und vom verfügbaren Betrag abgesetzt wurden. Aus dem Auftrag wird nun teilweise eine Aufwendung. Es findet somit nur eine Verschiebung von 20.000 € von den Aufträgen (Vormerkungen) zu den Aufwendungen statt. Die Aufwendungen erhöhen sich um 20.000 €, während sich die Vormerkungen um diesen Betrag verringern. Die 20.000 € sind darum auch in Spalte 6 abzusetzen. In Spalte 8 verringert sich ebenfalls der Aufrechnungsbetrag um 20.000 € auf nunmehr 58.000 €.
  Die Richtigkeit der Rechnung kann jeweils nach folgender Formel geprüft werden:

  Aufwendungsermächtigung
  minus Aufrechnung Aufträge
  minus Aufrechnung Aufwendungen
  = verfügbare Ermächtigung am Buchungstag

  Gegenrechnung am 21.1.2024:

	120.000 €
	–58.000 €
	–20.200 €
noch verfügbar:	41.800 €

  Da hier eine Aufwendung zu einem bereits vorgemerkten Betrag gebucht wurde, ist auf die Buchung des Ursprungsbetrages hinzuweisen, damit jederzeit festzustellen ist, wie viel noch für den Auftrag vorgemerkt ist. In Spalte 3 ist darum die Nummer des Auftrages anzugeben, also die Ziffer 3.
- *Geschäftsvorfall 7*
  Siehe dazu die Erläuterungen zu den Geschäftsvorfällen 3 und 5.

- *Geschäftsvorfälle 8 und 9*
  Siehe dazu die Erläuterungen zum Geschäftsvorfall 6.
- *Geschäftsvorfall 10*
  Es wird zunächst auf den Geschäftsvorfall 6 verwiesen. Neu hieran ist jedoch, dass erstmals eine Gesamtrechnung vorliegt. Die Aufwendung in Höhe von 900 € wird in Spalte 7 gebucht und in Spalte 9 addiert. Vorgemerkt waren für den Auftrag 800 €, sodass eine Mehrbelastung von 100 € vorliegt. In der Spalte 6 wird der bei Nr. 7 erfasste Betrag wieder abgesetzt. Zwischen den Spalten 6 und 7 besteht nun ein Unterschied von 100 €, der die Gemeinde entgegen der Planung aufwendungsmäßig mehr belastet und darum beim verfügbaren Betrag in Abzug zu bringen ist, sodass nur noch 40.900 € zur Verfügung stehen.
  Die Kontrollrechnung beweist wiederum die Richtigkeit:

	120.000 €
	–32.000 €
	–47.100 €
noch verfügbar:	40.900 €

- *Geschäftsvorfall 11*
  Von der Schlussrechnung der Fa. Walter in Höhe von 70.200 € müssen die bisherigen Aufwendungen = 2 × 20.000 € abgesetzt werden, sodass nunmehr Aufwendungen über 30.200 € in Spalte 7 aufzunehmen ist. Vorgemerkt sind jedoch nur noch 28.000 €, weil bei den Nrn. 6 und 8 bereits insgesamt 40.000 € vom Auftrag abgesetzt wurden. Eine nicht eingeplante zusätzliche Aufwendung von 2.200 € (Spalte 6 minus Spalte 7) verringert den verfügbaren Betrag auf 38.700 €.
- *Geschäftsvorfall 12*
  Am 14.2.2024 wird eine zusätzliche Aufwendungsermächtigung in Höhe von 2.000 € im Rahmen des Budgets bereitgestellt (echte Deckungsfähigkeit). Diese wird erforderlich, weil der verfügbare Betrag für weitere Buchungen nicht mehr ausreicht. Der Buchungsvorfall Nr. 13 zeigt bereits, dass noch ein Auftrag über 40.000 € erteilt werden soll, jedoch am 13.2.2024 nur noch 38.700 € verfügbar sind.
  Bedingt durch die zusätzliche Ermächtigungsbereitstellung erhöht sich die Aufwendungsermächtigung um 2.000 €, sodass dieser Betrag in Spalte 5 zu buchen ist. Der verfügbare Gesamtbetrag beträgt nunmehr 122.000 €. Demnach stehen nach Abzug der Aufträge und gebuchten Aufwendungen am 14.2.2024 noch 40.700 € zur Verfügung.
- *Geschäftsvorfall 13*
  Siehe dazu die Erläuterungen zu den Geschäftsvorfällen 3 und 5.
- *Geschäftsvorfall 14*
  Siehe dazu zunächst die Erläuterung zum Geschäftsvorfall 11. Die noch als Aufwendungen zu erfassende Summe von 3.300 € liegt um 700 € unter dem geschätzten Betrag, sodass der verfügbare Betrag in Spalte 10 eine Verbesserung auf 1.400 € erfährt.

Die Kontrollrechnung beweist die Richtigkeit dieser Aussage:

	122.000 €
	–40.000 €
	–80.600 €
noch verfügbar:	1.400 €

- *Geschäftsvorfall 15*
  Es handelt sich um eine Aufwendung, die nicht mehr vorgemerkt ist, weil der Ursprungsauftrag an die Firma Walter bereits endgültig bei Nr. 11 ausgebucht wurde. In Spalte 3 erfolgt somit kein Hinweis mehr auf die Ursprungsbuchung. Ansonsten kann auf die Erläuterungen zu Geschäftsvorfall 4 verwiesen werden.
- *Geschäftsvorfall 16*
  Siehe dazu die Erläuterungen zu Geschäftsvorfall 14.

Am 8.3.2024 stehen somit noch 900 € zur Verfügung.

18.3 Haushaltswirtschaftliche Sperre und Unterrichtungspflichten gegenüber der Gemeindevertretung

18.3.1 Haushaltswirtschaftliche Sperre

Bereits in Kap. 13.3 wurde festgestellt, dass die im Haushaltsplan enthaltenen Ermächtigungen (Planansätze) nicht uneingeschränkt zur Verfügung stehen. Eine besondere Form der Verfügungsbeschränkung enthält § 71 BbgKVerf, nämlich die haushaltswirtschaftliche Sperre.

Nach diesen Vorschriften kann die Gemeindevertretung, der Hauptausschuss oder der Kämmerer die Inanspruchnahme im Haushaltsplan enthaltenen Aufwendungs-, Auszahlungs- und Verpflichtungsermächtigungen sperren, sofern die Entwicklung der Erträge und Aufwendungen oder die Erhaltung der Liquidität dies erfordert. Mit der „Entwicklung der Erträge und Aufwendungen sowie Erhaltung der Liquidität“ können nur negative Tendenzen angesprochen sein. Falls sich die Haushalts- und Liquiditätsentwicklung gegenüber der Planung verbessert, erübrigt sich zwangsläufig die Notwendigkeit einer haushaltswirtschaftlichen Sperre.

Die Möglichkeit, Einfluss auf das Ausschöpfen der Aufwendungs- und Auszahlungsermächtigungen im Haushaltsjahr bzw. bei Verpflichtungsermächtigungen auf die Entwicklung der mittelfristigen Planung zu nehmen, ist im Spannungsfeld zwischen Haushaltsplanung und Haushaltsausführung begründet. Der Haushaltsplan eines Jahres wird bereits im Vorjahr erstellt, sodass Vorausberechnungen und Schätzungen etwa einen Zeitraum von eineinhalb Jahren umfassen und deshalb in vielen Bereichen sehr schwierig sind. Dazu kommt, dass konjunkturelle Veränderungen auf die gemeindlichen Haushaltspläne sehr kurzfristig einwirken. Im laufenden Jahr können zwar die Haushaltspläne durch Nachtragspläne so geändert werden, dass Problemfelder beseitigt werden können. Jedoch bedingt das Instrument der Nachtragsplanung ein schwerfälliges und zeitraubendes Verfahren aufgrund der Formvorschriften des § 68 Abs. 1 Satz 2 i. V. m. § 67 BbgKVerf.

Es ist deshalb eine Möglichkeit geschaffen worden, um im Bedarfsfall kurzfristig und wirkungsvoll einer Gefährdung der gemeindlichen Haushaltswirtschaft entgegensteuern zu können. Dieses Instrument muss zum einen der politischen Seite zustehen. Gemäß § 71 BbgKVerf kann deshalb die Gemeindevertretung eine solche Sperre aussprechen. Dieses Recht kann schon daraus abgeleitet werden, dass die Gemeindevertretung Haushaltssatzung und Haushaltsplan beschlossen hat. Insofern kann sie auch regelnd in die Haushaltsausführung eingreifen. Ein solches Recht steht auch dem Hauptausschuss zu, da er auch ein Organ der Gemeinde ist und ebenfalls Beschlüsse (§ 50 Abs. 2 BbgKVerf) fassen kann.

Dieses Instrument muss aber zum anderen auch die eigentliche Verwaltung der Gemeinde besitzen, weil die Gemeindevertretung oder der Hauptausschuss nicht unmittelbar über die notwendigen Finanzinformationen verfügt und auch die Herbeiführung eines Beschlusses der Gemeindevertretung oder des Hauptausschusses einen gewissen Zeitaufwand erfordert. Dem Kämmerer (§ 84 BbgKVerf) wird deshalb gemäß § 71 Abs. 1 BbgKVerf das Recht zum Erlass einer haushaltswirtschaftlichen Sperre zugesprochen.

Der Kämmerer hat somit die Möglichkeit, die Ausführung von Beschlüssen der Gemeindevertretung oder des Hauptausschusses zu verhindern, weil der Haushaltsplan ja im Rahmen der Haushaltssatzung von der Gemeindevertretung erlassen wurde. Er befindet sich demnach in einer sehr starken Position. Die Allzuständigkeit der Gemeindevertretung wird jedoch dadurch wieder hergestellt, dass diese gemäß § 71 Abs. 1 BbgKVerf die haushaltswirtschaftliche Sperre aufheben kann. Dies entspricht auch dem allgemeinen Rückholrecht der Gemeindevertretung gemäß § 28 Abs. 3 BbgKVerf. Die Gemeindevertretung ist deshalb gemäß § 71 Abs. 1 BbgKVerf unverzüglich über den Erlass einer haushaltswirtschaftlichen Sperre zu unterrichten.

Der Erlass einer haushaltswirtschaftlichen Sperre liegt im pflichtgemäßen Ermessen der Gemeindevertretung, des Hauptausschusses oder des Kämmerers. Der Ermessensspielraum wird jedoch dann „auf null" reduziert, wenn der Haushaltsausgleich bzw. die Liquiditätssicherung nur durch eine haushaltswirtschaftliche Sperre erreicht werden kann. Form und Umfang der Sperre sind nicht vorgegeben. In der Praxis erfolgen regelmäßig prozentuale Kürzungen von Planpositionen für den Gesamthaushalt, wobei einzelne Ermächtigungspositionen oder Gruppen von Ermächtigungspositionen ausgenommen werden können. Daneben gibt es natürlich die Möglichkeit, gezielt Planpositionen ganz oder anteilig zu sperren, vor allem bei freiwilligen Aufgaben und nicht begonnenen Investitionsmaßnahmen. Im Einzelfall ist die Entscheidung nach ihrem Wirkungsgrad und den tatsächlichen Möglichkeiten zu treffen.

Der Kämmerer kann die von ihm verhängte haushaltswirtschaftliche Sperre natürlich auch selbst wieder aufheben. Dieses ergibt sich zwangsläufig aus der Ermächtigung, die Sperre auszusprechen. Die Aufhebung einer Sperre, die die Gemeindevertretung oder der Hauptausschuss angeordnet hat, bedarf jedoch eines förmlichen Beschlusses des jeweiligen Organs.

18.3.2 Unterrichtungspflichten gegenüber der Gemeindevertretung

Wie bereits oben dargestellt, bestimmt die Gemeindevertretung durch den Haushaltsplan die finanzpolitischen Richtlinien für die Verwaltung. Wenn also im Laufe eines Haushaltsjahres gewichtige Verschiebungen des Finanzrahmens eintreten, muss die Gemeindevertretung darüber informiert sein. Über die Veränderung durch über- und außerplanmäßige Aufwendungen bzw. Auszahlungen ist sie gemäß § 70 Abs. 1 Satz 3 BbgKVerf insofern unterrichtet, als sie bei erheblichen Mehraufwendungen und Mehrauszahlungen selbst zu entscheiden hat und die nicht geringfügigen vom Kämmerer genehmigten Mehrbeträge ihr zur Kenntnisnahme vorgelegt werden. Über sonstige wichtige Veränderungen ist die Gemeindevertretung unverzüglich, also ohne schuldhafte Verzögerung, gemäß § 29 Abs. 2 KomHKV in den folgenden Fällen zu unterrichten:

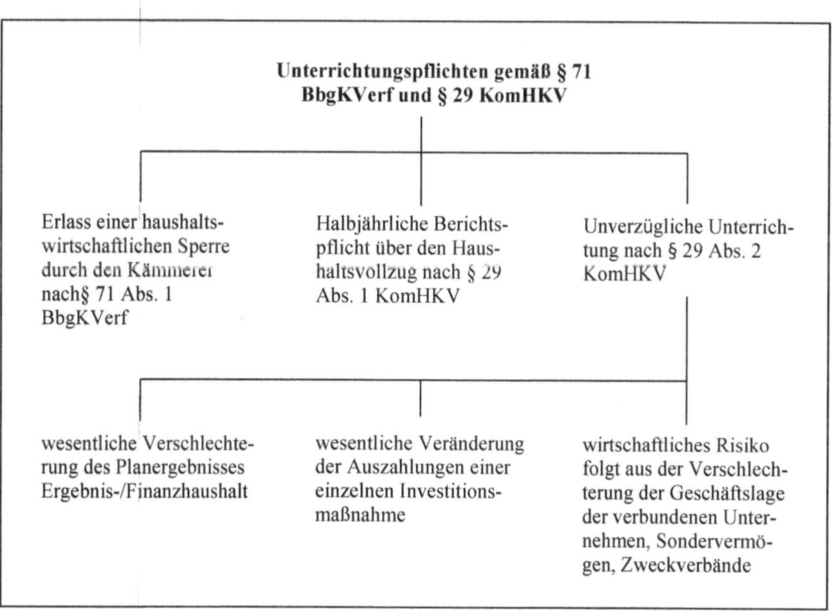

Die Unterrichtungspflicht nach dem Erlass einer haushaltswirtschaftlichen Sperre durch den Kämmerer ergibt sich zwangsläufig gemäß § 71 Abs. 1 Satz 2 BbgKVerf aus dem Recht der Gemeindevertretung, eine solche Sperre wieder aufheben zu können. Dies ist praktisch ja nur möglich, wenn die Gemeindevertretung Kenntnis vom Erlass der haushaltswirtschaftlichen Sperre erhält.

Auch wenn keine Sperre nach § 71 Abs. 1 BbgKVerf ausgesprochen wurde, ist die Gemeindevertretung über eine wesentliche Verschlechterung des Planergebnisses sowohl beim Ergebnis- als auch beim Finanzhaushalt und damit vermutlich eine Gefährdung des Haushaltsausgleichs zu unterrichten. Diese Situation kann z. B. im letzten Quartal des Haushaltsjahres eintreten, wenn eine haushaltswirtschaftliche Sperre aus praktischen Gründen nicht mehr ausgesprochen werden kann, weil über die Ansätze weitgehend verfügt ist, oder wenn im Haushalt der Gemeinde überhaupt nur Aufwendungen und Auszahlungen enthalten sind, die unbedingt geleistet werden müssen.

Die Selbstverwaltung einer Gemeinde zeigt sich nicht zuletzt an der Investitionstätigkeit. Hier trifft die Gemeindevertretung im Rahmen des Haushaltsplans noch auf echte Auswahlkriterien und kann politisch entscheiden. Die Entscheidung zeigt sich letztlich in der Veranschlagung der einzelnen Investitionsmaßnahmen in den Teilfinanzplänen. Tritt bei den veranschlagten Auszahlungsermächtigungen bei einzelnen Investitionsvorhaben (§ 8 KomHKV) nicht nur eine unwesentliche Veränderung auf, ist die Gemeindevertretung darüber unverzüglich zu informieren. Der Begriff „unwesentlich" ist von jeder Gemeinde auszulegen und in der Haushaltssatzung oder durch einen einfachen Beschluss der Gemeindevertretung festzulegen. So wäre etwa folgende Regelung denkbar:

Beispiel:
Als nicht nur unwesentlich i. S. d. § 29 Abs. 2 Nr. 2 KomHKV i. V. m. § 8 Abs. 2 KomHKV gelten Auszahlungserhöhungen um mehr als 10 %, mindestens aber um 20.000 € bei einer Einzelinvestitionsmaßnahme. Auszahlungserhöhungen von über 50.000 € sind in jedem Fall als wesentlich anzusehen.

Die Unterrichtspflicht gegenüber der Gemeindevertretung besteht nicht nur, wenn sich die eigene Finanzsituation im Laufe des Jahres verschlechtert, sondern auch, wenn sich die Geschäfts- und damit Finanzlage bei verbundenen Unternehmen, beim Sondervermögen oder bei Zweckverbänden so sehr verschlechtert, sodass sich daraus für die Gemeinde erhebliche wirtschaftliche Risiken ergeben. Die Ergebnisse der verbundenen Unternehmen etc. haben Auswirkungen auf die Gesamtbilanz nach § 63 KomHKV.

Unabhängig davon, ob eine besondere Situation vorliegt oder nicht, ist die Gemeindevertretung regelmäßig – mindestens zweimal im Jahr – über den Stand des Haushaltsvollzuges zu unterrichten. Diese Unterrichtspflicht bezieht sich nicht nur auf die finanzielle Situation, sondern auch auf die festgelegten Leistungsziele und deren Erreichung.

Die Kommunale Haushalts- und Kassenverordnung lässt die Frage offen, wer nun die Gemeindevertretung zu unterrichten hat. Hier greifen die Regelungen des allgemeinen Kommunalrechts, sodass gemäß § 54 Abs. 2 BbgKVerf diese Aufgabe dem Hauptverwaltungsbeamten obliegt.

18.4 Stundung, Niederschlagung und Erlass[3]

18.4.1 Generelle Begriffsabgrenzungen

Bevor die Materie im Einzelnen dargestellt wird, sind zum Grundverständnis die einzelnen Begriffe zumindest grob zu definieren und voneinander abzugrenzen.

„Stundung“: Gewährung eines Zahlungsaufschubes oder Leistungsaufschubes
„Niederschlagung“: befristete oder unbefristete Zurückstellung der Weiterverfolgung eines fälligen Anspruchs ohne Verzicht auf den Anspruch selbst
„Erlass“: Verzicht auf einen Anspruch

18.4.2 Rechtsgrundlagen

Bei der Bewirtschaftung von Forderungen kommt es auf die Art der Forderung an, um die zutreffende Rechtsgrundlage zu finden. Dieses wurde bereits beim Problem der Kleinbeträge und Rundungen deutlich (siehe Kap. 18.1.2 und 18.1.3), sodass an dieser Stelle nicht noch einmal die Begründungen für die unterschiedlichen Rechtsgrundlagen zu wiederholen sind. Es reicht deshalb der nachstehende Überblick, wobei die in einigen Gesetzen enthaltenen Spezialregelungen (z. B. §§ 32 und 33 GrStG, § 42 SGB I für soziale Leistungen) der Behandlung der Specialliteratur vorbehalten bleiben:

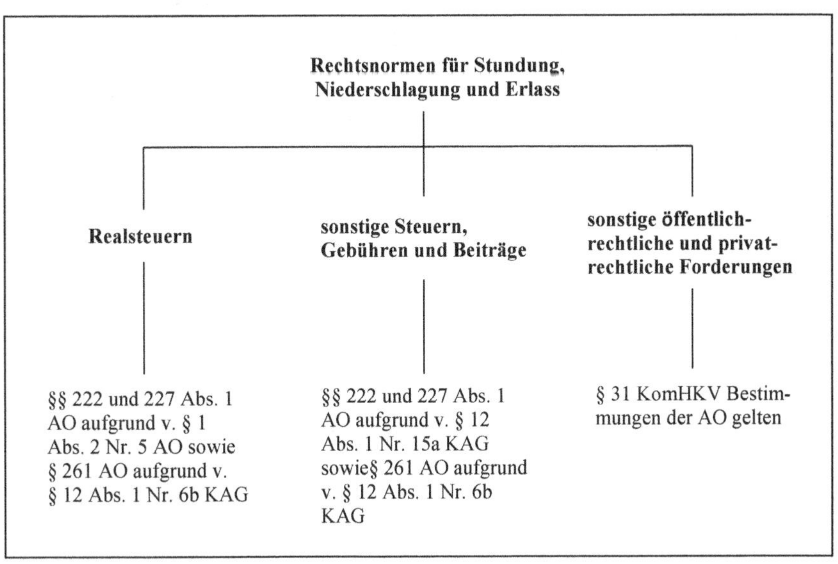

3 Die Besonderheit der Aussetzung der Vollstreckung wird als Exkurs in Kap. 18.4.3.4 behandelt.
4 Die Besonderheit der Aussetzung der Vollstreckung wird als Exkurs in Kap. 18.4.3.4 behandelt.

Für Übungen im Auffinden der zuständigen Rechtsnorm bieten sich sinngemäß die Fälle des Sachverhalts Nr. 2 in Kap. 18.1.4 an, bei denen ähnliche Probleme für Kleinbeträge und Rundungen bestehen.

18.4.3 Stundung

18.4.3.1 Voraussetzungen

Im Folgenden werden nur die Vorschriften der Abgabenordnung erläutert, da sowohl das KAG als auch § 31 KomHKV auf die Abgabenordnung verweisen.

Wie bereits bei der generellen Definition angesprochen, bedeutet eine Stundung die Gewährung eines Zahlungs- oder Leistungsaufschubs, somit die Hinausschiebung eines Fälligkeitstermins. Ob nun der Fälligkeitstermin für die Gesamtforderung verschoben oder ob Ratenzahlung gewährt wird, richtet sich nach der Notwendigkeit des Einzelfalls. In der Praxis werden überwiegend Ratenzahlungen gewährt, weil die Schuldner die Zahlungen wegen ihrer Höhe nicht auf einmal leisten können. Denkbar wäre aber auch ein Gesamtaufschub, z. B. dann, wenn ein Schuldner erst zu einem bestimmten Termin über die notwendigen Zahlungsmittel verfügt.

Die Stundung wird regelmäßig vom Zahlungspflichtigen beantragt. Die Stundungsbewilligung erfolgt überwiegend in der Form des Verwaltungsaktes als Stundungsbescheid, auch dann, wenn nach den Vorschriften des § 31 Abs. 1 KomHKV bei privatrechtlichen Forderungen entschieden wird.

Eine Stundung ist nur zulässig, wenn die Einziehung von Ansprüchen eine erhebliche Härte für den Schuldner bedeuten würde und der Anspruch durch die Stundung nicht gefährdet erscheint. Die „erhebliche Härte für den Schuldner" ist im konkreten Einzelfall zu beurteilen. Sie kann z. B. dann vorliegen, wenn aufgrund ungünstiger wirtschaftlicher Verhältnisse der Schuldner sich vorübergehend in ernsthaften Zahlungsschwierigkeiten befindet oder eine fristgerechte Einziehung der Forderung diese bewirken würden. Das ist etwa dann gegeben, wenn die Existenz eines Unternehmens dadurch gefährdet würde. Zahlungsunwillige sowie notorische Nichtzahler erfüllen die Voraussetzungen dagegen nicht.

Wie bereits erwähnt, darf als weitere Voraussetzung der Anspruch nicht gefährdet erscheinen. Es dürfen also keine Anzeichen dafür vorhanden sein, dass z. B. der Schuldner durch die Stundung freiwerdende Mittel oder Vermögensgegenstände anderweitig einsetzt. Auch darf der Schuldner die Stundung nicht dazu benutzen, sich durch Wohnsitzwechsel oder wegen des Fehlens eines festen Wohnsitzes seinen Verpflichtungen und damit dem Zugriff der Gemeinde zu entziehen. Eine Entscheidung kann nur in pflichtgemäßem Ermessen in jedem Einzelfall getroffen werden.

Regelmäßig hat der Schuldner eine entsprechende Sicherheitsleistung zu erbringen, so z. B. durch Bürgschaften, Abtretungen, Sicherheitsübereignungen oder gar durch Hypotheken und Grundschulden. Dadurch wird das Stundungsrisiko für die Gemeinde verringert.

18.4.3.2 Verzinsung der gestundeten Forderungen

§ 234 AO sieht vor, dass die gestundeten Beträge zu verzinsen sind. Damit soll die Gemeinde vor allem für den Zinsverlust, verursacht durch die erst später erfolgenden Einzahlungen, entschädigt werden. Die Verzinsung hat aber auch die Bedeutung, dass der Schuldner sich genau zu überlegen hat, ob er eine Stundung beantragt, weil diese mit zusätzlichen Kosten verbunden ist. Die Stundung soll damit keine kostengünstige Alternative zu einem Kapitalmarktkredit sein.

§ 238 AO sieht eine Verzinsung von 0,5 % für jeden vollen Monat vor, wobei bei der Berechnung jede Forderung auf volle 50 € abzurunden ist. Auf die Verzinsung kann ausnahmsweise verzichtet werden, wenn die Erhebung der Zinsen eine unbillige Härte bedeuten würde, so dass in diesen Fällen auf die wirtschaftliche Situation des Schuldners abgestellt wird.

18.4.3.3 Bewilligungsverfahren

Über die Stundungsbewilligung sollte in der Regel nur der Fachbereich entscheiden, der den Anspruch festgesetzt hat. Nur er verfügt über den Sachbezug. Da der Finanzbuchhaltung jedoch die Einziehung der Forderung obliegt und diese vielleicht sogar schon Maßnahmen der Beitreibung eingeleitet hat, kann die Entscheidung nur in Absprache mit der Finanzbuchhaltung erfolgen. Allerdings kann aus rechtlicher Sicht keine Beanstandung erfolgen, wenn Stundungen zentral von der Finanzbuchhaltung (Bereich Geschäftsbuchführung) bearbeitet werden, die die Stundungsentscheidungen dann aber nur im Benehmen mit dem zuständigen Fachbereich treffen kann.

Die Stundungsentscheidung wird dem Antragsteller schriftlich mitgeteilt. Eine Ausfertigung dieser Stundungsmitteilung stellt dann den entsprechenden Buchungsbeleg dar, der der Finanzbuchhaltung unverzüglich zugeleitet wird, falls sie nicht selbst die Stundung ausspricht. Durch diese Mitteilung wird die Ursprungsbuchung für die jetzt gestundete Forderung in Bezug auf die darin enthaltenen Zahlungstermine geändert.

Auch wenn die Stundung sich über das Ende des Haushaltsjahres erstreckt, bleiben Forderungs- und Ertragsbuchungen hinsichtlich der Beträge bestehen. Es ändert sich nur der Zahlungstermin. Sofern die Stundung zinslos oder erheblich unter einer marktüblichen Verzinsung bzw. unter der Verzinsung nach § 238 AO gewährt wird, verringert sich der Wert der Forderung, sodass im Rahmen des Jahresabschlusses bei diesen gestundeten Forderungen bilanziell eine Abzinsung des Forderungswertes zu erfolgen hat. Den Prozentsatz für die Abzinsung legt die Gemeinde fest. Dabei bietet es sich an, die Zinssätze zu verwenden, die ansonsten bei der Festsetzung von Stundungszinsen Anwendung finden. Eine Abzinsung ist bei geringfügigen Forderungen entbehrlich (Grundsatz der Wesentlichkeit).

Die einzelnen Zuständigkeiten zwischen der Gemeindevertretung und Verwaltung sowie innerhalb der Verwaltung sollten in einer Dienstanweisung geregelt werden, wobei zumindest die Zuständigkeitsregelung zwischen Gemeindevertretung und Verwaltung eines Beschlusses bedarf. Die Zuständigkeitsregelungen werden regelmäßig nach der Höhe der Einzelforderungen festgesetzt, z. B. bis 5.000 € der Amtsleiter (Fachbereichsleiter), über 5.000 € bis 20.000 € der Dezernent, über 20.000 € bis 50.000 € der Hauptverwaltungsbeamte (z. B.: Bürgermeister) und über 50.000 € der Hauptausschuss. Zuweilen werden Stundungsbescheide vor ihrer Versendung durch das Rechnungsprüfungsamt vorgeprüft.

Die Dienstanweisung sollte aber nicht nur die Zuständigkeiten abgrenzen, sondern das gesamte Verfahren regeln, um eine Vereinheitlichung innerhalb der Verwaltung herbeizuführen.

18.4.3.4 Exkurs: Aussetzung der Vollziehung

Die Aussetzung der Vollziehung ist in den haushaltsrechtlichen Vorschriften nicht geregelt. Es handelt sich nämlich um eine Maßnahme im Rahmen des Vollstreckungsrechts, insbesondere bei öffentlich-rechtlichen Forderungen. Gemäß § 80 Abs. 2 Nr. 1 VwGO hat die Einlegung eines Widerspruchs gegen einen Abgabebescheid (Steuer-, Gebühren- oder Beitragsbescheid) keine aufschiebende Wirkung. Das bedeutet, dass der Abgabepflichtige trotz Einlegung des Rechtsbehelfs die ihm aufgegebene Zahlung termingerecht leisten muss. Wenn vor allem ernsthafte Zweifel an der Rechtmäßigkeit des als Verwaltungsakt erlassenen Bescheides bestehen, kann die Gemeinde auf Antrag des Zahlungspflichtigen die Vollziehung solange aussetzen, bis über den Widerspruch entschieden ist (§ 80 Abs. 4 VwGO). Das gleiche Recht steht den Gerichten nach § 80 Abs. 5 VwGO innerhalb eines Klageverfahrens zu.

Wirtschaftlich gesehen kommt demnach die Aussetzung der Vollziehung in ihrer Wirkung einer Stundung gleich. Insofern sind entsprechende Zinsen für die geschuldete Forderung festzusetzen, wenn der eingelegte Rechtsbehelf erfolglos ist (siehe dazu auch § 237 AO).

Buchungstechnisch ist der bei Aussetzung der Forderung nichts zu veranlassen, weil die Forderung weiter bestehen bleibt. Die Aussetzungsentscheidung ist lediglich in den Datenbestand aufnehmen, damit während der Aussetzungszeit weitere Vollstreckungsmaßnahmen unterbleiben.

18.4.4 Niederschlagung

18.4.4.1 Voraussetzungen für eine Niederschlagung

Die Vorschriften des § 261 AO sind sowohl bei den Steuern, Gebühren und Beiträgen (aufgrund der Verweisungsregelung des § 12 Abs. 1 Nr. 6 b KAG) als auch bei sonstigen Forderungen der Gemeinde (nach § 31 KomHKV) anzuwenden.

Bei einer Niederschlagung handelt es sich um die Aussetzung der Weiterverfolgung eines fälligen Anspruchs ohne Verzicht auf den Anspruch selbst. Die Niederschlagung ist somit nicht mit der Problematik der Kleinbeträge (siehe Kap. 18.1.3) oder eines Erlasses (siehe Kap. 18.4.5) zu verwechseln, weil in diesen Fällen auf die Festsetzung oder Einziehung der Forderung endgültig verzichtet wird.

Ansprüche dürfen nur niedergeschlagen werden, wenn zu erwarten ist, dass die Einziehung keinen Erfolg haben wird oder die Kosten der Einziehung außer Verhältnis zur Höhe des Anspruches stehen. Die Schaffung dieser Voraussetzungen ist nach Zweckmäßigkeits- und Wirtschaftlichkeitsgesichtspunkten erfolgt. Die Gemeinde soll bei der Einziehung des Anspruches nicht zu aussichtslosen oder unverhältnismäßig kostspieligen Schritten veranlasst werden.

Es reicht aus, wenn zu vermuten ist, dass die Beitreibung fruchtlos verlaufen und auch in absehbarer Zeit keinen Erfolg haben wird, oder wenn die Beitreibung nicht möglich ist, weil der Schuldner nicht erreicht werden kann (unbekannter Aufenthaltsort, Firma wurde aufgelöst). Bei der Niederschlagung bleibt die subjektive Lage des Schuldners (erhebliche Härte o. Ä.) außer Betracht. Insofern erfolgt die Niederschlagung im konkreten Einzelfall.

In Abgrenzung zur Stundung ist noch darauf zu verweisen, dass der Fälligkeitstermin für die Forderung bei einer Niederschlagung bestehen bleibt und nicht wie bei einer Stundung verschoben wird. Die weitere Rechtsverfolgung wird somit nicht aufgehoben, sondern lediglich aufgeschoben.

18.4.4.2 Arten der Niederschlagung

Zu unterscheiden ist zwischen einer befristeten und einer unbefristeten Niederschlagung.

Bei der **befristeten Niederschlagung** kann von einer Weiterverfolgung des Anspruchs vorläufig abgesehen werden, wenn die Beitreibung **vorübergehend** keinen Erfolg haben würde und die Voraussetzungen für eine Stundung nach § 222 AO nicht vorliegen. Eine Kontrolle über die Fälle der befristeten Niederschlagungen ist wegen der Vorläufigkeit der Maßnahmen notwendig. Insofern bietet es sich bei befristeten Niederschlagungen an, die Ansprüche in Niederschlagungslisten nachzuhalten und dort weiterzuverfolgen. Diese Listen werden in der Regel elektronisch geführt. Anhand der Niederschlagungslisten ist die Zahlungsbereitschaft bzw. Zahlungsfähigkeit des Schuldners in angemessenen Zeitabständen zu überprüfen. Dies sollte zumindest einmal im Haushaltsjahr erfolgen. Gegebenenfalls ist die Verjährung rechtzeitig zu unterbrechen. Insofern erfüllen die Niederschlagungslisten die Funktion einer „Wiedervorlage", wie sie ansonsten im übrigen Geschäftsablauf Anwendung findet.

Eine **unbefristete Niederschlagung** kommt nur in Frage, wenn die Einziehung wegen der wirtschaftlichen Verhältnisse des Schuldners (z. B. mehrmalige erfolglose Vollstreckungsversuche mit nicht zu erwartender Besserungsaussicht) oder aus anderen Gründen (z. B. Tod, Auflösung der Firma) **dauernd** ohne Erfolg bleiben wird. Die unbefristete Niederschlagung ist außerdem zulässig, wenn die Kosten der Beitreibung im Verhältnis zur Höhe des Anspruches zu hoch sind. Zu den Kosten der Beitreibung zählt auch der anteilige sonstige Verwaltungsaufwand. Bei einer unbefristeten Niederschlagung wird von einer weiteren Verfolgung des Anspruchs abgesehen, sodass sich hier die Führung von Niederschlagungslisten erübrigt.

Sowohl bei der befristeten als auch bei der unbefristeten Niederschlagung ist die Beitreibung der Forderungen erneut zu versuchen, wenn sich Anhaltspunkte dafür ergeben, dass sie Erfolg haben könnte. Da aber bei den unbefristeten Niederschlagungen keine Niederschlagungslisten geführt werden, dürfte eine erneute Verfolgung dieser Ansprüche in der Praxis allerdings wohl in der Regel ausscheiden.

18.4.4.3 Praktisches Verfahren bei einer Niederschlagung

Da die Niederschlagung schließlich aus der Sicht der Gemeinde erfolgt, geht ihr kein Antrag des Schuldners voraus. Bei dieser verwaltungsinternen Maßnahme ergeht deshalb auch kein Niederschlagungsbescheid. Das zuständige Fachamt, welches die Forderung veranlasst hat, sollte über die Niederschlagung entscheiden. Dies muss natürlich in Zusammenarbeit mit der Finanzbuchhaltung geschehen, weil sie über die Informationen der Einziehungsproblematik verfügt. Denkbar ist auch hier, die Finanzbuchhaltung mit der Entscheidungszuständigkeit zu betrauen, die dann jedoch die Niederschlagung nur im Benehmen mit dem zuständigen Fachbereich aussprechen kann.

Buchungstechnisch wird der niedergeschlagene Betrag weiterhin als Ertrag des Haushaltsjahres ausgewiesen, dem er als Ressourcenzuwachs zugeordnet wurde. Bei der befristeten Niederschlagung bleibt die Forderung in der Debitorenbuchhaltung erhalten, erzeugt aber Aufwendungsbuchung in Form einer Einzelwertberichtigung auf dem Konto 5732 und auf dem jeweiligen Bestandskonto für die Wertberichtigung von Forderungen auf der Aktivseite der Bilanz. Bei der unbefristeten Niederschlagung wird die Forderung in der Debitorenbuchhaltung ausgebucht und erzeugt eine korrespondierende Aufwendungsbuchung in Form einer Einzelwertberichtigung beim Konto 5732.

Wie bei der Stundung sollte das Verfahren in einer Dienstanweisung geregelt werden, die auch die Entscheidungsbefugnisse genau festsetzt. Ein solches Beispiel ist in Kap. 18.4.6 enthalten. Bei der Stundung ist in der Regel keine Wertberichtigung notwendig, da die Forderung durch die Stundung nicht gefährdet wird.

18.4.5 Erlass

18.4.5.1 Voraussetzungen

Der Erlass einer Forderung bedeutet den endgültigen Verzicht auf den Anspruch. Rechtsgrundlage ist § 227 AO i. V. m. § 12 KAG sowie § 31 Abs. 1 KomHKV, je nachdem um welche Forderungsart es sich handelt (siehe Kap. 18.4.2). § 227 AO stellt als Voraussetzung für einen Erlass darauf ab, dass die Einziehung einer Forderung unbillig wäre.

Darunter fallen zunächst einmal die persönlichen Billigkeitsgründe des Schuldners. Zum Beispiel wäre der Erlass eines Anspruchs zulässig, wenn eine Steuereinziehung die Fortführung eines Gewerbebetriebes erheblich gefährden oder die Lebensexistenz eines Einzelnen derart beeinträchtigen würden, dass er Sozialhilfe etc. beantragen müsste. Vorrangig sind jedoch immer Stundung und Niederschlagung zu prüfen, weil ein einmal ausgesprochener Erlass einer Forderung dauerhaft ist. Daraus ergibt sich, dass ein Erlass nur im äußersten Ausnahmefall ausgesprochen werden kann.

Neben den persönlichen Billigkeitsgründen sind nach der Abgabenordnung auch sachliche Billigkeitsgründe möglich. Sie müssen objektiv gegeben sein, also unabhängig von der wirtschaftlichen Situation des Schuldners vorliegen. Dies ist dann gegeben, wenn eine Besteuerung im Einzelfall der Gesetzesabsicht zuwiderlaufen würde, weil der Gesetzgeber diesen besonderen Fall nicht bedacht hat. Das ist natürlich äußerst selten. An dem nachstehenden, konstruierten Beispiel soll er erläutert werden.

Beispiel:
A erbt von seinem Vater einige Kunstgegenstände, die sich als Leihgabe in einem staatlichen Museum befinden. A will die Leihgabe weiter auf Dauer dem Museum belassen. Da er juristisch der Erbe ist, würde für diese Kunstgegenstände Erbschaftsteuer anfallen. Aus sachlichen Gründen wäre aber eine Besteuerung durch den Staat, der ja die Leihgabe nutzt, nicht gerechtfertigt, sodass ein Steuererlass ausgesprochen werden kann.

18.4.5.2 Praktisches Verfahren

Dem Erlass hat ein Antrag des Schuldners vorauszugehen, über den der zuständige Fachbereich entscheidet. Zwar erfolgt die Entscheidung regelmäßig in Form eines Verwaltungsakts, jedoch bei privatrechtlichen Forderungen gemäß § 397 BGB durch einen privatrechtlichen Vertrag und nicht durch eine einseitige Willenserklärung. Die Forderung wird nunmehr ausgebucht. Die korrespondierende Aufwandbuchung erfolgt als Einzelwertberichtigung beim Konto 5732.

18.4.6 Übungen

Sachverhalt Nr. 5
Die Gemeinde G beabsichtigt, aufgrund der folgenden Sachverhalte Stundungen auszusprechen:

a) Der Gastwirt W bittet, die fällige Gewerbesteuer drei Monate später zahlen zu dürfen, weil er zu diesem Zeitpunkt eine Einkommensteuererstattung erwartet. Ansonsten müsste er erhebliche Zinsverluste für vorzeitig in Anspruch genommene Spargelder hinnehmen.
b) Der Schreinermeister S bittet um die Stundung einer Gewerbesteuerforderung bis zur in drei Monaten fälligen Einkommensteuererstattung des Finanzamtes. Er weist

darauf hin, dass sein Kreditkontingent vollständig ausgeschöpft sei und auch dringende Lohnforderungen gegen ihn anstehen. Verwertbares Sach- und Finanzvermögen steht nicht zur Verfügung. Gewinne werde sein Betrieb erst wieder in einem halben Jahr abwerfen.

c) Der Gewerbetreibende G bittet um die Stundung seiner Gewerbesteuerzahlung. Er begründet den Antrag damit, dass er noch erhebliche Handwerkerrechnungen zu begleichen habe. Vom Finanzamt kommt die Auskunft, dass sich ein Insolvenzverfahren anbahnt.

Aufgabe:
Begutachten Sie die rechtliche Zulässigkeit der vorgenannten Stundungen.

Lösung:
Bei der in allen Teilsachverhalten angesprochenen Gewerbesteuer handelt es sich um eine Realsteuer, sodass gemäß § 1 Abs. 2 Nr. 5 AO über die Stundung nach den Vorschriften des § 222 AO zu entscheiden ist. Voraussetzung für eine Stundung ist, dass die Einziehung der Gewerbesteuer zum Fälligkeitstermin eine erhebliche Härte für den Schuldner darstellen würde und der Anspruch durch die Stundung nicht gefährdet erscheint. In Bezug auf die Voraussetzungen sind die Teilfälle wie folgt zu beurteilen:

Zu a)
Die vom Gastwirt geltend gemachte Härte liegt darin, dass er die zur Gewerbesteuerzahlung notwendigen Mittel unter Zinsverlust vom Sparbuch abheben muss. Das Argument des Zinsverlustes ist jedoch nicht zu beachten, weil bei jeder Zahlung ein Zinsverlust für den Zahlenden eintritt, indem eine mögliche Geldanlage mit der Zahlung entfällt. Dazu kommt, dass die zu erzielenden Zinsgewinne auf dem Sparbuch sicherlich geringer sind als die gemäß § 234 AO festzusetzenden Stundungszinsen, sodass die sofortige Zahlung dem Gastwirt sogar wirtschaftliche Vorteile bringen würde. Es liegt somit keine Härte für den Gastwirt vor, da er zurzeit durchaus zahlungsfähig ist. Auch das Argument der sich abzeichnenden Einkommensteuererstattung ist nicht triftig, weil jede Steuer unabhängig voneinander zu sehen ist. Die Stundung ist nach alledem unzulässig.

Zu b)
Der Schreinermeister S verfügt zurzeit über keine Mittel zur Begleichung der Forderung, zumal auch eine Finanzierung über den Kreditmarkt nicht möglich ist. Die Zahlung kann somit zu dem Fälligkeitstermin objektiv nicht erfolgen. Insofern verfügt S erst wieder mit der Einkommensteuererstattung über entsprechende Zahlungsmittel, sodass bis zu diesem Zeitpunkt gestundet werden kann. Aus dem Sachverhalt sind Gefährdungen der Zahlung nicht ersichtlich, sodass das Vorliegen dieser Voraussetzung zu unterstellen ist. Zudem kann durch eine Abtretung der Einkommensteuererstattung des Finanzamtes an die Gemeinde die gestundete Gewerbesteuerzahlung gesichert werden.

Zu c)
Wie im Fall b) verfügt der Gewerbetreibende zurzeit über keine ausreichenden Mittel, sodass die Einziehung der Gewerbesteuer bei Fälligkeit eine besondere Härte für ihn darstellen würde. Allerdings wäre der Anspruch bei einer Stundung gefährdet, weil damit zu rechnen ist, dass G später zahlungsunfähig sein wird, zumal sich ein Insolvenzverfahren anbahnt. Wegen der Gefährdung des Zahlungseinganges ist die Stundung gemäß § 222 AO unzulässig. Die Gemeinde muss versuchen, die Forderung schnellstens zu verwirklichen.

Sachverhalt Nr. 6
Die Stadt S stundet zulässigerweise eine zum 25.10.2024 fällige Forderung von 4.530 €. Dabei handelt es sich um einen Anspruch aus Abfallbeseitigungsgebühren. Es werden Monatsraten von je 900 €, erstmals fällig zum 25.1.2025, festgesetzt.

Aufgabe:
Ermitteln Sie die festzusetzenden Stundungszinsen.

Lösung:
Es handelt sich um ein öffentlich-rechtliches Entgelt (Benutzungsgebühr), somit um eine Abgabe nach § 1 Abs. 1 KAG. Gemäß § 12 Abs. 1 Nr. 5b KAG ist für die Berechnung der Stundungszinsen § 234 AO anzuwenden. Danach sind Zinsen zu erheben, zumal der Sachverhalt keinen Anhaltspunkt für einen Zinsverzicht enthält. Gemäß § 238 Abs. 1 AO betragen die Zinsen für jeden vollen Monat 0,5 %. Die Forderung ist dabei auf volle 50 €, also auf 4.500 €, abzurunden.

In der Praxis gibt es zwei Berechnungsverfahren, die nachstehend Anwendung finden.
a) *Konventionelles Berechnungsverfahren*

Zahlungs lungs-termine	Betrag €	Stundungs-dauer	Restbetrag €	gerundeter Betrag €	Zinsen €
–	–	25.10.– 25.1.	4.530,00	4.500,00	67,50
25.1.25	900,00	26. 1.– 25.2.	3.630,00	3.600,00	18,00
25.2.25	900,00	26. 2.– 25.3.	2.730,00	2.700,00	13,50
25.3.25	900,00	26. 3.– 25.4.	1.830,00	1.800,00	9,00
25.4.25	900,00	26. 4.– 25.5.	930,00	900,00	4,50
25.5.25	900,00	26. 5.– 25.6.	30,00	–	–
25.6.25	30,00	–	–	–	–
				Stundungszinsen	**112,50**

b) *Vereinfachtes Berechnungsverfahren*
Ausgangsbasis sind die Raten, wobei zu überlegen ist, wie lange eine einzelne Rate zu verzinsen ist, bis sie gezahlt wird. Auf dieser Grundlage ergibt sich nachstehende Berechnung:

Rate vom 25.5.2025	=	7 Monate
Rate vom 25.4.2025	=	6 Monate
Rate vom 25.3.2025	=	5 Monate
Rate vom 25.2.2025	=	4 Monate
Rate vom 25.1.2025	=	3 Monate
		25 Monate × 0,5 % × 900,00 €
	=	**112,50 €**

Sachverhalt Nr. 7
Der ledige Schulhausmeister H ist Ende September 2024 verstorben. Angehörige und finanzielle Mittel einschließlich Vermögen sind nicht vorhanden. Nach dem Tod des Hausmeisters wird festgestellt, dass lediglich die Miete für Januar 2024 in Höhe von 300 € überwiesen wurde.

Aufgaben:

a) Begutachten Sie, was bezüglich der geschuldeten Miete für die Zeit vom 1. Februar bis zum 30.9.2024 zu veranlassen ist.
b) Wie änderte sich die Lösung, wenn der Hausmeister unbekannt verzogen wäre?

Lösung:
Zu a)
Es handelt sich bei der ausstehenden Miete um eine privatrechtliche Forderung, sodass § 31 Abs. 1 KomHKV die Vorschriften der Abgabenordnung Anwendung finden. Somit ist § 261 AO heranzuziehen. Es fragt sich, ob in diesem Fall eine Niederschlagung der Mietforderung zulässig ist. Voraussetzung dazu ist gemäß § 261 AO, dass die Einziehung des Anspruchs keine Aussicht auf Erfolg hat. Dies ist gegeben, weil der Zahlungspflichtige verstorben ist und Angehörige, auf die im Rahmen des Erbrechtes evtl. zurückgegriffen werden könnte, nicht vorhanden sind. Finanzielle Mittel einschließlich Vermögen sind laut Sachverhalt nicht vorhanden. Eine Einziehung ist somit praktisch nicht realisierbar. Da sie auch zum späteren Zeitpunkt nicht möglich sein wird, erfolgt deshalb eine unbefristete Niederschlagung. Eine Eintragung in die Niederschlagungsliste erübrigt sich bei einer unbefristeten Niederschlagung.

Es ist zu unterstellen, dass die Jahresmiete von 3.600 € als Forderung gebucht wurde. Da die Wohnung ab Oktober 2024 nicht mehr bewohnt wird, sind die Mieten für die Monate Oktober bis Dezember 2024 in Höhe von 3 × 300 € = 900 € wieder als Forderung auszubuchen und der Mietertrag ist zu berichtigen (Soll-Buchung auf dem Mietertragskonto). Die niedergeschlagenen Beträge für die Monate Februar bis September 2024 von 8 × 300 € = 2.400 € sind als Einzelwertberichtigung als Aufwendungen beim Konto 5732 einzustellen. Es ist allerdings der Finanzbuchhaltung ein Vorwurf zu machen, weil diese nicht in der Lage war, die Mieten für die Monate Februar bis September 2024 einzuziehen. Dies wäre sicherlich ohne größeren Verwaltungsaufwand über eine Aufrechnung mit dem Hausmeistergehalt möglich gewesen.

Zu b)
Auch in diesem Fall erfolgt eine Niederschlagung, weil die Forderung nicht realisiert werden kann. Dies geschieht wegen einer möglichen späteren Verwirklichung jedoch in Form einer befristeten Niederschlagung, sodass die bestehende Forderung von 2.400 € in die entsprechende Niederschlagungsliste aufzunehmen ist. Von Zeit zu Zeit hat das zuständige Fachamt oder die Finanzbuchhaltung zu prüfen, ob der Aufenthaltsort des ehemaligen Hausmeisters bekannt ist, um dann gegebenenfalls erneute Beitreibungsaktivitäten zu veranlassen. Es empfiehlt sich zudem, einen Vermerk in die Einwohnermeldedatei aufnehmen zu lassen, damit von dort unverzüglich Informationen über den neuen Wohnort dem zuständigen Fachamt bzw. der Finanzbuchhaltung übergeben werden können.

18.5 Auftragsvergaben

18.5.1 Verfahren und Voraussetzungen

Beim Themenkreis der Auftragsvergaben handelt es sich um Geschäftsabwicklungen im Rahmen des bürgerlichen Rechts. Ein Vertrag kommt durch ein Angebot und die Annahme des Angebots zustande. Die Annahme eines Angebots wird in der Verwaltung regelmäßig als „Auftragsvergabe" bezeichnet.

Gemäß § 63 Abs. 2 BbgKVerf muss die Gemeinde das wirtschaftlichste Angebot ermitteln und annehmen, wobei natürlich primär die sachlichen und technischen Anforderungen erfüllt sein müssen. Dazu ist es zunächst erforderlich, über eine gewisse Zahl von Angeboten zu verfügen. Dies wird dadurch erreicht, dass jeder in Frage kommende Lieferant die Möglichkeit der Angebotsabgabe erhält. Die allgemeine Zugänglichkeit wird durch eine öffentliche Ausschreibung über die zu erbringende Lieferung oder Leistung erreicht.

So sieht § 30 Abs. 1 KomHKV auch vor, dass einer Auftragsvergabe grundsätzlich eine öffentliche Ausschreibung voranzugehen hat. Dadurch findet am Markt ein Leistungswettbewerb der entsprechenden Unternehmen mit dem Ergebnis des günstigsten Angebotes für die Gemeinde statt. Außerdem werden Nachfragemonopole verhindert, zumal in vielen Bereichen die öffentliche Hand Alleinabnehmer ist; man denke dabei nur an den Kauf von Panzern durch die Bundeswehr. Dies kommt dem Wettbewerb am Markt aus der Sicht der Unternehmen zugute. Bei den Ausschreibungen darf allerdings das Problem der Unternehmensabsprachen („Frühstückskartelle") und der möglichen Korruption nicht übersehen werden.

Das Verfahren der öffentlichen Ausschreibung bis hin zur Auftragsvergabe ist im Überblick darzustellen. Die beabsichtigte Leistung (Bau einer Straße, Errichtung einer Schule, Kauf von Schreibtischen) wird öffentlich angeboten. Dies geschieht unter grober Beschreibung des Leistungsumfanges in Anzeigen der Tagespresse, in Fachzeitschriften sowie in Internetportalen. Für Bauleistungen gibt es einen einheitlichen Bundesanzeiger. Nachstehend ist ein Beispiel einer solchen Anzeige abgedruckt:

Öffentliche Ausschreibung der Gemeinde G

1. Zimmerarbeiten. Erweiterung der Weiltorschule, 17 m³ Nadelholz liefern, 1.000 lfdm Bauholz verzimmern, 4,7 m³ Brettschichtholz liefern, 60 lfdm Brettschichtholz verzimmern, 425 m² Rauspundschalung verlegen.
Eröffnungstermin: 22.10.2024, Gebühr 14,00 € für Unterlagen in Papierform.
2. Klempnerarbeiten. Erweiterung Weiltorschule, 410 m² Dachflächen mit Titanzinkblechen in Doppelstehfalzdeckung, 54 lfdm Dachrinnen.
Eröffnungstermin: 22.10.2024, Gebühr 22,00 € für Unterlagen in Papierform.
3. Markierungsarbeiten. B 51, 2.000 Schmalstrich 12 cm, 300 m Randlinien 25 cm, 150 m Haltebalken 5 cm, 300 St. Fußwegkästchen 12/50, 85 St. Pfeile, 20 m² Demarkierung.
Eröffnungstermin: 18.10.2024, Gebühr 10,00 € für Unterlagen in Papierform.

Angebotsabgabe ab sofort in 99999 G, Rathausplatz 3, Zimmer 22 oder in elektronischer Form an vergabestelle@gemeindeG.de

G, den 24.9.2024 **Der Bürgermeister**
Unterschrift

Auf Anfrage der Unternehmen werden gegen Verwaltungsgebühr bzw. Ersatz der Kosten die Einzelunterlagen über den Umfang und die Ausführung der gewünschten Leistung bzw. Lieferung in Papierform zugesandt. In der Regel erfolgen Ausschreibungen über einschlägige Vergabeplattformen im Internet. Bis zu einem bestimmten Termin müssen die Angebote der Unternehmen bei der Gemeinde eingehen. An diesem Termin erfolgt die sogenannte „Submission", die Öffnung der bis dahin verschlossene Angebote. Bei Baumaßnahmen erfolgt die Submission öffentlich, wovon vor allem Vertreter der anbietenden Baufirmen Gebrauch machen.

Die Submissionsunterlagen erhält dann der zuständige Sachbearbeiter zur rechnerischen, technischen und wirtschaftlichen Prüfung. Verhandlungen über die Preise der Angebote sind nicht zulässig, lediglich klärende Nachfragen sind erlaubt. Erscheinen der Gemeinde die Preise zu hoch, kann sie lediglich die gesamte Submission aufheben und muss dann neu ausschreiben.

Die Auftragsvergabe sollte nicht ausschließlich nach dem preisgünstigsten Angebot, sondern nach den Grundsätzen der Sparsamkeit, Wirtschaftlichkeit und Effizienz erfolgen. Dabei sind zumindest folgende Aspekte zu berücksichtigen:

- erforderliche Sachkenntnis des Bieters einschließlich dessen Leistungsfähigkeit,
- Zuverlässigkeit des Bieters,
- technische und wirtschaftliche Mittel des Bieters,
- Angebotspreis und die möglichen Folgekosten.

Durch den Zuschlag, der schriftlich zu erfolgen hat, kommt der Vertrag zwischen der Gemeinde und dem günstigsten Bieter zu Stande.

Nicht in jedem Fall ist es sinnvoll, eine öffentliche Ausschreibung durchzuführen, sodass demzufolge § 30 Abs. 1 KomHKV als weitere Möglichkeiten die beschränkte Ausschreibung und die freihändige Vergabe zulässt. Die Notwendigkeit ergibt sich aus der Natur des Geschäftes oder durch besondere Umstände, jeweils im Einzelfall. Bei einer beschränkten Ausschreibung fordert die Gemeinde spezielle Unternehmen schriftlich zur Angebotsabgabe auf. Bei der freihändigen Vergabe wird der Auftrag ohne vorherige Ausschreibung unmittelbar an ein Unternehmen vergeben. Wie bereits angedeutet, müssen für den Verzicht auf eine öffentliche Ausschreibung besondere Gründe vorliegen; die wichtigsten sind nachstehend im Überblick enthalten:

- wenn die Leistung nur von einem beschränkten Kreis von Unternehmen ordnungsgemäß erbracht werden kann, z. B. wegen besonderer technischer Einrichtungen oder fachkundiger Arbeitskräfte,
- wenn die öffentliche Ausschreibung einen Aufwand verursachen würde, der zum erreichbaren Vorteil oder im Hinblick auf den Wert der Leistung unvertretbar wäre,
- wenn eine öffentliche Ausschreibung kein annehmbares Ergebnis gebracht hat,
- wenn die öffentliche Ausschreibung aus anderen Gründen unzweckmäßig ist, z. B. wegen Geheimhaltung oder Dringlichkeit, auch aus konjunkturpolitischen Gründen (schnelle Vergabe).

Voraussetzungen für eine freihändige Vergabe können sein:

- wenn für die Leistung nur ein bestimmter Unternehmer in Frage kommt, z. B. der Inhaber eines patentierten Verfahrens,
- wenn die Leistung nach Art und Umfang nicht von vornherein eindeutig festgelegt werden kann (z. B. schwierige Ermittlung von Fehlerquellen bei Reparaturen),
- wenn eine kleinere Leistung sich von einer bereits vergebenen größeren Leistung nicht ohne Nachteile trennen lässt,
- wenn wegen besonderer Dringlichkeit der Leistung keine beschränkte Ausschreibung möglich ist,
- wenn bereits durchgeführte öffentliche oder beschränkte Ausschreibungen ohne Erfolg waren und eine erneute Ausschreibung kein annehmbares Ergebnis erwarten lässt,
- wenn eine beschränkte Ausschreibung einen Aufwand verursachen würde, der zum erreichbaren Vorteil oder im Hinblick auf den Wert der Leistung unvertretbar wäre.

§ 30 KomHKV regelt unterhalb der durch die Europäische Union festgelegten Schwellenwerte Vergaben, dabei sind jedoch VOL, VOB und VOF anzuwenden. Der Deutsche Verdingungsausschuss e. V. mit Sitz in Köln, an dem private und öffentliche Stellen beteiligt sind, hat umfangreiche Regelungen für das gesamte Verfahren entwickelt. Für die Bauleistungen besteht eine „Verdingungsordnung für Bauleistungen (VOB)“; für die sonstigen Leistungen wurde die „Verdingungsordnung für Leistungen (VOL)“ geschaffen. Zudem besteht die „Verdingungsordnung für freiberufliche Leistungen (VOF)“, die z. B. für Architektenleistungen anzuwenden ist.

Nach § 30 Abs. 2 KomHKV wird der Auftragswert bei einer Beschränkten Ausschreibung bei Bauleistungen auf 1.000.000 € (ohne MwSt.) und bei einer Freihändigen Vergabe auf 100.000 € (ohne MwSt.) festgesetzt. Der Auftragswert für eine freihändige Vergabe bei Verträgen über Lieferung und gewerblicher Leistung werden auch auf 100.000 € (ohne MwSt.) festgesetzt (§ 30 Abs. 3 KomHKV).

§ 30 Abs. 4 KomHKV legt fest, dass Aufträge nicht geteilt werden dürfen, um öffentliche bzw. beschränkte Ausschreibungen zu umgehen.

Auf Ortsebene haben die Gemeinden regelmäßig ergänzende Vorschriften zu VOL und VOB in Form von Vergabeordnungen erlassen. Darin sind u. a. die Entscheidungs- und Prüfungsbefugnisse sowie die konkreten Auslegungen (betragsbezogen) für die beschränkte Ausschreibung bzw. freihändige Vergabe enthalten. Dabei dürfen die Grenzen nach § 30 Abs. 2 und 3 KomHKV nicht überschritten werden.

Die Vergabeordnungen einschließlich der örtlichen Ergänzungen stellen Richtlinien für das Verhalten der Gemeinden bei Vertragsabschlüssen dar. Sie sind deshalb keine vertragsbegründende Willensentscheidung für Angebot und Annahme. Dies wird durch einen förmlichen Auftrag der Gemeinde erreicht (Auftragsschreiben), wobei die Gemeinden im Rahmen des Auftrages regelmäßig die Bestimmungen der VOB bzw. VOL zum Vertragsinhalt machen.

Eine weitergehende ausführliche Behandlung der Auftragsvergabe ist der Betriebswirtschaftslehre und dem Baurecht vorbehalten. Aus haushaltsrechtlicher Sicht reicht der vorstehende Überblick, der durch die nachfolgenden Übungen ergänzt wird.[5]

18.5.2 Übungen

Sachverhalt Nr. 8

Bei der Gemeinde G stehen folgende Beschaffungen bzw. Bauleistungen an:

a) Es sollen Spezialschreibstifte im Wert von insgesamt 40 € einmalig beschafft werden.
b) Lieferung einer Straßenkehrmaschine im Wert von rd. 100.000 €.
c) Auftrag an eine Baufirma, die gerade das Schulzentrum errichtet, eine bisher nicht ausgeschriebene Zwischenwand dort einzubauen (Auftragsvolumen 10.000 €).
d) Auf eine öffentliche Ausschreibung hat sich nur ein Bieter gemeldet.
e) Nach einem Unwetter ist das Rathausdach neu einzudecken.

Aufgabe:

Prüfen Sie, ob in den vorstehenden Fällen öffentlich bzw. beschränkt auszuschreiben oder eine freihändige Vergabe zulässig ist.

Lösung:

Zu a)

Es handelt sich um eine einmalige Beschaffung mit sehr geringem Auftragsvolumen. Bereits bei einer beschränkten Ausschreibung würden die dafür entstehenden Kosten

5 Vor einer Ausschreibung sind die aktuellen rechtlichen Bestimmungen und die Wertgrenzen für die jeweilige Vergabeform zu prüfen.

(Arbeit des Sachbearbeiters, Schreibarbeit, Material, Porto und Durchführung einer Submission) sicherlich weit höher als das Beschaffungsvolumen von 40 € sein. Aus Gründen der Sparsamkeit und Wirtschaftlichkeit (§ 63 Abs. 2 BbgKVerf) ist eine freihändige Vergabe deshalb angebracht.

Zu b)

Die Auftragssumme von 100.000 € ist als erheblich anzusehen, und mit der Beschaffung einer Straßenkehrmaschine wird eine spezielle Leistung verlangt, die nur von wenigen Firmen erbracht werden kann. Nach § 30 Abs. 3 sind eine freihändige Vergabe, eine beschränkte Ausschreibung oder eine Verhandlungsvergabe möglich, wenn der geschätzte Auftragswert 100.000 € (ohne Umsatzsteuer) nicht überschreitet.

Zu c)

Eine Baufirma errichtet zurzeit ein Schulzentrum, was sicherlich ein Kostenvolumen von mehreren Mio. Euro bedeutet. Diese Investition wurde natürlich öffentlich ausgeschrieben, sodass das bauausführende Unternehmen das wirtschaftlichste Angebot vorweisen konnte. Insofern bestehen auch keine Bedenken, den zusätzlichen Einbau einer Zwischenwand freihändig an dieses Unternehmen zu vergeben, zumal es doch zum Gesamtauftrag in einem untergeordneten Verhältnis steht. Dazu kommt die Überlegung, dass es wahrscheinlich technisch gar nicht möglich ist, eine andere Firma mitten in den Bauarbeiten die Zwischenwand einziehen zu lassen, weil dies in einem Arbeitsgang in Zusammenhang mit den übrigen Rohbauarbeiten abzuwickeln ist. Aus alledem ergibt sich die Zulässigkeit einer freihändigen Vergabe an die bauausführende Firma.

Zu d)

Wenn sich bei einer öffentlichen Ausschreibung nur ein Bieter meldet, ist es wenig sinnvoll, die öffentliche Ausschreibung zu wiederholen. Es ist anzunehmen, dass derselbe Kreis von Unternehmen wiederum die Anzeige zur Kenntnis nimmt und die Angebotssituation sich nicht ändert. Es bietet sich deshalb vielmehr eine beschränkte Ausschreibung an, in der bestimmte Unternehmen zum Angebot aufgefordert werden. In der Regel werden die angeschriebenen Unternehmen ein Angebot abgeben, denn bei Nichtabgabe laufen sie in Gefahr, bei zukünftigen beschränkten Ausschreibungen nicht mehr zur Angebotsabgabe aufgefordert zu werden.

Zu e)

Zur Erfüllung der öffentlichen Aufgaben ist ein betriebsbereites Verwaltungsgebäude unbedingt notwendig. Wenn nun das Rathausdach neu einzudecken ist, sind die Unwetterschäden erheblich, sodass sich durch Umwelteinflüsse negative Auswirkungen auf die Diensträume ergeben. Dieses könnte zur Nichtbenutzung der Räumlichkeiten führen. Eine umgehende Dachreparatur ist somit angebracht. Öffentliche und beschränkte Ausschreibungen erfordern einen mehrwöchigen Arbeitsaufwand. Wegen der besonderen Dringlichkeit kann deshalb unabhängig vom Auftragsvolumen eine freihändige Vergabe erfolgen.

18.6 Bewegliche Haushaltsführung

18.6.1 Einführung

Bei der Ausführung des Haushaltsplans kommt es in der Praxis immer wieder vor, dass einzelne Planansätze vorzeitig erschöpft bzw. für bestimmte Positionen keine Ermächtigungen im Haushaltsplan enthalten sind. Dies lässt sich weder bei den Aufwendungsermächtigungen im Ergebnishaushalt noch bei den Auszahlungsermächtigungen im Finanzhaushalt vermeiden. Aufwendungs- bzw. Auszahlungserhöhungen sowie unvorhergesehene Finanzvorfälle treten selbst bei einer äußerst gewissenhaften Planung aufgrund der doch recht langen Planungsvorlaufzeit und einer zwölfmonatigen Bindungsperiode – bei zweijähriger Haushaltsplanung sogar mit einer vierundzwanzigmonatigen Bindung – regelmäßig auf. Insofern werden haushaltsrechtliche Regelungen benötigt, um diesen Erfordernissen Rechnung zu tragen und Abweichungen vom gemäß § 66 Abs. 3 Satz 2 BbgKVerf verbindlichen Haushaltsplan zuzulassen. Solche Regelungen und die sich daraus ergebenden haushaltswirtschaftlichen Möglichkeiten werden unter dem Schlagwort **„bewegliche Haushaltsführung“** zusammengefasst. Zugelassen sind dabei folgende Verfahren:

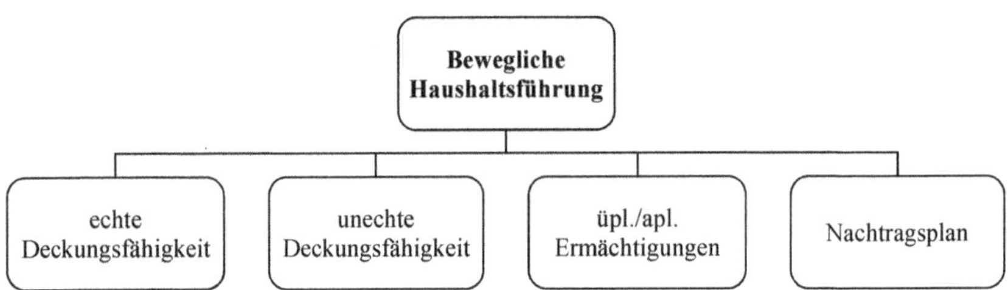

Die ersten beiden Möglichkeiten sind bereits bei den Haushaltsgrundsätzen besprochen, weil sie aufgrund von im Haushaltplan enthaltenen Bewirtschaftungsvermerke sowie gesetzlichen Vorschriften angewendet werden können. Insofern wird hierzu grundlegend auf Kap. 13.3.1 und 13.3.2 verwiesen. Der Nachtragsplan bietet die Möglichkeit, alle ursprünglichen Plandaten fortzuschreiben, und dient somit auch der Beweglichkeit, auch wenn er nur in einem sehr umfangreichen Verfahren nach § 68 Abs. 1 BbgKVerf i. V. m. § 67 BbgKVerf zu realisieren ist. Einzelheiten dazu sind in Kap. 20 enthalten. Insofern beschäftigen sich die aktuellen Kapitel primär mit den über- und außerplanmäßigen Ermächtigungen, wobei jedoch auch das Zusammenwirken der einzelnen Verfahren zu besprechen sein wird.

18.6.2 Begriff der über- und außerplanmäßigen Aufwendungen und Auszahlungen

Rechtsgrundlage für die Bereitstellung von Mehraufwendungen und Mehrauszahlungen ist § 70 BbgKVerf, wobei dieser die Begriffe „über-“ und „außerplanmäßig“ einführt. Da diese Begrifflichkeiten unterschiedliche Rechtsfolgen auslösen können,[6] bedarf es an dieser Stelle einer entsprechenden Definition.

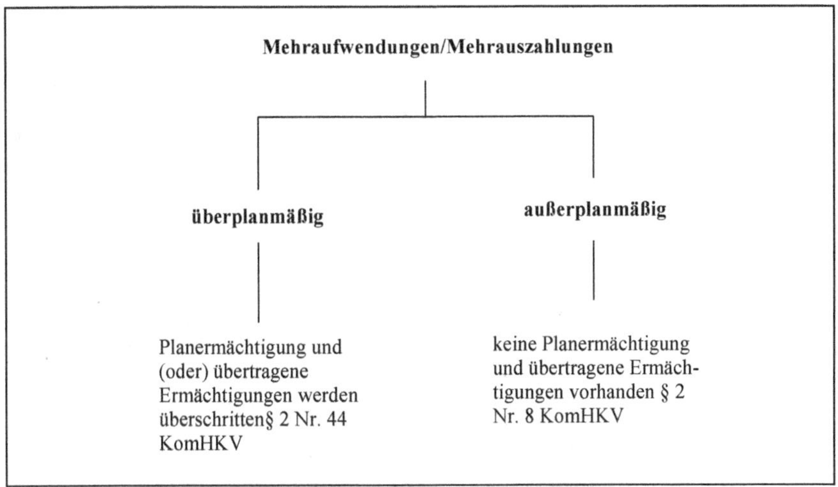

Sowohl der Begriff „überplanmäßig“ als auch der Begriff „außerplanmäßig“ hat „Plan“, also den Haushaltsplan, als Wortbestandteil. Beide Begriffe drücken damit gewisse Abweichungen von den Ansätzen des Haushaltsplans (Planermächtigungen) aus. Überplanmäßige Aufwendungen sind demnach Aufwendungen, die den Aufwendungsansatz im Haushaltsplan überschreiten. Dies bezieht sich somit auf die Teilergebnispläne, in denen die Aufwendungsermächtigungen enthalten sind. Entscheidet sich eine Gemeinde für die Mindestgliederung nach Produktbereichen, steht eine über- bzw. außerplanmäßige Aufwendung immer im Bezug zu den dort ausgewiesenen Aufwendungspositionen. Dies wird anhand des nachstehenden Beispiels deutlich:[7]

6 Siehe z. B. § 70 Abs. 2 BbgKVerf, der nur für überplanmäßige Auszahlungen, nicht aber für außerplanmäßige Auszahlungen gilt.

7 Der Teilergebnisplan ist nur auszugsweise dargestellt.

Teilergebnisplan Produktbereich 21–24 Schulträgeraufgaben	Ansatz 2024	Planung 2025	Planung 2026	Planung 2027
Personalaufwendungen	1.000.000	1.020.000	1.030.000	1.050.000
Versorgungsaufwendungen	200.000	200.000	200.000	200.000
Aufwendungen für Sach- und Dienstleistungen	2.000.000	2.000.000	2.000.000	2.000.000
Bilanzielle Abschreibungen	100.000	100.000	110.000	110.000
Summe der ordentlichen Aufwendungen	**3.300.000**	**3.320.000**	**3.340.000**	**3.360.000**
Außerordentlicher Ertrag	50.000	0	50.000	0
Außerordentliche Aufwendungen	0	0	0	0
Außerordentliches Ergebnis	**50.000**	**0**	**50.000**	**0**

Werden z. B. innerhalb der Position „Aufwendungen für Sach- und Dienstleistungen“ 50.000 € nicht eingeplante Aufwendungen für den Verbrauch von Energie benötigt und gleichzeitig im Schulbereich entsprechende Mittel bei den Aufwendungen für die Gebäudeunterhaltung eingespart, entstehen noch keine überplanmäßigen Aufwendungen, weil die Position „Aufwendungsermächtigung für Sach- und Dienstleistungen“ nicht überschritten wird. Insofern haben evtl. unterhalb der Haushaltsplanung festgelegte Höchstgrenzen bei einzelnen Aufwendungsarten keine Außenwirkung, sondern stellen nur einen internen Bewirtschaftungsplan dar. Erst wenn den 50.000 € zusätzlichen Aufwendungen keine Einsparungen bei den anderen Aufwendungen für Sach- und Dienstleistungen im Produktbereich „Schulträgeraufgaben“ gegenüberstehen, liegt eine überplanmäßige Aufwendung vor.

Dies gilt auch, wenn die genannten Geschäftsvorfälle verschiedenen Schultypen zuzuordnen sind (z. B. Energieverbrauch Realschulen und Einsparung bei Gebäudeunterhaltung Grundschulen). Beides wird vom selben Planansatz des Produktbereiches 21–24 „Schulträgeraufgaben“ erfasst. Dies ändert sich erst dann, wenn die Gemeinde sich entschließt, Teilergebnispläne für Produktgruppen (z. B. Produktgruppe „Grundschule“ oder Produktgruppe „Realschule“) oder gar für einzelne Produkte aufzustellen. Die Begrifflichkeiten der Mehraufwendungen beziehen sich dann jeweils auf die einzelnen Aufwendungspositionen der Produktgruppen bzw. der Produkte.

Sind bei den Aufwendungen für Sach- und Dienstleistungen keine konkreten Mittel für Gebäudeunterhaltung in 2024 eingeplant und muss nun die Heizung mit Aufwendungen von 50.000 € repariert werden, entstehen keine außerplanmäßigen Aufwendungen, weil im Teilergebnisplan ja die Position „Aufwendungen für Sach- und Dienstleistungen“ mit einem Planansatz von 2.000.000 € enthalten ist. Bei den 50.000 € handelt es sich sogar um planmäßige Aufwendungen, wenn dieser nicht eingeplanten Reparatur entsprechende Einsparungen (z. B. bei den Energieaufwendungen) gegenüberstehen, weil diese ebenfalls zur Position „Aufwendungen für Sach- und Dienstleistungen“ gehören. Erst wenn die Reparaturaufwendungen den für die Aufwendungen für Sach- und Dienstleistungen veranschlagten Gesamtbetrag von 2.000.000 € übersteigen, entsteht eine überplanmäßige Aufwendung.

Ist dagegen eine Gebäudereparatur mit Aufwendungsvolumen von 1.000.000 € aufgrund eines Orkanschadens erforderlich, handelt es sich um außerplanmäßige Aufwendungen. Dies ist darin begründet, dass es sich um außerordentliche Aufwendungen (die Voraussetzungen des § 4 Absatz 2 KomHKV liegen vor) handelt, für die im Teilergebnisplan 2024 kein Planansatz vorhanden ist. Dabei wird unterstellt, dass auch aus dem Vorjahr keine außerordentlichen Aufwendungsermächtigungen übertragen wurden.

Für den Teilfinanzplan gelten die Ausführungen entsprechend, wobei dann lediglich auf Auszahlungspositionen abzustellen ist. Dies kann am nachstehenden Beispiel[8] erläutert werden:

Teilfinanzplan 21–24 Schulträgeraufgaben Investitionstätigkeit	**Ansatz 2024**	**VE 2024**	**Planung 2025**	**Planung 2026**	**Planung 2027**
Einzahlungen					
aus Zuwendungen für Investitionsmaßnahmen	200.000		300.000	0	0
aus der Veräußerung von Sachanlagen	10.000		40.000	0	0
aus Investitionsförderungsmaßnahmen	0		0	100.000	0
Summe der investiven Einzahlungen	**210.000**		**340.000**	**100.000**	**0**
Auszahlungen					
für Erwerb von Grundstücken u. Gebäuden	200.000	100.000	100.000	0	0
für Baumaßnahmen	780.000	800.000	600.000	300.000	0
für Erwerb von beweglichem Anlagevermögen	0	50.000	200.000	80.000	10.000
sonstige Investitionsauszahlungen	0		0	0	0
Summe der investiven Auszahlungen	**980.000**	**950.000**	**900.000**	**380.000**	**10.000**
Saldo Investitionstätigkeit PB Schulträgeraufgaben	**–870.000**		**–560.000**	**–280.000**	**–10.000**

Übersicht Investitionsmaßnahmen	**Ansatz 2024**	**VE 2024**	**Planung 2025**	**Planung 2026**	**Planung 2027**
Maßnahmen oberhalb der Wertgrenze					
Einzahlung: Landeszuweisung Schule Nord	50.000	0	50.000	0	0
Auszahlung: für Grunderwerb Schule Nord	100.000	300.000	0	0	0
Auszahlung: Baumaßnahme Schule Nord	400.000		300.000	0	0
Saldo Investitionsmaßnahme Schule Nord	–450.000	100.000	–250.000	0	0
Einzahlung: Landeszuweisung Schule Süd	150.000	500.000	250.000	0	0
Auszahlung: für Grunderwerb Schule Süd	100.000	50.000	100.000	0	0
Auszahlung: Baumaßnahme Schule Süd	380.000		300.000	300.000	0
Auszahlung: bewegl. Vermögen Schule Süd	0		190.000	70.000	0
Saldo Investitionsmaßnahme Schule Süd	–330.000		–340.000	–370.000	0
Saldo	**–780.000**		**–590.000**	**–370.000**	**0**
Maßnahmen unterhalb der Wertgrenzen					
Summe der investiven Einzahlungen	**0**	**0**	**0**	**100.000**	**0**
Summe der investiven Auszahlungen	**0**	**10.000**	**10.000**	**10.000**	**10.000**
Saldo	**0**	**–10.000**	**–10.000**	**90.000**	**–10.000**

8 Aus Vereinfachungsgründen wird die Darstellung gewählt.

Dabei ist festzustellen, dass die Übersicht der (Einzel-)Investitionsmaßnahmen Teil des Haushaltsplans ist und demnach verbindliche Planansätze enthält. Steigen z. B. die Auszahlungen für die Baumaßnahme Schule Nord in 2024 von 400.000 € auf 420.000 €, entsteht bereits eine überplanmäßige Auszahlung in Höhe von 20.000 €. Falls die Gemeinde eine flexible Haushaltsführung mit Vermeidung von überplanmäßigen Auszahlungen bei den einzelnen Investitionsmaßnahmen erreichen will, sollte sie die Planansätze der Einzelmaßnahmen in ein gemeinsames Budget nach § 6 Abs. 3 KomHKV einstellen, sodass dann die gegenseitige Deckungsfähigkeit nach § 23 Abs. 1 KomHKV herbeigeführt wird.[9]

18.6.3 Verhältnis zur Nachtragssatzung und zu anderen Bereitstellungsmöglichkeiten für Mehraufwendungen und Mehrauszahlungen

Über- und außerplanmäßige Mehraufwendungen und Mehrauszahlungen stellen Abweichungen von der betraglichen Bindung des Haushaltsplans dar. Diese zusätzlichen Mittelbedarfe kommen in der Praxis immer wieder vor, weil bei Aufstellung des Haushaltsplans eine Reihe von Ansätzen nur geschätzt werden kann. Auch bei weitgehend vorausberechenbaren Ansätzen entstehen Mehraufwendungen und Mehrauszahlungen, weil immerhin der Haushaltsplan bereits etwa Mitte des Vorjahres aufgestellt wird und bei einem Zeitraum von 18 Monaten auch bei diesen Ansätzen unvorhergesehene Veränderungen eintreten können. Diesen Tatsachen hat auch die Kommunalverfassung Rechnung getragen, indem sie ein formelles Verfahren zur Bereitstellung von über- und außerplanmäßigen Aufwendungen bzw. Auszahlungen vorsieht, welches weiter unten noch ausführlich darzustellen ist.

In Kap. 20 wird dargestellt, dass bestimmte Mehraufwendungen bzw. Mehrauszahlungen nicht nach dem oben angedeuteten Verfahren, sondern nur durch Nachtragssatzung bereitgestellt werden können. In Kap. 13.3.1 und 13.3.2 wurden als unechte und echte Deckungsfähigkeiten zwei einfache Bereitstellungsverfahren aufgrund von Haushaltsvermerken bzw. als Auswirkung der Budgetierung vorgestellt. Aus dieser Vielzahl von Deckungsmöglichkeiten für Mehraufwendungen und Mehrauszahlungen ergibt sich die Notwendigkeit, eine gewisse Reihenfolge zu schaffen, um die Prüfung zur Bereitstellung der zusätzlichen Bereitstellung der Ermächtigungen durchführen zu können.

Die Frage nach der Reihenfolge des Einsatzes der Bereitstellungsverfahren wird nach dem Verwaltungsaufwand und dem Sinn der Vorschriften entschieden. Es ist natürlich wirtschaftlich sinnvoller, ein Verfahren ohne großen Verwaltungsaufwand zu wählen, als evtl. sogar die Gemeindevertretung der Gemeinde einzuschalten, damit diese die Mittel bewilligt. Für die Prüfung der Frage „Wie können die Mehraufwendungen bzw. Mehrauszahlungen bei der Planposition bereitgestellt werden?" bietet

9 Auf die eventuelle Notwendigkeit eines vorrangigen Pflichtnachtrages gemäß § 68 Abs. 2 BbgKVerf wird bei allen Beispielen nicht eingegangen.

sich deshalb die nachstehend aufgeführte und begründete Reihenfolge der Bereitstellungsarten an. Dabei ist die Reihenfolge der Arbeitsphasen a) und b) nicht zwingend. Beide Verfahren können gleichermaßen vom Budget- oder Haushaltsverantwortlichen ohne Einschaltung der Kämmerei angewendet werden, sodass je nach den Deckungsmöglichkeiten der Verfahrenseinsatz gewählt wird. Insofern kann die echte Deckungsfähigkeit (b) auch vor der unechten Deckungsfähigkeit (a) in Anspruch genommen werden.

a) **Mittelbereitstellung auf Grund eines Verstärkungsvermerks gemäß § 23 Abs. 4 KomHKV (unechte Deckungsfähigkeit)**
Durch Haushaltsvermerk kann bestimmt werden, dass Mehrerträge Aufwendungsermächtigungen bzw. Mehreinzahlungen Auszahlungsermächtigungen erhöhen. Ein formelles Bereitstellungsverfahren und damit ein besonderer Verwaltungsaufwand ist in diesen Fällen nicht erforderlich, sodass diese Art der Bereitstellung von zusätzlichen Ermächtigungen gleichrangig mit der echten Deckungsfähigkeit zu prüfen ist. Voraussetzungen für die Anwendung sind der bereits genannte Vermerk im Haushaltsplan und den Planansatz übersteigende Erträge bzw. Einzahlungen.

b) **Echte Deckungsfähigkeit aufgrund von § 23 Abs. 1 bis Abs. 3 KomHKV**
Einsparungen bei deckungspflichtigen Aufwendungspositionen können für Mehraufwendungen bei deckungsberechtigten Aufwendungspositionen verwendet werden. Voraussetzung dazu ist, dass die in Frage kommenden Planposition sich in einem gemeinsamen Budget befinden und kein die Deckungsfähigkeit ausschließender Vermerk vorhanden ist. Dieses Verfahren ist gleichrangig mit der unechten Deckungsfähigkeit anwendbar. Die Bearbeitung bleibt aber immer bis zur Entscheidungsfindung beim Fachamt/Fachbereich, sodass die echte Deckungsfähigkeit – wie gleich näher zu begründen ist – weniger aufwendig als die nachstehenden Verfahren ist. Das gleiche Verfahren ist bei der Deckungsfähigkeit von Auszahlungen anzuwenden.

c) **Bewilligung einer überplanmäßigen Aufwendung bzw. Auszahlung (§ 70 BbgKVerf) bzw. Pflichtnachtragssatzung (§ 68 Abs. 2 BbgKVerf)**
An der Überschrift wird bereits deutlich, dass außerplanmäßige Aufwendungen bzw. Auszahlungen nicht in diesem Schema abgehandelt werden können. Solche zusätzlichen Ermächtigungen können nämlich nicht in den Verfahren zu a) und b) bereitgestellt werden. Sie erfordern eine ausschließliche Bearbeitung nach § 70 oder § 68 Abs. 2 BbgKVerf, weil die vorgenannten Verfahren immer eine Haushaltsposition mit entsprechenden Haushaltsvermerken bzw. eine Budgetierung ohne einschränkenden Haushaltsvermerk voraussetzen.
Bestehen keine unechten oder echten Deckungsfähigkeiten, verbleibt nur die Bereitstellung als überplanmäßige Aufwendung bzw. Auszahlung. Dazu – und das wird noch ausführlich zu erläutern sein – hat das mittelbewirtschaftende Fachamt (der Fachbereich) in der Regel einen Bewilligungsantrag an die Kämmerei zu richten. Die Entscheidung über die Bewilligung trifft entweder der Kämmerer oder die Gemeindevertretung bzw. der Hautausschuss der Gemeinde. Nach § 68 Abs. 2 BbgKVerf kann bei bestimmten Aufwendungen bzw. Auszahlungen sogar vorrangig die Pflicht zur Nachtragssatzung bestehen. Gegenüber der echten und un-

echten Deckungsfähigkeit tritt somit der Bearbeitungsvorgang erstmals aus dem Bereich des Fachamtes (Fachbereich) heraus und verkompliziert sich, sodass dieses Verfahren nachrangig zu prüfen ist.
Zudem ist die Gemeindevertretung über die Bereitstellung gemäß § 70 Abs. 1 Satz 3 letzter Halbsatz BbgKVerf zu informieren.

d) **Freiwillige Nachtragssatzung (§ 68 Abs. 1 BbgKVerf)**
Die aufwendigste Bereitstellungsmöglichkeit für Mehraufwendungen bzw. Mehrauszahlungen ist der freiwillige Nachtragshaushaltsplan, weil hierfür gemäß § 68 Abs. 1 Satz 2 BbgKVerf das gesamte formelle Verfahren des § 67 BbgKVerf durchzuführen ist. Deshalb wird in der Praxis zur Bereitstellung einer einzelnen Mehraufwendung bzw. Mehrauszahlung wohl kaum eine solche Nachtragssatzung mit Nachtragsplan erlassen werden. Wenn die Gemeinde jedoch aus anderen Gründen zeitgleich einen Nachtragsplan vorbereitet, kann eine einzelne Mehraufwendung bzw. Mehrauszahlung natürlich eingebaut werden, was dann wiederum effizienter als das Verfahren zu c) wäre.

18.6.4 Bewilligung von über- und außerplanmäßigen Aufwendungen und Auszahlungen

18.6.4.1 Ermittlung der Höhe der benötigten zusätzlichen Ermächtigung

Der Ausgangspunkt für das Bewilligungsverfahren einer Mehraufwendung bzw. Mehrauszahlung nach § 70 BbgKVerf ist die Feststellung der Höhe des über- bzw. außerplanmäßigen Bedarfs. Grundlage ist zunächst der Aufwendungs- bzw. Auszahlungsbedarf bis zum Ende des Haushaltsjahres. Weiß die Verwaltung z. B. im August des Haushaltsjahres bereits, dass die Haushaltsmittel erschöpft sind und noch eine Handwerkerrechnung über 20.000 € vorliegt sowie eine weitere Rechnung über 10.000 € im Dezember zu begleichen sein wird, so ist der zusätzliche Aufwendungsbedarf auf 30.000 € festzusetzen. Der augenblickliche Bedarf ist nicht maßgebend. Dies ergibt sich allein schon aus dem Prinzip der Jährlichkeit (Haushaltswirtschaft für ein Jahr), welches dem gesamten Haushaltsrecht zugrunde liegt.

§ 70 Abs. 3 BbgKVerf bestätigt für die über- und außerplanmäßigen Aufwendungen und Auszahlungen diesen Grundsatz aus spezieller Sicht, weil danach sogar Maßnahmen, die später über- oder außerplanmäßige Aufwendungen bzw. Auszahlungen verursachen könnten, einer Bewilligung nach § 70 BbgKVerf bedürfen. Das zuweilen in der Praxis geübte Verfahren, in Teilbeträgen Mehraufwendungen bzw. Mehrauszahlungen bereitzustellen, obwohl zumindest in etwa der Gesamtbedarf feststeht, ist somit unzulässig.

Bei außerplanmäßigen Finanzvorfällen entspricht der Bereitstellungsbedarf zwangsläufig dem Volumen des Finanzvorfalls. Bei einer überplanmäßigen Aufwendung oder Auszahlung berechnet sich der Bereitstellungsbedarf aufgrund des nachstehenden Berechnungsschemas für Aufwendungen, wobei natürlich auf die einzelne Haushaltsposition abzustellen ist. Die konkreten Werte sind anhand der Haushaltsüberwachung zu ermitteln (siehe dazu Kap. 18.2.3).

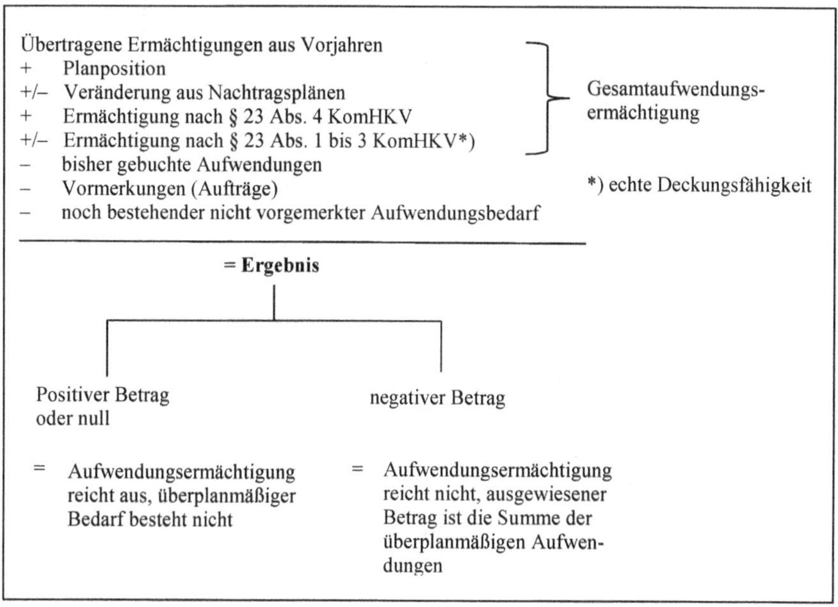

Das vorstehende Berechnungsschema kann im gleichen Maße für den Auszahlungsbereich eingesetzt werden.

18.6.4.2 Voraussetzungen für die Bewilligung

Die Bewilligung von über- und außerplanmäßigen Aufwendungen oder Auszahlungen ist gemäß § 70 Abs. 1 Satz 1 BbgKVerf nur zulässig, wenn die Aufwendungen oder Auszahlungen unabweisbar sind und die Deckung gewährleistet ist. Diese unmittelbaren Voraussetzungen sind aber nur dann zu prüfen, wenn nicht eine vorrangige Pflicht zur Nachtragssatzung gemäß § 68 Abs. 2 BbgKVerf besteht oder eine überplanmäßige Bewilligung wegen der Art der Haushaltsposition (siehe § 17 Abs. 1 KomHKV) ausscheidet. Aus diesem Grunde erfolgt eine Bewilligungsprüfung jeweils im Ablauf der nachstehend noch einmal aufgezeigten Stufen, die in der Reihenfolge „von links nach rechts" zu behandeln sind.

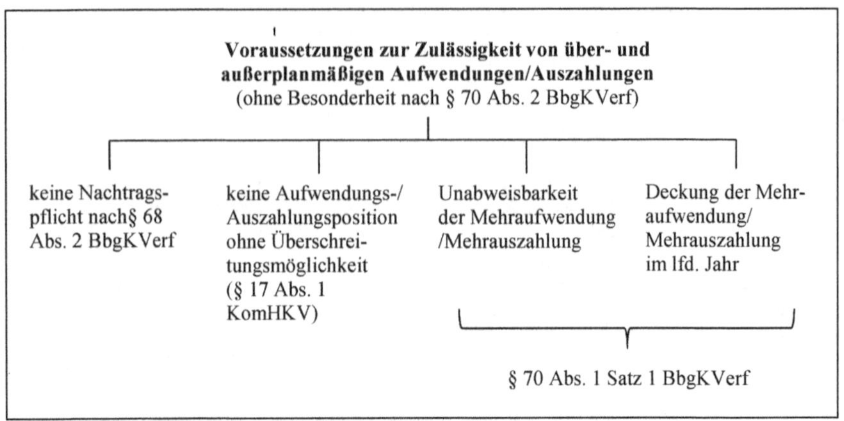

Zu beachten ist, dass sämtliche Voraussetzungen vorliegen müssen. Die einzelnen Stufen bedürfen einer eingehenden Erläuterung.

a) Pflichtnachtragssatzung

Eine Pflichtnachtragssatzung ist bei bisher nicht veranschlagten oder zusätzlichen Aufwendungen oder Auszahlungen in den Fällen des § 68 Abs. 2 Nr. 2 BbgKVerf erforderlich. Liegen die Tatbestandsmerkmale dieser Bestimmung vor, kann das Verfahren nach § 70 BbgKVerf nicht angewandt werden. Insofern ist § 68 Abs. 2 BbgKVerf gegenüber § 70 BbgKVerf vorrangig anzuwenden. Zur Erläuterung der Pflichtnachtragssatzung siehe Kap. 20.

b) Nicht überschreitbare Haushaltspositionen

Bei Verfügungsmitteln sind überplanmäßige Aufwendungen bzw. Auszahlungen gemäß § 17 Abs. 1 KomHKV unzulässig. Der Gesetzgeber will die zweckfreien Verfügungsmittel in ihrer Höhe möglichst geringhalten, um die Einzelveranschlagung zu betonen. Deshalb darf die einmal geschaffene Haushaltsermächtigung (Planposition) nicht überschritten werden. Außerdem sind die „persönlichen Mittel" des Hauptverwaltungsbeamten und des Ortbürgermeisters besonders zu überwachen und können deshalb nicht im einfachen Verfahren nach § 70 BbgKVerf bereitgestellt werden, wo in Einzelfällen – siehe weiter unten – nicht einmal die Gemeindevertretung einzuschalten ist, sondern die Verwaltung durch den Kämmerer entscheiden kann.

c) Unabweisbarkeit der Mehraufwendung oder Mehrauszahlung

Erst wenn die bei a) und b) zu prüfenden Tatbestände nicht vorliegen, wird der Weg zum eigentlichen Bewilligungsverfahren der über- und außerplanmäßigen Bereitstellung frei. Dabei ist zunächst die Unabweisbarkeit zu prüfen.

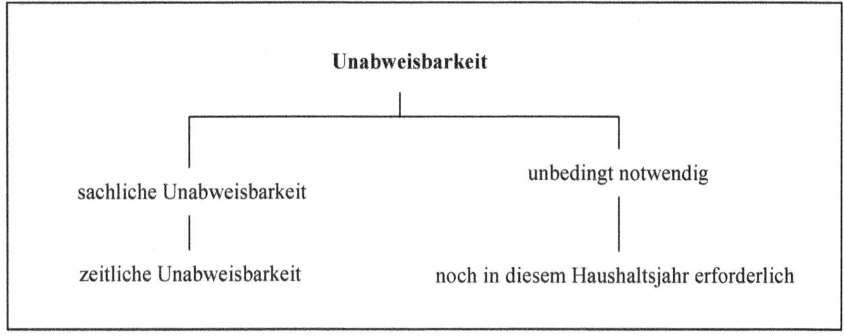

Eine Aufwendung oder Auszahlung ist unabweisbar, wenn sie sich aus der Aufgabenerfüllung der Gemeinde zwingend ergibt, ein dringendes sachliches Bedürfnis zur Erfüllung der Aufgabe besteht und eine Verschiebung der Aufwendungen bzw. Auszahlungen auf einen Zeitpunkt, zu dem Haushaltsmittel hierfür zur Verfügung stehen, nicht möglich ist oder wirtschaftlich unzweckmäßig wäre. Diese Definition ist im Wortlaut so eindeutig, dass sie ohne größeren Kommentar verwendet werden kann. Sie wird außerdem in der praktischen Anwendung bei den Übungen zu diesem Kapitel im Einzelnen umgesetzt.

Lediglich der Begriff „wirtschaftlich" ist näher zu betrachten, weil er auch gesamtwirtschaftliche Aspekte beinhalten kann, denn die Gemeinde hat gemäß § 63 Abs. 1 Satz 2 BbgKVerf auf das gesamtwirtschaftliche Gleichgewicht Rücksicht zu nehmen. So wäre z. B. eine Mehraufwendung oder Mehrauszahlung auch dann unabweisbar, wenn eine Kanalbaumaßnahme aus konjunkturellen Gründen zeitlich vorgezogen würde, obwohl nach dem Zustand des Kanalnetzes diese Investition erst im kommenden Jahr erforderlich wäre. Bei der angespannten Finanzlage der Gemeinden und der Vorrangigkeit der zeitlich anstehenden Maßnahmen wird ein solches Verhalten sicherlich die Ausnahme sein, es sei denn, dass der Staat sich an den Aufwendungen bzw. Auszahlungen durch Zuwendungen beteiligt.

Zur weiteren praktischen Auslegung des Begriffs „Unabweisbarkeit" sei es erlaubt zu bemerken, dass in der Praxis diese Bewilligungsvoraussetzung zum Teil sehr weit ausgelegt wird. Dies gilt vor allem im Bereich der freiwilligen Aufgaben, wo die Unabweisbarkeit als Folge der politischen Vorgaben (Beschlüsse der Gemeindevertretung u. ä.) entsteht. Entscheidungen ohne Alternativen gibt es dagegen vor allem bei gesetzlichen oder vertraglichen Bindungen (z. B. Personalaufwendungen, Leistung der Sozialhilfe/Grundsicherung, Begleichung von Energiekosten).

d) **Deckung der Mehraufwendungen bzw. Mehrauszahlungen im laufenden Jahr**
Die über- bzw. außerplanmäßige Mehraufwendung oder Mehrauszahlung darf nur geleistet werden, wenn der Haushalt diese zusätzlichen Aufwendungen bzw. Auszahlungen tragen kann. An einer anderen Stelle im Haushalt müssen somit Deckungsmittel vorhanden sein, die für den über- und außerplanmäßigen Bedarf einsetzbar sind. Dies kann sich wegen des Grundsatzes der Jährlichkeit nur auf das laufende Haushaltsjahr beziehen und nicht darüber hinausgehen. Da die Deckung

im selben Haushaltsjahr gewährleistet sein muss, kann auf der anderen Seite z. B. eine Mehraufwendung oder Mehrauszahlung im März des Jahres durch eine zu erwartende Deckung gegen Ende des Haushaltsjahres finanziert werden. Die Bereitstellung entsprechender Deckungsmittel muss unabhängig von der Höhe der Mehraufwendungen oder Mehrauszahlung erfolgen.

Es bestehen unterschiedliche Rechtsauffassungen, ob Mehraufwendungen oder Mehrauszahlungen bei einem insgesamt unausgeglichenen Haushalt zulässig sind. Soweit dies verneint wird, stellt man auf die nicht bestehende Möglichkeit ab, eine Deckung aus dem Haushalt wegen der Unterdeckung insgesamt zu erzielen. Nach Auffassung der Verfasserin besteht die Möglichkeit der Deckung doch sehr wohl auch bei unausgeglichenen Haushaltsplänen, sofern eine konkrete Einsparung oder ein Mehrertrag bzw. eine Mehreinzahlung bei anderen Planpositionen gegeben ist. Die Gemeinde muss sich ja innerhalb ihres – wenn auch unausgeglichenen – Haushaltsplans bewegen können. Dies gilt selbst bei Gemeinden mit Haushaltssicherungskonzepten. Schließlich ist das gemäß § 63 Abs. 5 Satz 4 BbgKVerf bei einem unausgeglichenen Haushalt zu erstellende Haushaltssicherungskonzept von der Aufsichtsbehörde zu genehmigen, sodass damit praktisch der unausgeglichene Haushalt als Finanzrahmen zu bewerten ist.

Die Deckungsmöglichkeiten stellen sich im Überblick wie folgt dar:

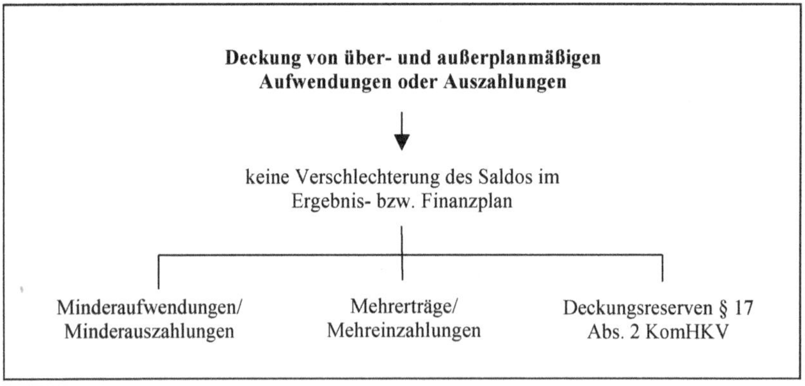

Die Regelung stellt auf den Grundsatz des Haushaltsausgleichs ab (§ 63 Abs. 4 BbgKVerf). Zusätzliche Ermächtigungen dürfen somit nicht die Salden der Ergebnis- oder Finanzrechnung ändern. Dies kann durch die nachstehend erläuterten Maßnahmen erreicht werden, wobei immer zu beachten ist, dass in der Regel eine zusätzliche Ermächtigung von Aufwendungen zusätzliche Auszahlungsermächtigungen bedingen, weil diese in den meisten Fällen eine nachgehende Zahlung zur Folge haben.[10]

10 Dieses ist allerdings bei einzelnen Aufwendungen wie z. B. Abschreibungen, Aufwendungen mit Gegenbuchung zu Rückstellungen oder Aufwendungen mit Zahlung in späteren Jahren nicht der Fall.

Die erste Deckungsmöglichkeit stellen die **Minderaufwendungen** im Ergebnishaushalt bzw. **Minderauszahlungen** im Finanzhaushalt bei anderen Planpositionen dar. Diese Einsparungen können für Mehraufwendungen bzw. Mehrauszahlungen an anderer Stelle verwendet werden. Dies gilt unabhängig von der Zuordnung zu den Teilergebnisplänen gemäß § 22 KomHKV (Grundsatz der Gesamtdeckung). Auch wenn die Gemeinde Budgets gebildet hat, können Einsparungen aus anderen Budgets aus haushaltsrechtlicher Sicht herangezogen werden. Allerdings ist dies in der Praxis nicht budgetkonform. Aus Gründen der Budgetierungsakzeptanz sollte zunächst einmal die Deckung im eigenen Budget gesucht werden; nur im Ausnahmefall ist budgetübergreifend zu finanzieren, wenn ein gesamtgemeindliches Interesse übergewichtig ist.
Einsparungen bei Aufwendungen oder Auszahlungen, denen zweckgebundene Erträge oder Einzahlungen gegenüberstehen, können dagegen nur dann in Anspruch genommen werden, wenn die zweckgebundenen Erträge oder Einzahlungen auch sachgerecht abgewickelt werden können und nicht im Verfahren nach § 24 Abs. 3 KomHKV über die Aufwand- oder Auszahlungsseite ins nächste Jahr zu übertragen sind.
Werden aus dem Vorjahr übertragene Ermächtigungen ganz oder teilweise für ihren eigentlichen Zweck nicht mehr benötigt, können diese als Aufwand- oder Auszahlungseinsparungen eingesetzt werden. Auch diese stehen in der Gesamtdeckung nach § 22 KomHKV. Dies ist auch darin begründet, dass aufgrund der im Vorjahr nicht ausgeschöpften Aufwendungs- oder Auszahlungsermächtigungen eine Verbesserung der Salden im Vorjahr herbeigeführt wurde (Verbesserung des Haushaltsausgleichs), die zwar jetzt zu einer Verschlechterung der Salden im neuen Jahr führt. Bezieht man beide Jahre ein, erfolgt jedoch ein entsprechender Saldenausgleich.
Die Einsparungen müssen auf das Jahresende ausgerichtet sein. Das bedeutet, dass die Beträge nicht nur zur Zeit des über- bzw. außerplanmäßigen Bedarfs „frei“ sind, sondern auch bis zum Jahresende nicht benötigt werden. Dazu zählt auch, dass sie nicht als im kommenden Haushaltsjahr benötigt werden und somit keine Ermächtigungsübertragung erfolgen soll.
Die Inanspruchnahmen sind von der Finanzbuchhaltung nachzuhalten und entsprechend im Rahmen der Haushaltsüberwachung zu berücksichtigen, damit eine weitere Verwendung ausgeschlossen wird.
Die zweite Deckungsmöglichkeit stellen **Mehrerträge** im Ergebnishaushalt bzw. **Mehreinzahlungen** im Finanzhaushalt dar. Im Rahmen der Gesamtdeckung können solche Erträge bzw. Einzahlungen, die bisher nicht eingeplant sind, zusätzlich für nicht vorgesehene Mehraufwendungen bzw. Mehrauszahlungen verwendet werden. Zweckgebundene Mehrerträge bzw. Mehreinzahlungen, die für entsprechende Mehraufwendungen bzw. Mehrauszahlungen zu verwenden sind, können zwangsläufig nicht im Rahmen der Gesamtdeckung nach § 22 KomHKV eingesetzt werden.

§ 17 Abs. 2 KomHKV sieht als zusätzliche Möglichkeit zur Deckung über- und außerplanmäßiger Auszahlungen und Aufwendungen die Inanspruchnahme einer **Deckungsreserve** vor. Da die Gemeinden bereits bei Aufstellung der Haushaltspläne aus Erfahrung wissen, dass im Laufe des Jahres nicht veranschlagte Mehrbeträge anfallen werden, aber die Haushaltspositionen dafür noch nicht im Voraus bekannt sind, könnte für solche Fälle vorsorglich ein Betrag als Deckungsreserve in den Haushalt eingestellt werden. Diese Deckungsreserven sind zweckfreie Planansätze im Ergebnisplan bzw. Finanzplan und können demnach für alle Mehrbelastungen herangezogen werden. Die Veranschlagung hat sicherlich im Produktbereich 61 zu erfolgen, jedoch getrennt nach Ergebnis- und Finanzplan. Für die Deckungsreserve für Aufwendungen ist das Konto 5496 und für die Deckungsreserve investive Auszahlungen das Konto 787 im Kontenrahmen vorgesehen.
Die Deckungsmöglichkeiten stehen rechtlich gleichrangig nebeneinander. Aus Gründen der Sparsamkeit (§ 63 Abs. 2 BbgKVerf) sollten jedoch zunächst Aufwendungs- bzw. Auszahlungseinsparungen herangezogen werden.

18.6.4.3 Entscheidungsgremien

Wie in Kap. 18.6.4.2 festgestellt, muss die Zulässigkeit über- und außerplanmäßiger Aufwendungen bzw. Auszahlungen beurteilt werden. Dies kann natürlich nur innerhalb der Gemeindeverwaltung geschehen und stellt – rechtlich gesehen – eine Entscheidung dar. In der Praxis wird von „Bewilligung“ bzw. „Zustimmung zur Leistung der Mehraufwendungen bzw. Mehrauszahlungen“ gesprochen. Dass diese Begriffe nicht immer den rechtlichen Anforderungen entsprechen, wird damit deutlich.

Die im nachstehenden Überblick aufgelisteten Bewilligungsentscheidungen sind ausnahmslos **vor** Leistung der über- bzw. außerplanmäßigen Aufwendungen oder Auszahlungen bzw. **vor** den diese Aufwendungen bzw. Auszahlungen verursachenden Verpflichtungen (§ 70 Abs. 3 BbgKVerf) zu treffen, also z. B. vor der Auftragsvergabe bzw. dem Vertragsabschluss.

Die Verwaltung der Gemeinde wird durch die Gemeindevertretung wahrgenommen (§ 28 Abs. 1 BbgKVerf). Daneben hat der Hauptausschuss Entscheidungsbefugnisse per Übertragung durch die Gemeindevertretung. Es stellt sich nun die Frage, welches Organ der Gemeinde für die Bewilligung der Mehrausgaben zuständig ist.

§ 28 Abs. 2 Nr. 16 BbgKVerf gesteht der Gemeindevertretung der Gemeinde die Zustimmung bei überplanmäßigen Aufwendungen und Auszahlungen zu. § 70 Abs. 1 BbgKVerf unterscheidet dann zwischen erheblichen Mehrausgaben, bei denen die Gemeindevertretung zuzustimmen hat, und unerheblichen über- und außerplanmäßigen Aufwendungen und Auszahlungen, über die der Kämmerer allein zu entscheiden hat. Dabei kann die Gemeindevertretung die Rechte des Kämmerers dahingehend beschneiden, dass er sich diesen Bereich ganz oder teilweise selbst vorbehält oder anderen überträgt (z. B. dem Hauptausschuss). Die Fälle der unerheblichen über- und außerplanmäßigen Aufwendungen bzw. Auszahlungen, die die Gemeindevertretung nicht selbst zu entscheiden hat, sind ihr zur Kenntnisnahme vorzulegen.

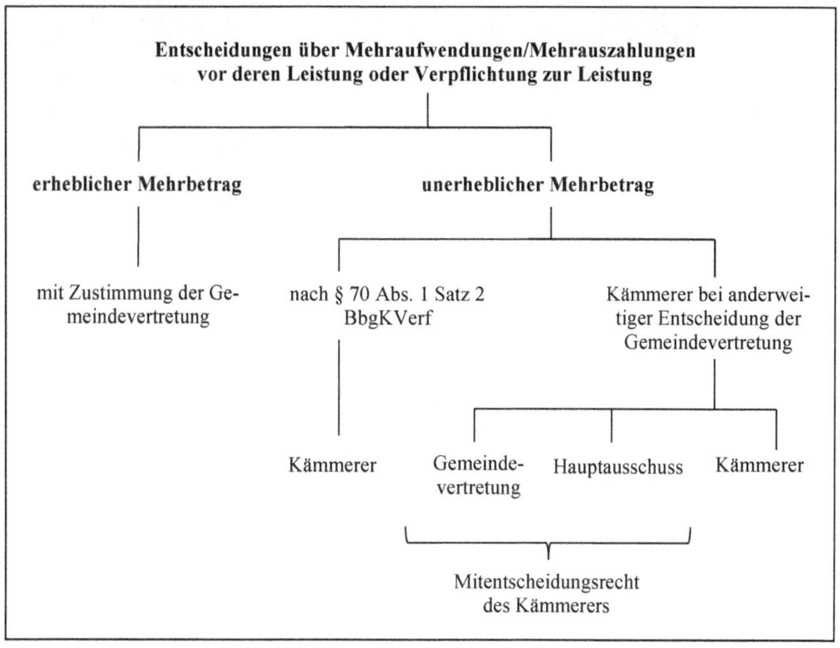

Da § 28 Abs. 2 Nr. 16 BbgKVerf der Gemeindevertretung das Zustimmungsrecht gewährt, deckt sich die Vorschrift mit § 70 Abs. 1 BbgKVerf, die das Zustimmungsrecht in der Form konkretisiert, dass es nur für erhebliche Mehrausgaben gilt. Festzustellen ist demnach, dass auch bei erheblichen Mehrausgaben der Kämmerer ein Mitentscheidungsrecht hat. Er entscheidet zunächst über die über- bzw. außerplanmäßige Aufwendungen bzw. Auszahlungen. Die Gemeindevertretung muss dann dieser Entscheidung noch zustimmen. Eine grundsätzliche Zustimmung der Gemeindevertretung besteht somit nicht.

Wie bereits festgestellt, entscheidet der Kämmerer über die Bewilligung von unerheblichen über- und außerplanmäßigen Aufwendungen und Auszahlungen gemäß § 70 Abs. 1 BbgKVerf. Die Gemeindevertretung erhält in Listen (z. B. halbjährlich) jeweils Kenntnis von den bewilligten unerheblichen über- und außerplanmäßigen Aufwendungen und Auszahlungen.

Allerdings besitzt die Gemeindevertretung die Möglichkeit, bei unerheblichen Mehraufwendungen und Mehrauszahlungen anderweitige Zuständigkeiten zu schaffen. So z. B. kann er den Hauptausschuss in bestimmten Bereichen beteiligen. Auch wenn der Wortlaut des § 70 Abs. 1 Satz 2 BbgKVerf dies nicht ausdrücklich bestimmt, kann das Recht des Hauptausschusses immer nur in der Zustimmung liegen. Der Kämmerer behält also auch bei einer anderweitigen Zuständigkeitsregelung für unerhebliche Mehrausgaben sein Mitwirkungsrecht. Wenn nämlich bei **erheblichen** über- und außerplanmäßigen Aufwendungen und Auszahlungen der Gesetzgeber von „Zustimmung“ spricht („Zustimmung“ bedeutet, dass vorab jemand bereits entschieden hat), dann muss dieses Entscheidungsrecht des Kämmerers erst recht für die unerheblichen Mehrausgaben gelten.

Eine Regelung der Gemeindevertretung, wonach die Rechte des Kämmerers auf den hauptamtlichen Bürgermeister oder Amtsdirektor oder auf untergeordnete Bedienstete wie z. B. den Kämmereileiter delegiert werden, ist unzulässig. Das gesetzliche Entscheidungsrecht steht mindestens dem Kämmerer zu. Dies ist in seiner Funktion als zuständiger Bediensteter für die Finanzen begründet (§ 84 BbgKVerf).

Der unbestimmte Rechtsbegriff „erheblich" ist von der Gemeinde auszufüllen und richtet sich vor allen nach der Größe der Gemeinde und deren Haushaltsvolumen. Nach dem Sinn des Begriffs im Rahmen des § 70 BbgKVerf muss er deutlich unter den Festsetzungen des Begriffs „erheblich" im Rahmen des § 68 BbgKVerf liegen. Gemäß § 70 Abs. 1 Satz 4 BbgKVerf ist in der Haushaltssatzung die Größenordnung, ab der Beträge erheblich sind nach Aufwands- und Auszahlungsarten getrennt festzulegen. Es besteht somit eine Pflicht zur Festlegung. Im verbindlichen Muster der Haushaltssatzung ist ein Festbetrag zur Festsetzung anzugeben.

18.6.4.4 Praktisches Beantragungs- und Bewilligungsverfahren

Der üpl./apl. Betrag wird vom mittelbewirtschaftenden Fachamt/Fachbereich festgestellt. Sobald der Bedarf ermittelt ist, also bereits vor der Auftragsvergabe auch für Folgekosten der Maßnahme im selben Haushaltsjahr (§ 70 Abs. 3 BbgKVerf), muss eine über- bzw. außerplanmäßige Bewilligung beantragt werden. Dies geschieht in der Regel mittels Antragsvordruck an die Kämmerei (Fachbereich Finanzen) als sachbearbeitende Stelle. Dort werden die Voraussetzungen überprüft und die Entscheidung des Kämmerers eingeholt bzw. der erforderliche Beschluss der Gemeindevertretung oder des Hauptausschusses herbeigeführt. Die Entscheidung wird dem antragstellenden Fachamt/Fachbereich, der Finanzbuchhaltung und evtl. dem Rechnungsprüfungsamt mitgeteilt. Erst dann kann der benötigte Betrag in Anspruch genommen bzw. in vertragliche Bindung gegeben werden. Das Verfahren führt – wie bereits mehrfach angedeutet – zur Möglichkeit einer Überschreitung der Aufwendungs- oder Auszahlungsplanermächtigung mit entsprechender Mittelfreigabe in der Haushaltsüberwachung in Höhe der bewilligten über- bzw. außerplanmäßigen Aufwendung bzw. Auszahlung. Eine Veränderung des im Haushalt ausgewiesenen Planansatzes erfolgt nicht.

Gemäß § 70 Abs. 1 Satz 3 BbgKVerf sind die nicht von der Gemeindevertretung bewilligten über- und außerplanmäßigen Aufwendungen und Auszahlungen diesem Gremium zur Kenntnis zu bringen, damit die Gemeindevertretung über die gesamte Abwicklung des von ihm beschlossenen Haushaltsplans unterrichtet ist. Es empfiehlt sich, die Mehraufwendungen und Mehrauszahlungen mindestens vierteljährlich der Gemeindevertretung zur Kenntnis zu bringen. Dies geschieht regelmäßig in der Form einer Liste, in der auch die Bedarfs- und Bewilligungsgründe dargestellt werden. In vielen Gemeinden erfolgen diese Informationen monatlich oder aber in jeder Sitzung der Gemeindevertretung im Rahmen eines feststehenden Tagesordnungspunktes. Es empfiehlt sich auch, die Informationen in das standardisierte Berichtswesen zu integrieren.

Das Verfahren einschließlich Beispiele für Anträge, Bewilligungsverfügungen und Entscheidungsgründe ist ausführlich in den Übungen in Kap. 18.6.8 dargestellt.

18.6.5 Deckung von überplanmäßigen Auszahlungen im folgenden Haushaltsjahr (Haushaltsvorgriff)

Beim vorangehenden Gliederungspunkt wurde festgestellt, dass die Bewilligung von über- und außerplanmäßigen Auszahlungen nur dann zulässig ist, wenn beide Voraussetzungen des § 70 Abs. 1 Satz 1 BbgKVerf (Unabweisbarkeit **und** Deckung der Mehrauszahlung) vorliegen. Im Investitionsbereich gibt es dazu in Bezug auf die Deckung zwar keine Ausnahme, jedoch eine Besonderheit gemäß § 70 Abs. 2 BbgKVerf. Unter bestimmten Voraussetzungen ist nämlich eine Deckung nicht im selben Haushaltsjahr, sondern auch im kommenden Jahr zulässig. Auf die Deckung im laufenden Jahr wird in diesen Fällen gänzlich verzichtet. Dies stellt auch die einzige Abweichung von den zwingenden Voraussetzungen des § 70 Abs. 1 Satz 1 BbgKVerf dar.

Die Voraussetzungen des § 70 Abs. 2 BbgKVerf sind, bevor sie im Einzelnen näher besprochen werden, zusammengefasst darzustellen:

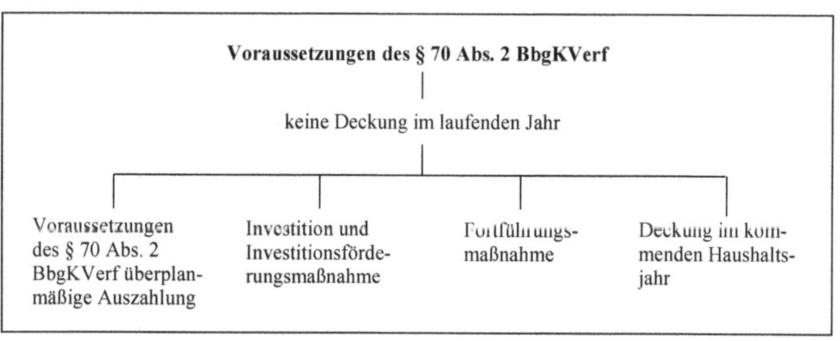

Aus der Vielzahl und der Strenge der Voraussetzungen wird ersichtlich, dass die Möglichkeit, die Deckung von Mehrauszahlungen ins nächste Haushaltsjahr zu verschieben, nur die Ausnahme sein kann. Sie dient praktisch dazu, die Gemeinde auch in angespannten Finanzsituationen nicht zur Einstellung begonnener Investitionen – vor allem im Bausektor – zu zwingen, wenn im kommenden Jahr die Mittel ohnehin zur Verfügung stehen. Da ausschließlich auf die Mittel der nächsten Periode abgestellt wird, bezeichnet man dieses Verfahren auch als „Haushaltsvorgriff".

Der Sinn des § 70 Abs. 2 BbgKVerf wird besonders bei den nachstehenden Erläuterungen der Bewilligungsvoraussetzungen deutlich.

a) Keine Deckung im laufenden Jahr

§ 70 Abs. 2 BbgKVerf kann bezüglich der Deckung nur als Ausnahme zu § 70 Abs. 1 Satz 1 BbgKVerf gewertet werden. Allein aus dem Grundsatz der Jährlichkeit des Haushaltsplans ist ersichtlich, dass zunächst eine Deckung im laufenden

Jahr herbeigeführt werden soll. Die Nachrangigkeit des Haushaltsvorgriffs gegenüber einer Deckung im laufenden Haushaltsjahr ergibt sich aber auch aus der Formulierung in § 70 Abs. 2 BbgKVerf: „**auch dann** zulässig". Insofern ist bei der praktischen Anwendung vor einer Deckung im kommenden Jahr immer erst der Versuch einer Deckung im laufenden Haushaltsjahr zu unternehmen.

b) **Überplanmäßige Auszahlungen**
Es muss sich um eine **über**planmäßige Auszahlung handeln (zum Begriff siehe Kap. 18.6.1). Außerplanmäßige Auszahlungen sind somit von diesem Verfahren ausgeschlossen. Diese Beschränkung auf überplanmäßige Auszahlungen ist jedoch unverständlich. Warum soll es einer Gemeinde verwehrt sein, auf die Finanzierung im nächsten Haushaltsjahr vorzugreifen, wenn es sich um eine außerplanmäßige Auszahlung handelt? Schließlich darf die Gemeinde diesen Haushaltsvorgriff nur durchführen, wenn eine Unabweisbarkeit besteht. Diese kann durchaus auch bei außerplanmäßigen Auszahlungen vorliegen.

Beispiel:
Plant z. B. die Gemeinde den Kauf eines neuen Fahrzeugs mit Kaufpreis von 100.000 € im Januar 2025 (Planermächtigung ist für 2025 vorgesehen) und räumen alle Anbieter im Rahmen des Ausschreibungsverfahrens, welches aufgrund einer Verpflichtungsermächtigung im Haushaltsjahr 2024 durchgeführt wurde, einen 20 %igen Rabatt bei Abnahme des Fahrzeuges bis zum 31.12.2024 ein, würde die Beschaffung aus wirtschaftlichen Gründen noch im Jahr 2024 unabweisbar sein. Hätte die Gemeinde noch Deckungsmittel in 2024, wäre eine außerplanmäßige Auszahlung zulässig. Wäre jedoch im Haushaltsjahr 2024 keine Deckung vorhanden, könnte ein Haushaltsvorgriff nach § 70 Abs. 2 BbgKVerf nicht erfolgen, da dieser nur überplanmäßige Mittelbereitstellungen zulässt. Es bestände haushaltsrechtlich nur noch die Möglichkeit einer Mittelbereitstellung durch eine Nachtragssatzung, was im Dezember jedoch allein aus zeitlichen Gründen ausscheidet. Die Gemeinde würde in diesem Beispiel aufgrund von haushaltsrechtlichen Vorschriften einen finanziellen Verlust von 20.000 € erleiden.

An diesem Beispiel wird deutlich, dass in Bezug auf das Tatbestandsmerkmal „überplanmäßige Auszahlung" eine wenig durchdachte Gesetzeslösung angeboten wird.[11]

c) **Investition und Investitionsförderungsmaßnahmen**
Die Mehrauszahlung muss bei einer Investition anfallen. Investitionen sind Auszahlungen zur Veränderung des Anlagevermögens (§ 2 Nr. 22 KomHKV). Dazu zählen alle Auszahlungsarten, die gemäß § 8 Abs. 1 KomHKV den Teilfinanzplänen zugeordnet werden und buchungstechnisch Auswirkungen auf das Anlagevermö-

11 Es entsteht der Eindruck, dass kritiklos die frühere kamerale Vorschrift übernommen wurde, wobei lediglich der Begriff „Ausgabe" durch Auszahlung" ersetzt wurde. Der Gesetzgeber ist aufgefordert, eine sinnvolle Regelung zu installieren.

gen der Gemeinden haben (z. B. Erwerb von Grundstücken, Baumaßnahmen, Erwerb von beweglichem Vermögen).

Weiterhin ist der „Haushaltsvorgriff" auch bei Investitionsförderungsmaßnahmen zulässig. Investitionsförderungsmaßnahmen sind Zuweisungen, Zuschüsse und Darlehen für Investitionen Dritter und für Investitionen der Sondervermögen mit Sonderrechnung (§ 2 Nr. 23 KomHKV).

d) **Fortsetzungsmaßnahme**

Die Investition muss im kommenden Jahr fortgesetzt werden. Fortsetzungsmaßnahmen fallen in der Praxis regelmäßig bei Baumaßnahmen an. Vor allem größere Projekte ziehen sich über das Ende des Haushaltsjahres hinweg, vielfach sogar über mehrere Jahre. Die Veranschlagung und Deckung der Auszahlungen (kassenwirksame Beträge) ist im Rahmen des Bauzeitenplans oft sehr schwierig. Der Baufortschritt hängt von vielen Faktoren ab, die vor allem beim Wetter schwer zu kalkulieren sind. Erfolgt z. B. der Baufortschritt langsamer als geplant, sind am Jahresende noch Mittel des Planansatzes verfügbar. Diese werden dann erst im kommenden Haushaltsjahr benötigt. Gemäß § 24 Abs. 2 KomHKV bleiben sie durch eine Ermächtigungsübertragung auch der Haushaltswirtschaft des nächsten Jahres erhalten. Geschieht die Abwicklung der Baumaßnahme zügiger als geplant, sind im Haushaltsjahr zur Begleichung der jetzt zusätzlich anfallenden Rechnungen überplanmäßige Auszahlungen erforderlich, die jedoch im Rahmen der Planung erst für das kommende Jahr vorgesehen sind. Damit solche, ja insgesamt finanzierten Investitionen wegen fehlender Deckung im einzelnen Haushaltsjahr nicht gestoppt werden müssen, was auch wirtschaftliche Nachteile für die Gemeinde bedeuten würde (Forderungen des Unternehmens bei Baustillstand, erneute Rüstkosten für die Baufortsetzung im kommenden Jahr usw.), hat der Gesetzgeber mit § 70 Abs. 2 BbgKVerf den Vorgriff auf Deckungsmittel des kommenden Jahres geschaffen. Der Haushaltsvorgriff ist praktisch das Gegenstück zur Ermächtigungsübertragung nach § 24 KomHKV.

Aus der Darstellung dieser Voraussetzung wird die Intention des Gesetzgebers für die Schaffung des § 70 Abs. 2 BbgKVerf sehr deutlich, die in den besonderen Fällen der Investitionsfortsetzungen den Grundsatz der Jährlichkeit zugunsten einer flexiblen Haushaltsführung zurücktreten lässt.

Allerdings muss auch bei diesem Tatbestandsmerkmal Kritik angemeldet werden. Die Beschränkungen auf „Fortsetzungsmaßnahmen" beengt das kommunale Finanzmanagement in einem nicht vertretbaren Umfang. Wie am Beispiel des Fahrzeugkaufes (siehe oben, Buchst. b) deutlich wird, würde der wirtschaftlich unabweisbare Kauf des Fahrzeuges auch am Tatbestandmerkmal „Fortsetzungsmaßnahme" scheitern, weil der Kauf in 2024 abgeschlossen und nicht fortgesetzt wird. Insofern ist zwar festzustellen, dass in der kommunalen Praxis sehr oft Fortsetzungsmaßnahmen vorliegen, jedoch der Ausschluss für abzuschließenden Maßnahmen nicht nachvollziehbar und wirklichkeitsfremd ist.

Selbst bei Baumaßnahmen, bei denen ja vor allem die Regelung des § 70 Abs. 2 BbgKVerf greifen soll, wird die Unsinnigkeit dieses Tatbestandsmerkmales deutlich. Wird eine Baumaßnahme nämlich zügiger als erwartet abgewickelt und im

Januar des nächsten Jahres (statt z. B. im März) fertiggestellt, liegt eine Fortsetzungsmaßnahme vor und ein Haushaltsvorgriff wäre zulässig. Kann dagegen die Maßnahme noch zügiger abgewickelt werden, sodass sie im Dezember des laufenden Jahres beendet werden kann, würde keine Fortsetzungsmaßnahme bestehen. Hier wäre ein Haushaltsvorgriff nicht zulässig, obwohl es wirtschaftlich geboten wäre, die Maßnahme zügig fertig zu stellen.

e) **Deckung im kommenden Haushaltsjahr**

Wie bereits in der Eingangsphase dargestellt, entfällt zwar die Deckung im laufenden Haushaltsjahr, sie wird jedoch durch eine Deckung im kommenden Jahr ersetzt, sodass der Grundsatz „Mehrauszahlungen dürfen nur bei einer vorhandenen Deckung geleistet werden" erhalten bleibt.

Der in § 70 Abs. 2 BbgKVerf verwandte Begriff „Deckung" ist mit dem in Absatz 1 derselben Vorschrift aufgeführten Wort „Deckung" identisch. Da Investitionen dem Finanzhaushalt zuzuordnen sind, verbleiben als mögliche Deckungen Mehreinzahlungen und Minderauszahlungen dieses Teilhaushalts (siehe die grundsätzliche Darstellung der Deckungsmöglichkeiten in Kap. 18.6.3). Der typische Fall der Deckung im Rahmen des § 70 Abs. 2 BbgKVerf ist die Einsparung bei derselben Planposition im kommenden Haushaltsjahr (siehe auch das Beispiel im vorherigen Kap.). Es findet dann ein „konkreter Haushaltsvorgriff" statt, weil sich die Investitionsauszahlungen insgesamt nicht erhöhen, sondern sich nur im Zeitablauf der Maßnahme verschieben. Die vorgesehenen Jahresbeträge sind aus der mittelfristigen Planung zu entnehmen.

Beispiel sei eine Baumaßnahme für die Grundschulen, die wegen der günstigen Witterungsbedingungen schneller als geplant abgewickelt werden kann:

Haushaltsjahr	**Ansatz laut Haushaltsplan €**	**tatsächliche Auszahlungsabwicklung €**
2024	4.000.000	4.200.000
2025	3.000.000	2.800.000
2025	1.000.000	1.000.000
Insgesamt	**8.000.000**	**8.000.000**

Der Gesamtbedarf bleibt erhalten; es verschieben sich lediglich die Teilbeträge, sodass innerhalb der Maßnahme die Deckung erfolgen kann (Einsparungen in 2025 decken Mehrauszahlungen in 2024).

Die Deckung braucht aber nicht zwingend aus der vorgesehenen Gesamtauszahlung der Maßnahme zu erfolgen. Dies ist vor allem immer dann auch nicht möglich, wenn die Mehrauszahlungen nicht auf eine Zeitverschiebung, sondern auf Kostenerhöhungen zurückzuführen sind. Das Gesamtauszahlungsvolumen der Maßnahme würde somit überschritten. Bezogen auf das vorstehende Beispiel würde im Haushaltsjahr 2025 der Betrag nicht eingespart werden können, sondern die Gesamtkosten erhöhten sich durch die Mehrauszahlung in 2024 auf 8.200.000 €. Innerhalb der Maßnahme können diese Mehrauszahlungen nun nicht mehr aufge-

fangen werden, sodass der Gesamthaushalt des kommenden Jahres die Deckung übernehmen muss.
Dies ist im Rahmen der mittelfristigen Planung einschließlich der im Zeitpunkt des Auftretens des überplanmäßigen Bedarfs vorliegenden Fortschreibungserkenntnisse zu beurteilen. So sind z. B. schon Mehreinzahlungen oder Minderauszahlungen gegenüber der dem Haushaltsplan enthaltenen mittelfristigen Planung erkennbar. Es können alle Finanzierungsmittel des Gesamtfinanzhaushaltes herangezogen werden. Notfalls muss die Gemeinde, um die Deckung der überplanmäßigen Auszahlung sicherzustellen, Investitionsmaßnahmen des nächsten Jahres finanziell kürzen oder gar streichen bzw. sonstige – vor allem freiwillige – Auszahlungen so sperren, dass die Deckung durch konkrete Änderung des Finanzplans herbeigeführt wird. Dabei können grundsätzlich auch zusätzliche Kreditaufnahmen im kommenden Jahr als Deckungsmittel im Finanzhaushalt in Anspruch genommen werden. Es sollte dann aber in jedem Fall ein Beschluss der Gemeindevertretung herbeigeführt werden, da hier ein Vorgriff auf die Haushaltssatzung des nächsten Jahres stattfindet. Problematisch ist dieser Kreditvorgriff, da die Kreditermächtigung im Rahmen der Haushaltssatzung durch die Kommunalaufsichtsbehörde genehmigt werden muss.
Wichtig ist noch einmal der deutliche Hinweis, dass die Deckung der Mehrauszahlung nach § 70 Abs. 2 BbgKVerf ausschließlich im **nächsten** Haushaltsjahr und nicht in anderen Jahren der Finanzplanung zu erfolgen hat.

Das praktische Bewilligungsverfahren stimmt mit dem nach § 70 Abs. 1 BbgKVerf vollständig überein. Lediglich ist die Deckung vom Fachamt (Fachbereich) besonders sorgfältig zu begründen und von der Kämmerei (Fachbereich Finanzen) unter Einbeziehung der Finanzbuchhaltung entsprechend zu überprüfen sowie nachzuhalten. Festzustellen ist jedoch, dass bei dieser Art der Deckung im laufenden Jahr eine Verschlechterung des Finanzsaldos eintreten wird, die im nächsten Jahr durch die dann erfolgende Deckung der Zahlung wieder beseitigt wird. Die Bewilligungs- und Zustimmungserfordernisse gelten unverändert weiter, was auch § 70 Abs. 2 Satz 2 BbgKVerf durch Verweisung ausdrücklich bestätigt.

18.6.6 Exkurs: Praxisgerechtes Gesamtprüfungsverfahren für die Bereitstellung von Mehraufwendungen und Mehrauszahlungen

Wie bereits bei den vorangegangenen Unterpunkten des Kapitels deutlich geworden ist, können Mehraufwendungen bzw. Mehrauszahlungen nach verschiedenen Verfahren bereitgestellt werden. Diese Verfahren sind jeweils für sich ausführlich vorgestellt und diskutiert worden. Für die Praxis und auch für die Klausurfertigung im Ausbildungsbereich soll an dieser Stelle eine schematische Gesamtdarstellung eines lückenlosen Subsumtions- bzw. Prüfungsschemas angeboten werden, mit dem alle

Facetten der Frage „Wie können Mehraufwendungen bzw. Mehrauszahlungen bereitgestellt werden?“ abschließend zu prüfen sind.[12]

Verfahren zur Bereitstellung von Mehraufwendungen/Mehrauszahlungen

1. **Vorliegen eines Bedarfs**
2. **Ermittlung der sachlich zuständigen Haushaltsposition**
3. **Ermittlung des Mehrbedarfs**
   Planposition
   \+ Ermächtigungsübertragungen aus Vorjahren
   +/– Veränderungen aus Nachtragsplänen
   +/– bisherige Veränderungen der Aufwendungs- bzw. Auszahlungsermächtigungen
   – bisherige Inanspruchnahme durch Aufwendungen bzw. Auszahlungen
   – Vormerkungen (Aufträge)
   – noch bestehender nicht vorgemerkter Bedarf
   = **Betrag der benötigten Mehraufwendungen bzw. Mehrauszahlungen (falls negativ)**
4. **Bereitstellung nach § 23 Abs. 4 KomHKV (unechte Deckungsfähigkeit)**[13]
   a) Besteht ein zulässiger Haushaltsvermerk?
   b) Ist der Haushaltsvermerk uneingeschränkt (keine Einschränkung der unechten Deckungsfähigkeit)?
   c) Sind Mehrerträge bzw. Mehreinzahlungen vorhanden (notfalls Berechnung durchführen)?
   d) Rechtsfolge bei Vorliegen aller Voraussetzungen: In Höhe der Mehrerträge bzw. Mehreinzahlungen kann der Planansatz für Aufwendungen bzw. Auszahlungen überschritten werden.
5. **Bereitstellung nach § 23 Abs. 1 bis 3 KomHKV (echte Deckungsfähigkeit)**
   a) Befinden sich die deckungsberechtigten und deckungspflichtigen Positionen innerhalb eines gemeinsamen Budgets oder liegt die Deckungsfähigkeit durch Vermerk vor?
   b) Ist die Deckungsfähigkeit nicht durch einen Haushaltsvermerk eingeschränkt?
   c) Tritt eine Einsparung bis zum Jahresende bei der deckungspflichtigen Planposition ein?
   d) Rechtsfolge bei Vorliegen aller Voraussetzungen: In Höhe der Einsparung bei der deckungspflichtigen Planposition kann eine Mehraufwendung bzw. Mehrauszahlung bei der deckungsberechtigten Haushaltsposition erfolgen.
6. **Überprüfung der Notwendigkeit einer Pflichtnachtragssatzung nach § 68 Abs. 2 BbgKVerf**
   Scheidet eine Pflichtnachtragssatzung aus?

---

12 Ausführliche Fallbehandlungen mit Musterlösungen zu diesem Themenbereich enthält *Mutschler/ Schlösser*, Praktische Fälle aus dem Externen Rechnungswesen und Kommunalen Finanzmanagement, 7. Aufl., Wiesbaden 2021, S. 162 ff.

13 Die Arbeitsphasen 4 und 5 sind gleichrangig anwendbar und demnach austauschbar (siehe dazu Kap. 18.6.3).

7. **Bewilligung einer über- bzw. außerplanmäßigen Aufwendung bzw. Auszahlung nach § 70 BbgKVerf**
   a) Ist die Mehraufwendung bzw. Mehrauszahlung unabweisbar (sachlich und zeitlich)?
   b) Kann die Mehraufwendung bzw. Mehrauszahlung im laufenden Haushaltsjahr gedeckt werden?
   c) Bei Mehrauszahlungen: Falls b) verneint wurde: Ist eine Deckung der Mehrauszahlung gemäß § 70 Abs. 2 BbgKVerf zulässig?
   d) Wer entscheidet in welchem Verfahren (evtl. Eilentscheidung für die Zustimmung durch die Gemeindevertretung oder den Hauptausschuss nach § 58 BbgKVerf) über die Bewilligung?
   e) Rechtsfolge bei Vorliegen der Voraussetzungen: Die überplanmäßige Aufwendung bzw. Auszahlung darf geleistet werden.
8. **Freiwillige Nachtragssatzung mit Nachtragsplan nach § 68 Abs. 1 BbgKVerf**

18.6.7 Über- und außerplanmäßige Verpflichtungsermächtigungen

Gemäß § 73 Abs. 5 BbgKVerf sind auch über- und außerplanmäßige Verpflichtungsermächtigungen[14] zugelassen. Dies ist notwendig, weil auch gegenüber der Haushaltsplanung im Laufe eines Haushaltsjahres zusätzliche Verpflichtungen mit Zahlungen in den nächsten Jahren notwendig sein können.

> ***Beispiel:***
> *Im Haushaltsplan 2024 der Gemeinde G ist für die Beschaffung eines neuen Dienstfahrzeugs eine Verpflichtungsermächtigung in Höhe von 60.000 € veranschlagt. Die Bestellung soll in 2024, die Lieferung und die Zahlung sollen in 2025 erfolgen. Die durchgeführte beschränkte Ausschreibung hat ergeben, dass der wirtschaftlich rentabelste Bieter bei 61.000 € liegt. Zur Abwicklung der Bestellung wird somit eine überplanmäßige Verpflichtungsermächtigung in Höhe von 1.000 € notwendig.*

Bei der Bewilligung der zusätzlichen Ermächtigung lehnt sich der Gesetzgeber an die Regelungen für über- und außerplanmäßige Aufwendungen bzw. Auszahlungen des § 70 BbgKVerf an. Über- und außerplanmäßige Verpflichtungsermächtigungen gemäß § 73 Abs. 5 Satz 1 BbgKVerf sind demnach zulässig, wenn sie unabweisbar sind und die „Deckung" im laufenden Jahr gewährleistet ist. Bei der Unabweisbarkeit ist wiederum auf die sachliche und zeitliche Notwendigkeit abzustellen. Die „Deckung" wird dadurch gewährleistet, dass der in § 3 der Haushaltssatzung festgesetzte Gesamtbetrag der Verpflichtungsermächtigungen nicht überschritten wird. Das bedeutet, dass bei anderen Verpflichtungsermächtigungen „Einsparungen" erzielt werden müssen. Die „Deckungsverpflichtung" gilt unabhängig von der Höhe der über- oder außer-

14 Zum Begriff und zur Abwicklung der Verpflichtungsermächtigungen siehe Kap. 14.

planmäßigen Verpflichtungsermächtigung. Auch geringfügige zusätzliche Verpflichtungsermächtigungen sind konkret durch „Einsparungen" bei anderen Verpflichtungsermächtigungen zu „decken".[15] Außerdem ist festzustellen, dass über- und außerplanmäßige Verpflichtungsermächtigungen unabhängig von Ihrer Höhe im Rahmen von § 73 Abs. 5 Satz 1 BbgKVerf bereitgestellt werden können. Eine Pflicht zum Erlass einer Nachtragssatzung besteht auch bei erheblichen Beträgen nicht.

§ 73 Abs. 5 letzter Satz BbgKVerf verweist auf die sinngemäße Anwendung der Bestimmungen des § 70 Abs. 1 Satz 2 und 3 BbgKVerf. Somit gelten die gleichen Bestimmungen wie bei über-und außerplanmäßige Aufwendungen bzw. Auszahlungen. Insofern wird auf die Ausführungen in Kap. 18.6.4.3 verwiesen.

Die Deckungsregelung in § 73 Abs. 5 BbgKVerf stellt eine wenig durchdachte Lösung dar. Wenn man das obige Beispiel mit dem Mehrbedarf von 1.000 € betrachtet, dann ist die überplanmäßige Verpflichtungsermächtigung nur zulässig, wenn Einsparungen bei anderen Verpflichtungsermächtigungen zu erzielen sind. Kann dies nicht erreicht werden, müsste die Gemeinde eine Nachtragssatzung erlassen, um die 1.000 € bereitzustellen. Dieser Weg ist nicht praktikabel. Ansonsten werden die Gemeinden – wie bisher auch schon üblich – die zusätzlichen Verpflichtungen mithilfe von „unzulässigen Buchungstricks" bewirtschaften oder aber erhöhte Ansätze bei Verpflichtungsermächtigungen in den Haushalt einstellen.

Die Deckungsregelung widerspricht somit einem verantwortungsbewussten modernen Finanzmanagement. Sachlich gerechtfertigt wäre es, bei der Deckung auf das Haushaltsjahr abzustellen, in dem die aus der Verpflichtung entstehende Auszahlung anfällt. Bezogen auf das obige Beispiel, wäre die überplanmäßige Verpflichtung zulässig, wenn in 2025 die Deckung der 1.000 € gesichert werden kann.[16]

Beispiel:
Entscheidend für die Bewilligung einer zusätzlichen Vertragsermächtigung kann nicht sein, dass bei anderen Vertragsermächtigungen eingespart wird. Allein entscheidend ist die Finanzierbarkeit der späteren Investitionszahlung. Man stelle sich nur einmal vor, dass eine Gemeinde zunächst geplant hat, zu Beginn des Haushaltsjahres 2025 Schulmöbel mit Auszahlungen von 10.000 € zu beschaffen und den Auftrag dafür aufgrund der Ermächtigung im Teilfinanzplan 2025 vergeben wollte. Der Anbieter teilt nunmehr im Dezember mit, dass bei einer Bestellung bis 31.12.2024 noch ein 30 %iger Rabatt eingeräumt werden könne. Die Lieferung mit Rechnungsstellung wird weiterhin in 2025 erfolgen. Wenn nämlich jetzt alle anderen Verpflichtungsermächtigungen des Jahres 2024 ausgeschöpft sind, dürfte die Gemeinde den Auftrag nicht erteilen (eine Nachtragssatzung dafür zu erlassen ist zeitlich nicht möglich und sachlich nicht vertretbar).

15 Zur Kritik wegen der fehlenden Unerheblichkeitsgrenze siehe Kap. 18.6.4.3.

16 Der Gesetzgeber ist aufgerufen, in diesem Sinne eine Fortschreibung der Bestimmungen vorzunehmen.

18.6.8 Übungen

Sachverhalt Nr. 9

Die Gemeinde G will im Dezember des Haushaltsjahres folgende überplanmäßige Aufwendungen bewirken bzw. Auszahlungen leisten:

a) für die Reparatur des Rathausdaches nach einem Unwetter,
b) für die Ersatzbeschaffung eines Schreibtisches (laufende jährliche Erneuerung von Teilen des Mobiliars),
c) für die Beschaffung von Treibstoff für das erste Quartal des nächsten Haushaltsjahres (wird vorgezogen, weil für Januar des nächsten Jahres erhebliche Preiserhöhungen angekündigt sind).

Aufgabe:

Beurteilen Sie, ob die Leistung der Mehraufwendungen bzw. Mehrauszahlungen i. S. d. § 70 Abs. 1 Satz 1 BbgKVerf unabweisbar ist.

Lösung:

Zu a)

Das Rathausdach der Gemeinde G wurde bei einem Unwetter beschädigt. Die Aufwendungen und die darauf folgenden Auszahlungen für die Reparatur sind unabweisbar, weil die Beseitigung der Schäden zur Weiterführung der öffentlichen Aufgaben unaufschiebbar ist. Die Erfüllung öffentlicher Aufgaben erfordert nun einmal Verwaltungsarbeit, die in den Diensträumen des Rathauses zu erledigen ist. Bei einem beschädigten Dach besteht die konkrete Gefahr, dass die Räumlichkeiten auf Grund der Witterungseinflüsse zumindest im Obergeschoss nicht mehr nutzbar sind.

Außerdem verlangt der Grundsatz der Wirtschaftlichkeit gemäß § 63 Abs. 2 BbgKVerf die sofortige Beseitigung der Schäden. Ein beschädigtes Dach führt durch die Witterungsbedingungen zu weiteren Gebäudeschäden, die wiederum zusätzliche Instandsetzungsaufwendungen und -auszahlungen verursachen, was der Sparsamkeit und Wirtschaftlichkeit offensichtlich widerspricht. Ein sofortiges Handeln ist unbedingt erforderlich.

Ein letzter Gesichtspunkt für die Unabweisbarkeit der Mehraufwendungen und Mehrauszahlungen ergibt sich aus der Fürsorgepflicht des Dienstherrn gegenüber den Bediensteten, verankert im Landesbeamtengesetz bzw. im Tarifvertragsrecht. Zur Fürsorgepflicht gehört nun einmal auch die Bereitstellung arbeits- und menschengerechter Räumlichkeiten. Folgen der Dachbeschädigung könnten gesundheitliche Schäden der Bediensteten bedeuten, weil die Witterungseinflüsse nicht mehr von den Diensträumen abgehalten werden könnten. Insofern gibt es eine – wenn auch nur indirekte – gesetzliche Pflicht zur Beseitigung der Dachbeschädigung aus beamten- bzw. tarifrechtlichen Erwägungen.

Zu b)

In der Praxis ist es bei vielen Gemeinden üblich, das bestehende Mobiliar entsprechend dem Abschreibungsfortschritt nach und nach zu erneuern. Dafür werden jährlich bestimmte Beträge in die Haushaltspläne eingestellt. Im Sachverhalt ist dieses Verfahren offensichtlich angesprochen.

Zwar ist die Bereitstellung geeigneten Mobiliars zur Erfüllung der gemeindlichen Aufgaben unbedingt erforderlich, jedoch ist der anstehende Kauf des Schreibtisches im Dezember des Haushaltsjahres durchaus auf das kommende Haushaltsjahr verschiebbar, in dem wiederum ein Betrag für die Neubeschaffung von Mobiliar bereitstehen wird. Die Unbedenklichkeit des Verschiebens ergibt sich auch daraus, dass für den Arbeitsplatz ja ein Schreibtisch bereits vorhanden ist. Dieser Schreibtisch ist auch voll nutzbar, sonst hätte die Verwaltung nicht erst im Dezember des Haushaltsjahres, sondern bereits früher im Haushaltsjahr die Ersatzbeschaffung ins Auge gefasst. Der Sachverhalt enthält auch keine sonstigen Anhaltspunkte für eine noch unbedingt im Dezember vorzunehmende Beschaffung (z. B. Beschädigung des Schreibtischs). Der Kauf des neuen Schreibtischs kann somit zeitlich verschoben werden, sodass die Mehrauszahlung nicht unabweisbar i. S. d. § 70 Abs. 1 BbgKVerf ist.

Zu c)
Die Gemeinde will die Treibstoffe des Fuhrparks für das erste Quartal des nächsten Jahres bereits zum Ende dieses Haushaltsjahres bestellen und bezahlen, sodass zwar keine überplanmäßigen Aufwendungen (kein Ressourcenverbrauch in diesem Jahr) jedoch eine überplanmäßige Auszahlung entsteht. Einziger Grund dafür ist, dass im Januar des nächsten Jahres eine Preissteigerung zu erwarten ist. Somit verfügt das Tanklager noch über genügend Treibstoffreserven für das laufende Jahr, sodass die Beschaffung an sich erst im kommenden Haushaltsjahr notwendig wäre.

Allerdings wäre die Verschiebung in das kommende Jahr unwirtschaftlich, weil sich im neuen Haushaltsjahr die Beschaffung verteuern würde. Das Prinzip der Wirtschaftlichkeit bedeutet, dass ein vorgegebenes Ziel (Kauf des Treibstoffs) mit dem geringsten Mitteleinsatz erreicht werden soll. Gemäß § 63 Abs. 2 BbgKVerf sind aber Wirtschaftlichkeit und Sparsamkeit oberste Grundsätze der gemeindlichen Haushaltsführung. Die Unabweisbarkeit einer Mehrauszahlung nach § 70 Abs. 1 Satz 1 BbgKVerf stellt deshalb nicht nur auf die Möglichkeit der zeitlichen Verschiebung ab, sondern umfasst auch den Tatbestand der Wirtschaftlichkeit. Die Mehrauszahlung für die zeitlich vorgezogene Treibstoffbeschaffung ist somit unabweisbar, weil sie aus den wirtschaftlich gerechtfertigten Gründen der Kostenersparnis unaufschiebbar ist.

Sachverhalt Nr. 10
Die Ausführung des Haushaltes 2024 der Gemeinde G stellt sich Mitte November 2024 im Teilfinanzplan des Produktbereichs 21–24 „Schulträgeraufgaben“ auszugsweise wie folgt dar:

Teilfinanzplan 21–24 Schulträgeraufgaben Übersicht Investitionsmaßnahmen	Ansatz 2024	Stand der Zahlungen 15.11.2024	Stand der Vormerkungen 15.11.2024
Einzahlungen			
Einzahlung: Landeszuwendung Schule Nord	200.000	250.000	
Einzahlung: Verkauf Grundstück Schule Süd	10.000	100.000	
Einzahlung: Rückzahlung Investitionszuschüsse	0	20.000	
Summe der investiven Einzahlungen	**210.000**	**370.000**	
Auszahlungen			
Auszahlung: Grunderwerb Schule Nord	500.000	480.000	0
Auszahlung: Baukosten Schule Nord	1.800.000	1.600.000	150.000
Auszahlung: Einrichtungskosten Schule Nord	200.000	120.000	70.000
Summe der investiven Auszahlungen/Vorm.	**2.500.000**	**2.200.000**	**220.000**

Haushaltsplanvermerke:

a) Mehreinzahlungen aus Zuwendungen für Investitionsmaßnahmen des Produktbereichs 21–24 berechtigen zu Mehrauszahlungen desselben Produktbereichs.
b) Ausschließlich Minderauszahlungen beim Erwerb von Grundstücken und Gebäuden erhöhen die Planermächtigungen der anderen Investitionsauszahlungen des Produktbereichs 21–24 entsprechend.

Folgende Auszahlungsentwicklungen zeichnen sich ab:

- Eine bisher nicht vorgesehene vermögenswirksame Mobiliarbeschaffung für die Schule Nord (bisher nicht vorgemerkt) mit Auszahlungen in Höhe von 15.000 € soll noch in 2024 erfolgen.
- Bei der Baumaßnahme Schule Nord entsteht aufgrund nicht absehbarer Bodensicherungsarbeiten ein unabweisbarer Mehrauszahlungsbedarf in 2024 in Höhe von 200.000 €.
- Bei allen anderen Positionen im Produktbereich 21–24 erfolgen keine Veränderungen mehr. Der sonstige Finanzplan der Gemeinde G wird planmäßig abgewickelt.

Aufgaben:

1. Begutachten Sie, ob und in welcher Form die Mehrauszahlungen bei den Einrichtungskosten und der Baumaßnahme bereitgestellt werden können. Die Zulässigkeit der Haushaltsvermerke bzw. der Budgetierung ist zu unterstellen.
2. Fertigen Sie außerdem für eine evtl. erforderliche überplanmäßige Bewilligung der Mehrauszahlungen gemäß § 70 Abs. 1 BbgKVerf den notwendigen Bewilligungsantrag und die Bewilligungsverfügung.

Bearbeitungshinweise:

- Erheblichkeit nach § 68 Abs. 2 Nr. 2 BbgKVerf: 2.000.000 €
- Erheblichkeit nach § 70 Abs. 1 BbgKVerf: 250.000 €

Lösungen:

Zu 1)

Mehrauszahlung bei den Einrichtungskosten

Laut Sachverhalt soll noch in 2024 für 15.000 € Mobiliar für die Schule Nord (Produktbereich 21–24) beschafft werden. Bei einem Planansatz von 200.000 € sind bereits 120.000 € im Haushaltsjahr ausgezahlt, sodass noch 80.000 € zur Verfügung stehen. Zu berücksichtigen sind jedoch noch laut Sachverhalt 70.000 € Vormerkungen, da es sich um Aufträge handelt, die noch in 2024 entsprechende Auszahlungen bewirken. Insofern stehen lediglich noch 10.000 € an Auszahlungsermächtigung zur Verfügung, sodass eine zusätzliche Auszahlungsermächtigung in Höhe von 5.000 € benötigt wird.

Es stellt sich zunächst die Frage, ob diese zusätzliche Ermächtigung im Wege der unechten Deckungsfähigkeit nach § 23 Abs. 4 KomHKV zur Verfügung gestellt werden kann. Voraussetzung dazu ist ein uneingeschränkter Haushaltsvermerk zugunsten der Auszahlungsposition für die Einrichtungskosten mit einer dazugehörenden Mehreinzahlung. Im Sachverhalt ist ein entsprechender Haushaltsvermerk bei den Einzahlungen für Zuwendungen enthalten, wobei auch eine Mehreinzahlung von 50.000 € zu verzeichnen ist. Aufgrund des bestehenden Haushaltsvermerkes könnte dann der Planansatz beim Erwerb des beweglichen Anlagevermögens bis zu 50.000 € überschritten werden. Benötigt werden jedoch nur 5.000 €. Insofern stehen für die benötigte Mehrauszahlung entsprechende Deckungsmittel bereit.

Mehrauszahlung bei der Baumaßnahme

Laut Sachverhalt sollen noch in 2024 für 200.000 € Baukosten für die Schule Nord im Produktbereich 21–24 geleistet werden. Bei einem Planansatz von 1.800.000 € sind bereits 1.600.000 € im Haushaltsjahr ausgezahlt, sodass noch 200.000 € zur Verfügung stehen. Zu berücksichtigen sind jedoch noch laut Sachverhalt 150.000 € Vormerkungen, da es sich um Aufträge handelt, die noch in 2024 entsprechende Auszahlungen bewirken. Insofern stehen lediglich noch 50.000 € an Auszahlungsermächtigung zur Verfügung, sodass eine zusätzliche Auszahlungsermächtigung in Höhe von 150.000 € benötigt wird.

Es stellt sich zunächst die Frage, ob diese zusätzliche Ermächtigung im Wege der unechten Deckungsfähigkeit nach § 23 Abs. 4 KomHKV zur Verfügung gestellt werden kann. Voraussetzung dazu ist ein uneingeschränkter Haushaltsvermerk zugunsten der Auszahlungsposition für die Baumaßnahme mit einer dazugehörenden Mehreinzahlung. Im Sachverhalt ist ein entsprechender Haushaltsvermerk bei den Einzahlungen für Zuwendungen enthalten, wobei auch eine Mehreinzahlung von 50.000 € zu verzeichnen ist. Allerdings sind davon (siehe oben) bereits 5.000 € für Mehrauszahlungen zum Erwerb des beweglichen Anlagevermögens verwendet. Insofern kann aufgrund des bestehenden Haushaltsvermerkes der Planansatz für die Baumaßnahmen im Rahmen der unechten Deckungsfähigkeit nur mit 45.000 € überschritten werden.

Benötigt werden jedoch 150.000 €, sodass noch eine Bereitstellung der restlichen 105.000 € erforderlich ist. Es ist nun zu prüfen, ob dieser Bedarf im Rahmen der Deckungsfähigkeit gemäß § 23 Abs. 1 KomHKV bereitgestellt werden kann. Voraussetzung dazu ist, dass sich sowohl die deckungspflichtige als auch der deckungsberechtigte Planposition in einem gemeinsamen Budget befinden. Außerdem darf kein einschränkender Haushaltsvermerk vorhanden sein. Nach § 6 Abs. 3 Satz 1 KomHKV bilden Teilhaushalte ein Budget. Daher befinden sich alle Positionen des Produktbereichs 21–24 in einem gemeinsamen Budget. Der im Sachverhalt enthaltene einschränkende Vermerk tangiert die Problemstellung jedoch nicht, weil gerade die Einsparung beim Grunderwerb in Höhe von 20.000 € für die Baumaßnahme verwendet werden soll und der dies Vermerk ausdrücklich zulässt. Insofern reduziert sich die noch benötigte Auszahlungsermächtigung von 105.000 € auf 85.000 €. Auch bei dieser Mittelbereitstellung erübrigt sich die Prüfung der Unabweisbarkeit.

Da weitere Haushaltsvermerke nicht bestehen, bleibt nur die Prüfung, ob die restliche Auszahlungsermächtigung überplanmäßig bewilligt werden kann. Dazu ist es zunächst erforderlich, die Notwendigkeit einer Pflichtnachtragssatzung nach § 68 Abs. 2 BbgKVerf auszuschließen. Dabei sind folgende zwei Fälle zu überprüfen:

- Gemäß § 68 Abs. 2 Nr. 1 BbgKVerf wäre eine Pflichtnachtragssatzung notwendig, wenn ein erheblicher Fehlbetrag entsteht. Ein solcher Fehlbetrag entsteht nicht, weil die Gesamtsummen der Mehreinzahlungen und Minderauszahlungen des Produktbereichs deutlich über den noch benötigten 85.000 € liegen (siehe Aufstellung im Sachverhalt).
- Eine erhebliche Mehrauszahlung nach § 70 Abs. 2 Nr. 2 BbgKVerf liegt ebenfalls nicht vor, weil die im Sachverhalt genannte Erheblichkeitsgrenze von 2.000.000 € deutlich unterschritten wird.

Insofern besteht keine Pflicht zum Erlass einer Nachtragssatzung, sodass der Weg zur überplanmäßigen Mittelbereitstellung nach § 70 Abs. 1 BbgKVerf offen ist. Die Voraussetzung der Unabweisbarkeit ist laut Sachverhalt gegeben. Zur Deckung stehen Mehreinzahlungen bei der Veräußerung eines Grundstückes aus dem Bereich der Schule Süd in Höhe von 90.000 € zur Verfügung. Insofern ist die überplanmäßige Auszahlung gedeckt.

Somit ist der gesamte Auszahlungsbedarf von 150.000 € bereitgestellt.

Zu 2)

Da die überplanmäßige Auszahlung in Höhe von 85.000 € unterhalb der im Sachverhalt genannten Wertgrenze nach § 70 Abs. 1 BbgKVerf liegt, hat der Kämmerer die Mehrauszahlung zu bewilligen. Der Antrag auf Bewilligung der überplanmäßigen Auszahlung ist nachstehend aufgeführt. Dabei wurde das Beispiel eines Musters gewählt, weil in der Praxis zur Beantragung von Mehraufwendungen und Mehrauszahlungen nach § 70 BbgKVerf regelmäßig Vordrucke eingesetzt werden. Ein solcher Antrag ist selbstverständlich auch formlos möglich. Ebenfalls dargestellt ist die Bewilligungsverfügung.

Antrag eines Fachbereichs

<table>
<tr><td colspan="3">Fachbereich xxxx

An den
Fachbereich Finanzen

Antrag auf Bewilligung einer über/außerplanmäßigen Auszahlung</td><td>Datum:
15.11.2024</td></tr>
<tr><td>die Auszahlung ist
☒ üpl. ☐ apl.</td><td colspan="2">Produktbereich
21–24</td><td>Haushaltsjahr
2024</td></tr>
<tr><td>Betrag:
85.000 €</td><td colspan="3">Bezeichnung der Haushaltsposition:
Auszahlung: Baukosten Schule Nord</td></tr>
<tr><td colspan="4">Berechnung der Gesamtauszahlung
Planansatz und Übertragungen aus Vorjahren 2.000.000 €
aus Vorjahren
bisherige und geplante Planüberschreitungen + 65.000 €
(unechte und echte Deckungsfähigkeiten)
neu beantragte Haushaltsüberschreitung + 85.000 €
voraussichtliche Gesamtauszahlung 2.150.000 €</td></tr>
<tr><td colspan="4">Begründung der Mehrauszahlung:
Die Kosten der Baumaßnahme erhöhen sich wegen unvorgesehener zusätzlicher Auszahlungen für die Bodensicherungsarbeiten. Siehe dazu im Einzelnen die beigefügte Kostenermittlung. [nicht abgedruckt]</td></tr>
<tr><td colspan="4">Nachweis der Deckung:
Mehreinzahlungen in Höhe von 90.000 € aus der Veräußerung eines Grundstückes bei der Schule Süd des Produktbereichs 21–24.</td></tr>
<tr><td colspan="4">Im Auftrage

Unterschrift</td></tr>
</table>

Bewilligungsverfügung des Fachbereichs Finanzen (Kämmerei)

Fachbereich Finanzen G, den 19.11.2024

Betr.: Überplanmäßige Auszahlung in Höhe von 85.000 € für Baukosten bei der Schule Nord im Produktbereich 03
Bezug: Antrag des Fachbereichs vom 15.11.2024

1. Die vorgenannte überplanmäßige Auszahlung ist aus den im Antrag vom 15.11.2024 genannten Gründen unabweisbar. Die Deckung erfolgt aus entsprechenden Mehreinzahlungen aus der Veräußerung von Grundvermögen bei der Schule Süd im Produktbereich 21–24.
2. Die überplanmäßige Auszahlung wird somit gemäß § 70 Abs. 1 BbgKVerf bewilligt. Da sie unerheblich ist, bedarf es keiner Zustimmung der Gemeindevertretung.
3. Mitteilung an die Finanzbuchhaltung zur Buchung.
4. Mitteilung an das Antrag stellende Fachamt und an das Rechnungsprüfungsamt.
5. Der Gemeindevertretung zur Kenntnis (Vorlage in der nächsten Sitzung der Gemeindevertretung).
6. Z. d. A.

In Vertretung
Gemeindekämmerer

Sachverhalt Nr. 10
Die Auszahlungen für den Neubau eines Freibades sind wie folgt im Teilfinanzplan des Produktbereichs 42 „Sportförderung“ als einzige Investitionsmaßnahme veranschlagt bzw. in der mittelfristigen Planung der Gemeinde G enthalten:

2024 3.000.000 €
2025 2.000.000 €

Die Witterungsbedingungen begünstigen den Baufortschritt, sodass in 2024 bereits 3,5 Mio. € verbaut werden müssen. Mitte November 2024 stellt deshalb das Hochbauamt den Antrag auf Bewilligung einer überplanmäßigen Auszahlung in Höhe von 500.000 €. Aufgrund der angespannten Haushaltslage besteht jedoch in 2024 keine Deckungsmöglichkeit.

Aufgabe:
Prüfen Sie die Zulässigkeit der überplanmäßigen Auszahlung. Unterstellen Sie dabei, dass ein Pflichtnachtrag nicht erforderlich ist und die Bereitstellung im Rahmen des § 23 KomHKV ausgeschlossen ist.

Lösung:
Die Bereitstellungsverfahren der echten und unechten Deckungsfähigkeit sind nicht zu prüfen, weil der Sachverhalt dieses vorgibt. Ein Pflichtnachtrag scheidet laut Aufgabenstellung aus.

Die überplanmäßige Auszahlung von 500.000 € (laut Sachverhalt wird dieser Betrag benötigt) wäre gemäß § 70 Abs. 1 BbgKVerf zulässig, wenn sie unabweisbar ist und die Deckung im laufenden Jahr gewährleistet werden kann. Die Unabweisbarkeit liegt vor, weil es wirtschaftlich und bautechnisch nicht vertretbar wäre, die Baumaßnahme wegen der zurzeit fehlenden Auszahlungsmittel für mehr als einen Monat stillzulegen. Die notwendige Deckung im laufenden Haushaltsjahr ist dagegen laut Sachverhalt nicht möglich.

Es stellt sich aber die Frage, ob die erforderliche Deckung im laufenden Haushaltsjahr durch eine Deckung im kommenden Haushaltsjahr 2025 gemäß § 70 Abs. 2 BbgKVerf ersetzt werden kann, weil laut Sachverhalt im nächsten Haushaltsjahr Mittel für die Fortsetzung der Maßnahme vorgesehen sind. Die Voraussetzungen des § 70 Abs. 2 BbgKVerf, die sämtlich vorliegen müssen, sind wie folgt zu prüfen:

- *Keine Deckung im laufenden Jahr*
  § 70 Abs. 2 BbgKVerf ist als Ausnahmevorschrift nur anwendbar, wenn im laufenden Jahr keine Deckung vorhanden ist. Dieses ist laut Sachverhalt gegeben.
- *Überplanmäßige Auszahlung*
  Der Mehrbedarf von 500.000 € übersteigt den Planansatz 2024 von 3.000.000 €. Dabei handelt es sich bei Mehrauszahlungen, die die Ermächtigungen im Haushaltsplan übersteigen, um überplanmäßige Auszahlungen.
- *Investition*
  Investitionen sind Auszahlungen für die Veränderung des Anlagevermögens. Die Mehrauszahlung wird laut Sachverhalt für den Bau eines Freibades benötigt. Damit wird das Grundstücksvermögen der Gemeinde G erhöht (Aufbauten sind Grundstücksbestandteile laut § 94 BGB). Grundvermögen zählt zum Anlagevermögen der Gemeinde, sodass die Auszahlungen für den Bau des Freibades der Veränderung des Anlagevermögens (Erhöhung bzw. Vermehrung) dienen und somit Investitionen darstellen.
- *Fortführungsmaßnahme*
  Die Investition muss im folgenden Jahr fortgeführt werden. In der mittelfristigen Planung für das kommenden Jahr 2025 sind für den Bau des Freibades weitere 2.000.000 € vorgesehen. Daraus ist ersichtlich, dass die Baumaßnahme nicht in 2024 beendet werden kann, sondern im nächsten Haushaltsjahr fortzusetzen ist.
- *Deckung im kommenden Jahr möglich*
  Die in 2024 nicht vorhandene Deckung muss aber im Haushaltsjahr 2024 möglich sein. Laut Sachverhalt sind für den Freibadbau in 2025 weitere 2.000.000 € vorgesehen. Wird die Baumaßnahme in 2024 nun zügiger als geplant abgewickelt und sind deshalb Haushaltsmittel, die erst für 2025 vorgesehen waren, bereits in 2024 einzusetzen, werden diese zwangsläufig in 2025 nicht benötigt. Es tritt somit in 2024 praktisch eine Ersparnis von 500.000 € für den Bau des Freibades ein. Minderauszahlungen zählen zu den Deckungsmitteln für Mehrauszahlungen, sodass die über-

planmäßige Auszahlung von 500.000 € in 2024 aus der Einsparung bei der für 2025 vorgesehenen Auszahlungsposition für das Freibad gedeckt werden kann. Hinweise, dass die Mehrauszahlungen durch Kostensteigerungen verursacht wurden, enthält der Sachverhalt nicht.

Damit sind sämtliche Voraussetzungen des § 70 Abs. 2 BbgKVerf gegeben, sodass die an sich in 2024 erforderliche Deckung durch Deckungsmittel des Haushaltsjahres 2025 ersetzt wird. Die überplanmäßige Auszahlung für den Bau des Freibades in Höhe von 500.000 € ist somit gemäß § 70 Abs. 1 und 2 BbgKVerf zulässig.

19. Vermögenswirtschaft und Anlagenbuchhaltung

19.1 Struktur des kommunalen Vermögens

Im Rahmen der Vermögenswirtschaft stellt sich die grundsätzliche Frage einer gemeindlichen Verpflichtung zum Vermögenserhalt. Das Ziel, das bestehende Gemeindevermögen zu erhalten, ist weder in der BbgKVerf noch in der KomHKV angesprochen. Demgegenüber steht als oberster Grundsatz der Haushaltswirtschaft gemäß § 63 Abs. 1 BbgKVerf die stetige Aufgabenerfüllung. Dementsprechend stellt das Vermögen nur ein Umsetzungsinstrument der stetigen Aufgabenerfüllung dar. Eine generelle Pflicht zum Erhalt des gemeindlichen Vermögens besteht nicht. Aufwand aus Abschreibungen könnte also auch durch Aufwand aus Miete oder Pacht ersetzt werden. Vielmehr liegt im kommunalen Haushaltsrecht der Schwerpunkt im Bereich der Vermögensfinanzierung, bei der grundsätzlich das Ziel der Erhalt des Eigenkapitals ist. Das Eigenkapital stellt wiederum vereinfacht eine Saldogröße zwischen Vermögenswerten und Schulden sowie Sonderposten dar.

Hinsichtlich des Vermögens knüpft § 47 Abs. 1 Satz 2 KomHKV an den kaufmännischen Vermögensbegriff an, wonach ein Vermögensgegenstand grundsätzlich in die Bilanz aufzunehmen ist, wenn die Gemeinde das wirtschaftliche Eigentum daran innehat und dieser selbstständig verwertbar ist.

Weiterhin wird im § 2 Nr. 4 KomHKV in Anlehnung zum kaufmännischen Rechnungswesen eine grundlegende Vermögensstrukturierung vorgenommen, wonach im Anlagevermögen nur die Gegenstände auszuweisen sind, die dazu bestimmt sind, dauernd der Aufgabenerfüllung der Gemeinde zu dienen. Im Umkehrschluss ist das Vermögen, das nicht dauernd zur Aufgabenerfüllung bestimmt ist, im Umlaufvermögen (§ 2 Nr. 43 KomHKV) auszuweisen.

Für die gemeindliche Vermögenswirtschaft ist insbesondere von Bedeutung, in welcher Form die Planung, Bewirtschaftung und der Abschluss der Vermögensfortschreibung bei den unterschiedlichen Vermögensformen zu erfolgen hat und wo das gemeindliche Vermögen zu bilanzieren ist. Die Vermögenswirtschaft strukturiert sich anhand dieser Kriterien wie folgt:

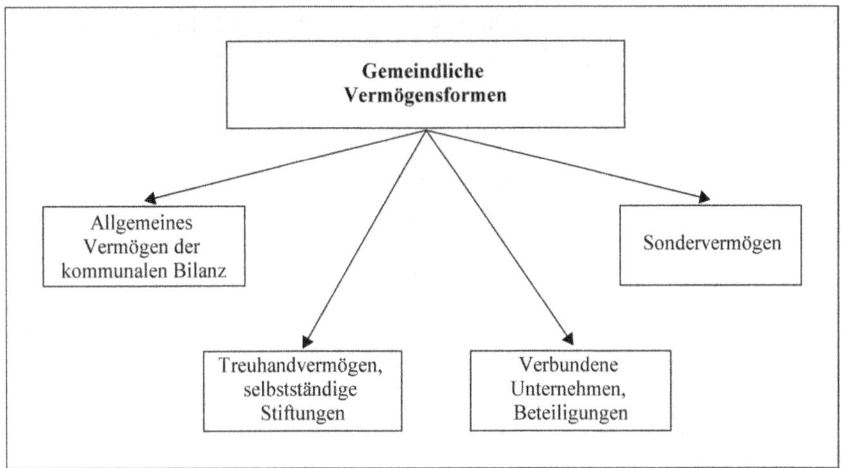

Gem. der §§ 65 und 66 BbgKVerf erfolgt die Investitionsplanung und -bewirtschaftung sowie deren Berücksichtigung im Jahresabschluss innerhalb der Rechnungskomponenten Finanzrechnung (Investitionsplanung und Abwicklung der investiven Maßnahmen) und Ergebnisrechnung (z. B. Berücksichtigung des Vermögensverzehrs, Aktivierung von Eigenleistungen), vgl. §§ 3 bis 8 KomHKV. Zur Bilanzierung ist für das gemeindliche Vermögen nach §§ 78 und 79 BbgKVerf sowie § 35 Abs. 1 KomHKV ein Vermögensverzeichnis[1] zu erstellen, wobei der Wert der einzelnen im wirtschaftlichen Eigentum stehenden Vermögensgegenstände anzugeben ist (Inventar). Dies bedeutet, dass im Rahmen des Grundsatzes der Vollständigkeit grundsätzlich sämtliches Vermögen der Gemeinde zu erfassen und zu bewerten ist, es sei denn, dass dieser Grundsatz durch speziellere Regelungen eingeschränkt wird.

Aufgrund der allgemeinen Systematik des doppischen Rechnungswesens ist nach § 35 Abs. 1 KomHKV das erstellte Inventar die Grundlage für die Bilanzerstellung. Die Bilanz ist nach § 82 Abs. 2 BbgKVerf pflichtiger Bestandteil des Jahresabschlusses. Die einzelnen Bestandskonten der Bilanz sind aufgrund der allgemeinen Systematik des doppischen Rechnungswesens Grundlage der Vermögensbewirtschaftung.[2]

Das allgemeine Vermögen der kommunalen Bilanz ist in Kap. 10 dargestellt und wird an dieser Stelle daher nicht weiter betrachtet.

1 Dieses Vermögensverzeichnis wird in der Praxis durch eine Anlagenbuchhaltung erstellt, in der sämtliche Vermögensgegenstände einzeln erfasst und bewertet werden.

2 Eine Einzelerfassung und -bewertung innerhalb der Bilanz auf einzelnen Konten stellt sich in der buchhalterischen Praxis schwierig dar. I. d. R. liegt die Aufgabe der laufenden unterjährigen Abbildung der Ergebnisse und Maßnahmen der Vermögensbewirtschaftung bei einer Anlagenbuchhaltung.

19.2 Sondervermögen, Treuhandvermögen und rechtlich selbstständige örtliche Stiftungen

19.2.1 Inhaltliche Abgrenzung

Abweichend vom allgemeinen Vermögen bestehen für die besonderen Vermögensformen „Sondervermögen", „Treuhandvermögen" und rechtlich selbstständige örtliche Stiftungen der Gemeinden eigenständige Vorschriften in den §§ 86 bis 90 BbgKVerf. Diese eigenständigen Vorschriften begründen sich im Charakter dieser Vermögensformen. Dieser wird beim Sondervermögen dadurch bestimmt, dass es sich um Mittel und Gegenstände handelt, die zur Erfüllung bestimmter Zwecke vom Haushalt der Gemeinde abgesondert, von einem Dritten an die Gemeinde für einen bestimmten Zweck übereignet worden oder durch sonstige Rechtsakte unter Zweckbindung auf die Gemeinde übergegangen sind. Aus dieser Definition ist klar ersichtlich, dass das Sondervermögen vom allgemeinen Vermögen des kommunalen Haushaltes zu trennen und besonders zu behandeln ist.

Beim Treuhandvermögen und den rechtlich selbstständigen örtlichen Stiftungen kommt hinzu, dass diese nach besonderem Recht eigenständige Vermögensmassen darstellen, deren Planung, Bewirtschaftung und Rechnungslegung eine in sich abgeschlossene Darstellung erfordern.

Damit ergibt sich für die besonderen Vermögensformen Sondervermögen, Treuhandvermögen und rechtlich selbstständige örtliche Stiftungen je nach Art entweder eine grundsätzliche Trennung *innerhalb* der gemeindlichen Haushaltspläne oder *von* den gemeindlichen Haushaltsplänen.

Abzugrenzen sind die besonderen Vermögensformen „Sondervermögen", „Treuhandvermögen" und rechtlich selbstständige örtliche Stiftungen von den rechtlich selbständigen verbundenen Unternehmen und Beteiligungen, die nicht den Bestimmungen der Haushaltswirtschaft unterliegen. In Kap. 19.6 erfolgt eine eigene Darstellung zu diesen Vermögensformen.

19.2.2 Eigenbetriebe

Bestimmte Teile des Finanzanlagevermögens werden lediglich in der kommunalen Bilanz in Form des fortgeschriebenen Anschaffungswertes[3] ausgewiesen. Planung, Bewirtschaftung und Abschluss der Vermögensfortschreibung erfolgen dagegen im Rahmen eines eigenständigen Rechnungswesens nach der Eigenbetriebsverordnung (EigVO).

Allerdings unterliegen die rechtlich unselbständigen aber organisatorisch selbstständigen Eigenbetriebe nach § 86 Abs. 2 BbgKVerf zusätzlich einigen Vorschriften

3 Grundsätzlich wird der Vermögenswert im Rahmen der Anschaffung einmalig in die Bilanz eingestellt. Eine Fortschreibung kann beispielsweise nur durch besondere Sachverhalte (wie außerplanmäßige Abschreibungen), durch nachträgliche Anschaffungskosten oder durch Zuschreibungen erfolgen.

über die Haushaltswirtschaft nach der BbgKVerf. Sinngemäß sind danach anzuwenden:

- Sicherung der stetigen Aufgabenerfüllung (§ 63 Abs. 1 BbgKVerf),
- Wirtschaftlichkeit und Sparsamkeit (§ 63 Abs. 2 BbgKVerf),
- Einbindung in die Erfordernisse des gesamtwirtschaftlichen Gleichgewichts (§ 63 Abs. 1 BbgKVerf),
- Ausgleich des Wirtschaftsplans in Plan und Rechnung – Gesamtbetrag der Erträge mindestens so hoch, wie der Gesamtbetrag der Aufwendungen (§ 63 Abs. 4 BbgKVerf),
- Mittelfristige Ergebnis- und Finanzplanung (§ 72 BbgKVerf),
- Eingehen von Verpflichtungen zur Leistung von Auszahlungen (§ 73 BbgKVerf),
- Kreditaufnahmen (§ 74 BbgKVerf),
- Bestellung von Sicherheiten und Übernahme von Gewährleistung für Dritte (§ 75 BbgKVerf),
- Sicherstellung der Liquidität (§ 76 BbgKVerf),
- Umgang mit Vermögensgegenständen (§§ 78 und 79 BbgKVerf).

In der kommunalen Praxis bestehen überwiegend eigenbetriebsähnliche Einrichtungen (z. B. Kulturbetriebe oder Hilfsbetriebe zur Deckung des Eigenbedarfs aus den Bereichen Gebäudemanagement oder EDV). Ein Beispiel für Eigenbetriebe sind die kommunalen Stadtwerke. In der Praxis werden Stadtwerke jedoch vielfach nicht mehr als Eigenbetrieb, sondern in einer privatrechtlichen Gesellschaftsform (z. B. GmbH) geführt.

19.2.3 Vermögen der rechtlich unselbstständigen örtlichen Stiftungen

§ 90 Abs. 1 Satz 1 BbgKVerf definiert die inhaltlichen Komponenten der örtlichen Stiftungen. Diese gelten sowohl für die rechtlich unselbstständigen als auch für die rechtlich selbstständigen Stiftungen. Hiernach gründen sich örtliche Stiftungen auf Privatrecht. Nach dem Willen des Stifters werden diese

- von der Gemeinde verwaltet und
- dienen überwiegend örtlichen Zwecken.

Für die örtlichen Stiftungen ist außerdem das Stiftungsgesetz für das Land Brandenburg (StiftG Bbg) vom 20.4.2004 (GVBl. I/40 S. 150) in der derzeit geltenden Fassung zu beachten, welches das Stiftungsverfahren näher beschreibt. In diesem Zusammenhang ist auch die Regelung des § 90 Abs. 1 Satz 2 BbgKVerf näher zu betrachten. Diese legt fest, dass grundsätzlich die örtlichen Stiftungen nach den Regelungen der BbgKVerf zu verwalten sind, soweit nicht durch Gesetz oder Stifter etwas anderes bestimmt ist. Im Rahmen der Übernahme der Stiftungsverwaltung sollte daher auf derartige besondere Bestimmungen des Stifters geachtet werden. Sollte dieser beispielsweise bestimmt haben, dass sein Stiftungsvermögen nach den Grundsätzen der früheren Kameralistik zu führen ist, benötigt die Gemeinde für die Rechnungsführung ein abweichendes eigenständiges Rechnungswesen.

Die Regelungen der BbgKVerf gehen generell davon aus, dass es sich um Stiftungen Dritter handelt, die von der Gemeinde verwaltet werden. Eine Regelung, nach der die Gemeinde aus ihren Mitteln oder ihrem Vermögen selbst Stiftungen einrichten oder sich an Stiftungen beteiligen, ist zurzeit nicht gegeben.

Das Vermögen der rechtlich unselbstständigen Stiftungen ist gemäß § 86 Abs. 3 BbgKVerf immer im gemeindlichen Haushaltsplan gesondert als eigener Teilplan nachzuweisen, wobei die Vorschriften über die Haushaltswirtschaft, das Prüfungswesen und die Aufsicht Anwendung finden.

Ergeben sich im Rahmen der Bewirtschaftung der rechtlich unselbstständigen örtlichen Stiftung durch die Gemeinde grundlegende Änderungserfordernisse wie die Umwandlung des Stiftungszwecks und Zusammenlegungs- oder Aufhebungserfordernisse, liegt gem. § 90 Abs. 2 BbgKVerf dieses Gestaltungsrecht bei der Gemeinde. Die Änderungen bedürfen jedoch der Genehmigung der Aufsichtsbehörde.

19.2.4 Treuhandvermögen und rechtlich selbstständige örtliche Stiftungen

Beim Treuhandvermögen sowie bei rechtlich selbstständigen örtlichen Stiftungen hat die Gemeinde eine Vermögensmasse nach besonderem Recht treuhänderisch zu verwalten. „Treuhänderisch" bedeutet, dass die Gemeinde die treuhänderisch verwaltete Vermögensmasse eigenständig ausweisen muss, sie in der Verwaltung bzw. Verfügung des Vermögens eingeschränkt ist und sie nach außen insbesondere dokumentieren muss, dass sie nur „Treuhänder", nicht etwa uneingeschränkter wirtschaftlicher Eigentümer der Vermögensmasse ist.

Dementsprechend hat die Gemeinde nach § 87 Abs. 1 BbgKVerf besondere Haushaltspläne aufzustellen und Sonderrechnungen zu führen. Hierfür sind Sonderkassen zu bilden, die wiederum bei den Gemeindekassen zu führen sind nach § 88 BbgKVerf.

Als Ausnahme hiervon kann nach § 87 Abs. 2 BbgKVerf unbedeutendes Treuhandvermögen auch im Haushalt der Gemeinde gesondert nachgewiesen werden.

Die Erscheinungsformen der Treuhandschaft sind vielfältig. Ein denkbares Beispiel ist der Erwerb eines Grundstücks durch einen Entwicklungsträger als Treuhänder einer Gemeinde. Ein Beispiel für selbstständige rechtliche Stiftungen sind Familienstiftungen.

19.3 Erwerb und Veräußerung von Vermögen

19.3.1 Abbildung im Rechnungswesen

Die Abbildung von Vorgängen der Vermögenswirtschaft beschränkt sich nicht auf die Finanzrechnung, sondern berührt alle drei Komponenten des kommunalen Rechnungswesens. Dies wird besonders deutlich im Rahmen der Vermögensveräußerung.

Eine Veräußerung zum Buchwert des Vermögensgegenstandes stellt die Ausnahme dar. Vielmehr wird es Erträge und Aufwendungen bei der Veräußerung von Vermögen geben. Die Erträge und Aufwendungen fließen in die Ergebnisrechnung und bestimmen so über den Haushaltsausgleich mit.

19.3.2 Erwerb von Vermögen

Gemäß § 78 Abs. 1 BbgKVerf soll die Gemeinde Vermögensgegenstände nur erwerben, wenn dies zur Erfüllung ihrer Aufgaben erforderlich ist oder wird. Durch diese Regelung wird die Vorrangigkeit des Grundsatzes der Aufgabenerfüllung konkret betont, der gemäß § 63 Abs. 1 BbgKVerf das gesamte Haushaltsrecht durchzieht.

Die typischen Vermögenserwerbe sind der unmittelbaren bzw. sofortigen Aufgabenerfüllung zuzuordnen. So kauft die Gemeinde z. B. ein Feuerwehrfahrzeug zur Sicherstellung des Brandschutzes oder erwirbt Aktien, um die Elektrizitätsversorgung für das Gemeindegebiet mitzugestalten. Im Rahmen der zeitlichen Komponente müssen Vermögenserwerb und Aufgabenerfüllung jedoch nicht immer übereinstimmen. So ist es durchaus zulässig, bereits jetzt ein Grundstück zu erwerben, um darauf in etwa zehn Jahren eine Schule zu errichten. Insofern tritt der Grundsatz der Wirtschaftlichkeit und Sparsamkeit nach § 63 Abs. 2 BbgKVerf hinzu, der solche gezielten Vorratskäufe rechtfertigt.

Aber auch der Vermögenserwerb für einen derzeit nicht absehbaren Verwendungszweck kann durchaus nach § 78 Abs. 1 BbgKVerf vertretbar sein. Dazu gehören u. a. Grundstückskäufe ohne direkte Aufgabenzuordnung, z. B. die Bodenbevorratung für spätere Bauten oder gar zur Verwendung als Tauschgrundstück, um andere Grundstücksflächen später leichter erwerben zu können. Auch diese Vermögenserwerbe dienen der Aufgabenerfüllung der Gemeinde, so dass daran die Breite des Begriffes recht deutlich wird. Kriterium für die Verwendung ist die Absehbarkeit des Vermögenseinsatzes im Rahmen der Erfüllung gemeindlicher Aufgaben.

Hinzu kommt, dass öffentliche Aufgaben außerhalb der Pflichtaufgaben von den Gemeinden selbst bestimmt werden, so dass die Erwerbsgründe recht unterschiedlich sind und somit die Erwerbsarten nicht normiert werden können. Hat sich eine Gemeinde z. B. zur Aufnahme des Betriebs eines Museums entschlossen, gehört der Erwerb von kostspieligen Gemälden zu den gemeindlichen Aufgaben. Bei einer Gemeinde ohne diese Aufgabenart wäre die Anschaffung solcher Gemälde gemäß § 78 Abs. 1 BbgKVerf nicht vertretbar, erst recht nicht zur Ausschmückung von Diensträumen.

Wenn auch der § 78 Abs. 1 BbgKVerf eine „Soll-Vorschrift“ darstellt, findet hier doch eine kaum zu überbietende Verdichtung zu einer „Muss-Regelung“ statt, weil ein Vermögenserwerb außerhalb der Aufgabenerfüllung der Gemeinde zwar als begründeter Ausnahmefall möglich wäre, jedoch am Grundsatz der Wirtschaftlichkeit und Sparsamkeit scheitert. Eine weite Auslegung der Normierung des § 78 Abs. 1 BbgKVerf bietet sich deshalb nur insoweit an, als die Aufgabenerfüllung selbst einen dehnbaren Begriff darstellt.

Bevor Investitionen durch die Gemeindevertretung beschlossen werden, soll gem. § 16 Abs. 1 KomHKV im Vorfeld ein Wirtschaftlichkeitsvergleich unter den in Betracht kommenden Möglichkeiten stattfinden. Zumindest hat ein Vergleich der Investitionsalternativen anhand der Anschaffungs- oder Herstellungskosten unter Einbeziehung der Folgekosten zu erfolgen. Für den Bereich aller Baumaßnahmen müssen gem. § 16 Abs. 2 KomHKV zunächst Baupläne, Kostenberechnungen und Erläuterungen vorliegen, aus denen die Art der Ausführung, einschließlich der Einrichtungskosten sowie der Folgekosten ersichtlich sind. Außerdem ist ein Bauzeitplan beizufügen. Des Weiteren müssen die Unterlagen auch die voraussichtlichen Jahresauszahlungen unter Angabe der Kostenbeteiligung Dritter und die für die Dauer der Nutzung entstehenden jährlichen Haushaltsbelastungen ausweisen. Ausnahmen sind bei Investition von geringer finanzieller Bedeutung und bei unabweisbaren aktivierungsfähigen Instandsetzungen zulässig, jedoch muss hierfür gem. § 16 Abs. 3 KomHKV mindestens eine Kostenberechnung vorliegen.

Die Entscheidung über den Erwerb von Vermögensgegenständen hat die Gemeindevertretung der Gemeinde zu fällen, sofern es sich nicht um Geschäfte der laufenden Verwaltung handelt. Diese Entscheidungen unterliegen gemäß § 54 Abs. 1 Nr. 5 BbgKVerf der Zuständigkeit des Hauptverwaltungsbeamten. Allerdings besteht hierbei die Möglichkeit, solche laufenden Geschäfte ganz oder teilweise dem Hauptausschuss zu übertragen. Von dieser Möglichkeit wird in der Praxis regelmäßig insofern Gebrauch gemacht, als die Wertgrenze für die Entscheidungen der Gemeindevertretung sehr hoch angesetzt wird, so dass Entscheidungsspielräume sowohl für Ausschüsse als auch für den Bürgermeister verbleiben. Der Hauptausschuss kommt so zu Entscheidungskompetenzen.

19.3.3 Veräußerung von Vermögen

Die Veräußerung von Vermögen stellt auf die Rechtsübertragung von Gegenständen (Übereignung oder Abtretung) ab, sodass die Art des Verfügungsgeschäftes (Kauf, Schenkung oder Tausch), aber auch der Bilanzierungsgrundsatz des wirtschaftlichen Eigentums, unerheblich ist. Maßgeblich ist, dass die Gemeinde mit der Veräußerung das rechtliche Eigentum am Vermögensgegenstand verliert. Die Vermögenssubstanz der Gemeinde wird abgebaut, sodass § 79 Abs. 1 BbgKVerf die Veräußerung nur zulässt, wenn der Vermögensgegenstand in absehbarer Zeit nicht benötigt wird. Wenn die Gemeinde nicht mit einer äußerst hohen Gewissheit ausschließen kann, dass der Vermögensgegenstand nicht noch einmal zur Aufgabenerfüllung benötigt wird, darf sie ihn nicht veräußern. Wenn z. B. eine Gemeinde beabsichtigt, evtl. in zehn Jahren auf einem Grundstück eine Schule zu errichten, darf sie das Grundstück nicht verkaufen. Dies entspricht wiederum der bereits beim Vermögenserwerb festgestellten absoluten Vorrangigkeit der Aufgabenerfüllung. Jedoch sind hiervon auch nach § 79 Abs. 1 Satz 2 BbgKVerf Ausnahmen möglich. Eine Veräußerung ist demnach mit Genehmigung der Kommunalaufsicht zulässig, wenn auf diese Weise die Aufgaben nachweislich wirtschaftlicher erfüllt werden können und die Erfüllung pflichtiger Aufgaben nicht gefährdet ist.

Andererseits ergibt sich aus § 79 Abs. 1 BbgKVerf für die Gemeinde keine Veräußerungsverpflichtung, wenn der Vermögensgegenstand nicht mehr benötigt wird. Die Gemeinde kann die einmal erworbenen Vermögensgegenstände auch ohne konkreten Aufgabenbezug vorhalten. Eine Veräußerungspflicht kann sich allerdings durch den Grundsatz der Wirtschaftlichkeit (§ 63 Abs. 2 BbgKVerf) ergeben. So darf beispielsweise ein nicht benötigtes Gebäude nicht mehr im Vermögensbestand gehalten werden, wenn die Unterhaltungs- und Betriebskosten für das Gebäude die Erträge übersteigen.

Vermögensgegenstände dürfen gemäß § 79 Abs. 2 BbgKVerf in der Regel nur zu ihrem vollen Wert veräußert werden. Dabei handelt es sich um den jeweiligen Zeitwert und nicht um frühere Anschaffungsbeträge. Der Begriff des Zeitwerts umfasst auch durchaus außergewöhnliche Wertsteigerungen wie z. B. Planungsgewinne, welche die Gemeinde wie jeder andere nutzen darf. Der mögliche Verkaufserlös ergibt sich somit immer am Markt aus dem Verhältnis zwischen Angebot und Nachfrage. Beim Immobilienvermögen kann der Zeitwert durch die öffentlich-rechtlichen Gutachterausschüsse der Kreise und kreisfreien Städte festgestellt werden.

Eine ausgezeichnete Definition des Begriffes „voller Wert" enthält Ziff. 2 VV zu § 63 LHO:

> *„Der volle Wert[4] [...] wird durch den Preis bestimmt, der im gewöhnlichen Gebrauch nach der Beschaffenheit des Gegenstandes bei einer Veräußerung zu erzielen wäre; dabei sind alle Umstände, die den Preis beeinflussen, nicht jedoch ungewöhnliche oder persönliche Verhältnisse, zu berücksichtigen. Ist der Marktpreis feststellbar, bedarf es keiner besonderen Wertermittlung."*

Allerdings wird die Veräußerung zum vollen Wert durch § 79 Abs. 2 BbgKVerf nur zur Regel erhoben. Damit trägt das Gesetz der Tatsache Rechnung, dass der Markt nicht immer einen Verkaufserlös des Gegenstandes zum Zeitwert zulässt. So ergibt sich beispielsweise für die Gemeinde beim Verkauf eines gebrauchten Abfallbeseitigungsfahrzeugs als erzielbarerer Ertrag nur der halbe Restbuchwert, weil am Markt nur eine geringe Bereitschaft zur Abnahme dieser Fahrzeugart besteht und im Rahmen der Marktmechanismen die wenigen Nachfrager den Preis senken können.

Andererseits kann die Wahrnehmung einer öffentlichen Aufgabe bewusst die Veräußerung eines Vermögensgegenstandes unterhalb des Zeitwertes erfordern, evtl. sogar durch eine unentgeltliche Vermögensübertragung.

> ***Beispiel:***
> *Innerhalb der Grenzen eines Bebauungsplans für Ein- und Zweifamilienhäuser besitzt die Stadt S mehrere entsprechend bebaubare Grundstücke. Aufgrund der bereits vorhandenen Bebauung wird die Errichtung eines Kindergartens erforderlich. Die örtliche Kirchengemeinde ist bereit, den Kindergarten zu betreiben.*

---

4 Es besteht eine öffentliche Anbietungspflicht, um den vollen Wert zu ermitteln.

Hierzu will sie das Grundstück für den Kindergarten von der Stadt S erwerben. Nach der Bodenrichtwertkarte beträgt innerhalb der Grenzen des Bebauungsplans der Verkehrswert der Grundstücke je qm 400 €. Die Kirchengemeinde ist nur bereit, den üblichen Preis für Gemeinbedarfsflächen zu 100 € je qm zahlen. Die Stadt S veräußert das Grundstück zu einem Preis von 100 € je qm, obwohl sie auch an einen privaten Dritten 400 € je qm als Baugrundstück hätte erzielen können.

Anhand dieses Beispiels wird die Begründung für Veräußerungen unter Zeitwert deutlich. Durch ihre Handlungsweise fördert die Stadt S eine Aufgabe, die sie sonst selbst hätte wahrnehmen müssen, so dass sie sich jetzt die Folgekosten der Beibehaltung bzw. Schaffung der Einrichtungen erspart und somit wirtschaftlich entschieden hat.

Eine unentgeltliche Vermögensübertragung einer Gemeinde an Dritte ist im sozialen Bereich denkbar, die jeweils in der konkreten Aufgabenerfüllung begründet sind.

Beispiel:
Ein karitativer Verband übernimmt für die Gemeinde G zu Beginn eines Haushaltsjahres den Fahrdienst für Menschen mit Behinderung. Zu dessen Durchführung wird dem karitativen Verband von der Gemeinde G ein spezielles Fahrzeug im Wert von 30.000 € geschenkt. Damit bei frühzeitiger Aufgabe des Fahrdienstes die Schenkung nicht unwirtschaftlich wird, ist vertraglich eine unentgeltliche Rückübertragung des Fahrzeuges an die Gemeinde G vereinbart worden. Durch ihre Schenkung fördert die Gemeinde G eine Aufgabe, die sie sonst selbst wahrgenommen hätte, so dass sie sich Personal- und Sachkosten erspart und somit wirtschaftlich entschieden hat.

Für die Wirtschaftlichkeit, aber auch für die buchhalterische Abbildung des Sachverhaltes einer Schenkung ist die rechtliche Ausgestaltung von besonderer Bedeutung.

Erfolgt die Schenkung ohne jegliche rechtlichen Bedingungen oder Auflagen gegenüber dem Dritten, so stellt eine Schenkung wie im obigen Beispiel einen einmaligen Transferaufwand (Zuwendungsaufwand) in Höhe von 30.000 € im Haushaltsjahr dar.

Erfolgt die Schenkung dagegen anhand des obigen Beispiels unter der Bedingung, dass das Fahrzeug bei Aufgabe des Fahrdienstes an die Gemeinde zurück zu übertragen ist, erfolgt eine Trennung des Aufwandes entsprechend dem Periodisierungsprinzip des kaufmännischen Rechnungswesens auf mehrere Haushaltsjahre. Es muss also eine Zweckbindung bzw. Gegenleistungsverpflichtung vorliegen. Dies geschieht in Form einer aktiven Rechnungsabgrenzung. Bei dieser wird der Aufwand von 30.000 € orientiert an der voraussichtlichen Nutzungsdauer des Fahrzeuges auf mehrere Haushaltsjahre abgegrenzt. Bei einer angenommenen Nutzungsdauer von beispielsweise sechs Jahre bedeutet dies, dass sich die Anschaffungskosten des geschenkten Fahrzeuges in Höhe von 30.000 € auf das laufende und die fünf folgenden Haushaltsjahre jeweils als Aufwand in Höhe von 5.000 € verteilen.

Für die Überlassung der Nutzung eines Gegenstands – Eigentum verbleibt der Gemeinde – gelten gemäß § 79 Abs. 2 Satz 2 BbgKVerf die vorstehend beschriebenen Grundsätze sinngemäß. Hieraus folgt, dass die Überlassung von Vermögensgegenständen regelmäßig gegen ein marktübliches Entgelt zu erfolgen hat. Dies geschieht durch Miet- oder Pachtverträge. Nachlässe bzw. unentgeltliche Überlassungen (Leihe/kostenlose Grundstücksnutzung) sind wiederum aus den bei der Veräußerung von Vermögensgegenständen näher beschriebenen Gründen zulässig.

Die Veräußerung eines Vermögensgegenstandes ist für die Gemeinde regelmäßig mit dem Risiko verbunden, dass sich nach einem gewissen Zeitablauf herausstellt, dass der veräußerte Gegenstand doch noch benötigt wird. Dies ist vor allem bei Grundstücken zu beachten, weil Grundvermögen nicht beliebig vermehrbar und deshalb nicht ohne Weiteres am Markt ersetzbar ist.

Bei Gemeindevermögen mit besonderem Wert für die Allgemeinheit wie z. B. bei Kunstgegenständen oder geschichtlichen Dokumenten muss die Gemeinde neben ihrer eigentlichen Aufgabenerfüllung weitergehende Belange für die Gesamtgesellschaft berücksichtigen.

Eine Genehmigungspflicht durch die Aufsichtsbehörde bei Vermögensveräußerungen sieht die Kommunalverfassung nur vor

- für eine Veräußerung unter dem vollen Wert nach § 79 Abs. 3 BbgKVerf und
- für die Veräußerung von Vermögensgegenständen, die zur Erfüllung der Aufgaben weiterhin benötigt werden (§ 79 Abs. 1 Satz 2 BbgKVerf).

Für die übrigen Rechtsgeschäfte bei der Vermögensveräußerung ist weder eine Genehmigungspflicht noch eine Anzeigepflicht nach BbgKVerf gegeben. Hier besteht lediglich die allgemeine Rechtsaufsicht. Diese greift jedoch nach § 109 BbgKVerf erst im Rahmen von nachgehenden Prüfungen, sodass sie in der Regel bei Veräußerungen von kommunalem Vermögen nicht beteiligt ist. Zu diesem Zeitpunkt kann in privatrechtliche Rechtsgeschäfte nicht mehr eingegriffen werden.

Eine besondere Stellung haben die sogenannten „Sale-and-lease-back-Geschäfte". Hierbei wird kommunales Vermögen – überwiegend im Immobilienbereich – an einen Investor veräußert und dann von diesem zurückgeleast. Die Wahrnehmung der öffentlichen Aufgabe wird durch das „Rück-Leasing" des Objekts gesichert. Der Vorteil liegt in einem Liquiditätszufluss aus Veräußerung, der ansonsten durch eine Kreditaufnahme erfolgen müsste.[5]

§ 79 Abs. 1 Satz 1 BbgKVerf lässt den Verkauf nicht mehr benötigter Vermögensgegenstände zu. Wenn nämlich ein Vermögensgegenstand wirtschaftlich günstig geleast werden kann, wird das Eigentum an dem sich in Gebrauch befindlichen Gegenstand nicht mehr benötigt. Es muss allerdings sichergestellt sein, dass die Gemeinde ein Rückkaufrecht für den Vermögensgegenstand erhält. Des Weiteren ist stets den

5 In Brandenburg sind „Sale-and-lease-back-Geschäfte" grundsätzlich möglich, wenn die Eigentumsübertragung zur kostengünstigen Sonderfinanzierung einer Investitionsmaßnahme an der betreffenden Immobilie selbst dient. Vgl. Runderlass in kommunalen Angelegenheiten des Ministeriums des Inneren des Landes Brandenburg Nr. 7/2003, Kreditwesen der Kommunen (Runderlass Nr. 7/2013), S. 22, Abschnitt 2.1.6.

Grundsätzen ordnungsmäßiger Buchführung Rechnung zu tragen. Nach § 48 Abs. 1 KomHKV ist der Ressourcenverbrauch in Form von Rückstellungen periodengerecht abzubilden. Sofern beispielsweise aufgrund vertraglicher Regelungen die Leasingverpflichtungen nicht vollständig durch die laufenden Leasing-Aufwendungen gedeckt werden, ist die einmalige Zahlungsverpflichtung zum Ende der Laufzeit des Leasingvertrages mittels einer Rückstellungsbildung aufwandsmäßig auf die Haushaltsjahre der Laufzeit des Leasingvertrages zu verteilen.

Nicht durch § 79 Abs. 1 Satz 1 BbgKVerf tangiert und damit rechtlich zweifelsfrei zulässig ist das sog. „Cross-Border-Leasing". Aufgrund der vor allem in den USA gegebenen steuerlichen Möglichkeiten wurden Vermögensteile (z. B. Kanalsysteme und Kläranlagen, Gebäudekomplexe) langfristig an amerikanische Investoren vermietet und sofort zur gemeindlichen Nutzung zurückgeleast. An dem steuerlichen Vorteil, den der amerikanische Investor erlangte, wurde die Gemeinde beteiligt. Da dieser kommunale Anteil am Steuervorteil sofort nach Inkrafttreten des Leasingvertrages abgezinst in einer Summe der Gemeinde ausgezahlt wurde, erhielt die Gemeinde einen erheblichen Liquiditätszufluss, der ertragsmäßig periodengerecht im Rahmen der Buchführungsgrundsätze über die Vertragslaufzeit abzugrenzen war. Die Gemeinde blieb nach deutschem Recht weiterhin Eigentümerin des Vermögens, sodass keine Veräußerung im Sinne von § 79 Abs. 1 Satz 1 BbgKVerf vorlag.

Allerdings muss auf die Risiken dieser Geschäfte hingewiesen werden, zumal diese Geschäfte das amerikanische Recht berücksichtigten (u. a. bilanziert auch der amerikanische Leasinggeber das Vermögen des Leasinggeschäfts) und langfristige Bindungen für die Gemeinde bedeuten. Als kreditähnliches Geschäft unterliegen sie nach § 75 Abs. 5 BbgKVerf der Genehmigungspflicht durch die Aufsichtsbehörde.[6]

19.3.4 Übungen

Sachverhalt Nr. 1

Die Gemeinde G will folgende Vermögenserwerbe durchführen:

a) Kauf verschiedener Wohngrundstücke, um später diese Grundstücke bei konkreten Objekten als Tauschgrundstücke anbieten zu können.

b) Kauf eines alten Fabrikgebäudes, weil in etwa zehn Jahren auf diesem Gelände eine Eissporthalle durch die Gemeinde errichtet werden soll.

c) Kauf eines alten Fabrikgebäudes, um lediglich im Rahmen der Wirtschaftsförderung das bisherige Eigentümerunternehmen von den erheblichen Unterhaltungskosten für diese Gebäude zu entlasten.

Aufgabe:

Begutachten Sie die Zulässigkeit der beabsichtigten Vermögenserwerbe.

6 Zu Einzelheiten siehe Runderlass in kommunalen Angelegenheiten des Ministeriums des Inneren Nr. 7/2013, Kreditwesen der Kommunen (Runderlass Nr. 7/2003), S. 22, Abschnitt 2.1.7 und vgl. 3.8.

Lösung:
Gemäß § 78 Abs. 1 BbgKVerf soll ein Vermögenserwerb nur erfolgen, wenn dieses zur Erfüllung gemeindlicher Aufgaben erforderlich ist oder wird. Unter diesem Aspekt sind die einzelnen Fälle des Sachverhaltes zu beurteilen.

Zu a)
Die zu erwerbenden Wohngrundstücke dienen zwar nicht unmittelbar der direkten Aufgabenerfüllung, weil sie nicht konkret einer Aufgabe der Gemeinde zugeordnet werden können. Dieses wäre z. B. gegeben, wenn die Grundstücke für den Bau einer Schule oder die Errichtung einer Kindertagesstätte eingesetzt würden. Die Gemeinde benötigt die Grundstücke aber im Laufe der Zeit mittelbar zur Erfüllung ihrer Aufgaben. Wegen der Knappheit von Baugrundstücken können heute in vielen Fällen Kaufverträge nur noch abgeschlossen werden, wenn gleichzeitig Ersatzgrundstücke angeboten werden. Insofern dient die Beschaffung der Wohngrundstücke letztlich der zukünftigen Aufgabenerledigung, sodass der Erwerb zulässig ist.

Zu b)
Die Gemeinde will in etwa zehn Jahren als öffentliche Einrichtung eine Eissporthalle schaffen. Insofern handelt es sich um die Erledigung einer öffentlichen Aufgabe im Sinne des § 78 Abs. 1 BbgKVerf, auch wenn diese freiwillig ist. Das Grundstück wird zur Erreichung dieser Aufgabe benötigt, wobei der zeitliche Aspekt unerheblich ist. Eine spezielle Vorratswirtschaft, der dieser Grundstückskauf dient, ist durch § 78 Abs. 1 BbgKVerf zugelassen.

Zu c)
Der Kauf des Fabrikgrundstückes erfolgt im Rahmen der Wirtschaftsförderung. Um ein privates Unternehmen von unrentablen Kosten zu entlasten, erwirbt die Gemeinde das Gebäude. Wirtschaftsförderung ist zwar zweifellos eine gemeindliche Aufgabe, jedoch muss bei der Erledigung auch der Aspekt der Wirtschaftlichkeit beachtet werden. Die Wirtschaftsförderung für diesen speziellen Betrieb hätte auch in anderer Form, z. B. durch Zuschüsse oder Darlehen erreicht werden können, die nicht so hohe Folgekosten der Grundstücksunterhaltung nach sich ziehen würden. Das Unternehmen selbst müsste versuchen, das Grundstück am Markt zu veräußern. Der Grunderwerb ist somit nicht unbedingt zur gemeindlichen Aufgabenerfüllung erforderlich, so dass er gemäß § 78 Abs. 1 BbgKVerf unzulässig ist.

Sachverhalt Nr. 2
Die Gemeinde G, 70.000 Einwohner, will einem Wohlfahrtsverband das Nutzungsrecht an einem Grundstück (Verkehrswert: 300.000 €) kostenlos einräumen, damit der soziale Träger darauf ein Altenheim errichten kann.

Aufgaben:
a) Begutachten Sie die Zulässigkeit der kostenlosen Überlassung des Grundstückes.

b) Wie ändert sich die Lösung zu a), wenn das Grundstück zu einem Preis von 30.000 € an den Wohlfahrtsverband veräußert würde?

Lösung:

Zu a)

Für Bedenken, dass das Grundstück für die Aufgabenerfüllung der Gemeinde noch benötigt wird, bietet der Sachverhalt keine Anhaltspunkte. § 79 Abs. 2 Satz 2 BbgKVerf i. V. m. Abs. 1 Satz 1 BbgKVerf ist hinsichtlich dieses Aspektes nicht näher zu prüfen.

Die kostenlose Verpachtung des Grundstückes stellt eine unentgeltliche Überlassung eines Vermögensgegenstandes im Sinne des § 79 Abs. 2 Satz 2 BbgKVerf dar, so dass § 79 Abs. 1 Satz 2 BbgKVerf sinngemäß anzuwenden ist. Danach ist in der Regel eine unentgeltliche Überlassung ausgeschlossen. Allerdings erfüllt die Gemeinde hier einen öffentlichen Zweck, nämlich die Unterstützung der Bereitstellung von sozialen Einrichtungen für die Bevölkerung. Durch die Schaffung des Altenheims durch einen freien Träger wird die Gemeinde außerdem von der Aufgabe entbunden, selbst ein Altenheim zu bauen und zu betreiben. Insofern hat sie sich durch die kostenlose Verpachtung auch wirtschaftlich verhalten. Die unentgeltliche Überlassung ist somit aufgrund einer sachlich fundierten Entscheidung erfolgt, so dass sie als Ausnahme zu § 79 Abs. 2 BbgKVerf i. V. m. § 79 Abs. 1 BbgKVerf als zulässig anzusehen ist.

Eine aufsichtsbehördliche Genehmigung dieses Rechtsgeschäfts ist gem. § 79 Abs. 3 BbgKVerf notwendig.

Zu b)

Grundsätzlich ist der Verkauf unter Verkehrswert nach § 79 Abs. 2 Satz 2 BbgKVerf analog zu der kostenlosen Überlassung zu beurteilen. Er ist jedoch im Hinblick auf die Wirtschaftlichkeit eine Vermögensübertragung differenzierter zu betrachten. Bei der kostenlosen Überlassung verbleibt das Eigentum bei der Gemeinde G, so dass ein Risiko hinsichtlich der Wirtschaftlichkeit (z. B. bei frühzeitiger Aufgabe des Altenheimbetriebs) grundsätzlich nicht besteht. Bei einem Verkauf geht das Eigentum jedoch auf den Erwerber über. Bei frühzeitiger Aufgabe des Altenheimbetriebs durch den Wohlfahrtsverband wäre die Wirtschaftlichkeit bei 30.000 € Veräußerungsbetrag anstatt 300.000 € Verkehrswert sicherlich nicht mehr gegeben, wenn seitens der Gemeinde G keinerlei diesbezügliche Auflagen oder Bedingungen (grundbuchrechtliche Sicherung, Vertragsstrafe, ...) im Kaufvertrag festgelegt wurden. Dementsprechend ist bei ausreichender Sicherung der Wirtschaftlichkeit nach § 79 Abs. 1 BbgKVerf auch ein Verkauf weit unter dem Verkehrswert des Grundstückes zulässig.

Eine aufsichtsbehördliche Genehmigung dieses Rechtsgeschäfts ist gem. § 79 Abs. 3 BbgKVerf notwendig.

Sachverhalt Nr. 3

Die Gemeinde G will einige historisch wertvolle Ritterrüstungen an den Gastwirt W zum Zeitwert verkaufen, die dieser in den Räumen seines Hotels aufstellen will. Als der örtliche Heimatverein gegen diesen Verkauf öffentlich protestiert, kommen der zuständigen Sachbearbeiterin Bedenken.

Aufgabe:
Beurteilen Sie, inwieweit die Bedenken der Sachbearbeiterin berechtigt sind.

Lösung:
Gemäß § 79 Abs. 1 BbgKVerf darf die Gemeinde Vermögensgegenstände veräußern, soweit diese für die Aufgabenerfüllung der Gemeinde nicht mehr benötigt werden. Aus dem Sachverhalt ist nicht ersichtlich, ob die Ritterrüstungen für einen konkreten Aufgabenbereich benötigt werden (z. B. für ein Museum). Da die Vorhaltung solcher Gegenstände sicher nicht zu den Pflichtaufgaben einer Gemeinde gehört, kann unterstellt werden, dass die Gegenstände nicht für die Aufgabenerfüllung der Gemeinde G benötigt werden. Ohnehin ist festzustellen, dass im Bereich der freiwilligen Gemeindeaufgaben jede Gemeinde selbst entscheiden kann, ob sie eine Aufgabe weiterführt oder sie aufgibt. Dadurch werden Vermögensgegenstände aus diesem Bereich im Ermessen der Gemeinde frei. Da der Verkauf auch zum vollen Wert (Verkehrswert) erfolgt, bestehen nach § 79 Abs. 1 i. V. m. Abs. 2 BbgKVerf keine rechtlichen Bedenken.

Allerdings ist zu überlegen, ob die Gemeinde wegen des geschichtlichen Wertes des Vermögensgegenstandes gut beraten ist, diesen zu veräußern. Es bietet sich an, den Erwerber zu verpflichten, diesen Gegenstand entsprechend seinem geschichtlichen Wert zu behandeln und evtl. weiter der Öffentlichkeit zugänglich zu machen.

Eine aufsichtsbehördliche Genehmigung oder Anzeige dieses Rechtsgeschäfts ist nicht notwendig.

19.4 Bewirtschaftung von Vermögen

19.4.1 Grundsätze der Vermögensbewirtschaftung

Der Grundsatz der Sparsamkeit und Wirtschaftlichkeit nach § 63 Abs. 2 BbgKVerf wirkt sich auch auf die Vermögensbewirtschaftung aus. Somit sind auch die Vermögensgegenstände wirtschaftlich zu verwalten.

Aus der Vermögensbewirtschaftung dürfen somit nur die unabdingbar notwendigen Folgekosten entstehen, wie z. B. die Reparatur von Fahrzeugen oder der Anstrich von Gebäuden. Zu vermeiden sind dagegen außergewöhnliche Instandsetzungen, die dann anfallen, wenn die notwendige begleitende Betreuung der Vermögensgegenstände im Haushaltsjahr unterbleibt. Diese Sachverhalte führen nach § 77 Abs. 2 BbgKVerf i. V. m. § 48 Abs. 1 KomHKV dazu, dass grundsätzlich im betreffenden Haushaltsjahr der unterlassenen Instandhaltung eine Rückstellung zu bilden ist. Danach wird aufwandsmäßig das Haushaltsjahr belastet, in dem die Instandhaltung unterlassen wurde. Ist es – z. B. aufgrund der schlechten haushaltswirtschaftlichen bzw. finanzwirtschaftlichen Lage – nicht wahrscheinlich, dass diese Instandhaltung nachgeholt wird, hat die Gemeinde aufgrund der unterlassenen Instandhaltung eine Wertminderung am Vermögensgegenstand zu prüfen, die zu einer außerplanmäßigen Abschreibung und somit gleichfalls zu einer aufwandsmäßigen Belastung des Haushaltsjahres der unterlassenen Instandhaltung führt.

In Kap. 10 zum Ansatz, Ausweis und Bewertung der einzelnen Posten der kommunalen Bilanz wurde bereits das bilanzielle Anlage- und Umlaufvermögen eingehend dargestellt. Besonderheit beim Anlagevermögen ist, dass die Vermögensbewirtschaftung i. d. R. mittels einer Anlagenbuchhaltung erfolgt. Der diesbezügliche Jahresabschluss basiert somit auf dem Abschluss des Nebenbuches Anlagenbuchhaltung.

19.4.2 Anlagenbuchhaltung

Die Anlagenbuchhaltung ist neben der Kreditoren- und Debitorenbuchhaltung eine der klassischen Nebenbuchhaltungen im doppischen Rechnungswesen. Es ist in den vorgeschlagenen Regelungstexten nicht vorgesehen, Nebenbuchhaltungen als verbindliche Komponenten des Rechnungswesens zu bestimmen. Grundsätzlich könnte somit die Vermögensbewirtschaftung mittels der Bestandskonten der Bilanz erfolgen. Aufgrund der Vielzahl an Vermögensgegenständen des Anlagevermögens bei den Gemeinden ist i. d. R. eine Anlagenbuchhaltung erforderlich, um dem Grundsatz des § 47 Absätze 1 KomHKV (die Vermögenslage vollständig, richtig, zeitgerecht und geordnet zu erfassen und zu dokumentieren) gerecht zu werden. Aufgrund der Vielzahl an Funktionen unterstützt die Anlagenbuchhaltung zudem eine transparente und an den dargestellten Wirtschaftlichkeitsgrundsätzen des § 63 Abs. 2 BbgKVerf orientierte Vermögensbewirtschaftung. Mittels der Anlagenbuchhaltung werden Bestand und insbesondere Bewegungen des Anlagevermögens art-, mengen- und wertmäßig erfasst. Gegenüber der Bilanz werden in der Anlagenbuchhaltung für eine weitergehende Strukturierung des Anlagevermögens Anlagenklassenbereiche festgelegt. Innerhalb der Anlagenklassenbereiche werden gleichartige Vermögensgegenstände in Anlageklassen zusammengefasst. Grundsätzlich ist jede Gemeinde in der Strukturierung ihrer Anlagenbuchhaltung einschließlich der Anlagekonten frei. Sie sollte sich jedoch dringend an die Gliederung des Kontenrahmens[7] orientieren, um die Berichtserstellungen entsprechend geforderter Mindestanforderungen (Anlagenübersicht[8] etc.) sowie die Überführung in die Bilanz leichter zu gewährleisten.

Die Anlagenklassenbereiche können sich grundlegend an gemeinsamen Merkmalen ausrichten, die beispielsweise wie folgt gegliedert sein können:

- Bilanzierungshilfen[9],
- Immaterielles Vermögen,
- Grund und Boden,
- Gebäude und Aufbauten,
- Bewegliches Vermögen,
- Finanzanlagen.

7 Siehe Punkt 4.1 (Kommunaler Kontenrahmen) in der VV KomHKV.

8 Muster 5.12 VV KomHKV.

9 Bilanzierungshilfen stellen kein Anlagevermögen dar, können aber hilfsweise in der Anlagenbuchhaltung erfasst werden, um eine maschinelle Abschreibung sicherzustellen.

Innerhalb dieser Strukturierung ist insbesondere bei größeren Städten noch eine tiefe gehende Strukturierung innerhalb des einzelnen Merkmals möglich (z. B. beim beweglichen Vermögen nach Kunstgegenständen, technischen Anlagen und Maschinen, Fuhrpark und Betriebs- und Geschäftsausstattung). In diesem Zusammenhang sei noch einmal auf die Definition des Begriffs „Anlagevermögen" hingewiesen, da dieser maßgeblich für den Umfang des in der Anlagenbuchhaltung erfassten Vermögens ist. Zum Anlagevermögen gehören nach § 2 Nr. 4 KomHKV alle Gegenstände, die dazu bestimmt sind, dauerhaft von der Kommune genutzt zu werden. Das Anlagevermögen setzt sich zusammen aus

- immateriellem Vermögen,
- Sachanlagevermögen,
- Finanzanlagevermögen.

Die Aufgaben bzw. Funktionen der Anlagenbuchhaltung sind sehr umfangreich. Hierzu eine Zusammenstellung der wichtigsten Aufgaben:

- Entlastung der Bilanz in Form einer Nebenbuchhaltung,
- Erfassung der Anschaffungs- und Herstellungskosten je Vermögensgegenstand,
- Aufzeichnung der Bestände, Zu- und Abgänge sowie der Umbuchungen,
- Abbildung der Abschreibungen, Zuschreibungen und Restwerte für die einzelnen Anlagegüter,
- Vermögensnachweis,
- Unterstützung bei der Inventur,
- Aufstellung des Anlagespiegels,
- Unterstützung bei der Planung des kommunalen Haushalts,
- Ermittlung der Werte für Feuer- und Maschinenversicherung

Hierbei stellen – neben der Funktion des Vermögensnachweises – die art-, mengen- und wertmäßigen Bewegungen und Veränderungen des Anlagevermögens die wichtigste Aufgabe dar. Insbesondere liefert die Anlagenbuchhaltung die Abschreibungen des abnutzbaren Anlagevermögens für den Ergebnishaushalt, die entsprechend dem § 51 Abs. 1 KomHKV zum einen den bilanziellen Wert[10] der Vermögensgegenstände reduziert und zum anderen diesen Vermögensverzehr als Aufwand abbildet. Daher erfordern die planmäßigen Abschreibungen in der Anlagenbuchhaltung unbedingt die Trennung zwischen abnutzbaren und nicht abnutzbaren Sachanlagen.

> ***Beispiel:***
> *Bei einem bebauten Schulgrundstück ist der Grund und Boden als nicht abnutzbarer Vermögensgegenstand von dem Schulgebäude als abnutzbarer Vermögensgegenstand zu trennen. Nach Fertigstellung des Schulgebäudes wird in der Anlagenbuchhaltung im Rahmen des Grundsatzes der Stetigkeit ein Abschreibungsplan für das Gebäude hinterlegt, aus dem sich die Abschreibungen ermitteln.*

10 Aufgrund der Nebenbuchhaltungsfunktion ist der bilanzielle Wert stets identisch mit dem in der Anlagenbuchhaltung geführten Wert.

Die Aufgaben der Abschreibung[11] sind

- die Darstellung der Wertminderung durch Abnutzung,
- die Verteilung der Anschaffungs- und Herstellungskosten von Investitionen als Aufwand über die Nutzungsdauer (Generationengerechtigkeit) und
- die Angabe eines ungefähren Zeitpunkts für die Ersatzinvestitionen.

Die Abschreibungsdeterminanten des abnutzbaren Anlagevermögens ergeben sich aus

- dem bilanziellen Vermögenswert (Anschaffungs- oder Herstellungskosten oder Restbuchwert),
- der Abschreibungsmethode und
- der Abschreibungsdauer (voraussichtliche Nutzungsdauer).

Nach § 51 Abs. 1 Satz 2 KomHKV ist die Standardmethode die lineare Abschreibung, wobei nach § 51 Abs. 1 Satz 3 KomHKV auch die degressive Abschreibung und Leistungsabschreibung als Sonderformen zulässig sind, wenn diese dem tatsächlichen Ressourcenverbrauch besser entsprechen. Demnach können folgende Methoden zur Anwendung kommen, deren Ermittlungsmethode anschließend auch beschrieben wird:

Lineare Abschreibung

Bei der linearen Abschreibung werden die Anschaffungs- oder Herstellungskosten durch voraussichtliche Nutzungsdauer des Vermögensgegenstandes dividiert.

> ***Beispiel:***
> *Eine beschaffte Maschine hat eine Nutzungsdauer von voraussichtlich fünf Jahren. Die Anschaffungskosten betragen 10.000 €. Der jährliche Abschreibungsbetrag ergibt sich nach der linearen Abschreibungsmethode aus*
>
> ***10.000 € : 5 Jahre = 2000 €/jährlich***

Geometrisch-degressive Abschreibung

Der jährliche Abschreibungsbetrag ergibt sich aus einem festen Prozentsatz des Restbuchwertes. Die Abschreibungsdauer bei dieser Methode ist unendlich. Es ist daher ein Methodenwechsel zur linearen Abschreibung erforderlich.

> ***Beispiel:***
> *Der Vermögensgegenstand mit Anschaffungskosten von 10.000 € hat eine Nutzungsdauer von fünf Jahren. Der aus Erfahrungswerten hergeleitete Prozentsatz des jährlichen Wertverlustes liegt bei 40 % des jeweiligen Buchwertes.*

---

11 Die Abschreibungsermittlung wird in anderen Rechnungsverfahren (Gebührenrecht, Steuerrecht) anders geregelt als im kommunalen Haushaltsrecht.

Buchwert am 1.1.		*Abschreibung*	*Buchwert am 31.12.*
1. Jahr	*10.000 €*	*4.000 € (40 % von 10.000 €)*	*6.000 €*
2. Jahr	*6.000 €*	*2.400 € (40 % von 6.000 €)*	*3.600 €*
3. Jahr	*3.600 €*	*1.440 € (40 % von 3.600 €)*	*2.160 €*
4. Jahr	*2.160 €*	*1.080 € (Wechsel auf lineare Abschreib.)*	*1.080 €*
5. Jahr	*1.080 €*	*1.080 € (lineare Abschreibung)*	*0 €*

(Als Zeitpunkt des Methodenwechsels wird hier das vierte Nutzungsjahr gewählt, da nach dem Vorsichtsprinzip nun die lineare Abschreibung höher als die degressive Abschreibung ist; diese läge bei 864 € (40 % von 2.160 €). Die Methode zum jeweiligen Zeitpunkt für den Wechsel lautet: (Rest)-Buchwert / Restnutzungsdauer; denkbar wäre der Methodenwechsel im Rahmen der besseren Abbildung des Ressourcenverbrauchs auch im fünften Jahr)

Arithmetisch-degressive (digitale) Abschreibung

Die Anschaffungs- oder Herstellungskosten werden durch die Summe der einzelnen Restnutzungsjahre des Abschreibungsplans geteilt und für die Ermittlung der Abschreibungshöhe des einzelnen Haushaltjahres mit der zugehörigen Restnutzungsdauer multipliziert.

Beispiel:

Der Vermögensgegenstand mit Anschaffungskosten von 15.000 € hat eine Nutzungsdauer von fünf Jahren.

Ermittlung der Summe der einzelnen Restnutzungsjahre. Bei 5 Jahren ergibt sich als Summe 5 + 4 + 3 + 2 + 1 = 15. Die Restnutzungsdauer im Anschaffungsjahr ist fünf Jahre. Somit im ersten Jahr 5/15 (5000 €), im zweiten Abschreibungsjahr 4/15 (4000 €), im dritten Abschreibungsjahr 3/15 (3000 €), im vierten Abschreibungsjahr 2/15 (2000 €) und im fünften und letzten Abschreibungsjahr mit 1/15 (1000 €) der Anschaffungskosten. Am Ende des fünften Abschreibungsjahres beträgt der Restbuchwert somit 0 €.

Leistungsabschreibung

Die Anschaffungs- oder Herstellungskosten werden durch die erzielbaren Leistungseinheiten dividiert. Dieser Wert wird mit der tatsächlichen Abgabe an Leistungseinheiten multipliziert.

Beispiel:

Eine zu 10.000 € angeschaffte Maschine hat nach Herstellerangabe im Rahmen ihrer Nutzungsdauer eine Gesamtleistungsabgabe von 2000 Maschinenstunden. Je tatsächlicher Abgabe von einer Maschinenstunde sind 5 € abzuschreiben.

Im ersten Nutzungsjahr wurden 500 Maschinenstunden, im zweiten Nutzungsjahr 900 Maschinenstunden und im dritten Nutzungsjahr 600 Maschinenstunden tatsächlich abgegeben.

Die Abschreibungen der drei Haushaltsjahre lauten somit:
1. Jahr 2.500 € (500 Stunden × 5 €/Stunde)
2. Jahr 4.500 € (900 Stunden × 5 €/Stunde)
3. Jahr 3.000 € (600 Stunden × 5 €/Stunde)
Der Restbuchwert liegt somit am Ende des dritten Abschreibungsjahres bei 0 €.

Ratierliche Abschreibung
Egal für welche Abschreibungsmethode sich eine Gemeinde entscheidet – die ratierliche Abschreibung hat sie immer zu beachten. Dies bedeutet: Die Abschreibung des Anlagevermögens erfolgt gem. § 51 Abs. 3 KomHKV im Jahr der Anschaffung oder Herstellung unter Berücksichtigung von **vollen Monaten** zwischen dem Zeitpunkt der Anschaffung oder Herstellung und dem Jahresende; somit wird ab dem Monat der Anschaffung oder Herstellung abgeschrieben. Im Jahr der Veräußerung ist für Vermögensgegenstände nur Abschreibungsanteil anzusetzen, der auf den vollen Monat im Zeitraum zwischen dem Anfang des Jahres und ihrer Veräußerung entfällt. Hier wird im Monat der Veräußerung noch abgeschrieben.

Das bedeutet, dass der Verkäufer und auch der Käufer im Monat der Veräußerung den Vermögensgegenstand abschreiben. Nach Meinung der Verfasserin sollte hier eine Veränderung stattfinden, die der gängigeren Regel entspricht, nach der der Käufer im Monat des Kaufs mit der Abschreibung beginnt und der Verkäufer diesen Monat nicht mehr abschreibt. Der Abschreibungslauf des Verkäufers endet also im Monat vor dem Verkauf.

Für die Festlegung der Nutzungsdauer bei der Erstellung des Abschreibungsplans bildet nach § 51 Abs. 2 KomHKV die Abschreibungstabelle des Landes Brandenburg[12] die Grundlage. Von diesem vorgegeben Rahmen kann nach § 51 Abs. 2 KomHKV abgewichen werden, wenn die tatsächlichen örtlichen Verhältnisse die Nutzungsdauer für die Abschreibungsplanung besser darstellen. Hierdurch soll die Stetigkeit für zukünftige Festlegungen von Abschreibungsdauern bei den Gemeinden gewährleistet werden.

19.4.3 Geschäftsvorfälle in einer Anlagenbuchhaltung

Nachfolgend erfolgt eine Darstellung der häufigsten in der Vermögensbewirtschaftung vorkommenden Geschäftsvorfälle in einer Anlagenbuchhaltung.

a) Zugänge von Anlagevermögen
Zugänge von Anlagevermögen sind stets zeitnah in der Anlagenbuchhaltung zu buchen bzw. zu aktivieren. Neben dem Grundsatz der ordnungsmäßigen Buchführung dient dies insbesondere bei verzögerter Rechnungsstellung zur periodengerechten Abbildung des Ressourcenverbrauchs aus Abschreibungen. Fallen Vermögenszugang (z. B. im Haushaltsjahr 2024) und Rechnungszugang (z. B. im Haushaltsjahr 2025)

12 Anlage 10 zum BewertL Bbg.

periodenmäßig auseinander, so ist im Haushaltsjahr 2024 als Gegenposition für die Aktivierungsbuchung eine sonstige Verbindlichkeit zu buchen.

Im Rahmen der Aktivierung sind für den Vermögensgegenstand die relevanten Daten zur Führung in der Anlagenbuchhaltung zu erfassen. Aufgrund der Nebenbuchfunktion muss die Verknüpfung zum Hauptbuch festgelegt werden. Neben den Festlegungen für den Abschreibungsplan des Vermögensgegenstandes sind auch die Produktbereiche für die Teilergebnisrechnungen festzulegen, in die der Abschreibungsaufwand zu buchen ist.

b) Abgänge von Anlagevermögen

Vermögensabgänge sind wie die Vermögenszugänge zeitnah zu buchen. Andernfalls würde Aufwand aus Abschreibungen entstehen, welcher der Vermögensnutzung nicht entspricht. Somit hat mit Übergabe des Vermögensgegenstandes an den Erwerber oder mit Verschrottung eines unbrauchbar gewordenen Vermögensgegenstandes die Ausbuchung zu erfolgen. Im Rahmen der Ausbuchung aus der Anlagenbuchhaltung hat stets ein Abgleich zwischen bestehendem Buchwert (auch Restbuchwert) und dem Verkaufserlös zu erfolgen. In Brandenburg ergeben sich mit der Veräußerung von Vermögensgegenstand immer Aufwand und Ertrag. „Fixgröße" für den hieraus resultierenden Buchungssatz ist hierbei stets der (auszubuchende) Buchwert. Übersteigt der Verkauferlös den Buchwert, ergibt sich ein Ertrag aus Vermögensabgang. Unterschreitet der Verkaufserlös den Buchwert oder steht gar kein Verkaufserlös einem Buchwert gegenüber, ergibt sich ein Aufwand aus Vermögensabgang.

c) Änderung der Vermögenszuordnung

Ist ein Vermögensgegenstand durch einen Wechsel des Einsatzbereiches einem anderen Produktbereich zuzuordnen (z. B. ein Radlader wechselt vom Produktbereich „Sicherheit und Ordnung" in den Produktbereich „Natur- und Landschaftspflege"), muss diese Änderung bei der Zuordnung des Vermögensgegenstandes in der Anlagenbuchhaltung nachvollzogen werden.

d) Anzahlungen

Geleistete Anzahlungen der Gemeinde für einen Vermögensgegenstand sind zunächst auf einem besonderen Konto (0911) zu buchen. Mit Zugang des Vermögensgegenstandes und Aktivierung in der Anlagenbuchhaltung erfolgt eine Umbuchung der Anzahlung auf das Anlagekonto des Vermögensgegenstandes. Das Anlagekonto wird in der Vermögensart entsprechenden Anlagenklasse geführt (Kontenklasse 0).

e) Investitionszuwendungen

Die Förderung einzelner Investitionsmaßnahmen der Gemeinde durch Investitionszuwendungen Dritter sollte in der Anlagenbuchhaltung gleichfalls berücksichtigt werden. Die Investitionszuwendung (Sonderposten) wird mit Aktivierung des Vermögensgegenstandes diesem zugeordnet. Die Determinanten der Abschreibungsplanung werden für die ertragswirksame Auflösung der Investitionszuwendung übernommen. Diese konkrete Verknüpfung von Anlagegütern und direkt zuordenbaren Sonderposten sollte eine Anlagenbuchhaltungssoftware unkompliziert gewährleisten können.

f) Außerplanmäßige Abschreibungen und Zuschreibungen

Wird der Vermögenswert durch außergewöhnliche Sachverhalte außerhalb der planmäßigen Abschreibungen gemindert, hat gem. § 51 Abs. 4 KomHKV eine außerplanmäßige Abschreibung beim Vermögensgegenstand zu erfolgen, sofern hierdurch die Bedingung einer voraussichtlich dauerhaften Wertminderung erfüllt ist.

Entfallen gem. § 51 Abs. 4 Satz 2 KomHKV die Gründe für die außerplanmäßige Abschreibung, so hat eine Wertzuschreibung bis zu den fortgeschriebenen Anschaffungs- und Herstellungskosten des Vermögensgegenstandes aufgrund eines Wertaufholungsgebots zu erfolgen. Ausdrücklich in den Vorschriften erläutert ist hierbei die Berücksichtigung der Abschreibungen, die zwischen außerplanmäßiger Abschreibung und dem Zuschreibungszeitpunkt angefallen sind.

Beispiel:

Aufgrund unterlassener Instandhaltung sind einige bauliche Mängel entstanden, die zu einer Wertminderung führen. Eine Nachholung dieser unterlassenen Instandhaltung zur Beseitigung der Mängel ist nicht wahrscheinlich (somit keine Rückstellungsbildung). Die Gemeinde hat im Umfang der Wertminderung des Vermögenswertes eine außerplanmäßige Abschreibung vorzunehmen. Ergibt sich in der Zukunft, dass die Ursache für die außerplanmäßige Abschreibung entfällt, hat eine Zuschreibung bis zum fortgeschriebenen Anschaffungs- oder Herstellungswert zu erfolgen.

Außerplanmäßige Abschreibungen (§ 51 Abs. 4 Satz 1 KomHKV) sowie Zuschreibungen (§ 51 Abs. 4 Satz 2 KomHKV) sind im Anhang zu erläutern. Es wird abzuwarten sein, in welchem Umfang die Gemeinden die Sachverhalte von unterlassener Instandhaltung in welcher Darstellungsform abbilden werden. Entweder geschieht dies mittels außerplanmäßiger Abschreibung bei mangelnder Wahrscheinlichkeit der Nachholung oder mittels Rückstellung bei wahrscheinlicher Nachholung. In beiden Fällen wird richtigerweise die Periode mit dem Aufwand aus der Vermögenswertminderung belastet werden, in der dieser entstanden ist.

§ 51 Abs. 1 Satz 4 KomHKV regelt die Verlängerung der wirtschaftlichen Nutzungsdauer durch Instandsetzungsmaßnahmen sowie die Verkürzung dieser in Folge einer dauerhaften Wertminderung. Die Restnutzungsdauer ist hiernach neu zu bestimmen und stellt folglich die Veränderung einer Determinante des Abschreibungsplans dar. Basis hierfür ist stets der Restbuchwert, der über die neu ermittelte Nutzungsdauer zu verteilen ist.

19.4.4 Übungen

Sachverhalt und Aufgabenstellung Nr. 4
Die Auslieferung und Nutzung eines bestellten Gerätes erfolgt am 29.11.2024, die Rechnung wird voraussichtlich erst im nächsten Jahr erstellt werden. Wird die Anlagenbuchhaltung von diesem Sachverhalt berührt, und ggf. wie?

Lösung:
Das Gerät wird mit dem voraussichtlichen Preis in der Anlagenbuchhaltung gebucht, Abschreibungen werden gem. § 51 Abs. 3 KomHKV orientiert am Nutzungsbeginn für einen zwei volle Monate ermittelt und gebucht (es zählt die Periode bzw. der Monat mit, in dem die Betriebsbereitschaft vorliegt; also November und Dezember). Die Gegenbuchungsposition stellt eine sonstige Verbindlichkeit in gleicher Höhe dar. Für die Bezahlung der Rechnung im Folgejahr ist die im alten Jahr gebuchte sonstige Verbindlichkeit die Gegenbuchungsposition.

Sachverhalt und Aufgabenstellung Nr. 5
Ein weiteres Dienstfahrzeug wird am 22.10.2024 veräußert und übergeben. Mit dem Mitarbeiter wurde vereinbart, dass er den Kaufpreis jeweils zu Hälfte am 1.11. und 1.12.2024 bezahlt. Was ist wann in der Anlagenbuchhaltung zu veranlassen?

Lösung:
In der Anlagenbuchhaltung ist bereits am 22.10.2024 der Abgang des Dienstfahrzeugs in Höhe des Restbuchwertes zu buchen.

Sachverhalt und Aufgabenstellung Nr. 6
Ein bisher im Feuerwehrbereich eingesetztes Gerät wird künftig im Garten- und Landschaftsbau eingesetzt. Was ist in der Anlagenbuchhaltung zu veranlassen und aus welchem Grund?

Lösung:
In der Anlagenbuchhaltung ist die Zuordnung des Vermögensgegenstandes zum Produktbereich zu ändern (von 126 zu 551). Dies ist erforderlich, damit der Ressourcenverbrauch aus Abschreibungen im Aufwand des Produktbereiches abgebildet wird, in dem der Vermögensgegenstand eingesetzt wird.

Sachverhalt und Aufgabenstellung Nr. 7
Die Stadt hat eine Anzahlung für die Sonderausstattung eines noch zu liefernden Feuerwehrfahrzeugs geleistet. Wie ist diese Anzahlung bis zur Inbetriebnahme des Fahrzeugs in der Anlagenbuchhaltung zu buchen? Wie wird die restliche Zahlungsverpflichtung buchhalterisch behandelt?

Lösung:
Die geleistete Anzahlung ist auf einem Anzahlungskonto zu buchen. Mit der Betriebsbereitschaft (Vorsicht: Diese könnte auch vor der „Inbetriebnahme“ vorliegen!) des Fahrzeugs ist die Anzahlung auf ein dem Bilanzposten Fahrzeuge zugehöriges Konto umzubuchen. Die restliche Zahlungsverpflichtung wird im Rahmen der Aktivierung des Vermögensgegenstandes als Verbindlichkeit gebucht.

Sachverhalt und Aufgabenstellung Nr. 8
Für den Bau einer Kindertagesstätte mit einem Herstellungswert von 3 Mio. € erhält die Gemeinde eine Investitionszuwendung vom Land in Höhe von 1 Mio. €. Welche Buchungen sind in der Anlagenbuchhaltung nach Fertigstellung für die Kindertagesstätte und die Zuwendung vorzunehmen?

Lösung:
Die Kindertagesstätte ist nach der Fertigstellung auf ein Unter-Konto des Bilanzpostens „Bebaute Grundstücke und grundstücksgleiche Rechte“ zu buchen (0322 „Gebäude und Aufbauten bei sozialen Einrichtungen“), der zugehörige Sonderposten ist zu passivieren. Daher erfolgt eine Umbuchung von Anlagen im Bau auf den Posten der Kinder- und Jugendeinrichtungen. Die Investitionszuwendung wird bei Eingang des Zuwendungsbescheids als Sonderposten passiviert, und eine Forderung ggü. dem Land wird entsprechend erfasst. Des Weiteren erfolgt auf der Grundlage der Abschreibungsplanung die Abschreibungsbuchung und – völlig unabhängig davon, ob die Zuwendung geflossen ist – die Ertragsbuchung aus der Auflösung des Sonderpostens.

Sachverhalt Nr. 9
Es ist nicht wahrscheinlich, dass die Gemeinde unterlassene Instandhaltungen an einem Verwaltungsgebäude nachholen wird. Daraufhin wird von der Hochbauverwaltung eine Wertminderung von 200.000 € festgestellt. Wider Erwarten vergibt das Land ein Jahr später Fördermittel für die Instandsetzung von Bürogebäuden. Daraufhin entschließt sich die Gemeinde, die Instandhaltung doch nachzuholen.

Aufgabe:
Was hat in der Anlagenbuchhaltung von der Feststellung der Wertminderung bis zur Nachholung der Instandhaltung zu geschehen?

Lösung:
Aufgrund der festgestellten Wertminderung, die voraussichtlich dauerhaft ist, hat die Gemeinde eine außerplanmäßige Abschreibung in Höhe von 200.000 € vorzunehmen. Aufgrund der Nachholung der Instandhaltung ein Jahr später entfällt der Grund für die außerplanmäßige Abschreibung, so dass eine Zuschreibung zu erfolgen hat. Die Höhe der Zuschreibung umfasst nicht vollständig die 200.000 €, sondern es sind die Abschreibungen zwischen den Zeitpunkten der außerplanmäßigen Abschreibung und der Zuschreibung zu berücksichtigen.

19.5 Kapitalanlagen und Liquiditätsmanagement

Bei Geldanlagen ist auf eine ausreichende Sicherheit und einen angemessenen Ertrag zu achten; dies ergibt sich aus § 63 Abs. 2 BbgKVerf. Hierbei ist bei der Sicherstellung der eigenen Liquidität selbstverständlich im Rahmen der Wirtschaftlichkeit darauf zu achten, dass die angelegten liquiden Mittel für eigene Zwecke wieder rechtzeitig verfügbar sind.

Demnach sind drei Kriterien bei Geldanlagen zu beachten:

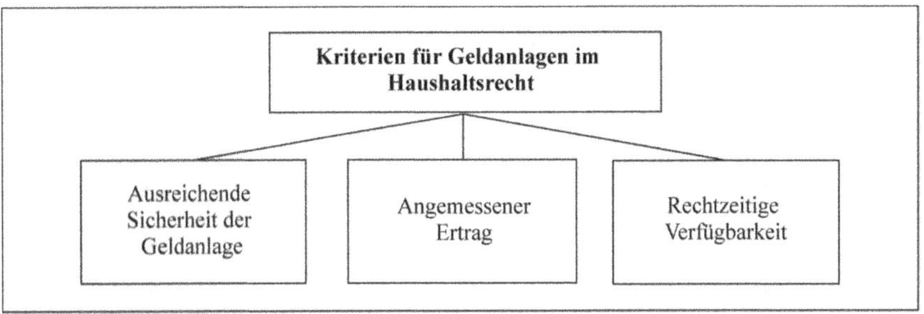

a) Sichere Anlegung
Die Sicherheit bei der Auswahl der Geldanlagen sollte an die erste Stelle gesetzt werden, weil diese Komponente vorrangig zu beachten ist. Die Geldanlagen der Gemeinden werden nicht vorgenommen, um damit Gewinne zu erzielen, sondern um mit diesen Mitteln zu einem späteren Zeitpunkt öffentliche Aufgaben zu erfüllen bzw. die Liquidität hierfür zu sichern. Um die Aufgabenerfüllung nicht zu gefährden, müssen die Geldanlagen so vorgenommen werden, dass Risiken hinsichtlich der Rückzahlung der angelegten liquiden Mittel ausgeschlossen sind.

Aus diesem Gesichtspunkt wird die Anlegung von liquiden Mitteln beispielsweise in Aktien oder Fremdwährungen regelmäßig nicht in Frage kommen. Bei Aktien und Fremdwährungsanlagen wird das Fehlen einer gesicherten Anlage daran deutlich, dass diese erheblichen Kursrisiken ausgesetzt sind.

Dagegen erfüllen die Bedingung der Sicherheit auf jeden Fall Festgelder, festverzinsliche Wertpapiere sowie Spareinlagen, da diese Anlagen bis zu einem von der Gemeinde abzufragenden Höchstbetrag über einen Sicherungsfonds abgesichert sind.

b) Ertragbringende Anlegung
Die Gemeinde muss ihre freie Liquidität ertragbringend anlegen. Diese Voraussetzung ergibt sich aus dem allgemeinen Grundsatz der Wirtschaftlichkeit gemäß § 63 Abs. 2 BbgKVerf, denn durch die freie Liquidität können Zinserträge erzielt werden. Insofern verbietet sich eine reine Verwahrung in Form von Geld, z. B. im Tresor der Gemeinde.

Unter dem Aspekt der Wirtschaftlichkeit muss die Gemeinde die Anlageform so wählen, dass sie einen größtmöglichen Ertrag abwirft, wobei dies allerdings hinter den Aspekt der Sicherheit zurücktritt. Dabei muss die Zahlungsfähigkeit nach § 76

Abs. 1 BbgKVerf durch eine fundierte Liquiditätsplanung sichergestellt werden, da ansonsten Zinsaufwendungen für aufzunehmende Liquidität entstehen würde. Wie kurzfristig überschüssige Liquidität anzulegen ist, richtet sich nach der jeweiligen Liquiditätssituation jeder einzelnen Gemeinde.

Im kurzfristigen Anlagebereich kommt eine Anlegung auf Girokonten wegen der niedrigen oder gar fehlenden Verzinsung in der Regel nicht in Betracht. Hier bietet sich ein beim gleichen Geldinstitut geführtes Tagesgeldkonto an, mit dem tagesbezogen Geldanlagen vorgenommen werden können. Der Vorteil liegt darin, dass bei außerplanmäßigem Liquiditätsbedarf auch tagesbezogen angelegte Beträge zur Stärkung des Girokontos zurückgebucht werden können.

Regelmäßig können Anlagen z. B. als Tages- und Festgelder erfolgen, wobei die unterschiedlichsten Bindungsfristen vereinbart werden können. Dabei ist allerdings zu bedenken, dass vor Ablauf der Bindungsfristen keine vorzeitige Verfügbarkeit über die Finanzmittel möglich ist.

Die Anlageform „Sparbuch" hat zwar den Vorteil einer vorzeitigen Kündigung unter Anrechnung von Vorschusszinsen, stellt jedoch zurzeit wegen der äußerst niedrigen Verzinsung keine attraktive Geldanlage dar.

Wird überschüssige Liquidität nach der Liquiditätsplanung der Gemeinde erst in einigen Jahren benötigt, so kann sie selbstverständlich zur Steigerung der Zinserträge über das Haushaltsjahr hinaus angelegt werden. Diesbezügliche Anlageformen sind Sparverträge, Sparbriefe oder Obligationen. Auch die Anlageform der Bausparverträge wird von den Gemeinden genutzt.[13] Zwar treten bei Bausparverträgen die Zinsgewinne etwas in den Hintergrund, jedoch schafft sich damit die Gemeinde die Möglichkeit, später zinsgünstige Kredite von den Bausparkassen zu erhalten. Die Wirtschaftlichkeit wird dann durch die Einsparung bei den späteren Kreditzinsen gewahrt. Die Zulässigkeit solcher Kompensationsgeschäfte wird deshalb allgemein anerkannt.

c) Rechtzeitige Verfügbarkeit

§ 76 Abs. 1 BbgKVerf legt fest, dass die Zahlungsfähigkeit der Gemeinde durch eine angemessene Liquiditätsplanung sicherzustellen ist. Dies bildet die grundlegende Rahmenbedingung für Kapitalanlagen, so dass dies bei der Zielsetzung eines möglichst hohen Kapitalertrages stets zu berücksichtigen ist. Insofern steht also die rechtzeitige Verfügbarkeit der überschüssigen Liquidität an exponierter Stelle der Voraussetzungsskala, denn es kann nur eine Anlageform gewählt werden, welche die Verfügbarkeit zum Zeitpunkt des Finanzierungsbedarfs garantiert.

Für ein Liquiditätsmanagement einer Gemeinde bedarf es eines organisierten Informationssystems, anhand dessen vorgesehene Auszahlungs- und Einzahlungstermine ermittelt werden. Die notwendigen Informationen der Auszahlungsseite können durch die Gemeinde in der Regel sehr genau ermittelt werden. Allerdings ist der zeitliche Rahmen zwischen Bekanntwerden und Auszahlung beispielsweise für in Rechnung gestellte Leistungen relativ eng.

13 Der Abschluss von Bausparverträgen unterliegt der Anzeigepflicht als kreditähnliches Geschäft.

Die Informationen der Einzahlungsseite können in der Regel nur anhand von Fälligkeitsterminen ermittelt werden. Hierbei stehen viele Fälligkeitstermine im Bereich der Steuern fest. So kann der Liquiditätszufluss der Gemeindeanteile an Gemeinschaftssteuern (z. B. Einkommenssteuer oder Umsatzsteuer) oder der Schlüsselzuweisungen in der Regel exakt bestimmt werden. Im Grundsteuer- und Gewerbesteuerbereich besteht zwar ein Fälligkeitstermin, der zur Bestimmung des Liquiditätszuflusses als Orientierungsgröße herangezogen werden kann, den Tag des Liquiditätszuflusses bestimmen aber letztendlich die Steuerschuldner, soweit sie der Gemeinde keine Einzugsermächtigung erteilt haben.

Beispiel 1:
Die Gemeinde G hat für Gewerbesteuer einen Liquiditätszufluss von 3 Mio. € für den 15. des Fälligkeitsmonats disponiert. Die Gewerbesteuerzahlung eines Unternehmens in Höhe von 500.000 € wird jedoch bereits am 10. des Fälligkeitsmonats auf dem Girokonto der Gemeinde Wert gestellt.

Beispiel 2:
Zu dem gleichen Fälligkeitstermin der Gewerbesteuer nutzt ein anderes Unternehmen die ihm bekannte „Schonfrist" von fünf Tagen, so dass der Liquiditätszufluss auf dem Girokonto der Gemeinde erst am 20. des Fälligkeitsmonats gutgeschrieben wird.

Diese beiden Beispiele zeigen, wie schwierig es teilweise ist, den Liquiditätszufluss aus Einzahlungen taggenau zu ermitteln. Letztendlich ist es in diesen Fällen nur möglich, anhand von Erfahrungswerten zu disponieren und ggf. zusätzlich einen Vorsichtspuffer für die Liquiditätsdisposition zu berücksichtigen. Des Weiteren ist es erforderlich, die Liquiditätszuflüsse zu analysieren und die Liquiditätsplanung täglich zu modifizieren. Erkennt die disponierende Gemeinde z. B. nicht, dass wie in Beispiel 1 bereits 500.000 € der vorgesehen 3 Mio. € am 10. des Fälligkeitsmonats zugeflossen sind, entsteht zwangsläufig an einem oder mehreren der folgenden Tage der Liquiditätsdisposition ein zu geringer Liquiditätszufluss.

19.6 Wirtschaftliche Betätigung der Gemeinden

19.6.1 Allgemeines

Die wirtschaftliche Betätigung der Gemeinden stellt eine besondere Art der Aufgabenerfüllung dar. Sie kann unmittelbar aus § 91 BbgKVerf abgeleitet werden, wonach die Gemeinden innerhalb ihrer Grenzen die erforderlichen öffentlichen Einrichtungen zur wirtschaftlichen, sozialen und kulturellen Betreuung der Bevölkerung schaffen. Dabei kann die unternehmerische Tätigkeit zur Erfüllung einer Aufgabenart der Gemeinde erforderlich sein, allerdings handelt es sich nicht um eine regelmäßige Form der Aufgabenerfüllung.

Bereits aus dieser Regelung wird deutlich, dass die wirtschaftliche Betätigung der Gemeinde primär Inhalt des allgemeinen Kommunalrechts[14] ist. Zur Abrundung der Gesamtthematik Vermögenswirtschaft soll dieses Thema mit angesprochen werden; im Vordergrund stehen die unterschiedlichen Verbindungen zum Haushaltrecht und Anforderungen im Rahmen der Abbildung im Haushaltsrecht.

19.6.2 Formen der wirtschaftlichen Betätigung

Eine wirtschaftliche Betätigung der Gemeinde liegt bei Einrichtungen oder Anlagen vor, die auch von Privatunternehmen mit der Absicht der Gewinnerzielung betrieben werden könnten (unternehmerische Tätigkeit einer Gemeinde) nach § 91 Abs. 1 BbgKVerf. Die Gemeinden können ihre evtl. ausgegliederten Tätigkeiten[15] in zwei grundsätzlichen Arten von Rechtsformen wahrnehmen:

a) Eigenbetriebe
§ 92 Abs. 2 Nr. 1 BbgKVerf definiert die Eigenbetriebe unter Bezug auf § 93 BbgKVerf als wirtschaftliche Unternehmen ohne eigene Rechtspersönlichkeit als organisatorisch verselbstständigte Einrichtungen gleichfalls ohne eigene Rechtspersönlichkeit. Diese unterliegen grundsätzlich den Regelungen der Eigenbetriebsverordnung in der Fassung der Bekanntmachung vom 26.3.2009 (GVBl. II S. 150).

Eigenbetriebe sind wirtschaftliche Unternehmen der Gemeinde ohne eigene Rechtspersönlichkeit. § 92 Abs. 2 Nr. 1 BbgKVerf i. V. m. § 93 Abs. 2 BbgKVerf weist aber schon deutlich auf eine praktische Loskoppelung von der allgemeinen Verwaltung der Gemeinde hin, die zu einer gewissen Selbstständigkeit der Eigenbetriebe führt. Insofern sind die Zuständigkeiten der Gemeindevertretung und des Hauptverwaltungsbeamten beschränkt.

Diese Loslösung ist auch sinnvoll, weil die Eigenbetriebe eine vollständig andere Aufgabenerfüllung als die übrige Verwaltung besitzen, sodass dort eigenständige Maßstäbe und Entscheidungskriterien gelten. Obwohl rechtlich zur Gemeinde gehörend, bilden die Eigenbetriebe praktisch ausgegliederte Unternehmen der Gemeinde mit einer gewissen wirtschaftlichen Selbstständigkeit. Folgerichtig sieht § 93 Abs. 4 BbgKVerf für die Werkleitung auch eine weitgehende Entscheidungsbefugnis vor, die erheblich über die Befugnisse der Amtsleiter der übrigen Verwaltung hinausgeht.

b) Organisationsformen des Privatrechts
Zum Zweiten kann die Gemeinde sich nach § 92 Abs. 2 Nr. 2 bis 4 KomHKV bei ihrer unternehmerischen Tätigkeit an den Formen des Privatrechts bedienen. Dies geschieht regelmäßig als Gesellschaft mit beschränkter Haftung oder als Aktiengesellschaft. Nach § 57 GemHV differenziert die kommunale Bilanz zwischen Anteilen an

14 Siehe dazu *Hofmann/Theisen/Baetge*, Kommunalrecht in Nordrhein-Westfalen, 19. Aufl., Wiesbaden 2021, Kapitel 7.

15 Es ist auch die buchhalterische Behandlung innerhalb des Kernhaushalts als *Betrieb gewerblicher Art* möglich.

verbundenen Unternehmen und Beteiligungen.[16] Sofern die Gemeinde alleiniger Eigentümer eines Unternehmens ist (Eigengesellschaft), ist diese unter dem Bilanzposten Anteile an verbundenen Unternehmen auszuweisen.

Sicherlich ist die Rechtsform der Aktiengesellschaft subsidiär zu wählen. Vorrangig sind die anderen Wirtschaftsformen wie GmbH, Eigenbetrieb, Anstalt des öffentlichen Rechts heranzuziehen. Aufgrund des GmbH- bzw. Aktiengesetzes werden diese Einrichtungen nach kaufmännischen Gesichtspunkten geführt und abgerechnet, so dass die Erträge und Aufwendungen der Unternehmen die Ergebnisrechnung sowie Kapitalausstattungen die Finanzrechnung der gemeindlichen Haushaltspläne berühren.

19.6.3 Voraussetzungen einer wirtschaftlichen Betätigung

Wie bereits geschildert, muss sich die wirtschaftliche Tätigkeit der Gemeinde unmittelbar aus der Aufgabenerfüllung ergeben. Dazu kommt, dass der Privatwirtschaft im Rahmen der bestehenden Wirtschaftsordnung in der Bundesrepublik Deutschland der Vorzug zu geben ist. Insofern ist die Konkurrenz zur Privatwirtschaft zu beachten. Aus diesem Grunde ist die wirtschaftliche Betätigung der Gemeinden gemäß § 91 Abs. 2 BbgKVerf an einige Voraussetzungen geknüpft.

Danach darf die Gemeinde sich wirtschaftlich nur betätigen, wenn
- ein öffentlicher Zweck das Unternehmen erfordert,[17]
- die Betätigung nach Art und Umfang in einem angemessenen Verhältnis zur Leistungsfähigkeit der Gemeinde steht (dies dient der Sicherheit der Gemeinde und soll eine Gefährdung der Finanzwirtschaft durch mögliche Betriebsverluste vermeiden).

Nach § 92 Abs. 3 BbgKVerf bestehen zusätzliche Bedingungen für Unternehmensgründungen oder wirtschaftliche Beteiligungen. Danach muss die Gemeinde ihr Vorhaben öffentlich bekanntmachen. Vor einer Beschlussfassung sind der Gemeindevertretung Angebote von privaten Unternehmern vorzulegen, und sie hat bei ihrer Entscheidung die Grundsätze nach § 92 Abs. 3 Satz 4 BbgKVerf zu beachten. Auch hier ist den privaten Anbietern Vorrang zu geben, wenn sie in gleicher Qualität, Zuverlässigkeit und bei gleichen oder geringeren Kosten die Leistung erbringen können. Ein Beschluss der Gemeindevertretung ohne Berücksichtigung dieser Voraussetzungen wäre demnach rechtswidrig. Daran wird deutlich, dass der Gesetzgeber zwar die wirtschaftliche Betätigung der Gemeinden erleichtert (siehe oben), aber eine gewisse Schutzvorschrift für die freie Wirtschaft geschaffen hat.

Bankunternehmen darf die Gemeinde gemäß § 92 Abs. 6 BbgKVerf nicht betreiben, wobei allerdings der Erwerb von Genossenschaftsanteilen bei einer Volksbank

16 Die Differenzierung ist in Kap. 10.3.2.4.1 und 10.3.2.4.2 dargestellt.

17 Nach der früheren Gesetzesformulierung war ein **„dringender"** öffentlicher Zweck erforderlich. Durch Herausnahme des Tatbestandsmerkmales „dringend" aus dem Gesetzestext wurde das Feld der wirtschaftlichen Betätigung der Gemeinden erweitert.

oder als Voraussetzung zur Abwicklung einer Geschäftsverbindung nicht ausgeschlossen ist.

19.6.4 Sonstige Regelungen über wirtschaftliche Betätigungen

Das gemeindliche Wirtschaftsrecht ist in den §§ 91 bis 100 BbgKVerf noch in weitgehenden Einzelheiten normiert, die wegen des hier darzustellenden Überblicks nicht näher erläutern werden. Es sei lediglich noch auf das Genehmigungserfordernis gemäß § 100 BbgKVerf hingewiesen.

Wichtig ist noch der Hinweis auf § 92 Abs. 4 BbgKVerf, wonach die Unternehmenstätigkeit der Gemeinde Gewinne für den Haushalt abwerfen soll. Insofern besteht ein deutlicher Unterschied zur Kostendeckung der Gebührenhaushalte.

19.6.5 Übung

Sachverhalt Nr. 11
Die kreisfreie Stadt S will sich wie folgt wirtschaftlich betätigen:

a) Die Abfallbeseitigung soll zukünftig in eigener Regie erfolgen. Die Abfallbeseitigung wurde bisher vom Unternehmen U im Auftrage der Stadt S wahrgenommen. U weist jetzt eindeutig nach, dass er die Leistung zum selben Preis erbringen kann wie der Stadt Selbstkosten entstehen.
b) Errichtung einer Brauerei, um ein bisher am Markt nicht vorhandenes Spezialbier zu erzeugen, das typisch für den einheimischen Raum werden soll. Die Gemeinde verspricht sich dadurch eine Belebung des Fremdenverkehrs.

Aufgabe:
Prüfen Sie die Zulässigkeit der beabsichtigten Maßnahmen.

Lösung:
Zu a)
Wirtschaftliche Unternehmen der Stadt sind Einrichtungen, die auch ein Privatunternehmen mit der Absicht der Gewinnerzielung betreiben kann. Im Rahmen dieser Definition kann auch die Müllabfuhr als ein wirtschaftliches Unternehmen der Stadt angesehen werden. Die beabsichtigte Übernahme der Müllabfuhr in eigene Regie ist somit nur unter den Voraussetzungen des § 91 Abs. 2 und 3 BbgKVerf möglich.

Voraussetzung gemäß § 91 Abs. 2 Nr. 1 BbgKVerf ist es zunächst, dass ein öffentlicher Zweck das Unternehmen erfordert. Dieser ist bei der Müllabfuhr sicherlich gegeben, weil die Abfallbeseitigung nach dem Abfallbeseitigungsgesetz zu den Pflichtaufgaben der Landkreise und kreisfreien Städte gehört. Zweite Voraussetzung ist, dass ein privatwirtschaftliches Unternehmen die Tätigkeit nicht besser oder wirtschaftlicher erfüllen kann. Hier liegt als Vergleich nur das Angebot des Unternehmens U vor, das genauso wirtschaftlich arbeitet wie die Stadt selbst. Bei einer öffentlichen oder beschränkten Ausschreibung wäre im Rahmen des Wettbewerbs möglicherweise noch ein kostengünstigeres und damit wirtschaftlich rentableres Angebot zu erreichen.

Da die kreisfreie Stadt gemäß § 91 Abs. 3 BbgKVerf im Interesse einer sparsamen Haushaltsführung dafür zu sorgen hat, dass Leistungen, die von privaten Anbietern in mindestens gleicher Qualität und Zuverlässigkeit bei gleichen oder geringeren Kosten erbracht werden können, diesen Anbietern übertragen werden, sofern dies mit dem öffentlichen Interesse vereinbar ist, muss hier überprüft werden, ob der Unternehmer oder ein anderes Unternehmen die Leistung bei gleicher Qualität und Zuverlässigkeit erbringen kann.

Aus dem Sachverhalt ist nicht zu entnehmen, dass der Unternehmer diesen Anforderungen nicht gerecht wird. Ebenfalls bietet der Unternehmer die Leistung zu den gleichen Kosten an. Die Übertragung der Abfallbeseitigung durch einen privaten Unternehmer ist auch mit dem öffentlichen Interesse vereinbar. Insofern bestehen rechtliche Bedenken zur Übernahme der Müllabfuhr durch die kreisfreie Stadt S.

Zu b)

Brauereien sind typische wirtschaftliche Unternehmen, sodass die Stadt S diese Tätigkeit nur unter den Voraussetzungen des § 91 Abs. 2 und 3 BbgKVerf durchführen kann. Grundvoraussetzung für diese Tätigkeit ist die Erfüllung eines öffentlichen Zwecks. Laut Sachverhalt soll letztlich Fremdenverkehrsförderung betrieben werden. Nur kann objektiv nicht unterstellt werden, dass gerade die Schaffung eines Spezialbieres einen Beitrag zur Erledigung dieser Aufgabe leistet.

Auch wenn die erste Voraussetzung bejaht würde, scheitert die Zulässigkeit der Brauereibetreibung zumindest an der zweiten Voraussetzung des § 91 Abs. 3 BbgKVerf. Die Herstellung eines solchen Bieres könnte nämlich ein privatwirtschaftliches Unternehmen viel besser und wirtschaftlicher durchführen, so z. B. eine bestehende Brauerei. Diese könnte schon deshalb wirtschaftlicher arbeiten, weil die Grundinvestitionen dort vorhanden sind.

Insgesamt ist somit festzustellen, dass die Errichtung der Brauerei durch die Stadt S gegen § 91 Abs. 3 BbgKVerf verstoßen würde und somit rechtswidrig wäre.

20. Nachtragssatzung und Nachtragsplan

20.1 Notwendigkeit der Nachtragssatzung

Die Gemeinden erlassen regelmäßig Haushaltssatzungen mit Haushaltsplänen für die Dauer eines Haushaltsjahres. Die Zeitspanne von einem Jahr ist in finanzieller Hinsicht nicht hinreichend überschaubar, zumal die Aufstellung eines Haushaltsplans bereits Mitte des Vorjahres in Bearbeitung geht. Deshalb kommen die Gemeinden nicht immer ohne eine Fortschreibung ihres Haushaltsplans innerhalb des Haushaltsjahres aus.

Da der Haushaltsplan Bestandteil der Haushaltssatzung ist, bedingt eine Planfortschreibung die Änderung der Haushaltssatzung. Eine Änderung der Haushaltssatzung ohne gleichzeitige Haushaltsplanänderung ist zwar theoretisch möglich (z. B. Erhöhung der Steuersätze in § 4 der Haushaltssatzung zur Erreichung des ursprünglich geplanten Haushaltsansatzes bei den Realsteuern), jedoch in der Praxis kaum anzutreffen. Eine Satzung kann nur durch eine erneute Satzung geändert werden, die im Bereich der Finanzwirtschaft den besonderen Namen „Nachtragssatzung" trägt (siehe § 68 Abs. 1 BbgKVerf). Durch die Nachtragssatzung einschließlich Nachtragsplan werden Haushaltssatzung und Haushaltsplan ergänzt, berichtigt oder geändert. Neben dieser im Ermessen der Gemeinde stehenden Nachtragsmöglichkeit hat die Gemeinde in verschiedenen Situationen aufgrund gesetzlicher Regelungen zwingend eine Nachtragssatzung zu erlassen. Diese besonderen Regelungen bedürfen einer gezielten Betrachtung. Für die Nachtragssatzung gelten die Vorschriften der Haushaltssatzung entsprechend (§ 68 Abs. 1 Satz 2 BbgKVerf).

20.2 Pflicht zum Erlass einer Nachtragssatzung

20.2.1 Überblick

Die wichtigsten Gründe und Verpflichtungen zum Erlass einer Nachtragssatzung enthält zwar § 68 Abs. 2 BbgKVerf, jedoch gibt es darüber hinaus noch weitere Pflichten. Zunächst empfiehlt sich deshalb der folgende Überblick:

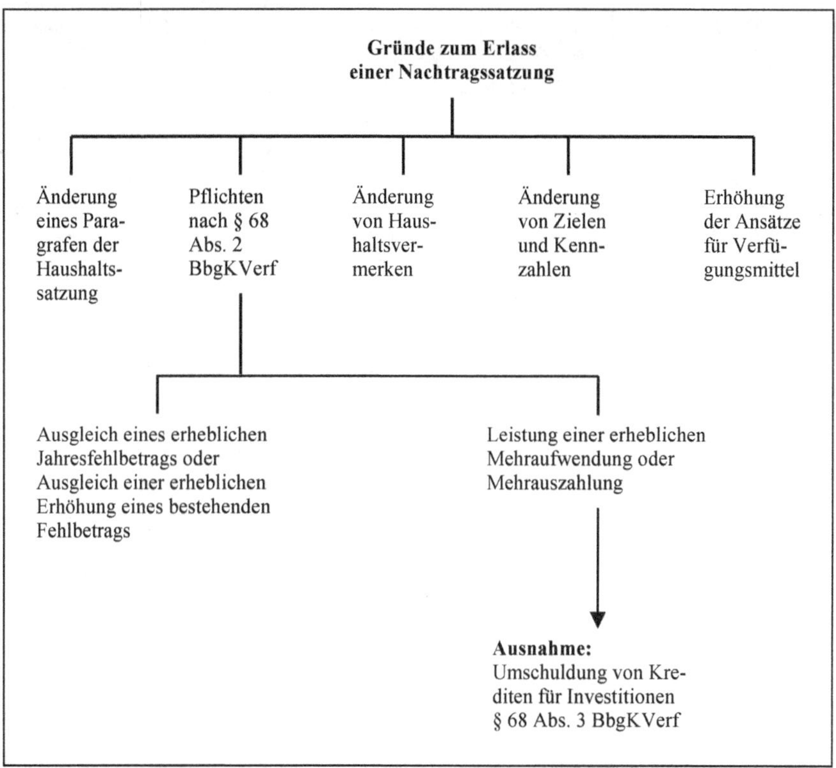

Die einzelnen, zunächst schlagwortartig aufgeführten Pflichten bedürfen einer eingehenden Erläuterung.

20.2.2 Änderung eines Paragrafen der Haushaltssatzung

Wenn die Gemeinde freiwillig Festsetzungen von Bestimmungen ihrer Haushaltssatzung ändern will, bedarf es aus der Natur der Sache heraus des Erlasses einer Nachtragssatzung. Dies kann insbesondere dann der Fall sein, wenn durch Änderungen im Laufe des Haushaltsjahres der Ursprungsplan insgesamt nicht mehr den Vorstellungen der Gemeinde entspricht. Angesprochen sind dabei zunächst die §§ 2 bis 5 der Haushaltssatzung, nämlich die Änderung des Gesamtbetrages der Kreditermächtigung für Investitionen (§ 2 der Haushaltssatzung), die Erhöhung des Gesamtbetrages der Verpflichtungsermächtigungen (§ 3 der Haushaltssatzung) und die Änderung der Hebesätze für die Realsteuern (§ 4 der Haushaltssatzung). Stellt die Gemeinde einen Nachtragsplan auf, sind zudem die Endsummen in § 1 der Haushaltssatzung durch Nachtragssatzung neu festzusetzen. Enthält die Haushaltssatzung weitere Vorschriften, die sich auf die Erträge und Aufwendungen, Einzahlungen und Auszahlungen sowie das Haushaltssicherungskonzept beziehen, und sollten Inhalte geändert werden, so sind diese Paragrafen ebenfalls anzupassen.

Auch § 1 der Haushaltssatzung bedarf bei einer Fortschreibung des Haushaltsplans, die im Ermessen der Gemeinde liegt, zwangsläufig einer Änderung. Dies gilt auch dann, wenn trotz Änderung von Haushaltspositionen die Gesamtbeträge des Haushaltes erhalten bleiben. Rechtlich gesehen handelt es sich dabei nämlich um eine Neufestsetzung, weil die Addition der Ansätze der Haushaltspositionen, die zur Gesamtsumme führt, sich inhaltlich geändert hat. Die Änderung des Haushaltsplans bedingt also ausnahmslos den Erlass einer Nachtragssatzung. Nicht darunter fallen jedoch die Bewilligung von über- und außerplanmäßigen Aufwendungen und Auszahlungen i. S. v. § 70 BbgKVerf, die Bewilligung von über- und außerplanmäßigen Verpflichtungsermächtigungen gemäß § 73 Abs. 5 BbgKVerf sowie die Ausnutzung von Verstärkungsmerken nach § 23 Abs. 4 KomHKV (unechte Deckungsfähigkeit) sowie Budgetierungen und Deckungsvermerken i. S. v. § 23 Abs. 1 bis 3 KomHKV (echte Deckungsfähigkeit).

Wie aus der Darstellung in Kap. 18.6.7 ersichtlich, sind über- und außerplanmäßige Verpflichtungsermächtigungen nur zulässig, wenn in gleicher Höhe Einsparungen bei anderen Verpflichtungsermächtigungen vorhanden sind (§ 73 Abs. 5 BbgKVerf). Demnach darf die Gemeinde den in § 3 der Haushaltssatzung festgesetzten Gesamtbetrag der Verpflichtungsermächtigungen nicht überschreiten. Den Gesamtbetrag überschreitende zusätzliche Verpflichtungsermächtigungen können somit nur über eine Nachtragssatzung bereitgestellt werden. Im Rahmen eines Nachtragsverfahrens können sämtliche Ansätze fortgeschrieben werden. Das Nachtragsverfahren ist selbst bei solchen geringfügigen Verpflichtungsermächtigungen notwendig, und zwar auch dann, wenn diese unabweisbar sind.[1]

Die Hebesätze der Realsteuern in § 4 der Haushaltssatzung können ebenfalls durch Nachtragssatzung geändert werden. Bei einer Erhöhung muss jedoch gemäß § 25 Abs. 3 GrStG bzw. § 16 Abs. 3 GewStG der Beschluss der Gemeindevertretung bis zum 30. Juni des laufenden Haushaltsjahres erfolgen (für Näheres siehe Kap. 20.4).

20.2.3 Pflichten nach § 68 Abs. 2 BbgKVerf

Ausgleich eines erheblichen Jahresfehlbetrages (Nr. 1)

Ein Fehlbetrag bzw. eine Erhöhung eines bestehenden Fehlbetrages zeichnet sich ab, wenn im Laufe des Jahres ersichtlich ist, dass die Gesamterträge des ordentlichen Ergebnisses hinter den Gesamtaufwendungen des ordentlichen Ergebnisses zurückbleiben und die Rücklage aus Überschüssen der ordentlichen Erträge bzw. außerordentlichen Erträge erschöpft ist. Wenn also trotz Ausnutzung zusätzlicher Erträge und aller Sparmöglichkeiten auf der Aufwandseite der Jahresfehlbetrag verbleibt, dieser

1 Es handelt sich somit um eine wenig durchdachte Lösung. Über- und außerplanmäßige Verpflichtungsermächtigungen sollten unabhängig vom Gesamtvolumen in § 3 der Haushaltssatzung zulässig sein, wenn ihre Deckung in den Jahren gewährleistet ist, in denen die Auszahlungen anstehen. Siehe dazu im Einzelnen Kap. 18.6.7.

erheblich ist und die Deckung nur durch Änderung der Haushaltssatzung erreicht werden kann, muss unverzüglich eine Nachtragssatzung erlassen werden. Wann ein Jahresfehlbetrag erheblich ist, richtet sich nach der Größe der Gemeinde bzw. nach deren Haushaltsvolumen, sodass die Kommunalverfassung des Landes Brandenburg dazu keine konkrete Aussage treffen kann. Die Gemeinden müssen gemäß § 68 Abs. 2 Satz 2 BbgKVerf eine örtliche Regelung durch Haushaltssatzung herbeiführen. Ein entsprechender Wortlaut ist entsprechend der Mustersatzung in § 5 der Haushaltssatzung aufzunehmen.

Die Feststellung eines erheblichen Jahresfehlbetrages reicht aber für die Nachtragspflicht nicht aus, sondern der Fehlbetrag muss durch die Änderung der Ursprungssatzung beseitigt werden können. Diese weitere Voraussetzung ist sinnvoll, denn was sollte eine Pflichtnachtragssatzung, wenn der Haushaltsausgleich dadurch nicht herbeigeführt werden kann? Eine reine Information der Gemeindevertretung über die Gefährdung des Haushaltsausgleichs geschieht ohnehin gemäß § 71 Abs. 1 BbgKVerf. Da die Aufwandseite keine Ausgleichsmöglichkeiten mehr bietet (alle Sparmöglichkeiten sind ausgenutzt), muss der Ausgleich im Fall des § 68 Abs. 2 Nr. 1 BbgKVerf über Mehrerträge erzielt werden.

Konkret kann dies nur durch die Erhöhung der Hebesätze in § 4 der Haushaltssatzung für die Realsteuern erfolgen, welche Mehrerträge im Steuerbereich bewirken würde. Diese Änderung muss jedoch bis zum 30. Juni des laufenden Jahres durch die Gemeindevertretung beschlossen sein (für Näheres siehe Kap. 20.4).

Die Änderung anderer Paragrafen der Haushaltssatzung entfällt, weil dadurch keine weiteren Erträge beschafft werden können. §§ 2 bis 3 der Haushaltssatzung kommen bereits aus der Natur der Bestimmungen (keine Ertragsbegründungen) heraus nicht in Betracht. Eine Neufestsetzung des § 1 der Haushaltssatzung bewirkt unmittelbar keine neue Finanzmittelbeschaffung, sondern ist die Folge einer Planänderung, die aufgrund der Ausführungen zu Kap. 20.2.2 eine Nachtragspflicht verursacht.

Generell ist wegen der doch sehr hohen Wertgrenzen für die Erheblichkeit des Fehlbetrags und der im Laufe des Jahres kaum durchführbaren Realsteuerhebesatzerhöhung festzustellen, dass dieser Fall des Pflichtnachtrags in der Praxis kaum anzutreffen ist.

Insofern ist abschließend festzustellen, dass die Vorschrift des § 68 Abs. 2 Nr. 1 BbgKVerf überflüssig ist. Wenn nämlich der erhebliche Jahresfehlbetrag nur durch eine Erhöhung der Realsteuerhebesätze beseitigt werden kann, muss ohnehin § 4 der Haushaltssatzung geändert werden. Dies verlangt bereits § 68 Abs. 1 BbgKVerf. Das trifft auch nicht auf den Fall zu, dass der erhebliche Fehlbetrag aufgrund einer Steuersatzerhöhung durch eine eigenständige Hebesatzsatzung bewirkt wird.[2]

2 Es entsteht der Eindruck, dass die derzeit geltende Vorschrift des § 68 Abs. 2 Nr. 1 BbgKVerf einfach übernommen wurde, ohne zu erkennen, dass aufgrund der Umstellung des Haushaltsausgleichs auf Erträge und Aufwendungen die sonstigen Finanzierungen aufgrund von Bestimmungen der Haushaltssatzung nicht mehr ausgleichsrelevant für den Ergebnisplan sind (z. B. Erhöhung der Kreditsumme).

Leistung einer erheblichen Mehraufwendung bzw. Mehrauszahlung (Nr. 2)
Die betragliche Bindung des Haushaltsplans ist zwar als Grundsatz vorhanden. Jedoch gibt es vor allem gemäß § 70 BbgKVerf die Möglichkeit, Aufwendungs- und Auszahlungsansätze zu überschreiten. Diese Überschreitungen führen dazu, dass die in Frage kommenden Haushaltspositionen nicht mehr der tatsächlichen Entwicklung der Haushaltswirtschaft entsprechen. Dies ist bei geringfügigen Veränderungen für den Gesamthaushalt unproblematisch, da durch Einsparungen bei anderen Haushaltspositionen oder vorhandenen Mehrerträgen bzw. Mehreinzahlungen ein gewisser Ausgleich geschaffen wird. **Erhebliche** Abweichungen von Haushaltspositionen wirken sich dagegen auf die Struktur des Gesamthaushaltes aus. Deshalb ist für erhebliche nicht veranschlagte oder zusätzliche Aufwendungen und Auszahlungen eine Pflichtnachtragssatzung vorgesehen. Dazu kommt die Erwägung, dass solche Änderungen wegen ihrer Bedeutung nicht mehr im einfachen Verfahren nach § 70 BbgKVerf, sondern im umfangreichen Verfahren des Satzungsrechts abzuwickeln sind.

Die Begriffe „nicht veranschlagt“ und „zusätzlich“ stehen für die haushaltsrechtlich klareren Bezeichnungen „außerplanmäßig“ und „überplanmäßig“, wie sie auch in § 70 BbgKVerf verwendet werden. Erhebliche Mehraufwendungen und Mehrauszahlungen nach §§ 23 Abs. 1 bis 4 KomHKV (echte und unechte Deckungsfähigkeit) bedingen dagegen keine Pflicht zum Erlass einer Nachtragssatzung. Gemäß der Fiktion in § 23 KomHKV gelten Mehraufwendungen und Mehrauszahlungen im Rahmen der unechten Deckungsfähigkeit nicht als überplanmäßig, während bei den Mehraufwendungen und Mehrauszahlungen nach § 23 Abs. 1 bis 3 KomHKV bei der Anwendung der Deckungsfähigkeit zwar Mehraufwendungen bzw. Mehrauszahlungen begrifflich entstehen, aber vom Sinn her nicht als solche zu behandeln sind.[3] Es sind somit allein Mehraufwendungen und Mehrauszahlungen i. S. d. § 70 BbgKVerf angesprochen, bei denen im Rahmen der „Erheblichkeit“ die Vorrangigkeit des Nachtrags zu beachten ist.

Wann eine Mehraufwendung bzw. Mehrauszahlung erheblich ist, muss jede Gemeinde im Rahmen ihres pflichtgemäßen Ermessens selbst bestimmen. In der Praxis haben sich dafür Prozentsätze bewährt, zum Teil gekoppelt mit Festbeträgen. Dabei ist darauf zu achten, dass gemäß § 68 Abs. 2 Nr. 2 BbgKVerf die Erheblichkeit der Mehraufwendung bzw. Mehrauszahlung der einzelnen Haushaltsposition und damit auch der Prozentsatz sich auf das Verhältnis zu den Gesamtaufwendungen bzw. Gesamtauszahlungen des Haushalts und nicht auf den bisherigen Ansatz der Haushaltsposition beziehen. Auch die Grenze nach § 68 Abs. 2 Satz 2 BbgKVerf ist in der Haushaltssatzung festzusetzen.

Die Ausnahme von der Nachtragspflicht betrifft die **Umschuldungen von Krediten**. Soll ein Kredit durch die Neuaufnahme eines anderen Kredites abgelöst werden (z. B. aufgrund günstigerer Konditionen), so kann es sich je nach Volumen der Umschuldung um erhebliche Mehrauszahlungen handeln, die grundsätzlich ja eine Nachtragspflicht bewirken würden. Dies entspricht jedoch nicht dem Sinn der Nachtragspflicht, da die Umschuldung keine neuen Haushaltsbelastungen zur Folge hat. Insofern kor-

3 Zur weiteren Begründung siehe die ausführliche Darstellung in Kap. 13.3.2.

respondiert diese Regelung mit § 65 Abs. 2 Nr. 3 i. V. m. § 74 Abs. 1 BbgKVerf, wonach im Kreditbetrag nach § 2 der Haushaltssatzung lediglich Kredite aufzunehmen sind, die der Investitionsfinanzierung dienen. Auch aus diesem Grund werden die nicht in der Haushaltssatzung normierten Umschuldungen auch nicht über eine Nachtragssatzung abgewickelt.

Praktische Anwendung der unbestimmten Rechtsbegriffe des § 68 BbgKVerf
§ 68 BbgKVerf ist mit unbestimmten Rechtsbegriffen gespickt, die mit Zahlen auszufüllen sind. Wie schon mehrfach betont, liegt die konkrete Festsetzung im Ermessen der Gemeinde. Die Gemeinde kann also nicht willkürlich handeln und unterliegt in ihren Festsetzungen der Kommunalaufsicht im Rahmen der Rechtskontrolle. Die genauen Regelungen sind nach § 68 Abs. 2 Satz 2 BbgKVerf in der Haushaltssatzung zu treffen. Nachstehend ist ein Auszug aus dem verbindlichen Muster der Haushaltssatzung abgebildet:

§ 5

4. *Die Wertgrenzen ab der eine Nachtragssatzung zu erlassen ist, werden bei:*
   a) *der Entstehung eines Fehlbetrages auf ... Euro (alternativ: ... bei der Erhöhung des gemäß Haushaltsplan zu erwartendem Fehlbetrag auf... Euro) und*
   b) *bei bisher nicht veranschlagten oder zusätzlichen Einzelaufwendungen der Einzelauszahlungen auf ... Euro festgesetzt.*

20.2.4 Änderung von Haushaltsvermerken und Budgets

Haushaltsvermerke sind einschränkende oder erweiternde Bestimmungen zu Ergebnis- und Finanzpositionen des Haushaltsplans. So werden die Bestimmung über die Auswirkungen von Mehrerträgen und Mindererträgen auf Aufwandermächtigungen bzw. Mehreinzahlungen und Mindereinzahlungen auf Auszahlungsermächtigungen (unechte Deckungsfähigkeit nach § 23 Abs. 4 KomHKV) und die echte Deckungsfähigkeit i. S. v. § 23 Abs. 2 und 3 KomHKV aufgrund von Vermerken außerhalb der Budgetierung im Haushaltsplan wirksam. Soll nun ein solcher Vermerk geändert oder neu angebracht werden, bedarf es einer Fortschreibung des Haushaltsplans. Da der Haushaltsplan durch die Festsetzung der Gesamtbeträge in § 1 der Haushaltssatzung Bestandteil der Haushaltssatzung ist (siehe Ausführungen in Kap. 17.2.2.1), stellt die Vermerkänderung eine Änderung des § 1 der Haushaltssatzung dar. Wie bereits in Kap. 20.2.2 festgestellt, bedarf es dazu einer Nachtragssatzung. Die bei den Gemeinden zuweilen geübte Handhabung des einfachen Beschlusses der Gemeindevertretung zur Herbeiführung einer Vermerkänderung reicht dazu nicht aus. In der Praxis ist natürlich zu überlegen, ob eine gewünschte Vermerkänderung den Aufwand einer Nachtragssatzung rechtfertigt.

Das Gleiche gilt natürlich, wenn die Gemeinde während des Haushaltsjahres die Budgetierung ändern will. Falls die Budgetierungen in einem Paragrafen der Haushaltssatzung bestimmt sind, ergibt sich offensichtlich eine Nachtragssatzungspflicht. Auch wenn die Budgetierung nicht in der Haushaltssatzung, sondern lediglich im Haushaltsplan vermerkt ist, kann eine Änderung der Budgetierung nur durch Nachtragsatzung erfolgen, weil der Haushaltsplan über die Festsetzung in § 1 der Haushaltssatzung ja Bestandteil der Haushaltssatzung ist.

20.2.5 Änderung von Zielen und Kennzahlen

Aufgrund der Regelung des § 14 Abs. 3 KomHKV i. V. m. § 6 Abs. 4 KomHKV sollen die Ziele sowie Kennzahlen zur Messung der Zielerreichung in den produktorientierten Teilergebnisplänen enthalten sein. Damit sind diese Informationen bzw. Daten Teil des Haushaltsplans. Sollen nun die Ziele oder Kennzahlen im laufenden Jahr geändert werden, bedarf dies einer förmlichen Haushaltsplanänderung. Da der Haushaltsplan durch die Festsetzung der Gesamtbeträge in § 1 der Haushaltssatzung Bestandteil der Haushaltssatzung ist, diese aber gemäß § 68 Abs. 1 BbgKVerf nur durch eine Nachtragssatzung geändert werden kann, führt die Änderung von Zielen und Kennzahlen zu einer Nachtragssatzung.

Es stellt sich der Verfasserin allerdings die Frage, ob diese Rechtsfolge bei der Formulierung der Normierungen wissentlich beabsichtigt war. Insofern sollte der Gesetzgeber bedenken, ob nicht eine Ausnahmevorschrift zu diesem Tatbestand sinnvoll ist.[4] Davon unbenommen ist die sinnvolle Regelung des § 12 Abs. 1 KomHKV, wonach Ziele und Kennzahlen in einem Nachtragsplan fortzuschreiben sind, wenn in diesem Nachtragsplan ohnehin die dazu gehörenden Haushaltspositionen geändert werden.

20.2.6 Erhöhung der Ansätze für Verfügungsmittel

Gemäß § 17 Satz 1 KomHKV dürfen die Ansätze für Verfügungsmittel (zum Begriff siehe Kap. 9.3.6.2) nicht überschritten werden. Aufwendungen bzw. Auszahlungen über den Ansatz hinaus sind somit unzulässig. Benötigt die Gemeinde bei dieser Haushaltsposition zusätzliche Haushaltsmittel, verbleibt ihr nur die Änderung des Haushaltsplans mit Erhöhung des entsprechenden Ansatzes. In einem Nachtragsplan kann die Gemeinde natürlich alle Ansätze ändern, also auch die der Verfügungsmittel. Ein

4 Diese Problematik greift auch die Handreichung des Innenministeriums in Absatz 3 Satz 3 ff. der Erläuterungen zu § 81 GO (Innenministerium [Hrsg.], Neues Kommunales Finanzmanagement in Nordrhein-Westfalen, Handreichung für Kommunen, Band 1, Düsseldorf 2005, S. 67) auf. Zuzustimmen ist zwar der Darstellung, dass bei einer unterjährigen Änderung von Zielvereinbarungen und Kennziffern keine Pflichtnachtragssatzung nach **Absatz 2** der Norm erforderlich ist. Jedoch ergibt sich der Grund zum Erlass einer Nachtragssatzung aus **Absatz 1** der Norm, weil der die Zielvereinbarungen und Kennzahlen enthaltende Haushaltsplan (Teil der Haushaltssatzungen durch die Festsetzungen in § 1) geändert wird. Satzungsänderungen sind aber nur durch Nachtragssatzungen zulässig.

Nachtragsplan bedingt aber wegen der bereits mehrfach beschriebenen Verbindung zu § 1 der Haushaltssatzung eine Nachtragssatzung.

Auch hier seien die in Kap. 20.2.4 geübten Bedenken zur Effizienz der Nachtragssatzung angebracht, sodass dieser Fall in der Praxis kaum Anwendung findet.

20.3 Inhalt des Nachtragsplans

Wenn sich aus den in Kap. 20.2 dargestellten Gründen eine Pflicht zum Erlass einer Nachtragssatzung mit Nachtragsplan ergibt oder die Gemeinde freiwillig einen Nachtragsplan aufstellt, ist es sinnvoll, den Nachtragsplan so auszugestalten, dass der Ursprungsplan in allen Bereichen auf den neuesten Stand der Haushaltswirtschaft gebracht wird. Damit wird der Haushalt umfassend fortgeschrieben und bleibt verbindlicher Rahmen für die Haushaltsausführung.

Es wäre allerdings viel zu aufwendig, jede auch noch so kleine Änderung in den Nachtragsplan aufzunehmen. Deshalb muss der Nachtragshaushaltsplan gemäß § 12 Abs. 1 KomHKV auch nur die Änderungen der Erträge und Aufwendungen sowie der Einzahlungen und Auszahlungen enthalten, die im Zeitpunkt seiner Aufstellung übersehbar sind und eine von der Gemeinde zu bestimmende Wertgrenze übersteigen. Damit wird erreicht, dass der Nachtragsplan keine unerheblichen Veränderungen aufweist. Die Wertgrenze ist von der Gemeinde zu bestimmen, allerdings unabhängig von den Begriffen des § 68 BbgKVerf. Allgemein wird ein wesentlich geringerer Betrag als im Fall des § 68 Abs. 2 BbgKVerf gewählt. In der Praxis schwanken die Beträge je nach Größenordnung der Gemeinden zwischen 1.000 und 50.000 €, wobei allerdings seitens der Verfasserin Bedenken bestehen, ob nicht auch bei Milliardenetats ein Betrag von 50.000 € zu hoch angesetzt ist. Insgesamt ist aber festzustellen, dass der für den Haushaltsplan geltende Grundsatz der Vollständigkeit (§ 66 Abs. 1 BbgKVerf) beim Nachtragsplan durchbrochen wird.

In den Nachtragsplan ebenfalls aufzunehmen sind die im Zusammenhang mit den Änderungen von Erträgen und Aufwendungen sowie Einzahlungen und Auszahlungen stehenden Änderungen von Zielen und Kennzahlen zur Zielerreichung.

Trotz Überschreitens der von der Gemeinde festgesetzten Wertgrenze nicht aufgenommen werden müssen – gemäß § 12 Abs. 1 Satz 2 KomHKV – die bereits entstandenen über- und außerplanmäßigen Aufwendungen sowie die bereits über- und außerplanmäßig geleisteten Auszahlungen. Der Nachtragsplan soll also nicht die Funktion haben, über bereits verfügte Finanzpositionen Auskunft zu geben. Insofern gibt der Nachtragsplan nur eingeschränkt die laufende Entwicklung des Haushaltsjahres wieder. Dies ist vertretbar, weil entweder die Gemeindevertretung selbst die über- oder außerplanmäßigen Bewilligungen entschieden hat oder gemäß § 70 Abs. 2 Satz 2 Halbs. 2 BbgKVerf über die Bereitstellung der unerheblichen Mittelbereitstellungen informiert wurde. Außerdem hätte eine Erhöhung der Haushaltsposition nur eine rein deklaratorische Bedeutung, da über die Mittel bereits verfügt wurde. In der Praxis ist eine Reihe von Gemeinden aus Überlegungen der Haushaltsklarheit aber dazu übergegangen, freiwillig auch die über der Wertgrenze liegenden und bereits in Anspruch genommenen über- und außerplanmäßigen Ermächtigungen in den Nachtragshaushalt zu übernehmen.

Eine Pflicht zur Aufnahme bereits über- und außerplanmäßig entstandener Aufwendungen sowie über- und außerplanmäßig geleisteter Auszahlungen in den Nachtragsplan besteht gemäß § 12 Abs. 2 KomHKV allerdings dann, wenn Mehrerträge bzw. Mehreinzahlungen oder Kürzungen von Aufwendungen oder Auszahlungen veranschlagt werden, die zur Deckung dieser über- und außerplanmäßigen Beträge verwendet wurden. Diese Regelung erreicht, dass die Mehrerträge bzw. Mehreinzahlungen oder Minderaufwendungen bzw. Minderauszahlungen als Haushaltsverbesserungen nicht ein zweites Mal als Deckungsmittel herangezogen werden. Das nachstehende Beispiel verdeutlicht dies.

Beispiel:
Die kreisfreie Stadt S wird im Haushaltsjahr über 2.000.000 € Mehrerträge bei den Zuwendungen und allgemeinen Umlagen im Produktbereich 61 erzielen. Zwischenzeitlich wurden überplanmäßige Bewilligungen für Transferaufwendungen beim Produktbereich 31-35 (Soziale Hilfen) in Höhe von 400.000 € aus diesen Mehrerträgen gedeckt. Da die Sozialleistungen bereits aufwendungsmäßig entstanden sind, brauchen sie grundsätzlich gemäß § 12 Abs. 1 Satz 2 KomHKV nicht mehr in den Nachtrag aufgenommen zu werden. Die Mehrerträge von 2.000.000 € dagegen gehören in den Nachtragsplan, weil sie in der Stadt S geltende Wertgrenze übersteigen. Sie sind aber nur noch zu einem Betrag von 1.600.000 € frei verfügbar. Würde man also die damit gedeckten überplanmäßigen Aufwendungen nicht in den Nachtragshaushalt aufnehmen, würde unberechtigterweise der gesamte Betrag im Rahmen der Gesamtdeckung freie Finanzierungsmittel darstellen. Es muss somit wie folgt veranschlagt werden:

Mehrerträge Zuwendungen und allgemeine Umlagen	*+ 2.000.000 €*
üpl. Transferaufwendungen	*– 400.000 €*
frei verfügbare zusätzliche Deckungsmittel	*1.600.000 €*

Eine Erleichterung des Verfahrens liegt darin, dass Beträge unterhalb der von der Gemeindevertretung festgelegten Wertgrenze nicht in den Nachtragshaushaltsplan aufzunehmen sind. Sie werden in der Regel ohnehin durch ebenfalls nicht veranschlagte geringfügige Mehrerträge bzw. Mehreinzahlungen und Einsparungen bei Aufwendungen oder Auszahlungen ausgeglichen, sodass der Gesamthaushalt unbeeinflusst bleibt.

Als Entscheidungshilfe für das praktische Vorgehen bietet sich das nachfolgende Raster an, wobei dieses sich exemplarisch auf den Ergebnisplan bezieht. Es ist für Einzahlungen und Auszahlungen gleichermaßen anzuwenden:

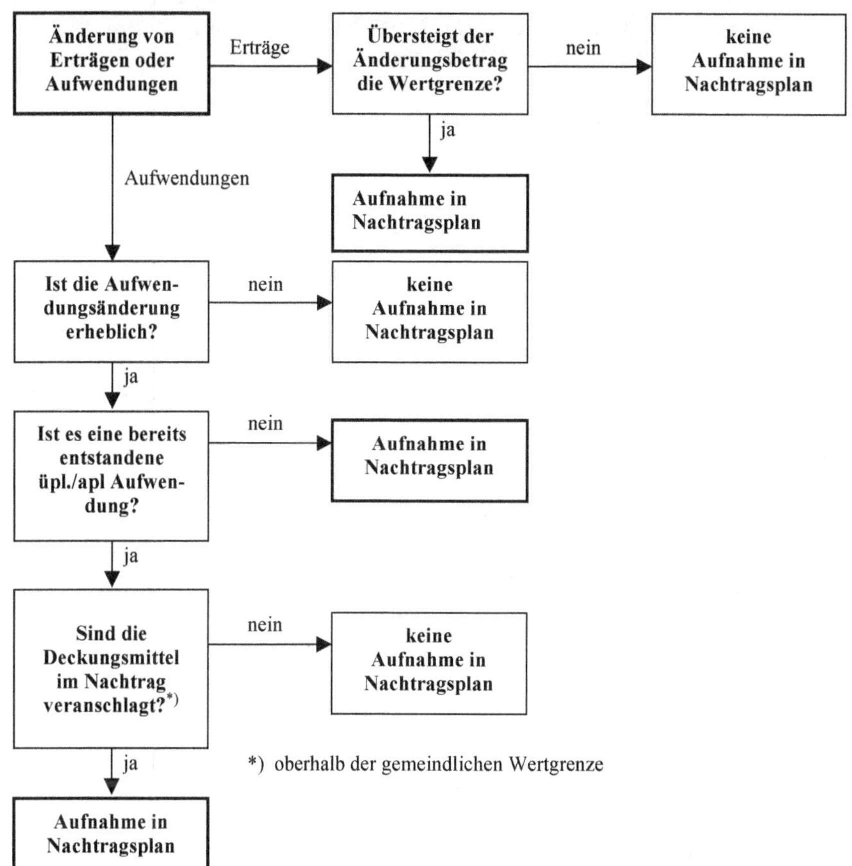

Werden neue Investitionen, Investitionsförderungsmaßnahmen oder Verpflichtungsermächtigungen im Nachtragsplan veranschlagt, sind gemäß § 12 Abs. 3 KomHKV deren Auswirkungen auf die mittelfristige Finanzplanung anzugeben. In diesen Fällen ist dem Nachtragshaushaltsplan auch eine geänderte Übersicht der Verpflichtungsermächtigungen (§ 3 Abs. 2 Nr. 2 KomHKV) beizufügen. Insbesondere ist noch zu beachten, dass bei Aufnahme neuer Investitionen § 16 KomHKV Anwendung finden muss.

Es bestehen keine amtlichen Muster für die Ausgestaltung des Nachtragsplans. Dem Sinn einer Nachtragsplanung entsprechend kann aber auf die unverbindlichen Muster für die Haushaltsplanung sowie die Nachtragssatzung (VV Produkt- und Kontenrahmen) zurückgegriffen werden. Dabei hat eine entsprechende Ergänzung um die Veränderungswerte wie folgt zu erfolgen:

- Neuer Ansatz des Haushaltsjahres,
- Bisheriger Ansatz des Haushaltsjahres,
- Veränderungsbetrag.

Dieselbe Einteilung gilt für die Verpflichtungsermächtigungen im Teilfinanzplan.

20.4 Zustandekommen der Nachtragssatzung

Besteht gemäß § 68 Abs. 2 BbgKVerf die Pflicht zum Erlass einer Nachtragssatzung, so ist diese unverzüglich zu erlassen. Die Verwaltung der Gemeinde muss also ohne schuldhaftes Verzögern nach Bekanntwerden des begründenden Tatbestandes mit den Vorbereitungen beginnen und schnellstens einen Beschluss der Gemeindevertretung herbeiführen.

Eine Nachtragssatzung ist nach § 68 Abs. 1 Satz 1 BbgKVerf spätestens bis zum Ablauf des Haushaltsjahres – gemäß § 65 Abs. 4 BbgKVerf ist das Haushaltsjahr mit dem Kalenderjahr identisch – von der Gemeindevertretung zu beschließen. Entscheidend für die zeitliche Komponente ist somit ausschließlich der Beschluss der Gemeindevertretung bis zum 31. Dezember des entsprechenden Jahres. Anzeige und Veröffentlichung der Nachtragssatzung sowie das Einholen eventueller aufsichtsbehördlicher Genehmigungen können somit also durchaus im kommenden Haushaltsjahr liegen. Allerdings ist der Sinn eines Nachtrags zu hinterfragen, wenn die Nachtragssatzung erst nach Beendigung des zu beplanenden Haushaltsjahres rechtswirksam wird.

Beim Thema „Erlass der Haushaltssatzung" wurde oben als weitere zeitliche Begrenzung erläutert, dass eine Erhöhung der Realsteuerhebesätze in § 4 der Haushaltssatzung gemäß § 25 Abs. 3 GrStG und § 16 Abs. 3 GewStG bis zum 30. Juni für das laufende Jahr beschlossen sein muss. Dies entspricht dem Gedanken einer gewissen Voraussehbarkeit bei Steuererhöhungen (Vertrauensschutz). Da § 25 Abs. 2 GrStG und § 16 Abs. 2 GewStG die Realsteuern als Jahressteuern (Hebesatz ist mindestens für ein Kalenderjahr festzusetzen) beschreibt, können im Laufe des Haushaltsjahres durch eine Nachtragssatzung die Hebesätze der Haushaltssatzung nur rückwirkend zum Beginn des Haushaltsjahres erhöht werden. Deshalb kommt es bei der Nachtragssatzung zu derselben zeitlichen Begrenzung wie bei der Haushaltssatzung, wenn die Steuersätze in § 4 der Haushaltssatzung erhöht werden sollen. Eine solche Nachtragssatzung muss von der Gemeindevertretung bis zum 30. Juni eines Jahres beschlossen sein. Insofern wird durch die Steuergesetze (Bundesrecht bricht Landesrecht) der durch § 68Abs. 1 Satz 1 BbgKVerf vorgegebene Beschlusszeitpunkt für die Nachtragssatzung eingeschränkt.

Gemäß § 68 Abs. 1 Satz 2 BbgKVerf gelten für die Nachtragssatzung die Vorschriften der Haushaltssatzung entsprechend. Insofern sind auch die Vorschriften des § 67 BbgKVerf auf die Nachtragssatzung im vollen Umfang anzuwenden (siehe dazu Kap. 17.3).

Wie die Haushaltssatzung ist die Nachtragssatzung gemäß § 74 Abs. 2 BbgKVerf zu genehmigen, wenn durch sie eine höhere Kreditaufnahme vorgesehen ist. Eine Genehmigung ist weiterhin nach § 73 Abs. 4 BbgKVerf notwendig, wenn die Höhe der Verpflichtungsermächtigungen sich ändert. Ebenfalls ist eine Genehmigung erforderlich, wenn durch den Nachtrag ein bestehendes Haushaltssicherungskonzept geändert oder erstmals ein Haushaltssicherungskonzept aufzustellen ist (§ 73 BbgKVerf).

Die Frage, ob eine Nachtragssatzung durch Eilentscheidung nach § 58 BbgKVerf erlassen werden kann, ist umstritten. Sie wird vor allem deshalb verneint, weil das in § 67 BbgKVerf vorgesehene umfangreiche formelle Verfahren bei einer Eilentscheidung nicht möglich ist. Die Befürworter einer Eilentscheidung stützen sich allein auf den Wortlaut des § 58 BbgKVerf, wonach **alle** Angelegenheiten der Gemeindevertretung bei Vorliegen der Voraussetzungen im Wege der Dringlichkeitsentscheidung beschlossen werden können. Dieser Meinung ist nach Auffassung der Verfasserin wegen der genannten Formvorschriften nicht zu folgen, sodass wie bei der Haushaltssatzung auch bei der Nachtragssatzung eine Dringlichkeitsentscheidung zu verneinen ist. Dabei wird nicht verkannt, dass es durchaus auch im Nachtragsverfahren zur Dringlichkeit kommen kann, z. B. bei einer unverzüglich durchzuführenden Erhöhung der Kreditermächtigung.

20.5 Übungen

Sachverhalt Nr. 1

Bei der Gemeinde G (Gesamtsumme der Aufwendungen im Ergebnisplan: 70.000.000 € und der Auszahlungen im Finanzplan: 80.000.000 €) fallen im Laufe des Haushaltsjahres folgende Sachverhalte an:

a) Durch ein Unwetter wird das Rathaus der Gemeinde G stark beschädigt. Die nicht veranschlagten Instandsetzungsaufwendungen (vor allem Dach- und Fenstererneuerung) werden auf 800.000 € geschätzt. Im zuständigen Produktbereich 01 werden die veranschlagten Aufwendungen für Sach- und Dienstleistungen ansonsten planmäßig abgewickelt.
b) Es soll eine Kindertagesstätte gebaut werden. Im Teilfinanzplan ist trotz der im Vorjahresplan enthaltenen Anfinanzierungsrate von 100.000 € der benötigte Betrag von 600.000 € für die Baufortsetzung irrtümlich nicht veranschlagt.
c) Durch das bereits bei a) beschriebene Unwetter ist auch eine Werkhalle einer Firma im Gemeindegebiet unbenutzbar geworden. Die Firma will eine neue Werkhalle errichten, an deren Baukosten sich die Gemeinde mit Zuwendungen in Höhe von 100.000 € beteiligen will. Mittel für Transferaufwendungen sind dafür im zuständigen Produktbereich nicht vorgesehen.
d) Auf dem Gelände des Gymnasiums sollen Fertiggaragen aufgestellt werden, deren damit verbundenen Auszahlungen in Höhe von 80.000 € nicht veranschlagt sind.
e) Es zeichnet sich Mitte Juli ab, dass trotz Ausnutzung jeder Sparmöglichkeit und zusätzlicher Ertragsbeschaffung der Haushalt der Gemeinde G wohl mit einem Jahresfehlbetrag von 4.000.000 € abschließen wird. Die Rücklage aus Überschüssen sind bereits in den Vorjahren vollständig eingesetzt worden.

In der Hauptsatzung der Gemeinde G sind die Wertgrenzen nach § 68 BbgKVerf wie folgt festgesetzt:

1. *Als „erheblich" i. S. d. § 68 Abs. 2 Nr. 1 BbgKVerf gilt ein Jahresfehlbetrag, der 2 v. H. der Gesamtsumme der Aufwendungen des laufenden Haushaltsjahres im Ergebnisplan übersteigt.*
2. *Als „erheblich" sind Mehraufwendungen i. S. d. § 68 Abs. 2 Nr. 2 BbgKVerf dann anzusehen, wenn sie im Einzelfall 1 v. H. die Gesamtsumme der Aufwendungen des laufenden Haushaltsjahres im Ergebnisplan übersteigen. Das Gleiche gilt für Mehrauszahlungen im Finanzplan.*

Aufgabe:
Begutachten Sie, ob die im Sachverhalt enthaltenen Tatbestände eine Pflicht zur Nachtragssatzung begründen.

Lösung:
Zu a)
Eine Pflicht zur Nachtragssatzung könnte sich zunächst aus § 67 Abs. 2 Nr. 2 BbgKVerf ergeben, weil die Aufwendungen für die Instandsetzung des Rathauses die beim Produktbereich 11 veranschlagten Aufwendungen für Sach- und Dienstleistungen übersteigen (die veranschlagten Haushaltsmittel werden planmäßig benötigt). Voraussetzung dafür ist, dass die Mehraufwendungen von 800.000 € als „erheblich" im Verhältnis zur Gesamtsumme der Aufwendungen zu werten sind. Aufgrund der Hauptsatzung der Gemeinde G sind Mehraufwendungen i. S. dieser Vorschrift dann erheblich, wenn sie 1 v. H. der Gesamtsumme der Aufwendungen im Ergebnisplan übersteigen. Die Gesamtsumme der Aufwendungen im Ergebnisplan der Gemeinde G beträgt 70.000.000 €, sodass die Grenze bei 700.000 € liegt. Die Mehraufwendungen für durch die Rathausreparatur bedingten Sach- und Dienstleistungen übersteigen diesen Betrag um 100.000 €. Sie stellen somit erhebliche Mehraufwendungen i. S. d. § 68 Abs. 2 Nr. 2 BbgKVerf dar und können nur durch eine Nachtragssatzung bereitgestellt werden.

Da § 68 Abs. 3 BbgKVerf lediglich eine Ausnahme für die Umschuldung vorsieht und diese Ausnahme auf den Sachverhalt nicht anwendbar ist, ist eine Nachtragssatzung zu erlassen.

§ 68 Abs. 2 Nr. 1 BbgKVerf ist nicht zu prüfen, weil das Tatbestandsmerkmal eines Fehlbetrags nicht gegeben ist. Ohnehin wäre hier auch die Erheblichkeitsgrenze laut Sachverhalt unterschritten.

Zu b)
Es ist wiederum zu prüfen, ob sich eine Verpflichtung zur Nachtragssatzung aus § 68 Abs. 2 Nr. 2 BbgKVerf ergibt. In der Lösung zu a) wurde bereits festgestellt, dass die Wertgrenze durch Hauptsatzung festgesetzt ist. In diesem Fall allerdings ist auf den Finanzplan abzustellen, weil es sich um eine Auszahlung handelt. Insofern beträgt die Grenze 1 % von 80.000.000 €, demnach 800.000 €. Der für den Neubau der Kindertagesstätte benötigte Jahresbetrag von 600.000 € liegt somit unterhalb dieser Grenze, sodass nach dieser Norm keine Pflichtnachtragssatzung zu erlassen ist.

Zu § 68 Abs. 2 Nr. 1 BbgKVerf gelten die Ausführungen zu a).

Zu c)
Die Gemeinde will einen Zuschuss in Höhe von 100.000 € zur Investition eines Dritten leisten, sodass es sich insofern um Transferaufwendungen in Form einer Investitionsförderung handelt. Wegen der Wertgrenze von 700.000 € (siehe Lösung zu a)) ist die Prüfung des § 68 Abs. 2 Nr. 2 BbgKVerf abwegig. Insofern ist der Erlass einer Nachtragssatzung nicht erforderlich. § 68 Abs. 2 Nr. 1 BbgKVerf ist nicht zu prüfen, weil das Tatbestandsmerkmal eines Fehlbetrages nicht gegeben ist. Ohnehin wäre hier auch die Erheblichkeitsgrenze laut Sachverhalt unterschritten.

Zu d)
Die Aufstellung der Fertiggaragen ist zu den Investitionen zu zählen, da es sich um eine Neuerrichtung von Gebäuden handelt und die Art der Bauausführung nicht entscheidend ist (Erweiterung des kommunalen Grundstücksvermögens), und es soll dadurch eine Mehrauszahlung gegenüber dem Plan getätigt werden. Aber wie bereits festgestellt, liegt die Wertgrenze weit höher, sodass die Voraussetzungen zum Erlass einer Nachtragssatzung gemäß § 68 Abs. 2 Nr. 2 BbgKVerf nicht gegeben sind (Näheres zur Auslegung siehe Lösung zu b).

Zu e)
Eine Nachtragssatzung wäre gemäß § 68 Abs. 2 Nr. 1 BbgKVerf erforderlich, wenn der Jahresfehlbetrag erheblich wäre und er nur durch den Erlass einer Nachtragssatzung gedeckt werden kann. Eine andere Deckung (Einsparungen bei Aufwendungen oder Mehrerträge) ist laut Sachverhalt ausgeschlossen. Die Rücklage aus Überschüssen sind bereits vollständig in den Vorjahren eingesetzt worden, sodass auch darüber der Haushaltsausgleich nicht herbeigeführt werden kann.

Aufgrund der Hauptsatzung der Gemeinde G gilt ein Jahresfehlbetrag als erheblich, wenn er 2 v. H. der Gesamtsumme der Aufwendungen im Ergebnisplan in Höhe von 70.000.000 € = 1.400.000 € übersteigt, was beim vorliegenden Fehlbetrag von 4.000.000 € der Fall ist.

Dieser Jahresfehlbetrag muss jedoch – wie oben dargestellt – durch den Erlass der Nachtragssatzung beseitigt werden können. Dies kann wegen des zusätzlichen Ertragsbedarfs nur durch eine Erhöhung der Realsteuerhebesätze und die dadurch bedingten Mehrerträge erfolgen. Gemäß § 25 Abs. 3 GrStG und § 16 Abs. 3 GewStG muss eine Nachtragssatzung, in der die Steuersätze (§ 4 der Haushaltssatzung) angehoben werden, von der Gemeindevertretung bis zum 30. Juni des Jahres beschlossen werden. Im vorliegenden Fall wird der Jahresfehlbetrag erst im Juli des Jahres festgestellt, sodass die Erhöhung der Hebesätze zu diesem Zeitpunkt nicht mehr zulässig ist. Eine Erhöhung zu einem späteren Zeitpunkt des Jahres scheidet gemäß § 25 Abs. 2 GrStG und § 16 Abs. 2 GewStG aus, weil die Realsteuern Jahressteuern und somit immer nur für ein ganzes Kalenderjahr festzusetzen sind.

Der Haushaltsausgleich kann somit durch eine die Haushaltssatzung ändernde Nachtragssatzung nicht herbeigeführt werden, sodass trotz des erheblichen Fehlbetrags die Gemeinde nicht zum Erlass einer Nachtragssatzung nach § 68 Abs. 2 Nr. 1 BbgKVerf verpflichtet ist.

Sachverhalt Nr. 2

Die Gemeinde G stellt im September 2024 den ersten Nachtragsplan für dieses Haushaltsjahr auf. Unter anderem ergibt sich im Produktbereich 42 „Sportförderung" Folgendes:

a) Erhöhung der Baukosten für das Schwimmbad

Der Bau des Schwimmbades ist im Haushalt 2024 mit Bauauszahlungen von 4.000.000 € eingeplant, die je zur Hälfte für 2024 und 2025 vorgesehen sind. Nunmehr erhöhen sich die Auszahlungen für das Jahr 2024 um 300.000 € wegen bisher nicht eingeplanter zusätzlicher Bodensicherungsarbeiten. Die Einrichtungsauszahlungen in Höhe von 500.000 € waren bisher im vollen Umfang für 2025 vorgesehen. Nunmehr sollen bereits im Haushaltjahr 2024 Einrichtungen im Wert von 50.000 € gekauft werden. Die Verträge für die Baumaßnahme und die Einrichtungen werden bzw. wurden wie geplant insgesamt in 2024 abgeschlossen.

Bisher war eine Landeszuweisung in Höhe von 10 % der kassenwirksamen Auszahlungen für den Bau und die Einrichtung veranschlagt. Nunmehr hat das Land angekündigt, die Zuweisungsquote auf 20 % der jeweiligen kassenwirksamen Auszahlungen zu erhöhen.

b) Neubau eines bisher nicht veranschlagten Stadions

Die Grundstückssituation für das geplante Stadion stellt sich recht günstig dar. Es kann im Wesentlichen auf ein Grundstück des Grünflächenbereichs im Wert von 200.000 € zurückgegriffen werden, welches bisher bei den Parkanlagen im Produktbereich 55 geführt wird. Lediglich ein ca. 1.000 m² großes Grundstück muss zum Kaufpreis von 50.000 € erworben werden. Mit dem Abschluss des Kaufvertrages ist für September 2024 zu rechnen, die Zahlung erfolgt je zur Hälfte in 2024 und 2025. Der Verkäufer wird sich mit dem Baubeginn in 2024 bereiterklären. Dazu hat die Gemeinde G die Notar- und Grundbuchkosten von rund 5.000 € in 2024 zu tragen. Die auf dem Grundstück befindlichen Bäume werden gefällt, wobei noch in 2024 mit einem Verkaufserlös für das Holz in Höhe von 1.000 € gerechnet werden kann.

Die Baukosten belaufen sich auf insgesamt 20.000.000 €. Nach dem Bauzeitplan werden in 2024 lediglich noch 1.000.000 € verbaut werden können. Der Restbetrag wird je zur Hälfte in 2025 und 2026 anfallen. Eine Spezialfirma soll den Gesamtauftrag vor Baubeginn in 2024 erhalten.

Die für die Pflege der Rasenfläche im Stadion benötigte Spezialmaschine wird eine Auszahlung in Höhe von 100.000 € verursachen. Wegen der langen Lieferzeit soll sie bereits in 2024 bestellt werden, die Auslieferung und Rechnungsstellung sind für 2025 vorgesehen. Neben den Anschaffungskosten hat die Gemeinde G auch die Transportkosten für die Maschine in Höhe von 1.000 € dem Hersteller nach Lieferung zu erstatten.

Das Land Brandenburg wird sich an den Bau- und Grunderwerbskosten mit 10 % entsprechend der Auszahlungsveranschlagung beteiligen. Der örtliche Bundesligaverein wird der Gemeinde G einen zweckgebundenen zinslosen Kredit von 200.000 € in 2024 auszahlen. Dieser ist erstmals in 2025 zu tilgen.

Aufgabe:
Erstellen Sie einen Auszug aus dem Teilfinanznachtragsplan 2024 für den Produktbereich 42 „Sportförderung". Unterstellen Sie dabei, dass alle Änderungsbeträge die in der Gemeinde G geltende Wertgrenze nach § 12 Abs. 1 KomHKV übersteigen. Auf die Darstellung der Jahre der mittelfristigen Planung ist zu verzichten. Die Verpflichtungsermächtigungen sind in ihrer endgültigen Summe darzustellen (kein Veränderungsnachweis).

Lösung:

Produktbereich 42 Sportförderung Teilfinanzplan Investitionstätigkeit	**neuer Ansatz 2024**	**alter Ansatz 2024**	**Veränderung 2024**	**Neue VE 2024**
Einzahlungen				
aus Zuwendungen für Investitionsmaßnahmen	573.000	200.000	373.000	
aus der Veräußerung von Sachanlagen	1.000	0	1.000	
Summe der investiven Einzahlungen	**574.000**	**200.000**	**374.000**	
Auszahlungen				
für Erwerb von Grundstücken u. Gebäuden	30.000	0	30.000	25.000
für Baumaßnahmen	3.300.000	2.000.000	1.300.000	21.000.000
für Erwerb von beweglichem Anlagevermögen	50.000	0	50.000	551.000
Summe der investiven Ausgaben	**3.380.000**	**2.000.000**	**1.380.000**	**21.576.000**
Saldo Investitionstätigkeit PB Sportförderung	**–2.806.000**	**–1.800.000**	**–1.006.000**	

Übersicht Investitionsmaßnahmen	**neuer Ansatz 2024**	**alter Ansatz 2024**	**Veränderung 2024**	**Neue VE 2024**
Maßnahmen oberhalb der Wertgrenze				
Einzahlung: Landeszuweisung Stadion	103.000	0	103.000	
Einzahlung: Veräußerung v. Sachanlagen Stadion	1.000	0	1.000	
Auszahlung: Grunderwerb Stadion	30.000	0	30.000	25.000
Auszahlung: Baumaßnahme Stadion	1.000.000	0	1.000.000	19.000.000
Auszahlung: bewegliches Vermögen Stadion	0	0	0	101.000
Saldo Investitionsmaßnahme Stadion	–926.000		–926.000	19.126.000

Übersicht Investitionsmaßnahmen	**neuer Ansatz 2024**	**alter Ansatz 2024**	**Verände-rung 2024**	**Neue VE 2024**
Einzahlung: Landeszuweisung Schwimmbad	470.000	200.000	270.000	
Auszahlung: Baumaßnahme Schwimmbad	2.300.000	2.000.000	300.000	2.000.000
Auszahlung: bewegliches Vermögen Schwimmbad	50.000	0	50.000	450.000
Saldo Investitionsmaßnahme Schwimmbad	–1.880.000	–1.800.000	–80.000	2.450.000
Saldo	**–2.806.000**	**–1.880.000**	**–1.006.000**	**21.576.000**

Hinweise:

- Die zweckgebundene Krediteinzahlung des örtlichen Bundesligavereins ist dem Produktbereich 61 zuzuordnen und deshalb nach der Aufgabenstellung hier nicht nachzuweisen.
- Es wäre auch zulässig, die Einzahlung aus dem Holzverkauf in Höhe von 1.000 € beim Produktbereich 55 „Natur und Landschaftspflege“ (Grünflächen) nachzuweisen.
- Eine Darstellung der einzelnen Investitionen war nach der Aufgabenstellung nicht notwendig.

21. Der Jahresabschluss

21.1 Gestaltung des Jahresabschlusses

Der kommunale Jahresabschluss stellt – vergleichbar mit dem kaufmännischen Abschluss – das Ziel der Rechenschaft in den Vordergrund. Nach § 82 Abs. 1 Satz 1 BbgKVerf ist daher im Jahresabschluss das Ergebnis der Haushaltswirtschaft des Haushaltsjahres nachzuweisen. Als Aufstellungsgrundsatz legt § 82 Abs. 1 BbgKVerf fest, dass der Jahresabschluss ein den tatsächlichen Verhältnissen entsprechendes Bild der Lage der Gemeinde vermitteln muss. Hierbei hat nach § 52 KomHKV die Gemeinde zum Schluss eines jeden Haushaltsjahres beim Jahresabschluss neben der Beachtung der Grundsätze ordnungsmäßiger Buchführung für Kommunen auch sämtliche weitere in der KomHKV enthaltenen Maßgaben zu berücksichtigen. Das den tatsächlichen Verhältnissen entsprechende Bild soll darüber informieren, wie „reich" oder „arm" die Kommune ist und wie sich ihre Ertragskraft gestaltet. In der Praxis dürfte dieser Regelungsteil kaum relevant sein, da die anderen haushaltsrechtlichen Vorschriften – insbesondere die Grundsätze ordnungsmäßiger Buchführung – kaum eine Abweichung zulassen.

Für den Jahresabschluss von besonderer Bedeutung sind die im Rahmen der Rechenschaftspflicht geltenden Grundsätze der Recht- und Ordnungsmäßigkeit der Haushaltswirtschaft. Im Vorfeld des Jahresabschlusses sollte daher bereits im Rahmen der Bewirtschaftung, zwecks Vermeidung zusätzlicher zeitraubender Prüfarbeiten während des Jahresabschlusses, bei den einzelnen Rechnungskomponenten periodisch (z. B. monatlich) der Buchungsstoff geprüft werden. Hierzu gehört auch ein Abgleich der Nebenbuchhaltungen mit dem Hauptbuch. Unklare Buchungen sollten bis zum Jahresabschluss geklärt und fehlerhafte Buchungen berichtigt werden.

Der Jahresabschluss besteht nach § 52 Abs. 1 Satz 1 KomHKV aus dem Abschluss der drei Rechnungskomponenten

- Ergebnisrechnung,
- Finanzrechnung und
- Bilanz.

Des Weiteren sind nach dieser Regelung mittels eines Anhangs (§ 58 KomHKV) Angaben und Erläuterungen zu relevanten Inhalten bezüglich des Jahresabschlusses zu treffen. Dem Jahresabschluss ist nach § 59 KomHKV außerdem ein Rechenschaftsbericht beizufügen. Nach § 56 KomHKV sind außerdem für die produktorientierten Teilpläne

- Teilergebnisrechnungen und
- Teilfinanzrechnungen aufzustellen.

Dem Anhang ist gem. § 60 KomHKV eine Anlagen-, Forderungs- und Verbindlichkeitenübersicht beizufügen.

Das nachstehende Schaubild soll den Zusammenhang der auf unterschiedliche Regelungen verteilten Elemente des Jahresabschlusses verdeutlichen:

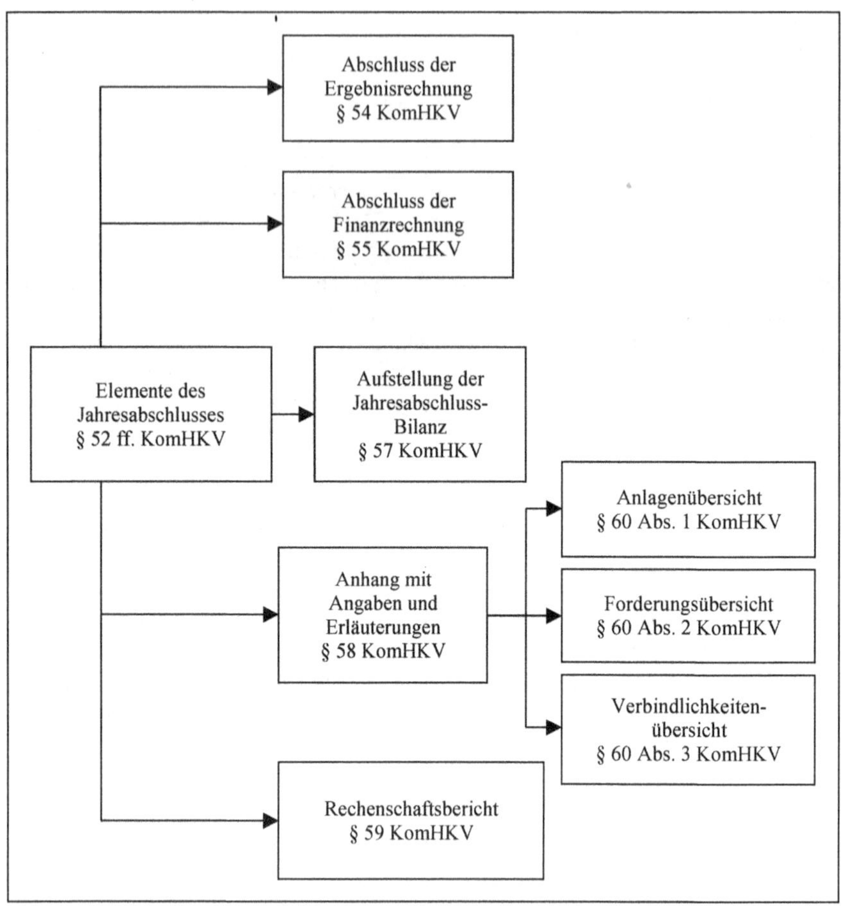

21.2 Die einzelnen Elemente des Jahresabschlusses

21.2.1 Ergebnisrechnung

In der Ergebnisrechnung sind nach § 54 Abs. 1 Satz 1 KomHKV die dem Haushaltsjahr zuzurechnenden Erträge und Aufwendungen nachzuweisen. Demnach sind sämtliche Vorschriften hinsichtlich der erfolgsmäßigen Abgrenzung des Haushaltsjahres zu beachten. Die Abgrenzung der dem Haushaltsjahr zuzurechnenden Aufwendungen und Erträge findet jedoch in den einzelnen produktorientierten Teilergebnisrechnungen statt, da dort die produktorientierte Zuordnung der Aufwendungen und Erträge erfolgt. Die Ergebnisrechnung stellt dagegen eine zusammenfassende Aufstellung aller Aufwendungen und Erträge aus den einzelnen produktorientierten Teilergebnisrechnungen einer Kommune dar. Im Rahmen der ordnungsmäßigen Aufstellung der Ergebnisrechnung ist es somit Grundvoraussetzung, dass die Abschlussbuchungen für die dem Haushaltsjahr zuzurechnenden Erträge und Aufwendungen in den produktorientierten Teilrechnungen vorgenommen werden.

Dies sind die Buchungen, die im Verlauf des Haushaltsjahres noch nicht vorgenommen wurden (bzw. werden konnten):

- transitorische Rechnungsabgrenzung,[1]
- antizipative Rechnungsabgrenzung,[2]
- Wertberichtigungen von Forderungen und
- Rückstellungsbildungen bzw. -auflösungen.[3]

Die Unterscheidung der transitorischen und antizipativen Rechnungsabgrenzung wird anhand des nachfolgenden Schaubildes deutlich:

Geschäftsvorfall ergibt im			
abzuschließenden Haushaltsjahr	Folgehaushaltsjahr oder später	Form der Rechnungsabgrenzung	Bilanzielle Darstellung
Aufwand	Ausgabe	Antizipative Rechnungsabgrenzung	Sonstige Verbindlichkeit
Ertrag	Einnahme		Sonstige Forderung
Ausgabe	Aufwand	Transitorische Rechnungsabgrenzung	Aktive Rechnungsabgrenzung
Einnahme	Ertrag		Passive Rechnungsabgrenzung

Transitorische Rechnungsabgrenzung

Die transitorische Rechnungsabgrenzung wird in § 53 KomHKV geregelt. Sie gliedert sich aus Sicht der Ergebnisrechnung in Aufwand und Ertrag und aus bilanzieller Sicht in aktive und passive Rechnungsabgrenzungsposten.

Nach § 53 Abs. 1 KomHKV sind Auszahlungen im laufenden Haushaltsjahr, die erst einen Aufwand nach dem Abschlussstichtag darstellen, unter dem aktiven Rechnungsabgrenzungsposten anzusetzen.

Nach § 53 Abs. 2 KomHKV sind Einzahlungen im laufenden Haushaltsjahr, die erst einen Ertrag nach dem Abschlussstichtag darstellen, unter dem passiven Rechnungsabgrenzungsposten anzusetzen.

Für Disagio besteht nach § 53 Abs. 3 KomHKV die Pflicht der transitorischen Rechnungsabgrenzung.[4] Somit wird dieser Betrag in der Bilanz gesondert als aktiver

1 Einnahmen bzw. Ausgaben des abzuschließenden Haushaltsjahres, die erst einen bestimmten Zeitpunkt nach dem Bilanzstichtag als Erträge oder Aufwendungen zuzurechnen sind. Für deren Ausweis bestehen im Jahresabschluss zwei eigene Bilanzpositionen. Es wäre auch theoretisch möglich, anhand einer Split-Buchung jeweils sofort diese Posten zu erfassen.

2 Aufwendungen und Erträge des abzuschließenden Haushaltsjahres, die erst nach dem Bilanzstichtag zu Ausgaben bzw. Einnahmen führen. Analog zum kaufmännischen Rechnungswesen sind diese Posten unter den Bilanzpositionen „Sonstige Verbindlichkeiten“ bzw. „Sonstige Forderungen“ zu bilanzieren.

3 Der Themenbereich „Rückstellungen“ ist in Kap. 10.3.7 ausführlich beschrieben, sodass hierzu auf weitergehende Ausführungen in diesem Kapitel verzichtet wird.

4 „Disagio“ ist der Unterschiedsbetrag, der durch einen höheren Rückzahlungsbetrag einer Verbindlichkeit gegenüber dem Auszahlungsbetrag entsteht. Siehe hierzu auch Kap. 15.2.4.3.

Rechnungsabgrenzungsposten ausgewiesen und über die Laufzeit der Kreditverbindlichkeit linear abgeschrieben.

Antizipative Rechnungsabgrenzung
Die antizipative Rechnungsabgrenzung ist in den allgemeinen Bewertungsanforderungen des § 49 KomHKV enthalten. Nach § 49 Abs. 1 Nr. 4 KomHKV sind im Haushaltsjahr entstandene Aufwendungen und erzielte Erträge unabhängig von den Zeitpunkten der entsprechenden Zahlungen im Jahresabschluss zu berücksichtigen. Sofern beispielsweise die Kommune Mietnutzungen wahrgenommen hat, die Aufwand des laufenden Haushaltsjahres darstellen, die Zahlung aber erst im folgenden Haushaltsjahr zu erfolgen hat, muss dieser aufwandverursachende Sachverhalt im Rahmen der antizipativen Rechnungsabgrenzung abgebildet werden. Die Gegenbuchung zum Aufwand erfolgt als sonstige Verbindlichkeit in der Höhe, die dem laufenden Haushaltsjahr zuzurechnen ist.

> ***Beispiel:***
> *Die Gemeinde hat am 31.3.2025 eine Mietzahlung für die Monate 1.10.2024 bis 31.3.2025 von 30.000 Euro zu leisten. Für die ergebnisgerechte Abbildung des Aufwands muss im Haushaltsjahr 2024 eine Aufwandsbuchung i. H. v. 15.000 € (anteilige Ermittlung für das Haushaltsjahr 2024, 3 von 6 Monaten = 50 %) an „Sonstige Verbindlichkeiten“ erfolgen.*

Bei Erträgen ist analog zu verfahren. Sofern beispielsweise eine Kommune nunmehr Mietnutzungen gewährt, die Ertrag des laufenden Haushaltsjahres darstellen, aber der Zahlungszufluss erst im folgenden Haushaltsjahr stattfinden wird, muss der Ertrag des laufenden Haushaltsjahres im Rahmen der antizipativen Rechnungsabgrenzung abgebildet werden. Die Gegenbuchung zum Ertrag erfolgt als sonstige Forderung in der Höhe, die dem laufenden Haushaltsjahr zuzurechnen ist.

Wertberichtigungen
Im Rahmen der periodengerechten Zuordnung von Aufwendungen ist es für den Forderungsbereich erforderlich, die Werthaltigkeit von Forderungen zu überprüfen und gegebenenfalls Wertberichtigungen durchzuführen. Eine spezielle Regelung besteht hierzu nicht. Die Prüfung der Werthaltigkeit von Forderungen lässt sich aus der „Globalregelung“ des § 54 Abs. 1 KomHKV – alle dem Haushaltsjahr zuzurechnenden Aufwendungen sind in der jeweiligen Ergebnisrechnung nachzuweisen – herleiten. Des Weiteren regelt § 82 Abs. 1 BbgKVerf, dass die Grundsätze ordnungsmäßiger Buchführung für Kommunen zu beachten sind. Das Vorsichtsprinzip und das damit verbundene strenge Niederstwertprinzip, welches für das Umlaufvermögens Anwendung findet, besagt, dass auch bei nicht dauerhafter Wertminderung hier der niedrigste Wertansatz zur Bewertung herangezogen werden muss. Das kaufmännische Rechnungswesen sieht für die Wertberichtigungen zwei Verfahren vor.

Diese sind
- die Einzelwertberichtigung und
- die Pauschalwertberichtigung.

Weder die Gesetzestexte noch bisherige Ausführungen stellen das Verhältnis dieser kaufmännischen Wertberichtigungsformen zu den öffentlich-rechtlichen Wertberichtigungsformen des § 31 KomHKV „Niederschlagung“ und „Erlass“ dar.

Die Niederschlagung und der Erlass sind für den Forderungsbereich die maßgeblichen Wertberichtigungsformen einer Einzelwertberichtigung. Der Niederschlagung bzw. dem Erlass geht ein strukturiertes Verfahren der Prüfung der Werthaltigkeit einer Forderung voraus. Es erfolgt ein öffentlich-rechtliches Mahnverfahren, und die Gemeinde nimmt auch in eigener Zuständigkeit Vollstreckungsversuche vor. Auf der Grundlage der Ergebnisse der Einzelprüfung erfolgt die Entscheidung, ob eine einzelne Forderung niedergeschlagen bzw. erlassen wird oder nicht. Grundsätzlich erfolgt dieses strukturierte Verfahren der Einzelprüfung auch für privatrechtliche Forderungen, wobei jedoch ein privatrechtliches Mahnverfahren vorgeschaltet ist. Die alleinige Anwendung von Niederschlagung und Erlass als Wertberichtigung reicht nach Auffassung der Verfasserin nicht aus. Offene Forderungen müssen im Rahmen der Jahresabschlussarbeiten grundsätzlich auf ihre Einbringbarkeit überprüft und ggf. wertberichtigt werden.

Die kaufmännische Vorgehensweise untergliedert zwei Sachverhaltsvarianten. Diese sind
- zweifelhafte Forderungen und
- uneinbringliche Forderungen.

Die inhaltlichen Voraussetzungen einer uneinbringlichen Forderung decken sich grundsätzlich mit denen einer unbefristeten Niederschlagung, die beispielsweise als Voraussetzung an eine erfolglose Beitreibung durch Pfändungsversuche knüpft. Uneinbringliche Forderungen sind vollständig abzuschreiben. Die Abschreibung erfolgt direkt gegenüber dem Forderungskonto.

Anders ist dies bei zweifelhaften Forderungen. Eine Forderung ist zweifelhaft, wenn der Zahlungseingang bei bestehendem Zahlungsverzug als ungewiss erachtet wird (z. B. Schuldner hat ein Vergleichs- oder Insolvenzverfahren beantragt). Weder Kommunalverfassung noch KomHKV verlangen konkret die Umbuchung von zweifelhaft gewordenen Forderungen auf spezielle Konten, noch sind solche speziellen Konten im kommunalen Kontierungsplan vorgesehen. Im Rahmen der Grundsätze ordnungsmäßiger Buchführung ist eine diesbezügliche Umbuchung anzuraten. Hierdurch wird auch die Haushaltswahrheit und -klarheit erhöht. Zweifelhafte Forderungen sind mit ihrem wahrscheinlichen Wert anzusetzen, so dass hieran orientiert eine Teil- oder Vollabschreibung erfolgt. Die Abschreibungshöhe ergibt sich aus dem Unterschiedsbetrag zwischen dem Nennwert der Forderung und ihrem wahrscheinlichen Wert. Gemäß Ziff. 3.2.2.2 BewertL werden in Brandenburg zweifelhafte Forderungen mit ihrem Nominalwert belassen. Die Abschreibung als Einzelwertberichtigungsaufwand wird an eine negative Aktivposition als Unterkonto der jeweiligen Forderungsarten gebucht (kreditorischer Debitorenposten). Somit wird in der brandenburgischen Bilanz auf einem Blick der Rechtsanspruch auf Zahlung in voller Höhe, deren aufsummierte Ausfallerwartung sowie deren Verrechnung in der Summenposition dargestellt.[5]

Neben der Einzelwertberichtigung ist jedoch auch eine Pauschalwertberichtigung, aber auch ein verbundenes Verfahren von Einzelwert- und Pauschalwertberichtigung zulässig.

In der Praxis erfolgte häufig aus Gründen der Einfachheit eine Wertberichtigung anhand eines gemeindeindividuellen prozentualen, pauschalen Erfahrungssatzes von Ausfällen bei wirtschaftlich gleichartigen Forderungen, durch den der Gesamtbestand an Forderungen wertberichtigt wird. Die Herleitung des prozentualen Erfahrungssatzes muss den Grundsätzen ordnungsmäßiger Buchführung entsprechen, so dass die Quote an pauschalierten Forderungsausfällen sorgfältig beurteilt werden muss. Im Rahmen der Pauschalwertberichtigung erfolgt eine indirekte Abschreibung der Forderungen. Die Summen der berichtigten Werte werden dann wie die der Einzelwertberichtigung als negative Aktivposition dargestellt (s. o.).

Grundsätzlich gilt es, in Zukunft das verbundene Verfahren von Einzel- und Pauschalwertberichtigung zu etablieren. Dabei wird nach erfolgter Einzelwertberichtigung eine Pauschalwertberichtigung auf **alle übrigen und als voll werthaltig erachteten Forderungen** vorgenommen. Demzufolge sollte der Prozentsatz nicht über 3 % liegen. Berechnet werden sollte er aus dem Durchschnitt des tatsächlichen Ausfalls der letzten drei Jahre.

Gliederungsstruktur

Für die Ergebnisrechnung ist nach § 54 Abs. 1 Satz 3 KomHKV die Gliederungsstruktur des Ergebnisplans nach § 4 KomHKV maßgeblich. Den in der Ergebnisrechnung nachzuweisenden Ist-Ergebnissen sind nach § 54 Abs. 2 KomHKV die Ergebnisse der Rechnung des Vorjahres und die fortgeschriebenen Planansätze (z. B. Fortschreibung durch Nachtrag) des Haushaltsjahres voranzustellen und ein Plan-/Ist-Vergleich anzufügen.

Des Weiteren gilt das Bruttoprinzip, sodass nach § 54 Abs. 1 Satz 2 KomHKV Aufwendungen grundsätzlich nicht mit Erträgen verrechnet werden dürfen. Eine Ausnahme hierzu stellt § 20 Abs. 2 KomHKV dar, wonach neben den Rückzahlungen im selben Jahr auch Abgaben, abgabenähnliche Entgelte und allgemeine Zuweisungen, welche die Gemeinde aus den Vorjahren im Haushaltsjahr zurückzuzahlen hat, bei den Erträgen abzusetzen sind. Faktisch sind dies dann aber auch keine Verrechnungen, sondern Wertkorrekturen für eben nicht erhaltene Erträge.

5 Siehe Bilanzgliederung nach § 57 Abs. 3 Ziff. 2.2 ff. KomHKV.

21.2.2 Teilergebnisrechungen

In den produktorientierten Teilergebnisrechnungen sind anhand der Gliederungsstruktur des § 4 i. V. m. § 6 Abs. 1 KomHKV nach § 56 Abs. 1 KomHKV die

- dem Haushaltsjahr und
- den jeweiligen Teilergebnisrechnungen

zuzurechnenden Erträge und Aufwendungen nachzuweisen. Wie bei der Ergebnisrechnung festgestellt, sind demnach in den Teilergebnisrechnungen sämtliche Vorschriften hinsichtlich der erfolgsmäßigen Abgrenzung des Haushaltsjahres zu beachten und dort die entsprechenden „vorbereitenden" Abschlussbuchungen vorzunehmen.

Den in den Teilergebnisrechnungen nachzuweisenden Ist-Ergebnissen sind analog zur Ergebnisrechnung nach § 56 Abs. 2 i. V. m. § 54 Abs. 2 KomHKV die Ergebnisse der Rechnung des Vorjahres und die fortgeschriebenen Planansätze des Haushaltsjahres voranzustellen und ein Plan-/Ist-Vergleich anzufügen.

Des Weiteren sind die Teilergebnisrechnungen nach § 56 Abs. 2 KomHKV jeweils um die Ist-Zahlen der in den Teilergebnisplänen ausgewiesenen Leistungsmengen und Kennzahlen zu ergänzen.

21.2.3 Finanzrechnung

In der Finanzrechnung sind nach § 55 Abs. 1 Satz 1 KomHKV die im Haushaltsjahr eingegangenen Einzahlungen und geleisteten Auszahlungen getrennt nachzuweisen.

Für die Finanzrechnung ist nach § 55 Satz 2 KomHKV die Gliederungsstruktur des Finanzplans nach § 5 KomHKV maßgeblich. Den in der Finanzrechnung nachzuweisenden Ist-Zahlungen sind nach § 55 Abs. 2 Satz 2 i. V. m. § 54 Abs. 2 KomHKV die Zahlungen der Rechnung des Vorjahres und die fortgeschriebenen Planansätze des Haushaltsjahres voranzustellen und ein Plan-/Ist-Vergleich anzufügen.

Des Weiteren gilt analog zur Ergebnisrechnung das Bruttoprinzip, sodass nach § 55 Abs. 1 KomHKV Auszahlungen grundsätzlich nicht mit Einzahlungen verrechnet werden dürfen.

21.2.4 Teilfinanzrechnungen

Die Teilfinanzrechnungen haben hauptsächlich die Funktion einer Investitionsrechnung, wodurch eine Übersicht über durchgeführte Investitionsmaßnahmen gegeben wird. Diesbezüglich sind neben der Summe der Einzahlungen, der Summe der Auszahlungen und der sich hieraus ergebende Saldo entsprechend der in §§ 6 und 8 KomHKV vorgesehenen Gliederungsstruktur die produktorientierten Teilfinanzrechnungen nach § 56 Abs. 1 KomHKV die

- dem Haushaltsjahr und
- den jeweiligen Teilfinanzrechnungen

zuzurechnenden investiven Einzahlungen und Auszahlungen nachzuweisen.

Den in den Teilfinanzrechnungen nachzuweisenden Ist-Zahlungen sind analog zur Ergebnisrechnung nach § 56 Abs. 1 Satz 2 i. V. m. § 55 Abs. 2 KomHKV die Zahlungen der Rechnung des Vorjahres und die fortgeschriebenen Planansätze des Haushaltsjahres voranzustellen und ein Plan-/Ist-Vergleich anzufügen.

21.2.5 Bilanz[6]

Im Rahmen des Jahresabschlusses bildet die Bilanz das zentrale Element der drei Rechnungskomponenten. Sämtliche anderen Rechnungskomponenten sind vor der Bilanz abzuschließen.

Für den Jahresabschluss sind weitere Aufgaben durchzuführen und teilweise auch frühzeitig vorzubereiten. Beispielsweise ist für den Abschluss der Anlagenbuchhaltung bzw. der Bilanz gem. § 35 KomHKV eine Inventur erforderlich; für die Bildung von Rückstellungen bzw. die Fortschreibung der Rückstellungswerte gem. § 48 KomHKV sind die erforderlichen Daten und Werte zu ermitteln. Dies sind insbesondere:

- die Aufbereitung der Personaldaten für die Ermittlung der Pensions- und Beihilferückstellungen,[7]
- die Erhebung der Daten für die Berechnung der Altersteilzeitrückstellungen,
- die Entscheidung über die Bildung von Rückstellungen für unterlassene Instandhaltung oder die Prüfung von außerplanmäßigen Abschreibungen.

Sofern eine Kommune Nebenbuchhaltungen wie Anlagenbuchhaltung, Kreditoren- und Debitorenbuchhaltung nutzt, muss der Jahresabschluss mit dem Abschluss dieser Rechnungskomponenten beginnen. Nach deren Abschluss sind die Ergebnisrechnung und die Finanzrechung abzuschließen.

Das in der Ergebnisrechnung ermittelte Rechnungsergebnis der Kommune wird im Rahmen der Abschlussbuchungen in den Bilanzposten „Jahresüberschuss/Jahresfehlbetrag“ gebucht. Hierdurch erfolgt bei einem positiven Ergebnis eine Eigenkapitalerhöhung, bei einem negativen Ergebnis eine Minderung des Eigenkapitals.

Der in der Finanzrechnung ermittelte Zahlungsbestand stellt den Bestand an liquiden Mitteln in der Bilanz dar. Hierbei sind zum Bilanzstichtag den drei Rechnungskomponenten nicht zugeordnete Einzahlungen (durch fehlende Buchung eines Ertrages, eines durchlaufenden Postens, …) in der Bilanz als sonstige Verbindlichkeiten auszuweisen. Im Rahmen der Grundsätze der Bilanzwahrheit bzw. Bilanzklarheit sollten die Kommunen bemüht sein, unklare Einzahlungen bis zum Bilanzstichtag zuzuordnen, um den Bilanzausweis der sonstigen Verbindlichkeiten möglichst gering zu halten.

In der Bilanz ist nach § 52 Abs. 2 KomHKV zu jedem Posten der entsprechende Betrag des vorhergehenden Jahres anzugeben.

---

6 Die Darstellung zur Bilanz beschränkt sich in diesem Kapitel auf das Verfahren des Jahresabschlusses. Kap. 10 beschäftigt sich ausführlich mit den Bilanzinhalten.

7 Berechnung erfolgt durch den Kommunalen Versorgungsverband und wird per Schreiben mitgeteilt.

21.2.6 Anhang

Die Funktion des Anhangs besteht darin, die im Rahmen des Jahresabschlusses in den drei Rechnungskomponenten dargestellten Informationen durch Erläuterungen zu ergänzen und hierdurch zusätzliche haushaltswirtschaftlich wichtige Informationen im Rahmen der Rechenschaft mitzuteilen. Im Anhang sind die (nach § 58 Abs. 1 KomHKV) einzelnen Positionen der Bilanz und den Positionen der Ergebnis- und Finanzrechnung zu erläutern. Diese Erläuterungen müssen so gestaltet sein, dass ein sachverständiger Dritter die Wertansätze beurteilen kann. Des Weiteren sind angewandte Vereinfachungsregelungen sowie Schätzungen zu beschreiben.

Die in der Verbindlichkeitenübersicht[8] ausgewiesenen Haftungsverhältnisse sowie alle Sachverhalte, aus denen sich künftig finanziellen Verpflichtungen ergeben können, sind gleichfalls zu erläutern.

Ein abgeschlossener Katalog von Erläuterung ist in § 58 Abs. 2 KomHKV festgehalten, wobei allerdings auch auf zusätzliche Regelung in den sonstigen Regelungen der BbgKVerf und der KomHKV verwiesen wird. § 58 Abs. 2 KomHKV regelt konkret die Darstellung und Erläuterung folgender Inhalte:

- die angewandten Bilanzierungs- und Bewertungsmethoden und die angesetzten Nutzungsdauern,
- Abweichungen angewandter Bilanzierungs- und Bewertungsmethoden, Zuschreibungen,
- Erläuterungen zu den einzelnen Posten der Bilanz und der Ergebnisrechnung, wobei auf wesentliche Abweichungen zum Vorjahr einzugehen ist,
- außerordentliche Erträge und Aufwendungen sowie das periodenfremde Ergebnis sind hinsichtlich ihres Betrages und ihrer Art zu erläutern, soweit sie für die Beurteilung der Ertragslage nicht von untergeordneter Bedeutung sind,
- in welchen Fällen aus welchen Gründen die lineare Abschreibungsmethode nicht angewendet wird,
- Veränderungen der ursprünglich angenommenen Nutzungsdauer von Vermögensgegenständen,
- Angaben über die Einbeziehung von Zinsen für Fremdkapital in die Herstellungskosten,
- Vermögensgegenstände mit zum Bilanzstichtag noch ungeklärten Eigentumsverhältnissen (inklusive Buchwert und Risikoabschätzung),
- Sachverhalte, aus denen sich künftig finanzielle Verpflichtungen ergeben können (z. B. Bürgschaften, Gewährleistungsverträge) sowie Verpflichtungen aus kreditähnlichen Rechtsgeschäften, soweit diese nicht bereits in der Verbindlichkeitenübersicht angegeben sind,
- der Gesamtbetrag der nicht in der Bilanz ausgewiesenen mittelbaren Pensionsverpflichtungen,
- eine Übersicht der übertragenen Haushaltsermächtigungen,

8 Siehe Kap. 21.2.9.

- eine Übersicht über die von der Gemeinde bewirtschafteten Treuhandmittel und über das Stiftungsvermögen.

Außerdem sind weitere wichtige Angaben, soweit sie in einzelnen Vorschriften der BbgKVerf und der KomHKV enthalten sind, anzugeben und zu erläutern:
- Sollte wegen besonderer Umstände (Ausnahmefall) von der Form der Darstellung, insbesondere der Gliederung der aufeinander folgenden Ergebnisrechnung, Finanzrechnung und Bilanz, abgewichen werden, sind die Abweichungen im Anhang anzugeben und zu begründen (§ 52 Abs. 1 Satz 2 KomHKV).
- In der Bilanz ist nach § 52 Abs. 2 Satz 2 KomHKV zu jedem Posten der entsprechende Betrag des vorhergehenden Haushaltsjahres anzugeben. Erhebliche Unterschiede sind im Anhang anzugeben und zu erläutern.
- Fällt ein Vermögensgegenstand oder eine Schuld unter mehrere Posten der Bilanz, so ist die Mitzugehörigkeit zu anderen Posten nach § 52 Abs. 3 KomHKV bei dem Posten, unter dem der Ausweis erfolgt ist, zu vermerken oder im Anhang anzugeben, wenn dies zur Aufstellung eines klaren und übersichtlichen Jahresabschlusses erforderlich ist.
- Die Mindestgliederung der Bilanz ist im § 57 KomHKV vorgeschrieben. Eine weitere Untergliederung der Posten ist nach § 52 Abs. 4 KomHKV zulässig, dabei ist jedoch die vorgeschriebene Gliederung zu beachten. Neue Posten dürfen hinzugefügt werden, wenn ihr Inhalt nicht von einem vorgeschriebenen Posten gedeckt wird. Die Ergänzung ist im Anhang anzugeben und zu begründen.

Des Weiteren sollte zur Erhöhung der Aussagefähigkeit vorgesehen werden, dass in Anspruch genommene Verpflichtungsermächtigungen erläutert werden.

21.2.7 Anlagenübersicht

Nach § 60 Abs. 1 KomHKV ist dem Anhang eine Anlagenübersicht beizufügen. Die Anlagenübersicht ist anhand der Gliederung des Anlagevermögens der Bilanz des § 57 Abs. 3 Nr. 1 KomHKV aufzustellen.[9] Hierbei ist in der Anlagenübersicht die Entwicklung der Posten des Anlagevermögens darzustellen. Dabei bildet er drei grundsätzliche Informationsbereiche ab:
- die Entwicklung der Anschaffungs- und Herstellungskosten (historischen Investitionskosten),
- die Entwicklung der Abschreibungen (Werteverzehr),
- die Entwicklung der Buchwerte (Wertentwicklung).

In diesen drei Bereichen sind folgende Posten jeweils anzugeben:

9 Muster 5.12 VV KomHKV.

[Anschaffungs- und Herstellungskosten]
- die Anschaffungs- und Herstellungskosten am 31. Dezember des Vorjahres,
- ihre Veränderungen in Form von
  - Zugängen im Haushaltsjahr,
  - Abgängen im Haushaltsjahr,
  - Umbuchungen im Haushaltsjahr,
- die Anschaffungs- und Herstellungskosten am 31. Dezember des Haushaltsjahres,

[Abschreibungen]
- die kumulierten Abschreibungen im Haushaltsjahr,
- ihre Veränderungen, in Form von
  - Zuschreibungen im Haushaltsjahr,
  - Abschreibungen auf Abgänge,
- die kumulierten Abschreibungen am 31. Dezember des Haushaltsjahres,

[Buchwerte]
- die Buchwerte am Bilanzstichtag (31. Dezember des abzuschließenden Haushaltsjahres) und
- die Buchwerte am vorherigen Bilanzstichtag (31. Dezember des Vorjahres).

Erstmalig entsteht die Basis für eine Anlagenübersicht im Rahmen der Eröffnungsbilanzierung. Diese bildet die Grundlage für die Fortschreibung des Anlagevermögens bei den Folgebilanzierungen. Aufgrund der gem. § 60 Abs. 1 KomHKV geregelten Struktur ergibt sich die Darstellung der Anlagenübersicht (Muster 5.12 VV KomHKV).

Die Inhalte der Anlagenübersicht liefern Informationen für eine Vielzahl von Kennzahlen, die die Analyse der Vermögensstruktur und -qualität betreffen. Leider wurde in der Praxis häufig der Buchwert des Anlagevermögens dem Stand der Anschaffungs- und Herstellungskosten am Eröffnungsbilanzstichtag gleichgesetzt. Dies ist als nicht korrekt anzusehen, da die Definitionen der Begriffe „Anschaffungs-" und „Herstellungskosten" (§ 50 Abs. 1 und 2 KomHKV) eindeutig sind. Ein Abgleich der aufgelaufenen Abschreibungen zu den historischen[10] Anschaffungs- und Herstellungskosten, um den Grad der Abnutzung zu ermitteln,[11] führt in diesem Falle zu verfälschten Ergebnissen und wird dort erst in späteren Jahren Bedeutung erlangen.

21.2.8 Forderungsübersicht

Nach § 60 Abs. 2 KomHKV ist dem Anhang eine Forderungsübersicht beizufügen.

Die Forderungsübersicht weist die Forderungen der Gemeinde nach. Zu den einzelnen Posten der Forderungsübersicht ist jeweils der Gesamtbetrag zu Beginn und zum

10 Der Begriff „historisch" muss letztlich nicht erwähnt werden, da es faktisch laut Definition der Begriffe „Anschaffungskosten" und „Herstellungskosten" keinen Unterschied in der Bedeutung macht, ob man den Begriff anhängt oder nicht.

11 Anlagenabnutzungsgrad: kumulierte Abschreibung/Anschaffungs- und Herstellungskosten.

Ende des Haushaltsjahres unter Angabe der Restlaufzeit, gegliedert in Betragsangaben für Forderungen mit Restlaufzeiten bis zu einem Jahr, von einem Jahr bis fünf Jahren und von mehr als fünf Jahren anzugeben.[12]

Er ist mindestens analog zu den Bilanzposten entsprechend § 57 Abs. 3 Nr. 2.2 KomHKV zu gliedern, was auch die Wertberichtigung als Negativposten beinhaltet. Hierbei handelt es sich nur um den Bereich des Umlaufvermögens, das aus seiner Grundfunktion i. d. R. im kurzfristigen Restlaufzeitbereich von bis zu einem Jahr liegen dürfte. Für eine sinnvolle Forderungsrasterung nach Restlaufzeiten ist es erforderlich, den Ausleihungsbereich des Anlagevermögens in die Forderungsübersicht miteinzubeziehen.

21.2.9 Verbindlichkeitenübersicht

Nach § 60 Abs. 3 KomHKV ist dem Anhang eine Verbindlichkeitenübersicht[13] beizufügen.

Die Verbindlichkeitenübersicht weist nach § 60 Abs. 3 KomHKV i. V. m. dem Muster 5.15 die Verbindlichkeiten einer Gemeinde aus. Die Gliederung entspricht der Gliederung nach § 57 Abs. 4 Nr. 4 KomHKV.

Für diese erweiterten Posten hat – bezogen auf den Bilanzstichtag – neben der Angabe des Gesamtbetrages

- des laufenden Jahres und
- des Vorjahres

eine Rasterung nach Restlaufzeiten für das laufende Jahr zu erfolgen. Diese Rasterung der Restlaufzeiten gliedert sich in Betragsangaben für Verbindlichkeiten mit Restlaufzeiten

- bis zu einem Jahr,
- von einem Jahr bis zu fünf Jahren und
- von mehr als fünf Jahren.

An dieser Stelle sei auf Kap. 15.2.1.2 verwiesen, welches die Problematik der Summenaufteilung in den drei Fristigkeiten-Spalten behandelt.

21.2.10 Rechenschaftsbericht

Ein Bestandteil des Jahresabschlusses ist gem. § 82 Abs. 2 Nr. 5 BbgKVerf ein Rechenschaftsbericht. Durch den Rechenschaftsbericht ist nach § 59 KomHKV das durch den Jahresabschluss zu vermittelnde Bild der Lage der Gemeinde zu erläutern. Dazu ist in einem Überblick über die wichtigen Ergebnisse des Jahresabschlusses und über die Haushaltswirtschaft im abgelaufenen Jahr Rechenschaft abzugeben. Hierzu sollte

12 Muster 5.13 VV KomHKV.

13 Muster 5.15 VV KomHKV.

der Rechenschaftsbericht wesentliche Geschehnisse des zurückliegenden Haushaltsjahres berücksichtigen und auch die Fakten darstellen, durch die das Ergebnis positiv oder negativ beeinflusst wurde. Mit Blick auf die künftige Entwicklung hat die Gemeinde über Vorgänge von besonderer Bedeutung, die nach Schluss des Haushaltsjahres eingetreten sind, zu berichten. Es ist auch auf die voraussichtliche Entwicklung der Gemeinde und die Risiken der künftigen Entwicklung im Hinblick auf die dauernde Leistungsfähigkeit der Gemeinde einzugehen.

21.3 Aufstellung, Prüfung und Entlastung beim Jahresabschluss[14]

a) Aufstellung

Durch den Jahresabschluss werden die Ergebnisse der Haushaltswirtschaft eines Haushaltsjahres nachgewiesen.

Der Entwurf des Jahresabschlusses wird gem. § 82 Abs. 3 BbgKVerf vom Kämmerer nach Ablauf des Haushaltsjahres aufgestellt und vom Hauptverwaltungsbeamten bestätigt. Der Hauptverwaltungsbeamte leitet den geprüften Jahresabschlusses unverzüglich der Gemeindevertretung zu, welche diesen dann gem. § 82 Abs. 4 BbgKVerf bis spätestens zum 31. Dezember des auf das Haushaltsjahr folgenden Jahres beschließt.

b) Prüfung

Die Aufgabe der Prüfung des Jahresabschlusses obliegt gem. § 102 Abs. 1 Nr. 1 BbgKVerf dem Rechnungsprüfungsamt. Vor der Feststellung des Jahresabschlusses durch die Gemeindevertretung ist gem. § 104 Abs. 2 BbgKVerf u. a. daraufhin zu prüfen, ob

1. der Haushaltsplan eingehalten ist,
2. die Ergebnis-, Finanz- und Teilrechnungen sowie die Bilanz ein zutreffendes Bild über die tatsächlichen Verhältnisse der Vermögens-, Schulden-, Ertrags- und Finanzlage unter Beachtung der Grundsätze ordnungsgemäßer Buchführung vermitteln,
3. die gesetzlichen und satzungsgemäßen Vorschriften bei der Verwendung von Erträgen, Einzahlungen, Aufwendungen und Auszahlungen sowie bei der Verwaltung und des Nachweises des Inventars eingehalten worden sind und
4. der Rechenschaftsbericht in Einklang mit dem Jahresabschluss steht und eine zutreffende Vorstellung von der Lage der Gemeinde abbildet.

Weiter ist zu prüfen, ob der Jahresabschluss ein den tatsächlichen Verhältnissen entsprechendes Bild der Lage der Gemeinde unter Beachtung der Grundsätze ordnungsmäßiger Buchführung ergibt. Die haushaltsrechtlichen Vorschriften, insbesondere die Grundsätze ordnungsmäßiger Buchführung, lassen kaum eine Abweichung hiervon zu, so dass sich i. d. R. die Prüfung auf die Einhaltung der haushaltsrechtlichen Vorschrif-

14 Hinsichtlich der Aufgaben der Rechnungsprüfung (§ 102 BbgKVerf), der Leitung der Rechnungsprüfung (§ 101 BbgKVerf) und des Gesamtabschlusses (§ 83 BbgKVerf sowie §§ 62 bis 65 KomHKV) bestehen sehr detaillierte und ausführliche Gesetzestexte, so dass auf eine Darstellung in diesem Kapitel verzichtet wird.

ten und der Grundsätze ordnungsmäßiger Buchführung beschränken wird. Des Weiteren umfasst die Prüfung des Jahresabschlusses auch die Einhaltung von Satzungsrecht und sonstigen ortsrechtlichen Bestimmungen, welche die rechtlichen Vorschriften ergänzen. Ferner ist die Buchführung, die Inventur und das Inventar und die Übersicht über örtlich festgelegte Nutzungsdauern der Vermögensgegenstände in seine Prüfung einzubeziehen und das Ergebnis der Prüfung in einem Prüfungsbericht zusammenzufassen.

Der Rechenschaftsbericht ist daraufhin zu prüfen, ob er mit dem Jahresabschluss in Einklang steht und ob seine sonstigen Angaben nicht eine falsche Vorstellung von der Lage der Gemeinde erwecken. Das Rechnungsprüfungsamt hat über Art und Umfang der Prüfung sowie über das Ergebnis der Prüfung einen Prüfungsbericht zu erstellen. Über das Ergebnis soll ein schriftlicher Prüfbericht erstellt werden. Die Ergebnisse sollen eine abschließende Bewertung über die Gesamtertrags-, Gesamtfinanz- und Gesamtvermögens- und -schuldenlage einschließlich eines Vorschlages zur Entlastung des Hauptverwaltungsbeamten enthalten.

Vor Abgabe des Prüfungsberichtes durch das Rechnungsprüfungsamt oder vor der Feststellung des Jahresabschlusses durch die Gemeindevertretung ist gem. § 104 Abs. 4 Satz 3 BbgKVerf dem Hauptverwaltungsbeamten Gelegenheit zur Stellungnahme zum Prüfungsergebnis zu geben.

§ 101 BbgKVerf regelt die Einrichtung einer Rechnungsprüfung. Nach § 101 Abs. 1 BbgKVerf haben kreisfreie Städte eine Rechnungsprüfung einzurichten. Die übrigen amtsfreien Gemeinden können sie einrichten, wenn ein Bedürfnis hierfür besteht und die Kosten in angemessenem Verhältnis zum Umfang der Verwaltung stehen.

In den Gemeinden, die kein Rechnungsprüfungsamt eingerichtet haben und sich nicht eines anderen Rechnungsprüfungsamtes bedienen, obliegt die Prüfung gemäß den §§ 85 und 102 BbgKVerf dem Rechnungsprüfungsamt des Landkreises auf Kosten der Gemeinde (§ 101 Abs. 2 BbgKVerf).

Neben der örtlichen Prüfung besteht zusätzlich eine überörtliche Prüfung gemäß § 105 BbgKVerf. Diese stellt sich als Teil der allgemeinen Aufsicht des Landes über die Gemeinden dar. Diese Aufgabe wurde seitens des Landes auf die Landräte oder das kommunale Prüfungsamt der für Inneres zuständigen obersten Landesbehörde übertragen.

Die überörtliche Prüfung erstreckt sich gem. § 105 Abs. 1 BbgKVerf darauf, ob bei der Haushaltswirtschaft der Gemeinden sowie ihrer Sondervermögen die Gesetze und die zur Erfüllung von Aufgaben ergangenen Weisungen eingehalten, die zweckgebundenen Staatszuweisungen bestimmungsgemäß verwendet sowie die Buchhaltung und die Zahlungsabwicklung ordnungsgemäß durchgeführt worden sind. Die überörtliche Prüfung stellt zudem fest, ob die Gemeinde sachgerecht und wirtschaftlich verwaltet wird. Dies kann auch auf vergleichender Grundlage geschehen. Bei der Prüfung sind vorhandene Ergebnisse der örtlichen Rechnungsprüfung zu berücksichtigen.

c) Entlastung

Der durch das Rechnungsprüfungsamt geprüfte Jahresabschluss wird gem. § 82 Abs. 4 BbgKVerf durch die Gemeindevertretung mittels Beschlusses festgestellt. Hierzu ist eine verbindliche Frist festgelegt, wobei das Fristende der 31. Dezember des auf das Haushaltsjahr folgenden Jahres ist. Die Mitglieder der Gemeindevertretung entscheiden über die Entlastung des Hauptverwaltungsbeamten. Verweigern sie die Entlastung oder sprechen sie diese mit Einschränkungen aus, so haben sie dafür die Gründe anzugeben. Wird die Feststellung des Jahresabschlusses von der Gemeindevertretung verweigert, so sind die Gründe dafür gegenüber dem Hauptverwaltungsbeamten anzugeben.

Nach dem Beschluss der Gemeindevertretung über den Jahresabschluss ist gem. § 82 Abs. 5 Satz 3 BbgKVerf dieser der Aufsichtsbehörde unverzüglich vorzulegen.[15] Die Beschlüsse über den Jahresabschluss und die Entlastung sind öffentlich bekanntzumachen. In der Bekanntmachung ist darauf hinzuweisen, dass jeder Einsicht in den Jahresabschluss und die Anlagen nehmen kann.

21.4 Übertragung von Ermächtigungen

Das Prinzip der Jährlichkeit bzw. der zeitlichen Beschränkung einer Ermächtigung für das Haushaltsjahr besteht weiterhin, da sich die Gemeinden mittels Haushaltssatzung und Haushaltplan i. d. R. für ein Haushaltsjahr binden. Als Ausnahme dieses Grundsatzes können Ermächtigungen der Teilfinanzpläne für investive Maßnahmen (mit Wertgröße „Auszahlungen") und Ermächtigungen der Teilergebnispläne für konsumtive Maßnahmen (mit Wertgröße „Aufwendungen") gem. § 24 Abs. 1 KomHKV grundsätzlich übertragen werden. Bei unausgeglichenem Haushalt kann ein der Haushaltssituation angemessener Teilbetrag der Aufwendungen und Auszahlungen übertragen werden. Die Bildung von Ermächtigungsübertragungen sollte als Voraussetzung jedoch die Förderung einer wirtschaftlichen Aufgabenerledigung zugrunde legen.

Speziell für die Auszahlungsermächtigungen für Investitionen ist geregelt, dass diese nach den Regelungen des § 24 Abs. 2 KomHKV bis zur Fälligkeit der letzten Zahlung für ihren Zweck verfügbar bleiben. Sofern es sich jedoch um Baumaßnahmen und Beschaffungen handelt, begrenzt sich diese inhaltliche Befristung auf längstens zwei Jahre nach Abschluss des Haushaltsjahres, in dem der Gegenstand oder der Bau in seinen wesentlichen Teilen in Benutzung genommen werden kann. Sie erhöhen somit die entsprechenden Planungspositionen in den Teilfinanzplänen der folgenden Haushaltsjahre. Werden Investitionsmaßnahmen im Haushaltsjahr nicht begonnen, bleiben die Ermächtigungen bis zum Ende des zweiten dem Haushaltsjahr folgenden Jahr verfügbar.

Sind gem. § 24 Abs. 3 KomHKV Erträge oder Einzahlungen aufgrund rechtlicher Verpflichtungen zweckgebunden, bleiben die entsprechenden Ermächtigungen zur Leistung von Aufwendungen bis zur Erfüllung des Zwecks und die Ermächtigungen zur Leistung von Auszahlungen bis zur Fälligkeit der letzten Zahlung für ihren Zweck verfügbar. Im Rahmen einer wirtschaftlichen Haushaltsführung können auch Über-

15 Diese kann den Jahresabschluss lediglich im Rahmen der allgemeinen Rechtsaufsicht nach § 109 BbgKVerf beurteilen.

tragungen von Kreditermächtigungen vorgenommen werden. Werden Ermächtigungen übertragen, ist gemäß § 24 Abs. 5 KomHKV dem Jahresabschluss eine Übersicht der Übertragungen mit Angabe der Auswirkungen auf den Ergebnishaushalt und den Finanzhaushalt beizufügen.

Übertragene Ermächtigungen werden nicht dem Haushaltsjahr des Jahresabschlusses, sondern im Rahmen einer Planfortschreibung dem Haushaltsjahr der Inanspruchnahme dieser Ermächtigung zugerechnet. Bei der Übertragung von Ermächtigungen für Aufwendungen wird somit das Ergebnis des Haushaltsjahres belastet, in dem der Ressourcenverbrauch erfolgt. Bei der Übertragung von Ermächtigungen für Auszahlungen werden die Auszahlungen dem Haushaltsjahr zugerechnet, in dem der Liquiditätsabfluss stattfindet.

21.5 Zeitnahe Aufstellung des Jahresabschlusses

Bisher sieht die Brandenburger Kommunalverfassung und auch die Kommunale Haushalts- und Kassenverordnung keine Frist für die Aufstellung der Jahresabschlüsse vor. Eine zeitliche Frist wird lediglich durch § 82 Abs. 4 BbgKVerf für den Beschluss und die Entlastung durch die Gemeindevertretung bis zum 31. Dezember des auf das Haushaltsjahr folgenden Jahres festgelegt.

Es liegt im Ermessen der Kommune, bis wann sie den Jahresabschluss aufstellt und an das Rechnungsprüfungsamt übergibt. Hierbei muss sie beachten, dass die Prüfung von verschiedenen Faktoren abhängt, z. B. von der Größe und Komplexität der Kommune, der Art und dem Umfang der Geschäftsvorfälle und der Qualität der Buchhaltung sowie der Art der Dokumentation. Um die Prüfung der Jahresabschlüsse zu verkürzen, ist es wichtig, dass eine gute Buchführung und eine gute Dokumentation der gebuchten Geschäftsvorfälle vorliegen. Ggf. können sich aus der Prüfung Korrekturen ergeben, die eine Nachbearbeitung erfordern. Daher ist den Gemeinden anzuraten, sich gemeinsam mit dem Rechnungsprüfungsamt einen zeitlichen Rahmen für die Aufstellung und Prüfung zu erarbeiten, um den Jahresabschluss rechtzeitig beschließen und entlasten zu lassen. Denn mit der Änderung der Kommunalverfassung zum 1.12.2024[16] wird der Druck auf die Kommunen erhöht. Der § 67 BbgKVerf wird zukünftig durch einen sechsten Absatz ergänzt.

Die Ergänzung in § 67 Abs. 6 BbgKVerf sagt sinngemäß:

Die Kommunalaufsichtsbehörde hat beginnend mit der Haushaltssatzung für das Haushaltsjahr 2025 die Genehmigung gemäß

- § 63 Abs. 5 – die Gemeinde erreicht keinen Haushaltsausgleich des ordentlichen Ergebnisses und hat die Auflage – ein Haushaltssicherungskonzept zu erstellen, welches durch die Gemeindevertretung beschlossen und durch die Kommunalaufsicht genehmigt werden muss,

16 Art. 2 des Gesetzes vom 18.12.2020 (GVBl. I S. 2) tritt gem. Art. 4 Abs. 2 am 1.12.2024 in Kraft.

- § 73 Abs. 4 – der Gesamtbetrag der Verpflichtungsermächtigungen bedarf im Rahmen der Haushaltssatzung insoweit der Genehmigung der Kommunalaufsichtsbehörde, als in den Jahren, zu deren Lasten sie veranschlagt sind, insgesamt Kreditaufnahmen vorgesehen sind,
- § 74 Abs. 2 – Kreditermächtigungen

zurückzustellen, bis die Beschlussfassung der Gemeindevertretung über den Jahresabschluss für das vorvorvergangene Jahr sowie der Aufstellung des Jahresabschlusses des vorvergangenen Jahres erfolgt.

Die Haushaltssatzung darf dann erst nach der Beschlussfassung über den Jahresabschluss durch die Gemeindevertretung bekanntgemacht werden. Das gilt auch, wenn keine genehmigungspflichtigen Teile in der der Haushaltssatzung enthalten sind.

Stichwortverzeichnis

A

Abgabe 1, 151, 197, 323
Abgabeähnliches Entgelt 197
Abgabepflichtiger 484
Abgrenzung 185
- zur Privatwirtschaft 5
Abrundung 496
Abschreibung 25
- arithmetisch-degressive 579
- außerplanmäßige 582
- bilanzielle 347
- degressive 578
- digitale 579
- geometgrisch degressive 578
- lineare 578
- ratierliche 580
Abschreibungsgegenwerte 410
Abtretung 568
- der Forderung 435
Abwasserbeseitigungsanlage 270
Abweichende Stellungnahme des Kämmerers 69
Ackerland 266
Aktiengesellschaft 588
Aktiva 30
Aktivierte Eigenleistung 173, 335
Aktiv-Passiv-Mehrung 34
Aktiv-Passiv-Minderung 34
Aktivtausch 33
Aktualität 214
Allgemeine Finanzwirtschaft 90, 121
Allgemeine Zuweisung 197
Allgemeiner Haushaltsgrundsatz 142
Altersteilzeitrückstellung 300
Änderung
- der Haushaltssatzung 593
- von Haushaltsvermerken 597
- von Kennzahlen 598
- von Zielen 598
Angebot 525
Angestellter 68
Anhang zum Jahresabschluss 617
Anlage im Bau 273, 275
Anlagen zum Haushaltsplan 131
Anlagenbuchhaltung 64, 562, 576, 616
- Geschäftvorfälle 580
Anlagenübersicht 618
Anlagevermögen 256, 259
Anleihe 314, 414, 419
Anpassung an die Marktlage 6
Anschaffungskosten 229
Anschaffungsnaher Aufwand 232
Anschaffungsnebenkosten 229
Anschaffungspreis 229
Anschaffungspreisminderung 230, 231
Anspruch Dritter 82
Anstalt 137
Anteil an verbundenen Unternehmen 277
Antizipative Rechnungsabgrenzung 611, 612
Antizyklisches Verhalten 143
Anzahlung 273, 581
Arithmetisch-degressive Abschreibung 579
Aufgaben der öffentlichen Finanzwirtschaft 6
Aufgabenbereich 89
- des Kämmerers 68
Aufrechnung 199
Aufsichtsbehörde 22, 87, 449, 488
Aufstellung
- des Haushaltsplans 62, 69
- des Jahresabschlusses 621
Auftragsangelegenheit 21
Auftragsvergabe 525
Auftragsverwaltung 176
Aufwand 38
- anschaffungsnaher 232
Aufwandbuchung 38
Aufwendung 37, 80
- außerordentliche 350
- außerplanmäßig 531
- ordentliche 346
- überplanmäßig 531
Ausfallbürgschaft 454
Ausführung des Haushaltes 62, 168, 191
Ausgabe 24
Ausleihung 278
Ausschreibung 525
Außenfinanzierung 413
Außenverhältnis 82
Außenwirkung 473
Außenwirtschaftliches Gleichgewicht 143
Außerordentliche Aufwendung 101, 350
Außerordentliche Tilgung 434
Außerordentlicher Ertrag 101, 337
Außerplanmäßige Abschreibung 582
Außerplanmäßige Aufwendung 531, 599
Außerplanmäßige Auszahlung 531, 599
Außerplanmäßige Verpflichtungsermächtigung 551, 594
Aussetzung der Vollziehung 518
Auszahlung 10, 80
- aus Finanzierungstätigkeit 372
- aus Investitionstätigkeit 371
- außerplanmäßig 531
- überplanmäßig 531

B

Bankunternehmen 589
Basis-Reinvermögen 287, 460
Bausparvertrag 449, 586
Beachtung des gesamtwirtschaftlichen Gleichgewichts 143
Beamtengehalt 187
Beamter auf Lebenszeit 68
Bedarfsdeckung 6
Bedarfsdeckungsprinzip 1, 152, 154
Bedeutung des Haushaltsplanes 77
Befristete Niederschlagung 519
Beigeordneter 68
Beitrag 1, 185, 197, 289, 293, 413
Benutzungsgebühr 332
Beschäftigungsstand 143
Beschränkte Ausschreibung 527
Besondere Grundsätze für Investitionen 501
Bestandsbuchung 31
Bestandsveränderung 219, 335
Beteiligung 277
- der Einwohner und Abgabepflichtigen 484
- der Öffentlichkeit 166
Betragliche Bindung 596
Betrieb gewerblicher Art 198
Betriebsausstattung 273
Betriebsgebäude 269
Betriebsstoffe 282
Betriebstypischkeit 27
Betriebswirtschaft 20
Betriebswirtschaftliche Funktion 8
Bewegliche Haushaltsführung 530
Bewegliches Vermögen 271
Bewertung 228
Bewertungsstetigkeit 253
Bewertungsvereinfachung 221
Bewertungszweck 239
Bewilligung von über- und außerplanmäßigen Aufwendungen und Auszahlungen 536
Bewirtschaftung
- der Haushaltsmittel 500
- von Vermögen 575
Bewirtschaftungsformen 380
Bewirtschaftungsgrundsätze 380, 489
Bewirtschaftungsregeln 382
Bilanz 23, 28, 99, 219, 461, 609, 616
Bilanzidentität 251
Bilanzielle Abschreibung 347
Bilanzielle Überschuldung 460
Bilanzierungsgrundsätze 251
Bilanzkonto 282
Bilanzstichtag 225
Bilanzveränderung 31
Bilanzverkürzung 34
Bilanzverlängerung 34
Bindung
- im Außenverhältnis 82
- im Innenverhältnis 82
Bindungsermächtigung 400
Brücke 270
Bruttoprinzip 196
- Ausnahmen 197
Buchführung 2, 23
- Gliederung 65
Buchinventur 224
Buchungsverbund 359
Budget
- Übersicht 138
Budgetierung 381, 386, 482
Bundesanzeiger 525
Bürgermeister 69
Bürgschaft 168, 453
- Erklärung 455
- Rückstellung 309

C

Cash-Flow 105, 186
Controlling 215
Cross-Border-Leasing 258, 572

D

Darlehen 414
- inneres 417
Dauer der Kreditermächtigung 439
Debitorenbuchhaltung 64
Deckung
- der Mehraufwendung bzw. Mehrauszahlung 539
- im folgenden Haushaltsjahr 545, 548
Deckungsfähigkeit 385, 535, 550
- Anwemdung 387
- kraft Vermerkes 387
- unechte 382
- Verpflichtungsermächtigungen 388
Deckungsmittel 150, 501
- Rangfolge 152
Deckungsmittelbeschaffung 159
Deckungsreserven 208, 542
Degressive Abschreibung 578
Derivative Ermittlung der Finanzrechnung 359
Deutsche Demokratische Republik 16
Dienstleistung 342
Digitale Abschreibung 579
Dokumentation 211
Doppelte Buchführung 23
Doppik 23
Drei-Komponenten-System 23

Dringlichkeitsentscheidung 446, 447, 474
Drohender Verlust 311
Durchlaufende Zahlungsabwicklung 176

E

Echte Deckungsfähigkeit 385, 534, 535, 550
Effektivzinssatz 433
Egoistisches Ziel 6
Eigenbetrieb 77, 564, 588
Eigengesellschaft 178
Eigenkapital 29, 287
Eigenleistung 173, 335
Eigenmittel 6
Eilentscheidung 603
Einbringung in die Gemeindevertretung 484
Einheit 170, 177
Einnahme 24
Einnahmebeschaffung 1, 3
Einnahmewirtschaft 1
Einrichtung mit Sonderrechnung 564
Einsparung 541
Einwendung 167, 483
Einwohner 484
Einzahlung 10, 81
- aus Finanzierungstätigkeit 368
- aus Investitionstätigkeit 367
- Erhebung 494
- zweckgebundene 392
Einzelbewertung 251
Einzelgenehmigung 144
- von Krediten 431
Einzelkosten 235
Einzelveranschlagung 204
- Ausnahmen 207
Einzelwertberichtigung 518, 520, 613
Einziehung von Forderungen 519
Elemente
- des Haushaltsplans 99
- des Jahresabschlusses 610
Entlastung 62, 168
- beim Jahresabschluss 622
Entscheidungsgremien bei über- und außerplanmäßigen Aufwendungen bzw. Auszahlungen 542
Entwässerungsanlage 270
Erbbaurecht 267
Erfolgsrechnung 37
Ergebnis der Sondervermögen 199
Ergebnisplan 100, 182
- Ausgleich 459
Ergebnisrechnung 23, 41, 321, 609, 610
- Ausgleich 459
- Konten 323
Ergebnisse der Sondervermögen 200
Erhaltungsaufwand 241
Erhaltungsaufwendung 245
Erhebliche über- und außerplanmäßige Aufwendungen und Auszahlungen 543
Erhebung von Abgaben 151
Erhebung von Einzahlungen 494
Erlass 183, 515, 520
- einer Nachtragssatzung 599
Ermächtigungsübertragung 391
Ermittlung des Mehrbedarfs 550
Eröffnungsbilanz 228
Ersatzentscheidung 474
Ertrag 37, 39, 81
- außerordentlicher 337
- ordentlicher 334
- zweckgebundener 392
Ertragsbuchung 39
Erweitere Kameralistik 25
Erweiterung eines Vermögensgegenstandes 242
Erwerb von Vermögen 566, 567
Europäische Union 527

F

Fachausschuss 483, 486
Fehlbetrag 594
Fehlbetragsvortrag 289, 460
Fertigungseinzelkosten 234, 235
Fertigungsgemeinkosten 234, 235
Festgeld 414, 494
Festwertbildung 222
Finanzanlage 275
Finanzaufwendung 347
Finanzbuchhaltung 63, 64
Finanzertrag 334
Finanzhoheit 4
Finanzierung
- aus Beiträgen 413
- aus dem Rückfluss von Abschreibungsgegenwerten 410
- aus Investitionszuwendung 413
- aus Rückstellungen 411
- des Haushalts 407
- durch Vermögensumschichtung 411
- von kommunalen Produkten 150
Finanzierungs-Leasing 258
Finanzierungstätigkeit
- Auszahlung 372
- Einzahlung 368
Finanzmanagement 2, 62
Finanzmittel 105
Finanzplan 104
- periodengerechte Zuordnung 186
Finanzplanung 549
Finanzpolitische Funktion 7
Finanzrechnung 321, 357, 609, 615
- derivative Ermittlung 359

- Ermittlung 357
- Finanzstatistik 373
- Integration 358
- Mitbebuchung 359
- originäre Bebuchung 364

Finanzrevision 16
Finanzstatistik 87, 373
Folgekosten bei Krediten 436
Forderung 283
- uneinbringbare 613
- zweifelhafte 613

Forderungsmanagement 412
Forderungsübersicht 619
Forst 267
Fortsetzungsmaßnahme 547
Freihändige Vergabe 527
Freiwillige Nachtragssatzung 551
Fremde Mittel 176
Fremdkapital 418
Friedhofsgebühr 185
Fristigkeit 30
Frühstückskartell 525
Funktion des Haushaltsplans 78

G

Gebäude 266
Gebühr 1, 153, 197, 333
Gebührenhaushalt 590
Gebührenkalkulation 139
Gebührenrecht 240
Gebührenüberdeckung 312
Gefährdung des Haushaltsausgleichs 595
Geldanlage 585
Gemeindevertretung 68, 542
Gemeindewirtschaftliche Belange bei Krediten 429
Gemeinkosten 235
Genehmigungspflicht 473
Genossenschaftsanteil 589
Geometrisch-degressive Abschreibung 578
Geringfügige Investition 207
Geringfügiger Betrag 494
Geringwertiges Wirtschaftsgut 272
Gesamtdeckung 380
Gesamtgenehmigung von Krediten 426
Gesamthaushalt 500
Gesamtkaufpreis 233
Gesamtprüfungsverfahren für die Bereitstellung von Mehraufwendungen und Mehrauszahlungen 549
Gesamtwirtschaft 1
Gesamtwirtschaftliche Belange bei Krediten 430
Gesamtwirtschaftliches Gleichgewicht 1, 6, 143
Geschäftsausstattung 273
Geschäftsbuchführung 63
Geschichtlicher Überblick 13
Gesellschaft 137
Gesetzgebungskompetenz 11
Gewährvertrag 452, 453
Gewerbesteuer 5, 326, 478
Gewinn 27
Gewinn- und Verlustrechnung 37
Gewinnmaximierung 6
Gleisanlage 270
Gliederung
- der Buchführung 65
- des Haushalts 91
- des Haushaltsplanes 86

GmbH 589
GoB-K 210
Grenzen der Deckungsmittelbeschaffung 154
Grund und Boden 264
Grundgesetz 473
Grundsätze
- des Rechnungswesen 141
- ordnungsmäßiger Buchführung 210

Grundsteuer 5, 325, 478
Grundstück 264
Grundstücksgleiches Recht 265
Gruppenbewertung 224
Gutachterausschuss 569

H

Hauptausschuss 483, 487
Hauptsatzung 473
Haushalt
- Ausführung 494
- Außenfinanzierung 413
- Finanzierung 407
- Finanzierung aus Rückstellungen 411
- Fremdfinanzierung 411
- Gliederungsvorschriften 89
- Innenfinanzierung 408
- Selbstfinanzierung 409
- unausgeglichener 464
- Vermögensumschichtung 411

Haushaltsausgleich 149, 212, 458, 489, 514, 595
- jahresübergreifender 461

Haushaltsautonomie 11
Haushaltsermächtigung
- Übertragbarkeit 388
- Überwachung 502

Haushaltsführung
- bewegliche 530

Haushaltsgliederung 85, 489
Haushaltsgrundsatz 142
Haushaltsgrundsätzegesetz 148

Haushaltsklarheit 196
Haushaltskreislauf 62
Haushaltslose Zeit 158
Haushaltsmittel
- Bewirtschaftung 500
- Zuweisung 499
Haushaltsplan 62, 74, 89, 99
- Ausführung 62
- Bedeutung 77
- Begriff 74
- Festsetzung in Haushaltssatzung 475
- Gliederung 86
- Lenkungsfunktion 79
- Programmfunktion 78
- Wirkung 80
- Wirtschaftsfunktion 79
Haushaltsplanänderung 592
Haushaltsrecht 10
Haushaltsrechtsreform 18
Haushaltssatzung 75, 77, 473, 544, 592
- Aufsichtsbehörde 488
- Bekanntmachung 489
- Beschlussfassung 487
- besondere Satzung 473
- Entwurf 484, 486
- freiwilliger Inhalt 482
- Genehmigung 489
- Inhalt 475
- Kredite 424
- Zustandekommen 482
Haushaltssicherungskonzept 464, 465, 482
- Haushaltssatzung 480
Haushaltssperre 70
Haushaltsüberwachung 502
Haushaltsvermerk 482
- Änderung 597
Haushaltsvorgriff 545, 548
Haushaltswahrheit 191, 193
Haushaltswirtschaft 1, 2, 10, 62
Haushaltswirtschaftliche Sperre 511, 513, 514
Hebesatz 594, 602
Hebesatzrecht 154
Hebesatzsatzung 478
Herstellungskosten 228, 234, 241, 245

I

Immaterielles Anlagevermögen 260
Indikator 123
Infrastrukturvermögen 269
Inhalt
- der Haushaltssatzung 475
- des Nachtragsplans 599
Inkrafttreten 473
Innenfinanzierung 408
Innenverhältnis 82
Inneres Darlehen 417
Instandhaltungsrückstellung 305
Integration der Finanzrechnung 358
Intergenerative Gerechtigkeit 7, 212
Interne Leistungsbeziehung 336, 350
Interne Leistungsverrechnung 115, 171
Inventar 28, 219
Inventur 28, 219
Inventurverfahren 224
Investition 119, 399, 514, 546
- besondere Grundsätze 501
- Ermächtigungsübertragung 392
- geringfügige 207
Investitionsförderungsmaßnahme 546
Investitionskredit 315, 415
Investitionspauschale 291
Investitionstätigkeit
- Auszahlung 371
- Einzahlung 367
Investitionszuwendung 413, 581
Inzahlungnahme 199

J

Jahresabschluss 77, 461, 609
- Anhang 617
- Aufstellung 621
- Auswirkungen von Übertragungen 394
- Elemente 610
- Entlastung 622
- Gliederungsstruktur 614
- Sondervermögen 136
Jahresabschlusses
- Prüfung 621
Jahresfehlbetrag 594
Jahresrechnung 168
Jahresüberschuss 460

K

Kalkulatorische Kosten 175
Kameralistik 24
Kämmereileiter 544
Kämmerer 68, 69, 483, 484, 542
Kapital 30
Kapitalanlage 585
Kapitalerhaltung 212
Kapitalgesellschaft 137
Kartell 525
Kasse 63
Kassenkredit 315, 416
Kassenwirksamkeit 186
Kaufmännische Buchführung 23, 25
Kennzahl 123, 192, 476, 598, 615
Kleinbetrag 494, 518

Kleinbetragsverordnung 495
Kommunalabgabengesetz 496
Kommunalaufsichtsbehörde 489
kommunale Bilanz 28
Kommunales Finanzmanagement 62
Kommunales Haushaltsrecht 10
Kommunalobligation 419
Kommunalufsichtsbehörde 483
Konzernabschluss 200
Konzession 260
Kosten 514
Kosten- und Leistungsrechnung 27, 139, 240
Kostenerhöhung 514
Kostenerstattung 333
Kostenrechnende Einrichtung 175
Kredit 152, 154, 160, 315, 413, 419
- Abtretung der Forderung 435
- Auszahlung 434
- Bedingungen 433
- Dauer der Ermächtigung 439
- Einzelgenehmigung 431
- Ermächtigung 424
- formale Vorschriften 432
- Geber 422
- gemeindewirtschaftliche Belange 429
- Genehmigung 491
- Gesamtgenehmigung 426
- gesamtwirtschaftliche Belange 430
- Haushaltssatzung 424, 476
- Kündigung 435
- Laufzeit 420, 434
- Leistungsfähigkeit 427
- Sicherheit 435
- Subsidiaritätsprinzip 423
- Tilgung 421
- Umschuldung 438, 596
- Veranschlagung 436
- Voraussetzungen der Aufnahme 422
- Wirtschaftlichkeit 431
- Zinssatz 433
- Zuständigkeit 430
Kreditähnliche Verbindlichkeit 417
Kreditähnliches Geschäft 316, 449
- Genehmigungspflicht 449
Kreditbeschaffungskosten 185
Kreditermächtigung
- Übertragung 393
Kreditorenbuchhaltung 64
Kulturdenkmal 273
Kündigung von Krediten 435
Kunstgegenstand 263
Kunstwerk 273

L

Lagerhaltung 412
Landesverfassung 473
Laufzeit der Kredite 420, 434
Leasing 258, 316, 449, 572
Leibrente 316, 449
Leihe 571
Leistung 317
Leistungsabschreibung 579
Leistungsbeziehung 336, 350
Leistungsentgelt
- öffentlich-rechtliches 332
- privatrechtliches 333
Leistungsfähigkeit bei Krediten 427
Leistungsmenge 615
Leistungsverrechnung 171
Lieferantenzahlungsziel 412
Lieferung 317
Lineare Abschreibung 578
Liquide Mittel 285
Liquidität 63
Liquiditätsmanagement 585
Liquiditätssicherung 315
Lizenz 260

M

Marktlage 6
Maschine 273
Materialeinzelkosten 234, 235
Materialgemeinkosten 234, 235
Maximalprinzip 6, 147
Mehraufwendung 531, 534
- erhebliche 596
Mehrauszahlung 531, 534
- erhebliche 596
Mehrbedarf
- Ermittlung 550
Mehreinzahlung 540, 600
Mehrertrag 540, 600
Minderaufwendung 541, 600
Minderauszahlung 541, 600
Minimalprinzip 6, 147
Mitbuchung der Finanzrechnung 359
Mitgliedsbeitrag 139
Mittelbereitstellung 599
Mittelbewirtschaftungsplan 500
Mittelfristige Planung 76, 143, 150, 463
Mittelherkunft 30
Mittelverwendung 30

N

Nachsorge von Deponien 308
Nachtrag Änderung von Verfügungsmitteln 598
Nachträgliche Anschaffungskosten 230

Nachtragsplan 592
- Inhalt 599
Nachtragssatzung 534, 536, 550, 592
- Änderung der Haushaltssatzung 593
- Änderung von Haushaltsvermerken 597
- Änderung von Kennzahlen 598
- Änderung von Zielen 598
- erhebliche Mehraufwendung 596
- erhebliche Mehrauszahlung 596
- erheblicher Fehlbetrag 594
- Pflicht zum Erlass 592
- Zustandekommen 602
Nebenbuchhaltung 64, 65, 577
Nicht überschreitbare Haushaltspositionen 538
Niederschlagung 183, 515, 518, 613
NKHR 18
Nominalzinssatz 433
Notentscheidung 473

O

Öffentliche Aufgaben 1
Öffentliche Auslegung 168
Öffentliche Ausschreibung 525
Öffentliche Bekanntmachung 167
Öffentliche Finanzwirtschaft 1, 6
Öffentliche Hand 2
Öffentliche Verwaltung 5
Öffentlichkeit 166, 214
Öffentlich-rechtliche Betriebsführung 2
Öffentlich-rechtliches Leistungsentgelt 332
Öko-Konto 295
Ökonomisches Prinzip 147
Operate-Leasing 258
Ordentliche Aufwendung 101, 346
Ordentliche Tilgung 434
Ordentlicher Ertrag 101, 334
Ordnungsmäßige Buchführung 210
Ordnungsmäßigkeit 216
Organstellung des Kämmerers 68
Originäre Bebuchung der Finnazrechnung 364
Ortsbeirat 487
Ortsrecht 82, 476
Outputorientierung 99

P

Passiva 30
Passivtausch 33
Pauschalwertberichtigung 613
Pensionsrückstellung 298, 339
Periodengerechte Zuordnung 181
Periodisierungsprinzip 253
Personal 68
- der Haushaltswirtschaft 62
Personalaufwendung 338
Personengesellschaft 137
Pflicht zum Erlass einer Nachtragssatzung 592
Pflichtnachtragssatzung 535, 538, 550
Pflichtsatzung 473, 474
Planänderung 595
Planbilanz 139
Planermächtigung 531
Planung 76
- des Haushaltes 62
Planungsgrundsatz 169
Planwirtschaft 16
Politische Funktion 7
Preisnachlass 198
Preisniveau 143
Privatrechtliche Betriebsführung 2
Privatrechtliche Einnahme 1
Privatrechtliches Leistungsentgelt 333
Privatwirtschaft 5, 6
Produkt 90
Produktbereich 85, 90
Produktgruppe 90
Produktorientiert 89
Pro-Kopf-Verschuldung 427
Prüfung 62
Prüfung des Jahresabschlusses 621
Prüfungswesen 1, 2

R

Rabatt 198
Rangfolge der Deckungsmittel 152
Ratierliche Abschreibung 580
Rationalisierung des Einkaufs 412
Realsteuer 76, 154, 160, 495, 594
Realsteuergarantie 5
Realsteuerhebesatz 477, 602
Rechenschaft 211
Rechenschaftsbericht 620
Rechnungsabgrenzung 611
Rechnungsabgrenzungsposten
- aktiv 286
- passiv 317
Rechnungslegung 62
Rechnungsprüfungsausschuss 70
Rechnungsprüfungspersonal 70
Rechnungssystem 23
Rechtmäßigkeit 216
Reform des Haushaltsrechts 11
Reichshaushaltsordnung 15, 16
Reinvermögen 29
Rekultivierung von Deponien 308
Relevanz 215
Ressource 1
Ressourcenverbrauch 25, 116, 182

Restitution 312
Restkaufgeld 449
Revision 16
Richtigkeit 193, 214
Rückfluss von Abschreibungsgegenwerten 410
Rücklage 462, 464
– außerordentliches Ergebnis 464
– Übersicht 134
Rückstellung 297, 389, 411, 611
– Übersicht 134
Rückzahlung 197
Rundung 496

S

Sachanlage 261
Sachleistung 342
Saldierungsverbot 220, 254
Sale-and-lease-back-Geschäft 258, 449, 571
Satzungsrecht 473
Schatzbrief 419
Schenkung 260, 570
Schlussbilanz 616
Schlussbuchung 40
Schlüsselzuweisung 327
Schulden 27, 219
Schuldendienst 434
Schuldendiensthilfe 345, 449
Schuldscheindarlehen 419
Schuldübernahme 449
Schuldverschreibung 419
Schule 268
Schwellenwert 527
Selbstfinanzierung 409
Selbstschuldnerische Bürgschaft 454
Selbstverwaltung 142
Selbstverwaltungsgarantie 4
Sicherheit bei Krediten 435
Sicherheitsleistung 452
Sicherstellung der Zahlungsfähigkeit 467
Skontierung 198
Skonto 412
Software 260
Sonderhaushaltsplan 178
Sonderkosten der Fertigung 234
Sonderposten 289, 328, 581
– Übersicht 135
Sonderprodukt
– Allgemeine Finanzwirtschaft 90
Sonderproduktbereich
– Allgemeine Finanzwirtschaft 121
Sonderrechnung 417, 564
Sonderrücklage 289, 460
Sondervermögen 171, 199, 200, 276, 417, 564
– Jahresabschluss 136
Sowjetische Besatzungszone 16
Sparsamkeit 81, 146, 494, 501, 526
Sparvertrag 586
Sperre 70, 499, 511, 513, 514
Spezielles Entgelt 152
Staatliche Überwachung 21
Staatshaushaltsordnung der DDR 16
Staatshaushaltsplan 16
Stabilitätsgesetz 12, 19, 80, 143
Starre Bindung an den Plan 6
Stationen der Haushaltswirtschaft 10, 62
Statistik 139
Stellenplan 126, 136
Stellplatz 295
Stetige Aufgabenerfüllung 142
Stetigkeit 215
Steuer 1, 122, 152, 153, 183, 197, 323
Steuerrecht 239
Steuersatz 592
– bei Realsteuern 477
Steuerung des kommunalen Wirtschaftsablaufs 2
Steuerungsrelevanz 191
Stichprobeninventur 225
Stiftung 137, 178, 564, 565, 566
Straßennetz 271
Stundung 183, 515, 516
– Bewilligungsverfahren 517
– Zinsen 517
Submission 526
Subsidiaritätsprinzip bei Krediten 423

T

Tatsächliche Kreditaufnahme 430
Tausch 234
Technische Anlage 273
Teilergebnisplan 113, 115
Teilergebnisrechnung 609, 615
Teilfinanzplan 113, 116
Teilfinanzrechnung 609, 615
Teilplan 113
Tilgung 421, 434
Träger der öffentlichen Finanzwirtschaft 3
Transferaufwendung 37, 122, 183, 344
Transferertrag 183, 332
Transitorische Rechnungsabgrenzung 611
Treuhandvermögen 564, 566
Tunnel 270

U

Übereignung 568
Überplanmäßige Aufwendung 69, 531, 599
Überplanmäßige Auszahlung 531, 546, 599
Überplanmäßige Verpflichtungsermächtigung 551, 594

Überschuldung 460, 466
Überschuss 460
Überschussrücklage 288
Übersicht über Investitionsmaßnahmen 119
Übertragbarkeit
- von Haushaltsermächtigungen 388
Übertragung
- Jahresabschluss 394
- von Ermächtigungen 623
- von Kreditermächtigungen 393
- von Verpflichtungsermächtigungen 393
Überwachung der Haushaltsermächtigung 502
Umlage 183, 327, 333
Umlaufvermögen 282
Umschuldung 160, 438, 596
Unabweisbarkeit 538, 545
Unausgeglichener Haushalt 464
Unbebautes Grundstück 265
Unbefristete Niederschlagung 519
Unbewegliches Sachanlagevermögen 261, 262, 264
Unechte Deckungsfähigkeit 382, 534, 535, 550
Uneinbringliche Forderung 613
Unternehmen 137, 277
Unterrichtungspflichten gegenüber der Gemeindevertretung 513
US-Cross-Border-Leasing 449

V

Veranschlagung der Kredite 436
Veranschlagungsgrundsatz 169
Veräußerung von Vermögen 566, 568
Verband 139
Verbindlichkeit 30, 314, 389
- Dritter 82
- Übersicht 134
Verbindlichkeitenübersicht 315, 620
Verdingungsordnung 527
Verein 137, 139
Verfassungsrecht 11
Verfügungsmittel 207, 538, 598
Vergabe 527
Vergnügungssteuer 325, 496
Verkehrslenkungsanlage 271
Verlust 27
- Rückstellung 311
Vermerkänderung 597
Vermögen 27, 64
- Bewirtschaftung 575
- Erwerb 566, 567
- Veräußerung 566, 567, 568
Vermögensgegenstand 256
Vermögensumschichtung 411
Vermögenswert 219
Vermögenswirtschaft 562
Verpflichtungsermächtigung 81, 161, 398, 593
- Beschränkungen 400
- Bewirtschaftung 500
- Deckungsfähigkeit 388
- Haushaltssatzung 477
- über- und außerplanmäßig 551
- Übersicht 133
- Übertragung 393
- Veranschlagung 401
- Zuweisung 499
Verrechnung 336
Versorgungsaufwendung 340
Versorgungsauszahlung 370
Verständlichkeit 191, 214
Verstärkungsvermerk 535
Verwaltung 88
Verwaltungsaufbau 89
Verwaltungsgebühr 332
Verzinsung gestundeter Forderungen 517
Vieraugen-Prinzip 220
VOF 527
VOL 527
Volkseinkommen 1
Volkswirtschaft 1, 19
Voller Wert 569
Vollständigkeit 170, 175, 213, 254
Vollziehung 518
Voraussetzungen der Kreditaufnahme 422
Vorbericht 131, 192
Vorherigkeit 156
Vorläufige Haushaltsführung 158
Vorrat 282
Vorsichtige Bewertung 251
Vorverlegte Inventur 225

W

Wald 267
Weg 271
Wertberichtigung 611, 612
Werteverzehr 25, 182
Wertezuwachs 25
Wertgrenzen
- Haushaltssatzung 480
- Nachtragsplanung 599
Wertpapier 278, 285
Wertverbesserung 242
Willkürfreiheit 191, 193, 214
Wirkung des Haushaltsplanes 80
Wirtschaftliche Betätigung 1, 2, 587, 588
Wirtschaftliches Eigentum 257
Wirtschaftliches Unternehmen 178
Wirtschaftlichkeit 81, 146, 220, 494, 501, 526, 585
- bei Krediten 431
Wirtschaftsplan 77, 136

Wirtschaftspolitische Funktion 7
Wirtschaftswachstum 143
Wohnbauten 268

Z

Zahlungsabwicklung 63
Zahlungsfähigkeit 467
Zeitbeamter 68
Ziel 122, 193, 598
– der öffentlichen Finanzwirtschaft 6
Zielereichung 476
Zinsen 101, 347
Zurückzahlung 197
Zuschreibung 582
Zustandekommen der Nachtragssatzung 602
Zuständigkeit bei Kreditaufnahmen 430
Zuweisung 122, 327
– von Haushaltsmitteln 499
Zuwendung 185, 290, 292, 327, 413, 581
– Sonderposten 291
Zwangseinnahme 6, 151
Zweckgebundene Einzahlung 392
Zweckgebundener Ertrag 392
Zweckverband 137
Zweifelhafte Forderung 613

Grutzpalk

Gesellschaftswissenschaftliche Grundlagen für Polizei und Verwaltung

Lehrbuch, 2024, Softcover, ca. 200 Seiten, 25 €, ISBN 978-3-8293-1871-6

Odenthal | Beckermann

Einführung in die öffentliche Betriebswirtschaftslehre

Lehrbuch, 12. Auflage 2023, Softcover, 300 Seiten, 27 €, ISBN 978-3-8293-1902-7

Mutschler | Stockel-Veltmann

Externes Rechnung wesen

Lehrbuch, 7. Auflage 20
Softcover, 176 Seiten, 24
ISBN 978-3-8293-1818-1

Pabst

Staats- und Europarecht

Lehrbuch, 6. Auflage 2021, Softcover, 771 Seiten, 28 €, ISBN 978-3-8293-1724-5

Einmahl

Zivilrecht

Lehrbuch, 7. Auflage 2023, Softcover, 268 Seiten, 25 €, ISBN 978-3-8293-1861-7

Grosse

Praktische Fälle au dem Sozialrecht

Lehrbuch, 10. Auflage 2
Softcover, 270 Seiten, 1
ISBN 978-3-8293-1780-